長谷良秀 著

THEORY AND PRACTICE OF POWER SYSTEMS ENGINEERING

電力技術の実用理論

発電・送変電の基礎理論から
パワーエレクトロニクス応用まで

第3版

丸善出版

第 3 版　まえがき

　本書は『電力技術の実用理論 第 2 版』(2011 年，初版は 2004 年に刊行) にパワーエレクトロニクス (PE: Power Electronics) 関連の第 25-28 章を新たに書き下ろして加え，既存の第 1-24 章にも若干の増補を行ったものです．またほぼ同じ内容の書籍『Handbook of Power System Engineering with Power Electronics; Second edition』が Wiley より 2012 年 12 月に出版されています．

　丸善出版の第 2 版および Wiley の初版『Handbook of Power System Engineering』(2007 年) は幸いにも国内外で好評を得ることができました．ただ筆者としては "裾野の広い電力技術を多次元的・統合的に描くダイナミックな実用書" を意図しながらも，電力システムや電動力応用のあらゆる分野で重要な役割を果たしている PE 応用に関する解説が旧版では欠落していることを一つの課題としていました．幸いにも Wiley から同様の指摘とともに第 2 版出版の勧めをいただいたので，PE 応用技術を軸に加筆を行って，2012 年に出版したのが Wiley の第 2 版です．そして今回，丸善出版よりほぼ同じ内容の日本語版として本書を出版させていただくことになりました．

　新規の章は第 25 章 (誘導機の理論)，第 26 章 (PE 用スイッチング素子の概念)，第 27 章 (PE 変換回路の理論)，第 28 章 (発電・送変電および受配電システムにおける PE 応用) の約 150 ページで構成し，また第 1〜24 章で 20 ページほどを増補しています．第 25 章では誘導機の特性について筆者なりに徹底解説を試みました．誘導機は電力および電動力利用のあらゆる応用分野で (多くの場合 PE と組み合わせて) 多用される代表的な回転機ですが，その特性を詳細に論ずる専門書はほとんど見当たりません．また PE の専門書ではほとんどの場合，誘導機のトルク・スピード・周波数特性曲線などが，その理論的根拠が示されることなく突然登場します．そこで筆者としては，実用技術の基礎となる基本理論を重視する本書のこだわりがありますので，第 25 章で誘導機の詳細理論を試みたものであります．参考になる本が皆無に近い状態で筆者として執筆に最も苦心した章でもあり，第 10 章の同期機理論と合わせて読者の皆様のご批評をいただきたい章でもあります．

　次に第 26〜28 章の執筆にあたっては国内外のいくつかの本を参考にしました．その中で一つの発見は "PE 専門書群には標準的な目次構成のようなイメージがなくて，個々の本の目次は夫々の著者の考えによって非常に異なっている" ということでした．PE 技術は ⅰ) PE 素子物理，ⅱ) PE 素子，ⅲ) PE 回路，ⅳ) PE 制御理論，ⅴ) 被制御系理論 (電力システムの理論・電動力応用の理論) の 5 層構造からなっていると表現できそうです．その間口も奥行きも非常に広く大きいので，個々の著作ごとに採り上げられる内容に大きな差異が生ずるのは当然のことでもあるでしょう．

　そこで本書では，電力システム・電動力応用システムの理論 (ⅴ 層: 被制御系理論) は第 1-25 章で詳述しているという前提に立って，第 26〜28 章は PE 応用編として (筆者の手に負えない ⅰ 層は除外して) ⅱ, ⅲ, ⅳ 層に力点を置きつつ，対象システムごとの理論を適宜加えて執筆した次第です．

　本書が電力システム・電動力応用システム分野の実践的業務で活躍される技術者諸氏やそれを目指す学生諸君のお役に立てば幸いです．

　最後に，旧版に続き第 3 版出版の機会をいただいた丸善出版に感謝の意を表します．

2014 年 12 月

長谷良秀

第2版　まえがき

　本書は電力会社，電機メーカー，エンジニアリング会社などで電力技術に携わる技術者の皆さんと，それを目指す学生の皆さんに読んでいただくことを想定して"電力技術の実践的な基礎理論"についてまとめたものです．発電・流通・負荷の各部門を通じて，いわゆる"電力技術"は細かく枝分かれして個々の専門に分化していますが，技術者の皆さんが，自身の従事されている専門分野との関係にこだわることなく本書のカバーする電力技術理論を共通ベース知識として学んでいただければ個々の専門技術力をいっそう高めていただくうえでもお役に立つのではないかと考えています．

　本書では次のような点に心掛けました．
　第一は，電力系統の姿をさまざまな視点からできるだけ多次元的・統合的に描くように努めました．本書で扱う電力系統とは"広義の電力系統"，すなわち"発電・送変電・配電・負荷を包括した統合された電力システム"を意味しています．
　電力系統は文字どおり全国いたるところを隅々まで銅線で統合的につないだ超巨大システムであり，多様な構成メンバーが無数につながれたシステムです．また銅線でつながる主回路系だけでなく，情報ネットワーク系などが同じ広がりで覆いかぶさっている多層構造のシステムでもあります．その多様性はさまざまな対極的な言葉，例えば，全系：ローカル系，発電：送変電，線路：発変電機器，主回路系・制御系：保護系：通信系：計算機系，高圧系：低圧制御系，商用周波数：過渡：サージ，システム：コンポ，ハード：ソフト…，等々をすべて包含することでも説明できるでしょう．対象システムの巨大さゆえに電力技術がさまざまな専門に分化していくのは当然です．また複雑に枝分かれした個々の専門技術理論等はダイナミックな電力系統の多次元的な姿の一部分・一断面・一観察視点ということになるでしょう．さて，個々の専門分野・専門技術が並列的に存在することになりますが，それらがあたかも相互に無関係な孤立した専門として固定化してしまう傾向が見られます．個々の技術者の立場からいえば，ダイナミックな多次元の電力システムを対象にして，次元が一つないし二つ低い固定された自分の窓からのみ観察し，アクセスしている関係にあるといえなくもありません．これでは卵を白い円形ないし楕円形と見誤ることがないとは言い切れません．"電力技術者は電力システムの全体像をなるべく多角的視点に立って接することによってこそより高度で柔軟な専門性を養うことができる"というのが筆者の持論です．本書の執筆にあたって筆者が第一に意図した点です．全24章を読み進めていただければ筆者の意図がご理解いただけるかと思います．
　第二のポイントは，理論式を組み立て，その解を導いて結論に達する過程を詳しく追うことで電力系統の姿（特性・応動）を理論的に理解することに徹しました．技術活動に携わるなかで"なぜだろう？"と思うことがしばしばあります．目の前にある見慣れた現象とか仕事上のルールや活用法を知っていながらその理由を知らないという場合などです．理由を知らないままで結果だけを便利に利用しているという事例が身近なところに結構多いのではないでしょうか．技術者が"なぜか"を知らなくても日常の大方の業務はこなせるでしょうが，ひとたび状況が変われば臨機応変の正しい対応は難しいでしょう．それでは本物の技術とはいえません．本書では電力系統のさまざまな物理的事象を理解する手法として，その理論式を導入し，展開し，結論を導くまでの過程を丁寧に追うことに努めました．理論式の展開過程では途中の省略とか結論のみの提示にとどめるなどの

曖昧さを絶対に残さないことを鉄則としましたので，丁寧に読み進んでいただければ必ず理解いただけると思います．随所に独創的な説明を工夫しつつ電力技術をいろいろの角度からわかりやすく理解していただくことに努めたつもりです．読者の皆さんには現象を理論式で理解することで技術力に自信をつけていただけるのではないかと考えております．

第三には難しい理論展開が実は役に立つ身近な道具であると読者に実感いただけるように工夫をこらしたつもりです．例えば，複雑な理論式展開の後に実践技術に近い具体的な数値を使った"試算"を多くの章節で示しました．理論展開の結果をより身近な事象として理解していただくための工夫です．またもう一つ例をあげれば，わずかに三つか四つの回路定数 L, C, R が直並列につながれたごく簡単な回路ですら（過渡現象解析理論を完全にマスターしている人によっても）特別の場合を除き複雑すぎてその過渡現象の方程式解を求めることができません．したがって，過渡現象解析の専門書には特別の場合の解しか示してありません．しかしながらわれわれ技術者は職場の実務でぶつかるどのような問題に対しても解を得ずに途中で放り出すことはできません．上述の例ではわれわれは回路定数の大小関係を知っていますから，適切な近似化作業で実用上十分な精度の高い解を得ることができます．このようなテクニックを学びながら，どのような問題にも筆算的に対応できる基礎的な実務技術を習得できることにも努めたつもりです．

第四はシンプルな系統モデルで生ずる現象を徹底理解することに努めました．近年ではパソコン級の計算機によっても大系統の応動解析や複雑な機器回路のシミュレーションなどが比較的簡単にできるようになりました．所定の数値をいくつか入力すればブラックボックスが答えを出してくれる時代です．しかしながら，関連因子が多い解析の答えが正しいものであると判断できるかどうか．この場合，頼れるのは技術者の深い知見に裏付けされた感性と洞察力のみです．本書では発電機がせいぜい1～2台，送電線路が1～数回線というような単純な系統を対象にしてさまざまな現象の説明を進めますが，このように単純な基本系統における現象をしっかり理解することこそが巨大なシステムの応動を正しく理解するのに絶対欠かせないと考えます．

筆者は2004年に丸善より「電力系統技術の実用理論ハンドブック」を出版し，また2007年にはWiley社より「Handbook of Power System Engineering」を出版し，光栄にも両書に対して二度の電気学会著作賞をいただくことができました．Wiley版は丸善版を大幅増補した内容ですが海外にも類書が全くないことから望外の好評をいただくことができました．そして本書は筆者にとっては前二冊の好評に勇気づけられたうえでの，大幅増補改訂版です．特に第10章以降の発電・送変電の理論と実用技術の徹底解説で質・量ともに全面的に刷新・充実を図りました．本書が電力技術に携わる技術者の皆様の実践業務のお役に立てば幸いです．

本書を出版するに当たり貴重な資料・写真等を提供いただいた東京電力・中部電力・東芝・エクシム並びにGE各社にあらためて御礼申し上げます．また執筆にあたってご支援をいただきました多くの方々に対してお名前を伏したままですが衷心より御礼を申し上げます．

最後に二度にわたり出版の機会をいただいた丸善出版（株）と，またその中心となってあらゆるご支援をいただいた同社池田和博氏に深く感謝の意を表する次第です．

2011年4月

長谷良秀

目 次

第3版まえがき
第2版まえがき

序章　電力技術と技術者の使命　*1*

◆ 巨大かつ緻密な生きた有機的集合体 …………………………………………………1
◆ 新陳代謝による生命維持と成長 ………………………………………………………1
◆ エネルギー摂取と消費の収支同時・等量性 …………………………………………2
◆ タフさと繊細性を合わせ持つ有機体 …………………………………………………2
◆ 能力を超える酷使が招く結果 …………………………………………………………3
◆ 最高度の精密な技 ………………………………………………………………………3

第1章　送電線の回路定数　*5*

1・1　LR のみからなる送電線の特性 …………………………………………………5
1・1・1　LR からなる1回線送電線の特性（架空地線なしの場合）　5
1・1・2　架空地線のある1回線送電線の関係式　11
1・1・3　LR のみからなる平行2回線送電線の関係式　12

1・2　送電線の漏れキャパシタンス ……………………………………………………13
1・2・1　1回線送電線の漏れキャパシタンス　13
1・2・2　架空地線のある1回線送電線の漏れキャパシタンス　18
1・2・3　平行2回線送電線の漏れキャパシタンス　18

1・3　作用インダクタンスと作用キャパシタンス ……………………………………19
1・3・1　作用インダクタンスの導入　19
1・3・2　作用キャパシタンスの導入　22
1・3・3　作用インダクタンスおよび作用キャパシタンスの特質　23
1・3・4　MKS有理単位系と電気系の実用単位　24

1・4　多導体送電線の等価半径を求める式の導入 ……………………………………26
1・4・1　インダクタンス計算に関する等価半径　26
1・4・2　キャパシタンス計算に関する等価半径　27

第2章　対称座標法　*31*

2・1　対称座標法の基本的考え方（変数変換法） ……………………………………31
2・2　対称座標法の定義 …………………………………………………………………32
2・2・1　対称座標法の定義　32
2・2・2　対称座標法による変換式の意味　34

2・3　3相回路から対称座標法回路への変換 …………………………………………37
2・4　送電線の対称座標法による表示 …………………………………………………38
2・4・1　LR からなる1回線送電線の対称座標法関係式と等価回路　38
2・4・2　LR からなる平行2回線送電線の対称座標法関係式と等価回路　39
2・4・3　1回線送電線の漏れキャパシタンスに関する対称座標法等価回路　42
2・4・4　2回線送電線の漏れキャパシタンスに関する対称座標法等価回路　43

2・5　送電線の標準的な回路定数 ………………………………………………………45

viii 目　次

　　2・5・1　架空送電線とパワーケーブルの LCR 定数　45
　　2・5・2　進行波伝搬速度，サージインピーダンスから求める標準的 $L，C$ 値　45
　2・6　発電機の対称座標法による表示 ··· 49
　　2・6・1　対称座標法関係式と等価回路の導入　49
　　2・6・2　発電機等価回路のリアクタンス定数について　51
　2・7　3相負荷の対称座標法による表示 ·· 51

第3章　対称座標法による故障計算　　55

　3・1　対称座標法による故障計算の考え方 ··· 55
　3・2　a相1線地絡故障 ·· 56
　　3・2・1　故障発生前の状況　56
　　3・2・2　a相故障発生　57
　　3・2・3　f点仮想端子0-1-2相電圧・電流の計算　57
　　3・2・4　故障時における任意の地点 m の電圧・電流　58
　　3・2・5　負荷電流がゼロの場合　59
　3・3　各種の故障計算 ·· 60
　3・4　断　線　故　障 ·· 60
　　3・4・1　a相1相断線故障　60
　　3・4・2　b-c相2線断線　65

第4章　平行2回線の故障計算（多重故障を含む）　　67

　4・1　2相回路の対称座標法（2相回路理論） ··· 67
　　4・1・1　2相回路対称座標法の定義　67
　　4・1・2　2相回路の対称座標法変換　69
　4・2　並行2回線の対称座標法変換 ··· 70
　　4・2・1　2相回路の変換プロセス　70
　　4・2・2　並行2回線送電線の変換　72
　4・3　平行2回線系統の故障計算（一般的手順） ··· 73
　4・4　平行2回線の片回線故障（単純事故） ·· 77
　　4・4・1　1号線a相1線地絡故障　77
　　4・4・2　その他の故障種類の片回線（1号線）単純故障　77
　4・5　平行2回線同時故障（同一地点多重事故） ·· 78
　　4・5・1　同一地点（f点）1号線a相1線地絡・2号線b-c相短絡故障　78
　　4・5・2　同一地点1号線a相地絡・2号線b相地絡故障（解法1）　79
　　4・5・3　同一地点1号線a相地絡・2号線b相地絡故障（解法2）　80
　　4・5・4　その他の故障種類の同一地点両回線同時故障　82
　4・6　平行2回線異地点同時故障 ·· 82
　　4・6・1　故障地点をf地点およびF地点とする系統回路条件　82
　　4・6・2　f地点1号線a相地絡・F地点2号線b相地絡故障　83
　　4・6・3　その他の種類の平行2回線異地点同時故障　84

第5章　PU法の導入と変圧器の取り扱い方　　85

　5・1　PU法の考え方（単相回路のPU法） ·· 85
　　5・1・1　単相回路のPU法　85
　　5・1・2　単相3巻線変圧器のPU化とその等価回路　86
　5・2　3相回路のPU法 ·· 90

5・2・1　3相回路のPU法のベース量　90
　　5・2・2　3相回路関係式のPU化　90
　5・3　3相3巻線変圧器の対称座標法関係式と等価回路 ……………………………91
　　5・3・1　人-人-△接続3巻線変圧器のPU法等価回路　91
　　5・3・2　3相変圧器の各種巻線方式対称座標法等価回路　98
　　5・3・3　変圧器鉄心構造と零相励磁インピーダンスの関係　98
　　5・3・4　変圧器デルタ巻線　100
　　5・3・5　高調波電流成分の0-1-2相変換　100
　5・4　PU法インピーダンスのベース変換 ………………………………………102
　5・5　オートトランス（単巻変圧器） ……………………………………………103
　5・6　変圧器の磁気特性と励磁電流突入現象 …………………………………104
　　5・6・1　電磁気現象とv-i回路理論の関係　104
　　5・6・2　変圧器の磁気特性　105
　　5・6・3　変圧器の直流偏磁現象　108
　　5・6・4　励磁電流突入現象とその抑制技術　109
　5・7　系統の対称座標法PU等価回路の作成（計算例） ……………………114

第6章　α-β-0法とその応用　　127

　6・1　α-β-0法の定義 ……………………………………………………127
　6・2　α-β-0法と対称座標法の相互関係と任意波形電気量の表現 ……129
　　6・2・1　対称座標法における任意波形電気量の表現　130
　　6・2・2　α-β-0法における任意波形電気量の表現　130
　　6・2・3　α-β-0法と対称座標法の相互関係　131
　6・3　α-β-0法におけるインピーダンス …………………………………133
　6・4　3相回路のα-β-0法基本式と等価回路 ………………………………134
　　6・4・1　1回線送電線　134
　　6・4・2　平行2回線送電線　134
　　6・4・3　発電機　136
　　6・4・4　負荷インピーダンスおよび変圧器インピーダンス　137
　6・5　α-β-0法による故障計算 …………………………………………138
　　6・5・1　a相1線地絡の故障計算　138
　　6・5・2　b, c相2線地絡の故障計算　139
　　6・5・3　その他の故障モード　141
　　6・5・4　断線故障　141
　　6・5・5　α-β-0法の評価　141

第7章　対称座標法・α-β-0法と過渡現象解析　　143

　7・1　過渡現象電気量の実数瞬時値表現と複素数瞬時値表現 …………143
　7・2　対称座標法・α-β-0法による過渡現象解析 ……………………143
　7・3　対称座標法とα-β-0法による系統故障時過渡現象計算の比較 …146

第8章　中性点接地方式　　149

　8・1　各種の中性点接地方式とその特徴 …………………………………149
　8・2　1線地絡時の健全相電圧の上昇 ……………………………………151
　8・3　消弧リアクトル（ペターゼンコイル） ……………………………154
　8・4　電圧共振の可能性 ……………………………………………………154

第9章　送電線の事故時電圧・電流の図式解法とその傾向　　157

- 9・1　3相短絡時の電圧・電流の傾向（直接接地系・高抵抗接地系とも）……………157
- 9・2　b-c相2相短絡時の電圧・電流の傾向（直接接地系・高抵抗接地系とも）………158
- 9・3　直接接地系a相1線地絡時の電圧・電流の傾向（線路抵抗，アーク抵抗無視）……160
- 9・4　直接接地系b-c相2線地絡時の電圧・電流の傾向（アーク抵抗無視）……………163
- 9・5　高抵抗接地系a相1線地絡時の電圧・電流の傾向（アーク抵抗考慮）……………165
- 9・6　高抵抗接地系b-c相2線地絡時の電圧・電流の傾向（アーク抵抗無視）…………167

第10章　発電機の理論　　171

- 10・1　発電機のa-b-c相電気量によるモデリング………………………………………171
  - 10・1・1　発電機の基本回路　171
  - 10・1・2　発電機のa-b-c相基本関係式の導入　173
  - 10・1・3　a-b-c相基本式中のインダクタンスの性質　175
- 10・2　d-q-0法の導入……………………………………………………………………179
  - 10・2・1　d-q-0法の定義　179
  - 10・2・2　d-q-0領域とa-b-c領域，0-1-2領域の相互関係　180
  - 10・2・3　d-q-0領域電気量の特徴　181
- 10・3　d-q-0領域への変換………………………………………………………………183
  - 10・3・1　発電機a-b-c相関係式のd-q-0法変換　183
  - 10・3・2　d-q-0領域上で発電機基本式の意味するもの　186
  - 10・3・3　発電機d-q-0基本式のPU化　189
  - 10・3・4　d-q-0法等価回路の導入　193
- 10・4　発電機の定常運転時のd-q-0領域上のベクトル図（正相定常状態）……………195
- 10・5　発電機の過渡現象とd軸，q軸各種リアクタンス………………………………198
  - 10・5・1　急変発生直前の初期条件　198
  - 10・5・2　系統急変直後の過渡現象状態におけるd軸，q軸リアクタンス　199
- 10・6　発電機急変後の初期過渡・過渡・定常時の対称分等価回路……………………200
  - 10・6・1　正相等価回路　200
  - 10・6・2　逆相等価回路　203
  - 10・6・3　零相等価回路　204
- 10・7　発電機の基本式のラプラス変換と発電機の各種時定数…………………………205
  - 10・7・1　ラプラス形式によるステータ電圧・電流の基本式　205
  - 10・7・2　発電機の開路時定数　206
  - 10・7・3　発電機の短絡時定数　206
  - 10・7・4　発電機の電機子時定数　208
- 10・8　各種リアクタンスの測定法………………………………………………………209
  - 10・8・1　d-軸同期リアクタンスの測定法と短絡比　209
  - 10・8・2　逆相リアクタンスと零相リアクタンスの測定　211
- 10・9　d-q-0領域電気量とα-β-0領域電気量の関係…………………………………213
- 10・10　発電機の短絡時の過渡現象計算…………………………………………………213
  - 10・10・1　有負荷時3相突発短絡　213
  - 10・10・2　無負荷時3相突発端短絡　217
- 10・11　鎖交磁束および漏れ磁束の概念…………………………………………………217

第11章　皮相電力と対称座標法・d-q-0法　　225

11・1　任意波形電圧・電流に対する皮相電力とその記号法表示 …………………… 225
　11・1・1　皮相電力の定義　225
　11・1・2　一般波形への拡張　226
11・2　対称座標法による皮相電力 ………………………………………………………… 227
11・3　d-q-0法による皮相電力 …………………………………………………………… 229

第12章　発電機の発生電力と定態安定度（Park理論の電力への拡張）　　233

12・1　発電機の発生電力と P-δ 曲線・Q-δ 曲線 ………………………………… 233
12・2　発電機から系統への皮相電力送電限界（定態安定度） ………………………… 236
　12・2・1　1機無限大母線系統と2機系統の等価性　236
　12・2・2　発電機の皮相電力（P-δ 曲線と Q-δ 曲線）　237
　12・2・3　発電機の送出可能な最大皮相電力（定態安定度限界）　238
　12・2・4　発電機の最大皮相電力の可視化　238
　12・2・5　定態安定度の機械モデル　240

第13章　電気機械としての発電機　　243

13・1　発電機の機械入力と発生電力 ……………………………………………………… 243
　13・1・1　機械入力と電気出力の関係　243
13・2　発電機の運動方程式 ………………………………………………………………… 245
　13・2・1　発電機の力学的特性（機械的運動方程式）　245
　13・2・2　発電機の運動方程式（電気的表現）　247
13・3　機械入力から電気出力へのパワー伝達のメカニズム …………………………… 247
13・4　発電機の回転速度調整：スピードガバナ ………………………………………… 252

第14章　系統の P-Q-V 特性と過渡・動態安定度および電圧安定度　　257

14・1　定態・過渡・動態安定度の概念 …………………………………………………… 257
14・2　2機系統の動揺方程式と外乱による応動 ………………………………………… 258
14・3　過渡安定度と動態安定度ケーススタディ ………………………………………… 259
　14・3・1　過　渡　安　定　度　259
　14・3・2　動　態　安　定　度　260
14・4　4端子回路の皮相電力と発電機からみる特性インピーダンス ………………… 261
　14・4・1　特性インピーダンス　261
　14・4・2　事故時の送電可能電力（P-δ 曲線のピーク値）の試算　263
14・5　系統全系の P-Q-V 特性と電圧安定度（電圧不安定現象） ………………… 264
　14・5・1　送受両端の皮相電力　264
　14・5・2　P, Q の微小変化 ΔP, ΔQ に対する電圧感度　265
　14・5・3　電　力　円　線　図　265
　14・5・4　P-Q-V 特性と P-V 曲線, Q-V 曲線　266
　14・5・5　系統・負荷の P-Q-V 特性と電圧不安定現象　268
　14・5・6　V-Q 制御（電圧・無効電力制御）　270

第15章　AVRを含む発電機系と負荷の全体応動特性　　275

15・1　AVRの理論と発電機系伝達関数 …………………………………………………… 275

15・1・1　発電機固有の伝達関数　275
  15・1・2　「発電機＋負荷」の伝達関数　277
 15・2　AVR系を含めた発電機全体系の伝達関数と応動特性 ……………………279
 15・3　「発電機＋励磁器＋AVR＋負荷」全系の応動特性と運転限界 …………281
  15・3・1　「発電機＋励磁器＋AVR＋負荷」全系のs関数式の導入　281
  15・3・2　運転限界とそのp-q座標表示　284
 15・4　線路充電運転の安定限界とAVR ………………………………………………285

第16章　発電機の運転とその運転性能限界　289

 16・1　発電機運転状態の一般式導入 …………………………………………………289
 16・2　発電機の定格事項と能力曲線 …………………………………………………291
  16・2・1　定格事項と能力曲線　291
  16・2・2　各種運転条件での軌跡　294
 16・3　発電機進相力率（低励磁領域）運転の問題とUEL機能 ……………………296
  16・3・1　発電機の無効電力発生源としての役割　296
  16・3・2　発電機の進相運転（低励磁運転）による固定子鉄心端部の過熱問題　297
  16・3・3　AVRによるUEL保護　300
  16・3・4　過励磁領域の運転　301
 16・4　AVRによる発電機の電圧・無効電力（V-Q）制御 ………………………301
  16・4・1　発電機並列運転時の無効電力の配分と横流補償　301
  16・4・2　P-f制御とV-Q制御　303
 16・5　発電機の苦手現象（逆相電流・高調波電流・軸ねじれ） …………………304
  16・5・1　発電機の体格と定格容量の関係　304
  16・5・2　逆相電流によるロータの異常過熱現象　305
  16・5・3　発電機の逆相電流耐量　305
  16・5・4　高調波・直流電流による異常過熱現象　307
  16・5・5　過渡トルクによるタービン発電機の軸ねじれ現象　309
 16・6　火力・原子力発電機の新鋭機の動向 …………………………………………313
  16・6・1　蒸気火力のボイラー・タービン系　313
  16・6・2　コンバインドサイクル機（ガスタービン／蒸気タービン複合型火力）　315
  16・6・3　原子力発電所用蒸気タービン（ST）　317

第17章　R-X座標と方向距離継電器（DZリレー）の理論　321

 17・1　保護リレーの使命と分類 ………………………………………………………321
 17・2　方向距離リレーの原理とR-X座標 …………………………………………322
  17・2・1　方向距離リレー（DZ-Ry）の基本的機能　322
  17・2・2　R-X座標とP-Q座標およびp-q座標の関係　322
  17・2・3　距離リレーの動作特性　323
 17・3　無負荷事故時のインピーダンス軌跡 …………………………………………324
  17・3・1　b-c相2線短絡時の方向短絡距離リレー（44 S-1, 2, 3）の応動　324
  17・3・2　a相1線地絡時の方向地絡距離リレー（44 G-1, 2, 3）の応動　327
  17・3・3　b-c相2線短絡時の方向地絡距離リレー（44 G-1, 2, 3）の応動　329
 17・4　平常時と脱調時のインピーダンス軌跡 ………………………………………330
  17・4・1　平常時・動揺時のインピーダンス軌跡　330
  17・4・2　方向距離リレーによる脱調検出とトリップ阻止　333
 17・5　有負荷事故時のインピーダンス軌跡 …………………………………………334

17・6　発電機の界磁喪失リレー ……………………………………………………………335
　　17・6・1　界磁喪失リレーの特性　335

第18章　進行波の現象　　*341*

18・1　送電線（分布定数回路）の進行波理論 ……………………………………………341
　　18・1・1　送電線（架空送電線・ケーブル）の波動方程式と進行波のイメージ　341
　　18・1・2　ラプラス変換領域における電圧・電流の一般解　346
　　18・1・3　任意の2点間の4端子回路行列式　347
　　18・1・4　定数の吟味　349
18・2　分布定数回路の近似化と集中定数回路の精度 ……………………………………350
18・3　進行波の透過と反射 ………………………………………………………………351
　　18・3・1　変移点における透過と反射の一般式　351
　　18・3・2　電圧・電流侵入波の変移点における様相　352
18・4　サージ過電圧，紛らわしい三つの表記法 ………………………………………354
18・5　雷直撃地点に発生する進行波 ……………………………………………………356
18・6　3相送電線のサージインピーダンスと落雷現象 …………………………………357
　　18・6・1　3相送電線のサージインピーダンス　357
　　18・6・2　対称座標法によるサージ解析（a相への雷撃の場合）　358
18・7　3相回路の対地波と線間波（対地波・線間波変換法） …………………………359
18・8　格子図法によるサージ解析および過渡現象のモード ……………………………361
　　18・8・1　格子図法　361
　　18・8・2　サージ波の振動性と非振動性　363

第19章　開閉（遮断・投入）現象　　*367*

19・1　単相回路の遮断過渡現象の計算 …………………………………………………367
　　19・1・1　短絡電流遮断時の過渡電圧計算　367
　　19・1・2　左右に電源系統がある場合の回路遮断の過渡電圧計算　370
19・2　3相回路の遮断過渡現象の計算 …………………………………………………375
　　19・2・1　遮断第1相の回復電圧　375
　　19・2・2　第1・2・3相遮断計算（3相短絡の場合）　377
19・3　遮断器の概念 ………………………………………………………………………383
　　19・3・1　遮断器の概念　383
　　19・3・2　遮断性能や開閉現象に関する主な用語　385
19・4　実際の遮断現象 ……………………………………………………………………386
　　19・4・1　短絡電流（遅相電流）遮断　386
　　19・4・2　進み小電流（線路の充電電流）遮断　386
　　19・4・3　近距離故障遮断（SLF）　390
　　19・4・4　遅れ小電流遮断・励磁突入電流遮断時のチョッピング現象　392
　　19・4・5　脱調遮断　394
　　19・4・6　電流ゼロミス現象　394
19・5　遮断器投入時の過電圧現象（投入サージ） ………………………………………395
　　19・5・1　遮断器投入による過電圧現象　395
　　19・5・2　投入サージの試算　396
19・6　遮断器の抵抗遮断方式と抵抗投入方式 …………………………………………397
　　19・6・1　抵抗遮断方式と抵抗投入方式の原理　397
　　19・6・2　抵抗遮断方式と抵抗投入方式の採用選択　398

19・6・3　抵抗遮断方式遮断器による遮断現象　398
　　　19・6・4　投入時の現象（抵抗投入方式）　401
　19・7　断路器の開閉サージ ……………………………………………………………………402
　　　19・7・1　断路器サージ現象　403
　　　19・7・2　断路器サージの影響　404

第20章　過電圧現象　409

　20・1　過電圧現象の分類 ……………………………………………………………………409
　20・2　持続性・短時間過電圧現象（非共振性AC過電圧）………………………………410
　　　20・2・1　フェランティ効果　410
　　　20・2・2　発電機の自己励磁　411
　　　20・2・3　負荷遮断　412
　　　20・2・4　1線地絡時健全相電圧上昇　413
　20・3　持続性・短時間過電圧現象（共振性過電圧）……………………………………413
　　　20・3・1　比較的広範囲な系統の共振現象（低周波線形共振）　413
　　　20・3・2　局所的な共振現象（高周波領域の線形共振，鉄心飽和による非直線共振など）　415
　　　20・3・3　中性点非接地（あるいは微小接地方式）系のケーブル間欠地絡　416
　20・4　開閉過電圧現象（開閉サージ）……………………………………………………417
　　　20・4・1　遮断器投入時（投入サージ）　417
　　　20・4・2　遮断器の遮断時（遮断サージ）　417
　　　20・4・3　断路器の開閉サージ　418
　20・5　雷過電圧現象 …………………………………………………………………………418
　　　20・5・1　直撃雷　418
　　　20・5・2　架空地線・鉄塔への直撃雷（逆せん絡，逆フラッシオーバ）　419
　　　20・5・3　誘導雷（静電誘導雷・電磁誘導雷）　420

第21章　絶縁協調　425

　21・1　絶縁に対するストレスとしての過電圧 ……………………………………………425
　　　21・1・1　導電と絶縁　425
　　　21・1・2　過電圧の分類　426
　21・2　絶縁協調の基本概念 …………………………………………………………………430
　　　21・2・1　絶縁協調の概念　430
　　　21・2・2　絶縁強度とブレイクダウンに関する基本原則　431
　21・3　架空送電線の過電圧抑制策と防護策 ………………………………………………432
　　　21・3・1　架空地線（OGW，OPGW）の採用　433
　　　21・3・2　3相導体・地線の適切なクリアランスと配置の確保　433
　　　21・3・3　鉄塔のサージインピーダンス低減　433
　　　21・3・4　アークホーンの採用　434
　　　21・3・5　送電線用避雷装置　434
　　　21・3・6　不平衡絶縁の採用（並行2回線送電線の場合）　436
　　　21・3・7　高速度再閉路方式の採用　436
　21・4　発変電所における過電圧保護 ………………………………………………………437
　　　21・4・1　避雷器によるサージ過電圧保護　437
　　　21・4・2　酸化亜鉛型避雷器　439
　　　21・4・3　避雷器の定格と選定区分　443
　　　21・4・4　避雷器の離隔効果の問題　445
　　　21・4・5　変電所の架空地線OWGと接地抵抗低減による防護　447

21・5 絶縁強調 449
　21・5・1 絶縁強調の規格に関する定義とその基本的コンセプト　449
　21・5・2 絶縁構成　450
　21・5・3 絶縁耐電圧レベルとBIL，BSLの定義　451
　21・5・4 標準耐電圧値（IEC，IEEEの場合）　452
　21・5・5 JEC規格の耐電圧値　457
　21・5・6 ケーブルの絶縁保護　461
21・6 変圧器の移行電圧現象と発電機保護 462
　21・6・1 静電移行サージ過電圧　462
　21・6・2 静電移行電圧の防護対策　468
　21・6・3 変圧器の電磁移行電圧　469
21・7 サージによる変圧器巻線の電圧振動 469
　21・7・1 変圧器のサージ現象に対する等価回路　469
　21・7・2 サージ侵入による変圧器内部の振動性過渡電圧とその計算　471
　21・7・3 変圧器内部のサージ性電圧振動の抑制　474
21・8 油変圧器とガス変圧器 475

第22章　波形ひずみ（低次高調波）現象　477

22・1 波形ひずみ（低次高調波）現象の発生要因と影響 477
　22・1・1 発生要因の分類　477
　22・1・2 波形ひずみの発生　479
22・2 事故時のケーブル系波形ひずみ現象 480
　22・2・1 波形ひずみの発生メカニズムとその計算　480
　22・2・2 電流ひずみ成分（式（22・10）の過渡成分）の吟味　483
　22・2・3 電圧・電流波形ひずみの保護リレーなどへの影響　485

第23章　電力ケーブル線路　487

23・1 CVケーブルとOFケーブル 487
　23・1・1 電力用ケーブルの種類　487
23・2 電力ケーブルの特徴 491
　23・2・1 絶縁方式　491
　23・2・2 製造プロセス　492
　23・2・3 さまざまな布設環境と求められる耐環境性　492
　23・2・4 電力ケーブルの許容電流　494
　23・2・5 ケーブルの絶縁に関する諸元と試験電圧値　494
23・3 ケーブルの電気回路定数 497
　23・3・1 ケーブルのインダクタンス　497
　23・3・2 ケーブルのキャパシタンスおよびサージインピーダンス　501
23・4 金属シースと防食層 503
　23・4・1 金属シースと防食層の役割　503
　23・4・2 シースの両端接地方式と片端接地方式　504
23・5 クロスボンド接続方式 505
　23・5・1 クロスボンド接続方式　505
　23・5・2 クロスボンド接続方式のサージ現象とその防護策　505
　23・5・3 クロスボンド接続単心3相ケーブル線路のシース異常電圧対策　507
23・6 ケーブル接続終端における導体・シースのサージ性異常電圧 508
　23・6・1 架空送電線とケーブル接続点のサージ現象　508

23・6・2　サージ過電圧のケーブル区間伝搬　509
23・6・3　金属シースの両端接地と片端接地の選択と対策　511
23・7　架空送電線とケーブルの接続系統のサージ過電圧　512
23・8　開閉サージのケーブル線路への襲来　513
23・9　GIS・ケーブル接続終端のサージ性異常シース電位　514

第24章　特別な回路の場合　517

24・1　負荷時タップ切換変圧器　517
24・2　位相調整変圧器（移相変圧器）　519
　24・2・1　基本式の導入　519
　24・2・2　ループ系統への適用　521
24・3　ウッドブリッジ変圧器とスコット変圧器　522
　24・3・1　ウッドブリッジ変圧器　522
　24・3・2　スコット変圧器　524
24・4　零相接地変圧器　525
24・5　相順の誤接続回路の計算　526
　24・5・1　ケース1　a-b-c相⇔a-c-b相の誤接続の場合　527
　24・5・2　ケース2　a-b-c相⇔b-c-a相の誤接続の場合　529

第25章　誘導機の理論　531

25・1　誘導機（誘導発電電動機，誘導発電機，誘導電動機）　531
25・2　3相巻線形誘導機の理論　532
　25・2・1　誘導機のabc領域における基本式　533
　25・2・2　abc領域からdq0領域への変換　536
　25・2・3　dq0領域変換式のフェーザ表現　544
　25・2・4　誘導機の駆動力とトルク　545
　25・2・5　誘導機の定常運転　548
25・3　かご型誘導機　550
　25・3・1　回路方程式　550
　25・3・2　かご形誘導機の特性　552
　25・3・3　PE制御の基礎としての誘導機のトルク・速度・パワー　555
　25・3・4　停止状態からの起動時運転　560
　25・3・5　定常運転　561
　25・3・6　誘導機の加速運転とブレーキ運転　561

第26章　パワーエレクトロニクス用スイッチング素子の概念　565

26・1　パワーエレクトロニクスの基本概念　565
26・2　電力素子によるパワースイッチング　566
26・3　スナバー回路　569
26・4　スイッチングによる電圧変換　571
26・5　パワーエレクトロニクス素子　573
　26・5・1　パワー素子の分類とその基本特性　573
　26・5・2　ダイオード　573
　26・5・3　サイリスタ　574
　26・5・4　GTO　575
　26・5・5　バイポーラジャンクショントランジスタ　576

26・5・6　パワー MOSFET　577
　　26・5・7　IGBT　578
　　26・5・8　IPM　579
　26・6　パワーエレクトロニクスに登場する数学的基礎 …………………………………579
　　26・6・1　フーリエ級数展開　579
　　26・6・2　任意波形の電気量（ひずみ波交流）の平均値と実効値　580
　　26・6・3　パワー・力率・歪率　580
　　26・6・4　直流量の繰り返しオン・オフスイッチング　580
　　26・6・5　交流長方波形　581
　　26・6・6　点弧角 α・消弧角 β の長方形波　582
　　26・6・7　ひずみ波電圧・電流の電力　583

第27章　パワーエレクトロニクス変換回路の理論　　585

　27・1　交流から直流への変換：ダイオードによる整流器 …………………………………585
　　27・1・1　単相半波整流回路（純抵抗負荷の場合）　585
　　27・1・2　誘導性負荷の場合および直列インダクタンスの役割　586
　　27・1・3　還流ダイオードと平滑リアクトルの役割　588
　　27・1・4　ダイオードブリッジ単相全波整流回路　589
　　27・1・5　電圧平滑キャパシタの役割　590
　　27・1・6　3相半波整流回路　591
　　27・1・7　電流の重なり現象　592
　　27・1・8　3相全波整流器　593
　27・2　サイリスタによる交流直流制御変換 …………………………………………………594
　　27・2・1　サイリスタ単相半波ブリッジ型整流回路　594
　　27・2・2　サイリスタ単相全波型整流回路　596
　　27・2・3　サイリスタによる3相全波整流回路　599
　　27・2・4　高調波成分とひずみ率　601
　　27・2・5　転流リアクタンス（電源側リアクタンス）の影響　602
　27・3　dc-dc コンバータ ………………………………………………………………………603
　　27・3・1　直流降圧用 dc-dc コンバータ　603
　　27・3・2　昇圧コンバータ　605
　　27・3・3　昇降圧コンバータ　606
　　27・3・4　2象限/4象限コンバータ（複合コンバータ）　608
　　27・3・5　dc-dc コンバータのパルス幅変調（PWM）制御　609
　　27・3・6　多相コンバータ　610
　27・4　dc-ac インバータ ………………………………………………………………………610
　　27・4・1　インバータの概要　610
　　27・4・2　単相インバータ　611
　　27・4・3　3相インバータ　614
　27・5　インバータの PWM 制御 ……………………………………………………………616
　　27・5・1　PWM 制御の原理（三角波変調の場合）　616
　　27・5・2　許容誤差バンド PWM 制御　619
　27・6　サイクロコンバータ ……………………………………………………………………620

第28章　発電・送変電および受配電システムにおけるパワーエレクトロニクスの応用　　625

　28・1　パワーエレクトロニクスの応用 ………………………………………………………625
　28・2　モータ駆動応用 …………………………………………………………………………626

28・2・1　誘導電動機駆動制御　626
　　28・2・2　V/F 制御　628
　　28・2・3　一定トルク一定速度制御　630
　　28・2・4　誘導電動機の瞬時空間ベクトル制御　631
　　28・2・5　回転磁界を得る空間ベクトル制御　634
　　28・2・6　d-q 変換 PWM 正弦波制御　635
　28・3　発電機励磁システム　　　　　　　　　　　　　　636
　28・4　可変速揚水発電電動機システム　　　　　　　　　　638
　28・5　風 力 発 電　　　　　　　　　　　　　　　　　　642
　　28・5・1　風力発電システム　642
　　28・5・2　風力用発電機　646
　　28・5・3　風力発電用変電所　646
　28・6　小 水 力 発 電　　　　　　　　　　　　　　　　647
　28・7　太 陽 光 発 電　　　　　　　　　　　　　　　　648
　　28・7・1　ソーラエネルギーと PV 太陽光発電方式　648
　　28・7・2　起動時の問題　651
　28・8　静止型無効電力補償器（他励方式）　　　　　　　　652
　　28・8・1　SVC　652
　　28・8・2　TCR　654
　　28・8・3　交直変換回路による無効電力補償装置　655
　　28・8・4　非対称 PWM 制御とその SVC への応用　656
　　28・8・5　SVG あるいは STATCOM　657
　28・9　電力用アクテイブフィルタ　　　　　　　　　　　660
　　28・9・1　電力用アクテイブフィルタの基本原理　660
　　28・9・2　アクテイブフィルタの d-q 法制御　662
　　28・9・3　SVG の d-q 法空間ベクトル PWM 制御　664
　　28・9・4　直流インバータの d-q 変換法制御　664
　　28・9・5　電力用アクテイブフィルタ（p-q 座標法）　666
　28・10　直流送電（HVDC 送電）　　　　　　　　　　　　666
　28・11　電力無効制御（FACTS）　　　　　　　　　　　　670
　　28・11・1　FACTS の概要　670
　　28・11・2　直列キャパシタ TCSC および TPSC　672
　　28・11・3　直列キャパシタ補償に伴う発電機の超低周波共振現象　673
　28・12　鉄道における PE 応用　　　　　　　　　　　　673
　　28・12・1　鉄道用変電設備での応用　673
　　28・12・2　鉄道車載用モータ駆動システム　674
　28・13　無停電電源（UPS）　　　　　　　　　　　　　　677

付録 1．数 学 公 式　　　　　　　　　　　　　　　　　　681
付録 2．回路方程式の行列記法　　　　　　　　　　　　　685

分類別解説個所一覧　　　　　　　　　　　　　　　　　　689

休憩室

1．電気の夜明け：先駆的役割を果たした 19 世紀前半の大科学者たち　28
2．Faraday と Henry，電気エネルギー利用への道を開いた巨人　53

3. Weberと他の開拓者たち　65
4. Maxwell, 19世紀で最も偉大な科学者　121
5. Hertzによる電波の発見と現代の始まり　155
6. 実用工学の輝かしい夜明け：1885–1900年代　169
7. 電気工学の巨人 Heaviside　221
8. 複素記号法の誕生と創始者 Arthur Kennelly　255
9. 電気・電力工学の大先駆者 Steinmetz　271
10. 電力技術理論：初期の先駆者の人々　287
11. 対称座標法，その生みの親・Fortescueと育ての親・別宮貞俊　319
12. α-β-0法（Clarke Components）の登場　339
13. d-q-0法の登場　406
14. アメリカ，電気事業・電気メーカー誕生のころ　422
15. 雷撃解析，そして絶縁強調　564
16. 日本，電気事業・電気メーカー誕生のころ　622
17. 電化社会100年の今　678

序章　電力技術と技術者の使命

　人類の文明史における第一級の成果として**火の利用，農耕技術，文字による意思疎通**などが挙げられますが，これらに肩を並べて論じうるのが20世紀のほぼ100年間で築き上げられた**電気利用による社会基盤の仕組み**といえるのではないでしょうか．また，この100年間でも私達が生きている現代は人類にとって電気はもはや**便利な存在**の時代をとっくに通り越して**一日も欠かすことのできない絶対的生存基盤**となりました．**動力エネルギー確保・輸送・利用の方法**として，また**情報伝達媒体**として，私達現代の人間は**電気がなくては水も食料も獲得できず，火を起こすこともできず，生存不可能**な社会にいるという点で他の動植物と区別される時代を生きています．いうまでもなくその電気をつくり・運び・利用する役割を担うのが電力システムネットワーク（発電所・変電所・送電線・負荷などすべての構成メンバーを含めた広義の電力系統）です．

　電力システム（あるいは電力系統）は精緻な人体の仕組みにたとえることができます．生命体の特徴がそっくりそのまま電力系統ネットワークの特徴に合致するのです．両者の類似点を比較してみるのも電力の本質的特徴を理解するうえで有意義かと思います．

第一は両者がともに "巨大かつ緻密な生きた有機的集合体" であることです．

　生命体としての人体は非常に多数のサブシステム（肉体の部位や器官）・これらを構成する局所組織・無数の細胞レベルなどの構成メンバーからなる巨大な有機結合組織体であります．

　一方，電気は全国津々浦々のどの町・どの施設・どの家・どの部屋にもあり，これらすべてが（離島を例外として）電線で相互に接続された**単一の系統**として構成されているのですから電力ネットワークの巨大さと緻密さは並みのものではありません．ネットワークは発電所・変電所・送電線路・負荷など，発電機・変圧器・開閉器など，制御系・保護リレー系・補助動力系など，給電所・制御所・伝送系等々，さまざまなメンバーが複雑につなぎ合わされた一つの集合組織体であり，またこれらを構成する一つのコイルや一つの電子部品も細胞的なメンバーとして電力系統全体の運転に常時かかわっています．発電所や制御所で運転をつかさどる人々による人間系も頭脳的役割を担う重要メンバーといえるでしょう．これら大小無数のメンバーのすべてが有機的集合体として密接に連動することで見事に調和して時々刻々その機能を発揮し，日常の系統運営・運転が成り立っています．どのメンバーも他のメンバーと連係調和して機能しており，無数の細胞からなる巨大な生命体になぞらえるゆえんです．電力系統は間違いなく人類の創った最高・最大の**巨大で緻密な生き物**です．

第二は新陳代謝による**生命維持と成長**についてです．

　人体は外部からエネルギーを摂取して加工・利用することで生命活動を維持しています．古い細胞は死滅し廃棄され，代わって新しい細胞が生まれ，組織へ組み込まれることを繰り返しつつ生命体全体として生命を維持し，成長し，変貌を遂げていきます．

　電力系も同様です．発電・輸送・利用の全設備を単一のネットワークで結んで運転することが前提ですから，既存電力系統に対して**老朽設備の廃棄，更新と新規設備の継ぎ足し**を行いつつ成長し，変化を遂げていきます．生命体も電力系統もその機能を片時も停止することなく，この増殖と廃棄を器用に繰り返しているといえるでしょう．日本の系統でいうならば，

1910年代に本州に長距離電力輸送が実現して以来，系統はこの**新規部分の継ぎ足しと老朽部分の廃棄の繰り返し**を経て今日の系統に成長したのであり，この間，**運転が全部止ってしまったことなどは一瞬もない**のです．また，（電気が初めて導入されたごく初期の時代と離島の事情を例外として）既存の系統とは別個の新しい系統がつくられたこともないのです．今私達は100年前に生まれて片時も休むことなく世代を超えて成長し，形を変えつつ一刻も停止することなく運転されてきた電力系統システムを世代として受け継いでいるのです．

第三は**エネルギー摂取と消費の収支同時・等量性**です．

人間は食事の後，数時間で空腹を覚えます．エネルギーの摂取と消費の時間的ずれを補う貯蔵能力はせいぜい数時間で，人生の長さに比べればほとんどゼロに等しいといえるでしょう．電力の場合も昨今よく話題となる**発生と消費の同時・等量性**が重要な特徴の一つといえるでしょう．揚水発電所や局所的な電力貯蔵設備の貯蔵能力も全体の消費量から見れば微々たるものです．エネルギー貯蔵能力がごくわずかなために，エネルギーの獲得（発電）と消費の収支バランスを時々刻々図らなければならないことは宿命といえるでしょう．

第四は**タフさと繊細性を合わせ持つ有機体**ということです．

人体は病気や怪我でも活動を続けることができ，また治癒回復力をも備えています．何らかの理由で手足や重要な器官の一部分を失っても元気に活動し続けるタフさを備えています．反面，何らかの外部要因や内部要因による局所的な異常が時には広範囲な機能不全の原因となります．また，ごく局所的な組織細胞の異常が生命を脅かすという繊細さも合わせ持っております．

電力系統ではタフさを備えるように，さまざまな冗長性が考慮されています．どの部位にせよ異常が極力発生しないように細心の配慮で構築され，運転制御されており，また，発電所や送電線に雷や自然災害・故障などが発生しても保護リレーやその他の仕組みによって当該部を切り離すことで系統機能を堅持し，停電を防止（あるいは局限）するようにさまざまな工夫がされています．反面，度を越した過酷な運転状態や障害発生時には停電は避けられず，また極限的なぎりぎりの状態では，たった一つの装置，一つの部品の異常がトリガとなって系統の重要な部分の切り離しが次々に生じて（ドミノ現象）遂には系統が寸断され，広範囲の停電を招くということもないとはいえません．ここでいう**ぎりぎりの状態**とは，"電力系統の各メンバーの許容能力を超える過電圧・過電流・過（不足）周波数限界とか，定態・過渡・動態安定度，電圧安定度などの冗長度限界，またメンバーの故障や耐用寿命など"というような状態です．**連鎖的現象**の典型例としては，需給のバランス崩れによって生ずる過（不足）周波数による発電機群の連鎖的脱落（トリップ），過電流による複数線路の連鎖的遮断，重要変電所の全停止事故による系統の寸断，安定度限界による脱調，電圧不安定脱調など，というようなことでしょう．一つのメンバーの脱落によって他のメンバーの負担が急増し，第二，第三と次々にメンバーの連鎖的脱落を招くドミノ現象も有機体の共通点といえるでしょう．

余談ですが，私達はさまざまな発電・送変電設備を慣例的に主回路系・補助回路系，主機・補機，補助装置さらには補助装置部品などと区別することがあります．系統が階層構造となっている以上，当然の呼び方かもしれませんが筆者はあまり好きではありません．一メンバーの不具合発生時の全系への影響という観点からは，いわゆる補助装置の小さな電子部品の不具合が，大容量の主回路メンバーの脱落より深刻な場合もまれにはあるのです．系統の運転維持，停電の局限の観点からいえば，各メンバーの重要性はそのサイズや規模で決まるものでもなく，すべてのメンバーがそれぞれの役割を担う必要かつ対等のメンバーであると考えるべきかとも思います．

第五には**能力を超える酷使が招く結果**についてです．

人体も電力系統も長期にわたり無理を重ねすぎ，また保全を怠れば回復不能の状態となります．電気への依存度が極限まで高まった今日では，電力系統が慢性的な停電を招くような取り返しのつかない状態になることを絶対に避けなければなりません．

第六として，**最高度の精密な技**ということも類似点として数えたいと思います．

生命体の精緻さはいうまでもありませんが，電力系統もまた，局所的にもトータル的にも最高度の精緻な技の結集されたものといえるでしょう．私達が日常何気なく目にする送電線，発変電所のすべての設備，給電所・制御所のオンライン計算機システムや通信システム，さまざまな負荷系の高度の技，これらすべてが100年の英知を積み上げた**最高の技術**なのです．電気技術者がプライドとして持ってしかるべき大切な認識かと思います．

さて，最後に生命体の**寿命**について述べる必要があります．電力系統の寿命が尽きるときとは何を意味するのでしょうか．それは人類が電気の利用を放棄し，電気発明前の時代に逆戻りすることを意味します．そのときはこの地球の養いうる人口規模も間違いなく大昔の規模にまで淘汰されなければならず，また幸運に生き延びた人々も遠く江戸時代以前の生活に戻るしかありません．

電力系統は新しく作ることのできるものではなく，祖先から受け継いだ現在のシステムを今後も世代を重ねて永久に継承していくものです．人類が旧時代への逆戻りを望まない限り，電力技術者の使命は世代を超えて軽くなることはありません．技術者は崇高な使命感とプライドを持って立派な系統を次世代に継承していかなければならないと考えます．

第 1 章　送電線の回路定数

電力系統の性質を知るためには送電線の性質を十分に知る必要がある．本章では3相送電線の回路の性質について述べる．ただし，この章では3相回路としての基本となる関係式とそれに使われる回路定数の求め方を中心とし，実際の定数の大きさについては第2章で取り扱う．

1・1　LR のみからなる送電線の特性

1・1・1　LR からなる1回線送電線の特性（架空地線なしの場合）

〔a〕　電圧・電流の基本式と等価回路

LR のみからなる3相送電線は図1・1(a)のように表せる．図において r_g, L_g は送電線区間 m-n の間の大地の等価的に表した抵抗およびインダクタンスである．また考えている地点 m-n 間送電線の入口および出口につながれる外部回路IおよびIIはどんな3相回路であってもよい．

ここで特に注意すべきことは，送電線の a, b, c 各相にそれぞれ I_a, I_b, I_c が流れる（いずれもベクトル電流であり，矢印の方向は同一方向に約束する．図ではmからnの方向へ流れるとした）とすれば，これらの合成電流 $I_a+I_b+I_c$ は，大地の部分でn地点からm地点に帰ってくるということである．つまり，送電線は3本の架空電線のほかに大地回路をも含めて一つの送電線回路とみなす必要がある．

図1・1(a) の地点 m-n 間送電線の関係式は容易に次のように求められる．なお，**電圧，電流**はいずれも**複素数ベクトル**である．

$$
\begin{aligned}
&{}_mV_a - {}_nV_a = (r_a + j\omega L_{aag})I_a + j\omega L_{abg}I_b + j\omega L_{acg}I_c - {}_{mn}V_g &&\cdots\cdots①\\
&{}_mV_b - {}_nV_b = j\omega L_{bag}I_a + (r_b + j\omega L_{bbg})I_b + j\omega L_{bcg}I_c - {}_{mn}V_g &&\cdots\cdots②\\
&{}_mV_c - {}_nV_c = j\omega L_{cag}I_a + j\omega L_{cbg}I_b + (r_c + j\omega L_{ccg})I_c - {}_{mn}V_g &&\cdots\cdots③\\
&\text{ただし，}\ {}_{mn}V_g = (r_g + j\omega L_g)I_g = -(r_g + j\omega L_g)(I_a + I_b + I_c) &&\cdots\cdots④
\end{aligned}
\quad (1\cdot 1)
$$

式(1・1) の①に④を代入して ${}_{mn}V_g$, I_g を消去すると，

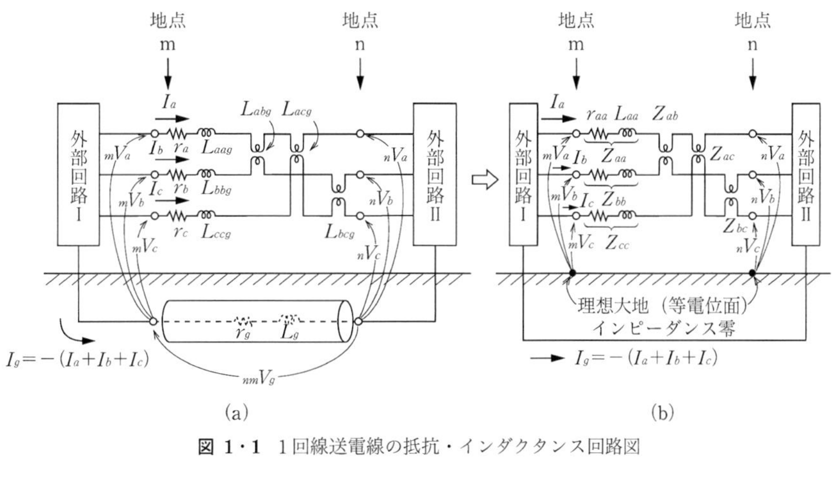

図 1・1　1回線送電線の抵抗・インダクタンス回路図

$$_mV_a - {}_nV_a = (r_a + r_g + j\omega\overline{L_{aag} + L_g})I_a + (r_g + j\omega\overline{L_{abg} + L_g})I_b$$
$$+ (r_g + j\omega\overline{L_{acg} + L_g})I_c \quad \cdots\cdots\cdots \text{⑤}$$

同様に②,③に④を代入して,

$$_mV_b - {}_nV_b = (r_g + j\omega\overline{L_{bag} + L_g})I_a + (r_b + r_g + j\omega\overline{L_{bbg} + L_g})I_b$$
$$+ (r_g + j\omega\overline{L_{bcg} + L_g})I_c \quad \cdots\cdots\cdots \text{⑥}$$

$$_mV_c - {}_nV_c = (r_g + j\omega\overline{L_{cag} + L_g})I_a + (r_g + j\omega\overline{L_{cbg} + L_g})I_b$$
$$+ (r_c + r_g + j\omega\overline{L_{ccg} + L_g})I_c \quad \cdots\cdots\cdots \text{⑦}$$

(1・2)

となる。式(1・1) と (1・2) は等価であり,図1・1(a) に示すm-n区間送電線の基本式である。式(1・2)を一層取扱いやすくするために行列式(マトリックス方程式)で表せば,式(1・3)のようになる。**行列式については付録を参照されたい。**

$$\begin{vmatrix} {}_mV_a \\ {}_mV_b \\ {}_mV_c \end{vmatrix} - \begin{vmatrix} {}_nV_a \\ {}_nV_b \\ {}_nV_c \end{vmatrix} = \begin{vmatrix} r_a + r_g + j\omega\overline{L_{aag} + L_g} & r_g + j\omega\overline{L_{abg} + L_g} & r_g + j\omega\overline{L_{acg} + L_g} \\ r_g + j\omega\overline{L_{bag} + L_g} & r_b + r_g + j\omega\overline{L_{bbg} + L_g} & r_g + j\omega\overline{L_{bcg} + L_g} \\ r_g + j\omega\overline{L_{cag} + L_g} & r_g + j\omega\overline{L_{cbg} + L_g} & r_c + r_g + j\omega\overline{L_{ccg} + L_g} \end{vmatrix} \cdot \begin{vmatrix} I_a \\ I_b \\ I_c \end{vmatrix}$$

$$\equiv \begin{vmatrix} r_{aa} + j\omega L_{aa} & r_{ab} + j\omega L_{ab} & r_{ac} + j\omega L_{ac} \\ r_{ba} + j\omega L_{ba} & r_{bb} + j\omega L_{bb} & r_{bc} + j\omega L_{bc} \\ r_{ca} + j\omega L_{ca} & r_{cb} + j\omega L_{cb} & r_{cc} + j\omega L_{cc} \end{vmatrix} \cdot \begin{vmatrix} I_a \\ I_b \\ I_c \end{vmatrix}$$

$$\equiv \begin{vmatrix} Z_{aa} & Z_{ab} & Z_{ac} \\ Z_{ba} & Z_{bb} & Z_{bc} \\ Z_{ca} & Z_{cb} & Z_{cc} \end{vmatrix} \cdot \begin{vmatrix} I_a \\ I_b \\ I_c \end{vmatrix}$$

(1・3)

ここで,
$$Z_{aa} = r_{aa} + j\omega L_{aa} = (r_a + r_g) + j\omega(L_{aag} + L_g)$$
$$Z_{bb},\ Z_{cc} \text{もこれに準ずる。}$$
$$Z_{ab} = r_{ab} + j\omega L_{ab} = r_g + j\omega(L_{abg} + L_g)$$
$$Z_{ac},\ Z_{bc} \text{などもこれに準ずる。}$$

(1・4)

また,これらのマトリックス方程式を記号的に表せば,

$$_m\boldsymbol{V}_{abc} - {}_n\boldsymbol{V}_{abc} = \boldsymbol{Z}_{abc} \cdot \boldsymbol{I}_{abc}$$

(1・5)

ただし,

$$_m\boldsymbol{V}_{abc} = \begin{vmatrix} {}_mV_a \\ {}_mV_b \\ {}_mV_c \end{vmatrix}, \quad {}_n\boldsymbol{V}_{abc} = \begin{vmatrix} {}_nV_a \\ {}_nV_b \\ {}_nV_c \end{vmatrix}, \quad \boldsymbol{Z}_{abc} = \begin{vmatrix} Z_{aa} & Z_{ab} & Z_{ac} \\ Z_{ba} & Z_{bb} & Z_{bc} \\ Z_{ca} & Z_{cb} & Z_{cc} \end{vmatrix}, \quad \boldsymbol{I}_{abc} = \begin{vmatrix} I_a \\ I_b \\ I_c \end{vmatrix}$$

(1・6)

結局,図1・1(a) の回路関係式は式(1・3), (1・4) または式(1・5), (1・6) で表されることになる。

これらの基本式は図1・1(a) の大地の r_g, L_g をも考慮したものであるが,すでに大地の I_g, $_{mn}V_g$ は消去された形で表されている。そこで,式(1・3), (1・4) あるいは式(1・5), (1・6) を新たに等価回路として表すと図1・1(b) が得られる。図1・1(b) では大地の抵抗 r_g,インダクタンス L_g はすでに線路インピーダンス Z_{aa}, Z_{ab} などに折り込まれており,したがって,等価回路上では大地部分のインピーダンスは零で,地点 m,n とも同電位として表されている。図1・1(a) と図1・1(b) の間のインピーダンスの相互関係は式(1・4) で表されることはもちろんである。2線間相互インピーダンス Z_{ab} は単にインダクタンス L_{abg} からなるのではなく,大地の r_g と L_g も含まれていることが注目される。

一般に,故障計算など電力系統の解析に用いる送電線特性は,取扱いを簡単にするために図1・1(b) および式(1・3), (1・4) の表現が採用され,大地の存在を考慮した Z_{aa}, Z_{ab} などで与えられる。Z_{aa}, Z_{bb}, Z_{cc} を**大地を考慮した自己インピーダンス**, Z_{ab}, Z_{ac}, Z_{bc} などを**大**

地を考慮した相互インピーダンスという．

〔b〕 線路インピーダンス Z_{aa}, Z_{ab} 等の実測

送電線のインピーダンスを実測する方法を考えてみよう．送電線は図1·1(b) および式(1·3), (1·4)で表されるから，適当な電源と電圧計と電流計を用意して，地点 m，n の送電線電圧・電流を実測することによりいろいろのインピーダンスが測定できる．

図1·2(a) の接続にすれば，地点 n では3線とも接地されているから ${}_nV_a={}_nV_b={}_nV_c=0$ であり，また地点 m では b 線，c 線が開放されているから $I_b=I_c=0$ である．これらの条件を式(1·3) に代入すると，

$$\begin{bmatrix} {}_mV_a \\ {}_mV_b \\ {}_mV_c \end{bmatrix} - \begin{bmatrix} 0 \\ 0 \\ 0 \end{bmatrix} = \begin{bmatrix} Z_{aa} & Z_{ab} & Z_{ac} \\ Z_{ba} & Z_{bb} & Z_{bc} \\ Z_{ca} & Z_{cb} & Z_{cc} \end{bmatrix} \cdot \begin{bmatrix} I_a \\ 0 \\ 0 \end{bmatrix} \quad (1·7)$$

すなわち，${}_mV_a/I_a=Z_{aa}$, ${}_mV_b/I_a=Z_{ba}$, ${}_mV_c/I_a=Z_{ca}$

したがって，図1·2(a) のような接続で地点 m の a 線に電源を接続し，a 線電流 I_a を電流計で測定し，また地点 m の電圧 ${}_mV_a$, ${}_mV_b$, ${}_mV_c$ を電圧計で測定すれば，式(1·7) により Z_{aa}, Z_{ba}, Z_{ca} などすべてのインピーダンスが測定できる．

同様にして，電源を b 線に接続して Z_{ab}, Z_{bb}, Z_{cb} が実測され，また c 線に接続して Z_{ac}, Z_{bc}, Z_{cc} が実測できる．

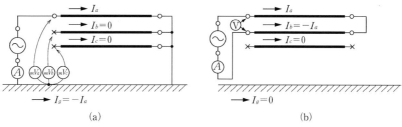

図 1·2 インピーダンス実測回路

〔c〕 送電線導体の作用インダクタンス（working inductance） $L_{aa}-L_{ab}$

図1·2(b) は電流 I が導体 a を m 点から n 点方向に流れ，またその電流 I が導体 b を通って n 点から m 点に戻ってくる場合を示している．この場合の境界条件は $I_a=-I_b=I$, $I_c=0$, ${}_nV_a={}_nV_b$ であるから

$$\begin{bmatrix} {}_mV_a \\ {}_mV_b \\ {}_mV_c \end{bmatrix} - \begin{bmatrix} {}_nV_a \\ {}_nV_b={}_nV_a \\ {}_nV_c \end{bmatrix} = \begin{bmatrix} Z_{aa} & Z_{ab} & Z_{ac} \\ Z_{ba} & Z_{bb} & Z_{bc} \\ Z_{ca} & Z_{cb} & Z_{cc} \end{bmatrix} \cdot \begin{bmatrix} I \\ -I \\ 0 \end{bmatrix} \quad (1·8\text{a})$$

したがって

$$\left.\begin{array}{l} {}_mV_a-{}_nV_a=(Z_{aa}-Z_{ab})\cdot I ：\text{a 相導体の点 m-n 間の電圧降下} \\ {}_mV_b-{}_nV_b=-(Z_{bb}-Z_{ba})\cdot I ：\text{b 相導体の点 m-n 間の電圧降下} \quad ① \\ V={}_mV_a-{}_mV_b=\{(Z_{aa}-Z_{ab})+(Z_{bb}-Z_{ba})\}\cdot I \\ V/I=({}_mV_a-{}_mV_b)/I=(Z_{aa}-Z_{ab})+(Z_{bb}-Z_{ba})≒\{\text{作用インピーダンスの2倍}\} \quad ② \end{array}\right\}$$
$$(1·8\text{b})$$

式(1·8b) ①は電流 I が a 相導体から流れ出て b 相導体から戻る往復電流による地点 m-n 間の電圧降下を示している．a 相から流出した電流がすべて b 相から帰ってくるので，c 相導

体や大地の電流はゼロである．すなわち，c相導体や大地はこの場合に何ら寄与していない．換言すれば，式(1·8b)の関係式は平行に走るa相導体とb相導体の状況だけで決まる関係式であって，c相導体や大地の有無に影響されないのである．結局，インピーダンス$(Z_{aa}-Z_{ab})$および$(Z_{bb}-Z_{ba})$は導体a，bの相対的な関係だけで決まる固有値であってその他の導体の存在に関係しない．この$(Z_{aa}-Z_{ab})$はa相導体のb相導体にかかわる**作用インピーダンス**といわれるものであり，また対応する$(L_{aa}-L_{ab})$は**作用インダクタンス**といわれる．

さらに，一般にa相導体とb相導体は同一寸法諸元であるから，a相作用インピーダンスとb相作用インピーダンスは同じ値となるはずである．すなわち$(L_{aa}-L_{ab})=(L_{bb}-L_{ba})$である．

さて，作用インダクタンスは電磁気学の専門書に必ず記載されている次式で与えられる（式の導入は(1·39)～(1·44)を参照）．

$$L_{aa}-L_{ab}=L_{bb}-L_{ba}=0.4605\log_{10}\frac{S_{ab}}{r}+0.05 \text{ (mH/km)} \tag{1·9}$$

式に含まれるのはa，b両導体の半径rと両導体間の平行離隔距離S_{ab}だけであり，またこの値はそのほかの導体の有無に左右されない．

送電線導体の作用インダクタンスは式(1·8b)によって測定した値の二分の一，すなわち$(1/2)\cdot V/I$として測定することができる．

〔d〕 大地を考慮した自己インダクタンス，相互インダクタンスの大きさ

式(1·3)のインピーダンスマトリックス中のインダクタンスL_{aa}，L_{ab}などはどのような値になるかを考えてみよう．

送電線のa，b，c相にそれぞれI_a，I_b，I_cが流れ，大地から$I_a+I_b+I_c$が帰ってくる．この場合のインダクタンスの実測値は，大地を完全導体と仮定して電磁気学的に計算した値より一般に大きくなってしまう．そこで，**図1·3**に示すように地中深くに仮想大地面を考え，これに対してa，b，c線と対称なα，β，γ線があって，I_a，I_b，I_cはそれぞれα，β，γ線を集中的に流れて帰ってくると考える．このようにして電磁気学的に計算すると次式が得られる．

i　大地を考慮したa相自己インダクタンスL_{aa}の計算

図1·3に示すように，距離h_a+H_aを隔てて往路をa線（半径r），帰路をα線とする往復回路のa線に関するインダクタンスは，

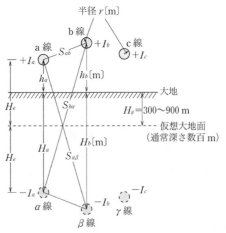

図1·3　大地を考慮したa相自己インダクタンス

$$L_{aag} = 0.4605 \log_{10} \frac{h_a + H_a}{r} + 0.05 \quad [\text{mH/km}] \tag{1・10 a}$$

である．これに対して α 線（実際の大地電流通路は深さ H_a を中心に地表面にまでも及ぶので，α 線の半径は H_a と考える）に関するインダクタンス，すなわち大地のインダクタンスは（$h_a \ll H_a$ であることに留意して），

$$L_g = 0.4605 \log_{10} \frac{h_a + H_a}{H_a} + 0.05 \, [\text{mH/km}] \fallingdotseq 0.05 \quad [\text{mH/km}] \tag{1・10 b}$$

となる．

したがって，

$$L_{aa} = L_{aag} + L_g = 0.4605 \log_{10} \frac{h_a + H_a}{r} + 0.1 \quad [\text{mH/km}] \tag{1・11}$$

となる．

なお，先に述べた数値例でもわかるように上記一連の式の右辺第2項の 0.1 または 0.05 mH/km は L_{aa}，L_{ab} などに大きい影響を与えるものではない．L_{bb}，L_{cc} もこれに準ずる．

ii 大地を考慮した a–b 線間の相互インダクタンス L_{ab}，L_{ba} などの計算

式 (1・9) と (1・11) の差として求められる．

$$L_{ab} = L_{aa} - (L_{aa} - L_{ab}) = 0.4605 \log_{10} \frac{h_a + H_a}{S_{ab}} + 0.05 \quad [\text{mH/km}]$$

$$\fallingdotseq 0.4605 \log_{10} \frac{S_{a\beta}}{S_{ab}} + 0.05 \quad [\text{mH/km}] \tag{1・12 a}$$

同様に

$$L_{ba} = 0.4605 \log_{10} \frac{h_r + H_r}{S_{ab}} + 0.05 \quad [\text{mH/km}]$$

$$\fallingdotseq 0.4605 \log_{10} \frac{S_{b\alpha}}{S_{ab}} + 0.05 \quad [\text{mH/km}] \tag{1・12 b}$$

ただし，$h_a + H_a \fallingdotseq 2H_e \fallingdotseq 2H_g$ などである．

なお，式 (1・9)，(1・10 a) の求め方については 1・3・1 項を参照されたい．

ところで，仮想大地面の深さ $H_g \fallingdotseq H_e = (h_a + H_a)/2$ は周波数と地質によって異なるが，商用周波数では一般に 300～900 m 程度で，地質学的に古い地層ほど深くなるといわれる．日本のように比較的新しい新生代以降の地質年代の地域では海岸地帯で 300 m，山岳地帯で 600 m 程度のことが多いといわれる．一方，送電線の高さ h_a などはせいぜい数十 m，相間距離 S_{ab} などは数 m，導体半径 r（正確にいえば多導体線路では後述する導体の等価半径）はせいぜい数十 cm 程度であるから，

$$\left. \begin{array}{l} H_a \fallingdotseq H_b \fallingdotseq H_c \fallingdotseq 2H_e \gg h_a \fallingdotseq h_b \fallingdotseq h_c \gg S_{ab} \fallingdotseq S_{bc} \fallingdotseq S_{ca} \gg r \\ S_{a\beta} \fallingdotseq S_{b\alpha} \fallingdotseq h_a + H_a = 2H_e \fallingdotseq h_b + H_b \end{array} \right\} \tag{1・13}$$

などの関係になるので，式 (1・10)，(1・11)，(1・12) より

$$L_{aa} \fallingdotseq L_{bb} \fallingdotseq L_{cc}, \quad L_{ab} \fallingdotseq L_{bc} \fallingdotseq L_{ca} \tag{1・14}$$

などとなることも明らかである．

数値試算

仮に，$S_{ab} = 10\,\text{m}$，$r = 0.05\,\text{m}$，$H_e = (h_a + H_a)/2 \fallingdotseq H_g = 900\,\text{m}$ とすれば，式 (1・9)，(1・10) より $L_{aa} = 2.20\,\text{mH/km}$，$L_{ab} = 1.09\,\text{mH/km}$ となる．

また，$H_e = (h_a + H_a)/2 = 300\,\text{m}$ と仮定しても $L_{aa} = 1.98\,\text{mH/km}$，$L_{ab} = 0.87\,\text{mH/km}$ であり，$h_a + H_a$ が変わってもこれは式中の対数項に含まれているので L_{aa} や L_{ab} はあまり大幅には変わらない．同様に r や S_{ab} も式中の対数項に含まれているので，これらが変わっても L_{aa}，L_{ab} にはあまり影響しない．

なお，式 (1・14) の関係があるので式 (1・3) において

$$Z_{ab} ≒ Z_{ba}, \quad Z_{aa} ≒ Z_{bb} ≒ Z_{cc}, \quad Z_{ab} ≒ Z_{bc} ≒ Z_{ca}$$

などの関係があることも明らかである．送電線が十分にねん架されていて3相がほぼ平衡とみなせる場合には，式(1・3)はさらに簡単になって，第2章の式(2・13)のように表すことができる．

〔e〕 多導体送電線のリアクタンス

近年の EHV・UHV 級の送電線はほとんどすべて多導体（multi-bundled conductors：$n=2\sim8$）送電線となっている．図1・4 は4導体送電線の構成を示している．一般に n 本導体（各導体の半径：r）の場合，L_{aag} の計算式は式(1・10 a)を修正した次式で計算することができる．

$$\begin{aligned}
L_{aag} &= 0.4605 \log_{10} \frac{h_a + H_a}{r^{1/n} \times w^{(n-1)/n}} + \frac{0.05}{n} \quad \text{〔mH/km〕} \\
&\equiv 0.4605 \log_{10} \frac{h_a + H_a}{r_{\text{eff}}} + \frac{0.05}{n} \quad \text{〔mH/km〕} \\
&\text{ここで, } r_{eq} = r^{1/n} \times w^{(n-1)/n} \text{ は等価半径} \\
&w\text{〔m〕は多導体の相互相乗平均距離：4導体では} \\
&w = (w_{12} \cdot w_{13} \cdot w_{14} \cdot w_{23} \cdot w_{24} \cdot w_{34})^{1/6}
\end{aligned} \quad (1 \cdot 15\,\text{a})$$

仮想導体 α の L_g に関する式(1・10 b)は多導体の採用で影響を受けない．したがって

$$L_{aa} = L_{aag} + L_g = 0.4605 \log_{10} \frac{h_a + H_a}{r_{\text{eff}}} + 0.05 \left(1 + \frac{1}{n}\right) \quad \text{〔mH/km〕} \quad (1 \cdot 15\,\text{b})$$

なお，多導体の等価半径を求める式 $r_{\text{eff}} = r^{1/n} \times w^{(n-1)/n}$ の導入は1・4節を参照されたい．

試　算

TACSR（810 mm²，2章参照），$2r=40$ mm，4導体（$n=4$），w：一辺50 cm の正方形配置の場合

$$\left. \begin{aligned}
w &= (w_{12} \cdot w_{13} \cdot w_{14} \cdot w_{23} \cdot w_{24} \cdot w_{34})^{1/6} = (50 \cdot 50\sqrt{2} \cdot 50 \cdot 50 \cdot 50\sqrt{2} \cdot 50)^{1/6} = 57.24 \text{ cm} \\
r_{eq} &= r^{1/n} \times w^{(n-1)/n} = 20^{1/4} \times 57.25^{(4-1)/4} = 44.0 \text{ mm}
\end{aligned} \right\} \quad (1 \cdot 16)$$

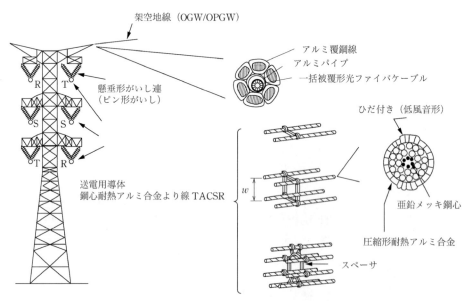

図 1・4　平行2回線送電線（UHV 級）

導体半径 $r=20$ mm に代わって等価半径 $r_{\text{eff}}=44.0$ mm となるから線路の自己インダクタンス L_{aa} は多導体の採用によって若干小さくできる．また，相互インダクタンス L_{ab} の計算式(1・12b)は影響を受けない．なお，後述（第2章，表2・1参照）する正相インダクタンス $L_1 = L_{aa} - L_{ab}$ も多導体によって小さくなるのである．

〔f〕 架空多導体送電線のインピーダンス

図1・1(a) および式(1・2)における大地の抵抗 r_g は非常に小さいので無視することができる．したがって，式(1・4)のいわゆる相互抵抗 r_{ab}, r_{bc}, r_{ca} はゼロとなるので行列式(1・3)の抵抗 r_{aa}, r_{bb}, r_{cc} は導体固有の抵抗 r_a, r_b, r_c と事実上同じである．

ところで上述の線路抵抗 r によって失われる線形の抵抗損（$i^2 \cdot r$ が熱として失われる）のほかに**表皮効果損**と**コロナ損**がある．これらは周波数が高くなるほど著しく大きくなる，いわゆる非線形損なので，サージ領域の現象に対してはその減衰時定数を大きく左右する要因となる．しかしながら，これらの抵抗値は商用周波数領域では導体の固有抵抗よりはるかに小さく，またリアクタンス値よりはさらに小さいことになるので50/60 Hz の現象を扱うに当たっては通常無視して差し支えない．

なお，複導体では導体の等価半径 r_{eff} が大きくなるので導体近傍の電位傾度がある程度緩和されることになり，したがってコロナ損も緩和される．表皮効果損も n 導体合計の断面積と等しい単一導体より非常に小さい値となる．

1・1・2 架空地線のある1回線送電線の関係式

実際の送電線ではa, b, c相3本の架空電線のほかに雷遮へい用として**架空地線**が架設されている場合が多い．このような送電線は，**図1・5**に示すように合計4条（導体a, b, cのほかに架空線 x）の平行電線よりなっているので，式(1・3)に代わって4桁のマトリックス（行列）からなり，次のような関係が得られる．ただし，架空地線である第4線 x は各鉄塔で接地されて大地と同電位となっているから $_mV_x = _nV_x = 0$ としている．

$$\begin{vmatrix} _mV_a \\ _mV_b \\ _mV_c \\ _mV_x=0 \end{vmatrix} - \begin{vmatrix} _nV_a \\ _nV_b \\ _nV_c \\ _nV_x=0 \end{vmatrix} = \begin{vmatrix} Z_{aa} & Z_{ab} & Z_{ac} & Z_{ax} \\ Z_{ba} & Z_{bb} & Z_{bc} & Z_{bx} \\ Z_{ca} & Z_{cb} & Z_{cc} & Z_{cx} \\ Z_{xa} & Z_{xb} & Z_{xc} & Z_{xx} \end{vmatrix} \cdot \begin{vmatrix} I_a \\ I_b \\ I_c \\ I_x \end{vmatrix} \tag{1・17a}$$

このマトリックス方程式の第4行の関係式を変形すると，

$$I_x = -\frac{1}{Z_{xx}}(Z_{xa}I_a + Z_{xb}I_b + Z_{xc}I_c) \tag{1・17b}$$

となるから，これを第1, 2, 3列の関係式に代入して I_x を消去すると，

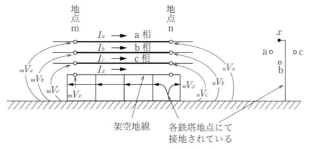

図1・5 架空地線のある1回線送電線回路

$$\left.\begin{array}{l}
\begin{bmatrix} {}_mV_a \\ {}_mV_b \\ {}_mV_c \end{bmatrix} - \begin{bmatrix} {}_nV_a \\ {}_nV_b \\ {}_nV_c \end{bmatrix} = \begin{bmatrix} Z_{aa} & Z_{ab} & Z_{ac} \\ Z_{ba} & Z_{bb} & Z_{bc} \\ Z_{ca} & Z_{cb} & Z_{cc} \end{bmatrix} \cdot \begin{bmatrix} I_a \\ I_b \\ I_c \end{bmatrix} + \begin{bmatrix} Z_{ax}I_x \\ Z_{bx}I_x \\ Z_{cx}I_x \end{bmatrix} \\[10pt]
= \begin{bmatrix} Z_{aa}-\dfrac{Z_{ax}Z_{xa}}{Z_{xx}} & Z_{ab}-\dfrac{Z_{ax}Z_{xb}}{Z_{xx}} & Z_{ac}-\dfrac{Z_{ax}Z_{xc}}{Z_{xx}} \\ Z_{ba}-\dfrac{Z_{bx}Z_{xa}}{Z_{xx}} & Z_{bb}-\dfrac{Z_{bx}Z_{xb}}{Z_{xx}} & Z_{bc}-\dfrac{Z_{bx}Z_{xc}}{Z_{xx}} \\ Z_{ca}-\dfrac{Z_{cx}Z_{xa}}{Z_{xx}} & Z_{cb}-\dfrac{Z_{cx}Z_{xb}}{Z_{xx}} & Z_{cc}-\dfrac{Z_{cx}Z_{xc}}{Z_{xx}} \end{bmatrix} \cdot \begin{bmatrix} I_a \\ I_b \\ I_c \end{bmatrix} \\[10pt]
\equiv \begin{bmatrix} Z_{aa}' & Z_{ab}' & Z_{ac}' \\ Z_{ba}' & Z_{bb}' & Z_{bc}' \\ Z_{ca}' & Z_{cb}' & Z_{cc}' \end{bmatrix} \cdot \begin{bmatrix} I_a \\ I_b \\ I_c \end{bmatrix} \\[10pt]
\text{ここで,}\quad Z_{ax}=Z_{xa},\ Z_{bx}=Z_{xb},\ Z_{cx}=Z_{xc} \\
\qquad Z_{aa}'=Z_{aa}-\delta_{aa},\ Z_{ab}'=Z_{ab}-\delta_{ab} \\
\text{補正項}\quad \delta_{aa}=\dfrac{Z_{ax}Z_{xa}}{Z_{xx}},\ \delta_{ab}=\dfrac{Z_{ax}Z_{xb}}{Z_{xx}}
\end{array}\right\} \quad (1\cdot 18)$$

これが**架空地線のある 1 回線送電線の基本関係式**である．これを架空地線のない場合の関係式(1·3) と比較すると基本的に同形であり，架空地線がある送電線も架空地線の効果を織り込んだうえで 3 行×3 列の行列方程式(1·18) として扱うことができる．

なお，架空地線は第 18–21 章で詳しく述べるように高電圧送電線の耐雷絶縁設計として欠かせないものであるが，線路リアクタンスを補正項 δ_{aa}, δ_{ab} などだけ低減させる効果もあることがわかる．

1·1·3　LR のみからなる平行 2 回線送電線の関係式

図 1·6 に示すような平行 2 回線送電線の基本特性は，その架空地線の有無にかかわらず，1·1·1 項および 1·1·2 項から容易に類推でき，式(1·19) で表される．

$$\begin{bmatrix} {}_mV_a \\ {}_mV_b \\ {}_mV_c \\ {}_mV_A \\ {}_mV_B \\ {}_mV_C \end{bmatrix} - \begin{bmatrix} {}_nV_a \\ {}_nV_b \\ {}_nV_c \\ {}_nV_A \\ {}_nV_B \\ {}_nV_C \end{bmatrix} = \begin{bmatrix} Z_{aa} & Z_{ab} & Z_{ac} & Z_{aA} & Z_{aB} & Z_{aC} \\ Z_{ba} & Z_{bb} & Z_{bc} & Z_{bA} & Z_{bB} & Z_{bC} \\ Z_{ca} & Z_{cb} & Z_{cc} & Z_{cA} & Z_{cB} & Z_{cC} \\ Z_{Aa} & Z_{Ab} & Z_{Ac} & Z_{AA} & Z_{AB} & Z_{AC} \\ Z_{Ba} & Z_{Bb} & Z_{Bc} & Z_{BA} & Z_{BB} & Z_{BC} \\ Z_{Ca} & Z_{Cb} & Z_{Cc} & Z_{CA} & Z_{CB} & Z_{CC} \end{bmatrix} \cdot \begin{bmatrix} I_a \\ I_b \\ I_c \\ I_A \\ I_B \\ I_C \end{bmatrix} \quad (1\cdot 19)$$

なお，送電線が十分にねん架されていて a-b-c 相が平衡とみなしうる場合には，式(1·19) は第 2 章の式(2·17) のように表すことができる．

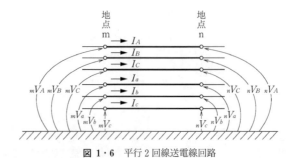

図 1·6　平行 2 回線送電線回路

1・2 送電線の漏れキャパシタンス

1・2・1 1回線送電線の漏れキャパシタンス

〔a〕 3相送電線の充電電荷と電位に関する基本式

図 1・7(a) に示すような1回線送電線のa, b, c相に単位長さ当たり q_a, q_b, q_c〔C/m〕なる電荷が与えられ,そのとき各線の電位が v_a, v_b, v_c〔V〕になるとする.この場合の一般式は次のようになる.

$$\begin{bmatrix} v_a \\ v_b \\ v_c \end{bmatrix} = \begin{bmatrix} p_{aa} & p_{ab} & p_{ac} \\ p_{ba} & p_{bb} & p_{bc} \\ p_{ca} & p_{cb} & p_{cc} \end{bmatrix} \cdot \begin{bmatrix} q_a \\ q_b \\ q_c \end{bmatrix} \qquad \therefore \ \boldsymbol{v}_{abc} = \boldsymbol{p}_{abc} \cdot \boldsymbol{q}_{abc} \qquad (1\cdot 20\,\mathrm{a})$$

ここで,電荷 $\boldsymbol{q}_{abc}$ の単位は〔C/m〕,電位 $\boldsymbol{v}_{abc}$ は波高値表現で単位は〔V〕

または,逆に解いて,

$$\begin{bmatrix} q_a \\ q_b \\ q_c \end{bmatrix} = \begin{bmatrix} k_{aa} & k_{ab} & k_{ac} \\ k_{ba} & k_{bb} & k_{bc} \\ k_{ca} & k_{cb} & k_{cc} \end{bmatrix} \cdot \begin{bmatrix} v_a \\ v_b \\ v_c \end{bmatrix} \qquad \therefore \ \boldsymbol{q}_{abc} = \boldsymbol{k}_{abc} \cdot \boldsymbol{v}_{abc} \qquad (1\cdot 20\,\mathrm{b})$$

ただし,$\boldsymbol{p}_{abc}$ と $\boldsymbol{k}_{abc}$ は逆行列で,$\boldsymbol{p}_{abc} \cdot \boldsymbol{k}_{abc} = \boldsymbol{1}$ の関係にあり(**1**は単位行列)(付録参照),次の関係が成り立つ.

$$\left.\begin{aligned}
k_{aa} &= (p_{bb}p_{cc} - p_{bc}^2)/\varDelta & \text{〔F/m〕} \\
k_{bb} &= (p_{cc}p_{aa} - p_{ca}^2)/\varDelta & \text{〔F/m〕} \\
k_{cc} &= (p_{aa}p_{bb} - p_{ab}^2)/\varDelta & \text{〔F/m〕} \\
k_{ab} &= k_{ba} = -(p_{ab}p_{cc} - p_{ac}p_{bc})/\varDelta & \text{〔F/m〕} \\
k_{bc} &= k_{cb} = -(p_{bc}p_{aa} - p_{ba}p_{ca})/\varDelta & \text{〔F/m〕} \\
k_{ca} &= k_{ac} = -(p_{ca}p_{bb} - p_{cb}p_{ab})/\varDelta & \text{〔F/m〕} \\
\text{ただし,} \varDelta &= p_{aa}p_{bb}p_{cc} + 2p_{ab}p_{bc}p_{ca} \\
&\quad - (p_{aa}p_{bc}^2 + p_{bb}p_{ca}^2 + p_{cc}p_{ab}^2) & \text{〔m}^3/\text{F}^3\text{〕}
\end{aligned}\right\} \qquad (1\cdot 20\,\mathrm{c})$$

なお,p〔m/F〕は**電位係数**,k〔F/m〕は**静電容量係数**といわれるものである.

さて,式(1・20 b) を少し変形すると,

$$\left.\begin{aligned}
q_a &= k_{aa}v_a + k_{ab}v_b + k_{ac}v_c \\
&= (k_{aa} + k_{ab} + k_{ac})v_a + (-k_{ab})(v_a - v_b) + (-k_{ac})(v_a - v_c) & \text{〔C/m〕} \\
q_b &= (k_{ba} + k_{bb} + k_{bc})v_b + (-k_{bc})(v_b - v_c) + (-k_{ba})(v_b - v_a) & \text{〔C/m〕} \\
q_c &= (k_{ca} + k_{cb} + k_{cc})v_c + (-k_{ca})(v_c - v_a) + (-k_{ca})(v_c - v_b) & \text{〔C/m〕}
\end{aligned}\right\} \qquad (1\cdot 21)$$

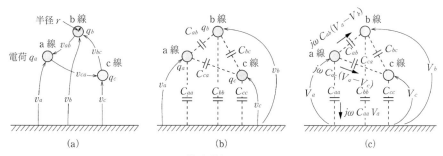

図 1・7 1回線送電線の漏れキャパシタンス

したがって,

$$\left.\begin{aligned} q_a &= C_{aa}v_a + C_{ab}(v_a-v_b) + C_{ac}(v_a-v_c) \quad [\text{C/m}] \\ q_b &= C_{bb}v_b + C_{bc}(v_b-v_c) + C_{ba}(v_b-v_a) \quad [\text{C/m}] \\ q_c &= C_{cc}v_c + C_{ca}(v_c-v_a) + C_{cb}(v_c-v_b) \quad [\text{C/m}] \end{aligned}\right\} \quad (1\cdot 22)$$

ただし, q_a, q_b, q_c の単位は〔C/m〕, v_b, v_b, v_c は瞬時値で単位は〔V〕.

$$\left.\begin{aligned} C_{aa} &= k_{aa} + k_{ab} + k_{ac} \quad [\text{F/m}] & C_{ab} &= -k_{ab} \quad [\text{F/m}] \\ C_{bb} &= k_{ba} + k_{bb} + k_{bc} \quad [\text{F/m}] & C_{bc} &= -k_{bc} \quad [\text{F/m}] \\ C_{cc} &= k_{ca} + k_{cb} + k_{cc} \quad [\text{F/m}] & C_{ca} &= -k_{ca} \quad [\text{F/m}] \\ C_{ac} &= -k_{ac} \quad [\text{F/m}] \\ C_{ba} &= -k_{ba} \quad [\text{F/m}] \\ C_{cb} &= -k_{cb} \quad [\text{F/m}] \end{aligned}\right\} \quad (1\cdot 23)$$

となる．これが**3相1回線送電線の漏れキャパシタンスに関する基本式**である．式(1・22)の形に注目すれば図1・7(a)は図1・7(b)のように表せることがわかる．C_{aa}, C_{bb}, C_{cc} を各線の**1線対地漏れキャパシタンス**, $C_{ab}=C_{ba}$, $C_{bc}=C_{cb}$, $C_{ca}=C_{ac}$ を相間の**相互キャパシタンス**という．

〔b〕 3相送電線の電位と充電電流に関する基本式

上述の説明で，電荷 q を電流 i に書き改めたい．またさらに，実数の波高値表現の電位 v, 電流 i を複素数の実効値 (rms) 表現の電位 $\dot{V}(t)$ 電流 $\dot{I}(t)$ に書き改めたい．その作業を行うこととする．まず，電荷 q〔C/m〕は電流 i（実数波高値）の時間積分であるから，

$$\left.\begin{aligned} q(t) &= \int i(t)dt, \quad i(t) = \frac{dq(t)}{dt} \quad \text{①} \\ &\text{実数波高値 } i \text{ に対応する角周波数 } \omega \text{ の電流実効値複素数 (ベクトル) を}\\ &\dot{I}(t) \text{ とすれば,} \\ i(t) &= \text{Re}(\sqrt{2}\dot{I}(t)) = \text{Re}(\sqrt{2}|I|\cdot e^{j(\omega t+\theta_1)}) = \sqrt{2}|I|\cos(\omega t+\theta_1) \quad \text{②} \\ &\text{ここで，Re( ) はカッコ内の複素数の実数部を表す.} \\ &\text{同様に実数波高値電圧 } v \text{ に対応する角周波数 } \omega \text{ の電圧複素数実効値 (ベクトル) を } \dot{V} \text{ とすれば,} \\ v(t) &= \text{Re}(\sqrt{2}\dot{V}(t)) = \text{Re}(\sqrt{2}|V|\cdot e^{j(\omega t+\theta_2)}) = \sqrt{2}|V|\cos(\omega t+\theta_2) \quad \text{③} \\ &\text{式①，②より,} \\ q(t) &= \int i dt = \int \text{Re}(\sqrt{2}|I|\cdot e^{j(\omega t+\theta_1)})dt = \text{Re}\left(\sqrt{2}|I|\cdot \int e^{j(\omega t+\theta_1)}dt\right) \\ &= \text{Re}\left(\sqrt{2}|I|\cdot \frac{e^{j(\omega t+\theta_1)}}{j\omega}\right) = \text{Re}\left(\frac{\sqrt{2}I}{j\omega}\right) \quad \text{④} \end{aligned}\right\} \quad (1\cdot 24)$$

式③, ④が得られるので，この関係を送電線の漏れキャパシタンスに関する基本式(1・22)に適用すれば，$v_a \to \sqrt{2}V_a$ などに置き換えて

$$\left.\begin{aligned} \text{Re}\left(\frac{\sqrt{2}I_a}{j\omega}\right) &= \text{Re}\{C_{aa}\cdot\sqrt{2}V_a + C_{ab}\cdot\sqrt{2}(V_a-V_b) + C_{ac}\cdot\sqrt{2}(V_a-V_c)\} \\ \text{Re}\left(\frac{\sqrt{2}I_b}{j\omega}\right) &= \text{Re}\{C_{bb}\cdot\sqrt{2}V_b + C_{bc}\cdot\sqrt{2}(V_b-V_c) + C_{ba}\cdot\sqrt{2}(V_b-V_a)\} \\ \text{Re}\left(\frac{\sqrt{2}I_c}{j\omega}\right) &= \text{Re}\{C_{cc}\cdot\sqrt{2}V_c + C_{ca}\cdot\sqrt{2}(V_c-V_a) + C_{cb}\cdot\sqrt{2}(V_c-V_b)\} \end{aligned}\right\} \quad (1\cdot 25)$$

結局，送電線の漏れキャパシタンスに関する基本式は，電流・電圧の複素数実効値で表現すると

$$I_a = j\omega C_{aa} V_a + j\omega C_{ab}(V_a - V_b) + j\omega C_{ac}(V_a - V_c)$$
$$I_b = j\omega C_{bb} V_b + j\omega C_{bc}(V_b - V_c) + j\omega C_{ba}(V_b - V_a)$$
$$I_c = j\omega C_{cc} V_c + j\omega C_{ca}(V_c - V_a) + j\omega C_{cb}(V_c - V_b)$$
(1・26 a)

または，少し変形して

$$\begin{vmatrix} I_a \\ I_b \\ I_c \end{vmatrix} = j\omega \begin{vmatrix} C_{aa}+C_{ab}+C_{ac} & -C_{ab} & -C_{ac} \\ -C_{ba} & C_{ba}+C_{bb}+C_{bc} & -C_{bc} \\ -C_{ca} & -C_{cb} & C_{ca}+C_{cb}+C_{cc} \end{vmatrix} \cdot \begin{vmatrix} V_a \\ V_b \\ V_c \end{vmatrix}$$
(1・26 b)

で表されることになり，また，式(1・26 a) に対応して図1・7(c) が得られる．

〔c〕 漏れキャパシタンス（静電容量 C_{aa}, C_{ab} など）の数値計算式

　図1・8に示すように，等電位面と考えられる大地を基準面としてa, b, c線と対称な位置にある α, β, γ線を想定し，a, b, c, α, β, γ線にはそれぞれ電荷 $+q_a$, $+q_b$, $+q_c$, $-q_a$, $-q_b$, $-q_c$ があると考える．このような条件でa線の電位 v_a を電磁気学的に求めると（詳しくは1・3節で説明する），

$$v_a = \left(\text{a および } \alpha \text{ 線の電荷 } \pm q_a \text{ による a 線電位 } 2q_a \log_e \frac{2h_a}{r} \times 9 \times 10^9 \text{[V]}\right)$$
$$+ \left(\text{b および } \beta \text{ 線の電荷 } \pm q_b \text{ による a 線電位 } 2q_b \log_e \frac{S_{a\beta}}{S_{ab}} \times 9 \times 10^9 \text{[V]}\right) \quad (1・27\text{ a})$$
$$+ \left(\text{c および } \gamma \text{ 線の電荷 } \pm q_c \text{ による a 線電位 } 2q_c \log_e \frac{S_{a\gamma}}{S_{ac}} \times 9 \times 10^9 \text{[V]}\right)$$

である．v_b, v_c についても同様の関係式が得られるので，これらを整理すると，

$$\begin{vmatrix} v_a \\ v_b \\ v_c \end{vmatrix} = \begin{vmatrix} p_{aa} & p_{ab} & p_{ac} \\ p_{ba} & p_{bb} & p_{bc} \\ p_{ca} & p_{cb} & p_{cc} \end{vmatrix} \cdot \begin{vmatrix} q_a \\ q_b \\ q_c \end{vmatrix} = 2 \times 9 \times 10^9 \times \begin{vmatrix} \log_e \frac{2h_a}{r} & \log_e \frac{S_{a\beta}}{S_{ab}} & \log_e \frac{S_{a\gamma}}{S_{ac}} \\ \log_e \frac{S_{b\alpha}}{S_{ba}} & \log_e \frac{2h_b}{r} & \log_e \frac{S_{b\gamma}}{S_{bc}} \\ \log_e \frac{S_{c\alpha}}{S_{ca}} & \log_e \frac{S_{c\beta}}{S_{cb}} & \log_e \frac{2h_c}{r} \end{vmatrix} \cdot \begin{vmatrix} q_a \\ q_b \\ q_c \end{vmatrix}$$
(1・27 b)

ただし，$S_{a\beta} = S_{b\alpha} = \sqrt{\{S_{ab}^2 - (h_a - h_b)^2\} + (h_a + h_b)^2} = \sqrt{S_{ab}^2 + 4h_a h_b}$ など．

　式(1・27) より明らかなように，電位係数 p_{aa}, p_{ab} などは送電線の半径 r，高さおよび相間距離から容易に計算で求められ，また，$p_{ab} = p_{ba}$ などの関係が成り立つことも明らかである．こうして電位係数 p_{aa}, p_{ab} などが求められると式(1・20c) により静電容量係数 k_{aa}, k_{ab} など

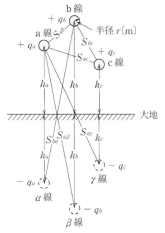

図1・8　大地を基準面とした場合

が決まる．また，式(1・23)により対地および相互漏れキャパシタンス C_{aa}，C_{ab} などが決定される．これらは送電線の半径（r），高さ（h_a, h_b, h_c），相間距離（S_{ab}, S_{ac} など）の線路鉄塔の寸法関係のみで決まるものであることも明らかである．

〔d〕 3相バランスした送電線における漏れキャパシタンスの大きさ

簡単のため完全にねん架された区間について検討しよう．この場合には図1・8において，

$$\left.\begin{array}{l} h \equiv h_a \fallingdotseq h_b \fallingdotseq h_c, \quad S_{ll} \equiv S_{ab} \fallingdotseq S_{ba} \fallingdotseq S_{bc} \fallingdotseq S_{cb} \fallingdotseq S_{ca} \fallingdotseq S_{ac} \\ S_{a\beta} \fallingdotseq S_{ba} \fallingdotseq S_{a\gamma} \fallingdotseq S_{ca} \fallingdotseq S_{b\gamma} \fallingdotseq S_{c\beta} \end{array}\right\} \quad (1\cdot28)$$

となるから，

$$\left.\begin{array}{l} p_s \equiv p_{aa} \fallingdotseq p_{bb} \fallingdotseq p_{cc} \\ p_m \equiv p_{ab} \fallingdotseq p_{ba} \fallingdotseq p_{ac} \fallingdotseq p_{ca} \fallingdotseq p_{bc} \fallingdotseq p_{cb} \end{array}\right\} \quad (1\cdot29)$$

となる．これらの関係を式(1・20)にあてはめると，

$$\left.\begin{array}{l} \varDelta = p_s{}^3 + 2p_m{}^3 - 3p_s p_m{}^2 \\ \quad = (p_s - p_m)^2 (p_s + 2p_m) \\ k_s \equiv k_{aa} \fallingdotseq k_{bb} \fallingdotseq k_{cc} \fallingdotseq (p_s{}^2 - p_m{}^2)/\varDelta = \dfrac{p_s + p_m}{(p_s - p_m)(p_s + 2p_m)} \\ k_m \equiv k_{ab} \fallingdotseq k_{ba} \fallingdotseq k_{ac} \fallingdotseq k_{ca} \fallingdotseq k_{bc} \fallingdotseq k_{cb} = -(p_m p_s - p_m{}^2)/\varDelta \\ \quad = \dfrac{-p_m}{(p_s - p_m)(p_s + 2p_m)} \\ k_s + 2k_m = \dfrac{1}{p_s + 2p_m} \end{array}\right\} \quad (1\cdot30)$$

さらに式(1・23)より，

$$\left.\begin{array}{l} C_s \equiv C_{aa} \fallingdotseq C_{bb} \fallingdotseq C_{cc} = k_s + 2k_m = \dfrac{1}{p_s + 2p_m} \\ C_m \equiv C_{ab} \fallingdotseq C_{ba} \fallingdotseq C_{ac} \fallingdotseq C_{ca} \fallingdotseq C_{bc} \fallingdotseq C_{cb} = -k_m \\ \quad = \dfrac{p_m}{(p_s - p_m)(p_s + 2p_m)} = \dfrac{p_m}{p_s - p_m} \cdot C_s \end{array}\right\} \quad (1\cdot31)$$

となる．ここで，p_s，p_m は式(1・27)より，

$$\left.\begin{array}{l} p_s \equiv p_{aa} \fallingdotseq p_{bb} \fallingdotseq p_{cc} = 2\times 9\times 10^9 \log_e \dfrac{2h}{r} \quad \text{[m/F]} \quad \cdots\cdots\text{①} \\ p_m \equiv p_{ab} \fallingdotseq p_{bc} \fallingdotseq p_{ca} = 2\times 9\times 10^9 \log_e \dfrac{S_{ba}}{S_{ll}} \quad \text{[m/F]} \\ \quad \fallingdotseq 2\times 9\times 10^9 \log_e \dfrac{\sqrt{S_{ll}{}^2 + (2h)^2}}{S_{ll}} \\ \quad = 2\times 9\times 10^9 \log_e \left\{1 + \left(\dfrac{2h}{S_{ll}}\right)^2\right\}^{1/2} \quad \text{[m/F]} \quad \cdots\cdots\cdots\text{②} \\ \text{一般に送電線では，} h > S_{ll}, \left(\dfrac{2h}{S_{ll}}\right)^2 \gg 1 \text{ となるのでさらに，} \\ p_m \fallingdotseq 2\times 9\times 10^9 \log_e \dfrac{2h}{S_{ll}} \quad \text{[m/F]} \quad \cdots\cdots\cdots\cdots\cdots\cdots\text{②}' \end{array}\right\} \quad (1\cdot32)$$

式(1・32)の p_s, p_m を式(1・31)に代入して，

$$C_s = \frac{1}{p_s + 2p_m} \doteqdot \frac{1}{2 \times 9 \times 10^9 \left(\log_e \frac{2h}{r} + 2\log_e \frac{2h}{S_u} \right)} = \frac{1}{2 \times 9 \times 10^9 \log_e \frac{8h^3}{rS_u^2}}$$

$$= \frac{0.02413}{\log_{10} \frac{8h^3}{rS_u^2}} \times 10^{-9} \, [\text{F/m}] = \frac{0.02413}{\log_{10} \frac{8h^3}{rS_u^2}} \, [\mu\text{F/km}] \quad \cdots\cdots\cdots ①$$

一方,

$$\frac{p_m}{p_s - p_m} \doteqdot \frac{\log_e \frac{2h}{S_u}}{\log_e \frac{2h}{r} - \log_e \frac{2h}{S_u}} = \frac{\log_{10} \frac{2h}{S_u}}{\log_{10} \frac{S_u}{r}}$$

$$\quad (1 \cdot 33)$$

であるから,

$$C_m = C_s \cdot \frac{p_m}{p_s - p_m} \doteqdot C_s \cdot \frac{\log_{10} \frac{2h}{S_u}}{\log_{10} \frac{S_u}{r}} = \frac{0.02413}{\log_{10} \frac{8h^3}{rS_u^2}} \cdot \frac{\log_{10} \frac{2h}{S_u}}{\log_{10} \frac{S_u}{r}} \, [\mu\text{F/km}] \cdots ②$$

こうして，十分ねん架された1回線送電線の漏れキャパシタンスは**図1·9**(a) で表され，C_s，C_m は式(1·33) で計算される．このときの電圧・電流の関係は式(1·26 b) より，

$$\begin{vmatrix} I_a \\ I_b \\ I_c \end{vmatrix} = j\omega \begin{vmatrix} C_s + 2C_m & -C_m & -C_m \\ -C_m & C_s + 2C_m & -C_m \\ -C_m & -C_m & C_s + 2C_m \end{vmatrix} \cdot \begin{vmatrix} V_a \\ V_b \\ V_c \end{vmatrix} \quad \therefore \; \boldsymbol{I}_{abc} = j\omega \boldsymbol{C}_{abc} \cdot \boldsymbol{V}_{abc} \quad (1 \cdot 34)$$

$\underbrace{\hspace{2em}}_{\boldsymbol{I}_{abc}} \underbrace{\hspace{8em}}_{\boldsymbol{C}_{abc}} \underbrace{\hspace{2em}}_{\boldsymbol{V}_{abc}}$

なお，図1·9(a) は同図(b) のようにも表すことができる．図(b) の1相分に相当する $C \equiv C_s + 3C_m$ は1回線送電線の**作用容量**といわれるもので，次式で計算できる．

$$C \equiv C_s + 3C_m = (k_s + 2k_m) + 3(-k_m) = k_s - k_m = \frac{1}{p_s - p_m}$$

$$= \frac{1}{2 \times 9 \times 10^9 \left(\log_e \frac{2h}{r} - \log_e \frac{2h}{S_u} \right)} = \frac{1}{2 \times 9 \times 10^9 \log_e \frac{S_u}{r}} \, [\text{F/m}]$$

$$= \frac{0.02413}{\log_{10} \frac{S_u}{r}} \, [\mu\text{F/km}] \quad (\text{式の導入は後述の式}(1\cdot45)\sim(1\cdot60) \text{ 参照}) \quad (1 \cdot 35)$$

なお，複導体の場合には半径 r に代わって下記の等価半径を使うことができる．

　　等価半径 $r_{\text{eff}} = r^{1/n} \times w^{(n-1)/n}$ 〔m〕

ここで，w としては式(1·9 a) の場合と同様に各導体間の幾何平均距離を用いる．

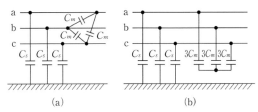

図1·9 十分ねん架された1回線送電線の漏れキャパシタンス

試　算

仮に，導体半径 $r = 0.05$ m，相間平均距離 $S_u = 10$ m，平均高さ $h = 60$ m とすれば，式(1·33)，(1·35) より，$C_s = 0.00436 \, \mu\text{F/km}$，$C_m = 0.00204 \, \mu\text{F/km}$，作用容量 $C = C_s + 3C_m = 0.01048 \, \mu\text{F/km}$ となる．

1・2・2 架空地線のある 1 回線送電線の漏れキャパシタンス

前節で述べた導体 a, b, c のほかに架空地線 x がある場合を考えよう．この場合の関係式は，式(1・26 a) より容易に類推ができて，

$$I_a = j\omega C_{aa}V_a + j\omega C_{ab}(V_a - V_b) + j\omega C_{ac}(V_a - V_c) + j\omega C_{ax}(V_a - V_x) \quad (1 \cdot 36\,\text{a})$$

となり，電線 x は接地されているので，$V_x = 0$ となることに留意すれば，

$$\begin{vmatrix} I_a \\ I_b \\ I_c \end{vmatrix} = j\omega \begin{vmatrix} C_{aa}+C_{ab}+C_{ac}+C_{ax} & -C_{ab} & -C_{ac} \\ -C_{ba} & C_{ba}+C_{bb}+C_{bc}+C_{bx} & -C_{bc} \\ -C_{ca} & -C_{cb} & C_{ca}+C_{cb}+C_{cc}+C_{cx} \end{vmatrix} \cdot \begin{vmatrix} V_a \\ V_b \\ V_c \end{vmatrix}$$

$$(1 \cdot 36\,\text{b})$$

が得られる．これは基本的に式(1・26 b) と同形で，ただ a 相の 1 線対地キャパシタンスが C_{ax} だけ増加する（b, c 相も同様）だけであることがわかる．

1・2・3 平行 2 回線送電線の漏れキャパシタンス

電線 a, b, c および A, B, C のある平行 2 回線送電線では，

$$I_a = j\omega[C_{aa}V_a + C_{ab}(V_a - V_b) + C_{ac}(V_a - V_c) + C_{aA}(V_a - V_A)$$
$$+ C_{aB}(V_a - V_B) + C_{aC}(V_a - V_C)] \quad (1 \cdot 37\,\text{a})$$

となるから，1 回線の場合の式(1・26 b) に相当する式として，

$$\begin{vmatrix} I_a \\ I_b \\ I_c \\ I_A \\ I_B \\ I_C \end{vmatrix} = j\omega \begin{vmatrix} C_{aa}+C_{ab}+C_{ac}+C_{aA}+C_{aB}+C_{aC} & -C_{ab} & -C_{ac} & -C_{aA} & -C_{aB} & -C_{aC} \\ -C_{ba} & C_{ba}+C_{bb}+C_{bc}+C_{bA}+C_{bB}+C_{bC} & -C_{bc} & -C_{bA} & -C_{bB} & -C_{bC} \\ -C_{ca} & -C_{cb} & C_{ca}+C_{cb}+C_{cc}+C_{cA}+C_{cB}+C_{cC} & -C_{cA} & -C_{cB} & -C_{cC} \\ -C_{Aa} & -C_{Ab} & -C_{Ac} & C_{AA}+C_{AB}+C_{AC}+C_{Aa}+C_{Ab}+C_{Ac} & -C_{AB} & -C_{AC} \\ -C_{Ba} & -C_{Bb} & -C_{Bc} & -C_{BA} & C_{BA}+C_{BB}+C_{BC}+C_{Ba}+C_{Bb}+C_{Bc} & -C_{BC} \\ -C_{Ca} & -C_{Cb} & -C_{Cc} & -C_{CA} & -C_{CB} & C_{CA}+C_{CB}+C_{CC}+C_{Ca}+C_{Cb}+C_{Cc} \end{vmatrix} \cdot \begin{vmatrix} V_a \\ V_b \\ V_c \\ V_A \\ V_B \\ V_C \end{vmatrix}$$

$$(1 \cdot 37\,\text{b})$$

が得られる．さらに各回線が十分にねん架されていて**図 1・10** に示すように，

$C_s \equiv C_{aa} \fallingdotseq C_{bb} \fallingdotseq C_{cc} \fallingdotseq C_{AA} \fallingdotseq C_{BB} \fallingdotseq C_{CC}$: 1 線対地漏れキャパシタンス

$C_m \equiv C_{ab} \fallingdotseq C_{bc} \fallingdotseq \cdots \fallingdotseq C_{AB} \fallingdotseq C_{BC} \fallingdotseq \cdots$: 同一回線内 2 線間の漏れキャパシタンス

$C_m' \equiv C_{aA} \fallingdotseq C_{bc} \fallingdotseq \cdots \fallingdotseq C_{Aa} \fallingdotseq C_{Bb} \fallingdotseq \cdots$: 異なる回線の 2 線間の漏れキャパシタンス

であるとすれば，式(1・37 b) は大幅に簡単になって，

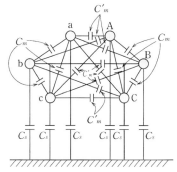

図 1·10 各回線が十分にねん架された平行 2 回線送電線の漏れキャパシタンス

$$
\begin{vmatrix} I_a \\ I_b \\ I_c \\ I_A \\ I_B \\ I_C \end{vmatrix} = j\omega \begin{vmatrix} C_s+2C_m+3C_m' & -C_m & -C_m & -C_m' & -C_m' & -C_m' \\ -C_m & C_s+2C_m+3C_m' & -C_m & -C_m' & -C_m' & -C_m' \\ -C_m & -C_m & C_s+2C_m+3C_m' & -C_m' & -C_m' & -C_m' \\ -C_m' & -C_m' & -C_m' & C_s+2C_m+3C_m' & -C_m & -C_m \\ -C_m' & -C_m' & -C_m' & -C_m & C_s+2C_m+3C_m' & -C_m \\ -C_m' & -C_m' & -C_m' & -C_m & -C_m & C_s+2C_m+3C_m' \end{vmatrix} \cdot \begin{vmatrix} V_a \\ V_b \\ V_c \\ V_A \\ V_B \\ V_C \end{vmatrix} \tag{1·38}
$$

となる．

1·1 節および 1·2 節で架空送電線の基本となる関係式とその km 当たりの L, R, C の大きさを求める関係式が明らかとなった．また，送電線の定数はその電圧階級には依存せず，各電線相互および地面との配置関係（したがって，鉄塔の設計寸法）と大地の性質のみに依存することも明らかである．L, R, C の大きさの具体的な数値例は 2 章 2·5 節で述べることにする．

単位長さ当たりの L, R, C を使って送電線を 3 相分布定数回路として非常に正確に表すことができる．また，解析の目的に応じて，これらを省略化して C を集中的に配置した集中定数回路，さらに C を無視して単なる L, R のみからなるインピーダンス回路として扱うこともできる．これらについては，第 18 章で詳しく論ずることとする．

1·3 作用インダクタンスと作用キャパシタンス

さて 1·1 節では送電線の作用インダクタンスの式 (1·9) を，また 1·2 節では導体に電荷を加えた場合の任意の地点に生ずる電位の式 (1·27) と作用キャパシタンスの式 (1·35) をやや唐突に示した．そこで本節では作用インダクタンスと作用キャパシタンスの物理的意味の考察を兼ねてこれらの式の導入を行うこととする．

1·3·1 作用インダクタンスの導入

〔a〕 導体の自己インダクタンス式 L_{aa} の導入

透磁率 $\mu = \mu_s \cdot \mu_0$ （μ_0 は真空中の透磁率．μ_s は**比透磁率**で真空空間では $=1$）の空間に a， b 2条の導体（半径 r）が距離 S を隔てて平行かつ直線状に空間に布設されている．いま a 電線に電流 i が流れるとその導体中心点 O を中心に導体の外部および内部に同心円筒状の磁気回路が構成される．まず初めに導体外部の磁気回路について考察する．

図 1·11 のように直線導体（半径 r）の軸 O から x の距離の空間（透磁率 $\mu = \mu_s \cdot \mu_0$）厚さ dx〔m〕の円筒形の磁気回路を考える．その磁気抵抗 R は磁気回路の長さ $2\pi x$〔m〕に比例し，また磁気回路の断面積 $1 \times dx$〔m²〕に反比例するから次のようになる．

$$R = \frac{2\pi x}{\mu dx} \quad \text{〔A·turn/Wb〕} \quad \text{ただし，} x \geq r \tag{1·39 a}$$

ここで，$\mu = \mu_s \cdot \mu_0$：この回路の透磁率
$\quad\quad\mu_0$：真空中の透磁率（MKS 有理単位系では
$\quad\quad\quad\mu_0 = 4\pi \times 10^{-7}$）
$\quad\quad\mu_s$：比透磁率（真空空間の透磁率に対する比率．
$\quad\quad\quad$真空では $\mu_s = 1$）

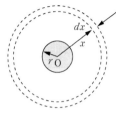

図 1·11 均一空間の直線導体

なお μ_0 は選択する単位系によって異なり，**MKS 有理単位系**では $\mu_0 = 4\pi \times 10^{-7}$ であるが，これについては後述する．

いま，導体に電流 i〔A〕を流したとき（あるいは i〔A-turn〕の起磁力を加えたとき）にこの厚さ dx の磁気回路に生ずる磁束 $d\varphi$ は

$$d\varphi = \frac{i}{R} = \frac{\mu \cdot i}{2\pi x} \cdot dx \quad \text{〔Wb〕} \tag{1·39 b}$$

導体はこのリング状の磁束 $d\varphi$ を貫通しているから $d\varphi$ は導体の鎖交磁束 $d\psi$ でもある．すなわち

$$d\psi = d\varphi = \frac{i}{R} = \frac{\mu \cdot i}{2\pi x} \cdot dx \tag{1·39 c}$$

そこで，導体（半径 r〔m〕）の外側空間の距離 S までの鎖交磁束数 ψ_{out} は

$$\begin{aligned}\psi_{\text{out}} &= \int_r^s d\psi_{\text{out}} = \int_r^s d\varphi = \int_r^s \frac{\mu \cdot i}{2\pi x} \cdot dx = \left[\frac{\mu \cdot i}{2\pi} \log_e x\right]_r^s \\ &= \frac{\mu \cdot i}{2\pi} \log_e \frac{S}{r} = \left(\frac{\mu_s \cdot \mu_0}{2\pi} \log_e \frac{S}{r}\right) \cdot i\end{aligned} \tag{1·39 d}$$

となる．

次に導体の内部の鎖交磁束数 ψ_{in} を計算する．

電流 i〔A〕が導体内を一様に流れているとすれば半径 x〔m〕以内の電流は

$$i_x = i \cdot \frac{x^2}{r^2} \quad \text{〔A〕} \quad\quad \text{ただし，} r \geq x \geq 0 \tag{1·40 a}$$

また，この導体内で電流と直角の方向に x 離れた微小厚さ dx の円筒部分の磁界の強さは

$$H = \frac{i_x}{2\pi x} \quad \text{〔A·turn/m〕} \tag{1·40 b}$$

磁束密度は

$$B = \mu_{\text{cond}} \cdot \mu_0 \cdot H = \frac{\mu_{\text{cond}} \cdot \mu_0 \cdot i_x}{2\pi x} = \frac{\mu_{\text{cond}} \cdot \mu_0 \cdot i \cdot x}{2\pi r^2} \quad \text{〔Wb/m²〕} \tag{1·40 c}$$

ここで，μ_{cond}：導体の比透磁率

したがって，導体内の中心から x のところの微小厚さ dx の円筒部分の磁束は

$$d\varphi = B \cdot (1 \times dx) = Bdx = \frac{\mu_{\text{cond}} \cdot \mu_0 \cdot i \cdot x}{2\pi r^2} dx \quad \text{〔Wb〕} \tag{1·40 d}$$

導体内では巻回数として x までの断面積に比例した x^2/r^2 ターンと考えることができるので，鎖交磁束数は

$$\psi_{\text{In}} = \int_0^r d\psi_{\text{In}} = \int_0^r i_x \cdot d\varphi = \int_0^r \frac{\mu_{\text{cond}} \cdot \mu_0 \cdot x}{2\pi r^2} \cdot \frac{x^2}{r^2} \cdot i dx = \int_0^r \frac{\mu_{\text{cond}} \cdot \mu_0}{2\pi r^4} \cdot i \cdot x^3 dx$$

$$= \frac{\mu_{\text{cond}} \cdot \mu_0}{2\pi r^4} \cdot \left[\frac{1}{4}x^4\right]_0^r \cdot i = \frac{\mu_{\text{cond}} \cdot \mu_0}{2\pi r^4} \cdot \left(\frac{1}{4}r^4\right) \cdot i = \frac{\mu_{\text{cond}} \cdot \mu_0}{8\pi} \cdot i \tag{1・40 e}$$

以上，式(1・39 d), (1・40 e) の結果より，導体 a の電流 i_a によって作られる磁束を i_a 自身が切る総鎖交磁束数は導体 a から距離 S までの範囲で

$$\psi_{\text{total}} = \psi_{\text{out}} + \psi_{\text{In}} = \left(\frac{\mu}{2\pi} \log_e \frac{S}{r} + \frac{\mu_{\text{cond}} \cdot \mu_0}{8\pi}\right) \cdot i \tag{1・41 a}$$

自己インダクタンスの定義は単位電流あたりの鎖交磁束数（あるいは $i=1$ [A] の電流が流れる場合の鎖交磁束数）であるから

$$L_{aa} = \frac{\phi_{out} + \phi_{in}}{i} = \frac{\mu}{2\pi} \log_e \frac{S}{r} + \frac{\mu_{cond} \cdot \mu_0}{8\pi} \tag{1・41 b}$$

となる．

〔b〕 作用インダクタンス $L_{aa} - L_{ab}$ の導入

次に往復2導体の作用インダクタンス $L_{aa} - L_{ab}$ について検討する（**図 1・12**(a)）．

a 線と b 線が距離 S を隔てて平行に布設されており，a 線に i [A] が，帰路の b 線に $-i$ [A] の電流が流れているとする．また，a 線から S_1，b 線から S_2 の距離にある任意の点を $y(S_1, S_2)$ とする．ただし，y 点は両線より十分に遠い点である．

a 線の往路電流 i [A] によって a 線を中心に同心円筒状に距離（ただし，S_1）までの範囲に生ずる磁束のうちで a 線電流が鎖交する磁束は式(1・41 a) で既に求めたとおりであり

$$\psi_{aa} = \left(\frac{\mu}{2\pi} \log_e \frac{S_1}{r} + \frac{\mu_{\text{cond}} \cdot \mu_0}{8\pi}\right) \cdot i \quad \text{ただし, } \mu = \mu_s \cdot \mu_0 \tag{1・42 a}$$

次に，b 線の帰路電流 $-i$ [A] によって b 線を中心に同心円筒状に点 y までの空間に生ずる磁束のうち a 線と鎖交する磁束は $S_1 \geq x \geq S$ の範囲であるから

$$-\psi_{ab} = \int_S^{S_1} d\psi_{ab} = \int_S^{S_1} (-i) \cdot d\varphi = \int_S^{S_1} \frac{\mu \cdot (-i)}{2\pi x} \cdot dx$$

$$= \left[\frac{\mu \cdot (-i)}{2\pi} \log_e x\right]_S^{S_1} = \left(\frac{\mu}{2\pi} \log_e \frac{S_1}{S}\right) \cdot (-i) \tag{1・42 b}$$

a 線の電流 i が切るトータル鎖交磁束数は ψ_{aa} と $-\psi_{ab}$ の和であるから

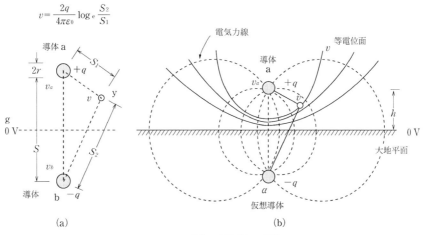

図 1・12 電荷と空間電位の関係

$$\psi_{aa}-\psi_{ab}=\left(\frac{\mu}{2\pi}\log_e\frac{S_1}{r}+\frac{\mu_{\text{cond}}\cdot\mu_0}{8\pi}\right)\cdot i+\left(\frac{\mu}{2\pi}\log_e\frac{S_1}{S}\right)\cdot(-i)=\left(\frac{\mu}{2\pi}\log_e\frac{S}{r}+\frac{\mu_{\text{cond}}\cdot\mu_0}{8\pi}\right)\cdot i$$
(1・42 c)

さて，インダクタンスの定義は単位電流当たりの鎖交磁束数，すなわち $L=\psi/i$ であるから

$$L_{aa}-L_{ab}=\frac{\psi_{aa}-\psi_{ab}}{i}=\frac{\mu}{2\pi}\log_e\frac{S}{r}+\frac{\mu_{\text{cond}}\cdot\mu_0}{8\pi}=\frac{\mu_s\cdot\mu_0}{2\pi}\log_e\frac{S}{r}+\frac{\mu_{\text{cond}}\cdot\mu_0}{8\pi}\quad[\text{H/m}]$$
(1・42 d)

これは作用インダクタンスの一般式である．

さて，導体の作用インダクタンス $L_{aa}-L_{ab}$ の式(1・42 d) が導入できた．

ところで我々が工学で使う MKS 有理単位系では

$$\mu_0=4\pi\times10^{-7} \tag{1・43}$$

であるから，

$$L_{aa}-L_{ab}=\left(2\mu_s\log_e\frac{S}{r}+\frac{\mu_{\text{cond}}}{2}\right)\cdot10^{-7}\quad[\text{H/m}]$$

$$=0.4605\mu_s\log_{10}\frac{S}{r}+0.05\mu_{\text{cond}}\quad[\text{mH/km}]$$
(1・44)

これは真空または気中空間に平行に張られた2条の導体の作用インダクタンスであり，式(1・9) そのものである．なお，真空または気中にある架空送電線では，$\mu_s=1$，また μ_{cond} は導体（アルミまたは銅）内部の鎖交磁束によるもので $\mu_{\text{cond}}=1$ とできる．

1・3・2 作用キャパシタンスの導入

次に同じ条件の平行線路 a 線と b 線のキャパシタンスの計算式を求める（図 1・12(a)）．a 線と b 線（半径 r）が距離 S の間隔で平行に走っている．a 線に $+q$ [C/m]，b 線に $-q$ [C/m] の電荷を与える場合，両導体から S_1 および S_2 だけ離れた任意の点 y の電位を考える．$S_1, S_2 \gg r$ であり電流は導体の中央に集中しているとみなすことができる．

a 線の電荷 $+q$ [C/m] による任意の点 y (a, b 線までの距離は S_1, S_2) の電界の強さ U_{ya} [V/m] および b 線の電荷 $-q$ [C/m] による y 点の電界の強さ U_{yb} [V/m] は

$$U_{ya}=\frac{q}{2\pi\varepsilon\cdot S_1}[\text{V/m}],\quad U_{yb}=\frac{-q}{2\pi\varepsilon\cdot S_2}[\text{V/m}] \tag{1・45}$$

ただし，$\varepsilon=\varepsilon_s\cdot\varepsilon_0$：この回路の誘電率

ε_0：真空中の誘電率，MKS 有理単位系では $\dfrac{1}{4\pi\varepsilon_0}=9\times10^9$

ε_s：比誘電率
(1・46)

a 線と b 線から等距離の中央の点 ($S_1=S_2=S/2$ の点) にある電位は明らかにゼロであるから

$$v_y=\int_{S_1}^{S/2}U_a dS_1+\int_{S_2}^{S/2}U_b dS_2=\int_{S_1}^{S/2}\frac{1}{2\pi\varepsilon S_1}\cdot q dS_1+\int_{S_2}^{S/2}\frac{1}{2\pi\varepsilon S_2}\cdot(-q) dS_2$$

$$=\left(\left[\frac{1}{2\pi\varepsilon}\cdot\log_e S_1\right]_{S_1}^{S/2}-\left[\frac{1}{2\pi\varepsilon}\cdot\log_e S_2\right]_{S_2}^{S/2}\right)\cdot q=\left(\frac{1}{2\pi\varepsilon}\cdot\log_e\frac{S_2}{S_1}\right)\cdot q$$

$$\therefore v_y=\left(\frac{1}{2\pi\varepsilon}\cdot\log_e\frac{S_2}{S_1}\right)\cdot q \quad\text{ただし，}\varepsilon=\varepsilon_s\cdot\varepsilon_0 \tag{1・47}$$

導体 a の表面電位 v は $S_1\to r,\ S_2\to S$ とする場合であるから

$$v_a=\left(\frac{1}{2\pi\varepsilon}\cdot\log_e\frac{S}{r}\right)\cdot q\quad[\text{V}] \tag{1・48}$$

となる．

また，a 線から a, b 両線の中央の電位ゼロの面までのキャパシタンス C_a は

$$C_a = \frac{q}{v_a} = \frac{1}{\frac{1}{2\pi\varepsilon} \cdot \log_e \frac{S}{r}} \quad [\text{F/m}] \tag{1·49}$$

ただし，$\varepsilon = \varepsilon_s \cdot \varepsilon_0$
となる．

式(1·47)は任意の空間点の電位を与える式，式(1·48)は導体表面の電位を与える式，また式(1·49)は2導体の中間の電位がゼロの面（架空送電線では大地表面）までのキャパシタンスを与える重要な式である．

ところで，これらの式で $\varepsilon = \varepsilon_s \cdot \varepsilon_0$ であり，

$$\text{MKS 有理単位系では} \quad \frac{1}{4\pi\varepsilon_0} = 9 \times 10^9 \tag{1·50}$$

であるから MKS 有理単位系に表現を改めれば次のようになる．

$$v_y = \left(\frac{1}{2\pi\varepsilon} \cdot \log_e \frac{S_2}{S_1}\right) \cdot q = \frac{2q}{\varepsilon_s} \cdot \log_e \frac{S_2}{S_1} \times 9 \times 10^9 \quad [\text{V}] \quad \text{（空間電位の式）} \tag{1·51}$$

$$v_a = \left(\frac{1}{2\pi\varepsilon} \cdot \log_e \frac{S}{r}\right) \cdot q \,[\text{V}] = \frac{2q}{\varepsilon_s} \cdot \log_e \frac{S}{r} \times 9 \times 10^9 \quad [\text{V}] \quad \text{（導体表面電位の式）} \tag{1·52}$$

$$C_a = \frac{q}{v_a} = \frac{1}{\frac{1}{2\pi\varepsilon} \cdot \log_e \frac{S}{r}} = \frac{\varepsilon_s}{2 \times 9 \times 10^9 \log_e \frac{S}{r}} \log_e \frac{S}{r}$$

$$= \frac{0.02413 \varepsilon_s}{\log_{10} \frac{S}{r}} [\text{F/m}] = \frac{0.02413 \varepsilon_s}{\log_{10} \frac{S}{r}} [\mu\text{F/km}] \quad \begin{pmatrix} \text{作用キャパシタンス：導体と中} \\ \text{性面間のキャパシタンスの式} \end{pmatrix} \tag{1·53}$$

式(1·53)は1導体が中性線（あるいは中性面）に対して有する静電容量であり，式(1·35)に示した**作用キャパシタンス**そのものである．

さて，次には図1·12を考える．図1·12(a)の中性線 g は電位がゼロの等電位面であるからこれを大地表面と見立てれば図1·12(a) と図1·12(b) は全く等価であることが明らかである．すなわち，導体に $+q$，大地帰路側の対称位置にある仮想導体 α に $-q$ を与えた場合に相当する．したがって，式(1·51)は S_2/S_1 を一定に保ちつつ S_1，S_2 を変化させることで**等電位面を示す式**ともなる．また，式(1·53)は**1導体の対地に対する静電容量（漏れキャパシタンス）**ということになる．

1·3·3 作用インダクタンスおよび作用キャパシタンスの特質

ところで1·3·1，1·3·2項の説明では作用インダクタンスと作用キャパシタンスの式を導入した．再録すれば

$$\text{作用インダクタンス} \quad L_{aa} - L_{ab} = \frac{\mu_s \cdot \mu_0}{2\pi} \log_e \frac{S}{r} + \frac{\mu_{\text{cond}} \cdot \mu_0}{8\pi} \quad [\text{H/m}] \tag{1·42 d}$$

$$\text{作用キャパシタンス} \quad C_a = \frac{q}{v_a} = \frac{1}{\frac{1}{2\pi\varepsilon_s \cdot \varepsilon_0} \cdot \log_e \frac{S}{r}} \quad [\text{F/m}] \tag{1·49}$$

また，この両式は MKS 有理単位系での表現としては，真空中の透磁率 μ_0 と誘電率 ε_0 が次式のようになるとして説明した．

μ_0：**真空中の透磁率** （MKS 有理単位系では $\mu_0 = 4\pi \times 10^{-7}$）

ε_0：**真空中の誘電率** $\left(\text{MKS 有理単位系では} \frac{1}{4\pi\varepsilon_0} = 9 \times 10^9\right)$ (1·54)

この事情についてさらに考察しよう．

式(1·42 d) の右辺第2項は導体の内部の鎖交磁束に関する項であるから，導体は周囲空間に比べて十分細いので事実上無視できる．したがって，$L_{aa} - L_{ab}$ と C_a には次のような関係

があることが見いだされる．

$$\frac{1}{\sqrt{(L_{aa}-L_{ab})(C_a)}}=1\Big/\sqrt{\frac{\mu_s\cdot\mu_0}{2\pi}\log_e\frac{S}{r}\times\frac{1}{\frac{1}{2\pi\varepsilon_s\cdot\varepsilon_0}\cdot\log_e\frac{S}{r_{aa}}}}=\frac{1}{\sqrt{\mu_s\cdot\mu_0\times\varepsilon_s\cdot\varepsilon_0}}$$

導体が真空空間にあるとすれば比透磁率 $\mu_s=1$，比誘電率 $\varepsilon_s=1$ であるから結局

$$\frac{1}{\sqrt{(L_{aa}-L_{ab})(C_a)}}=\frac{1}{\sqrt{\mu_0\cdot\varepsilon_0}}=c_0\ (=一定値) \tag{1・55}$$

$1/\sqrt{(L_{aa}-L_{ab})(C_a)}$ が必ず $1/\sqrt{\mu_0\cdot\varepsilon_0}$（$=c_0$ 一定値）となる．また，真空空間に配置された導体に電流が流れることで発生する磁力線の透磁率 μ_0 と電気力線の誘電率 ε_0 と一定値 c_0 との間には $1/\sqrt{\mu_0\cdot\varepsilon_0}=c_0$ の関係が必ず成立する．

実は式(1・55)は **James C Maxwell が 1873 年に発表した電磁波理論**で導いた重要な結論の一部である．c_0 は速度（距離/時間）の単位になることから Maxwell はこの $1/\sqrt{\mu_0\cdot\varepsilon_0}$ こそ電磁波が真空中を伝わる速度であると結論できること，またその速度はいかなる場合も一定値 c_0 であること，さらに真空中でも（空間にいわゆる"エーテル"が存在しなくても）エネルギーの伝搬が可能であることを説明したのである．また，波動の性格を有する光の速度もおそらくはこの一定値 c_0 であろうと看破したのである．そしてまた c_0 をメートルと秒の単位で測れば下記となることを示したのである．

$$1/\sqrt{(L_{aa}-L_{ab})(C_a)}=1/\sqrt{\mu_0\cdot\varepsilon_0}=c_0=3\times10^8\,[\text{m/sec}] \tag{1・56}$$

真空中の作用インダクタンスと作用キャパシタンスから電磁波の速度 30 万 km/sec が導かれることがわかる（休憩室：その 4 参照）．

1・3・4　MKS 有理単位系と電気系の実用単位

〔a〕 有理単位系の考え方

さて，次には単位系の話をしよう．電磁波の速度 c_0 は絶対普遍であるが，メートル単位系で測れば 30 万 km/sec であり，また別の単位系（フィートや尺など）で測れば別の数値となる．メートル法を使用する我々としては $1/\sqrt{\mu_0\cdot\varepsilon_0}=c_0=3\times10^8\,[\text{m/sec}]$ で決まりである．次に真空中の透磁率 μ_0 と誘電率 ε_0 をどのような数値とするかは単位法の選択の問題として残るが，μ_0 と ε_0 の一方を決めれば他方は式(1・56)を満足するように従属的に決める必要がある．

結論を先に述べれば，**MKS 有理単位系**では次のように決めるのである．

$$\mu_0=4\pi\times10^{-7}\ [\text{H/m}]$$

$$\varepsilon_0=\frac{1}{(4\pi\cdot10^{-7})\cdot c_0{}^2}=\frac{1}{4\pi\cdot(9\times10^9)}$$

$$\frac{1}{\sqrt{\mu_0\cdot\varepsilon_0}}=c_0=3\times10^8\ [\text{m/sec}] \tag{1・57}$$

したがって，式(1・47)，(1・48)，(1・49) で求めた任意空間の電位，導体表面電位，導体対地間キャパシタンスは MKS 有理単位系では次のようになる．

任意空間の電位：式(1・27 a) の右辺第 2, 3 項に対応

$$v_y=\left(\frac{1}{2\pi\varepsilon_s\cdot\varepsilon_0}\cdot\log_e\frac{S_2}{S_1}\right)\cdot q=2q\cdot\log_e\frac{S_2}{S_1}\times9\times10^9\ [\text{V}] \tag{1・58}$$

導体 a の表面の電位：式(1・27 a) の右辺第 1 項に対応

$$v_a=\left(\frac{1}{2\pi\varepsilon_s\cdot\varepsilon_0}\cdot\log_e\frac{S}{r}\right)\cdot q=2q\cdot\log_e\frac{S}{r}\times9\times10^9\ [\text{V}] \tag{1・59}$$

導体 a と対地（中性面）間のキャパシタンス：式(1・35) に対応

$$C_a=\frac{1}{\frac{1}{2\pi\varepsilon_s\cdot\varepsilon_0}\cdot\log_e\frac{S}{r}}=\frac{1}{2\times9\times10^9\log_e\frac{S}{r}}[\text{F/m}]=\frac{0.02413}{\log_{10}\frac{S}{r}}[\mu\text{F/km}] \tag{1・60}$$

さて，MKS 有理単位系の話に進もう．

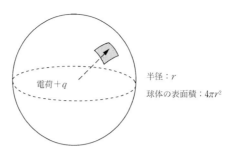

図 1・13 中空球体内の電荷と電気力線の概念

有名なクーロンの二つの電荷 q_1, q_2 の間に働く力の法則，二つの磁極 m_1, m_2 の間に働く力の法則はガウス単位系と MKS 有利単位系では次のように表される．

クーロンの電荷 q_1, q_2 間の法則　　クーロンの磁極 m_1, m_2 間の法則

ガウス単位系　　　　$F = \dfrac{q_1 \cdot q_2}{r^2}$　　　　　　　$F = \dfrac{m_1 \cdot m_2}{r^2}$

MKS 有理単位系　　$F = \dfrac{1}{4\pi\varepsilon_0} \dfrac{q_1 \cdot q_2}{r^2}$　　　　$F = \dfrac{1}{4\pi\mu_0} \dfrac{m_1 \cdot m_2}{r^2}$　〔V/m²〕

(1・61)

ただし，MKS 有理単位系では ε_0（真空誘電率），μ_0（真空透磁率）は式(1・57)で定義される．

両単位系の比較をするために**図 1・13** のように内部が空間の中空の金属球体をイメージする．その半径が r とすれば球体表面積は $4\pi r^2$ である．いま，仮に球体の中央部に単位電荷 $+q$ を置くと，この電荷から電気力線が球面の全方向に均等に球面に向かって放出される．この電気力線の数え方として 1 本と数えるのがガウス単位系であり，4π 本と数えるのが **CGS（cm, gr, sec）有理単位系**であり，$4\pi \times 10^{-7}$ 本と数えるのが **MKS 有理単位系**であるといえよう．

ガウス単位系では，法則自体は 4π を含まない単純な形で表現できるが，電気力線の総数が 1 本なので球体の表面の単位面積当たりの電気力線の数は $1/4\pi r^2$ 本となってしまう．他方の CGS（cm, gr, sec）有理単位系では力線の総数が 4π 本なので球体表面の単位面積当たりでは $1/r^2$ 本ということになり，4π のわずらわしさから解放される．ガウス単位系でもろもろの現象につきまとう 4π（あるいは $2\sqrt{\pi}$）のわずらわしさを CGS 有理単位系では消し去ることができるのである．次に，MKS 有理単位系では CGS 有理単位系の cm を m に，gr を kg に桁数を読み替えることになるが，4π が付きまとううわずらわしさから解放されることは明らかである．このような理由で工学で国際標準として使われる MKS 有理単位系では，式(1・57)に示すように μ_0, ε_0 に 4π を織り込むことで定められたのである．

なお，力 F とエネルギーを例にして MKS 有理単位系と CGS 有理単位系の比較をしておく．両者には力について 10^5 倍，エネルギーについて 10^7 倍の桁の差があることになる．

$$1 \text{ Neuton} = 10^5 \text{ dyne} \quad (\text{力：force})$$
$$\text{energy} = (\text{force}) \cdot (\text{distance}) = \underbrace{(\text{kg} \cdot \text{m/s}^2) \cdot (\text{m})}_{\text{Neuton}} = \underbrace{(\text{gr} \cdot \text{cm/s}^2) \cdot (\text{cm})}_{\text{dyne}} \times 10^7 \quad (1 \cdot 62)$$

〔b〕 電気系の実用単位について

MKS 有理単位系の考え方について述べたので締めくくりとして電気系の単位について簡単に総覧して読者の便に供しておく．

1875 年に**メートル法**が制定されて以来，m, kg, sec の三つを基本単位とする単位法が先行して世界に定着していったが，後に電磁気に拡張した単位系として**電流（アンペア：A）**が新た

表 1・1　国際単位系 (SI) の基本単位

量	名称	記号
長さ	メートル	m
質量	キログラム	kg
時間	秒	sec
電流	アンペア	A
熱力学温度	ケルビン	K
物質量	モル	mol
光度	カンデラ	cd

表 1・2　電気系の「固有名称を持つSI組立単位」

Newton＝m・kg/sec^2
Pascal＝Neuton/m^2
Joule＝Neuton・m
Watt＝Joule/sec＝Neuton・m/sec
Volt＝Watt/Ampere
Ohm＝Volt/Ampere
Weber＝Volt・sec
Tesla＝Weber/m^2
Henry＝Weber/Ampere
Coulomb＝Apmere・sec
Farad＝Coulomb/Volt

な基本単位として追加されてMKSA単位系となった（1951年）．その後も基本単位として熱に関する**ケルビン（K）**，光度に関する**カンデラ（cd）**等が追加される経過を経て，1960年に世界標準として採択された**国際単位系（SI：International System of Units**と称する）では**表1・1**に示す七つの基本単位が定められた．今日の**MKS拡張単位系**である．

　この表に掲げる七つの基本単位系以外の単位はこれら基本単位の"組立単位"として定義される．また，組立単位のうち利用価値の高い組立単位には固有の単位名称を定義する．例えば，アンペアと電荷量の単位（クーロン：C）の間にはC＝A・secの関係があるのでアンペアAを基本単位として追加することでクーロンCはAとsecから従属的に導く**組立単位**として記述ができる．電磁気系で固有の単位名称を持つSI組立単位を**表1・2**に示しておく．

1・4　多導体送電線の等価半径を求める式の導入

式(1・15)において多導体送電線の等価半径 r_{eq} は次式で求められるとした．

$$r_{eq} = r^{1/n} \times w^{(n-1)/n} \tag{1・63}$$

n：導体数　　r：導体半径　　w：平均導体間距離

この等価半径は送電線インダクタンス，キャパシタンスのいずれの計算においても成り立つ．その証明は下記の通りである．

1・4・1　インダクタンス計算に関する等価半径

送電線の任意の r-s 区間の1相の構成を構成するn本の導体を束ねたn-導体(n：1相の導体数，r：導体半径，w：各導体間の平均距離，h：地上高さ)について考察する．各導体は充分平衡であるとみなせるから次式が成り立つ．

$$\begin{bmatrix} rv_1 \\ rv_2 \\ \vdots \\ rv_n \end{bmatrix} - \begin{bmatrix} sv_1 \\ sv_2 \\ \vdots \\ sv_n \end{bmatrix} = j\omega \begin{bmatrix} L_s & L_m & & L_m \\ L_m & L_s & \cdots & L_m \\ \vdots & \vdots & & \vdots \\ L_m & L_m & & L_s \end{bmatrix} \cdot \begin{bmatrix} i_1 \\ i_2 \\ \vdots \\ i_n \end{bmatrix} \tag{1・64 a}$$

1相に流れる電流が i とすれば各導体には均等に電流 i/n が流れるとできるから

$$\begin{bmatrix} rv \\ rv \\ \vdots \\ rv \end{bmatrix} - \begin{bmatrix} sv \\ sv \\ \vdots \\ sv \end{bmatrix} = j\omega \begin{bmatrix} L_s & L_m & & L_m \\ L_m & L_s & \cdots & L_m \\ \vdots & \vdots & & \vdots \\ L_m & L_m & & L_s \end{bmatrix} \cdot \begin{bmatrix} i/n \\ i/n \\ \vdots \\ i/n \end{bmatrix} \tag{1・64 b}$$

したがって

$$_rv - {_sv} = j\omega\{L_s + (n-1)L_m\} \cdot \left(\frac{1}{n}\right) \cdot i \tag{1・64 c}$$

ただし

$$L_s = 0.4605 \log_{10} \frac{h+H}{r} + 0.05 \tag{1・64 d}$$

$$L_m = 0.4605 \log_{10} \frac{h+H}{w} + 0.05 \tag{1・64 e}$$

他方で半径が r_{eq} の単導体が地上高さに配置された送電線では

$$_rv - {_sv} = j\omega L_{eq} \cdot i \tag{1・65 a}$$

ただし

$$L_{eq} = 0.4605 \log_{10} \frac{h+H}{r_{eq}} + 0.05 \tag{1・65 b}$$

n-導体の式(1・64 c)と単導体の式(1・65 a)が等価であるためには

$$L_{eq} = \{L_s + (n-1)L_m\}\left(\frac{1}{n}\right) \tag{1・66 a}$$

この式に式(1・64 d)(1・64 e)(1・65 b)を代入すれば

$$0.4605 \log_{10} \frac{h+H}{r_{eq}} + 0.05 = \Big\{\Big(0.4605 \log_{10} \frac{h+H}{r} + 0.05\Big) \\ + (n-1)\Big(0.4605 \log_{10} \frac{h+H}{w} + 0.05\Big)\Big\}\left(\frac{1}{n}\right) \tag{1・66 b}$$

$$\therefore \quad 0.4605 \log_{10} \frac{h+H}{r_{eq}} + 0.05 = 0.4605 \log_{10} \frac{h+H}{r^{1/n} \cdot w^{(n-1)/n}} + 0.05 \tag{1・66 c}$$

したがって

$$r_{eq} = r^{1/n} \times w^{(n-1)/n} \tag{1・66 d}$$

インダクタンス計算において式(1・63)が証明された.

1・4・2 キャパシタンス計算に関する等価半径

送電線の任意の区間の1相のn-導体(n：1相の導体数, r：導体半径, w：各導体間の平均J距離, h：地上高さ)の電圧が v, 電荷 $+q$ であるとする. 各導体毎の電荷は $+q/n$ となるから式(1・27 b)を援用して次式が導かれる.

$$v = 2(q/n) \log_e \frac{2h}{r} \times 9 \times 10^9 + \sum_1^{n-1} 2(q/n) \log_e \frac{2h}{w} \times 9 \times 10^9$$

$$= 2q\left\{\log_e\left(\frac{2h}{r}\right)^{1/n} + \log_e\left(\frac{2h}{r}\right)^{(n-1)/n}\right\} \times 9 \times 10^9$$

$$= 2q \cdot \log_e \frac{2h}{r^{1/n} \cdot w^{(n-1)/n}} \times 9 \times 10^9 \tag{1・67}$$

他方で半径が r_{eq} の単導体が地上高さ h に配置された送電線では

$$v = 2q \log_e \frac{2h}{r_{eq}} \times 9 \times 10^9 \tag{1・68}$$

n-導体の式(1・67)と単導体の式(1・68)が等価であるためには

$$r_{eq} = r^{1/n} \times w^{(n-1)/n} \tag{1・69}$$

送電線キャパシタンスの計算においても式(1・63)が証明された.

休憩室：その1　電気の夜明け：先駆的役割を果たした19世紀前半の大科学者たち

James Watt（1736-1819）の蒸気機関が産業革命の夜明けをもたらしたのが1770年代．それ以来ヨーロッパを主舞台として，蒸気機関の応用が工場・鉱山などで急速に広がっていき，機械技術文明時代の幕開けとなった．George Stephenson（1781-1848）による蒸気機関車が登場したのが1830年，Wattの蒸気機関発明から約60年後のことである．

機械に対する電気という見方をすれば，Wattの蒸気機関に匹敵する画期的な出来事は1800年，Alessandro Volta（1745-1827）による電池（voltaic pile：ボルタの電堆）の発明ということになろう．電気は手に取って観察することができないので，雷現象とか物と物をこすり合わせることで生ずる静電気現象などに興味を持つ科学者の研究対象でしかなかった．ところがボルタの電錐によって電気を人工的に作って実験することが可能な時代が到来した．こうして18世紀には不思議な自然現象でしかなかった"電気"が19世紀前半には多くの科学者の研究対象となり，目に見えない神秘的現象から徐々にではあるが計量可能な物理的現象に代わっていった．さらに19世紀後半に入り1873年，Maxwellによって電気の電磁波としての本質が看破される．このころになると電信技術の形で電気の最初の実用化が実現し，やがて電灯照明，モータ動力への応用が後に続く．19世紀後半は電気が理学と工学の二つの道に分かれて次の20世紀に向けて大躍進を開始する輝かしい時代となった．

電気の初期の理論構築の道を切り開く役目を果たした19世紀前半の巨人たちの歴史を簡単に振り返ってみよう．その一番手はCharles Augstin Coulomb（1736-1806）である．

Coulombは1785年から1791年にかけて電気と磁気に関する7本の論文を書いている．針金や毛髪のねじれ弾性を利用した非常に精密な「ねじれはかり」を作って，点電荷・磁気ポールに働く力を測定した．二つの電荷（あるいは磁気ポール）の間で生ずる力には引力と斥力の二通りがあること，またその力の大きさは両者の距離の二乗に反比例すること（$F = q_1 \cdot q_2/r^2$, $F = m_1 \cdot m_2/r^2$）を実験的に導いた．クーロンの法則（1.3節　式（1.61））である．また，Coulombは材料の導電性には必ず上限があり，理想的な導電体などは存在しないことなどを指摘した．

1800年にはAlessandro Voltaがボルタの電堆を実現し，電流を安定に得ることに成功した．彼は安定な実用的電気を人工的に作り出した最初の人として記憶される．Voltaの安定した実験用電池がその後の科学者達に目覚ましい活躍の場を提供し，19世紀の輝かしい電気科学史を築き上げたといえよう．

Hans Christian Oersted（1777-1851）は電池と電線をスイッチで結ぶ回路を用意し，そのスイッチをオン・オフするたびに電線の近くにある針磁石が振れることを確かめた．1820年のことである．彼の実験は電線を流れる電気が磁石を動かす磁気を作り出すことを示した．電気が磁気を生む電磁気現象であることが初めて示された．

Andre marie Ampere（1775-1836）はOerstedの実験結果が報告されたのを知ってその数学的説明

Charles Augustin Coulomb
(1736-1806)

Alessandro Volta
(1745-1827)

Hans Christian Oersted
(1777-1851)

Oersted の実験
電流を流した瞬間だけ磁針が振れ，やがて元の位置に戻る．

Andre Marie Ampere
(1775-1836)

Georg Simon Ohm
(1787-1854)

に着手し，Oersted の論文が発表された同じ年，1820年にアンペールの法則を発表した．2本の電線 a, b にそれぞれ電流 i_a, i_b が流れているものとする．このとき a 線は b 線の電流 i_b によって力 F_{ab} を受けるが，その大きさは b 線の電流 i_b が a 線の場所に作る磁場の強さを求めてから，この磁場によって a 線の電流 i_a が受ける力を計算すればよいと考えた．そのうえで回路の微小区間の電流が生む力を区間積分することによって回路全体に働く力が計算できることを示した．アンペールの法則に則る計算式によって法則は円形やソレノイドを構成する電線に働く力，複数の平行導体相互間に働く力の計算が可能になった．Ampere は回路に流れる電流が磁束を生ずるだけでなく同時に機械力をも生ずることを明快に説明したのである．また，Ampere の Circuit law や Corkscrew rule は電流と磁束はその一方が他方を作る関係にあり，いわゆる等価であることをも明らかにしたのである．

　Georg Ohm（1787-1854）は今日我々がオームの法則（Ohm'law）と呼ぶものを1825年に発見し，1826年にそれを数学的に説明した論文を発表した．一般に材料の2点 a, b 間を流れる電流 i の大きさはその2点に加える電位 v_a, v_b の差 $\varDelta V$ に比例するとしたのである．オームの法則が抵抗とかインピーダンスの概念を生む出発点となった．Ohm が翌年の1827年に出版した電気理論の本は電気物理を徹底的に数学的手法で説明した最初の本であるといわれている．この時代以前では物理現象の数学的説明がほとんど見当たらない時代であったのであろう．
　さて，Coulomb から Ohm までの時代を通じて"電気と磁気が相互に関係するものである"ことと"電流が機械力を作り出す"ことは明らかにされた．しかしながら"磁気が電気を作り出すこと"，さらには"磁気を（機械力で）動かせば電気力が作り出せること"が明らかになるには Faraday と Henry の登場を待たねばならなかった．

第2章 対称座標法

　電力系統は3相回路であり，どの地点においても4つのパス（a, b, c相およびアースパスg）があって，互いのパスの相互間に密結合の相互インダクタンス L_{mutual}，相互キャパシタンス C_{mutual} が存在するので，ある一つのパスに生ずる現象は他のすべてのパスに影響する．したがって3相回路はたとえ小さい局所的回路であっても各相電気量を直接的な方法で扱うのではその電気的性質を方程式で表現し，あるいは解析することは極めて困難である．さらに，電力系統はそのメンバーとして回転機形メンバー（発電機・電動機）と静止形メンバー（送電線・変電機器など）からなるが，特に回転機形メンバーを直接的に各相電気量を扱う方法で回路方程式として正確に表現することができないし，またそれを静止形メンバーと接続して計算用回路を得ることができない．以上二つの理由で3相回路は3相電気量を直接的な手法によって方程式で処理できる回路として表現することが事実上不可能である．

　これらの問題を一挙に解決する方法として登場するのが**対称座標法（Symmetrical coordinate method）**である．対称座標法によれば第一に回転機類も静止器類も送電線路も極めて正しく，かつ簡潔な方法で方程式として表現できる．第二にこれらを相互に接続することが可能であり，したがっていかなる大系統もその計算用回路として構成することができる．さらに，第三に対称座標法は商用周波数の定常現象・過渡現象はもちろんのこと，高周波現象・サージ現象に至るまであらゆる現象を定量的に扱うことができる．以上三つの威力を備える対称座標法は電力技術の電気量を扱うあらゆる専門分野で欠くことはできない理論ツールである．

　本章では初めに対称座標法の基本概念と定義等について述べ，次に対称座標法によって送電線その他の系統構成メンバーがいかに表現されるかについて学ぶこととする．

2・1　対称座標法の基本的考え方（変数変換法）

　我々の目の前には数値の解析検討をすべき電力系統の電流 I_a, I_b, I_c, 電圧 V_a, V_b, V_c, 磁束 φ_a, φ_b, φ_c などの電気量がある．ところがさまざまな構成メンバーからなる3相回路を電気回路として直接的に表現することができない．そこでこれらのa, b, c相電気量（a-b-c領域電気量と呼ぼう）を別に定義された電気量 I_0, I_1, I_2, V_0, V_1, V_2, φ_0, φ_1, φ_2 など（0-1-2領域の電気量）に変数変換して解析を行い，得られた解を再び逆変換して元のa, b, c相電気量（a-b-c領域電気量）の解を得ることができる．対称座標法は基本的にこのような考えに基づくものである．

　3変数の変数変換そのものは何種類でも作ることができるが，要はその**変数変換によって3相回路の取扱いが容易になるようなもの**でなければ意味がない．このような便利な変数変換法はそんなに多く考えられるものではなく，考案されている代表的なものとして

(1) **対称座標法**：$(I_a I_b I_c) \underset{\text{逆変換}}{\overset{\text{変換}}{\rightleftarrows}} (I_0\ I_1\ I_2)$

(2) **α-β-0 法**：$(I_a I_b I_c) \underset{\text{逆変換}}{\overset{\text{変換}}{\rightleftarrows}} (I_\alpha\ I_\beta\ I_0)$　　第6, 7, 19章などで詳述する

(3) **d-q-0 法**：$(i_a i_b i_c) \underset{\text{逆変換}}{\overset{\text{変換}}{\rightleftarrows}} (i_d\ i_q\ i_0)$　　第10～16章などで詳述する

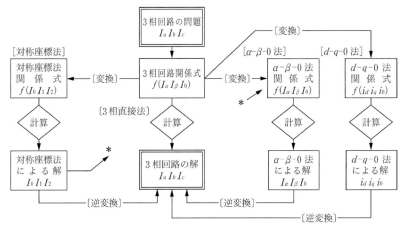

図 2・1 変数変換の考え方

がある．このうち d-q-0 法は，発電機のダイナミック特性解析などに多く使われるもので（詳細は第 10 章参照），通常は複素数実効値表現ではなく，実数瞬時値表現で定義されるので，ここでは小文字変数として表した．対称座標法が最も普遍的に使われる変換方式であり，本書のほぼ全章にわたって登場する．d-q-0 法は発電機を正確に表現するのに不可欠の変換法であり，対称座標法と組み合わせて電力系統の詳細解析に欠かせない．$α$-$β$-0 法は対称座標法を補間して特別な回路で威力を発揮する．

対称座標法，$α$-$β$-0 法，d-q-0 法などの変数変換法の基本的な考え方を図式的にまとめると**図 2・1** のようになる．

この章では最も広く用いられる対称座標法について説明することとする．

〔補足説明〕 平行 2 回線を含む系統の解析に多く使われる，いわゆる **2 相回路変換**は第 4 章において述べるように，2 変数に関する一種の変数変換である．また，第 18 章で説明する進行波理論に登場する"**前進波**と**後進波の理論**"や"**線間波**と**大地波の理論**"も数学的に表現すれば 2 変数に関する変数変換である．

2・2　対称座標法の定義

2・2・1　対称座標法の定義

3 相回路のある回路部分の a, b, c 相 1 組の交流複素数電圧 V_a, V_b, V_c および交流複素数電流 I_a, I_b, I_c があるものとする．ここで，次のような関係にある新たな 3 個 1 組の交流複素数電圧 V_0, V_1, V_2 および交流複素数電流 I_0, I_1, I_2 を定義する．

$$V_0 = \frac{1}{3}(V_a + V_b + V_c)$$

$$V_1 = \frac{1}{3}(V_a + aV_b + a^2V_c)$$

$$V_2 = \frac{1}{3}(V_a + a^2V_b + aV_c)$$

あるいは

$$\begin{vmatrix} V_0 \\ V_1 \\ V_2 \end{vmatrix} = \frac{1}{3}\begin{vmatrix} 1 & 1 & 1 \\ 1 & a & a^2 \\ 1 & a^2 & a \end{vmatrix} \cdot \begin{vmatrix} V_a \\ V_b \\ V_c \end{vmatrix} \quad \therefore \quad \boldsymbol{V}_{012} = \boldsymbol{a} \cdot \boldsymbol{V}_{abc} \tag{2・1}$$

$$\underbrace{}_{\boldsymbol{V}_{012}=} \underbrace{}_{\boldsymbol{a}} \cdot \underbrace{}_{\boldsymbol{V}_{abc}}$$

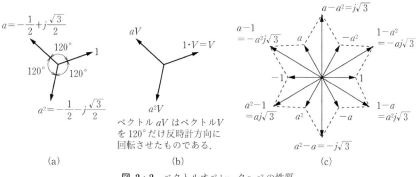

図 2・2　ベクトルオペレータ a, a^2 の性質

$$I_0 = \frac{1}{3}(I_a + I_b + I_c)$$

$$I_1 = \frac{1}{3}(I_a + aI_b + a^2I_c)$$

$$I_2 = \frac{1}{3}(I_a + a^2I_b + aI_c)$$

あるいは
$$\begin{bmatrix} I_0 \\ I_1 \\ I_2 \end{bmatrix} = \frac{1}{3} \begin{bmatrix} 1 & 1 & 1 \\ 1 & a & a^2 \\ 1 & a^2 & a \end{bmatrix} \cdot \begin{bmatrix} I_a \\ I_b \\ I_c \end{bmatrix} \qquad \therefore \quad \boldsymbol{I}_{012} = \boldsymbol{a} \cdot \boldsymbol{V}_{abc} \tag{2・2}$$

$$\underbrace{}_{\boldsymbol{I}_{012}=} \underbrace{}_{\boldsymbol{a}} \cdot \underbrace{}_{\boldsymbol{I}_{abc}}$$

ここで，a および a^2 はベクトルオペレータといい，

$$\left. \begin{array}{l} a = -\dfrac{1}{2} + j\dfrac{\sqrt{3}}{2} = \mathrm{e}^{j120°} = \underline{/120°} = \cos 120° + j \sin 120° \\[4pt] a^2 = -\dfrac{1}{2} - j\dfrac{\sqrt{3}}{2} = \mathrm{e}^{-j120°} = \underline{/-120°} = \cos 120° - j \sin 120° \\[4pt] = \overline{\underline{/120°}} = \left(-\dfrac{1}{2} + j\dfrac{\sqrt{3}}{2}\right)^2 \end{array} \right\} \tag{2・3 a}$$

ただし，$120° = \dfrac{2\pi}{3}$ [rad] である．なお，a, a^2 はさらに式(2・3 b) のような関係をも満たしている．ベクトルオペレータの性質を図 2・2 に示す．

$$\left. \begin{array}{ll} a = \mathrm{e}^{j120°} = \underline{/120°} & a^2 = \mathrm{e}^{-j120°} = \underline{/-120°} = \overline{\underline{/+120°}} \\ a^2 + a + 1 = 0 & a^3 - 1 = (a-1)(a^2+a+1) = 0 \\ a^3 = 1 & a^2 + a = 1 \\ a^2 + 1 = -a & a + 1 = -a^2 \\ a^4 = a^3 \cdot a = a & a^5 = a^3 \cdot a^2 = a^2 \\ a^{-1} = a^{-1} \cdot a^3 = a^2 & a^{-2} = a^{-2} \cdot a^3 = a \\ |a| = |a^2| = 1 & a - a^2 = j\sqrt{3} \\ 1 - a = a^3(1-a) = a^2(a - a^2) = a^2 \cdot j\sqrt{3} \\ a^2 - 1 = (a+1)(a-1) = -a^2(a-1) = -a^2(-a^2 \cdot j\sqrt{3}) = a \cdot j\sqrt{3} \end{array} \right\} \tag{2・3 b}$$

ただし，$j = \mathrm{e}^{j90°} = \underline{/90°} \qquad -j = \mathrm{e}^{-j90°} = \overline{\underline{/90°}}$

なお，次式で明らかなように変換行列 $\boldsymbol{a}$ と逆変換行列 $\boldsymbol{a}^{-1}$ は互いに逆行列の関係にある．

$$\left.\begin{array}{l}\boldsymbol{a}\cdot\boldsymbol{a}^{-1}=\dfrac{1}{3}\underbrace{\begin{vmatrix}1&1&1\\1&a&a^2\\1&a^2&a\end{vmatrix}}_{\boldsymbol{a}}\cdot\underbrace{\begin{vmatrix}1&1&1\\1&a^2&a\\1&a&a^2\end{vmatrix}}_{\boldsymbol{a}^{-1}}\\[2em]=\dfrac{1}{3}\begin{vmatrix}1+1+1&1+a^2+a&1+a+a^2\\1+a+a^2&1+a^3+a^3&1+a^2+a^4\\1+a^2+a&1+a^4+a^2&1+a^3+a^3\end{vmatrix}=\begin{vmatrix}1&0&0\\0&1&0\\0&0&1\end{vmatrix}=\mathbf{1}\\[2em]\boldsymbol{a}^{-1}\cdot\boldsymbol{a}=\boldsymbol{a}\cdot\boldsymbol{a}^{-1}=\mathbf{1}\end{array}\right\} \quad (2\cdot 3\,\mathrm{c})$$

さて，このように定義された V_0, V_1, V_2 をそれぞれ **零相・正相・逆相電圧** といい，また I_0, I_1, I_2 を **零相・正相・逆相電流** という．元の V_a, V_b, V_c, I_a, I_b, I_c が複素数として定義されているので V_0, V_1, V_2 および I_0, I_1, I_2 もまた複素数である．また，前者が実効値表現であるか波高値表現であるかによって後者も実効値表現であるか波高値表現となる．本章では特に断らない限り波高値（crest value）表現で説明する．なお，対称座標法は商用周波数成分を取り扱う場合だけでなく，高調波成分を含む任意の波形に対して適用できることを記憶しておこう（第6章で詳述する）．

式 (2・1)，(2・2) を逆に解いて，

$$\left.\begin{array}{l}V_a=V_0+V_1+V_2\\V_b=V_0+a^2V_1+aV_2\quad\text{あるいは}\quad \underbrace{\begin{vmatrix}V_a\\V_b\\V_c\end{vmatrix}}_{\boldsymbol{V}_{abc}=}\underbrace{\begin{vmatrix}1&1&1\\1&a^2&a\\1&a&a^2\end{vmatrix}}_{\boldsymbol{a}^{-1}}\cdot\underbrace{\begin{vmatrix}V_0\\V_1\\V_2\end{vmatrix}}_{\boldsymbol{V}_{012}}\\V_c=V_0+aV_1+a^2V_2\end{array}\right\}\quad (2\cdot 4)$$

$$\left.\begin{array}{l}I_a=I_0+I_1+I_2\\I_b=I_0+a^2I_1+aI_2\quad\text{あるいは}\quad \underbrace{\begin{vmatrix}I_a\\I_b\\I_c\end{vmatrix}}_{\boldsymbol{I}_{abc}=}\underbrace{\begin{vmatrix}1&1&1\\1&a^2&a\\1&a&a^2\end{vmatrix}}_{\boldsymbol{a}^{-1}}\cdot\underbrace{\begin{vmatrix}I_0\\I_1\\I_2\end{vmatrix}}_{\boldsymbol{I}_{012}}\\I_c=I_0+aI_1+a^2I_2\end{array}\right\}\quad (2\cdot 5)$$

のような関係があることもわかる．

以上，式 (2・1)，(2・2)，(2・3)，(2・4)，(2・5) が対称座標法の基本定義であり，式 (2・1)，(2・2) が対称座標法への変換式，式 (2・4)，(2・5) が対称座標法から元の a，b，c 相への逆変換式である．

以上の説明において，電圧 V や電流 I は複素数値としたが実数値としての電圧・電流を論ずるときには上記の式の左辺，右辺の実数部（あるいは虚数部）を採用すればよい．また，上述の定義で V，I は商用周波数の正弦波に限るとは断っていない．要するに上述の変換定義は高調波成分を含む **任意の波形（サージ波形等も含む）** の電圧・電流に適用される普遍的な定義である．

2・2・2　対称座標法による変換式の意味

2・2・1項では対称座標法の基本となる変換式，逆変換式を示したが，その意味をさらに考えてみよう．以下，電流を例に説明するが電圧についても同様であることはもちろんである．

〔a〕 **a-b-c 相電流から正・逆・零相電流への変換**

式 (2・2) の分数 1/3 を左辺に移項すると，

$$\left.\begin{array}{l}3I_0 = I_a + I_b + I_c \\ 3I_1 = I_a + aI_b + a^2I_c \\ 3I_2 = I_a + a^2I_b + aI_c\end{array}\right\} \tag{2・2}'$$

→ 時計方向（順方向）に平衡した複素数電流 I_c, a^2I_c, aI_c がそれぞれ零・正・逆相の電流成分となる．

→ 反時計方向（逆方向）に平衡した複素数電流 I_b, aI_b, a^2I_b がそれぞれ零・正・逆相の電流成分となる．

→ I_a, I_a, I_a がそれぞれ零・正・逆相の電流成分となる．

電気量が正弦波の場合には，このような関係に基づく複素数座標上でのベクトル作図による表示と解釈が可能である．任意の3相ベクトル I_a, I_b, I_c から，これらに対応する零・正・逆相電流 $3I_0$, $3I_1$, $3I_2$ を作図的に導いた結果を図 2・3(a) に示す．

〔b〕 正・逆・零相電流から a-b-c 相電流への逆変換

逆変換式 (2・5) を吟味すると，

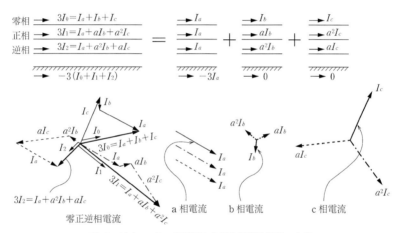

図 2・3(a) a-b-c 相電流から対称座標法電流の合成

図 2・3(b) 対称座標法電流から a-b-c 相電流の合成

$$\left.\begin{array}{l}I_a = \boxed{I_0} + \boxed{I_1} + \boxed{I_2} \\ I_b = \boxed{I_0} + \boxed{a^2 I_1} + \boxed{a I_2} \\ I_c = \boxed{I_0} + \boxed{a I_1} + \boxed{a^2 I_2}\end{array}\right\} \quad (2 \cdot 6)$$

　　　　　　　　　　　　　└─→ 反時計方向（逆方向）に平衡した I_2, aI_2, a^2I_2 がそれぞれ a, b, c 相の電流成分となる．（逆相成分）

　　　　　　　　　└─→ 時計方向（順方向）に平衡した I_1, a^2I_1, aI_1 がそれぞれ a, b, c 相の電流成分となる．（正相成分）

　　　　└─→ 同一値の I_0, I_0, I_0 がそれぞれ a, b, c 相の電流成分となる（零相成分）．

　与えられた対称分電流 I_0, I_1, I_2 から，これに対応する a, b, c 相電流 I_a, I_b, I_c を作図的に導いた結果を図 2・3(b) に示す（なお，図(a) と図(b) は対になっているケースとして示してあるが，紙面の都合で前者のベクトルの長さを後者に対して相対的に半分の長さで描いてある）．

　さて以上の説明により，3 相不平衡であるかもしれない任意の 1 組の a, b, c 相電流 I_a, I_b, I_c が，零相成分 I_0 と，時計方向（順方向）に平衡した正相成分 I_1, a^2I_1, aI_1 および反時計方向（逆方向）に平衡した逆相成分 I_2, aI_2, a^2I_2 の和として表されるように定義した変数変換法が，対称座標法であることがわかる．

〔c〕 a–b–c 相電流（または電圧）が平衡している場合

　特別な場合として図 2・4 のように I_a, I_b, I_c が 3 相平衡している場合を考えよう．I_a, I_b, I_c が時計方向に 3 相平衡しているのであるから，これらは

$$I_a = I_a, \quad I_b = a^2 I_a, \quad I_c = a I_a \quad (2 \cdot 7\text{a})$$

として表せる．式(2・7 a) を (2・2) に代入すると，

$$\left.\begin{array}{l}I_0 = \dfrac{1}{3}(I_a + I_b + I_c) = \dfrac{1}{3} I_a (1 + a^2 + a) = 0 \\[4pt] I_1 = \dfrac{1}{3}(I_a + a I_b + a^2 I_c) = \dfrac{1}{3} I_a (1 + a \cdot a^2 + a^2 \cdot a) = I_a \\[4pt] I_2 = \dfrac{1}{3}(I_a + a^2 I_b + a I_c) = \dfrac{1}{3} I_a (1 + a^2 \cdot a^2 + a \cdot a) \\[4pt] = \dfrac{1}{3} I_a (1 + a + a^2) = 0\end{array}\right\} \quad (2 \cdot 7\text{b})$$

　すなわち，a–b–c 相電流（または電圧）が順方向に 3 相平衡している場合には $I_1 = I_a$, $I_0 = I_2 = 0$ となって零相，逆相電流（または電圧）は零となり，正相電流（または電圧）は a 相電流（または電圧）と同じものとなる．

　対称座標法では任意の波形の電気量（直流，ひずみ波，高調波，サージ性など）に対して式 (2・1)〜(2・5) で定義されているので，複雑な過渡現象をはじめ任意の波形現象に万能的に適用できる理論である．

　ただ，単一の商用周波数成分（正弦波）の場合には図 2・3 のように複素数ベクトルとして紙

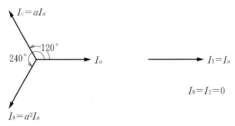

(a) 平衡した a–b–c 相電流　　　(b) 対称分電流

図 2・4　a–b–c 相電流が時計方向(順方向)に平衡しているときの対称分電流

上に簡明な表現ができるが，それ以外の複数の周波数成分からなる波形に対しては複素座標上での紙上表現が簡単にできない．そのために対称座標法の説明が商用周波数成分（正弦波）電気量にのみ当てはめて説明されることが多い．その結果，複数の周波数成分が含まれる場合には各周波数成分をベクトルオペレータ a, a^2 でどのように 120°ないし 240°移相したらよいのかなどと疑問が生じてしまい，対称座標法を正弦波現象専門の理論と誤解したり，また一般波形の現象（交流過渡現象やサージ現象など）に対する扱いを誤ってしまうことがありがちである．**対称座標法はどのような波形現象にも適用できる理論であり，ただ単一正弦波以外の一般波形ではその複素ベクトルとしての図示化が困難なだけと理解すべきである．**

一般波形に対する扱いについては第 6 章以降で詳述する．

〔**補足説明**〕 対称座標法を用いる場合には，3 相回路のある地点の 1 組の複素数電流 I_a, I_b, I_c の流れる方向を示す矢印は a, b, c 相とも同じ方向に約束し，かつこれに対応する対称座標法回路上の複素数電流，I_0, I_1, I_2 の矢印の方向もすべて同じ方向に約束することを鉄則と考えてほしい（図 2・3 (a), (b) 参照）．電圧，磁束量などの電気量においても同様である．

2・3　3 相回路から対称座標法回路への変換

対称座標法を扱う第一歩として，3 相送電線や発電機の a-b-c 相回路関係式が対称座標法ではどのように表されるかを知る必要がある．

第 1 章の式(1・3) または式(1・5), (1・6) で示された送電線の a-b-c 相関係式を例にして，この関係式を対称座標法で表す方法を考えてみよう．この場合の地点 m-n 間の a-b-c 相関係式は，式(1・5), (1・6) を再録すると，

$$_mV_{abc} - {_nV_{abc}} = Z_{abc} \cdot I_{abc} \tag{2・8}$$

である．

さて，式(2・1)～(2・5) で示した対称座標法の定義によって，地点 m における a-b-c 相電圧・電流 $_mV_{abc}$, I_{abc} と対称分電圧・電流 $_mV_{012}$, I_{012} の間には，

$$\left.\begin{array}{ll} _mV_{012} = a \cdot {_mV_{abc}} & _mV_{abc} = a^{-1} \cdot {_mV_{012}} \\ I_{012} = a \cdot I_{abc} & I_{abc} = a^{-1} \cdot I_{012} \end{array}\right\} \tag{2・9}$$

の関係がある．地点 n についても同様に，

$$\left.\begin{array}{ll} _nV_{012} = a \cdot {_nV_{abc}} & _nV_{abc} = a^{-1} \cdot {_nV_{012}} \\ I_{012} = a \cdot I_{abc} & I_{abc} = a^{-1} \cdot I_{012} \end{array}\right\} \tag{2・10}$$

となる．なお，式(2・8) では地点 m と n の電流は同じであるとしているから，電流 I_{abc} には添字 m, n は省かれている．

次に，式(2・9), (2・10) を使って送電線の a-b-c 相関係式(2・8) を対称分関係式に変数変換を行う．a を式(2・8) の両辺の各項の前の部分に掛け合せる（左積する）と，

$$\underbrace{a \cdot {_mV_{abc}}}_{_mV_{012}} - \underbrace{a \cdot {_nV_{abc}}}_{_nV_{012}} = aZ_{abc} \cdot \underbrace{I_{abc}}_{a^{-1} \cdot I_{012}}$$

$$\therefore \quad {_mV_{012}} - {_nV_{012}} = a \cdot Z_{abc} \cdot a^{-1} \cdot I_{012} \equiv Z_{012} \cdot I_{012}$$

したがって，

$$\left.\begin{array}{l} _mV_{012} - {_nV_{012}} = Z_{012} \cdot I_{012} \\ \text{ただし，} Z_{012} = a \cdot Z_{abc} \cdot a^{-1} \end{array}\right\} \tag{2・11}$$

式(2・11) が元の a-b-c 相関係式(2・8) を対称座標法に変換した関係式である．a-b-c 相インピーダンスマトリックス Z_{abc} は，対称座標法では式(2・11) の Z_{012} に変換されることがわかる．

2・4 送電線の対称座標法による表示

2・4・1 LRからなる1回線送電線の対称座標法関係式と等価回路

第1章の図1・1(b) に示す1回線送電線の地点 m-n 間の関係式は式(1・5), (1・6) であった. 送電線は十分にねん架されているものとして,

$$\left.\begin{array}{l} Z_{aa} \fallingdotseq Z_{bb} \fallingdotseq Z_{cc} \equiv Z_s \\ Z_{ab} \fallingdotseq Z_{ba} \fallingdotseq Z_{bc} \fallingdotseq Z_{cb} \fallingdotseq Z_{ca} \fallingdotseq Z_{ac} \equiv Z_m \end{array}\right\} \quad (2\cdot12)$$

とし, 式(1・5), (1・6) を書き直せば,

$$\begin{bmatrix} {}_mV_a \\ {}_mV_b \\ {}_mV_c \end{bmatrix} - \begin{bmatrix} {}_nV_a \\ {}_nV_b \\ {}_nV_c \end{bmatrix} = \begin{bmatrix} Z_s & Z_m & Z_m \\ Z_m & Z_s & Z_m \\ Z_m & Z_m & Z_s \end{bmatrix} \cdot \begin{bmatrix} I_a \\ I_b \\ I_c \end{bmatrix} \quad (2\cdot13)$$

$${}_mV_{abc} - {}_nV_{abc} = Z_{abc} \cdot I_{abc}$$

これを対称座標法に変換すれば式(2・11) のようになり, 式(2・11) 中の Z_{012} については,

$$Z_{012} = a \cdot Z_{abc} \cdot a^{-1} = a \begin{bmatrix} Z_s & Z_m & Z_m \\ Z_m & Z_s & Z_m \\ Z_m & Z_m & Z_s \end{bmatrix} \cdot \begin{bmatrix} 1 & 1 & 1 \\ 1 & a^2 & a \\ 1 & a & a^2 \end{bmatrix}$$

$$= a \begin{bmatrix} Z_s+2Z_m & Z_s+(a^2+a)Z_m & Z_s+(a+a^2)Z_m \\ Z_s+2Z_m & a^2Z_s+(1+a)Z_m & aZ_s+(1+a^2)Z_m \\ Z_s+2Z_m & aZ_s+(1+a^2)Z_m & a^2Z_s+(1+a)Z_m \end{bmatrix}$$

$$= \frac{1}{3} \begin{bmatrix} 1 & 1 & 1 \\ 1 & a & a^2 \\ 1 & a^2 & a \end{bmatrix} \cdot \begin{bmatrix} Z_s+2Z_m & Z_s-Z_m & Z_s-Z_m \\ Z_s+2Z_m & a^2(Z_s-Z_m) & a(Z_s-Z_m) \\ Z_s+2Z_m & a(Z_s-Z_m) & a^2(Z_s-Z_m) \end{bmatrix}$$

$$= \begin{bmatrix} Z_s+2Z_m & 0 & 0 \\ 0 & Z_s-Z_m & 0 \\ 0 & 0 & Z_s-Z_m \end{bmatrix} \quad (2\cdot14)$$

したがって,

$$\left.\begin{array}{l}\begin{bmatrix} {}_mV_0 \\ {}_mV_1 \\ {}_mV_2 \end{bmatrix} - \begin{bmatrix} {}_nV_0 \\ {}_nV_1 \\ {}_nV_2 \end{bmatrix} = \begin{bmatrix} Z_s+2Z_m & 0 & 0 \\ 0 & Z_s-Z_m & 0 \\ 0 & 0 & Z_s-Z_m \end{bmatrix} \cdot \begin{bmatrix} I_0 \\ I_1 \\ I_2 \end{bmatrix} \equiv \begin{bmatrix} Z_0 & 0 & 0 \\ 0 & Z_1 & 0 \\ 0 & 0 & Z_1 \end{bmatrix} \cdot \begin{bmatrix} I_0 \\ I_1 \\ I_2 \end{bmatrix} \\ \text{あるいは,} \\ {}_mV_0 - {}_nV_0 = (Z_s+2Z_m)I_0 = Z_0 I_0 \\ {}_mV_1 - {}_nV_1 = (Z_s-Z_m)I_1 = Z_1 I_1 \\ {}_mV_2 - {}_nV_2 = (Z_s-Z_m)I_2 = Z_1 I_2 \end{array}\right\} \quad (2\cdot15)$$

ここで, $Z_0 = Z_s + 2Z_m$, $Z_1 = Z_s - Z_m$

結局, 1回線送電線の関係式(2・13) を対称座標法により表現すると式(2・15) のようになる. 式(2・15) のインピーダンスマトリックス Z_{012} は右下り対角線コラム以外のコラムがすべ

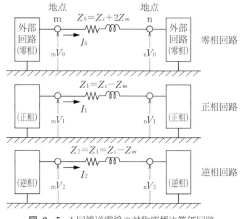

図 2・5 1回線送電線の対称座標法等価回路

てゼロになるので，**零相電圧は零相電流にのみ関係し，正相電圧は正相電流にのみ関係する．逆相分についても同様**である．

すなわち，送電線はそれが十分にねん架されているとしてもa-b-c相の相互間に相互インダクタンスが存在する複雑な関係式で表されたが，これを対称座標法で表せば零・正・逆相間の相互インダクタンスがなくなってしまうので，**零・正・逆相回路を独立に表すことができる**のである．

式(2·15)を等価回路として表すと**図2·5**が得られる．これは第1章の**図1·1(b)**に対応する**1回線送電線の対称分等価回路**である．対称座標法によって送電線が非常に簡単に表現できることがわかる．なお，式(2·15)より，

$$Z_0 > Z_1 = Z_2 \tag{2·16}$$

すなわち，送電線では正相インピーダンスと逆相インピーダンスは同じであり，零相インピーダンスは正相インピーダンスよりも大きいことが理解される．

〔補足説明〕 実際には完全にねん架されることはあり得ないから，式(2·15)中のZ_{012}の対角線以外の部分のコラムは完全なゼロにはならず，零・正・逆相間にわずかながら相互インピーダンスが存在する．したがって，送電線につながる外部回路には零相・逆相電源はなく正相電源のみがあるとしても（実はあとで述べるように発電機は正相電源とみなすことができる），この微少ながら存在する相互インピーダンスのために，わずかではあるが逆相電流・零相電流分が流れることになる．しかしながら，これらは通常は無視できる程度のものである．

2・4・2 LR からなる平行2回線送電線の対称座標法関係式と等価回路

図1·5に示す平行2回線送電線において1号線a-b-c相は十分にねん架され，同様に2号線a-b-c相も十分にねん架されているものとする．1-2号線の電圧，電流を $^1V, {}^1I$ および $^2V, {}^2I$ のように表すものとすれば，

$$\begin{vmatrix} {}^1_mV_a \\ {}^1_mV_b \\ {}^1_mV_c \\ {}^2_mV_a \\ {}^2_mV_b \\ {}^2_mV_c \end{vmatrix} - \begin{vmatrix} {}^1_nV_a \\ {}^1_nV_b \\ {}^1_nV_c \\ {}^2_nV_a \\ {}^2_nV_b \\ {}^2_nV_c \end{vmatrix} = \begin{vmatrix} Z_s & Z_m & Z_m & Z_m' & Z_m' & Z_m' \\ Z_m & Z_s & Z_m & Z_m' & Z_m' & Z_m' \\ Z_m & Z_m & Z_s & Z_m' & Z_m' & Z_m' \\ Z_m' & Z_m' & Z_m' & Z_s & Z_m & Z_m \\ Z_m' & Z_m' & Z_m' & Z_m & Z_s & Z_m \\ Z_m' & Z_m' & Z_m' & Z_m & Z_m & Z_s \end{vmatrix} \cdot \begin{vmatrix} {}^1I_a \\ {}^1I_b \\ {}^1I_c \\ {}^2I_a \\ {}^2I_b \\ {}^2I_c \end{vmatrix} \tag{2·17}$$

または，

$$\begin{bmatrix} {}^1_m V_{abc} \\ {}^2_m V_{abc} \end{bmatrix} - \begin{bmatrix} {}^1_n V_{abc} \\ {}^2_n V_{abc} \end{bmatrix} = \begin{bmatrix} \boldsymbol{Z}_{sm} & \boldsymbol{Z}_{m}' \\ \boldsymbol{Z}_{m}' & \boldsymbol{Z}_{sm} \end{bmatrix} \cdot \begin{bmatrix} {}^1 I_{abc} \\ {}^2 I_{abc} \end{bmatrix} = \begin{bmatrix} \boldsymbol{Z}_{sm} \cdot {}^1 I_{abc} + \boldsymbol{Z}_{m}' \cdot {}^2 I_{abc} \\ \boldsymbol{Z}_{m}' \cdot {}^1 I_{abc} + \boldsymbol{Z}_{sm} \cdot {}^2 I_{abc} \end{bmatrix}$$

ここで，

$Z_s \equiv Z_{aa} \fallingdotseq Z_{bb} \fallingdotseq Z_{cc} \fallingdotseq Z_{AA} \fallingdotseq$ 1-2号各線の自己インピーダンス

$Z_m \equiv Z_{ab} \fallingdotseq Z_{bc} \fallingdotseq Z_{ca} \fallingdotseq Z_{AB} \fallingdotseq Z_{BC} \fallingdotseq$ 同一回線内の2相間の相互インピーダンス

$Z_m' \equiv Z_{aA} \fallingdotseq Z_{aB} \fallingdotseq Z_{ac} \fallingdotseq Z_{bA} \fallingdotseq$ 1号線の1線と2号線の1線との回線間相互インピーダンス

1-2号線の a-b-c 相の電圧 ${}^1_m V_{abc}$, ${}^1_n V_{abc}$, ${}^2_m V_{abc}$, ${}^2_n V_{abc}$, 電流 ${}^1 I_{abc}$, ${}^2 I_{abc}$ に対応して1-2号線の対称分の電圧 ${}^1_m V_{012}$, ${}^1_n V_{012}$, ${}^2_m V_{012}$, ${}^2_n V_{012}$, 電流 ${}^1 I_{012}$, ${}^2 I_{012}$ を導入する．すなわち，

$$\left.\begin{array}{l}
\left.\begin{array}{lll}
{}^1_m V_{012} = \boldsymbol{a} \cdot {}^1_m V_{abc}, & {}^1_n V_{012} = \boldsymbol{a} \cdot {}^1_n V_{abc}, & {}^1 I_{012} = \boldsymbol{a} \cdot {}^1 I_{abc} \\
{}^2_m V_{012} = \boldsymbol{a} \cdot {}^2_m V_{abc}, & {}^2_n V_{012} = \boldsymbol{a} \cdot {}^2_n V_{abc}, & {}^2 I_{012} = \boldsymbol{a} \cdot {}^2 I_{abc}
\end{array}\right\} \cdots\cdots\cdots ① \\
\left.\begin{array}{lll}
{}^1_m V_{abc} = \boldsymbol{a}^{-1} \cdot {}^1_m V_{012}, & {}^1_n V_{abc} = \boldsymbol{a}^{-1} \cdot {}^1_n V_{012}, & {}^1 I_{abc} = \boldsymbol{a}^{-1} \cdot {}^1 I_{012} \\
{}^2_m V_{abc} = \boldsymbol{a}^{-1} \cdot {}^2_m V_{012}, & {}^2_n V_{abc} = \boldsymbol{a}^{-1} \cdot {}^2_n V_{012}, & {}^2 I_{abc} = \boldsymbol{a}^{-1} \cdot {}^2 I_{012}
\end{array}\right\} \cdots ②
\end{array}\right\} \quad (2\cdot18)$$

式(2・18) を使って，式(2・17)の1号線電圧に関する関係式を対称座標法に変換すれば，

${}^1_m V_{abc} - {}^1_n V_{abc} = \boldsymbol{Z}_{sm} \cdot {}^1 I_{abc} + \boldsymbol{Z}_m' \cdot {}^2 I_{abc}$

∴ $\boldsymbol{a}^{-1} \cdot {}^1_m V_{012} - \boldsymbol{a}^{-1} \cdot {}^1_n V_{012} = \boldsymbol{Z}_{sm} \cdot \boldsymbol{a}^{-1} \cdot {}^1 I_{012} + \boldsymbol{Z}_m' \cdot \boldsymbol{a}^{-1} \cdot {}^2 I_{012}$

両辺に $\boldsymbol{a}$ を左積して $\boldsymbol{a} \cdot \boldsymbol{a}^{-1} = 1$ に留意すれば，

$$\left.\begin{array}{l}
{}^1_m V_{012} - {}^1_n V_{012} = (\boldsymbol{a} \cdot \boldsymbol{Z}_{sm} \cdot \boldsymbol{a}^{-1}) \cdot {}^1 I_{012} + (\boldsymbol{a} \cdot \boldsymbol{Z}_m' \cdot \boldsymbol{a}^{-1}) \cdot {}^2 I_{012} \\
\text{2号線電圧関係式についても同様に，} \\
{}^2_m V_{012} - {}^2_n V_{012} = (\boldsymbol{a} \cdot \boldsymbol{Z}_m' \cdot \boldsymbol{a}^{-1}) \cdot {}^1 I_{012} + (\boldsymbol{a} \cdot \boldsymbol{Z}_{sm} \cdot \boldsymbol{a}^{-1}) \cdot {}^2 I_{012}
\end{array}\right\} \quad (2\cdot19)$$

となる．上式中の $\boldsymbol{a} \cdot \boldsymbol{Z}_{sm} \cdot \boldsymbol{a}^{-1}$ は式(2・14)の1回線送電線の $\boldsymbol{Z}_{012}$ と全く同形であり，

$$\boldsymbol{a} \cdot \boldsymbol{Z}_{sm} \cdot \boldsymbol{a}^{-1} = \begin{bmatrix} Z_s + 2Z_m & 0 & 0 \\ 0 & Z_s - Z_m & 0 \\ 0 & 0 & Z_s - Z_m \end{bmatrix}$$

また，

$$\boldsymbol{a} \cdot \boldsymbol{Z}_m' \cdot \boldsymbol{a}^{-1} = \boldsymbol{a} \begin{bmatrix} Z_m' & Z_m' & Z_m' \\ Z_m' & Z_m' & Z_m' \\ Z_m' & Z_m' & Z_m' \end{bmatrix} \cdot \begin{bmatrix} 1 & 1 & 1 \\ 1 & a^2 & a \\ 1 & a & a^2 \end{bmatrix}$$

$$= \frac{1}{3} \underbrace{\begin{bmatrix} 1 & 1 & 1 \\ 1 & a & a^2 \\ 1 & a^2 & a \end{bmatrix}}_{\boldsymbol{a}} \cdot \underbrace{\begin{bmatrix} 3Z_m' & 0 & 0 \\ 3Z_m' & 0 & 0 \\ 3Z_m' & 0 & 0 \end{bmatrix}}_{\boldsymbol{Z}_m' \cdot \boldsymbol{a}^{-1}} = \begin{bmatrix} 3Z_m' & 0 & 0 \\ 0 & 0 & 0 \\ 0 & 0 & 0 \end{bmatrix}$$

したがって，

$$\begin{bmatrix} {}^1_m V_{012} \\ {}^2_m V_{012} \end{bmatrix} - \begin{bmatrix} {}^1_n V_{012} \\ {}^2_n V_{012} \end{bmatrix} = \begin{bmatrix} \boldsymbol{a} \cdot \boldsymbol{Z}_{sm} \cdot \boldsymbol{a}^{-1} & \boldsymbol{a} \cdot \boldsymbol{Z}_m' \cdot \boldsymbol{a}^{-1} \\ \boldsymbol{a} \cdot \boldsymbol{Z}_m' \cdot \boldsymbol{a}^{-1} & \boldsymbol{a} \cdot \boldsymbol{Z}_{sm} \cdot \boldsymbol{a}^{-1} \end{bmatrix} \cdot \begin{bmatrix} {}^1 I_{012} \\ {}^2 I_{012} \end{bmatrix} = \begin{bmatrix} \boldsymbol{Z}_{012} & \boldsymbol{Z}_{0M} \\ \boldsymbol{Z}_{0M} & \boldsymbol{Z}_{012} \end{bmatrix} \cdot \begin{bmatrix} {}^1 I_{012} \\ {}^2 I_{012} \end{bmatrix}$$

あるいは

$$\begin{vmatrix} {}^1_mV_0 \\ {}^1_mV_1 \\ {}^1_mV_2 \\ {}^2_mV_0 \\ {}^2_mV_1 \\ {}^2_mV_2 \end{vmatrix} - \begin{vmatrix} {}^1_nV_0 \\ {}^1_nV_1 \\ {}^1_nV_2 \\ {}^2_nV_0 \\ {}^2_nV_1 \\ {}^2_nV_2 \end{vmatrix} = \begin{vmatrix} Z_s+2Z_m & 0 & 0 & 3Z_m' & 0 & 0 \\ 0 & Z_s-Z_m & 0 & 0 & 0 & 0 \\ 0 & 0 & Z_s-Z_m & 0 & 0 & 0 \\ 3Z_m' & 0 & 0 & Z_s+2Z_m & 0 & 0 \\ 0 & 0 & 0 & 0 & Z_s-Z_m & 0 \\ 0 & 0 & 0 & 0 & 0 & Z_s-Z_m \end{vmatrix} \cdot \begin{vmatrix} {}^1I_0 \\ {}^1I_1 \\ {}^1I_2 \\ {}^2I_0 \\ {}^2I_1 \\ {}^2I_2 \end{vmatrix}$$

$$\equiv \begin{vmatrix} Z_0 & 0 & 0 & Z_{0M} & 0 & 0 \\ 0 & Z_1 & 0 & 0 & 0 & 0 \\ 0 & 0 & Z_1 & 0 & 0 & 0 \\ Z_{0M} & 0 & 0 & Z_0 & 0 & 0 \\ 0 & 0 & 0 & 0 & Z_1 & 0 \\ 0 & 0 & 0 & 0 & 0 & Z_1 \end{vmatrix} \cdot \begin{vmatrix} {}^1I_0 \\ {}^1I_1 \\ {}^1I_2 \\ {}^2I_0 \\ {}^2I_1 \\ {}^2I_2 \end{vmatrix}$$

$(2\cdot 20\text{ a})$

ここで，$Z_1=Z_s-Z_m$, $Z_0=Z_s+2Z_m$, $Z_{0M}=3Z_m'$
が得られる．式(2・20 a)は，さらに次のように書き表すこともできる．

$$\begin{vmatrix} {}^1_mV_0 \\ {}^2_mV_0 \end{vmatrix} - \begin{vmatrix} {}^1_nV_0 \\ {}^2_nV_0 \end{vmatrix} = \begin{vmatrix} Z_0 & Z_{0M} \\ Z_{0M} & Z_0 \end{vmatrix} \cdot \begin{vmatrix} {}^1I_0 \\ {}^2I_0 \end{vmatrix}$$

$$\begin{vmatrix} {}^1_mV_1 \\ {}^2_mV_1 \end{vmatrix} - \begin{vmatrix} {}^1_nV_1 \\ {}^2_nV_1 \end{vmatrix} = \begin{vmatrix} Z_1 & 0 \\ 0 & Z_1 \end{vmatrix} \cdot \begin{vmatrix} {}^1I_1 \\ {}^2I_1 \end{vmatrix}$$

$$\begin{vmatrix} {}^1_mV_2 \\ {}^2_mV_2 \end{vmatrix} - \begin{vmatrix} {}^1_nV_2 \\ {}^2_nV_2 \end{vmatrix} = \begin{vmatrix} Z_1 & 0 \\ 0 & Z_1 \end{vmatrix} \cdot \begin{vmatrix} {}^1I_2 \\ {}^2I_2 \end{vmatrix}$$

$(2\cdot 20\text{ b})$

ただし，$Z_0=Z_s+2Z_m$, $Z_{0M}=3Z_m'$, $Z_1=Z_s-Z_m$

式(2・20 a) あるいは式(2・20 b) が L，R からなる**平行 2 回線送電線の対称座標法関係式**である．これらの式の等価回路として**図 2・6** が得られる．この回路は，正・逆・零相回路間に相互インピーダンスがなく，それぞれ独立に扱いうること，正相回路，逆相回路については 1-2 号線に相互インピーダンスがないこと，などのため非常に扱いやすい等価回路である．なお，

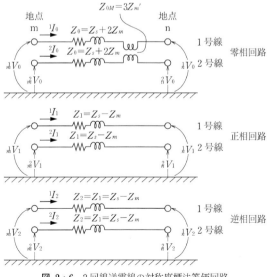

図 2・6　2 回線送電線の対称座標法等価回路

零相回路については1-2号線零相回路間に相互インピーダンス $Z_{0M}=3Z_m'$ が，いぜんとして存在するのでやや不便であるが，この点については第4章であらためて詳述する．

さて，Z_s，Z_m に対応する L_s，L_m は事実上それぞれ自己インダクタンス L_{aa}，L_{bb}，L_{cc} 等および相互インダクタンス L_{ab}，L_{bc}，L_{ca} 等の平均値であり，また $Z_1=Z_s-Z_m$ に対応する正相インダクタンス $L_1=L_s-L_m$ は真空空間に普遍的に成立する作用インダクタンス（式(1・9)，(1・44)）そのものである．これらすべての定数値は大地に沿って布設される電線の物理的な配置関係のみによって決まる．また，低圧送電線から UHV 送電線まで電圧階級によって鉄塔の高低差がかなりあっても定数値はそれほどには変わらない．したがって，対称分インダクタンス $L_1=L_2, L_0$，あるいは対称分インピーダンス $Z_1=Z_2, Z_0$ も電線の配置のみによって決定され，また電圧階級によってさほど変わらない．典型的な数値を表2.1（後掲 p.46）に示した．

2・4・3　1回線送電線の漏れキャパシタンスに関する対称座標法等価回路

図1・8(a)，(b) に示すように，十分にねん架された1回線送電線の漏れキャパシタンスと充電電圧・電流に関する関係式(1・34) を再録すると，

$$\begin{bmatrix} I_a \\ I_b \\ I_c \end{bmatrix} = j\omega \cdot \begin{bmatrix} C_s+2C_m & -C_m & -C_m \\ -C_m & C_s+2C_m & -C_m \\ -C_m & -C_m & C_s+2C_m \end{bmatrix} \begin{bmatrix} V_a \\ V_b \\ V_c \end{bmatrix}$$

$$\boldsymbol{I}_{abc} = j\omega \times \boldsymbol{C}_{abc} \times \boldsymbol{V}_{abc}$$

(2・21)

したがって，これを対称座標法により変換すると，

$$\boldsymbol{I}_{012} = \boldsymbol{a} \cdot \boldsymbol{I}_{abc} = \boldsymbol{a} \cdot j\omega \cdot \boldsymbol{C}_{abc} \cdot \boldsymbol{V}_{abc} = j\omega(\boldsymbol{a} \cdot \boldsymbol{C}_{abc} \cdot \boldsymbol{a}^{-1}) \boldsymbol{V}_{012} \equiv j\omega \boldsymbol{C}_{012} \boldsymbol{V}_{012}$$

ただし，$\boldsymbol{C}_{012} = \boldsymbol{a} \cdot \boldsymbol{C}_{abc} \cdot \boldsymbol{a}^{-1}$

となる．$\boldsymbol{C}_{012}$ を計算すると，

$$\boldsymbol{C}_{012} = \frac{1}{3}\begin{bmatrix} 1 & 1 & 1 \\ 1 & a & a^2 \\ 1 & a^2 & a \end{bmatrix} \cdot \begin{bmatrix} C_s+2C_m & -C_m & -C_m \\ -C_m & C_s+2C_m & -C_m \\ -C_m & -C_m & C_s+2C_m \end{bmatrix} \cdot \begin{bmatrix} 1 & 1 & 1 \\ 1 & a^2 & a \\ 1 & a & a^2 \end{bmatrix}$$

$$= \begin{bmatrix} C_s & 0 & 0 \\ 0 & C_s+3C_m & 0 \\ 0 & 0 & C_s+3C_m \end{bmatrix}$$

(2・22)

したがって，

$$\begin{bmatrix} I_0 \\ I_1 \\ I_2 \end{bmatrix} = j\omega \begin{bmatrix} C_s & 0 & 0 \\ 0 & C_s+3C_m & 0 \\ 0 & 0 & C_s+3C_m \end{bmatrix} \begin{bmatrix} V_0 \\ V_1 \\ V_2 \end{bmatrix} = j\omega \begin{bmatrix} C_0 & 0 & 0 \\ 0 & C_1 & 0 \\ 0 & 0 & C_1 \end{bmatrix} \begin{bmatrix} V_0 \\ V_1 \\ V_2 \end{bmatrix}$$

$$\boldsymbol{I}_{012} = j\omega \times \boldsymbol{C}_{012} \times \boldsymbol{V}_{012} \quad \boldsymbol{C}_{012} \quad \boldsymbol{V}_{012}$$

(2・23)

ただし，$C_0 = C_s$，$C_1 = C_s+3C_m$（C_1 は1回線送電線の作用容量）

これが1回線送電線の漏れキャパシタンスに関する対称座標法関係式である．行列 $\boldsymbol{C}_{012}$ が対角行列となって正・逆・零相のキャパシタンス回路はそれぞれ独立に扱うことができる．式(2・23)の等価回路を図2・7(a)に示す．$C_0=C_s$，$C_1=C_s+3C_m$ であるから当然 $C_0 < C_1$ となる．

なお，対称分漏れキャパシタンス C_0，C_1，C_2 の物理的理解を助けるために図(b)をあわせて示しておいた．零相電流は a-b-c 相に同相ベクトル成分として流れるものであるから，図

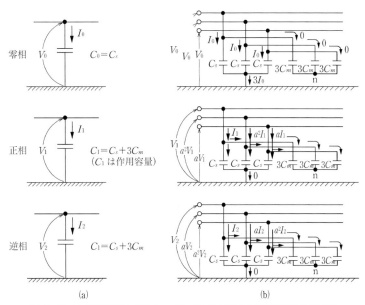

図 2・7 1回線送電線の漏れキャパシタンスに関する対称座標法等価回路

中の共通中性点 n が非接地のキャパシタ $3C_m$ には流れようがないので，零相キャパシタンス C_0 は C_s のみからなる．一方，正・逆相電流のように，3 相平衡した電流は図中の中性点 n が非接地であってもキャパシタ $3C_m$ 側にも流れうるので，$C_1=C_s+3C_m$ となり，これは第 1 章の式 (1·35)，(1·53) で述べた**作用容量**そのものである．

2・4・4　2回線送電線の漏れキャパシタンスに関する対称座標法等価回路

十分ねん架されて平衡な 2 回線送電線の漏れキャパシタンスは図 1·9 のように表現できる．以下では 1 号線，2 号線の電気量をそれぞれ ^1V，^1I および ^2V，^2I などと表すものとする．

1 号線の a 相導体の充電電流は

$$
\begin{aligned}
^1I_a &= j\omega C_s \cdot {}^1V_a + \{j\omega C_m({}^1V_a-{}^1V_b)+j\omega C_m({}^1V_a-{}^1V_c)\} \\
&\quad + \{j\omega C_m'({}^1V_a-{}^2V_a)+j\omega C_m'({}^1V_a-{}^2V_b)+j\omega C_m'({}^1V_a-{}^2V_c)\} \quad \text{①} \\
\therefore {}^1I_a &= j\omega(C_s+3C_m+3C_m'){}^1V_a - j\omega C_m({}^1V_a+{}^1V_b+{}^1V_c) - j\omega C_m'({}^2V_a+{}^2V_b+{}^2V_c) \quad \text{②} \\
&= j\omega(C_s+3C_m+3C_m'){}^1V_a - j\omega\cdot 3C_m\cdot {}^1V_0 - j\omega\cdot 3C_m'\cdot {}^2V_0
\end{aligned}
$$
(2・24 a)

b，c 相についても同様であるから

$$
\begin{bmatrix} {}^1I_a \\ {}^1I_b \\ {}^1I_c \end{bmatrix} = j\omega(C_s+3C_m+3C_m')\begin{bmatrix} {}^1V_a \\ {}^1V_b \\ {}^1V_c \end{bmatrix} - j\omega\cdot 3C_m\begin{bmatrix} {}^1V_0 \\ {}^1V_0 \\ {}^1V_0 \end{bmatrix} - j\omega\cdot 3C_m'\begin{bmatrix} {}^2V_0 \\ {}^2V_0 \\ {}^2V_0 \end{bmatrix}
$$
(2・24 b)

この式は簡単に対称座標法に変換できる．

$$
\begin{aligned}
^1I_0 &= j\omega(C_s+3C_m+3C_m'){}^1V_0 - j\omega\cdot 3C_m{}^1V_0 - j\omega\cdot 3C_m'{}^2V_0 \\
&= j\omega(C_s+3C_m'){}^1V_0 - j\omega\cdot 3C_m'{}^2V_0 = j\omega C_s{}^1V_0 + j\omega\cdot 3C_m'({}^1V_0-{}^2V_0) \\
^1I_1 &= j\omega(C_s+3C_m+3C_m'){}^1V_1 \\
^1I_2 &= j\omega(C_s+3C_m+3C_m'){}^1V_2
\end{aligned}
$$
(2・24 c)

結局，2 回線送電線は次式の行列式で表されることになる．

$$
\begin{bmatrix} {}^1I_0 \\ {}^1I_1 \\ {}^1I_2 \\ {}^2I_0 \\ {}^2I_1 \\ {}^2I_2 \end{bmatrix} = j\omega \begin{bmatrix} C_s+3C_m' & 0 & 0 & -3C_m' & 0 & 0 \\ 0 & C_s+3C_m+3C_m' & 0 & 0 & 0 & 0 \\ 0 & 0 & C_s+3C_m+3C_m' & 0 & 0 & 0 \\ -3C_m' & 0 & 0 & C_s+3C_m' & 0 & 0 \\ 0 & 0 & 0 & 0 & C_s+3C_m+3C_m' & 0 \\ 0 & 0 & 0 & 0 & 0 & C_s+3C_m+3C_m' \end{bmatrix} \begin{bmatrix} {}^1V_0 \\ {}^1V_1 \\ {}^1V_2 \\ {}^2V_0 \\ {}^2V_1 \\ {}^2V_2 \end{bmatrix}
$$

(2・25 a)

この式は正・逆・零相ごとに次のように書き改めることができる．

$$
\begin{aligned}
\begin{bmatrix} {}^1I_0 \\ {}^2I_0 \end{bmatrix} &= j\omega \begin{bmatrix} C_s+3C_m' & -3C_m' \\ -3C_m & C_s+3C_m' \end{bmatrix} \begin{bmatrix} {}^1V_0 \\ {}^2V_0 \end{bmatrix} \\
&= j\omega \begin{bmatrix} C_s\cdot{}^1V_0 + 3C_m'({}^1V_0 - {}^2V_0) \\ C_s\cdot{}^2V_0 + 3C_m'({}^2V_0 - {}^1V_0) \end{bmatrix} \\
&\equiv j\omega \begin{bmatrix} C_0\cdot{}^1V_0 + C_0'({}^1V_0 - {}^2V_0) \\ C_0\cdot{}^2V_0 + C_0'({}^2V_0 - {}^1V_0) \end{bmatrix} = j\omega \begin{bmatrix} C_0+C_0' & -C_0' \\ -C_0' & C_0+C_0' \end{bmatrix} \begin{bmatrix} {}^1V_0 \\ {}^2V_0 \end{bmatrix} \quad \cdots\cdots ①
\end{aligned}
$$

$$
\begin{bmatrix} {}^1I_1 \\ {}^2I_1 \end{bmatrix} = j\omega \begin{bmatrix} C_s+3C_m+3C_m' & 0 \\ 0 & C_s+3C_m+3C_m' \end{bmatrix} \begin{bmatrix} {}^1V_1 \\ {}^2V_1 \end{bmatrix} \equiv j\omega \begin{bmatrix} C_1 & 0 \\ 0 & C_1 \end{bmatrix} \begin{bmatrix} {}^1V_1 \\ {}^2V_1 \end{bmatrix} \quad \cdots\cdots ②
$$

$$
\begin{bmatrix} {}^1I_2 \\ {}^2I_2 \end{bmatrix} = j\omega \begin{bmatrix} C_s+3C_m+3C_m' & 0 \\ 0 & C_s+3C_m+3C_m' \end{bmatrix} \begin{bmatrix} {}^1V_2 \\ {}^2V_2 \end{bmatrix} \equiv j\omega \begin{bmatrix} C_1 & 0 \\ 0 & C_1 \end{bmatrix} \begin{bmatrix} {}^1V_2 \\ {}^2V_2 \end{bmatrix} \quad \cdots\cdots ③
$$

(2・25 b)

ただし，$C_0=C_s$, $C_0'=3C_m'$, $C_1=C_s+3C_m+3C_m'$（C_1 は 2 回線送電線の作用容量）．
式(2・25 b) に対応する等価回路を図2・8に示す．

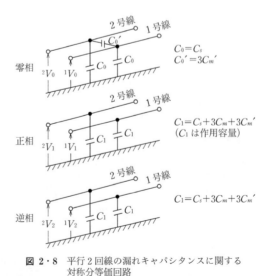

図 2・8　平行2回線の漏れキャパシタンスに関する対称分等価回路

ねん架が十分であれば漏れキャパシタンスについても正・逆・零相を独立に扱うことができる．また，正相，逆相では，1-2号線を独立に扱うこともできる．

2・5 送電線の標準的な回路定数

2・5・1 架空送電線とパワーケーブルの LCR 定数

個々の送電線では導体配置等の状況（鉄塔の構成と導体のたわみ等で決まる寸法諸元 r, h, S_u など）と大地の特性が異なるので L, C 定数は個々の線路に固有の値となる．しかしながら電圧階級が同じ送電線では寸法諸元が比較的近いので定数もさほど異なる値とはならない．さらに，電圧階級が異なっていても，L, C 定数の計算式で寸法諸元 r, h, S_u などが対数項の中に入っているので L, C 値はやはりそれほど差のある値とはならない．**表 2・1** に 1 回線送電線および平行 2 回線送電線の場合の L, C 値の典型的な数値を掲げている．表 2・1 では電圧階級の異なる典型的な四つの送電線路の実測値をも示している．また，覚えやすくて全電圧階級におおむね利用できる標準的 "L, C 値" を掲げている．この標準的 L, C 値 ($L_s=2\,\mathrm{mH/km}$, $L_m=1\,\mathrm{mH/km}$, $L_1=1\,\mathrm{mH/km}$, $C_1=0.015\,\mu\mathrm{F/km}$ など) は覚えやすく，非常に応用範囲が広く便利な数値である．

パワーケーブルの線路定数については第 23 章で学ぶことになるが，架空送電線との対比の便を図るために**表 2・2** として並べて記載する．

ところで，定数 L, C, R のほかに四つ目の定数として**漏れ抵抗（leakage resistance）G** がある．これは C と並列になって回路導体部から対地に向かってつながる抵抗値であり，典型的には送電線の**絶縁がいし表面に沿う漏れ抵抗（creepage resistance）** ということになる．G はがいしの絶縁耐力という視点では重要な要素であり，またサージ現象のように高周波領域では減衰時定数を左右する要素となる．しかしながら通常はその抵抗値〔Ω〕は極めて大きいので特別の目的の場合を除いては無視してさしつかえない．

最後に，送電線は厳密な意味では分布定数回路として表現される．しかしながら精度，あるいは％誤差を正しく評価する限りでほとんどの場合には集中定数として表現することができる．電力系統のもろもろの現象の理解や解析計算はほとんどの場合集中定数として扱わざるを得ないので精度評価，誤差評価を正しく行うテクニックも重要である．これについては第 18 章で詳述する．

2・5・2 進行波伝搬速度，サージインピーダンスから求める標準的 L, C 値

第 1 章 1・3 節で説明したように，また第 18 章で詳述するように，送電線路の単位長さ当たりの L, C に対して進行波の伝搬速度 u とサージインピーダンス Z_{surge} が次式で定義される．

$$\left.\begin{array}{l}
\text{進行波の伝搬速度} \quad : u=1/\sqrt{LC} \quad \text{〔m/s〕} \\
\text{サージインピーダンス} : Z_{\mathrm{surge}}=\sqrt{\dfrac{L}{C}} \quad \text{〔Ω〕}
\end{array}\right\} \quad (2\cdot26\,\mathrm{a})$$

逆に解けば

$$\left.\begin{array}{l}
L=\dfrac{Z_{\mathrm{surge}}}{u} \\
C=\dfrac{1}{Z_{\mathrm{surge}}\cdot u}
\end{array}\right\} \quad (2\cdot26\,\mathrm{b})$$

架空送電線とケーブルには u と Z_{surge} に常識的で覚えやすい標準的な値があり，それから逆算で L, C を求めると次のようになる．

表 2・1 架空送電線の対称座標法回路と L, C, R 定数

		1回線		平行 2 回線				サージインピーダンス
		正相回路	零相回路	正相回路	零相回路	零相回路 第1回路	零相回路 第2回路	$\sqrt{\dfrac{L}{C}}$
回転方程式		$Z_1=Z_s-Z_m$ 式(2・15)	$Z_0=Z_s+2Z_m$ Z_0 式(2・15)	$Z_1=Z_s-Z_m$ Z_1 式(2・20)	$Z_0=Z_s+2Z_m$, $Z_{0M}=3Z'_m$ Z_{0M} 式(2・20)	$Z_{00}=Z_0+Z_{0M}$ $=Z_s+2Z_m+3Z'_m$ Z_{00} 式(4・5c)	$Z_{01}=Z_0-Z_{0M}$ $=Z_s+2Z_m-3Z'_m$ Z_{01} 式(4・5c)	1回線送電線 258Ω
		$jY_1=j\omega C_1$ $C_1=C_s+3C_m$ 式(2・22)	$jY_0=j\omega C_0$ $C_0=C_s$ 式(2・22)	$C_1=C_s+3C_m+3C'_m$ $jY_1=j\omega C_1$	$jY_0=j\omega C_0=j\omega C_s$ $jY'_0=j\omega C'_0=j\omega \cdot 3C'_m$ $C'_0=3C'_m$, $C_0=C_s$ 式(2・24)	$jY_{00}=j\omega C_0$ $=j\omega C_s$ $C_0=C_s$ 式(4・5c)	$jY_{01}=j\omega(C_s+2C'_0)$ $=j\omega(C_s+6C'_m)$ $\dfrac{1}{2}C_{01}=2C'_0$ $=C_s+6C'_m$ 式(4・5c)	2回線送電線 239Ω
典型値	インダクタンス [mH/km] $L_s=2$ mH/km $L_m=1$ mH/km $3L'_m=2.5$ mH/km	$L_1=L_s-L_m$ $L_1=2-1$ $=1$ mH/km $(=j0.314\,\Omega/\text{km})$	$L_0=L_s+2L_m$ $L_0=2+2\times 1$ $=4$ mH/km $(=j1.26\,\Omega/\text{km})$	$L_1=L_s-L_m$ $L_0=2-1=1$ mH/km $(=j0.314\,\Omega/\text{km})$	$L_0=L_s+2L_m$ $L_{0M}=3L'_m$ $L_0=2+2\times 1$ $=4$ mH/km $(=j1.26\,\Omega/\text{km})$ $L_{0M}=2.5$ mH/km $(=j0.78\,\Omega/\text{km})$	$L_{00}=L_s+2L_m+3L'_m$ $L_{00}=2+2+2.5$ $=6.5$ mH/km $(=j2.04\,\Omega/\text{km})$	$Z_{01}=L_s+2L_m-3L'_m$ $L_{01}=2+2-2.5$ $=1.5$ mH/km $(=j0.47\,\Omega/\text{km})$	
	キャパシタンス [μF/km] $C_s=0.005$ μF/km $3C_m=0.01$ μF/km $3C'_m=0.0025$ μF/km	$C_1=C_s+3C_m$ $C_1=0.005+0.010$ $=0.015$ μF/km	$C_0=C_s$ $C_0=0.005$ μF/km	$C_1=C_s+3C_m+3C'_m$ $C_1=0.005+0.010$ $+0.0025=0.0175$ μF/km	$C_0=C_s$ $C'_0=3C'_m$ $C_0=0.005$ μF/km $C'_0=0.0025$ μF/km	$C_0=C_s$ $C_0=0.005$ μF/km	$C_s+2C'_0=C_s+6C'_m$ $C_s+6C'_m=0.005+$ $2\times 0.0025=0.010$ μF/km	

2・5 送電線の標準的な回路定数

例1	500 kV, 平行2回線 STACSR (810 mm²)×4 導体	(0.86 mH/km) 0.019+j0.27 Ω/km	(3.34 mH/km) 0.30+j1.05 Ω/km	(0.86 mH/km) 0.019+j0.27 Ω/km	(3.34 mH/km) 0.30+j1.05 Ω/km	(2.20 mH/km) 0.28+j0.69 Ω/km	(5.54 mH/km) 0.58+j1.74 Ω/km	(1.15 mH/km) 0.02+j0.36 Ω/km	S 257 Ω
		0.013 μF/km 1.18 A/km	0.0085 μF/km	0.016 μF/km 1.41 A/km		0.0029 μF/km	0.0062 μF/km	0.012 μF/km	D 232 Ω
例2	275 kV, 平行2回線 STACSR (810 mm²)×2 導体	(0.73 mH/km) 0.0085+j0.23	(0.26+j1.10 Ω/km)	(0.73 mH/km) 0.0085+j0.23 Ω/km	(0.26+j1.10 Ω/km)	(2.42 mH/km) 0.25+j0.76 Ω/km	(5.92 mH/km) 0.51+j1.86 Ω/km	(1.08 mH/km) 0.10+j0.34 Ω/km	S 216 Ω
		0.0156 μF/km 0.778 A/km	0.0054 μF/km	0.0185 μF/km 0.92 A/km		0.0029 μF/km	0.0058 μF/km	0.0116 μF/km	D 199 Ω
例3	154 kV, 平行2回線 ACSR (610 mm²)×1 導体	(1.21 mH/km) 0.005+j0.38 Ω/km	(0.30+j1.43 Ω/km)	(1.21 mH/km) 0.005+j0.38 Ω/km	(0.30+j1.43 Ω/km)	(2.90 mH/km) 0.25+j0.91 Ω/km	(7.45 mH/km) 0.55+j2.34 Ω/km	(1.66 mH/km) 0.05+j0.52 Ω/km	S 358 Ω
		0.0094 μF/km 0.262 A/km	0.0055 μF/km	0.0109 μF/km 0.148 A/km		0.0015 μF/km	0.0044 μF/km	0.0074 μF/km	D 333 Ω
例4	66 kV, 平行2回線 ACSR (330 mm²)×1 導体	(1.15 mH/km) 0.05+j0.36 Ω/km	(0.31+j1.47 Ω/km)	(1.15 mH/km) 0.05+j0.36 Ω/km	(0.31+j1.47 Ω/km)	(3.22 mH/km) 0.25+j1.01 Ω/km	(7.90 mH/km) 0.56+j2.48 Ω/km	(1.46 mH/km) 0.06+j0.46 Ω/km	S 377 Ω
		0.0101 μF/km 0.120 A/km	0.0055 μF/km	0.0122 μF/km 0.065 A/km		0.0021 μF/km	0.0042 μF/km	0.0082 μF/km	D 307 Ω

注) * リアクタンス値は $f=50$ Hz としてて $jX=j2\pi fL=2\pi\cdot 50\cdot L$ で計算した値である. $L=1$ mH/km では $jX=2\pi\cdot 50\cdot(1\times 10^{-3})=0.314$ Ω/km である. 60 Hz 系では 1.2 倍すればよい.

* 充電電流は $f=50$ Hz としてて $I=2\pi fC\cdot(1/\sqrt{3})V$ で計算している. したがって, 上記の例1では $I=2\pi\cdot 50\cdot(0.015\times 10^{-6})\cdot(1/\sqrt{3})\cdot(500\times 10^{3})=1.36$ A/km となる. 60 Hz 系では 1.2 倍すればよい.

第2章 対称座標法

表 2・2 パワーケーブルの L, C, R 定数（第 23 章参照）

CV ケーブル

線路電圧	導体断面積	導体直径 $2r$	絶縁層厚さ	シース直径 D	ケーブル直径 S	抵抗値 R	作用インダクタンス L_s-L_m	作用キャパシタンス C	リアクタンス jX	漏れ電流 I_c	サージインピーダンス $\sqrt{L/C}$
[kV]	[mm²]	[mm]	[mm]	[mm]	[mm]	[Ω/km]	[mH/km]	[μF/km]	[Ω/km]	[A/km/φ]	[Ω]
500	2500	61.2	27	142	163	0.00746	0.383	0.25	0.112	22.7	39.1
	2000	53.8	27	134	155	0.00933	0.400	0.23	0.116	20.9	41.7
275	2500	61.2	23	133	160	0.00746	0.381	0.28	0.108	14.0	36.9
	2000	53.8	23	125	149	0.00933	0.392	0.25	0.112	12.5	39.6
	1200	41.7	23	112	134	0.01560	0.422	0.21	0.122	10.5	44.8
154	2000	53.8	17	108	122	0.00933	0.352	0.26	0.103	7.3	36.8
	1200	41.7	17	96	110	0.01560	0.382	0.22	0.112	8.7	41.7
	800	34.0	17	88	100	0.02310	0.404	0.19	0.119	5.3	46.1
66	2000	53.8	10	95	95	0.00933	0.302	0.53	0.086	6.3	23.9
	1200	41.7	10	82	82	0.0156	0.324	0.43	0.092	5.1	29.6
	800	34.0	10	73	73	0.0231	0.340	0.37	0.097	4.4	30.3
33	1200	41.7	8	73	73	0.0156	0.301	0.46	0.086	2.8	25.6
	600	29.5	8	58	58	0.0308	0.324	0.38	0.092	2.3	29.2
	200	17.0	8	45	45	0.0915	0.383	0.26	0.108	1.6	38.4
6.6	600	29.5	5	47	47	0.0308	0.282	0.71	0.089	0.8	19.9
	200	17.0	4	32	32	0.0915	0.315	0.51	0.102	0.6	24.9

OF ケーブル

[kV]	[mm²]	[mm]	[mm]	[mm]	[mm]	[Ω/km]	[mH/km]	[μF/km]	[Ω/km]	[A/km/φ]	[Ω]
500	2500	68.0	25.0	132	153	0.00732	0.305	0.37	0.101	33.5	28.7
	2000	59.1	33.0	139	160	0.00915	0.388	0.27	0.113	24.5	37.9
275	2000	57.5	19.5	107	137	0.00915	0.363	0.41	0.098	20.4	29.8
	1200	45.7	19.5	94	124	0.01510	0.389	0.34	0.105	17.0	33.8
154	2000	57.5	13.5	94	119	0.00915	0.333	0.57	0.090	15.9	24.2
	1200	45.7	13.5	81	106	0.01510	0.367	0.45	0.095	12.6	28.6
	800	40.6	12.5	74	96	0.02260	0.361	0.44	0.097	12.3	28.6
66	2000	57.0	8.0	82	106	0.00910	0.312	0.96	0.082	11.5	18.0
	1200	45.2	8.0	69	92	0.01510	0.331	0.80	0.086	9.6	20.3
	800	39.6	7.0	61	82	0.02230	0.334	0.79	0.087	9.5	20.6

注) *作用インダクタンスは単心ケーブル 3 本が俵積み（図 23.3(c)）の場合について計算している．
　　したがって，$L_s-L_m=0.4605\log(D/r)+0.05$ mH/km．ただし $(S_{ab}\cdot S_{bc}\cdot S_{ca})^{1/3}=(D\cdot D\cdot D)^{1/3}=D$ である．
*リアクタンスは $f=50$ Hz として $jX=j2\pi\cdot 50\cdot(L_s-L_m)$ で計算している．60 Hz 系では 1.2 倍すればよい．
*充電電流は $f=50$ Hz として $I=j2\pi fC\cdot(1/\sqrt{3})V$ で計算している．60 Hz 系では 1.2 倍すればよい．
*サージインピーダンスは $\sqrt{(L_s-L_m)/C}$ で計算している．

架空送電線

- $u=300\,000$ [km/s] $=3\times10^8$ [m/s]（大気中の光速度 30 万 km/s に相当，300 m/μs）
- $Z_{\text{surge}}=300$ [Ω]（一般に 250〜500 Ω）

したがって，

$$L=\frac{300}{3\times10^8}\text{[H/m]}=10^{-6}\text{[H/m]}=1\text{ [mH/km]}$$

$$C=\frac{1}{300\times3\times10^8}=0.011\times10^{-9}\text{[F/m]}=0.011\text{ [μF/km]}$$

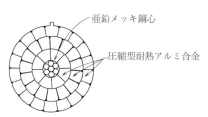

図 2・9 耐熱合金アルミより線
（ひだ付き，低風音型，公称断面積 1 010 mm²）

（エクシム提供）

表 2・3　各種の鋼心耐熱アルミ合金より線の許容温度と許容電流

	連続		短時間	
	許容温度〔℃〕	許容電流〔A〕	許容温度〔℃〕	許容電流〔A〕
鋼心アルミより線（ACSR）	90	829	120	1 125
鋼心耐熱アルミより線（TACSR）	150	1 323	180	1 508
鋼心超耐熱アルミ合金より線（ZTACSR）	210	1 675	240	1 831
鋼心特別耐熱アルミ合金より線（XTACIR）	230	1 715	290	2 004

（許容電流は 60 Hz ベース）

ケーブル

・$u = 150\,000$〔km/s〕$= 1.5 \times 10^8$〔m/s〕（光速度の約 1/2，130 000〜150 000 km/s），135〜150 m/μs）

・$Z_{\text{surge}} = 30$〔Ω〕（一般に 20〜30 Ω，架空線より 1 桁小さい）

したがって，

$$L = \frac{30}{1.5 \times 10^8} \text{〔H/m〕} = 0.2 \times 10^{-6} \text{〔H/m〕} = 0.2 \text{〔mH/km〕}\quad（架空線の約 1/5）$$

$$C = \frac{1}{30 \times 1.5 \times 10^8} = 0.22 \times 10^{-9} \text{〔F/m〕} = 0.22 \text{〔}\mu\text{F/km〕}\quad（架空線の約 20 倍）$$

式（2・26）の意味については第 18 章を参照されたい．

上記の数値が表 2・1，表 2・2，表 2・3 に記載の値とおおよそ一致していることを確かめていただきたい．

架空送電線用の電線の軽量化・低弛度化と大容量化に関する近年の技術進歩は著しいものがある．

表 2·3 は架空送電線用電線の種類と許容温度を示している．現在では連続許容温度 150℃ の TACSR（**図 2·9** 参照）が広く普及しているが，さらに強度と耐熱性を増した合金鋼心の開発などによって連続許容温度 230℃ のものまで実用化されている．また，従来の鋼心をカーボンファイバより線に置き換えることで大幅な低弛度化と軽量化を図る**軽量電線（ACFR）**の実用化も一部で試みられている．

2・6　発電機の対称座標法による表示

2・6・1　対称座標法関係式と等価回路の導入

発電機は 3 相平衡した理想電圧源と，3 相平衡した内部インピーダンスを持つ機械であると考えて，正確さには欠けるがおおよそ図 2・10 のように表すことができるとしよう．この回路の a-b-c 相関係式は次のとおりである（なお，発電機回路理論の詳細については第 10〜16 章で論ずる）．

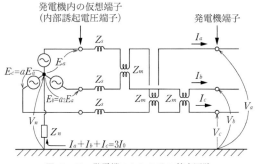

図 2・10 発電機のおおよその基本回路

$$\left.\begin{array}{l}\boxed{\begin{array}{c}E_a\\E_b=a^2E_a\\E_c=aE_a\end{array}}-\boxed{\begin{array}{c}V_a\\V_b\\V_c\end{array}}=\boxed{\begin{array}{ccc}Z_s&Z_m&Z_m\\Z_m&Z_s&Z_m\\Z_m&Z_m&Z_s\end{array}}\cdot\boxed{\begin{array}{c}I_a\\I_b\\I_c\end{array}}-\boxed{\begin{array}{c}V_n\\V_n\\V_n\end{array}}\quad\cdots\cdots\text{①}\\\boldsymbol{E}_{abc}\quad-\boldsymbol{V}_{abc}=\quad\boldsymbol{Z}_{abc}\quad\cdot\boldsymbol{I}_{abc}-\boldsymbol{V}_n\\V_n=-Z_n(I_a+I_b+I_c)=-Z_n(3I_0)=-3Z_n\cdot I_0\quad\cdots\cdots\text{②}\end{array}\right\}\quad(2\cdot27)$$

ここで，E_a，E_b，E_c を発電機の内部誘起電圧といい，3相平衡の設計となっている．

式(2·27)の式①を対称分に変換するには，例によって $\boldsymbol{a}$ を左積して，

$$\boldsymbol{a}\cdot\boldsymbol{E}_{abc}-\boldsymbol{a}\cdot\boldsymbol{V}_{abc}=\boldsymbol{a}\boldsymbol{Z}_{abc}\cdot\boldsymbol{I}_{abc}-\boldsymbol{a}\cdot\boldsymbol{V}_n$$
$$\therefore\quad\boldsymbol{E}_{012}-\boldsymbol{V}_{012}=\boldsymbol{a}\boldsymbol{Z}_{abc}\cdot\boldsymbol{a}^{-1}\cdot\boldsymbol{I}_{012}-\boldsymbol{a}\cdot\boldsymbol{V}_n \quad(2\cdot28\,\text{a})$$

式(2·28 a)の左辺第1項は，

$$\boldsymbol{E}_{012}=\boxed{\begin{array}{c}E_0\\E_1\\E_2\end{array}}=\boldsymbol{a}\cdot\boldsymbol{E}_{abc}=\frac{1}{3}\boxed{\begin{array}{ccc}1&1&1\\1&a&a^2\\1&a^2&a\end{array}}\cdot\boxed{\begin{array}{c}E_a\\a^2E_a\\aE_a\end{array}}=\boxed{\begin{array}{c}0\\E_a\\0\end{array}}$$

右辺第1項の $(\boldsymbol{a}\cdot\boldsymbol{Z}_{abc}\cdot\boldsymbol{a}^{-1})$ はすでに式(2·14)で求めたものと同形であり，また右辺第2項の $\boldsymbol{a}\boldsymbol{V}_n$ は，

$$\boldsymbol{a}\cdot\boldsymbol{V}_n=\frac{1}{3}\boxed{\begin{array}{ccc}1&1&1\\1&a&a^2\\1&a^2&a\end{array}}\cdot\boxed{\begin{array}{c}V_n\\V_n\\V_n\end{array}}=\boxed{\begin{array}{c}V_n\\0\\0\end{array}}=\boxed{\begin{array}{c}-3Z_n\cdot I_0\\0\\0\end{array}}$$

したがって，

$$\boxed{\begin{array}{c}0\\E_a\\0\end{array}}-\boxed{\begin{array}{c}V_0\\V_1\\V_2\end{array}}=\boxed{\begin{array}{ccc}Z_0&0&0\\0&Z_1&0\\0&0&Z_2\end{array}}\cdot\boxed{\begin{array}{c}I_0\\I_1\\I_2\end{array}}+\boxed{\begin{array}{c}3Z_n\cdot I_0\\0\\0\end{array}}\quad(2\cdot28\,\text{b})$$

あるいは，
$$-V_0=(Z_0+3Z_n)I_0$$
$$E_a-V_1=Z_1I_1$$
$$-V_2=Z_2I_2$$

これが発電機を図2·10に見たてた場合の対称座標法関係式である．発電機は零・逆相については単なるインピーダンス回路となり，正相については電源とインピーダンスを持つ回路であることが分かる．発電機はいわば正相発電機であるといえよう．式(2·28 a)に対応する発電機等価回路図を

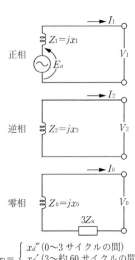

$x_1=\begin{cases}x_d''\,(0\sim3\,\text{サイクルの間})\\x_d'\,(3\sim\text{約}60\,\text{サイクルの間})\\x_d\,(\text{約}60\,\text{サイクル以降})\end{cases}$

図 2・11 発電機の対称分等価回路

図 2・11 に示す．

2・6・2　発電機等価回路のリアクタンス定数について

上で述べた式(2・28 a) の導入過程からいえば，発電機の正・逆相インピーダンスは等しく，$jx_1=jx_2=Z_s-Z_m$ となるはずである．しかし，現実にはこうはならず，一般に $x_1 \neq x_2$ であり，しかも正相リアクタンス x_1 は回路故障発生時に時間とともに変化する．発電機の厳密な表現は一般に d-q-0 法という変数変換手法によって厳密に解析することができ，その結果は**直軸リアクタンス** (x_d'', x_d', x_d)，**横軸リアクタンス** (x_q'', x_q', x_q)，**逆・零相リアクタンス** (x_2, x_0) などで表現される．励磁系特性や過渡安定度など発電機の厳密な解析を行う場合には，このような手法による必要があり，式(2・28) で取り扱ってしまうことはできない（この点については第10章で詳しく述べる）．

系統の商用周波数成分を対象とする通常の故障計算を行う場合などでは，発電機は式(2・27 a)，図 2・11 で表されるものと考えて十分である．ただし，その正・逆・零相インピーダンスでは次のような数値を使う必要がある．その理由は第 10 章 10・6 節および図 10・7 で述べる．

正相リアクタンス

$$x_1 = \begin{cases} x_d'' & \textbf{直軸初期過渡リアクタンス}：故障発生後 0~2 または 3 サイクルの間 \\ x_d' & \textbf{直軸過渡リアクタンス}：2 または 3 サイクル~50 または 60 サイクル（1 秒）の間 \\ x_d & \textbf{直軸リアクタンス}：60 サイクル以降および平常運転時 \end{cases}$$

逆相リアクタンス

　x_2：厳密には時間とともに多少変化するが，通常の故障計算などでは一定として取り扱ってよい．

零相リアクタンス

　x_0：時間とともに変化しない．

x_d'', x_d', x_d, x_2, x_0 は発電機の仕様事項として明示されており，その数値例を第 10 章表 10・1 に示す．

2・7　3相負荷の対称座標法による表示

系統から電力を受け取る受変電所には特性も容量もさまざまな多数の負荷が並列に接続される．中には大型の不平衡負荷（例えば，電鉄負荷，電気炉負荷，各種単相負荷など）も含まれるが，全体としては平衡負荷が大半を占める．したがって，多くの場合，負荷はほぼ 3 相平衡しているとみなして扱うことができる．その a-b-c 相負荷の電圧 $\boldsymbol{V}_{abc}$，電流 $\boldsymbol{I}_{abc}$，インピーダンス $\boldsymbol{V}_{abc}$ の関係が，

$$\begin{vmatrix} V_a \\ V_b \\ V_c \end{vmatrix} = \begin{vmatrix} Z_s & Z_m & Z_m \\ Z_m & Z_s & Z_m \\ Z_m & Z_m & Z_s \end{vmatrix} \cdot \begin{vmatrix} I_a \\ I_b \\ I_c \end{vmatrix} \quad (2 \cdot 29)$$

$$\boldsymbol{V}_{abc} = \boldsymbol{Z}_{abc} \cdot \boldsymbol{I}_{abc}$$

で与えられるとすれば，これを対称分に変換するには，式(2・14) の演算を流用して，

$$\begin{vmatrix} V_0 \\ V_1 \\ V_2 \end{vmatrix} = \begin{vmatrix} Z_0 & 0 & 0 \\ 0 & Z_1 & 0 \\ 0 & 0 & Z_2 \end{vmatrix} \cdot \begin{vmatrix} I_0 \\ I_1 \\ I_2 \end{vmatrix} \quad (2 \cdot 30)$$

ここに，$Z_1=Z_2=Z_s-Z_m$, $Z_0=Z_s+2Z_m>Z_1=Z_2$

すなわち，一般には3相平衡した負荷は $Z_0 > Z_1 = Z_2$ で与えられることが分かる．この場合の等価回路は図示するまでもないであろう．

〔補足説明〕　回転機負荷に対しては，式(2・29)，式(2・30)は厳密性を欠くところがあるが，通常の系統故障計算ではたいていの場合，負荷を上式のように考えてよい．

2・4～2・6節で，送電線・発電機・負荷の対称座標法による関係式と等価回路を求めてきた．したがって，これら個々の対称分等価回路を適宜組み合わせることによって，発電機・送電線・負荷からなる3相系統全体の対称分等価回路を描くことができる．系統が3相平衡しているとすれば，系統の正・逆・零相等価回路は互いに独立に描かれることはすでに明らかであろう．

なお，変圧器を含む系統の等価回路については第5章で説明する．

休憩室：その2　FaradayとHenry，電気エネルギー利用への道を開いた巨人

　Michael Faraday（1791-1867）は厳格な戒律のサンデマン派キリスト教徒の家庭の第三子としてロンドン近郊で生を受ける．貧しい家庭に育ったFaradayはろくな学校教育も受けることなく14歳で小さな製本屋に雇われる．製本のために送られてくる紙の束の中身に強い関心を示し続けた彼の知識欲はついに止みがたく，1813年に当時の高名な科学者Humphry Davy（1778-1829）の研究室の助手として働くことになる．Faradayは高等数学等の知識は皆無であったが極めて旺盛な創意工夫と綿密な実験，また几帳面な観察と正確無比な記録をとる習慣，さらにまた真摯な人柄は彼の弱点を補ってあまりあるものがあった．

Michael Faraday
(1791-1867)

　やがて自分の実験室を持つことになったFaradayはOerstedの発見があった翌年の1821年，"ボルタの電池が磁束を作れるのだから磁束も電気に変えられるはずである"と強く考えるようになった．Faradayは磁束を電気に変えるための実験に着手して10年間にも及ぶ精魂を傾けた思考と実験を重ねてついに1831年，磁場から電流を作り出すことに成功する．彼は軟鉄のリングに二つのコイルA，Bを巻き付けた（写真参照）．第1のコイルAにはスイッチSw1を介して電池をつなぎ，第2のコイルBはスイッチSw2を介して開閉できるようにした．そしてSw1を閉じると第2のコイルから1mも離れた場所に置いた針コンパスが瞬間大きく振れてまたすぐ元の位置に戻る現象を確認した．Sw1を開くときには

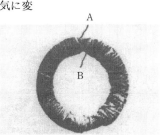

Faradayの電磁誘導コイル

針コンパスは逆方向に一瞬間振れた．Sw2を開閉する場合も同様であった．電池から1番目のコイルAに流れる電流によって作られた鉄心の磁束が変化するときに二つ目のコイルBに電流が流れたからこそ，遠く離れた針コンパスが（Oerstedの実験どおりに）一瞬振れたことは明らかであった．彼はさらに電磁石を入り切りしても，また磁石を動かすことによっても電流を作り出すことができることを示した．

　Faradayの実験によって"何らかの機械的方法で磁石を動かし続ければ電流を作り続けることができる"ということが明らかになったのである．磁気誘導（magnetic induction）による"発電"の概念が生まれた瞬間である．磁石を動かして電気が作れるならば水車で電気を作り続けることができる．また，その電気で力（パワー）を出し作り続けることができるはずである……．蒸気機関に代わって電気という新しいエネルギー獲得（発電機）と利用（電動機）が実現できる可能性に世界の人々が気付いた瞬間であったともいえよう．興味深い科学の対象でしかなかった電気・磁気現象がFaradayの実験が公表された1831年以降は産業用エネルギー利用の主テーマとして一躍注目されることとなった．

　Faradayは非数学的表現ながら"磁気誘導で生ずる起電力は鎖交磁束の変化速度に比例する（いわゆる $e = d\psi/dt$ の概念）"と書いている．また，電気力を伴う電場と磁気力を伴う磁場の概念について詳細に書きとめており，これが後年にMaxwellが電磁波理論を確立する起点となっていく．

　アメリカ人の**Joseph Henry**（1798-1878）は1830年にFaradayと同様の電磁誘導原理の実験に成功していた．しかしながらHenryはその成果を詳しく論文として公表することもなかった．

　Henryは自分のノートに自己誘導について書いたうえで"長いら旋状導

Joseph Henry
(1797-1878)

体（ソレノイド）で電池を切り離すと電流アークが発生した"と実験について書きとめている．

1837 年，Faraday は **Charles Wheatstone**（1802-1875）とともにアメリカに Henry を訪ねている．Henry が二人の前で"自己誘導"の実験を行ったとき，Faraday は"Hurrah for the Yankee experiment"と叫んで拍手喝さいしたといわれる．

第3章　対称座標法による故障計算

　送電線や発電機はa-b-c相回路としての表現は容易でないが，対称座標法によって式として，また等価回路図として正確・簡明に記述できることを前章までで述べた．本章では対称座標法による故障計算について説明する．

　本章で扱う解析法は系統に短絡や地絡などのfaultが生じた場合の電圧・電流の商用周波電気量の様相を知るのに利用する場合が多いので，この手法が初めて紹介された当時に使われた**故障計算**（fault analysis）という呼び名が今日も慣例的に使われているが，本来は故障に限った手法でもなく，また商用周波電気量に限った手法でもない．**faultもfaultにあらざる状態変化時**（例えば，遮断器操作，系統の回路切替など）の現象も，**定常も過渡も，直流・交流成分から進行波領域**の現象に至るまで，あらゆる電力系統の現象把握の共通的基礎となる．技術の実務においては，3相回路の簡単な手計算にも，大型計算機による大規模系統解析にも欠かせない大切な解析法である．

3・1　対称座標法による故障計算の考え方

　系統はどの部分もおおむね3相平衡な構成となっているので，常時は3相平衡な電気量となっているが，例えば地絡事故が生ずれば各地点の電気量は不平衡になる．この場合の故障計算をa-b-c領域で行うことは実質的に不可能である．これは発電機や送電線の回路条件の正確かつ簡易な記述がa-b-c相領域では不可能だからである．例えば，発電機はa-b-c相の電機子コイルおよび回転子コイルなどが複雑に密集する電磁機械であり，これをa-b-c領域で自己・相互インダクタンス回路として正確かつ簡易に表現できない．正確さを犠牲にして図2・10のような簡易モデルを設定しても相間の相互インダクタンスが存在するので計算は容易ではない．送電線についても同様である．

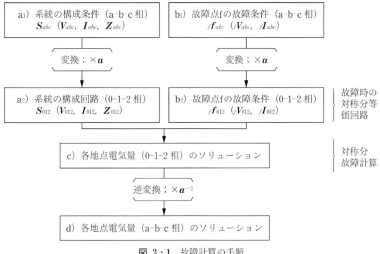

図3・1　故障計算の手順

これに対して，対称座標法でa-b-c相→0-1-2相への変数変換を導入することによって発電機や送電線をはじめ**3相系統全体が正確かつ簡易に表現**できる．送電線は相間インピーダンスを消去できる．発電機を正確に記述するParkの方程式（第10章で詳述）は0-1-2相領域で送電線などと矛盾なく容易に接続できる．こうして得る**0-1-2相領域の回路は正確で，かつ0相，1相，2相の相互間に相互インダクタンスによる電気量のやり取りのない回路**となる．

図3・1に故障計算の一般的な流れを示しておく．技術者が**座標変換，変数変換**を実用的に活用する場合の一般的な流れといってよいであろう．

3・2 a相1線地絡故障

図3・2(a) の破線内に示す系統のf点でa相地絡が生ずる場合の故障計算をしてみよう．この図は系統の3相結線図であって回路図とはいえない．しかし，対称座標法領域では正確な回路図として表現できて，図(b) の破線内のように表現できる．f点には仮想のa-b-c相端子が引き出してあり，またこれに見合って0-1-2相回路にも仮想端子が引き出されている．

関係式として表せば次式となる．

$$\left.\begin{aligned}
{}_fV_1 &= E_1' - {}_fZ_1' I_1' = E_1'' - {}_fZ_1'' I_1'' \\
{}_fV_2 &= -{}_fZ_2' I_2' = -{}_fZ_2'' I_2'' \\
{}_fV_0 &= -{}_fZ_0' I_0' = -{}_fZ_0'' I_0''
\end{aligned}\right\} ①$$

$$\left.\begin{aligned}
{}_fI_1 &= I_1' + I_1'' \\
{}_fI_2 &= I_2' + I_2'' \\
{}_fI_0 &= I_0' + I_0''
\end{aligned}\right\} ②$$

$$\left.\begin{aligned}
{}_fZ_1 &= ({}_fZ_1' \mathbin{/\mkern-6mu/} {}_fZ_1'') = \frac{{}_fZ_1' \cdot {}_fZ_1''}{{}_fZ_1' + {}_fZ_1''} \\
{}_fZ_2 &= ({}_fZ_2' \mathbin{/\mkern-6mu/} {}_fZ_2'') = \frac{{}_fZ_2' \cdot {}_fZ_2''}{{}_fZ_2' + {}_fZ_2''} \\
{}_fZ_0 &= ({}_fZ_0' \mathbin{/\mkern-6mu/} {}_fZ_0'') = \frac{{}_fZ_0' \cdot {}_fZ_0''}{{}_fZ_0' + {}_fZ_0''}
\end{aligned}\right\} ③$$

(3・1)

ここで，${}_fZ_1$はf点からみる系統の正相インピーダンス，${}_fZ_1'$，${}_fZ_1''$はf点からみる左右系統の正相インピーダンス（記号 // は平列インピーダンス値の略記法である）．

3・2・1 故障発生前の状況

仮想端子fでは流出するa-b-c相電流はゼロであるから0-1-2相電流もゼロである．
すなわち，

$$\left.\begin{aligned}
{}_fI_a &= {}_fI_b = {}_fI_c = 0 \\
{}_fI_0 &= {}_fI_1 = {}_fI_2 = 0 \\
{}_fV_0 &= {}_fV_2 = 0
\end{aligned}\right\} \quad (3・2)$$

逆相・零相回路では，その仮想端子は開放状態であり，また内部に電源を持たないので回路内のすべての場所で電気量はゼロである．

正相回路では，${}_fI_1 = I_1' + I_1'' = 0$であるから，正相回路では

$$\frac{E_1' - E_1''}{{}_fZ_1' + {}_fZ_1''} = I_1' = -I_1'' \tag{3・3}$$

したがって，故障発生直前のf点電圧 ${}_fE_1$ は

$${}_fE_1 = E_1' - {}_fZ_1' I_1' = \frac{{}_fZ_1''}{{}_fZ_1' + {}_fZ_1''} E_1' + \frac{{}_fZ_1'}{{}_fZ_1' + {}_fZ_1''} E_1'' \tag{3・4}$$

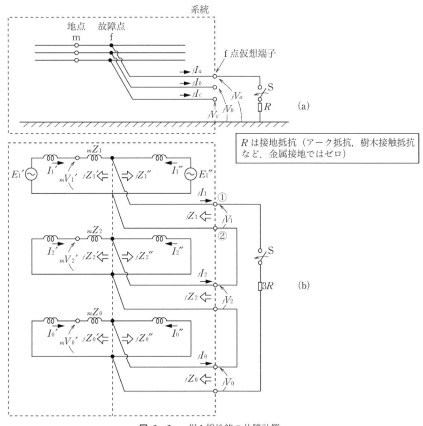

図 3・2 a 相 1 線地絡の故障計算

3・2・2 a 相故障発生

f 点での a 相故障発生は f 点の a 相仮想端子を接地させることにほかならない．このとき b-c 相仮想端子は依然として開放のままである．したがって，

$$\left. \begin{array}{l} {}_fV_a = R \cdot {}_fI_a \\ {}_fI_b = {}_fI_c = 0 \end{array} \right\} \tag{3・5}$$

これを対称分に変換すると

$$\left. \begin{array}{l} {}_fV_0 + {}_fV_1 + {}_fV_2 = R({}_fI_0 + {}_fI_1 + {}_fI_2) \\ {}_fI_0 + a^2 \cdot {}_fI_1 + a \cdot {}_fI_2 = {}_fI_0 + a \cdot {}_fI_1 + a^2 \cdot {}_fI_2 = 0 \end{array} \right\} \tag{3・6}$$

$a^2 + a = -1$ などの関係に留意すると，式(3・6) より次式を得る．

$$\left. \begin{array}{l} {}_fI_0 = {}_fI_1 = {}_fI_2 \\ {}_fV_0 + {}_fV_1 + {}_fV_2 = 3R \cdot {}_fI_0 \end{array} \right\} \tag{3・7}$$

これが f 点 a 相 1 線地絡の条件式(3・5) を 0-1-2 相領域に変換した結果である．f 点の対称分等価回路仮想端子をこの式に忠実に接続すると図 3・2(b) が得られる．故障点 f で正相回路の仮想端子に逆相・零相回路仮想端子を直列にして接続することで a 線 1 線地絡の等価回路が完成した．

3・2・3 f 点仮想端子 0-1-2 相電圧・電流の計算

さて，a 相 1 線地絡の発生は図 3・2 で仮想スイッチ S を投入することで表現できる．言い換えると，f 点正相回路に外部インピーダンス ${}_fZ_2 + {}_fZ_0 + 3R$ を挿入するのである．このとき，

図3·2の正相仮想端子①，②に流れる電流は**テブナンの定理**によって容易に求められ，次式となる．

$$\left.\begin{array}{l}_fI_1=\dfrac{_fE_1}{_fZ_1+(_fZ_2+_fZ_0+3R)}\\[2mm] _fI_1={_fI_2}={_fI_0}=\dfrac{1}{_fZ_{\text{total}}}{_fE_1}\\[2mm] \text{ここで，}_fZ_{\text{total}}={_fZ_1}+{_fZ_2}+{_fZ_0}+3R\end{array}\right\} \quad (3\cdot 8)$$

また，f 点電圧は

$$\left.\begin{array}{l}_fV_0=-_fZ_0\cdot{_fI_0}=-_fZ_0\cdot{_fI_1}\\ _fV_2=-_fZ_2\cdot{_fI_2}=-_fZ_2\cdot{_fI_1}\\ _fV_1=-(_fV_0+{_fV_2})+3R\cdot{_fI_1}=({_fZ_0}+{_fZ_2}+3R){_fI_1}\end{array}\right\} \quad (3\cdot 9)$$

式 (3·8)，(3·9) の $_fE_1$ は式 (3·4) の f 点の S 投入直前の正相電圧（a 相電圧に同じ $_fE_1={_fE_a}$）で，系統の対称分インピーダンスと電圧 E_1'，E_1'' が既知であるから既知である．以上で f 点仮想端子の 0-1-2 相電流・電圧がすべて求められた．最後に，これらを逆変換すれば，事故点 f の電流・電圧は次式で求められる．

$$\left.\begin{array}{l}\begin{bmatrix}_fI_a\\ _fI_b\\ _fI_c\end{bmatrix}=\begin{bmatrix}1&1&1\\ 1&a^2&a\\ 1&a&a^2\end{bmatrix}\cdot\begin{bmatrix}_fI_0(={_fI_1})\\ _fI_1\\ _fI_2(={_fI_1})\end{bmatrix}=\begin{bmatrix}3_fI_1\\ 0\\ 0\end{bmatrix}=\begin{bmatrix}\dfrac{3}{_fZ_{\text{total}}}{_fE_1}\\ 0\\ 0\end{bmatrix}\cdots\cdots\text{①}\\[6mm]\begin{bmatrix}_fV_a\\ _fV_b\\ _fV_c\end{bmatrix}=\begin{bmatrix}1&1&1\\ 1&a^2&a\\ 1&a&a^2\end{bmatrix}\cdot\begin{bmatrix}-_fZ_0\cdot{_fI_1}\\ ({_fZ_0}+{_fZ_2}+3R){_fI_1}\\ -_fZ_2\cdot{_fI_1}\end{bmatrix}=\begin{bmatrix}3R\\ (a^2-1){_fZ_0}+(a^2-a){_fZ_2}+a^2\cdot 3R\\ (a-1){_fZ_0}+(a-a^2){_fZ_2}+a\cdot 3R\end{bmatrix}\cdot{_fI_1}\\[6mm] \qquad=\begin{bmatrix}\dfrac{3R}{_fZ_{\text{total}}}{_fE_1}\\[2mm] \dfrac{(a^2-1){_fZ_0}+(a^2-a){_fZ_2}+a^2\cdot 3R}{_fZ_{\text{total}}}{_fE_1}\\[2mm] \dfrac{(a-1){_fZ_0}+(a-a^2){_fZ_2}+a\cdot 3R}{_fZ_{\text{total}}}{_fE_1}\end{bmatrix}\cdots\cdots\text{②}\\[8mm] \text{ここで，}_fZ_{\text{total}}={_fZ_1}+{_fZ_2}+{_fZ_0}+3R\ \cdots\cdots\text{③}\\[2mm] _fE_1=\dfrac{_fZ_1''}{_fZ_1'+{_fZ_1''}}E_1'+\dfrac{_fZ_1'}{_fZ_1'+{_fZ_1''}}E_1''\ \cdots\cdots\text{④}\end{array}\right\}\quad (3\cdot 10)$$

これで，$_fI_a$，$_fI_b$，$_fI_c$，$_fV_a$，$_fV_b$，$_fV_c$ がすべて求められた．

$_fE_1$ は f 点の事故前正相電圧（a 相電圧）である．仮に事故前の負荷電流がゼロとすれば $E'=E''={_fE_1}$ である．

3·2·4 故障時における任意の地点 m の電圧・電流

図 3·2 の任意の地点 m の電圧・電流がこのときどのようになるかを考察しよう．図 3·2 の対称分等価回路は系統の各部位の a-b-c 相の姿を忠実に 0-1-2 相の姿に置き換えて構成した**写像回路**である．ゆえに単に f 点仮想端子のみでなく，**系統のどの部分においても a-b-c ⇔ 0-1-2 の写像関係にある**ことは明らかである．したがって，f 点の近傍で左右に分かれる部位のベクトル電流・電圧量についてもそれぞれの部位で写像関係にあるはずであり，またさらに遠い任意の地点 m についても同様である．

さて，正相回路ですでに f 点の電気量 $_fI_1$，$_fV_1$ を求め終わっているので，このうち地点 m 側（左側）回路からどれだけの電流 I_1' が供給されるかは正相回路の条件（両端電源 E_1'，E_1'' による事故前の負荷電流 I_{load} と左右線路のインピーダンス関係）だけで決まる．すなわち，

$$_fV_1 = E_1' - {_fZ_1'}{_fI_1'} = E_1'' - {_fZ_1''}{_fI_1''}$$
$$_fI_1 = I_1' + I_1''$$
(3・11 a)

$$\therefore\ I_1' = \underbrace{\frac{_fZ_1''}{_fZ_1' + _fZ_1''}}_{_fI_1\text{(既知) のうち m 側回路から供給される電流成分}} {_fI_1} + \underbrace{\frac{E_1' - E_1''}{_fZ_1' + _fZ_1''}}_{\text{故障前負荷電流成分}} \equiv C_1 \cdot {_fI_1} + I_{\text{load}} \quad \text{……①}$$

逆・零相には負荷電流成分はないから

$$I_2' = \frac{_fZ_2''}{_fZ_2' + _fZ_2''} {_fI_2} \equiv C_2 \cdot {_fI_2} \quad \text{……②}$$

$$I_0' = \frac{_fZ_0''}{_fZ_0' + _fZ_0''} {_fI_0} \equiv C_0 \cdot {_fI_0} \quad \text{……③}$$

(3・11 b)

ここで，C_1，C_2，C_0 は仮想端子 f 点の全電流のうち m 点側から供給される電流成分の分流比（大きさ 0~1 のベクトル値）で $C_1 = \frac{_fZ_1''}{_fZ_1' + _fZ_1''}$ などである．

同様にして逆・零相回路についても計算できる．

$I_{f0} = I_{f1} = I_{f2}$ は既知であるから地点 m の 0-1-2 相電流が式(3・11)で求められる．最後に逆変換して得られる m 点の a-b-c 相電流は次のようになることは明らかであろう．

$$\begin{vmatrix} I_a' \\ I_b' \\ I_c' \end{vmatrix} = \begin{vmatrix} 1 & 1 & 1 \\ 1 & a^2 & a \\ 1 & a & a^2 \end{vmatrix} \cdot \begin{vmatrix} C_0 \cdot {_fI_1} \\ C_1 \\ C_2 \end{vmatrix} + \begin{vmatrix} 1 & 1 & 1 \\ 1 & a^2 & a \\ 1 & a & a^2 \end{vmatrix} \cdot \begin{vmatrix} 0 \\ I_{\text{load}} \\ 0 \end{vmatrix} \quad (3・12)$$

右辺第 2 項は事故前から存在した**負荷電流成分**，第 1 項は**故障電流成分**である．m 点の故障電流成分は事故前負荷電流の有無・大小に影響されないことをこの式は説明している．換言すれば，故障計算は無負荷状態で計算して，必要に応じて負荷電流をベクトル的に合算すればよい．

故障時の地点 m の対称分電圧はすでに求めた f 点電圧に対して m-f 間のインピーダンス降下分だけ修正を受けて

$$\begin{vmatrix} _mV_0' \\ _mV_1' \\ _mV_2' \end{vmatrix} = \begin{vmatrix} _fV_0 \\ _fV_1 \\ _fV_2 \end{vmatrix} + \begin{vmatrix} _mZ_0 & 0 & 0 \\ 0 & _mZ_1 & 0 \\ 0 & 0 & _mZ_2 \end{vmatrix} \cdot \begin{vmatrix} I_0' \\ I_1' \\ I_2' \end{vmatrix} \quad (3・13)$$

である．あとは a-b-c 相への逆変換をすればよい．

3・2・5 負荷電流がゼロの場合

故障前の負荷電流がゼロの特別な場合を考える．この場合には式(3・10)の④で両端のベクトル電圧が同じであるから故障前では f 点の電圧 $_fE_1$ も同じ値となり，$E_1' = E_1'' = {_fE_1}$ の場合といえる．言い換えれば，この正相回路は f 点からみて「端子電圧が $_fE_1$ で内部インピーダンスが $_fZ_1 = ({_fZ_1'} \mathbin{/\mkern-6mu/} {_fZ_1''})$ の電源箱」とみなすことができる．また，a 相地絡等価回路は図 3・3

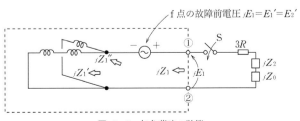

図 3・3 無負荷時の計算

のように端子電圧が $_fE_1$ で内部インピーダンスが $_fZ_1$ の電源箱の端子①，②に外部インピーダンス $_fZ_2+_fZ_0+3R$ を接続することにほかならない．**テブナンの定理**によれば，このような場合に端子①，②に流れる電流は $_fI_1 = {_fE_1}/\{_fZ_1+(_fZ_2+_fZ_0+3R)\}$ となる．この結果は当然，式(3・8)と一致する．

以上のことから故障電流成分のみを問題とする場合は，図3・2(b)に代えて図3・3を等価回路としてもよいのである．この回路でまず故障電流成分を計算し，そのあとで必要に応じて3相平衡の負荷電流分をベクトル的に合成してもよいということになる．

3・3　各種の故障計算

各種の故障時の故障点 f における 0-1-2 相および a-b-c 相電圧・電流の計算式と等価回路を**表3・1**(1)，(2)，(3)に示す．各表中のケース#7が前項で求めた a 相1線地絡（接地抵抗 R あり）の計算式(3・8)，(3・9)，(3・10)である．故障のモードが異なる場合でも同様に表3・1の (1)→(2)→(3) の手順で故障点の電圧・電流計算が可能である．

なお，系統の対象分インピーダンスのうち，発電機は厳密には $jx_1 \neq jx_2$ であるが，送電線は $Z_1 = Z_2$ である．したがって，故障点が発電機より十分に遠い場合には近似的に正・逆相インピーダンスを同一とみなすことができる．

系統の任意の地点 m の電圧・電流の計算は，f 点電流のうち m 点側からの電流分流比（f 点から左右をみるインピーダンス逆比）をもとに計算ができる．式(3・11)，(3・12)は a 相1線地絡の場合であるが，一般的な表現をしてみよう．

故障点 f の対象分電流 $_fI_1$，$_fI_2$，$_fI_0$ が系統の m 点側から流れる分流比率を C_1，C_2，C_0 とすれば

$$_mI_1 = C_1 \cdot {_fI_1}, \qquad _mI_2 = C_2 \cdot {_fI_2}, \qquad _mI_0 = C_0 \cdot {_fI_0} \tag{3・14}$$

ここで，分流比 $C_1 = \dfrac{_fZ_1''}{_fZ_1' + _fZ_1''}$ など（一般に 1 より小さい複素量）

これらを逆に解けば

$$\begin{array}{|l|l|}\hline _mI_a = & C_0 \cdot {_fI_0} + C_1 \cdot {_fI_1} + C_2 \cdot {_fI_2} \\ \hline _mI_b = & C_0 \cdot {_fI_0} + a^2 C_1 \cdot {_fI_1} + a C_2 \cdot {_fI_2} \\ \hline _mI_c = & C_0 \cdot {_fI_0} + a C_1 \cdot {_fI_1} + a^2 C_2 \cdot {_fI_2} \\ \hline \end{array} \tag{3・15}$$

などとなる．

3・4　断　線　故　障

3相回路が1相断線，2相断線となる場合について述べる．

送電線自体の断線などはめったに起こるものではないが，送電線事故時単相再閉路無電圧時間中などで，1相だけが遮断されているようなケースは回路としては，いわゆる1線断線に相当する．また，遮断器を3相とも遮断させる場合には，まず第1相が遮断され（1相断線），次に少し遅れて第2,3相（2,3相断線）が遮断される．さらに，遮断器の欠相遮断事故は逆相電流を長時間流すこととなって発電機にダメージを与えるなど深刻な事態を招くこと必定といえる．実用技術ではぜひ知っておかなければならないモードである．

3・4・1　a相1相断線故障

表3・2中の図1Aに示すように，地点 p で a 相のみが断線して p と q とに分断されたとする．この場合の各相の地点 p と q 間の電圧を v_a，v_b，v_c，また電流を i_a，i_b，i_c とすれば，a

3・4 断線故障

表 3・1(1)　各種故障時の対称座標法等価回路と電圧・電流関係式

			故障点（f点）の故障条件（a-b-c相）	
金属故障（故障点抵抗ゼロ）	#1	3φS (3相短絡)	(図)	$_fI_a + {_fI_b} + {_fI_c} = 0$ $_fV_a = {_fV_b} = {_fV_c}$ （1A）
	#2	3φG (3相地絡)	(図)	$_fV_a = {_fV_b} = {_fV_c} = 0$ ……（2A）
	#3	a相1φG (a相1線地絡)	(図)	$_fI_b = {_fI_c} = 0$ $_fV_a = 0$ （3A）
	#4	b-c相2φS (b-c相2線短絡)	(図)	$_fI_a = 0$ $_fI_b + {_fI_c} = 0$ $_fV_b = {_fV_c}$ （4A）
	#5	b-c相2φG (b-c相2線地絡)	(図)	$_fI_a = 0$ $_fV_b = {_fV_c} = 0$ （5A）
アーク故障	#6	3φG (3相地絡)	(図)	$_fV_a - r \cdot {_fI_a} = {_fV_b} - r \cdot {_fI_b}$ $= {_fV_c} - r \cdot {_fI_c}$ $= R({_fI_a} + {_fI_b} + {_fI_c})$ （6A）
	#7	a相1φG (a相1線地絡)	(図)	$_fI_b = {_fI_c} = 0$ $_fV_a = R \cdot {_fI_a}$ （7A）
	#8	b-c相2φG (b-c相2線地絡)	(図)	$_fI_a = 0$ $_fV_b - r \cdot {_fI_b}$ $= {_fV_c} - r \cdot {_fI_c}$ $= R({_fI_b} + {_fI_c})$ （8A）

表 3・1(2) 各種故障時の対称座標法等価回路と電圧・電流関係式

			故障点（f点）の対称分電圧電流および等価回路				
金属故障（故障点抵抗ゼロ）	#1	3φS（3相短絡）	正相/逆相/零相	$jI_0=0$ $jV_1=jV_2=0$ 逆零相電源はないと考えてよいので， $jI_0=0$　$jI_2=0$　$jV_0=0$	(1B) ⇒	$jI_0=jI_2=0,\ jI_1=\dfrac{jE_a}{jZ_1}$ $jV_0=jV_1=jV_2=0$	(1C)
	#2	3φG（3相地絡）	正相/逆相/零相	$jV_0=jV_1=jV_2=0$ また逆零相電源はないと考えてよいので， $jI_2=jI_0=0$	(2B) ⇒	$jI_0=jI_2=0,\ jI_1=\dfrac{jE_a}{jZ_1}$ $jV_0=jV_1=jV_2=0$	(2C)
	#3	a相1φG（a相1線地絡）	正相/逆相/零相	$jI_0=jI_1=jI_2$ $jV_0+jV_1+jV_2=0$	(3B) ⇒	$jI_0=jI_1=jI_2=\dfrac{jE_a}{\Delta}$ $jV_0=-jZ_0\cdot jI_0=\dfrac{-jZ_0}{\Delta}\cdot jE_a$ $jV_1=-(jV_0+jV_2)=\dfrac{jZ_0+jZ_2}{\Delta}\cdot jE_a$ $jV_2=-jZ_2\cdot jI_2=\dfrac{-jZ_2}{\Delta}\cdot jE_a$ ただし $\Delta=jZ_0+jZ_1+jZ_2$	(3C)
	#4	b-c相2φS（b-c相2線短絡）	正相/逆相/零相	$jI_0=0$ $jI_1=-jI_2$ $jV_1=jV_2$ 零相電源はないと考えてよいので， $jV_0=0$	(4B) ⇒	$jI_0=0,\ jI_1=-jI_2=\dfrac{jE_a}{jZ_1+jZ_2}$ $jV_0=0$ $jV_1=jV_2=-jZ_2\cdot jI_2=\dfrac{jZ_2}{jZ_1+jZ_2}\cdot jE_a$	(4C)
	#5	b-c相2φG（b-c相2線地絡）	正相/逆相/零相	$jI_0+jI_1+jI_2=0$ $jV_0=jV_1=jV_2$	(5B) ⇒	$jI_1=\dfrac{jE_a}{jZ_1+(jZ_2/\!/jZ_0)}$ ただし，$(jZ_2/\!/jZ_0)=\dfrac{jZ_2\cdot jZ_0}{jZ_2+jZ_0}$ $jI_2=\dfrac{-jZ_0}{jZ_2+jZ_0}\cdot jI_1,\ jI_0=\dfrac{-jZ_2}{jZ_2+jZ_0}\cdot jI_1$ $jV_0=jV_1=jV_2=-jZ_2\cdot jI_2$ $=\dfrac{jZ_2\cdot jZ_0}{jZ_2+jZ_0}\cdot jI_1=(jZ_2/\!/jZ_0)\cdot jI_1$	(5C)
アーク故障	#6	3φG（3相地絡）	正相 r / 逆相 r / 零相 r, $3R$	$jV_0-r\cdot jI_0=3R\cdot jI_0$ $jV_1=r\cdot jI_1$ $jV_2=r\cdot jI_2$ 逆零相電源はないと考えてよいので， $jI_2=jI_0=0$ $jV_2=jV_0=0$	(6B) ⇒	$jI_0=jI_2=0,\ jI_1=\dfrac{jE_a}{jZ_1+r}$ $jV_0=jV_2=0$ $jV_1=r\cdot jI_1=\dfrac{r}{jZ_1+r}\cdot jE_a$	(6C)
	#7	a相1φG（a相1線地絡）	正相/逆相/零相 $3R$	$jI_0=jI_1=jI_2$ $jV_0+jV_1+jV_2=3R\cdot jI_0$	(7B) ⇒	$jI_0=jI_1=jI_2=\dfrac{jE_a}{\Delta}$ $jV_0=-jZ_0\cdot jI_0=\dfrac{-jZ_0}{\Delta}\cdot jE_a$ $jV_1=-(jV_0+jV_2)+3R\cdot jI_1$ $=\dfrac{jZ_0+jZ_2+3R}{\Delta}\cdot jE_a$ $jV_2=-jZ_2\cdot jI_2=\dfrac{-jZ_2}{\Delta}\cdot jE_a$ ただし $\Delta=jZ_0+jZ_1+jZ_2+3R$	(7C)
	#8	b-c相2φG（b-c相2線地絡）	正相 r / 逆相 r / 零相 r, $3R$	$jI_0=jI_1=jI_2=0$ … $jV_0-(r+3R)jI_0$ $=jV_1-r\cdot jI_1$ $=jV_2-r\cdot jI_2$	(8B) ⇒	$jI_1=\dfrac{jE_a}{\Delta_1+\dfrac{\Delta_2\cdot\Delta_0}{\Delta_2+\Delta_0}},\ jI_0=\dfrac{-\Delta_2}{\Delta_2+\Delta_0}jI_1$ $jI_2=\dfrac{-\Delta_0}{\Delta_2+\Delta_0}\cdot jI_1$ $jV_0=jZ_0\cdot jI_0=\dfrac{jZ_0\Delta_2}{\Delta_2+\Delta_0}\cdot jI_1$ $jV_1=\left(r+\dfrac{\Delta_2\cdot\Delta_0}{\Delta_2+\Delta_0}\right)\cdot jI_1$ $jV_2=-jZ_2\cdot jI_2=\dfrac{jZ_0\Delta_2}{\Delta_2+\Delta_0}\cdot jI_1$ ただし，$\Delta_1=jZ_1+r$ 　　　$\Delta_2=jZ_2+r$ 　　　$\Delta_0=jZ_0+r+3R$	(8C)

〔注〕　(1)　$jZ_1,\ jZ_2,\ jZ_0$ は故障点fから系統をみた正・逆・零相インピーダンスである．
　　　(2)　jE_a は故障点fの事故前a相電圧である．

3・4 断線故障

表 3・1(3) 各種故障時故障点の電圧・電流

故 障 点 a–b–c 相 電 圧 電 流

金属故障（故障点抵抗ゼロ）	#1	3φS (3相短絡)	$_fI_a = {_fI_1}$, $_fI_b = a^2 {_fI_1}$, $_fI_c = a {_fI_1}$ ただし，${_fI_1} = {_fE_a}/{_jZ_1}$ $_fV_a = {_fV_b} = {_fV_c} = 0$	(1D)
	#2	3φG (3相地絡)	同　上	(2D)
	#3	a相1φG (a相1線地絡)	$_fI_a = 3{_fI_0} = 3{_fE_a}/\Delta$　ただし，$\Delta = {_jZ_0} + {_jZ_1} + {_jZ_2}$ $_fI_b = {_fI_c} = 0$ $_fV_b = \dfrac{(a^2-1){_jZ_0} + (a^2-a){_jZ_2}}{\Delta} \cdot {_fE_a}$, $\quad {_fV_c} = \dfrac{(a-1){_jZ_0} + (a-a^2){_jZ_2}}{\Delta} \cdot {_fE_a}$	(3D)
	#4	b-c相2φS (b-c相2線短絡)	$_fI_a = 0$, $\quad {_fI_b} = -{_fI_c} = (a^2-a){_fI_1} = (a^2-a) \cdot \dfrac{{_fE_a}}{{_jZ_1} + {_jZ_2}}$ $_fV_a = 2{_fV_1}$, $\quad {_fV_b} = {_fV_c} = -{_fV_1}$, ただし，${_fV_1} = \dfrac{{_jZ_2}}{{_jZ_1} + {_jZ_2}} \cdot {_fE_a}$	(4D)
	#5	b-c相2φG (b-c相2線地絡)	$_fI_a = 0$, $\quad {_fI_b} = \dfrac{(a^2-a){_jZ_0} + (a^2-1){_jZ_2}}{{_jZ_0} + {_jZ_2}} \cdot {_fI_1}$ ${_fI_c} = \dfrac{(a-a^2){_jZ_0} + (a-1){_jZ_2}}{{_jZ_0} + {_jZ_2}} \cdot {_fI_1}$ ${_fV_a} = \dfrac{3{_jZ_2} \cdot {_jZ_0}}{{_jZ_2} + {_jZ_0}} \cdot {_fI_1}$, $\quad {_fV_b} = {_fV_c} = 0$, ただし，${_fI_1} = \dfrac{{_fE_a}}{{_jZ_1} + ({_jZ_2} /\!/ {_jZ_0})}$	(5D)
アーク故障	#6	3φG (3相地絡)	$_fI_a = {_fI_1}$, $\quad {_fI_b} = a^2 {_fI_1}$, $\quad {_fI_c} = a {_fI_2}$, ただし，${_fI_1} = \dfrac{{_fE_a}}{{_jZ_1} + r}$ $_fV_a = {_fV_1}$, $\quad {_fV_b} = a^2 {_fV_1}$, $\quad {_fV_c} = a {_fV_2}$, ただし，${_fV_1} = \dfrac{r}{{_jZ_1} + r} \cdot {_fE_a}$	(6D)
	#7	a相1φG (a相1線地絡)	$_fI_a = 3{_fI_1} = 3{_fE_a}/\Delta$, $\quad {_fI_b} = {_fI_c} = 0$ ${_fV_a} = 3R \cdot {_fI_1} = \dfrac{3R}{\Delta} {_fE_a}$, $\quad {_fV_b} = \dfrac{(a^2-1){_jZ_0} + (a^2-a){_jZ_2} + a^2 \cdot 3R}{\Delta} \cdot {_fE_a}$ ${_fV_c} = \dfrac{(a-1){_jZ_0} + (a-a^2){_jZ_2} + a \cdot 3R}{\Delta} \cdot {_fE_a}$, ただし，$\Delta = {_jZ_0} + {_jZ_1} + {_jZ_2} + 3R$	(7D)
	#8	b-c相2φG (b-c相2線地絡)	$_fI_a = 0$, $\quad {_fI_b} = \dfrac{(a^2-a)\Delta_0 + (a^2-1)\Delta_2}{\Delta_0 + \Delta_2} \cdot {_fI_1}$, $\quad {_fI_c} = \dfrac{(a-a^2)\Delta_0 + (a-1)\Delta_2}{\Delta_0 + \Delta_2} \cdot {_fI_1}$ ${_fV_a} = \left\{\dfrac{{_jZ_0}\Delta_2 + \Delta_0 \Delta_2 + {_jZ_2}\Delta_0}{\Delta_0 + \Delta_2} + r\right\} {_fI_1}$　　ただし，${_fI_1} = {_fE_a} \Big/ \left(\Delta_1 + \dfrac{\Delta_2 \cdot \Delta_0}{\Delta_2 + \Delta_0}\right)$ ${_fV_b} = \left\{\dfrac{{_jZ_0} \cdot \Delta_2 + a^2 \Delta_0 \Delta_2 + a {_jZ_2} \cdot \Delta_0}{\Delta_0 + \Delta_2} + a^2 r\right\} {_fI_1}$　　$\Delta_1 = {_jZ_1} + r$ $\qquad\qquad\qquad\qquad\qquad\qquad\qquad\qquad\qquad\qquad\qquad \Delta_2 = {_jZ_2} + r$ ${_fV_c} = \left\{\dfrac{{_jZ_0} \cdot \Delta_2 + a \Delta_0 \Delta_2 + a^2 {_jZ_2} \cdot \Delta_0}{\Delta_0 + \Delta_2} + ar\right\} {_fI_1}$　　$\Delta_0 = {_jZ_0} + r + 3R$	(8D)

〈注〉　${_jZ_1}$, ${_jZ_2}$, ${_jZ_0}$, ${_fE_a}$ の定義については表 3・1(2) の脚注説明に同じ．なお，$a - a^2 = j\sqrt{3}$，$a^2 - 1 = j\sqrt{3}\, a$，$1 - a = j\sqrt{3}\, a^2$ などの関係に留意のこと．

表 3・2　断線故障時の関係式と等価回路

a 相 1 線断線	b-c 相 2 線断線
[1A] （回路図） $i_a=0$, $v_b=v_c=0$ ……(1A)	[2A] （回路図） $i_b=i_c=0$, $v_a=0$ ……(2A)
[1B] （等価回路図：正相・逆相・零相） $i_0+i_1=i_2=0$, $v_0=v_1=v_2$ ……(1B)	[2B] （等価回路図：正相・逆相・零相） $i_0=i_1=i_2$, $v_0+v_1+v_2=0$ ……(2B)
$i_1=\dfrac{{}_GE_a-{}_gE_a}{Z_1+\dfrac{Z_2\cdot Z_0}{Z_2+Z_0}}$ $i_2=\dfrac{-Z_0}{Z_2+Z_0}\cdot i_1$ $i_0=\dfrac{-Z_2}{Z_2+Z_0}\cdot i_1$ $v_0=v_1=v_2=\dfrac{Z_2\cdot Z_0}{Z_2+Z_0}\cdot i_1$ ただし, $Z_1={}_pZ_1+{}_qZ_1$ $Z_2={}_pZ_2+{}_qZ_2$ $Z_0={}_pZ_0+{}_qZ_0$ ……(1C)	$i_0=i_1=i_2=\dfrac{{}_GE_a-{}_gE_a}{Z_1+Z_2+Z_0}$ $v_1=(Z_2+Z_0)i_1$ $v_2=-Z_2\cdot i_1$ $v_0=-Z_0\cdot i_1$ ただし, $Z_1={}_pZ_1+{}_qZ_1$ $Z_2={}_pZ_2+{}_qZ_2$ $Z_0={}_pZ_0+{}_qZ_0$ ……(2C)
$i_a=0$ $i_b=\dfrac{(a^2-a)Z_0+(a^2-1)Z_2}{Z_2+Z_0}\cdot i_1$ $i_c=\dfrac{(a-a^2)Z_0+(a-1)Z_2}{Z_2+Z_0}\cdot i_1$ $v_a=\dfrac{3Z_2\cdot Z_0}{Z_2+Z_0}\cdot i_1$ ただし, $i_1=\dfrac{{}_GE_a-{}_gE_a}{Z_1+\dfrac{Z_2\cdot Z_0}{Z_2+Z_0}}$ ……(1D)	$i_a=3i_1=\dfrac{3({}_GE_a-{}_gE_a)}{Z_1+Z_2+Z_0}$ $i_b=i_c=0$, $v_a=0$ $v_b=\{(a^2-1)Z_0+(a^2-a)Z_2\}i_1$ $v_c=\{(a-1)Z_0+(a-a^2)Z_2\}i_1$ ただし, $i_1=\dfrac{{}_GE_a-{}_gE_a}{Z_1+Z_2+Z_0}$ ……(2D)

相 1 線断線時の a, b, c 相故障条件は,

$$\left.\begin{array}{l} v_b=v_c=0 \\ i_a=0 \end{array}\right\} \quad (3\cdot 16)$$

となる．これを対称座標法に変換すれば,

$$\left.\begin{array}{l} v_0=v_1=v_2 \\ i_0+i_1+i_2=0 \end{array}\right\} \quad (3\cdot 17)$$

これが a 相 1 線断線の対称座標法による条件となる．式(3・17) より表3・2中に示す図〔1B〕の等価回路図が得られる．逆相・零相回路が並列になって正相回路につながることが

わかる．p点より左側系統のインピーダンスを $_pZ_1$, $_pZ_2$, $_pZ_0$, 右側系統のインピーダンスを $_qZ_1$, $_qZ_2$, $_qZ_0$ とすれば等価回路より，

$$\left.\begin{array}{l} i_1 = \dfrac{_GE_a - _gE_a}{Z_1 + \dfrac{Z_2 \cdot Z_0}{Z_2 + Z_0}}, \quad i_2 = \dfrac{-Z_0}{Z_2 + Z_0} i_1, \quad i_0 = \dfrac{-Z_2}{Z_2 + Z_0} \cdot i_1 \\ v_0 = v_1 = v_2 = \dfrac{Z_2 \cdot Z_0}{Z_2 + Z_0} \cdot i_1 \\ \text{ただし，} Z_1 = {_pZ_1} + {_qZ_1}, \; Z_2 = {_pZ_2} + {_qZ_2}, \; Z_0 = {_pZ_0} + {_qZ_0} \end{array}\right\} \quad (3\cdot18)$$

となる．これを逆変換することによりa-b-c相電圧・電流も求められる．これらの経過をまとめて表3・2に示しておく．

3・4・2　b-c相2線断線

この場合もまったく同様の手順で計算ができる．計算の途中経過および結果を合わせて**表3・2**に示す．

休憩室：その3　Weberと他の開拓者たち

　Faradayの偉大な発見の時を起点に多くの科学者達が電気・磁気・光を数学的に表現し，関連付ける努力を開始した．例えば，**Heinrich Lenz**（1804-1865）は1833年にレンツの法則によって"誘導電流はそれによって生ずる磁場が磁束の変化を妨げるような方向に流れる"ことを明らかにした．

　Franz Ernst Neuman（1798-1895）は1841年に方程式 $U = d\psi/dt$（Uは起電力，ψは鎖交磁束の数）を導いた．これはFaradayの法則の事実上の方程式化であった．

　Hermann Ludwig Helmholtz（1821-1894），**William Thomson**（1824-1907，**Lord Kelvin**の名でも知られる）やその他の科学者たちは電気と他の形のエネルギーとの関係を明らかにしていった．**James Prescott Joule**（1818-1889）は1840年代に電流と熱の関係を分子論的に論じて"物質に電流を流すと電子の移動で分子の活動が活発になって熱を発生し，その熱量は電流の二乗に比例する"ことを示した．**Gustav Kirchhoff**（1824-1887），**Kelvin**，**Henry**，**George Gabriel Stokes**（1819-1903）らは電気の導電性と流れに関する理論を拡張していった．

　さて，偉大な科学者の一人として**Wilhelm Eduard Weber**（1804-1891）の名前を挙げる必要がある．偉大な数学者・物理学者**Karl Friedrich Gauss**（1777-1855）の若い助手を務めていたWeberは1833年ごろ，地磁気の研究に取り掛かって電流力計（ダイナモメーター）を制作した．これはコイルの中に別の小さいコイルを吊るして，そのコイルの回転によって交流の電圧や電流を測定するもので，後の時代の電気計測の原点ともなるものであった．彼は1833年から1846年までにこの電流力計で電気・磁気とそれに働くさまざまな力に関する測定実験を重ねていった．1846年，Weberは積み重ねた実験結果をもとに打ち立てた理論を著書"Electrodynamical measurement"で発表した．その中で"電気は正と負に帯電した荷電粒子の流れである"と考えて荷電粒子に働く力の方程式"force law"を提案した．1846年以前には電気の相互作用に関して①二つの電荷粒子の相互作用に関するクーロンの法

Wilhelm Eduard Weber
(1804-1891)

則，②導体に流れる電流とそれによって生ずる力に関するアンペールの法則，③電磁誘導に関するレンツとノイマンの法則などがあった．Weberはこれらを基礎的な電磁気力の法則として統一することに成功したのである．Weberの正負帯電粒子の発想は原子核と電子による分子構造モデルが登場する50年前のものことである．

さらに，Weberはガウスが手掛けていた電磁気量測定の単位系の仕事を発展させて磁気・電気の測定を多く重ねたうえで，1855年には磁気的量と電気的量として定めるべき単位系の創出に関する理論を発表した．彼はその中で電磁単位系と静電単位系の比 c が 3×10^8 m/sec となることを指摘している．この数字が光の速度であることには想い至っていないが，彼の単位系に関する理論が13年後にMaxwellが電磁波理論を打ち立てて，さらに電気と光を結び付ける重要な伏線となることが明らかであった．Maxwellは後にWeberの単位系創出に関する業績に最大限の賛辞を贈っている．

Weberは1871年には電流の本質について"原子は正に帯電する粒子のまわりを取り巻いて負に帯電する粒子が回転しており，また導体に電位が生ずると負の粒子が隣り合った原子を移動していく"と説明した．これもまた原子核と電子に関する見事な予言であり，20世紀の物理学につながる事実上初の原子モデルであったといえよう．

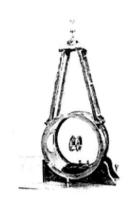

Weberの電流力計

Weberはエネルギー保存則に基づいた科学的な単位系の構築の礎を築いた．また，さまざまな形で観測されるさまざまな現象を原子と分子の概念で統一的に説明することに成功した．この二つの偉大な業績は現代の物理学・量子力学への道を開拓するうえで計り知れない業績として評価される．

第4章 平行2回線の故障計算
（多重故障を含む）

本章では平行2回線系統の多重故障計算などに有効な**2相回路の対称座標法**と多重故障計算法について説明する．

4・1 2相回路の対称座標法（2相回路理論）

はじめに2相回路とはどのようなものかを3相回路との対比で**図4・1**に示す．このような2相回路が現実のシステムとして使われているわけではないが，**同一母線につながる平行2回線の正・逆・零相回路**は，それぞれが図(b)と同じ回路構成であり一種の2相回路である．正・逆相回路では1-2号線間に相互インダクタンスはない（3相平衡かつ1, 2号均等とする）が，零相回路では図(b)と同じように1-2号線間に相互インダクタンスも存在する2相回路であり，そのままでは回路計算は容易ではない．ところで，対称な3相回路ではその相間の相互インピーダンスを対称座標法の適用によって消去できて取り扱いが一挙に簡単になった．このことから，零相回路の相互インダクタンスを消去して取り扱いを容易にするには**2相回路の対称座標法**を導入すれば平行回線系統の取り扱いが容易になるのではないかと類推される．答えはそのとおりである．通常，**2相回路理論**として紹介されている手法は2相回路の対称座標法そのものであり，平行2回線を含む系統の解析には欠かせない**2変数変換法**である．

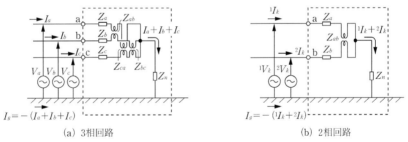

(a) 3相回路　　　　　　　　　　　(b) 2相回路

図 4・1　3相回路と2相回路

4・1・1 2相回路対称座標法の定義

2相回路の対称座標法の定義から始めよう．

2相回路の任意の地点の1-2相の電圧（複素数表示）を $^1V_k, {}^2V_k$ とする．この1組の電圧に対して新たな変数 V_{k1}, V_{k2} を次の変換式，逆変換式によって定義する．

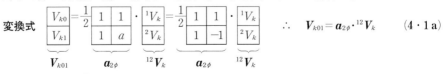

$$\therefore \; \boldsymbol{V}_{k01} = \boldsymbol{a}_{2\phi} \cdot {}^{12}\boldsymbol{V}_k \quad (4 \cdot 1\mathrm{a})$$

ただし，$a = \varepsilon^{j360°/2} = \cos 180° + j\sin 180° = -1$

逆に解いて

68 第4章 平行2回線の故障計算

逆変換式 $\begin{bmatrix} {}^1V_k \\ {}^2V_k \end{bmatrix} = \begin{bmatrix} 1 & 1 \\ 1 & -1 \end{bmatrix} \cdot \begin{bmatrix} V_{k0} \\ V_{k1} \end{bmatrix}$ ∴ ${}^{12}\boldsymbol{V}_k = \boldsymbol{a}_{2\phi}{}^{-1} \cdot \boldsymbol{V}_{k01}$ (4・1 b)

$\underbrace{}_{{}^{12}\boldsymbol{V}_k}$ $\underbrace{}_{\boldsymbol{a}_{2\phi}{}^{-1}}$

　この変換定義は第2章の3相回路の場合の式(2・1),(2・2)と同形で,行列式が3×3から2×2になったために $a=\mathrm{e}^{j120°}$ が $a_{2\phi}=\mathrm{e}^{j180°}$ となっているだけである.電流の変換定義も当然同形である.

　式中の添字は $k=0,1,2$ を零相・正相・逆相電気量に対応させる.平行2回線の問題に対しては,零相1号線電圧 ${}^1V_0$,2号線 ${}^2V_0$ を式(4・1)によって新たな変数 V_{00}(零相第1回路電圧),V_{01}(零相第2回路電圧)に変換する.

　対称座標法の正・逆・零相回路から2相回路への変換の定義式
零相2相回路変換

$\begin{bmatrix} V_{00} \\ V_{01} \end{bmatrix} = \dfrac{1}{2} \begin{bmatrix} 1 & 1 \\ 1 & -1 \end{bmatrix} \cdot \begin{bmatrix} {}^1V_0 \\ {}^2V_0 \end{bmatrix}$ または $\begin{aligned} V_{00} &= \dfrac{1}{2}({}^1V_0 + {}^2V_0) \\ V_{01} &= \dfrac{1}{2}({}^1V_0 - {}^2V_0) \end{aligned}$ ……①

正相2相回路変換

$\begin{bmatrix} V_{10} \\ V_{11} \end{bmatrix} = \dfrac{1}{2} \begin{bmatrix} 1 & 1 \\ 1 & -1 \end{bmatrix} \cdot \begin{bmatrix} {}^1V_1 \\ {}^2V_1 \end{bmatrix}$ または $\begin{aligned} V_{10} &= \dfrac{1}{2}({}^1V_1 + {}^2V_1) \\ V_{11} &= \dfrac{1}{2}({}^1V_1 - {}^2V_1) \end{aligned}$ ……② (4・2 a)

逆相2相回路変換

$\begin{bmatrix} V_{20} \\ V_{21} \end{bmatrix} = \dfrac{1}{2} \begin{bmatrix} 1 & 1 \\ 1 & -1 \end{bmatrix} \cdot \begin{bmatrix} {}^1V_2 \\ {}^2V_2 \end{bmatrix}$ または $\begin{aligned} V_{20} &= \dfrac{1}{2}({}^1V_2 + {}^2V_2) \\ V_{21} &= \dfrac{1}{2}({}^1V_2 - {}^2V_2) \end{aligned}$ ……③

零相2相回路逆変換

$\begin{bmatrix} {}^1V_0 \\ {}^2V_0 \end{bmatrix} = \begin{bmatrix} 1 & 1 \\ 1 & -1 \end{bmatrix} \cdot \begin{bmatrix} V_{00} \\ V_{01} \end{bmatrix}$ または $\begin{aligned} {}^1V_0 &= V_{00} + V_{01} \\ {}^2V_0 &= V_{00} - V_{01} \end{aligned}$ ……①

正相2相回路逆変換

$\begin{bmatrix} {}^1V_1 \\ {}^2V_1 \end{bmatrix} = \begin{bmatrix} 1 & 1 \\ 1 & -1 \end{bmatrix} \cdot \begin{bmatrix} V_{10} \\ V_{11} \end{bmatrix}$ または $\begin{aligned} {}^1V_1 &= V_{10} + V_{11} \\ {}^2V_1 &= V_{10} - V_{11} \end{aligned}$ ……②

逆相2相回路逆変換

$\begin{bmatrix} {}^1V_2 \\ {}^2V_2 \end{bmatrix} = \begin{bmatrix} 1 & 1 \\ 1 & -1 \end{bmatrix} \cdot \begin{bmatrix} V_{20} \\ V_{21} \end{bmatrix}$ または $\begin{aligned} {}^1V_2 &= V_{20} + V_{21} \\ {}^2V_2 &= V_{20} - V_{11} \end{aligned}$ ……③ (4・2 b)

　ただし
　V_{00}, V_{01}:零相の第1,第2回路電圧
　V_{10}, V_{11}:正相の第1,第2回路電圧
　V_{20}, V_{21}:逆相の第1,第2回路電圧
　${}^1V_0, {}^2V_0$:零相の1,2号線電圧
　${}^1V_1, {}^2V_1$:正相の1,2号線電圧
　${}^1V_2, {}^2V_2$:逆相の1,2号線電圧

電流電気量についても同様の定義式である.

4・1・2　2相回路の対称座標法変換

並行2回線線路の区間 mn における電圧電流は対称座標法領域では式(2・20 b)(2・24 c)および図2・6，図2・8で表されるのであり，零相回路の1，2号線間に相互インダクタンス，相互キャパシタンスが存在するのであった．これらを再録すると

正相回路（逆相回路も同じ）

$$\begin{bmatrix} {}_m^1V_1 \\ {}_m^2V_1 \end{bmatrix} - \begin{bmatrix} {}_n^1V_1 \\ {}_n^2V_1 \end{bmatrix} = \begin{bmatrix} Z_1 & 0 \\ 0 & Z_1 \end{bmatrix} \cdot \begin{bmatrix} {}^1I_1 \\ {}^2I_1 \end{bmatrix} \quad \text{または} \quad {}_m^{12}V_1 - {}_n^{12}V_1 = \boldsymbol{Z}_1 \cdot {}^{12}\boldsymbol{I}_1 \quad \cdots\cdots ①$$

ここで　$Z_1 = Z_s - Z_m$

$$\begin{bmatrix} {}^1I_1 \\ {}^2I_1 \end{bmatrix} = j\omega \begin{bmatrix} C_1 & 0 \\ 0 & C_1 \end{bmatrix} \cdot \begin{bmatrix} {}^1V_1 \\ {}^2V_1 \end{bmatrix} \quad \text{または} \quad {}^{12}\boldsymbol{I} = j\omega \boldsymbol{C}_1 \cdot {}^{12}\boldsymbol{V}_1 \quad \cdots\cdots\cdots ②$$

ここで　$C_1 = C_s + 3C_m + 3C'_m$
(4・3 a)

零相回路

$$\begin{bmatrix} {}_m^1V_0 \\ {}_m^2V_0 \end{bmatrix} - \begin{bmatrix} {}_n^1V_0 \\ {}_n^2V_0 \end{bmatrix} = \begin{bmatrix} Z_0 & Z_{0M} \\ Z_{0M} & Z_0 \end{bmatrix} \cdot \begin{bmatrix} {}^1I_0 \\ {}^2I_0 \end{bmatrix} \quad \text{または} \quad {}_m^{12}\boldsymbol{V}_0 - {}_n^{12}\boldsymbol{V}_0 = \boldsymbol{Z}_0 \cdot {}^{12}\boldsymbol{I}_0$$

ここで　$Z_0 = Z_s + 2Z_m$，$Z_{0M} = 3Z'_M$

$$\begin{bmatrix} {}^1I_0 \\ {}^2I_0 \end{bmatrix} = j\omega \begin{bmatrix} C_0 + C'_0 & -C'_0 \\ -C'_0 & C_0 + C'_0 \end{bmatrix} \cdot \begin{bmatrix} {}^1V_0 \\ {}^2V_0 \end{bmatrix} \quad \text{または} \quad {}^{12}\boldsymbol{I}_0 = j\omega \boldsymbol{C}_0 \cdot {}^{12}\boldsymbol{V}_0$$

ここで　$C_0 = C_s$，$C'_0 = 3C'_m$
(4・3 b)

上式は次式のプロセスで簡単に2相回路領域に変換することができる．

$$\left. \begin{aligned} {}_m\boldsymbol{V}_{k01} - {}_n\boldsymbol{V}_{k01} &= (\boldsymbol{a}_{2\phi} \times \boldsymbol{Z}_k \cdot \boldsymbol{a}_{2\phi}^{-1}) \cdot \boldsymbol{I}_{k01} \\ {}^{12}\boldsymbol{I}_{k01} &= j\omega(\boldsymbol{a}_{2\phi} \cdot \boldsymbol{C}_k \cdot \boldsymbol{a}_{2\phi}^{-1}) \cdot \boldsymbol{V}_{k01} \end{aligned} \right\} \quad (4\cdot4)$$

ここで　$k = 1, 2, 0$

$\boldsymbol{a}_{2\phi} \cdot \boldsymbol{Z}_k \cdot \boldsymbol{a}_{2\phi}^{-1}$ および $\boldsymbol{a}_{2\phi} \cdot \boldsymbol{C}_k \cdot \boldsymbol{a}_{2\phi}^{-1}$ は簡単に計算できて結局次式を得る．

正相回路

$$\begin{bmatrix} {}_mV_{10} \\ {}_mV_{11} \end{bmatrix} - \begin{bmatrix} {}_nV_{10} \\ {}_nV_{11} \end{bmatrix} = \begin{bmatrix} Z_1 & 0 \\ 0 & Z_1 \end{bmatrix} \cdot \begin{bmatrix} I_{10} \\ I_{11} \end{bmatrix} = \begin{bmatrix} Z_s - Z_m & 0 \\ 0 & Z_s - Z_m \end{bmatrix} \cdot \begin{bmatrix} I_{10} \\ I_{11} \end{bmatrix}$$

$$\begin{bmatrix} I_{10} \\ I_{11} \end{bmatrix} = j\omega \begin{bmatrix} C_1 & 0 \\ 0 & C_1 \end{bmatrix} \begin{bmatrix} V_{10} \\ V_{11} \end{bmatrix} = j\omega \begin{bmatrix} C_s + 3C_m + 3C'_m & 0 \\ 0 & C_s + 3C_m + 3C'_m \end{bmatrix} \begin{bmatrix} V_{10} \\ V_{11} \end{bmatrix}$$
(4・5 a)

逆相回路

$$\begin{bmatrix} {}_mV_{20} \\ {}_mV_{21} \end{bmatrix} - \begin{bmatrix} {}_nV_{20} \\ {}_nV_{21} \end{bmatrix} = \begin{bmatrix} Z_1 & 0 \\ 0 & Z_1 \end{bmatrix} \cdot \begin{bmatrix} I_{20} \\ I_{21} \end{bmatrix} = \begin{bmatrix} Z_s - Z_m & 0 \\ 0 & Z_s - Z_m \end{bmatrix} \cdot \begin{bmatrix} I_{20} \\ I_{21} \end{bmatrix}$$

$$\begin{bmatrix} I_{20} \\ I_{21} \end{bmatrix} = j\omega \begin{bmatrix} C_1 & 0 \\ 0 & C_1 \end{bmatrix} \begin{bmatrix} V_{20} \\ V_{21} \end{bmatrix} = j\omega \begin{bmatrix} C_s + 3C_m + 3C'_m & 0 \\ 0 & C_s + 3C_m + 3C'_m \end{bmatrix} \begin{bmatrix} V_{20} \\ V_{21} \end{bmatrix}$$
(4・5 b)

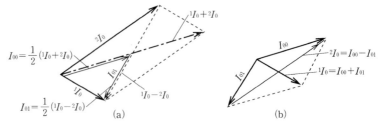

図 4・2 零相2相回路電流のベクトル関係図

零相回路

$$
\begin{bmatrix} {}_mV_{00} \\ {}_mV_{01} \end{bmatrix} - \begin{bmatrix} {}_nV_{00} \\ {}_nV_{01} \end{bmatrix} = \begin{bmatrix} Z_0+Z_{0M} & 0 \\ 0 & Z_0-Z_{0M} \end{bmatrix} \cdot \begin{bmatrix} I_{00} \\ I_{01} \end{bmatrix} = \begin{bmatrix} Z_s+2Z_m+3Z'_m & 0 \\ 0 & Z_s+2Z_m-3Z'_m \end{bmatrix} \cdot \begin{bmatrix} I_{00} \\ I_{01} \end{bmatrix}
$$

$$
\begin{bmatrix} I_{00} \\ I_{01} \end{bmatrix} = j\omega \begin{bmatrix} C_0 & 0 \\ 0 & C_0+2C'_0 \end{bmatrix} \begin{bmatrix} V_{00} \\ V_{01} \end{bmatrix} = j\omega \begin{bmatrix} C_s & 0 \\ 0 & C_s+6C'_M \end{bmatrix} \begin{bmatrix} V_{00} \\ V_{01} \end{bmatrix}
$$

(4・5c)

式(4・5a)(4・5b)(4・5c)の結果は2章の表2・1に整理して示してある.式(4・5c)は零相回路に存在していた1,2号線の相互インダクタンス,相互キャパシタンスが消えて第1回路第2回路が独立に扱えることを示している.

図4・2は1,2号線零相電流（${}^1I_0, {}^2I_0$）と零相第1,2回路電流（I_{00}, I_{01}）の相互関係をベクトルとして示したものである.

4・2 並行2回線の対称座標法変換

4・2・1 2相回路の変換プロセス

図4・3(a)は典型的な2相回路である.この回路は（添え字 $k=0$ とすることによって）並行2回線の零相回路と見なすことができるし,また添え字 $k=1,2$ としてさらに1,2号線間の相互インダクタンス,相互キャパシタンスを省略すれば並行2回線の正相および逆相回路と見なすこともできる.

さて,図4・3(a) を式で表すと次のようになる.

$$
\begin{aligned}
&\begin{bmatrix} {}^1_lV_k \\ {}^2_lV_k \end{bmatrix} = \begin{bmatrix} \alpha Z & \alpha Z_M \\ \alpha Z_M & \alpha Z \end{bmatrix} \cdot \begin{bmatrix} {}^1_lI_k \\ {}^2_lI_k \end{bmatrix} + \begin{bmatrix} {}^1_mV_k \\ {}^2_mV_k \end{bmatrix} \quad\cdots\cdots① \\
&\begin{bmatrix} {}^1_mV_k \\ {}^2_mV_k \end{bmatrix} = \begin{bmatrix} Z_C & 0 \\ 0 & Z_C \end{bmatrix} \cdot \begin{bmatrix} {}^1_mI_k \\ {}^2_mI_k \end{bmatrix} = \begin{bmatrix} Z_\beta & \beta Z_M \\ \beta Z_M & Z_\beta \end{bmatrix} \cdot \begin{bmatrix} {}^1_nI_k \\ {}^2_nI_k \end{bmatrix} + \begin{bmatrix} {}_nV \\ {}_nV \end{bmatrix} \quad\cdots\cdots② \\
&\begin{bmatrix} {}_nV \\ {}_nV \end{bmatrix} = \begin{bmatrix} {}_nZ & {}_nZ \\ {}_nZ & {}_nZ \end{bmatrix} \cdot \begin{bmatrix} {}^1_nI_k \\ {}^2_nI_k \end{bmatrix} + \begin{bmatrix} E \\ E \end{bmatrix} \quad\cdots\cdots③ \\
&\begin{bmatrix} {}^1_lI_k \\ {}^2_lI_k \end{bmatrix} = \begin{bmatrix} {}^1_nI_k \\ {}^2_nI_k \end{bmatrix} + \begin{bmatrix} {}^1_mI_k \\ {}^2_mI_k \end{bmatrix} + \begin{bmatrix} {}^1_mI'_k \\ {}^2_mI'_k \end{bmatrix} \quad\cdots\cdots④ \\
&{}^1_mI'_k + {}^2_mI'_k = 0 \quad\cdots\cdots⑤ \\
&{}^1_mV_k - {}^2_mV_k = Z_C' \cdot {}^1_mI'_k \quad\cdots\cdots⑥
\end{aligned}
$$

(4・6)

上式を2相回路変換する.それには2章3節の式(2・8)〜(2・11)と同様の方法で $\boldsymbol{a}_{2\phi} \cdot \boldsymbol{Z} \cdot \boldsymbol{a}_{2\phi}^{-1}$ を計算すればよい.

式(4・2) の①より,

4・2 並行2回線の対称座標法変換

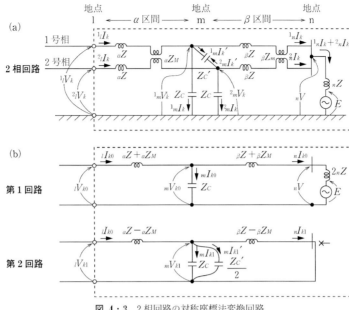

図 4・3 2相回路の対称座標法変換回路

$$\begin{bmatrix} {}_lV_{k0} \\ {}_lV_{k1} \end{bmatrix} = \frac{1}{2}\begin{bmatrix} 1 & 1 \\ 1 & -1 \end{bmatrix} \cdot \begin{bmatrix} {}_\alpha Z & {}_\alpha Z_M \\ {}_\alpha Z_M & {}_\alpha Z \end{bmatrix} \cdot \begin{bmatrix} 1 & 1 \\ 1 & -1 \end{bmatrix} \cdot \begin{bmatrix} {}_lI_{k0} \\ {}_lI_{k1} \end{bmatrix} + \begin{bmatrix} {}_mV_{k0} \\ {}_mV_{k1} \end{bmatrix}$$

$$= \begin{bmatrix} {}_\alpha Z + {}_\alpha Z_M & 0 \\ 0 & {}_\alpha Z - {}_\alpha Z_M \end{bmatrix} \cdot \begin{bmatrix} {}_lI_{k0} \\ {}_lI_{k1} \end{bmatrix} + \begin{bmatrix} {}_mV_{k0} \\ {}_mV_{k1} \end{bmatrix} \quad \cdots\cdots①$$

式 (4・2) の②より,

$$\begin{bmatrix} {}_mV_{k0} \\ {}_mV_{k1} \end{bmatrix} = \frac{1}{2}\begin{bmatrix} 1 & 1 \\ 1 & -1 \end{bmatrix} \cdot \begin{bmatrix} Z_C & 0 \\ 0 & Z_C \end{bmatrix} \cdot \begin{bmatrix} 1 & 1 \\ 1 & -1 \end{bmatrix} \cdot \begin{bmatrix} {}_mI_{k0} \\ {}_mI_{k1} \end{bmatrix}$$

$$= \frac{1}{2}\begin{bmatrix} 1 & 1 \\ 1 & -1 \end{bmatrix} \cdot \begin{bmatrix} {}_\beta Z & {}_\beta Z_M \\ {}_\beta Z_M & {}_\beta Z \end{bmatrix} \cdot \begin{bmatrix} 1 & 1 \\ 1 & -1 \end{bmatrix} \cdot \begin{bmatrix} {}_nI_{k0} \\ {}_nI_{k1} \end{bmatrix} + \frac{1}{2}\begin{bmatrix} 1 & 1 \\ 1 & -1 \end{bmatrix} \cdot \begin{bmatrix} {}_nV \\ {}_nV \end{bmatrix}$$

$$\therefore \begin{bmatrix} {}_mV_{k0} \\ {}_mV_{k1} \end{bmatrix} = \begin{bmatrix} Z_C & 0 \\ 0 & Z_C \end{bmatrix} \cdot \begin{bmatrix} {}_mI_{k0} \\ {}_mI_{k1} \end{bmatrix}$$

$$= \begin{bmatrix} {}_\beta Z + {}_\beta Z_M & 0 \\ 0 & {}_\beta Z - {}_\beta Z_M \end{bmatrix} \cdot \begin{bmatrix} {}_nI_{k0} \\ {}_nI_{k1} \end{bmatrix} + \begin{bmatrix} {}_nV \\ 0 \end{bmatrix} \quad \cdots\cdots②$$

式 (4・2) の③より,

$$\frac{1}{2}\begin{bmatrix} 1 & 1 \\ 1 & -1 \end{bmatrix} \cdot \begin{bmatrix} {}_nV \\ {}_nV \end{bmatrix}$$

$$= \frac{1}{2}\begin{bmatrix} 1 & 1 \\ 1 & -1 \end{bmatrix} \cdot \begin{bmatrix} {}_nZ & {}_nZ \\ {}_nZ & {}_nZ \end{bmatrix} \cdot \begin{bmatrix} 1 & 1 \\ 1 & -1 \end{bmatrix} \cdot \begin{bmatrix} {}_nI_{k0} \\ {}_nI_{k1} \end{bmatrix} + \frac{1}{2}\begin{bmatrix} 1 & 1 \\ 1 & -1 \end{bmatrix} \cdot \begin{bmatrix} E \\ E \end{bmatrix}$$

$$\therefore \begin{bmatrix} {}_nV \\ 0 \end{bmatrix} = \begin{bmatrix} 2{}_nZ & 0 \\ 0 & 0 \end{bmatrix} \cdot \begin{bmatrix} {}_nI_{k0} \\ {}_nI_{k1} \end{bmatrix} + \begin{bmatrix} E \\ 0 \end{bmatrix} \quad \cdots\cdots③$$

$$(4 \cdot 7)$$

式 (4・2) の④より,

$$\begin{vmatrix} {}_lI_{k0} \\ {}_lI_{k1} \end{vmatrix} = \begin{vmatrix} {}_nI_{k0} \\ {}_nI_{k1} \end{vmatrix} + \begin{vmatrix} {}_mI_{k0} \\ {}_mI_{k1} \end{vmatrix} + \begin{vmatrix} {}_mI_{k0}' \\ {}_mI_{k1}' \end{vmatrix} \quad \cdots\cdots\cdots\cdots ④$$

式 (4・2) の⑤より，

$${}_mI_{k0}' = \frac{1}{2}({}^1_mI_k' + {}^2_mI_k') = 0 \quad \therefore \quad {}_mI_{k0}' = 0 \quad \cdots\cdots\cdots ⑤$$

式 (4・2) の⑥より，

$$({}_mV_{k0} + {}_mV_{k1}) - ({}_mV_{k0} - {}_mV_{k1}) = Z_c' \cdot ({}_mI_{k0}' + {}_mI_{k1}')$$

$$\therefore \quad {}_mV_{k1} = \frac{Z_c'}{2} \cdot {}_mI_{k1}' \quad \cdots\cdots\cdots\cdots ⑥$$

図 4・3(a) に対応する式 (4・6) が，2 相回路変換により変換されて式 (4・7) が得られた．これを等価回路で表すと図 4・3(b) が得られる．ここで，電圧・電流の添字 k0 のつく回路を変換後の**第 1 回路**，k1 のつく回路を**第 2 回路**と名づける．図 4・3(a) に比べて図 4・3(b) では，もはや第 1 回路と第 2 回路の間に相互インピーダンス，相互キャパシタンスは存在せず，非常に取り扱いが簡単になったことが理解される．ただし，図(a) の $_nZ$ が図(b) の第 1 回路では 2_nZ となり，また図(a) の $Z_c' = 1/j\omega C_0'$ が図(b) の第 2 回路では $Z_c'/2 = 1/j\omega 2C_0'$ になっている．

4・2・2 並行 2 回線送電線の変換

3 相平衡した平行 2 回線の正・逆・零相インピーダンスおよび漏れキャパシタンスは第 2 章の図 2・6，図 2・8 で表されるので，平行 2 回線系統の正・逆・零相等価回路は**図 4・4**(a) のように表される．次に，図 4・4(a) を 2 相回路変換の式 (4・5 a)，(4・5 b)，(4・5 c) を使って対称分第 1 回路，第 2 回路に変換すると図 4・4(b) が得られる．この結果は図 4・3(a)→図 4・3(b) の変換と当然一致している．

正・逆・零相第 2 回路は平行 2 回線線路部分のみからなる閉回路である．零相第 1・第 2 回路では 1-2 号線間の相互インダクタンス，相互キャパシタンスがなくなっているので両者を独立回路とみなすことができる．

図(a)と図(b)の定数（平行 2 回線部分（1-n 区間）のインピーダンス，アドミタンス）には次式の関係がある．

$$
\begin{array}{lll}
\text{正（逆）相回路} & \text{正（逆）相第 1 回路} & \text{正（逆）相第 2 回路} \\
Z_1 = Z_s - Z_m & Z_{10} = Z_1 = Z_s - Z_m & Z_{11} = Z_1 = Z_s - Z_m \\
jY_1 = j\omega C_1 & jY_{10} = j\omega C_1 & jY_{11} = j\omega C_1 \\
\quad = j\omega(C_s + 3C_m & \quad = j\omega(C_s + 3C_m & \quad = j\omega(C_s + 3C_m \\
\quad\quad + 3C_m') & \quad\quad + 3C_m') & \quad\quad + 3C_m') \\
\text{零相回路} & \text{零相第 1 回路} & \text{零相第 2 回路} \\
Z_0 = Z_s + 2Z_m & Z_{00} = Z_0 + Z_{0M} & Z_{01} = Z_0 - Z_{0M} \\
Z_{0M} = 3Z_m' & \quad = Z_s + 2Z_m + 3Z_m' & \quad = Z_0 + 2Z_m - 3Z_m' \\
jY_0 = j\omega C_0 & jY_{00} = j\omega C_0 & jY_{01} = j\omega(C_0 + 2C_0') \\
\quad = j\omega C_s & \quad = j\omega C_s & \quad = j\omega(C_s + 6C_m') \\
jY_0' = j\omega C_0' & & \\
\quad = j\omega \cdot 3C_m' & &
\end{array}
\quad (4・8)
$$

Z_{00}, Z_{01} をそれぞれ**零相第 1 回路・第 2 回路のインピーダンス**，Y_{00}, Y_{01} を**零相第 1 回路・第 2 回路アドミタンス**という．これら定数の標準的数値については，2 章の表 2・1，表 2・2 に示したとおりである．

ここで，図 4・4(a) の背後インピーダンス $_lZ_1$, $_lZ_0$, $_nZ_1$, $_nZ_0$ は図 4・4(b) の**対称分第 1 回路では 2_lZ_1, 2_lZ_0, 2_nZ_1, 2_nZ_0 のように 2 倍の値となっている**ことに留意しよう．

また，零相第 1・第 2 回路電流と 1-2 号線相電流との関係は次式のようになる．

$$
\left.\begin{aligned}
I_{00} &= \frac{1}{2}(^1I_0 + {}^2I_0) = \frac{1}{6}\{(^1I_a + {}^1I_b + {}^1I_c) + (^2I_a + {}^2I_b + {}^2I_c)\} \\
I_{01} &= \frac{1}{2}(^1I_0 - {}^2I_0) = \frac{1}{6}\{(^1I_a + {}^1I_b + {}^1I_c) - (^2I_a + {}^2I_b + {}^2I_c)\}
\end{aligned}\right\} \quad (4 \cdot 9)
$$

1号線 a-b-c 相変流器の2次側電流を3相分合成回路（**CT の残留回路**という）とすれば1号線の零相電流 $^1I_0$ が現実の電気量として測定でき，2号線についても同様に $^2I_0$ を得る．これをさらにベクトル加減算すれば第1・第2回路電流 I_{00}，I_{01} を得る．これらの電流は単なる解析上の概念電流ではなく，系統の3相平衡度が低下すると現実に常時流れる実際の電流である．例えば，I_{01} は第2回路（1号線と2号線の零相閉ループ回路）を常時流れる循環電流で保護リレーの分野では**零相循環電流**といい，中性点高インピーダンス接地系統ではリレーの誤判定を防止するために対策を講ずる必要のあることが多い．

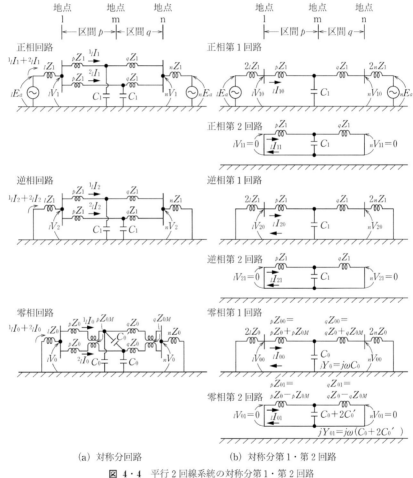

(a) 対称分回路   (b) 対称分第1・第2回路

図 4・4 平行2回線系統の対称分第1・第2回路

4・3 平行2回線系統の故障計算（一般的手順）

平行2回線系統の2相回路変換による故障計算の一般的手順を整理して**図4・5**に示す．図4・4の (a) と (b) はそれぞれ図4・5の＊2，＊3のコラムに対応することは明らかである．

74 第4章 平行2回線の故障計算

表 4・1(1) 平行2回線系統の片回線事故および同一地点2回線事故

平行2回線の地点 f からみた系統回路条件	片回線（1号線）故障時の故障点回路条件				同一地点両回線故障時の故障点回路条件	
	1号線 a 相 1線地絡	1号線 b-c 相 2線地絡	1号線 b-c 相短絡	1号線 3線地絡	1号線 a 相地絡・2号線 b-c 相短絡	関連式・備考参照
図1 3相回路 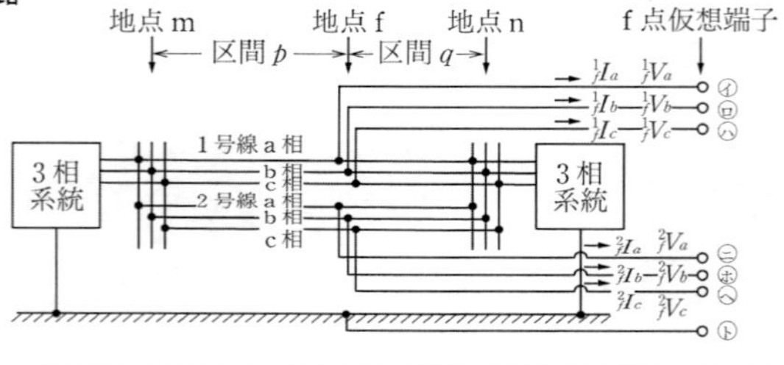	図1A 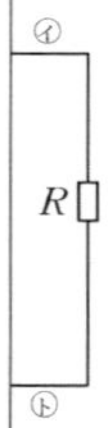	図1B 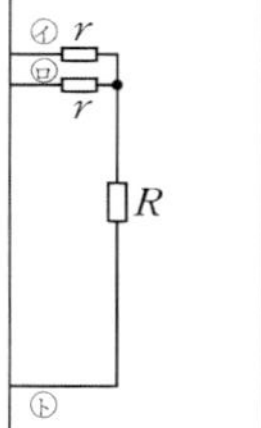	図1C 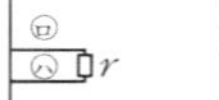	図1D 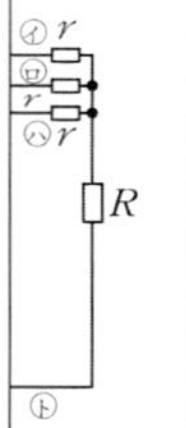	図1E 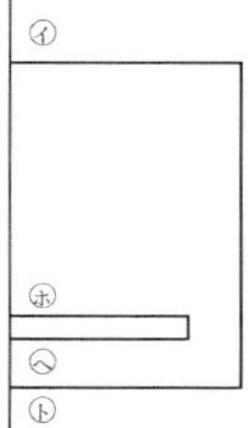	式(4・16)
図2 対称分等価回路 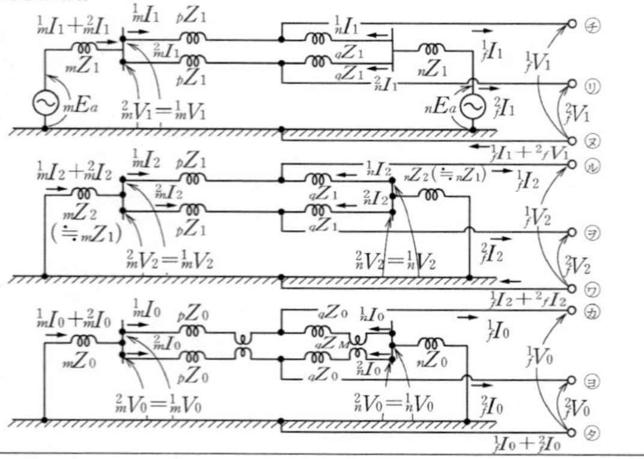 図2a 正相回路 図2b 逆相回路 図2c 零相回路	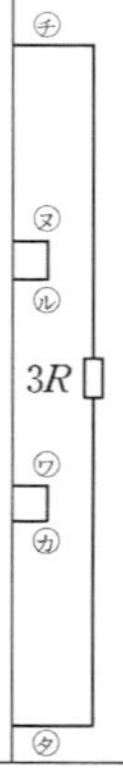 図2A 式(4・11)	図2B 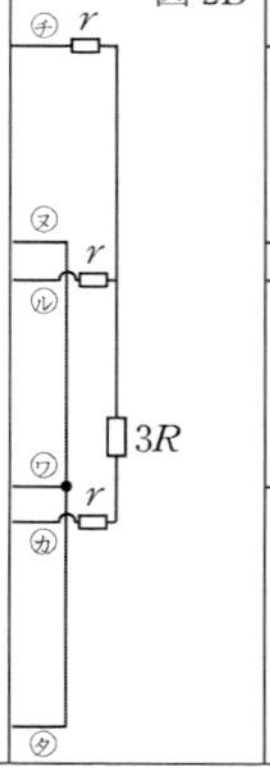	図2C 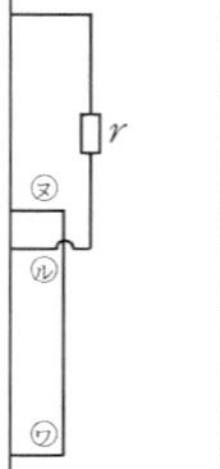	図2D 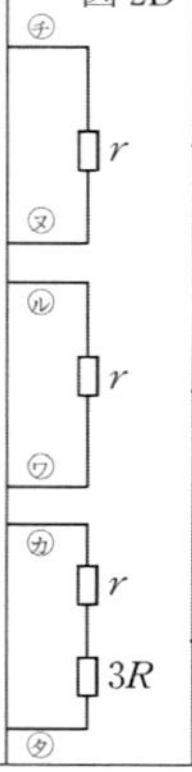	図2E 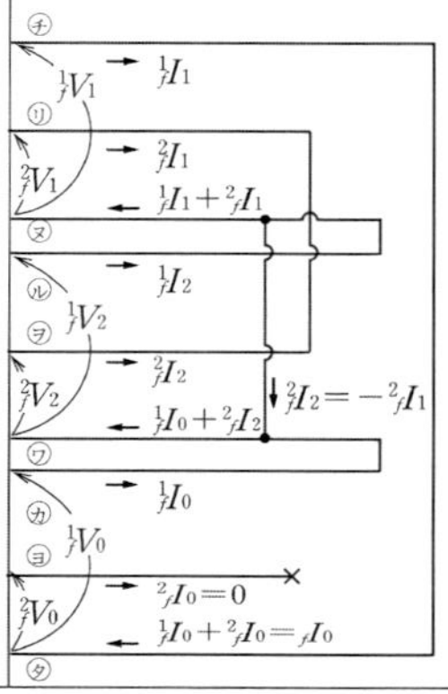 式(4・14)	式(4・17)

（備考）(1) 1号線 a 相地絡／2号線 b 相地絡：故障点等価回路は簡単には描けない。したがって、4・7節(3) で述べた方法により故障条件関係式 (4・17)，(4・18) と本表の図3 に相当する系統関係式 (4・19) より計算する

(2) その他の故障ケース：個々の故障関係式を対称分第1、第2回路関係式に変換し（これらは一般には等価回路として描くことは難しい）これと図3相当の系統関係式(4・9)とより4・7節(2) または，4・7節(3) の手法に準じて計算する．

4・3 平行2回線系統の故障計算（一般的手順）

表 4・1(2) 平行2回線系統の片回線事故および同一地点2回線事故

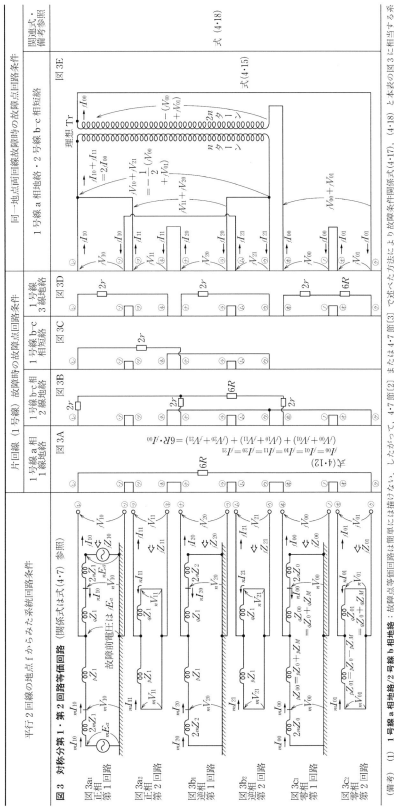

図4・5の手順に従って、平行2回線の片回線事故・2回線にまたがる多重事故（ただし、同一地点）の故障計算を行う場合の等価回路と関係式を**表4・1**に示す．平行2回線を含む系統は、一般に表4・1中の図1で示される（図4・5の*1に相当する）．

これに対応する対称座標法等価回路は表4・1中の図2となる（図4・5の*2に相当する）．さらに図2に対応する対称分第1回路・第2回路の等価回路は図3のようになる（図4・5の*3に相当する）．なお、図1、図2、図3では、見やすくするために漏れキャパシタンスCを記入していないが、Cが無視できない場合には、図4・4に従って適宜追加して考えればよい．

表4・1の図3の対称分第1・第2回路の系統条件を式で表せば、

$$
\left.\begin{array}{ll}
\text{正相第1回路} & {}_fV_{10}={}_fE_a-{}_fZ_{10}\cdot{}_fI_{10} \quad\cdots\cdots\text{①}\\
\text{正相第2回路} & {}_fV_{11}=\phantom{{}_fE_a}-{}_fZ_{11}\cdot{}_fI_{11} \quad\cdots\cdots\text{②}\\
\text{逆相第1回路} & {}_fV_{20}=\phantom{{}_fE_a}-{}_fZ_{20}\cdot{}_fI_{20} \quad\cdots\cdots\text{③}\\
\text{逆相第2回路} & {}_fV_{21}=\phantom{{}_fE_a}-{}_fZ_{21}\cdot{}_fI_{21} \quad\cdots\cdots\text{④}\\
\text{零相第1回路} & {}_fV_{00}=\phantom{{}_fE_a}-{}_fZ_{00}\cdot{}_fI_{00} \quad\cdots\cdots\text{⑤}\\
\text{零相第2回路} & {}_fV_{01}=\phantom{{}_fE_a}-{}_fZ_{01}\cdot{}_fI_{01} \quad\cdots\cdots\text{⑥}
\end{array}\right\} \quad (4\cdot 10)
$$

ここで、${}_fZ_{10}$, ${}_fZ_{11}$, ${}_fZ_{20}$, ${}_fZ_{21}$, ${}_fZ_{00}$, ${}_fZ_{01}$は表4・1の図3でf点から系統をみた各対称分第1・第2回路インピーダンスで、いずれも図3よりあらかじめ計算で求められるものである．例えば

$$
\begin{aligned}
{}_fZ_{10} &= \{({}_pZ_1+2{}_mZ_1) \text{と} ({}_qZ_1+2{}_nZ_1) \text{のパラレルインピーダンス}\}\\
&= ({}_pZ_1+2{}_mZ_1) /\!/ ({}_qZ_1+2{}_nZ_1)
\end{aligned}
$$

$${}_fZ_{11}=\{({}_pZ_1 \text{と} {}_qZ_1 \text{のパラレルインピーダンス})\}={}_pZ_1 /\!/ {}_qZ_1$$

${}_fE_a$は、図3の正相第1回路f点（①-⑦端子間）の故障前電圧で、正相第1回路だけにあり、あらかじめ計算で求めることができる．

これで系統回路の条件は整ったので、式(4・10)に対応する系統回路条件を表4・1の図1、図2、図3に要約して示す．後は個々の故障の種類に応じて、**故障点fの仮想端子群に対する故障条件**を考えればよい．各種故障時の故障点条件についても整理して表4・1の図1A～3A、…、1E～3Eなどに示してある．各種の故障については、以下に節を改めて検討してみよう．

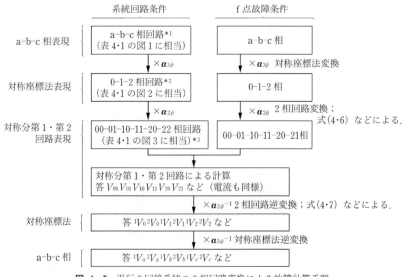

図4・5 平行2回線系統の2相回路変換による故障計算手順

4・4　平行2回線の片回線故障（単純事故）

　　平行2回線系統の片回線（1号線）b-c 相短絡故障を考えよう．この場合は正相・逆相回路のみが関係するので1-2号線間には相互インピーダンスはないが，それでも2回線正相と2回線逆相の二つの複雑な回路の組合せ計算（表4・1中の図2C）は見かけ以上に大変である．ところが2相回路を適用すると正相第1・第2・逆相第1・第2の単純な四つの回路の組合せ計算（表4・1中の図3C）が可能となるので非常に有効である．地絡を伴うケースでは零相相互インピーダンスがあるので2相回路変換なしでは手計算は事実上不可能であろう．2回線にまたがる故障ではなおさらである．実際の現場では1回線送電線がまれなのであるから，2相回路変換も実務技術者にとっては必須の解析手段である．

4・4・1　1号線 a 相1線地絡故障

　　故障条件は，表4・1中の図1において端子ⓐとⓑをアーク抵抗 R で結ぶのであるから，3相回路故障条件は表中の図1Aのようになり，式で表せば，

$$
\left.\begin{array}{l}
{}^1_fI_b = {}^1_fI_c = 0 \quad \cdots\cdots\cdots\cdots ① \\
{}^1_fV_a = R\cdot {}^1_fI_a \quad \cdots\cdots\cdots\cdots ②
\end{array}\right\} : 1\text{号線関係式} \\
{}^2_fI_a = {}^2_fI_b = {}^2_fI_c = 0 \quad \cdots\cdots\cdots ③ \quad\ \ \ : 2\text{号線関係式}
\qquad (4 \cdot 11\text{a})
$$

となる．これを対称分に変換すると，

$$
\left.\begin{array}{l}
{}^1_fI_0 = {}^1_fI_1 = {}^1_fI_2 \quad\cdots\cdots\cdots\cdots ④ \\
{}^1_fV_0 + {}^1_fV_1 + {}^1_fV_2 = 3R\cdot {}^1_fI_0 \quad\cdots ⑤
\end{array}\right\}: 1\text{号線関係式} \\
{}^2_fI_0 = {}^2_fI_1 = {}^2_fI_2 = 0 \quad\cdots\cdots\cdots ⑥ \quad : 2\text{号線関係式}
\qquad (4 \cdot 11\text{b})
$$

　　この式に対応する等価回路として表4・1中の図2Aが得られる．このままでは零相回路の1-2号線間に相互インピーダンスがあるので計算が複雑であるから，さらに2相回路変換を行う．式(4・11b)に式(4・3)を代入すれば，

$$
\left.\begin{array}{l}
({}_fI_{00} + {}_fI_{01}) = ({}_fI_{10} + {}_fI_{11}) = ({}_fI_{20} + {}_fI_{21}) \\
({}_fV_{00} + {}_fV_{01}) + ({}_fV_{10} + {}_fV_{11}) + ({}_fV_{20} + {}_fV_{21}) = 3R\cdot({}_fI_{00} + {}_fI_{01}) \\
({}_fI_{00} - {}_fI_{01}) = ({}_fI_{10} - {}_fI_{11}) = ({}_fI_{20} - {}_fI_{21}) = 0 \\
\therefore \quad {}_fI_{00} = {}_fI_{01} = {}_fI_{10} = {}_fI_{11} = {}_fI_{20} = {}_fI_{21} \\
({}_fV_{00} + {}_fV_{01}) + ({}_fV_{10} + {}_fV_{11}) + ({}_fV_{20} + {}_fV_{21}) = 6R\cdot {}_fI_{00}
\end{array}\right\}
\qquad (4 \cdot 12)
$$

これが，1号線 f 点 a 相1線地絡時の対称分2相回路における故障条件である．この式に忠実に表4・1の図3の端子ⓐ～ⓚを結ぶと表4・1中の図3Aが得られる．すなわち，図3の端子ⓥ-ⓞ，ⓧ-ⓗ，ⓨ-ⓩ，ⓩ-ⓗ，ⓘ-ⓞ，ⓨ-ⓑ間を抵抗 $6R$ を介して直列に結べばよいことになる．なお図3では，もはや相互インピーダンスはまったく含まれていないので計算は容易である．

　　こうして，片回線 a 相地絡時の対称分2相回路等価回路図（図3A）が求められたので，後は腕力ですべての2相回路電圧・電流が容易に求められる．その結果を式(4・4)により2相回路逆変換して，図2Aの各地点対称分電圧・電流が求められ，さらに対称座標法逆変換を行えば図1Aの各点 a-b-c 相電圧・電流が求められる．

4・4・2　その他の故障種類の片回線（1号線）単純故障

　　手法4・4・1項で述べたのとまったく同様である．各種片回線故障時の等価回路を表4・1の図1B，2B，3Bなどで結果だけ示しておく．

　　たとえば図1Bのb,c 相2線地絡のケースでは対称座標法等価回路としての図2Bとそれをさらに2相回路変換した図3Bが描かれる．図2Bの計算は依然厄介であるが図3Bの計算は大変簡単であることが理解できる．また図1Cのbc 相短絡のケースでは零相回路は関係し

ないが，その場合でも図2Cによる計算より図3Cによる計算の方が容易であることも明らかである．

4・5 平行2回線同時故障（同一地点多重事故）

4・5・1 同一地点（f点）1号線a相1線地絡・2号線b-c相短絡故障

簡単のためアーク抵抗を無視すれば，この場合の故障条件は次のようになる．

〔a〕 **3相回路故障条件**（表4・1の図1E参照）

$$\left.\begin{array}{l} 1号線条件 \quad {}^1_fI_b = {}^1_fI_c = 0 \quad \cdots\cdots① \quad {}^1_fV_a = 0 \quad \cdots\cdots② \\ 2号線条件 \left\{ \begin{array}{l} {}^2_fI_a = 0 \quad \cdots\cdots③ \quad {}^2_fI_b + {}^2_fI_c = 0 \quad \cdots\cdots④ \\ {}^2_fV_b = {}^2_fV_c \quad \cdots\cdots⑤ \end{array} \right. \end{array}\right\} \quad (4\cdot 13\text{ a})$$

〔b〕 **対称座標法故障条件**（図2E参照）

式(4・13)を対称座標法に変換して整理すれば，

$$\left.\begin{array}{l} 1号線条件 \quad {}^1_fI_0 = {}^1_fI_1 = {}^1_fI_2 \quad \cdots⑥ \quad {}^1_fV_0 + {}^1_fV_1 + {}^1_fV_2 = 0 \quad \cdots⑦ \\ 2号線条件 \left\{ \begin{array}{l} {}^2_fI_0 = 0 \quad \cdots\cdots⑧ \quad {}^2_fI_1 + {}^2_fI_2 = 0 \quad \cdots⑨ \\ {}^2_fV_1 = {}^2_fV_2 \quad \cdots\cdots⑩ \end{array} \right. \end{array}\right\} \quad (4\cdot 13\text{ b})$$

〔c〕 **対称分第1・第2回路故障条件**（図3E参照）

式(4・14)に式(4・4)を代入して，

$$(_fI_{00} + {}_fI_{01}) = (_fI_{10} + {}_fI_{11}) = (_fI_{20} + {}_fI_{21})$$
$$(_fV_{00} + {}_fV_{01}) + (_fV_{10} + {}_fV_{11}) + (_fV_{20} + {}_fV_{21}) = 0, \quad (_fI_{00} - {}_fI_{01}) = 0$$
$$(_fI_{10} - {}_fI_{11}) + (_fI_{20} - {}_fI_{21}) = 0, \quad (_fV_{10} - {}_fV_{11}) = (_fV_{20} - {}_fV_{21})$$

$$\therefore \left.\begin{array}{l} {}_fI_{00} = {}_fI_{01} \quad \cdots\cdots⑪ \quad\quad {}_fI_{10} = {}_fI_{21} \quad \cdots\cdots⑫ \\ {}_fI_{11} = {}_fI_{20} \quad \cdots\cdots⑬ \quad\quad 2{}_fI_{00} = (_fI_{10} + {}_fI_{11}) \quad \cdots⑭ \\ {}_fV_{10} + {}_fV_{21} = {}_fV_{11} + {}_fV_{20} \quad \cdots\cdots⑮ \\ (_fV_{00} + {}_fV_{01}) = -2(_fV_{10} + {}_fV_{21}) \quad \cdots⑯ \end{array}\right\} \quad (4\cdot 13\text{ c})$$

さて，式(4・13 c)を必要十分に満たす等価回路を描けば表4・1の図3Eが得られる．図3Eにおいて記号T_rは式⑭と⑯を満たすための巻数比2対1の理想トランスである．

筆算を行うためには，等価回路図2Eではまだ容易ではないが，等価回路図3Eでは相互インピーダンスもなく容易に計算できる．

なお1-2号線にまたがる多重事故では，この場合のように，等価回路が比較的簡単に描けるのはむしろ例外である．

そこで等価回路によらず，**多元連立方程式によって解を求める一般的な方法**について考えてみよう．系統条件関係式が式(4・10)の①～⑥まで6個，また故障条件関係式が式(4・13 c)の⑪～⑯までの6個で合計して12個の関係式があり，一方未知数は$_fI_{00}$, $_fV_{00}$など全部で12個あるので，結局**12元1次連立方程式**ということになる．しかし，これでは繁雑なので，電圧変数を消去して電流変数による**6元1次連立方程式**として関係式を求めてみよう．式(4・10)を式(4・13 c)の⑮, ⑯に代入して整理すると，

$$\left.\begin{array}{l} _fZ_{10}\cdot{}_fI_{10} - {}_fZ_{11}\cdot{}_fI_{11} - {}_fZ_{20}\cdot{}_fI_{20} + {}_fZ_{21}\cdot{}_fI_{21} = {}_fE_a \quad \cdots\cdots① \\ _fZ_{00}\cdot{}_fI_{00} + {}_fZ_{01}\cdot{}_fI_{01} + 2{}_fZ_{10}\cdot{}_fI_{10} + 2{}_fZ_{21}\cdot{}_fI_{21} = 2\cdot{}_fE_a \quad \cdots\cdots② \end{array}\right\} \quad (4\cdot 14)$$

となる．式(4・13 c)の⑪～⑭および式(4・14)の①, ②より，対称分第1・第2回路電流に関する次の6元1次連立方程式が得られる．

4・5 平行2回線同時故障（同一地点多重事故） 79

$$\begin{vmatrix} 1 & -1 & & & & \\ 2 & & -1 & -1 & & \\ & & 1 & & -1 & \\ & & & 1 & -1 & \\ & {}_fZ_{10} & -{}_fZ_{11} & -{}_fZ_{20} & {}_fZ_{21} & \\ {}_fZ_{00} & {}_fZ_{01} & 2\cdot{}_fZ_{10} & & 2\cdot{}_fZ_{21} & \end{vmatrix} \cdot \begin{vmatrix} {}_fI_{00} \\ {}_fI_{01} \\ {}_fI_{10} \\ {}_fI_{11} \\ {}_fI_{20} \\ {}_fI_{21} \end{vmatrix} = \begin{vmatrix} 0 \\ 0 \\ 0 \\ 0 \\ {}_fE_a \\ 2\cdot{}_fE_a \end{vmatrix} \quad (4\cdot15)$$

この式は筆算でも簡単に変数消去ができて解くことができる．

これよりf点のすべての対称分第1・第2回路電流が求められる．これら電流が求まれば式 (4・10) によりf点の対称分第1・第2回路電圧が求まり，さらに系統内の任意の地点の対称分第1・第2回路電圧・電流も求められることになる．後は必要に応じ対称座標法へ，さらにはa-b-c 相へ逆変換を行えばよい．

4・5・2 同一地点1号線 a 相地絡・2号線 b 相地絡故障（解法1）

両回線故障の場合，前記4・5・1項のように等価回路として表現できるケースはむしろ例外というべきであろう．一般に多重事故では，その回路式は非常に複雑であり，等価回路としての表現もほとんどの場合不可能である．行列式変換などを駆使しつつ一歩一歩手順を追って関係式を展開していくしかない．

1号線 a 相地絡，2号線 b 相地絡のケースを例に，その手順を確かめていくこととする．なお，本節では簡単のためアーク抵抗は無視するものとする．

〔a〕 f点3相回路故障条件

$$\left.\begin{array}{l} 1\text{号線条件}: {}^1_fI_b={}^1_fI_c=0 \ \cdots\cdots① \quad {}^1_fV_a=0 \ \cdots\cdots② \\ 2\text{号線条件}: {}^2_fI_a={}^2_fI_c=0 \ \cdots\cdots③ \quad {}^2_fV_b=0 \ \cdots\cdots④ \end{array}\right\} \quad (4\cdot16)$$

〔b〕 f点対称分故障条件

式 (4・16) を対称分に変換して，

$$\left.\begin{array}{l} 1\text{号線条件}: {}^1_fI_0={}^1_fI_1={}^1_fI_2 \ \cdots\cdots\cdots\cdots\cdots⑤ \\ \qquad\qquad {}^1_fV_0+{}^1_fV_1+{}^1_fV_2=0 \ \cdots\cdots\cdots⑥ \\ 2\text{号線条件}: {}^2_fI_0=a^2\cdot{}^2_fI_1=a\cdot{}^2_fI_2 \ \cdots\cdots⑦ \\ \qquad\qquad {}^2_fV_0+a^2\cdot{}^2_fV_1+a\cdot{}^2_fV_2=0 \ \cdots\cdots⑧ \end{array}\right\} \quad (4\cdot17)$$

〔c〕 f点対称分第1・第2回路故障条件

式 (4・17) に式 (4・4) を代入して，

$$\left.\begin{array}{l} ({}_fI_{00}+{}_fI_{01})=({}_fI_{10}+{}_fI_{11})=({}_fI_{20}+{}_fI_{21}) \ \cdots\cdots\cdots\cdots⑨ \\ ({}_fV_{00}+{}_fV_{01})+({}_fV_{10}+{}_fV_{11})+({}_fV_{20}+{}_fV_{21})=0 \ \cdots⑩ \\ ({}_fI_{00}-{}_fI_{01})=a^2({}_fI_{10}-{}_fI_{11})=a({}_fI_{20}-{}_fI_{21}) \ \cdots\cdots\cdots⑪ \\ ({}_fV_{00}-{}_fV_{01})+a^2({}_fV_{10}-{}_fV_{11})+a({}_fV_{20}-{}_fV_{21})=0 \ \cdots⑫ \end{array}\right\} \quad (4\cdot18)$$

式 (4・18) が対称分第1・第2回路の故障条件であり，これを表4・1の図3のf点からみた系統条件，すなわち式 (4・10) にあてはめればよい．

式 (4・18) はかなり複雑であるので，もはや等価回路で描くことは難しいが，式 (4・18) と式 (4・10) がこの故障時のすべての関係式であるから，これら関係式を使って12の変数からなる12元1次の連立方程式を解く問題として，計算で各対称分第1・第2回路の電圧・電流が求められるはずである．以下，この点についてさらに考えてみよう．

〔d〕 系統条件式(4・10) と故障条件式(4・18) による計算

両式の電圧 V をすべて消去して電流とf点事故前電圧 ${}_fE_a$ のみからなる6元連立方程式の関係式をつくる．

式(4・18) の⑨より,
$$_fI_{00} + {_fI_{01}} - {_fI_{10}} - {_fI_{11}} = 0 \quad \cdots\cdots⑬$$
$$_fI_{00} + {_fI_{01}} - {_fI_{20}} - {_fI_{21}} = 0 \quad \cdots\cdots⑭$$

式(4・18) の⑪より,
$$_fI_{00} - {_fI_{01}} - a^2{_fI_{10}} + a^2{_fI_{11}} = 0 \quad \cdots\cdots⑮$$
$$_fI_{00} - {_fI_{01}} - a{_fI_{20}} + a{_fI_{21}} = 0 \quad \cdots\cdots⑯$$

式(4・10) を式(4・18) の⑩に代入して整理すれば,
$$_fZ_{00}\cdot{_fI_{00}} + {_fZ_{01}}\cdot{_fI_{01}} + {_fZ_{10}}\cdot{_fI_{10}} + {_fZ_{11}}\cdot{_fI_{11}} + {_fZ_{20}}\cdot{_fI_{20}}$$
$$+ {_fZ_{21}}\cdot{_fI_{21}} = {_fE_a} \quad \cdots\cdots⑰$$

式(4・10) を式(4・18) の⑫に代入して整理すれば,
$$_fZ_{00}\cdot{_fI_{00}} - {_fZ_{01}}\cdot{_fI_{01}} + a^2({_fZ_{10}}\cdot{_fI_{10}} - {_fZ_{11}}\cdot{_fI_{11}})$$
$$+ a({_fZ_{20}}\cdot{_fI_{20}} - {_fZ_{21}}\cdot{_fI_{21}}) = a^2{_fE_a} \quad \cdots⑱$$

$$\left. \begin{array}{l} \end{array} \right\} \quad (4\cdot19\text{ a})$$

すなわち,

1	1	-1	-1			$_fI_{00}$	=	0
1	1			-1	-1	$_fI_{01}$		0
1	-1	$-a^2$	$+a^2$			$_fI_{10}$		0
1	-1			$-a$	$+a$	$_fI_{11}$		0
$_fZ_{00}$	$_fZ_{01}$	$_fZ_{10}$	$_fZ_{11}$	$_fZ_{20}$	$_fZ_{21}$	$_fI_{20}$		$_fE_a$
$_fZ_{00}$	$-{_fZ_{01}}$	$a^2{_fZ_{10}}$	$-a^2{_fZ_{11}}$	$a\cdot{_fZ_{20}}$	$-a\cdot{_fZ_{21}}$	$_fI_{21}$		$a^2{_fE_a}$

$$(4\cdot19\text{ b})$$

これは電流に関する6元1次連立方程式であり，また，$_fE_a$ およびすべてのインピーダンスは，表4・1の図3と式(4・10)により既知である．変数の数が6，関係式が6であるから，式(4・19 b) を解くことによって，すべての対称分第1・第2電流が求められる．電流が求まれば，式(4・9) によりすべての対称分第1・第2回路電圧も求められる．後は式(4・3) により対称分回路へ，さらに式(2・18) により1-2号線a-b-c相電圧・電流に変換すればよい．

なお，f点の $_fI_{10}, {_fI_{11}}, \cdots$ などが求まれば，系統内任意の地点，例えば表4・1の図3のm点における，対称分第1・第2回路電圧・電流 $_mI_{10}, {_mI_{11}}, \cdots$ は，図3で容易に求められる．これらを逆変換してm点の1-2号線対称分およびa-b-c相電圧・電流が求められることはいうまでもない．

4・5・3 同一地点1号線a相地絡・2号線b相地絡故障（解法2）

解法1は，手順はすっきりしているが，式(4・19 b) を解くのにコンピュータの助けを借りない限り筆算では事実上不可能に近い．そこで，計算原理はあくまで解法1と同じであるが，f点地絡電流 ${^1_fI_a}, {^2_fI_b}$ を残して計算する**解法2**を紹介する．

f点a-b-c相故障条件として，

$$\left. \begin{array}{ll} 1\text{号線条件：} {^1_fI_b} = {^1_fI_c} = 0 \quad \cdots\cdots① & {^1_fV_a} = 0 \quad \cdots\cdots② \\ 2\text{号線条件：} {^2_fI_a} = {^2_fI_c} = 0 \quad \cdots\cdots③ & {^2_fV_b} = 0 \quad \cdots\cdots④ \end{array} \right\} \quad (4\cdot20)$$

が成り立つから，まず電流関係式①，③に注目して，

$$\left. \begin{array}{ll} 3\cdot{^1_fI_0} = {^1_fI_a} + 0 + 0 = {^1_fI_a} & 3\cdot{^2_fI_0} = 0 + {^2_fI_b} + 0 = {^2_fI_b} \\ 3\cdot{^1_fI_1} = {^1_fI_a} + a\cdot 0 + a^2\cdot 0 = {^1_fI_a} & 3\cdot{^2_fI_1} = 0 + a\cdot{^2_fI_b} + a^2\cdot 0 = a\cdot{^2_fI_b} \\ 3\cdot{^1_fI_2} = {^1_fI_a} + a^2\cdot 0 + a\cdot 0 = {^1_fI_a} & 3\cdot{^2_fI_2} = 0 + a^2\cdot{^2_fI_b} + a\cdot 0 = a^2\cdot{^2_fI_b} \end{array} \right\} \quad (4\cdot21)$$

これが表4・1の図2に対応する．したがって，図2，図3に対応する電流としては，

$$\left.\begin{aligned}
{}_fI_{00} &= \frac{1}{2}({}^1_fI_0 + {}^2_fI_0) = \frac{1}{6}({}^1_fI_a + {}^2_fI_b) \\
{}_fI_{01} &= \frac{1}{2}({}^1_fI_0 - {}^2_fI_0) = \frac{1}{6}({}^1_fI_a - {}^2_fI_b) \\
{}_fI_{10} &= \frac{1}{2}({}^1_fI_1 + {}^2_fI_1) = \frac{1}{6}({}^1_fI_a + a \cdot {}^2_fI_b) \\
{}_fI_{11} &= \frac{1}{2}({}^1_fI_1 - {}^2_fI_1) = \frac{1}{6}({}^1_fI_a - a \cdot {}^2_fI_b) \\
{}_fI_{20} &= \frac{1}{2}({}^1_fI_2 + {}^2_fI_2) = \frac{1}{6}({}^1_fI_a + a^2 \cdot {}^2_fI_b) \\
{}_fI_{21} &= \frac{1}{2}({}^1_fI_2 - {}^2_fI_2) = \frac{1}{6}({}^1_fI_a - a^2 \cdot {}^2_fI_b)
\end{aligned}\right\} \quad (4\cdot 22)$$

一方,電圧式(4·20)の②,④より,

$$\left.\begin{aligned}
0 &= {}^1_fV_a = {}^1_fV_0 + {}^1_fV_1 + {}^1_fV_2 \\
&= ({}_fV_{00} + {}_fV_{01}) + ({}_fV_{10} + {}_fV_{11}) + ({}_fV_{20} + {}_fV_{21}) \\
0 &= {}^2_fV_b = {}^2_fV_0 + a^2 \cdot {}^2_fV_1 + a \cdot {}^2_fV_2 \\
&= ({}_fV_{00} - {}_fV_{01}) + a^2({}_fV_{10} - {}_fV_{11}) + a({}_fV_{20} - {}_fV_{21})
\end{aligned}\right\} \quad (4\cdot 23)$$

これに系統関係式(4·10)を代入して,すべての電圧 V を消去し整理すれば式(4·19 a)の⑰,⑱と同じ関係式,すなわち,

$$\left.\begin{aligned}
({}_fZ_{00} \cdot {}_fI_{00} &+ {}_fZ_{01} \cdot {}_fI_{01}) + ({}_fZ_{10} \cdot {}_fI_{10} + {}_fZ_{11} \cdot {}_fI_{11}) + ({}_fZ_{20} \cdot {}_fI_{20} + {}_fZ_{21} \cdot {}_fI_{21}) \\
&= {}_fE_a \\
({}_fZ_{00} \cdot {}_fI_{00} &- {}_fZ_{01} \cdot {}_fI_{01}) + a^2({}_fZ_{10} \cdot {}_fI_{10} - {}_fZ_{11} \cdot {}_fI_{11}) + a({}_fZ_{20} \cdot {}_fI_{20} - {}_fZ_{21} \cdot {}_fI_{21}) \\
&= a^2 \cdot {}_fE_a
\end{aligned}\right\} \quad (4\cdot 24)$$

が得られる.

式(4·22)を式(4·24)に代入して整理すれば,

$$\left.\begin{aligned}
&\{({}_fZ_{00} + {}_fZ_{01}) + ({}_fZ_{10} + {}_fZ_{11}) + ({}_fZ_{20} + {}_fZ_{21})\} \cdot {}^1_fI_a \\
&\quad + \{({}_fZ_{00} - {}_fZ_{01}) + a({}_fZ_{10} - {}_fZ_{11}) + a^2({}_fZ_{20} - {}_fZ_{21})\} \cdot {}^2_fI_b = 6 \cdot {}_fE_a \\
&\{({}_fZ_{00} - {}_fZ_{01}) + a^2({}_fZ_{10} - {}_fZ_{11}) + a({}_fZ_{20} - {}_fZ_{21})\} \cdot {}^1_fI_a \\
&\quad + \{({}_fZ_{00} + {}_fZ_{01}) + ({}_fZ_{10} + {}_fZ_{11}) + ({}_fZ_{20} + {}_fZ_{21})\} \cdot {}^2_fI_b = 6a^2 \cdot {}_fE_a
\end{aligned}\right\} \quad (4\cdot 25)$$

となる.式(4·25)は故障点故障電流 ${}^1_fI_a$, ${}^2_fI_b$ に関する2元連立方程式であるから,これより容易に ${}^1_fI_a$, ${}^2_fI_b$ が求められる.すなわち,

$$\left.\begin{aligned}
{}^1_fI_a &= \frac{A_1 - A_2 a^2}{A_1^2 - A_2 B_1} \cdot 6 {}_fE_a \qquad {}^2_fI_b = \frac{-B_1 + A_1 \cdot a^2}{A_1^2 - A_2 B_1} \\
\text{ただし,}& \\
A_1 &= ({}_fZ_{00} + {}_fZ_{01}) + ({}_fZ_{10} + {}_fZ_{11}) + ({}_fZ_{20} + {}_fZ_{21}) \\
A_2 &= ({}_fZ_{00} - {}_fZ_{01}) + a({}_fZ_{10} - {}_fZ_{11}) + a^2({}_fZ_{20} - {}_fZ_{21}) \\
B_1 &= ({}_fZ_{00} - {}_fZ_{01}) + a^2({}_fZ_{10} - {}_fZ_{11}) + a({}_fZ_{20} - {}_fZ_{21})
\end{aligned}\right\} \quad (4\cdot 26\text{ a})$$

となる.なお,表4·1の図3において ${}_fZ_{10} \fallingdotseq {}_fZ_{20}$, ${}_fZ_{11} = {}_fZ_{21}$ であるから式(4·26)の A_1, A_2, B_1 はさらに簡単となって,

$$\left.\begin{aligned}
A_1 &\fallingdotseq ({}_fZ_{00} + {}_fZ_{01}) + 2({}_fZ_{10} + {}_fZ_{11}) \\
A_2 &\fallingdotseq B_1 \fallingdotseq ({}_fZ_{00} - {}_fZ_{01}) - ({}_fZ_{10} - {}_fZ_{11})
\end{aligned}\right\} \quad (4\cdot 26\text{ b})$$

となる.こうしてf点仮想端子の故障相電流 ${}^1_fI_a$, ${}^2_fI_b$ が得られ,また健全相電流は,初めから式(4·20)の①,③でわかっていてゼロであるから,これですべての故障点 a-b-c 相電流が求められたことになる.

こうして,表4·1のf点全電流がわかったのであるから,これらを変換すれば図2,図3においてもf点のすべての電流がわかることになる.したがって,図2,図3のf点電圧および任意の地点の電圧・電流は容易に求められ,図1においても任意の地点の a-b-c 相電圧・電流が求められることになる.

4・5・4 その他の故障種類の同一地点両回線同時故障

故障の種類が異なっても，すべて 4・5・2 項または 4・5・3 項で説明した手法により計算が可能である．その他の種類の故障については各自試みられたい．

4・6 平行 2 回線異地点同時故障

4・6・1 故障地点を f 地点および F 地点とする系統回路条件

故障点が f および F の 2 地点である場合の系統回路は，表 4・1 の図 1，図 2，図 3 に準じつつ，図 4・6 の (a)，(b)，(c) のように事故点仮想端子を 4 箇所から引出すことで計算が可能となる．図(c) を式で表せば，

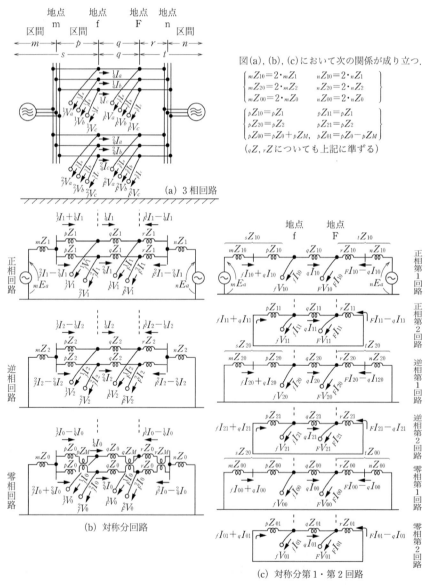

図(a), (b), (c)において次の関係が成り立つ．

$$\begin{cases} {}_mZ_{10}=2\cdot {}_mZ_1 & {}_nZ_{10}=2\cdot {}_nZ_1 \\ {}_mZ_{20}=2\cdot {}_mZ_2 & {}_nZ_{20}=2\cdot {}_nZ_2 \\ {}_mZ_{00}=2\cdot {}_mZ_0 & {}_nZ_{00}=2\cdot {}_nZ_0 \end{cases}$$

$$\begin{cases} {}_pZ_{10}={}_pZ_1 & {}_pZ_{11}={}_pZ_1 \\ {}_pZ_{20}={}_pZ_2 & {}_pZ_{21}={}_pZ_2 \\ {}_pZ_{00}={}_pZ_0+{}_pZ_M, & {}_pZ_{01}={}_pZ_0-{}_pZ_M \end{cases}$$

(${}_qZ, {}_rZ$ についても上記に準ずる)

(a) 3 相回路

(b) 対称分回路

(c) 対称分第1・第2回路

図 4・6 2 地点故障時の系統条件

正相第 1 回路　　$_fV_{10}={_mE_a}-{_sZ_{10}}({_fI_{10}}+{_qI_{10}}),$　　$_FV_{10}={_nE_a}-{_tZ_{10}}({_FI_{10}}-{_qI_{10}})$

　　　　　　　　$_fV_{10}-{_FV_{10}}={_qZ_{10}}\cdot{_qI_{10}}$

これらを整理して，

$$
\left.\begin{array}{l}
\text{正相第 1 回路}\quad _fV_{10}={_mE_a}-{_sZ_{10}}({_fI_{10}}+{_qI_{10}})\\
\qquad\qquad\qquad\quad _FV_{10}={_nE_a}-{_tZ_{10}}({_FI_{10}}-{_qI_{10}})\\
\qquad\qquad\qquad\quad ({_qZ_{10}}+{_sZ_{10}}+{_tZ_{10}}){_qI_{10}}={_mE_a}-{_nE_a}-{_sZ_{10}}\cdot{_fI_{10}}\\
\qquad\qquad\qquad\qquad\qquad\qquad\qquad\qquad\qquad\quad +{_tZ_{10}}\cdot{_FI_{10}}
\end{array}\right\}\cdots\text{①}
$$

同様にして，

$$
\left.\begin{array}{l}
\text{正相第 2 回路}\quad _fV_{11}=-{_pZ_{11}}({_fI_{11}}+{_qI_{11}})\\
\qquad\qquad\qquad\quad _FV_{11}=-{_rZ_{11}}({_FI_{11}}-{_qI_{11}})\\
\qquad\qquad\qquad\quad ({_qZ_{11}}+{_pZ_{11}}+{_rZ_{11}}){_qI_{11}}=-{_pZ_{11}}\cdot{_fI_{11}}+{_rZ_{11}}\cdot{_FI_{11}}
\end{array}\right\}\cdots\text{②}
$$

$$
\left.\begin{array}{l}
\text{逆相第 1 回路}\quad _fV_{20}=-{_sZ_{20}}({_fI_{20}}+{_qI_{20}})\\
\qquad\qquad\qquad\quad _FV_{20}=-{_tZ_{20}}({_FI_{20}}-{_qI_{20}})\\
\qquad\qquad\qquad\quad ({_qZ_{20}}+{_sZ_{20}}+{_tZ_{20}}){_qI_{20}}=-{_sZ_{20}}\cdot{_fI_{20}}+{_tZ_{20}}\cdot{_FI_{20}}
\end{array}\right\}\cdots\text{③}
$$

$$
\left.\begin{array}{l}
\text{逆相第 2 回路}\quad _fV_{21}=-{_pZ_{21}}({_fI_{21}}+{_qI_{21}})\\
\qquad\qquad\qquad\quad _FV_{21}=-{_rZ_{21}}({_FI_{21}}-{_qI_{21}})\\
\qquad\qquad\qquad\quad ({_qZ_{21}}+{_pZ_{21}}+{_rZ_{21}}){_qI_{21}}=-{_pZ_{21}}\cdot{_fI_{21}}+{_rZ_{21}}\cdot{_FI_{21}}
\end{array}\right\}\cdots\text{④}
$$

$$
\left.\begin{array}{l}
\text{零相第 1 回路}\quad _fV_{00}=-{_sZ_{00}}({_fI_{00}}+{_qI_{00}})\\
\qquad\qquad\qquad\quad _FV_{00}=-{_tZ_{00}}({_FI_{00}}-{_qI_{00}})\\
\qquad\qquad\qquad\quad ({_qZ_{00}}+{_sZ_{00}}+{_tZ_{00}}){_qI_{00}}=-{_sZ_{00}}\cdot{_fI_{00}}+{_tZ_{00}}\cdot{_FI_{00}}
\end{array}\right\}\cdots\text{⑤}
$$

$$
\left.\begin{array}{l}
\text{零相第 2 回路}\quad _fV_{01}=-{_pZ_{01}}({_fI_{01}}+{_qI_{01}})\\
\qquad\qquad\qquad\quad _FV_{01}=-{_rZ_{01}}({_FI_{01}}-{_qI_{01}})\\
\qquad\qquad\qquad\quad ({_qZ_{01}}+{_pZ_{01}}+{_rZ_{01}}){_qI_{01}}=-{_pZ_{01}}\cdot{_fI_{01}}+{_rZ_{01}}\cdot{_FI_{01}}
\end{array}\right\}\cdots\text{⑥}
$$

$\qquad\qquad\qquad\qquad\qquad\qquad\qquad\qquad\qquad\qquad\qquad\qquad\qquad\qquad (4\cdot27)$

式 $(4\cdot27)$ が図 $4\cdot6(c)$ に対応する系統関係式である．

なお，$_mE_a$, $_nE_a$ は系統条件として与えられており，式 $(4\cdot28)$ の①において $_qI_{10}$ をさらに消去して，電圧 $_fV_{10}$ と $_FV_{10}$ を $_fI_{10}$ と $_FI_{10}$ のみの関数として表すこともできる．他の回路についても同様である．すなわち，簡単のため一般関数の形で式 $(4\cdot27)$ を表せば，

$$
\left.\begin{array}{l}
\text{正相第 1 回路}\quad _fV_{10}={_ff_{10}}({_mE_a},{_nE_a},{_fI_{10}},{_FI_{10}})\\
\qquad\qquad\qquad\quad _FV_{10}={_Ff_{10}}({_mE_a},{_nE_a},{_fI_{10}},{_FI_{10}})
\end{array}\right\}\cdots\cdots\text{①}\\
\text{正相第 2 回路}\quad _fV_{11}={_ff_{11}}({_fI_{11}},{_FI_{11}}),\quad _FV_{11}={_Ff_{11}}({_fI_{11}},{_FI_{11}})\cdots\cdots\text{②}\\
\text{逆相第 1 回路}\quad _fV_{20}={_ff_{20}}({_fI_{20}},{_FI_{20}}),\quad _FV_{20}={_Ff_{20}}({_fI_{20}},{_FI_{20}})\cdots\cdots\text{③}\\
\text{逆相第 2 回路}\quad _fV_{21}={_ff_{21}}({_fI_{21}},{_FI_{21}}),\quad _FV_{21}={_Ff_{21}}({_fI_{21}},{_FI_{21}})\cdots\cdots\text{④}\\
\text{零相第 1 回路}\quad _fV_{00}={_ff_{00}}({_fI_{00}},{_FI_{00}}),\quad _FV_{00}={_Ff_{00}}({_fI_{00}},{_FI_{00}})\cdots\cdots\text{⑤}\\
\text{零相第 2 回路}\quad _fV_{01}={_ff_{01}}({_fI_{01}},{_FI_{01}}),\quad _FV_{01}={_Ff_{01}}({_fI_{01}},{_FI_{01}})\cdots\cdots\text{⑥}
$$

$\qquad\qquad\qquad\qquad\qquad\qquad\qquad\qquad\qquad\qquad\qquad\qquad\qquad\qquad (4\cdot28)$

のように表すことができる．これが**一般的な形で表した系統関係式**である．

4・6・2　f 地点 1 号線 a 相地絡・F 地点 2 号線 b 相地絡故障

このような異地点故障の計算も 4・5・2 項または 4・5・3 項の場合と同じ手順で行うことができる．ここでは 4・5・3 項の解法 2 に準じてその手順をたどってみよう．

〔a〕 3 相回路故障条件

$$
\left.\begin{array}{l}
\text{f 点条件}\quad ^1_fI_b={^1_fI_c}=0 \quad\cdots\cdots\text{①}\\
\qquad\qquad\quad ^2_fI_a={^2_fI_b}={^2_fI_c}=0 \quad\cdots\cdots\text{②}\\
\qquad\qquad\quad ^1_fV_a=0 \quad\cdots\cdots\text{③}\\
\text{F 点条件}\quad ^1_FI_a={^1_FI_b}={^1_FI_c}=0 \quad\cdots\cdots\text{④}\\
\qquad\qquad\quad ^2_FI_a={^2_FI_c}=0 \quad\cdots\cdots\text{⑤}\\
\qquad\qquad\quad ^2_FV_b=0 \quad\cdots\cdots\text{⑥}
\end{array}\right\}\quad(4\cdot29)
$$

[b] 対称分故障条件

式(4·30)を対称座標法に変換すれば,

$$
\left.\begin{array}{ll}
\text{f 点条件} & {}^1_fI_0 = {}^1_fI_1 = {}^1_fI_2 = \dfrac{1}{3}\,{}^1_fI_a \quad\cdots\cdots\cdots\cdots\cdots\cdots\cdots\cdots\text{⑦} \\[4pt]
& {}^2_fI_0 = {}^2_fI_1 = {}^2_fI_2 = 0 \quad\cdots\cdots\cdots\cdots\cdots\cdots\cdots\cdots\cdots\text{⑧} \\[4pt]
& {}^1_fV_0 + {}^1_fV_1 + {}^1_fV_2 = 0 \quad\cdots\cdots\cdots\cdots\cdots\cdots\cdots\cdots\text{⑨} \\[4pt]
\text{F 点条件} & {}^1_FI_0 = {}^1_FI_1 = {}^1_FI_2 = 0 \quad\cdots\cdots\cdots\cdots\cdots\cdots\cdots\cdots\text{⑩} \\[4pt]
& {}^2_FI_0 = \dfrac{1}{3}\,{}^2_FI_b, \quad {}^2_FI_1 = \dfrac{1}{3}a\cdot{}^2_FI_b, \quad {}^2_FI_2 = \dfrac{1}{3}a^2\cdot{}^2_FI_b \;\cdots\text{⑪} \\[4pt]
& {}^2_FV_0 + a^2\cdot{}^2_FV_1 + a\cdot{}^2_FV_2 = 0 \quad\cdots\cdots\cdots\cdots\cdots\text{⑫}
\end{array}\right\} \quad (4\cdot 30)
$$

式(4·31)の⑦,⑧を使って,

$$
{}_fI_{00} = \dfrac{1}{2}({}^1_fI_0 + {}^2_fI_0) = \dfrac{1}{6}\,{}^1_fI_a, \qquad {}_fI_{01} = \dfrac{1}{2}({}^1_fI_0 - {}^2_fI_0) = \dfrac{1}{6}\,{}^1_fI_a \tag{4·31}
$$

このようにして,式(4·31)をすべて2相回路変換すると,

$$
\left.\begin{array}{l}
{}_fI_{00} = {}_fI_{01} = {}_fI_{10} = {}_fI_{11} = {}_fI_{20} = {}_fI_{21} = \dfrac{1}{6}\,{}^1_fI_a \quad\cdots\cdots\cdots\cdots\text{⑬} \\[4pt]
\left.\begin{array}{ll}
{}_FI_{00} = \dfrac{1}{6}\,{}^2_FI_b, & {}_FI_{01} = \dfrac{-1}{6}\,{}^2_FI_b \\[4pt]
{}_FI_{10} = \dfrac{1}{6}a\cdot{}^2_FI_b, & {}_FI_{11} = \dfrac{-1}{6}a\cdot{}^2_FI_b \\[4pt]
{}_FI_{20} = \dfrac{1}{6}a^2\cdot{}^2_FI_b, & {}_FI_{21} = \dfrac{-1}{6}a^2\cdot{}^2_FI_b
\end{array}\right\} \cdots\cdots\cdots\text{⑭} \\[4pt]
({}_fV_{00} + {}_fV_{01}) + ({}_fV_{10} + {}_fV_{11}) + ({}_fV_{20} + {}_fV_{21}) = 0 \quad\cdots\cdots\text{⑮} \\[4pt]
({}_FV_{00} - {}_FV_{01}) + a^2({}_FV_{10} - {}_FV_{11}) + a({}_FV_{20} - {}_FV_{21}) = 0 \quad\cdots\text{⑯}
\end{array}\right\} \quad (4\cdot 32)
$$

さて,系統関係式(4·27)あるいはこれを変形した式(4·28)に式(4·32)の⑬,⑭を代入すれば,f点およびF点のすべての対称分第1・第2回路の電圧が ${}^1_fI_a$ と ${}^2_FI_b$ のみの関数として表される。さらに,これらのすべての電圧関係式を式(4·32)の⑮,⑯に代入すれば,${}^1_fI_a$ と ${}^2_FI_b$ からなる2元連立方程式が得られ,したがって,${}^1_fI_a$, ${}^2_FI_b$ が求められる。

この場合の系統の任意の地点の電圧・電流もこれより従属的に求められることは4·5·3項の場合と同様である。

4·6·3 その他の種類の平行2回線異地点同時故障

故障種類が異なる場合であっても上の4·6·2項と同じ手法で故障計算を行うことができる。なお,本節で紹介した2相回路の対称座標法による故障解析手法は手動計算の場合はもちろんのこと,計算機計算の場合でも威力を発揮する効果的な計算法方法として適用されていることを付言しておく。

第5章　PU法の導入と変圧器の取り扱い方

PU法（Per Unit method，単位法，％法と同じ）は，実用単位のある諸々の定量値をあらかじめ定めた規準値（ベース量）に対する割合として表すことによって，実用単位を絶えず扱う煩わしさから解放する便法であり，あらゆる分野で使われる％手法（単位の無次元化手法）である．しかしながら，**電力技術においてはPU法には単なる利便性以上の重要な意味がある**．その理由は，系統の全区間の各電気量に対してある巧妙にルール化した方法でベース量を設定することによって，**発電機や変圧器が正確かつ簡単な回路定数・回路式・回路図として表現でき，**またそのようにしなければ発電機や変圧器を正しく表現した回路としての系統が得られないからである．

3相回路のPU法は電力技術者にとって必須の手法である．本章ではPU法のベース量設定に関する基本的なルールについて説明し，さらにPU法を使って変圧器がどのように表現できるかを考察する（発電機については第10章で詳述する）．

5・1　PU法の考え方（単相回路のPU法）

電力技術におけるPU法の意義をはじめに整理しておこう．
① 変圧器について1次・2次・3次の電圧階級の違いを意識する必要がなく，またあたかもキルヒホッフの法則のごとく1次・2次・3次の電流のベクトル総和がゼロとなるように表現できる．
② **発電機についても簡明なインピーダンス回路式，回路図として表現でき，**これによって電機子，回転子回路のすべての電気量（磁束も含む）を正しく表現できる．
③ 容量や電圧の異なる**多数のメンバー（発電機・変圧器・送電線・負荷など）をすべて網羅した系統の全体回路図が得られる．**
④ 煩雑な実用単位（V, A, MVA, Ω, Wbなど）を扱う煩雑さから開放される．
電力技術において単位法が必須となるのは上述の①～③によるものであって，④の利便性は付け足しといっても過言ではない．

5・1・1　単相回路のPU法

簡単のためまず単相回路について考えることにしよう．
単相回路の基本となる複素量関係式は次式になる．

$$\left.\begin{array}{l} V\,(\text{ボルト})=Z\,(\text{オーム})\cdot I\,(\text{アンペア}) \quad \cdots\cdots\cdots\cdots\cdots ① \\ VA\,(\text{ボルトアンペア})=P+jQ\,(\text{ボルトアンペア}) \\ \qquad\qquad\qquad\qquad\quad =V\,(\text{ボルト})\cdot I^*\,(\text{アンペア}) \cdots\cdots ② \end{array}\right\} \quad (5\cdot1)$$

ただし，I^* は I の共役複素数

さて，これらの諸量 V, Z, I, VA をPU化するための基準量（ベース量）をそれぞれ V_{base}, Z_{base}, I_{base}, VA_{base} で表し，これらのベース量については**電圧ベース V_{base} と容量ベース VA_{base} を適当に決める**．

電流ベース I_{base}，インピーダンスベース Z_{base} については，V_{base} と VA_{base} との間で次式が成り立つように従属的に決めるものとする．

$$\left.\begin{array}{l} V_{\text{base}}〔\text{ボルト}〕=Z_{\text{base}}〔\text{オーム}〕\cdot I_{\text{base}}〔\text{アンペア}〕\cdots\cdots\cdots\cdots① \\ VA_{\text{base}}〔\text{ボルトアンペア}〕=V_{\text{base}}〔\text{ボルト}〕\cdot I_{\text{base}}〔\text{アンペア}〕\cdots② \end{array}\right\} \quad (5\cdot 2)$$

または

$$\left.\begin{array}{l} I_{\text{base}}〔\text{アンペア}〕=\dfrac{VA_{\text{base}}〔\text{ボルトアンペア}〕}{V_{\text{base}}〔\text{ボルト}〕}\cdots\cdots\cdots\cdots\cdots① \\ Z_{\text{base}}〔\text{オーム}〕=\dfrac{V_{\text{base}}〔\text{ボルト}〕}{I_{\text{base}}〔\text{アンペア}〕}=\dfrac{V_{\text{base}}^2}{VA_{\text{base}}}〔\text{オーム}〕\cdots\cdots\cdots② \end{array}\right\} \quad (5\cdot 2\,\text{a})$$

なお，各ベース量は力率1の複素量（すなわち，実数値）とする．
ベースの関係式(5・2)を使って式(5・1)をPU化すれば，

$$\left.\begin{array}{l} \dfrac{V}{V_{\text{base}}}=\dfrac{Z}{Z_{\text{base}}}\cdot\dfrac{I}{I_{\text{base}}} \\ \dfrac{VA}{VA_{\text{base}}}=\dfrac{P+jQ}{VA_{\text{base}}}=\dfrac{P}{VA_{\text{base}}}+j\dfrac{Q}{VA_{\text{base}}}=\dfrac{V}{V_{\text{base}}}\cdot\dfrac{I^*}{I_{\text{base}}} \end{array}\right\} \quad (5\cdot 3)$$

または，pu値として文字の上に─を付して表すものとして

$$\left.\begin{array}{l} \bar{V}=\bar{Z}\cdot\bar{I} \cdots\cdots\cdots\cdots\cdots\cdots\cdots\cdots\cdots\cdots\cdots\cdots\cdots\cdots\cdots① \\ \overline{VA}=\bar{P}+j\bar{Q}=\bar{V}\cdot\bar{I}^* \cdots\cdots\cdots\cdots\cdots\cdots\cdots\cdots② \\ \text{ただし，}\bar{V}=\dfrac{V}{V_{\text{base}}},\ \bar{Z}=\dfrac{Z}{Z_{\text{base}}},\ \bar{I}^*=\dfrac{I^*}{I_{\text{base}}},\ \bar{V}=\dfrac{V}{V_{\text{base}}}\cdots\cdots③ \\ \overline{VA}=\dfrac{VA}{VA_{\text{base}}},\ \bar{P}=\dfrac{P}{VA_{\text{base}}},\ \bar{Q}=\dfrac{Q}{VA_{\text{base}}} \cdots\cdots④ \end{array}\right\} \quad (5\cdot 4)$$

となる．

式(5・4)の各PU量 $\bar{V}$, $\bar{Z}$, $\bar{I}^*$, $\overline{VA}$, $\bar{P}+j\bar{Q}$ は，いずれも単位が**無次元の複素電気量**である．**ベース量としていずれも力率が1の実数電気量（$1.0/\underline{0°}$）を用いているので，PU化した後の各複素電気量の位相関係も元のままである**．

PU化した関係式(5・4)は元の関係式(5・1)と同形であることが分かる．PU量から元の電気量の大きさを求めるには式(5・4)の③，④より，

$$\left.\begin{array}{l} V〔\text{ボルト}〕=\bar{V}\cdot V_{\text{base}},\ Z=\bar{Z}\cdot Z_{\text{base}},\ I=\bar{I}\cdot I_{\text{base}} \\ VA=\overline{VA}\cdot VA_{\text{base}},\ P=\bar{P}\cdot VA_{\text{base}},\ Q=\bar{Q}\cdot VA_{\text{base}} \end{array}\right\} \quad (5\cdot 5)$$

で求められる．

以上で説明したPU法の一般的な考え方を**図5・1**に示す．

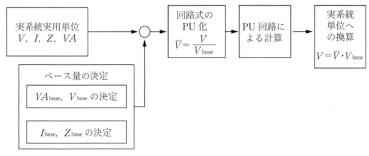

図5・1 PU法の考え方

5・1・2 単相3巻線変圧器のPU化とその等価回路

〔a〕 PU化前の基本式

図5・2(a) のような1次・(P)・2次（S）・3次（T）巻線のターン数がそれぞれ $_PN$・$_SN$・$_TN$ ターンの巻数からなる単相3巻線変圧器について考えてみよう．変圧器の**励磁インピーダンス**は非常に大きいので無視するものとし，**漏れインピーダンス**のみを考慮すれば（このような

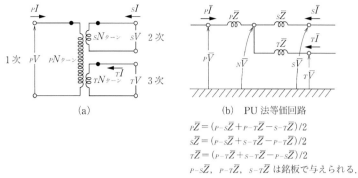

(a)　　　　　　　　　(b) PU法等価回路
$_P\bar{Z}=(_{P-S}\bar{Z}+_{P-T}\bar{Z}-_{S-T}\bar{Z})/2$
$_S\bar{Z}=(_{P-S}\bar{Z}+_{S-T}\bar{Z}-_{P-T}\bar{Z})/2$
$_T\bar{Z}=(_{P-T}\bar{Z}+_{S-T}\bar{Z}-_{P-S}\bar{Z})/2$
$_{P-S}\bar{Z}$, $_{P-T}\bar{Z}$, $_{S-T}\bar{Z}$ は銘板で与えられる.

図 5・2　単相 3 巻線変圧器

仮定は変圧器鉄心が飽和するような過電圧状態を考えない限り一般に成り立つ), その基本式は式 (5・6) のように表現できるはずである.

$$\begin{aligned}\left|\begin{array}{c}_PV\\_SV\\_TV\end{array}\right|&=\left|\begin{array}{ccc}Z_{PP}&Z_{PS}&Z_{PT}\\Z_{SP}&Z_{SS}&Z_{ST}\\Z_{TP}&Z_{TS}&Z_{TT}\end{array}\right|\cdot\left|\begin{array}{c}_PI\\_SI\\_TI\end{array}\right|\quad\cdots\cdots\text{①}\\_PI\cdot_PN+{_SI}\cdot_SN+{_TI}\cdot_TN&=0\quad\cdots\cdots\text{②}\\Z_{PS}=Z_{SP},\ Z_{PT}&=Z_{TP},\ Z_{ST}=Z_{TS}\quad\cdots\cdots\text{③}\end{aligned}\quad(5\cdot6)$$

ここで, Z_{PP}, Z_{SS}, Z_{TT}：1 次・2 次・3 次巻線の自己インピーダンス
　　　　　Z_{PS}, Z_{PT}, Z_{ST} など：各巻線間相互インピーダンス

〔b〕 **PU 化のベース量の決定**

さて, 式 (5・6) を PU 化するためのベース量としては容量ベース・電圧ベースおよび, これらから従属的に決める電流ベースについても, 1 次・2 次・3 次側で勝手に決めるのではなく, 次のような関係が保たれるように決定するものとする.

$$\begin{aligned}VA_{\text{base}}&={_PV_{\text{base}}}\cdot{_PI_{\text{base}}}={_SV_{\text{base}}}\cdot{_SI_{\text{base}}}={_TV_{\text{base}}}\cdot{_TI_{\text{base}}}\quad\cdots\text{①}\\\frac{_PV_{\text{base}}}{_PN}&=\frac{_SV_{\text{base}}}{_SN}=\frac{_TV_{\text{base}}}{_TN}\quad\cdots\cdots\text{②}\\_PI_{\text{base}}\cdot{_PN}&={_SI_{\text{base}}}\cdot{_SN}={_TI_{\text{base}}}\cdot{_TN}\quad\cdots\cdots\text{③}\end{aligned}\quad(5\cdot7)$$

言葉で説明すれば, PU 化ベース量の決め方の大原則は次の通りである.

* 1　容量ベース [VA] は 1 次側, 2 次側, 3 次側共に同一の価とする (式①).
* 2　1 次側, 2 次側, 3 次側の電圧ベース [kV] はそれぞれ 1 次側, 2 次側, 3 次側の定格電圧とする (あるいは巻回数に応じて式②が成り立つようなベース値を選ぶ) (式②).
* 3　1 次側, 2 次側, 3 次側の電流ベース [A] は *1, *2 で決めた容量ベースと電圧ベースから従属的に決定する. インピーダンスについても同様である.

〔c〕 **PU 化した関係式**

式 (5・7) のベース量を使って式 (5・6) を PU 化してみよう. 式 (5・6) において $_PV$ をベース量 $_PV_{\text{base}}$ により PU 化した電圧を $_P\bar{V}$ として表すものとし, 他の電圧・電流についても同様に表すものとすれば,

$$\begin{aligned}_PV&={_P\bar{V}}\cdot{_PV_{\text{base}}},\quad{_SV}={_S\bar{V}}\cdot{_SV_{\text{base}}},\quad{_TV}={_T\bar{V}}\cdot{_TV_{\text{base}}}\\_PI&={_P\bar{I}}\cdot{_PI_{\text{base}}}={_P\bar{I}}\cdot\frac{VA_{\text{base}}}{_PV_{\text{base}}},\quad{_SI}={_S\bar{I}}\cdot{_SI_{\text{base}}}={_S\bar{I}}\cdot\frac{VA_{\text{base}}}{_SV_{\text{base}}}\\_TI&={_T\bar{I}}\cdot{_TI_{\text{base}}}={_T\bar{I}}\cdot\frac{VA_{\text{base}}}{_TV_{\text{base}}}\end{aligned}\quad(5\cdot8)$$

となる.

まず, 式 (5・7), (5・8) を使って式 (5・6) の①の 1 次電圧 $_PV$ に関する式を書き改めれば,

$$\begin{aligned}
{}_P V &= {}_P\bar{V} \cdot {}_P V_{\text{base}} = Z_{PP} \cdot {}_P\bar{I} \cdot {}_P I_{\text{base}} + Z_{PS} \cdot {}_S\bar{I} \cdot {}_S I_{\text{base}} + Z_{PT} \cdot {}_T\bar{I} \cdot {}_T I_{\text{base}} \\
&= Z_{PP} \cdot \frac{VA_{\text{base}}}{{}_P V_{\text{base}}} \cdot {}_P\bar{I} + Z_{PS} \cdot \frac{VA_{\text{base}}}{{}_S V_{\text{base}}} \cdot {}_S\bar{I} + Z_{PT} \cdot \frac{VA_{\text{base}}}{{}_T V_{\text{base}}} \cdot {}_T\bar{I} \\
\therefore \quad {}_P\bar{V} &= \left(Z_{PP} \cdot \frac{VA_{\text{base}}}{{}_P V_{\text{base}}^2} \right) \cdot {}_P\bar{I} + \left(Z_{PS} \cdot \frac{VA_{\text{base}}}{{}_P V_{\text{base}} \cdot {}_S V_{\text{base}}} \right) \cdot {}_S\bar{I} + \left(Z_{PT} \cdot \frac{VA_{\text{base}}}{{}_P V_{\text{base}} \cdot {}_T V_{\text{base}}} \right) \cdot {}_T\bar{I} \\
&\equiv \bar{Z}_{PP} \cdot {}_P\bar{I} + \bar{Z}_{PS} \cdot {}_S\bar{I} + \bar{Z}_{PT} \cdot {}_T\bar{I}
\end{aligned} \quad (5 \cdot 9\text{a})$$

となり，${}_S\bar{V}$，${}_T\bar{V}$ についても同様の関係式が求められる．

次に，式 (5・7) の③を使って，式 (5・6) の②を PU 化すれば，

$$\frac{{}_P I \cdot {}_P N}{{}_P I_{\text{base}} \cdot {}_P N} + \frac{{}_S I \cdot {}_S N}{{}_S I_{\text{base}} \cdot {}_S N} + \frac{{}_T I \cdot {}_T N}{{}_T I_{\text{base}} \cdot {}_T N} = 0 \\
\therefore \quad {}_P\bar{I} + {}_S\bar{I} + {}_T\bar{I} = 0 \quad (5 \cdot 9\text{b})$$

結局，単相 3 巻線変圧器の基本式 (5・6) を式 (5・7) で定義したベース量を使って，PU 化した結果は，次の式 (5・10) のようになることがわかる．

$$\begin{aligned}
\begin{bmatrix} {}_P\bar{V} \\ {}_S\bar{V} \\ {}_T\bar{V} \end{bmatrix} &= \begin{bmatrix} Z_{PP} \cdot \dfrac{VA_{\text{base}}}{{}_P V_{\text{base}}^2} & Z_{PS} \cdot \dfrac{VA_{\text{base}}}{{}_P V_{\text{base}} \cdot {}_S V_{\text{base}}} & Z_{PT} \cdot \dfrac{VA_{\text{base}}}{{}_P V_{\text{base}} \cdot {}_T V_{\text{base}}} \\ Z_{SP} \cdot \dfrac{VA_{\text{base}}}{{}_P V_{\text{base}} \cdot {}_S V_{\text{base}}} & Z_{SS} \cdot \dfrac{VA_{\text{base}}}{{}_S V_{\text{base}}^2} & Z_{ST} \cdot \dfrac{VA_{\text{base}}}{{}_S V_{\text{base}} \cdot {}_T V_{\text{base}}} \\ Z_{TP} \cdot \dfrac{VA_{\text{base}}}{{}_P V_{\text{base}} \cdot {}_T V_{\text{base}}} & Z_{TS} \cdot \dfrac{VA_{\text{base}}}{{}_S V_{\text{base}} \cdot {}_T V_{\text{base}}} & Z_{TT} \cdot \dfrac{VA_{\text{base}}}{{}_T V_{\text{base}}^2} \end{bmatrix} \cdot \begin{bmatrix} {}_P\bar{I} \\ {}_S\bar{I} \\ {}_T\bar{I} \end{bmatrix} \\
&\equiv \begin{bmatrix} \bar{Z}_{PP} & \bar{Z}_{PS} & \bar{Z}_{PT} \\ \bar{Z}_{SP} & \bar{Z}_{SS} & \bar{Z}_{ST} \\ \bar{Z}_{TP} & \bar{Z}_{TS} & \bar{Z}_{TT} \end{bmatrix} \cdot \begin{bmatrix} {}_P\bar{I} \\ {}_S\bar{I} \\ {}_T\bar{I} \end{bmatrix} \quad \cdots\cdots\cdots\text{①} \\
{}_P\bar{I} + {}_S\bar{I} + {}_T\bar{I} &= 0 \quad \cdots\cdots\cdots\cdots\cdots\cdots\cdots\cdots\cdots\cdots\cdots\cdots\text{②}
\end{aligned} \quad (5 \cdot 10)$$

ここで，$\bar{Z}_{PP} = \dfrac{VA_{\text{base}}}{{}_P V_{\text{base}}^2}$

$$\bar{Z}_{PS} \equiv Z_{PS} \cdot \frac{VA_{\text{base}}}{{}_P V_{\text{base}} \cdot {}_S V_{\text{base}}} = Z_{SP} \cdot \frac{VA_{\text{base}}}{{}_P V_{\text{base}} \cdot {}_S V_{\text{base}}} \equiv \bar{Z}_{SP} \quad \text{など}$$

式 (5・10) では PU 化された 1 次・2 次・3 次複素電流のベクトル総和がゼロとなり，**変圧器の 1 次・2 次・3 次間であたかもキルヒホッフの法則が成り立つように表されることが大きな特長である．**

〔d〕 PU 等価回路の導入

単相 3 巻線変圧器の PU 化した関係式 (5・10) を満足する等価回路として，図 5・2(b) のように表されれば都合がよい．図は式 (5・10) の②を満たしているのは明らかだから，あとは式 (5・10) の①を満たすように図中の ${}_P\bar{Z}$, ${}_S\bar{Z}$, ${}_T\bar{Z}$ を決めてやることにより図 5・2(b) を式 (5・10) の等価回路とすることができる．

i) ${}_T\bar{I} = 0$ の場合（3 次をオープンとした場合） 式 (5・10) の①が図 5・2(b) で表されるためには，$\bar{I}_T = 0$ の場合についても両者が一致する必要がある．

${}_T\bar{I} = 0$ とした場合，${}_P\bar{I} + {}_S\bar{I} = 0$ となることに留意して，式 (5・10) の①より

$$\begin{aligned}
{}_P\bar{V} - {}_S\bar{V} &= (\bar{Z}_{PP} \cdot {}_P\bar{I} + \bar{Z}_{PS} \cdot {}_S\bar{I}) - (\bar{Z}_{SP} \cdot {}_P\bar{I} + \bar{Z}_{SS} \cdot {}_S\bar{I}) \\
&= (\bar{Z}_{PP} + \bar{Z}_{SS} - 2\bar{Z}_{PS}) \cdot {}_P\bar{I}
\end{aligned}$$

一方，図 5・2(b) で ${}_P\bar{Z} + {}_S\bar{Z} = {}_{P-S}\bar{Z}$ と表すものとすれば，

$${}_P\bar{V} - {}_S\bar{V} = ({}_P\bar{Z} + {}_S\bar{Z}) \cdot {}_P\bar{I} = {}_{P-S}\bar{Z} \cdot {}_P\bar{I}$$

この二つの式が一致するためには，

$${}_{P-S}\bar{Z} = {}_P\bar{Z} + {}_S\bar{Z} = \bar{Z}_{PP} + \bar{Z}_{SS} - 2\bar{Z}_{PS}$$

である必要がある．

ii） $_S\bar{I}=0$ の場合（2次をオープンとした場合）　同様にして，
$$_{P-T}\bar{Z} = {}_P\bar{Z} + {}_T\bar{Z} = \bar{Z}_{PP} + \bar{Z}_{TT} - 2\bar{Z}_{PT}$$
である必要がある．

iii） $_P I=0$ の場合（1次をオープンとした場合）
$$_{S-T}Z = {}_S\bar{Z} + {}_T\bar{Z} = \bar{Z}_{SS} + Z_{TT} - 2\bar{Z}_{ST}$$
である必要がある．

以上を整理すれば，

$$\left.\begin{array}{l} 3次開放時 \quad _P\bar{V} - {}_S\bar{V} = ({}_P\bar{Z} + {}_S\bar{Z}) \cdot {}_P\bar{I} = {}_{P-S}\bar{Z} \cdot {}_P\bar{I}, \quad {}_P\bar{I} + {}_S\bar{I} = 0 \quad \cdots\cdots① \\ 2次開放時 \quad _P\bar{V} - {}_T\bar{V} = ({}_P\bar{Z} + {}_T\bar{Z}) \cdot {}_P\bar{I} = {}_{P-T}\bar{Z} \cdot {}_P\bar{I}, \quad {}_P\bar{I} + {}_T\bar{I} = 0 \quad \cdots\cdots② \\ 1次開放時 \quad _S\bar{V} - {}_T\bar{V} = ({}_S\bar{Z} + {}_T\bar{Z}) \cdot {}_S\bar{I} = {}_{S-T}\bar{Z} \cdot {}_S\bar{I}, \quad {}_S\bar{I} + {}_T\bar{I} = 0 \quad \cdots\cdots③ \end{array}\right\} \quad (5\cdot11)$$

ただし，

$$\left.\begin{array}{l} 3次開放時の1次・2次間漏れインピーダンス \\ \quad _{P-S}\bar{Z} = {}_P\bar{Z} + {}_S\bar{Z} = \bar{Z}_{PP} + \bar{Z}_{SS} - 2\bar{Z}_{PS} \quad \cdots\cdots④ \\ 2次開放時の1次・3次間漏れインピーダンス \\ \quad _{P-T}\bar{Z} = {}_P\bar{Z} + {}_T\bar{Z} = \bar{Z}_{PP} + \bar{Z}_{TT} - 2\bar{Z}_{PT} \quad \cdots\cdots⑤ \\ 1次開放時の2次・3次間漏れインピーダンス \\ \quad _{S-T}\bar{Z} = {}_S\bar{Z} + {}_T\bar{Z} = \bar{Z}_{SS} + \bar{Z}_{TT} - 2\bar{Z}_{ST} \quad \cdots\cdots⑥ \end{array}\right\} \quad (5\cdot12\,\mathrm{a})$$

結局，式(5・12)が成り立つように $_P\bar{Z}$, $_S\bar{Z}$, $_T\bar{Z}$ を定義すれば，式(5・10)と図5・2(b)が等価となり，したがって，図5・2(b)を単相3巻線変圧器の等価回路とすることができる．

式(5・12)を逆に解けば，

$$\left.\begin{array}{l} _P\bar{Z} = \dfrac{_{P-S}\bar{Z} + {}_{P-T}\bar{Z} - {}_{S-T}\bar{Z}}{2} = \bar{Z}_{PP} + \bar{Z}_{ST} - \bar{Z}_{PS} - \bar{Z}_{PT} \\ _S\bar{Z} = \dfrac{_{P-S}\bar{Z} + {}_{S-T}\bar{Z} - {}_{P-T}\bar{Z}}{2} = \bar{Z}_{SS} + \bar{Z}_{PT} - \bar{Z}_{PS} - \bar{Z}_{ST} \\ _T\bar{Z} = \dfrac{_{P-T}\bar{Z} + {}_{S-T}\bar{Z} - {}_{P-S}\bar{Z}}{2} = \bar{Z}_{TT} + \bar{Z}_{PS} - \bar{Z}_{PT} - \bar{Z}_{ST} \end{array}\right\} \quad (5\cdot12\,\mathrm{b})$$

変圧器は，通常は銘板上で％インピーダンス電圧（％IZ）として，百分率表現で漏れインピーダンス $_{P-S}\bar{Z}$, $_{P-T}\bar{Z}$, $_{S-T}\bar{Z}$ が与えられているので，式(5・12 b)を使って簡単に等価回路中の $_P\bar{Z}$, $_S\bar{Z}$, $_T\bar{Z}$ を求めることができる（ただし，銘板上では $_{P-S}\bar{Z}$, $_{P-T}\bar{Z}$, $_{S-T}\bar{Z}$ の容量ベースが統一されていないことが多いので注意する必要があるが，これについては5・4, 5・5節で説明する）．

$\bar{Z}_{PP}$, $\bar{Z}_{PS}$ などのインピーダンスは，変圧器構造上の物理的イメージのあるインピーダンスであり，変圧器設計者は当然知る必要があるが，変圧器をブラックボックスとみなせば，銘板で与えられる $_{P-T}\bar{Z}$, $_{P-S}\bar{Z}$, $_{S-T}\bar{Z}$ および，これから式(5・12 b)で簡単に求められる $_P\bar{Z}$, $_S\bar{Z}$, $_T\bar{Z}$ を知っていればよいことになる．$_{P-T}\bar{Z}$, $_P\bar{Z}$ などは構造上の物理的イメージに直接つながるものではなく，しいて言えば物理的なイメージのある $\bar{Z}_{PP}$, $\bar{Z}_{PS}$ などの式(5・12 a)，(5・12 b)による合成値としかいいようがない．

なお，変圧器の巻線抵抗分は一般に無視できるので $Z_{PP}=jX_{PP}$, $Z_{PS}=jX_{PS}$ などとなり，したがって $_{P-S}\bar{Z}$, $_{P-T}\bar{Z}$, $_{S-T}\bar{Z}$ もそれぞれ $j_{P-S}\bar{X}$, $j_{P-T}\bar{X}$, $j_{S-T}\bar{X}$ などとなる．$_P\bar{Z}$, $_S\bar{Z}$, $_T\bar{Z}$ についても同様に $j_P\bar{X}$, $j_S\bar{X}$, $j_T\bar{X}$ となるが，時には $_S X$ の値が負の値，すなわち容量性リアクタンスとなることもある．ただし，銘板で与えられる $_{P-S}\bar{X}$, $_{P-T}\bar{X}$, $_{S-T}\bar{X}$ は当然正の値，すなわち誘導性リアクタンスである．

以上で，単相3巻線変圧器に関するPU法関係式およびそのPU法等価回路の説明を終わった．PU法により変圧器があたかもキルヒホッフの定理が成り立つ簡単な回路として表示でき

ることが理解されたであろう．

単相2巻線変圧器の場合には，上記の関係式で3次巻線がないとする（あるいは開放とする）のであるから，$_T\bar{I}=0$とし，等価回路上は図5・5(b)で$_T\bar{Z}$の回路がないものとすればよい．

5・2 3相回路のPU法

我々の通常取り扱う回路は3相回路であるので，この節ではまず3相回路のPU法について述べ，さらに次の節で3相回路のPU法では3相変圧器がいかに表現されるかを説明する．3相回路のPU法も，基本的には単相回路の場合の考え方と変わらないが，例えば電圧については，線間電圧・相電圧といった扱い量があるなどやや複雑となるので，これらを混同しないようにその基本定義を十分に理解する必要がある．

5・2・1 3相回路のPU法のベース量

3相回路のPU法においても，まず**容量ベースと電圧ベースを決め，電流ベース，インピーダンスベース，アドミタンスベースなどは容量ベース，電圧ベースから従属的に決定する**ことは単相回路のPU法の場合と同じである．ただし，**3相回路では3相容量ベース量と単相容量ベース量を厳しく区別**し，同様に電圧，電流，インピーダンス，アドミタンスなどのベース量についても**人ベース量**（1相対地ベース量）と**△ベース量**（線間ベース量）を区別して取り扱う必要がある．

3相回路のPU法のベース量は次のように定義する．

$$
\left.
\begin{aligned}
VA_{3\phi\text{base}} &= 3 \cdot VA_{1\phi\text{base}} = 3 \cdot V_{l-g\text{base}} \cdot I_{l-g\text{base}} \\
&= 3 \cdot V_{l-l\text{base}} \cdot I_{l-l\text{base}} = \sqrt{3} \cdot V_{l-l\text{base}} \cdot I_{l-l\text{base}} \quad \cdots\cdots ① \\
V_{l-l\text{base}} &= \sqrt{3}\, V_{l-g\text{base}} \quad \cdots\cdots ② \\
\sqrt{3} \cdot I_{l-l\text{base}} &= I_{l-g\text{base}} \quad \cdots\cdots ③
\end{aligned}
\right\} \quad (5 \cdot 13\,\text{a})
$$

式(5・13 a)より，電流，インピーダンス，アドミタンスのベース量も従属的に決められる．すなわち，

$$
\left.
\begin{aligned}
I_{l-g\text{base}} &= \frac{VA_{1\phi\text{base}}}{V_{l-g\text{base}}} = \frac{VA_{3\phi\text{base}}}{\sqrt{3} \cdot V_{l-l\text{base}}} \\
&= \frac{KVA_{3\phi\text{base}}}{\sqrt{3} \cdot KV_{l-l\text{base}}} = \frac{MVA_{3\phi\text{base}}}{\sqrt{3} \cdot KV_{l-l\text{base}}} \times 10^3 \quad \cdots\cdots ④ \\
Z_{l-g\text{base}} &= \frac{V_{l-g\text{base}}}{I_{l-g\text{base}}} = \frac{(V_{l-g\text{base}})^2}{VA_{3\phi\text{base}}} = \frac{(KV_{l-l\text{base}})^2}{KVA_{3\phi\text{base}}} \times 10^3 \\
&= \frac{(KV_{l-l\text{base}})^2}{MVA_{3\phi\text{base}}} \quad \cdots\cdots ⑤ \\
Y_{l-g\text{base}} &= \frac{1}{Z_{l-g\text{base}}} = \frac{MVA_{3\phi\text{base}}}{(KV_{l-l\text{base}})^2} \quad \cdots\cdots ⑥ \\
Z_{l-l\text{base}} &= \frac{V_{l-l\text{base}}}{I_{l-l\text{base}}} \quad \cdots\cdots ⑦ \\
Y_{l-l\text{base}} &= \frac{1}{Z_{l-l\text{base}}} = \frac{I_{l-l\text{base}}}{V_{l-l\text{base}}} \quad \cdots\cdots ⑧
\end{aligned}
\right\} \quad (5 \cdot 13\,\text{b})
$$

式中の添字$l-g$は line to ground，$l-l$は line to line の意味である．前者は人ベース量（1線対地ベース量）に対するものであり，後者は線間ベース量に対するものである．

5・2・2 3相回路関係式のPU化

第2章2・5節の図2・10に示す3相発電機の場合を例にして，その基本式(2・26)のPU化を

行ってみよう．ベース量関係式として式(5・13b) の⑤より，

$$V_{l-g\text{base}} = Z_{l-g\text{base}} \cdot I_{l-g\text{base}}$$

の関係があるので，この式で式(2・26) を割れば，

$$\begin{aligned}
\begin{vmatrix} \bar{E}_a \\ \bar{E}_b = a^2 \cdot \bar{E}_a \\ \bar{E}_c = a \cdot \bar{E}_a \end{vmatrix} - \begin{vmatrix} \bar{V}_a \\ \bar{V}_b \\ \bar{V}_c \end{vmatrix} &= \begin{vmatrix} \bar{Z}_s & \bar{Z}_m & \bar{Z}_m \\ \bar{Z}_m & \bar{Z}_s & \bar{Z}_m \\ \bar{Z}_m & \bar{Z}_m & \bar{Z}_s \end{vmatrix} \cdot \begin{vmatrix} \bar{I}_a \\ \bar{I}_b \\ \bar{I}_c \end{vmatrix} - \begin{vmatrix} \bar{V}_n \\ \bar{V}_n \\ \bar{V}_n \end{vmatrix} \\
\bar{V}_n &= -\bar{Z}_n(\bar{I}_a + \bar{I}_b + \bar{I}_c) = -\bar{Z}_n \cdot (3\bar{I}_0) = -3\bar{Z}_n \cdot \bar{I}_0 \\
\text{ただし，} \quad & \bar{E}_a = \frac{E_a}{V_{l-g\text{base}}}, \quad \bar{E}_b = \frac{E_b}{V_{l-g\text{base}}}, \quad \bar{E}_c = \frac{E_c}{V_{l-g\text{base}}}, \quad \bar{V}_n = \frac{V_n}{V_{l-g\text{base}}} \\
& \bar{Z}_s = \frac{Z_s}{Z_{l-g\text{base}}}, \quad \bar{Z}_m = \frac{Z_m}{Z_{l-g\text{base}}}, \quad \bar{Z}_n = \frac{Z_n}{Z_{l-g\text{base}}} \\
& \bar{I}_a = \frac{I_a}{I_{l-g\text{base}}}, \quad \bar{I}_b = \frac{I_b}{I_{l-g\text{base}}}, \quad \bar{I}_c = \frac{I_c}{I_{l-g\text{base}}}
\end{aligned} \quad (5 \cdot 14)$$

となり，これは式(2・26) と同形である．これをさらに対称座標法に変換すれば，式(2・27b) とまったく同形の関係式(5・15) が得られることも明らかである．

$$\begin{aligned}
\begin{vmatrix} 0 \\ \bar{E}_a \\ 0 \end{vmatrix} - \begin{vmatrix} \bar{V}_0 \\ \bar{V}_1 \\ \bar{V}_2 \end{vmatrix} &= \begin{vmatrix} \bar{Z}_0 & 0 & 0 \\ 0 & \bar{Z}_1 & 0 \\ 0 & 0 & \bar{Z}_2 \end{vmatrix} \cdot \begin{vmatrix} \bar{I}_0 \\ \bar{I}_1 \\ \bar{I}_2 \end{vmatrix} + \begin{vmatrix} 3\bar{Z}_n \cdot \bar{I}_0 \\ 0 \\ 0 \end{vmatrix} \\
\text{あるいは} \quad & \begin{cases} -\bar{V}_0 = \bar{Z}_0 \cdot \bar{I}_0 + 3\bar{Z}_n \cdot \bar{I}_0 \\ \bar{E}_a - \bar{V}_1 = \bar{Z}_1 \cdot \bar{I}_1 \\ -\bar{V}_2 = \bar{Z}_2 \cdot \bar{I}_2 \end{cases}
\end{aligned} \quad (5 \cdot 15)$$

結局，発電機の基本式はa-b-c 相表現でも対称座標法表現でも，式(5・13) を満たすベース量 $V_{l-g\text{base}}, I_{l-g\text{base}}, Z_{l-g\text{base}}$ を使う限りPU化しても同じ関係式となるのである．

第2章で説明した送電線や負荷についても同様である．すなわち，変圧器を例外として，発電機・送電線・一般負荷などの基本式は式(5・13) に示すような適切なベース量を採用する限り，PU化しても同形のままで成り立つことがわかる．

5・3　3相3巻線変圧器の対称座標法関係式と等価回路

5・3・1　人-人-△接続3巻線変圧器のPU 法等価回路

図5・3(a) は典型的な3相3巻線変圧器の結線を示している．IEC，JEC 等の規格では変圧器の高圧側端子をU，V，W，中圧側端子をu，v，w，低圧側端子をa，b，c と表すことになっている．図においてU相・u相電圧に対してa相電圧は30度位相遅れの関係にあるのでこの接続を「低圧側30度遅れ接続」と称する．ところでこれら端子の名前を図5・2(b) ではすべて次のように置き換えている．

　　高圧(U，V，W → R，S，T)　　中圧(u，v，w → r，s，t)　　低圧(a，b，c → b，c，a)

低圧側結線のa，b，c 相をわざわざb，c，a 相と命名しなおしていることに注意されたい．解析計算の目的に限って低圧側相名をこのように読み替えることによって，高圧巻線・中圧巻線のa，b，c 相に対して低圧巻線のa，b，c 相が90度進み（$+j$）の位相関係となるように命名しているのである．さらに低圧側はデルタ結線になっているので図の相対地電圧・電流（添え字 T）とデルタ巻線電圧・電流（添え字 Δ）を厳格に区別して扱う必要がある．

〔a〕　変圧器の3相回路基本式

ここではすでに5・1・2項で説明した単相3巻線変圧器が，3台で1バンクに構成された3相

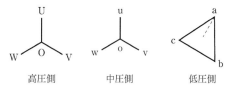

(a) 銘板上の相名 (3次側端子のa相は，1次側a相に対して30°遅れ接続となっている)

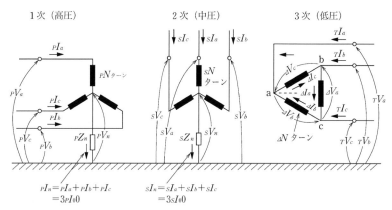

$_PI_n = {}_PI_a + {}_PI_b + {}_PI_c = 3{}_PI_0 0$ $_SI_n = {}_SI_a + {}_SI_b + {}_SI_c = 3{}_SI_0 0$

(b) 実際の接続と**解析上の相名** (3次側端子のa相は，1次側a相に対して進み90°の端子(銘板のc相端子)としている)

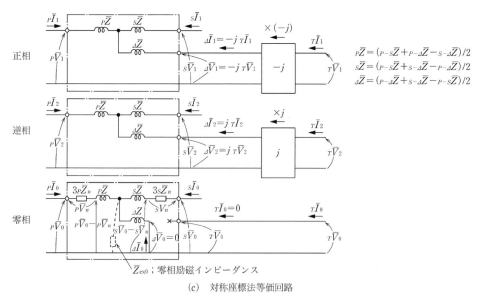

(c) 対称座標法等価回路

図 5・3 人-人-△変圧器 (低圧3次側遅れ30°接続の場合)

3巻線変圧器(したがって，鉄心は各相別々である)を考えることにしよう．この3相変圧器は5・1・2項の単相3巻線変圧器が3台あって，1次(P)，2次(S)巻線では中性点側がタンクの外部で3相コモンに接続され，また3次デルタ(△)巻線がタンク外部でデルタに接続されているにすぎない．各相の1次，2次，3次デルタ各巻線の自己インピーダンス，相互インピーダンスを5・1節5・1・2項と同じように Z_{PP}, Z_{PS} などで表すものとすれば，この3相変圧器の3相基本式は式(5・16)のようになる．

5・3 3相3巻線変圧器の対称座標法関係式と等価回路

$$\begin{pmatrix} {}_PV_a \\ {}_sV_a \\ {}_\Delta V_a \\ {}_PV_b \\ {}_sV_b \\ {}_\Delta V_b \\ {}_PV_c \\ {}_sV_c \\ {}_\Delta V_c \end{pmatrix} - \begin{pmatrix} {}_PV_n \\ {}_sV_n \\ 0 \\ {}_PV_n \\ {}_sV_n \\ 0 \\ {}_PV_n \\ {}_sV_n \\ 0 \end{pmatrix} = \begin{pmatrix} Z_{PP} & Z_{PS} & Z_{P\Delta} & 0 & 0 & 0 & 0 & 0 & 0 \\ Z_{SP} & Z_{SS} & Z_{S\Delta} & 0 & 0 & 0 & 0 & 0 & 0 \\ Z_{\Delta P} & Z_{\Delta S} & Z_{\Delta\Delta} & 0 & 0 & 0 & 0 & 0 & 0 \\ 0 & 0 & 0 & Z_{PP} & Z_{PS} & Z_{P\Delta} & 0 & 0 & 0 \\ 0 & 0 & 0 & Z_{SP} & Z_{SS} & Z_{S\Delta} & 0 & 0 & 0 \\ 0 & 0 & 0 & Z_{\Delta P} & Z_{\Delta S} & Z_{\Delta\Delta} & 0 & 0 & 0 \\ 0 & 0 & 0 & 0 & 0 & 0 & Z_{PP} & Z_{PS} & Z_{P\Delta} \\ 0 & 0 & 0 & 0 & 0 & 0 & Z_{SP} & Z_{SS} & Z_{S\Delta} \\ 0 & 0 & 0 & 0 & 0 & 0 & Z_{\Delta P} & Z_{\Delta S} & Z_{\Delta\Delta} \end{pmatrix} \cdot \begin{pmatrix} {}_PI_a \\ {}_sI_a \\ {}_\Delta I_a \\ {}_PI_b \\ {}_sI_b \\ {}_\Delta I_b \\ {}_PI_c \\ {}_sI_c \\ {}_\Delta I_c \end{pmatrix} \quad \cdots\cdots① $$

ただし，$Z_{PS}=Z_{SP}$, $Z_{P\Delta}=Z_{\Delta P}$ など

$${}_PV_n = {}_PZ_n \cdot {}_PI_n = {}_PZ_n({}_PI_a + {}_PI_b + {}_PI_c) = {}_PZ_n \cdot 3_PI_0 \quad \cdots\cdots②$$

$${}_sV_n = {}_sZ_n \cdot {}_sI_n = {}_sZ_n({}_sI_a + {}_sI_b + {}_sI_c) = {}_sZ_n \cdot 3_sI_0 \quad \cdots\cdots③$$

$$\begin{pmatrix} {}_TI_a \\ {}_TI_b \\ {}_TI_c \end{pmatrix} = \begin{pmatrix} {}_\Delta I_c \\ {}_\Delta I_a \\ {}_\Delta I_b \end{pmatrix} - \begin{pmatrix} {}_\Delta I_b \\ {}_\Delta I_c \\ {}_\Delta I_a \end{pmatrix} \quad \cdots\cdots④$$

$$\begin{pmatrix} {}_\Delta V_a \\ {}_\Delta V_b \\ {}_\Delta V_c \end{pmatrix} = \begin{pmatrix} {}_TV_b \\ {}_TV_c \\ {}_TV_a \end{pmatrix} - \begin{pmatrix} {}_TV_c \\ {}_TV_a \\ {}_TV_b \end{pmatrix} \quad \cdots\cdots⑤$$

$$\left.\begin{matrix} {}_PI_a \cdot {}_PN + {}_sI_a \cdot {}_sN + {}_\Delta I_a \cdot {}_\Delta N = 0 \\ {}_PI_b \cdot {}_PN + {}_sI_b \cdot {}_sN + {}_\Delta I_b \cdot {}_\Delta N = 0 \\ {}_PI_c \cdot {}_PN + {}_sI_c \cdot {}_sN + {}_\Delta I_c \cdot {}_\Delta N = 0 \end{matrix}\right\} \quad \cdots\cdots⑥$$

$$(5\cdot 16)$$

〔b〕 PU化のベース量

3相変圧器のPU化のベース量としては次のように決める．

$$\frac{1}{3}VA_{3\phi\text{base}} = VA_{1\phi\text{base}} = {}_PV_{l-g\text{base}} \cdot {}_PI_{l-g\text{base}} = {}_sV_{l-g\text{base}} \cdot {}_sI_{l-g\text{base}}$$

$$= {}_\Delta V_{l-l\text{base}} \cdot {}_\Delta I_{l-l\text{base}} = (\sqrt{3} \cdot {}_TV_{l-g\text{base}})\left(\frac{1}{\sqrt{3}} \cdot {}_TI_{l-g\text{base}}\right)$$

$$= {}_TV_{l-g\text{base}} \cdot {}_TI_{l-g\text{base}} (\equiv k_1 k_2) \quad \cdots\cdots①$$

$${}_\Delta V_{l-l\text{base}} = \sqrt{3} \cdot {}_TV_{l-g\text{base}} \quad \cdots\cdots②$$

$${}_\Delta I_{l-l\text{base}} = \frac{1}{\sqrt{3}} \cdot {}_TI_{l-g\text{base}} \quad \cdots\cdots③$$

$$\frac{{}_PV_{l-g\text{base}}}{{}_PN} = \frac{{}_sV_{l-g\text{base}}}{{}_sN} = \frac{{}_\Delta V_{l-l\text{base}}}{{}_\Delta N} = \frac{\sqrt{3}\cdot{}_TV_{l-g\text{base}}}{{}_\Delta N}(\equiv k_1) \quad \cdots\cdots④$$

$${}_PI_{l-g\text{base}} \cdot {}_PN = {}_sI_{l-g\text{base}} \cdot {}_sN = {}_\Delta I_{l-l\text{base}} \cdot {}_\Delta N = \frac{1}{\sqrt{3}} \cdot {}_TI_{l-g\text{base}} \cdot {}_\Delta N (\equiv k_2) \quad \cdots⑤$$

$${}_PZ_{l-g\text{base}} = \frac{({}_PV_{l-g\text{base}})^2}{VA_{1\phi\text{base}}} \quad \cdots\cdots⑥$$

$${}_sZ_{l-g\text{base}} = \frac{({}_sV_{l-g\text{base}})^2}{VA_{1\phi\text{base}}} \quad \cdots\cdots⑦$$

$${}_\Delta Z_{l-l\text{base}} = \frac{({}_\Delta V_{l-g\text{base}})^2}{VA_{1\phi\text{base}}} = \frac{(\sqrt{3}\cdot {}_TV_{l-g\text{base}})^2}{VA_{1\phi\text{base}}} = 3\cdot\frac{({}_TV_{l-g\text{base}})^2}{VA_{1\phi\text{base}}}$$

$$= 3 \cdot {}_TZ_{l-g\text{base}} \quad \cdots\cdots⑧$$

$$(5\cdot 17)$$

などとする．

換言すれば，次のように約束するのである．

* 1 容量ベース（VA_{base}）は1次（Primary）・2次（Secondary）・3次（Tertiary）各巻線側を同一値とする（式①）．
* 2 電圧ベース（V_{base}）は1次（P）・2次（S）・3次（T）各巻線のそれぞれの巻き数に比例するように決める（式④）．この条件は1次・2次・3次各巻線の定格電圧をベースとすることによって自動的にかなえられる．
* 3 電流ベース（I_{base}）は1次（P）・2次（S）・3次（T）各巻線の容量ベース（*1）をその電圧ベース（*2）で割ることによって従属的に求める．換言すれば，各巻線のアンペア・ターンを同一値とする（式②，③，④，⑤）．
* 4 インピーダンスベース（Z_{base}）は*2を*3で割ることによって従属的に求める（式⑥，⑦，⑧）．

〔c〕 PU化基本式

式(5·16)を式(5·17)の対応するベース関係式で割ってPU化すれば式(5·18)が得られる（途中過程は省略するが5·1節〔2〕項の場合に準じて誘導できる）．

$$\begin{vmatrix} {}_P\bar{V}_a \\ {}_S\bar{V}_a \\ {}_\Delta\bar{V}_a \\ {}_P\bar{V}_b \\ {}_S\bar{V}_b \\ {}_\Delta\bar{V}_b \\ {}_P\bar{V}_c \\ {}_S\bar{V}_c \\ {}_\Delta\bar{V}_c \end{vmatrix} - \begin{vmatrix} {}_P\bar{V}_n \\ {}_S\bar{V}_n \\ 0 \\ {}_P\bar{V}_n \\ {}_S\bar{V}_n \\ 0 \\ {}_P\bar{V}_n \\ {}_S\bar{V}_n \\ 0 \end{vmatrix} = \begin{vmatrix} \bar{Z}_{PP} & \bar{Z}_{PS} & \bar{Z}_{P\Delta} & & & & & & \\ \bar{Z}_{SP} & \bar{Z}_{SS} & \bar{Z}_{S\Delta} & & & & & & \\ \bar{Z}_{\Delta P} & \bar{Z}_{\Delta S} & \bar{Z}_{\Delta\Delta} & & & & & & \\ & & & \bar{Z}_{PP} & \bar{Z}_{PS} & \bar{Z}_{P\Delta} & & & \\ & & & \bar{Z}_{SP} & \bar{Z}_{SS} & \bar{Z}_{S\Delta} & & & \\ & & & \bar{Z}_{\Delta P} & \bar{Z}_{\Delta S} & \bar{Z}_{\Delta\Delta} & & & \\ & & & & & & \bar{Z}_{PP} & \bar{Z}_{PS} & \bar{Z}_{P\Delta} \\ & & & & & & \bar{Z}_{SP} & \bar{Z}_{SS} & \bar{Z}_{S\Delta} \\ & & & & & & \bar{Z}_{\Delta P} & \bar{Z}_{\Delta S} & \bar{Z}_{\Delta\Delta} \end{vmatrix} \cdot \begin{vmatrix} {}_P\bar{I}_a \\ {}_S\bar{I}_a \\ {}_\Delta\bar{I}_a \\ {}_P\bar{I}_b \\ {}_S\bar{I}_b \\ {}_\Delta\bar{I}_b \\ {}_P\bar{I}_c \\ {}_S\bar{I}_c \\ {}_\Delta\bar{I}_c \end{vmatrix} \quad \cdots\cdots ①$$

ただし，

$$\begin{vmatrix} \bar{Z}_{PP} & \bar{Z}_{PS} & \bar{Z}_{P\Delta} \\ \bar{Z}_{SP} & \bar{Z}_{SS} & \bar{Z}_{S\Delta} \\ \bar{Z}_{\Delta P} & \bar{Z}_{\Delta S} & \bar{Z}_{\Delta\Delta} \end{vmatrix} = \begin{vmatrix} Z_{PP}\cdot\dfrac{VA_{1\phi base}}{({}_PV_{l-gbase})^2} & Z_{PS}\cdot\dfrac{VA_{1\phi base}}{{}_PV_{l-gbase}\cdot{}_SV_{l-gbase}} & Z_{P\Delta}\cdot\dfrac{VA_{1\phi base}}{{}_PV_{l-gbase}\cdot{}_\Delta V_{l-gbase}} \\ Z_{SP}\cdot\dfrac{VA_{1\phi base}}{{}_PV_{l-gbase}\cdot{}_SV_{l-gbase}} & Z_{SS}\cdot\dfrac{VA_{1\phi base}}{({}_SV_{l-gbase})^2} & Z_{S\Delta}\cdot\dfrac{VA_{1\phi base}}{{}_SV_{l-gbase}\cdot{}_\Delta V_{l-gbase}} \\ Z_{\Delta P}\cdot\dfrac{VA_{1\phi base}}{{}_PV_{l-gbase}\cdot{}_\Delta V_{l-gbase}} & Z_{\Delta S}\cdot\dfrac{VA_{1\phi base}}{{}_SV_{l-gbase}\cdot{}_\Delta V_{l-gbase}} & Z_{\Delta\Delta}\cdot\dfrac{VA_{1\phi base}}{({}_\Delta V_{l-gbase})^2} \end{vmatrix} \quad \cdots\cdots ②$$

なお，$\bar{Z}_{PS}=\bar{Z}_{SP},\ \bar{Z}_{P\Delta}=\bar{Z}_{\Delta P}$ など

$${}_P\bar{V}_n = {}_P\bar{Z}_n\cdot{}_P\bar{I}_n = {}_P\bar{Z}_n\cdot({}_P\bar{I}_a+{}_P\bar{I}_b+{}_P\bar{I}_c) = {}_P\bar{Z}_n\cdot3{}_P\bar{I}_0 \quad \cdots\cdots ③$$

$${}_S\bar{V}_n = {}_S\bar{Z}_n\cdot{}_S\bar{I}_n = {}_S\bar{Z}_n\cdot({}_S\bar{I}_a+{}_S\bar{I}_b+{}_S\bar{I}_c) = {}_S\bar{Z}_n\cdot3{}_S\bar{I}_0 \quad \cdots\cdots ④$$

$$\begin{vmatrix} \sqrt{3}\cdot{}_T\bar{I}_a \\ \sqrt{3}\cdot{}_T\bar{I}_b \\ \sqrt{3}\cdot{}_T\bar{I}_c \end{vmatrix} = \begin{vmatrix} {}_\Delta\bar{I}_c \\ {}_\Delta\bar{I}_a \\ {}_\Delta\bar{I}_b \end{vmatrix} - \begin{vmatrix} {}_\Delta\bar{I}_b \\ {}_\Delta\bar{I}_c \\ {}_\Delta\bar{I}_a \end{vmatrix} = \begin{vmatrix} 0 & -1 & 1 \\ 1 & 0 & -1 \\ -1 & 1 & 0 \end{vmatrix}\cdot\begin{vmatrix} {}_\Delta\bar{I}_a \\ {}_\Delta\bar{I}_b \\ {}_\Delta\bar{I}_c \end{vmatrix} \quad \cdots\cdots ⑤$$

$$\begin{vmatrix} \sqrt{3}\cdot{}_\Delta\bar{V}_a \\ \sqrt{3}\cdot{}_\Delta\bar{V}_b \\ \sqrt{3}\cdot{}_\Delta\bar{V}_c \end{vmatrix} = \begin{vmatrix} {}_T\bar{V}_b \\ {}_T\bar{V}_c \\ {}_T\bar{V}_a \end{vmatrix} - \begin{vmatrix} {}_T\bar{V}_c \\ {}_T\bar{V}_a \\ {}_T\bar{V}_b \end{vmatrix} = \begin{vmatrix} 0 & 1 & -1 \\ -1 & 0 & 1 \\ 1 & -1 & 0 \end{vmatrix}\begin{vmatrix} {}_T\bar{V}_a \\ {}_T\bar{V}_b \\ {}_T\bar{V}_c \end{vmatrix} \quad \cdots\cdots ⑥$$

$$\left.\begin{array}{l} {}_P\bar{I}_a + {}_S\bar{I}_a + {}_\Delta\bar{I}_a = 0 \\ {}_P\bar{I}_b + {}_S\bar{I}_b + {}_\Delta\bar{I}_b = 0 \\ {}_P\bar{I}_c + {}_S\bar{I}_c + {}_\Delta\bar{I}_c = 0 \end{array}\right\} \quad \cdots\cdots ⑦$$

$$(5\cdot18)$$

[d] 対称座標法関係式とその等価回路

式(5・18)を対称座標法関係式に変換すると，次の式(5・19)が得られる（変換の途中経過については p-95 の〔補足説明〕を参照のこと）．

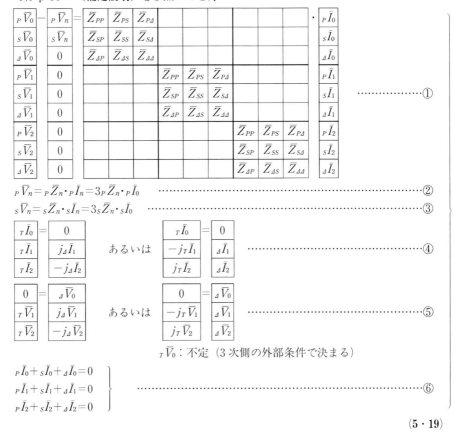

(5・19)

さて，この式では正・逆・零相関に相互インダクタンスなどもなく，したがって，正・逆・零相を独立に扱いうることがわかる．式(5・19)を正・逆・零相のそれぞれの関係式ごとに分けてまとめなおせば，

これが3相3巻線変圧器（人-人-△接続）の PU 法による対称座標法関係式である．

正相回路の式(5・20a)の①，②は 5・1 節〔2〕項の単相3巻線変圧器の関係式(5・10)の①，②と同形であるから，式(5・10)の等価回路図 5・2(b) に準じて，式(5・20a) に相当する正相等価回路を容易に描くことができる．逆相分・零相分についても同様である．これらの等価回

路を図 5・3(c) に示す．なお，図中のインピーダンスについては 5・1 節〔2〕項式(5・12) および (5・12 a) に準じて，次のような関係式が成り立つことも明らかである．

$$\left.\begin{aligned}
{}_P\bar{Z} &= \frac{{}_{P-S}\bar{Z} + {}_{P-\varDelta}\bar{Z} - {}_{S-\varDelta}\bar{Z}}{2} \\
{}_S\bar{Z} &= \frac{{}_{P-S}\bar{Z} + {}_{S-\varDelta}\bar{Z} - {}_{P-\varDelta}\bar{Z}}{2} \\
{}_\varDelta\bar{Z} &= \frac{{}_{P-\varDelta}\bar{Z} + {}_{S-\varDelta}\bar{Z} - {}_{P-S}\bar{Z}}{2} \\
{}_{P-S}\bar{Z} &= {}_P\bar{Z} + {}_S\bar{Z} = \bar{Z}_{PP} + \bar{Z}_{SS} - 2\bar{Z}_{PS} \\
{}_{P-\varDelta}\bar{Z} &= {}_P\bar{Z} + {}_\varDelta\bar{Z} = \bar{Z}_{PP} + \bar{Z}_{\varDelta\varDelta} - 2\bar{Z}_{P\varDelta} \\
{}_{S-\varDelta}\bar{Z} &= {}_S\bar{Z} + {}_\varDelta\bar{Z} = \bar{Z}_{SS} + \bar{Z}_{\varDelta\varDelta} - 2\bar{Z}_{S\varDelta}
\end{aligned}\right\} \quad (5 \cdot 21)$$

通常は，変圧器の定格容量，定格電圧ベースの％インピーダンス電圧として ${}_{P-S}\bar{Z}$，${}_{P-\varDelta}\bar{Z}$，${}_{S-\varDelta}\bar{Z}$ が銘板上に与えられることはすでに述べたとおりである．

数値試算

500 kV 級の 3 巻線変圧器として典型的な定格の数値チェックを行う．

銘板記載事項

	定格容量	定格電圧	定格電流		短絡インピーダンス	
1 次	1,000 MVA	500 kV	1,155 A	1 次—2 次	16.4%	1,000 MVA 基準
2 次	1,000 MVA	220 kV	2,624 A	1 次—3 次	15.2%	300 MVA 基準
3 次	300 MVA	63 kV	2,749 A	2 次—3 次	9.7%	300 MVA 基準

この変圧器の容量ベースとして 1,000 MVA ベースを採用するとすれば

$\%{}_{P-S}X = 16.4\%$

${}_{P-\varDelta}X = 15.2 \times \frac{1,000}{300} = 50.7\%$ （1,000 MVA ベースへの換算値：式(5・30) 参照）

${}_{S-\varDelta}X = 9.7 \times \frac{1,000}{300} = 32.3\%$ （1,000 MVA ベースへの換算値：式(5・30) 参照）

ゆえに，

${}_PX = \frac{16.4 + 50.7 - 32.3}{2} = 17.4\%$

${}_SX = \frac{16.4 + 32.3 - 50.7}{2} = -1.0\%$

${}_\varDelta X = \frac{50.7 + 32.3 - 16.4}{2} = 33.3\%$

以上により，この変圧器の等価回路図 5・3(c) に使うインピーダンスとしては 1,000 MVA ベースで

${}_PZ = j0.174 \text{ pu}$，${}_SZ = -j0.01 \text{ pu}$，${}_\varDelta Z = j0.333 \text{ pu}$

となる．なお，これらインピーダンス値はあくまで計算のための等価インピーダンスであるので，${}_SZ$ がマイナス値（容量性キャパシタンス）$-j0.01$ pu となるのは不思議ではなく，もちろん正しい．

図 5・3(c) で特に注目されるのは正相回路と逆相回路の 3 次側にそれぞれ $-j$ および $+j$ の位相シフト回路が挿入されていることである．3 次側の相順名称をあらかじめ 120 度分変更しておいた効果で ±90 度移相という数式的に処理しやすい結果となっている．また，零相回路については，${}_\varDelta\bar{V}_0 = 0$ であるためにインピーダンス ${}_\varDelta\bar{Z}_0$ の回路は接地され，${}_T\bar{I}_0 = 0$ であるから，零相電流は 3 次外部回路からデルタ回路へ流出入することはないので，零相 T 側端子は開放となる．（ただし，デルタ巻線内には零相電流 ${}_\varDelta I_0$ が環流する）．また，零相回路では 1 次，2 次側にも $3{}_P\bar{Z}_n$，$3{}_S\bar{Z}_n$ が挿入されているので，例えば 2 次側中性点が開放（${}_S\bar{Z}_n = \infty$）であれ

ば $_s\bar{I}_0=0$ となって，2次側零相電流は流れることはできないことになる．この場合でも1次側はインピーダンス $3_P\bar{Z}_n+_P\bar{Z}+_\Delta\bar{Z}$ にて接地されているので，$_P\bar{Z}_n$ が開放でない限り（1次側中性点が接地されている限り）$_P\bar{I}_0$，$_\Delta\bar{I}_0$ は流れうる．

さて，Y-Y-△接続（低圧遅れ30°接続）変圧器のPU法対称分等価回路図5・3(c)で非常にすばらしいことは，正・逆・零相等価回路が，それぞれキルヒホッフの法則が成り立つように表されることである．このことから，PU法の威力が理解されよう．なお，図5・3(c)で励磁インピーダンスは，一般に，正・逆相に対しては非常に大きくて無視できるが，零相回路に対しては鉄心構造によっては，後述するように解析の目的によっては厳密には無視できないケースもあるので，零相回路にだけ $\bar{Z}_{ex0}$ として記入してある．

[補足説明] 式(5・18)から式(5・19)への変換

ⅰ) 式(5・18)の①から式(5・19)の①への変換

式(5・18)①の1次 a-b-c 相電圧に関する式を整理すれば，

$$\begin{bmatrix} _P\bar{V}_a \\ _P\bar{V}_b \\ _P\bar{V}_c \end{bmatrix} - \begin{bmatrix} _P\bar{V}_n \\ _P\bar{V}_n \\ _P\bar{V}_n \end{bmatrix} = \bar{Z}_{PP}\begin{bmatrix} _P\bar{I}_a \\ _P\bar{I}_b \\ _P\bar{I}_c \end{bmatrix} + \bar{Z}_{PS}\begin{bmatrix} _s\bar{I}_a \\ _s\bar{I}_b \\ _s\bar{I}_c \end{bmatrix} + \bar{Z}_{P\Delta}\begin{bmatrix} _\Delta\bar{I}_a \\ _\Delta\bar{I}_b \\ _\Delta\bar{I}_c \end{bmatrix} \quad \cdots (1)$$

または，$_P\bar{V}_{abc}-_P\bar{V}_n=\bar{Z}_{PP}\cdot_P\bar{I}_{abc}+\bar{Z}_{PS}\cdot_s\bar{I}_{abc}+\bar{Z}_{P\Delta}\cdot_\Delta\bar{I}_{abc}$

両辺に $\boldsymbol{a}$ を左積して，

$$\underbrace{\boldsymbol{a}\cdot_P\bar{V}_{abc}}_{_P\bar{V}_{012}}-\underbrace{\boldsymbol{a}\cdot_P\bar{V}_n}_{\begin{bmatrix}_P\bar{V}_n\\0\\0\end{bmatrix}}=\bar{Z}_{PP}\cdot\underbrace{\boldsymbol{a}\cdot_P\bar{I}_{abc}}_{_P\bar{I}_{012}}+\bar{Z}_{PS}\cdot\underbrace{\boldsymbol{a}\cdot_s\bar{I}_{abc}}_{_s\bar{I}_{012}}+\bar{Z}_{P\Delta}\cdot\underbrace{\boldsymbol{a}\cdot_\Delta\bar{I}_{abc}}_{_\Delta\bar{I}_{012}}$$

$$\therefore \begin{bmatrix} _P\bar{V}_0 \\ _P\bar{V}_1 \\ _P\bar{V}_2 \end{bmatrix} - \begin{bmatrix} _P\bar{V}_n \\ 0 \\ 0 \end{bmatrix} = \bar{Z}_{PP}\begin{bmatrix} _P\bar{I}_0 \\ _P\bar{I}_1 \\ _P\bar{I}_2 \end{bmatrix} + \bar{Z}_{PS}\begin{bmatrix} _s\bar{I}_0 \\ _s\bar{I}_1 \\ _s\bar{I}_2 \end{bmatrix} + \bar{Z}_{P\Delta}\begin{bmatrix} _\Delta\bar{I}_0 \\ _\Delta\bar{I}_1 \\ _\Delta\bar{I}_2 \end{bmatrix} \quad \cdots (2)$$

となり，式(5・19)①の1次電圧に関する対称分関係式が得られる．式(5・19)①の2次および3次電圧についても同様にして求められる．

ⅱ) 式(5・18)の③，④から式(5・19)の②，③への変換

これについては説明の必要はなかろう．

ⅲ) 式(5・18)の⑤から式(5・19)の④への変換

式(5・18)の⑤は

$$\sqrt{3}\,_T\bar{I}_{abc}=\begin{bmatrix} 0 & -1 & 1 \\ 1 & 0 & -1 \\ -1 & 1 & 0 \end{bmatrix}\cdot_\Delta\bar{I}_{abc} \quad \cdots (3)$$

であるから

$$_T\bar{I}_{012}=\boldsymbol{a}\cdot_T\bar{I}_{abc}=\frac{1}{\sqrt{3}}\cdot\boldsymbol{a}\cdot\begin{bmatrix} 0 & -1 & 1 \\ 1 & 0 & -1 \\ -1 & 1 & 0 \end{bmatrix}\cdot\boldsymbol{a}^{-1}\cdot_\Delta\bar{I}_{012}$$

$$=\frac{1}{\sqrt{3}}\begin{bmatrix} 0\cdot_\Delta\bar{I}_0 \\ (a-a^2)\cdot_\Delta\bar{I}_1 \\ (a^2-a)\cdot_\Delta\bar{I}_2 \end{bmatrix}=\begin{bmatrix} 0\cdot_\Delta\bar{I}_0 \\ j\cdot_\Delta\bar{I}_1 \\ -j\cdot_\Delta\bar{I}_2 \end{bmatrix} \quad \cdots (4)$$

これより，式(5・19)の④が得られる．

ⅳ) 式(5・18)の⑥から式(5・19)の⑤への変換

上述の(3)に順ずる方法で変換できる．

ⅴ) 式(5・18)の⑦から式(5・19)の⑥への変換

これは説明するまでもないであろう．

5・3・2　3相変圧器の各種巻線方式対称座標法等価回路

各種巻線方式変圧器のPU法対称分等価回路を一括して**表5・1**に示す．表中のa図は〔1〕項で説明した結果そのものであり，この結果からその他のケースも容易に類推することができる．なお，オートトランス（5・5節参照）の場合であっても，その内部結線はブラックボックス扱いとして表5・1のいずれかの等価回路で表される．

5・3・3　変圧器鉄心構造と零相励磁インピーダンスの関係

3相変圧器には**表5・2**中のA，B，C，D図に示したような，いろいろの鉄心構造がある．ある電圧巻線，例えば1次スター巻線に，定格値以下の正相電圧（すなわち3相平衡電圧）を印加する場合には，磁路のどの部分においても通過する磁束は設計飽和値以下であるので飽和することはない．したがって励磁インピーダンス $\bar{Z}_{ex}$ は非常に大きいインピーダンス値であり通常は無視できる．逆相電圧が印加される場合についても事情は同じである．そのため正・逆相回路では，表5・1に示すように特に励磁インピーダンス $\bar{Z}_{ex}$ を考える必要はない．ちなみに**図5・4**は1000 MVA，500 kV／275 kV／63 kV級変圧器（3相5脚鉄心）の励磁電流波形の一例である．図は3次側の線電流の波形を示しているが，その電流の平均値は数A程度以下であり，3次側定格電流の0.1％以下である．正相・逆相の励磁インピーダンスを事実上 $Z_{ex} \to \infty$ として無視できることを示している．ところが零相電圧を印加した場合には，零相磁束の状態は鉄心構造によって表5・2中のA，B，C，D図のようになり，C図の内鉄形（3脚構造）およびB図の外鉄形の3相変圧器では，零相励磁インピーダンス $\bar{Z}_{ex0}$ は必ずしも十分に大きくはない．したがって，このようなタイプの変圧器では解析の目的によって，必要に応じて表5・1中の零相等価回路図に示すように $\bar{Z}_{ex0}$ を挿入する．ただし，デルタ巻線があれば，表5・1中のa・b・c・d・e図の各零相等価回路に示すように，$_\Delta \bar{Z}$ が $\bar{Z}_{ex0}$ とパラレル回路となる．したがって，表5・2中のA図・D図のように $\bar{Z}_{ex0}$ が十分大きい場合はもちろんのこと，B図・C図の鉄心構造の場合のように $\bar{Z}_{ex0}$ がある程度小さくても，なお一般には $\bar{Z}_{ex0} > {_\Delta \bar{Z}}$ の大小関係があり $\bar{Z}_{ex0}$ より $_\Delta \bar{Z}$ が支配的である．

したがって，系統故障計算では，デルタ巻線のある変圧器については，一般に零相回路の $\bar{Z}_{ex0}$ を無視してもあまり大きな誤差は生じない．

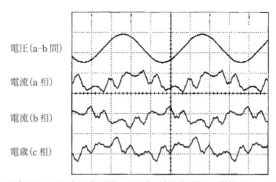

変圧器を（例えば高圧側から）無負荷励磁する場合，低圧側端子が開放であってもその電圧を維持するためには鉄心のヒステリシス曲線の囲む面積相当の磁束エネルギーが鉄心過熱の形で消費されるのでその分のパワーが高圧側から供給されることになる．励磁電流 i_{ex} はそのパワーを供給するための電流といえよう．励磁電流は大容量変圧器の場合でも1～5 A程度未満の小電流であり，また鉄心のヒステリシス非直線特性と関連するためにその波形は一般にひずみ波形となる．なお励磁電流は鉄心の熱エネルギーを供給する電流であるから電流の基本周波数成分は電圧とおおむね同相である．

図5・4　励磁電流波形の一例（1,000 MVA，500 kV/275 kV/63 kV：3相5脚鉄心）

表 5・1 各種変圧器の PU 法による対称座標法等価回路

	3相3巻線変圧器			3相2巻線変圧器	
	a 図	b 図	c 図 内蔵	d 図	e 図
正相	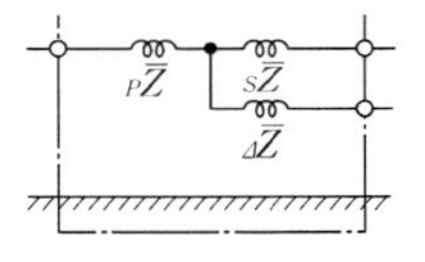	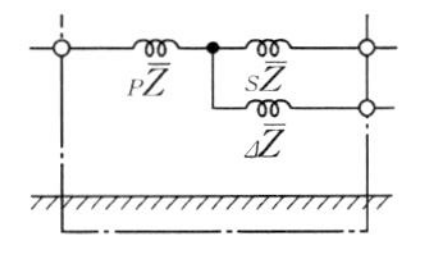	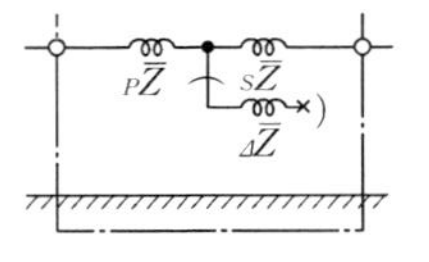	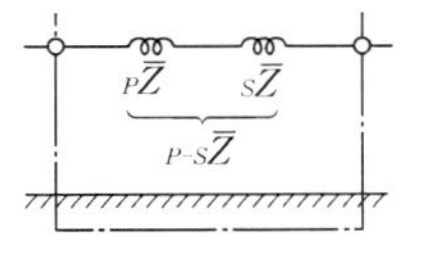	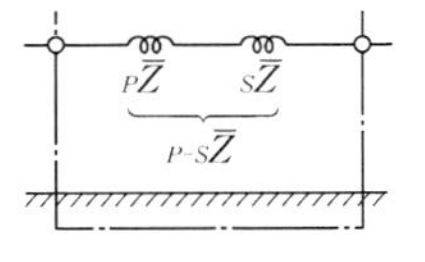
逆相	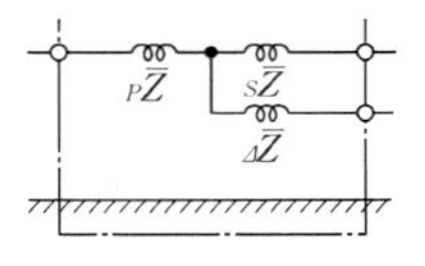	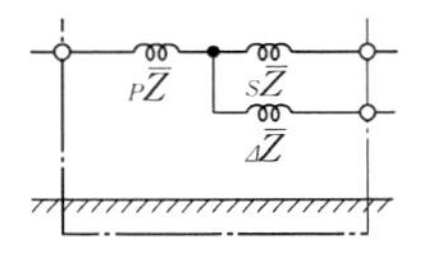	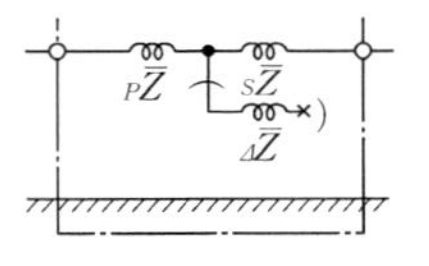	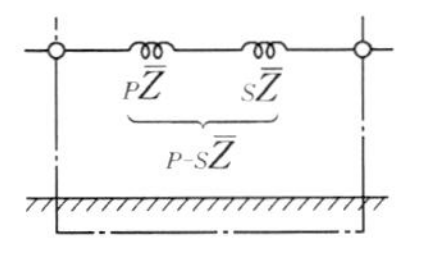	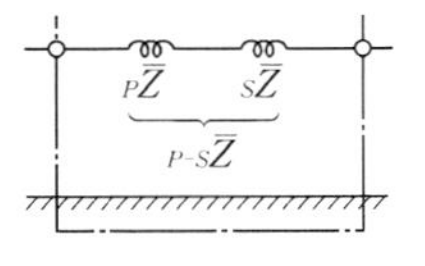
零相	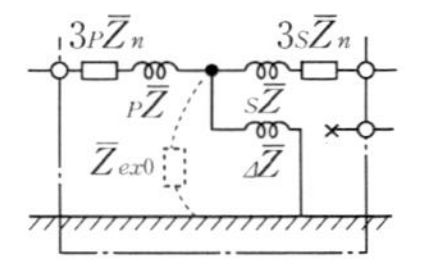	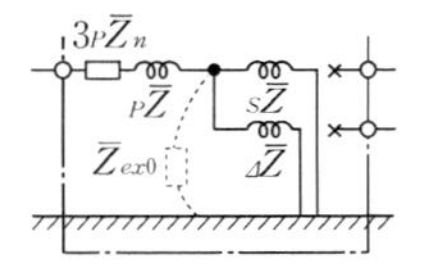	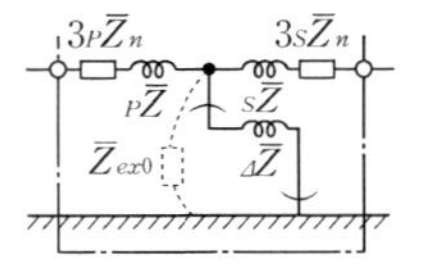	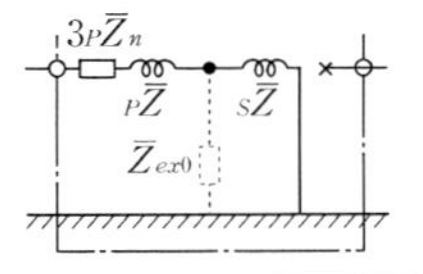	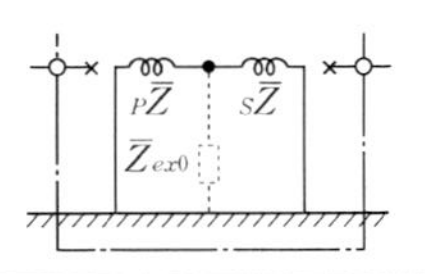

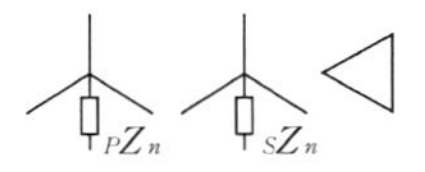

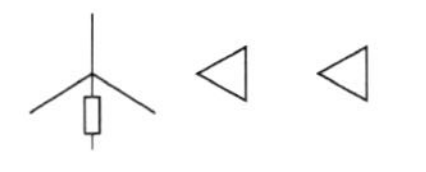

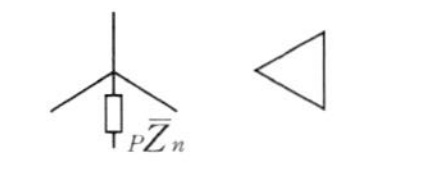

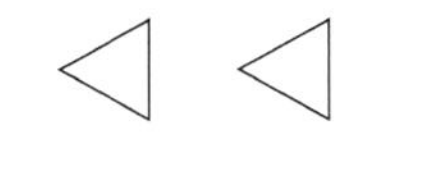

変圧器銘板にて示されるインピーダンス

変圧器銘板では一般に $_{p\text{-}s}\bar{Z}'$ (1次定格容量ベース), $_{p\text{-}t}\bar{Z}'$ (3次定格容量ベース), $_{s\text{-}t}\bar{Z}'$ (3次定格容量ベース) で与えられる。
これらを1次-2次-3次同一容量ベースに換算した後の $_{p\text{-}s}\bar{Z}$, $_{p\text{-}t}\bar{Z}$, $_{s\text{-}t}\bar{Z}$ に対して, $_{p\text{-}s}\bar{Z} = _p\bar{Z} + _s\bar{Z}$, $_{p\text{-}t}\bar{Z} = _p\bar{Z} + _t\bar{Z}$, $_{s\text{-}t}\bar{Z} = _s\bar{Z} + _t\bar{Z}$ となる。

変圧器銘板では $_{p\text{-}s}\bar{Z}$ (1次定格容量=2次定格容量ベース) で与えられる。
ただし, $_{p\text{-}s}\bar{Z} = _p\bar{Z} + _s\bar{Z}$

表 5・2　鉄心構造による零相磁束・零相励磁インピーダンス $\bar{Z}_{ex0}$ の関係

	単相形3台1バンク構成変圧器	外鉄形3相変圧器	内鉄形3相変圧器（3脚鉄心）	内鉄形3相変圧器（4脚鉄心）
スター巻線に零相電流 I_0 を流したときの磁束通路の状態（図では2次巻線などは記入してない）	A図 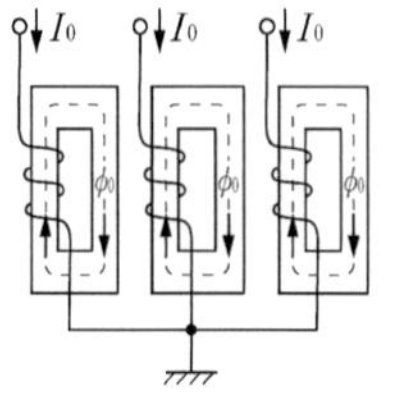	B図 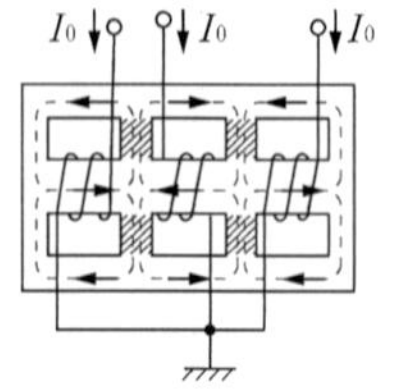	C図 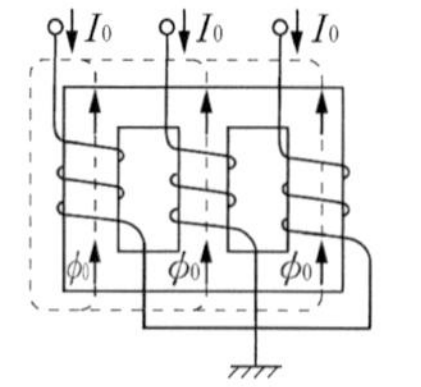	D図 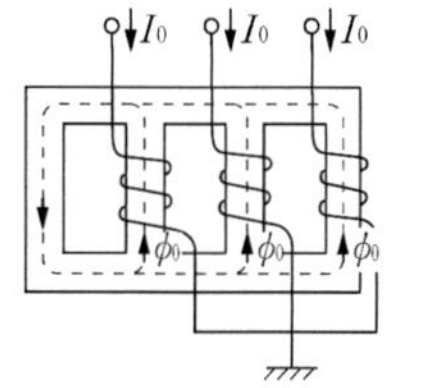
零相磁束 ϕ_0 に対する磁路	零相磁路は鉄心内のみである．この場合には正相（または逆相）電流を流す場合と同様で励磁インピーダンス $\bar{Z}_{ex0}$ は非常に大きく一般に無視できる． $\begin{bmatrix} \bar{Z}_{ex0} \text{ は非常に大} \\ \text{で無視できる} \end{bmatrix}$	零相磁路は鉄心内のみであるが//////の部分が飽和する傾向にあるので，わずかな零相電流でも大きな零相磁束および逆起電力を生ずる．すなわち，励磁インピーダンス $\bar{Z}_{ex0}$ はやや大きい． $\begin{bmatrix} \bar{Z}_{ex0} \fallingdotseq 1.0 \sim 5.0 \text{ pu} \\ \text{程度} \end{bmatrix}$	零相磁路は鉄心およびエアギャップ，クランプ，タンク側壁など．エアギャップなどのため磁気抵抗が非常に大きく，零相磁束および逆起電力は小さい．すなわち，励磁インピーダンス $\bar{Z}_{ex0}$ は小さい． $\begin{bmatrix} \bar{Z}_{ex0} \fallingdotseq 0.3 \sim 1.0 \text{ pu} \\ \text{程度} \end{bmatrix}$	零相磁束は鉄心内のみで，A図の場合に近い特性となる．すなわち，$\bar{Z}_{ex0}$ は十分に大きく一般に無視できる． $\begin{bmatrix} \bar{Z}_{ex0} \text{ は十分大} \\ \text{で無視できる} \end{bmatrix}$

5・3・4　変圧器デルタ巻線

高電圧3相変圧器ではほぼ例外なくデルタ巻線があり，表5・1のc図のように1-2次が人-人巻線の場合でも内蔵デルタ巻線が設けられる．

デルタ巻線があるとデルタ巻線の漏れインピーダンス $_{\Delta}\bar{Z}$ は零相等価回路としてはアースされ，また，外部の零相回路からは行き止まりで零相電流の出入りはゼロ（$_T\bar{I}_0=0$）となる．ベクトル的にまったく同一の電流（零相電流）を三角形閉コイルの三つの頂点の外から流し込むことができないので当然の結果である．このように，デルタ巻線は零相電流に対して特長的な機能を果たす．

高電圧3相変圧器でデルタ巻線が例外なく配備される主な理由は次のとおりである．
① Y巻線側系統と Δ 巻線側系統の零相回路の分離と，零相インピーダンスの低減
② 変圧器中性点電圧の安定化による各巻線・各相端子の異常過電圧の低減
③ 3の倍数（直流，3, 6, 9…）調波流入電流の通過阻止
④ 3の倍数（直流，3, 6, 9…）調波流入電流による変圧器自体の飽和・温度上昇・ひずみ波電流発生などの現象からの保護

表5・1のa図で仮にデルタ巻線が省かれた場合を対比すれば上述の理由は明らかであろう．

5・3・5　高調波電流成分の0-1-2相変換

系統にはさまざまな理由で電圧や電流に高調波成分が含まれる．変圧器の高調波に対する特性を理解する一助として，ここでa-b-c相に流れる高調波電流が対称座標領域ではどのようになるかを三つのケースについて整理しておく．

ケース1：3相平衡第 n 調波電流が各相に流れる場合

3相平衡の高調波電流は次式で表される．

$$\left.\begin{array}{l}I_a = Ie^{jn\omega t}\\ I_b = Ie^{jn(\omega t - 120°)} = (e^{-j120°})^n \cdot I_a = a^{2n} \cdot I_a\\ I_c = Ie^{jn(\omega t + 120°)} = (e^{j120°})^n \cdot I_a = a^n \cdot I_a\end{array}\right\} \quad (5\cdot 22)$$

3相平衡高調波電流の発生原因としては，発電機の設計構造から不可避的に発生電流に含まれるわずかな3相平衡高調波，静止形電力変換装置による定常的な高調波電流成分などが該当するであろう．

式(5·22)を0-1-2領域に変換すると次の結果を得る．

$$\begin{bmatrix}I_0\\ I_1\\ I_2\end{bmatrix} = \frac{1}{3}\begin{bmatrix}1 & 1 & 1\\ 1 & a & a^2\\ 1 & a^2 & a\end{bmatrix}\begin{bmatrix}1\\ a^{2n}\\ a^n\end{bmatrix}\cdot I_a = \frac{1}{3}\begin{bmatrix}1+a^{2n}+a^n\\ 1+a^{2n+1}+a^{n+2}\\ 1+a^{2n+2}+a^{n+1}\end{bmatrix}\cdot I_a \quad (5\cdot 23)$$

したがって，

$n = 3m\,(0, 3, 6, 9, \cdots)$ 次の場合（0次は直流）

$$\begin{bmatrix}I_0\\ I_1\\ I_2\end{bmatrix} = \begin{bmatrix}I_a\\ 0\\ 0\end{bmatrix} \quad (5\cdot 23\,\text{a})$$

$n = 3m+1\,(1, 4, 7, \cdots)$ 次の場合

$$\begin{bmatrix}I_0\\ I_1\\ I_2\end{bmatrix} = \begin{bmatrix}0\\ I_a\\ 0\end{bmatrix} \quad (5\cdot 23\,\text{b})$$

$n = 3m+2\,(2, 5, 8, \cdots)$ 次の場合

$$\begin{bmatrix}I_0\\ I_1\\ I_2\end{bmatrix} = \begin{bmatrix}0\\ 0\\ I_a\end{bmatrix} \quad (5\cdot 23\,\text{c})$$

3相平衡 n 次高調波電流は $n=1, 4, 7, \cdots$ 次では正相電流，$n=2, 5, 8, \cdots$ 次では逆相電流，$n=0, 3, 6, \cdots$ 次では零相電流として振る舞うことを示している．

3相平衡の3倍調波電流（直流，3, 6, 9調波など）は対称回路領域では零相電流成分となる．デルタ巻線付きの変圧器では，このような電流がY巻線に流れ込むとそのアンペアターンを打ち消すべくデルタ巻線に還流電流を生じる（表5·1のc図の零相等価回路でいえば $_\Delta \overline{Z}$ を介してバイパスされて）ので変圧器から他の巻線につながる系統側に流出することがほとんど阻止される．

ケース2：第 n 調波電流が a 相にのみ流れる場合

$$\left.\begin{array}{l}I_a = Ie^{jn\omega t}\\ I_b = I_c = 0\end{array}\right\} \quad (5\cdot 24)$$

他の回路からのノイズ的 n 次電流が1相に加わる場合である．この場合には

$$I_0 = I_1 = I_2 = \frac{1}{3}Ie^{jn\omega t} \quad (5\cdot 25)$$

1相に高調波電流が流れる場合は商用周波電流の場合と同じように逆・零相電流が生ずる．変圧器の飽和などを考えなければ高調波電流は等価回路を介して各巻線間を通過する．

ケース3：位相ずれを伴ってまったく同一の第 n 高調波が各相に流れる場合

$$\left.\begin{array}{l}I_a = Ie^{jn\omega t}\\ I_b = Ie^{j(n\omega t - 120°)} = a^2 \cdot I_a\\ I_c = Ie^{j(n\omega t + 120°)} = a \cdot I_a\end{array}\right\} \quad (5\cdot 26)$$

$$\begin{vmatrix} I_0 \\ I_1 \\ I_2 \end{vmatrix} = \frac{1}{3} \begin{vmatrix} 1 & 1 & 1 \\ 1 & a & a^2 \\ 1 & a^2 & a \end{vmatrix} \begin{vmatrix} I_a \\ a^2 \cdot I_a \\ a \cdot I_a \end{vmatrix} = \begin{vmatrix} 0 \\ I_a \\ 0 \end{vmatrix} \tag{5・27}$$

正相電流の定義は I_a, $I_b = I_a \underline{/-120°}$, $I_c = I_a \underline{/-240°}$ であったが，ここで I_a は基本周波数正弦波に限るなどとはしていないので I_a がひずみ波であっても差し支えない．したがって，式 (5・26) はもともと正相電流であり，ゆえに式 (5・27) の結果も当然である．このようなケースはまれであろうが，仮に**機械の癖**で生じたとすると**正相ひずみ電流**として変圧器を通過していく．

5・4 PU法インピーダンスのベース変換

系統内の発電機・変圧器・送電線などの構成要素のインピーダンスは，一般には，必ずしも統一されたベース量による pu 値として与えられてはいない．したがって，系統全体の PU 等価回路を得るためには，各構成要素インピーダンス（Ω 値または pu 値）を統一されたベースによる pu 値に変換して表す必要がある．このため**インピーダンスのベース変換が必要**となる．

あるインピーダンス Z 〔Ω〕を新旧二つのインピーダンスベースによって PU 化すると，

$$Z〔\Omega〕= \bar{Z}_{\text{old}} \cdot Z_{\text{old base}} = \bar{Z}_{\text{new}} \cdot Z_{\text{new base}}$$

ただし，

$$\left. \begin{array}{l} Z_{\text{old base}}〔\Omega〕= \dfrac{(V_{\text{old}\ l-l\text{base}})^2}{VA_{\text{old}\ 3\phi\text{base}}} = \dfrac{(KV_{\text{old}\ l-l\text{base}})^2}{MVA_{\text{old}\ 3\phi\text{base}}} \\[2mm] Z_{\text{new base}}〔\Omega〕= \dfrac{(V_{\text{new}\ l-l\text{base}})^2}{VA_{\text{new}\ 3\phi\text{base}}} = \dfrac{(KV_{\text{new}\ l-l\text{base}})^2}{MVA_{\text{new}\ 3\phi\text{base}}} \end{array} \right\} \tag{5・28}$$

したがって，容量ベース・電圧ベースの両方を変更する場合の一般式は，

$$\begin{aligned} \bar{Z}_{\text{new}} &= \bar{Z}_{\text{old}} \cdot \frac{Z_{\text{old base}}}{Z_{\text{new base}}} = \bar{Z}_{\text{old}} \cdot \left(\frac{VA_{\text{new}\ 3\phi\text{base}}}{VA_{\text{old}\ 3\phi\text{base}}} \right) \cdot \left(\frac{V_{\text{old}\ l-l\text{base}}}{V_{\text{new}\ l-l\text{base}}} \right)^2 \\ &= \bar{Z}_{\text{old}} \cdot \left(\frac{MVA_{\text{new}\ 3\phi\text{base}}}{MVA_{\text{old}\ 3\phi\text{base}}} \right) \cdot \left(\frac{KV_{\text{old}\ l-l\text{base}}}{KV_{\text{new}\ l-l\text{base}}} \right)^2 \end{aligned} \tag{5・29}$$

となる．容量ベースまたは電圧ベースの一方のみを変換する場合は，式 (5・29) の特殊なケースであって次のようになる．

容量ベースのみの変換の場合

$$\bar{Z}_{\text{new}} = \bar{Z}_{\text{old}} \cdot \left(\frac{VA_{\text{new}\ 3\phi\text{base}}}{VA_{\text{old}\ 3\phi\text{base}}} \right) = \bar{Z}_{\text{old}} \cdot \left(\frac{MVA_{\text{new}\ 3\phi\text{base}}}{MVA_{\text{old}\ 3\phi\text{base}}} \right) \tag{5・30}$$

電圧ベースのみの変換の場合

$$\bar{Z}_{\text{new}} = \bar{Z}_{\text{old}} \cdot \left(\frac{V_{\text{old}\ l-l\text{base}}}{V_{\text{new}\ l-l\text{base}}} \right)^2 = \bar{Z}_{\text{old}} \cdot \left(\frac{KV_{\text{old}\ l-l\text{base}}}{KV_{\text{new}\ l-l\text{base}}} \right)^2 \tag{5・31}$$

系統を一つの回路として表現する場合，一般にその系統の各構成メンバーのインピーダンス定数はベース容量の異なる％値や実用単位で与えられるので，**統一容量ベースをまず初めに決めてインピーダンスを換算しなければならない．**

3巻線変圧器の場合，一般に1次と2次の定格容量〔MVA〕は同じであるが3次定格容量はその3分の1程度に小さい．そして銘板記載の1次-2次間の％インピーダンス $_{P-S}X$ は1次側の定格容量ベースで表現されるが，1次-3次間，2次-3次間の $_{P-T}X$，$_{S-T}X$ は3次側の定格容量ベースで表現されている．したがって，等価回路として表現するときには式 (5・31) によって，まず容量ベースの統一した％インピーダンスの修正を初めに行い，次に式 (5・12b) によって等価回路インピーダンス $_{P}Z$，$_{S}Z$，$_{T}Z$ を求める必要がある．

5・5 オートトランス（単巻変圧器）

図5・5(a) は単相で1次 (P), 2次 (S) 端子を有するオートトランス (Auto-transformer, 単巻変圧器) の結線を示している．図に示すように分路巻線 (shunt-coil) と直列巻線 (series-coil) からなり，2次 (S) 側端子は分路巻線の電圧そのものであるが，1次 (P) 側電圧は分路巻線と直列巻線の和とする結線方式である．このような変圧器を3台用意すれば表5・1に示す3相2巻線変圧器と機能的にまったく同等の変圧器を構成することができる．

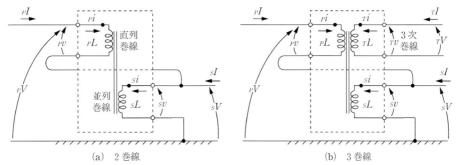

(a) 2巻線　　　　　　　　　(b) 3巻線

図5・5 オートトランス

また，図5・5(b) はさらに3次巻線を追加したものであり，1次 (P), 2次 (S), 3次 (T) を有するオートトランス (Auto-transformer) である．これもまた3台構成で表5・1の3相3巻線変圧器とまったく同等の変圧器とすることができる．EHV級，UHV級の中性点直接接地系の変電用大形変圧器ではオートトランスがほぼ例外なく経済的に有利なため標準的に使用される．図(b) の3相3巻線変圧器の場合についてその関係式を吟味してみよう．図(b) では三つのコイルが同一鉄心に巻かれて鎖交磁束を形成しているので次式が成り立つはずである．

$$\begin{aligned}
\begin{bmatrix} {}_Pv \\ {}_Sv \\ {}_Tv \end{bmatrix} = \begin{bmatrix} Z_{PP} & Z_{PS} & Z_{PT} \\ Z_{SP} & Z_{SS} & Z_{ST} \\ Z_{TP} & Z_{TS} & Z_{TT} \end{bmatrix} \cdot \begin{bmatrix} {}_Pi \\ {}_Si \\ {}_Ti \end{bmatrix} \cdots ① \quad & {}_Pv \cdot {}_Pi + {}_Sv \cdot {}_Si + {}_Tv \cdot {}_Ti = 0 \cdots ② \\
\left. \begin{aligned} {}_Pv &= {}_PV - {}_SV \\ {}_Sv &= {}_SV \\ {}_Tv &= {}_TV \\ {}_Pv + {}_Sv &= {}_PV \end{aligned} \right\} \cdots ③ \quad & \left. \begin{aligned} {}_Pi &= {}_PI \\ {}_Si &= {}_PI + {}_SI \\ {}_Ti &= {}_TI \\ -{}_Pi + {}_Si &= {}_SI \end{aligned} \right\} \cdots ④
\end{aligned} \right\} \quad (5\cdot32)$$

式 (5・32) ①は式 (5.6) で V, I を v, i に置き換えられているだけである．また，直列巻線の終端側端子を分路巻線の頭部に結んでいるから②，③の式が成り立つ．したがって，②，③，④を①に代入して v, i を消去すれば次式を得る．

$$\begin{bmatrix} {}_PV \\ {}_SV \\ {}_TV \end{bmatrix} = \begin{bmatrix} Z_{PP}+Z_{SS}+Z_{PS}+Z_{SP} & Z_{PS}+Z_{SS} & Z_{PT}+Z_{ST} \\ Z_{SP}+Z_{SS} & Z_{SS} & Z_{ST} \\ Z_{TS}+Z_{TS} & Z_{TS} & Z_{TT} \end{bmatrix} \cdot \begin{bmatrix} {}_PI \\ {}_SI \\ {}_TI \end{bmatrix} \quad (5\cdot33)$$

式 (5・33) は式 (5・6) と同形をしている．このことから，定格電気量 ${}_Pv, {}_Sv, {}_Tv$ および ${}_Pi, {}_Si, {}_Ti$ の変圧器を新たな定格 ${}_PV, {}_SV, {}_TV$ および ${}_PI, {}_SI, {}_TI$ の変圧器として利用できることを示している．また，${}_PV = {}_Pv + {}_Sv$ であるから直列巻線の絶縁と並列巻線の電流容量を適切に設計すれば，より高電圧・大容量の変圧器として利用できるのである．コイルの絶縁に

関しては表5・1に示すような通常の結線方式の変圧器では直接地系用であれば，そのコイルの部位が中性点アース側に近いほど絶縁耐力を下げる「段絶縁」が可能である．オートトランスでも分路巻線では段絶縁が可能であるが，直列巻線についてはいわゆる1次・2次側電圧に挟まれた直列回路であり，巻線のどの部位も2次側電圧を上まわる電圧に耐える絶縁が求められることは明らかである．

容量に関しては次式が成り立つ．

自己容量
$$MVA_{self} = {}_Pv \cdot {}_Pi = {}_sv \cdot {}_si$$

$$\frac{{}_Pv}{{}_PN} = \frac{{}_sv}{{}_sN} = \frac{{}_Tv}{{}_TN} = k \quad ① \tag{5・34}$$

バンク容量
$$\left. \begin{array}{l} MVA_{auto} = {}_PV \cdot {}_PI = ({}_Pv + {}_sv) \cdot {}_Pi = {}_sv \cdot (-{}_Pi + {}_si) = {}_sV \cdot {}_sI \\ \alpha \equiv \dfrac{{}_PV - {}_sV}{{}_PV} = \dfrac{{}_Pv}{{}_Pv + {}_sv} \end{array} \right\} \quad ②$$

MVA 容量を比較すると

$$\frac{MVA_{auto}}{MVA_{self}} = \frac{{}_PV \cdot {}_PI}{{}_Pv \cdot {}_Pi} = \frac{({}_Pv + {}_sv) \cdot {}_Pi}{{}_Pv \cdot {}_Pi} = \frac{{}_Pv + {}_sv}{{}_Pv} = \frac{1}{\alpha} \equiv \beta \quad ③ \tag{5・35}$$

変圧器はオートトランスとして利用することで β 倍の定格容量にできることを意味している．もちろんオートトランスとしての適切な絶縁設計と電流容量設計が行われていることが前提である．すなわち，直列巻線の両端子は1次・2次電圧端子そのものでありアース接地が行われない直列回路であることを前提に絶縁設計されなければならない．また，分路巻線については ${}_sI = {}_Pi + {}_si$ 相当の電流容量が必要になる．

数値試算

オートトランス 500 kV/275 kV/66 kV

$$\alpha = \frac{500 - 275}{500} = 0.45$$

$$\beta = \frac{1}{0.45} = 2.2$$

変圧器としての元の自己容量 MVA に比べてオートトランスとしては重量をかなり減ずることができる．だだし，設計上に特別に考慮しない限り％インピーダンス ${}_PZ, {}_sZ, {}_TZ$ が小さい値になることに留意する必要がある．インピーダンスについては式(5・10)などに登場する Z_{PP}, Z_{PS} などのインピーダンスをもとにして式(5・32)に代わって式(5・33)の形で規定しなおすことになる．

5・6 変圧器の磁気特性と励磁電流突入現象

5・6・1 電磁気現象と v-i 回路理論の関係

一般論として電気システム，あるいは電磁機械に生ずる電磁気現象は電圧 $v(t)$，電流 $i(t)$，磁束 $\varphi(t)$ という3つの基礎的電気量を変数とする系の現象として正しく記述することができる．電磁気現象においては v, i, φ の3変数が本来不離一体のセットで扱われなければならない．にもかかわらず我々は多くの場合電気現象と称してもっぱら電圧 $v(t)$ と電流 $i(t)$ の回路理論として学び，実務的な仕事をしている．これは何を意味するのか．技術者が忘れがちな基礎的事項としてこの点について整理をしておこう．

我々が扱う電磁気現象が3つの変数からなる次式で正しく記述されているとしよう．

$$F_1(v(t), i(t), \varphi(t)) = 0$$

$$F_2(v(t), i(t), \varphi(t)) = 0 \tag{5・36 a}$$
$$F_3(v(t), i(t), \varphi(t)) = 0$$

このとき，上記の 3 つの変数から数学的操作で $\varphi(t)$ を消去すれば
$$G_1(v(t), i(t)) = 0 \tag{5・36 b}$$
$$G_2(v(t), i(t)) = 0$$

同じように $v(t)$ を消去すれば電流 $i(t)$ と磁束 $\varphi(t)$ の関係式 (5・x 3) が得られる．
$$H_1(i(t), \varphi(t)) = 0 \tag{5・36 c}$$
$$H_2(i(t), \varphi(t)) = 0$$

一般論として電気技術者は実務対象を 3 変数現象で扱う煩雑さを逃れて v と i の 2 変数の現象，あるいは i と φ の 2 変数現象として扱うことが圧倒的に多い．いわば 3 次元現象を式 (5・36 b) または (5・36 c) の 2 次元現象に落として扱うことが習慣化していることになるが，いかなる場合においても第 3 の変数が隠されていることを忘れてはならない．本書においてもこれまでの殆ど全ての章節での説明を v と i に関する現象として扱ってきた．磁束 φ の挙動に特別注意を払わなくてもよい状況で電圧と電流の 2 次元現象として論じているということを記憶しておく必要があろう．さて以上のことに留意した上で，変圧器について v と i に磁束 φ を考慮に入れた電磁機械として追加の考察を行ってみよう．

5・6・2 変圧器の磁気特性

変圧器が電磁誘導作用を行うための磁束の通路となる磁気回路，すなわち鉄心は**ケイ素鋼板**（軟鉄にケイ素を 3％ 内外含んだ軟質磁性材料）の薄い鉄板を重ね合わせた**積層鉄心**で構成される．① 磁束密度を高くできること，② 渦電流損（鉄損）が少ないこと，③ 安定した温度特性，④ 加工性に優れていること，⑤ 比較的安価などの優れた特性があり，変圧器やモーターなど電磁機械に欠かせない磁心として使われる．磁束の方位性があり圧延製造工程の方向に沿ってより高い磁束密度を確保できる．

ケイ素鋼板の磁路にコイルを巻き付けた変圧器構造において電流と磁束の相互関係は簡単な線形の式で表現することはできない．代わって使われる磁束 φ と電流 i の基本特性が**図 5・6**に示す**ヒステリシス（ループ）曲線**あるいは **i-φ 飽和曲線**である．図で横軸はアンペアターン（$n \cdot i$）としているが巻回数 n は一定なので電流 i と読み替えることができる．さて，磁束-電流特性はループを描く．そのループ形状は電流の印加周波数によって異なり，磁束最大値を一定にした場合には周波数が高くなるほどループの横幅が広くなっていく．後述するようにこのループで囲まれた面積が渦電流損に相当するので，図は周波数が高いほど鉄損が大きくなる（温度上昇が著しくなる）ことを示している．

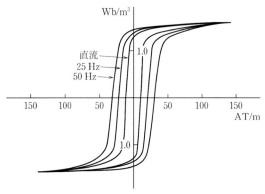

図 5・6　鉄心のヒステレシス曲線

次に印加電圧と磁束の関係については

$$\frac{v_1(t)}{n_1} = \frac{d\varphi(t)}{dt} = \frac{v_2(t)}{n_2} \quad \cdots\cdots\cdots\cdots\cdots\cdots\cdots\cdots\cdots\cdots\cdots\cdots\cdots\cdots① $$

電源電圧が正弦波であるとして

$$v_1(t) = V_0 \cos \omega t \quad \cdots\cdots\cdots\cdots\cdots\cdots\cdots\cdots\cdots\cdots\cdots\cdots\cdots\cdots\cdots\cdots② \quad (5\cdot 37)$$

$$\varphi(t) = \varPhi_0 \sin \omega t + \varPhi_k \quad (\varPhi_k \text{は積分定数で通常状態ではゼロ}) \cdots③$$

上式①は変圧器の特質であるから1次側電源として正弦波電圧 $v_1(t)$ が変圧器に課せられるとき，鉄心には正弦波の磁束 $\varphi(t)$ が生ずる．鉄心磁束 $\varphi(t)$ は印加電圧 $v_1(t)$ のみに依存して電圧より位相が90°遅れの正弦波となり，負荷電流 $i_2(t)$ の大小や歪の有無に依存しないことを示している．さてそこで極端な場合として図5・7(a)のように $i_2(t)=0$（変圧器2次側巻線がない．あるいは2次側巻線が開放で完全にゼロの無負荷状態）の場合を考える．この場合でも1次側コイルには若干の**励磁電流** $i_{ex}(t)$ が流れる．変圧器が定格電圧 $v_{1rated}(t)$ を確立するためには鉄心に定格相当の磁束 $\varphi_{rated}(t)$ を確立する必要があり，さらにそのためには鉄心内を $\varphi_{rated}(t)$ が通ることで消費される**渦電流損**（**鉄損**ともいう．$P_{loss} = i_{ex}^2(t) \cdot R_{ex}$, R_{ex} は磁気抵抗）に相当する電流 $i_{ex}(t)$（すなわちパワー $v_1 \cdot i_{ex}(t)$）を1次側電源から供給する必要がある．これが変圧器の励磁電流 $i_{ex}(t)$ が流れる理由である．鉄心内で生ずる渦電流は一種の2次電流であるからそのアンペアターンを打ち消すために必要な1次側電流が励磁電流 $i_{ex}(t)$ であると理解することもできる．

図5・7(b)にこの場合の電圧 $v_1(t)$，磁束 $\varphi(t)$，励磁電流 $i_{ex}(t)$ の波形を示す．$\varphi(t)$ は $v_1(t)$ に対して90度遅れの正弦波形であり，$i_{ex}(t)$ はヒステリシス曲線の $\varphi(t)$ と $i_{ex}(t)$ の関係から描くことができる．

次に励磁電流 $i_{ex}(t)$ によって鉄心で消費される鉄損による1サイクル当たりの熱エネルギー $\int_0^{2\pi} P_{loss} d\theta$ を計算してみよう．

$$\int_0^{2\pi} P_{loss} d\theta = \int_0^{2\pi} v_1(t) \cdot i_{ex}(t)\, dt = \int_0^{2\pi} n_1 \cdot \frac{d\varphi}{dt} \cdot i_{ex}(t)\, dt = \int_0^{2\pi} n_1 \cdot i_{ex}(\varphi)\, d\varphi$$
$$\therefore \int_0^{2\pi} P_{loss} d\theta = \int_0^{2\pi} n_1 \cdot i_{ex}(\varphi)\, d\varphi \quad (5\cdot 38)$$

鉄心で消費される1サイクルあたりのエネルギー損失 $\int_0^{2\pi} P_{loss} d\theta$ は "ヒステリシス曲線（関数曲線 $n_1 \cdot i_{ex}(\varphi)$）の変数 φ による0から2πまでの積分値"，換言すれば "ヒステリシス

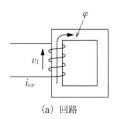

(a) 回路

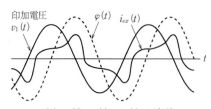

(b) $v_1(t)$, $\varphi(t)$, $i_{ex}(t)$ の波形

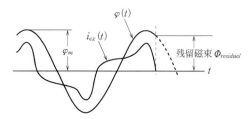

(c) $i_{ex}(t)=0$ のタイミングで遮断された場合
（2次側電流ゼロ $i_2(t)=0$ の場合）

図 5・7 電源電圧 $v_1(t)$，鉄心磁束 $\varphi(t)$，励磁電流 $i_{ex}(t)$ の波形

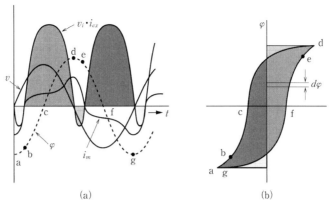

図 5·8 電圧・磁束・励磁電流と鉄損の関係

曲線の囲む面積"で与えられることを上式は示している．**図5·8**はこのことを図によって説明するものである．電力が正の区間（$v_1(t)$と$i_{ex}(t)$が同極性）では電源から変圧器に電力が供給され，負の区間（$v_1(t)$と$i_{ex}(t)$が異なる極性）では逆に変圧器から電源に電力が変換されると理解できる．

定格電圧で運転時の励磁電流$i_{ex}(t)$は定格電流の0.3〜2%程度であり，すでに5·3·3項で述べたように1,000 MVA，500 kV級の大容量変圧器の場合でも数［A］程度以下で通常は無視できる程度に非常に小さい値である．ヒステリシス曲線の幅が薄く，小さいループ面積であるというケイ素鋼板の優れた材料特性に負うものと理解できる．5·3·3項で説明した励磁インピーダンスは$Z_{ex} \cong v_{rms\,rated}/i_{ex}$として励磁電流の通過パスを近似化したものである．なお，一般に励磁電流には基本波成分のほかに奇数調波成分が含まれるが変圧器がデルタ結線を有する時には3の倍数調波成分が流れ出ることはない．したがって通常状態での$i_{ex}(t)$正弦波は5，7，11調波などが重畳した交流小電流である．図5·4はその一例である．

ヒステリシス曲線についてさらに補足しておこう．ヒステリシス曲線は基本的に縦軸が$\varphi(t)$，横軸が$i_{ex}(t)$として両者の関係を説明している．ところが縦軸が電圧$v_1(t)$，横軸が$i_{ex}(t)$の**$v-i$飽和曲線**として便宜上説明する場合もある．その根拠は次の通りである．変圧器の1次側に正弦電圧$v_1(t)$を印加する場合，式(5·37①)の関係からそれによって生ずる鉄心磁束$\varphi(t)$は90度の位相差があるものの正弦波形である．したがって両者の定格相当の波高値V_0とΦ_0には1対1の比例関係があり，PU表現では共に1.0である．したがってヒステリシス曲線はその縦軸を$\varphi(t)$と$v\left(t+\dfrac{\pi}{2}\right)$の2重目盛で表現することもできるのである．電圧が正弦波でその位相が磁束より90度進みであることさえ留意しておけば鉄心のヒステリシス曲線を$v-i$**飽和曲線**として描くこともできる所以である．なお，鉄心のヒステリシス曲線やヒステリシス損失に関する電気技術理論は1892年 C. P. Steinmetz によって初めて体系化された（休憩室：9参照）．

次に，現実にどのようなケースで**鉄心飽和現象**が生ずるかについて付言しておこう．変圧器には設計仕様値として運転電圧の最高値$\sqrt{2}\,V_{l-g\,max}$が与えられるのでそれに対応して磁束の設計上の最高値$\sqrt{2}\,\Phi_m$も当然決定される．鉄心の飽和レベルはこの最高磁束値の110-120%程度のところに選ばれるであろう．通常の運転は上記設計値以内の電圧並びに磁束で運転されるのであるから鉄心が飽和することはありえない．ところがこのような通常運転状態を逸脱して鉄心飽和状態になると，変圧器自体が①過電圧によってコイル絶縁が脅かされること，②励磁電流$i_{ex}(t)$が急速に増大して渦電流により鉄心が急速異常加熱にさらされること，③鉄心異常加熱に伴って絶縁油劣化（油の分解ガス化（アセチレンガスの発生）など），タンク内

圧上昇，巻線絶縁破壊，など短時間に深刻な状況を招きかねない．他方の変圧器につながる外部回路側では変圧器が発生する極端な尖頭波形の過大な励磁電流 $i(t)$ が発生してインピーダンス逆比で近傍の送電線や負荷回路に分流する結果，さまざまな障害（次項参照）をもたらすことになる．

このような変圧器鉄心飽和をもたらす現実の事象として下記に整理しておく．

変圧器鉄心飽和現象

a. 持続性・又は短時間の交流過電圧現象：
　a1. 送電線フェランテー現象
　a2. 送電線1線地絡時健全相電圧上昇
　a3. 発電機の自己励磁現象
　a4. 負荷遮断現象
　a5. 共振性過電圧（変圧器とキャパシタの組み合わせで生ずる鉄共振現象など）

b. 直流偏磁現象に基づく事象
　b1. 発電機・電動機の自己励磁現象
　b2. 変圧器の鉄共振現象
　b3. パワーエレクトロニクス変換回路において生ずる特異な回路現象（27・2・1項参照）
　b4. 変圧器の励磁突入電流現象

これら現象の詳細については 20・2 節で説明する．直流偏磁現象については次項で述べる．

5・6・3　変圧器の直流偏磁現象

次には**直流偏磁現象**について考える．正弦波の磁束に何らかの理由で直流磁束が重畳して偏磁状態となる現象のことである．

図5・9は変圧器のヒステリシス曲線を3本の折れ線として近似したものである．ループの面積をゼロとしているから励磁電流による鉄損を無視したことになる．中央の直線部の傾斜角度（通常運転状態での $\varphi(t)/i_{ex}(t)$ に相当）は本来急峻な傾斜角度であろうが説明都合で穏やかな傾斜として表現している．

ヒステリシス曲線の飽和開始点（knee-point）K_1, K_2 は定格電圧相当の磁束値 φ_{rated} に対して 115-120% 程度に設計されているであろう．通常運転の状態では鉄心に直流偏移が生じてい

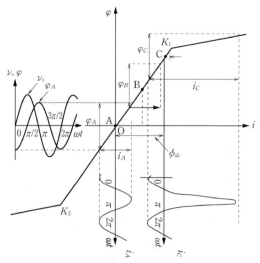

図 5・9　変圧器鉄心の直流磁束偏移現象

ないから磁束と電流は図中の中央点Aを中央にはさんで図の φ_A, i_A の範囲で毎サイクルの往復軌跡を描いており，磁束は正弦波形，励磁電流は微小な電流値にとどまっている．この状態で直流電流 i_{dc} が生じて重畳すると軌跡の中心点がAからBにシフトして図の φ_B, i_B の範囲で往復軌跡を描くであろう．さらに i_{dc} が一層大きくなると（磁束の直流分がより大きくなると）軌跡の中心がCに移動して毎サイクルの運転軌跡が knee-point K_1 あるいは K_2 を超えて φ_C, i_C の範囲で往復軌跡を繰り返す．その結果励磁電流 $i_{ex}(t)$ はさらに著しく増加し，また極度に歪んで尖頭波形となるであろう．

直流偏磁現象の原理は以上である．縦軸の磁束を電圧に読み替えることができることも前項ですでに説明した．このような直流偏磁束が定常現象的に生じうるケースとしては第1に**発電機の自己励磁現象**（20·2·2項で詳述），第2に変圧器の**鉄共振現象**（20·3·2項）などの過電圧現象があり，第3に特別なパワーエレクトロニクス変換回路の特別なケース（27·2·1項）などがあるがそれぞれの章節で詳述する．

変圧器が遮断機閉操作によって課電される時に過渡的に生ずる直流偏磁現象，すなわち**励磁突入電流現象**については次項で詳述する．

5·6·4 励磁電流突入現象とその抑制技術

〔a〕 励磁突入電流現象

鉄心に残留磁束が存在しない状態（$\Phi_r=0$）で変圧器が位相角 $\omega t = \alpha$ のタイミングにて課電される場合について考える．$\omega t = \alpha$ で課電直後においては

$$\frac{v_1(t)}{n_1} = \frac{d\varphi(t)}{dt} = \frac{v_2(t)}{n_2} \qquad ①$$

電源電圧

$$v_1(t) = V_0 \cos \omega t \cdot 1(\alpha) \qquad (1(\alpha)\text{はユニット関数}) \qquad ② \qquad (5\cdot 39\,\mathrm{a})$$

変圧器課電直後の磁束波形は式①により電源電圧の積分値として次式で計算できる．

$$\varphi(t) = \int_\alpha^t \frac{d\varphi(t)}{dt}\,dt = \int_\alpha^t \frac{v_1(t)}{n_1}\,dt = \frac{V_0}{n_1}\int_\alpha^{\omega t}\cos\omega t\,d\omega t = \left[\frac{V_0}{n_1}\sin\omega t\right]_\alpha^{\omega t}$$

$$= \Phi_0(\sin\omega t - \sin\alpha)$$

$$\therefore \varphi(t) = \Phi_0(\sin\omega t - \sin\alpha) \qquad \text{ただし}\ \Phi_0 = \frac{V_0}{n_1} \qquad (5\cdot 39\,\mathrm{b})$$

変圧器課電直後の $t=0+$ において鉄心の磁束 $\varphi(t)$ は $\Phi_0 \sin\alpha$ だけ**直流偏磁（dc flux bias）**を伴う正弦波の状況を呈することを式(5·39 b)は示している．$t=0+$ における磁束の初期値は課電のタイミングによって最大 $2\Phi_0$ となるのである．またもしも鉄心に課電前からの残留磁束 Φ_r が存在していたとすれば初期の鉄心磁束の最大値は $2\Phi_0 + \Phi_r$ となる．また鉄心の飽和に伴って**励磁突入電流（transformer inrush current）**が発生する．変圧器課電時の鉄心の直流偏磁は避けられない現象である．課電直後の過度現象において，直流磁束成分のエネルギーは鉄心内での過電流損として消費されて減衰し，やがて（数〜十サイクル程度の時間内に）正弦波の定常状態に至る．また直流磁束の減衰に伴って励磁突入電流も消滅して定常状態に至る．**図 5·10**(a) は単相の変圧器課電直後の電圧と磁束の状況を示しており，また図図 5·10(b) はその課電直後の過渡現象としての磁束と励磁突入電流の状況を模式的に示している．

3相変圧器の励磁突入電流は図 5·10(c) に示すように極端な尖塔波形の3相不平衡電流であり，無対策では一般に変圧器定格電流の数倍の大電流が 0.1〜0.5 秒程度の短時間継続する．またこのとき変圧器の近傍一帯の回路で電圧低下 20% 程度の電圧低下を伴うことになる．なお，単相変圧器の場合，$\omega t = \alpha = 0$ のタイミング（電圧ゼロ点）で再課電すれば直流偏磁は避けられることになろうが，3相変圧器では各相電圧にそれぞれ 0 度，120 度，240 度の位相差

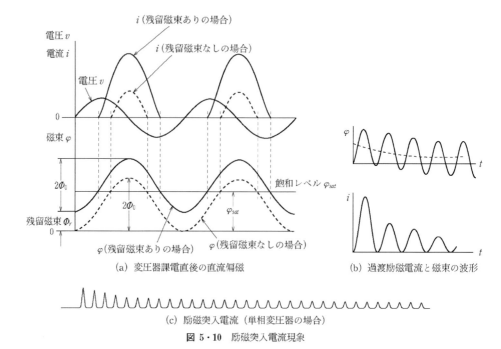

(a) 変圧器課電直後の直流偏磁
(b) 過渡励磁電流と磁束の波形
(c) 励磁突入電流（単相変圧器の場合）

図 5・10　励磁突入電流現象

があるので遮断器の3相同時投入をいかなるタイミングで行っても2相ないし3相の直流偏磁が生じて励磁突入電流が大きくなることは避けられない．

〔b〕　残留磁束の考察

さて，以上は鉄心残留磁束がない場合でも生ずる励磁突入電流過渡現象について説明した．ところが実際には，上述の再課電時の過渡磁束に変圧器開放時に残された残留磁束 Φ_r がさらに重畳されて鉄心磁束は最大では $2\Phi_0+\Phi_r$ に達する．これは鉄心がさらに甚だしく飽和して極端に大きい励磁突入電流の発生を余儀なくされることを意味している．そこで残留磁束に着目してさらに丁寧に吟味してみよう．

鉄棒にコイルを巻き付けて電流を流した後ではコイルを取り除いても鉄棒は磁化されたままである．いわゆる**残留磁束（residual flux）** Φ_r が鉄心に残される．変圧器の場合も同様であり，課電されていた変圧器が遮断開放されてコイル電流がゼロになって後も鉄心には残留磁束が残る．図 5・7(c) では変圧器が解列された直後において励磁電流が直ちに完全にゼロになると仮定してその瞬間の鉄心磁束値 $\varphi(t_0)$ がそのまま残留磁束 Φ_r として鉄心に残されることを説明している．

さて，変圧器においても棒磁石の場合と同じように「無負荷状態の変圧器（2次側回路遮断器が開状態）で電源につながる1次側遮断器が遮断される時に，その遮断瞬時の鉄心磁束値がそのまま残留磁束として鉄心に残る」と一般に理解されているようである．ところがこの理解は現実には誤りである．変圧器1次側遮断器が遮断される時，鉄心に残る残留磁束値は遮断瞬時の磁束値ではないのである．実際には1次側遮断器が解列された直後において，1次側巻線の電流は直ちにゼロになる（$i_1=0$）が，後述する理由で2次側回路では短時間ではあるが過渡現象が続くのでその間は $i_2\neq 0$，$v_2\neq 0$ である．v_2 がゼロに収束するまでの過渡時間帯において鉄心の磁束値 φ も減衰を伴って変化する．したがって，残留磁束値 Φ_{ra}，Φ_{rb}，Φ_{rc} とはこの2次側回路の過渡現象が終了時の磁束値であるとしなければならない．変圧器の残留磁束についてさらに詳しく考察してみよう．

図 5・11 において変圧器 Tr は2次側遮断器 Br 2 が開放状態で無負荷運転状態である．電源

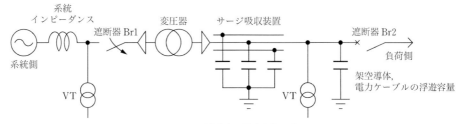

図 5・11 励磁突入電流現象の説明

につながる 1 次コイルには遮断器 Br 1 を介して微小な励磁電流 $i_1(t) = i_{ex}(t)$ が流れている．変圧器は無負荷状態ではあるが 2 次側回路には接続導体や時には電力ケーブルなどの浮遊キャパシタンス，さらにはサージ吸収用キャパシタなどの容量性並列負荷（C_{stray} と記す）が存在するので Br 2 が開放状態であっても変圧器 2 次側コイルには 3 相平衡ループ回路が構成されており，各相には微小な平衡電流 $i_2(t)$ が流れている．この状態で Br 1 の手動遮断操作が行われるとき，当然のことながら Br 1 の遮断直後に上記 2 次側ループ回路において過渡現象が生じて，各相電圧・電流は振動モードまたは単純モードで減衰してやがて消滅する．また各相鉄心磁束は（電圧の積分値であるから）電圧の消滅時点で一定値に収斂する．この時の磁束が残留磁束としてそのまま鉄心に留まることになる．残留磁束は遮断瞬時の磁束値とは大きさも極性も異なるものであるといわねばならない．ところで遮断器 Br 1 に流れている電流 $i_1(t)$ は微小な励磁電流であるから Br 1 による遮断はその可動接触子が固定接触子からかい離する瞬間の 3 相同時の**チョップ遮断**（負荷電流や短絡電流遮断の場合のような電流ゼロ点遮断による時間差遮断とならない．第 19 章参照）となる．したがって 2 次側の 3 相平衡回路が文字通りの 3 相同時遮断となることによってその直後の過渡現象は当然 3 相平衡の自由減衰過渡現象となる．すなわち，各相電圧・各相電流は 3 相平衡を保ちつつ減衰してやがてある時点 T で完全に消滅し，各相磁束も 3 相平衡状態を保持しつつ縮小して電圧の消滅時点 T で 3 相平衡状態を保持して一定値に達して残留磁束となる．換言すれば，残留磁束は 3 相平衡状態を保全して鉄心に残る．

図 5・12 は 66 kV 級変電所において無負荷変圧器の手動遮断時の実測データである．図の電圧波形は実測値，磁束波形は電圧の積分計算で生成した波形である．また図の下段は各相の電圧，磁束を回転フェーザとして図示したものである．この例では磁束フェーザは 3 相平衡のまま回転しつつ縮少して約 25 ms 後の電圧消滅時点で一定値に収束しており，電圧・磁束の波形は前述の現象を余すところなく説明している．

残留磁束に関する様相の説明は以上の通りである．具体的なエンジニアリングの立場からいえば，遮断器 Br 1 の遮断直後の鉄心磁束波形は各相過渡電圧波形 $v_a(t), v_b(t), v_c(t)$ の時間積分波形として演算できる．また，変圧器残留磁束 $\Phi_{ra}, \Phi_{rb}, \Phi_{rc}$ は電圧の消滅時点 T における磁束の積分収斂値として計算でき，残留磁束は一般に 3 相平衡状態を保全している．

各相鉄心に残る残留磁束は無単位化した PU 表現で下式の電圧積分演算によって求めことができる．

残留磁束（絶対値）

$$\Phi_{ra} = \int_{-\infty}^{T} v_a(t)\,dt$$
$$\Phi_{rb} = \int_{-\infty}^{T} v_b(t)\,dt \qquad (5 \cdot 40\,\text{a})$$
$$\Phi_{rc} = \int_{-\infty}^{T} v_c(t)\,dt$$

残留磁束（正三角形となるフェーザの大きさ）

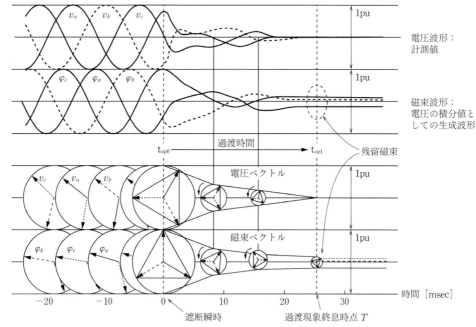

図 5・12 遮断器解列直後の電圧・鉄心の過渡現象（66 kV 変電所実測波形）

$$\bar{\Phi}_r = \sqrt{\frac{2}{3}} \sqrt{(\Phi_{ra})^2 + (\Phi_{rb})^2 + (\Phi_{rc})^2} \qquad (5 \cdot 40\text{b})$$

$\bar{v}_a(t), \bar{v}_b(t), \bar{v}_c(t)$: 2 次側過渡電圧（PU 値）

T : 2 次側過渡電圧 $v_a(t), v_b(t), v_c(t)$ が 3 相とも消滅（ゼロ値に到達）する時点

なお，変圧器遮断直後の過渡現象の継続時間 T は 2 次側ループ回路の LRC 定数によって大きく左右されるが，たとえば風力発電所や工場受電設備などで変圧器と 2 次側遮断器との間に電力ケーブルが存在する場合などでは C_{stray} が大きいので長い継続時間となる．図 5・11 の実測例はそのようなケースであり T は約 25 ms ほどとなっている．残留磁束が変圧器遮断解列瞬時の鉄心磁束値とは極性・大きさ共に異なるのは自明である．

〔c〕 励磁突入電流現象の引き起こす諸問題

励磁突入電流現象は長い間見過ごされてきた感があるが，風力・太陽光発電などに象徴される弱小電源が重要な役割を演ずる時代になって今後は見過ごせない重要な課題となっていくであろう．そこで励磁突入電流現象の引き起こす諸問題について簡単に整理をしておこう．電流障害と電圧障害に大別できるが現実には両者同時の厳しい影響を受ける場合が少なくない．

a. **電流障害**：尖塔波的な波形で 3 相不平衡かつ一般に定格電流を数倍超えるような過大な励磁突入電流が長時間（1 秒〜数秒〜数十秒）継続する．

障害例

　　a1 ブレーカ過電流遮断，フューズ遮断，
　　a2 電動機障害（ロータ鉄心異常加熱損傷，脈動運転），
　　a3 制御プロセス系の変調・保護系の誤動作

b. **電圧障害**：過大（たとえば 20% を超えるような）かつ不平衡な電圧低下現象を長時間（1 秒〜数秒〜数十秒）余儀なくされる．過大な不平衡励磁突入電流に伴う当然の現象である．

障害例

　　b1 製造工場/公共施設の動力系異常・プロセス系異常，電源喪失など

b2 民生部門の各種負荷システムの変調，電源喪失など
b3 弱小発電システム（風力発電・太陽光発電・小水力発電）の併入失敗ないし運転脱落
b4 慣性系を持たない負荷系（パワーエレ動力系など）異常

　励磁突入電流現象は過渡磁束減衰速度が緩慢なため継続時間が非常に長いことは避けられない．また，ある1台の変圧器開閉操作に伴って発生する突入電流はその電源側母線につながる隣接バンクや送電線路にインピーダンス逆比で広い範囲に分流する．負荷にとっては近傍のどの変圧器の操作によってもその影響をうけることになるので突入電流現象の影響を受ける頻度は極めて高いといわねばならない．

　また，昨今普及の著しい風力発電・太陽光発電・小水力発電は押しなべて山間部送電線や配電末端系統などの弱小系統地域（短絡容量が小さい系統地域）への接続を強いられるので励磁突入電流現象に伴う電圧低下の影響（並列連系失敗，並列運転からの脱落など）は今後益々深刻になると予想される．たとえば弱小発電システムではその連系用変圧器を課電操作により電圧を確保するために必要な過渡励磁電流を供給するだけの（短絡容量に相当する）パワー供給力が不足してスタートアップ操作で自律的に電圧を確立できないことも生じうるであろう．

〔d〕 励磁突入電流の抑制技術

　残留磁束の効果的な抑制制御法について簡単に説明しておこう．変圧器を解列タイミングの前後において電圧の計測波形 $v_a(t), v_b(t), v_c(t)$ を式(5・40)によって連続積分演算すること

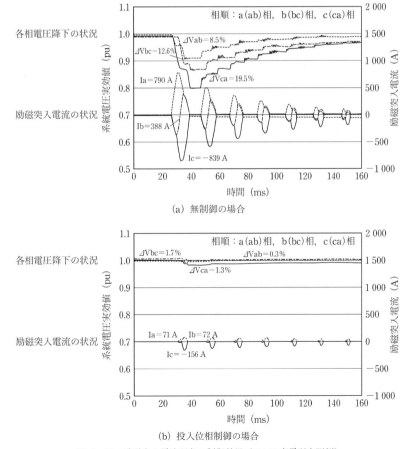

図 5・13 励磁突入電流現象の制御効果（66 kV 変電所実測例）

によって残留磁束 $\Phi_{ra}, \Phi_{rb}, \Phi_{rc}$ を演算生成する．またこの結果から図5·11に示すような残留磁束の正三角形フェーザとしての大きさと位相角を確定できる．そこで変圧器を再課電する時には電源電圧により鉄心に生ずる初期励磁磁束の正三角形フェーザと残留磁束の正三角形フェーザが概ね同位相になるように遮断器の投入位相角 α を制御すればよい．二つの磁束正三角形の位相角による同期投入制御と表現することもできよう．図5·13は風力発電設備の変電所において上述の制御アルゴリズムによる変圧器投入位相制御を行って励磁突入電流並びにそれに伴う電圧低下現象大幅に抑制した実測波形である．

5·7 系統の対称座標法 PU 等価回路の作成（計算例）

送電線路や発電機・変圧器などの関係式と等価回路について，ひととおりの説明が終わったので，この節では具体例として**表5·3**に示すような系統に対して対称分PU等価回路を求めてみよう．表5·3は必ずしも実際に即した系統ではないが，今まで学んだことをいろいろ復習できるように工夫してある．なお，PU値であっても変数の上にバー記号を付すことは省略する

表 5·3 系統図（例題）

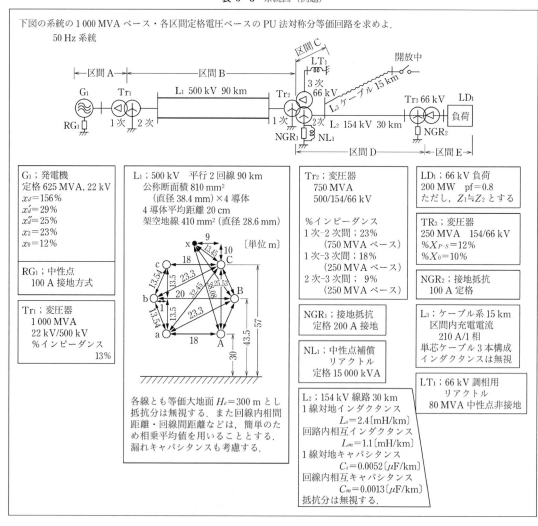

こととする.

〔例題〕 表5・3に示す系統のPU法による対称座標法等価回路を求めよ. ただし, 容量ベースは1 000 MVA, 電圧ベースは各区間の定格電圧とすること.

〔解答〕 この問題に対する解答としての対称座標法等価回路は表5・4のようになる. この計算過程を以下順を追って説明する.

1) PU化のベース量の決定

PU化の容量ベースは1 000 MVA, 電圧ベースは各区間の定格電圧を採用するものとする. これより各区間ごとの電流ベース, インピーダンスベースは式(5・13)を使って自動的に求められる. こうして求めた各区間ごとの全ベース量を整理して表5・4に示しておく.

2) 発電機 G_1

発電機のインピーダンスは, 特にことわり書きがしてない限り, その発電機の定格容量・定格電圧ベースの%インピーダンスとして表されている. したがって, この場合には容量ベースのみ625 MVAから1 000 MVAに変更する必要がある (式(5・30) 参照).

$$jx_1 = \begin{cases} jx_d'' = j0.25 \times \dfrac{1\,000}{625} = j0.400 \text{[pu]} \\ \qquad (系統急変後0\sim 3 サイクルの間) \\ jx_d' = j0.29 \times \dfrac{1\,000}{625} = j0.464 \text{[pu]} \\ \qquad (系統急変後3サイクル\sim 約1秒の間) \\ jx_d = j1.56 \times \dfrac{1\,000}{625} = j2.495 \text{[pu]} \\ \qquad (系統急変後約1秒以降および定常状態) \end{cases}$$

表 5・4 対称分 PU 等価回路

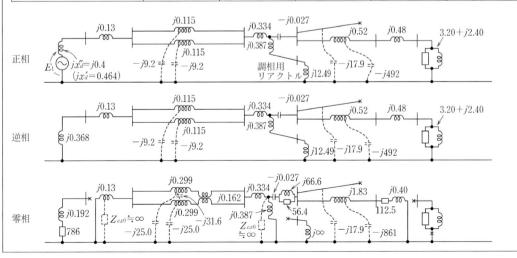

$$jx_2 = j0.23 \times \frac{1\,000}{625} = j0.368 \text{ (pu)}$$

$$jx_0 = j0.12 \times \frac{1\,000}{625} = j0.192 \text{ (pu)}$$

3) 発電機中性点抵抗 R_{G_1}

100 A 接地方式とは，相電圧相当の $22/\sqrt{3}$ kV を加えたとき 100 A 流れるような抵抗が入っていることであるから，

$$22/\sqrt{3} \text{ kV} \times 10^3 = R \times 100$$

$$\therefore\ R = 127\,[\Omega] = \frac{127}{0.484}\,[\text{pu}] = 262\ [\text{pu}] \qquad 3R = 786\ [\text{pu}]$$

4) 変圧器 Tr_1

容量ベース・電圧ベースとも，元のままでよく，また2次高圧側中性点が直接接地されているので，表5・1中のd図で $_P\bar{Z}_n = 0$ であることに留意して，

$$jx_1 = jx_2 = j0.13\ [\text{pu}]$$

また，零相回路については励磁インピーダンス Z_{ex0} は無視することとして，

$$jx_0 = j0.13\ [\text{pu}]$$

零相回路は高圧側は jx_0 を介して接地され，低圧側は開放となる．

5) 500 kV 平行2回線送電線 L_1

平行2回線で架空地線が1条，各相は4導体方式である．
電線の配置条件が示されているので1・1節によりインピーダンス，キャパシタンスを求めることができる．

＊等価導体半径

4導体，導体半径 $r = 0.0192$ m，導体間平均距離 0.2 m であるから式(1・15 a)より

$$r_{eq} = r^{\frac{1}{n}} \cdot e^{\frac{n-1}{n}} = 0.0192^{\frac{1}{4}} \times 0.20^{\frac{3}{4}} = 0.1113\ [\text{m}]$$

＊架空地線半径

$$r_x = 0.0143\ [\text{m}]$$

＊a-b-c，A-B-C 相および架空地線の仮想大地面からの高さ

$H_e = 300\ [\text{m}]$ としているから（図1・3参照），

$$h_a + H_a \fallingdotseq h_b + H_b \fallingdotseq \cdots \fallingdotseq h_A + H_A \fallingdotseq \cdots \fallingdotseq H_x + h_x = 2H_e = 600\ [\text{m}]$$

＊同一回線内相間平均距離 S_u

S_{ab}, S_{bc}, S_{ca} の相乗平均距離 S_u を使うものとしているから，

$$S_u = (S_{ab} \cdot S_{bc} \cdot S_{ca})^{\frac{1}{3}} = (13.54 \times 13.54 \times 27)^{\frac{1}{3}} = 17.04\ [\text{m}]$$

＊1号線と2号線間の平均距離 S_{ll}

これも相乗平均距離を使うものとすれば，

$$S_{ll} = \{(S_{aA} \cdot S_{aB} \cdot S_{aC})^{\frac{1}{3}} \cdot (S_{bA} \cdot S_{bB} \cdot S_{bC})^{\frac{1}{3}} \cdot (S_{cA} \cdot S_{cB} \cdot S_{cC})^{\frac{1}{3}}\}^{\frac{1}{3}}$$

$$= \{(18 \times 23.3 \times 32.45)^{\frac{1}{3}} \cdot (23.3 \times 20 \times 23.3)^{\frac{1}{3}} \cdot (18 \times 23.3 \times 32.45)^{\frac{1}{3}}\}^{\frac{1}{3}}$$

$$= \{23.87 \times 22.14 \times 23.87\}^{\frac{1}{3}} = 23.28\ [\text{m}]$$

＊1相と架空地線 x との平均距離

$$S_{lx} = (S_{ax} \cdot S_{bx} \cdot S_{cx})^{\frac{1}{3}} = (13.45 \times 25.53 \times 38.08)^{\frac{1}{3}} = 23.55\ [\text{m}]$$

＊架空地線の高さ

$$h_x = 67\ [\text{m}]$$

a) インピーダンスの計算（式(1・17)，(2・17)）

a1) 大地を考慮した各相の自己インピーダンス

$Z_S \fallingdotseq Z_{aa} \fallingdotseq Z_{bb} \fallingdotseq Z_{AA} \fallingdotseq Z_{BB} \fallingdotseq \cdots$（架空地線効果による修正前）

式(1・15 b) より，

$$L_S = 0.4605 \log_{10} \frac{h_a + H_a}{r_{eq}} + 0.05\left(1 + \frac{1}{n}\right) = 0.4605 \log_{10} \frac{600}{0.1113} + 0.05\left(1 + \frac{1}{4}\right)$$

$$= 1.781\ [\text{mH/km}]$$

$$\therefore\ Z_S = jX_s = j2\pi \cdot 50 \cdot 1.781 \times 10^{-3} = j0.559\ [\Omega/\text{km}]$$

a2) 大地を考慮した同一回線内の相間相互インピーダンス

$Z_m \fallingdotseq Z_{ab} \fallingdotseq Z_{bc} \fallingdotseq Z_{AB} \fallingdotseq \cdots$（架空地線効果による修正前）

式(1・12 a) の S_{ab} として前記 $S_u = 17.04\ [\text{m}]$ を用いて

$$L_m = 0.4605 \log_{10} \frac{h_a + H_a}{S_{ll}} + 0.05 = 0.4605 \log_{10} \frac{600}{17.04} + 0.05 = 0.762 \quad [\text{mH/km}]$$

$$\therefore Z_m = jX_m = j2\pi \cdot 50 \times 0.762 \times 10^{-3} = j0.239 \quad [\Omega/\text{km}]$$

a3) 大地を考慮した回線間の相互インピーダンス

$Z_{m'} \fallingdotseq Z_{aA} \fallingdotseq Z_{aB} \fallingdotseq Z_{aC} \fallingdotseq Z_{bA} \fallingdotseq \cdots$ (架空地線効果による修正前)

同様に式(1・12 a)において S_{ab} として前記の $S_{ll}=23.28$ を使って,

$$L_{m'} = 0.4605 \log_{10} \frac{h_a + H_a}{S_{ll}} + 0.05 = 0.4605 \log_{10} \frac{600}{23.28} + 0.05 = 0.700 \quad [\text{mH/km}]$$

$$\therefore Z_{m'} = jX_{m'} = j2\pi \cdot 50 \times 0.700 \times 10^{-3} = j0.220 \quad [\Omega/\text{km}]$$

a4) 架空地線効果による Z_S, Z_m, $Z_{m'}$ の補正

1回線送電線で架空地線が1条のときは,式(1・17 b)の関係から,式(1・17 a)が式(1・18)のように補正項を含む形で表しうるのであって,今回の場合のように2回線で架空地線が1条の場合には,式(1・17 b)に代わって

$$I_x = -\frac{1}{Z_{xx}}(Z_{xa}I_a + Z_{xb}I_b + Z_{xc}I_c + Z_{xA}I_A + Z_{xB}I_B + Z_{xC}I_C)$$

となるのであるから,1回線の場合に式(1・18)で行ったのと同じ方法で,式(1・19)に対して補正をしてやればよい.

式(1・11) より,

$$L_{xx} = 0.4605 \log_{10} \frac{h_x + H_x}{r_x} + 0.1 \fallingdotseq 0.4605 \log_{10} \frac{600}{0.0143} + 0.1 = 2.22 \quad [\text{mH/km}]$$

$$\therefore Z_{xx} = j2\pi \cdot 50 \times 2.22 \times 10^{-3} = j0.697 \quad [\Omega/\text{km}]$$

式(1・12 a) より,

$$L_{lx} = L_{ax} \fallingdotseq L_{bx} \fallingdotseq L_{cx} \fallingdotseq L_{Ax} \fallingdotseq \cdots \fallingdotseq L_{xa} \fallingdotseq \cdots$$

$$= 0.4605 \log_{10} \frac{h_x + H_x}{S_{lx}} + 0.05 = 0.4605 \log_{10} \frac{600}{23.55} + 0.05 = 0.698 \quad [\text{mH/km}]$$

$$\therefore Z_{lx} = j2\pi \cdot 50 \times 0.698 \times 10^{-3} = j0.219 \quad [\Omega/\text{km}]$$

したがって,式(1・18)の説明に準じて Z_S, Z_m, $Z_{m'}$ のいずれに対しても,架空地線による補正値として,

$$\delta = \frac{Z_{lx} \cdot Z_{lx}}{Z_{xx}} = \frac{(j0.219)^2}{j0.697} = j0.069 \quad [\Omega/\text{km}]$$

だけ小さくしてやればよい.

すなわち,架空地線を考慮したあとの Z_S, Z_m, $Z_{m'}$ は,

$Z_S = j0.559 - j0.069 = j0.490 \quad [\Omega/\text{km}]$

$Z_m = j0.239 - j0.069 = j0.170 \quad [\Omega/\text{km}]$

$Z_{m'} = j0.220 - j0.069 = j0.151 \quad [\Omega/\text{km}]$

以上で,架空地線を考慮した場合の3相基本式(2・19)の定数がすべて求められた.

a5) 対称分インピーダンス Z_1, Z_2, Z_0, Z_{0M}

式(2・20 b) より,

$Z_1 = Z_2 = Z_S - Z_m = j0.489 - j0.170 = j0.319 \quad [\Omega/\text{km}]$

$Z_0 = Z_S + 2Z_m = j0.492 + 2 \times j0.170 = j0.832 \quad [\Omega/\text{km}]$

$Z_{0M} = 3Z_{m'} = 3 \times j0.151 = j0.453 \quad [\Omega/\text{km}]$

以上で対称分インピーダンスが求められた.

a6) 対称分インピーダンスの PU 化

区間 B はインピーダンスベース 250 Ω で,また距離が 90 km であるから,

$$Z_1 = Z_2 = \frac{j0.319}{250} \times 90 = j0.115 \quad [\text{pu}]$$

$$Z_0 = \frac{j0.832}{250} \times 90 = j0.299 \quad [\text{pu}]$$

$$Z_{0M} = \frac{j0.453}{250} \times 90 = j0.163 \quad [\text{pu}]$$

b) 漏れキャパシタンスの計算

b1) 架空地線効果による補正前の C_S, C_m, $C_{m'}$

＊各相の平均高さ　　　$h = (h_a \cdot h_b \cdot h_c)^{\frac{1}{3}} = (30 \times 43.5 \times 57)^{\frac{1}{3}} = 42.05 \quad [\text{m}]$

＊同一回線内の平均相間距離　　$S_{ll} = 17.04 \quad [\text{m}]$

＊1号線と2号線間の平均距離　　$S_{ll} = 23.28 \quad [\text{m}]$

＊**多導体のキャパシタンス計算**のときも　　$r_{eq}=0.1113$〔m〕を使う．

これらの数値を式(1・33)にあてはめて，式(1・38)中の C_s，C_m，$C_{m'}$ は次のように計算される．

$$C_s=\frac{0.02413}{\log_{10}\dfrac{8h^3}{r_{\text{eff}}\cdot S_{ll}{}^2}}=\frac{0.02413}{\log_{10}\dfrac{8\times 42.05^3}{0.1113\times 17.04^2}}=0.00566\ \ 〔\mu\text{F/km}〕$$

$$C_m=C_s\cdot\frac{\log_{10}\dfrac{2h}{S_{ll}}}{\log_{10}\dfrac{S_{ll}}{r_{\text{eff}}}}=0.00566\times\frac{\log_{10}\dfrac{2\times 42.05}{17.04}}{\log_{10}\dfrac{17.04}{0.1113}}=0.00180\ \ 〔\mu\text{F/km}〕$$

$$C_{m'}=\frac{0.02413}{\log_{10}\dfrac{8h^3}{r_{\text{eff}}\cdot S_{ll}{}^2}}\cdot\frac{\log_{10}\dfrac{2h}{S_{ll}}}{\log_{10}\dfrac{S_{ll}}{r_{\text{eff}}}}=\frac{0.02413}{\log_{10}\dfrac{8\times 42.05^3}{0.1113\times 23.28^2}}\cdot\frac{\log_{10}\dfrac{2\times 42.05}{23.28}}{\log_{10}\dfrac{23.28}{0.1113}}=0.00145\ \ 〔\mu\text{F/km}〕$$

以上より式(1・38)のキャパシタンス行列の各要素は，

$C_s+2C_m+3C_{m'}=0.0129$〔μF/km〕

$-C_m=-0.00180$〔μF/km〕

$-C_{m'}=-0.00145$〔μF/km〕

となる．

b2)　架空地線による影響　　図1・10にさらに架空地線を追加した場合を考える．この場合には式(1・37a)の右辺（ ）内に $C_{ax}(V_a-V_x)$ なる項が追加され，また $V_x=0$ であることに留意して，

$$I_a=j\omega〔C_{aa}V_a+C_{ab}(V_a-V_b)+C_{ac}(V_a-V_c)$$
$$+C_{aA}(V_a-V_A)+C_{aB}(V_a-V_B)+C_{ac}(V_a-V_C)+\underline{\underline{C_{ax}(V_a-V_x)}}〕$$
$$=j\omega〔(C_{aa}+C_{ab}+C_{ac}+C_{aA}+C_{aB}+C_{ac}+\underline{\underline{C_{ax}}})V_a-C_{ab}V_b-C_{ac}V_c-C_{aA}V_A-C_{aB}V_B-C_{ac}V_C〕$$
$$\fallingdotseq j\omega〔(\underline{C_s+C_{ax}}+2C_m+3C_{m'})V_a-C_mV_b-\underline{\underline{C_m}}V_c-C_{m'}V_A-C_{m'}V_B-C_{m'}V_C〕$$

となる．したがって，式(1・38)のキャパシタンスマトリックスの対角線上のコラム（$C_s+2C_m+3C_{m'}$）が（$\overline{C_s+C_{lx}}+2C_m+3C_{m'}$）となり，結局，地線を考慮すると図1・9において対地キャパシタンス C_s が C_s+C_{lx} となって，見かけ上 C_{lx} だけ大きくなることがわかる．架空地線を考慮した場合の対地キャパシタンス C_s の増加は，架空地線を無視した場合に対して，一般に数％程度であり，式(1・33)より計算できるが，ここでは詳細な計算を省略し $C_{lx}\fallingdotseq 0$ として先に進むこととする．

b3)　対称座標法によるキャパシタンス　　式(1・38)を対称座標法により変換すると，対称座標法による関係式(2・25a)および(2・25b)，等価回路図2・8が得られる．

これより，

$C_1=C_2=C_s+3C_m+3C_{m'}=0.00566+3\times 0.00180+3\times 0.00145=0.0154$〔$\mu$F/km〕

$C_0=C_s=0.00566$〔μF/km〕

$C_{0'}=3C_{m'}=3\times 0.00145=0.00435$〔$\mu$F/km〕

$\therefore\ -jX_{c1}=\dfrac{1}{jY_1}=\dfrac{-j}{2\pi\cdot 50\times 0.0154\times 10^{-6}}=-j206\times 10^3$〔$\Omega$/km〕

$\qquad\qquad =-jX_{c2}=\dfrac{1}{jY_2}$

$\quad -jX_{c0}=\dfrac{1}{jY_0}=\dfrac{-j}{2\pi\cdot 50\times 0.00566\times 10^{-6}}=-j562\times 10^3$〔$\Omega$/km〕

ここで，C_0：1号線の零相対地キャパシタンス（2号線も同じ）

$C_{0'}$：1-2号線間の零相キャパシタンス（図4・4(a)参照）

$-jX_{c0'}=\dfrac{1}{jY_{0'}}=\dfrac{1}{2\pi\cdot 50\times 0.00435\times 10^{-6}}=-j712\times 10^3$〔$\Omega$/km〕

b4)　対称座標法キャパシタンスのPU化　　区間Bのインピーダンスベースは250Ωであるから PU 化すれば，

$-jX_{c1}=-j206\times 10^3/250=-j824$〔pu/km〕

$-jX_{c0}=-j562\times 10^3/250=-j2248$〔pu/km〕

$-jX_{c0'}=-j712\times 10^3/250=-j2848$〔pu/km〕

また，全長90kmの集中定数で表せば，

$-jX_{c1}=-j864/90=-j9.2$〔pu〕

$-jX_{c0}=-j2248/90=-j25.0$〔pu〕

$-jX_{c0'}=-j2848/90=-j31.6$〔pu〕

となる．なお，線路 L_1 の **1回線1相当たり充電電流**は，およそ $1/9.2=0.109$ pu$=0.109\times 1155$〔A〕$=$

126〔A〕であることがわかる．

6) 変圧器 Tr_2

$_{P-S}Z = j0.23$ 〔pu〕 (750 MVA ベース)
$_{P-T}Z = j0.18$ 〔pu〕 (250 MVA ベース)
$_{S-T}Z = j0.09$ 〔pu〕 (250 MVA ベース)

と2種類の容量ベースで表現されている．式(5·30)を使って，これらを1 000 MVA ベースのpu値に変換すると，

$_{P-S}Z = j0.23 \times \dfrac{1\,000}{750} = j0.307$ 〔pu〕 (1 000 MVA ベース)

$_{P-\varDelta}Z = j0.18 \times \dfrac{1\,000}{250} = j0.72$ 〔pu〕 (1 000 MVA ベース)

$_{S-\varDelta}Z = j0.09 \times \dfrac{1\,000}{250} = j0.36$ 〔pu〕 (1 000 MVA ベース)

式(5·12 a) より，

$_PZ = \dfrac{_{P-S}Z + _{P-\varDelta}Z - _{S-\varDelta}Z}{2} = \dfrac{j(0.307+0.72-0.36)}{2} = j0.334$ 〔pu〕 (1 000 MVA ベース)

$_SZ = \dfrac{_{P-S}Z + _{S-\varDelta}Z - _{P-\varDelta}Z}{2} = \dfrac{j(0.307+0.36-0.72)}{2} = -j0.027$ 〔pu〕 (1 000 MVA ベース)

$_\varDelta Z = \dfrac{_{P-\varDelta}Z + _{S-\varDelta}Z - _{P-S}Z}{2} = \dfrac{j(0.72+0.36-0.307)}{2} = j0.387$ 〔pu〕 (1 000 MVA ベース)

となる．これを表5·1中の a 図の正・逆・零相等価回路にあてはめればよい．なお，等価インピーダンス $_SZ$ はマイナス符号となっているので，等価回路としては容量性のコンデンサとして表現されることになる．

7) 変圧器 Tr_2 の2次中性点抵抗 NGR_1 および2次中性点リアクトル NL_1

NGR_1 は $154/\sqrt{3}$ kV の電圧を加えると 200 A 流れるのであるから，

$r_0 = \dfrac{154/\sqrt{3}}{200} \times 10^3 = 445$ 〔Ω〕

NL_1 は $154/\sqrt{3}$ kV の電圧を加えたとき 15 000 kVA の無効電力となるようなリアクタンスであるから，

$jx_0 = j\dfrac{(154/\sqrt{3})^2 \times 10^3}{15\,000} = j527$ 〔Ω〕

これらを区間 D のインピーダンスベース 23.7 Ω で PU 化すれば，

NGR_1 : $r_0 = \dfrac{445}{23.7} = 18.8$ 〔pu〕, $3r_0 = 56.4$ 〔pu〕 (1 000 MVA ベース)

NL_1 : $jx_0 = \dfrac{j527}{23.7} = j22.2$ 〔pu〕, $j3x_0 = j66.6$ 〔pu〕 (1 000 MVA ベース)

以上6)項および7)項の結果を表5·1中の a 図の等価回路にあてはめればよい．

8) 66 kV・80 MVA 調相用リアクトル LT_1

3相容量が80 MVAであるから1相容量は 80/3 MVA である．
中性点非接地としているから $jx_0 = \infty$（開放）である．正・逆相については，

$jx_1 = jx_2 = j\dfrac{(V_{l-g})^2}{VA_{1\phi}} = j\dfrac{\left(\dfrac{66}{\sqrt{3}} \times 10^3\right)^2}{\dfrac{80}{3} \times 10^6} = j54.45$ 〔Ω〕

したがって，1 000 MVA ベース相当の区間 C の 4.36 Ω ベースでは，

$jx_1 = jx_2 = \dfrac{j54.45}{4.36} = j12.49$ 〔pu〕 (1 000 MVA ベース)

9) 154 kV・30 km 送電線 L_2

対称分インピーダンスは式(2·15)より，30 km 分のインピーダンスは，

$jx_1 = jx_2 = j2\pi f(L_s - L_m) = j2\pi \times 50(2.4-1.1) \times 10^{-3} \times 30$

$= j12.3$〔Ω〕$= j\dfrac{12.3}{23.7} = j0.52$ 〔pu〕

$jx_0 = j2\pi f(L_s + 2L_m) = j2\pi \times 50(2.4+2\times 1.1) \times 10^{-3} \times 30$

$= j43.3$〔Ω〕$= j\dfrac{43.3}{23.7} = j1.83$ 〔pu〕

キャパシタンスによる対称分アドミタンスは式(2·23)を参照して

$$jy_{c1}=jy_{c2}=j2\pi f(C_s+3C_m)=j2\pi\times 50(0.0052+3\times 0.0013)\times 10^{-6}\times 30=j85.8\times 10^{-6}\ [\Omega^{-1}]$$
$$jy_{c0}=j2\pi fC_s=j2\pi\times 50(0.0052)\times 10^{-6}\times 30=j49.0\times 10^{-6}\ [\Omega^{-1}]$$
$$\therefore\ -jx_{c1}=-jx_{c2}=\frac{1}{j85.8\times 10^{-6}}=-j11\,655\,[\Omega]=\frac{-j11\,655}{23.7}=-j492\ [\mathrm{pu}]$$
$$-jx_{c0}=\frac{1}{j49.0\times 10^{-6}}=-j20\,408\,[\Omega]=\frac{-j20\,408}{23.7}=-j861\ [\mathrm{pu}]$$

となる．なお，線路 L_2 の常時の1相当たり充電電流は，

$$\frac{1}{492}=0.002\,[\mathrm{pu}]=0.002\times 3\,749\,[\mathrm{A}]\fallingdotseq 7.5\ [\mathrm{A}]$$

であることがわかる．

10) 154 kV・15 km ケーブル線路 L_3

単芯ケーブル3本で1回線が構成されているから，明らかに $C_0=C_1=C_2$ である．15 km 区間の1相当たり充電電流が 210 A であるから，

$$-jx_{c1}=-jx_{c2}=-jx_{c0}=\frac{\frac{154}{\sqrt{3}}\times 10^3}{210}=-j423\ [\Omega]$$
$$\therefore\ -jx_{c1}=-jx_{c2}=-jx_{c0}=-j\frac{423}{23.7}=-j17.9\ [\mathrm{pu}]$$

なお，インダクタンスは無視するよう指定されている．

11) 変圧器 Tr_3 および NGR_2

変圧器については容量ベースの換算を行うと，

$$j_{P-S}x=j0.12\times\frac{1\,000}{250}=j0.48\ [\mathrm{pu}]\ (1\,000\ \mathrm{MVA}\ \text{ベース})$$
$$jx_0=j0.10\times\frac{1\,000}{250}=j0.40\ [\mathrm{pu}]\ (1\,000\ \mathrm{MVA}\ \text{ベース})$$

なお，$_{P-S}x>x_0$ となっているのは，jx_0 が表 5・1 の d 図で零相励磁インピーダンスのパラレル効果を折り込んであるためである．NGR_2 は 100 A 定格だから，

$$r_0=\frac{154/\sqrt{3}}{100}\times 10^3=889\ [\Omega]$$

したがって，区間 D のインピーダンスベース 23.7 Ω で割って，

$$r_0=\frac{889}{23.7}=37.5\ [\mathrm{pu}]\quad\therefore\ 3r_0=112.5\ [\mathrm{pu}]$$

等価回路は表 5・1 の d 図より描くことができる．

12) 66 kV・200 MW 負荷 LD_1

200 MW，力率 $\cos\varphi=0.8$ であるから

$$\frac{1.0^2}{Z_1}=P-jQ=200-j150\,[\mathrm{MVA}]=\frac{200-j150}{1\,000}\ [\mathrm{pu}]$$
$$=0.20-j0.15\ [\mathrm{pu}]\ (1\,000\ \mathrm{MVA}\ \text{ベース})$$
$$\therefore\ Z_1=\frac{1}{0.20-j0.15}=3.20+j2.40\ [\mathrm{pu}]$$
$$=4.0\underline{/37°}\ [\mathrm{pu}]\ (1\,000\ \mathrm{MVA}\ \text{ベース})$$

なお，回転機負荷などでは，一般に $Z_1\neq Z_2$ であるが，ここでは仮定により $Z_1\fallingdotseq Z_2$ とする．

以上ですべての要素の PU 化が終了したので，以上 1)〜12) 項に述べた結果をまとめると**表 5・4**（前掲）に示すような等価回路が得られる．これで変圧器をも含めた回路の正・逆・零相等価回路が求められたことになる．あとは表 3・1 あるいは表 4・1 に従って，任意の地点の故障計算ができる．なお，故障点が平行2回線部分の故障計算の場合には回線間零相キャパシタンスはほとんど無視できるものの，回線間零相インピーダンスは無視できないので，この等価回路を第 4 章の表 4・1 に要約されている 2 相回路変換によってさらに書き換えれば，計算が容易になることはすでに述べたとおりである．

常時または故障時の任意の地点における対称電圧・電流・インピーダンスは，この例では 1 000 MVA ベースの pu 値で求められるが，表 5・4 の各区間ベース量により実用単位に換算することができる．

休憩室：その4　Maxwell, 19世紀で最も偉大な科学者

James Clerk Maxwell（1831-1879）は科学者・数学者として科学の世界に1850年代に登場する．彼の科学者としての活動はLord Kelvin（William Thomson）の示唆に従ってFaradayが長年に積み重ねた電気と磁気に関する克明な実験記録を徹底的に読みこむことから始まった．Faradayの30年間に及ぶ克明な実験結果を記録した著書「電気の実験的研究」は独創的な内容に富んでいたにもかかわらず，数学的表現を伴わないために当時の科学者達の評価は低く関心を呼ぶことはなかった．Maxwellは科学者・数学者としてシステマチックな発想でFaradayの頭脳の中に飛び込んでいった．彼は回顧談で"電気の勉強を始めたあの当時，とにかく"Faraday"を完全に読み終わるまでは一切数学を使わないぞと決心して彼のノートに集中した……"と語っている．

James Clerk Maxwell
(1831-1879)

Maxwellは1855年と1856年に最初の論文"On Faraday's line of forces"を発表して，その中でFaradayの電気力線と磁力線に関する理論を数学的に描き出した．この仕事がMaxwellが電場と磁場の物理的意味について本格的に取り組む出発点となった．電気や光を運ぶ未発見の媒体"エーテルの存在"をほとんどすべての学者が信じていた時代のことである．

Maxwellは1862年第2の論文"On physical line of forces"に続き1864年に第3の論文"Dynamic theory of the electromagnetic fields"を発表し，その中で"誘電体は電界内では弾性ひずみを生ずる"として変位電流（displacement current）の概念を提唱した（図1・12，図18・1などを参照）．

そしてついに1873年，科学史上の偉大な記念碑となる"Treatise on Electricity and Magnetism"が発表された．電磁波（electromagnetic waves）の存在が偏微分方程式の表現で示されたのである．今日，"Maxwell's fundamental equations of the electromagnetic field"と名付けられた電磁波理論である．

Maxwellがこの論文で発表したいくつかの方程式は，後年にOliver Heaviside（休憩室：その7を参照）によってその内容をまったく損なうことなく次のような"Maxwell's four equations"として整理された．

　　　微分型表現　　　　　　　積分型表現
a) 電束密度に関するガウスの法則

$$\mathrm{div}\,\boldsymbol{D} = \rho \left(= \frac{\partial \boldsymbol{D}}{\partial x} + \frac{\partial \boldsymbol{D}}{\partial y} + \frac{\partial \boldsymbol{D}}{\partial z}\right) \qquad \oint_S \boldsymbol{D} \cdot dS = \int_\nu \rho(\nu)\,d\nu \qquad (\mathrm{a})$$

閉曲面S全体にわたる電束密度$\boldsymbol{D} = \varepsilon_0 \cdot \boldsymbol{E}$の面積積分は$S$の内部にある電荷の総和に等しく，閉曲面$S$の外部にある電荷密度$\rho$は寄与しない．電荷（電荷密度$\rho$）からは電気力線が空間に噴出して（***diverge***）電場$\boldsymbol{E}$を創り出していることを意味している．なお，$\boldsymbol{E} = -\mathrm{grad}\,V$〔V/m〕は電圧の定義式である．

b) 電磁波の性質（電流・電束密度と磁場の相互関係）に関するアンペール-マクスウェルの法則

$$\mathrm{rot}\,\boldsymbol{H} = \boldsymbol{I} + \frac{\partial \boldsymbol{D}}{\partial t} \qquad \oint_C \boldsymbol{H} \cdot dl = \int_S \left(\boldsymbol{I} + \frac{\partial \boldsymbol{D}}{\partial t}\right) \cdot dS \qquad (\mathrm{b})$$

閉曲線C（長さl）に沿った磁場の線積分は，Cを縁とする曲面Sについての電流密度の面積積

分に等しい．ただし，真の電流 I および電束密度の時間変化に伴う変位電流 $\frac{\partial D}{\partial t}$ も含める．

なお，$\text{div}\, I = -\frac{\partial \rho}{\partial t}$ は電流の定義である．電流の存在しない絶縁空間では $I=0$ である．導体を流れる電導電流 I と変位電流 $\partial D/\partial t$（D は電束密度）を加えたすべての電流から磁力線が発生していてこれが電流の周囲を循環する磁場 H を作っていることを意味する．

c) 磁束密度に関するガウスの法則

$$\text{div}\, B = 0 \qquad\qquad \oint_S B \cdot dS = 0 \qquad\qquad (\text{c})$$

任意の閉曲面 S について，磁束密度の面積積分は 0 になる．電場には電荷があるが磁場には磁荷というものはなく，磁束線はループ状として自ら閉じていて磁束線の吹き出しはないことを示している．

d) 電磁誘導（電場と磁束密度の相互関係）に関するファラデーの法則

$$\text{rot}\, E + \frac{\partial B}{\partial t} = 0 \qquad\qquad \oint_C E \cdot dl = -\int_S \frac{\partial B}{\partial t} \cdot dS \qquad\qquad (\text{d})$$

磁束密度 B が時間的に変化すると，その変化を妨げる向きにうず状の電場 E が生じる．ある面 S をよぎる磁束が時間的に変化すると（磁束密度 B も時間的に変化するので）その面 S を囲む閉曲線に沿って円周上に電気力線が生じてここを循環する電場 E が誘起される．いわゆる磁場と電場の関係を表している．なお，均一空間では $B = \mu \cdot H$ である．

ただし，$D = \varepsilon_0 \cdot E$　　　E：電場の強さ　　　D：電束密度　　　$\partial D/\partial t$：変位電流
$\quad\quad\quad B = \mu_0 \cdot H$　　　H：磁場の強さ　　　B：磁束密度　　　ε_0：真空中の誘電率
$\quad\quad\quad\quad\quad\quad\quad\quad\quad\quad \mu_0$：真空中の透磁率
$\quad\quad\quad I = \sigma \cdot E$　　　I：電流　　　ρ：電荷密度　　　σ：導電率

上記の式（a），（b）は物質に電流とか電荷が存在するときに電磁場がどのようになるかを示す法則であり，式（c），（d）は電場と磁場が相互にどのような関係にあるかを示している．

さて，Maxwell は上述の四つの式から時空間における電場 $E(x,y,z:t)$ と磁場 $B(x,y,z:t)$ に関する下記の波動方程式を導いた．

$$\frac{\partial^2 E}{\partial x^2} + \frac{\partial^2 E}{\partial y^2} + \frac{\partial^2 E}{\partial z^2} = \varepsilon_0 \mu_0 \cdot \frac{\partial^2 E}{\partial t^2}$$

$$\frac{\partial^2 B}{\partial x^2} + \frac{\partial^2 B}{\partial y^2} + \frac{\partial^2 B}{\partial z^2} = \varepsilon_0 \mu_0 \cdot \frac{\partial^2 B}{\partial t^2} \qquad \text{ただし } c = 1/\sqrt{\varepsilon_0 \mu_0} \qquad (\text{e})$$

さらに，その解として次式を示した．

$$E_y = E_{1y}(x-ct) + E_{2y}(x+ct) \qquad\qquad (\text{f1})$$

$$B_z = \frac{1}{c} E_{1z}(x-ct) + \frac{1}{c} E_{2z}(x+ct) \qquad\qquad (\text{f2})$$

ただし，$\dfrac{E_y(x,t)}{B_z(x,t)} = \dfrac{E_m}{B_m} = \dfrac{1}{\sqrt{\mu_0 \varepsilon_0}} = c = 3 \times 10^8$ 〔m/sec〕 　　　　(f3)

自由空間を x 軸方向に進行する電磁波は，電場 E と，磁場 B が進行方向 x と垂直な y-z 平面のみに現れる横波であり，両者は直交関係を保ちながら（フレミングの右手則）x 軸方向に伴走し，その速度は $c = 1/\sqrt{\mu_0 \varepsilon_0} = 3 \times 10^8$ 〔m/sec〕であることなどを示したのである．

さて，Maxwell が表したこの結論は，電磁波が電場 E と磁場 B を伴って真空中を一定速度 c で伝搬することを意味していた．Maxwell はまた，当然の帰結として太陽から届く光も電磁波と同じ性質，同じ速度を持つ波であろうと予想した．

マクスウェルの理論によれば，電気や光が空間を伝搬するのに未知なる物体"エーテル"を必要としない．この発想は当時の科学界の常識を根本から覆す新理論であった．しかしながら難解な数学的手法で説明されるマクスウェルの理論を理解することは多くの科学者にとって容易なことではなく，即座に賛辞を送ったのは **Hermann Helmholtz** (1821-1896) や **Ludwig Boltzmann** (1844-1906) などごく少数の

科学者に限られていた．大半の科学者は実験証明のない疑わしい仮説として否定的であったといわれる．

波動方程式（e）とその解（f）の導入

さて，それでは電磁波の実像に迫る意味で，式（a）〜（d）から式（e）および式（f1）〜（f3）が導かれる過程を考えてみよう．

電流の存在しない自由空間 $(x, y, z : t)$ について考える．電流が存在しない絶縁空間は（$\boldsymbol{I}=0$, div $\boldsymbol{D}=0$）であり，また $\boldsymbol{D}=\varepsilon_0\cdot\boldsymbol{E}$，$\boldsymbol{B}=\mu_0\cdot\boldsymbol{H}$ であるから式（b）は式（b'）のように書き換えられる．

$$rot\boldsymbol{B} = \varepsilon_0\mu_0\frac{\partial \boldsymbol{E}}{\partial t} \tag{b'}$$

$$rot\boldsymbol{E} = -\frac{\partial \boldsymbol{B}}{\partial t} \tag{d}$$

なお $rot\boldsymbol{E}$ は空間ベクトル $\boldsymbol{E}$ $(E_x, E_y, E_z : t)$ の回転であり，次式で定義されている（$rot\boldsymbol{B}$ も同様）．

$$\text{rot}\,\boldsymbol{E} = \nabla \times \boldsymbol{E} = \begin{bmatrix} x & y & z \\ \frac{\partial}{\partial x} & \frac{\partial}{\partial y} & \frac{\partial}{\partial z} \\ E_x & E_y & E_z \end{bmatrix} = x\left(\frac{\partial E_z}{\partial y} - \frac{\partial E_y}{\partial z}\right) + y\left(\frac{\partial E_x}{\partial z} - \frac{\partial E_z}{\partial x}\right) + z\left(\frac{\partial E_y}{\partial x} - \frac{\partial E_x}{\partial y}\right) \tag{g}$$

式（b'）と式（d）の両式より $\boldsymbol{E}$ ないし $\boldsymbol{B}$ の一方を消去することができる．$\boldsymbol{E}$ をその x, y, z 軸成分 E_x, E_y, E_z で表して式（d）の両辺の回転を行うと

$$\text{rot}(\text{rot}\,\boldsymbol{E}) = -\text{rot}\left(\frac{\partial \boldsymbol{B}}{\partial t}\right) \tag{h}$$

式（h）の左辺

$$\text{rot}(\text{rot}\,\boldsymbol{E}) = \begin{pmatrix} \frac{\partial}{\partial x}\left(\frac{\partial E_x}{\partial x}+\frac{\partial E_y}{\partial y}+\frac{\partial E_z}{\partial z}\right)-\left(\frac{\partial^2}{\partial x^2}+\frac{\partial^2}{\partial y^2}+\frac{\partial^2}{\partial z^2}\right)E_x \\ \frac{\partial}{\partial y}\left(\frac{\partial E_x}{\partial x}+\frac{\partial E_y}{\partial y}+\frac{\partial E_z}{\partial z}\right)-\left(\frac{\partial^2}{\partial x^2}+\frac{\partial^2}{\partial y^2}+\frac{\partial^2}{\partial z^2}\right)E_y \\ \frac{\partial}{\partial z}\left(\frac{\partial E_x}{\partial x}+\frac{\partial E_y}{\partial y}+\frac{\partial E_z}{\partial z}\right)-\left(\frac{\partial^2}{\partial x^2}+\frac{\partial^2}{\partial y^2}+\frac{\partial^2}{\partial z^2}\right)E_z \end{pmatrix} - \begin{pmatrix} -\left(\frac{\partial^2}{\partial x^2}+\frac{\partial^2}{\partial y^2}+\frac{\partial^2}{\partial z^2}\right)E_x \\ -\left(\frac{\partial^2}{\partial x^2}+\frac{\partial^2}{\partial y^2}+\frac{\partial^2}{\partial z^2}\right)E_y \\ -\left(\frac{\partial^2}{\partial x^2}+\frac{\partial^2}{\partial y^2}+\frac{\partial^2}{\partial z^2}\right)E_z \end{pmatrix}$$

$$= \text{grad}(\text{div}\,\boldsymbol{E}) - \nabla^2 \boldsymbol{E} = -\nabla^2 \boldsymbol{E} = -\left(\frac{\partial^2 \boldsymbol{E}}{\partial x^2}+\frac{\partial^2 \boldsymbol{E}}{\partial y^2}+\frac{\partial^2 \boldsymbol{E}}{\partial z^2}\right) \tag{i1}$$

ただし，電荷が存在しない（$\rho=0$）ので

$$\text{div}\,\boldsymbol{E} = \nabla\boldsymbol{E} = \frac{\partial E_x}{\partial x}+\frac{\partial E_y}{\partial y}+\frac{\partial E_z}{\partial z} = 0 \quad \text{である．なお} \quad \nabla^2 = \frac{\partial}{\partial x^2}+\frac{\partial}{\partial y^2}+\frac{\partial}{\partial z^2} \tag{i2}$$

式（h）の右辺 $= -\frac{\partial}{\partial t}(\text{rot}\,\boldsymbol{B}) = -\mu_0\cdot\frac{\partial}{\partial t}(\text{rot}\,\boldsymbol{H}) = -\mu_0\cdot\frac{\partial}{\partial t}\left(\varepsilon_0\cdot\frac{\partial \boldsymbol{E}}{\partial t}\right) = -\varepsilon_0\mu_0\cdot\frac{\partial^2 \boldsymbol{E}}{\partial t^2}$ (i3)

結局，式（h1）〜（h3）より，電荷が存在しない空間（$\rho=0$）では次式が成立する．

$$\frac{\partial^2 \boldsymbol{E}}{\partial x^2}+\frac{\partial^2 \boldsymbol{E}}{\partial y^2}+\frac{\partial^2 \boldsymbol{E}}{\partial z^2} = \varepsilon_0\mu_0\cdot\frac{\partial^2 \boldsymbol{E}}{\partial t^2} \tag{j1}$$

同様のプロセスで $\boldsymbol{B}$ を消去すれば（div $\boldsymbol{B}=0$ であることにも留意して）

$$\frac{\partial^2 \boldsymbol{B}}{\partial x^2}+\frac{\partial^2 \boldsymbol{B}}{\partial y^2}+\frac{\partial^2 \boldsymbol{B}}{\partial z^2} = \varepsilon_0\mu_0\cdot\frac{\partial^2 \boldsymbol{B}}{\partial t^2} \qquad \text{ただし，} c=1/\sqrt{\varepsilon_0\mu_0} \tag{j2}$$

自由空間における $\boldsymbol{E}$ $(x, y, z : t)$ と $\boldsymbol{B}$ $(x, y, z : t)$ に関する波動方程式が式（j1），（j2）として導かれた．電場 $\boldsymbol{E}$ と磁場 $\boldsymbol{B}$ は波動方程式として全く同形であるから，両者は任意の時空間 $(x, y, z : t)$ で絶えず同一位相，同一速度の波動様相を呈していることが示されている．

さて，ここで電磁波が x 軸方向へ向かって進行中であるとしよう（図参照）．電磁波は横波（$\boldsymbol{E}$, $\boldsymbol{B}$ は電磁波の進行方向 x と垂直な y-z 平面のみに現れる）であるから $\boldsymbol{E}$, $\boldsymbol{B}$ には x 軸方向成分はなくて $\partial E_x = 0$ である．この条件で式（i1）〜（i3）を再整理すると，$1/\partial x$ で偏微分する項と分子に E_x, ∂E_x を含む項がすべてゼロとなって消滅するから

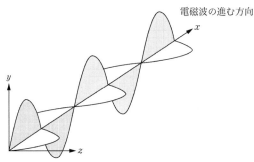

電磁波が x 軸を進むとき，電場 $\boldsymbol{E}$ と磁場 $\boldsymbol{B}$ は y-z 平面で直交関係を保ちつつ伴走する．

$$\begin{pmatrix} 0 \\ \dfrac{\partial^2 E_y}{\partial z^2}-\dfrac{\partial^2 E_z}{\partial y \partial z} \\ \dfrac{\partial^2 E_z}{\partial y^2}-\dfrac{\partial^2 E_y}{\partial y \partial z} \end{pmatrix} = \varepsilon_0 \mu_0 \dfrac{\partial^2 \boldsymbol{E}}{\partial t^2} = \varepsilon_0 \mu_0 \begin{pmatrix} \dfrac{\partial^2 E_x}{\partial t^2} \\ \dfrac{\partial^2 E_y}{\partial t^2} \\ \dfrac{\partial^2 E_z}{\partial t^2} \end{pmatrix} \tag{k1}$$

$\boldsymbol{B}$ についても $\partial E_x = 0$ として同様のプロセスで解くと次式を得る．

$$\begin{pmatrix} 0 \\ \dfrac{\partial^2 B_y}{\partial z^2}-\dfrac{\partial^2 B_z}{\partial y \partial z} \\ \dfrac{\partial^2 B_z}{\partial y^2}-\dfrac{\partial^2 B_y}{\partial y \partial z} \end{pmatrix} = \varepsilon_0 \mu_0 \dfrac{\partial^2 \boldsymbol{B}}{\partial t^2} = \varepsilon_0 \mu_0 \begin{pmatrix} \dfrac{\partial^2 B_x}{\partial t^2} \\ \dfrac{\partial^2 B_y}{\partial t^2} \\ \dfrac{\partial^2 B_z}{\partial t^2} \end{pmatrix} \tag{k2}$$

式 (k1), (k2) より，進行方向 に進む電磁波の $\boldsymbol{E}$, $\boldsymbol{B}$ は，x 軸方向成分がなくて（$\partial E_x=0$, $\partial B_x=0$) x 軸と垂直な y-z 平面のみに現れる平面波であるといえる．

電磁波が進行波として x 軸を進むとき，線ベクトル $\boldsymbol{E}$, $\boldsymbol{B}$ が y-z 平面内（図で y, z 軸を切る平面またはそれに平行な平面）にあることがわかったので，$\boldsymbol{E}$ の y 軸成分の様相をスナップショットとして考察してみよう．この場合は，式(k1) で $\partial E_x=0$ としてよいから，その第 2 式は

$$\dfrac{\partial^2 E_y}{\partial z^2} = \varepsilon_0 \mu_0 \dfrac{\partial^2 E_y}{\partial t^2} \tag{1}$$

となる．この式は第 18 章の式(18・5)で登場する波動方程式と同形であり，またその解は式(18・8) と同形となり次式を得る．

$$\left. \begin{aligned} E_x &= 0 \\ E_y &= E_{y1}(x-ct) + E_{y2}(x+ct) \\ E_z &= 0 \end{aligned} \right\} \tag{m}$$

さて，この段階で式(d)に戻って，この式を x, y, z 軸成分に分解して表せば

$$\left. \begin{aligned} \dfrac{\partial E_x}{\partial z} - \dfrac{\partial E_z}{\partial x} &= -\dfrac{\partial B_y}{\partial t} \\ \dfrac{\partial E_y}{\partial x} - \dfrac{\partial E_x}{\partial y} &= -\dfrac{\partial B_z}{\partial t} \\ \dfrac{\partial E_z}{\partial y} - \dfrac{\partial E_y}{\partial z} &= -\dfrac{\partial B_x}{\partial t} \end{aligned} \right\} \tag{d'}$$

式(d') に式(m) を代入すると $\partial E_y/\partial x$ 以外の項はすべてゼロになるから

$$\left.\begin{array}{l} -\dfrac{\partial B_y}{\partial t}=0 \\ \dfrac{\partial E_y}{\partial x}=-\dfrac{\partial B_z}{\partial t}=\dfrac{\partial}{\partial x}E_{y1}(x-ct)+\dfrac{\partial}{\partial x}E_{y2}(x+ct) \\ -\dfrac{\partial B_x}{\partial t}=0 \end{array}\right\} \quad (\mathrm{n})$$

したがって，B を時間 t で積分すれば

$$B_z=\frac{1}{c}E_{y1}(x-ct)+\frac{1}{c}E_{y2}(x+ct) \quad (\mathrm{o})$$

となる．式(m)の E と式(o)の B は同一時空間におけるスナップショットの姿であるが，E（時空ベクトル）が x-z 平面の y 軸方向に向いている瞬間には B は x-z 平面の z 軸方向きになっていることを示している．電界と磁界は絶えず直交関係（フレミングの右手則）となるのである．

また，式(m)と式(o)の比を求めれば次式が成り立つ．

$$\frac{E_y(x,t)}{B_z(x,t)}=\frac{E_m}{B_m}=\frac{1}{\sqrt{\mu_0\varepsilon_0}}=c=3\times10^8 \ [\mathrm{m/sec}] \quad (\mathrm{p})$$

x 方向に進む電磁波では E，B は電磁波の進行方向 x と垂直な y-z 平面の現象（横波）として現れる（式(m)，(o)より）のである．また，両者は絶えず直交関係を保ちつつ同じ速度 $c=1/\sqrt{\varepsilon_0\mu_0}$，同じ位相で x 方向に伴走する（式(p)より）ことを示している．

さて，以上により電波発信機や送電線の発する電磁波現象として以下のように理解できる．

電磁波の発生原因が発信機の場合には，電磁波はその発信点より 3 次元空間に平面波として一定速度 c で広がって伝搬していく．

では送電線の場合はどうか．電磁波の発生原因となる電荷は送電線に流れる電流（電荷の電線内移動）として送電線に沿って存在している．送電線（x 方向）に沿ってサージ性電流が侵入すればその電流と同スピードの平面波として電磁波 E，B が伴走する．また，送電線に交流（正弦波）電流が流れていれば送電線に沿う全地点 x に垂直な断面で上述の電磁波現象が展開されることになる．ただし，送電線では大地を帰路とする電流が逆方向に平行して流れているから，第 18 章の図 18·1 と式(18·1)～(18·6)とに示すようになることが理解できるであろう．送電線を流れる電流は 50/60 Hertz の電流であれ，サージであれ電荷の移動 $i=dq/dt$ として $c=300\,\mathrm{m}/\mu\mathrm{sec}$ の速度で進み，またその時周囲の空間には電界と磁界が同じ速度の横波として伴走するのである．

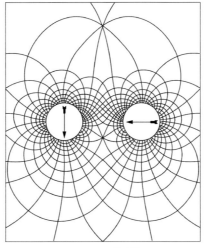

Maxwell の磁力線

Maxwell が Faraday への手紙に書き添えた図である．

Maxwell が1873年に発表した電磁波理論は **Heinrich Hertz**（1857-1894）によって1888年に証明され（休憩室：その5を参照），さらに1895年の **Guglielmo Marconi**（1874-1937）による1901年の大西洋横断無線通信の成功へとつながっていく．また **Albert Einstein**（1879-1955）が1905-1916年の間に相対性理論を完成するがその思考の過程では Maxwell が光の本質として指摘した波へのさらなる思考が中心であった．

　Maxwell はその他にも偉大な業績がいろいろあるが，中でも気体に関するマクスウェル-ボルツマンの法則が有名である．Maxwell は（Boltzmann とは独立に）気体に関する法則を見出し，熱とか温度という現象の本質は物質ではなく分子運動現象であることを明らかにした．電磁波理論と並んで熱の本質を見極めた業績は近世以前の科学から現代の科学に変化を遂げる節目となる最大の業績であったといえよう．

　Einstein の相対性理論が生まれて Newton の法則は修正を余儀なくされたが，Maxwell の電磁波理論はその後も全く修正を必要としないままで現代の科学理論の根底をなしている．20世紀のノーベル物理学者 **Richard Feynmann**（1918-1988）は Maxwell の業績に敬意を払って次のように述べている．「1 000 年単位で人類の全歴史を振り返るとき，19世紀に生じた最大の出来事は Maxwell が導いた電磁波理論であると断言できる」．

第6章 α-β-0法とその応用

a-b-c相⇔0-1-2相の変数変換をする対称座標法と並ぶ解析法として，a-b-c相⇔α-β-0相の変数変換を行う **α-β-0法（クラーク変換**ともいう）がある．対称座標法ではa-b-c相電気量との変換行列に a, a^2 なる複素オペレータが含まれるので商用周波現象（電気量を基本周波数の複素量として表しやすい）では非常な威力を発揮するが，過渡現象やひずみ波形現象（基本周波数の複素ベクトル電気量に別の周波数成分が加わる），さらに進行波現象（電気量が実数瞬時値で，ベクトルのイメージがない）などでは使いずらいことがある．

これに対して，α-β-0法ではa-b-c相⇔α-β-0法の電気量変換行列がすべて実数で定義されているので，対称座標法にない優れた特徴がある．例えば，検討対象となる回路条件が未知の状態で波形が得られているが方程式表示が不明な電気量の場合，その波形を変換行列 a, a^{-1} が複素数の対称座標法成分に変換して表現することはできないが，一方の α-β-0法では変換行列 $α$, $α^{-1}$ が実数だけを含むので3相分の波形を定義式に従って時系列的に $α$ 成分，$β$ 成分，0 成分に波形変換をすることができる．α-β-0法の優れた特徴である．また，対称座標法では事実上手計算が不可能でも α-β-0法によれば簡単に答えを導くことができるケース（例えば，遮断器の開閉過渡計算における第2, 3相遮断時の現象．第19章参照）もある．

本章では，初めに α-β-0法を定義した後，一般波形について対称座標法との基本的な相互関係を考察し，次に α-β-0法による線路や機器のモデリングと故障解析法などについて紹介する．

6・1 α-β-0法の定義

3相系統のa-b-c相電圧に対応して α-β-0法による電圧・電流は次のように定義される．

変換式

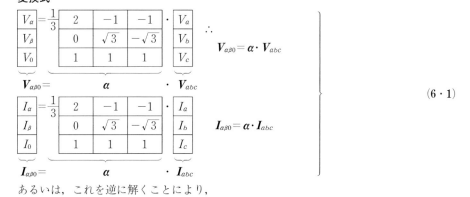

あるいは，これを逆に解くことにより，

逆変換式

$$\begin{bmatrix} V_a \\ V_b \\ V_c \end{bmatrix} = \begin{bmatrix} 1 & 0 & 1 \\ -\frac{1}{2} & \frac{\sqrt{3}}{2} & 1 \\ -\frac{1}{2} & -\frac{\sqrt{3}}{2} & 1 \end{bmatrix} \cdot \begin{bmatrix} V_\alpha \\ V_\beta \\ V_0 \end{bmatrix} \quad V_{abc} = \alpha^{-1} \cdot V_{\alpha\beta 0}$$

$$\begin{bmatrix} I_a \\ I_b \\ I_c \end{bmatrix} = \begin{bmatrix} 1 & 0 & 1 \\ -\frac{1}{2} & \frac{\sqrt{3}}{2} & 1 \\ -\frac{1}{2} & -\frac{\sqrt{3}}{2} & 1 \end{bmatrix} \cdot \begin{bmatrix} I_\alpha \\ I_\beta \\ I_0 \end{bmatrix} \quad I_{abc} = \alpha^{-1} \cdot I_{\alpha\beta 0}$$

(6・2)

α-β-0 法では変換オペレータ行列 α, α^{-1} が実数行列であるから，**電気量 V_a, V_b, V_c が複素数であれば V_α, V_β, V_0 も複素数であり，また V_a, V_b, V_c が実数値であれば V_α, V_β, V_0 もまた実数値であり**，電流についても同様である．なお，α と α^{-1} は逆行列の関係にあり，$\alpha \cdot \alpha^{-1} = 1$（1 は単行行列）の関係にあることはいうまでもない．

α-β-0 法では，α, α^{-1} が実数行列であるから，例えばオシログラフ観測による3相回路のひずみ波形電圧があるとして，**この波形を α-β-0 法の定義どおりに直截的に波形合成して V_α, V_β, V_0 の波形を求めることもできる**．対称座標法では a, a^{-1} が複素オペレータ行列であるために複数の周波数成分からなる電気量（例えば，過渡現象電気量）の観測波形が与えられても（式として与えられていなければ）これから対称分波形を合成することはできない．このことは α-β-0 法の優れた特徴としてはじめに認識しておきたい（6・2節でさらに考察する）．

a-b-c 相電気量 ⇔ α-β-0 電気量を複素数で表した場合の相互関係を**図 6・1**(a)，(b) に示す．

図 6・1(a) を参照して，α-β-0 領域の電気量には次のような性質がある．

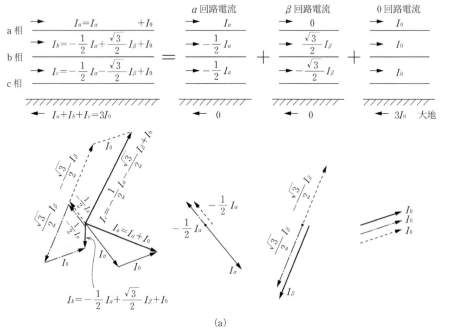

(a)

図 6・1 I_a, I_b, I_c と I_α, I_β, I_0 の関係

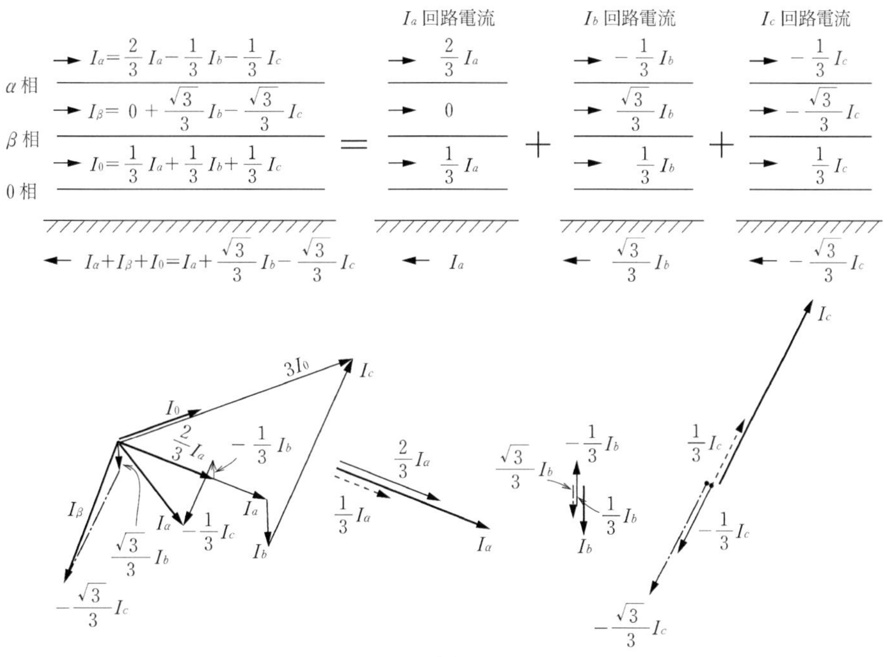

I_a 回路電流
I_b 回路電流
I_c 回路電流
α 相
β 相
0 相
$I_\alpha=\frac{2}{3}I_a-\frac{1}{3}I_b-\frac{1}{3}I_c$
$I_\beta=0+\frac{\sqrt{3}}{3}I_b-\frac{\sqrt{3}}{3}I_c$
$I_0=\frac{1}{3}I_a+\frac{1}{3}I_b+\frac{1}{3}I_c$
$I_\alpha+I_\beta+I_0=I_a+\frac{\sqrt{3}}{3}I_b-\frac{\sqrt{3}}{3}I_c$
$\frac{2}{3}I_a$
0
$\frac{1}{3}I_a$
I_a
$-\frac{1}{3}I_b$
$\frac{\sqrt{3}}{3}I_b$
$\frac{1}{3}I_b$
$\frac{\sqrt{3}}{3}I_b$
$-\frac{1}{3}I_c$
$-\frac{\sqrt{3}}{3}I_c$
$\frac{1}{3}I_c$
$-\frac{\sqrt{3}}{3}I_c$
$3I_0$
I_0
I_c
$\frac{2}{3}I_\alpha$
I_β
I_α
I_b
$\frac{1}{3}I_a$

(b)

図 6・1　(つづき)

α 電流成分は a 相に I_α，b 相に $-\frac{1}{2}I_\alpha$，c 相に $-\frac{1}{2}I_\alpha$ が流れる．すなわち α 電流成分は a 相から I_α 流れて，b-c 相からその 1/2 ずつ分流して帰ってくる．a 相から流れた電流はすべて b-c 相から帰ってくるのであるから当然大地には流れない．

β 電流成分は b 相に $\frac{\sqrt{3}}{2}I_\beta$，c 相に $-\frac{\sqrt{3}}{2}I_\beta$ 流れる．すなわち，$\frac{\sqrt{3}}{2}I_\beta$ が b 相から流れて c 相から帰ってくる．β 電流は a 相および大地には流れない．

零相電流成分は，a 相，b 相，c 相にそれぞれ I_0 流れて大地から $3I_0$ 帰ってくる．すなわち，α-β-0 法における零相電流の定義は対称座標法における零相電流と同じように定義されるのである．

6・2　α-β-0 法と対称座標法の相互関係と任意波形電気量の表現

対称座標法は一種の変数変換法であるから，$(\boldsymbol{a},\boldsymbol{b},\boldsymbol{c})\leftrightarrow(\boldsymbol{0},\boldsymbol{1},\boldsymbol{2})$ となり，電気量間には 1 対 1 の対応関係がある．α-β-0 法も一種の変数変換法であるから $(\boldsymbol{a},\boldsymbol{b},\boldsymbol{c})\leftrightarrow(\boldsymbol{\alpha},\boldsymbol{\beta},\boldsymbol{0})$ となり，電気量間には 1 対 1 の対応関係がある．したがって，対称座標法 $(\boldsymbol{0},\boldsymbol{1},\boldsymbol{2})\leftrightarrow\alpha,\beta,0$ 法 $(\boldsymbol{\alpha},\boldsymbol{\beta},\boldsymbol{0})$ の電気量にも相互に 1 対 1 の対応関係がある．以下では電圧を例にしてこの点について考えてみよう．なお，ここでは**実数瞬時値**を小文字 v で表し，**複素数瞬時値**を大文字 V で区別して表現するものとする．電圧が基本波，直流，高調波をすべて含んでいるとすれば，

$$\left.\begin{aligned}V_a(t)&=\sum_{k=0}^{n}|V_{ak}|\cdot e^{j(k\omega t+\theta_{ak})}\\V_b(t)&=\sum_{k=0}^{n}|V_{bk}|\cdot e^{j(k\omega t+\theta_{bk})}\\V_c(t)&=\sum_{k=0}^{n}|V_{ck}|\cdot e^{j(k\omega t+\theta_{ck})}\end{aligned}\right\}\quad\text{複素数表現}\qquad(6\cdot 3\,\mathrm{a})$$

あるいは，

$$\left.\begin{array}{l} v_a(t) = \sum_{k=0}^{n} |V_{ak}| \cos(k\omega t + \theta_{ak}) \\ v_b(t) = \sum_{k=0}^{n} |V_{bk}| \cos(k\omega t + \theta_{bk}) \\ v_c(t) = \sum_{k=0}^{n} |V_{ck}| \cos(k\omega t + \theta_{ck}) \end{array}\right\} \text{実数表現} \quad (6 \cdot 3 \text{b})$$

このような電気量に対して，対称座標法・α-β-0法ではどのようになるかを考えてみる．

6・2・1 対称座標法による任意波形電気量の表現

対称座標法の定義は2章の式(2・1)，(2・4)であったから，$a = e^{j120°}$，$a^2 = e^{-j120°}$に留意して，

複素数表現では，

$$\begin{array}{|c|} \hline V_0(t) \\ \hline V_1(t) \\ \hline V_2(t) \\ \hline \end{array} = \frac{1}{3} \begin{array}{|c|} \hline V_a(t) + V_b(t) + V_c(t) \\ \hline V_a(t) + a V_b(t) + a^2 V_c(t) \\ \hline V_a(t) + a^2 V_b(t) + a V_c(t) \\ \hline \end{array}$$

$$= \frac{1}{3} \begin{array}{|c|} \hline \sum_{k=0}^{n} |V_{ak}| \cdot e^{j(k\omega t + \theta_{ak})} + \sum_{k=0}^{n} |V_{bk}| \cdot e^{j(k\omega t + \theta_{bk})} + \sum_{k=0}^{n} |V_{ck}| \cdot e^{j(k\omega t + \theta_{ck})} \\ \hline \sum_{k=0}^{n} |V_{ak}| \cdot e^{j(k\omega t + \theta_{ak})} + \sum_{k=0}^{n} |V_{bk}| \cdot e^{j(k\omega t + \theta_{bk} + 120°)} + \sum_{k=0}^{n} |V_{ck}| \cdot e^{j(k\omega t + \theta_{ck} - 120°)} \\ \hline \sum_{k=0}^{n} |V_{ak}| \cdot e^{j(k\omega t + \theta_{ak})} + \sum_{k=0}^{n} |V_{bk}| \cdot e^{j(k\omega t + \theta_{bk} - 120°)} + \sum_{k=0}^{n} |V_{ck}| \cdot e^{j(k\omega t + \theta_{ck} + 120°)} \\ \hline \end{array}$$

(6・4 a)

実数表現では，上式の実数部となり，

$$\begin{array}{|c|} \hline v_0(t) \\ \hline v_1(t) \\ \hline v_2(t) \\ \hline \end{array} = \begin{array}{|c|} \hline \text{Real}\{V_0(t)\} \\ \hline \text{Real}\{V_1(t)\} \\ \hline \text{Real}\{V_2(t)\} \\ \hline \end{array}$$

$$= \frac{1}{3} \begin{array}{|c|} \hline \sum_{k=0}^{n} |V_{ak}| \cos(k\omega t + \theta_{ak}) + \sum_{k=0}^{n} |V_{bk}| \cos(k\omega t + \theta_{bk}) \\ + \sum_{k=0}^{n} |V_{ck}| \cos(k\omega t + \theta_{ck}) \\ \hline \sum_{k=0}^{n} |V_{ak}| \cos(k\omega t + \theta_{ak}) + \sum_{k=0}^{n} |V_{bk}| \cos(k\omega t + \theta_{bk} + 120°) \\ + \sum_{k=0}^{n} |V_{ck}| \cos(k\omega t + \theta_{ck} - 120°) \\ \hline \sum_{k=0}^{n} |V_{ak}| \cos(k\omega t + \theta_{ak}) + \sum_{k=0}^{n} |V_{bk}| \cos(k\omega t + \theta_{bk} - 120°) \\ + \sum_{k=0}^{n} |V_{ck}| \cos(k\omega t + \theta_{ck} + 120°) \\ \hline \end{array}$$

(6・4 b)

となる．

6・2・2 α-β-0法による任意波形電気量の表現

α-β-0法では実数表現・複素数表現いずれでも式(6・1)，(6・2)が成り立つのであるから，

複素数表現では，

$$\begin{array}{|c|} \hline V_\alpha(t) \\ \hline V_\beta(t) \\ \hline V_0(t) \\ \hline \end{array} = \frac{1}{3} \begin{array}{|c|} \hline 2V_a(t) - V_b(t) - V_c(t) \\ \hline \sqrt{3}\{V_b(t) - V_c(t)\} \\ \hline V_a(t) + V_b(t) + V_c(t) \\ \hline \end{array}$$

$$= \frac{1}{3} \begin{array}{|l|} \hline 2\sum_{k=0}^{n}|V_{ak}|\mathrm{e}^{j(k\omega t+\theta_{ak})} - \sum_{k=0}^{n}|V_{bk}|\mathrm{e}^{j(k\omega t+\theta_{bk})} - \sum_{k=0}^{n}|V_{ck}|\mathrm{e}^{j(k\omega t+\theta_{ck})} \\ \hline \sqrt{3}\left\{\sum_{k=0}^{n}|V_{bk}|\mathrm{e}^{j(k\omega t+\theta_{bk})} - \sum_{k=0}^{n}|V_{ck}|\mathrm{e}^{j(k\omega t+\theta_{ck})}\right\} \\ \hline \sum_{k=0}^{n}|V_{ak}|\mathrm{e}^{j(k\omega t+\theta_{ak})} + \sum_{k=0}^{n}|V_{bk}|\mathrm{e}^{j(k\omega t+\theta_{bk})} + \sum_{k=0}^{n}|V_{ck}|\mathrm{e}^{j(k\omega t+\theta_{ck})} \\ \hline \end{array} \quad (6\cdot5\mathrm{a})$$

実数表現では,

$$\begin{array}{|l|} \hline v_\alpha(t) \\ \hline v_\beta(t) \\ \hline v_0(t) \\ \hline \end{array} = \frac{1}{3} \begin{array}{|l|} \hline 2v_a(t)-v_b(t)-v_c(t) \\ \hline \sqrt{3}\{v_b(t)-v_c(t)\} \\ \hline v_a(t)+v_b(t)+v_c(t) \\ \hline \end{array}$$

$$= \frac{1}{3} \begin{array}{|l|} \hline 2\sum_{k=0}^{n}|V_{ak}|\cos(k\omega t+\theta_{ak}) - \sum_{k=0}^{n}|V_{bk}|\cos(k\omega t+\theta_{bk}) \\ \quad - \sum_{k=0}^{n}|V_{ck}|\cos(k\omega t+\theta_{ck}) \\ \hline \sqrt{3}\left\{\sum_{k=0}^{n}|V_{bk}|\cos(k\omega t+\theta_{bk}) - \sum_{k=0}^{n}|V_{ck}|\cos(k\omega t+\theta_{ck})\right\} \\ \hline \sum_{k=0}^{n}|V_{ak}|\cos(k\omega t+\theta_{ak}) + \sum_{k=0}^{n}|V_{bk}|\cos(k\omega t+\theta_{bk}) \\ \quad + \sum_{k=0}^{n}|V_{ck}|\cos(k\omega t+\theta_{ck}) \\ \hline \end{array} \quad (6\cdot5\mathrm{b})$$

となる.

6・2・3 α-β-0 法と対称座標法の相互関係

電気量を**複素数表現**で表すものとして両者の関係を調べてみる.
対称座標法関係式は式 (2・1), (2・2) より,

$$\left.\begin{array}{l} \boldsymbol{V}_{012} = \boldsymbol{a}\cdot\boldsymbol{V}_{abc} \quad \cdots\cdots① \qquad \boldsymbol{V}_{abc} = \boldsymbol{a}^{-1}\cdot\boldsymbol{V}_{012} \quad \cdots\cdots② \\ \alpha\text{-}\beta\text{-}0\text{ 法関係式は式 } (6\cdot1), (6\cdot2) \text{ より,} \\ \boldsymbol{V}_{\alpha\beta 0} = \boldsymbol{\alpha}\cdot\boldsymbol{V}_{abc} \quad \cdots\cdots③ \qquad \boldsymbol{V}_{abc} = \boldsymbol{\alpha}^{-1}\cdot\boldsymbol{V}_{\alpha\beta 0} \quad \cdots\cdots④ \end{array}\right\} \quad (6\cdot6)$$

したがって,

$$\left.\begin{array}{l} \boldsymbol{V}_{\alpha\beta 0} = \boldsymbol{\alpha}\cdot\boldsymbol{V}_{abc} = \boldsymbol{\alpha}\cdot(\boldsymbol{a}^{-1}\cdot\boldsymbol{V}_{012}) = (\boldsymbol{\alpha}\cdot\boldsymbol{a}^{-1})\cdot\boldsymbol{V}_{012} \\ \boldsymbol{V}_{012} = \boldsymbol{a}\cdot\boldsymbol{V}_{abc} = \boldsymbol{a}\cdot(\boldsymbol{\alpha}^{-1}\cdot\boldsymbol{V}_{\alpha\beta 0}) = (\boldsymbol{a}\cdot\boldsymbol{\alpha}^{-1})\cdot\boldsymbol{V}_{\alpha\beta 0} \end{array}\right\} \quad (6\cdot7)$$

ところで $\boldsymbol{\alpha}\cdot\boldsymbol{a}^{-1}$ および $\boldsymbol{a}\cdot\boldsymbol{\alpha}^{-1}$ は,

$$\left.\begin{array}{l} \boldsymbol{\alpha}\cdot\boldsymbol{a}^{-1} = \dfrac{1}{3}\begin{pmatrix} 2 & -1 & -1 \\ 0 & \sqrt{3} & -\sqrt{3} \\ 1 & 1 & 1 \end{pmatrix} \cdot \begin{pmatrix} 1 & 1 & 1 \\ 1 & a^2 & a \\ 1 & a & a^2 \end{pmatrix} \\ \\ = \dfrac{1}{3}\begin{pmatrix} 0 & 2-(a^2+a) & 2-(a+a^2) \\ 0 & \sqrt{3}(a^2-a) & \sqrt{3}(a-a^2) \\ 3 & 1+a^2+a & 1+a+a^2 \end{pmatrix} = \begin{pmatrix} 0 & 1 & 1 \\ 0 & -j & j \\ 1 & 0 & 0 \end{pmatrix} \\ \\ \boldsymbol{a}\cdot\boldsymbol{\alpha}^{-1} = \dfrac{1}{3}\begin{pmatrix} 1 & 1 & 1 \\ 1 & a & a^2 \\ 1 & a^2 & a \end{pmatrix} \cdot \begin{pmatrix} 1 & 0 & 1 \\ -\dfrac{1}{2} & \dfrac{\sqrt{3}}{2} & 1 \\ -\dfrac{1}{2} & -\dfrac{\sqrt{3}}{2} & 1 \end{pmatrix} = \begin{pmatrix} 0 & 0 & 1 \\ \dfrac{1}{2} & \dfrac{1}{2}j & 0 \\ \dfrac{1}{2} & -\dfrac{1}{2}j & 0 \end{pmatrix} \end{array}\right\} \quad (6\cdot8)$$

となる.したがって,次の関係式が得られる.

V_α =	0	1	1	·	V_0
V_β	0	$-j$	j		V_1
V_0	1	0	0		V_2

$\boldsymbol{V}_{\alpha\beta 0} = \qquad (\boldsymbol{a} \cdot \boldsymbol{a}^{-1}) \qquad \cdot \boldsymbol{V}_{012}$

あるいは,
$$V_\alpha(t) = V_1(t) + V_2(t)$$
$$V_\beta(t) = -j\{V_1(t) - V_2(t)\}$$
$$V_0(t) = V_0(t)$$
(6・9)

V_0 =	0	0	1	·	V_α
V_1	$\frac{1}{2}$	$\frac{1}{2}j$	0		V_β
V_2	$\frac{1}{2}$	$-\frac{1}{2}j$	0		V_0

$\boldsymbol{V}_{012} = \qquad (\boldsymbol{a} \cdot \boldsymbol{a}^{-1}) \qquad \cdot \boldsymbol{V}_{\alpha\beta 0}$

$$V_0(t) = V_0(t)$$
$$V_1(t) = \frac{1}{2}\{V_\alpha(t) + jV_\beta(t)\}$$
$$V_2(t) = \frac{1}{2}\{V_\alpha(t) - jV_\beta(t)\}$$
(6・10)

となる. 式(6・9), (6・10)が**複素数表現の電気量に関する α-β-0 法と対称座標法の相互関係**である. V_α は正, 逆相複素電圧 V_1, V_2 の和であり, V_β は正, 逆相複素電圧 V_1, V_2 の差に $-j$ を掛けたもの ($V_1 - V_2$ を時計方向に 90° 回転させたもの) であることがわかる. 電流についても同様である.

特に基本波の場合の対称座標法と α-β-0 法の関係は,

複素数表現
$$V_0(t) = |V_0|e^{j(\omega t + \theta_0)}$$
$$V_1(t) = |V_1|e^{j(\omega t + \theta_1)}$$
$$V_2(t) = |V_2|e^{j(\omega t + \theta_2)}$$

あるいは 実数表現
$$v_0(t) = |V_0|\cos(\omega t + \theta_0)$$
$$v_1(t) = |V_1|\cos(\omega t + \theta_1)$$
$$v_2(t) = |V_2|\cos(\omega t + \theta_2)$$
(6・11)

とすれば, 複素数表現では,

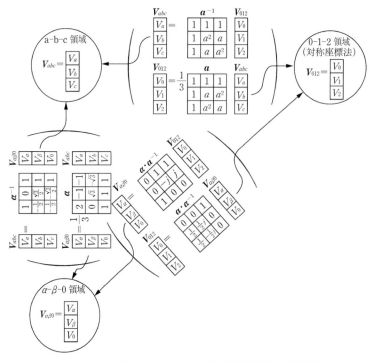

図 6・2 a-b-c 法・0-1-2 法・α-β-0 法の複素電気量の相互関係

$$V_a(t) = V_1(t) + V_2(t) = |V_1|e^{j(\omega t+\theta_1)} + |V_2|e^{j(\omega t+\theta_2)}$$
$$V_\beta(t) = -j\{V_1(t) - V_2(t)\} = e^{-j90°}\{|V_1|e^{j(\omega t+\theta_1)} - |V_2|e^{j(\omega t+\theta_2)}\} \quad \cdots ①$$
$$V_0(t) = |V_0|e^{j(\omega t+\theta_0)}$$

あるいは，実数表現では，
$$v_a(t) = |V_1|\cos(\omega t+\theta_1) + |V_2|\cos(\omega t+\theta_2)$$
$$v_\beta(t) = |V_1|\cos(\omega t+\theta_1-90°) - |V_2|\cos(\omega t+\theta_2-90°)$$
$$= |V_1|\sin(\omega t+\theta_1) - |V_2|\sin(\omega t+\theta_2) \quad\cdots\cdots ②$$
$$v_0(t) = |V_0|\cos(\omega t+\theta_0)$$
(6・12)

となる．以上の説明を整理して a–b–c 法・α–β–0 法・対称座標法の複素電気量の相互関係を図 6・2 に示す．

6・3 α–β–0 法におけるインピーダンス

3 相回路の一般式は次式で表される．
$$\boldsymbol{E}_{abc} - \boldsymbol{V}_{abc} = \boldsymbol{Z}_{abc} \cdot \boldsymbol{I}_{abc} \tag{6・13}$$

これを対称座標法関係式に変換する手法はすでに 2・3 節で述べたとおりである．上式に $\boldsymbol{E}_{abc} = \boldsymbol{a}^{-1} \cdot \boldsymbol{E}_{012}$, $\boldsymbol{V}_{abc} = \boldsymbol{a}^{-1} \cdot \boldsymbol{V}_{012}$, $\boldsymbol{I}_{abc} = \boldsymbol{a}^{-1} \cdot \boldsymbol{I}_{012}$ を代入して整理すれば，
$$\boldsymbol{E}_{012} - \boldsymbol{V}_{012} = (\boldsymbol{a} \cdot \boldsymbol{Z}_{abc} \cdot \boldsymbol{a}^{-1}) \cdot \boldsymbol{I}_{012} \equiv \boldsymbol{Z}_{012} \cdot \boldsymbol{I}_{012}$$
ただし，$\boldsymbol{Z}_{012} = (\boldsymbol{a} \cdot \boldsymbol{Z}_{abc} \cdot \boldsymbol{a}^{-1})$
(6・14)

となり，これが対称座標法の基本式である．

同様の手法で式(6・13)を α–β–0 法基本式に変換する．

α–β–0 法の定義式は，
$$\boldsymbol{E}_{\alpha\beta 0} = \boldsymbol{\alpha} \cdot \boldsymbol{E}_{abc}, \quad \boldsymbol{E}_{abc} = \boldsymbol{\alpha}^{-1} \cdot \boldsymbol{E}_{\alpha\beta 0}$$
$$\boldsymbol{V}_{\alpha\beta 0} = \boldsymbol{\alpha} \cdot \boldsymbol{V}_{abc}, \quad \boldsymbol{V}_{abc} = \boldsymbol{\alpha}^{-1} \cdot \boldsymbol{V}_{\alpha\beta 0}$$
$$\boldsymbol{I}_{\alpha\beta 0} = \boldsymbol{\alpha} \cdot \boldsymbol{I}_{abc}, \quad \boldsymbol{I}_{abc} = \boldsymbol{\alpha}^{-1} \cdot \boldsymbol{I}_{\alpha\beta 0}$$
(6・15)

で表されるから，これらを式(6・13)に代入すれば，
$$\boldsymbol{\alpha}^{-1} \cdot \boldsymbol{E}_{\alpha\beta 0} - \boldsymbol{\alpha}^{-1} \cdot \boldsymbol{V}_{\alpha\beta 0} = \boldsymbol{Z}_{abc} \cdot \boldsymbol{\alpha}^{-1} \cdot \boldsymbol{I}_{\alpha\beta 0}$$

左右各項に $\boldsymbol{\alpha}$ を左積し，$\boldsymbol{\alpha} \cdot \boldsymbol{\alpha}^{-1} = 1$ であることに留意すれば，
$$\boldsymbol{E}_{\alpha\beta 0} - \boldsymbol{V}_{\alpha\beta 0} = (\boldsymbol{\alpha} \cdot \boldsymbol{Z}_{abc} \cdot \boldsymbol{\alpha}^{-1}) \cdot \boldsymbol{I}_{\alpha\beta 0} \equiv \boldsymbol{Z}_{\alpha\beta 0} \cdot \boldsymbol{I}_{\alpha\beta 0}$$
ただし，$\boldsymbol{Z}_{\alpha\beta 0} = \boldsymbol{\alpha} \cdot \boldsymbol{Z}_{abc} \cdot \boldsymbol{\alpha}^{-1}$
(6・16)

となる．これが式(6・13)を α–β–0 法に変換した場合の基本式となる．

式(6・14)と(6・16)のインピーダンスに注目すれば，
$$\boldsymbol{Z}_{012} = \boldsymbol{a} \cdot \boldsymbol{Z}_{abc} \cdot \boldsymbol{a}^{-1} \quad \text{あるいは} \quad \boldsymbol{Z}_{abc} = \boldsymbol{a}^{-1} \cdot \boldsymbol{Z}_{012} \cdot \boldsymbol{a}$$
$$\boldsymbol{Z}_{\alpha\beta 0} = \boldsymbol{\alpha} \cdot \boldsymbol{Z}_{abc} \cdot \boldsymbol{\alpha}^{-1} \quad \text{あるいは} \quad \boldsymbol{Z}_{abc} = \boldsymbol{\alpha}^{-1} \cdot \boldsymbol{Z}_{\alpha\beta 0} \cdot \boldsymbol{\alpha}$$
(6・17)

である．これより $\boldsymbol{Z}_{012}$ と $\boldsymbol{Z}_{\alpha\beta 0}$ の関係を求めると，
$$\boldsymbol{Z}_{\alpha\beta 0} = \boldsymbol{\alpha} \cdot \boldsymbol{Z}_{abc} \cdot \boldsymbol{\alpha}^{-1} = \boldsymbol{\alpha} \cdot (\boldsymbol{a}^{-1} \cdot \boldsymbol{Z}_{012} \cdot \boldsymbol{a}) \cdot \boldsymbol{\alpha}^{-1} = (\boldsymbol{\alpha} \cdot \boldsymbol{a}^{-1}) \cdot \boldsymbol{Z}_{012} \cdot (\boldsymbol{a} \cdot \boldsymbol{\alpha}^{-1})$$
したがって，$\boldsymbol{E}_{\alpha\beta 0} - \boldsymbol{V}_{\alpha\beta 0} = \boldsymbol{Z}_{\alpha\beta 0} \cdot \boldsymbol{I}_{\alpha\beta 0}$
ただし，$\boldsymbol{Z}_{\alpha\beta 0} = \boldsymbol{\alpha} \cdot \boldsymbol{Z}_{abc} \cdot \boldsymbol{\alpha}^{-1} = (\boldsymbol{\alpha} \cdot \boldsymbol{a}^{-1}) \cdot \boldsymbol{Z}_{012} \cdot (\boldsymbol{a} \cdot \boldsymbol{\alpha}^{-1})$
(6・18)

となる．この式の中の $\boldsymbol{\alpha} \cdot \boldsymbol{a}^{-1}$ および $\boldsymbol{a} \cdot \boldsymbol{\alpha}^{-1}$ は式(6・8)で求めたとおりである．α–β–0 法におけるインピーダンス $\boldsymbol{Z}_{\alpha\beta 0}$ は式(6・18)によって求められることが理解されるであろう．なお，式(6・13)，(6・14)，(6・18)はそれぞれ 1 対 1 対応の関係にあることはもちろんである．

α–β–0 回路では送電線や発電機などがどのようなインピーダンスになるかは次節で検討する．

6・4 3相回路の α-β-0 法基本式と等価回路

6・4・1 1回線送電線

図1・1に示したような地点 m-n 間の1回線送電線の対称分インピーダンスは式(2・15)および図2・5に示すように,

$$\boldsymbol{Z}_{012} = \begin{bmatrix} Z_0 & 0 & 0 \\ 0 & Z_1 & 0 \\ 0 & 0 & Z_2 \end{bmatrix} \quad \text{ただし,} \quad \begin{aligned} Z_1 &= Z_2 = Z_s - Z_m \\ Z_0 &= Z_s + 2Z_m \end{aligned} \quad (6\cdot19)$$

であった.これより式(6・18)を使って $\boldsymbol{Z}_{\alpha\beta0}$ を求めれば,

$$\boldsymbol{Z}_{\alpha\beta0} = \begin{bmatrix} Z_{\alpha\alpha} & Z_{\alpha\beta} & Z_{\alpha 0} \\ Z_{\beta\alpha} & Z_{\beta\beta} & Z_{\beta 0} \\ Z_{0\alpha} & Z_{0\beta} & Z_{00} \end{bmatrix} = (\boldsymbol{a}\cdot\boldsymbol{a}^{-1})\cdot\boldsymbol{Z}_{012}\cdot(\boldsymbol{a}\cdot\boldsymbol{a}^{-1})$$

$$= \begin{bmatrix} 0 & 1 & 1 \\ 0 & -j & j \\ 1 & 0 & 0 \end{bmatrix} \cdot \begin{bmatrix} Z_0 & 0 & 0 \\ 0 & Z_1 & 0 \\ 0 & 0 & Z_2 \end{bmatrix} \cdot \begin{bmatrix} 0 & 0 & 1 \\ \frac{1}{2} & \frac{1}{2}j & 0 \\ \frac{1}{2} & -\frac{1}{2}j & 0 \end{bmatrix}$$

$$= \begin{bmatrix} \frac{1}{2}(Z_1+Z_2) & \frac{1}{2}j(Z_1-Z_2) & 0 \\ -\frac{1}{2}j(Z_1-Z_2) & \frac{1}{2}(Z_1+Z_2) & 0 \\ 0 & 0 & Z_0 \end{bmatrix} \quad (6\cdot20)$$

となる.送電線では $Z_1 = Z_2$ であることに留意すると,式(6・20)はさらに簡単になり結局,1回線送電線の α-β-0 法基本式は,

$$\begin{bmatrix} {}_mV_\alpha \\ {}_mV_\beta \\ {}_mV_0 \end{bmatrix} - \begin{bmatrix} {}_nV_\alpha \\ {}_nV_\beta \\ {}_nV_0 \end{bmatrix} = \begin{bmatrix} Z_1 & 0 & 0 \\ 0 & Z_1 & 0 \\ 0 & 0 & Z_0 \end{bmatrix} \cdot \begin{bmatrix} I_\alpha \\ I_\beta \\ I_0 \end{bmatrix} \quad \text{ただし,} \quad \begin{aligned} Z_1 &= Z_2 = Z_s - Z_m \\ Z_0 &= Z_s + 2Z_m \end{aligned} \quad (6\cdot21)$$

$${}_m\boldsymbol{V}_{\alpha\beta0} - {}_n\boldsymbol{V}_{\alpha\beta0} = \boldsymbol{Z}_{\alpha\beta0} \cdot \boldsymbol{I}_{\alpha\beta0}$$

となる.この等価回路を図6・3に示す.1回線送電線の α-β-0 法によるインピーダンス $\boldsymbol{Z}_{\alpha\beta0}$ は対称座標法による $\boldsymbol{Z}_{012}$ とまったく同じであり,$\boldsymbol{Z}_{\alpha\beta0} = \boldsymbol{Z}_{012}$ となる.したがって,α-β-0 法の等価回路図6・3は対称座標法の等価回路図2・5とまったく同形となる.結局,α-β-0 法の零相回路は対称座標法の零相回路と同じとし,また α 回路,β 回路インピーダンスは,正相インピーダンスをそのまま用いればよいことがわかる.

6・4・2 平行2回線送電線

平行2回線(十分にねん架されているものとする)の対称分基本式は式(2・20),すなわちシンボリックに表せば,

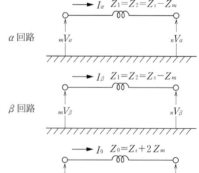

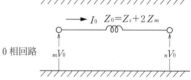

図 6・3 1回線送電線の α-β-0 法等価回路

6·4 3相回路の α-β-0 法基本式と等価回路

$$\begin{bmatrix} {}^1_m\boldsymbol{V}_{012} - {}^1_n\boldsymbol{V}_{012} \\ {}^2_m\boldsymbol{V}_{012} - {}^2_n\boldsymbol{V}_{012} \end{bmatrix} = \begin{bmatrix} \boldsymbol{Z}_{012} & \boldsymbol{Z}_{0M} \\ \boldsymbol{Z}_{0M} & \boldsymbol{Z}_{012} \end{bmatrix} \cdot \begin{bmatrix} {}^1\boldsymbol{I}_{012} \\ {}^2\boldsymbol{I}_{012} \end{bmatrix}$$

あるいは，${}^1_m\boldsymbol{V}_{012} - {}^1_n\boldsymbol{V}_{012} = \boldsymbol{Z}_{012} \cdot {}^1\boldsymbol{I}_{012} + \boldsymbol{Z}_{0M} \cdot {}^2\boldsymbol{I}_{012}$

${}^2_m\boldsymbol{V}_{012} - {}^2_n\boldsymbol{V}_{012} = \boldsymbol{Z}_{0M} \cdot {}^1\boldsymbol{I}_{012} + \boldsymbol{Z}_{012} \cdot {}^2\boldsymbol{I}_{012}$ \hfill (6·22)

ただし，$\boldsymbol{Z}_{012} = \begin{bmatrix} Z_0 & 0 & 0 \\ 0 & Z_1 & 0 \\ 0 & 0 & Z_1 \end{bmatrix}$ $\boldsymbol{Z}_{0M} = \begin{bmatrix} Z_{0M} & 0 & 0 \\ 0 & 0 & 0 \\ 0 & 0 & 0 \end{bmatrix}$

であった．式(6·14) が式(6·18) に変換されるのと同じ手法により，式(6·22) を α-β-0 法関係式に変換すれば，

${}^1_m\boldsymbol{V}_{\alpha\beta 0} - {}^1_n\boldsymbol{V}_{\alpha\beta 0} = (\boldsymbol{a}\cdot\boldsymbol{a}^{-1})\cdot\boldsymbol{Z}_{012}\cdot(\boldsymbol{a}\cdot\boldsymbol{a}^{-1})\cdot {}^1\boldsymbol{I}_{\alpha\beta 0} + (\boldsymbol{a}\cdot\boldsymbol{a}^{-1})\cdot\boldsymbol{Z}_{0M}\cdot(\boldsymbol{a}\cdot\boldsymbol{a}^{-1})\cdot {}^2\boldsymbol{I}_{\alpha\beta 0}$

${}^2_m\boldsymbol{V}_{\alpha\beta 0} - {}^2_n\boldsymbol{V}_{\alpha\beta 0} = (\boldsymbol{a}\cdot\boldsymbol{a}^{-1})\cdot\boldsymbol{Z}_{0M}\cdot(\boldsymbol{a}\cdot\boldsymbol{a}^{-1})\cdot {}^1\boldsymbol{I}_{\alpha\beta 0} + (\boldsymbol{a}\cdot\boldsymbol{a}^{-1})\cdot\boldsymbol{Z}_{012}\cdot(\boldsymbol{a}\cdot\boldsymbol{a}^{-1})\cdot {}^2\boldsymbol{I}_{\alpha\beta 0}$

あるいは

$$\begin{bmatrix} {}^1_m\boldsymbol{V}_{\alpha\beta 0} - {}^1_n\boldsymbol{V}_{\alpha\beta 0} \\ {}^2_m\boldsymbol{V}_{\alpha\beta 0} - {}^2_n\boldsymbol{V}_{\alpha\beta 0} \end{bmatrix} = \begin{bmatrix} (\boldsymbol{a}\cdot\boldsymbol{a}^{-1})\cdot\boldsymbol{Z}_{012}\cdot(\boldsymbol{a}\cdot\boldsymbol{a}^{-1}) & (\boldsymbol{a}\cdot\boldsymbol{a}^{-1})\cdot\boldsymbol{Z}_{0M}\cdot(\boldsymbol{a}\cdot\boldsymbol{a}^{-1}) \\ (\boldsymbol{a}\cdot\boldsymbol{a}^{-1})\cdot\boldsymbol{Z}_{0M}\cdot(\boldsymbol{a}\cdot\boldsymbol{a}^{-1}) & (\boldsymbol{a}\cdot\boldsymbol{a}^{-1})\cdot\boldsymbol{Z}_{012}\cdot(\boldsymbol{a}\cdot\boldsymbol{a}^{-1}) \end{bmatrix} \cdot \begin{bmatrix} {}^1\boldsymbol{I}_{\alpha\beta 0} \\ {}^2\boldsymbol{I}_{\alpha\beta 0} \end{bmatrix}$$

$$\equiv \begin{bmatrix} \boldsymbol{Z}_{\alpha\beta 0} & \boldsymbol{Z}_{\alpha\beta 0}{}' \\ \boldsymbol{Z}_{\alpha\beta 0}{}' & \boldsymbol{Z}_{\alpha\beta 0} \end{bmatrix} \cdot \begin{bmatrix} {}^1\boldsymbol{I}_{\alpha\beta 0} \\ {}^2\boldsymbol{I}_{\alpha\beta 0} \end{bmatrix}$$
\hfill (6·23)

となる．ところで $\boldsymbol{Z}_{\alpha\beta 0}$ は，1 回線の場合で求めた式(6·15) とまったく同形であり，

$$\boldsymbol{Z}_{\alpha\beta 0} = (\boldsymbol{a}\cdot\boldsymbol{a}^{-1})\cdot\boldsymbol{Z}_{012}\cdot(\boldsymbol{a}\cdot\boldsymbol{a}^{-1}) = \begin{bmatrix} Z_1 & 0 & 0 \\ 0 & Z_1 & 0 \\ 0 & 0 & Z_0 \end{bmatrix}$$

また，$\boldsymbol{Z}_{\alpha\beta 0}{}'$ は，

$$\boldsymbol{Z}_{\alpha\beta 0}{}' = (\boldsymbol{a}\cdot\boldsymbol{a}^{-1})\cdot\boldsymbol{Z}_{0M}\cdot(\boldsymbol{a}\cdot\boldsymbol{a}^{-1})$$

$$= \begin{bmatrix} 0 & 1 & 1 \\ 0 & -j & j \\ 1 & 0 & 0 \end{bmatrix} \cdot \begin{bmatrix} Z_{0M} & 0 & 0 \\ 0 & 0 & 0 \\ 0 & 0 & 0 \end{bmatrix} \cdot \begin{bmatrix} 0 & 0 & 1 \\ \frac{1}{2} & \frac{1}{2}j & 0 \\ \frac{1}{2} & -\frac{1}{2}j & 0 \end{bmatrix} = \begin{bmatrix} 0 & 0 & 0 \\ 0 & 0 & 0 \\ 0 & 0 & Z_{0M} \end{bmatrix}$$

となる．以上を整理して平行 2 回線の α-β-0 法基本関係式は，

$$\begin{bmatrix} {}^1_mV_\alpha - {}^1_nV_\alpha \\ {}^1_mV_\beta - {}^1_nV_\beta \\ {}^1_mV_0 - {}^1_nV_0 \\ {}^2_mV_\alpha - {}^2_nV_\alpha \\ {}^2_mV_\beta - {}^2_nV_\beta \\ {}^2_mV_0 - {}^2_nV_0 \end{bmatrix} = \begin{bmatrix} Z_1 & 0 & 0 & 0 & 0 & 0 \\ 0 & Z_1 & 0 & 0 & 0 & 0 \\ 0 & 0 & Z_0 & 0 & 0 & Z_{0M} \\ 0 & 0 & 0 & Z_1 & 0 & 0 \\ 0 & 0 & 0 & 0 & Z_1 & 0 \\ 0 & 0 & Z_{0M} & 0 & 0 & Z_0 \end{bmatrix} \cdot \begin{bmatrix} {}^1I_\alpha \\ {}^1I_\beta \\ {}^1I_0 \\ {}^2I_\alpha \\ {}^2I_\beta \\ {}^2I_0 \end{bmatrix}$$
\hfill (6·24 a)

ただし，式(2·20 a) を参照して

$Z_1 = Z_2 = Z_s - Z_m$

$Z_0 = Z_s + 2Z_m \quad Z_{0M} = 3Z_m{}'$

あるいは，

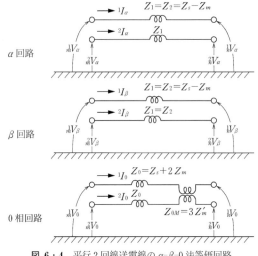

図 6・4 平行 2 回線送電線の α-β-0 法等価回路

$$
\left.
\begin{aligned}
\begin{vmatrix} {}^1_mV_\alpha \\ {}^2_mV_\alpha \end{vmatrix} - \begin{vmatrix} {}^1_nV_\alpha \\ {}^2_nV_\alpha \end{vmatrix} &= \begin{vmatrix} Z_1 & 0 \\ 0 & Z_1 \end{vmatrix} \cdot \begin{vmatrix} {}^1I_\alpha \\ {}^2I_\alpha \end{vmatrix} \\
\begin{vmatrix} {}^1_mV_\beta \\ {}^2_mV_\beta \end{vmatrix} - \begin{vmatrix} {}^1_nV_\beta \\ {}^2_nV_\beta \end{vmatrix} &= \begin{vmatrix} Z_1 & 0 \\ 0 & Z_1 \end{vmatrix} \cdot \begin{vmatrix} {}^1I_\beta \\ {}^2I_\beta \end{vmatrix} \\
\begin{vmatrix} {}^1_mV_0 \\ {}^2_mV_0 \end{vmatrix} - \begin{vmatrix} {}^1_nV_0 \\ {}^2_nV_0 \end{vmatrix} &= \begin{vmatrix} Z_0 & Z_{0M} \\ Z_{0M} & Z_0 \end{vmatrix} \cdot \begin{vmatrix} {}^1I_0 \\ {}^2I_0 \end{vmatrix}
\end{aligned}
\right\}
\quad (6\cdot 24\,\mathrm{b})
$$

となる．式(6・24 a) または式(6・24 b) が，**平行 2 回線送電線の基本式**であり，その等価回路を図 6・4 に示す．式(6・24 b) と式(2・20 b) はまったく同形であり，したがって，図 6・4 と図 2・6 もまったく同形である．α-β-0 法では送電線の線路定数が対称座標法の場合と同じに表されるのである．

6・4・3 発　電　機

発電機は，対称座標法では式(2・27 b) あるいは図 2・11 で表されるのであった．式(2・27 b) を再録すると，

$$
\begin{vmatrix} 0 \\ E_a \\ 0 \end{vmatrix} - \begin{vmatrix} V_0 \\ V_1 \\ V_2 \end{vmatrix} = \begin{vmatrix} Z_0 & 0 & 0 \\ 0 & Z_1 & 0 \\ 0 & 0 & Z_1 \end{vmatrix} \cdot \begin{vmatrix} I_0 \\ I_1 \\ I_2 \end{vmatrix} + \begin{vmatrix} 3Z_n \cdot I_0 \\ 0 \\ 0 \end{vmatrix}
\quad (6\cdot 25)
$$

$$\underbrace{}_{\boldsymbol{E}_{012}} - \underbrace{}_{\boldsymbol{V}_{012}} = \underbrace{}_{\boldsymbol{Z}_{012}} \cdot \underbrace{}_{\boldsymbol{I}_{012}} + 3Z_n \cdot \boldsymbol{I}_0$$

この式に $\boldsymbol{\alpha} \cdot \boldsymbol{a}^{-1}$ を左積して，

$$(\boldsymbol{\alpha} \cdot \boldsymbol{a}^{-1}) \cdot \boldsymbol{E}_{012} - (\boldsymbol{\alpha} \cdot \boldsymbol{a}^{-1}) \cdot \boldsymbol{V}_{012}$$
$$= (\boldsymbol{\alpha} \cdot \boldsymbol{a}^{-1}) \cdot \boldsymbol{Z}_{012} \cdot (\boldsymbol{\alpha} \cdot \boldsymbol{a}^{-1}) \cdot \boldsymbol{I}_{\alpha\beta 0} + (\boldsymbol{\alpha} \cdot \boldsymbol{a}^{-1}) \cdot 3Z_n \cdot \boldsymbol{I}_0$$
$$\therefore \quad \boldsymbol{E}_{\alpha\beta 0} - \boldsymbol{V}_{\alpha\beta 0} = \boldsymbol{Z}_{\alpha\beta 0} \cdot \boldsymbol{I}_{\alpha\beta 0} + (\boldsymbol{\alpha} \cdot \boldsymbol{a}^{-1}) \cdot 3Z_n \cdot \boldsymbol{I}_0$$

この式の右辺第1項の $\boldsymbol{Z}_{\alpha\beta 0}$ は，すでに式(6・20) で求めたものと同形である．また，

$$
\boldsymbol{E}_{\alpha\beta 0} = (\boldsymbol{\alpha} \cdot \boldsymbol{a}^{-1}) \cdot \boldsymbol{E}_{012} = \begin{vmatrix} 0 & 1 & 1 \\ 0 & -j & j \\ 1 & 0 & 0 \end{vmatrix} \cdot \begin{vmatrix} 0 \\ E_a \\ 0 \end{vmatrix} = \begin{vmatrix} E_a \\ -jE_a \\ 0 \end{vmatrix}
$$

$$(\boldsymbol{a}\cdot\boldsymbol{a}^{-1})\cdot 3Z_n\boldsymbol{I}_0 = \begin{vmatrix} 0 & 1 & 1 \\ 0 & -j & j \\ 1 & 0 & 0 \end{vmatrix} \cdot \begin{vmatrix} 3Z_n\boldsymbol{I}_0 \\ 0 \\ 0 \end{vmatrix} = \begin{vmatrix} 0 \\ 0 \\ 3Z_n\boldsymbol{I}_0 \end{vmatrix}$$

である．したがって，発電機の α-β-0 法による基本式は，

$$\begin{vmatrix} E_a \\ -jE_a \\ 0 \end{vmatrix} - \begin{vmatrix} V_\alpha \\ V_\beta \\ V_0 \end{vmatrix} = \begin{vmatrix} \tfrac{1}{2}(Z_1+Z_2) & \tfrac{1}{2}j(Z_1-Z_2) & 0 \\ -\tfrac{1}{2}j(Z_1-Z_2) & \tfrac{1}{2}(Z_1+Z_2) & 0 \\ 0 & 0 & Z_0 \end{vmatrix} \cdot \begin{vmatrix} I_\alpha \\ I_\beta \\ I_0 \end{vmatrix} + \begin{vmatrix} 0 \\ 0 \\ 3Z_nI_0 \end{vmatrix} \quad (6\cdot 26)$$

となる．系統解析の問題で，発電機は $Z_1 \fallingdotseq Z_2$ ($jx_1 \fallingdotseq jx_2$) であるとしてよい場合（例えば，発電機から十分離れた地点の事故解析）には，この式はさらに簡単となって，

$$\begin{vmatrix} E_a \\ -jE_a \\ 0 \end{vmatrix} - \begin{vmatrix} V_\alpha \\ V_\beta \\ V_0 \end{vmatrix} = \begin{vmatrix} Z_1 & 0 & 0 \\ 0 & Z_1 & 0 \\ 0 & 0 & Z_0 \end{vmatrix} \cdot \begin{vmatrix} I_\alpha \\ I_\beta \\ I_0 \end{vmatrix} + \begin{vmatrix} 0 \\ 0 \\ 3Z_nI_0 \end{vmatrix} \quad (6\cdot 27\,\text{a})$$

あるいは，

$$\left. \begin{aligned} E_a - V_\alpha &= Z_1 \cdot I_\alpha \\ -jE_a - V_\beta &= Z_1 \cdot I_\beta \\ -V_0 &= (Z_0 + 3Z_n) \cdot I_0 \end{aligned} \right\} \quad (6\cdot 27\,\text{b})$$

あるいは，

$$\left. \begin{aligned} E_a - V_\alpha &= Z_1 \cdot I_\alpha \\ E_a - jV_\beta &= Z_1 \cdot jI_\beta \\ -V_0 &= (Z_0 + 3Z_n) \cdot I_0 \end{aligned} \right\} \quad (6\cdot 27\,\text{c})$$

と表される．この式に対応する発電機の等価回路を **図 6・5** に示す．対称座標法では，発電機の内部電源は正相回路にのみ存在したが，α-β-0 法では α 回路に E_a，また β 回路に $-jE_a$（90度進み位相）としなければならない．

発電機自体は $Z_1 \neq Z_2$ ($jx_1 \neq jx_2$) であって両者を近似的にも等しいとはいえず（第10章で詳述する），α 回路と β 回路の間に相互定数 $-1/2 \cdot j(Z_1-Z_2)$ が介在するので，近似式 (6・27 a) はかなりの誤差を覚悟しなければならない．しかしながら，発電機端子に線路のインピーダンスがつながり，後者が支配的な回路構成となる場合には，上述のような発電機の近似化が可能となろう．発電機端近傍からある程度離れた地点の故障計算などでは，上記の近似化によっても十分に高精度の計算が可能といえよう．

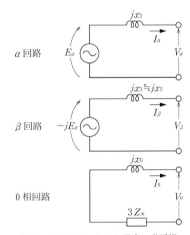

図 6・5 $jx_1 \fallingdotseq jx_2$ とした場合の発電機の α-β-0 法等価回路

6・4・4 負荷インピーダンスおよび変圧器インピーダンス

3相平衡した通常の**負荷**が式(2・29)，(2・30)で表されるとすれば，その右辺のインピーダンス行列の形は1回線送電線の式(6・19)と同形である．また，**変圧器**インピーダンスは表5・1に示したように正・逆・零相間に相互インピーダンスが含まれないので，これもまた式(6・19)と同形の表現が可能となる．また，式(6・19)の形をしたインピーダンスでさらに $Z_1 \fallingdotseq Z_2$ とみなすことができれば，この回路を α-β-0 法で変換した結果は式(6・21)のように

なり，$Z_{\alpha\beta0}=Z_{012}$ となるのであった．

以上のことから，負荷インピーダンス（ただし，$Z_1\fallingdotseq Z_2$の場合）と変圧器インピーダンスは，α回路，β回路については正相インピーダンスを使い，零相回路は対称座標法の場合と同じとすればよいことが理解されるであろう．

6・5　α-β-0法による故障計算

3相系統の各構成要素がα-β-0法ではどのような関係式および等価回路で表されるかを学んだ．α-β-0法では送電線には対称座標法による回路定数を流用できる．発電機についても$Z_1\fallingdotseq Z_2$とすることで簡単に表現できる．したがって，対称座標法で回路定数が分かっていれば直ちにα-β-0相回路を描くことができる．なお，零相回路の定義は対称座標法と同一である．次に故障計算を行ってみよう．

6・5・1　a相1線地絡の故障計算

第3章の3・2節と同じa相1線地絡の故障計算をα-β-0法で解くこととする．その結果は表3・1(3) #3の式(3D)に示した対称座標法による解と当然一致するはずである．アーク抵抗rを無視し，また$a^2-1=a\cdot j\sqrt{3}$等に留意すればその解は式(6・28)である．

$$\begin{aligned}
&_fI_a=\frac{3}{_fZ_1+_fZ_2+_fZ_0}\cdot_fE_a \quad _fI_b=_fI_c=0 \\
&_fV_a=0, \quad _fV_b=\frac{j\sqrt{3}\,(aZ_0-Z_2)}{Z_1+Z_2+Z_0}\cdot_fE_a, \quad _fV_c=\frac{j\sqrt{3}\,(-a^2Z_0+Z_2)}{Z_1+Z_2+Z_0}\cdot_fF_a
\end{aligned} \tag{6・28}$$

図6・6で故障条件は

$$_fV_a=0, \quad _fI_b=_fI_c=0 \tag{6・29}$$

α-β-0領域では

$$\begin{aligned}
&_fV_a+_fV_0=0,\ -\frac{1}{2}{_fI_a}+\frac{\sqrt{3}}{2}{_fI_\beta}+{_fI_0}=-\frac{1}{2}{_fI_a}-\frac{\sqrt{3}}{2}{_fI_\beta}+{_fI_0}=0 \\
&\therefore\ _fV_a=-_fV_0,\quad I_a=2I_0,\quad I_\beta=0
\end{aligned} \tag{6・30}$$

式(6・30)からα-β-0法等価回路として図6・6(b)を得る．この図で式(6・30)を満たすために零相回路を$-_fV_0=_fZ_0\cdot_fI_0$に代わって，$V_0=-(Z_0/2)\cdot(2I_0)$として表現していることに注意されたい．

この等価回路より

$$\begin{aligned}
&_fI_a=2I_0=\frac{_fE_a}{Z_1+(1/2)Z_0}=\frac{2}{2Z_1+Z_0}\cdot_fE_a \\
&_fI_\beta=0 \\
&_fV_a=-_fV_0=_fE_a-Z_1\cdot_fI_a=\frac{Z_0}{2Z_1+Z_0}\cdot_fE_a \\
&_fV_\beta=E_\beta=-j_fE_a
\end{aligned} \tag{6・31}$$

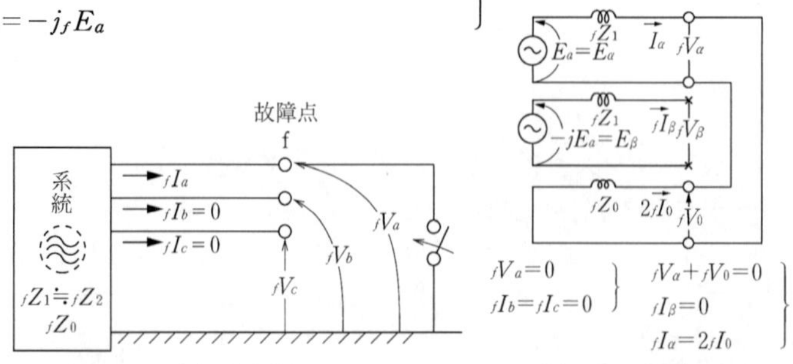

図6・6　a相1線地絡回路時のα-β-0法等価回路

α-β-0 領域での解が求められたので後は逆変換をすればよい．

$$\left.\begin{aligned}{}_fI_a &={}_fI_\alpha+{}_fI_0=1.5\cdot{}_fI_\alpha=1.5\cdot\frac{{}_fE_a}{{}_fZ_1+(1/2){}_fZ_0}=\frac{3}{2{}_fZ_1+{}_fZ_0}\cdot{}_fE_a\\ {}_fI_b &=0\\ {}_fI_c &=0\end{aligned}\right\} \quad(6\cdot32\,\text{a})$$

$$\left.\begin{aligned}{}_fV_a &={}_fV_\alpha+{}_fV_0=0\\ {}_fV_b &=-\frac{1}{2}{}_fV_\alpha+\frac{\sqrt{3}}{2}(-j{}_fE_a)+(-{}_fV_\alpha)=\frac{-\sqrt{3}j}{2}({}_fE_a-\sqrt{3}j{}_fV_\alpha)\\ &=\frac{-\sqrt{3}j}{2}\left({}_fE_a-\sqrt{3}j\frac{{}_fZ_0}{2{}_fZ_1+{}_fZ_0}{}_fE_a\right)=\frac{j\sqrt{3}\,(a{}_fZ_0-{}_fZ_1)}{2{}_fZ_1+{}_fZ_0}\cdot{}_fE_a\\ {}_fV_c &=-\frac{1}{2}{}_fV_\alpha-\frac{\sqrt{3}}{2}(-j{}_fE_a)+(-{}_fV_\alpha)=\frac{\sqrt{3}j}{2}({}_fE_a+\sqrt{3}j{}_fV_\alpha)\\ &=\frac{\sqrt{3}j}{2}\left({}_fE_a+\sqrt{3}j\frac{{}_fZ_0}{2{}_fZ_1+{}_fZ_0}{}_fE_a\right)=\frac{j\sqrt{3}\,(-a^2{}_fZ_0+{}_fZ_1)}{2{}_fZ_1+{}_fZ_0}\cdot{}_fE_a\end{aligned}\right\} \quad(6\cdot32\,\text{b})$$

式 (6・32 a, b) と式 (6・28) の両式は ${}_fZ_1={}_fZ_2$ の条件では当然一致する．

6・5・2　b, c 相 2 線地絡の故障計算

この場合の事故点の状況は図 **6・7** および次式である．

$$_fV_b={}_fV_c=0, \quad {}_fI_a=0 \tag{6・33}$$

式 (6・2 a) を (6・33) に代入すると

$$\left.\begin{aligned}&-\frac{1}{2}{}_fV_\alpha+\frac{\sqrt{3}}{2}{}_fV_\beta+{}_fV_0=-\frac{1}{2}{}_fV_\alpha-\frac{\sqrt{3}}{2}{}_fV_\beta+{}_fV_0=0\\ &{}_fI_\alpha+{}_fI_0=0\\ &\therefore{}_fV_\alpha=2{}_fV_0 \quad\text{①},\quad {}_fV_\beta=0 \quad\text{②}\\ &{}_fI_\alpha+{}_fI_0=0 \quad\text{③}\end{aligned}\right\} \tag{6・34}$$

系統条件の式

$$\left.\begin{aligned}E_a-{}_fV_\alpha &={}_fZ_1\cdot{}_fI_\alpha \quad\text{④}\\ -jE_a-{}_fV_\beta &={}_fZ_1\cdot{}_fI_\beta \quad\text{⑤}\\ -{}_fV_0 &={}_fZ_0\cdot{}_fI_0 \quad\text{⑥}\\ \text{または} \quad -(2{}_fV_0) &=(2{}_fZ_0)\cdot{}_fI_0 \quad\text{⑥}'\end{aligned}\right\} \tag{6・35}$$

式 (6・34), (6・35) を共に満足する等価回路は**表 6・1** #1 A の通りである．この等価回路は式①～⑤を満たすと共に，⑥に代わって⑥'を満たすように零相回路では端子電圧 $2{}_fV_0$ とインピーダンス $2{}_fZ_0$ としていることに留意しよう．

等価回路より次式を得る．

$$\left.\begin{aligned}{}_fI_\alpha &=-{}_fI_0=\frac{E_a}{{}_fZ_1+2{}_fZ_0}\\ {}_fI_\beta &=\frac{-jE_a}{{}_fZ_1}\end{aligned}\right\}\text{①} \quad \left.\begin{aligned}{}_fV_\alpha &=2{}_fV_0=E_a\cdot\frac{2{}_fZ_0}{{}_fZ_1+2{}_fZ_0}\\ {}_fV_\beta &=0\end{aligned}\right\}\text{②} \tag{6・36}$$

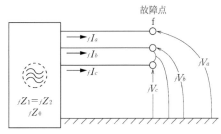

図 6・7　b-c 相 2 線地絡

表 6・1 α-β-0 法による各種故障の等価回路

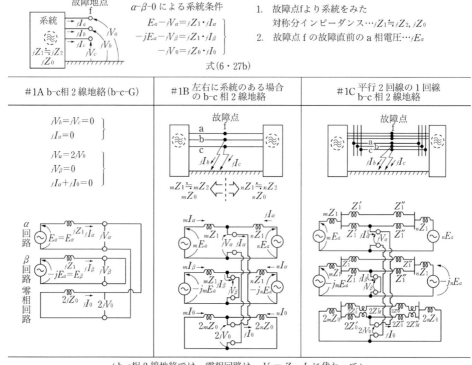

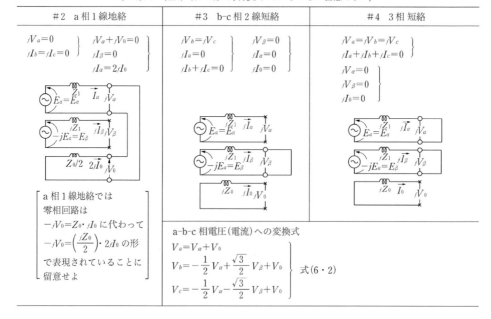

a-b-c 相電圧(電流)への変換式

$$V_a = V_\alpha + V_0$$
$$V_b = -\frac{1}{2}V_\alpha + \frac{\sqrt{3}}{2}V_\beta + V_0$$
$$V_c = -\frac{1}{2}V_\alpha - \frac{\sqrt{3}}{2}V_\beta + V_0$$

式(6・2)

上記が $\alpha\beta 0$ 領域における解である．あとは式(6・2)によって abc 相電気量に，また式(6・10)を使って正逆零相電気量に逆変換すればよい．その結果は当然のことながら表3・1の式5C，5Dに示す対称座標法による解に一致する．

表6・1の#1はbc相2線地絡の場合の $\alpha\beta 0$ 法による等価回路を示している．目的に応じて図#1A，#1B，#1Cを使い分ければよい．

6・5・3 その他の故障モード

上述の故障ケースおよびその他の故障モードの場合の $\alpha\beta 0$ 法による故障条件と等価回路を一括して表3・1示しておく．

6・5・4 断線故障

同様の手順で**表6・2**の#5，#6に示すような等価回路が得られる．結果が対称座標法による解と一致していることを確かめられたい．

6・5・5 α-β-0 法の評価

α-β-0 法による故障計算等価回路（表6・1，表6・2）と対称座標法による等価回路（表3・1，表3・2）を比較してみよう．対称座標法では大半のケースで**正・逆・零相の三つの回路が直並**

表6・2 α-β-0 法による断線故障の等価回路

#5 a相1線断線	#6 b-c相2線断線

（零相回路は $v_0 = Z_0 i_0$ に代わって $2v_0 = 2Z_0 i_0$ の形で挿入される）

（零相回路は $v_0 = Z_0 i_0$ に代わって $v_0 = \left(\dfrac{Z_0}{2}\right)(2i_0)$ の形で挿入されている）

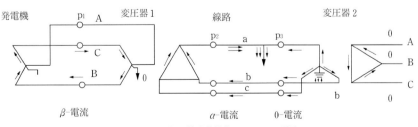

図6・8 a相1線地絡状態の α，β，0電流

列に組み合わされた複雑な一つの回路となっているが，α-β-0法ではケース#1～#6のいずれのケースでも，**独立に扱える簡単な二つないし三つの回路**からなっている．つまり簡単な回路計算を2～3回行えばよい．こうして得たα-β-0領域の各電気量を元のa-b-c相に逆変換する計算もα^{-1}オペレータが実数であるから簡単である．このことは実務的な筆算を行う場合にはα-β-0法による計算が非常に楽なことを示している．α-β-0法の優れた特徴である．

最後に図6・8にa相1線地絡状態の電流の流れを示しておく．各相の電流の流れる方向と相対的な大きさを矢印で示している．この図はL. L. Lewisがその著書の中で示したものであり，Clerkeが示したα-β-0法の原型となったものである．図において点p_1, p_2, p_3を流れる電流はそれぞれβ電流，α電流，0相電流になっていることが興味深い．図はキルヒホッフの法則とアンペアターン相殺の原理に基づく図法であるから電流を実数表現，ベクトル表現のいずれとする場合でも有効である．

変圧器を含む回路では地絡・短絡時の電流をこのような手法で表すことができるのである．

第7章　対称座標法・α-β-0法と過渡現象解析

電力会社やメーカーの電力技術者が実際に扱わなければならない問題は，例えば系統動揺解析・故障計算・遮断現象解析・雷撃解析など，その多くは**3相回路の過渡現象**である．対称座標法やα-β-0法を活用せざるをえない．ところがなぜか，対称座標法やα-β-0法を解説する書物の多くは定常現象の解説にとどまっているようである．そのためか多くの技術者が過渡現象への適用方法で混乱し，また，はなはだしきは対称座標法は過渡現象には使えないというように誤解されることすらあるようである．**対称座標法やα-β-0法は過渡現象でこそその真価を発揮**する．

本章では過渡現象解析の原点を振り返ったうえで，3相のモデル回路の過渡現象解析に対称座標法とα-β-0法を実際に適用して，その計算過程を比較して解説する．

7・1　過渡現象電気量の実数瞬時値表現と複素数瞬時値表現

過渡現象を考えるのであるから，各電気量は任意の波形の瞬時値$v(t)$，$i(t)$などとして取り扱うこととする．そのうえで過渡現象回路理論の復習として，**表7・1**の図に示すような，交流電源とLCR直列負荷からなる回路の過渡現象を例として考えてみよう．

交流電源を**実数瞬時値表現**$e(t)'=|E|\cos(\omega t+\theta)$とする場合（表7・1のケース#1）の電流の定常項および過渡項は，それぞれ表中の$i(t)_s'$，$i(t)_T'$のようになる．交流電源を$e(t)''=|E|\sin(\omega t+\theta)$とする場合（ケース#2）には，$i(t)_s''$，$i(t)_T''$のようになる．これらの電気量はすべて実数瞬時値表現である．

次に，電源電圧として複素数電源$Ee^{j\omega t+\theta}=E\cos(\omega t+\theta)+jE\sin(\omega t+\theta)$と表現することにすれば（ケース#3），その定常項および過渡項の解の実数部および虚数部はそれぞれケース#1，ケース#2の解と一致している．換言すれば，オイラーの定理$e^{j\alpha}=\cos\alpha+j\sin\alpha$のとおりに（ケース#3）＝（ケース#1）＋$j$（ケース#2）の形が完全に保存されているのである．

例示した三つの電源の表現方法によるケース#1，#2，#3の三通りのアプローチから理解されるように，電気回路の現象解析では定常値・過渡値とか，含まれる周波数成分（直流分も含めて）とか，また電気回路中のどの部位の電気量であるとかにかかわることなくすべての方程式記述においてオイラーの公式の関係が保存されている．複数の周波数成分が混在する大系統の過渡現象においても同様である．

いわゆる複素数$j=\sqrt{-1}$あるいは$j\omega$を電気現象の説明に用いること，すなわち記号法（symbolic method）を最初に提唱したのはA. E. SteinmetzとC. P. Kennellyである．$j\omega$法がすっかり定着した今日，その本質が忘れられがちな傾向もなしとしない．前章まで学んできた対称座標法等への変換法も記号法の本質を理解したうえで扱う必要がある．

7・2　対称座標法・α-β-0法による過渡現象解析

第1章の図1・1に示すような，1回線の平衡送電線を含む系統で，開閉操作または故障発生による過渡現象が生じたとする．この場合のa相送電線に関する**複素数瞬時値関係式**は，第1

第7章 対称座標法・α-β-0法と過渡現象解析

表 7・1 LCR 直列回路の過渡時電流

左の回路で $t=0$ でスイッチ・インした場合の回路電流を求める。
ただし、$R^2 < 4L/C$ とし、また初期条件は $t=0$ で $i=0$, $v_C=0$ とする。

回路電流の解（計算方法は第19章のラプラス変換を用いた過渡計算法を参照されたい）

	電流の時間関数	電流の定常項	電流の過渡項	回路電流
#1	電源が余弦時間関数 $e'(t) = \|E\|\cos(\omega t + \theta)$ とする場合	$i_S'(t) = \dfrac{\|E\|}{\|Z\|}\cos(\omega t + \theta - \varphi)$	$i_T'(t) = \dfrac{\|E\|}{\|Z\|} \cdot e^{-\alpha t}\left[\cos(\theta - \varphi)\cdot\left(\dfrac{\alpha}{\omega_d}\sin\omega_d t - \cos\omega_d t\right) + \dfrac{\alpha^2 + \omega_d^2}{\omega\omega_d}\sin(\theta - \varphi)\sin\omega_d t\right]$	$i'(t) = i_S'(t) + i_T'(t)$ となる。
#2	電源が正弦時間関数 $e''(t) = \|E\|\sin(\omega t + \theta)$ とする場合	$i_S''(t) = \dfrac{\|E\|}{\|Z\|}\sin(\omega t + \theta - \varphi)$	$i_T''(t) = \dfrac{\|E\|}{\|Z\|}\cdot e^{-\alpha t}\left[\sin(\theta - \varphi)\cdot\left(\dfrac{\alpha}{\omega_d}\sin\omega_d t - \cos\omega_d t\right) - \dfrac{\alpha^2 + \omega_d^2}{\omega\omega_d}\cos(\theta - \varphi)\sin\omega_d t\right]$	$i''(t) = i_S''(t) + i_T''(t)$ となる。
#3	電源が複素時間関数 $e(t) = e'(t) + je''(t) = \|E\|e^{j(\omega t + \theta)}$ とする場合	$i_S(t) = i_S'(t) + ji_S''(t) = \dfrac{\|E\|}{\|Z\|}e^{j(\omega t + \theta - \varphi)}$	$i_T(t) = i_T'(t) + ji_T''(t) = \dfrac{\|E\|}{\|Z\|}\cdot e^{-\alpha t}\left[e^{j(\theta - \varphi)}\cdot\left(\dfrac{\alpha}{\omega_d}\sin\omega_d t - \cos\omega_d t\right) - \dfrac{\alpha^2 + \omega_d^2}{\omega\omega_d}\cdot j\cdot e^{j(\theta - \varphi)}\cdot\sin\omega_d t\right]$	$i(t) = i_S(t) + i_T(t) = i'(t) + ji''(t)$ となる。

添え字 S, T はそれぞれ Steady state 項および Transient 項を示す.

ただし ω：電源の角周波数

$\alpha = \dfrac{R}{2L}$, $\omega_d = \sqrt{\omega_0^2 - \alpha^2} = \sqrt{\dfrac{1}{LC} - \left(\dfrac{R}{2L}\right)^2}$, $\omega_0 = \dfrac{1}{\sqrt{LC}}$

$|Z| = \sqrt{R^2 + \left(\omega L - \dfrac{1}{\omega C}\right)^2}$, $\varphi = \tan^{-1}\dfrac{\omega L - \dfrac{1}{\omega C}}{R}$

(備考) オイラーの定理 $e^{\pm j\alpha} = \cos\alpha \pm j\sin\alpha$ であることから、上記の電源電圧、電流定常項、電流過渡項のいずれにおいても (#1) + j(#2) = (#3) の関係が成立する。

章の式(1・3), (1・4) に準じて,

$$_mV_a(t) - {_nV_a(t)} = \left\{(r_a+r_g) + (L_{aag}+L_g)\frac{d}{dt}\right\}I_a(t) + \left\{r_g + (L_{abg}+L_g)\frac{d}{dt}\right\}I_b(t)$$
$$+ \left\{r_g + (L_{acg}+L_g)\frac{d}{dt}\right\}I_c(t) \qquad (7・1)$$

ここで, 電圧・電流はいずれも複素数瞬時値表現である.

この式は, 定常計算時の式(1・3) において $j\omega$ に代わって $\frac{d}{dt}$ と置き換えたものにすぎない. より正確にいうならば, 送電線の一般式が式(7・1) であり, 特別の場合として商用周波数の定常現象を扱う場合にこの式の **d/dt を $j\omega$ に置き換えたものが式(1・3)** である. b, c 相についても同様の関係式が得られる.

次に式(7・1) を対称座標法に変換すれば (第2章式(2・15) を求めたときと同じ手順による),

$$\begin{bmatrix} _mV_0(t) \\ _mV_1(t) \\ _mV_2(t) \end{bmatrix} - \begin{bmatrix} _nV_0(t) \\ _nV_1(t) \\ _nV_2(t) \end{bmatrix} = \begin{bmatrix} r_0+L_0\frac{d}{dt} & 0 & 0 \\ 0 & r_1+L_1\frac{d}{dt} & 0 \\ 0 & 0 & r_1+L_1\frac{d}{dt} \end{bmatrix} \cdot \begin{bmatrix} I_0(t) \\ I_1(t) \\ I_2(t) \end{bmatrix} \qquad (7・2)$$

ただし, $r_0 = r_s + 2r_m,\quad L_0 = L_s + 2L_m$
$\qquad\quad r_1 = r_s - r_m,\quad L_1 = L_s - L_m$

をうる. 上式の $V(t), I(t)$ は複素数瞬時値表現であるとしているが, その実数部瞬時値を $v(t), i(t)$ で表せば,

$$\begin{bmatrix} _mv_0(t) \\ _mv_1(t) \\ _mv_2(t) \end{bmatrix} - \begin{bmatrix} _nv_0(t) \\ _nv_1(t) \\ _nv_2(t) \end{bmatrix} = \begin{bmatrix} r_0+L_0\frac{d}{dt} & 0 & 0 \\ 0 & r_1+L_1\frac{d}{dt} & 0 \\ 0 & 0 & r_1+L_1\frac{d}{dt} \end{bmatrix} \cdot \begin{bmatrix} i_0(t) \\ i_1(t) \\ i_2(t) \end{bmatrix} \qquad (7・3)$$

式(7・2), (7・3) のインピーダンス行列は第2章式(2・15) で求めた対称座標法インピーダンス行列中の $j\omega L$ の代わりに $L\frac{d}{dt}$ としただけである.

以上の説明から次のようなことが理解される.

i) 第1〜6章で求めた対称座標法や α-β-0 法による LRC 等価回路は, 当然のことながら過渡現象解析にもそのまま使われる. ただし, 回路要素は定常計算で $j\omega L, j\omega C$ などとできたのに代わって, 過渡計算では $L\frac{d}{dt}, C\frac{d}{dt}$ (ラプラス変換の $s = \frac{d}{dt}$ で表せば, Ls, Cs) となる.

ii) 対称座標法や α-β-0 法の等価回路中の**発電機の正相内部誘起電圧を複素数瞬時値表現**で与えれば, 等価回路中のすべての電気量およびこれらを逆変換したa-b-c相電気量は複素数瞬時値として求められる. **発電機の正相内部誘起電圧を実数瞬時値表現**で与えれば, 等価回路中のすべての電気量およびこれらを逆変換したa-b-c相電気量は実数瞬時値として求められる.

なお, 対称座標法や α-β-0 法の複素数表現や実数表現については式(6・4a)〜(6・5b) を参照されたい.

7・3 対称座標法と α-β-0 法による系統故障時過渡現象計算の比較
（b-c 相 2 線短絡の場合）

系統の b-c 相 2 線短絡時過渡電流の計算を例として，対称座標法と α-β-0 法，それに実数計算法と複素数記号法を組み合わせた下記四通りの組合せで試みる．**表7・2**にその計算の過程と結果をまとめて示してある．

(A 1) 対称座標法…複素数瞬時値計算法
(A 2) 対称座標法…実数瞬時値計算法
(α 1) α-β-0 法…複素数瞬時値計算法
(α 2) α-β-0 法…実数瞬時値計算法

表7・2の対称座標法の（A 1）複素数瞬時値計算法と（A 2）実数瞬時値計算法を比較して理解されるように，（A 2）では b-c 相への逆変換が複素数の移相オペレータ a, a^2 があるために非常に困難で有効な解析法とはいえない．（A 1）ではこのようなことはない．

これらの各アプローチ法は数学的な見地からは同等であるが，具体的な計算の容易さの観点からは非常に異なったものとなる．また，表に載せた 2 線短絡故障の計算例の比較から理解できるように，α-β-0 法では複素数記号法によってもよらなくても解は求められる．ところが対称座標法では，実数計算法では事実上計算不可能で，複素数記号法との組合せによってのみ計算することができる．エンジニアリングの実践では個々の検討対象によって最もふさわしい計算法を選択する判断が求められる．

表7・1と表7・2を総括的に比較すると次のように指摘できるであろう．

3 相回路の定常計算．過渡計算のいずれの場合であっても対称座標法と α-β-0 法は記号法との組合せによってその威力を発揮することが表7・1と表7・2で例示した計算からも明らかである．

蛇足であるが，電力系統の過渡現象解析ツールとして広く利用されている EMTP プログラムは，基本は対称座標法と複素数記号法の組合せで系統をモデル化しているといえよう．

7・3 対称座標法と α-β-0 法による系統故障時過渡現象計算の比較

表 7・2 瞬時値対称座標法および瞬時値 α-β-0 法による過渡現象計算（b-c 相 2 線短絡の場合）

	複素数瞬時値計算法による場合	実数瞬時値計算法による場合
3相回路	$E_a(t) = \|E_{a1}\| \cdot e^{j(\omega t + \theta)}$ $E_b(t) = a^2 \cdot E_a(t) = \|E_{a1}\| \cdot e^{j(\omega t + \theta - 120°)}$ $E_c(t) = a \cdot E_a(t) = \|E_{a1}\| \cdot e^{j(\omega t + \theta + 120°)}$ 図 A	$e_a(t) = \|E_{a1}\| \cos(\omega t + \theta)$ $e_b(t) = \|E_{a1}\| \cos(\omega t + \theta - 120°)$ $e_c(t) = \|E_{a1}\| \cos(\omega t + \theta + 120°)$ 図 B
対称座標法	〔計算法 A1〕 $E_a(t) = \|E_{a1}\| \cdot e^{j(\omega t + \theta)}$ 図 C $I_0(t) = 0$ $I_1(t) = -I_2(t) = \dfrac{\|E_{a1}\|}{\sqrt{(2R_1)^2 + \omega^2(2L_1)^2}} \cdot \left\{ e^{j(\omega t + \theta - \varphi)} - e^{-\frac{2R_1}{2L_1}t} \cdot e^{j(\theta - \varphi)} \right\}$ ① ただし，$\varphi = \tan^{-1} \dfrac{2L_1}{2R_1} = \tan^{-1} \dfrac{L_1}{R_1}$ a-b-c 相電流に変換すれば $I_a(t) = I_0(t) + I_1(t) + I_2(t) = 0$ $I_b(t) = I_0(t) + a^2 I_1(t) + a I_2(t) = (a^2 - a) \cdot I_1(t) = \sqrt{3} \cdot e^{-j90°} \cdot I_1(t)$ $= \dfrac{\sqrt{3}}{2} \cdot \dfrac{\|E_{a1}\|}{\sqrt{R_1^2 + \omega^2 L_1^2}} \cdot \left\{ e^{j(\omega t + \theta - \varphi - 90°)} - e^{-\frac{R_1}{L_1}t} \cdot e^{j(\theta - \varphi - 90°)} \right\}$ ② $I_c(t) = I_0(t) + a I_1(t) + a^2 I_2(t) = -(a^2 - a) \cdot I_1(t) = -I_b(t)$ $= -\dfrac{\sqrt{3}}{2} \cdot \dfrac{\|E_{a1}\|}{\sqrt{R_1^2 + \omega^2 L_1^2}} \cdot \left\{ e^{j(\omega t + \theta - \varphi - 90°)} - e^{-\frac{R_1}{L_1}t} \cdot e^{j(\theta - \varphi - 90°)} \right\}$ これらの実数部を求めると $i_a(t) = 0$ $i_b(t) = \dfrac{\sqrt{3}}{2} \cdot \dfrac{\|E_{a1}\|}{\sqrt{R_1^2 + \omega^2 L_1^2}} \cdot \left\{ \cos(\omega t + \theta - \varphi - 90°) - e^{-\frac{R_1}{L_1}t} \cos(\theta - \varphi - 90°) \right\}$ ③ $i_c(t) = -i_b(t)$	〔計算法 A2〕 $e_a(t) = \|E_{a1}\| \cdot \cos(\omega t + \theta)$ 図 D $i_0(t) = 0$ $i_1(t) = -i_2(t) = \dfrac{\|E_{a1}\|}{\sqrt{(2R_1)^2 + \omega^2(2L_1)^2}}$ $\cdot \left\{ \cos(\omega t + \theta - \varphi) - e^{-\frac{2R_1}{2L_1}t} \cdot \cos(\theta - \varphi) \right\}$ $= \dfrac{\|E_{a1}\|}{2\sqrt{R_1^2 + \omega^2 L_1^2}} \left\{ \cos(\omega t + \theta - \varphi) - e^{-\frac{R_1}{L_1}t} \cdot \cos(\theta - \varphi) \right\}$ ④ a 相電流は $i_a(t) = i_0(t) + i_1(t) + i_2(t) = 0$ ⑤ なお，実数瞬時値 $i_0(t), i_1(t), i_2(t)$ から b-c 相電流 $i_b(t), i_c(t)$ を求めるものは非常に複雑になる．すなわち，④を複素数表現の①にした上で②，③を求めることになる．$i_0(t), i_1(t), i_2(t)$ が式④のように式の形で与えられるときはこれも可能であるが，単に波形で与えられる場合には $i_b(t), i_c(t)$ の算出は事実上不可能である．
α-β-0 法	〔計算法 α1〕 β相 図 E $-j E_a(t) = -j \cdot \|E_{a1}\| e^{j(\omega t + \theta)} = \|E_{a1}\| e^{j(\omega t + \theta - 90°)}$ $I_\alpha(t) = 0, \; I_0(t) = 0$ $I_\beta(t) = \dfrac{\|E_{a1}\|}{\sqrt{R_1^2 + \omega^2 L_1^2}} \cdot \left\{ e^{j(\omega t + \theta - \varphi - 90°)} - e^{-\frac{R_1}{L_1}t} \cdot e^{j(\theta - \varphi - 90°)} \right\}$ ⑥ a-b-c 相電流に変換すれば $I_a(t) = I_\alpha(t) + I_0(t) = 0$ $I_b(t) = -\dfrac{1}{2} I_\alpha(t) + \dfrac{\sqrt{3}}{2} I_\beta(t) + I_0(t) = \dfrac{\sqrt{3}}{2} I_\beta(t)$ $= \dfrac{\sqrt{3}}{2} \cdot \dfrac{\|E_{a1}\|}{\sqrt{R_1^2 + \omega^2 L_1^2}} \cdot \left\{ e^{j(\omega t + \theta - \varphi - 90°)} - e^{-\frac{R_1}{L_1}t} \cdot e^{j(\theta - \varphi - 90°)} \right\}$ ⑦ $I_c(t) = -\dfrac{1}{2} I_\alpha(t) - \dfrac{\sqrt{3}}{2} I_\beta(t) + I_0(t) = -\dfrac{\sqrt{3}}{2} I_\beta(t) = -I_b(t)$ $= -\dfrac{\sqrt{3}}{2} \cdot \dfrac{\|E_{a1}\|}{\sqrt{R_1^2 + \omega^2 L_1^2}} \cdot \left\{ e^{j(\omega t + \theta - \varphi - 90°)} - e^{-\frac{R_1}{L_1}t} \cdot e^{j(\theta - \varphi - 90°)} \right\}$ これらの実数部を求めると $i_a(t) = 0$ $i_b(t) = \dfrac{\sqrt{3}}{2} \cdot \dfrac{\|E_{a1}\|}{\sqrt{R_1^2 + \omega^2 L_1^2}} \cdot \left\{ \cos(\omega t + \theta - \varphi - 90°) - e^{-\frac{R_1}{L_1}t} \cos(\theta - \varphi - 90°) \right\}$ ⑧ $i_c(t) = -i_b(t)$	〔計算法 α2〕 β相 図 F $-j e_a(t) = \|E_{a1}\| \cos(\omega t + \theta - 90°) = \|E_{a1}\| \sin(\omega t + \theta)$ $i_\alpha(t) = 0, \; i_0(t) = 0$ $i_\beta(t) = \dfrac{\|E_{a1}\|}{\sqrt{R_1^2 + \omega^2 L_1^2}} \left\{ \cos(\omega t + \theta - \varphi - 90°) - e^{-\frac{R_1}{L_1}t} \cos(\theta - \varphi - 90°) \right\}$ ⑨ a-b-c 相に変換すれば $i_a(t) = i_\alpha(t) + i_0(t) = 0$ $i_b(t) = -\dfrac{1}{2} i_\alpha(t) + \dfrac{\sqrt{3}}{2} i_\beta(t) + i_0(t) = \dfrac{\sqrt{3}}{2} i_\beta(t)$ $= \dfrac{\sqrt{3}}{2} \cdot \dfrac{\|E_{a1}\|}{\sqrt{R_1^2 + \omega^2 L_1^2}} \left\{ \cos(\omega t + \theta - \varphi - 90°) - e^{-\frac{R_1}{L_1}t} \cos(\theta - \varphi - 90°) \right\}$ ⑩ $i_c(t) = -\dfrac{1}{2} i_\alpha(t) - \dfrac{\sqrt{3}}{2} i_\beta(t) + i_0(t) = -\dfrac{\sqrt{3}}{2} i_\beta(t) = -i_b(t)$

（注） 式③，⑧，⑩は当然一致している．

第 8 章　中性点接地方式

　系統の中性点接地方式には大別して**有効接地方式**と**非有効接地方式**がある．回路理論の視点からみると両者の差は零相回路の差であるから，接地方式による系統の振舞いの差はすべて零相回路の差を起点として説明ができる．本書では第1~7章までに説明した回路理論の視点から各種の中性点方式の特徴を考察する．中性点接地方式は事故時の異常電圧現象や故障電流，安定度などの系統の振舞いを大きく左右し，系統や送変電機器の絶縁設計・短絡容量設計・遮断器性能設計・保護制御システム設計・誘導障害対策設計などのさまざまな分野の基本概念を左右する重要な要素である．

8・1　各種の中性点接地方式とその特徴

　中性点接地方式はおおよそ次のように分類できよう．
　① 有効接地方式（直接接地方式）
　② 非有効接地方式（高インピーダンス接地方式）
　　・抵抗接地方式
　　・リアクトル接地方式
　　・消弧リアクトル接地方式
　　・微弱電流接地方式（非接地方式と呼ばれている）

　中性点接地方式の差は回路理論的には零相回路の差である．この差が特に過渡時（系統事故発生，雷撃・開閉操作など）の系統の応動を大きく左右する．
　①と②の特徴はさまざまであるが，最大の特徴を端的にいえば，**非有効接地方式では地絡時に地絡故障電流を低減できる（したがって，誘導障害対策上も有利）が，発生する異常電圧は大きくなる．有効接地方式はこの逆である**ということになろう．
　電力系統は突然新規に，あるいは急に姿を変えて登場するものではない．各国で歴史的に最初の発電所と送電線ができて以来，既設設備に新規の設備を継ぎ足す設備増加・更新を長年にわたり重ね重ねて今日の系統がある．したがって，各国で現在採用されている中性点接地方式もそれぞれの電力系統構築の歴史的経過のなかでたどりついた方式が採用されており，一様ではない．
　交流送電が実用化の時期を迎えたのは 1900 年前後であるが，それ以来最も歴史の長い 22 kV 以下の系統，さらには 60 kV～154 kV 級以下の系統では歴史的な事情で各国さまざまな中性点接地方式が採用されている．一方，歴史の最も浅い EHV／UHV 級の系統では例外なく中性点直接接地方式が採用されていると言い切ることができよう．もとより，このクラスでは送電線や変電機器の絶縁低減が図れるので経済的利点が極めて大きいからにほかならない．
　しかしながら，上述の事情は非有効接地方式が有効接地方式に劣ることを意味しない．むしろ低位の系統では非有効接地方式が直接接地方式との対比で絶縁レベルが高いことによる経済的不利がさほど大きくない一方で，非有効接地方式特有の利点が大きくなるのである．その典型例は配電系統であるといえよう．
　配電系統および 240 kV 未満の系統では多くの国々で非有効接地方式が採用している理由：
　　i　非有効接地方式はいうまでもなく1線地絡事故時に地絡電流を非常に抑制できることが

特徴であり，有効接地系ではかなえられない最大の利点である．特にビルや一般住宅地などあらゆるところに張りめぐらされる配電ネットワークではセキュリティの観点から極めて貴重な利点といえよう．

ii 上述の利点の一方で，非有効接地方式は1線地絡時の異常電圧（TOV：Temporary Over-voltage，第21章で詳述する）が大きくなるので絶縁設計上不利となる．しかしながら，非有効接地方式と有効接地方式の経済的な差は低位系統になるほど目立たないものとなる．特に配電系統では絶縁強度は電気的な要素以外の条件（例えば，導体の機械的強度）で決定せざるを得ない．例えば，仮に配電系統を直接接地方式に切り替えるとしても配電線（被覆導体）や配電用変圧器の絶縁レベルを下げて経済効果を期待することはできないのは自明である．

iii 同一系統内で両接地方式を混在させることは原則としてできない．また，例えば非有効接地方式を有効接地方式に切り替えることは，送電線・変電機器（変圧器・遮断器・避雷器など）・保護リレーなどほとんどすべての既設施設の変更を必要とするので事実上不可能に近い．その逆も不可能なことはいうまでもない．

我が国で使われている標準的な中性点接地方式を整理して**表 8・1** に示した．我が国では187～500 kV 系はいわゆる直接接地系統，66～154 kV ではその大半が高抵抗接地系統であり，一部に特殊な理由で表中のC，Dの方式などもわずかに存在する．配電系統では6.6 kV 系は微

表 8・1 各種の中性点接地方式

項目	分類			日本における使用状況
A	直接接地方式		原則としてすべての変圧器中性点がインピーダンスを介さずに直接接地される．	すべての187～500 kV 系で使用されている．（なお，沖縄では154 kV 以下でも直接接地方式であり，また北海道などの一部で110 kV 直接接地系がある．）
B	(高)抵抗(NGR)接地方式		系統のかなめとなる1地点または複数地点の変圧器で200～数百 Ω の抵抗で中性点接地される．	大半の66～154 kV 系で使用されている．なお 20 kV，30 kV 配電系は10～20 Ω 程度の抵抗接地なので，低抵抗接地方式というべきものである．
C	消弧リアクトル(PC)接地方式		線路の1線対地キャパシタンス C_s（図2-7bのC_sに等しい．3相一括では$3C_s$となる）とすれば線路事故時に事故点からみた零相インピーダンス jZ_0 は $$jZ_0 = \cfrac{1}{\cfrac{1}{j3\omega L_{PC}} + j\omega C_s} = \cfrac{1}{j\left(-\cfrac{1}{3\omega L_{PC}} + \omega C_s\right)}$$ となる．$\omega L_{PC} \fallingdotseq \cfrac{1}{3\omega C_s}$ となるように L_{PC} を選べば $jZ_0 \to \infty$ となり，$jI_0 \fallingdotseq 0$ となって1線地絡時に自然消弧が期待できる．	1950年代までは主幹系統66～154 kV の標準方式として広く適用されていたが，徐々に高抵抗接地方式に切り換えられ，現在では歴史的な方式として名をとどめる程度となっている．その主な理由は： ・"線路が簡単で固定的な放射状構成の小規模系統" の範囲を超えるとPCコイルのチューニングが非常に難しい．系統が大規模ネットワーク化してその構成が大きく変化し，またループ構成となるなどによりPCの適用が事実上不可能になった． ・基本原理が $Z_0 = \{jZ_l//jZ_c\} \to$ 極大であるから $1\phi G$ のときに地絡電流が抑制できる代償として健全相電圧上昇の観点からは不利，またこれによって事故波及（新たな地絡事故や避雷針の破損など）を招きやすい． ・PC接地変電所が解列になると危険な非接地系になりやすい． ・保護リレーによる高度の系統処理が困難． 等々である．
D	高抵抗・中性点補償リアクトル併用接地方式		高抵抗接地方式の一変形であり，変圧器中性点に jX_N を挿入してその零相インピーダンス $j3X_N$ によってケーブル系などの C_s の一部を補償する方式である．	都市部の66～154 kV ケーブル系または一部の架空系などで使用されている．
E	非接地方式		すべての変圧器中性点は非接地であり，事故点の零相インピーダンスは $jZ_0 \fallingdotseq \infty$ とみなしうる．	我が国の3.3 kV，6.6 kV 級配電系は便宜上，中性点非接地系と呼ばれることが多い．実際には微弱電流接地方式というべき方式である．すなわち，接地(G-)PTまたはオープンPT $\varDelta$ 回路を介して主回路側からみて数千Ωのインピーダンスが零相回路に接続されており，地絡時には1A未満の微弱地絡電流が流れる．

8・2 1線地絡時の健全相電圧の上昇

a相の1線地絡（$V_a(t)=0$）が発生すると健全相の電圧 V_b, V_c は式(3・10) あるいは式(6・32b) で求められることを既に学んだ．この式よりc相電圧を事故前の相電圧の倍数の形で表せば次式を得る．

$$k=\frac{V_c}{{}_fE_a}=\frac{(a-1){}_fZ_0+(a-a^2){}_fZ_1}{{}_fZ_0+2{}_fZ_1}=\frac{(a-1)\frac{{}_fZ_0}{{}_fZ_1}+(a-a^2)}{\frac{{}_fZ_0}{{}_fZ_1}+2}$$
$$=\frac{-a^2 j\sqrt{3}\cdot\frac{\delta+j\nu}{\sigma+j}+j\sqrt{3}}{\frac{\delta+j\nu}{\sigma+j}+2} \qquad (8\cdot1)$$

ただし，${}_fZ_0={}_fR_0+j{}_fX_0$, ${}_fZ_1={}_fR_1+j{}_fX_1$

$$\delta=\frac{{}_fR_0}{{}_fX_1}, \quad \nu=\frac{{}_fX_0}{{}_fX_1}, \quad \sigma=\frac{{}_fR_1}{{}_fX_1}, \quad \frac{{}_fZ_0}{{}_fZ_1}=\frac{\delta+j\nu}{\sigma+j}$$

上式の $k=V_c/{}_fE_a$ はa線地絡時に健全相の電圧 V_c が何倍に上昇するかを示す式である．$k=V_c/{}_fE_a$ は**1線地絡時に発生する一時的過電圧**（**TOV**: Temporary overvoltage）の過電圧倍数ということになる．この場合，$|V_b|=|V_c|$ であるからb相電圧 V_b の k も同じ値になる．

式(8・1)の電圧上昇倍率 k は**図8・1**のように直角座標の上に $\delta={}_fR_0/{}_fX_1$, $\nu={}_fX_0/{}_fX_1$, $\sigma={}_fR_1/{}_fX_1$ をパラメータとする曲線として描くことができる．図では ${}_fR_1=0$, したがって $\sigma=0$ としたうえで $\delta={}_fR_0/{}_fX_1=0\sim+\infty$, $\nu=-10\sim+10$ の条件で描いている．また，この図の中心点付近の局部詳細図を第21章の図21・2に示している．$\nu={}_fX_0/{}_fX_1$ は $0\sim+4$ の正の値であろうから $\nu<0$ の部分は実用観点からは非現実的な領域である．$\delta\approx0\sim+1$ の条件が中性点直接接地系統の条件であり，また $\delta\approx5\sim+\infty$ の条件が中性点非有効接地系統に対応する．

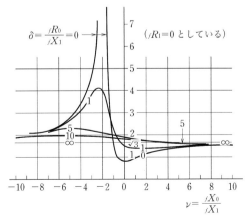

図 8・1 1線地絡時の故障点における健全相（c相）の過電圧倍数（商用周波数成分）

表 8・2 直接接地系と高抵抗接地系の比較

	直接接地系（直接接地方式）	高抵抗接地系（高抵抗接地方式）
我が国における使用状況	187～500 kV 系．ただし，北海道の一部で 110 kV 直接接地（66 kV 高抵抗接地系を昇圧変更したもの）が，また，沖縄では 66 kV 系クラスでも直接接地系である．	66～154 kV 系．中性点接地抵抗（NGR）は 100 A, 200 A, 400 A 級などが多く使われる．
[1] 1線地絡時の健全相電圧上昇（詳細は本文参照）	[D 1] 平常運転時の対地電圧値 E と大差ない（多くの場合 $0.8E$～$1.3E$ 程度）． [補足] a 相 1 線地絡時，事故点の b 相電圧 $\lvert V_b \rvert$ は第 3 章の式（3・10）より， $$\lvert V_b \rvert = \left\lvert \frac{j\sqrt{3}(aZ_0 - jZ_2)}{jZ_0 + jZ_1 + jZ_2} \cdot jE_a \right\rvert$$ ここで，典型的な送電線インピーダンスとして $$jZ_1 = jZ_2 = jX_1 \fallingdotseq j\frac{X_0}{3}$$ すなわち $X_0 \fallingdotseq 3X_1$ とすれば， $$\lvert V_b \rvert \fallingdotseq \left\lvert \frac{j\sqrt{3}(3a-1)}{3+1+1} \cdot jE_a \right\rvert = 1.25 \cdot \lvert jE_a \rvert$$ となる．$\lvert V_c \rvert$ についても $\lvert V_c \rvert \fallingdotseq 1.25 \cdot \lvert jE_a \rvert$ となる．（過渡振動により，瞬間的には 1.25 倍よりもう少し大きくなる．）	[R 1] 平常運転時の対地電圧値 E に対して $\sqrt{3} = 1.73$ 倍程度に上昇する（多くの場合 $1.5E$～$1.9E$ 程度）． [補足] a 相 1 線地絡時，事故点の b 相電圧 $\lvert V_b \rvert$ は第 3 章の式（3・10）より， $$\lvert V_b \rvert = \left\lvert \frac{j\sqrt{3}(aZ_0 - jZ_2)}{jZ_0 + jZ_1 + jZ_2} \cdot jE_a \right\rvert$$ $$= \left\lvert \frac{j\sqrt{3}\left(a - \frac{jZ_2}{jZ_0}\right)}{1 + \frac{jZ_1}{jZ_0} + \frac{jZ_2}{jZ_0}} \cdot jE_a \right\rvert$$ ここで，$\lvert jZ_0 \rvert \gg \lvert jZ_1 \rvert, \lvert jZ_2 \rvert$ とすれば，$\lvert V_b \rvert \fallingdotseq \lvert j\sqrt{3}a \cdot jE_a \rvert = \sqrt{3} \cdot \lvert jE_a \rvert$ となる．$\lvert V_c \rvert$ についても同様にして $\lvert V_c \rvert \fallingdotseq \sqrt{3} \cdot \lvert jE_a \rvert$ となる．（過渡振動により，瞬間的には上記の $\sqrt{3}$ 倍よりももう少し大きくなる．）
[2] 地絡時多重接地事故への進展性	[D 2] 小 [補足] 1 線地絡時に健全相電圧があまり高くならないので多重接地事故に進展する確率は低い．	[R 2] 中 [補足] 1 線地絡時に健全相電圧が約 $\sqrt{3}$ 倍にはね上がるので，健全相が引続き地絡となる確率が，直接接地系の場合に比べて高い．
[3] 変圧器その他の機器および母線・送電線など主回路の所要絶縁レベル	[D 3] 所要絶縁レベルを相対的に低くできる． [補足] 1. 主として [D1] の理由により絶縁レベルを低減できる．また，変圧器の $\wedge$ 巻線のように，中性点が接地される巻線についてはコイル中性点側の絶縁低減が可能． 2. 異常電圧レベルが低いので避雷器も続流遮断が容易で，相対的に定格電圧も低くてよい． 3. 経済的に極めて有利．	[R 3] 所要絶縁レベルが高い． [補足] 1. [R1] の理由により高い絶縁レベルが必要． 2. また，変圧器コイル中性点側の絶縁低減が困難．
[4] 大地と架空地線を流れる地絡電流の大きさ	[D 4] 大きい [補足] 典型的なケースとして図のような系統の各種故障を考えると表 3・1 の式を使って $jZ_1 = jZ_2 = j10\,[\Omega]$，$jZ_0 = j4\,[\Omega]$，275 kV 3$\phi$S 時，表 3・1 の式（1D）より $$\lvert I_a \rvert = \lvert I_b \rvert = \lvert I_c \rvert = \left\lvert \frac{275/\sqrt{3}}{j10} \right\rvert = 15.9\,[\text{kA}]$$ 大地を流れる電流 $3I_0$ は零． 1ϕG 時，式（3D）より $$\lvert 3I_0 \rvert = \lvert I_a \rvert = \left\lvert \frac{3(275/\sqrt{3})}{j(10+10+4)} \right\rvert = 19.9\,[\text{kA}]$$ これだけの電流が大地を流れることとなる． 2ϕG 時，式（5C）より $$I_1 = \frac{275/\sqrt{3}}{j10 + (j10//j4)} = -j12.3\,[\text{kA}]$$ 大地に流れる電流 $\lvert 3I_0 \rvert$ は，式（5C）より $$\lvert 3I_0 \rvert = \left\lvert 3 \times \frac{-j10}{j10+j4} \cdot (-j12.3) \right\rvert = 26.3\,[\text{kA}]$$ なお，このときの b 相電流 $\lvert I_b \rvert$ は式（5D）より， $$\lvert I_b \rvert = \left\lvert \frac{(a^2 - a)j4 + (a^2 - 1)j10}{j4 + j10} \cdot (-j12.3) \right\rvert$$ $$= 19.0\,[\text{kA}]$$ となる．いずれにしても 2 相地絡，1 相地絡で大きな大地電流 $\lvert 3I_0 \rvert$ が流れる．	[R 4] 地絡電流小さい． [補足] 典型的なケースとして 154 kV 系で 200 A の NGR を考えれば， $$R_{NGR} = \frac{154/\sqrt{3}}{200} \times 10^3 = 445\,[\Omega]$$ であり，故障点からみた対称分インピーダンスは， $$\lvert jZ_0 \rvert = \lvert jX_0 + 3R_{NGR} \rvert \gg \lvert jZ_1 \rvert = \lvert jX_1 \rvert \fallingdotseq \lvert jZ_2 \rvert = \lvert jX_2 \rvert$$ となる．したがって，事故時のアーク抵抗を無視すれば表 3・1 の式を使って， 1ϕG 時，式（3D）より $$\lvert 3I_0 \rvert = \lvert I_a \rvert = \lvert 3E_a / \Delta \rvert \fallingdotseq 3 \times \frac{jE_a}{jZ_0} \fallingdotseq \frac{jE_a}{R_{NGR}} = 200\,[\text{A}]$$ 2ϕG 時，表 3・1 の式（5D）より計算可能であるが $\lvert jZ_0 \rvert \gg \lvert jZ_1 \rvert = \lvert jZ_2 \rvert$ であるから，#5 の等価回路（逆・零相が並列になって正相回路につながる）で故障回路から流れた電流の大半は逆相回路に分流し，残りのわずかな電流が零相回路に流れる．したがって，事故点の b-c 相地絡相電流 $\lvert I_b \rvert, \lvert I_c \rvert$ は 2 相短絡の場合とほぼ同じ程度の大電流となる．ただし，この場合でも事故点から NGR に向かって流れる大地電流 $\lvert 3I_0 \rvert$ は依然小さく，200 A 以下である．各自計算を試みられたい．
[5] 通信線に及ぼす電磁誘導障害	[D 5] 大 [補足] 1. 前記 [D4] により，1ϕG，2ϕG 時に大地を流れる電流が大きいことに起因する．このため通信線を送電線からできるだけ離して布設し，また，遮へい線を張るなどの対策が必要となる． 2. 零相インピーダンスが高抵抗接地系に対してはるかに小さいので，系統に地絡事故がなくても，線路や負荷の不平衡により，わずかながら大地電流が常時流れる（零相残留電流という）ことがあるので注意を要する．	[R 5] 小 [補足] 前記 [R4] の理由により，1ϕG，2ϕG 時でも大地を流れる電流 $\lvert 3I_0 \rvert$ は NGR で制限されて小さいので誘導障害はあまり問題とならない．

8・2 1線地絡時の健全相電圧の上昇　　**153**

		直接接地系（直接接地方式）	高抵抗接地系（高抵抗接地方式）
[6]	保護継電方式と1線地絡事故遮断時間	[D 6] 安定した原理による高速度リレーが得られる．	[R 6] 安定した原理による高速度リレーが比較的得にくい． [補足] 1. 1線地絡事故に対しては方向距離リレー，差動リレーなどが一般に適用できない． 2. 1線地絡検出用として，方向距離リレーの代わりに使われる方向地絡リレーも，アーク抵抗の大きい地絡を検出することが難しく，また併架多回線送電線などで多くみられる零相循環電流（零相第2回路電流）により無力となることがある．
[7]	1線地絡時の過渡安定度	[D 7] やや劣る． [補足] 1. 1線地絡に対して，直接接地系（3章の図3・2bで$_iZ_0$が高抵抗接地系に比べてはるかに小さい）のほうが発電機相差角の動揺が大きく，過渡安定度的に厳しい． 2. 発電機にとっては逆相・零相電流I_2，I_0は振動や局部過熱の原因となるので大敵である．ただし，I_2，I_0とも事故遮断完了までの短時間であれば問題ない．なお，一般に送電線地絡事故時に大きいI_0が流れても，これは変圧器のデルタ巻線でカットされて発電機には流れないように考慮されている．	[R 7] 良 [補足] 1線地絡に対しては高抵抗接地系（3章の図3・2bで$_iZ_0$が大）のほうが過渡安定度的に有利． なお，2相短絡や2線短絡に対しては零相回路が関係しないので，直接接地系，高抵抗接地系のいずれであっても過渡安定度的には大差ない．
[8]	1線断線時（または単相再閉路無電圧時間中）の送電電力と安定度	[D 8] 有利 [補足] 3章の表3・2中の[1B]の等価回路を書き直した右図において，$_pZ_0+_qZ_0$も小さいから，電力は$_pZ_2+_qZ_2$にパラレルに流れるので，両端発電機の相差角の開きも小さい．	[R 8] やや不利 [補足] 3章の表3・2中の[1B]の等価回路を書き直した左図において，$_pZ_0+_qZ_0$がほとんど開放に近いので，電力は零相回路を流れえず，したがって相差角の開きがやや大きい．
[9]	1線断線時（または単相再閉路無電圧時間中）の電圧上昇	[D 9] 電圧上昇はあまりない． [補足] 前ページの表[D8]の図において$_pZ_1=_pZ_2$，$_qZ_1=_qZ_2$とすれば， $$i_0 = \frac{_pE_a - _qE_a}{(_pZ_1+_qZ_1)+2(_pZ_0+_qZ_0)}$$ $$\therefore |_pv_0| = \left|\frac{_pZ_0(_pE_a-_qE_a)}{(_pZ_1+_qZ_1)+2(_pZ_0+_qZ_0)}\right| \ll |_pE_a-_qE_a|$$ $$|_qv_0| = \left|\frac{-_qZ_0(_pE_a-_qE_a)}{(_pZ_1+_qZ_1)+2(_pZ_0+_qZ_0)}\right| \ll |_pE_a-_qE_a|$$ となり，中性点電位上昇は少ない．したがって，相電圧上昇もあまりない．	[R 9] 電圧上昇があり不利 [補足] 前ページの表[D8]の図において$_pZ_1=_pZ_2$，$_qZ_1=_qZ_2$かつ$|_pZ_0+_qZ_0|\gg|_pZ_2+_qZ_2|$とすれば $$i \fallingdotseq \frac{_pE_a-_qE_a}{(_pZ_1+_qZ_1)+(_pZ_2+_qZ_2)} = \frac{_pE_a-_qE_a}{2(_pZ_1+_qZ_1)}$$ $$i_0 \fallingdotseq \frac{(_pZ_2+_qZ_2)}{(_pZ_0+_qZ_0)+(_pZ_2+_qZ_2)} \cdot i \fallingdotseq \frac{_pZ_1+_qZ_1}{_pZ_0+_qZ_0} \cdot i$$ $$= \frac{1}{_pZ_0+_qZ_0} \cdot \frac{_pE_a-_qE_a}{2}$$ $$\therefore |_pv_0| = |_pZ_0 \cdot i_0| = \left|\frac{_pZ_0}{_pZ_0+_qZ_0} \cdot \frac{1}{2}(_pE_a-_qE_a)\right|$$ $$|_qv_0| = |-_qZ_0 \cdot i_0| = \left|\frac{_qZ_0}{_pZ_0+_qZ_0} \cdot \frac{1}{2}(_pE_a-_qE_a)\right|$$ となり，ある程度中性点電位上昇があり，したがって，相電圧も上昇する．
[10]	2線断線	[D 10] ある程度送電可能 [補足] 表3・2中の[2B]の等価回路を書き直した右図において，$_pZ_0$，$_qZ_0$も$_pZ_1$，$_qZ_1$とコンパチブルオーダの小さい値なので，電流がある程度流れうる．なお，中性点電圧$_pv_0$，$_qv_0$がある程度は発生する．	[R 10] 送電不可能で脱調，中性点電位も不安定 [補足] 図において$_pZ_0$，$_qZ_0$が非常に大きいので電流はほとんど流れえず，脱調する．また，中性点電圧$_pv_0$，$_qv_0$も大きく変化する．
[11]	遮断器の遮断容量	[D 11] 大 [補足] 故障相の故障電流は前記[D4]に示した例のように，3相短絡よりも1相地絡のほうが大きくなることがある．	[R 11] 普通 [補足] 故障相の故障電流は3相短絡のときに最大と考えてよい．
[12]	遮断器開閉時の過渡異常電圧	[D 12] 開閉過渡異常電圧倍数は小さく，絶縁協調上有利（例えば1.8倍）	[R 12] 開閉過渡異常電圧倍数は一般に大きく，絶縁協調上不利（例えば3倍） [補足] 遮断器は一般に電流零点で遮断されるので，例えば送電線3相平衡電流（常時は各相電流は120°ずつずれている）を遮断する場合，実際には3相同時遮断されることはない．すなわち，（3相導通）→（1線断線）→（2，3線断線）の経路をたどるので，前記[R9][R10]よりの類推でも高抵抗接地系のほうが厳しいことが理解される
[13]	電圧共振現象	[D 13] キャパシタンスCの大きい系統では地絡・断線モードで発生する可能性が潜在的にあるので注意を要する．	[R 13] 可能性はほとんどない．

さて，図8・1および図21・2は次のようなことを示している．

- 非有効接地系統（$\delta ≒ 5 \sim +\infty$，$\nu = {}_fX_0/{}_fX_1 = 0 \sim +4$）ではa相1線地絡（$1\phi G$）が発生すると健全相電圧 V_b，V_c が1次的に過電圧（TOV）となり，その過電圧倍数はおよそ $k ≒ \sqrt{3}$ 倍となる．
- 有効接地系統（$\delta ≒ 0 \sim +1$，$\nu = {}_fX_0/{}_fX_1 = 0 \sim +4$）ではa相1線地絡（$1\phi G$）が発生すると健全相電圧 V_b，V_c の過電圧倍数は $\delta = +1$ ならば $k ≒ 1.2 \sim 1.3$ 倍に，また $0 < \delta < +1$ ならば $k ≒ 1.0 \sim 0.8$ 倍程度となる．

1線地絡時の1次的過電圧 TOV は送電線や変電機器類の絶縁レベルを決める基礎となる絶縁協調理論に決定的な影響を及ぼすものである．そして非有効接地系統と有効接地系統では，この過電圧倍数 k が大きく異なることが絶縁設計を左右する大きい要因となる．これらについては第20章，21章で詳述する．

8・3 消弧リアクトル（ペターゼンコイル）

中性点接地方式として過去に多くの国で採用された消弧リアクトル（ペターゼンコイル）方式がある．その基本原理は表8・1のC項に示すとおりであり，また図3・2(c)の $1\phi G$ 等価回路で1線地絡事故時に線路の浮遊容量による $1/j\omega C_0$ を中性点リアクトルの $j\omega L$ で補償して並列共振に近い状態とすることでインピーダンスが ${}_fZ_0 \to \infty$ となるようにする（商用周波数で並列共振に近い状態（$Z_0 ≒ \infty$）にする）のである．これによって1線地絡時に地絡電流がほとんど流れないようにし，あるいは自然消弧の確率を高めようとするものである．

消弧リアクトル接地方式（**PC系**）は1918年ごろにドイツで実用化されて，アメリカで発達した直接接地方式と2分する代表的な中性点接地方式であった．我が国でも1950年代ごろまでは当時の主幹系統である66〜154kV系で**消弧リアクトル方式**が多用されていた．

この方式は1線地絡に対しては非常に好都合であるが，下記のような欠点もあった．

i）2線地絡は異地点同時地絡，また断線モードの事故などでは（20・3・1項〔1〕の原理によって）直列共振回路となってしまい，広範囲な異常電圧の原因ともなり両刃の刀でもある．

ii）この方式では中核変電所に設置される1台の消弧リアクトルで一定の地域の放射状系統の線路キャパシタンスを補償するので，大系統になるに従いチューニングが難しく，またループ系統では適用が困難である．

iii）消弧リアクトルは一般に重要変電所の変圧器中性点に接続される．この変圧器が何らかの理由で遮断されると系統は中性点非接地となってしまい，絶縁協調上非常に危険であり，避雷器の破損や多重事故への進展に発展する可能性も非常に大きい．

iv）地絡検出用の差動保護リレー，方向距離リレーが適用できない．直接接地系では地絡検出の主保護・後備保護用として万能的役割を果たしている両リレー方式が適用できないことは致命的欠点である．

このような理由で，我が国の66〜154kV系では1960年ごろから消弧リアクトルに代わって高抵抗接地方式に切り換えが進み，今日ではPC系は過去の技術となった．電力系統発展の重要歴史として記憶されるべきものであると考える．

8・4 電圧共振の可能性

1線地絡時を例にして，直接接地系は事故時健全相電圧上昇の観点で非常に有利であることを説明した．しかしながら直接接地系統の隠れた弱点として直列共振回路ができやすいことを

十分認識しておかなければならない．図3·2(b)の1線地絡等価回路の0-1-2相において無視できないC_1，C_2，C_0があればLCの直列タンク回路ができて直列共振周波数（複数）が存在することになる．図8·1では事故点の$_fX_0$と$_fX_1$の一方が容量性のCとなって，$\nu=-4\sim0$の範囲になると直接接地系統は非常に危険な直列共振周波数が存在することを示している．地絡や断線のモード，あるいは事故地点が変われば共振周波数も変化する．

系統は通常の運転状態では$\nu>0$で問題ないが，過渡的に$\nu={}_fX_0/{}_fX_1<0$になって過電圧倍数kが異常に大きくなることを絶対に避ける必要がある．

容量性キャパシタンスCの対象になるものとしては，①ケーブル系統の増大，②架空送電線の長距離化と並列回線数増大，③力率調整用キャパシタなどがあるが，大都市系統では①，②の増大が著しく，回路の正相C_1および零相漏れキャパシタンスC_0がかなり大きくなる．

実際の系統は，いろいろのLCR定数の要素からなる複雑な回路であるから，地絡や断線が発生すると局所的な擬似共振による異常電圧や波形ひずみを生ずる原因ともなりうるので十分な留意が必要である．これらについては第22章の波形ひずみの問題などで再度論ずることとする．

休憩室：その5　Hertzによる電波の発見と現代の始まり

Maxwellの電磁波は1888年，**Heinrich Rudolf Hertz**（1857-1894）の画期的な実験で実証されることになる．Hertzは二つの金属球を感応コイルで結んで球間で電気火花を発生させると，高周波振動の電波が発信されること，またそれと同時に離れた場所にある針金の輪（共鳴器，アンテナ）のギャップでも火花が発生して同じ周波数の振動電波の受信が確認された．Hertzの発信機と受信機によってラジオ電波の送受信が実現したのである．この実験はHertzによる"電波の発見""無線送受信の実現"を意味すると同時に"Maxwellによる電磁波の予言とその空間伝搬を証明する実験"でもあった．Hertzはその電磁波の伝搬速度や光と同様の波としての性質などを明らかにしたのである．

Heinrich Rudolf Hertz
(1857-1894)

Hertzによる"電波"発見の年，1888年はMaxwellの理論発表から15年後，そして彼の死後9年目の出来事であった．1891年にMaxwellの最大の理解者Oliver Heavisideが次のように述べている"3年前には電磁波などどこを探してもなかったのに，今やどこにでもころがっている"．

Hertzの実験の12年後の1901年には**Guglielmo Marconi**（1874-1937）が大西洋横断の無線通信に成功する．時代は20世紀となり，**Albert Einstein**（1879-1955）の相対性理論が1905-1916年にかけて完成する．Einsteinは"光の本質"や"静止と運動"について思考するとき，Maxwellの理論がいつも頭の真中を占めていたと述べている．Einsteinやその後の科学者の活躍でNewtonの法則は修正を余儀なくされたが，Maxwellの理論は21世紀の今日もまったく修正を求められていない．

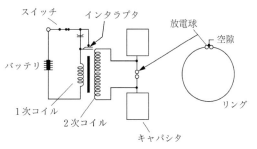

Hertzの発信機（1886）

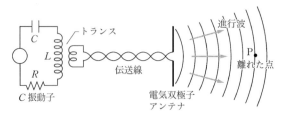

　図は今日的な意味での発信器の原理図である．LC 発振子によってアンテナの中で正弦波の高周波電流が作られる．アンテナ内で正弦的に変化する電流によって電場 E と磁場 B が作られて空間に進行波として一定速度 c で伝搬していく．電場 E と磁場 B はその大きさと向きは刻々と変化するが両者の比 $E/B = c$（伝搬速度）は変化しない．アンテナから遠く離れた点 P でこの微弱な電磁波をキャッチする．今日私たちの知る電磁波のスペクトルの図を示しておく．

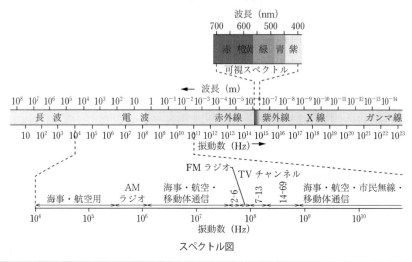

スペクトル図

第9章　送電線の事故時電圧・電流の図式解法とその傾向

　この章では，1回線送電線系統の各種事故時（無負荷とする）の電圧・電流の傾向について調べることとする．負荷の重畳する場合や平行回線のある場合など，さらに複雑な系統条件の場合でも無負荷1回線送電線における事故時の傾向を十分理解しておれば，これよりおおよその類推が可能である．各種事故時の**故障点および任意の地点の対称分およびa-b-c相電圧・電流のベクトル**を作図的に求めて，その大きさや位相関係を把握することは多方面の専門分野で必要とする基礎的技術である．なお，本章では線路の抵抗分は簡単のため無視した．また，アーク抵抗については，高抵抗接地系の1線地絡のケースについてのみ考慮し，その他のケースでは無視して示してある．

9・1　3相短絡時の電圧・電流の傾向（直接接地系・高抵抗接地系とも）

　図9・1(a)は3相短絡時の等価回路である（ただし，線路抵抗は無視してある）．この図から，m地点およびf地点の電圧と背後電圧 E との関係は図(b)のように表される．また，式で表すと次式(9・1)のようになる．

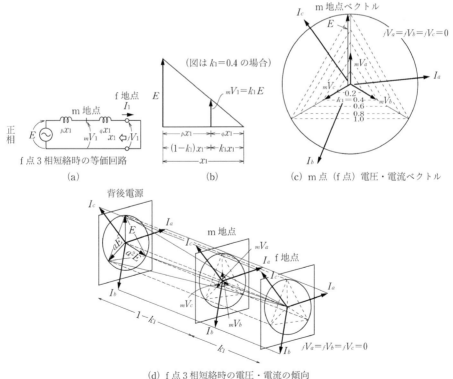

(a) f点3相短絡時の等価回路
(b)
(c) m点（f点）電圧・電流ベクトル
(d) f点3相短絡時の電圧・電流の傾向

図 9・1　3相短絡時の電圧と電流の関係

158　第9章　送電線の事故時電圧・電流の図式解法とその傾向

$$\left.\begin{array}{l} k_1 = \dfrac{_q x_1}{x_1}, \quad x_1 = {_p x_1} + {_q x_1} = (1-k_1)x_1 + k_1 x_1, \quad \Delta = jx_1 \quad \cdots\cdots\cdots\text{①} \\[4pt] I_1 = \dfrac{E}{\Delta} = -j\dfrac{E}{x_1}, \quad I_2 = I_0 = 0 \quad\cdots\cdots\cdots\text{②} \\[4pt] {_f V_1} = 0, \quad {_f V_2} = {_f V_0} = 0 \quad\cdots\cdots\cdots\text{③} \\[4pt] \dfrac{_m V_1}{E} = jqx_1 \cdot \dfrac{I_1}{E} = \dfrac{_q x_1}{x_1} = k_1, \quad \dfrac{_m V_2}{E} = \dfrac{_m V_0}{E} = 0 \quad\cdots\cdots\cdots\text{④} \\[4pt] {_f V_a} = {_f V_b} = {_f V_c} = 0 \quad\cdots\cdots\cdots\text{⑤} \\[4pt] \dfrac{_m V_a}{E} = k_1, \quad \dfrac{_m V_b}{E} = a^2 k_1, \quad \dfrac{_m V_c}{E} = a k_1 \quad\cdots\cdots\cdots\text{⑥} \end{array}\right\} \quad (9 \cdot 1)$$

　図9·1(b)を参照して，m 地点のベクトル図を図(c)のように描くことができる．図において，電流ベクトル I_a は線路抵抗のため実際には 90° よりわずかに小さい位相（例えば85°）だけ $_m V_a$ より遅れる．他の相についても同様である．

　k_1 を 0～1 に移動させて各地点の電圧・電流の傾向を直視的に描くと図9·1(d)のようになる．

9・2　b-c 相 2 相短絡時の電圧・電流の傾向（直接接地系・高抵抗接地系とも）

　2 相短絡時の等価回路は**図 9·2**(a)で表される（ただし，線路の抵抗は無視してある）．また，m 地点，f 地点における対称分電圧と背後電圧 E との関係を示すと同図(b)のようになる．各点の電圧，電流は式(9·2)で表される．

　図9·2(b)，式(9·2)から，m 地点および f 地点におけるベクトル図を描くと同図(c)のようになる．k_1 を 0～1 に移動させて，m 地点，f 地点の電圧・電流を直視的に描くと同図(d)のように表される．2 相短絡時は $|I_b| = |I_c| = \dfrac{\sqrt{3}}{2}\left|\dfrac{E}{x_1}\right|$ となり，3 相短絡電流 $\left|\dfrac{E}{x_1}\right|$ の 0.87 倍となる．

$$\left.\begin{array}{l} k_1 = \dfrac{_q x_1}{x_1}, \quad x_1 = {_p x_1} + {_q x_1} = (1-k_1)x_1 + k_1 x_1 \quad\cdots\cdots\cdots\text{①} \\[4pt] \Delta = j(x_1 + x_1) = j2x_1, \quad I_1 = -I_2 = \dfrac{E}{\Delta} = -j\dfrac{E}{2x_1}, \quad I_0 = 0 \quad\cdots\cdots\cdots\text{②} \\[4pt] \left.\begin{array}{l} I_a = 0 + I_1 + I_2 = 0 \\[2pt] I_b = 0 + a^2 I_1 + a I_2 = (a^2 - a)I_1 = -\dfrac{\sqrt{3}}{2}\cdot\dfrac{E}{x_1} \\[4pt] I_c = 0 + a I_1 + a^2 I_2 = (a^2 - a)I_2 = +\dfrac{\sqrt{3}}{2}\cdot\dfrac{E}{x_1} = -I_b \end{array}\right\} \cdots\cdots\cdots\text{③} \\[4pt] \left.\begin{array}{l} \dfrac{_f V_0}{E} = 0 \\[4pt] \dfrac{_f V_1}{E} = \dfrac{E - jx_1 \cdot I_1}{E} = \dfrac{1}{2} \\[4pt] \dfrac{_f V_2}{E} = \dfrac{-jx_1 \cdot I_2}{E} = \dfrac{1}{2} \end{array}\right\} \cdots\cdots\cdots\text{④} \\[4pt] \left.\begin{array}{l} \dfrac{_m V_0}{E} = 0 \\[4pt] \dfrac{_m V_1}{E} = \dfrac{_f V_1}{E} + jqx_1 \cdot \dfrac{I_1}{E} = \dfrac{1}{2}(1+k_1) \\[4pt] \dfrac{_m V_2}{E} = \dfrac{_f V_2}{E} + jqx_1 \cdot \dfrac{I_2}{E} = \dfrac{1}{2}(1-k_1) \end{array}\right\} \cdots\cdots\cdots\text{⑤} \\[4pt] \dfrac{_f V_a}{E} = 0 + \dfrac{1}{2} + \dfrac{1}{2} = 1 \end{array}\right\} \quad (9 \cdot 2)$$

$$\frac{_fV_b}{E}=0+a^2\frac{1}{2}+a\frac{1}{2}=-\frac{1}{2}$$
$$\frac{_fV_c}{E}=0+a\frac{1}{2}+a^2\frac{1}{2}=-\frac{1}{2}$$ ……………………………………⑥

$$\frac{_mV_a}{E}=0+\frac{1}{2}(1+k_1)+\frac{1}{2}(1-k_1)=1$$
$$\frac{_mV_b}{E}=0+a^2\cdot\frac{1}{2}(1+k_1)+a\cdot\frac{1}{2}(1-k_1)=-\frac{1}{2}-j\frac{\sqrt{3}}{2}k_1$$
$$\frac{_mV_c}{E}=0+a\cdot\frac{1}{2}(1+k_1)+a^2\cdot\frac{1}{2}(1-k_1)=-\frac{1}{2}+j\frac{\sqrt{3}}{2}k_1$$ ……⑦
$$\frac{_mV_{bc}}{E}=-j\sqrt{3}\,k_1$$

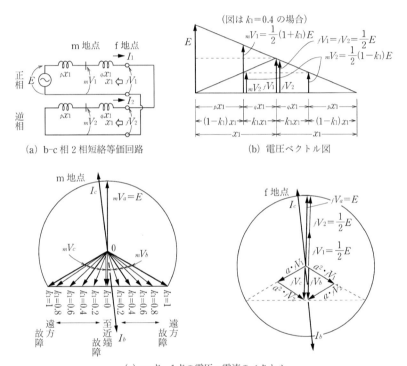

(a) b-c相2相短絡等価回路 　　(b) 電圧ベクトル図

(c) m点，f点の電圧・電流のベクトル

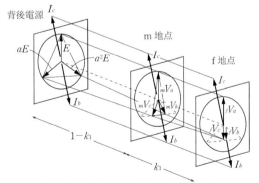

(d) f点 b-c相2相短絡時の電圧・電流の傾向

図 9・2 2相短絡時の電圧と電流の関係

9・3 直接接地系 a 相 1 線地絡時の電圧・電流の傾向（線路抵抗, アーク抵抗無視）

リアクタンス分のみからなる無負荷送電線の f 点で 1 線地絡を生じた場合の対称分等価回路は図 9・3(a), また f 点, m 点の電圧・電流関係式は式(9・3) のようになる. 図(a) より各地点の対称分電圧を示すと図(b1) が得られる. この図は $\nu = x_0/x_1 = 1.5$, $k_1 = 0.4$, $k_0 = 0.2$ の場合である. また, 図(b1) を折りたたんで見やすくしたのが図 9・3(b2) である. ただし, 零相回路については $\overline{\mathrm{fm}} : \overline{\mathrm{om}} = k_0 : 1-k_0$ となるように作図する. これで f 地点, m 地点の対称分電圧が同一場所に集結して表される.

また, f 点, m 点の対称分および各相電圧・電流の関係は式(9・3) で表される. 図(b) で逆相と零相の電圧の矢印が正相の矢印と逆向きになっていることに留意する. 図 9・3(b2) の対称分電圧より m 地点, f 地点の各相電圧ベクトル図(c) と電圧・電流の傾向を示す図(d) が得られる. なお, 対称分電流 $I_1 = I_2 = I_0$ は E より約 90° 遅れ位相となる. 式(9・3) ②において実際には $\varDelta$ にわずかに抵抗分が含まれるので, 図では 90° よりわずかに小さい遅れ位相となることを強調してある.

次に, $\nu = x_0/x_1$, k_1, k_0 などがさまざまな値となるときに, f 点, m 点の対称分電圧および各相電圧がどのような大きさ, 位相になるかを簡単にグラフから読み取れるように工夫した**計算図表**について以下に説明する.

（1） f 点からみた零相, 正相リアクタンス比 $\nu = x_0/x_1$ は, f 点が中性点を接地した変圧器に近ければ小さく, 遠ければ大きくなる（線路部分のみでいえば, 2.5〜3 程度であることは第 2 章で説明した）. そこで, 式(9・3) ③より ν が 0〜∞ の間を変化するときの ${}_fV_1/E$, ${}_fV_2/E$, ${}_fV_0/E$ の様子をみると図 9・3(e1) のように表される. また, 式④と図 9・3(e1) から, 図(e2) が得られ, これより任意の k_1, k_0 のときの ${}_mV_1/E$, ${}_mV_2/E$, ${}_mV_0/E$ を直接読み取ることができる. なお, $\nu = x_0/x_1 = \infty$ の場合は消弧リアクトル系に相当する.

（2） 図 9・3(e) または式(9・3) ⑤の関係があるので, ν が 0〜∞ の間を変化するときの ${}_fV_b/E$, ${}_fV_c/E$ のベクトルを図 9・3(f) から直接読み取ることができる（$\nu = 1.5$ のときの図 9・3(c) のベクトル図を図(f) の中にも記入してある）. 抵抗分を無視した無負荷送電線では, ν の大小にかかわらず ${}_fV_{bc}/E = -j\sqrt{3}$ である.

（3） 任意の地点 m の電圧 ${}_mV_a$, ${}_mV_b$, ${}_mV_c$ は式(9・3) ⑥の ${}_fV_b$, ${}_fV_c$, A, B から求められる. 図 9・3(g) は式⑥の中の A, B の大きさを簡単に知るためのものである. A, B が実数であることから ${}_mV_b$ は ${}_fV_b$ に対して垂直方向（実数軸）に移動する. c 相, a 相についても同様である.

$$\left.\begin{aligned}
&\nu = \frac{x_0}{x_1} = \frac{x_0}{x_2}, \quad x_1 = x_2 = \frac{x_0}{\nu} \\
&k_1 = \frac{{}_qx_1}{x_1}, \quad x_1 = {}_px_1 + {}_qx_1 = (1-k_1)x_1 + k_1x_1 \\
&k_0 = \frac{{}_qx_0}{x_0}, \quad x_0 = {}_px_0 + {}_qx_0 = (1-k_0)x_0 + k_0x_0 \\
&\varDelta = j(x_0 + x_1 + x_2) = j(\nu+2)x_1
\end{aligned}\right\} \cdots\cdots ①$$

$$I_1 = I_2 = I_0 = \frac{E}{\varDelta} = -j\frac{1}{\nu+2} \cdot \frac{E}{x_1} \quad \cdots\cdots ②$$

$$\left.\begin{aligned}
&\frac{{}_fV_0}{E} = -jx_0 \cdot \frac{I_0}{E} = \frac{-\nu}{\nu+2} \\
&\frac{{}_fV_1}{E} = -\left(\frac{{}_fV_0}{E} + \frac{{}_fV_2}{E}\right) = \frac{\nu+1}{\nu+2} \\
&\frac{{}_fV_2}{E} = -jx_1 \cdot \frac{I_2}{E} = \frac{-1}{\nu+2}
\end{aligned}\right\} \cdots\cdots ③$$

9・3 直接接地系a相1線地絡時の電圧・電流の傾向（線路抵抗，アーク抵抗無視） **161**

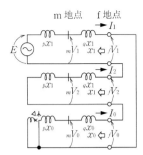

(a) f点a相1線地絡等価回路

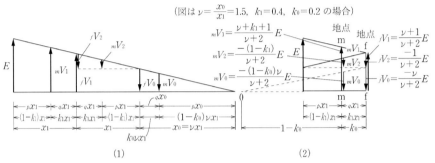

(b) 各地点の対称分電圧

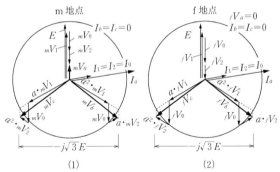

(c) m点，f点の電圧・電流ベクトル

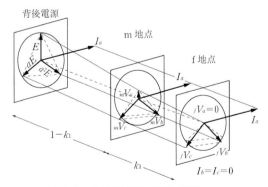

(d) f点a相1線地絡時の電圧・電流の傾向

図 9・3　直接接地系における1線地絡時の電圧と電流の関係（その1）

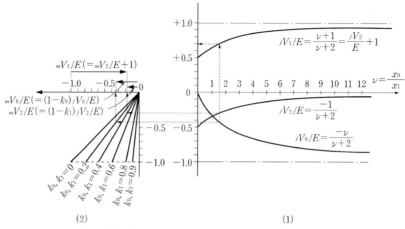

(e) f点，m点の対称分電圧を求める計算図表

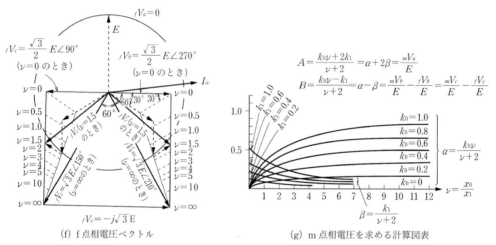

(f) f点相電圧ベクトル　　　　　(g) m点相電圧を求める計算図表

図 9・3 （つづき）

$$\left.\begin{aligned}
\frac{_mV_0}{E} &= \frac{_fV_0}{E} + j_q x_0 \cdot \frac{I_0}{E} = \frac{_fV_0}{E} + \frac{k_0\nu}{\nu+2} = \frac{-\nu}{\nu+2} + \frac{k_0\nu}{\nu+2} \\
\frac{_mV_1}{E} &= \frac{_fV_1}{E} + j_q x_1 \cdot \frac{I_1}{E} = \frac{_fV_1}{E} + \frac{k_1}{\nu+2} = \frac{\nu+1}{\nu+2} + \frac{k_1}{\nu+2} \\
\frac{_mV_2}{E} &= \frac{_fV_2}{E} + j_q x_1 \cdot \frac{I_2}{E} = \frac{_fV_2}{E} + \frac{k_1}{\nu+2} = \frac{-1}{\nu+2} + \frac{k_1}{\nu+2}
\end{aligned}\right\} \cdots\cdots\cdots ④$$

$$\left.\begin{aligned}
_fV_a &= 0 \\
\frac{_fV_b}{E} &= \frac{_fV_0}{E} + a^2\frac{_fV_1}{E} + a\frac{_fV_2}{E} = \frac{(a^2-1)\nu+(a^2-a)}{\nu+2} = \frac{-3\nu}{2(\nu+2)} - j\frac{\sqrt{3}}{2} \\
\frac{_fV_c}{E} &= \frac{_fV_0}{E} + a\frac{_fV_1}{E} + a^2\frac{_fV_2}{E} = \frac{(a-1)\nu+(a-a^2)}{\nu+2} = \frac{-3\nu}{2(\nu+2)} + j\frac{\sqrt{3}}{2} \\
\frac{_fV_{bc}}{E} &= \frac{_fV_b}{E} - \frac{_fV_c}{E} = -j\sqrt{3} \\
\frac{_mV_a}{E} &= \frac{_fV_a}{E} + \frac{k_0\nu+k_1+k_1}{\nu+2} = \frac{k_0\nu+2k_1}{\nu+2} \equiv A \\
\frac{_mV_b}{E} &= \frac{_fV_b}{E} + \frac{k_0\nu+a^2k_1+ak_1}{\nu+2} = \frac{_fV_b}{E} + \frac{k_0\nu-k_1}{\nu+2} \equiv \frac{_fV_b}{E} + B
\end{aligned}\right\} ⑤$$

$(9\cdot3)$

$$\frac{{}_mV_c}{E} = \frac{{}_fV_c}{E} + \frac{k_1\nu + ak_1 + a^2k_1}{\nu+2} = \frac{{}_fV_c}{E} + \frac{k_0\nu - k_1}{\nu+2} = \frac{{}_fV_c}{E} + B$$

$$\frac{{}_mV_{bc}}{E} = \frac{{}_mV_b}{E} - \frac{{}_mV_c}{E} = \frac{{}_fV_{bc}}{E} = -j\sqrt{3}$$

ただし，$A \equiv \dfrac{k_0\nu + 2k_1}{\nu+2}$, $B \equiv \dfrac{k_1\nu - k_1}{\nu+2}$

⑥

9・4　直接接地系 b-c 相 2 線地絡時の電圧・電流の傾向（アーク抵抗無視）

　この場合の等価回路は**図 9・4**(a)のように表され，f 点，m 点の対称分電圧・電流，相電圧・電流は式(9・4)のようになる．また，これらの関係を図示すると図(b) 図(c)，図(d)のようになる．

$$\nu = \frac{x_0}{x_1} = \frac{x_0}{x_2}, \quad x_1 = x_2 = \frac{x_0}{\nu}$$

$$k_1 = \frac{{}_qx_1}{x_1}, \quad x_1 = {}_px_1 + {}_qx_1 = (1-k_1)x_1 + k_1x_1$$

$$k_0 = \frac{{}_qx_0}{x_0}, \quad x_0 = {}_px_0 + {}_qx_0 = (1-k_0)x_0 + k_0x_0$$

$$\varDelta = j\left(x_1 + \frac{x_1x_0}{x_1+x_0}\right) = j\frac{2\nu+1}{\nu+1}x_1$$

①

$$I_1 = \frac{E}{\varDelta} = -j\frac{\nu+1}{2\nu+1} \cdot \frac{E}{x_1}$$

$$I_2 = \frac{-x_0}{x_1+x_0}I_1 = \frac{-\nu}{\nu+1}I_1 = j\frac{\nu}{2\nu+1} \cdot \frac{E}{x_1}$$

$$I_0 = \frac{-x_1}{x_1+x_0}I_1 = \frac{-1}{\nu+1}I_1 = j\frac{1}{2\nu+1} \cdot \frac{E}{x_1}$$

②

$$\frac{{}_fV_0}{E} = \frac{{}_fV_1}{E} = \frac{{}_fV_2}{E} = j\frac{x_1x_0}{x_1+x_0} \cdot \frac{I_1}{E} = j\frac{\nu x_1}{\nu+1} \cdot \frac{I_1}{E} = \frac{\nu}{2\nu+1}$$

③

$$\frac{{}_mV_0}{E} = \frac{{}_fV_0}{E} + j_qx_0\frac{I_0}{E} = \frac{{}_fV_0}{E} - \frac{k_0\nu}{2\nu+1} = (1-k_0)\frac{{}_fV_0}{E} = (1-k_0)\frac{\nu}{2\nu+1}$$

$$\frac{{}_mV_1}{E} = \frac{{}_fV_1}{E} + j_qx_1\frac{I_1}{E} = \frac{{}_fV_1}{E} + k_1\frac{\nu+1}{2\nu+1} = \frac{{}_fV_1}{E} + k_1\left(1 - \frac{{}_fV_1}{E}\right) = \frac{\nu + k_1(\nu+1)}{2\nu+1}$$

$$\frac{{}_mV_2}{E} = \frac{{}_fV_2}{E} + j_qx_1\frac{I_2}{E} = \frac{{}_fV_2}{E} - \frac{k_1\nu}{2\nu+1} = (1-k_1)\frac{{}_fV_2}{E} = (1-k_1)\frac{\nu}{2\nu+1}$$

④

$$I_a = 0$$

$$I_b = j\frac{1 - a^2(\nu+1) + a\nu}{2\nu+1} \cdot \frac{E}{x_1} = \frac{\sqrt{3}(a-\nu)}{2\nu+1} \cdot \frac{E}{x_1}$$

$$I_c = j\frac{1 - a(\nu+1) + a^2\nu}{2\nu+1} \cdot \frac{E}{x_1} = \frac{\sqrt{3}(-a^2+\nu)}{2\nu+1} \cdot \frac{E}{x_1}$$

⑤

$$\frac{{}_fV_a}{E} = \frac{{}_fV_0}{E} + \frac{{}_fV_1}{E} + \frac{{}_fV_2}{E} = 3\frac{{}_fV_1}{E} = \frac{3\nu}{2\nu+1}$$

$$\frac{{}_fV_b}{E} = 0$$

$$\frac{{}_fV_c}{E} = 0$$

⑥

$$\frac{{}_mV_a}{E} = \frac{{}_fV_a}{E} + \frac{(-k_0\nu) + k_1(\nu+1) + (-k_1\nu)}{2\nu+1} = \frac{{}_fV_a}{E} + \frac{k_1 - k_0\nu}{2\nu+1}$$

$$= \frac{3\nu}{2\nu+1} + \frac{k_1 - k_0\nu}{2\nu+1}$$

(9・4)

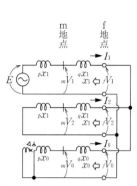
(a) f 点 b-c 相 2 線地絡時の等価回路

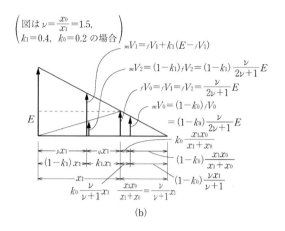

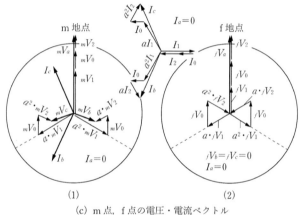
(c) m 点, f 点の電圧・電流ベクトル

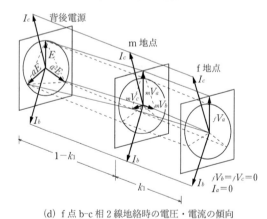
(d) f 点 b-c 相 2 線地絡時の電圧・電流の傾向

図 9・4 直接接地系における 2 線地絡時の電圧と電流の関係

$$\left.\begin{array}{l}\dfrac{_mV_b}{E}=\dfrac{_fV_b}{E}+\dfrac{(-k_0\nu)+a^2k_1(\nu+1)+a(-k_1\nu)}{2\nu+1}=\dfrac{(a^2-j\sqrt{3}\,\nu)k_1-k_0\nu}{2\nu+1}\\[2mm]\dfrac{_mV_c}{E}=\dfrac{_fV_c}{E}+\dfrac{(-k_0\nu)+ak_1(\nu+1)+a^2(-k_1\nu)}{2\nu+1}=\dfrac{(a+j\sqrt{3}\,\nu)k_1-k_0\nu}{2\nu+1}\end{array}\right\}$$

.................................⑦

9・5　高抵抗接地系 a 相 1 線地絡時の電圧・電流の傾向（アーク抵抗考慮）

等価回路は図 9・5(a) のように表され，電圧・電流の関係式は式(9・5) のようになる．

$$\left.\begin{array}{l} Z_0 = 3R_N + j(_px_0 + _qx_0) \fallingdotseq 3R_N, \quad 3R_N \gg _px_0 + _qx_0 = x_0 \\[4pt] \nu = \dfrac{Z_0}{jx_1} = \dfrac{3R_N + j(_px_0 + _qx_0)}{jx_1} \fallingdotseq \dfrac{3R_N}{jx_1} \\[6pt] k_1 = \dfrac{_qx_1}{x_1}, \quad x_1 = _px_1 + _qx_1 = (1-k_1)x_1 + k_1x_1 \\[6pt] k_{\mathrm{arc}} = \dfrac{3R_{\mathrm{arc}}}{3R_N} \quad \varDelta = 3R_N + j(x_0 + x_1 + x_2) \fallingdotseq 3R_N \end{array}\right\} \cdots\cdots\cdots ①$$

$$I_1 = I_2 = I_0 = \dfrac{E}{\varDelta + 3R_{\mathrm{arc}}} \fallingdotseq \dfrac{E}{3R_N + 3R_{\mathrm{arc}}} = \dfrac{E}{3R_N} \cdot \dfrac{1}{1 + k_{\mathrm{arc}}} \quad \cdots\cdots\cdots ②$$

$$\left.\begin{array}{l} \dfrac{_fV_{\mathrm{arc}}}{E} = 3R_{\mathrm{arc}} \dfrac{I_0}{E} \fallingdotseq \dfrac{3R_{\mathrm{arc}}}{3R_N + 3R_{\mathrm{arc}}} = \dfrac{1}{1 + \dfrac{R_N}{R_{\mathrm{arc}}}} = \dfrac{1}{1 + \dfrac{1}{k_{\mathrm{arc}}}} \\[10pt] \dfrac{_fV_0}{E} = -(3R_N + jx_0)\dfrac{I_0}{E} \fallingdotseq \dfrac{-R_N}{3R_N + 3R_{\mathrm{arc}}} = \dfrac{-1}{1 + \dfrac{R_{\mathrm{arc}}}{R_N}} = \dfrac{-1}{1 + k_{\mathrm{arc}}} \\[10pt] \dfrac{_fV_1}{E} = \dfrac{E - jx_1I_1}{E} \fallingdotseq 1 - \dfrac{jx_1}{3R_N + 3R_{\mathrm{arc}}} \fallingdotseq 1 \\[10pt] \dfrac{_fV_2}{E} = -jx_1\dfrac{I_2}{E} \fallingdotseq \dfrac{-jx_1}{3R_N + 3R_{\mathrm{arc}}} \fallingdotseq 0 \end{array}\right\} \cdots\cdots ③$$

$$\left.\begin{array}{l} \dfrac{_mV_0}{E} = \dfrac{_fV_0}{E} + j_qx_0\dfrac{I_0}{E} = \dfrac{_fV_0}{E} + \dfrac{j_qx_0}{3R_N + 3R_{\mathrm{arc}}} \fallingdotseq \dfrac{_fV_0}{E} = \dfrac{-1}{1 + k_{\mathrm{arc}}} \\[10pt] \dfrac{_mV_1}{E} = \dfrac{_fV_1}{E} + j_qx_1\dfrac{I_1}{E} = \dfrac{_fV_1}{E} + \dfrac{j_qx_1}{3R_N + 3R_{\mathrm{arc}}} \fallingdotseq \dfrac{_fV_1}{E} \fallingdotseq 1 \\[10pt] \dfrac{_mV_2}{E_m} = \dfrac{_fV_2}{E} + j_qx_1\dfrac{I_2}{E} = \dfrac{_fV_2}{E} + \dfrac{j_qx_1}{3R_N + 3R_{\mathrm{arc}}} \fallingdotseq \dfrac{_fV_2}{E} \fallingdotseq 0 \end{array}\right\} \cdots\cdots ④$$

$$\left.\begin{array}{l} \dfrac{_fV_a}{E} = \dfrac{_fV_0}{E} + \dfrac{_fV_1}{E} + \dfrac{_fV_2}{E} \fallingdotseq \dfrac{-1}{1 + k_{\mathrm{arc}}} + 1 \\[8pt] \dfrac{_fV_b}{E} = \dfrac{_fV_0}{E} + a^2\dfrac{_fV_1}{E} + a\dfrac{_fV_2}{E} \fallingdotseq \dfrac{-1}{1 + k_{\mathrm{arc}}} + a^2 \\[8pt] \dfrac{_fV_c}{E} = \dfrac{_fV_0}{E} + a\dfrac{_fV_1}{E} + a^2\dfrac{_fV_2}{E} \fallingdotseq \dfrac{-1}{1 + k_{\mathrm{arc}}} + a \end{array}\right\} \cdots\cdots\cdots ⑤$$

$$\left.\begin{array}{l} \dfrac{_mV_a}{E} = \dfrac{_mV_0}{E} + \dfrac{_mV_1}{E} + \dfrac{_mV_2}{E} \fallingdotseq \dfrac{_fV_0}{E} + 1 \fallingdotseq \dfrac{_fV_a}{E} \\[8pt] \dfrac{_mV_b}{E} = \dfrac{_mV_0}{E} + a^2\dfrac{_mV_1}{E} + a\dfrac{_mV_2}{E} \fallingdotseq \dfrac{_fV_0}{E} + a^2 \fallingdotseq \dfrac{_fV_b}{E} \\[8pt] \dfrac{_mV_c}{E} = \dfrac{_mV_0}{E} + a\dfrac{_mV_1}{E} + a^2\dfrac{_mV_2}{E} \fallingdotseq \dfrac{_fV_0}{E} + a \fallingdotseq \dfrac{_fV_c}{E} \end{array}\right\} \begin{array}{l} \text{ただし,} \\[4pt] \dfrac{_fV_0}{E} = \dfrac{-1}{1 + k_{\mathrm{arc}}} \end{array} \cdots ⑥$$

(9・5)

式(9・5) を図で示すと，図 9・5(b) のようになり，ベクトル図は図(c)，図(d) で表される．図 9・5(c)，(d) において，次のことがいえる．

1. m 点と f 点の電圧・電流はほとんど等しい．
2. $k_{\mathrm{arc}} = 0$ では，O 点は a 点に一致して，$_fV_a = 0$，$_fV_b = \sqrt{3}\,E\angle 210°$，$_fV_c = \sqrt{3}\,E\angle 150°$ となる．
3. $k_{\mathrm{arc}} = \infty$ では，O 点は n 点に一致して，$_fV_a = E$，$_fV_b = a^2E$，$_fV_c = aE$ となる．
4. k_{arc} の大小にかかわらず $_mV_a \fallingdotseq _fV_a$，$_mV_b \fallingdotseq _fV_b$，$_mV_c \fallingdotseq _fV_c$ である．

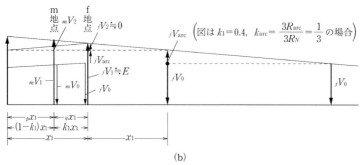

(b)

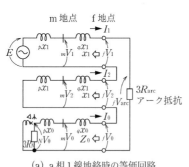

(a) a相1線地絡時の等価回路
（アーク抵抗考慮）

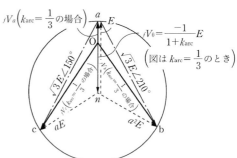

(c) m点，f点電圧・電流ベクトル
（m点，f点ともほぼ等しい）

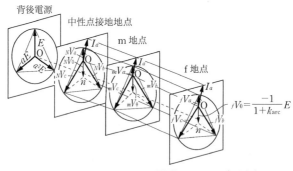

$3R_N \gg {}_qx_0, {}_px_0$ であるから
${}_NV_0 \fallingdotseq {}_mV_0 \fallingdotseq$ となる．

(d) a相1線地絡時の電圧・電流の傾向

図9・5　高抵抗接地系における1線地絡時の電圧と電流の関係

9・6 高抵抗接地系 b-c 相 2 線地絡時の電圧・電流の傾向（アーク抵抗無視）

等価回路は図 9・6(a) で表され，各部の電圧は図(b) のようになる．また，各部の電圧・電流の計算式は式(9・6) で表され，そのベクトル図は図(c)，図(d) で示される．

$$Z_0 = 3R_N + j({}_p x_0 + {}_q x_0) \fallingdotseq 3R_N \gg jx_1$$

$$\nu = \frac{Z_0}{jx_1} \fallingdotseq \frac{3R_N}{jx_1}$$

$$k_1 = \frac{{}_q x_1}{x_1}, \quad x_1 = {}_p x_1 + {}_q x_1 = (1-k_1)x_1 + k_1 x_1$$

$$\Delta = jx_1 + \frac{Z_0 jx_1}{Z_0 + jx_1} \fallingdotseq jx_1 + jx_1 = j2x_1$$

························ ①

$$I_1 = \frac{E}{\Delta} \fallingdotseq -j\frac{1}{2} \cdot \frac{E}{x_1}$$

$$I_2 = \frac{-Z_0}{Z_0 + jx_1} I_1 \fallingdotseq -I_1 = j\frac{1}{2} \cdot \frac{E}{x_1}$$

$$I_0 = \frac{-jx_1}{Z_0 + jx_1} I_1 \fallingdotseq 0$$

························ ②

$$\frac{{}_f V_1}{E} = \frac{{}_f V_2}{E} = \frac{{}_f V_0}{E} = -jx_1 \frac{I_2}{E} \fallingdotseq \frac{1}{2}$$ ························ ③

$$\frac{{}_m V_0}{E} \fallingdotseq \frac{{}_f V_0}{E} \fallingdotseq \frac{1}{2}$$

$$\frac{{}_m V_1}{E} = \frac{{}_f V_1}{E} + j{}_q x_1 \frac{I_1}{E} = \frac{{}_f V_1}{E} + k_1 \frac{1}{2} \fallingdotseq (1+k_1)\frac{1}{2}$$

$$\frac{{}_m V_2}{E} = \frac{{}_f V_2}{E} + j{}_q x_1 \frac{I_2}{E} = \frac{{}_f V_2}{E} - k_1 \frac{1}{2} \fallingdotseq (1-k_1)\frac{1}{2}$$

························ ④

$$I_a = 0$$

$$I_b = 0 + a^2 I_1 + a I_2 = -j\sqrt{3} I_1 = -\frac{\sqrt{3}}{2} \cdot \frac{E}{x_1}$$

$$I_c = 0 + a I_1 + a^2 I_2 = -I_b = \frac{\sqrt{3}}{2} \cdot \frac{E}{x_1}$$

························ ⑤

(9・6)

$$\frac{{}_f V_a}{E} = 3\frac{{}_f V_1}{E} = \frac{3}{2}$$

$$\frac{{}_f V_b}{E} = 0$$

$$\frac{{}_f V_c}{E} = 0$$

························ ⑥

$$\frac{{}_m V_a}{E} \fallingdotseq \frac{1}{2} + \frac{1+k_1}{2} + \frac{1-k_1}{2} = \frac{3}{2}$$

$$\frac{{}_m V_b}{E} \fallingdotseq \frac{1}{2} + a^2 \frac{1+k_1}{2} + a \frac{1-k_1}{2} = -j\frac{\sqrt{3}}{2} k_1$$

$$\frac{{}_m V_c}{E} \fallingdotseq \frac{1}{2} + a \frac{1+k_1}{2} + a^2 \frac{1-k_1}{2} = j\frac{\sqrt{3}}{2} k_1$$

························ ⑦

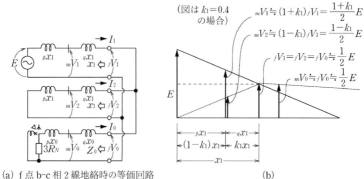

(a) f 点 b-c 相 2 線地絡時の等価回路
　　（高抵抗接地系）

(b)

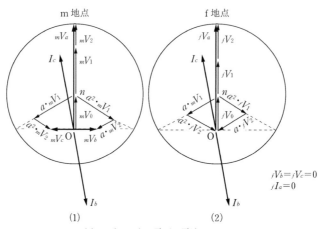

(1)　　　　　　　　　(2)
(c) m 点，f 点の電圧・電流ベクトル

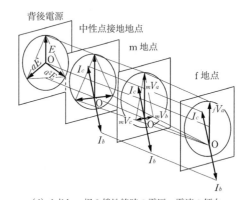

(d) f 点 b-c 相 2 線地絡時の電圧・電流の傾向

図 9・6　高抵抗接地系における 2 線地絡時の電圧と電流の関係

休憩室：その6　実用工学の輝かしい夜明け：1885-1900年代

　19世紀にはほとんど科学の研究対象でしかなかった電気が新時代20世紀は理学・工学の中心テーマとなり，なによりもWattの産業革命に次ぐ第2次の電化産業革命が一挙に20世紀世界を変貌させていく．その輝かしい夜明けの時は1885-1900年の15年間に訪れた．この時代を簡単に振り返ってみよう．

　1837年，モールス式の電信機の実用性が確認されたころから蒸気鉄道の信号用途や軍事用途で電信の価値が認識されていき，多くの研究者が電信機の改良に取り組み，また欧米先進各国が競って国益のため電信の実用を開始した．電気の実用的利用の時代がケーブル電信の形で実現したのである．しかしながらその後の約50年間は電気が電信以外の用途に利用されることもなく1880年代を迎える．

　1888年，Hertzによる"電波の発見"は1873年のMaxwellの電磁波論が単なる仮説ではなく科学上の真理であることを多くの科学者に認識させる決定的出来事となった．また，"電波を人間が作り，利用できる無線技術の実用化"に道を開く画期的出来事でもあった．"エーテル"は霧散して現代科学の新時代を迎える決定的な出来事となったのである．この時代を境に20世紀につながる電気史の流れは科学と工学的応用が決定的に分かれていく．科学の流れはこの時までにほぼ確立したエネルギー保存則などの上に立ってMaxwell以降の電気理論の進展が化学・物理学と融合しつつ原子理論・量子理論やアインシュタインの相対性理論へと発展していく．

　他方の工学的応用分野では世界を変える偉大な電気の発明が1880年代以降の20年間に相次いで，三つの応用分野「①無線通信・放送と電子技術（真空管など），②発電送電，③電気によるエネルギー利用（照明・電動機応用）」が一斉に開花して大発展を遂げていくのである．
　Alexander Graham Bell（1847-1922）がWheatstonから聞いた電磁石で音叉を振動させる話にヒントを得て1876年に実用的な電話を発明する．**Thomas Alva Edison**（1847-1931）が1879年に炭素電球の点灯に成功し，また自ら資金を調達して電燈事業の経営に乗り出し，1881年にはニューヨークにCentral generating plantを完成させる．エジソン社の方式は蒸気機関で直流発電機を駆動する火力式であり，1台の発電機から周囲500 mの範囲に電灯用直流電気を供給することができた．エジソンによる世界初の電力供給会社は"発電からランプまで"を一貫して提供する電気メーカーでもあった．

エジソン電球
フィラメントに竹の炭化物を使用している

　Nicola Tesla（1857-1943）が2相交流による回転磁界という画期的な発想を得て2相交流電動機を完成する．1896年には**George Westinghouse**（1846-1914）がTeslaの2相式交流方式を採用してナイアガラ発電所とバファローの冶金工場を結ぶ5,000 V, 40 kmの交流送電に成功する．ヨーロッパでは**Michael von Dobrowosky**（1862-1919）は3相交流理論を研究し，自ら制作した3相変圧器と電動機を用いて1890年のフランクフルト電気博覧会で170 km区間の3相交流送電実験を成功させた．また同じころ，Hertzの電波発見の情報を得た**Gugliemo Marconi**（1874-1937）が1895年に3 kmの距離でモールス信号の無線通信実験に続いて1899年にはドーヴァー海峡間の無線通信に成功し，さらに1901年には大西洋横断の無線通信に成功する．1904年には2極真空管が発明され，放送が新たな応用分

Michael von Dobrowosky
(1862-1919)

野として登場する．電気の歴史を振り返るとき，1880年代以降の20年間がひときわ光彩を放つ，時代の一大転換期であったといえよう．

電力技術・電力事業の分野では，1890年代は先進各国で電力会社が誕生し，生産工場では産業電化が進み，街には電燈が普及する先駆けの時代となった．技術的には1885年以降の数年間は激しい直流・交流論争が争われた時代でもあったが，"長距離送電の実証"が進むにつれてその勝敗も明らかとなっていく．交流方式による長距離送電技術の進歩は安い"水力発電"を促すきっかけともなって"産業電化"と"電燈の普及"に一層の拍車がかかり，20世紀の社会全体が急速な変貌を遂げていく．

この時代の日本では，1883年（明治16年）東京電灯設立，1887年電力供給開始，1888年電気学会設立，1889大阪電燈事業開始（交流方式）などが注目される．欧米諸国にほとんど遅れることなく電気の先進技術を積極的に活用せんとした明治の人々の進取の気風を知ることができる．

第10章 発電機の理論

電力系統，あるいは3相回路のいかなる現象の把握，解析にも発電機の回路としての正確なモデルが欠かせない．発電機モデルとしての第1の必要条件は，送電線・変圧器・遮断器などのモデルと組み合わせて，対象とする3相系統全体を一元化した電気回路として表現できること．第2の条件として系統のさまざまな定常・過渡現象に対して発電機の複雑な応動特性を広く正確にカバーできるモデルであること．第3の必要条件は発電機も含めて3相回路の全体および局所の現象を物理的イメージを伴って十分に説明できること．このニーズに応えてくれるのが発電機の d-q-0 法という変数変換手法に基づくパーク（Park）理論である．

局所的な3相回路であれ大電力系統であれ，そのさまざまな定常・過渡現象を対象にアナログ解析やディジタル解析ができるのは，このパーク理論があって，対称座標法，$α$-$β$-0 法と組み合わせ使用が可能だからこそである．

今日では EMTP プログラムなど強力な解析ツールが広く利用されているが，その中で使われている肝心の発電機モデルの理論根拠が広く十分に理解されているとはいいがたい．最大の理由は発電機モデルの実用理論の徹底解説を試みる専門書がほとんど見当たらないことにあるかと思われる．第10章では回転電磁機械たる発電機の鎖交磁束数 $ψ$・電圧 v・電流 i の現象として，その基礎理論の徹底解説を試み，さらに第11章以降ではその延長線上に位置する皮相電力 $P+jQ$ の理論につなげていくこととする．

10・1 発電機の a-b-c 相電気量によるモデリング

発電機は静止部（ステータ，あるいは電機子）と回転部（ロータ，あるいは回転子）からなる電磁機械であり，両者の相対位置はロータの回転角 $ωt$ によって周期的に変化している．換言すれば，発電機はステータコイルのインダクタンス $l(t)$ と抵抗 r とロータコイルからなる3相の電磁機械であり，その $l(t)$ は回転角 $θ=ωt$ によって1回転（$2π$ radian）ごとに周期変化するであろう．同じ理由で発電機の電圧 $v(t)$［Volt］，電流 $i(t)$［Ampere］，鎖交磁束数 $ψ(t)$［Weber・turn］，磁気抵抗 $\mathcal{R}(t)$［Ampere・turn/weber］などの電気諸量も $θ=ωt$［radian］の関数となるであろう．

10・1・1 発電機の基本回路

発電機は突極機，非突極機のいずれであっても，基本的に図 10・1 のような回路として表現できる（図では2極機としているが，一般に多極機の場合でも電機子，回転子の相対角度として電気角を使うことにより図 10・1 と同じになる）．図 10・1 が発電機を数学的に表現する前提となるので，その基本的な特徴を吟味してみることとする．

〔a〕回 転 子

図 10・1 に示すように d 軸と q 軸を，

d 軸（直軸）：中心点 O から磁極方向に向かう軸

q 軸（横軸）：中心点 O を通って d 軸より 90° 進み方向に向かう軸

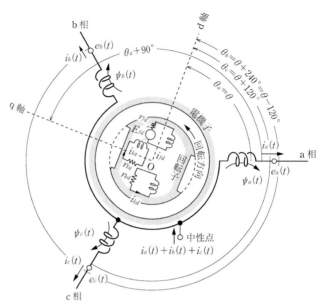

図 10・1　発電機の基本回路構成

と定義すれば，回転子は d 軸，q 軸いずれに対しても対称な設計になっている．したがって，図 10・1 の発電機は次のような回路からなると考えられる．

ⅰ）界磁巻線（field windings）

界磁巻線（d 軸 field coil として添え字 fd で表す）は直流電流源（励磁機）およびインダクタンスと抵抗からなる閉回路であり，外部の励磁機電源電圧 E_{fd} に接続される．また，界磁巻線は S-N 磁極の方向，すなわち d 軸方向のみに磁束を作る．結局，「界磁巻線（fd-コイルと称する）は d 軸方向に磁束を生ずるように配置されて，インダクタンスと抵抗からなる閉回路であり，外部の励磁機電源 E_{fd} に接続されている」と表現できる．（q 軸方向にもわずかながら磁束を生ずるとしても d 軸，q 軸に対する回転子の左右対称性のためこれら成分は相殺されるので，全体としては **q 軸方向には界磁コイルは存在しない**として扱うことができる）．

ⅱ）ダンパ巻線（damper windings）

大容量の水力発電機（垂直軸形，突極機）では一般に制動巻線（ダンパ巻線，damper windings：銅棒を短絡環で結ぶかご形構造）がロータの磁極表面に配置されている．火力・原子力機（横軸シリンダ形，非突極機）ではダンパ巻線はないが，3 相に不平衡電流が流れる場合や過渡現象時にはロータ表面の鋼鉄部位等に渦電流が流れるので等価的にはダンパ巻線があると考える必要がある．ダンパ回路はインダクタンスと抵抗からなるいくつかの閉回路が回転子表面に配置されているとみなしうる．ただ，回転子は磁極方向の d 軸に対して左右対象であり，それと 90 度の位置にある q 軸方向に対しても左右対象の設計構造である．したがって，電磁気的には d 軸方向に配置された閉コイルと q 軸方向に配置された閉コイルによって等価的に表現すること（すなわち，ダンパ巻線の電気量を d 軸成分と q 軸成分に分解する）が可能であろう．したがって，ダンパ巻線は d 軸方向に磁束を生ずるように配置された d 軸ダンパコイル（kd-コイルと称する）と q 軸方向に磁束を生ずるように配置された q 軸ダンパコイル巻線（kq-コイルと称する）の二つのコイルとして等価する．両者ともインダクタンスと抵抗からなる閉回路である．

〔b〕 電機子巻線 (armature windings)

電機子のa-b-c相コイルは，相互に120°ずれた配置で対称設計となっている．また，a相コイル（b-c相も同様）は実際は分布巻きなどが使用されているが，a相のコイル中心軸に対して左右対称設計となっているので，a相中心軸方向に磁束を生ずるように配置された一つの集中コイルであるとみなすことができる．以上により，

iii) 電機子のa相，b相，c相の各コイルは，それぞれインダクタンスと抵抗からなる一つの集中回路であって，相互に120°ずれた配置となっている，とみなすことができる．

以上を要約すると，発電機はステータ上で120度間隔に配置されたa相，b相，c相コイルと，ロータに配置されたロータd軸コイル（fd-コイル），ダンパd軸コイル（kd-コイル），ダンパq軸コイル（kq-コイル）の合計六つのコイルからなっており，またこれらコイルはそれぞれ自己インダクタンスおよび他の五つのコイルとの間で相互インダクタンスがあるとみなすことができる．図10・1がこの状態を示している．図は発電機のa, b, c相電気量に関するモデルとして発電機回路理論の出発点となるものである．

〔c〕 電機子・回転子の相対角度

電機子は静止しており，回転子は角速度 $d\theta/dt = \omega$ で反時計方向に回転している．そこで，**回転子とともに反時計方向に回転するd軸を基準にして，時間 t における電機子と回転子各コイルの位置を表すものとすれば，**

$$\left.\begin{aligned}
\text{電機子a相コイル} &\quad : \theta_a = \theta = \omega t = 2\pi ft \ \text{[rad]} \\
\text{〃 b相コイル} &\quad : \theta_b = \theta - \frac{2\pi}{3} = \theta - 120° = \omega t - 120° \\
\text{〃 c相コイル} &\quad : \theta_c = = \theta + \frac{2\pi}{3} = \omega t + 120° \\
\text{回転子界磁コイル} &\quad : 0° \\
\text{〃 ダンパd軸コイル} &\quad : 0° \\
\text{〃 ダンパq軸コイル} &\quad : +90°
\end{aligned}\right\} \quad (10 \cdot 1)$$

となる．電機子コイルはd軸，q軸に対して相対的に反時計方向に回転することになり，時間の関数となる．

以上により図10・1の妥当性が理解できる．

10・1・2 発電機のa-b-c相基本関係式の導入

図10・1において各コイルの電気量を次のように定義する．

$\psi_a(t), \psi_b(t), \psi_c(t)$ ：電機子各相コイルの鎖交磁束数〔Wb·turn〕
$e_a(t), e_b(t), e_c(t)$ ：　〃　　〃　の端子電圧〔V〕
$i_c(t), i_b(t), i_c(t)$ ：　〃　　〃　の端子電流〔A〕

なお，鎖交磁束数の概念については〔備考10.1〕を参照されたい．

$\psi_{fd}(t)$ ：界磁（d軸）コイルの鎖交磁束数〔Wb·turn〕
$\psi_{kd}(t)$ ：ダンパd軸コイル　〃　〔Wb·turn〕
$\psi_{kq}(t)$ ：ダンパq軸コイル　〃　〔Wb·turn〕
E_{fd} ：界磁コイルの電源電圧（界磁電圧）〔V〕
$i_{fd}(t)$ ：界磁（d軸）コイルの電流〔A〕
$i_{kd}(t)$ ：ダンパd軸コイルの電流〔A〕
$i_{kq}(t)$ ：ダンパq軸コイルの電流〔A〕

このように電気量を定義すれば，図10・1は次のような関係式で表すことができる．

i）電機子コイルの電圧関係式

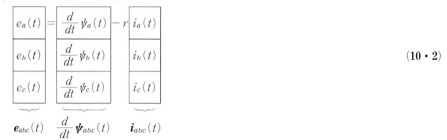

$$\underbrace{\begin{vmatrix} e_a(t) \\ e_b(t) \\ e_c(t) \end{vmatrix}}_{\boldsymbol{e}_{abc}(t)} = \underbrace{\begin{vmatrix} \dfrac{d}{dt}\psi_a(t) \\ \dfrac{d}{dt}\psi_b(t) \\ \dfrac{d}{dt}\psi_c(t) \end{vmatrix}}_{\frac{d}{dt}\boldsymbol{\psi}_{abc}(t)} - r \underbrace{\begin{vmatrix} i_a(t) \\ i_b(t) \\ i_c(t) \end{vmatrix}}_{\boldsymbol{i}_{abc}(t)} \qquad (10\cdot2)$$

ii）回転子電圧関係式

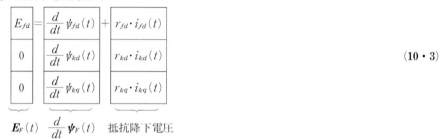

$$\underbrace{\begin{vmatrix} E_{fd} \\ 0 \\ 0 \end{vmatrix}}_{\boldsymbol{E}_F(t)} = \underbrace{\begin{vmatrix} \dfrac{d}{dt}\psi_{fd}(t) \\ \dfrac{d}{dt}\psi_{kd}(t) \\ \dfrac{d}{dt}\psi_{kq}(t) \end{vmatrix}}_{\frac{d}{dt}\boldsymbol{\psi}_F(t)} + \underbrace{\begin{vmatrix} r_{fd}\cdot i_{fd}(t) \\ r_{kd}\cdot i_{kd}(t) \\ r_{kq}\cdot i_{kq}(t) \end{vmatrix}}_{\text{抵抗降下電圧}} \qquad (10\cdot3)$$

iii）電機子コイルの鎖交磁束数関係式

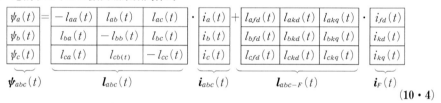

$$\underbrace{\begin{vmatrix} \psi_a(t) \\ \psi_b(t) \\ \psi_c(t) \end{vmatrix}}_{\boldsymbol{\psi}_{abc}(t)} = \underbrace{\begin{vmatrix} -l_{aa}(t) & l_{ab}(t) & l_{ac}(t) \\ l_{ba}(t) & -l_{bb}(t) & l_{bc}(t) \\ l_{ca}(t) & l_{cb}(t) & -l_{cc}(t) \end{vmatrix}}_{\boldsymbol{l}_{abc}(t)} \cdot \underbrace{\begin{vmatrix} i_a(t) \\ i_b(t) \\ i_c(t) \end{vmatrix}}_{\boldsymbol{i}_{abc}(t)} + \underbrace{\begin{vmatrix} l_{afd}(t) & l_{akd}(t) & l_{akq}(t) \\ l_{bfd}(t) & l_{bkd}(t) & l_{bkq}(t) \\ l_{cfd}(t) & l_{ckd}(t) & l_{ckq}(t) \end{vmatrix}}_{\boldsymbol{l}_{abc-F}(t)} \cdot \underbrace{\begin{vmatrix} i_{fd}(t) \\ i_{kd}(t) \\ i_{kq}(t) \end{vmatrix}}_{\boldsymbol{i}_F(t)}$$

$$(10\cdot4)$$

iv）回転子コイルの鎖交磁束数関係式

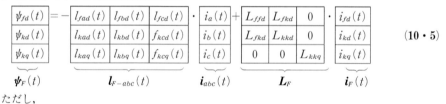

$$\underbrace{\begin{vmatrix} \psi_{fd}(t) \\ \psi_{kd}(t) \\ \psi_{kq}(t) \end{vmatrix}}_{\boldsymbol{\psi}_F(t)} = \underbrace{\begin{vmatrix} l_{fad}(t) & l_{fbd}(t) & l_{fcd}(t) \\ l_{kad}(t) & l_{kbd}(t) & f_{kcd}(t) \\ l_{kaq}(t) & l_{kbq}(t) & f_{kcq}(t) \end{vmatrix}}_{\boldsymbol{l}_{F-abc}(t)} \cdot \underbrace{\begin{vmatrix} i_a(t) \\ i_b(t) \\ i_c(t) \end{vmatrix}}_{\boldsymbol{i}_{abc}(t)} + \underbrace{\begin{vmatrix} L_{ffd} & L_{fkd} & 0 \\ L_{fkd} & L_{kkd} & 0 \\ 0 & 0 & L_{kkq} \end{vmatrix}}_{\boldsymbol{L}_F} \cdot \underbrace{\begin{vmatrix} i_{fd}(t) \\ i_{kd}(t) \\ i_{kq}(t) \end{vmatrix}}_{\boldsymbol{i}_F(t)}$$

$$(10\cdot5)$$

ただし，

r ：電機子各相コイルの抵抗〔Ω〕

$r_{fd},\ r_{kd},\ r_{kq}$ ：回転子の界磁コイル，ダンパd軸コイル，ダンパq軸コイルの各抵抗〔Ω〕

$\boldsymbol{l}_{abc}(t)\ \begin{cases} l_{aa}(t),\ l_{bb}(t),\ l_{cc}(t), \\ l_{ab}(t),\ l_{bc}(t)\ \text{など} \end{cases}$ ：電機子各相コイルの自己インダクタンス〔H〕
：電機子各相コイル間の相互インダクタンス〔H〕

$\boldsymbol{l}_{abc-F}(t)$ ：電機子各相コイルと回転子各コイル間の相互インダクタンス〔H〕

$\boldsymbol{l}_{F-abc}(t)$ ：同上（なお $\boldsymbol{l}_{F-abc}(t)$ と $\boldsymbol{l}_{abc-F}(t)$ は転置行列の関係にある）

$\boldsymbol{L}_F$ ：回転子内各コイルの自己および相互インダクタンス〔H〕

以上の式(10・2)～(10・5)が，図10・1をすべて表現する**発電機のa-b-c相基本関係式**である．なお，上記において回転子内の三つのコイルは，d軸に対して静止しているので$\boldsymbol{L}_F$は時間に無関係な定数行列である．一方，電機子コイルがd軸に対して時間とともに回転移動す

るので $l_{abc-F}(t)$, $l_{F-abc}(t)$ は時間の関数となる．電機子各相コイルの $l_{abc}(t)$ については，回転子が回転しても電機子 a-b-c 相コイル間の相互の位置関係は変わらないので，一見して時間に無関係な定数行列でもよいように思いがちであるが，現実には回転子の位置によって，磁路の一部であるエアギャップの磁気抵抗が大きく変化するので，やはり回転子の回転に伴ってその値の変化する時間関数とみなす必要がある．

10・1・3　a-b-c 相基本式中のインダクタンスの性質

さて，式(10・4), (10・5) 中のインダクタンス行列 $l_{abc}(t)$, $l_{abc-F}(t)$, $l_{F-abc}(t)$ がどのような時間関数になるのかを検討する必要がある．結論を先に示せば次の式(10・6), (10・7), (10・8)のようになる．

〔a〕電機子コイルのインダクタンス行列

$$l_{abc}(t) = \begin{bmatrix} -l_{aa}(t) & l_{ab}(t) & l_{ac}(t) \\ l_{ba}(t) & -l_{bb}(t) & l_{bc}(t) \\ l_{ca}(t) & l_{cb}(t) & -l_{cc}(t) \end{bmatrix}$$

$$= \begin{bmatrix} -(L_{aa0}+L_{aa2}\cos 2\theta_a) & L_{ab0}-L_{aa2}\cos(\theta_a+\theta_b) & L_{ab0}-L_{aa2}\cos(\theta_a+\theta_c) \\ L_{ab0}-L_{aa2}\cos(\theta_a+\theta_b) & -(L_{aa0}+L_{aa2}\cos 2\theta_b) & L_{ab0}-L_{aa2}\cos(\theta_b+\theta_c) \\ L_{ab0}-L_{aa2}\cos(\theta_a+\theta_c) & L_{ab0}-L_{aa2}\cos(\theta_b+\theta_c) & -(L_{aa0}+L_{aa2}\cos 2\theta_c) \end{bmatrix}$$

$$= \begin{bmatrix} -(L_{aa0}+L_{aa2}\cos 2\theta) & L_{ab0}-L_{aa2}\cos(2\theta-120°) & L_{ab0}-L_{aa2}\cos(2\theta+120°) \\ L_{ab0}-L_{aa2}\cos(2\theta-120°) & -\{L_{aa0}+L_{aa2}\cos(2\theta+120°)\} & L_{ab0}-L_{aa2}\cos 2\theta \\ L_{ab0}-L_{aa2}\cos(2\theta+120°) & L_{ab0}-L_{aa2}\cos 2\theta & -\{L_{aa0}+L_{aa2}\cos(2\theta-120°)\} \end{bmatrix}$$

(10・6)

ただし，$\theta_a=\theta$, $\theta_b=\theta-120°$, $\theta_c=\theta+120°$

〔b〕電機子・回転子コイル間の相互インダクタンス行列

$$l_{abc-F}(t) = \begin{bmatrix} l_{afd}(t) & l_{akd}(t) & l_{akq}(t) \\ l_{bfd}(t) & l_{bkd}(t) & l_{bkq}(t) \\ l_{cfd}(t) & l_{ckd}(t) & l_{ckq}(t) \end{bmatrix}$$

$$= \begin{bmatrix} L_{afd}\cos\theta_a & L_{akd}\cos\theta_a & -L_{akq}\sin\theta_a \\ L_{afd}\cos\theta_b & L_{akd}\cos\theta_b & -L_{akq}\sin\theta_b \\ L_{afd}\cos\theta_c & L_{akd}\cos\theta_c & -L_{akq}\sin\theta_c \end{bmatrix}$$

$$= \begin{bmatrix} L_{afd}\cos\theta & L_{akd}\cos\theta & -L_{akq}\sin\theta \\ L_{afd}\cos(\theta-120°) & L_{akd}\cos(\theta-120°) & -L_{akq}\sin(\theta-120°) \\ L_{afd}\cos(\theta+120°) & L_{akd}\cos(\theta+120°) & L_{akq}\sin(\theta+120°) \end{bmatrix}$$

(10・7 a)

$$l_{F-abc}(t) = \begin{bmatrix} l_{fad}(t) & l_{fbd}(t) & l_{fcd}(t) \\ L_{kad}(t) & L_{kbd}(t) & L_{kcd}(t) \\ L_{kaq}(t) & L_{kbq}(t) & L_{kcq}(t) \end{bmatrix}$$

$$= \begin{bmatrix} L_{afd}\cos\theta_a & L_{afd}\cos\theta_b & L_{afd}\cos\theta_c \\ L_{akd}\cos\theta_a & L_{akd}\cos\theta_b & L_{akd}\cos\theta_c \\ -L_{akq}\sin\theta_a & -L_{akq}\sin\theta_b & -L_{akq}\sin\theta_c \end{bmatrix}$$

$$= \begin{bmatrix} L_{afd}\cos\theta & L_{afd}\cos(\theta-120°) & L_{afd}\cos(\theta+120°) \\ L_{akd}\cos\theta & L_{akd}\cos(\theta-120°) & L_{fad}\cos(\theta+120°) \\ -L_{akq}\sin\theta & -L_{akq}\sin(\theta-120°) & -L_{akq}\sin(\theta+120°) \end{bmatrix} = [l_{abc-F}(t)]^t \quad (10\cdot7\,\mathrm{b})$$

ここで〔 〕^{t} は行列〔 〕の行と列を入れ替えたもので**転置行列**という．

以下に，式(10・6), (10・7 a) (10・7 b) が導かれる理由を吟味してみよう．

まず，前提として電機子 a 相コイルに関するトータル鎖交磁束数 $\psi_a(t)$ は，次のような成分に分けて考えることができる．

$$\begin{aligned}\psi_a(t) &= -\psi_{aa}(t) + \psi_{ab}(t) + \psi_{ac}(t) + \psi_{afd}(t) + \psi_{akd}(t) + \psi_{akq}(t) \\ &= -l_{aa}(t)\cdot i_a(t) + l_{ab}(t)\cdot i_b(t) + l_{ac}(t)\cdot i_c(t) \\ &\quad + l_{afd}(t)\cdot i_{fd}(t) + l_{akd}(t)\cdot i_{kd}(t) + l_{akq}(t)\cdot i_{kq}(t)\end{aligned} \quad (10\cdot8)$$

ここで，

$l_{aa}(t) = \psi_{aa}(t)/i_a(t)$：a 相コイルの単位電流の作る磁束による a 相コイルの鎖交磁束数
 （a 相コイルの自己インダクタンス）

$l_{ab}(t) = \psi_{ab}(t)/i_b(t)$：b 相コイルの単位電流の作る磁束による a 相コイルの鎖交磁束数
 （a-b 相コイル間の相互インダクタンス）

$l_{afd}(t) = \psi_{afd}(t)/i_{fd}(t)$：界磁コイルの単位電流の作る磁束による a 相コイルの鎖交磁束数
 （a 相コイル，界磁コイルの相互インダクタンス）

などである．

〔c〕 式(10・6)：$l_{abc}(t)$ の誘導

$l_{aa}(t)$ に対応する鎖交磁束 $\psi_{aa}(t)$ は，その大半は電機子鉄心内を通るが，一部分はエアギャップおよび回転子表面近くをも通る．ところが，回転子は均質円筒構造ではないので，エアギャップおよび回転子を通る磁路の磁気抵抗は，d 軸に対する電機子 a 相コイルの位置 $\theta_a = \omega t$ の関数となる．ただし，回転子は電気角 180°ごとに対称設計となっているから，回転子が電気角 180°回転するごとに同じ構造の磁路（同じ磁気抵抗）となる．したがって，$l_{aa}(t)$ は**電気角 180°の周期関数**となることがわかる．しかも，a 相コイルが d 軸に一致したときに最大となり，その前後の時間では対称になるはずであるから，$l_{aa}(t)$ は，θ_a に対する偶関数であることも明らかである．以上のことから $l_{aa}(t)$ は，180°周期の偶関数をフーリエ展開した一般式，

$$l_{aa}(t) = L_{aa0} + L_{aa2}\cos 2\theta_a + L_{aa4}\cos 4\theta_a + L_{aa6}\cos 6\theta_a + \cdots\cdots$$

で表すことができる．実際には電機子コイルは周辺一様巻き構造，すなわち正弦配置となっているので，この式の右辺第 3 項以下は無視することができて，

$$\left.\begin{aligned}l_{aa}(t) &= L_{aa0} + L_{aa2}\cos 2\theta_a \\ \text{ただし，} \theta_a &= \omega t\end{aligned}\right\} \quad\cdots\cdots\cdots\cdots\cdots\cdots\cdots\cdots (10\cdot9\,\mathrm{a})$$

となる．この模様を**図 10・2** に示す．

まったく同様の考え方によって，電機子 a-b 相コイル間の相互インダクタンス $l_{ab}(t) = l_{ba}(t)$ も，

$$\left.\begin{aligned}l_{ab}(t) &= l_{ba}(t) = L_{ab0} - L_{ab2}\cos(\theta_a + \theta_b) \\ \text{ただし，} \theta_a &= \omega t,\ \theta_b = \omega t - 120°\end{aligned}\right\} \quad\cdots\cdots\cdots\cdots\cdots\cdots (10\cdot9\,\mathrm{b})$$

となることも推定される．

ただ，以上の説明だけでは式(10·9b) の説明が不十分であり，また式(10·9a)，(10·9b) 中の L_{aa0}, L_{aa2}, l_{ab0}, L_{ab2} の物理的イメージと相互の大小関係が理解できないので，起磁力 (mmf)＝鎖交磁束数(ψ)×磁気抵抗$(\mathcal{R})$ という観点から，もう少し電磁気学的に考えてみることとする．いま，

$_ammf$ ：a 相電流 $i_a(t)$ を作る起磁力
$_a\psi_d(t)$ ：上記起磁力を作る鎖交磁束数 $_a\psi(t)$ の d 軸方向成分
$_a\psi_q(t)$ ：上記起磁力を作る鎖交磁束数 $_a\psi(t)$ の q 軸方向成分
$\mathcal{R}_d$, $\mathcal{R}_q$ ：d 軸および q 軸方向の磁気抵抗

とすれば，

〔起磁力の d 軸方向成分〕$=_ammf\cdot\cos\theta_a=_a\psi_d(t)\cdot\mathcal{R}_d$
〔起磁力の q 軸方向成分〕$=_ammf\cdot\cos(\theta_a+90°)=_a\psi_q(t)\cdot\mathcal{R}_q$

あるいは

$$\left.\begin{array}{l}_a\psi_d(t)=\dfrac{_ammf}{\mathcal{R}_d}\cos\theta_a \\ _a\psi_q(t)=\dfrac{_ammf}{\mathcal{R}_q}\cos(\theta_a+90°)=-\dfrac{_ammf}{\mathcal{R}_q}\sin\theta_a\end{array}\right\} \quad\cdots\cdots(10\cdot9\text{c})$$

となる．
したがって，$i_a(t)$ によって生ずる鎖交磁束数の d 軸および q 軸方向成分 $_a\psi_d(t)$, $_a\psi_q(t)$ が a 相コイルと鎖交する合計値 $\psi_{aa}(t)$ は図 **10·3** を参照して，

$$\begin{aligned}\psi_{aa}(t)&=l_{aa}(t)i_a(t)=_a\psi_d(t)\cos\theta_a+_a\psi_q(t)\cos(90°+\theta_a)\\ &=\frac{_ammf}{\mathcal{R}_d}\cos^2\theta_a+\frac{_ammf}{\mathcal{R}_q}\sin^2\theta_a=\frac{_ammf}{\mathcal{R}_d}\cdot\frac{1+\cos2\theta_a}{2}+\frac{_ammf}{\mathcal{R}_q}\cdot\frac{1-\cos2\theta_a}{2}\\ &=\frac{_ammf}{2}\left(\frac{1}{\mathcal{R}_d}+\frac{1}{\mathcal{R}_q}\right)+\frac{_ammf}{2}\left(\frac{1}{\mathcal{R}_d}-\frac{1}{\mathcal{R}_q}\right)\cos2\theta_a\\ &=A+B\cos2\theta_a=A+B\cos2\theta\quad\cdots\cdots(10\cdot9\text{d})\end{aligned}$$

ただし，

$$A=\frac{_ammf}{2}\left(\frac{1}{\mathcal{R}_d}+\frac{1}{\mathcal{R}_q}\right),\quad B=\frac{_ammf}{2}\left(\frac{1}{\mathcal{R}_d}-\frac{1}{\mathcal{R}_q}\right)\quad\cdots\cdots(10\cdot9\text{e})$$

となる．

一方，$i_a(t)$ によって生ずる鎖交磁束数の d 軸および q 軸方向成分 $_a\psi_d(t)$, $_a\psi_q(t)$ が b 相コイルと鎖交する合計値 $\psi_{ba}(t)$ は，

$$-\psi_{ba}(t)=-l_{ba}i_a(t)=_a\psi_d(t)\cos\theta_b+_a\psi_q(t)\cos(\theta_b+90°)$$

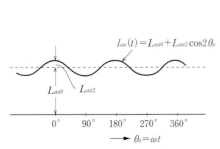

図 **10·2** a 相コイルの自己インダクタンス

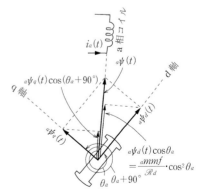

図 **10·3** $i_a(t)$ によって生ずる磁束とその a 相コイル鎖交磁束との関係

$$= \frac{{}_ammf}{\mathcal{R}_d}\cos\theta_a\cos\theta_b + \frac{{}_ammf}{\mathcal{R}_q}\sin\theta_a\sin\theta_b$$

$$= \frac{{}_ammf}{\mathcal{R}_d}\cdot\frac{\cos(\theta_a-\theta_b)+\cos(\theta_a+\theta_b)}{2} + \frac{{}_ammf}{\mathcal{R}_q}\cdot\frac{\cos(\theta_a-\theta_b)-\cos(\theta_a+\theta_b)}{2}$$

$$= \frac{{}_ammf}{2}\left(\frac{1}{\mathcal{R}_d}+\frac{1}{\mathcal{R}_q}\right)\cos(\theta_a-\theta_b) + \frac{{}_ammf}{2}\left(\frac{1}{\mathcal{R}_d}-\frac{1}{\mathcal{R}_q}\right)\cos(\theta_a+\theta_b)$$

$$= A\cos(\theta_a-\theta_b) + B\cos(\theta_a+\theta_b) = A\cos 120° + B\cos(\theta_a+\theta_b)$$

$$= -\left\{\frac{1}{2}A - B\cos(\theta_a+\theta_b)\right\} \quad\cdots\cdots (10\cdot 9\,\mathrm{f})$$

式(10·9 d), (10·9 e), (10·9 f) を整理すると,

$$\left.\begin{array}{l}
l_{aa}(t) = \psi_{aa}(t)/i_a(t) = L_{aa0} + L_{aa2}\cos 2\theta_a \quad ① \\
l_{ba}(t) = \psi_{ba}(t)/i_a(t) = L_{ab0} - L_{aa2}\cos(\theta_a+\theta_b) \quad ② \\
\text{ただし,} \\
L_{aa0} = \dfrac{A}{i_a(t)} = \dfrac{{}_ammf}{i_a(t)}\cdot\dfrac{1}{2}\left(\dfrac{1}{\mathcal{R}_d}+\dfrac{1}{\mathcal{R}_q}\right) = 2L_{ab0} \quad ③ \\
L_{aa2} = \dfrac{B}{i_a(t)} = \dfrac{{}_ammf}{i_a(t)}\cdot\dfrac{1}{2}\left(\dfrac{1}{\mathcal{R}_d}-\dfrac{1}{\mathcal{R}_q}\right) \quad ④
\end{array}\right\} \cdots\cdots (10\cdot 9\,\mathrm{g})$$

が得られる. 式(10·9 g) は先に直感的に求めた式(10·9 a), 式(10·9 b) が正しいことを証明しており, また式(10·9 b) 中の L_{ab2} は式(10·9 a) 中の L_{aa2} と等しい値となって, L_{aa2} で置き換えうることを示している. なお, 図10·2 に示したように $L_{aa0} > L_{aa2}$ の大小関係にあることも式(10·9 g) の③, ④から明らかである.

$l_{bb}(t)$, $l_{cc}(t)$, $l_{ac}(t)$, $l_{bc}(t)$ なども同様にして求められ, これを行列として整理すれば式(10·6) が得られる.

〔d〕 式(10·7a) および式(10·7b) の誘導

ⅰ) $l_{afd}(t) = l_{fad}(t)$

$l_{afd}(t) = l_{fad}(t)$ は, a 相コイルと, d 軸上にある界磁コイルの鎖交磁束数 ψ_{fd} による相互インダクタンスであり, 図10·1 において電機子の a 相コイルが d 軸に一致したときが最大となり, さらに 180° 進むと逆極性になる. したがって,

$$l_{afd}(t) = l_{fad}(t) = L_{afd}\cos\theta_a \quad\cdots\cdots (10\cdot 9\,\mathrm{h})$$

となる.

ⅱ) $l_{akd}(t) = l_{kad}(t)$

回転子上のダンパ d 軸コイルも, 界磁コイルと同様に d 軸上にあるので, $l_{afd}(t) = l_{fad}(t)$ は式(10·9 h) と同形となる. すなわち,

$$l_{akd}(t) = l_{kad}(t) = L_{akd}\cos\theta_a \quad\cdots\cdots (10\cdot 9\,\mathrm{i})$$

ⅲ) $l_{akq}(t) = l_{kaq}(t)$

回転子上のダンパ q 軸コイルは, ダンパ d 軸コイルより 90° 進み位置にあるので,

$$l_{akq}(t) = l_{kaq}(t) = L_{akq}\cos(\theta_a+90°) = -L_{akq}\sin\theta_a \quad\cdots\cdots (10\cdot 9\,\mathrm{j})$$

となる.

b 相, c 相に関するインダクタンスについては, 式(10·9 h), (10·9 i), (10·9 j) において θ_a の代わりに θ_b, θ_c を採用すればよい.

以上により (10·7 a), (10·7 b) のインダクタンス行列が得られる.

以上の式(10·2)～(10·7 b) が, 図10·1 に対応する発電機の**電機子 a-b-c 相および回転子に関する基本関係式**のすべてである.

10・2 d-q-0 法の導入

発電機の a-b-c 相電気磁気量のモデリングができたが，インダクタンスが回転速度に連動した時間周期で変化するなど，このままでは先に進めない．ここで，d-q-0 法が切り札の役割を果たしてくれる．

10・2・1 d-q-0 法の定義

〔a〕 d-q-0 法の定義

d-q-0 法は a-b-c 相電気量に対する一種の**変数変換法**であって，実数時間関数表現で次のように定義される．

$$\underbrace{\begin{bmatrix} e_d(t) \\ e_q(t) \\ e_0(t) \end{bmatrix}}_{\boldsymbol{e}_{dq0}(t)} = \frac{2}{3} \underbrace{\begin{bmatrix} \cos\theta_a & \cos\theta_b & \cos\theta_c \\ -\sin\theta_a & -\sin\theta_b & -\sin\theta_c \\ \frac{1}{2} & \frac{1}{2} & \frac{1}{2} \end{bmatrix}}_{\boldsymbol{D}(t)} \cdot \underbrace{\begin{bmatrix} e_a(t) \\ e_b(t) \\ e_c(t) \end{bmatrix}}_{\boldsymbol{e}_{abc}(t)} \quad (10\cdot 10\,\text{a})$$

$$\underbrace{\begin{bmatrix} i_d(t) \\ i_q(t) \\ i_0(t) \end{bmatrix}}_{\boldsymbol{i}_{dq0}(t)} = \frac{2}{3} \underbrace{\begin{bmatrix} \cos\theta_a & \cos\theta_b & \cos\theta_c \\ -\sin\theta_a & -\sin\theta_b & -\sin\theta_c \\ \frac{1}{2} & \frac{1}{2} & \frac{1}{2} \end{bmatrix}}_{\boldsymbol{D}(t)} \cdot \underbrace{\begin{bmatrix} i_a(t) \\ i_b(t) \\ i_c(t) \end{bmatrix}}_{\boldsymbol{i}_{abc}(t)} \quad (10\cdot 10\,\text{b})$$

$$\underbrace{\begin{bmatrix} \psi_d(t) \\ \psi_q(t) \\ \psi_0(t) \end{bmatrix}}_{\boldsymbol{\psi}_{dq0}(t)} = \frac{2}{3} \underbrace{\begin{bmatrix} \cos\theta_a & \cos\theta_b & \cos\theta_c \\ -\sin\theta_a & -\sin\theta_b & -\sin\theta_c \\ \frac{1}{2} & \frac{1}{2} & \frac{1}{2} \end{bmatrix}}_{\boldsymbol{D}(t)} \cdot \underbrace{\begin{bmatrix} \psi_a(t) \\ \psi_b(t) \\ \psi_c(t) \end{bmatrix}}_{\boldsymbol{\psi}_{abc}(t)} \quad (10\cdot 10\,\text{c})$$

$$\underbrace{\begin{bmatrix} e_a(t) \\ e_b(t) \\ e_c(t) \end{bmatrix}}_{\boldsymbol{e}_{abc}(t)} = \underbrace{\begin{bmatrix} \cos\theta_a & -\sin\theta_a & 1 \\ \cos\theta_b & -\sin\theta_b & 1 \\ \cos\theta_c & -\sin\theta_c & 1 \end{bmatrix}}_{\boldsymbol{D}^{-1}(t)} \cdot \underbrace{\begin{bmatrix} e_d(t) \\ e_q(t) \\ e_0(t) \end{bmatrix}}_{\boldsymbol{e}_{dq0}(t)} \quad (10\cdot 11\,\text{a})$$

$$\underbrace{\begin{bmatrix} i_a(t) \\ i_b(t) \\ i_c(t) \end{bmatrix}}_{\boldsymbol{i}_{abc}(t)} = \underbrace{\begin{bmatrix} \cos\theta_a & -\sin\theta_a & 1 \\ \cos\theta_b & -\sin\theta_b & 1 \\ \cos\theta_c & -\sin\theta_c & 1 \end{bmatrix}}_{\boldsymbol{D}^{-1}(t)} \cdot \underbrace{\begin{bmatrix} i_d(t) \\ i_q(t) \\ i_0(t) \end{bmatrix}}_{\boldsymbol{i}_{dq0}(t)} \quad (10\cdot 11\,\text{b})$$

$$\underbrace{\begin{bmatrix} \psi_a(t) \\ \psi_b(t) \\ \psi_c(t) \end{bmatrix}}_{\boldsymbol{\psi}_{abc}(t)} = \underbrace{\begin{bmatrix} \cos\theta_a & -\sin\theta_a & 1 \\ \cos\theta_b & -\sin\theta_b & 1 \\ \cos\theta_c & -\sin\theta_c & 1 \end{bmatrix}}_{\boldsymbol{D}^{-1}(t)} \cdot \underbrace{\begin{bmatrix} \psi_d(t) \\ \psi_q(t) \\ \psi_0(t) \end{bmatrix}}_{\boldsymbol{\psi}_{dq0}(t)} \quad (10\cdot 11\,\text{c})$$

ただし，$\theta_a = \theta = \omega t,\ \theta_b = \theta - 120° = \omega t - 120°,\ \theta_c = \theta + 120° = \omega t + 120°$ $\quad(10\cdot 11\,\text{d})$

ここで，ω は回転子の機械的な回転角速度である．

なお変行列 $D(t), D(t)^{-1}$ は次式のように表わすこともできて q 軸が d 軸よりも 90° 進み方向に定義されていることがより鮮明に理解できる．

$$\boldsymbol{D}(t) = \frac{2}{3}\begin{bmatrix} \cos\theta_a & \cos\theta_b & \cos\theta_c \\ -\sin\theta_a & -\sin\theta_b & -\sin\theta_c \\ \frac{1}{2} & \frac{1}{2} & \frac{1}{2} \end{bmatrix} \quad ①$$

$$= \frac{2}{3}\begin{bmatrix} \cos\theta_a & \cos\theta_b & \cos\theta_c \\ \cos(\theta_a+90°) & \cos(\theta_b+90°) & \cos(\theta_c+90°) \\ \frac{1}{2} & \frac{1}{2} & \frac{1}{2} \end{bmatrix} \quad (10\cdot 12)$$

$$\boldsymbol{D}^{-1}(t) = \begin{bmatrix} \cos\theta_a & -\sin\theta_a & 1 \\ \cos\theta_b & -\sin\theta_b & 1 \\ \cos\theta_c & -\sin\theta_c & 1 \end{bmatrix} = \begin{bmatrix} \cos\theta_a & \cos(\theta_a+90°) & 1 \\ \cos\theta_b & \cos(\theta_b+90°) & 1 \\ \cos\theta_c & \cos(\theta_b+90°) & 1 \end{bmatrix} \quad ②$$

上記の変換式において $\theta_a, \theta_b, \theta_c$ が時間の関数であるから，変換行列 $\boldsymbol{D}(t), \boldsymbol{D}^{-1}(t)$ もまた時間の関数である．ただし，変換行列の各要素は実数である．

〔b〕 d-q-0 法変換の物理的意味

a-b-c 相コイルの鎖交磁束数 $\psi_a(t), \psi_b(t), \psi_c(t)$ とこれらを d-q-0 法に変換した $\psi_d(t), \psi_q(t), \psi_0(t)$ の関係を例にして考える．電機子 a-b-c 相コイルの d 軸に対する位置がそれぞれ $\theta_a, \theta_b, \theta_c$ であれば，$\psi_a(t), \psi_b(t), \psi_c(t)$ の d 軸方向成分はそれぞれ $\psi_a(t)\cos\theta_a, \psi_b(t)\cos\theta_b, \psi_c(t)\cos\theta_c$ となる．したがって，式(10·10c) で定義された $\psi_d(t)$ は，

$$\psi_d(t) = \frac{2}{3}\{\psi_a(t)\cos\theta_a + \psi_b(t)\cos\theta_b + \psi_c(t)\cos\theta_c\}$$

$$= \frac{2}{3}\{(\psi_a(t) の d 軸成分) + (\psi_b(t) の d 軸成分) + (\psi_c(t) の d 軸成分)\}$$

(10·13 a)

ということになる．

同様に，$\psi_a(t), \psi_b(t), \psi_c(t)$ の q 軸方向成分はそれぞれ $\psi_a(t)\cos(\theta_a+90°) = -\psi_a(t)\sin\theta_a, -\psi_b(t)\sin\theta_b, -\psi_c(t)\sin\theta_c$ となるから，式(10·10c) で定義された $\psi_q(t)$ は，

$$\psi_q(t) = \frac{2}{3}\{-\psi_a(t)\sin\theta_a - \psi_b(t)\sin\theta_b - \psi_c(t)\sin\theta_c\}$$

$$= \frac{2}{3}\{(\psi_a(t) の q 軸成分) + (\psi_b(t) の q 軸成分) + (\psi_c(t) の q 軸成分)\} \quad (10\cdot 13\,b)$$

結局，$\psi_d(t), \psi_q(t)$ の物理的意味は，$\psi_a(t), \psi_b(t), \psi_c(t)$ の d 軸成分同士，q 軸成分同士を加えて 2/3 倍したものであることになる．

なお，式(10·10c) の ψ_0 については，

$$\psi_0(t) = \frac{1}{3}\{\psi_a(t) + \psi_b(t) + \psi_c(t)\} \quad (10\cdot 13\,c)$$

でこれは瞬時値対称座標法の零相と同じ定義である．

電圧や電流についても同様である．

10・2・2 d-q-0 領域と a-b-c 領域，0-1-2 領域の相互関係

発電機設計に関する書物に登場する**電機子2反作用法**は3相平衡を前提にして a-b-c なる1組三つの変数を直軸と横軸基準の二つの変数で説明する方法であるが，平衡が崩れた場合などでは説明に限度がある．この説明法に対称座標法の零相回路の概念を追加して a-b-c ⇔ d-q-0 の3変数の座標変換として体系付けたものが **d-q-0 法**であるといえよう．ここでは発電機を

いったん離れて変数変換という視点から **d-q-0 領域**，**a-b-c 領域**，**0-1-2 領域**の相互関係を調べてみよう．電圧 e の式で説明するが他の電気量であっても同形である．

$\boldsymbol{D}(t)$，$\boldsymbol{D}^{-1}(t)$ が実数行列であることに留意して，次式が成り立つ．なお，Re[ ] は Re$[a+jb]=a$ のごとく，[ ] 内が複素数の場合にはその実数部を示す．

0-1-2 領域 ⟷ a-b-c 領域
$$\left. \begin{array}{l} \boldsymbol{e}_{012}(t) = \boldsymbol{a} \cdot \boldsymbol{e}_{abc}(t) \\ \boldsymbol{e}_{abc}(t) = \boldsymbol{a}^{-1} \cdot \boldsymbol{e}_{012}(t) \end{array} \right\} \quad (10 \cdot 14)$$

d-q-0 領域 ⟷ a-b-c 領域
$$\left. \begin{array}{l} \boldsymbol{e}_{dq0}(t) = \mathrm{Re}[\boldsymbol{D}(t) \cdot \boldsymbol{e}_{abc}(t)] = \boldsymbol{D}(t) \cdot \mathrm{Re}[\boldsymbol{e}_{abc}(t)] \\ \mathrm{Re}[\boldsymbol{e}_{abc}(t)] = \boldsymbol{D}^{-1}(t) \cdot \boldsymbol{e}_{dq0}(t) \end{array} \right\} \quad (10 \cdot 15)$$

d-q-0 領域 ⟷ 0-1-2 領域
$$\left. \begin{array}{l} \boldsymbol{e}_{dq0}(t) = \mathrm{Re}[\boldsymbol{D}(t) \cdot \boldsymbol{a}^{-1} \cdot \boldsymbol{e}_{012}(t)] \\ \mathrm{Re}[\boldsymbol{e}_{012}(t)] = \mathrm{Re}[\boldsymbol{a} \cdot \boldsymbol{D}^{-1}(t) \cdot \boldsymbol{e}_{dq0}(t)] \end{array} \right\} \quad (10 \cdot 16)$$

ただし

$$\boldsymbol{D}(t) \cdot \boldsymbol{a}^{-1} = \begin{pmatrix} 0 & e^{-j\omega t} & e^{j\omega t} \\ 0 & -je^{-j\omega t} & je^{j\omega t} \\ 1 & 0 & 0 \end{pmatrix} \quad (10 \cdot 17)$$

$$\boldsymbol{a} \cdot \boldsymbol{D}(t)^{-1} = \frac{1}{2} \begin{pmatrix} 0 & 0 & 2 \\ e^{j\omega t} & je^{j\omega t} & 0 \\ e^{-j\omega t} & -je^{-j\omega t} & 0 \end{pmatrix} \quad (10 \cdot 18)$$

abc 領域の電気量 $e_{abc}(t)$，d-q-0 領域の電気量 $e_{dp0}(t)$，0-1-2 領域の電気量 $e_{012}(t)$ は式 (10・14)，(10・15)，(10・16) によってそれぞれ相互に変換が可能である．(式(10・17)，(10・18)の演算については**備考10・1**参照)

10・2・3 d-q-0 領域電気量の特徴

ここで d-q-0 領域電気量と 0-1-2 電気量の相互関係についてさらに調べてみよう．

電気量は基本波成分のみであるとして，abc 領域の電気量 $e_{abc}(t)$ は 0-1-2 領域電気量 $e_{012}(t)$ に分解して次式で表される．

$$\begin{array}{l} \dot{e}_a(t) = E_{a1}e^{j(\omega t+\alpha_1)} + E_{a2}e^{j(\omega t+\alpha_1)} + E_{a0}e^{j(\omega t+\alpha_1)} \\ \dot{e}_b(t) = E_{a1}e^{j(\omega t+\alpha_1-120°)} + E_{a2}e^{j(\omega t+\alpha_1+120°)} + E_{a0}e^{j(\omega t+\alpha_1)} \\ \dot{e}_c(t) = E_{a1}e^{j(\omega t+\alpha_1+120°)} + E_{a2}e^{j(\omega t+\alpha_1-120°)} + E_{a0}e^{j(\omega t+\alpha_1)} \end{array} \quad (10 \cdot 19\mathrm{a})$$

　　　　　　　正相成分　　　　　逆相成分　　　　　零相成分

実数表現では

$$\underbrace{\begin{pmatrix} e_a(t) \\ e_b(t) \\ e_c(t) \end{pmatrix}}_{\boldsymbol{e}_{abc}(t)} = \underbrace{\begin{pmatrix} E_{a1}\cos(\omega t+\alpha_1) \\ E_{a1}\cos(\omega t+\alpha_1-120°) \\ E_{a1}\cos(\omega t+\alpha_1+120°) \end{pmatrix}}_{\text{正相成分}} + \underbrace{\begin{pmatrix} E_{a2}\cos(\omega t+\alpha_2) \\ E_{a2}\cos(\omega t+\alpha_2+120°) \\ E_{a2}\cos(\omega t+\alpha_2-120°) \end{pmatrix}}_{\text{逆相成分}} + \underbrace{\begin{pmatrix} E_{a0}\cos(\omega t+\alpha_0) \\ E_{a0}\cos(\omega t+\alpha_0) \\ E_{a0}\cos(\omega t+\alpha_0) \end{pmatrix}}_{\text{零相成分}}$$

上式を d-q-0 領域に変換すると

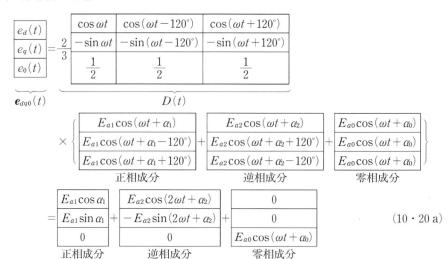

すなわち

$$\left.\begin{array}{l}e_d(t)=E_{a1}\cos\alpha_1+E_{a2}\cos(2\omega t+\alpha_2)\\e_q(t)=E_{a1}\sin\alpha_1-E_{a2}\sin(2\omega t+\alpha_2)\\e_0(t)=E_{a0}\cos(\omega t+\alpha_0)\end{array}\right\} \quad (10\cdot20\text{ b})$$

式 (10·20 b) によれば，正相電気量（すなわち 3 相平衡電気量）は d-q-0 領域では時間に依存しない直流電気量となり，逆相電気量は d-q-0 領域では 2 倍の周波数成分電気量となる．

式 (10·20 b) よりさらに次式の表現も可能である．

$$\left.\begin{array}{ll}\{e_d(t)+je_q(t)\}=E_{a1}e^{j\alpha_1}+E_{a2}e^{-j(2\omega t+\alpha_2)} & ①\\ \{e_d(t)+je_q(t)\}e^{j\omega t}=\underline{E_{a1}e^{j(\omega t+\alpha_1)}}+E_{a2}e^{-j(2\omega t+\alpha_2)} & ②\end{array}\right\} \quad (10\cdot21\text{ a})$$

あるいは

$$\left.\begin{array}{ll}\{e_d(t)-je_q(t)\}=E_{a1}e^{-j\alpha_1}+E_{a2}e^{j(2\omega t+\alpha_2)} & ①\\ \{e_d(t)+je_q(t)\}e^{-j\omega t}=E_{a1}e^{-j(\omega t+\alpha_1)}+\underline{E_{a2}e^{j(\omega t+\alpha_2)}} & ②\end{array}\right\} \quad (10\cdot21\text{ b})$$

式 (10·21 a ②) または (10·21 b ②) を実数部と虚数部に分離すると

$$e_d\cos\omega t-e_q\sin\omega t=E_{a1}\cos(\omega t+\alpha_1)-E_{a2}\cos(\omega t+\alpha_2) \quad (10\cdot22\text{ a})$$

あるいは

$$e_d\sin\omega t+e_q\cos\omega t=E_{a1}\sin(\omega t+\alpha_1)-E_{a2}\sin(\omega t+\alpha_2) \quad (10\cdot22\text{ b})$$

電気量が 3 相平衡状態（逆相成分がゼロ $E_{a2}=0$）の場合には

電源を $E_{a1}\cos(\omega t+\alpha_1)$ とする場合

$$e_1(t)=E_{a1}\cos(\omega t+\alpha_1)=e_d\cos\omega t-e_q\sin\omega t \quad (10\cdot23\text{ a})$$

電源を $E_{a1}\sin(\omega t+\alpha_1)$ とする場合

$$e_1(t)=E_{a1}\sin(\omega t+\alpha_1)=e_d\sin\omega t+e_q\cos\omega t \quad (10\cdot23\text{ b})$$

式 (10·23) と (10·24) は正相電圧を cos と sin のいずれで表現するかによって使い分ければよい．

さて以上の結果により次のように整理ができる．

・正相電気量：ロータ d-軸，q-軸と同期して角速度 ω で回転しているので，d-軸，q-軸上では静止していることになる．したがって，d-q-0 領域では正相電気量は下式の直流電気量となる．

$$e_d(t)=E_{a1}\cos\alpha_1, \quad e_q(t)=E_{a1}\sin\alpha_1 \quad (10\cdot24)$$

・逆相電気量：ロータ d-軸，q-軸の回転と同じ角速度 ω ながら逆方向に回転しているので，d-軸，q-軸に対しては相対的に 2ω で逆回転していることになる．したがって，d-q-

0 領域では逆相電気量は 2 倍周波数の電気量となる.
$$e_d(t) = E_{a2}\cos(2\omega t + \alpha_2), \quad e_q(t) = -E_{a2}\sin(2\omega t + \alpha_2) \tag{10・25}$$

・零相電気量：対称座標法の零相分と同じである.
$$e_0(t) = E_{a0}\cos(\omega t + \alpha_0) \tag{10・26}$$

式(10・21 a ①) はロータにまたがってステータコイルを観察している式, または式(10・21a ②) は床に立って観察しているという表現もできるであろう.

10・3 d-q-0 領域への変換

10・3・1 発電機 a-b-c 相関係式の d-q-0 法変換

d-q-0 法の定義式(10・10), (10・11) を使って発電機の a-b-c 相基本式(10・2)～(10・8) を d-q-0 領域に変換する作業を行う.

〔a〕 式(10・2) の変換

式(10・2) を記号法行列方程式として再録すれば,
$$\boldsymbol{e}_{abc}(t) = \frac{d}{dt}\boldsymbol{\psi}_{abc}(t) - r\boldsymbol{i}_{abc}(t) \tag{10・27}$$

したがって, 上式の両辺に $\boldsymbol{D}(t)$ を左積して,
$$\begin{aligned}\boldsymbol{e}_{dq0}(t) &= \mathrm{Re}[\boldsymbol{D}(t)\boldsymbol{e}_{abc}(t)] = \mathrm{Re}\left[\boldsymbol{D}(t)\left\{\frac{d}{dt}\boldsymbol{\psi}_{abc}(t)\right\} - \boldsymbol{D}(t)r\boldsymbol{i}_{abc}(t)\right]\\
&= \mathrm{Re}\left[\boldsymbol{D}(t)\frac{d}{dt}\{\boldsymbol{D}^{-1}(t)\boldsymbol{\psi}_{dq0}(t)\} - \boldsymbol{D}(t)r\boldsymbol{D}^{-1}(t)\boldsymbol{i}_{dq0}(t)\right]\\
&= \mathrm{Re}\left[\boldsymbol{D}(t)\left\{\frac{d}{dt}\boldsymbol{D}^{-1}(t)\right\}\boldsymbol{\psi}_{dq0}(t) + \boldsymbol{D}(t)\boldsymbol{D}^{-1}(t)\frac{d}{dt}\boldsymbol{\psi}_{dq0}(t) - r\boldsymbol{i}_{dq0}(t)\right]\end{aligned}$$

なお, $\boldsymbol{D}^{-1}(t)$ も $\boldsymbol{\psi}_{dq0}(t)$ も時間 t の関数であるから部分積分の公式によって
$$\frac{d}{dt}\{\boldsymbol{D}^{-1}(t)\cdot\psi_{dq0}(t)\} = \left\{\frac{d}{dt}\boldsymbol{D}^{-1}(t)\right\}\cdot\boldsymbol{\psi}_{dq0}(t) + \boldsymbol{D}^{-1}(t)\cdot\frac{d}{dt}\psi_{dq0}(t)$$

であることに留意しよう.
$$\therefore \quad \boldsymbol{e}_{dq0}(t) = \mathrm{Re}\left[\boldsymbol{D}(t)\left\{\frac{d}{dt}\boldsymbol{D}^{-1}(t)\right\}\boldsymbol{\psi}_{dq0}(t) + \frac{d}{dt}\boldsymbol{\psi}_{dq0}(t) - r\boldsymbol{i}_{dq0}(t)\right] \tag{10・28}$$

ここで, $\theta_a = \omega t$, $\theta_b = \omega t - 120°$, $\theta_c = \omega t + 120°$ であるから,

$$\frac{d}{dt}\boldsymbol{D}^{-1}(t) = \frac{d}{dt}\begin{vmatrix}\cos\theta_a & -\sin\theta_a & 1\\ \cos\theta_b & -\sin\theta_b & 1\\ \cos\theta_c & -\sin\theta_c & 1\end{vmatrix}$$

$$= \begin{vmatrix}-\sin\theta_a\frac{d\theta_a}{dt} & -\cos\theta_a\frac{d\theta_a}{dt} & 0\\ -\sin\theta_b\frac{d\theta_b}{dt} & -\cos\theta_b\frac{d\theta_b}{dt} & 0\\ -\sin\theta_c\frac{d\theta_c}{dt} & -\cos\theta_c\frac{d\theta_c}{dt} & 0\end{vmatrix} = \begin{vmatrix}-\sin\theta_a & -\cos\theta_a & 0\\ -\sin\theta_b & -\cos\theta_b & 0\\ -\sin\theta_c & -\cos\theta_c & 0\end{vmatrix}\cdot\frac{d\theta}{dt}$$

ただし, $\dfrac{d\theta_a}{dt} = \dfrac{d\theta_b}{dt} = \dfrac{d\theta_c}{dt} = \dfrac{d\theta}{dt} = \omega$

に留意して,

$$\boldsymbol{D}(t)\left\{\frac{d}{dt}\boldsymbol{D}^{-1}(t)\right\} = \frac{2}{3}\underbrace{\begin{vmatrix} \cos\theta_a & \cos\theta_b & \cos\theta_c \\ -\sin\theta_a & -\sin\theta_b & -\sin\theta_c \\ \frac{1}{2} & \frac{1}{2} & \frac{1}{2} \end{vmatrix}}_{\boldsymbol{D}(t)} \cdot \underbrace{\begin{vmatrix} -\sin\theta_a & -\cos\theta_a & 0 \\ -\sin\theta_b & -\cos\theta_b & 0 \\ -\sin\theta_c & -\cos\theta_c & 0 \end{vmatrix} \cdot \frac{d\theta}{dt}}_{\frac{d}{dt}\boldsymbol{D}^{-1}(t)} = \begin{vmatrix} 0 & -\frac{d\theta}{dt} & 0 \\ \frac{d\theta}{dt} & 0 & 0 \\ 0 & 0 & 0 \end{vmatrix}$$

以上より式(10·2) の d-q-0 法変換式として,

$$\left.\begin{array}{l}\begin{vmatrix} e_d(t) \\ e_q(t) \\ e_0(t) \end{vmatrix} = \begin{vmatrix} 0 & -\frac{d\theta}{dt} & 0 \\ \frac{d\theta}{dt} & 0 & 0 \\ 0 & 0 & 0 \end{vmatrix} \cdot \begin{vmatrix} \psi_d(t) \\ \psi_q(t) \\ \psi_0(t) \end{vmatrix} + \begin{vmatrix} \frac{d}{dt}\psi_d(t) \\ \frac{d}{dt}\psi_q(t) \\ \frac{d}{dt}\psi_0(t) \end{vmatrix} - r\begin{vmatrix} i_d(t) \\ i_q(t) \\ i_0(t) \end{vmatrix}\end{array}\right\} \text{Park の方程式} \quad (10\cdot 29)$$

ただし, $\dfrac{d\theta}{dt} = \omega = 2\pi f$

が得られる.

〔b〕 式(10·3) について

式(10·3) は回転子電気量のみに関するものであるからもともと d-q 軸電気量であり, 特に変換の必要はない.

式(10·3) を再録すれば,

$$\begin{vmatrix} E_{fd} \\ 0 \\ 0 \end{vmatrix} = \begin{vmatrix} \frac{d}{dt}\psi_{fd}(t) \\ \frac{d}{dt}\psi_{kd}(t) \\ \frac{d}{dt}\psi_{kq}(t) \end{vmatrix} + \begin{vmatrix} r_{fd}i_{fd}(t) \\ r_{kd}i_{kd}(t) \\ r_{kq}i_{kq}(t) \end{vmatrix} \quad (10\cdot 30)$$

〔c〕 式(10·4) の変換

$$\boldsymbol{\psi}_{abc}(t) = \boldsymbol{l}_{abc}(t)\,\boldsymbol{i}_{abc}(t) + \boldsymbol{l}_{abc-F}(t)\,\boldsymbol{i}_F(t) \quad (10\cdot 31)$$

したがって,

$$\boldsymbol{\psi}_{dq0}(t) = \{\boldsymbol{D}(t)\boldsymbol{l}_{abc}(t)\boldsymbol{D}^{-1}(t)\}\boldsymbol{i}_{dq0}(t) + \{\boldsymbol{D}(t)\boldsymbol{l}_{abc-F}(t)\}\boldsymbol{i}_F \quad (10\cdot 32\text{ a})$$

上式中の $\boldsymbol{l}_{abc}(t)$, $\boldsymbol{l}_{abc-F}(t)$ はそれぞれ式(10·6), (10·7) で与えられているので $\{\boldsymbol{D}(t)\boldsymbol{l}_{abc}(t)\boldsymbol{D}^{-1}(t)\}$, $\{\boldsymbol{D}(t)\boldsymbol{l}_{abc-F}(t)\}$ も計算で求められる. これらはかなりの腕力計算である. しかし, 途中経過は省略するが結果は非常に簡単になって (演算の途中経過については **備考 10·2** 参照),

$$\boldsymbol{D}(t)\boldsymbol{l}_{abc}(t)\boldsymbol{D}^{-1}(t)$$

$$= -\begin{vmatrix} L_{aa0}+L_{ab0}+\frac{3}{2}L_{aa2} & 0 & 0 \\ 0 & L_{aa0}+L_{ab0}-\frac{3}{2}L_{aa2} & 0 \\ 0 & 0 & L_{aa0}-2L_{ab0} \end{vmatrix} \equiv -\begin{vmatrix} L_d & 0 & 0 \\ 0 & L_q & 0 \\ 0 & 0 & L_0 \end{vmatrix}$$

$$(10\cdot 32\text{ b})$$

$$\boldsymbol{D}(t)\,\boldsymbol{l}_{abc-F}(t)=\begin{bmatrix} L_{afd} & L_{akd} & 0 \\ 0 & 0 & L_{akq} \\ 0 & 0 & 0 \end{bmatrix} \tag{10・32 c}$$

以上より，式(10・4)のd-q-0法変換式として，

$$\begin{bmatrix} \psi_d(t) \\ \psi_q(t) \\ \psi_0(t) \end{bmatrix} = -\begin{bmatrix} L_d & 0 & 0 \\ 0 & L_q & 0 \\ 0 & 0 & L_0 \end{bmatrix} \cdot \begin{bmatrix} i_d(t) \\ i_q(t) \\ i_0(t) \end{bmatrix} + \begin{bmatrix} L_{afd} & L_{akd} & 0 \\ 0 & 0 & L_{akq} \\ 0 & 0 & 0 \end{bmatrix} \cdot \begin{bmatrix} i_{fd}(t) \\ i_{kd}(t) \\ i_{kq}(t) \end{bmatrix}$$

電機子のd軸自己インダクタンス $L_d = L_{aa0} + L_{ab0} + \dfrac{3}{2}L_{aa2}$

電機子のq軸自己インダクタンス $L_q = L_{aa0} + L_{ab0} - \dfrac{3}{2}L_{aa2}$

電機子の0相自己インダクタンス $L_0 = L_{aa0} - 2L_{ab0}$

$$\tag{10・33}$$

が得られる．

〔d〕 式(10・5)の変換

$$\boldsymbol{\psi}_F(t) = -\boldsymbol{l}_{F-abc}(t)\cdot\boldsymbol{i}_{abc}(t) + \boldsymbol{L}_F\boldsymbol{i}_F(t) \tag{10・34 a}$$

したがって，

$$\boldsymbol{\psi}_F(t) = -\{\boldsymbol{l}_{F-abc}(t)\boldsymbol{D}^{-1}(t)\}\boldsymbol{i}_{dq0}(t) + \boldsymbol{L}_F\boldsymbol{i}_F(t) \tag{10・34 b}$$

ところで，式(10・8)と式(10・11a)の $\boldsymbol{D}^{-1}(t)$ より，

$$\{\boldsymbol{l}_{F-abc}(t)\boldsymbol{D}^{-1}(t)\}$$

$$= \begin{bmatrix} L_{afd}\cos\theta_a & L_{afd}\cos\theta_b & L_{afd}\cos\theta_c \\ L_{akd}\cos\theta_a & L_{akd}\cos\theta_b & L_{akd}\cos\theta_c \\ -L_{akq}\sin\theta_a & -L_{akq}\sin\theta_b & -L_{akq}\sin\theta_c \end{bmatrix} \cdot \begin{bmatrix} \cos\theta_a & -\sin\theta_a & 1 \\ \cos\theta_b & -\sin\theta_b & 1 \\ \cos\theta_c & -\sin\theta_c & 1 \end{bmatrix} = \frac{3}{2}\begin{bmatrix} L_{afd} & 0 & 0 \\ L_{akd} & 0 & 0 \\ 0 & L_{akq} & 0 \end{bmatrix}$$

これは前に求めた $\boldsymbol{D}(t)\,\boldsymbol{l}_{abc-F}(t)$ の行と列を入れ替えた転置行列に3/2を掛けたものである．すなわち，

$$\{\boldsymbol{l}_{F-abc}(t)\boldsymbol{D}^{-1}(t)\} = \frac{3}{2}\cdot\{\boldsymbol{D}(t)\,\boldsymbol{l}_{abc-F}(t)\}^t \tag{10・34 c}$$

である．

以上より，式(10・5)のd-q-0法変換式として，

$$\begin{bmatrix} \psi_{fd}(t) \\ \psi_{kd}(t) \\ \psi_{kq}(t) \end{bmatrix} = -\frac{3}{2}\begin{bmatrix} L_{afd} & 0 & 0 \\ L_{akd} & 0 & 0 \\ 0 & L_{akq} & 0 \end{bmatrix} \cdot \begin{bmatrix} i_d(t) \\ i_q(t) \\ i_0(t) \end{bmatrix} + \begin{bmatrix} L_{ffd} & L_{fkd} & 0 \\ L_{fkd} & L_{kkd} & 0 \\ 0 & 0 & L_{kkq} \end{bmatrix} \cdot \begin{bmatrix} i_{fd}(t) \\ i_{kd}(t) \\ i_{kq}(t) \end{bmatrix} \tag{10・35}$$

が得られる．

さて，以上〔a〕〜〔d〕項の変換作業により**発電機のd-q-0領域における基本関係式(10・29)，(10・30)，(10・33)，(11・35)が得られた．d-q-0領域では，関係式中のすべてのインダクタンスが，時間に無関係な大文字 L で表されていることが大きな特徴**である．

なお，上記基本式のうち，電機子電圧に関する式(10・29)は特に**Parkの方程式**と呼ばれ，これを見やすく書き直せば，

$$e_d(t) = \frac{d}{dt}\psi_d(t) - ri_d(t) - \psi_q(t)\frac{d\theta}{dt}$$
$$e_q(t) = \frac{d}{dt}\psi_q(t) - ri_q(t) + \psi_d(t)\frac{d\theta}{dt}$$
$$e_0(t) = \frac{d}{dt}\psi_0(t) - ri_0(t)$$

(10・36)

となる．

10・3・2　d-q-0領域上で発電機基本式の意味するもの

　発電機に関するa-b-c領域の基本式がすべてd-q-0領域に変換されたこの段階で，その物理的な意味について吟味してみよう．

[a]　基本式全体の意味するもの

　図10・4(a)はd-q-0領域で観察する発電機の概念図である．図(a)では観測者は回転するロータにまたがっている．ステータd軸コイル，q軸コイルはa，b，c相コイルをd-q-0軸に座標変換して得られた仮想コイルであり，d軸，q軸に対しては静止している．観測者にとってはロータに固定されたd軸，q軸も，またその軸上にあるステータd軸コイル，q軸コイルおよびロータfdコイル，kdコイル，kqコイルはいずれも静止して見える．言い換えれば，d-q-0領域ではステータとロータは相対的に静止状態にあるので，合計五つのコイルの自己インダクタンスも相互インダクタンスも回転時間 t に無関係な固定値となるのである．a-b-c領域からd-q-0領域への数学的変数変換の意味は物理的にはまさにこのことを実現するためのものであったといえる．

　次には発電機のd-q-0領域における基本式(10・28)～(10・38)に現れるさまざまなインダクタンスの物理的な意味について考察しておこう．

　図10・4(b)はその概念図である．d-q-0領域ではロータとステータの六つのコイルは相対

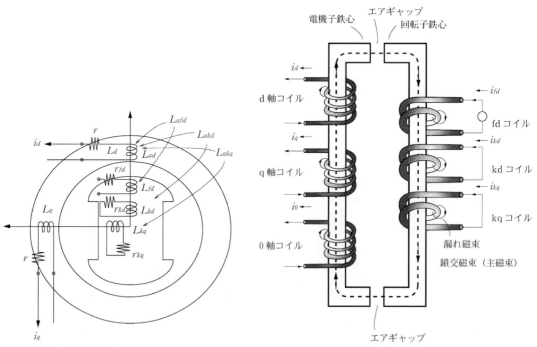

(a)　d, q軸領域におけるインダクタンスの概念　　　(b)　六つのコイルからなる電磁機械としての概念

図10・4　発電機のd-q-0領域における物理的概念

的に静止状態にあるので,物理的な概念として図(b)がイメージできる(ただし,d軸コイルとq軸コイルが相対的に90度位相差があることまでは表現できていない).六つのコイルは全体として有効に鎖交する鎖交磁束 ψ を介して電磁気的にエネルギー結合されており,いわゆる六つのコイルのアンペア・ターンの合計値がゼロの状態にある.また,励磁電源の備わる励磁コイルに着目する.励磁コイルに電流が流れればその起電力に見合う磁束が発生する.また磁束の大半は,ステータの三つのコイルと有効にリンクして鎖交磁束 ψ を構成する.ところが,わずかではあるがステータコイルと鎖交することのない漏れ磁束 ϕ_{leak} も生ずる.

発電機の漏れ磁束 ϕ_{leak} の物理的イメージを図 10・5 に示す.同図および図 16・7 を参照しつつさらに考察しよう.ロータのS極から発した磁束のほとんどすべてはステータコイルに届いてコイルを切る鎖交磁束数 ψ として有効に機能した後にN極に戻る.ところがS極を発した磁束のごく一部はステータコイルに鎖交することなくロータN極に戻ってしまう.これが漏れ磁束 ϕ_{leak} である.漏れ磁束 ϕ_{leak} は,ϕ_{air},ϕ_{slot},ϕ_{end} の三つに分類できる.S極を発し

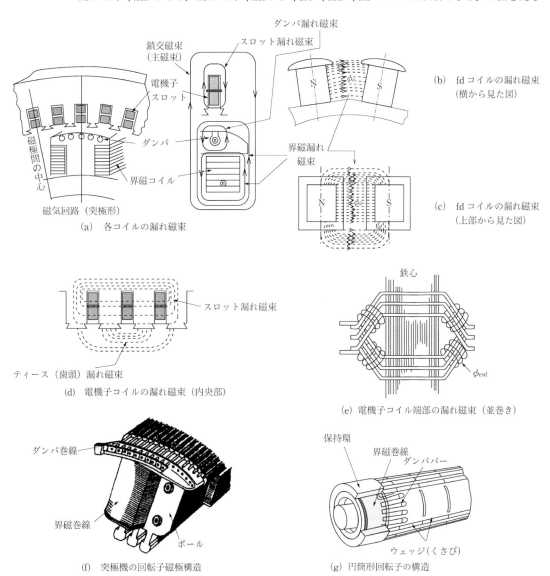

図 10・5 鎖交磁束および漏れ磁束

てエアギャップまで届いただけでロータN極に戻ってしまうのがエアギャップの漏れ磁束 ϕ_{air} である．また，S極を発してステータ表面のスロット構造部（スロットピース・くさびなど）までは届くがステータコイルに鎖交するまでに至らずにN極に戻る漏れ磁束 ϕ_{slot} である．発電機はエアギャップ（ステータとロータの空隙）を極力小さく設計（1,000MVAの火力機で100mm程度）されており，またステータ側の磁路（積層ケイ素鋼板が主役）の磁気抵抗が極力小さくなるように設計されているので，ロータ内央部の表面を発する磁束のほとんどはステーターコイルに届いて有効な鎖交磁束 ψ（$=N\cdot\phi$）として機能する．したがって，ϕ_{air}，ϕ_{slot} は非常に小さいであろうと理解できる．次に，ロータの両サイドの切り口付近で生ずる漏れ磁束 ϕ_{end} について考える（図13・3，図13・4，図16・7参照）．ロータ端部では空隙が大きいこと，ステータコイル以外の構造部位（保持環・押さえ板・冷却パイプなど）が磁路を形成してしまうことなどの理由で磁気抵抗が非常に大きいので，端部付近のS極を発する磁束はステータコイルに届きにくくなる．換言すれば，ロータ端部S極を発する磁束は漏れ磁束 ϕ_{end} となる割合が非常に大きくなることを避けられない．

以上のことから，発電機の漏れ磁束の大小関係として次のように理解できる．

$$\phi_{leak} = \phi_{air} + \phi_{slot} + \phi_{end} \fallingdotseq \phi_{end} \tag{10・37}$$
$$\phi_{air},\ \phi_{slot} \ll \phi_{end}$$

〔b〕ステータのd-軸q-軸コイルの自己インダクタンス L_d，L_q の物理的イメージ

$l_{aa}(t)$ は $i_a(t)$ によってa相コイルに起電力を生ずる自己インダクタンスであり，$l_{ab}(t)$，$l_{ac}(t)$ は $i_b(t)$，$i_c(t)$ によってa相コイルに起電力を生ずる相互インダクタンスである．つまり，$l_{aa}(t)$，$l_{ab}(t)$，$l_{ac}(t)$ はステータのa-b-c-相コイルの自己および相互インダクタンスである（式(10・4)）．したがって，それらをd-q-0軸領域に変換したインダクタンス行列 $\boldsymbol{D}(t)\,l_{abc}(t)\,\boldsymbol{D}^{-1}$ はステータのd-q-0軸コイルの電流 i_d，i_q，i_0 によるインダクタンス行列である．ところがその自己インダクタンス L_d，L_q，L_0 だけが存在して相互インダクタンス項はゼロになっている．換言すれば，ステータdコイル，qコイル，0コイルにはそれぞれ自己インダクタンス L_d，L_q，L_0 だけが存在するが，dコイル，qコイル，0コイル間の相互インダクタンスは存在しない．L_d，L_q はステータd-，q-，0-軸コイルのインダクタンスそのものである．

次に，L_d，L_q の物理的イメージについて考察する．L_d，L_q は物理的には次の二つの成分からなるとみなすことができる．

L_d＝｛ロータ励磁コイルと有効に鎖交する鎖交磁束に対応するd-軸成分インダクタンス L_{ad}｝[*1]
　　　＋｛ロータ励磁コイルと有効に鎖交しない漏れ磁束に対応する漏れインダクタンスのd-軸成分 L_{leakd}｝[*2]

L_q＝｛ロータ励磁コイルと有効に鎖交する鎖交磁束に対応するq-軸成分インダクタンス L_{aq}｝[*3]
　　　＋｛ロータ励磁コイルと有効に鎖交しない漏れ磁束に対応する漏れインダクタンスのq-軸成分 L_{leakq}｝[*4]

上記の[*1]および[*3]の成分 L_{ad}，L_{aq} はステータ・ロータ間の鎖交をつかさどる役目を果たすインダクタンスである．L_{leakd}，L_{leakq} はステータ漏れインダクタンスのd軸，q軸成分である．ところで発電機ステータの回転軸に直角な輪切り断面は円周上のどの方向にも回転軸の点対称設計になっている（図10・5参照）ので上述の L_{leakd} と L_{leakq} はほぼ同じとみなすことができる．以上により L_d，L_q を次のように書き換えることができる．

$$\left.\begin{array}{l}L_d = L_{ad} + L_l \\ L_q = L_{aq} + L_l \quad \text{ただし，}L_l \equiv L_{leakd} = L_{leakq}\end{array}\right\} \tag{10・38}$$

そこで式(10・33)で $L_d \to L_{ad} + L_l$，$L_q \to L_{aq} + L_l$ と書き換える．L_{ad}，L_{aq} はステータコ

イルの鎖交磁束として有効な役割を演ずるインダクタンスである．L_{ad}, L_{aq}はステータとロータの回転磁界との間でエネルギーの授受の役割を果たすインダクタンスという意味ではステータとロータ間の相互的役割を果たすインダクタンスという言い方も可能であろう．式(10・38)で後述するように発電機式のPU化にあたってはエネルギー授受に有効なインダクタンス L_{ad}, L_{aq} をPU化のインダクタンスベース量として利用することになる．

i d軸は回転子のN極方向，q軸はそれより90度進み方向と定義している．d, q軸はロータと一緒に角速度 ω で回転している．したがって，回転子のfdコイル，kdコイル，kqコイルはd, q軸に固定されている．

ii 電機子のd, q, 0コイルはa, b, c相コイルを d-q-0 領域に変換した仮想的な電機子コイルであり，d, q, 0軸に固定されている（d, q軸と一緒に回っている）．したがって，電機子のdコイル，qコイル，0コイルおよび回転子のfdコイル，kdコイル，kqコイルは d, q, 0軸に固定されており，各コイルの相対的位置関係も固定されている（各インダクタンス値が固定値なら ωt の時間関数とならない）．

iii 以上により，発電機は d-q-0 領域では六つのコイルと鉄心（2か所のエアギャップ付き）からなる6巻線変圧器として理解できる（図10・4(b) 参照）．

iv 六つのコイル（d, q, 0各コイルおよびfd, kd, kq各コイル）の鎖交磁束が回転子から電機子へのエネルギー伝達に寄与する主磁束である．回転子N極から発した主磁束は回転子鉄心と電機子鉄心からなる閉経路を経てS極に戻る．なお，各コイルにはほかのコイルと鎖交しない漏れ磁束が若干存在する．

10・3・3 発電機 d-q-0 基本式の PU 化

次には発電機 d-q-0 領域基本式の PU 化を行う．

〔a〕 PU化ベース量の選定

ステータとロータの各コイルのベース量として以下のように定める．

容量ステータ

ステータ d-・q-コイル，ロータ fd-・kd-・kq-コイルの容量ベースは，すべて発電機の定格容量 $VA_{3\phi base}$（または $MVA_{3\phi base}$）に統一する．

電圧ベース・電流ベース

ステータ d-コイル・q-コイルの電圧ベース，電流ベースは発電機の定格相電圧および定格電流とする．なお，ロータ fd-コイル・kd-コイル・kq-コイルの電流ベース・電圧ベースの決定はこの時点では保留する．

以上を式で表現すれば次のとおりである．

$$\left. \begin{array}{l} VA_{3\phi base} = 3\left(\dfrac{{}_s e_{base}}{\sqrt{2}}\right)\cdot\left(\dfrac{{}_s i_{base}}{\sqrt{2}}\right) = 3\left(\dfrac{{}_d e_{base}}{\sqrt{2}}\right)\cdot\left(\dfrac{{}_d i_{base}}{\sqrt{2}}\right) = \dfrac{3}{2}{}_d e_{base}\cdot {}_d i_{base} \\ = 3\left(\dfrac{{}_q e_{base}}{\sqrt{2}}\right)\cdot\left(\dfrac{{}_q i_{base}}{\sqrt{2}}\right) = \dfrac{3}{2}{}_q e_{base}\cdot {}_q i_{base} \\ = {}_{fd} e_{base}\cdot {}_{fd} i_{base} = {}_{kd} e_{base}\cdot {}_{kd} i_{base} = {}_{kq} e_{base}\cdot {}_{kq} i_{base} = 発電機3相定格容量 \end{array} \right\}$$
(10・39)

$${}_d e_{base} = {}_q e_{base} = {}_s e_{base} = (定格相電圧の波高値)$$
 （実効値ベース量は ${}_d e_{base}/\sqrt{2} = {}_q e_{base}/\sqrt{2}$ である）

$${}_d i_{base} = {}_q i_{base} = {}_s i_{base} = (定格電流の波高値)$$
 （実効値ベース量は ${}_d i_{base}/\sqrt{2} = {}_q i_{base}/\sqrt{2}$ である）(10・40)

d-コイルとq-コイルの電圧ベースは両者共通の定格相電圧値であるから ${}_d e_{base} = {}_q e_{base} = {}_s e_{base}$ は決定ずみであり，同様に電流ベースについても ${}_d i_{base} = {}_q i_{base} = {}_s i_{base}$ は決定ずみである．d-コイルとq-コイルに関してはベース量はその添え字 d, q, s が異なっても同じ値とな

ることも明らかである．

ロータの fd-コイルについては容量ベース $_{fd}e_{\text{base}} \cdot _{fd}i_{\text{base}}$ は定格容量値として決定ずみであるが，電流ベース $_{fd}i_{\text{base}}$，電圧ベース $_{fd}e_{\text{base}}$ はこの時点では未決としていることに留意しよう．kd-コイル，kq-コイルについても同様である．

時間 t の radian 化

時間 t については PU 化の必要はかならずしもないが，簡単のために秒から radian に変更しておくこととする．

$$\omega_{\text{base}}=2\pi f_{\text{base}}\,[\text{rad/sec}], \quad f_{\text{base}}=50\,\text{Hz or 60\,Hz}$$

$$\bar{t}=\omega_{\text{base}}\cdot t=2\pi f_{\text{base}}\cdot t\,[\text{rad/sec}], \quad d\bar{t}=\omega_{\text{base}}\cdot t=2\pi f_{\text{base}}\cdot dt\,[\text{rad/sec}] \tag{10・41}$$

これに伴い，$e_a(t)\to e_a(\bar{t})$，$i_{fd}(t)\to i_{fd}(\bar{t})$ のように表すものとする．

以上ですべてのベース量が規約された．

〔b〕 d-q-0-基本式の PU 化

以上で PU 化のベース量の準備が整ったので，次にはすでに求めた発電機基本式を PU 化する．

i） 第1の式 Park の方程式(10・29) の PU 化

この式はステータ s-コイルに関する電気量のみの関係式であり，電圧ベース $_se_{\text{base}}(=$ $_de_{\text{base}}=_qe_{\text{base}}=_0e_{\text{base}})$ で割って PU 化を行う．

$d\bar{t}=2\pi f_{\text{base}}\cdot dt$ であることに注意して，式(10・29) の第1式を書き改めると，

$$e_d(\bar{t})=-2\pi f_{\text{base}}\frac{d\theta}{d\bar{t}}\psi_q(\bar{t})+2\pi f_{\text{base}}\frac{d}{d\bar{t}}\psi_d(\bar{t})-ri_d(\bar{t}) \tag{10・42 a}$$

式(10・39b) に留意しつつ式(10・39 c) のベース量で上式を PU 化すれば

$$\frac{e_d(d\bar{t})}{_se_{\text{base}}}=-2\pi f_{\text{base}}\frac{d\theta}{d\bar{t}}\left(\frac{1}{2\pi f_{\text{base}}}\cdot\frac{\psi_q(\bar{t})}{_s\psi_{\text{base}}}\right)+2\pi f_{\text{base}}\frac{d}{d\bar{t}}\left(\frac{1}{2\pi f_{\text{base}}}\cdot\frac{\psi_d(\bar{t})}{_s\psi_{\text{base}}}\right)-\frac{r}{_sZ_{\text{base}}}\cdot\frac{i_d(\bar{t})}{_si_{\text{base}}}$$

すなわち，

$$\bar{e}_d(\bar{t})=-\frac{d\theta}{d\bar{t}}\bar{\psi}_q(\bar{t})+\frac{d}{d\bar{t}}\bar{\psi}_d(\bar{t})-\bar{r}\bar{i}_d(\bar{t}) \tag{10・42 b}$$

となる．式(10・29) の第2，第3式についても同様に PU 化できて，結局式(10・29) は，

$$\begin{array}{|c|c|c|c|} \hline \bar{e}_d(\bar{t}) & 0 & -\dfrac{d\theta}{d\bar{t}} & 0 \\ \hline \bar{e}_q(\bar{t}) & \dfrac{d\theta}{d\bar{t}} & 0 & 0 \\ \hline \bar{e}_0(\bar{t}) & 0 & 0 & 0 \\ \hline \end{array} \cdot \begin{array}{|c|} \hline \bar{\psi}_d(\bar{t}) \\ \hline \bar{\psi}_q(\bar{t}) \\ \hline \bar{\psi}_0(\bar{t}) \\ \hline \end{array} + \begin{array}{|c|} \hline \dfrac{d}{d\bar{t}}\bar{\psi}_d(\bar{t}) \\ \hline \dfrac{d}{d\bar{t}}\bar{\psi}_q(\bar{t}) \\ \hline \dfrac{d}{d\bar{t}}\bar{\psi}_0(\bar{t}) \\ \hline \end{array} - \bar{r} \begin{array}{|c|} \hline \bar{i}_d(\bar{t}) \\ \hline \bar{i}_q(\bar{t}) \\ \hline \bar{i}_0(\bar{t}) \\ \hline \end{array} \tag{10・43}$$

となる．これは **PU 化された Park の方程式** である．

ii） 第2の式(10・30) の PU 化

第1式はロータ fd-コイルだけに関する式であるから $_{fd}e_{\text{base}}$ で PU 化すればよい．
$d\bar{t}=2\pi f_{\text{base}}\cdot dt$ に留意して，式(10・30) の第1式両辺を $_{fd}e_{\text{base}}$ で割れば，

$$\frac{E_{fd}}{_{fd}e_{\text{base}}}=2\pi f_{\text{base}}\frac{d}{d\bar{t}}\left(\frac{1}{2\pi f_{\text{base}}}\cdot\frac{\psi_{fd}(\bar{t})}{_{fd}\psi_{\text{base}}}\right)+\frac{r_{fd}}{_{fd}Z_{\text{base}}}\cdot\frac{i_{fd}(\bar{t})}{_{fd}i_{\text{base}}}$$

すなわち，

$$\bar{E}_{fd}=\frac{d}{d\bar{t}}\bar{\psi}_{fd}(\bar{t})+\bar{r}_{fd}\cdot\bar{i}_{fd}(\bar{t})$$

となる．式(10・30) の第2，第3式もそれぞれ $_{kd}e_{\text{base}}$，$_{kq}e_{\text{base}}$ で PU 化する．結局，式(10・30) はすべて PU 化されて次式を得る．

$\overline{E}_{fd} =$	$\dfrac{d}{d\bar{t}}\bar{\psi}_{fd}(\bar{t})$	$+$	$\bar{r}_{fd}\cdot\bar{i}_{fd}(\bar{t})$
0	$\dfrac{d}{d\bar{t}}\bar{\psi}_{kd}(\bar{t})$		$\bar{r}_{kd}\cdot\bar{i}_{kd}(\bar{t})$
0	$\dfrac{d}{d\bar{t}}\bar{\psi}_{kq}(\bar{t})$		$\bar{r}_{kq}\cdot\bar{i}_{kq}(\bar{t})$

(10・44)

を得る．

iii) 第3の式(10・33)のPU化

式(10・33) の第1, 2式 $\psi_d(t)$, $\psi_q(t)$ を $_s\psi_{\text{base}} = {}_sL_{\text{base}} \cdot {}_si_{\text{base}}$ で PU 化すると

$$\bar{\psi}_d(t) = \frac{\psi_d(t)}{_s\psi_{\text{base}}} = -\frac{L_l + L_{ad}}{_sL_{\text{base}}} \cdot \frac{i_d(t)}{_si_{\text{base}}} + \frac{L_{afd}}{_sL_{\text{base}}} \cdot \frac{i_{fd}(t)}{_si_{\text{base}}} + \frac{L_{akd}}{_sL_{\text{base}}} \cdot \frac{i_{kd}(t)}{_si_{\text{base}}}$$

$$= -(\bar{L}_l + \bar{L}_{ad})\cdot \bar{i}_d(t) + \left(\frac{L_{afd}}{\left({}_sL_{\text{base}}\cdot\frac{_si_{\text{base}}}{_{fd}i_{\text{base}}}\right)}\right)^{*1} \cdot \frac{i_{fd}(t)}{_{fd}i_{\text{base}}}$$

$$+ \left(\frac{L_{akd}}{\left({}_sL_{\text{base}}\cdot\frac{_si_{\text{base}}}{_{kd}i_{\text{base}}}\right)}\right)^{*2} \cdot \frac{i_{kd}(t)}{_{kd}i_{\text{base}}}$$

$$= -(\bar{L}_l + \bar{L}_{ad})\cdot \bar{i}_d(\bar{t}) + \bar{L}_{afd}\cdot \bar{i}_{fd}(\bar{t}) + \bar{L}_{akd}\cdot \bar{i}_{kd}(\bar{t}) \quad \text{①}$$

$$\bar{\psi}_q(t) = \frac{\psi_q(t)}{_s\psi_{\text{base}}} = -\frac{L_l + L_{aq}}{_sL_{\text{base}}} \cdot \frac{i_q(t)}{_si_{\text{base}}} + \frac{L_{akq}}{_sL_{\text{base}}} \cdot \frac{i_{kq}(t)}{_si_{\text{base}}}$$

$$= (\bar{L}_l + \bar{L}_{aq})\cdot \bar{i}_q(\bar{t}) + \left(\frac{L_{akq}}{\left({}_sL_{\text{base}}\cdot\frac{_si_{\text{base}}}{_{kq}i_{\text{base}}}\right)}\right)^{*3} \cdot \frac{i_{kq}(t)}{_{kq}i_{\text{base}}}$$

$$= -(\bar{L}_l + \bar{L}_{aq})\cdot \bar{i}_q(\bar{t}) + \bar{L}_{akq}\cdot \bar{i}_{kq}(\bar{t}) \quad \text{②}$$

ただし, $\bar{L}_{afd} = *1$, $\bar{L}_{akd} = *2$, $\bar{L}_{akq} = *3$

(10・45 a)

ここで，式(10・45 a) ①について考察する．右辺第1項の $\bar{i}_d(\bar{t})$ のベース量 $_si_{\text{base}}$ については式(10・39)ですでに決定ずみであるが，右辺第2, 3項のベース量 $_{fd}i_{\text{base}}$, $_{kd}i_{\text{base}}$ の決定を保留にしているので，これらをどのように決めるかによって pu 値 $\bar{L}_{afd}$, $\bar{L}_{akd}$ は大きくも小さくもできる．同様に式②についても $_{kd}i_{\text{base}}$ を決めていないので $\bar{L}_{akq}$ の大きさが未定である．さて，$_{fd}i_{\text{base}}$, $_{kd}i_{\text{base}}$, $_{kq}i_{\text{base}}$ は自由に決めることができるが，折角なので $\bar{L}_{afd}$, $\bar{L}_{akd}$, $\bar{L}_{akq}$ について，次式の関係が成立するように決めれば式(10・33) の右辺第2項のインダクタンス行列の要素の pu 値 $\bar{L}_{afd}$, $\bar{L}_{akd}$ が $\bar{L}_{ad}$ に統一されて，またそれに伴って $\bar{L}_{akq}$ も $\bar{L}_{aq}$ に表記変更することができて好都合である（なお，後述するように，このようにベース選定することによって，その恩恵として等価回路図10・6が得られることになる）．

$$\bar{L}_{ad} \equiv \bar{L}_{afd}(=*1) \equiv \bar{L}_{akd}(=*2) \quad \text{および} \quad \bar{L}_{aq} \equiv \bar{L}_{akq}(=*3) \quad (10\cdot 45\,\text{b})$$

この関係は次式が成り立つようにロータコイルの電流ベース量を選ぶことで実現できる．

$$\left.\begin{array}{l} \bar{L}_{ad} = \dfrac{L_{ad}}{_sL_{\text{base}}} \equiv \bar{L}_{afd} = \dfrac{L_{afd}}{\left({}_sL_{\text{base}}\cdot\frac{_si_{\text{base}}}{_{fd}i_{\text{base}}}\right)} \equiv \bar{L}_{akd} = \dfrac{L_{akd}}{\left({}_sL_{\text{base}}\cdot\frac{_si_{\text{base}}}{_{kd}i_{\text{base}}}\right)} \quad \text{①} \\[2ex] \bar{L}_{aq} = \dfrac{L_{aq}}{_sL_{\text{base}}} \equiv \bar{L}_{akq} = \dfrac{L_{akq}}{\left({}_sL_{\text{base}}\cdot\frac{_si_{\text{base}}}{_{kq}i_{\text{base}}}\right)} \quad \text{②} \end{array}\right\} \quad (10\cdot 45\,\text{c})$$

換言すれば，fd-コイル，kd-コイル，kq-コイルの電流ベース量を次のように選べば，式(10・45 b) の数値統一が実現できるのである．

$$_{fd}i_{\text{base}} \equiv \frac{L_{ad}}{L_{afd}}\cdot {}_si_{\text{base}} \cdots \text{①}, \quad _{kd}i_{\text{base}} \equiv \frac{L_{ad}}{L_{akd}}\cdot {}_si_{\text{base}} \cdots \text{②}, \quad _{kq}i_{\text{base}} \equiv \frac{L_{aq}}{L_{akq}}\cdot {}_si_{\text{base}} \cdots \text{③} \quad (10\cdot 45\,\text{d})$$

あるいは

$$L_{ad} \cdot s i_{base} = L_{afd} \cdot {}_{fd}i_{base} = L_{akd} \cdot {}_{kd}i_{base} \quad ①$$
$$L_{aq} \cdot s i_{base} = L_{akq} \cdot {}_{kq}i_{base} \quad ②$$
(10・45 e)

あるいは

$$2\pi f_{base} \cdot L_{ad} \cdot s i_{base} = 2\pi f_{base} \cdot L_{afd} \cdot {}_{fd}i_{base} = 2\pi f_{base} \cdot L_{akd} \cdot {}_{kd}i_{base} \quad ①$$
$$2\pi f_{base} \cdot L_{aq} \cdot s i_{base} = 2\pi f_{base} \cdot L_{afq} \cdot {}_{fd}i_{base} \quad ②$$
(10・45 f)

これでロータ側各コイルの電流ベースも決定された.

以上により式(10・45 a)は次式となる.

$$\bar{\psi}_d(t) = -(\bar{L}_l + \bar{L}_{ad}) \cdot \bar{i}_d(t) + \bar{L}_{ad} \cdot \bar{i}_{fd}(t) + \bar{L}_{ad} \cdot \bar{i}_{kd}(t)$$
$$\bar{\psi}_q(t) = -(\bar{L}_l + \bar{L}_{aq}) \cdot \bar{i}_q(t) + \bar{L}_{aq} \cdot \bar{i}_{kq}(t)$$
(10・45 g)

零相の第3式については単に $_s\psi_{base} = {}_sL_{base} \cdot s i_{base}$ をそのベース量とすればよい.

$$\bar{\psi}_0(t) = -\bar{L}_0 \cdot \bar{i}_0(t)$$
(10・45 h)

以上を整理すると式(10・33)のPU化した式として次式を得る.右辺第2項のインダクタンス行列が $\bar{L}_{ad}$ と $\bar{L}_{aq}$ だけで表されている.

ステータコイルが受け取る鎖交磁束数の式

$\bar{\psi}_d(t)$	= −	$\bar{L}_d(=\bar{L}_l+\bar{L}_{ad})$	0	0	$\bar{i}_d(t)$	+	$\bar{L}_{ad}$	$\bar{L}_{ad}$	0	$\bar{i}_{fd}(t)$
$\bar{\psi}_q(t)$		0	$\bar{L}_q(=\bar{L}_l+\bar{L}_{aq})$	0	$\bar{i}_q(t)$		0	0	$\bar{L}_{aq}$	$\bar{i}_{kd}(t)$
$\bar{\psi}_0(t)$		0	0	$\bar{L}_0$	$\bar{i}_0(t)$		0	0	0	$\bar{i}_{kq}(t)$

(10・45)

さて,以上で式(10・33)をPU化した式(10・45)の導入は終了したが,ここでロータの電流ベース量を決めた式(10・45 d, e, f)の物理的意味について補足しておこう.ステータのd-コイルにベース電流 $s i_{base}$ が流れているとして,d-コイルがロータ側コイルから有効に受け取るパワーは $2\pi f_{base} \cdot (L_{ad}+L_l) \cdot s i_{base}$ ではなく,これから漏れ磁束相当分を除いた $2\pi f_{base} \cdot L_{ad} \cdot s i_{base}$ ($= {}_s e_{base} \cdot s i_{base}$) である.換言すれば,d-コイルがロータコイルfd-コイルとkd-コイルとのパワーの授受に有効に寄与するインダクタンスは $L_d = L_l + L_{ad}$ ではなく L_{ad} であり,また fd-コイル,kd-コイルとのパワー授受にあずかる鎖交磁束数は $L_{ad} \cdot s i_{base}$ である.q-コイルについても同様で,パワーの授受に寄与するインダクタンスは $L_q = L_l + L_{aq}$ ではなく L_{aq} であり,また kq-コイルとのパワー授受にあずかる鎖交磁束数は $L_{aq} \cdot s i_{base}$ である(備考10・1 を参照).そこで,d軸,q軸それぞれについて,ステータ側でロータとのパワーの授受に有効に寄与する L_{ad}, L_{aq} (L_d, L_q から漏れインダクタンス L_l を差し引いた値)によるパワーないし鎖交磁束数とロータ側のそれが相等しくなるようにベース量を選択した結果が式(10・45 d, e, f)であると解釈できる.

iv) 式(10・35)のPU化

式(10・35)の第1式は,

$$\psi_{fd}(t) = -\frac{3}{2} L_{afd} \cdot i_d(t) + L_{ffd} \cdot i_{fd}(t) + L_{fkd} \cdot i_{kd}(t)$$
(10・35 a)

両辺を ${}_{fd}\psi_{base} = {}_{fd}L_{base} \cdot {}_{fd}i_{base}$ で割ってPU化すると,式(10・45 e)の関係を利用して

$$\frac{\psi_{fd}(t)}{{}_{fd}\psi_{base}} = -\frac{3}{2} \frac{L_{afd}}{{}_{fd}L_{base}} \cdot \frac{i_d(t)}{{}_{fd}i_{base}} + \frac{L_{ffd}}{{}_{fd}L_{base}} \cdot \frac{i_{fd}(t)}{{}_{fd}i_{base}} + \frac{L_{fkd}}{{}_{fd}L_{base}} \cdot \frac{i_{kd}(t)}{{}_{fd}i_{base}}$$

$$= -\frac{3}{2} \frac{L_{afd}}{{}_{fd}L_{base}} \cdot \frac{i_d(t)}{\left(\frac{L_{ad}}{L_{afd}} \cdot s i_{base}\right)} + \frac{L_{ffd}}{{}_{fd}L_{base}} \cdot \frac{i_{fd}(t)}{{}_{fd}i_{base}} + \frac{L_{fkd}}{{}_{fd}L_{base}} \cdot \frac{i_{kd}(t)}{\left(\frac{L_{akd}}{L_{afd}} \cdot {}_{kd}i_{base}\right)}$$

$$= -\left(\frac{3}{2} \frac{L^2_{afd}}{L_{ad} \cdot {}_{fd}L_{base}}\right)^{*1} \cdot \frac{i_d(t)}{s i_{base}} + \left(\frac{L_{ffd}}{{}_{fd}L_{base}}\right)^{*2} \cdot \frac{i_{fd}(t)}{{}_{fd}i_{base}} + \left(\frac{L_{fkd}}{{}_{fd}L_{base} \cdot \frac{L_{akd}}{L_{afd}}}\right)^{*3} \cdot \frac{i_{kd}(t)}{{}_{kd}i_{base}}$$

(10・46 a)

各コイルの容量ベースを統一しているから,式(10・39), (10・40)から各コイルのベース量

について次式が成り立つ.

$$\frac{3}{2} \cdot 2\pi f_{\text{base}} \cdot {}_s L_{\text{base}} \cdot {}_s i^2_{\text{base}} = 2\pi f_{\text{base}} \cdot {}_{fd} L_{\text{base}} \cdot {}_{fd} i^2_{\text{base}} = 2\pi f_{\text{base}} \cdot {}_{kd} L_{\text{base}} \cdot {}_{kd} i^2_{\text{base}}$$

$$\therefore \quad \frac{3}{2} \cdot {}_s L_{\text{base}} \cdot {}_s i^2_{\text{base}} = {}_{fd} L_{\text{base}} \cdot {}_{fd} i^2_{\text{base}} = {}_{kd} L_{\text{base}} \cdot {}_{kd} i^2_{\text{base}} \quad (10 \cdot 46\text{ b})$$

この関係および式(10・45 e)などを利用すると，式(10・46 a)の *1, *2, *3は次のように変形できる.

$$*1 = \left(\frac{3}{2} \frac{L^2_{afd}}{L_{ad} \cdot {}_{fd} L_{\text{base}}}\right) = \frac{3}{2} \cdot \frac{\left(\frac{L_{ad} \cdot {}_s i_{\text{base}}}{{}_{fd} i_{\text{base}}}\right)^2}{L_{ad} \cdot {}_{fd} L_{\text{base}}} = \frac{L_{ad}}{{}_{fd} L_{\text{base}}} \left(\frac{3}{2} \cdot \frac{{}_s i^2_{\text{base}}}{{}_{fd} i^2_{\text{base}}}\right)$$

$$= \frac{L_{ad}}{{}_{fd} L_{\text{base}}} \left(\frac{{}_{fd} L_{\text{base}}}{{}_s L_{\text{base}}}\right) = \frac{L_{ad}}{{}_s L_{\text{base}}} = \bar{L}_{ad} \quad (10 \cdot 46\text{ c})$$

$$*2 = \bar{L}_{ffd}$$

$$*3 = \left(\frac{L_{fkd}}{{}_{fd} L_{\text{base}} \cdot \frac{L_{akd}}{L_{afd}}}\right) = \left(\frac{L_{afd}}{L_{akd}}\right) \cdot \frac{L_{fkd}}{{}_{fd} L_{\text{base}}} = \left(\frac{{}_{kd} i_{\text{base}}}{{}_{fd} i_{\text{base}}}\right) \cdot \frac{L_{fkd}}{{}_{fd} L_{\text{base}}} = \bar{L}_{fkd} \quad (10 \cdot 46\text{ d})$$

したがって

$$\bar{\psi}_{fd}(t) = -\bar{L}_{ad} \cdot \bar{i}_d(t) + \bar{L}_{ffd} \cdot \bar{i}_{fd}(t) + \bar{L}_{fkd} \cdot \bar{i}_{kd}(t) \quad (10 \cdot 46\text{ e})$$

第1式 $\bar{\psi}_{fd}(t)$ がPU化された．$\bar{\psi}_{kd}(t)$, $\bar{\psi}_{kq}(t)$ についても同じ方法でPU化ができる．結局，式(10・35)をPU化すると次式となる．

$$\begin{bmatrix} \bar{\psi}_{fd}(t) \\ \bar{\psi}_{kd}(t) \\ \bar{\psi}_{kq}(t) \end{bmatrix} = -\begin{bmatrix} \bar{L}_{ad} & 0 & 0 \\ \bar{L}_{ad} & 0 & 0 \\ 0 & \bar{L}_{aq} & 0 \end{bmatrix} \cdot \begin{bmatrix} \bar{i}_d(t) \\ \bar{i}_q(t) \\ \bar{i}_0(t) \end{bmatrix} + \begin{bmatrix} \bar{L}_{ffd} & \bar{L}_{fkd} & 0 \\ \bar{L}_{fkd} & \bar{L}_{kkd} & 0 \\ 0 & 0 & \bar{L}_{kkq} \end{bmatrix} \cdot \begin{bmatrix} \bar{i}_{fd}(t) \\ \bar{i}_{kd}(t) \\ \bar{i}_{kq}(t) \end{bmatrix} \quad (10 \cdot 46)$$

式(10・43)～(10・46)がPU化したd-q-0領域関係式である．PU化によって式(10・33)の L_{afd}, L_{akd}, 式(10・36)の $\frac{3}{2}L_{afd}$, $\frac{3}{2}L_{akd}$ のコラムに対応するインダクタンスが，式(10・45)，(10・46)ではすべて $\bar{L}_{ad}$ に統一され，また式(10・33)の L_{akq} と式(10・35)の $\frac{3}{2}L_{akq}$ のコラムに対応するインダクタンスが，式(10・45)，(10・46)では $\bar{L}_{aq}$ で表されるようになり，したがって式(10・45)と式(10・46)の電機子インダクタンス行列が，互いに転置行列の関係とすることができた．そのおかげでPU化した基本式(10・43)～(10・46)は，次に述べるように等価回路として正確に表すことができる．

10・3・4 d-q-0法等価回路の導入

PU化された基本式(10・43)～(10・46)より，等価回路図を求めてみる．なお，以下では，繁雑さを避けるために，すべての変数電気量の $(\bar{t})$ の記号は省略し，また $\frac{d\bar{\theta}}{dt} = s\bar{\theta}$ の記号で表すものとする．

式(10・45)を微分して式(10・43)の右辺第2項に代入して磁束の変数を消去整理すると，

$$\left.\begin{array}{l} -(\bar{e}_d + s\bar{\theta} \cdot \bar{\psi}_q) = \bar{L}_l \cdot s\bar{i}_d + \bar{r} \cdot \bar{i}_d + \bar{L}_{ad} \cdot s(\bar{i}_d - \bar{i}_{fd} - \bar{i}_{kd}) \\ -(\bar{e}_q - s\bar{\theta} \cdot \bar{\psi}_d) = \bar{L}_l \cdot s\bar{i}_q + \bar{r} \cdot \bar{i}_q + \bar{L}_{aq} \cdot s(\bar{i}_q - \bar{i}_{kq}) \\ -(\bar{e}_0 = \bar{L}_0 \cdot s\bar{i}_0 + \bar{r} \cdot \bar{i}_0 \end{array}\right\} \quad (10 \cdot 47)$$

また，式(10・46)を微分して，式(10・44)に代入整理のうえ一工夫すると，

$$\left.\begin{array}{l} \bar{E}_{fd} = -\bar{L}_{ad} \cdot s(\bar{i}_d - \bar{i}_{fd} - \bar{i}_{kd}) + (\bar{L}_{fkd} - \bar{L}_{ad}) \cdot s(\bar{i}_{fd} + \bar{i}_{kd}) + (\bar{L}_{ffd} - \bar{L}_{fkd}) \cdot s\bar{i}_{fd} + \bar{r}_{fd} \cdot \bar{i}_{fd} \\ 0 = -\bar{L}_{ad} \cdot s(\bar{i}_d - \bar{i}_{fd} - \bar{i}_{kd}) + (\bar{L}_{fkd} - \bar{L}_{ad}) \cdot s(\bar{i}_{fd} + \bar{i}_{kd}) + (\bar{L}_{kkd} - \bar{L}_{fkd}) \cdot s\bar{i}_{kd} + \bar{r}_{kd} \cdot \bar{i}_{kd} \\ 0 = -\bar{L}_{aq} \cdot s(\bar{i}_q - \bar{i}_{kq}) + (\bar{L}_{kkq} - \bar{L}_{aq}) \cdot s\bar{i}_{kq} + \bar{r}_{kq} \cdot \bar{i}_{kq} \end{array}\right\}$$

式(10・47), (10・48) を満たす回路図を組み立てることにより, 基本式(10・43)〜(10・46) を必要十分に満たす発電機等価回路図10・6 が得られる.

式(10・47), (10・48) は発電機のステータとロータの全コイルを数学的に d-q-0 領域に変換した式であり, また, 図10・6 は両式を忠実に表現した等価回路である. したがって, この式と等価回路は発電機の特性を定常現象と過渡現象のいずれにも当てはめうる発電機基本特性といえる. なお, 図に示すように必要に応じて鎖交磁束数 $\bar{\psi}=\bar{L}\cdot\bar{i}$ に関する式を等価回路に書き加えることも可能である.

次に d-軸等価回路で電流 $\bar{i}_{fd}$ の流れるエレメント $\bar{L}_{fkd}-\bar{L}_{ad}$ について検討する. fd コイルの界磁電流 i_{fd} によって作られた界磁磁束の磁路は fd-コイル→kd-コイル→エアギャップ→ステータ d-軸コイルの順に通過する（図16・7(c) 参照). しかも kd-コイルとステータ d-軸コイルはエアギャップをはさんで非常に接近している. したがって, fd-コイルから発してダンパ d-軸コイルを通過した鎖交磁束数 $\bar{\psi}_{kd}=\bar{L}_{fkd}\cdot\bar{i}_{fd}$ のほぼ全量がステータ d-軸回路を通過する鎖交磁束数 $\bar{\psi}_d=\bar{L}_{ad}\cdot\bar{i}_{fd}$ となるはずである. 換言すれば, 両者はほぼ等しく, $\bar{\psi}_d=\bar{\psi}_{kd}$ である. したがって, 図10・6 において

$$\bar{L}_{fkd}=\bar{L}_{ad} \quad \therefore \quad \bar{L}_{fkd}-\bar{L}_{ad}=0 \qquad 式(10・49)$$

となる. 結局, d 軸コイルの等価回路は s コイル・fd コイル・d コイルの三つの分路からなる非常に簡単な等価回路となった.

次に取り扱い上の便宜のために, 等価回路中に出てくるインダクタンスについて,

$$\left.\begin{array}{l}\bar{L}_{fd}\equiv\bar{L}_{ffd}-\bar{L}_{ad}\fallingdotseq\bar{L}_{ffd}-\bar{L}_{fkd}\\ \bar{L}_{kd}\equiv\bar{L}_{kkd}-\bar{L}_{ad}\fallingdotseq\bar{L}_{kkd}-\bar{L}_{fkd}\\ \bar{L}_{kq}\equiv\bar{L}_{kkq}-\bar{L}_{aq}\end{array}\right\} \qquad (10\cdot 50)$$

のように定義した $\bar{L}_{fd}, \bar{L}_{kd}, \bar{L}_{kq}$ を導入するものとする.

なお, PU 法インダクタンスにおいては一般に,

$$\bar{L}=\frac{L}{L_{\text{base}}}=\frac{2\pi f_{\text{base}}\cdot L}{2\pi f_{\text{base}}\cdot L_{\text{base}}}=\frac{x}{x_{\text{base}}}=\bar{x} \qquad (10\cdot 51)$$

となるので, 上述の PU 法関係式および図10・4 中のすべてのインダクタンス $\bar{L}$ をリアクタンス $\bar{x}$ で置き換えて表すことができる.

なお, ここで抵抗 $\bar{r}, \bar{r}_{fd}, \bar{r}_{kd}, \bar{r}_{kq}$ の大小関係について考えてみると, もともと $r, r_{fd}\ll r_{kd}$ であるから $\bar{r}, \bar{r}_{fd}\ll\bar{r}_{kd}$ となる. 一方, 発電機の界磁回路の定格容量は通常は電機子回路の定

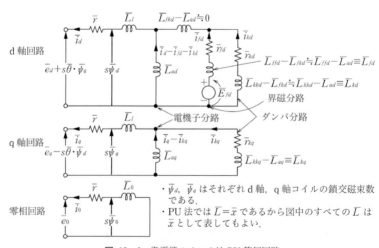

図10・6 発電機の d-q-0 法 PU 等価回路

格容量の10分の1以下に設計されている．しかし，PU法では式(10・40)に示すように界磁回路・ダンパ回路のVAベースを電機子回路のVAベースに合わせるように選ぶこととしているので，回転子側の$_{fd}i_{base}$，$_{kd}i_{base}$，$_{kq}i_{base}$は実際に流れる電流に比べて非常に大きく選ばれている．そのため，$_{fd}Z_{base}$，$_{kd}Z_{base}$，$_{kq}Z_{base}$が非常に小さく，したがって，PU法表現では$\bar{r}_{fd}$，$\bar{r}_{kd}$，$\bar{r}_{kq}$は一層大きくなって$\bar{r} \ll \bar{r}_{fd}$，$\bar{r}_{kd}$，$\bar{r}_{kq}$となる．以上により，

$$\bar{r} \ll \bar{r}_{fd} < \bar{r}_{kd}, \quad \bar{r} \ll \bar{r}_{kq} \tag{10・52}$$

の関係があることも明らかである．

ここで，10・1〜10・3節の総括をしておこう．

ⅰ) 発電機の物理的概念図10・1をもとにしてそのa-b-c領域の基本式を導入した．

ⅱ) d-q-0変換法を導入したうえで，a-b-c領域，0-1-2領域，d-q-0領域の相互関係を数学的・物理的観点から明らかにした．

ⅲ) 発電機基本式をd-q-0領域の基本式に変換した．これによってωtによって周期変化していたインダクタンスが時間に無関係な固定値のインダクタンスに変換された．さらにその基本式のPU化を行い，基本式(10・43)〜(10・46)を得た．その結果，基本式に忠実なd-，q-，0-軸等価回路（図10・6）として表現できることにもなった．この基本式および等価回路図は発電機ステータおよびロータの全コイルの電気量の定常・過渡現象にも適用できるものである．

ⅳ) 発電機の全インダクタンスが時間に無関係な固定値となり，またその等価回路は〈直流電源＋インダクタンス素子＋抵抗素子〉で表現できることとなった．これこそが発電機を含む3相回路，すなわち広くは電力系統全体についてそのディジタル解析（EMTPなど）やアナログ解析（アナログシミュレータなど）を可能にした基本的事項である．

10・4 発電機の定常運転時のd-q-0領域上のベクトル図（正相定常状態）

発電機が基本波の3相平衡電圧・電流（正相）状態で，かつ速度一定で運転されている場合について考える．このような状態のa-b-c相の電圧・電流を次式で表す．

$$\left.\begin{array}{ll} \bar{e}_a(\bar{t}) = \bar{E}_{a1}\cos(\bar{t}+\alpha_1) = \bar{e}_1(\bar{t}) & \bar{i}_a(\bar{t}) = \bar{I}_{a1}\cos(\bar{t}+\beta_1) = \bar{i}_1(\bar{t}) \\ \bar{e}_b(\bar{t}) = \bar{E}_{a1}\cos\left(\bar{t}+\alpha_1-\dfrac{2\pi}{3}\right) & \bar{i}_b(\bar{t}) = \bar{I}_{a1}\cos\left(\bar{t}+\beta_1-\dfrac{2\pi}{3}\right) \\ \bar{e}_c(\bar{t}) = \bar{E}_{a1}\cos\left(\bar{t}+\alpha_1+\dfrac{2\pi}{3}\right) & \bar{i}_c(\bar{t}) = \bar{I}_{a1}\cos\left(\bar{t}+\beta_1+\dfrac{2\pi}{3}\right) \end{array}\right\} \tag{10・53}$$

ここで，$\bar{E}_{a1}$，$\bar{I}_{a1}$はもちろん実数である．式(10・53)をd-q-0法に変換すれば，式(10・26 a)に準じて，

$$\left.\begin{array}{ll} \bar{e}_d(\bar{t}) = \bar{E}_{a1}\cos\alpha_1 & \bar{i}_d(\bar{t}) = \bar{I}_{a1}\cos\beta_1 \\ \bar{e}_q(\bar{t}) = \bar{E}_{a1}\sin\alpha_1 & \bar{i}_q(\bar{t}) = \bar{I}_{a1}\sin\beta_1 \\ \bar{e}_0(\bar{t}) = 0 & \bar{i}_0(\bar{t}) = 0 \end{array}\right\} \tag{10・54}$$

となる．すなわち，基本波正相電圧に対するd-q軸の電圧・電流は時間に無関係な直流成分となる．

磁束$\bar{\psi}_d(\bar{t})$，$\bar{\psi}_q(\bar{t})$についても同様である．また，式(10・53)より，

$$\left.\begin{array}{l} \bar{e}_d(\bar{t}) + j\bar{e}_q(\bar{t}) = \bar{E}_{a1}\cdot e^{j\alpha_1} \\ \bar{i}_d(\bar{t}) + j\bar{i}_q(\bar{t}) = \bar{I}_{a1}\cdot e^{j\beta_1} \end{array}\right\} \tag{10・55 a}$$

あるいは，

$$\left.\begin{array}{l} \bar{e}(t) = \{\bar{e}_d(\bar{t}) + j\bar{e}_q(\bar{t})\}e^{j\bar{t}} = \bar{E}_{a1}\cdot e^{j(\bar{t}+\alpha_1)} : 複素数正相電圧 \\ \bar{i}(t) = \{\bar{i}_d(\bar{t}) + j\bar{i}_q(\bar{t})\}e^{j\bar{t}} = \bar{I}_{a1}\cdot e^{j(\bar{t}+\beta_1)} : 複素数正相電流 \end{array}\right\} \tag{10・55 b}$$

の関係にあることがわかる．

さて，このような状態において発電機のd-q-0法基本式(10・43)，(10・45) がどのようになるかを考える．**発電機が一定速度で，かつ3相平衡の定常状態では**，

$$\left.\begin{array}{l}s\bar{\theta}=\dfrac{d\bar{\theta}}{d\bar{t}}=\dfrac{\omega}{\omega_{\text{base}}}=1.0 \quad \cdots\cdots\cdots\cdots\cdots\cdots ① \\ \dfrac{d}{d\bar{t}}\bar{\psi}_d(\bar{t})=\dfrac{d}{d\bar{t}}\bar{\psi}_q(\bar{t})=\dfrac{d}{d\bar{t}}\bar{\psi}_0(\bar{t})=0 \quad \cdots\cdots ② \\ \bar{i}_{kd}(\bar{t})=\bar{i}_{kq}(\bar{t})=0 \quad \cdots\cdots\cdots\cdots\cdots\cdots\cdots\cdots ③\end{array}\right\} \quad (10\cdot 56)$$

回転速度 θ が一定であるから，その微分値は当然ゼロである（式①の説明）．

次に，平衡運転状態では式(10・54) の電流・電圧 $\bar{e}_d$，$\bar{i}_d$ と同様に鎖交磁束 $\bar{\psi}_d$，$\bar{\psi}_q$，$\bar{\psi}_0$ も直流量であるからその微分値はゼロとなる（式②の説明）．

式(10・44) で $\bar{\psi}_{kd}$ が直流量があるからその微分値は $s\bar{\psi}_{kd}=-\bar{r}_{kd}\cdot\bar{i}_{kd}=0$，すなわち，$\bar{i}_{kd}=0$ である（式③の説明）．なお，式③については図10・6を利用して次のような説明も可能である．図10・6において，d-軸回路に流れ込む（あるいは流れ出る）電流 $\bar{i}_d$ はインピーダンス逆比でd分路，f分路，k分路に分流する．ところが回路理論として L に流れる電流 i が直流電流の場合には $L\cdot di/dt=0$，つまり L 要素は事実上短絡状態として振る舞う．定常状態（直流状態）のもとではd-軸回路の電気量がすべて直流であるから回路内のインダクタンス要素はすべて短絡状態として振る舞う．したがって，$\bar{i}_d$ はすべてd分路に集中して流れてk分路の電流 $\bar{i}_{kd}$ は $\bar{r}_{kd}$ で抑制されてまったく分流しない．すなわち，$\bar{i}_{kd}=0$ となるのである．同じ理由で $\bar{i}_{kq}=0$ となる．

さて，式(10・43)，(10・45) に式(10・56) を代入し，また $\bar{L}=\bar{x}$ なので，すべてをリアクタンス表現 $\bar{x}$ で表せば，

$$\left.\begin{array}{l}\bar{e}_d=-\bar{\psi}_q-\bar{r}\cdot\bar{i}_d \\ \bar{e}_q=+\bar{\psi}_d-\bar{r}\cdot\bar{i}_q \\ \bar{e}_0=-\bar{r}\cdot\bar{i}_0\end{array}\right\} \quad (10\cdot 57)$$

$$\left.\begin{array}{l}\bar{\psi}_d=-\bar{x}_d\cdot\bar{i}_d+\bar{x}_{ad}\cdot\bar{i}_{fd}=-\bar{x}_d\cdot\bar{i}_d+\bar{E}_f \\ \bar{\psi}_q=-\bar{x}_q\cdot\bar{i}_q \\ \bar{\psi}_0=-\bar{x}_0\cdot\bar{i}_0 \quad\quad \text{ただし}\quad \bar{E}_f\equiv\bar{x}_{ad}\cdot\bar{i}_{fd}\end{array}\right\} \quad (10\cdot 58)$$

式(10・58) を式(10・57) に代入して，

$$\left.\begin{array}{l}\bar{e}_d=\bar{x}_q\cdot\bar{i}_q-\bar{r}\cdot\bar{i}_d \\ \bar{e}_q=\bar{E}_f-\bar{x}_d\cdot\bar{i}_d-\bar{r}\cdot\bar{i}_q \\ \text{ただし，}\bar{E}_f\equiv\bar{x}_{ad}\cdot\bar{i}_{fd}\end{array}\right\} \quad (10\cdot 59)$$

また，これら両式より $\bar{e}_d+j\bar{e}_q$ を合成して複素数表現にしたうえ一工夫すると

$$\begin{aligned}\bar{e}_d+j\bar{e}_q&=j(\bar{\psi}_d+j\bar{\psi}_q)-\bar{r}(\bar{i}_d+j\bar{i}_q) \\ &=(\bar{x}_q\cdot\bar{i}_q-\bar{r}\cdot\bar{i}_d)+j(-\bar{x}_d\cdot\bar{i}_d+\bar{x}_{ad}\cdot\bar{i}_{fd}-\bar{r}\cdot\bar{i}_q) \\ &=-(\bar{r}+j\bar{x}_q)(\bar{i}_d+j\bar{i}_q)-j(\bar{x}_d-\bar{x}_q)\cdot\bar{i}_d+j\bar{x}_{ad}\cdot\bar{i}_{fd}\end{aligned}$$

したがって，

$$\left.\begin{array}{l}j(\bar{\psi}_d+j\bar{\psi}_q)=(\bar{e}_d+j\bar{e}_q)+\bar{r}(\bar{i}_d+j\bar{i}_q) \\ (\bar{e}_d+j\bar{e}_q)+(\bar{r}+j\bar{x}_q)(\bar{i}_d+j\bar{i}_q)+j(\bar{x}_d-\bar{x}_q)\cdot\bar{i}_d=j\bar{x}_{ad}\cdot\bar{i}_{fd}\equiv j\bar{E}_f \\ \text{あるいは，} \\ \bar{E}_{a1}\cdot e^{j\alpha_1}+(\bar{r}+j\bar{x}_q)\cdot\bar{I}_{a1}e^{j\beta_1}+j(\bar{x}_d-\bar{x}_q)\cdot\bar{i}_d=j\bar{x}_{ad}\cdot\bar{i}_{fd}\equiv j\bar{E}_f\end{array}\right\} \quad (10\cdot 60)$$

となる．式(10・60) では，**励磁電流の大きさ $\bar{i}_{fd}$ に比例した電圧 $j\bar{x}_{ad}\cdot\bar{i}_{fd}$ を新たに $j\bar{E}_f$ として定義**している．

式(10・60) より，3相平衡（正相）定常状態におけるd-q-0領域上のベクトル図として**図10・7**のように描くことができる．

ところで，$\bar{x}_d$ と $\bar{x}_q$ の大きさは，火力発電機（非突極機）などのように回転子が円筒形状

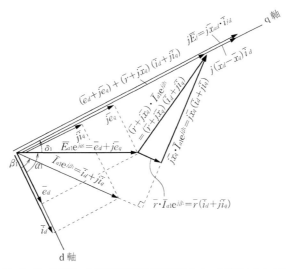

図 10・7 発電機の3相平衡(正相)定常状態のd-q-0領域ベクトル図

の場合にはほぼ等しく，また水力発電機（突極機）であってもかなり近い値となるので，

$$\bar{x}_d \fallingdotseq \bar{x}_q \tag{10・61}$$

とみなすことができるから，このような場合には式(10・60)は簡略化されて，

$$\left.\begin{array}{l}\bar{E}_{a1}\cdot e^{j\alpha_1}+(\bar{r}+j\bar{x}_q)\cdot\bar{I}_{a1}\cdot e^{j\beta_1}=j\bar{x}_{ad}\cdot\bar{i}_{fd}\equiv j\bar{E}_f \quad\cdots\text{①}\\ \text{したがって，両辺に } e^{j\bar{t}} \text{ を掛けると}\\ \bar{E}_{a1}\cdot e^{j(\bar{t}+\alpha_1)}+(\bar{r}+j\bar{x}_q)\cdot\bar{I}_{a1}\cdot e^{j(\bar{t}+\beta_1)} \quad\cdots\cdots\cdots\cdots\text{②}\\ \quad =j\bar{x}_{ad}\cdot\bar{i}_{fd}\cdot e^{j\bar{t}}=j\bar{E}_f\cdot e^{j\bar{t}}\end{array}\right\} \tag{10・62}$$

式(10・62)①は，いわば観測者が回転子に乗って見る現象であり，式②は床に立って見る現象ともいえる．さらに，複素表現の $\vec{e}_{a1}$, $\vec{i}_{a1}$, $\vec{e}_f$ で表せば，

$$\left.\begin{array}{l}\vec{e}_{a1}(\bar{t})+(\bar{r}+j\bar{x}_q)\cdot\vec{i}_{a1}(\bar{t})=j\bar{E}_f\cdot e^{j\bar{t}}\equiv\vec{e}_f(\bar{t})\\ \text{ここで，}\\ \text{発電機端子正相電圧：} \vec{e}_{a1}(\bar{t})=\bar{E}_{a1}\cdot e^{j(\bar{t}+\alpha_1)}=(\bar{e}_d+j\bar{e}_q)\cdot e^{j\bar{t}}\\ \text{発電機端子正相電流：} \vec{i}_{a1}(\bar{t})=\bar{I}_{a1}\cdot e^{j(\bar{t}+\beta_1)}=(\bar{i}_d+j\bar{i}_q)\cdot e^{j\bar{t}}\\ \text{発電機励磁電圧：} \vec{e}_f(\bar{t})\equiv j\bar{E}_f\cdot e^{j\bar{t}}=j\bar{x}_{ad}\cdot\bar{i}_{fd}e^{j\bar{t}}\end{array}\right\} \tag{10・63}$$

となる．式(10・63)より等価回路**図10・8**を得る．これは発電機が式(10・56)の条件を満たすような，3相平衡状態で定常運転中で，かつ $\bar{x}_d \fallingdotseq \bar{x}_q$ とした場合の正相等価回路図である．

第2章の図2・11に示した発電機の正相等価回路は理論的根拠のないままに直感的に表した近似回路であったが，図10・8と同形である．発電機を含む系統解析では近似的な正相等価回路として図2・11を利用できることがわかる．

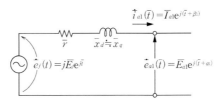

図 10・8 3相平衡定常運転(正相)時で $\bar{x}_d \fallingdotseq \bar{x}_q$ とした場合の正相等価回路

表10・1に示すように発電機が突極機（水力発電機）の場合には $\bar{x}_d$ と $\bar{x}_q$ の値にある程度差があるので，式(10・60)，図10・7で $(\bar{x}_d - \bar{x}_q) \cdot \bar{i}_d$ の項を無視できない場合も多い．この場合には，図10・8の正相等価回路には若干の誤差を伴うものとみなければならない．

10・5 発電機の過渡現象とd軸，q軸各種リアクタンス

系統側状態が急変（地絡・短絡事故，線路開閉，急激な負荷変動，動態的な系統動揺など）するときに，発電機が過渡現象としてどのように振る舞うかについて吟味することとしよう．

図10・6は発電機のd-q-0領域での等価回路である．発電機の過渡現象を支配する基本特性がこの等価回路図に凝縮されているといえよう．ところでそのd軸回路は界磁回路としての直流電源が含まれていて能動的回路であるが，他方のq軸回路は一見して電源を含まない受動回路のようである．しかも両者は互いに独立しているようである．果たしてそうであろうか．その答はノーである．図10・6あるいは式(10・43)，(10・57)が示すように，d軸回路の鎖交磁束 $\bar{\psi}_d$ と q軸回路の起電力 $\bar{e}_q$，また q軸回路の鎖交磁束 $\bar{\psi}_q$ と d軸回路の起電力 $\bar{e}_d$ を介して相互に結合している．d-軸回路と q-軸回路は $\bar{\psi}_d$ と $\bar{\psi}_q$ を介して互いに相互結合しているのである．

次に，我々の前にある発電機は電力系統の他の部分（外部系統と称することにする）と連系されており，その外部系統にも変圧器や送電線を介して他の発電機や同期電動機が連系されているであろう．これらの外部系統もd-q-0領域に変換される．全系統をd-q-0領域に変換して眺めれば，そのd-軸回路と q-軸回路は各発電機のところで鎖交磁束を介して結合している．この状態を図10・10 (p.194) に概念的に示している．また，全系のa-b-c相回路が平衡状態で運転中であるとすれば，d-q-0領域では全系において直流電気量しか存在しない．

さて，以上のことを理解したうえで系統急変時の発電機の振る舞いについて考察をすることとしよう．

10・5・1 急変発生直前の初期条件

まず，急変直前は3相平衡（正相）の定常状態である．このような状態のd軸，q軸各電気量の急変直前の初期値を $\bar{\psi}_d(0)$，$\bar{\psi}_q(0)$ などと表すものとすれば，式(10・57)，(10・58)に準じて，

$$\left. \begin{array}{l} \bar{e}_d(0) = -\bar{\psi}_q(0) - \bar{r} \cdot \bar{i}_d(0) \\ \bar{e}_q(0) = \bar{\psi}_d(0) - \bar{r} \cdot \bar{i}_q(0) \\ \bar{e}_0(0) = 0, \quad \bar{i}_0(0) = 0 \end{array} \right\} \quad (10 \cdot 64)$$

$$\left. \begin{array}{l} \bar{\psi}_d(0) = -\bar{x}_d \cdot \bar{i}_d(0) + \bar{E}_f \\ \bar{\psi}_q(0) = -\bar{x}_q \cdot \bar{i}_q(0) \\ \bar{\psi}_0(0) = 0 \\ \text{ただし，} \bar{E}_f = \bar{x}_{ad} \cdot \bar{i}_{fd} \end{array} \right\} \quad (10 \cdot 65)$$

したがって，式(10・60)に準じて，

$$\left. \begin{array}{l} \{\bar{e}_d(0) + j\bar{e}_q(0)\} + (\bar{r} + j\bar{x}_q) \cdot \{\bar{i}_d(0) + j\bar{i}_q(0)\} + j(\bar{x}_d - \bar{x}_q) \cdot \bar{i}_d(0) = j\bar{E}_f \\ \{\bar{e}_d(0) + j\bar{e}_q(0)\} + \bar{r}\{\bar{i}_d(0) + j\bar{i}_q(0)\} = j\{\bar{\psi}_d(0) + j\bar{\psi}_q(0)\} \\ \bar{e}_0(0) = 0, \quad \bar{i}_0(0) = 0, \quad \bar{\psi}_0(0) = 0 \end{array} \right\} \quad (10 \cdot 66)$$

これが急変時の初期条件である．

このような状態で $t=0$ にて発電機に急変が起こると，d軸，q軸回路の各電気量が変化して，

$$\left.\begin{array}{lll}\bar{\psi}_d(\bar{t})=\bar{\psi}_d(0)+\varDelta\bar{\psi}_d & \bar{e}_d(\bar{t})=\bar{e}_d(0)+\varDelta\bar{e}_d & \bar{i}_d(\bar{t})=\bar{i}_d(0)+\varDelta\bar{i}_d \\ \bar{\psi}_q(\bar{t})=\bar{\psi}_q(0)+\varDelta\bar{\psi}_q & \bar{e}_q(\bar{t})=\bar{e}_q(0)+\varDelta\bar{e}_q & \bar{i}_q(\bar{t})=\bar{i}_q(0)+\varDelta\bar{i}_q \\ \bar{\psi}_0(\bar{t})=\varDelta\bar{\psi}_0 & \bar{e}_0(\bar{t})=\varDelta\bar{e}_0 & \bar{i}_0(\bar{t})=\varDelta\bar{i}_0\end{array}\right\} \quad (10\cdot67)$$

などとなる．

10・5・2 系統急変後の過渡現象状態における d 軸，q 軸リアクタンス

インダクタンス L と抵抗 r の直列回路がある場合，その両端の電圧は $e=L\cdot di/dt+r\cdot i$ である．その電流 i が直流であれば $L\cdot di/dt=0$ なので e は $r\cdot i$ が支配するが，電流 i が周波数の高い交流領域であればその電圧は $L\cdot di/dt$ が支配的で $r\cdot i$ は補助的電圧を担うことになる．このことを理解して考察を進めよう．

図 10・6 において外部系統が $t=0$ の時点で急変すると，発電機端子電圧・電流 $e(t),\ i(t)$ の過渡現象が発生する．このときに d 軸，q 軸回路の発電機端子の位置から右側を見る発電機回路のリアクタンス値 $x_d(t)=e_d(t)/i_d(t)$ および $x_q(t)=e_q(t)/i_q(t)$ を観察する．

〔a〕 $t=0 \sim 3$ サイクル（$0 \sim$ 約 50 ms）の時間帯（初期過渡時間帯）

$t=0$ の直後では $di(t)/dt$ の変化が激しい時間帯であるから，d 軸回路の三つの分路ではいずれも抵抗による $r\cdot i$ よりもインダクタンスによる $L\cdot di(t)/dt$ （すなわち $L\cdot si(t)$ ただし $s=d/dt$）が断然支配的である．したがって，$\bar{x}_d(t)$ は $\bar{L}_{ad}$，$\bar{L}_{fd}$，$\bar{L}_{kd}$ の並列回路に $\bar{L}_l$ 漏れリアクタンスを加えたものとみなすことができる．q 軸回路においても同様である．すなわち，発電機端子から見る d 軸，q 軸リアクタンスは次のようになる．

d 軸初期過渡リアクタンス

$$\left.\begin{array}{l}\bar{x}_d''=\bar{L}_d''=-\dfrac{\varDelta\bar{\psi}_d}{\varDelta\bar{i}_d}=\bar{L}_l+\dfrac{1}{\dfrac{1}{\bar{L}_{ad}}+\dfrac{1}{\bar{L}_{fd}}+\dfrac{1}{\bar{L}_{kd}}} \\[2em] \text{q 軸初期過渡リアクタンス} \\[0.5em] \bar{x}_q''=\bar{L}_q''=-\dfrac{\varDelta\bar{\psi}_q}{\varDelta\bar{i}_q}=\bar{L}_l+\dfrac{1}{\dfrac{1}{\bar{L}_{aq}}+\dfrac{1}{\bar{L}_{kq}}}\end{array}\right\} \quad (10\cdot68)$$

また，このときの鎖交磁束関係式は

$$\left.\begin{array}{l}\bar{\psi}_d(\bar{t})=\bar{\psi}_d(0)+\varDelta\bar{\psi}_d=\bar{\psi}_d(0)-\bar{x}_d''\cdot\varDelta\bar{i}_d=\bar{\psi}_d(0)+\bar{x}_d''\cdot\bar{i}_d(0)-\bar{x}_d''\cdot\bar{i}_d(\bar{t}) \\ \bar{\psi}_q(\bar{t})=\bar{\psi}_q(0)+\varDelta\bar{\psi}_q=\bar{\psi}_q(0)-\bar{x}_q''\cdot\varDelta\bar{i}_q=\bar{\psi}_q(0)+\bar{x}_q''\cdot\bar{i}_q(0)-\bar{x}_q''\cdot\bar{i}_q(\bar{t})\end{array}\right\} \quad (10\cdot69)$$

となる．なお，$\varDelta\bar{i}_d$，$\varDelta\bar{i}_q$ に対応して，この期間では界磁コイルとダンパコイルに過渡電流 $\varDelta\bar{i}_{fd}$，$\varDelta\bar{i}_{kd}$，$\varDelta\bar{i}_{kq}$ が流れることも当然である．

〔b〕 $t=3 \sim 60$ サイクル（約 1 秒）の時間帯（過渡時間帯）

過渡現象がある程度は減衰して，この時間帯では d 軸ダンパ分路では $s\bar{L}_{kd}$ に代わって $\bar{r}_{kd}$ が支配的となり，q 軸ダンパ分路では $s\bar{L}_{kq}$ に代わって $\bar{r}_{kq}$ が支配的となる．d 軸では $\bar{r}_{kd}$ は $\bar{r}_{fd}$ よりはるかに大きいから結果として三つの分路のインピーダンスは $s\bar{L}_{ad}, s\bar{L}_{fd}+\bar{r}_{fd} \ll \bar{r}_{kd}$ ($\fallingdotseq s\bar{L}_{kd}+\bar{r}_{kd}$) となる．したがって，$\bar{i}_{kd}=0$ となってダンパ分路は事実上消滅する（ダンパ回路の電流は初めの数サイクルだけ流れて後に消滅する）．q 軸回路においても事情は同様である．したがって，この時間帯の発電機リアクタンスは次のようになる．

$$\left.\begin{array}{l}\text{d 軸過渡リアクタンス} \quad \bar{x}_d'=\bar{L}_d'=-\dfrac{\varDelta\bar{\psi}_d}{\varDelta\bar{i}_d}=\bar{L}_l+\dfrac{1}{\dfrac{1}{\bar{L}_{ad}}+\dfrac{1}{\bar{L}_{fd}}} \\[2em] \text{q 軸過渡リアクタンス} \quad \bar{x}_q'=\bar{L}_q'=-\dfrac{\varDelta\bar{\psi}_q}{\varDelta\bar{i}_q}=\bar{L}_l+\bar{L}_{aq}=\bar{x}_q\end{array}\right\} \quad (10\cdot70)$$

上式中で，$\bar{x}_q'=x_q$ としているのは，q 軸回路については，この期間の $\bar{x}_q'$ も次に述べる $t=$ 約 60 サイクル以降の q 軸のリアクタンス $\bar{x}_q$ も同じであることが，q 軸等価回路から明ら

かなことによっている．

次に，この期間中の鎖交磁束関係式は，

$$\left.\begin{aligned}\bar{\psi}_d(\bar{t}) &= \bar{\psi}_d(0) + \varDelta\bar{\psi}_d = \bar{\psi}_d(0) - \bar{x}_d{'}\cdot\varDelta\bar{i}_d = \bar{\psi}_d(0) + \bar{x}_d{'}\cdot\bar{i}_d(0) - \bar{x}_d{'}\cdot\bar{i}_d(\bar{t}) \\ \bar{\psi}_q(\bar{t}) &= \bar{\psi}_q(0) + \varDelta\bar{\psi}_q = \bar{\psi}_q(0) - \bar{x}_q\cdot\varDelta\bar{i}_q = \bar{\psi}_q(0) + \bar{x}_q\cdot\bar{i}_q(0) - \bar{x}_q\cdot\bar{i}_q(\bar{t})\end{aligned}\right\} \quad (10\cdot71)$$

となる．なお，この期間では，ダンパの $\varDelta\bar{i}_{kd}$, $\varDelta\bar{i}_{kq}$ はすでに消滅している．

〔c〕 $t=60$ サイクル（約1秒）以降の時間帯（定常状態）

この時間帯になると $s\bar{L}_{ad} \ll \bar{r}_{fd}(\fallingdotseq s\bar{L}_{fd}+\bar{r}_{fd}) \ll \bar{r}_{kd}(\fallingdotseq s\bar{L}_{kd}+\bar{r}_{kd})$ となるので d 軸の過渡電流の f 分路での成分も消滅する．したがって，d 軸回路のリアクタンスは $\bar{L}_{ad}$ と $\bar{L}_l$ の直列回路だけとなる．

q 軸回路では $\bar{L}_q = \bar{L}_q{'}$ となることは自明である．

$$\left.\begin{aligned}\text{d 軸同期リアクタンス} \quad \bar{x}_d &= \bar{L}_d = -\frac{\varDelta\bar{\psi}_d}{\varDelta\bar{i}_d} = \bar{L}_l + \bar{L}_{ad} \\ \text{q 軸同期リアクタンス} \quad \bar{x}_q &= \bar{L}_q = -\frac{\varDelta\bar{\psi}_q}{\varDelta\bar{i}_q} = \bar{L}_l + \bar{L}_{aq}\end{aligned}\right\} \quad (10\cdot72)$$

となる．また，この期間中の鎖交磁束関係式は，

$$\left.\begin{aligned}\bar{\psi}_d(\bar{t}) &= \bar{\psi}_d(0) + \varDelta\bar{\psi}_d = \bar{\psi}_d(0) - \bar{x}_d\cdot\varDelta\bar{i}_d = \bar{\psi}_d(0) + \bar{x}_d\cdot\bar{i}_d(0) - \bar{x}_d\cdot\bar{i}_d(\bar{t}) \\ \bar{\psi}_q(\bar{t}) &= \bar{\psi}_q(0) + \varDelta\bar{\psi}_q = \bar{\psi}_q(0) - \bar{x}_q\cdot\varDelta\bar{i}_q = \bar{\psi}_q(0) + \bar{x}_q\cdot\bar{i}_q(0) - \bar{x}_q\cdot\bar{i}_q(\bar{t})\end{aligned}\right\} \quad (10\cdot73)$$

となる．この時点では $\varDelta\bar{i}_{fd}$ もすでに消滅し，定常状態となる．

なお，火力機の場合，$x_d \fallingdotseq x_q$ なので両者を一括して**同期リアクタンス**と称している．

10・6 発電機急変後の初期過渡・過渡・定常時の対称分等価回路

前節までの説明で発電機のd-q-0法による詳細な関係式と d 軸，q 軸等価回路が明らかになった．次に，対称座標法の 0-1-2 領域に変換して系統解析に役立てる必要がある．以下にこの点について考えてみる．

10・6・1 正相等価回路

発電機急変時の正相等価回路を得るためには発電機端子で3相短絡（$3\phi S$）が発生する場合を吟味すればよい．短絡直前の初期条件として次式が成り立つものとする．

$$\text{仮定（i）} \quad \cdots\cdots\cdots s\bar{\theta}=1.0 \text{（回転速度一定）} \quad (10\cdot74)$$

$$\text{仮定（ii）} \quad \cdots\cdots\cdots s\bar{\psi}_d(\bar{t})=s\bar{\psi}_q(\bar{t})=0 \quad (10\cdot75)$$

すなわち，$\bar{t}=0$ で急変後の基本波交流分のみを計算し，過渡直流分は無視するものとする．

上記の仮定（ii）について少し補足する．$t=0$ の瞬間に式(10・43)の左辺 $\bar{e}_d(t)$, $\bar{e}_q(t)$, $\bar{e}_0(t)$ は急変するが右辺の磁束 $\bar{\psi}_d(\bar{t})$, $\bar{\psi}_q(\bar{t})$ は $\bar{\psi}_d(0)$, $\bar{\psi}_q(0)$（これは直流成分であった）から不連続的に変化することはできず，$\bar{i}_d(\bar{t})$, $\bar{i}_q(\bar{t})$ も $\bar{t}=0$ の瞬間にそれぞれ $\bar{i}_d(0)$, $\bar{i}_q(0)$ から不連続的に変化することはできない．このため急変後の過渡現象では直流電流がオフセット電流として流れることになる．したがって，式(10・43) 中の電圧電気量 $s\bar{\psi}_d(\bar{t})$, $s\bar{\psi}_q(\bar{t})$ は急変後に流れる過渡直流電流に対応する項であることがわかる．また，これらをゼロとする仮定（ii）の条件式(10・75)は，急変後の基本波分のみを計算し，過渡直流分を無視することを意味する．このようにしても基本波分は正しく計算される．なお，$s\bar{\psi}_d(\bar{t})=s\bar{\psi}_q(\bar{t})=0$ としたことは，式(10・43)の電機子電圧の直流成分を無視しただけであって，$\bar{\psi}_d(\bar{t})$, $\bar{\psi}_q(\bar{t})$ が急変後も一定と仮定したのではない．すなわち，$\bar{\psi}_d(\bar{t})$, $\bar{\psi}_q(\bar{t})$ は $t=0$ のあと当然変化するものと考えてよい．

さて，仮定（i），（ii）の条件によって式(10・43)は簡略化されて，

$$\left.\begin{array}{l}\bar{e}_d(\bar{t})=-\bar{\psi}_q(\bar{t})-\bar{r}\cdot\bar{i}_d(\bar{t})\\ \bar{e}_q(\bar{t})=\bar{\psi}_d(\bar{t})-\bar{r}\cdot\bar{i}_q(\bar{t})\end{array}\right\} \tag{10・76}$$

となる.

ところで,急変後の発電機正相回路を考えるには,$\bar{t}=0$ で発電機の 3 相短絡が生じた場合を考えればよい.すなわち,

$$\bar{t}\geqq0 \text{ にて } \bar{e}_a(\bar{t})=\bar{e}_b(\bar{t})=\bar{e}_c(\bar{t})=0 \tag{10・77}$$

したがって,

$$\bar{t}\geqq0 \text{ にて } \bar{e}_d(\bar{t})=\bar{e}_q(\bar{t})=\bar{e}_0(\bar{t})=0 \tag{10・78}$$

式(10・76) と (10・78) より $\bar{t}\geqq0$ では,

$$\left.\begin{array}{l}0=\bar{e}_d(\bar{t})=-\bar{\psi}_q(\bar{t})-\bar{r}\cdot\bar{i}_d(\bar{t})\\ 0=\bar{e}_q(\bar{t})=\bar{\psi}_d(\bar{t})-\bar{r}\cdot\bar{i}_q(\bar{t})\end{array}\right\} \text{ あるいは } \left.\begin{array}{l}\bar{\psi}_q(\bar{t})=-\bar{r}\cdot\bar{i}_d(\bar{t})\\ \bar{\psi}_d(\bar{t})=\bar{r}\cdot\bar{i}_q(\bar{t})\end{array}\right\} \tag{10・79}$$

である.

[a] $t=0\sim3$ サイクルの期間(初期過渡期間)

式(10・79) と式(10・69) より $\bar{\psi}_d(\bar{t})$,$\bar{\psi}_q(\bar{t})$ を消去して整理すれば,

$$\left.\begin{array}{l}\bar{\psi}_d(0)+\bar{x}_d''\cdot\bar{i}_d(0)=\bar{r}\cdot\bar{i}_q(\bar{t})+\bar{x}_d''\cdot\bar{i}_d(t)\quad\cdots\cdots①\\ \bar{\psi}_q(0)+\bar{x}_q''\cdot\bar{i}_q(0)=-\bar{r}\cdot\bar{i}_d(\bar{t})+\bar{x}_q''\cdot\bar{i}_q(\bar{t})\quad\cdots②\end{array}\right\} \tag{10・80}$$

両式を $j\{①+j②\}$ の形で合成して整理すると,

$$(\bar{r}+j\bar{x}_q'')\{\bar{i}_d(\bar{t})+j\bar{i}_q(\bar{t})\}+j(\bar{x}_d''-\bar{x}_q'')\cdot\bar{i}_d(\bar{t})$$
$$=j\{\bar{\psi}_d(0)+j\bar{\psi}_q(0)\}+j\bar{x}_q''\{\bar{i}_d(0)+j\bar{i}_q(0)\}+j(\bar{x}_d''-\bar{x}_q'')\cdot\bar{i}_d(0)$$

この式と式(10・66) の第 2 式より

$$(\bar{r}+j\bar{x}_q'')\{\bar{i}_d(\bar{t})+j\bar{i}_q(\bar{t})\}+j(\bar{x}_d''-\bar{x}_q'')\cdot\bar{i}_d(t)$$
$$=\{\bar{e}_d(0)+j\bar{e}_q(0)\}+(\bar{r}+j\bar{x}_q'')\{\bar{i}_d(0)+j\bar{i}_q(0)\}+j(\bar{x}_d''-\bar{x}_q'')\cdot\bar{i}_d(0)\equiv\bar{E}'' \tag{10・81}$$

となる.

ところで表 10・1 に示すように火力機・原子力機(非突極機)ではもちろんのこと,水力機のような突極機であっても近似的には,

$$\bar{x}_d''\fallingdotseq\bar{x}_q'' \tag{10・82}$$

とみなすことができるので,式(10・81) は簡略化されて,

$$\left.\begin{array}{l}(\bar{r}+j\bar{x}_d'')\{\bar{i}_d(\bar{t})+j\bar{i}_q(\bar{t})\}=\bar{E}''\\ \text{あるいは,}\\ (\bar{r}+j\bar{x}_d'')\{\bar{i}_d(\bar{t})+j\bar{i}_q(\bar{t})\}\cdot e^{j\bar{t}}=\bar{E}''\cdot e^{j\bar{t}}\end{array}\right\} \tag{10・83 a}$$

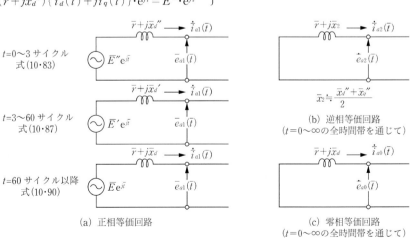

図 10・9 基本波電流に注目した発電機の対称分等価回路

さらに，式(10·55)に準じて複素電流 $\dot{\bar{i}}_1(\bar{t}) = \{\bar{i}_d(\bar{t}) + j\bar{i}_q(\bar{t})\} \cdot e^{j\bar{t}}$ の形で表せば，

$$\left. \begin{aligned} &(\bar{r} + j\bar{x}_d'') \cdot \dot{\bar{i}}_1(\bar{t}) = \bar{E}'' \cdot e^{j\bar{t}} \\ &\text{ただし，} \bar{E}'' = \{\bar{e}_d(0) + j\bar{e}_q(0)\} + (\bar{r} + j\bar{x}_q'')\{\bar{i}_d(0) + j\bar{i}_q(0)\} \\ &\quad\quad\quad + j(\bar{x}_d'' - \bar{x}_q'') \cdot \bar{i}_d(0) \end{aligned} \right\} \quad (10 \cdot 83\,\mathrm{b})$$

となる．これが発電機の3相短絡時の $t = 0 \sim 3$ サイクル期間における基本波に着目した（精度の高い近似の）電圧・電流・インピーダンスの基本式である．これより発電機の正相等価回路図 10·9(a) が得られる．

〔b〕 $t = 3 \sim$ 約60サイクルの期間（過渡期間）

式(10·79) と式(10·71) より $\bar{\psi}_d(\bar{t})$, $\bar{\psi}_q(\bar{t})$ を消去して整理すれば，

$$\left. \begin{aligned} \bar{\psi}_d(0) + \bar{x}_d' \cdot \bar{i}_d(0) &= \bar{r} \cdot \bar{i}_q(\bar{t}) + \bar{x}_d' \cdot \bar{i}_d(\bar{t}) \quad \cdots\cdots\text{①} \\ \bar{\psi}_q(0) + \bar{x}_q' \cdot \bar{i}_q(0) &= -\bar{r} \cdot \bar{i}_d(\bar{t}) + \bar{x}_q' \cdot \bar{i}_q(\bar{t}) \quad \cdots\text{②} \end{aligned} \right\} \quad (10 \cdot 84)$$

この式を $j\{① + j②\}$ の形で合成し，かつ式(10·66) の第2式を使って整理すれば，

$$\begin{aligned} &(\bar{r} + j\bar{x}_q)\{\bar{i}_d(\bar{t}) + j\bar{i}_q(\bar{t})\} + j(\bar{x}_d' - \bar{x}_q) \cdot \bar{i}_d(\bar{t}) \\ &= \{\bar{e}_d(0) + j\bar{e}_q(0)\} + (\bar{r} + j\bar{x}_q)\{\bar{i}_d(0) + j\bar{i}_q(0)\} + j(\bar{x}_d' - \bar{x}_q) \cdot \bar{i}_d(0) \equiv \dot{\bar{E}}' \end{aligned} \quad (10 \cdot 85)$$

ここで，大胆に，

$$\bar{x}_d' \fallingdotseq \bar{x}_q \quad (10 \cdot 86)$$

とみなせば（この仮定は表 10·1 から分かるように，かなり大胆なものである），式(10·85) は簡略化されて，

$$\left. \begin{aligned} &(\bar{r} + j\bar{x}_d')\{i_d(t) + ji_q(t)\} = \dot{\bar{E}}' \\ &\text{あるいは} \\ &(\bar{r} + j\bar{x}_d')\{i_d(\bar{t}) + j\bar{i}_q(\bar{t})\}e^{j\bar{t}} = \dot{\bar{E}}' \cdot e^{j\bar{t}} \end{aligned} \right\} \quad (10 \cdot 87\,\mathrm{a})$$

さらに複素電流 $\dot{\bar{i}}_1(\bar{t}) = \{\bar{i}_d(\bar{t}) + j\bar{i}_q(\bar{t})\} \cdot e^{j\bar{t}}$ の表現をとれば

$$\left. \begin{aligned} &(\bar{r} + j\bar{x}_d') \cdot \dot{\bar{i}}_1(\bar{t}) = \dot{\bar{E}}' \cdot e^{j\bar{t}} = \bar{e}_1(t) \\ &\text{ここで，} \dot{\bar{E}}' = \{\bar{e}_d(0) + j\bar{e}_q(0)\} + (\bar{r} + j\bar{x}_q)\{\bar{i}_d(0) + j\bar{i}_q(0)\} + j(\bar{x}_d' - \bar{x}_q) \cdot \bar{i}_d(0) \end{aligned} \right\} \quad (10 \cdot 87\,\mathrm{b})$$

が得られる．これが $t = 3 \sim$ 約60サイクルの期間における，基本波に着目した近似的な正相回路の基本式である．これより，この期間中の正相等価回路図 10·9(a) を得る．

〔c〕 $t =$ 約60サイクル以降（急変後の定常状態）

式(10·79) と式(10·73) より $\bar{\psi}_d(\bar{t})$, $\bar{\psi}_q(\bar{t})$ を消去して整理すれば，

$$\left. \begin{aligned} \bar{\psi}_d(0) + \bar{x}_d \cdot \bar{i}_d(0) &= \bar{r} \cdot \bar{i}_q(\bar{t}) + \bar{x}_d \cdot \bar{i}_d(\bar{t}) \quad \cdots\cdots\cdots\text{①} \\ \bar{\psi}_q(0) + \bar{x}_q \cdot \bar{i}_q(0) &= -\bar{r} \cdot \bar{i}_d(\bar{t}) + \bar{x}_q \cdot \bar{i}_q(\bar{t}) \quad \cdots\cdots\text{②} \end{aligned} \right\} \quad (10 \cdot 88)$$

この式を $j\{① + j②\}$ の形で合成し，かつ式(10·66) の第2式を使って整理すれば，

$$\begin{aligned} &(\bar{r} + j\bar{x}_q)\{\bar{i}_d(\bar{t}) + j\bar{i}_q(\bar{t})\} + j(\bar{x}_d - \bar{x}_q) \cdot \bar{i}_d(\bar{t}) \\ &= \{\bar{e}_d(0) + j\bar{e}_q(0)\} + (\bar{r} + j\bar{x}_q)\{\bar{i}_d(0) + j\bar{i}_q(0)\} + j(\bar{x}_d - \bar{x}_q) \cdot \bar{i}_d(0) \equiv \bar{E} \end{aligned} \quad (10 \cdot 89)$$

ここで，

$$\bar{x}_d \fallingdotseq \bar{x}_q \quad (10 \cdot 90)$$

とみなせば（これは表 10·1 に示すように火力機（非突極機）では問題ないが，水力機（突極機）ではかなり大胆な近似である），式(10·89) は簡略化されて，

$$\left. \begin{aligned} &(\bar{r} + j\bar{x}_d)\{\bar{i}_d(\bar{t}) + j\bar{i}_q(\bar{t})\} = \bar{E} \\ &\text{あるいは，} \\ &(\bar{r} + j\bar{x}_d)\{\bar{i}_d(\bar{t}) + j\bar{i}_q(\bar{t})\}e^{j\bar{t}} = \bar{E} \cdot e^{j\bar{t}} \end{aligned} \right\} \quad (10 \cdot 91\,\mathrm{a})$$

さらに，複素電流 $\dot{\bar{i}}_1(\bar{t}) = \{\bar{i}_d(\bar{t}) + j\bar{i}_q(\bar{t})\} \cdot e^{j\bar{t}}$ の表現とすれば

$$(\bar{r}+j\bar{x}_d)\cdot\dot{\bar{i}}_1(\bar{t})=\bar{E}\cdot e^{j\bar{t}}=\dot{\bar{e}}_1(\bar{t})$$
ただし, $\bar{E}=\{\bar{e}_d(0)+j\bar{e}_q(0)\}+(\bar{r}+j\bar{x}_d)\{\bar{i}_d(0)+j\bar{i}_q(0)\}+j(\bar{x}_d-\bar{x}_q)\cdot\bar{i}_q(0)$

(10・91 b)

〔d〕 正相等価回路の要約

さて,三つの時間帯に分けて導いた式 (10・83 a), (10・87 a), (10・91 a) の結果を再度整理してみよう.簡略化するために $\bar{x}''_d \fallingdotseq \bar{x}''_q$, $\bar{x}'_d \fallingdotseq \bar{x}'_q(=\bar{x}_q)$ という近似化を施せば

$$E''=E'=E=\{\bar{e}_d(0)+j\bar{e}_q(0)\}+(r+jx_q)\{\bar{i}_d(0)+j\bar{i}_q(0)\} \qquad (10\cdot 92\,\text{a})$$

となることから,短絡した $t=0$ の前後で発電機の内部電圧 E を不変とみなすことができる.さらに

ⅰ) 時間帯:$t=0\sim 3$ サイクル

$\bar{x}''_d \fallingdotseq \bar{x}''_q$ と簡略化すれば $\quad (\bar{r}+j\bar{x}''_d)\cdot\bar{i}_1(t)=\bar{E}\cdot e^{j\bar{t}}=\bar{e}_1(\bar{t}) \qquad (10\cdot 92\,\text{b})$

ⅱ) 時間帯:$t=3\sim$ 約 60 サイクル(約 1 秒)

$\bar{x}'_d \fallingdotseq \bar{x}'_q(=\bar{x}_q)$ と簡略化すれば $\quad (\bar{r}+j\bar{x}'_d)\cdot\bar{i}_1(\bar{t})=\bar{E}\cdot e^{j\bar{t}}=\bar{e}_1(\bar{t}) \qquad (10\cdot 92\,\text{c})$

ⅲ) 時間帯:1 秒以降

$$(\bar{r}+j\bar{x}_d)\cdot\bar{i}_1(\bar{t})=\bar{E}\cdot e^{j\bar{t}}=\bar{e}_1(\bar{t}) \qquad (10\cdot 92\,\text{d})$$

上記の三つの式より,発電機の正相インピーダンス $\bar{e}_1(\bar{t})/\bar{i}_1(\bar{t})$ は近似的には各時間帯で段階的に $\bar{r}+j\bar{x}''_d$, $\bar{r}+j\bar{x}'_d$, $\bar{r}+j\bar{x}_d$ として,またこの間,内部電圧 E は不変として扱えることを示している.$\bar{r}$ は無視できるから結局,各時間帯でリアクタンス $\bar{x}''_d$, $\bar{x}'_d$, $\bar{x}_d$ として扱える.図 10・8 の正相等価回路の妥当性が理解できる.

10・6・2 逆相等価回路

発電機の逆相電圧・電流を実数で表して次式とする.

$$\left.\begin{array}{ll} \bar{e}_a(t)=\bar{E}_{a2}\cos(\bar{t}+\alpha_2) & \bar{i}_a(t)=\bar{I}_{a2}\cos(\bar{t}+\beta_2) \\ \bar{e}_b(t)=\bar{E}_{a2}\cos\left(\bar{t}+\alpha_2+\dfrac{2\pi}{3}\right) & \bar{i}_b(t)=\bar{I}_{a2}\cos\left(\bar{t}+\beta_2+\dfrac{2\pi}{3}\right) \\ \bar{e}_c(t)=\bar{E}_{a2}\cos\left(\bar{t}+\alpha_2-\dfrac{2\pi}{3}\right) & \bar{i}_c(t)=\bar{I}_{a2}=\bar{I}_{a2}\cos\left(\bar{t}+\beta_2-\dfrac{2\pi}{3}\right) \end{array}\right\} \qquad (10\cdot 93\,\text{a})$$

d-q-0 領域では,式 (10・22) で逆相分のみの場合であるから

$$\left.\begin{array}{ll} \bar{e}_d(t)=\bar{E}_{a2}\cos(2\bar{t}+\alpha_2) & \bar{i}_d(t)=\bar{I}_{a2}\cos(2\bar{t}+\beta_2) \\ \bar{e}_q(t)=-\bar{E}_{a2}\sin(2\bar{t}+\alpha_2) & \bar{i}_q(t)=-\bar{I}_{a2}\sin(2\bar{t}+\beta_2) \\ \bar{e}_0(t)=0 & \bar{i}_0(t)=0 \end{array}\right\} \qquad (10\cdot 93\,\text{b})$$

である.

複素数表現では

$$\left.\begin{array}{l} \left.\begin{array}{l} \bar{E}_{a2}e^{j(2\bar{t}+\alpha_2)}=\bar{e}_d(\bar{t})-j\bar{e}_q(\bar{t}) \\ \bar{I}_{a2}e^{j(2\bar{t}+\beta_2)}=\bar{i}_d(\bar{t})-j\bar{i}_q(\bar{t}) \end{array}\right\} \quad ① \\ \text{あるいは} \\ \left.\begin{array}{l} \dot{\bar{e}}_2(\bar{t})=\bar{E}_{a2}e^{j(\bar{t}+\alpha_2)}=\{\bar{e}_d(\bar{t})-j\bar{e}_q(\bar{t})\}\cdot e^{-j\bar{t}} \\ \dot{\bar{i}}_2(\bar{t})=\bar{I}_{a2}e^{j(\bar{t}+\beta_2)}=\{\bar{i}_d(\bar{t})-j\bar{i}_q(\bar{t})\}\cdot e^{-j\bar{t}} \end{array}\right\} \quad ② \end{array}\right\} \qquad (10\cdot 93\,\text{c})$$

3相回路の逆相電気量は d-q-軸では 2 倍周波数の電気量になることを示している.図 10・6 の発電機内部の現象として考えれば,発電機に逆相電流が流れることは図 10・6 の回路で $\bar{i}_d$, $\bar{i}_q$ が 2 倍周波数の電流となることを意味している.

さて,図 10・6 の d 軸回路で 2 倍周波数の交流電流が流れるのであるから印加直後から時間が経過して定常状態に至るまでダンパ分路は $\bar{r}_{kd}$ よりも $s\bar{L}_{kd}$ が支配的なままであり,界磁分路でも $\bar{r}_{fd}$ よりも $s\bar{L}_{fd}$ が支配的なままである.したがって,三つの分路の分流比も $\bar{L}_{ad}$, $\bar{L}_{fd}$, $\bar{L}_{kd}$ が支配的なままで変わることなく,d 軸端子から見るリアクタンス値も時間によっ

て変化することがない．ゆえにd軸端子のリアクタンス値は時間で変化することなく，式(10・68)の $\bar{x}_d''$ のままである．q軸回路についても同様である．

逆相分に対しては

$$\left.\begin{array}{ll}\dfrac{-\bar{\psi}_d(\bar{t})}{\bar{i}_d(\bar{t})}=\bar{x}_d'' & \bar{\psi}_d(\bar{t})=-\bar{x}_d''\cdot\bar{i}_d(\bar{t})\\[2mm]\dfrac{-\bar{\psi}_q(\bar{t})}{\bar{i}_q(\bar{t})}=\bar{x}_q'' & \bar{\psi}_q(\bar{t})=-\bar{x}_q''\cdot\bar{i}_q(\bar{t})\end{array}\right\} \quad (10\cdot 94)$$

上式を式(10・43)に代入すると ($s\bar{\theta}=1.0$として)

$$\left.\begin{array}{l}\bar{e}_d(\bar{t})=-\bar{\psi}_q(\bar{t})+s\bar{\psi}_d(\bar{t})-\bar{r}\cdot\bar{i}_d(\bar{t})=\bar{x}_q''\cdot\bar{i}_q(\bar{t})-\bar{x}_d''\cdot s\bar{i}_d(\bar{t})-\bar{r}\cdot\bar{i}_d(\bar{t})\\\bar{e}_q(\bar{t})=\bar{\psi}_d(\bar{t})+s\bar{\psi}_q(\bar{t})-\bar{r}\cdot\bar{i}_q(\bar{t})=-\bar{x}_d''\cdot\bar{i}_d(\bar{t})-\bar{x}_q''\cdot s\bar{i}_q(\bar{t})-\bar{r}\cdot\bar{i}_q(\bar{t})\end{array}\right\} \quad (10\cdot 95)$$

上式の電流項に式(10・93b)とその微分項を代入し，また電機子抵抗を無視して $\bar{r}=0$ とすれば

$$\left.\begin{array}{l}s\bar{i}_d(\bar{t})=\dfrac{d}{d\bar{t}}\bar{i}_d(\bar{t})=-2\bar{I}_{a2}\sin(2\bar{t}+\beta_2)\\[2mm]s\bar{i}_q(\bar{t})=-2\bar{I}_{a2}\cos(2\bar{t}+\beta_2)\end{array}\right\} \quad (10\cdot 96)$$

に留意して

$$\left.\begin{array}{l}\bar{e}_d(\bar{t})=(2\bar{x}_d''-\bar{x}_q'')\bar{I}_{a2}\sin(2\bar{t}+\beta_2)\\\bar{e}_q(\bar{t})=(2\bar{x}_q''-\bar{x}_d'')\bar{I}_{a2}\cos(2\bar{t}+\beta_2)\end{array}\right\} \quad (10\cdot 97)$$

を得る．

さて，ここで実数表示の逆相電圧 $\bar{e}_2$ と $\bar{e}_d,\ \bar{e}_q$ の間には次の関係がある．

$$\begin{aligned}\bar{e}_2(\bar{t})&=\bar{E}_{a2}\cos(\bar{t}+\alpha_2)=\mathrm{Re}[\dot{\bar{e}}_2(\bar{t})]=\mathrm{Re}[\bar{E}_{a2}e^{j(\bar{t}+\alpha_2)}]=\mathrm{Re}[\bar{E}_{a2}e^{j(2\bar{t}+\alpha_2)}\cdot e^{-j\bar{t}}]\\&=\mathrm{Re}[\{\bar{e}_d(t)-j\bar{e}_q(t)\}(\cos\bar{t}-j\sin\bar{t})]=\bar{e}_d(\bar{t})\cos\bar{t}-\bar{e}_q(\bar{t})\sin\bar{t}\end{aligned} \quad \textbf{(10・98)}$$

これに式(10・97)を代入して整理すると

$$\left.\begin{aligned}\bar{e}_2(\bar{t})&=(2\bar{x}_d''-\bar{x}_q'')\bar{I}_{a2}\sin(2\bar{t}+\beta_2)\cos\bar{t}-(2\bar{x}_q''-\bar{x}_d'')\bar{I}_{a2}\cos(2\bar{t}+\beta_2)\sin\bar{t}\\&=\frac{1}{2}(2\bar{x}_d''-\bar{x}_q'')\bar{I}_{a2}\{\sin(3\bar{t}+\beta_2)+\sin(\bar{t}+\beta_2)\}\\&\quad -\frac{1}{2}(2\bar{x}_q''-\bar{x}_d'')\bar{I}_{a2}\{\sin(3\bar{t}+\beta_2)-\sin(\bar{t}+\beta_2)\}\\\therefore\ \bar{e}_2(\bar{t})&=\frac{\bar{x}_d''+\bar{x}_q''}{2}\bar{I}_{a2}\sin(\bar{t}+\beta_2)+\frac{3}{2}(\bar{x}_d''-\bar{x}_q'')\bar{I}_{a2}\sin(3\bar{t}+\beta_2)\\&\equiv\bar{x}_2\bar{I}_{a2}\sin(\bar{t}+\beta_2)+(第3調波電圧)\\\text{ここで，}&\bar{x}_2\equiv\frac{\bar{x}_d''+\bar{x}_q''}{2}\end{aligned}\right\} \quad \textbf{(10・99)}$$

これが発電機の逆相電圧・電流の関係式である．

上式で得た $\bar{x}_2$ を用いて発電機の逆相等価回路として図10・8(b)を得る．なお，この式は逆相電圧が基本周波数成分（右辺第1項）と第3調波成分（第2項）からなることを示している．ただし，第3調波成分は $(\bar{x}_d''-\bar{x}_q'')$ に比例している．回転子がシリンダ構造の火力機では近似的に $\bar{x}_d''=\bar{x}_q''$ であるから実用上無視できる．水力機でもおおむね無視できる．

なお，右辺第1項は基本波逆相成分であり，第2項を無視すれば $(\bar{x}_d''+\bar{x}_q'')/2$ が逆相インピーダンスとなることを示している．

10・6・3 零相等価回路

発電機の電機子に基本波零相電流

$$\bar{i}_0(\bar{t})=\frac{1}{3}\{\bar{i}_a(\bar{t})+\bar{i}_b(\bar{t})+\bar{i}_c(\bar{t})\}=\bar{I}_{a0}e^{j(\bar{t}+\alpha_0)} \quad (10\cdot 100)$$

が流れる場合の発電機の基本波零相関係式は，すでに式(10・47)の第3式および等価回路図10・6で求めたとおりで，

$$\dot{\bar{e}}_0(\bar{t}) = -(\bar{r} + j\bar{x}_0) \cdot \dot{\bar{i}}_0(\bar{t}) \tag{10・101}$$

である．図10・6の零相等価回路を図10・9(c)に再録しておく．

さて，以上で発電機の対称座標法等価回路が図10・9のように表現できることを学んだ．ただし，この等価回路は若干の近似化を行っていることを再確認しておく必要がある．すなわち，式(10・82)で $\bar{x}_d'' \fallingdotseq \bar{x}_q''$，式(10・86)で $\bar{x}_d' \fallingdotseq \bar{x}_q$，式(10・90)で $\bar{x}_d \fallingdotseq \bar{x}_q$ の近似を行っている．実際の系統解析ではほとんどの場合には変圧器や送電線のリアクタンス値が発電機のリアクタンス値に加わるので，発電機の近似による誤差がほとんど薄められる．唯一，近似が問題になるかも知れないケースは水力発電機の端子短絡の場合といえるであろう．この場合には，等価回路ではなく近似前の式に戻って計算をすればよい．発電機の典型的なリアクタンス値を表10・1に示す．

10・7 発電機の基本式のラプラス変換と発電機の各種時定数

発電機の0-1-2領域の等価回路（図10・8）あるいは α-β-0 領域の等価回路（図6・5）は既に説明したように若干の近似処理を含んでいる．発電機の端子とかその近傍の短絡事故の場合などの厳密な解析を必要とする場合には近似前の式(10・43)〜(10・46)に戻って，ラプラス変換を用いた計算が必要になる．また，発電機の制御性（AVRとの組合せ応動など）を検討する場合には，基本式をラプラス領域（s 領域）に変換して自動制御理論を適用する必要がある．本節では基本式のラプラス変換ならびに発電機の各種時定数について検討する（なお，発電機とAVRの自動制御については第15章で述べる）．

10・7・1 ラプラス形式によるステータ電圧・電流の基本式

発電機が一定速度で運転中である．この発電機のステータに関する基本式は式(10・43)である．各速度一定で運転中であるから $s = d\theta/dt = 1.0$ としてこの式を再録する．

$$\left.\begin{aligned}\bar{e}_d(\bar{t}) &= -\bar{\psi}_q(\bar{t}) + \frac{d}{d\bar{t}}\bar{\psi}_d(\bar{t}) - \bar{r} \cdot \bar{i}_d(\bar{t}) \\ \bar{e}_q(\bar{t}) &= \bar{\psi}_d(\bar{t}) + \frac{d}{d\bar{t}}\bar{\psi}_q(\bar{t}) - \bar{r} \cdot \bar{i}_q(\bar{t}) \\ \bar{e}_0(\bar{t}) &= \frac{d}{d\bar{t}}\bar{\psi}_0(\bar{t}) - \bar{r} \cdot \bar{i}_0(\bar{t})\end{aligned}\right\} \tag{10・102}$$

このラプラス変換式は

$$\left.\begin{aligned}\bar{e}_d(s) &= -\bar{\psi}_q(s) + s\bar{\psi}_d(s) - \bar{r} \cdot \bar{i}_d(s) \\ \bar{e}_q(s) &= \bar{\psi}_d(s) + s\bar{\psi}_q(s) - \bar{r} \cdot \bar{i}_q(s) \\ \bar{e}_0(s) &= s\bar{\psi}_0(s) - \bar{r} \cdot \bar{i}_0(s)\end{aligned}\right\} \tag{10・103}$$

また，図10・6より次式が自明である．

$$\left.\begin{aligned}s\bar{\psi}_d(s) &= -\bar{x}_d(s) \cdot s\bar{i}_d(s) \\ s\bar{\psi}_q(s) &= -\bar{x}_q(s) \cdot s\bar{i}_q(s) \quad \text{あるいは} \\ s\bar{\psi}_0(s) &= -\bar{x}_0(s) \cdot s\bar{i}_0(s)\end{aligned} \quad \begin{aligned}\bar{\psi}_d(s) &= -\bar{x}_d(s) \cdot \bar{i}_d(s) \\ \bar{\psi}_q(s) &= -\bar{x}_q(s) \cdot \bar{i}_q(s) \\ \bar{\psi}_0(s) &= -\bar{x}_0(s) \cdot \bar{i}_0(s)\end{aligned}\right\} \tag{10・104}$$

$\bar{x}_d(s)$, $\bar{x}_q(s)$, $\bar{x}_0(s)$ は図10・6で発電機 d-q-0 領域回路の端子から内部を見るリアクタンスをラプラス変換の変数 s の関数として示したものであり，**オペレーショナルリアクタンス（operational reactance）** と呼ばれる．

$$\left.\begin{aligned}\bar{x}_d(s) &= \bar{x}_l + \cfrac{1}{\cfrac{1}{\bar{x}_{ad}} + \cfrac{1}{\bar{x}_{fd} + \cfrac{\bar{r}_{fd}}{s}} + \cfrac{1}{\bar{x}_{kd} + \cfrac{\bar{r}_{kd}}{s}}} \\
&\fallingdotseq \left\{\bar{x}_l + \cfrac{1}{\cfrac{1}{\bar{x}_{ad}} + \cfrac{1}{\bar{x}_{fd}} + \cfrac{1}{\bar{x}_{kd}}}\right\} \cdot \cfrac{\left(s + \cfrac{1}{\overline{T_d}'}\right)\left(s + \cfrac{1}{\overline{T_d}''}\right)}{\left(s + \cfrac{1}{\overline{T_{d0}}'}\right)\left(s + \cfrac{1}{\overline{T_{d0}}''}\right)} = \bar{x}_d'' \cdot \cfrac{\left(s + \cfrac{1}{\overline{T_d}'}\right)\left(s + \cfrac{1}{\overline{T_d}''}\right)}{\left(s + \cfrac{1}{\overline{T_{d0}}'}\right)\left(s + \cfrac{1}{\overline{T_{d0}}''}\right)} \\
\bar{x}_q(s) &= \bar{x}_l + \cfrac{1}{\cfrac{1}{\bar{x}_{aq}} + \cfrac{1}{\bar{x}_{kq} + \cfrac{\bar{r}_{kq}}{s}}} \fallingdotseq \left\{\bar{x}_l + \cfrac{1}{\cfrac{1}{\bar{x}_{aq}} + \cfrac{1}{\bar{x}_{kq}}}\right\} \cdot \cfrac{\left(s + \cfrac{1}{\overline{T_q}''}\right)}{\left(s + \cfrac{1}{\overline{T_{q0}}''}\right)} = \bar{x}_q'' \cdot \cfrac{\left(s + \cfrac{1}{\overline{T_q}''}\right)}{\left(s + \cfrac{1}{\overline{T_{q0}}''}\right)} \\
\bar{x}_0(s) &= \bar{x}_0\end{aligned}\right\} \quad (10 \cdot 105)$$

式(10·103),(10·104)から鎖交磁束 $\bar{\psi}$ を消去すると

$$\left.\begin{aligned}\bar{e}_d(s) &= -\{\bar{r} + s \cdot \bar{x}_d(s)\} \cdot \bar{i}_d(s) + \bar{x}_q(s) \cdot \bar{i}_q(s) \\
\bar{e}_q(s) &= -\bar{x}_d(s) \cdot \bar{i}_d(s) - \{\bar{r} + s \cdot \bar{x}_q(s)\} \cdot \bar{i}_q(s) \\
\bar{e}_0(s) &= -\{\bar{r} + s \cdot \bar{x}_0(s)\} \cdot \bar{i}_0(s)\end{aligned}\right\} \quad (10 \cdot 106)$$

これがラプラス形式によるステータ電圧・電流の式である.

10・7・2 発電機の開路時定数

図 **10・10**(a),(b),(c) は我々の発電機が外部系統につながっており,系統全体が3相平衡状態で運転中の状態を示している.図中の点 F は送電線途中の任意の地点であり,発電機端子から F 点までの d 軸, q 軸インピーダンスを $\bar{r}_{\text{out}d} + j\bar{X}_{\text{out}d}$, $\bar{r}_{\text{out}q} + j\bar{X}_{\text{out}q}$ としている.外部系統の発電機も3相平衡状態ではすべての地点の電気量が直流であることはいうまでもない.

この運転状態で,発電機が突然遮断されるとする.これは図においてスイッチ Sw 1, Sw 2 を同時に開放する場合にほかならない.このとき,発電機回路内で過渡電圧・電流が発生し,やがて減衰していくが,その過渡成分は図 10・10(b),(c) の抵抗 $\bar{r}_{kd}$, $\bar{r}_{kq}$ によって減衰する減衰速度の速い成分と,その後の時間帯で $\bar{r}_{fd}$ によって減衰する減衰速度の遅い成分からなることが明らかである.この場合の三つの開路時定数が次式となることも自明である.

d 軸開路初期時定数

$$\overline{T}_{d0}'' = \cfrac{(\bar{x}_{ad} // \bar{x}_{fd}) + \bar{x}_{kd}}{\bar{r}_{kd}} = \cfrac{\cfrac{\bar{x}_{ad}\bar{x}_{fd}}{\bar{x}_{ad} + \bar{x}_{fd}} + \bar{x}_{kd}}{\bar{r}_{kd}} \text{[rad]} \left(= \cfrac{\bar{x}_{kkd} - \cfrac{\bar{x}_{ad}^2}{\bar{x}_{ffd}}}{\bar{r}_{kd}} \text{[rad]}\right) \quad (10 \cdot 107\,\text{a})$$

d 軸開路時定数

$$\overline{T}_{d0}' = \cfrac{\bar{x}_{ad} + \bar{x}_{fd}}{\bar{r}_{fd}} \text{[rad]} = \cfrac{\bar{x}_{ad} + \bar{x}_{fd}}{\bar{r}_{fd}} \cdot \cfrac{1}{2\pi f} \text{[sec]} \left(= \cfrac{\bar{x}_{ffd}}{\bar{r}_{fd}} \text{[rad]}\right) \quad (10 \cdot 107\,\text{b})$$

q 軸開路時定数

$$\overline{T}_{q0}' = \overline{T}_{q0}'' = \cfrac{\bar{x}_{aq} + \bar{x}_{kq}}{\bar{r}_{kq}} \text{[rad]} \left(= \cfrac{\bar{x}_{kkq}}{\bar{r}_{kq}} \text{[rad]}\right) \quad (10 \cdot 107\,\text{c})$$

10・7・3 発電機の短絡時定数

外部系統の地点 F で3相短絡が発生したとする.これは図 10・10(a),(b),(c) においてスイッチ Sw3, Sw4 を同時に閉路する場合に相当する.図よりこの場合の過渡短絡電流の減衰時定数(短絡時定数)が次式で計算されることも自明である.

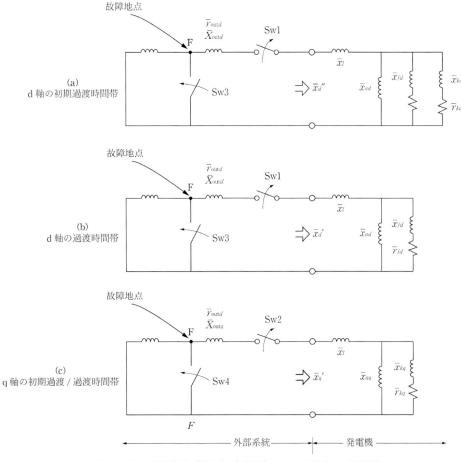

図10・10 系統急変時（遮断時，短絡時）のd-q-0領域での過渡現象

$$\left.\begin{array}{l}\bar{T}_d''=\dfrac{\{(\bar{x}_l+\bar{X}_{\text{out}d})\mathbin{/\mkern-6mu/}\bar{x}_{ad}\mathbin{/\mkern-6mu/}\bar{x}_{fd}\}+\bar{x}_{kd}}{\bar{r}_{kd}}\\[6pt]\bar{T}_d'=\dfrac{\{(\bar{x}_l+\bar{X}_{\text{out}d})\mathbin{/\mkern-6mu/}\bar{x}_{ad}\}+\bar{x}_{fd}}{\bar{r}_{fd}}\\[6pt]\bar{T}_q'=\bar{T}_q''=\dfrac{\{(\bar{x}_l+\bar{X}_{\text{out}q})\mathbin{/\mkern-6mu/}\bar{x}_{aq}\}+\bar{x}_{kq}}{\bar{r}_{kq}}\end{array}\right\}\quad(10\cdot108\text{ a})$$

この式を具体的に計算すると次式のようなきれいな形になる（備考10・3を参照）．

$$\left.\begin{array}{l}\bar{T}_d''=\bar{T}_{d0}''\dfrac{\bar{x}_d''+\bar{X}_{\text{out}d}}{\bar{x}_d'+\bar{X}_{\text{out}d}}\\[6pt]\bar{T}_d'=\bar{T}_{d0}'\dfrac{\bar{x}_d'+\bar{X}_{\text{out}d}}{\bar{x}_d+\bar{X}_{\text{out}d}}\\[6pt]\bar{T}_q'=\bar{T}_{q0}''=\bar{T}_{q0}'\dfrac{\bar{x}_q'+\bar{X}_{\text{out}q}}{\bar{x}_q+\bar{X}_{\text{out}q}}\end{array}\right\}\therefore\left.\begin{array}{l}\dfrac{\bar{T}_d''}{\bar{T}_{d0}''}=\dfrac{\bar{x}_d''+\bar{X}_{\text{out}d}}{\bar{x}_d'+\bar{X}_{\text{out}d}}\\[6pt]\dfrac{\bar{T}_d'}{\bar{T}_{d0}'}=\dfrac{\bar{x}_d'+\bar{X}_{\text{out}d}}{\bar{x}_d+\bar{X}_{\text{out}d}}\\[6pt]\dfrac{\bar{T}_q'}{\bar{T}_{q0}'}=\dfrac{\bar{x}_q'+\bar{X}_{\text{out}q}}{\bar{x}_q+\bar{X}_{\text{out}q}}\end{array}\right\}\quad(10\cdot108\text{ b})$$

発電機端子からF点までの線路インピーダンス $\bar{r}_{\text{out}d}+j\bar{X}_{\text{out}d}$, $\bar{r}_{\text{out}q}+j\bar{X}_{\text{out}q}$ が短絡電流の絶対値だけでなくその過渡時定数にも影響することを示している．また，この場合の減衰をつかさどるのは発電機の抵抗 $\bar{r}_{kd}$, $\bar{r}_{kq}$, $\bar{r}_{fd}$ と線路側の抵抗 $\bar{r}_{\text{out}d}$, $\bar{r}_{\text{out}q}$ である．

発電機の端子短絡の場合の減衰時定数（短絡時定数）は上式で $\bar{X}_{\text{out}d}=\bar{X}_{\text{out}q}=0$ とすればよく，次のようになる．

$$\bar{T}_d'' = \bar{T}_{d0}'' \frac{\bar{x}_d''}{\bar{x}_d'} \quad \text{d 軸短絡初期過渡時定数}$$

$$\bar{T}_d' = \bar{T}_{d0}' \frac{\bar{x}_d'}{\bar{x}_d} \quad \text{d 軸短絡過渡時定数} \quad (10 \cdot 109)$$

$$\bar{T}_q' = \bar{T}_q'' = \bar{T}_{d0}' \frac{\bar{x}_q'}{\bar{x}_q} \quad \text{q 軸初期過渡/過渡時定数}$$

結局，系統事故時の短絡電流は次式のように二つの成分として表現できることになる．

$$\begin{aligned} i_d(t) &= \{定常項\} + \{過渡項\} \cdot e^{-\bar{t}/\bar{T}_d'} + \{初期過渡項\} \cdot e^{-\bar{t}/\bar{T}_d''} \\ i_q(t) &= \{定常項\} + \{過渡項\} \cdot e^{-\bar{t}/\bar{T}_q'} \end{aligned} \quad (10 \cdot 110)$$

発電機短絡の場合に比べて事故点が遠くなるほど時定数が若干大きくなることも式(10・108 b)より明らかである．

10・7・4 発電機の電機子時定数

$\bar{T}_a$ は発電機端子の過渡状態，典型的には発電機の突発短絡事故でステータコイルに流れる短絡電流の直流分電流の時定数である．ステータコイルは事故前には d 軸と同じ位相方向（力率 $\cos\varphi$ が 1 付近）で運転しているが，ひとたび短絡事故になるとその直後にその位相が q 軸と同相方向（$\cos\varphi$ が 0 付近）へ急変を余儀なくされる．したがって，過渡直流成分の時定数 $T_a = \bar{X}/\bar{r}$ を決める $\bar{X}$ は近似的には $\bar{x}_d''$ と $\bar{x}_q''$ の平均値 $(\bar{x}_d'' + \bar{x}_q'')/2$ $(= \bar{x}_2$，式(10・99)参照) となるであろうと予想される．また，$\bar{T}_a$ に関するもう一つの考え方として，"発電機の端子短絡であるから等価回路図において d 回路（内部インピーダンス $\bar{r} + j\bar{x}_d''$) と q 軸回路（$\bar{r} + j\bar{x}_q''$）を直列接続で短絡する場合の時定数である"と考えることもできる．すなわち，突発短絡時の直流電流成分の時定数 $\bar{T}_a$ は次式で与えられることが直感的にも理解される．

電機子時定数

$$\bar{T}_a \fallingdotseq \frac{\bar{x}_d'' + \bar{x}_q''}{2\bar{r}} = \frac{\bar{x}_2}{\bar{r}} [\text{rad}] = \frac{\bar{x}_2}{\bar{r}} \cdot \frac{1}{2\pi f} [\text{sec}] \quad (10 \cdot 111\,\text{a})$$

なお，この式が正しいことは短絡電流の詳細な過渡計算式(10・125)，(10・126)の導入過程

表 10・1 代表機の各種リアクタンスおよび時定数（不飽和値）

機種	定格事項			冷却方法	リアクタンス [%]							時定数 [秒]				
	容量 [MVA]	周波数 [Hz]	極数		x_d	x_q	x_d'	x_d''	x_q''	x_2	x_0	T_{d0}'	T_d'	T_d''	T_a	H	H_D
タービン発電機	1 300	50	4	W	185	185	38	29	29	29	19	6.9	1.5	0.03	0.25	0.8	3.7
	800	60	2	W	179	177	34	26	25	25	12	6.4	1.2	0.02	0.40	0.9	3.7
	585	50	4	W	180	175	36	27	27	27	13	8.0	2.3	0.03	0.22	0.9	2.5
	556	60	2	HD	174	172	29	25	24	24	10	5.2	0.9	0.02	0.55	0.9	3.9
	270	60	2	HI	183	183	31	24	24	24	13	6.0	1.0	0.03	0.40	1.1	4.4
	53	60	2	A	205	194	22	17	17	17	9	6.3	0.7	0.03	0.25	1.3	3.0
水車発電機	280	60	24	A	110	78	34	22	24	23	17	7.6	2.3	0.04	0.31	3.4	0.1
	26	60	72	A	112	76	42	33	41	37	15	3.3	1.2	0.03	0.16	1.0	0.2
	21	50	12	A	123	71	33	23	21	22	14	4.9	1.3	0.06	0.17	1.8	<0.1
発電電動機	390	50	14	A	135	84	27	16	17	17	14	11.0	2.3	0.06	0.35	4.6	0.3
D. G	6	50	8	A	190	102	35	22	19	20	13	4.9	0.9	0.05	0.08	0.6	0.4

(注1) D.G：ディーゼル発電機，W：水冷却，HD：水素直接冷却，HI：水素間接冷却，A：空気冷却，
H_D：駆動機の蓄積エネルギー定数

(注2) 開路初期時定数 T_{d0}''，T_{q0}'' および短絡初期時定数 T_d'' はダンパ回路が支配的な定時数であるから非常に短く，いずれも数十 ms のオーダである．

（電気工学ハンドブック第6版より引用）

表 10・2 同期機のリアクタンスに対する飽和係数

リアクタンスおよび時定数の種類		突極機		塊状回転子形タービン発電機	
		制動巻線を有するもの	制動巻線なきもの	二極機	四極機
過渡リアクタンス	x_d'	0.88	0.88	0.88	0.88
初期過渡リアクタンス	x_d''	1.0	0.88	0.65	0.77
逆相リアクタンス	x_2	1.0	0.88	0.65	0.77
過渡時定数	T_d'	0.88	0.88	0.88	0.88

備考1. 表記の飽和係数は，100 %電圧を突然短絡して得た飽和値と，30～50 % 電圧を突然短絡して得た不飽和値とから，実験的に求めたものである．
2. x_d, x_{d0}' の飽和係数は1.0（飽和しない）とみなしてよい．
（電気工学ハンドブック第6版より引用）

で確認することができる．

$\bar{T}_a$ は次式で表すこともある．

$$\bar{T}_a \fallingdotseq \frac{2}{\bar{r}\left(\frac{1}{\bar{x}_d''}+\frac{1}{\bar{x}_q''}\right)} = \frac{2\bar{x}_d''\cdot\bar{x}_q''}{\bar{r}(\bar{x}_d''+\bar{x}_q'')} \qquad (10\cdot111\text{ b})$$

なお，式(10・111 a)，(10・111 b) の差は $(\bar{x}_d''-\bar{x}_q'')^2/\{2\bar{r}(\bar{x}_d''+\bar{x}_q'')\}$ であり，明らかに僅差であるからどちらを使っても実用上さしつかえない．（これは後述の式(10・118) の補足説明ともなるのである．

以上でさまざまな時定数の説明を行った．

なお，その説明過程で時間としてベース量 $2\pi f_{\text{base}}$ で PU 化した［radian］値（ベース）として式を展開してきた．実用的な秒単位との換算は 50 Hz 系では次式によればよい．

$$\langle 1\text{ sec} \Leftrightarrow 2\pi f_{\text{base}}=2\pi\times50=314\text{ rad}\rangle \qquad (10\cdot112)$$

したがって，［radian］による時定数は 50 Hz 系では $1/(2\pi\times50)=0.0032$ 倍，60 Hz 系では $1/2\pi\times60)=0.0027$ 倍することで秒に換算できる．

代表的な火力用および水力用発電機のリアクタンス値，時定数を表10・1に示した．また，10・8・1項で説明するリアクタンスの飽和係数について，表10・2に示しておく．

10・8 各種リアクタンスの測定法

JEC や IEC の発電機規格では各種の発電機リアクタンス値の標準的測定法を定めている．ところがその理論的説明が省かれているために "測定法を知ってその理由を知らず" というケースも散見される．系統解析に欠かせない $\bar{x}_d$, $\bar{x}_2$, $\bar{x}_0$ について規格の定める測定法とその理論的根拠について図10・11によって概説しておこう．

10・8・1 d-軸同期リアクタンスの測定法と短絡比

図10・11(b) のように発電機のa，b，c端子を直接結んで3相短絡接続とする．励磁電流 i_{fd} をゼロから徐々に増していき，端子電流 $i_a(=i_b=i_c)$ がちょうど定格電流 $i_{l-g\,rate}$ に達したときの界磁電流値 $_{short}i_{fd}$ を測定する（図(a)）．次に，図(d) のように3相端子開放状態で励磁電流 i_{fd} がゼロから徐々に増していき，端子電圧が定格電圧 $e_{l-g\,rate}$ に達したときの界磁電流値 $_{sat}i_{fd}$ （飽和値）を測定し，また $_{nonsat}i_{fd}$（不飽和値）を図上で求める（図(a)）．

規格では開放状態で定格電圧時の励磁電流（飽和値 $_{sat}i_{fd}$ と不飽和値 $_{nonsat}i_{fd}$ がある）と $_{short}i_{fd}$ を測定して，$\bar{x}_d$ は次式の計算で求めるとしている．

第10章 発電機の理論

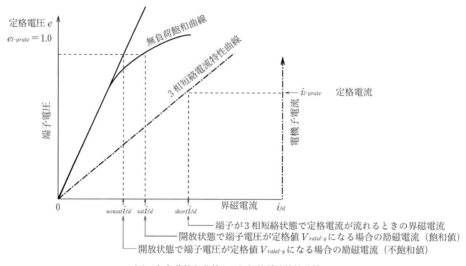

(a) 無負荷飽和曲線と3相短絡電流特性曲線

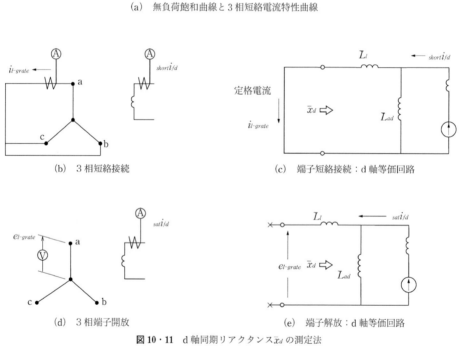

図 10・11　d 軸同期リアクタンス $\bar{x}_d$ の測定法

$$\bar{x}_d = \frac{{}_{short}i_{fd}}{{}_{sat}i_{fd}} \quad (\text{飽和値}), \qquad \bar{x}_d = \frac{{}_{short}i_{fd}}{{}_{nonsat}i_{fd}} \quad (\text{不飽和値}) \tag{10・113 a, b}$$

以下にその理由を検討する．

図(b)の3相短絡接続の場合には，そのd軸等価回路は図(c)となるから次式が成り立つ．

$$i_{l-g\ rate} = \frac{L_{ad}}{L_{ad}+L_l} \cdot {}_{short}i_{fd} \tag{10・114 a}$$

次に，図(d)の3相端子開放の場合のd軸等価回路は図(e)であるから次式が成り立つ．

$$e_{l-g\ rate} = j\omega L_{ad} \cdot {}_{sat}i_{fd} \tag{10・114 b}$$

式(10・114 a, b)より

$$\frac{_{short}i_{fd}}{_{sat}i_{fd}} = \frac{i_{l-g\,rate}\big/\dfrac{L_{ad}}{L_{ad}+L_l}}{e_{l-g\,rate}/j\omega L_{ad}} = j\omega(L_{ad}+L_l)\cdot\frac{i_{l-g\,rate}}{e_{l-g\,rate}} = j\omega(L_{ad}+L_l)\cdot\frac{1}{x_{l-g\,\text{base}}}$$
$$= j\omega(\bar{L}_{ad}+\bar{L}_l) = \bar{x}_d \qquad (10\cdot 115\,\text{a})$$

したがって，

$$\bar{x}_d = j\omega(\bar{L}_{ad}+\bar{L}_l) = \frac{_{short}i_{fd}}{_{sat}i_{fd}} \quad \text{(飽和値)} \qquad (10\cdot 115\,\text{b})$$

以上で式 (10・113 a, b) の妥当性，すなわち $\bar{x}_d = {_{short}i_{fd}}/{_{sat}i_{fd}}$ となる理由が説明できた．なお，飽和曲線の値 $_{sat}i_{fd}$ を使って表した同期リアクタンス $\bar{x}_d$ の逆数 $1/\bar{x}_d$ を**短絡比**という．

$$1/\bar{x}_d = 1/j\omega(\bar{L}_{ad}+\bar{L}_l) = \frac{_{sat}i_{fd}}{_{short}i_{fd}} = \text{SCR} \quad \text{(短絡比：short circuit ratio)} \qquad (10\cdot 116)$$

さて，説明が前後したが，発電機を同期速度で回転し，端子を開放して徐々に励磁電流を増やしていって，そのときに端子に発生する端子電圧 e_d と励磁電流 i_{fd} の関係を表した曲線が**無負荷飽和曲線**である（図 10・11(a) 参照）．また，3 端子を短絡した状態で短絡電流 i_a と励磁電流 i_{fd} の関係を表した曲線が**短絡曲線**である．無負荷飽和曲線では，i_{fd} の小さい領域では e_a と i_{fd} は比例関係にあるが，電圧 e_a が上昇するに従って鉄心部の磁気飽和の影響で磁気抵抗が増加し，一定電圧を誘起するのに必要な界磁起電力（すなわち $\varDelta i_{fd}/\varDelta e_a$）が増加する．換言すれば，発電機の電機子回路・界磁回路・ポール表面渦電流回路などで電圧・電流が増大すると磁気回路の飽和の影響を受けて発電機の各種リアクタンスおよび時定数は磁気飽和のない場合の値よりも 10% 程度小さくなる．飽和によってリアクタンスが小さくなる割合を**飽和率** σ で表しており，σ の具体的な目安として表 10・2 が多く引用されている．なお，$\bar{x}_d$（不飽和値）についても図 10・11(a) によって作図的に求めればよい．実機の例については図 16・4 を参照されたい．

ここで，発電機の非直線性について付言しておく．その第一は上述のようなヒステリシス飽和特性である．発電機は優れたケイ素鋼板特性と巧みな設計によってはいるものの，インダクタンスが定格電圧付近ではヒステリシス飽和特性の影響を受けることは避けられない．ただし，上述のように発電機リアクタンスとして飽和値を採用することによって通常は線形機械として扱うことができる．このほかの非直線性の要因としてコイル電流の表皮効果などがあるが，これは平常時にはほとんど問題にならない．ただし，**ひずみ波電流や逆相電流**によって ①，② の非直線性要素が増大すると，コイルや鉄心以外の部位のヒステリシス損や磁気飽和による局所過熱の原因となるし，また，進相運転でも磁気飽和による局所過熱の問題が生ずるなどの現象がある．これらの現象については第 16 章で考察することとする．

1120 MVA 級の火力発電機の無負荷飽和曲線と 3 相短絡特性曲線の実例を第 16 章の図 16・4 に示す．

発電機リアクタンスの飽和値と不飽和値の使い分けについて付言しておく．一般的には次のように考える．遮断器の短絡電流解析などの系統故障計算の場合には，不飽和値を使うと短絡電流が小さめになって楽観サイドの結果を招きかねない．そのため悲観サイドの立場から飽和値を使う．過渡安定度や動態安定度解析では定格電圧付近での現象解析であるから精度向上の観点から飽和値を使うことが多い．また，定態安定度解析では不飽和値を使うことが多い．AVR や調速機を不使用の状態の解析であるから飽和値を使うほうが安全サイドとなるからである．回路解析の目的によって使い分けるのである．

10・8・2 逆相リアクタンスと零相リアクタンスの測定

$\bar{x}_2$ および $\bar{x}_0$ の代表的な測定法を**図 10・12**(a)，(b) に示す．$\bar{x}_2$，$\bar{x}_0$ がなぜこの接続回路で測定できるかを説明しておこう．

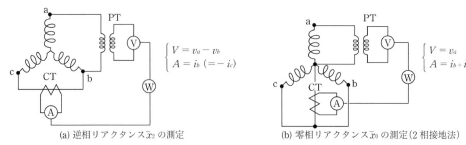

(a) 逆相リアクタンス $\bar{x}_2$ の測定　　　　(b) 零相リアクタンス $\bar{x}_0$ の測定(2相接地法)

図 10・12　$\bar{x}_2, \bar{x}_0$ の測定法

〔a〕 逆相リアクタンス $\bar{x}_2$ の測定

図 10・12 (a) のように a 相端子は開放，b，c 相端子は相互に接続した状態で定格速度で回転させ，励磁電流を徐々に増して，電流が定格値の 10% 程度に達した状態で配置した電圧計 V〔V〕と電流計 A〔A〕の測定を行う．その測定結果から次式で $\bar{x}_2$ を計算するとしている (IEC, JEC 規格)．

$$\bar{x}_2 = \frac{V}{\sqrt{3}\,A} \cdot \frac{\sqrt{3}\cdot i_{l\text{-}g\,rate}}{e_{l\text{-}g\,rate}}$$

$e_{l\text{-}g\,rate}$：定格相電圧 （＝定格電圧/$\sqrt{3}$） 　　　　　　　　　　　　　　(10・117 a)

$i_{l\text{-}g\,rate}$：定格電流

この式がなぜ $\bar{x}_2$ の計算式となるかを吟味する．

図 10・12 (a) は b-c 相 2 線短絡 （$2\phi S$）のケースであり，電圧計は a，b 相間電圧を測定し，電流計は b 相短絡電流を測定している．そこで，第 3 章の表 3・1 でケース#4 に記載の 2 線短絡 （$2\phi S$）の計算結果を引用すると

電圧計測定値　$V = v_a - v_b = 3v_1 = \dfrac{3z_2}{z_1 + z_2} \cdot E_a$ 〔V〕

電流計測定値　$A = i_b = -i_c = (a^2 - a) \cdot \dfrac{E_a}{z_1 + z_2}$ 〔A〕　　　　(10・117 b)

$\therefore\ \dfrac{V}{A} = j\sqrt{3}\cdot z_2 = -\sqrt{3}\cdot x_2$ 〔Ω〕

したがって，$\bar{x}_2 = \dfrac{x_2}{x_{base}} = x_2 \cdot \dfrac{i_{l\text{-}g\,rate}}{v_{l\text{-}g\,rate}} = \dfrac{V}{\sqrt{3}\,A} \cdot \dfrac{i_{l\text{-}g\,rate}}{v_{l\text{-}g\,rate}} = \dfrac{V}{A} \cdot \dfrac{i_{l\text{-}g\,rate}}{v_{l\text{-}l\,rate}}$　　　(10・117 c)

上述の接続回路で $\bar{x}_2$ が測定できることの説明ができた．

〔b〕 零相リアクタンス $\bar{x}_0$ の測定

図 10・112 (b) は b-c 相 2 線地絡 （$2\phi G$）のケースであり，電圧計は a 相電圧を測定し，電流計は b，c 相電流のベクトル和を測定している．そこで，第 3 章の表 3・1 でケース#5 に記載の 2 線地絡 （$2\phi G$）の計算結果を引用する．

電圧計測定値　$V = v_a = \dfrac{3z_2 \cdot z_0}{z_2 + z_0} \cdot I_1$ 〔V〕

電流計測定値　$A = i_b + i_c = \dfrac{(a^2 - a)z_0 + (a^2 - 1)z_2}{z_2 + z_0} \cdot I_1 + \dfrac{(a - a^2)z_0 + (a - 1)z_2}{z_2 + z_0} \cdot I_1$

$\qquad\qquad\qquad = \dfrac{-3z_2}{z_2 + z_0} \cdot I_1$ 〔A〕　　　　　　　　　　　　　(10・118 a)

$\therefore\ \dfrac{V}{A} = -z_0$ 〔Ω〕

したがって，$\bar{x}_0 = \dfrac{x_0}{x_{base}} = x_0 \cdot \dfrac{i_{l\text{-}g\,rate}}{v_{l\text{-}g\,rate}} = \dfrac{V}{A} \cdot \dfrac{i_{l\text{-}g\,rate}}{v_{l\text{-}g\,rate}}$　　　　　　(10・118 b)

となる．上述の接続回路で $\bar{x}_0$ が測定できることの説明ができた．

10・9　d-q-0 領域電気量と α-β-0 領域電気量の関係

ここで発電機の電気量 e_d, e_q, e_0 などが α-β-0 領域電気量 e_α, e_β, e_0 とどのような関係にあるかについても吟味しておこう．

式(10・15)，(6・6) において，行列 $\boldsymbol{D}(t)$ および $\boldsymbol{\alpha}^{-1}$ が実数行列であることを念頭にいれて

$$\boldsymbol{e}_{dq0}(t) = \boldsymbol{D}(t) \cdot \mathrm{Re}[\boldsymbol{e}_{abc}(t)] = (\boldsymbol{D}(t) \cdot \boldsymbol{\alpha}^{-1}) \cdot \mathrm{Re}[\boldsymbol{e}_{\alpha\beta 0}] \tag{10・119}$$

$\boldsymbol{D}(t)$ は式(10・10 a) で，$\boldsymbol{\alpha}^{-1}$ は式(6・2) で定義されているので $\boldsymbol{D}(t) \cdot \boldsymbol{\alpha}^{-1}$ を計算することで次式を得る．

$$\left.\begin{array}{l}\begin{bmatrix} e_d(t) \\ e_q(t) \\ e_0(t) \end{bmatrix} = \begin{bmatrix} \cos\omega t & \sin\omega t & 0 \\ -\sin\omega t & \cos\omega t & 0 \\ 0 & 0 & 1 \end{bmatrix} \cdot \begin{bmatrix} e_\alpha(t) \\ e_\beta(t) \\ e_0(t) \end{bmatrix} \\ \quad \boldsymbol{e}_{dq0}(t) \qquad\quad \boldsymbol{D}(t)\cdot\boldsymbol{\alpha}^{-1} \qquad\quad \boldsymbol{e}_{\alpha\beta 0}(t) \\[2pt] \text{あるいは} \\ e_d(t) = \cos\omega t\, e_\alpha(t) + \sin\omega t\, e_\beta(t) \\ e_q(t) = -\sin\omega t\, e_\alpha(t) + \cos\omega t\, e_\beta(t) \\ e_0(t) = e_0(t) \end{array}\right\} \tag{10・120}$$

逆に解けば

$$\left.\begin{array}{l} e_\alpha(t) = \cos\omega t\, e_d(t) - \sin\omega t\, e_q(t) \\ e_\beta(t) = \sin\omega t\, e_d(t) + \cos\omega t\, e_q(t) \\ e_0(t) = e_0(t) \end{array}\right\} \tag{10・121}$$

以上が d-q-0 領域電気量と α-β-0 領域電気量の相互関係である．電圧以外の電気量も同様である．

10・10　発電機の短絡時の過渡現象計算

10・10・1　有負荷時3相突発短絡

3相平衡負荷で運転中の発電機が $\bar{t}=0$ で**相突発短絡**を生じた場合の発電機電流を計算する（ただし，回転子速度は一定で $d\theta/\theta\bar{t}=1.0$ とする）．

3相突発短絡を生ずる以前の $\bar{t}<0$ では式(10・53) のような3相平衡運転をしているから，図10・7 または式(10・54) により，

$$\left.\begin{array}{ll} \bar{e}_d(0-) = \bar{E}_{a1}\cos\alpha_1 = \bar{E}_{a1}\sin\delta_1, & \bar{i}_d(0-) = \bar{I}_{a1}\cos\beta_1 \\ \bar{e}_q(0-) = \bar{E}_{a1}\sin\alpha_1 = \bar{E}_{a1}\cos\delta_1, & \bar{i}_q(0-) = \bar{I}_{a1}\sin\beta_1 \\ \bar{e}_0(0-) = 0, & \bar{i}_0(0-) = 0 \end{array}\right\} \tag{10・122}$$

となり，これが短絡時の初期条件である（なお，δ_1 は図10・7 に示すように α_1 の余角であり，発電機の内部相差角に相当する．このような初期条件のもとで $\bar{t}=0$ にて3相短絡となり，$\bar{e}_a(t)=\bar{e}_b(t)=\bar{e}_c(t)=0$，すなわち $\bar{e}_d(\bar{t})=\bar{e}_q(\bar{t})=\bar{e}_0(\bar{t})=0$ になった場合の，d-q-0 軸電流の過渡成分を計算するには，式(10・122) の初期電圧と同じ大きさで符号が逆の電圧

$$\left.\begin{array}{l} \bar{e}_d(\bar{t}) = -\bar{e}_d(0-)\mathbf{1}(t) \\ \bar{e}_q(\bar{t}) = -\bar{e}_q(0-)\mathbf{1}(t) \\ \bar{e}_0(\bar{t}) = 0 \end{array}\right\} \quad \text{ただし，} \mathbf{1}(t) = \left\{\begin{array}{l} 0\ (t<0) \\ 1\ (t\geq 0) \end{array}\right\} \tag{10・123}$$

を急に図10・6 の d-q-0 軸端子に印加した場合の計算をすればよい．式(10・109) をラプラス変換すると，$\mathcal{L}\{\mathbf{1}(t)\} = \dfrac{1}{s}$ に留意して

$$\left.\begin{aligned}\bar{e}_d(s)&=\mathcal{L}[\bar{e}_d(\bar{t})]=-\bar{e}_d(0-)\cdot\frac{1}{s}\\ \bar{e}_q(s)&=\mathcal{L}[\bar{e}_q(\bar{t})]=-\bar{e}_q(0-)\cdot\frac{1}{s}\\ \bar{e}(s)&=\mathcal{L}[\bar{e}_0(\bar{t})]=0\end{aligned}\right\} \quad (10\cdot124)$$

これが s 領域における初期条件である．なお，$F(t)$ のラプラス変換式を $\mathcal{L}[F(t)]$ のように表記する．

次には，発電機の d-q-0 軸回路の s 領域における回路方程式の式(10・106)と初期条件の式(10・124)より，

$$\left.\begin{aligned}-\{\bar{r}+s\cdot\bar{x}_d(s)\}\cdot\bar{i}_d(s)+\bar{x}_q(s)\cdot\bar{i}_q(s)&=-\bar{e}_d(0-)\cdot\frac{1}{s}\\ -\bar{x}_d(s)\cdot\bar{i}_d(s)-\{\bar{r}+s\cdot\bar{x}_q(s)\}\cdot\bar{i}_q(s)&=-\bar{e}_q(0-)\cdot\frac{1}{s}\\ -\{\bar{r}+s\cdot\bar{x}_0(s)\}\cdot\bar{i}_0(s)&=0\end{aligned}\right\} \quad (10\cdot125\text{ a})$$

この式は，$\bar{i}_d(s)$，$\bar{i}_q(s)$ の2元1次連立方程式であるから解くことができて

$$\left.\begin{aligned}\bar{i}_d(s)&=\frac{\bar{e}_d(0-)\cdot\left(s+\frac{\bar{r}}{\bar{x}_q(s)}\right)+\bar{e}_q(0-)}{s\cdot\bar{x}_d(s)\left\{s^2+\bar{r}\left(\frac{1}{\bar{x}_d(s)}+\frac{1}{\bar{x}_q(s)}\right)s+1+\frac{\bar{r}^2}{\bar{x}_d(s)\cdot\bar{x}_q(s)}\right\}} \quad \cdots\text{①}\\ \bar{i}_q(s)&=\frac{-\bar{e}_d(0-)+\bar{e}_q(0-)\cdot\left(s+\frac{\bar{r}}{\bar{x}_d(s)}\right)}{s\cdot\bar{x}_q(s)\left\{s^2+\bar{r}\left(\frac{1}{\bar{x}_d(s)}+\frac{1}{\bar{x}_q(s)}\right)s+1+\frac{\bar{r}^2}{\bar{x}_d(s)\cdot\bar{x}_q(s)}\right\}} \quad \cdots\text{②}\\ \bar{i}_0(s)&=0 \quad \cdots\cdots\cdots\cdots\cdots\cdots\cdots\cdots\cdots\cdots\cdots\cdots\cdots\cdots\cdots\cdots\cdots\cdots\cdots\text{③}\end{aligned}\right\} \quad (10\cdot125\text{ b})$$

ただし，$\bar{x}_d(s)$，$\bar{x}_q(s)$ は式(10・105)で与えられる．

を得る．あとは式(10・125 b)をラプラス逆変換によって s 領域→$\bar{t}$ 領域に逆変換すればよいが，このままでは非常に複雑なので次のような近似化を行う．

i) $\bar{r}$ は非常に小さいので式(10・125 b)の①，②の分母の $\{\ \}$ 内の $\bar{r}^2$ の項を無視する．

ii) 同じく $\{\ \}$ 内において，

$$\left.\begin{aligned}\bar{r}\left(\frac{1}{\bar{x}_d(s)}+\frac{1}{\bar{x}_q(s)}\right)s&\fallingdotseq\bar{r}\left(\frac{1}{\bar{x}_d''}+\frac{1}{\bar{x}_q''}\right)s=\frac{2}{\bar{T}_a}s\\ \text{ただし，}\bar{T}_a&=\frac{2}{\bar{r}\left(\frac{1}{\bar{x}_d''}+\frac{1}{\bar{x}_q''}\right)}\end{aligned}\right\} \quad (10\cdot126)$$

iii) 式(10・125 b)の①，②の分子のうち $\bar{r}$ を含む項を無視する．

これらの近似化は実用上まったく問題とはならない．以上により式(10・125 b)は，

$$\left.\begin{aligned}\bar{i}_d(s)&=\frac{\{\bar{e}_d(0-)\cdot s+\bar{e}_q(0-)\}}{s\cdot\bar{x}_d(s)\cdot\left\{s^2+\frac{2}{\bar{T}_a}s+1\right\}}=\frac{\{\bar{e}_d(0-)\cdot s+\bar{e}_q(0-)\}\cdot\left(s+\frac{1}{\bar{T}_{d0}'}\right)\left(s+\frac{1}{\bar{T}_{d0}''}\right)}{\bar{x}_d''\cdot s\left(s+\frac{1}{\bar{T}_d'}\right)\left(s+\frac{1}{\bar{T}_d''}\right)\left(s^2+\frac{2}{\bar{T}_a}s+1\right)} \cdots\text{①}\\ \bar{i}_q(s)&=\frac{\{\bar{e}_d(0-)\cdot s+\bar{e}_q(0-)\cdot s\}}{s\cdot\bar{x}_q(s)\cdot\left\{s^2+\frac{2}{\bar{T}_a}s+1\right\}}=\frac{\{-\bar{e}_d(0-)+\bar{e}_q(0-)\cdot s\}\cdot\left(s+\frac{1}{\bar{T}_{q0}''}\right)}{\bar{x}_q''\cdot s\left(s+\frac{1}{\bar{T}_q''}\right)\left(s^2+\frac{2}{\bar{T}_a}s+1\right)} \cdots\cdots\text{②}\\ \bar{i}_0(s)&=0 \cdots\cdots\cdots\cdots\cdots\cdots\cdots\cdots\cdots\cdots\cdots\cdots\cdots\cdots\cdots\cdots\cdots\cdots\cdots\cdots\cdots\cdots\cdots\cdots\cdots\cdots\text{③}\end{aligned}\right\} \quad (10\cdot127)$$

となる．式(10・127)は，その分母がすでに因数分解されているので比較的容易に部分分数に変形することができる（備考**10・4**，**10・5** 参照）．

$$\left(s^2+\frac{2}{\bar{T}_a}s+1\right)=\left(s+\frac{1}{\bar{T}_a}-j\sqrt{1-\frac{1}{\bar{T}_a^2}}\right)\left(s+\frac{1}{\bar{T}_a}+j\sqrt{1-\frac{1}{\bar{T}_a^2}}\right)\fallingdotseq\left(s+\frac{1}{\bar{T}_a}-j\right)\left(s+\frac{1}{\bar{T}_a}+j\right)$$

に留意して,

$$\bar{i}_d(s) = \frac{k_1}{s} + \frac{k_2}{s+\frac{1}{\bar{T}_d'}} + \frac{k_3}{s+\frac{1}{\bar{T}_d''}} + \left\{ \frac{k_4\angle \delta_4}{s+\frac{1}{\bar{T}_a}-j} + \frac{k_4\angle -\delta_4}{s+\frac{1}{\bar{T}_a}+j} \right\} \quad \cdots ①$$

ただし, $k_1 = \dfrac{\bar{e}_q(0-)}{\bar{x}_d}, \quad k_2 \fallingdotseq \bar{e}_q(0-)\cdot\left(\dfrac{1}{\bar{x}_d'} - \dfrac{1}{\bar{x}_d}\right)$

$k_3 \fallingdotseq e_q(0-)\cdot\left(\dfrac{1}{\bar{x}_d''} - \dfrac{1}{\bar{x}_d'}\right)$

$k_4 \angle \delta_4 \fallingdotseq \dfrac{\bar{E}_{a1}}{2\bar{x}_d''}\angle -\left(\alpha_1 + \dfrac{\pi}{2}\right) = \dfrac{\bar{E}_{a1}}{2\bar{x}_d''}\angle (\delta_1 - \pi)$

$k_4 \angle -\delta_4 \fallingdotseq \dfrac{\bar{E}_{a1}}{2\bar{x}_d''}\angle \left(\alpha_1 + \dfrac{\pi}{2}\right) = \dfrac{\bar{E}_{a1}}{2\bar{x}_d''}\angle -(\delta_1 - \pi)$

$$\bar{i}_q(s) = \frac{k_5}{s} + \frac{k_6}{s+\frac{1}{\bar{T}_q''}} + \left\{ \frac{k_7\angle \delta_7}{s+\frac{1}{\bar{T}_a}-j} + \frac{k_7\angle -\delta_7}{s+\frac{1}{\bar{T}_a}+j} \right\} \quad \cdots\cdots ②$$

ただし, $k_5 = -\dfrac{\bar{e}_d(0-)}{\bar{x}_q}, \quad k_6 \fallingdotseq -e_d(0-)\cdot\left(\dfrac{1}{\bar{x}_q''} - \dfrac{1}{\bar{x}_q}\right)$

$k_7 \angle \delta_7 \fallingdotseq \dfrac{\bar{E}_{a1}}{2\bar{x}_q}\angle -\alpha_1 = \dfrac{\bar{E}_{a1}}{2\bar{x}_q}\angle -\left(\dfrac{\pi}{2} - \delta_1\right)$

また, $\bar{E}_{a1} = \sqrt{\bar{e}_d(0-)^2 + \bar{e}_q(0-)^2} \qquad \bar{i}_0(s) = 0 \quad \cdots\cdots ③$

$\qquad (10\cdot 128)$

となる. 式(10・128)はラプラス変換の公式を使って容易に $\bar{t}$ 領域に逆変換することができて(付録1参照).

$$\bar{i}_d(\bar{t}) = \left[k_1 + k_2\cdot e^{-\frac{1}{\bar{T}_d'}\bar{t}} + k_3\cdot e^{-\frac{1}{\bar{T}_d''}\bar{t}} + k_4\underline{\angle \delta_4}\cdot e^{-\left(\frac{1}{\bar{T}_a}-j\right)\bar{t}} + k_4\underline{\angle -\delta_4}\cdot e^{-\left(\frac{1}{\bar{T}_a}+j\right)\bar{t}}\right]\mathbf{1}(\bar{t})$$

$$= \left[\bar{e}_q(0-)\cdot\left\{\frac{1}{\bar{x}_d} + \left(\frac{1}{\bar{x}_d'} - \frac{1}{\bar{x}_d}\right)e^{-\bar{t}/\bar{T}_d'} + \left(\frac{1}{\bar{x}_d''} - \frac{1}{\bar{x}_d'}\right)e^{-\bar{t}/\bar{T}_d''}\right\}\right.$$

$$\left. -\frac{\bar{E}_{a1}}{\bar{x}_d''}\cdot e^{-\bar{t}/\bar{T}_a}\cos(\bar{t}+\delta_1)\right]\mathbf{1}(\bar{t}) \quad \cdots\cdots ①$$

$$\bar{i}_q(\bar{t}) = \left[k_5 + k_6\cdot e^{-\frac{1}{\bar{T}_q''}\bar{t}} + k_7\underline{\angle \delta_7}\cdot e^{-\left(\frac{1}{\bar{T}_a}-j\right)\bar{t}} + k_7\underline{\angle -\delta_7}\cdot e^{-\left(\frac{1}{\bar{T}_a}+j\right)\bar{t}}\right]\mathbf{1}(\bar{t})$$

$$= \left[-\bar{e}_d(0-)\cdot\left\{\frac{1}{\bar{x}_q} + \left(\frac{1}{\bar{x}_q''} - \frac{1}{\bar{x}_q}\right)e^{-\bar{t}/\bar{T}_q''}\right\}\right.$$

$$\left. +\frac{\bar{E}_{a1}}{\bar{x}_q''}\cdot e^{-\bar{t}/\bar{T}_a}\sin(\bar{t}+\delta_1)\right]\mathbf{1}(\bar{t}) \quad \cdots\cdots ②$$

$\bar{i}_0(\bar{t}) = 0 \quad \cdots\cdots ③$

ただし, $\bar{e}_d(0-) = \bar{E}_{a1}\cos\alpha_1 = \bar{E}_{a1}\sin\delta_1$

$\bar{e}_q(0-) = \bar{E}_{a1}\sin\alpha_1 = \bar{E}_{a1}\cos\delta_1$

$\sqrt{e_d(0-)^2 + e_q(0-)^2} = \bar{E}_{a1}$

また, $\sin(\bar{t} - \alpha_1) = -\cos(\bar{t} + \delta_1), \quad \cos(\bar{t} - \alpha_1) = \sin(\bar{t} + \delta_1)$

$\qquad (10\cdot 129)$

これが3相突発短絡時のd-q-0軸過渡成分である.これは急変によって生ずる過渡成分であって,もとの負荷電流成分を含んでいないから,これに負荷電流成分を重畳してトータルの過渡電流が求められる.負荷電流成分は式(10・64),(10・65)に準じて(ただし,簡単のため $\bar{r} = 0$ とする),

$$\begin{array}{ll} \bar{e}_d(0-) = \bar{x}_q\cdot \bar{i}_q(0-) & \text{あるいは} \quad \bar{i}_q(0-) = \dfrac{\bar{e}_d(0-)}{\bar{x}_q} \\ \bar{e}_q(0-) = \bar{E}_f - \bar{x}_d\cdot \bar{i}_d(0-) & \bar{i}_d(0-) = \dfrac{\bar{E}_f - \bar{e}_q(0-)}{\bar{x}_d} \\ \bar{e}_0(0-) = 0 & \bar{i}_0(0-) = 0 \end{array} \qquad (10\cdot 130)$$

式(10・129),(10・130)を重畳して,3相突発短絡時の $t \geqq 0$ におけるトータル電流は

$$
\begin{aligned}
\bar{i}_d(\bar{t}) &= \bar{e}_q(0-) \cdot \left\{ \left(\frac{1}{\bar{x}_d{'}} - \frac{1}{\bar{x}_d}\right) e^{-\bar{t}/\bar{T}_d{'}} + \left(\frac{1}{\bar{x}_d{''}} - \frac{1}{\bar{x}_d{'}}\right) e^{-\bar{t}/\bar{T}_d{''}} \right\} \\
&\quad + \frac{\bar{E}_f}{\bar{x}_d} - \frac{\bar{E}_{a1}}{\bar{x}_d{''}} e^{-\bar{t}/\bar{T}_a} \cos(\bar{t} + \delta_1) \\
&= \left\{ \left(\frac{1}{\bar{x}_d{'}} - \frac{1}{\bar{x}_d}\right) e^{-\bar{t}/\bar{T}_d{'}} + \left(\frac{1}{\bar{x}_d{''}} - \frac{1}{\bar{x}_d{'}}\right) e^{-\bar{t}/\bar{T}_d{''}} \right\} \cdot \bar{E}_{a1} \cos \delta_1 \\
&\quad + \frac{\bar{E}_f}{\bar{x}_d} - \frac{\bar{E}_{a1}}{\bar{x}_d{''}} e^{-\bar{t}/\bar{T}_a} \cos(\bar{t} + \delta_1) \\
\bar{i}_q(\bar{t}) &= -\bar{e}_d(0-) \cdot \left(\frac{1}{\bar{x}_q{''}} - \frac{1}{\bar{x}_q}\right) e^{-\bar{t}/\bar{T}_q{''}} + \frac{\bar{E}_{a1}}{\bar{x}_q{''}} \cdot e^{-\bar{t}/\bar{T}_a} \sin(\bar{t} + \delta_1) \\
&= -\left(\frac{1}{\bar{x}_q{''}} - \frac{1}{\bar{x}_q}\right) e^{-\bar{t}/\bar{T}_q{''}} \cdot \bar{E}_{a1} \sin \delta_1 + \frac{\bar{E}_{a1}}{\bar{x}_q{''}} \cdot e^{-\bar{t}/\bar{T}_a} \sin(\bar{t} + \delta_1) \\
\bar{i}_0 &= 0 \quad \text{ただし} \quad \bar{t} \geq 0
\end{aligned} \quad (10 \cdot 131)
$$

となる．さらに式(10・11 b) によって相電流に変換して整理すれば，

$$
\begin{bmatrix} \bar{i}_a(\bar{t}) \\ \bar{i}_b(\bar{t}) \\ \bar{i}_c(\bar{t}) \end{bmatrix} = \begin{bmatrix} \bar{i}_d(\bar{t}) \cos \bar{t} - \bar{i}_q(\bar{t}) \sin \bar{t} + \bar{i}_0(\bar{t}) \\ \bar{i}_d(\bar{t}) \cos\left(\bar{t} - \frac{2\pi}{3}\right) - \bar{i}_q(\bar{t}) \sin\left(\bar{t} - \frac{2\pi}{3}\right) + \bar{i}_0(\bar{t}) \\ \bar{i}_d(\bar{t}) \cos\left(\bar{t} + \frac{2\pi}{3}\right) - \bar{i}_q(\bar{t}) \sin\left(\bar{t} + \frac{2\pi}{3}\right) + \bar{i}_0(\bar{t}) \end{bmatrix}
$$

$$
= \frac{\bar{E}_f}{\bar{x}_d} \cdot \begin{bmatrix} \cos \bar{t} \\ \cos\left(\bar{t} - \frac{2\pi}{3}\right) \\ \cos\left(\bar{t} + \frac{2\pi}{3}\right) \end{bmatrix}
$$

$$
+ \left\{ \left(\frac{1}{\bar{x}_d{'}} - \frac{1}{\bar{x}_d}\right) e^{-\bar{t}/\bar{T}_d{'}} + \left(\frac{1}{\bar{x}_d{''}} - \frac{1}{\bar{x}_d{'}}\right) e^{-\bar{t}/\bar{T}_d{''}} \right\} \times \bar{E}_{a1} \cos \delta_1 \cdot \begin{bmatrix} \cos \bar{t} \\ \cos\left(\bar{t} - \frac{2\pi}{3}\right) \\ \cos\left(\bar{t} + \frac{2\pi}{3}\right) \end{bmatrix}
$$

$$
+ \left(\frac{1}{\bar{x}_q{''}} - \frac{1}{\bar{x}_q}\right) e^{-\bar{t}/\bar{T}_q{''}} \cdot \bar{E}_{a1} \sin \delta_1 \cdot \begin{bmatrix} \sin \bar{t} \\ \sin\left(\bar{t} - \frac{2\pi}{3}\right) \\ \sin\left(\bar{t} + \frac{2\pi}{3}\right) \end{bmatrix}
$$

$$
- \bar{E}_{a1} e^{-\bar{t}/\bar{T}_a} \cdot \left\{ \frac{1}{2}\left(\frac{1}{\bar{x}_d{''}} + \frac{1}{\bar{x}_q{''}}\right) \cdot \begin{bmatrix} \cos \delta_1 \\ \cos\left(\delta_1 + \frac{2\pi}{3}\right) \\ \cos\left(\delta_1 - \frac{2\pi}{3}\right) \end{bmatrix} + \frac{1}{2}\left(\frac{1}{\bar{x}_d{''}} - \frac{1}{\bar{x}_q{''}}\right) \cdot \begin{bmatrix} \cos(2\bar{t} + \delta_1) \\ \cos\left(2\bar{t} + \delta_1 - \frac{2\pi}{3}\right) \\ \cos\left(2\bar{t} + \delta_1 + \frac{2\pi}{3}\right) \end{bmatrix} \right\}
$$

$$(10 \cdot 132)$$

が得られる．**負荷運転中の発電機の突発 3 相短絡の場合の短絡電流の詳細な計算式**がようやく求められた．右辺第 1 項が**定常項**であり，第 2 項は時定数 $T_d{'}$ および $T_d{''}$ で減衰する**振動項**，第 3 項は時定数 $T_q{''}$ の**振動項**，第 4 項は**直流減衰項**である．また，第 5 項に示されるように $\bar{E}_{a1} e^{-\bar{t}/\bar{T}_a} \cdot \frac{1}{2}\left(\frac{1}{\bar{x}_d{''}} - \frac{1}{\bar{x}_q{''}}\right)$ 相当の第 2 調波電流が過渡的に流れるが，実際には $\bar{x}_d{''} \fallingdotseq \bar{x}_q{''}$ であるからこれらは十分に小さく，実用上無視できる．**図 10・13** に 3 相短絡電流(計算例)を示す．

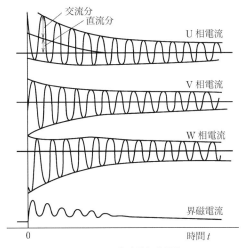

図10・13 3相突発短絡電流

10・10・2 無負荷時3相突発端短絡

これは10・10・1項の特別な場合にすぎず，式(10・130)の初期条件が

$$0 = \bar{i}_q(0-) = \frac{\bar{e}_d(0-)}{\bar{x}_q} \\ 0 = \bar{i}_d(0-) = \frac{\bar{E}_f - e_q(0-)}{\bar{x}_d} \Bigg\}$$

すなわち，

$$\left. \begin{array}{l} e_d(0-) = \bar{E}_{a1}\sin\delta_1 = 0 \quad \text{あるいは } \delta_1 = 0 \\ e_q(0-) = \bar{E}_{a1}\cos\delta_1 = \bar{E}_f \quad \bar{E}_{a1} = \bar{E}_f \end{array} \right\} \quad (10 \cdot 133)$$

であるから式(10・131),(10・132)で $e_d(0-) = 0$, $e_q(0-) = \bar{E}_f$ とし，また $\delta_1 = 0$，$\bar{E}_{a1}\sin\delta_1 = \bar{E}_f$ とすればよい．

発電機端子の不平衡故障や外部に系統インピーダンスがつながる場合の故障など，さらに複雑な回路条件の場合の計算でも，発電機は d-q-0 法基本式(10・43)～(10・46) あるいは図10・6 のような回路であるとして前記10・10・1項と同じ考え方で非常に正確に解くことができる．

10・11 鎖交磁束および漏れ磁束の概念

コイルは1回巻きであれ，n 回巻きであれ電流が流れる状態では閉回路である．また，その付近にある磁束が通る磁路も閉回路である．

図10・14のようにコイル（巻き回数 N）を実線閉回路で表し，また磁束（磁束数 ϕ〔Wb〕）の通る磁路を点線閉回路で表すとすれば鎖交磁束数 ψ は $\psi = \phi \cdot n$〔Wb-turn〕で表される．

図(a)は磁束 ϕ はコイル付近にあるが鎖交はしていないから $\psi = 0$ である．

図(b)では磁束 ϕ は1回巻き（巻き数 $n=1$）のコイルに鎖交しているから $\psi = \phi$〔Wb-turn〕である．

図(c)では N 回巻き（巻き数 N）のコイルに鎖交しているから $\psi = \phi \cdot n$〔Wb-turn〕である．

なお，Faraday の法則によれば，鎖交磁束数 ψ が時間的に変化すると，コイルにはその変化率 $d\psi/dt$ に比例した起電力 $e(t)$ が生ずる．

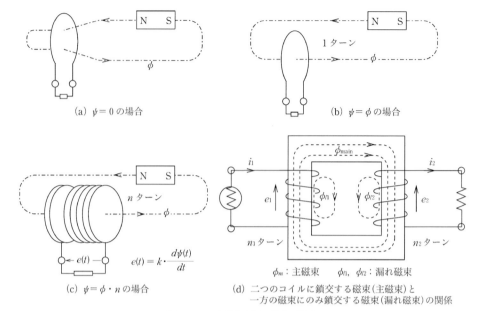

(a) $\psi = 0$ の場合

(b) $\psi = \phi$ の場合

(c) $\psi = \phi \cdot n$ の場合　　$e(t) = k \cdot \dfrac{d\psi(t)}{dt}$

(d) 二つのコイルに鎖交する磁束（主磁束）と一方の磁束にのみ鎖交する磁束（漏れ磁束）の関係

ϕ_m：主磁束　　ϕ_{l1}, ϕ_{l2}：漏れ磁束

図 10・14　主磁束と漏れ磁束の概念

$$e(t) = k \cdot \dfrac{d\psi(t)}{dt} = kn \cdot \dfrac{d\phi(t)}{dt}$$

図(d)は，二つのコイルが接近して配置されている場合である．コイル1で生ずる磁束はコイル1のみに鎖交する磁束（漏れ磁束 ϕ_{1l}）とコイル2にも鎖交する磁束 ϕ からなる．コイル2についても同様で ϕ_{2l} と ϕ からなる．コイル1とコイル2が磁気抵抗の低い磁路（鉄心）を取り巻いて配置されておれば，コイル1, 2の大半の磁束は両コイルに鎖交する磁束 ϕ_{main}（**主磁束**）となる．両コイル間のパワー伝達に寄与するのはこの両コイルを貫く鎖交磁束 ϕ である．

図(d)は鉄心に二つのコイルが巻かれている場合について，主磁束（二つのコイルに鎖交して両コイルのパワーの授受に貢献する）と漏れ磁束（一方のコイルのみに鎖交してパワーの授受に貢献しない）の概念を示す．

〔備考10・1〕　式(10・17) $\boldsymbol{D}(t)\cdot\boldsymbol{a}^{-1}$, $\boldsymbol{a}\cdot\boldsymbol{D}^{-1}(t)$ の導入

式(10・10) の $\boldsymbol{D}(t)$ と式(2・4) の $\boldsymbol{a}^{-1}$ の掛け算をまともに行うのはかなりの腕力計算になるが，$\boldsymbol{D}(t)$ が次のように変形できることに注目すれば比較的簡単に計算できる．

$$\left. \begin{aligned}
\cos\theta_a &= (e^{j\omega t} + e^{-j\omega t})/2 \\
\cos\theta_b &= (e^{j(\omega t - 120°)} + e^{-j(\omega t - 120°)})/2 = (a^2 \cdot e^{j\omega t} + a \cdot e^{-j\omega t})/2 \\
\cos\theta_c &= (e^{j(\omega t + 120°)} + e^{-j(\omega t + 120°)})/2 = (a \cdot e^{j\omega t} + a^2 \cdot e^{-j\omega t})/2 \\
-\sin\theta_a &= j(e^{j\omega t} - e^{-j\omega t})/2 \\
-\sin\theta_b &= j(a^2 \cdot e^{j\omega t} - a \cdot e^{-j\omega t})/2 \\
-\sin\theta_c &= j(a \cdot e^{j\omega t} - a^2 \cdot e^{-j\omega t})/2
\end{aligned} \right\} \quad (1)$$

したがって

$$\boldsymbol{D}(t) = \dfrac{1}{3} \begin{array}{|c|c|c|} \hline e^{j\omega t} + e^{-j\omega t} & a^2 e^{j\omega t} + a e^{-j\omega t} & a e^{j\omega t} + a^2 e^{-j\omega t} \\ \hline j(e^{j\omega t} - e^{-j\omega t}) & j(a^2 e^{j\omega t} - a e^{-j\omega t}) & j(a e^{j\omega t} - a^2 e^{-j\omega t}) \\ \hline 1 & 1 & 1 \\ \hline \end{array} \quad (2)$$

さらに $1 + a + a^2 = 0$ などの関係を利用すれば $\boldsymbol{D}(t)\cdot\boldsymbol{a}^{-1}$, $\boldsymbol{a}\cdot\boldsymbol{D}^{-1}(t)$ の計算が簡単になり，式(10・17)を得る．

〔備考10・2〕 式(10・32 b) $D(t)\cdot l_{abc}(t)\cdot D^{-1}(t)$ の導入

この計算も**備考10・1**の式(2)を適用することによって比較的簡単に計算できる．各自試みられたい．

〔備考10・3〕 発電機時定数 $\bar{T}_d'$, $\bar{T}_d''$, $\bar{T}_q' = \bar{T}_q''$ の式(10・108 b) の導入

a) d軸短絡時定数 T_d' の導入

$$\bar{T}_d' = \frac{\{(\bar{x}_l + \bar{x}_{\mathrm{out}d}) /\!/ \bar{x}_{ad}\} + \bar{x}_{fd}}{r_{fd}}, \qquad \bar{x}_d' = \bar{x}_l + (\bar{x}_{ad} /\!/ \bar{x}_{fd})$$

$$\bar{T}_{d0}' = \frac{\bar{x}_{ad} + \bar{x}_{fd}}{r_{fd}} \qquad\qquad \bar{x}_d = \bar{x}_l + \bar{x}_{ad} \tag{1}$$

である．したがって

$$\frac{\bar{T}_d'}{\bar{T}_{d0}'} = \frac{\{(\bar{x}_l + \bar{x}_{\mathrm{out}d}) /\!/ \bar{x}_{ad}\} + \bar{x}_{fd}}{\bar{x}_{ad} + \bar{x}_{fd}} = \frac{\frac{(\bar{x}_l + \bar{x}_{\mathrm{out}d})\bar{x}_{ad}}{\bar{x}_l + \bar{x}_{\mathrm{out}d} + \bar{x}_{ad}} + \bar{x}_{fd}}{\bar{x}_{ad} + \bar{x}_{fd}} = \frac{(\bar{x}_l + \bar{x}_{\mathrm{out}d})\bar{x}_{ad} + (\bar{x}_d + \bar{x}_{\mathrm{out}d})\bar{x}_{fd}}{(\bar{x}_{\mathrm{out}d} + \bar{x}_d)(\bar{x}_{ad} + \bar{x}_{fd})}$$

$$= \frac{\bar{x}_{\mathrm{out}d}(\bar{x}_{ad} + \bar{x}_{fd}) + \bar{x}_l \bar{x}_{ad} + \bar{x}_d \bar{x}_{fd}}{(\bar{x}_d + \bar{x}_{\mathrm{out}d})(\bar{x}_{ad} + \bar{x}_{fd})} = \frac{1}{(\bar{x}_d + \bar{x}_{\mathrm{out}d})}\left\{\bar{x}_{\mathrm{out}d} + \frac{\bar{x}_l \bar{x}_{ad} + (\bar{x}_l + \bar{x}_{ad})\bar{x}_{fd}}{(\bar{x}_{ad} + \bar{x}_{fd})}\right\} \tag{2}$$

$$= \frac{1}{(\bar{x}_d + \bar{x}_{\mathrm{out}d})}\left\{\bar{x}_{\mathrm{out}d} + \left(\bar{x}_l + \frac{\bar{x}_{ad}\bar{x}_{fd}}{(\bar{x}_{ad} + \bar{x}_{fd})}\right)\right\} = \frac{\bar{x}_d' + \bar{x}_{\mathrm{out}d}}{\bar{x}_d + \bar{x}_{\mathrm{out}d}}$$

$$\therefore \quad \frac{\bar{T}_d'}{\bar{T}_{d0}'} = \frac{\bar{x}_d' + \bar{x}_{\mathrm{out}d}}{\bar{x}_d + \bar{x}_{\mathrm{out}d}} \tag{3}$$

b) 短絡時定数 $\bar{T}_q'$ の導入

上記 a) の $\bar{T}_d'$, $\bar{T}_{d0}'$, $\bar{x}_d'$, $\bar{x}_d$, $\bar{X}_{\mathrm{out}d}$ を $\bar{T}_q'$, $\bar{T}_{q0}'$, $\bar{x}_q'$, $\bar{x}_q$, $\bar{X}_{\mathrm{out}q}$ に置き換えて同様の計算で次式を得る．

$$\frac{\bar{T}_q'}{\bar{T}_{q0}'} = \frac{\bar{x}_q' + \bar{x}_{\mathrm{out}q}}{\bar{x}_q + \bar{x}_{\mathrm{out}q}} \tag{4}$$

c) d軸短絡初期時定数 T_d'' の導入

$$\bar{T}_d'' = \frac{\{(\bar{x}_l + \bar{x}_{\mathrm{out}d}) /\!/ \bar{x}_{ad} /\!/ \bar{x}_{fd}\} + \bar{x}_{kd}}{r_{kd}} \qquad \bar{x}_d'' = \bar{x}_l + (\bar{x}_{ad} /\!/ \bar{x}_{fd} /\!/ \bar{x}_{kd})$$

$$\bar{T}_{d0}'' = \frac{(\bar{x}_{ad} /\!/ \bar{x}_{fd}) + \bar{x}_{kd}}{r_{kd}} \qquad\qquad \bar{x}_d' = \bar{x}_l + (\bar{x}_{ad} /\!/ \bar{x}_{fd}) \tag{5}$$

したがって

$$\frac{\bar{T}_d''}{\bar{T}_{d0}''} = \frac{\{(x_l + x_{\mathrm{out}d}) /\!/ x_{ad} /\!/ x_{fd}\} + x_{kd}}{(x_{ad} /\!/ x_{fd}) + x_{kd}} = \frac{\dfrac{1}{\dfrac{1}{x_l + x_{\mathrm{out}d}} + \dfrac{1}{x_{ad}} + \dfrac{1}{x_{fd}}} + x_{kd}}{(x_d' - x_l) + x_{kd}}$$

$$= \frac{\dfrac{1}{\dfrac{1}{x_l + x_{\mathrm{out}d}} + \dfrac{1}{x_d' - x_l}} + x_{kd}}{(x_d' - x_l) + x_{kd}} = \frac{\dfrac{(x_l + x_{\mathrm{out}d})(x_d' - x_l)}{x_d' + x_{\mathrm{out}d}} + x_{kd}}{x_d' - x_l + x_{kd}}$$

$$= \frac{1}{x_d' + x_{\mathrm{out}d}} \cdot \frac{(x_l + x_{\mathrm{out}d})(x_d' - x_l) + x_{kd}(x_d' + x_{\mathrm{out}d})}{x_d' - x_l + x_{kd}}$$

$$= \frac{1}{x_d' + x_{\mathrm{out}d}}\left\{x_{\mathrm{out}d} + \frac{(x_l)(x_d' - x_l) + x_d' x_{kd}}{(x_d' - x_l) + x_{kd}}\right\} \tag{6}$$

$$= \frac{1}{x_d' + x_{\mathrm{out}d}}\left\{x_{\mathrm{out}d} + \frac{(x_l)(x_{ad} /\!/ x_{fd}) + x_d' x_{kd}}{(x_{ad} /\!/ x_{fd}) + x_{kd}}\right\}$$

$$= \frac{1}{x_d' + x_{\mathrm{out}d}}\left\{x_{\mathrm{out}d} + \frac{(x_l)\left(\dfrac{x_{ad} x_{fd}}{x_{ad} + x_{fd}}\right) + \left(x_l + \dfrac{x_{ad} x_{fd}}{x_{ad} + x_{fd}}\right)x_{kd}}{\left(\dfrac{x_{ad} x_{fd}}{x_{ad} + x_{fd}}\right) + x_{kd}}\right\}$$

$$= \frac{1}{x_d' + x_{\mathrm{out}d}}\left\{x_{\mathrm{out}d} + x_l + \frac{x_{ad} x_{fd} x_{kd}}{x_{ad} x_{fd} + x_{ad} x_{kd} + x_{fd} x_{kd}}\right\}$$

$$= \frac{1}{x_d' + x_{\mathrm{out}d}}\left\{x_{\mathrm{out}d} + x_l + \frac{1}{\dfrac{1}{x_{ad}} + \dfrac{1}{x_{fd}} + \dfrac{1}{x_{kd}}}\right\} = \frac{x_d'' + \bar{x}_{\mathrm{out}d}}{x_d' + \bar{x}_{\mathrm{out}d}}$$

$$\therefore \quad \frac{\bar{T}_d''}{\bar{T}_{d0}''} = \frac{\bar{x}_d'' + \bar{x}_{\mathrm{out}d}}{\bar{x}_d' + \bar{x}_{\mathrm{out}d}} \tag{7}$$

〔備考10・4〕 s に関する有理関数の部分分数への変換

$N(s)$ および $M(s)$ が n 次および m 次の多項式 $(m \geq n)$ を分子・分母とする s の有理関数

220 第10章 発電機の理論

$$F(s) = \frac{N(s)}{M(s)} = \frac{s^n + d_1 s^{n-1} + \cdots + d_{n-1} s + d_n}{s^m + c_1 s^{m-1} + \cdots + c_{m-1} s + c_m} = \frac{s^n + b_1 s^{n-1} + \cdots + b_{n-1} s + b_n}{(s-s_1)\cdot(s-s_2)\cdots(s-s_m)} \quad \cdots\cdots(1)$$

であるとすれば $F(s)$ は，

$$F(s) = \frac{A_1}{s-s_1} + \frac{A_2}{s-s_2} + \cdots + \frac{A_m}{s-s_m} \quad \cdots\cdots\cdots\cdots\cdots(2)$$

のように変形できる．$s_1, s_2, \cdots, s_m$ は $M(s)$ の根である．ここで，根 s_k が実根であれば A_k も実数となり，また s_k が複素根であれば A_k も複素数になる（なお，上式で $M(s)$ に多重根が含まれる場合には少々取り扱いが異なるので，ここではいずれも単根であるとした）．(Heaviside の展開定理)

$M(s)$ が三つの実根 $-a_1, -a_2, -a_3$ と二つの共役複素根 $-\alpha \pm j\beta$ を含む5次の多項式で，$N(s)$ が4次以下の多項式の場合を例にすれば，

$$\left. \begin{aligned} F(s) &= \frac{N(s)}{(s+a_1)(s+a_2)(s+a_2)(s+\overline{\alpha-j\beta})(s+\overline{\alpha+j\beta})} \\ &= \frac{k_1}{s+a_1} + \frac{k_2}{s+a_2} + \frac{k_3}{s+a_3} + \left\{ \frac{k_4\angle \delta_4}{s+\alpha-j\beta} + \frac{k_4\angle -\delta_4}{s+\alpha+j\beta} \right\} \end{aligned} \right\} \quad \cdots\cdots(3)$$

ここで，k_1, k_2, k_3, k_4 は実数であり，また右辺第4, 5項は互いに共役関係にある．

さて，次に式(3)の k_1 の求め方について考える．式(3) の両辺を $(s+a_1)$ 倍すれば

$$\begin{aligned}(s+a_1)\cdot F(s) &= \frac{N(s)}{(s+a_2)(s+a_3)(s+\overline{\alpha-j\beta})(s+\overline{\alpha+j\beta})} \\ &= k_1 + (s+a_1)\left[\frac{k_2}{s+a_2} + \frac{k_3}{s+a_3} + \left\{\frac{k_4\angle \delta_4}{s+\alpha-j\beta} + (\text{共役値})\right\} \right] \end{aligned} \quad \cdots\cdots(4)$$

となるから式(4) で $s=-a_1$ とおけば，

$$k_1 = (s+a_1)\cdot F(s)|_{s=-a_1} = \frac{N(-a_1)}{(-a_1+a_2)(-a_1+a_3)(-a_1+\overline{\alpha-j\beta})(-a_1+\overline{\alpha+j\beta})} \quad \cdots\cdots(5)$$

が得られる．これで k_1 が求められた．$k_2, k_3, k_4\angle \delta_4, k_4\angle -\delta_4$ についてもまったく同様にして求められる．例えば，$k_4\angle \delta_4, k_4\angle -\delta_4$ は，

$$\begin{aligned} k_4\angle \delta_4 &= (s+\overline{\alpha-j\beta})\cdot F(s)|_{s=-\alpha+j\beta} \\ &= \frac{N(-\alpha+j\beta)}{(-\alpha+j\beta+a_1)(-\alpha+j\beta+a_2)(-\alpha+j\beta+a_3)(2j\beta)} \\ k_4\angle -\delta_4 &= (s+\overline{\alpha+j\beta})\cdot F(s)|_{s=-\alpha-j\beta} \\ &= \frac{N(-\alpha-j\beta)}{(-\alpha-j\beta+a_1)(-\alpha-j\beta+a_2)(-\alpha-j\beta+a_3)(-2j\beta)} = \{k_4\angle \delta_4\}^* \end{aligned}$$

となる．

〔備考10・5〕 式(10・128) の係数の計算

（1） 式(10・128) ①の $k_1, k_2, k_3, k_4\angle \pm \delta_4$ の計算

$$\begin{aligned} \bar{i}_d(s) &= \frac{\{\bar{e}_d(0-)\cdot s + \bar{e}_q(0-)\}\left(s+\dfrac{1}{\bar{T}_{d0}'}\right)\left(s+\dfrac{1}{\bar{T}_{d0}''}\right)}{\bar{x}_d'' \cdot s\left(s+\dfrac{1}{\bar{T}_d'}\right)\left(s+\dfrac{1}{\bar{T}_d''}\right)\left(s^2+\dfrac{2}{\bar{T}_a}s+1\right)} \\ &= \frac{k_1}{s} + \frac{k_2}{s+\dfrac{1}{\bar{T}_d'}} + \frac{k_3}{s+\dfrac{1}{\bar{T}_d''}} + \left\{ \frac{k_4\angle \delta_4}{s+\dfrac{1}{\bar{T}_a}-j} + \frac{k_4\angle -\delta_4}{s+\dfrac{1}{\bar{T}_a}+j} \right\} \end{aligned}$$

であるから，

$$\begin{aligned} k_1 &= s\cdot \bar{i}_d(s)|_{s=0} = \frac{\{\bar{e}_d(0-)\cdot 0 + \bar{e}_q(0-)\}\left(0+\dfrac{1}{\bar{T}_{d0}'}\right)\left(0+\dfrac{1}{\bar{T}_{d0}''}\right)}{\bar{x}_d'' \cdot \left(0+\dfrac{1}{\bar{T}_d'}\right)\left(0+\dfrac{1}{\bar{T}_d''}\right)\left(0^2+\dfrac{2}{\bar{T}_a}\cdot 0+1\right)} \\ &= \frac{\bar{e}_q(0-)}{\bar{x}_d''}\cdot \frac{\bar{T}_d'}{\bar{T}_{d0}'}\cdot \frac{\bar{T}_d''}{\bar{T}_{d0}''} = \frac{\bar{e}_q(0-)}{\bar{x}_d''}\cdot \frac{\bar{x}_d'}{\bar{x}_d}\cdot \frac{\bar{x}_d''}{\bar{x}_d'} = \frac{\bar{e}_q(0-)}{\bar{x}_d} \end{aligned}$$

$$k_2 = \left(s+\frac{1}{\bar{T}_d'}\right)\cdot \bar{i}_d(s)\bigg|_{s=-\frac{1}{\bar{T}_d'}} = \frac{\left\{-\dfrac{\bar{e}_d(0-)}{\bar{T}_d'} + \bar{e}_q(0-)\right\}\left(-\dfrac{1}{\bar{T}_d'}+\dfrac{1}{\bar{T}_{d0}'}\right)\left(-\dfrac{1}{\bar{T}_d'}+\dfrac{1}{\bar{T}_{d0}''}\right)}{\bar{x}_d''\cdot \left(-\dfrac{1}{\bar{T}_d'}\right)\left(-\dfrac{1}{\bar{T}_d'}+\dfrac{1}{\bar{T}_d''}\right)\left(\dfrac{1}{\bar{T}_d'^2}-\dfrac{2}{\bar{T}_d'\cdot \bar{T}_a}+1\right)}$$

ここで，1秒 $\leftrightarrow 2\pi \times 50$ 〔rad〕であるから，表10・1の各時定数は rad 値では 1 より十分大きいことに留意して，$\bar{T}_d \gg 1$，$\bar{T}_a \gg 1$，$\bar{T}_d' \gg \bar{T}_d''$，$\bar{T}_d' \gg \bar{T}_{d0}''$ などであるから，

$$k_2 \fallingdotseq \frac{\bar{e}_q(0-)}{\bar{x}_d''}\left(1 - \frac{\bar{T}_d'}{\bar{T}_{d0}'}\right)\cdot \frac{\bar{T}_d''}{\bar{T}_{d0}''} = \frac{\bar{e}_q(0-)}{\bar{x}_d''}\left(1 - \frac{\bar{x}_d'}{\bar{x}_d}\right)\cdot \frac{\bar{x}_d''}{\bar{x}_d'} = \bar{e}_q(0-)\cdot \left(\frac{1}{\bar{x}_d'} - \frac{1}{\bar{x}_d}\right)$$

$$k_3 = \left(s + \frac{1}{\bar{T}_d''}\right) \cdot \bar{i}_d(s)\bigg|_{s=-\frac{1}{\bar{T}_d''}} = \frac{\left\{-\frac{\bar{e}_d(0-)}{\bar{T}_d''} + \bar{e}_q(0-)\right\}\left(-\frac{1}{\bar{T}_d''} + \frac{1}{\bar{T}_{d0}'}\right)\left(-\frac{1}{\bar{T}_d''} + \frac{1}{\bar{T}_{d0}''}\right)}{\bar{x}_d''\left(-\frac{1}{\bar{T}_d''}\right)\left(-\frac{1}{\bar{T}_d''} + \frac{1}{\bar{T}_d'}\right)\left(\frac{1}{\bar{T}_d''^2} - \frac{2}{\bar{T}_d'' \cdot \bar{T}_a} + 1\right)}$$

ここで，$\bar{T}_d' \gg \bar{T}_d''$，$\bar{T}_{d0}'' \gg \bar{T}_d'' \gg 1$，$\bar{T}_d''^2 \gg 1$，$\bar{T}_a \gg 1$ などから，

$$k_3 \fallingdotseq \frac{\bar{e}_q(0-)}{\bar{x}_d''} \cdot \left(1 - \frac{\bar{T}_d''}{\bar{T}_{d0}''}\right) = \frac{\bar{e}_q(0-)}{\bar{x}_d''} \cdot \left(1 - \frac{\bar{x}_d''}{\bar{x}_d'}\right) = \bar{e}_q(0-) \cdot \left(\frac{1}{\bar{x}_d''} - \frac{1}{\bar{x}_d'}\right)$$

$k_4 \angle \delta_4$ については，$\left(s^2 + \frac{2}{\bar{T}_a}s + 1\right) \fallingdotseq \left(s + \frac{1}{\bar{T}_a} - j\right)\left(s + \frac{1}{\bar{T}_a} + j\right)$ に留意して

$$k_4 \angle \delta_4 = \left(s + \frac{1}{\bar{T}_a} - j\right) \cdot \bar{i}_d(s)\bigg|_{s=-\frac{1}{\bar{T}_a}+j}$$

$$= \frac{\left\{\bar{e}_d(0-) \cdot \left(-\frac{1}{\bar{T}_a} + j\right) + \bar{e}_q(0-)\right\}\left(j - \frac{1}{\bar{T}_a} + \frac{1}{\bar{T}_{d0}'}\right)\left(j - \frac{1}{\bar{T}_a} + \frac{1}{\bar{T}_{d0}''}\right)}{\bar{x}_d'' \cdot \left(j - \frac{1}{\bar{T}_a}\right)\left(j - \frac{1}{\bar{T}_a} + \frac{1}{\bar{T}_d'}\right)\left(j - \frac{1}{\bar{T}_a} + \frac{1}{\bar{T}_d''}\right)(2j)}$$

ここで，$\bar{T}_{d0}' \gg \bar{T}_a > \bar{T}_{d0}'' \gg 1$，$\bar{T}_d' \gg 1$，$\bar{T}_d'' \gg 1$ であるから，

$$k_4 \angle \delta_4 \fallingdotseq \frac{\{j \cdot \bar{e}_d(0-) + \bar{e}_q(0-)\}j^2}{\bar{x}_d'' \cdot 2j^4} = \frac{-j}{2\bar{x}_d''} \cdot \{\bar{e}_d(0-) - j\bar{e}_q(0-)\}$$

$$= \frac{\sqrt{\bar{e}_d(0-)^2 + \bar{e}_q(0-)^2}}{2\bar{x}_d''} \cdot \angle \tan^{-1}\frac{-\bar{e}_q(0-)}{\bar{e}_d(0-)} \cdot \angle -\frac{\pi}{2} = \frac{\bar{E}_{a1}}{2\bar{x}_d''} \angle -\alpha_1 \cdot \angle -\frac{\pi}{2}$$

$$\therefore \quad k_4 \angle \delta_4 \fallingdotseq \frac{\bar{E}_{a1}}{2\bar{x}_d''} \angle -\left(\alpha_1 + \frac{\pi}{2}\right) = \frac{\bar{E}_{a1}}{2\bar{x}_d''} \angle -(\delta_1 - \pi) \qquad \text{ただし，}\alpha_1 + \delta_1 = \frac{\pi}{2}$$

同様に，

$$k_4 \angle -\delta_4 \fallingdotseq \frac{\bar{E}_{a1}}{2\bar{x}_d''} \angle \left(\alpha_1 + \frac{\pi}{2}\right) = \frac{\bar{E}_{a1}}{2\bar{x}_d''} \angle -(\delta_1 - \pi)$$

したがって，式(10・128)②の中辺の第3,4項の和は

$$\{k_4 \angle \delta_4 \cdot e^{-\left(\frac{1}{\bar{T}_a} - j\right)\bar{t}} + k_4 \angle -\delta_4 \cdot e^{-\left(\frac{1}{\bar{T}_a} + j\right)\bar{t}}\}$$

$$= \frac{\bar{E}_{a1}}{2\bar{x}_d''} \cdot e^{-\bar{t}/\bar{T}_a} \cdot \{e^{j(\delta_1 - \pi + \bar{t})} + e^{-j(\delta_1 - \pi + \bar{t})}\}$$

$$= -\frac{\bar{E}_{a1}}{\bar{x}_d''} \cdot e^{-\bar{t}/\bar{T}_a} \cdot \cos(\bar{t} + \delta_1)$$

となる．

（2） 式(10・128)②の k_5，k_6，$k_7 \angle \pm \delta_7$ の計算

まったく同様の方法で，

$$k_5 \fallingdotseq s \cdot \bar{i}_q(s)\bigg|_{s=0} = \frac{-\bar{e}_d(0-)}{\bar{x}_q''} \cdot \frac{\bar{T}_q''}{\bar{T}_{q0}''} = \frac{-\bar{e}_d(0-)}{\bar{x}_q''} \cdot \frac{\bar{x}_q''}{\bar{x}_q} = -\frac{\bar{e}_d(0-)}{\bar{x}_q}$$

$$k_6 \fallingdotseq \frac{-\bar{e}_d(0-)}{\bar{x}_q''} \cdot \left(1 - \frac{\bar{T}_q''}{\bar{T}_{q0}''}\right) = -\bar{e}_d(0-) \cdot \left(\frac{1}{\bar{x}_q''} - \frac{1}{\bar{x}_q}\right)$$

$$k_7 \angle \delta_7 \fallingdotseq \frac{\bar{e}_d(0-) - j\bar{e}_q(0-)}{2\bar{x}_q''} = \frac{\bar{E}_{a1}}{2\bar{x}_q''} \angle -\alpha_1 = \frac{\bar{E}_{a1}}{2\bar{x}_q''} \angle \delta_1 - \frac{\pi}{2}$$

となる．$k_7 \angle \delta_7$ は各自試みられたい．

休憩室：その7　電気工学の巨人 Heaviside

Oliver Heaviside
(1850-1925)

　Faraday，Maxwell 以降の電気史を語るとき，絶対に忘れることのできない電気工学の巨人が **Oliver Heaviside**（1850-1925）である．
　Heaviside は 1870 年代後半から 1920 年代に活躍した偉大な物理学者・数学者であるが，なによりも実用電気工学分野でとびきり巨大な足跡を残した偉大な電気工学者でもあった．
　Heaviside は Charles Wheatstone（1802-1875）の甥として生を受けるが難聴であったため最高の理工学知識をほとんど独学で学んだといわれている．Heaviside は生涯独身を通し，また机に向かって思考を重ねる孤高の人であったが，20 代のころから晩年に至るまで電気工学でさまざまな業績を残していった．そのうちのいくつかを箇条書き的に振り返ってみよう．

a)　Heaviside は Maxwell の電磁波理論の価値を最も早く最も深く理解した科学者として記憶されている．Maxwell が 1873 年に発表した電磁波理論は 20 個の方程式によって説明されていて，極めて難解であった．Heaviside はその内容を少しも損なうことなく四つの美しい方程式（121 頁，休憩室：その 4 を参照）に整理し直したのである．今日，物理学に必ず登場する"Maxwell の四つの方程式"は "Maxwell が創出し，Heaviside によって整理された四つの方程式" なのである．優れた物理学者・数学者である Heaviside にして達成しえた業績であったといえよう．

b)　Heaviside は 1874 年に難解な微分方程式が $d/dt \to p$ と置換することによって多くの場合，代数的に簡単に解を求められることを示して，$d/dt \to p$ の記号変換による演算法を提唱した．"Heaviside の演算子法"は工学者の間では徐々に行き渡り，活用されていったが，多分に帰納法的に得られたものであったために当時の数学者は証明なき理論として顧みるところがなかったようである．この状態は後年，Heviside の演算子法が数学的には $t \leftrightarrow p$ の変数変換であることが **T. J. Bromwich**（1916），**J. R. Carson**（1918），**K. W. Wagner**（1925）らの研究で証明されるときまで続いた．数学的な証明を得て Heaviside 演算子は工学者にとってますます必須の数学手段となっていった．ただ，1960 年代前後からは Heaviside 演算子 p に代わってラプラス演算子 s が多用されるようになった感がある．1960 年ごろから盛んになった自動制御論でラプラス変換（$d/dt \leftrightarrow s$）が多用されるため，過渡現象解析など微分方程式の解法としても，p 変換に代わって s 変換で説明されることが多くなったといえよう．しかしながらが，両者は形式的に $p^n \leftrightarrow s^{n-1}$ と変換定義が異なること以外には解析手法や便利さに甲乙はない．Heaviside の演算子法は電気工学者の実用手段として今日も健在であるといえよう．

c)　現代の「長さ L・重さ M・時間 t・電流 A」を基本とする単位法の原型は 1880-1920 年ごろまでに構築されたといえようが，Heaviside はその時代に普遍的な単位系の理論的確立過程で主導的な貢献をしている．また，特に Heaviside が 1882 年にアンペールの法則を使う計算式などで必ず現れる煩わしい係数 4π，$2\sqrt{\pi}$ などが消えるように基本単位を取り直す考えを初めて提唱した．彼は今日の有理単位系（1・3 節 24 頁参照）の初の提唱者なのである．物体の運動力学・電磁波理論・熱力学・分子化学などあらゆる物理現象に精通した人物だけが果たしうる偉大な貢献をしたといえよう．Heaviside の提唱した単位系は **Hendrick Anton Lorentz**（1853-1928）が初めて使ったので今日では Heaviside-Lorentz 有理単位系と呼ばれている．

d)　A. G. Bell による電話発明（1877 年）以来，従来のケーブル電信は急速に技術進歩を重ねて普及していく．やがて電信ケーブルの距離が長くなるにつれてその電気信号の減衰と波形ひずみが実用上の深

刻な問題となってきた．Heaviside は 1881 年に電信回路を四つの定数 L, C, R, G によって表現することを提唱したうえで，その定数を $L/R = G/C$ とすることによって信号の波形ひずみが解消できることを指摘した．有名な電信方程式（Telegram equation：18 章 式(18.20) 参照）の提唱である．ケーブルの定数 C, R, G が変えられないのであればケーブルにインダクタンス L を取り付けて $L/R = G/C$ の条件を実現すれば電信信号ひずみが大幅に改善できることが理論的に示された．当時のケーブルを表す方程式として使われていたのは **Lord Kelvin**（1824-1907）が 1855 年に提唱した Thomson equation by KR law であり，今日的にいえばケーブルが二つの定数 C と R で表現されていた．

$$\frac{\partial^2 v}{\partial x^2} = KR \frac{\partial v}{\partial t} \qquad (KR\ law, K はキャパシタンス)$$

この式では減衰やひずみ現象を説明できないことは明らかである．Heaviside の電信理論はこの問題を見事に解消したのである．同時に電気回路では定数要素を適切に選ぶ回路設計を行うことができ，またそれによって電気信号を自在に制御（検波・変調など）できることを示唆してその後の通信技術の進展に計り知れないインパクトを与えた．電信方程式が登場する 1881 年は初の長距離実用送電線路（1886 年：2000 V 27 km）実現の 5 年前，Marconi による大西洋横断無線通信の 20 年前のことである．

今日，Heaviside の電信方程式はケーブルの信号伝送の表現のみならず，送電線理論，導波管の理論やオプティカルファイバ（光ケーブル）伝送理論として，さらには建築・土木・導水管（penstock）などあらゆる理工学分野で登場する基礎的な波動方程式として重要な役目を果たしている．蛇足ながら彼の補償コイル理論は Principle of loading cable として一躍有名になるが，このアイデアを商業的にヒットさせたのは別人 Pupin による補償コイル "pupin-coil" であった．

e) Marconi が 2001 年に大西洋横断の無線通信に成功する．この実験は予想をはるかに超える大成功であったが，一方で "直進する電波が丸い地球の反対側にまでなぜ届くのか？" という疑問に誰も答えることができなかった．Heaviside は 1902 年にこの疑問に答える観点から「地球を取り巻く成層圏に空気のイオン化された電離層があり，その電離層が電波を反射させる役割を果たしている」ことを予言したのである．彼は 2 本の平行導体に沿う電磁波の伝搬する様相について思考をめぐらし，また 1 条の導体があれば大地や海がもう一方の導体の役目をも果たすであろうことなどを考えていた．そして地球を覆うイオン層が上空にあれば電波が太西洋を越えて対岸で受信されるのは当然であるとの結論に達したのである．同じ年，アメリカでは Kennelly が同じ結論に達していた．二人が別々に予見した電離層は今日，Kennelly-Heaviside 層と呼ばれている．

f) 電気回路計算手法で Heaviside が残した貢献は数多い．

例えば，Heaviside は「鎖交磁束 ψ と電流 i の比 ψ/i をインダクタンスと称すること，また単位電流（$i = 1$〔A〕）が作る鎖交磁束数（ψ/i）をインダクタンスの大きさを数える "組み立て単位"（今日の単位 Henry）とすること」，また「電流 i と電圧 v の比 i/v をコンダクタンスと称すること，また電圧単位 $v = 1$〔V〕当たりのコンダクタンスの大きさを "組み立て単位 Ω^{-1} とすること"」などを提唱している．今日，日常的に回路の構成要素として使われる定数の名前や単位が Heaviside のアイデアに負っているのである．

このほか，本書でも度々登場する「過渡現象解析の常とう手段である Heaviside の展開定理（220 頁参照）」や「ユニット関数 $\mathbf{1}(t)$」なども彼の独創的アイデアである．

Heaviside は「電気が目に見える固体・液体と同様に簡単に計算し，計測できるものとするために必要な最も基本的な概念」を構築することでも計り知れない貢献をした．

Heaviside の貢献を拾うのはこのあたりで終わりとしよう．それにしても，Heaviside はその偉大な科学者としての側面とは別に，実用目的の電気工学者として今日までの最高の功績者であったといえるかもしれない．

第11章　皮相電力と対称座標法・d-q-0法

第10章では発電機の基本理論について対称座標法，d-q-0法などを使って詳しく吟味した．しかしながら取り扱った電気量は e, i, ψ などであり，肝心の電力，$S = P + jQ$ は登場させていない．第10章の発電機の理論を電気量 $S = P + jQ$ を扱う理論として拡張し，さらには系統のダイナミック特性を説明する理論として発展させる必要がある．その手始めとして a, b, c相に流れる皮相電力が 0-1-2 領域や d-q-0 領域ではどのようなものになるかを調べておく必要がある．本章ではいったん発電機理論を離れて各領域における皮相電力について吟味してみよう．

11・1　任意波形電圧・電流に対する皮相電力とその記号法表示

11・1・1　皮相電力の定義

回路上のある点における角周波数 ω の電圧・電流を次式で表すものとする．

$$
\left.\begin{aligned}
v(t) &= V\cos(\omega t + \alpha) = \sqrt{2}\,V_e \cos(\omega t + \alpha) \\
i(t) &= I\cos(\omega t + \beta) = \sqrt{2}\,I_e \cos(\omega t + \beta) \\
\text{ここで，}\ V,\ I\ \text{は波高値} & \\
V_e &= \frac{V}{\sqrt{2}},\ I_e = \frac{I}{\sqrt{2}}\ \text{は実効値（添え字}\ e\ \text{は effective の意）}
\end{aligned}\right\} \quad (11\cdot 1)
$$

式(11・1)の電圧・電流に対する瞬時電力を $\tilde{P}(t)$ と表せば

$$
\begin{aligned}
\tilde{P}(t) &= v(t)\cdot i(t) = VI\cos(\omega t + \alpha)\cos(\omega t + \beta) \\
&= \frac{VI}{2}\cos(\alpha - \beta) + \frac{VI}{2}\cos(2\omega t + \alpha + \beta)
\end{aligned} \quad (11\cdot 2)
$$

式(11・2)の右辺第1項は時間 t を含まないので時間的変化がなく，第2項は2倍の周波数の正弦波である．この場合の瞬時電力 $\tilde{P}(t)$ は，図11・1のように2倍の周波数の交流電力成分にバイアスのかかったものとなることがわかる．

有効電力 P は瞬時電力 $\tilde{P}(t)$ の時間的平均値として定義される．式(11・1)の右辺第2項の1周期の時間的平均はゼロになるので，右辺第1項が有効電力 P ということになる．このことを式で示すと

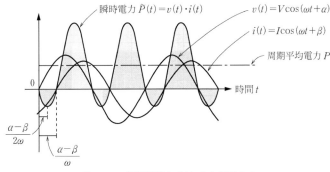

図11・1　瞬間値電力 $\tilde{P}(t)$ と有効電力 P

有効電力 P の定義式

$$P = \frac{1}{T}\int_0^T \widetilde{P}(t)\,dt = \frac{VI}{2}\cos(\alpha-\beta) = \frac{V}{\sqrt{2}}\cdot\frac{I}{\sqrt{2}}\cos(\alpha-\beta) = V_e I_e \cos(\alpha-\beta)$$

ただし，T は 1 サイクルの時間で $T = \dfrac{2\pi}{\omega}$

(11・3)

蛇足ではあるが式(11・1) の両式の cos を sin と置き換えて表す場合には式(11・2) の右辺第2項の符号がマイナスに置き換わるだけであり，したがって有効電力 P は式(11・3) と同じ結果が得られる．

次に，P の定義式(11・3) の cos を sin に置き換えた式を新たに無効電力 Q として定義する．

無効電力 Q の定義

$$Q = V_e I_e \sin(\alpha-\beta) \tag{11・4 a}$$

なお，この Q に関する定義は，式(11・1) の電流 $i(t)$ の cos を sin に置き換えた後に $v(t)$ との積を求めて平均化したものに一致する．すなわち

$$Q = \{V\cos(\omega t+\alpha)\cdot I\sin(\omega t+\beta) \text{ のサイクル平均値}\} = V_e I_e \sin(\alpha-\beta) \tag{11・4 b}$$

さて，波形として観測できる実体ある電圧・電流の式(11・1) に対する有効電力 P と無効電力 Q が式(11・3) と式(11・4)，(11・5) で定義されたので，これと同じ計算結果を得る記号法として，以上の説明を複素数表示で再度表現してみると次式を得る．

$$\left.\begin{aligned}\dot{v}(t) &\equiv \frac{V}{\sqrt{2}}\mathrm{e}^{j(\omega t+\alpha)} = V_e \mathrm{e}^{j(\omega t+\alpha)} \\ \dot{i}(t) &\equiv \frac{I}{\sqrt{2}}\mathrm{e}^{j(\omega t+\beta)} = I_e \mathrm{e}^{j(\omega t+\beta)}\end{aligned}\right\} \text{①}$$

皮相電力
$$\begin{aligned}\dot{S} = P+jQ &\equiv \dot{v}(t)\cdot \dot{i}(t)^* = V_e I_e \mathrm{e}^{j(\alpha-\beta)} \\ &= V_e I_e \cos(\alpha-\beta) + jV_e I_e \sin(\alpha-\beta) \quad \text{②}\end{aligned}$$

(11・5)

すなわち，複素電圧・電流 $\dot{v}(t)$，$\dot{i}(t)$ として，式(11・1) の V と I に代えて式(11・5) ①のように実効値 V_e と I_e に置き換えた正弦波複素数として定義する．また，式②のように複素電圧 $\dot{v}(t)$ と，共役複素電流 $\dot{i}(t)^*$ の積を皮相電力 $P+jQ$ として定義する．式(11・5) ①，②で ≡ は定義であることを強調している．式(11・5) ②の P と Q は定義式(11・3) と式(11・4) に一致しているので，式(11・5) ②が皮相電力の定義であるということもできる．

なお，本章では複素数値を示す変数にはそれを強調するために変数の上にドット・を付すこととする．

11・1・2 一般波形への拡張

回路の任意地点の電気量として仮に角速度 ω_1 の電圧と ω_2 の電流があるとする．

$$\left.\begin{aligned}v(t) &= V\cos(\omega_1 t+\alpha) \\ i(t) &= I\cos(\omega_2 t+\beta)\end{aligned}\right\} \tag{11・6 a}$$

両者の積を計算すると

1) $\quad v(t)\cdot i(t) = VI\cos(\omega_1 t+\alpha)\cos(\omega_2 t+\beta)$

$$= \frac{VI}{2}\{\cos(\overline{\omega_1+\omega_2}\cdot t + \overline{\alpha+\beta}) + \cos(\overline{\omega_1-\omega_2}\cdot t + \overline{\alpha-\beta})\} \tag{11・6 b}$$

式(11・6 b) の 1 サイクル平均値は

$$(v(t)\cdot i(t) \text{ のサイクル平均値}) = \begin{cases}\dfrac{VI}{2}\cos(\alpha-\beta) & \omega_1=\omega_2 \text{ のとき} \\ 0 & \omega_1\neq\omega_2 \text{ のとき}\end{cases} \tag{11・7}$$

有効電力 P は周期平均値（1周期中の±の交番成分を除外する）であるから，電圧と電流の周波数が同一の場合にのみ＋または−の有限値（一方から他方に電力が伝達される）であり，電圧と電流の周波数が異なる場合にはゼロ（平均すれば電力の一方への伝達がない）となることを意味している．

以上を念頭に入れたうえで直流および各次調波を含む電圧・電流の一般波形について検討してみよう．任意の波形を次式で表す．

$$\left. \begin{array}{l} v(t) = V_0 \cos\alpha_0 + V_1 \cos(\omega t + \alpha_1) + V_2 \cos(2\omega t + \alpha_2) + V_3 \cos(3\omega t + \alpha_3) + \cdots \\ i(t) = I_0 \cos\beta_0 + I_1 \cos(\omega t + \beta_1) + I_2 \cos(2\omega t + \beta_2) + I_3 \cos(3\omega t + \beta_3) + \cdots \end{array} \right\} \quad (11 \cdot 8)$$

この場合の有効電力 P は次式となることは明らかである．

$$\begin{aligned} P &= \{e(t) \cdot i(t) \text{ のサイクル平均値}\} \\ &= \frac{V_0 I_0}{2}(\cos\overline{\alpha_0+\beta_0} + \cos\overline{\alpha_0-\beta_0}) + \frac{V_1 I_1}{2}\cos(\alpha_1-\beta_1) + \frac{V_2 I_2}{2}\cos(\alpha_2-\beta_2) \\ &\quad + \frac{V_3 I_3}{2}\cos(\alpha_3-\beta_3) + \cdots = \sum_{k=0} V_{ek} \cdot I_{ek} \cos(\alpha_k - \beta_k) \end{aligned} \quad (11 \cdot 9)$$

また，以上の説明を複素記号法では，次のように表現できる．

任意の電圧・電流波形（添え字 e は実効値であることを示す）

$$\left. \begin{array}{l} \dot{v}(t) = V_{e0} e^{j\alpha_0} + V_{e1} e^{j(\omega t+\alpha_1)} + V_{e2} e^{j(2\omega t+\alpha_2)} + V_{e3} e^{j(3\omega t+\alpha_3)} + \cdots \\ \dot{i}(t) = I_{e0} e^{j\beta_0} + I_{e1} e^{j(\omega t+\beta_1)} + I_{e2} e^{j(2\omega t+\beta_2)} + I_{e3} e^{j(3\omega t+\beta_3)} + \cdots \end{array} \right\} \quad (11 \cdot 10\,\text{a})$$

このとき，皮相電力は

$$\begin{aligned} \dot{S} &= P + jQ = \{\dot{v}(t) \cdot \dot{i}(t)^* \text{ のサイクル平均値}\} \\ &= V_{e0} I_{e0} e^{j(\alpha_0-\beta_0)} + V_{e1} I_{e1} e^{j(\alpha_1-\beta_1)} + V_{e2} I_{e2} e^{j(\alpha_2-\beta_2)} + V_{e3} I_{e3} e^{j(\alpha_3-\beta_3)} + \cdots \\ &= \left\{\sum_{k=0} V_{ek} \cdot I_{ek} \cos(\alpha_k-\beta_k)\right\} + j\left\{\sum_{k=0} V_{ek} \cdot I_{ek} \sin(\alpha_k-\beta_k)\right\} \end{aligned} \quad (11 \cdot 10\,\text{b})$$

複素記号法では電圧・電流を各周波数成分についてその実効値ベースの複素数で表すとき，両者のベクトル積が皮相電力となる．実体としての電圧・電流が式(11・10 a) の実数部であるとすれば，その皮相電力は式(11・10 b) となる．

さて，本節では電気量は任意の回路の任意の地点の電圧・電流・電力として説明してきた．我々の目の前には現実の回路として3相回路があるので，3相回路の任意の地点において，式(11・1)〜(11・10) に添え字 a, b, c を付した3相一組の電気量と回路式があるとすればよい．すなわち

$$\left. \begin{array}{l} \boxed{\begin{array}{c}\dot{S}_a \\ \dot{S}_b \\ \dot{S}_c\end{array}} = \boxed{\begin{array}{c}P_a \\ P_b \\ P_c\end{array}} + j \boxed{\begin{array}{c}Q_a \\ Q_b \\ Q_c\end{array}} = \boxed{\begin{array}{c}\dot{v}_a(t) \cdot \dot{i}_a(t)^* \\ \dot{v}_b(t) \cdot \dot{i}_b(t)^* \\ \dot{v}_c(t) \cdot \dot{i}_c(t)^*\end{array}} \\ \text{あるいは} \\ \dot{\boldsymbol{S}}_{abc} = \boldsymbol{P}_{abc} + j\boldsymbol{Q}_{abc} = \dot{\boldsymbol{v}}_{abc}(t) \cdot \dot{\boldsymbol{i}}_{abc}(t)^* \\ \text{ここで，} \dot{\boldsymbol{v}}_{abc}(t), \dot{\boldsymbol{i}}_{abc}(t)^* \text{ は実効値複素電圧・電流} \end{array} \right\} \quad (11 \cdot 11)$$

となる．電圧・電流は実効値によって表して，単位はボルト (V)，アンペア (A) である．また，P, Q, $\dot{S}$ の単位はボルトアンペア (VA) で，特に有効電力 P の単位はワット (W) でもある．

11・2 対称座標法による皮相電力

次に，3相回路において電圧・電流が任意波形の場合の電力，さらには対称座標法の領域における電力について吟味しよう．これらは第10章で得た発電機の理論を電力の理論として展開するための前提となる．

第11章 皮相電力と対称座標法・d-q-0法

3相回路の電圧・電流波形が任意とすれば

$$\left.\begin{array}{l}\dot{v}_a(t)=\sum_k V_{ak}\mathrm{e}^{j(k\omega t+\alpha_{ak})}\\ \dot{v}_b(t)=\sum_k V_{bk}\mathrm{e}^{j(k\omega t+\alpha_{bk})}\\ \dot{v}_c(t)=\sum_k V_{ck}\mathrm{e}^{j(k\omega t+\alpha_{ck})}\end{array}\right\}① \quad \left.\begin{array}{l}\dot{i}_a(t)=\sum_k I_{ak}\mathrm{e}^{j(k\omega t+\beta_{ak})}\\ \dot{i}_b(t)=\sum_k I_{bk}\mathrm{e}^{j(k\omega t+\beta_{bk})}\\ \dot{i}_c(t)=\sum_k I_{ck}\mathrm{e}^{j(k\omega t+\beta_{ck})}\end{array}\right\}② \quad (11\cdot12)$$

各相の皮相電力の瞬時値は

$$\left.\begin{array}{l}\begin{bmatrix}\dot{S}_a(t)\\ \dot{S}_b(t)\\ \dot{S}_c(t)\end{bmatrix}=\begin{bmatrix}P_a(t)\\ P_b(t)\\ P_c(t)\end{bmatrix}+j\begin{bmatrix}Q_a(t)\\ Q_b(t)\\ Q_c(t)\end{bmatrix}=\begin{bmatrix}\dot{v}_a(t)\cdot\dot{i}_a(t)^*\\ \dot{v}_b(t)\cdot\dot{i}_b(t)^*\\ \dot{v}_c(t)\cdot\dot{i}_c(t)^*\end{bmatrix}\\ \boldsymbol{S}_{abc}(t)=P_{abc}(t)+j\boldsymbol{Q}_{abc}(t)\end{array}\right\}\quad(11\cdot13\mathrm{a})$$

3相合計の皮相電力は

$$\left.\begin{array}{l}\dot{S}_{3\phi}=\dot{S}_a+\dot{S}_b+\dot{S}_c=(P_a+jQ_a)+(P_b+jQ_b)+(P_c+jQ_c)\\ =\dot{v}_a(t)\cdot\dot{i}_a(t)^*+\dot{v}_b(t)\cdot\dot{i}_b(t)^*+\dot{v}_c(t)\cdot\dot{i}_c(t)^*\\ =\underbrace{\begin{bmatrix}\dot{v}_a(t) & \dot{v}_b(t) & \dot{v}_c(t)\end{bmatrix}}_{{}^t\boldsymbol{v}_{abc}(t)}\cdot\underbrace{\begin{bmatrix}\dot{i}_a(t)^*\\ \dot{i}_b(t)^*\\ \dot{i}_c(t)^*\end{bmatrix}}_{\boldsymbol{i}_{abc}(t)^*}\end{array}\right\}\quad(11\cdot13\mathrm{b})$$

あるいは

$$\dot{\boldsymbol{S}}_{3\phi}(t)={}^t\boldsymbol{v}_{abc}(t)\cdot\boldsymbol{i}_{abc}(t)^* \quad ({}^t\boldsymbol{v}_{abc}(t)\text{ は }\boldsymbol{v}_{abc}(t)\text{ の転置行列})$$

これらの式の実用単位は電圧〔V〕,電流〔A〕,電力〔VA〕である.

さて,

$$\left.\begin{array}{l}\dot{\boldsymbol{v}}_{abc}(t)=\boldsymbol{a}^{-1}\dot{\boldsymbol{v}}_{012}(t)\\ \boldsymbol{i}_{abc}(t)=\boldsymbol{a}^{-1}\boldsymbol{i}_{012}(t)\end{array}\right\}\quad(11\cdot14\mathrm{a})$$

を使って式(11・13b)を対称座標法の 0-1-2 領域に変換する.

転置行列に関する公式

$${}^t\{\boldsymbol{A}\cdot\boldsymbol{B}\}={}^t\boldsymbol{B}\cdot{}^t\boldsymbol{A} \quad(11\cdot14\mathrm{b})$$

に留意して,また

$$(\boldsymbol{a}^{-1})^*=\begin{bmatrix}1 & 1 & 1\\ 1 & (a^2)^* & (a)^*\\ 1 & (a)^* & (a^2)^*\end{bmatrix}=\begin{bmatrix}1 & 1 & 1\\ 1 & a & a^2\\ 1 & a^2 & a\end{bmatrix}=3\boldsymbol{a} \quad(11\cdot14\mathrm{c})$$

$$\left.\begin{array}{ll}(a^{-1})^*=3a & a^2=\mathrm{e}^{-120°}=a^*\\ a^*=\dfrac{1}{3}a^{-1} & a=\mathrm{e}^{120°}=a^{2*}\end{array}\right\}\quad(11\cdot14\mathrm{d})$$

などであるから

$$\left.\begin{array}{l}\boldsymbol{i}_{012}(t)^*=(\boldsymbol{a}\cdot\boldsymbol{i}_{abc}(t))^*=\boldsymbol{a}^*\cdot\boldsymbol{i}_{abc}(t)^*=\dfrac{1}{3}\boldsymbol{a}\cdot\boldsymbol{i}_{abc}(t)^*\\ \boldsymbol{i}_{abc}(t)^*=(\boldsymbol{a}^{-1}\cdot\boldsymbol{i}_{012}(t))^*=(\boldsymbol{a}^{-1})^*\cdot\boldsymbol{i}_{012}(t)^*=3\boldsymbol{a}\cdot\boldsymbol{i}_{012}(t)^*\end{array}\right\}\quad(11\cdot15)$$

$$\left.\begin{array}{l}\dot{\boldsymbol{S}}_{3\phi}={}^t\boldsymbol{v}_{abc}(t)\cdot\boldsymbol{i}_{abc}(t)^*\\ {}^t\boldsymbol{v}_{abc}(t)={}^t\{\boldsymbol{a}^{-1}\cdot\boldsymbol{v}_{012}\}={}^t\boldsymbol{v}_{012}(t)\cdot{}^t\boldsymbol{a}^{-1}={}^t\boldsymbol{v}_{012}(t)\cdot\boldsymbol{a}^{-1}\\ \boldsymbol{i}_{abc}(t)^*=\{\boldsymbol{a}^{-1}\cdot\boldsymbol{i}_{012}(t)\}^*=(\boldsymbol{a}^{-1})^*\cdot\boldsymbol{i}_{012}(t)^*=3\boldsymbol{a}\cdot\boldsymbol{i}_{012}(t)^*\end{array}\right\}\quad(11\cdot16)$$

さて,これで準備ができたので,式(11・13b)に戻って皮相電力を計算する.

$$\begin{aligned}
\dot{S}_{3\phi} &= {}^t\dot{\boldsymbol{v}}_{abc}(t)\cdot\boldsymbol{i}_{abc}(t)^* = ({}^t\dot{\boldsymbol{v}}_{012}(t)\cdot\boldsymbol{a}^{-1})(3\,\boldsymbol{a}\cdot\boldsymbol{i}_{012}(t)^*) \\
&= 3\,{}^t\dot{\boldsymbol{v}}_{012}(t)\cdot\boldsymbol{i}_{012}(t)^* = 3\begin{bmatrix}\dot{v}_0(t) & \dot{v}_1(t) & \dot{v}_2(t)\end{bmatrix}\cdot\begin{bmatrix}\dot{i}_0(t)^*\\ \dot{i}_1(t)^*\\ \dot{i}_2(t)^*\end{bmatrix} \\
&= 3\{\dot{v}_0(t)\cdot\dot{i}_0(t)^* + \dot{v}_1(t)\cdot\dot{i}_1(t)^* + \dot{v}_2(t)\cdot\dot{i}_2(t)^*\} \\
&= 3\{\dot{S}_0(t)+\dot{S}_1(t)+\dot{S}_2(t)\}
\end{aligned} \quad (11\cdot 17)$$

以上を再整理すると

皮相電力の対称座標法領域基本式

$$\begin{aligned}
\frac{\dot{S}_{3\phi}}{3} = \dot{S}_{1\phi} &= \frac{1}{3}\{\dot{S}_a(t)+\dot{S}_b(t)+\dot{S}_c(t)\} \\
&= \frac{1}{3}\{\dot{v}_a(t)\,\dot{i}_a(t)^* + \dot{v}_b(t)\cdot\dot{i}_b(t)^* + \dot{v}_c(t)\cdot\dot{i}_c(t)^*\} \\
&= \dot{S}_0(t)+\dot{S}_1(t)+\dot{S}_2(t) \\
&= \dot{v}_0(t)\cdot\dot{i}_0(t)^* + \dot{v}_1(t)\cdot\dot{i}_1(t)^* + \dot{v}_2(t)\cdot\dot{i}_2(t)^*
\end{aligned} \quad (11\cdot 18)$$

ただし，
$$\begin{aligned}
\dot{S}_0 &= P_0 + jQ_0 = \dot{v}_0(t)\cdot\dot{i}_0(t)^* \\
\dot{S}_1 &= P_1 + jQ_1 = \dot{v}_1(t)\cdot\dot{i}_1(t)^* \\
\dot{S}_2 &= P_2 + jQ_2 = \dot{v}_2(t)\cdot\dot{i}_2(t)^*
\end{aligned}$$

式(11·18)は，3相回路の任意の波形の電圧・電流（直流や高調波成分を含む）による皮相電力が0-1-2領域では次のようになることを示している．

i) 電力についても電圧・電流の場合と同様に正・逆・零相を独立的に扱うことが可能である．

ii) 正・逆・零相ごとに皮相電力 S_1, S_2, S_0 を求めこれらを合算すれば，3相回路の1相当たりの平均皮相電力 $S_{1\phi}$ となる．

次に，式(11·18)をPU化しておこう．
PU化のベース量は第5章の式(5·13)と同じである．
$VA_{3\text{base}} = 3\,VA_{1\phi\text{base}}$ に留意して

$$\begin{aligned}
\frac{\dot{S}_{3\phi}/3}{S_{3\phi\text{base}}/3} &= \frac{(\dot{S}_a+\dot{S}_b+\dot{S}_c)/3}{S_{1\phi\text{base}}} = \frac{\dot{S}_{1\phi}}{S_{1\phi\text{base}}} = \frac{\dot{S}_0}{S_{1\phi\text{base}}} + \frac{\dot{S}_1}{S_{1\phi\text{base}}} + \frac{\dot{S}_2}{S_{1\phi\text{base}}} \\
&= \frac{\dot{v}_0(t)}{V_{1\phi\text{base}}}\cdot\frac{\dot{i}_0(t)^*}{I_{1\phi\text{base}}} + \frac{\dot{v}_1(t)}{V_{1\phi\text{base}}}\cdot\frac{\dot{i}_1(t)^*}{I_{1\phi\text{base}}} + \frac{\dot{v}_2(t)}{V_{1\phi\text{base}}}\cdot\frac{\dot{i}_2(t)^*}{I_{1\phi\text{base}}}
\end{aligned} \quad (11\cdot 19)$$

すなわち，
$$\begin{aligned}
\bar{\dot{S}}_{3\phi} = \bar{\dot{S}}_{1\phi} &= (\bar{\dot{S}}_a + \bar{\dot{S}}_b + \bar{\dot{S}}_c)/3 \\
&= \bar{\dot{S}}_0 + \bar{\dot{S}}_1 + \bar{\dot{S}}_2 = \bar{\dot{v}}_0(t)\cdot\bar{\dot{i}}_0(t)^* + \bar{\dot{v}}_1(t)\cdot\bar{\dot{i}}_1(t)^* + \bar{\dot{v}}_2(t)\cdot\bar{\dot{i}}_2(t)^*
\end{aligned} \quad (11\cdot 20)$$

となる．PU化すると $\bar{S}_{1\phi} = \bar{S}_{3\phi}$ で皮相電力の3相合計値と1相平均値はpu値としては同じになることもわかる．

なお，本節では一度も基本波電気量とはことわっておらず，電圧・電流および電力のすべての式が一般波形に対して成り立つものであることを指摘しておこう．

11·3　d-q-0法による皮相電力

次に，皮相電力が0-1-2領域とd-q-0領域でどのような関係になるかについて吟味する．
第10章の式(10·11a), (10·11b)で定義されている $e_d(t)$, $e_q(t)$ および $e_d(t)$, $e_q(t)$ を使ってa相の有効電力 P_a を計算すると

$$P_a = e_a(t) \cdot i_a(t) = \{\cos\theta_a \cdot e_d(t) - \sin\theta_a \cdot e_q(t) + \text{Re}[e_0(t)]\}$$
$$\cdot \{\cos\theta_a \cdot i_d(t) - \sin\theta_a \cdot i_q(t) + \text{Re}[i_0(t)]\}$$
$$= [\cos^2\theta_a] \cdot e_d(t) \cdot i_d(t) + [\sin^2\theta_a] \cdot e_q(t) \cdot i_q(t)$$
$$- [\cos\theta_a \sin\theta_a]\{e_q(t) \cdot i_d(t) + e_d(t) \cdot i_q(t)\} + \text{Re}[e_0(t) \cdot i_0{}^*(t)]$$

ここで，$\theta_a = \omega t$, $\theta_b = \omega t - 120°$, $\theta_c = \omega t + 120°$ (11・21)

$e_d(t)$, $e_q(t)$ は3相平衡状態では時間 t に依存しない直流であるが不平衡状態では時間 t に依存する値である．さて，P_b, P_c についても同形の式が求められるから，$\sin\theta_a + \sin\theta_b + \sin\theta_c = 0$, $\cos^2\theta_a + \cos^2\theta_b + \cos^2\theta_c = 3/2$ などの関係に留意して

$$P_a + P_b + P_c = [\cos^2\theta_a + \cos^2\theta_b + \cos^2\theta_c] \cdot e_d(t) \cdot i_d(t) + [\sin^2\theta_a + \sin^2\theta_b + \sin^2\theta_c] \cdot e_q(t) \cdot i_q(t)$$
$$- [\cos\theta_a \sin\theta_a + \cos\theta_b \sin\theta_b + \cos\theta_c \sin\theta_c]\{(e_d(t) \cdot i_q(t)$$
$$+ e_q(t) \cdot i_d(t)\} + 3\,\text{Re}[e_0(t) \cdot i_0{}^*(t)]$$
$$= (3/2) e_d(t) \cdot i_d(t) + (3/2) e_q(t) \cdot i_q(t) + 3\,\text{Re}[e_0(t) \cdot i_0{}^*(t)]$$
$$(P_a + P_b + P_c)/3 = (1/2)\{e_d(t) \cdot i_d(t) + e_q(t) \cdot i_q(t)\} + \text{Re}[e_0(t) \cdot i_0{}^*(t)]$$
$$= (1/2)\{P_d(t) + P_q(t)\} + \text{Re}[e_0(t) \cdot i_0{}^*(t)] \quad (11 \cdot 22)$$

次に，a相の無効電力 Q_a については式(10・21) と同形で，ただし電流 $i_a(t)$ の θ_a を $(\theta_a + 90°)$ に置き換えればよいから

$$Q_a = e_a(t) \cdot i_a(t) = \{\cos\theta_a \cdot e_d(t) - \sin\theta_a \cdot e_q(t) + \text{Im}[e_0(t)]\}$$
$$\cdot \{\cos(\theta_a + 90) \cdot i_d(t) - \sin(\theta_a + 90) \cdot i_q(t) + \text{Im}[i_0{}^*(t)]\}$$
$$= [\cos\theta_a \sin\theta_a] \cdot \{(-e_d(t) \cdot i_d(t) + e_q(t) \cdot i_q(t))\}$$
$$+ [\sin^2\theta_a](e_q(t) \cdot i_d(t) - [\cos^2\theta_a] e_d(t) \cdot i_q(t)$$
$$(Q_a + Q_b + Q_c) = (3/2) e_q(t) \cdot i_d(t) - (3/2) e_d(t) \cdot i_q(t) + 3\,\text{Im}[e_0(t) \cdot i_0{}^*(t)]$$

したがって
$$(Q_a + Q_b + Q_c)/3 = (1/2)\{e_q(t) \cdot i_d(t) - e_d(t) \cdot i_q(t)\} + \text{Im}[e_0(t) \cdot i_0{}^*(t)]$$
$$= (1/2)\{Q_d(t) + Q_q(t)\} + \text{Im}[e_0(t) \cdot i_0{}^*] \quad (11 \cdot 23)$$

さらに，式(11・22)，(11・23) を $P + jQ$ の形に合成すると
$$\dot{S}_{3\phi}/3 = \dot{S}_{1\phi} = (P_a + P_b + P_c)/3 + j(Q_a + Q_b + Q_c)/3$$
$$= (1/2)\{e_d(t) \cdot i_d(t) + e_q(t) \cdot i_q(t)\} + (1/2)j\{e_q(t) \cdot i_d(t) - e_d(t) \cdot i_q(t)\}$$
$$+ e_0(t) \cdot i_0{}^*(t)$$
$$= (1/2)\{e_d(t) + je_q(t)\} \cdot \{i_d(t) - ji_q(t)\} + e_0(t) \cdot i_0{}^*(t)$$
$$= (1/2)\{P_d + jQ_d) + (P_q + jQ_q)\} + e_0(t) \cdot i_0{}^*(t)$$
$$= (1/2)\{\dot{S}_d + \dot{S}_q\} + \dot{S}_0 \quad (11 \cdot 24)$$

上式のPU化を行う．ベース量は第10章の式(10・40) と同じで，ここでも発電機の容量ベースとして電機子の実効値容量ベースを採用する．すなわち，

$$\frac{VA_{3\phi\text{base}}}{3} = \left(\frac{{}_se_\text{base}}{\sqrt{2}}\right) \cdot \left(\frac{{}_si_\text{base}}{\sqrt{2}}\right) = \frac{1}{2} \cdot {}_se_\text{base} \cdot {}_si_\text{base} \quad (11 \cdot 25)$$

↑　　　↑
ステータの実効値ベース

式(11・24) を式(11・25) で除して皮相電力 $\dot{S}$ を PU 化すると係数1/2が消滅して次式となる．

$$\left.\begin{aligned}\dot{\bar{S}}_{3\phi} = \dot{\bar{S}}_{1\phi} &= \bar{P}_{3\phi} + j\bar{Q}_{3\phi} = \bar{P}_{1\phi} + j\bar{Q}_{1\phi} \\ &= \dot{\bar{e}}_d(t) \cdot \dot{\bar{i}}_d(t)^* + \dot{\bar{e}}_q(t) \cdot \dot{\bar{i}}_q(t)^* + 2\dot{\bar{e}}_0(t) \cdot \dot{\bar{i}}_0(t)^* \\ &= \dot{\bar{S}}_d(t) + \dot{\bar{S}}_q(t) + 2\dot{\bar{S}}_0(t)\end{aligned}\right\} \quad (11 \cdot 26)$$

3相回路電力のpu値はd軸電力，q軸電力に零相電力の2倍を加えたものとなる．

また，式(11・20) と式(11・26) より，次のようにも表される．
$$\dot{\bar{S}}_{3\phi} = \dot{\bar{S}}_{1\phi} = \dot{\bar{S}}_1 + \dot{\bar{S}}_2 + \dot{\bar{S}}_0 = \dot{\bar{S}}_d + \dot{\bar{S}}_q + 2\dot{\bar{S}}_0 \quad (11 \cdot 27)$$

結局，a-b-c 領域と 0-1-2 領域と d-q-0 領域における皮相電力の関係式は，PU 化前では式 (11・18) と式 (11・24)，pu 化後では式 (11・27) となる．

以上の考察によって任意の波形の電圧 $\boldsymbol{v}_{abc}(t)$，電流 $\boldsymbol{i}_{abc}(t)$ に対する皮相電力 $\dot{\boldsymbol{S}}_{abc} = \boldsymbol{P}_{abc} + \boldsymbol{Q}_{abc}$, $\dot{\boldsymbol{S}}_{012} = \boldsymbol{P}_{012} + \boldsymbol{Q}_{012}$, $\dot{\boldsymbol{S}}_{dq0} = \boldsymbol{P}_{dq0} + \boldsymbol{Q}_{dq0}$ を拡張定義して，さらにこれらの相互の関係を実用単位と PU 法の両方で明らかにすることができた．

電圧・電流に直流分や高調波分が含まれている場合でも皮相電力 $\dot{\boldsymbol{S}}$，有効電力 $\boldsymbol{P}$，無効電力 $\boldsymbol{Q}$ が a-b-c 領域，0-1-2 領域，d-q-0 領域で互換計算が可能であることも明らかとなった．第 10 章で学んだ発電機の電圧電流 $\boldsymbol{v}(t)$，$\boldsymbol{i}(t)$ に関する理論を電力 $\dot{\boldsymbol{S}}(t) = \boldsymbol{P}(t) + \boldsymbol{Q}(t)$ に関する理論に拡張する準備が整ったのである．

第12章 発電機の発生電力と定態安定度
（Park 理論の電力への拡張）

　第10章では発電機について電気量 v, i, ψ などによるモデル理論として詳しく学んだが，肝心の皮相電力 $\dot{S}=P+jQ$ としての扱いには至っていないので，この発電機理論を $\dot{S}=P+jQ$ を含めた概念に拡張する必要がある．そのための準備段階として第11章では任意の波形の v, i に対する皮相電力 $\dot{S}=P+jQ$ の意味を確認し，さらに皮相電力 $\dot{S}$ が対称座標法や 0-1-2 領域や d-q-0 領域ではどのようなものになるかについて吟味した．以降の章では第10章で学んだ発電機モデル理論を電気量 v, i, ψ に電力 $S=P+jQ$ を加えた特性理論として拡張し，さらには送電線路や負荷のつながる電力系統の電気量 v, i, P, Q, f の振舞いに関する特性理論として理解する段階に達した．その第一段階として本章では発電機が送電線に接続されて3相平衡状態で運転されるとする系統基本モデルでその電気量 v, i, P, Q の関係式を導入し，次にはその系統モデルの定態安定度について学ぶこととする．

　ちなみに，本書の後半では発電機に送電線と負荷がつながる簡単な系統モデルにおいて定常現象や過渡現象，また商用周波数現象からサージ現象などさまざまな観察点から系統のダイナミックな特性を学んでいく．大規模な電力系統のさまざまな動特性，複雑な現象は簡単なモデル系統の徹底的な理解によって正しく得られることを強調しておきたい．

12・1　発電機の発生電力と P-δ 曲線・Q-δ 曲線

　発電機が定格速度・3相平衡状態で運転している場合を考える．これは10章の式 (10・53) ～ (10・60) と図 10.7 のケースに相当する．
　式 (10・54), (10・55) に準じて

$$\left.\begin{array}{l}\bar{e}_d+j\bar{e}_q=\bar{E}_1\mathrm{e}^{j\alpha_1}\\ \bar{i}_d+j\bar{i}_q=\bar{I}_1\mathrm{e}^{j\beta_1}\end{array}\right\} \quad (12\cdot1\mathrm{a})$$

あるいは

$$\left.\begin{array}{l}(\bar{e}_d+j\bar{e}_q)\mathrm{e}^{j\bar{t}}=\bar{E}_1\mathrm{e}^{j(\bar{t}+\alpha_1)}=\dot{\bar{e}}_1(\bar{t})\\ (\bar{i}_d+j\bar{i}_q)\mathrm{e}^{j\bar{t}}=\bar{I}_1\mathrm{e}^{j(\bar{t}+\beta_1)}=\dot{\bar{i}}_1(\bar{t})\end{array}\right\} \quad (12\cdot1\mathrm{b})$$

ここで，$\bar{t}$ は ωt の pu 値で単位は [rad]．
また，

$$\left.\begin{array}{l}\bar{e}_d=\bar{E}_1\cos\alpha_1=\bar{E}_1\sin\delta_1\\ \bar{e}_q=\bar{E}_1\sin\alpha_1=\bar{E}_1\cos\delta_1\end{array}\right\} \quad (12\cdot1\mathrm{c})$$

ただし $\delta_1=\dfrac{\pi}{2}-\alpha_1$ で，δ_1 は端子電圧 $\bar{E}_1\mathrm{e}^{j\alpha_1}$ と内部誘起電圧 $j\bar{E}_f$ との位相差，すなわち**発電機の内部位相差角**である（図 10・7 参照）．

　なお，3相平衡状態であるから $\bar{e}_d$, $\bar{e}_q$, $\bar{i}_d$, $\bar{i}_q$ などは直流量であるので時間関数の添え字 t を除いている．
　皮相電力は式 (11・18) および式 (10・55a) から

$$\left.\begin{array}{rl}\bar{S}_{3\phi}=\bar{S}_{1\phi}=\bar{P}_{1\phi}+j\bar{Q}_{1\phi}&=\dot{\bar{e}}_1(\bar{t})\cdot\dot{\bar{i}}_1(\bar{t})^*=(\bar{E}_1\mathrm{e}^{j\alpha_1})\cdot(\bar{I}_1\mathrm{e}^{j\beta_1})^*\\ &=(\bar{e}_d+j\bar{e}_q)\mathrm{e}^{j\bar{t}}\cdot(\bar{i}_d-j\bar{i}_q)\mathrm{e}^{-j\bar{t}}\\ &=(\bar{e}_d\bar{i}_d+\bar{e}_q\bar{i}_q)+j(\bar{e}_q\bar{i}_d-\bar{e}_d\bar{i}_q)\end{array}\right\} \quad (12\cdot2)$$

$$\therefore \quad \bar{P}_{3\phi} = \bar{P}_{1\phi} = \bar{e}_d \bar{i}_d + \bar{e}_q \bar{i}_q$$
$$\bar{Q}_{3\phi} = \bar{Q}_{1\phi} = \bar{e}_q \bar{i}_d - \bar{e}_d \bar{i}_q$$

上式が3相平衡時の皮相電力を d-q-0 電圧・電流で表したもので，各変数はいずれも直流量である．

さて，3相平衡では第10章の式(10・59)の関係がある．式(10・59)を書き換えると

$$\left. \begin{array}{l} \bar{i}_d = \dfrac{\bar{E}_f - \bar{e}_q - \bar{r}\bar{i}_q}{\bar{x}_d} \\[6pt] \bar{i}_q = \dfrac{\bar{e}_d + \bar{r}\bar{i}_d}{\bar{x}_q} \end{array} \right\} \qquad (12\cdot3)$$

$\bar{x}_d, \bar{x}_q \gg \bar{r}$ であるから $\bar{r}$ の項を無視して式(12・3)を式(12・2)に代入すれば

$$\left. \begin{array}{l} \bar{P}_{\text{gen}} \equiv \bar{P}_{3\phi} = \bar{P}_{1\phi} = \dfrac{\bar{E}_f \bar{e}_d}{\bar{x}_d} + \bar{e}_d \bar{e}_q \left(\dfrac{1}{\bar{x}_q} - \dfrac{1}{\bar{x}_d} \right) \cdots \cdots ① \\[8pt] \bar{Q}_{\text{gen}} \equiv \bar{Q}_{3\phi} = \bar{Q}_{1\phi} = \dfrac{\bar{E}_f \bar{e}_q}{\bar{x}_d} - \left(\dfrac{\bar{e}_d^{\,2}}{\bar{x}_q} + \dfrac{\bar{e}_q^{\,2}}{\bar{x}_d} \right) \cdots \cdots ② \end{array} \right\} \quad (12\cdot4)$$

さらに，式(12・1 c)を代入すれば非常に重要な次式を得る．

$P\text{-}\delta$ 曲線

$$\bar{P}_{\text{gen}} = \bar{P}_{3\phi} = \dfrac{\bar{E}_f \bar{E}_1}{\bar{x}_d} \sin\delta_1 + \dfrac{\bar{E}_1^{\,2}}{2} \left(\dfrac{1}{\bar{x}_q} - \dfrac{1}{\bar{x}_d} \right) \sin 2\delta_1 \quad \cdots ①$$

$Q\text{-}\delta$ 曲線

$$\bar{Q}_{\text{gen}} = \bar{Q}_{3\phi} = \left\{ \dfrac{\bar{E}_f \bar{E}_1}{\bar{x}_d} \cos\delta_1 - \dfrac{\bar{E}_1^{\,2}}{2} \left(\dfrac{1}{\bar{x}_q} + \dfrac{1}{\bar{x}_d} \right) \right\} + \dfrac{\bar{E}_1^{\,2}}{2} \left(\dfrac{1}{\bar{x}_q} - \dfrac{1}{\bar{x}_d} \right) \cos 2\delta_1 \quad \cdots ②$$

$$(12\cdot5)$$

ここで，右辺第2項は回転子の突極効果

という重要な二つの式を得た．

図12・1(a)は3相平衡状態で運転中の発電機のベクトル図であり，式(12・1 a)，(12・1 b)を図10・7に当てはめて描くことができる．図12・1(b)，(c)は式(12・5)①，②で得た結果をそれぞれ $P\text{-}\delta$ 曲線および $Q\text{-}\delta$ 曲線として描いたものである．$P\text{-}\delta$ 曲線と $Q\text{-}\delta$ 曲線は連動して導かれたいわば双子の方程式であり，**電力系統の応動はいかなる場合も両曲線をセットにして論ずる必要がある．** $P\text{-}\delta$ 曲線のみを独り歩きの形で論じて，例えば"系統は δ が $0\sim90°$ で安定"というような議論は誤りであるといわなければならない．

式(12・5)①中の右辺第2項は**回転子の突極効果**といわれるものであり，式②にも同様の項が含まれている．突極効果は火力機（非突極機）では回転体の磁気抵抗が軸心を中心にほぼ均質であるために $\bar{x}_d \simeq \bar{x}_q$ となって実用上無視できる．水力機（突極機）ではダンパ巻線があっても $\bar{x}_d > \bar{x}_q$ であるため無視するとある程度の誤差要因となる．

式(12・5)の①，②を複素値に合成して整理すると次式のようにも表される．

$$\left. \begin{array}{l} \dot{S}_{\text{gen}} = \bar{P}_{\text{gen}} + j\bar{Q}_{\text{gen}} = \dfrac{\bar{E}_1^{\,2}}{2} \left(\dfrac{1}{j\bar{x}_q} + \dfrac{1}{j\bar{x}_d} \right) - \dfrac{\bar{E}_f \bar{E}_1}{j\bar{x}_d} e^{-j\delta} - \dfrac{\bar{E}_1^{\,2}}{2} \left(\dfrac{1}{j\bar{x}_q} - \dfrac{1}{j\bar{x}_d} \right) e^{-j2\delta} \\ \hfill \cdots \cdots ① \\[6pt] \text{非突極機}(\bar{x}_d = \bar{x}_q) \text{ では} \\[4pt] \dot{S}_{\text{gen}} = \bar{P}_{\text{gen}} + j\bar{Q}_{\text{gen}} = \bar{E}_1 \cdot \dfrac{\bar{E}_1 - \bar{E}_f e^{-j\delta}}{j\bar{x}_d} \hfill \cdots \cdots ② \end{array} \right\} \quad (12\cdot6)$$

さて，式(12・5)，(12・6)を総観してみると，式中の $\bar{x}_d$，$\bar{x}_q$ のみが機械の固有値であり，それ以外はすべて変数としての電気量である．したがって，発電機特性を示すこの式は次のような陰関数としても表現できよう．

$$\text{func}(P, Q, v, i, \delta, \omega = 2\pi f) = 0 \qquad (12\cdot7)$$

各変数 P，Q，v，i，δ，$\omega = 2\pi f$ などは勝手な値をとることはできず，一つの変数が変化すれば他の変数にすべて影響する．系統全体に話を広げても同様である．我々は実用面で，例

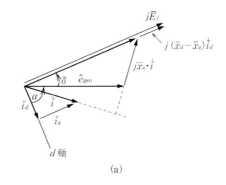

(a)

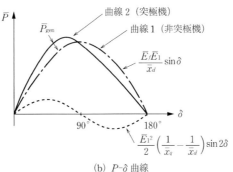

(b) P-δ 曲線

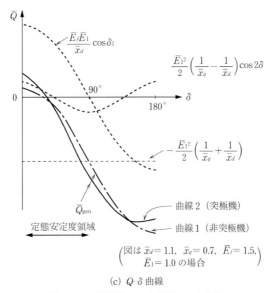

(図は $\bar{x}_d = 1.1$, $\bar{x}_q = 0.7$, $\bar{E}_f = 1.5$, $\bar{E}_1 = 1.0$ の場合)

(c) Q-δ 曲線

図 12・1 発電機の P-δ 曲線と Q-δ 曲線

えば "$(P, \delta, \omega=2\pi f)$ に関する現象" とか "(Q, v) に関する現象" などとして扱うことが多いが，これは相関性の強い変数のみに着目した便宜的な簡易化断面であるという認識を忘れてはならない．例えば，図 12・1(b) で，P が $\delta=90°$ 付近の大きい値まで運転が可能なためには端子電圧 $E_1 \fallingdotseq 1.0$ が変わることなく維持されて小さくならないことが前提であり，そのためには図 12・1(c) に示す Q が供給されなければならない．δ が $50°$ を超えると $\varDelta P$ よりも大きい $\varDelta Q$ が必要となるなど非常に大きい Q が必要になるので，その無効電力源が設備として不足すれば電圧が維持できないことになり，結局 δ が $50°$ 以上の大きい領域での運転はでき

ないことになる．言い換えれば，Q-δ 曲線を論ずることなく P-δ 曲線だけで安定運転限界を論じるのは無意味である．両曲線はいつも一体のセットとして論じる必要がある．本件は 14.5 節でさらに学ぶこととする．

12・2 発電機から系統への皮相電力送電限界（定態安定度）

12・2・1 1 機無限大母線系統と 2 機系統の等価性

図 12・2(a) は発電機 1 号が線路を介して他の発電機（2 号）につながる **2 機系統**であり，図 **12・3(a)** はいわゆる **1 機無限大母線系統**である．それぞれの場合のベクトル関係を図示してある．図 12・2(a) において

$$_B\bar{x}_l + {_B}\bar{x}_d \fallingdotseq {_B}\bar{x}_l + {_B}\bar{x}_q \equiv \bar{x}_l \tag{12・8}$$

とみなしうるとすれば，1 号発電機の応動に関する限り図 12・2(a) は図 12・3(a) とまったく等価である．

2 号機が非突極機の場合はもちろん式(12・8)は正しい．また，2 号機が突極機（$_Bx_d \neq {_B}x_q$）の場合でも線路の $_Bx_l$ が加わって上式の近似化はおおむね正しいといえよう．

1 号機が系統に送り出す皮相電力とその限界に関する以降の説明は，図 12・2(a) と図 12・3(a) のいずれにもあてはまるものである．また，n 台の発電機からなる系統で，そのうちの 1 台の発電機の応動を調べるには，その発電機が他の $n-1$ 台の発電機を等価的な 1 台の大容量

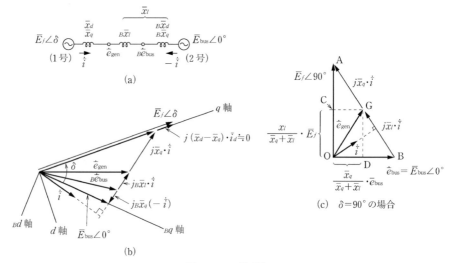

図 12・2　2 機系統

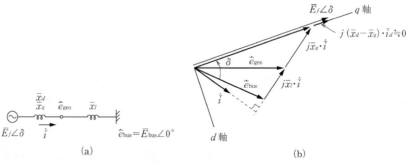

図 12・3　1 機無限大母線系統

発電機とみなして図12・2ないし図12・3の系統をイメージすればそのおおよその応動が理解できる．

図12・2(b)についてさらに補足しておこう．1号発電機の端子電圧 $\dot{\bar{e}}_{\text{gen}}$ と相手電源側の発電端子地点Bの電圧 $_B\dot{\bar{e}}_{\text{bus}}$，およびその間のリアクタンス $j_B\bar{x}_l$ を挟んで流れる電流 $\dot{\bar{i}}$ を起点として両発電機の d,q 軸ベクトル図が重ねて描かれている．この図から明らかなように，2台の発電機それぞれに固有の d,q 軸があり，また両発電機の d,q 軸は背後電源電圧 $\bar{E}_1\angle\delta$ と $\bar{E}_{\text{bus}}\angle 0°$ の位相差 $\angle\delta$ 分だけ位相が開いている．通過電流 $\dot{\bar{i}}$ が大きくなれば位相差は大きくなり，また逆に $\dot{\bar{i}}$ が減少して無負荷に近くなれば両発電機の d,q 軸の位相はほとんど一致する．結局，両発電機の位相差 $\angle\delta$ の物理的意味とは，同時時刻における両発電機のロータの磁極方向の位相差であると説明することができる．

12・2・2 発電機の皮相電力（P-δ 曲線と Q-δ 曲線）

式(12・8)が成り立つとしよう．また，ベクトル図において，当該発電機（1号機）は簡単のため $\bar{x}_d \fallingdotseq \bar{x}_q$（非突極機相当）であるとしよう．

発電機端と相手端背後電源（無限大母線）における電圧と皮相電力は

$$\left.\begin{aligned}
\dot{\bar{e}}_{\text{bus}} &= \bar{E}_{\text{bus}}\angle 0° = \bar{E}_{\text{bus}} \quad \cdots\cdots\cdots\cdots\cdots\cdots\cdots\cdots\cdots\cdots\cdots\cdots\cdots① \\
\dot{\bar{e}}_{\text{gen}} &= \bar{E}_{\text{bus}} + j\bar{x}_l\dot{\bar{i}} \quad \cdots\cdots\cdots\cdots\cdots\cdots\cdots\cdots\cdots\cdots\cdots② \\
\dot{\bar{E}}_f &= \bar{E}_f\angle\delta = \bar{E}_{\text{bus}} + j(\bar{x}_q + \bar{x}_l)\dot{\bar{i}}, \quad j(\bar{x}_d - \bar{x}_q)\dot{\bar{i}}_d \fallingdotseq 0 \quad \cdots\cdots\cdots③ \\
\dot{\bar{S}}_{\text{bus}} &= \bar{P}_{\text{bus}} + j\bar{Q}_{\text{bus}} = \bar{E}_{\text{bus}}\dot{\bar{i}}^* \quad \cdots\cdots\cdots\cdots\cdots\cdots\cdots\cdots\cdots④ \\
\dot{\bar{S}}_{\text{gen}} &= \bar{P}_{\text{gen}} + j\bar{Q}_{\text{gen}} = (\bar{E}_{\text{bus}} + j\bar{x}_l\dot{\bar{i}})\dot{\bar{i}}^* \quad \cdots\cdots\cdots\cdots⑤
\end{aligned}\right\} \quad (12\cdot 9)$$

ここで，添え字 gen は発電機端子の電気量

式(12・9)の④，⑤より

$$\bar{P}_{\text{gen}} + j\bar{Q}_{\text{gen}} = (\bar{P}_{\text{bus}} + j\bar{Q}_{\text{bus}}) + j\bar{x}_l\dot{\bar{i}}^2 \quad (12\cdot 10)$$

また，式(12・9)③より

$$\left.\begin{aligned}
\dot{\bar{i}} &= \frac{\bar{E}_f e^{j\delta} - \bar{E}_{\text{bus}}}{j(\bar{x}_q + \bar{x}_l)} = \frac{-j\bar{E}_f e^{j\delta} + j\bar{E}_{\text{bus}}}{\bar{x}_q + \bar{x}_l}, \quad \dot{\bar{i}}^* = \frac{j\bar{E}_f e^{-j\delta} - j\bar{E}_{\text{bus}}}{\bar{x}_q + \bar{x}_l} \\
\dot{\bar{i}}^2 &= \dot{\bar{i}}\cdot\dot{\bar{i}}^* = \frac{\bar{E}_f^2 + \bar{E}_{\text{bus}}^2 - \bar{E}_f\bar{E}_{\text{bus}}(e^{j\delta} + e^{-j\delta})}{(\bar{x}_q + \bar{x}_l)^2} \\
&= \frac{\bar{E}_f^2 + \bar{E}_{\text{bus}}^2 - 2\bar{E}_f\bar{E}_{\text{bus}}\cos\delta}{(\bar{x}_q + \bar{x}_l)^2}
\end{aligned}\right\} \quad (12\cdot 11)$$

したがって，皮相電力を実数部と虚数部に分けて整理すれば

$$\left.\begin{aligned}
\dot{\bar{S}}_{\text{bus}} &= \bar{P}_{\text{bus}} + j\bar{Q}_{\text{bus}} = \bar{E}_{\text{bus}}\cdot\dot{\bar{i}}^* = \bar{E}_{\text{bus}}\cdot\frac{j\bar{E}_f e^{-j\delta} - j\bar{E}_{\text{bus}}}{\bar{x}_q + \bar{x}_l} \\
&= \frac{\bar{E}_f\bar{E}_{\text{bus}}}{\bar{x}_q + \bar{x}_l}\sin\delta + j\left\{\frac{\bar{E}_{\text{bus}}(\bar{E}_f\cos\delta - \bar{E}_{\text{bus}})}{\bar{x}_q + \bar{x}_l}\right\} \quad \cdots\cdots\cdots\cdots\cdots① \\
\dot{\bar{S}}_{\text{gen}} &= \bar{P}_{\text{gen}} + j\bar{Q}_{\text{gen}} = \frac{\bar{E}_f\bar{E}_{\text{bus}}}{\bar{x}_q + \bar{x}_l}\sin\delta \\
&\quad + j\left\{\frac{\bar{E}_f^2\bar{x}_l - \bar{E}_{\text{bus}}^2\bar{x}_q + \bar{E}_f\bar{E}_{\text{bus}}(\bar{x}_q - \bar{x}_l)\cos\delta}{(\bar{x}_q + \bar{x}_l)^2}\right\} \quad \cdots\cdots② \\
\bar{P}_{\text{gen}} &= \frac{\bar{E}_f\bar{E}_{\text{bus}}}{\bar{x}_q + \bar{x}_l}\sin\delta \quad (P\text{-}\delta\text{ 曲線}) \\
\bar{Q}_{\text{gen}} &= \frac{\bar{E}_f^2\bar{x}_l - \bar{E}_{\text{bus}}^2\bar{x}_q + \bar{E}_f\bar{E}_{\text{bus}}(\bar{x}_q - \bar{x}_l)\cos\delta}{(\bar{x}_q + \bar{x}_l)^2} \quad (Q\text{-}\delta\text{ 曲線})
\end{aligned}\right\} \cdots③ \quad (12\cdot 12)$$

を得る．発電機端の $\bar{P}_{\text{gen}}$，$\bar{Q}_{\text{gen}}$ が自機の励磁電圧 E_f と無限大母線電圧 E_{bus} を関数とする P-δ 曲線，Q-δ 曲線として求められた．特に式(12・12)②，③は発電機を系統へ併入運転する場合の基本となる非常に重要な関係式である．この式はいろいろなことを示しているが，一例として，右辺第2項の分子の符号がプラス（例えば $\bar{E}_f$ が十分に大きい）であれば**遅相運転**と

なり，またマイナス（$\bar{E}_f$ が小さい）となれば**進相運転**となる．

二つの地点の皮相電力式(12・12) ①，②を比較すると，発電機端と無限大母線背後電源端とでは有効電力 P は（線路損失を無視しているので）同じであるが，無効電力には線路のインダクタンスによる消費分相当の差異があることに留意しよう．なお，式(12・12) で $\bar{x}_l \to 0$，$\bar{E}_{\text{bus}} \to \bar{E}_1$ とすれば，式(12・6) で $\bar{x}_d = \bar{x}_q$ の場合と当然一致する．

12・2・3 発電機の送出可能な最大皮相電力（定態安定度限界）

さて，発電機が系統（あるいは他の発電機）と同期状態ということは，$\bar{E}_f\underline{/\delta}$ と $\bar{E}_{\text{bus}}\underline{/0°}$ が同一速度で回転し，両者の位相差角 δ がある上限角度を超えないで運転されているということである．いま，2台の発電機が同期状態で安定に運転中に何らかの理由で2号機が加速された結果 $\delta \to \delta + \Delta\delta$ になったとすると，発電機1号は2号に対して $\Delta\delta$ だけ遅れたことになるので，遅れを取り戻して追従するために回転子の慣性エネルギーを放出し，またその結果，1号機の電気的出力は $\bar{P} + \Delta\bar{P}$ に増大する．このような追従修正機能を**同期化力**という．外乱 $\Delta\delta$ に対して $\Delta\bar{P}$ がプラス符号で寄与する範囲では追従機能が働いていることになる．すなわち，この発電機が無限大母線に追従して同期はずれを生じないための条件は

$$\frac{\partial \bar{P}_{\text{gen}}}{\partial \delta} = \frac{\Delta \bar{P}}{\Delta \delta} \geq 0 \quad \left(\frac{\partial \bar{P}_{\text{gen}}}{\partial \delta} \text{を同期化力という}\right) \tag{12・13}$$

となる．

非突極機の場合には式(12・12) ②の実数部（$\bar{P}_{\text{gen}}$）を δ で偏微分して式(12・13)にあてはめると

$$\frac{\partial \bar{P}_{\text{gen}}}{\partial \delta} = \frac{\bar{E}_f \bar{E}_{\text{bus}}}{\bar{x}_g + \bar{x}_l} \cos\delta \geq 0 \quad \therefore \quad 90° \geq \delta \geq -90° \tag{12・14}$$

となる．すなわち，$\delta = 90°$ が送出可能な限界条件ということになる．

また，この場合の発電機の送出可能な最大皮相電力（**定態安定度限界**という）は，式(12・12) ②で $\delta = 90°$ の場合である．この限界値を $\bar{S}_{g\max}$ などと表せば

$$\left.\begin{array}{l}
\bar{S}_{g\max} = \bar{P}_{g\max} + j\bar{Q}_{g\max} \quad \cdots\cdots\cdots\cdots\cdots\cdots\cdots\cdots\cdots\cdots\cdots① \\[4pt]
\bar{P}_{g\max} = \dfrac{\bar{E}_f \bar{E}_{\text{bus}}}{\bar{x}_q + \bar{x}_l} \quad \cdots\cdots\cdots\cdots\cdots\cdots\cdots\cdots\cdots\cdots\cdots② \\[4pt]
\bar{Q}_{g\max} = \dfrac{\bar{E}_f^{\,2}\bar{x}_l - \bar{E}_{\text{bus}}^{\,2}\bar{x}_q}{(\bar{x}_q + \bar{x}_l)^2} \quad \cdots\cdots\cdots\cdots\cdots\cdots\cdots\cdots\cdots③ \\[4pt]
\text{ただし，} \delta = 90°
\end{array}\right\} \tag{12・15}$$

となる．

図12・1(b) で発電機が安定に運転できる限度（定態安定度限界）は非突極機（曲線1）の場合 $\delta = 90°$ であり，また突極機（曲線2）では突極効果の分だけ狭くなり 70°近傍となる．

ここで**図(b)の出力 P を発生させるためには図(c)の無効電力 Q が供給されることが条件となる**．また，Q が不足すると発電機端子電圧 E_1 が低下して維持できず，結果として図12・1(b) の P-δ 曲線の背が低くなってしまうのである．δ が $0° \to 90°$ に増大する場合，50°近傍を過ぎると必要な Q_{gen} が非常に大きくなることがわかる．δ が 50°を超えて 60°〜90°の範囲となるほど発電機出力 P を増大させるためには（発電機端子電圧を維持させるために）非常に大きい無効電力 Q の調相容量が必要ということになる．図12・1(c) Q-δ 曲線を考慮せずに，単純に図(b) の P-δ 曲線の頂点（$\delta = 90°$ 近傍）まで送電可能とするのは誤りである．図12・1(c)，(b) の P-δ 曲線と Q-δ 曲線は必ずセットで扱う必要があるのである（14・5節で再度考察する）．

12・2・4 発電機の最大皮相電力の可視化

式(12・15)の $\bar{P}_{g\max}$ と $\bar{Q}_{g\max}$ はともに $\bar{E}_f$ と $\bar{E}_{\text{bus}}$ の関数であり，両者は勝手な値を取り得な

い. そこで, $\bar{E}_f$ と $\bar{E}_{bus}$ を消去して $\bar{P}_{gmax}$ と $\bar{Q}_{gmax}$ の直接関係を求めたい. そのためには式 (12·15) ②, ③のほかにもう一つの関係式が必要である. 第3の式は図12·2(c) より得られる.

$\delta=90°$ のときのベクトル関係は図 12·2(c) のようになる. この場合には, $\overline{AO}:\overline{CO}=\overline{AB}:\overline{GB}=(\bar{x}_l+\bar{x}_q):\bar{x}_l$ などの関係があるから三角形 OGC にピタゴラスの定理を使うことで次式が容易に得られる.

$$\bar{e}_{gen}^2 = \left(\frac{\bar{x}_l}{\bar{x}_q+\bar{x}_l}\right)^2 \bar{E}_f^2 + \left(\frac{\bar{x}_q}{\bar{x}_q+\bar{x}_l}\right)^2 \bar{E}_{bus}^2 \tag{12·16}$$

式(12·15) ②, ③と式(12·16) から $\bar{E}_f$ と $\bar{E}_{bus}$ を消去すると(途中経過は〔備考12·1〕参照)

$$\bar{P}_{gmax}^2 + \left\{\bar{Q}_{gmax} - \frac{1}{2}\left(\frac{1}{\bar{x}_l}-\frac{1}{\bar{x}_q}\right)\bar{e}_{gen}^2\right\}^2 = \left\{\frac{1}{2}\left(\frac{1}{\bar{x}_l}+\frac{1}{\bar{x}_q}\right)\bar{e}_{gen}^2\right\}^2 \tag{12·17}$$

という美しい関係式を得た.

$\bar{P}_{max}$, $\bar{Q}_{max}$ を e_{gen}^2 で PU 化して $\bar{p}$, $\bar{q}$ と表すことにすれば

$$\left.\begin{array}{l}\bar{p}^2 + \left\{\bar{q} - \frac{1}{2}\left(\frac{1}{\bar{x}_l}-\frac{1}{\bar{x}_q}\right)\right\}^2 = \left\{\frac{1}{2}\left(\frac{1}{\bar{x}_l}+\frac{1}{\bar{x}_q}\right)\right\}^2 \\ \text{ただし}, \quad \bar{p}=\bar{P}_{gmax}/\bar{e}_{gen}^2, \quad \bar{q}=\bar{Q}_{gmax}/\bar{e}_{gen}^2 \\ \bar{p}\text{-}\bar{q} \text{座標上では円軌跡となる.} \\ \text{中心} \quad \left(0, \frac{1}{2}\left(\frac{1}{\bar{x}_l}-\frac{1}{\bar{x}_q}\right)\right) \\ \text{半径} \quad \frac{1}{2}\left(\frac{1}{\bar{x}_l}+\frac{1}{\bar{x}_q}\right) \\ \text{直径} \quad \left(0, \frac{1}{\bar{x}_l}\right) \text{と} \left(0, -\frac{1}{\bar{x}_q}\right) \text{を結ぶ線}\end{array}\right\} \tag{12·18}$$

これは $\bar{p}$-$\bar{q}$ 座標では $\bar{q}$ 軸上の点 $(0, 1/\bar{x}_l)$ と点 $(0, -1/\bar{x}_q)$ を結ぶ線を直径とする円となる. 一例を**図12·4**(a) に示す. $\bar{p}$-$\bar{q}$ 座標上でのこの円内が運転可能域である.

式(12·18) は, また次式のようにも書き表せる.

$$\left.\begin{array}{l}(\bar{p}\bar{x}_q)^2 + \left\{(\bar{q}\bar{x}_q) - \frac{1}{2}\left(\frac{\bar{x}_q}{\bar{x}_l}-1\right)\right\}^2 = \left\{\frac{1}{2}\left(\frac{\bar{x}_q}{\bar{x}_l}+1\right)\right\}^2 \\ (\bar{p}\bar{x}_q)\text{-}(\bar{q}\bar{x}_q) \text{軸座標上で円軌跡となる.} \\ \text{中心} \quad \left(0, \frac{1}{2}\left(\frac{\bar{x}_q}{\bar{x}_l}-1\right)\right) \\ \text{半径} \quad \frac{1}{2}\left(\frac{\bar{x}_q}{\bar{x}_l}+1\right) \\ \text{直径} \quad \text{点} \left(0, \frac{\bar{x}_q}{\bar{x}_l}\right) \text{と点} (0, -1) \text{を結ぶ線}\end{array}\right\} \tag{12·19}$$

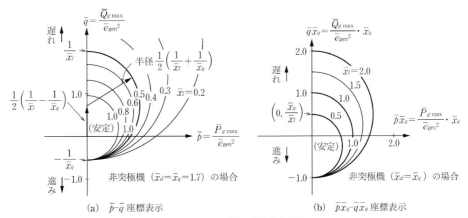

(a) $\bar{p}$-$\bar{q}$ 座標表示　　(b) $\bar{p}\bar{x}_q$-$\bar{q}\bar{x}_q$ 座標表示

図 12·4 発電機の定態安定限界

このように座標軸を変更すれば図12・4(b)のように $\bar{x}_q/\bar{x}_l$ をパラメータとする円となる．この表現では直径の一端が必ず $(0, -1)$ となり，安定性を評価するのに便利な表現法である．

この図より，系統容量が相対的に小さい（$\bar{x}_l \to$ 大，$\bar{x}_q/\bar{x}_l < 1.0$）場合では，発電機の安定運転域が縮小して定格容量の出力が送出できない（脱調する）ことを示している．

図12・4(a)，(b) の円内が，発電機が系統と同期して運転可能な定態安定度限界を表している．

12・2・5 定態安定度の機械モデル

図12・3の2機系統で説明した定態安定度の特性は機械的なモデルの安定性を示す特性と全く等価な現象として説明することができる．**図12・5(a)** に示す2機系統の定態安定性は図12・5(b) の機械モデル（**野田モデル**といわれる）の安定性を説明と方程式的に完全に一致するのである．

図12・5(b) の機械特性について吟味する．図においてディスクGとMは伸縮する3本のゴム線で結ばれている．いま，手動ハンドルによってGをゆっくり矢印方向に回転させるとパワー P がディスクGからゴム線を介してディスクMにも伝えられてホイストが巻き上げられて錘 W が持ち上げられる．この状況は2機系統で発電端から送り出されたパワー P が負荷端に伝達される状況と同じである．図12・5(c) はこの時の電気的なベクトル関係を示しており，また図12・5(d) は両ディスクの相対的な機械的ベクトル関係を示している．もしも両ディスクの機械力ベクトルを右から左方向に観察すれば図(c) と (d) のベクトル図は同じ構成となる．これらの事情をより詳しく調べてみよう．

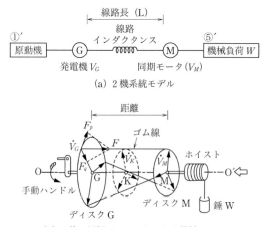

(a) 2機系統モデル

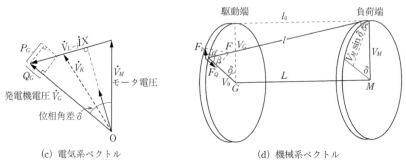

(b) 2枚の円板ディスクをつなぐ機械モデル

(c) 電気系ベクトル   (d) 機械系ベクトル

図 12・5 定態安定度の機械モデル

12・2 発電機から系統への皮相電力送電限界（定態安定度）

i) 円盤 G, M の半径 V_G, V_M は発電端と負荷端の運転電圧 V_G, V_M に対応する．

ii) もしも錘 W（負荷のパワー）を少しずつ増やすと機械的な位相ずれ δ（電気的な位相角差 δ）は $0°$ から徐々に大きくなり，それに伴いゴム線も徐々に伸びていく．そして δ の限界位相角差 $90°$ を超すとゴム線は完全にねじれてつぶれてしまい（同期はずれ脱調），負荷電圧ディスク M の V_M はもはやディスク G の V_G に追従することはできない．限界となる最大負荷 W_{max} ($P_{load\,max}$) はディスクの V_G, V_M（運転電圧 V_G, V_M）に比例し，ゴム線の長さ l（送電線のインダクタンス値 L）に反比例する．

iii) 任意の中間点 K のゴム線位置の半径 V_K は電気的中間点 K の電圧 V_K に相当する．V_K は δ の増加に伴い徐々に縮小していき，δ の限界位相角差 $90°$ を超す（同期はずれ状態）とほぼゼロの状態に陥って回復はできない．$\delta = 180°$ では 3 相短絡の場合と同じになる．

iv) ゴム線の張力 F は F_P（有効電力 P）と F_Q（無効電力 Q）に分解できる．もしも F_P（有効電力 P）が増大すると F_Q（無効電力 Q）も必然的に増大する．この状態が崩れるとゴム線が半径を維持することによるパワー伝達（電圧）は失われる．

v) 中間点 K にゴム線を機械的に支えるスペーサが設備されれば δ が $90°$ を超えてもパワー伝達は可能である．スペーサは中間点で無効電力 Q を発生する **SVG**（28 章参照）の役割を果たす．

さて以上の特性を機械系のモデル式として以下に示す．

$$l_0 = \sqrt{L^2 - (V_G - V_M)^2} : \text{ゴム線の初期の長さ} \quad (a)$$

$$l = \sqrt{L^2 + (V_G - V_M\cos\delta)^2 + (V_M\sin\delta)^2} : \text{ゴム線の伸びた状態（位相角 }\delta\text{）での長さ} \quad (b)$$

$$\cos\alpha = \frac{V_M\sin\delta}{l} : (\alpha \text{ は } F \text{ と } F_P \text{ の位相角差}) \quad (c)$$

$$\cos\beta = \frac{V_G - V_M\cos\delta}{l} : (\beta \text{ は } F \text{ と } F_P \text{ の位相角差}) \quad (d) \quad (12\cdot20)$$

$$F_P = F\cos\alpha : \text{張力 } F \text{ の円周方向成分} \quad (e)$$

$$F_Q = F\cos\beta : \text{張力 } F \text{ の中心方向成分} \quad (f)$$

$$\frac{l_0}{F_0} = \frac{l}{F} \equiv X \quad (g)$$

元の状態ではゴム線の長さ l_0，位相角差 $0°$ において張力 F_0 であり，また長さ l，位相角差 δ において張力 F であるとする．

物理的な距離 L が十分に長いとして $l \cong l_0$ であるから

$$F = F_0 \frac{l}{l_0} = \frac{l}{X} \quad (a)$$

したがって

$$F_P = \frac{l}{X} \cdot \frac{V_M\sin\delta}{l} = \frac{V_M\sin\delta}{X}$$
$$F_Q = \frac{l}{X} \cdot \frac{V_G - V_M\cos\delta}{l} = \frac{V_G - V_M\cos\delta}{X} \quad (b) \quad (12\cdot21)$$

$$P = F_P \cdot V_G$$
$$Q = F_Q \cdot V_G \quad (c)$$

$$P = \frac{V_G \cdot V_M\sin\delta}{X}$$
$$Q = \frac{V_G^2 - V_G \cdot V_M\cos\delta}{X} \quad (d)$$

式(12・21)は 2 機系統に関する式(12・12)(12・15)と完全に等価的である．

第12章 発電機の発生電力と定態安定度

〔備考12・1〕 式(12・15) ②, ③と式(12・16) より式(12・17) の導入

$$A = \frac{\bar{E}_f}{\bar{x}_q + \bar{x}_l} \qquad B = \frac{\bar{E}_{\text{bus}}}{\bar{x}_q + \bar{x}_l}$$

とすると, 式(12・15) ②, ③と式(12・16) より

$$\bar{P}_{g\max} = AB(\bar{x}_q + \bar{x}_l) \quad \cdots\cdots\cdots\cdots\cdots\cdots\cdots\cdots\cdots\cdots\cdots\cdots\cdots\cdots\cdots\cdots (1)$$

$$\bar{Q}_{g\max} = A^2 \bar{x}_l - B^2 \bar{x}_q \quad \cdots\cdots\cdots\cdots\cdots\cdots\cdots\cdots\cdots\cdots\cdots\cdots\cdots (2)$$

$$\bar{e}_{\text{gen}}{}^2 = A^2 \bar{x}_l{}^2 + B^2 \bar{x}_q{}^2 \quad \cdots\cdots\cdots\cdots\cdots\cdots\cdots\cdots\cdots\cdots\cdots\cdots\cdots (3)$$

式(2), (3) より

$$A^2 = \frac{\bar{e}_{\text{gen}}{}^2 + \bar{Q}_{g\max} \bar{x}_q}{\bar{x}_l(\bar{x}_q + \bar{x}_l)} \qquad B^2 = \frac{\bar{e}_{\text{gen}}{}^2 - \bar{Q}_{g\max} \bar{x}_l}{\bar{x}_q(\bar{x}_q + \bar{x}_l)} \quad \cdots\cdots\cdots\cdots\cdots\cdots\cdots (4)$$

式(4) を式(1) に代入して整理すると

$$\bar{P}_{g\max}{}^2 = \frac{(\bar{e}_{\text{gen}}{}^2 + \bar{Q}_{g\max} \bar{x}_q) \cdot (\bar{e}_{\text{gen}}{}^2 - \bar{Q}_{g\max} \bar{x}_l)}{\bar{x}_q \cdot \bar{x}_l}$$

$$= -\left\{Q_{g\max} + \frac{1}{2}\left(\frac{1}{\bar{x}_q} - \frac{1}{\bar{x}_l}\right)\bar{e}_{\text{gen}}{}^2\right\}^2 + \left\{\frac{1}{2}\left(\frac{1}{\bar{x}_q} + \frac{1}{\bar{x}_l}\right)\bar{e}_{\text{gen}}{}^2\right\}^2$$

したがって, 式(12・17) を得る.

第13章 電気機械としての発電機

　第10～12章では発電機を主として電気理論の視点で説明した．本章では発電機を回転機械として扱って機械と電気の関係を考察し，また力学的運動方程式から電気領域の運動方程式を導く．これらは個々の発電機の動特性を理解するために重要であることはいうまでもないが，さらには電力系統のダイナミック特性を理解するうえでの基礎になるものである．なぜならば「電力系統の動特性とは複数の発電機の集合体としての特性である」という事実にほかならないからである．

　なお，本章以降の各章で扱う電気量はほとんどすべての場合 pu 値として登場するが，原則として pu 値を示すために用いてきた記号－は省略する．

13・1 発電機の機械入力と発生電力

　発電機の機械入力と発生皮相電力の関係を吟味しよう．

13・1・1 機械入力と電気出力の関係

　系統に併入運転中のある発電機に注目する．発電機の d-q-0 領域の電圧電気量は Park の方程式(10・43)(pu 値)であり，またその皮相電力(pu 値)は式(11・26)である．式(10・43)を式(11・26)に代入して電圧を消去すると，皮相電力が電流と鎖交磁束数の関数として次式のように表される．

$$
\begin{aligned}
\dot{S}_{3\phi} = \dot{S}_{1\phi} &= P_{1\phi} + jQ_{1\phi} = \dot{S}_d(t) + \dot{S}_q(t) + 2\dot{S}_0(t) \\
&= \left\{ -\omega_m(t)\dot{\psi}_q(t) + \frac{d}{dt}\dot{\psi}_d(t) - r\dot{i}_d(t) \right\} i_d^* \\
&\quad + \left\{ \omega_m(t)\dot{\psi}_d(t) + \frac{d}{dt}\dot{\psi}_q(t) - r\dot{i}_q(t) \right\} i_q^* \\
&\quad + 2\left\{ \frac{d}{dt}\dot{\psi}_0(t) - r\dot{i}_0(t) \right\} i_0(t)^*
\end{aligned}
\quad (13 \cdot 1\text{a})
$$

$$
\begin{aligned}
\therefore \ \dot{S}_{3\phi} = \dot{S}_{1\phi} &= \{\dot{\psi}_d(t) i_q(t)^* - \dot{\psi}_q(t) i_d(t)^*\}\omega_m(t) \\
&\quad + \left\{ \frac{d}{dt}\dot{\psi}_d(t) i_d(t)^* + \frac{d}{dt}\dot{\psi}_q(t) i_q(t)^* + 2\frac{d}{dt}\dot{\psi}_0(t) i_0(t)^* \right\} \\
&\quad - r\{i_d^2(t) + i_q^2(t) + 2i_0^2(t)\} \cdots\cdots\cdots\cdots\cdots\cdots① \\
\text{ここで，} \ \omega_m(t) &= \frac{d}{dt}\theta_m(t) \cdots\cdots\cdots\cdots\cdots\cdots\cdots\cdots②
\end{aligned}
\quad (13 \cdot 1\text{b})
$$

　式中の ω_m は当該発電機の回転子の角速度（系統の $\omega = 2\pi f$ とは必ずしも一致しない）であることを強調するために添え字 m を付し，また一定不変ではないので (t) を添えた．

　この式は発電機の**機械的パワーと電気的パワー**の概念を結びつける重要な式である．右辺の意味するところについて吟味してみよう．

　ⅰ) 式(13・1b)の右辺第1項

　回転体力学の教えるところによれば

$$
(\text{機械パワー} P_m) = (\text{トルク} T_m) \times (\text{回転速度} \omega_m) \quad (13 \cdot 2)
$$

である．この関係と右辺第1項を比較すると，その｛ ｝内が機械トルク T_m に対応し，第1項全体が機械パワー P_m（タービン/水車から伝達される）に対応することが理解できる．

　発電機の回転子が，原動機から受け取った機械的パワーが（鎖交磁束によるエネルギー伝達の原理に基づいて）鎖交磁束に姿を変えて回転子から電機子に達し，電機子コイルに鎖交して**電機子の電気的パワーとして伝達される**．右辺第1項は，このように機械パワーから変換された有効な電気パワーを意味している．ただし，機械系には無効電力のイメージはないから機械的パワーは式(13・1)右辺第1項の実数部（有効電力 P）に対応するというべきであろう．

　そこで，右辺第1項の｛ ｝内を T_e と表せば T_e は電気的トルクであるとみなすことができる．また，T_e と T_m の関係は次式のように理解できる．

　すなわち，

$$\left.\begin{array}{ll} \text{電気トルク} & T_e(t) = \dot{\psi}_d(t)\, i_q(t)^* - \dot{\psi}_q(t)\, i_d(t)^* \\ \text{機械トルク} & T_m = \mathrm{Re}[T_e(t)] \end{array}\right\} \quad (13 \cdot 3)$$

である．

ii) 式(13・1 b)の右辺第2項

d-q-0 軸上の磁気エネルギーの変化率からなる項である．3相平衡状態では ψ_d, ψ_q, ψ_0 は直流であるからその微分値はゼロとなり，第2項全体がゼロである．したがって，第2項は過渡時，すなわち d-q-0 軸磁束によるパワー伝達が過渡的に変化する期間にのみ生ずる過渡項である．

iii) 式(13・1 b)の右辺第3項

電機子の電気抵抗によって失われるジュール熱損失の項である．式(11・26) と同形で零相分損失に係数2が現れる．

ゆえに式(13・1 b)を説明式として再記すると

$$\bar{S}_{3\phi}(t) = T_e(t)\cdot\omega_m(t) + \underbrace{\{\text{d-q-0 軸上の鎖交磁束を介する伝達パワー}\}}_{\text{過渡項}} - \{\text{電機子のジュール熱損失}\}$$

$$(13 \cdot 4)$$

また，その実数部を抽出すると，**機械/電気系をつなぐ関係式**

$$P_{3\phi}(t) = \underset{\substack{\uparrow \\ \text{有効電気出力}}}{T_m(t)\cdot\omega_m(t)} + \underset{\substack{*2 \\ \text{回転子の減速（加速）に伴う慣性エネルギーの放出（充足）によって生ずる（失われる）過渡的な電気パワー}}}{\mathrm{Re}\{\text{d-q-0軸上の鎖交磁束を介する伝達パワー}\}} - \underset{*3}{\{\text{電機子のジュール熱損失}\}}$$

*1 原動機から回転子が受け取る機械的パワー

$$(13 \cdot 5)$$

となる．右辺第1項*1は，**原動機から回転子が受け取る機械的入力**であるが，過渡時にはこれに第2項*2の**回転子の減速（加速）に伴う回転子蓄積エネルギーの放出（充足）による過渡的な正（負）の機械力**が加わる．

〔a〕定常的運転状態

　定常状態では T_m, ω_m, $P_{3\phi}$ などがすべて一定であるから式(13・5)で，右辺の *2=0 である．すなわち，定常時には原動機から回転子に供給される機械的パワー（*1）が有効電力（左辺 $P_{3\phi}$）と若干の電機子抵抗損（*3，ジュール熱として失われる）に姿を変える．また，このとき ω_m が一定であるから回転子に蓄積されている回転エネルギーも当然一定不変のはずである．

〔b〕 過渡現象発生時

　負荷に供給されている発電機出力 $P_{3\phi}$（式(13・5)の左辺）が何らかの理由で $P_{3\phi}+\Delta P_{3\phi}$ に増加したとする．このとき，右辺第1項（＊1）は原動機からの入力が変化していないので変わりえない．右辺第3項（＊3）は若干増えるであろうがその増加分はほとんど無視できる．したがって，左辺の過渡的に変化した出力増加 $+\Delta P_{3\phi}$ に伴って右辺第2項（＊2）がゼロから増加方向に過渡的変化をするしかない．すなわち，発電機ロータが回転によって蓄えていた慣性エネルギー（$k=(1/2)\cdot I\omega_m^2$）を放出することで負荷の増加分を補い，その分だけ回転速度は低下する．負荷出力が増加したままであれば原動機からの機械入力（＊1）が増加に転ずる（ガバナ制御機能やAFC自動運転指令による）までロータのエネルギー放出による減速は続き，まもなく脱調するであろう．電気出力と機械入力の差が解消されれば新たな平衡状態となり，このとき，過渡現象は解消して右辺第2項（＊2）は再びゼロとなる．

　以上が式(13・5)の説明である．この説明の中から電力系統の特質として重要な次の事項を読み取ることができる．

① 発電機の機械入力や電気出力の微小な急変が発生して両者の不平衡が生ずると，その不平衡を減ずるように回転子がエネルギー吸収（結果として加速する）ないし放出（減速する）を行う補充機能を果たしてくれる．この自己調整機能が電気用語の**同期化力**である．限度を超えて同期化力が働かなくなると脱調するしかない．なお，同期化力は回転子の体格（いわゆる GD^2，後述）の大きさに依存する．

② 発電機の入出力急変に対する同期化力には限度がある．入出力の不平衡状態が続けば発電機は極めて短時間で脱調し，系統との連係運転ができなくなる．電気の特質として電気事業の経営議論の中でもよく話題になる**電気の同時性，発電・負荷同時等量性**は，発電機のこのような特質によるものといえるであろう．

　なお，系統周波数 f は自動給電システムによるAFC運転によって一定の範囲（例えば50/60±0.05 Hz）に維持されており，系統と同期運転中の発電機の角速度 $\omega_m(t)$ もpu値で1.0±0.001の範囲で運転されている．すなわち，式(13・2)において非常に高い精度で $\omega_m(t)=1.0$ とみなすことができる．したがって，電気系においても機械系においてもパワーとトルクは実用単位は異なるが，同期運転状態ではpu値では等価で $P_m=T_m$，$S_{3\phi}=T_e$ などとなり，機械系と電気系の諸量が等価となるのである．

13・2　発電機の運動方程式

13・2・1　発電機の力学的特性（機械的運動方程式）

　発電機を図13・1のような均質の回転体とみなして，回転体力学としての機械的諸量を次のように表すものとする．

　I：回転子の慣性モーメント〔kg・m/s〕

　　回転軸から r_i の距離にある質点を m_i とすると $I=\sum_i m_i r_i^2$

　　となり，I は構造によって決まる固有値である．

　M_0：慣性定数　　　$M_0=I\omega_m^2$

　θ_m, ω_m：回転子の機械的位相角〔rad〕と角速度〔rad/s〕

　P_m：原動機から回転子に伝えられる機械力

　T_m：回転子の機械トルク

　K：運動エネルギー　　$K=\dfrac{1}{2}I\omega^2$

　T_e：回転子の電気的トルク〔W・s/rad〕

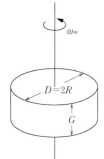

図 13・1　発電機の回転体

P_e：電機子がエアギャップを介してロータから受け取る有効電力〔W〕

回転体力学の教えるところによれば運動方程式として次式の関係がある．

$$\left.\begin{aligned}&\Delta P_m = \frac{M_0}{\omega_m}\cdot\frac{d\omega_m}{dt} = \omega_m \Delta T_m \text{〔kg·m/s〕} \quad\cdots\cdots\cdots\text{①}\\&\frac{d^2\theta_m}{dt^2} = \frac{d\omega_m}{dt} = \frac{\omega_m}{M_0}\Delta P_m = \frac{\omega_m^2}{M_0}\Delta T_m = \frac{\Delta T_m}{I} \quad\cdots\text{②}\\&\text{ただし，}\\&M_0 = I\omega_m^2 = 2\times\left(\frac{1}{2}I\omega_m^2\right) = 2K \quad\cdots\cdots\cdots\cdots\text{③}\\&\text{ここで，} K = \frac{1}{2}I\omega_m^2 \quad\cdots\cdots\cdots\cdots\cdots\cdots\cdots\text{④}\end{aligned}\right\} \quad (13\cdot6)$$

I を回転体の寸法緒元で表し，また ω_m を日常的な回転数で表すことができる．すなわち

$$\left.\begin{aligned}&I = \frac{GR^2}{g} = \frac{GD^2}{4g}\\&\omega_m = 2\pi\cdot\frac{N_{\text{rate}}}{60\text{〔s〕}} \text{〔rad〕}\\&\text{ただし，} g：重力加速度\\&\qquad\quad G：回転子の軸方向長\\&\qquad\quad R, D：回転体の半径と直径\\&\qquad\quad GD^2：はずみ車効果〔kg·m^2〕\textbf{（ジーデイスケア）}\\&\qquad\quad N_{\text{rate}}：定格回転数〔rpm〕\\&\qquad\quad N_{\text{rate}}/60：定格回転数〔s^{-1}〕\end{aligned}\right\} \quad (13\cdot7)$$

したがって，運動エネルギーは

$$\left.\begin{aligned}K &= \frac{M_0}{2} = \frac{1}{2}I\omega_m^2 = \frac{1}{2}\left(\frac{GD^2}{4g}\right)\cdot\left(2\pi\frac{N_{\text{rate}}}{60}\right)^2 \text{〔kg·m〕}\\&= 1.37\times GD^2\left(\frac{N_{\text{rate}}}{1000}\right)^2 \text{〔kW·s〕}\\&\text{ただし，} 1\text{kg·m} = 9.8\text{〔W·s〕}\end{aligned}\right\} \quad (13\cdot8)$$

G, D は回転体の軸方向の厚みと直径であるから GD^2 は回転体の体格そのものである．G, D や N_{rate}（定格回転数）はいずれも発電機の固有値であるから上式の M_0, K, I も機械の固有値である．

また，慣性定数 M_0 を定格容量 P_{rate} で割った M（**単位慣性定数**）を導入する．

$$\left.\begin{aligned}&M \equiv \frac{M_0\text{〔kW·s〕}}{P_{\text{rate}}\text{〔kW〕}} = \frac{2.74\times GD^2\left(\frac{N_{\text{rate}}}{1000}\right)^2}{P_{\text{rate}}} \text{〔s〕}\\&M_0 = M\cdot P_{\text{rate}}\\&\text{ただし，} P_{\text{rate}}：定格出力〔kW〕\end{aligned}\right\} \quad (13\cdot9)$$

発電機の銘板には定格出力 P_{rate} や定格回転数 N_{rate} とともに回転子の体格イメージに直接つながる GD^2 値が固有値として記載される．したがって，式(13·9)により単位慣性定数 M も銘板記載値に準ずる発電機固有値である．M は発電機の種類（火力機・水力機など）に応じて**表 13·1** のような値になる．M が大きいほど同期化力が大きい機械である．

表 13·1 単位慣性定数 $M = M_0/P_{\text{rate}}$ の大きさ

発電機の種類	M 値
水力機	6～8
火力機（強制冷却式）	7～10
火力機（自然冷却式）	10～15
同期電動機等	3～5

火力機を水力機と比較すると，水力機は直径が大きいのでGD^2は火力より相対的には大きい．しかしながら，火力機は2極機で$N_{rate}=3000$または3600〔rpm〕であり，水力機は$2n$極機（$n=4\sim8$程度）で定格回転数が火力の$1/n$である．その結果，同期化力を左右するM値は火力機と水力機ではそれほどの差がないといえよう．また，原子力機は通常4極機で，火力機との対比で回転数は半分（1500 rpmまたは1800 rpm）であるがGD^2が大きい（直径Dが1.5倍程度）のでM値にさほどの差がない．

13・2・2 発電機の運動方程式（電気的表現）

さて，発電機の機械としての運動方程式である式(13·6) ①，②に戻って，この式の変数を次のように置換することができる．

$$\left.\begin{array}{rcl}\Delta P_m(t) & \longrightarrow & P_m(t)-P_e(t) \\ \theta_m(t) & \longrightarrow & \theta_e(t)/n \\ \omega_m(t) & \longrightarrow & \omega_e(t)/n\end{array}\right\} \quad (13\cdot10)$$

ここで，

$P_m(t)$：機械入力（摩擦損・風損などはすでに差し引いた値）
$P_e(t)$：電気出力（電機子で失われる抵抗損を含む）
$2n$：極数．火力機（$2n=2$），水力機（$2n=6\sim20$），原子力機（$2n=4$）
ω_m, ω_e：機械角速度と電気角速度〔rad/s〕
ω_0：定格角速度
$\omega_e \fallingdotseq \omega_0 = 2\pi f_0$（$f_0 = 50$または60 Hz），または$\omega_e \fallingdotseq \omega_0 = 2\pi f_0$

この置換によって式(13·6) ②は次式にように書き換えられる．

$$\frac{d^2\theta_e(t)}{dt^2}=\frac{d\omega_e(t)}{dt}=\frac{\omega_0}{M_0}(P_m(t)-P_e(t)) \quad (13\cdot11)$$

上式が電気の領域で表現した**発電機の動特性式**である．式中のP_e, θ_e, ω_eなどは第10～12章でPark理論として取り扱ってきた電気的諸量にほかならない．過渡現象を含む動特性式であることを強調するために(t)を添えてある．また，この式には極対数nが含まれていない．

機械的入力と電気的入力がバランスしておれば$d\omega/dt=0$で一定速度となる．この状態でP_mとP_eの一方が増減して$P_m-P_e<0$となれば減速し，$P_m-P_e>0$では加速して，いわゆる**滑り**が始まる．

なお，式(13·11)はω_0/M_0でPU化すれば右辺の係数が消えて

$$\frac{d^2\bar{\theta}_e(t)}{dt^2}=\frac{d\bar{\omega}_e(t)}{dt}=\bar{P}_m(t)-\bar{P}_e(t) \quad (13\cdot12)$$

のようにも表現できる．

式(13·11)，(13·12)は，もしも発電機の機械的入力と電気的出力が平衡（$\bar{P}_m=\bar{P}_e$）しておれば回転子の回転速度は一定（$d\omega/dt=0$）であり，また$\bar{P}_m\leq\bar{P}_e$であれば減速し，$\bar{P}_m\geq\bar{P}_e$であれば加速されることを示している．したがって，原動機系からの機械的入力$\bar{P}_m$の変動や負荷への電気的出力$\bar{P}_e$が変動すれば発電機の回転速度も系統周波数$f_0=\omega_0/2\pi$に対してスリップして変動することになる．

13・3 機械入力から電気出力へのパワー伝達のメカニズム

原動機から発電機ロータに伝えられる機械エネルギーがロータからステータにどのようにして伝えられるのか？　また，ロータに加えられる回転力P_mが発電機の電気出力では複素数$\dot{S}_e=P_e+jQ_e$になるのはなぜか？　機械には虚数jQ_mの概念がないのに発電機出力としては

無効電力 jQ_e がなぜ生ずるか？　これらのクイズに答えるために原点に戻って，発電機が原動機から P_m を受け取って電気出力 $\dot{S}_e = P_e + jQ_e$ を送り出すまでの物理的な基本プロセスについて振り返っておこう．

Step 1：原動機から発電機ロータへのパワー伝達

　火力ボイラーや原子力炉心で作られる過熱蒸気を媒体とする熱エネルギーが運動エネルギーとなってタービンの羽根を押し，あるいは水の位置のエネルギーが運動エネルギーとなって水車の羽根を押すことによって原動機の回転エネルギーとなり，さらにはそのシャフトに直結されている発電機のロータの回転エネルギーとして伝えられる．原動機と発電機が直結された回転体の運動エネルギーについては式(13・6)～(13・12)の一連の式で示したとおりである．なお，エネルギーの時間微分値がパワーであることはいうまでもない．

Step 2：発電機ロータからステータコイルへのパワー伝達

　図13・2は発電機の原理を思い起こすための模式図である．ステータコイルには抵抗 R とインダクタンス L からなる直列負荷回路が接続されている．ロータの作る磁界 H は角速度 ω で回転している．

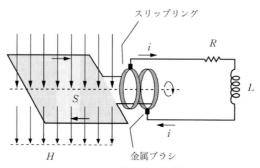

図 13・2　発電機の模式図

S：ステータコイルの1ターンが囲む面積
N：ステータコイルの巻き回数
H：磁束強度（ロータの励磁電流 i_f によって作られる）
ω：ロータの機械的角速度
$\psi, d\psi/dt$：鎖交磁束数とその変化速度

　ロータは角速度 ω で回転しているので，ロータから届く磁束がステータコイル1ターンを通過する面積は時間とともに変化して $S\cos\omega t$ である．したがって，時間 t における鎖交磁束数 $\psi(t)$ は鎖交に有効な面積 $S\cos\omega t$，コイルターン数 N，磁束密度 H に比例するはずである．すなわち

$$\psi(t) = -k \cdot N \cdot H \cdot S \cos\omega t \quad (k \text{は係数}) \tag{13・13}$$

　さて，磁界 H の中で機械的にコイルを動かすと，鎖交磁束数 $\psi(t)$ の変化速度 $d\psi(t)/dt$ に比例した大きさの起電力 emf（したがって，電圧 $e(t)$）がコイルに生じる（**ファラデーの法則**）．ただし，このときコイルを動かすのには $d\psi(t)/dt$ と等量の力が必要である．コイルを固定して磁束を（機械的に）動かす場合でも同様である．式で表現すれば，

$$\left.\begin{array}{l} e(t) = d\psi(t)/dt = -d(k \cdot N \cdot H \cdot S\cos\omega t)/dt = k \cdot N \cdot H \cdot S \cdot \omega \sin\omega t = E\sin\omega t \\ \therefore \quad e(t) = E\sin\omega t \\ \text{ただし，} E = k \cdot N \cdot H \cdot S \cdot \omega \quad E = E_{\text{eff}}\sqrt{2} \quad (E_{\text{eff}} \text{は実効値}) \end{array}\right\} \tag{13・14}$$

　機械力 F の方向，鎖交する磁束の方向，起電力 $e(t)$ の方向はフレミングの右手の法則で説

明される。

さて，ロータが原動機に駆動されて回転すると，ロータの作る磁束は"回転磁束"となってステータコイルにとどき，ステータコイルを鎖交する。その鎖交磁束数は $\psi(t)$ でありその変化速度 $d\psi(t)/dt$ に比例する電圧 $e(t)$ がそのコイルに発生する。

Step 3：発電機ステータコイルから負荷 R, L へのパワー伝達

ステータコイルに電圧 $e(t)$ が生じているから，発電機端子に負荷インピーダンス Z（例えば R, L の直列回路）がつながれていればその閉回路に電流 $i(t)$ が流れる。電流 $i(t)$ の大きさは次式のようになる。

$$e(t) = R \cdot i(t) + L \cdot di(t)/dt \tag{13・15}$$

定常状態では

$$\left. \begin{array}{l} e(t) = E\sin\omega t = \sqrt{2}\,E_{\text{eff}}\sin\omega t \\ i(t) = I\sin(\omega t + \alpha) = \sqrt{2}\,I_{\text{eff}}\sin(\omega t + \alpha) \end{array} \right\} \tag{13・16}$$

時間 t において抵抗 R とリアクタンス要素 L の消費する合計の瞬時電力 $\tilde{P}(t)$ は

$$\begin{aligned}
\tilde{P}(t) &= \tilde{P}_R(t) + \tilde{P}_L(t) = e(t) \cdot i(t) = R \cdot i(t)^2 + L \cdot di(t)/dt \cdot i(t) \\
&= R \cdot \{I\sin(\omega t + \alpha)\}^2 + L \cdot \omega I\cos(\omega t + \alpha) \cdot I\sin(\omega t + \alpha) \\
&= \left\{ \frac{1}{2}RI^2 - \frac{1}{2}RI^2\cos 2(\omega t + \alpha) \right\} + \left\{ \frac{1}{2}\omega L \cdot I^2 \cdot \sin 2(\omega t + \alpha) \right\} \quad [\text{VA}] \\
&= \underbrace{\{RI_{\text{eff}}^2 - RI_{\text{eff}}^2\cos 2(\omega t + \alpha)\}}_{\text{抵抗 }R\text{ の消費する瞬時電力 }\tilde{P}(t)}{}^{*1} + \underbrace{\{\omega L \cdot I_{\text{eff}}^2 \cdot \sin 2(\omega t + \alpha)\}}_{\text{リアクタンス要素 }L\text{ の消費する瞬時電力 }\tilde{P}_L(t)}{}^{*2} \quad [\text{VA}]
\end{aligned}$$

$$(13・17)$$

したがって

$$\left. \begin{array}{l} \text{抵抗 }R\text{ の消費する有効電力 } P_R = \{\tilde{P}_R(t) = \{R \cdot I_{\text{eff}}^2 - R \cdot I_{\text{eff}}^2\cos 2(\omega t + \alpha)\} \\ \quad \text{の時間平均値}\} = R \cdot I_{\text{eff}}^2 \\ \text{リアクタンス要素 }L\text{ の消費する有効電力 } Q_L = \{\tilde{P}_L(t) = \{\omega L \cdot I_{\text{eff}}^2 \sin 2(\omega t + \alpha)\} \\ \quad \text{の時間平均値}\} = 0 \end{array} \right\}$$

$$(13・18)$$

以上の式から明らかなように，発電機はファラデーの法則に従ってロータの機械的回転によってステータ側に起電力 $e(t)$ を発生している。その起電力が負荷の閉回路に加えられて電流 $i(t)$ が流れるとき，抵抗負荷では熱エネルギー $\int RI_{\text{eff}}^2 dt$ [W・sec] として有効パワーが消費されるが，インダクタンス負荷においては瞬時パワー $Q(t)$ が毎サイクル正負の値を交互にとることによってエネルギーとしては消費されない。インダクタンス要素は磁気エネルギーの形でのエネルギーの蓄積と放出を毎サイクル繰り返すだけである。すなわち，無効電力 Q の概

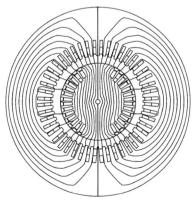

図 13・3　発電機の磁束経路

念はステータにつながる負荷回路のインダクタンスに起因するのであって発電機自体の事情によるものではない．その意味において発電機はあくまで機械力 P_m を有効電力 P_e に変換する機械として機能しているのみといえるであろう．特別の場合として負荷側の閉回路が構成されていない場合には $i(t)=0$ であり発電機は電気出力を放出しない．この状態で回転速度を一定に保つには原動機側からの機械入力を回転部の機械的ロス（シャフトの摩擦損，風損など）に見合うレベルに抑制する必要がある．

ロータの界磁コイルが作る磁束 ϕ は回転磁界 H として機能することでパワーをロータからステータに伝達する媒体の役割を果たしているが，機械入力パワー P_m が有効な電気パワー P_e に変換されるプロセスはステータが受けとる鎖交磁束数 ψ の大小によるものではなく，そ

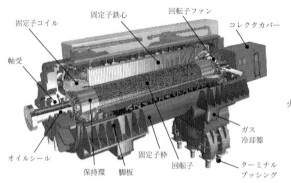

火力・原子力機のコイル冷却方式
蒸気火力機（3000rpmまたは3600rpm）
200～700MVA級　　固定子：水素冷却
　　　　　　　　　回転子：水素冷却
700～1120MVA級　　固定子：水冷却
　　　　　　　　　回転子：水素冷却

ステータコイル完成状態

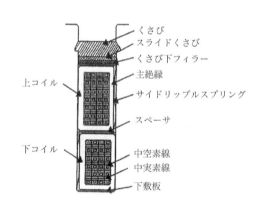

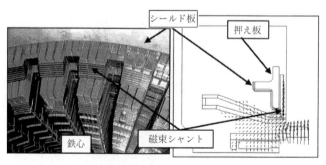

鉄心端構造　　　　端部付近の磁束線図

図 13・4　大容量火力発電機（東芝提供）

ロータ外観

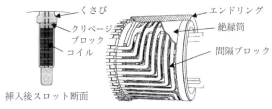

挿入後スロット断面　　ロータ端部構造

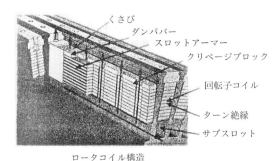

ロータコイル構造

図 13・4　（つづき）

の変化率 $d\psi(t)/dt$ の大小によるものであることも明らかである．

図13・3はロータから発する回転磁束 ϕ の経路が「ロータN極→エアギャップ→ステータコイルの1辺（電流往路）に鎖交→ステータコア鉄心→ステータコイルの1辺（電流帰路）に鎖交→エアギャップ→ロータS極」であることを示している．図13・3あるいは図16・7に示すようにロータN極から発する磁束のほぼ全量が有効磁束 ϕ_{eff} としてこの経路を経てN極に帰り，有効な役割を演ずる．なお，わずかではあるがN極を発してステータコイルに届かずに帰路をたどってS極に戻る無効磁束 ϕ_{leak} も存在する．エアギャップとロータやステータ表面のくさび付近で帰路に向かう磁束 ϕ_{air}，ロータ端部に発してステータコイルに届かない磁束を ϕ_{end} が無効磁束であるから，$\phi_{leak}=\phi_{air}+\phi_{end}$ と表現できる．これについては第10章で説明したが，さらに第16章で再び論ずる．

図13・4は大容量蒸気火力発電機構造を説明するイラストと写真である．タービンに供給される過熱蒸気の温度が大容量蒸気火力では600 ℃前後であり，原子力機では300 ℃程度であるために，火力機はポール数 $n=2$（毎分回転数 3000 rpm または 3600 rpm），原子力機は（1500 rpm または 1800 rpm）である．発電機としては，原子力機は回転数が遅いために相対的に大体積形となるが電気的特性は類似といってよいであろう．火力・原子力機の特徴については第16章で再度述べることになるので，ここでは簡単にその固定子コイル・回転子コイルの冷却方式についてのみ整理して下記に示しておく．

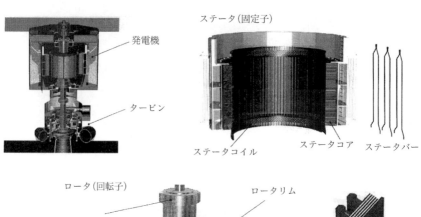

斜流(デレア)水車

フランシス水車

ガイド弁

図 13・5　揚水用発電電動機と水車（東芝提供）

蒸気火力機（3000 rpm または 3600 rpm）
200〜700 MVA 級　　固定子：水素冷却
　　　　　　　　　　回転子：水素冷却
700〜1150 MVA 級　 固定子：水冷却
　　　　　　　　　　回転子：水素冷却

原子力機（1500 rpm または 1800 rpm）
600〜900 MVA 級　　固定子：水素冷却
　　　　　　　　　　回転子：水素冷却
900〜1300 MVA 級　 固定子：水冷却
　　　　　　　　　　回転子：水素冷却

　図 **13・5** は揚水用発電電動機（300 MVA 級）と水車を示している．水力機の場合には発電専用と揚水・発電用の区別があり，また水系の事情（水量・落差など）で**水車**のタイプ（ペルトン・フランシス・デリア形など）と回転数（400〜1000 rpm 程度）が選択されるが，発電・電動機の原理は共通である．

13・4　発電機の回転速度調整：スピードガバナ

　個々の発電機駆動用の原動機（水車・タービン）はその回転各速度 ω_m が系統の各周波数 $\omega = 2\pi f$ に時々刻々一致するようにその機械入力を自動制御する必要がある．この目的で水力機の**ガイド弁**，あるいは火力機の**コントロールバルブ**（**蒸気開閉弁**）の開度を自動制御する装置が**スピードガバナ**（speed governor）である．系統が安定な周波数 f で運転中に原動機・

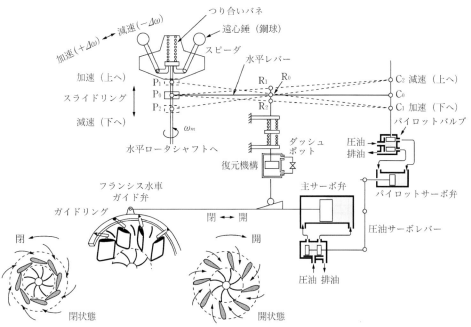

図 13・6 水力発電用スピードガバナ（機械式）

発電機ロータの回転角速度 ω_m が $\omega_m \pm \Delta\omega_m$ に増加（低下）すると，$\{\Delta\omega_m = (\omega_m - 2\pi f)\} \to 0$ となるように原動機入力弁の開度を下げる（上げる）自動追従制御を行うことによって回転各速度の変動を抑制する．また，系統周波数が $f \to f + \Delta f$ に若干上昇したとすれば，各発電所の個々の発電機は $\Delta\omega_m = 2\pi \cdot \Delta f$ の角速度上昇を検知してその出力を $P \to P - \Delta P$ となるように抑制して系統全体としては周波数の変動 Δf を限定する．スピードガバナはこのような役割を担うものである．

図 13・6 に水力発電所用のスピードガバナ（機械式）の基本原理を示す．水力発電所では貯水ダムと水車を結ぶ導水路（圧力鉄管など）内の水の慣性が大きいので，水路内圧の激変現象（例えば，急激な閉動作によるウォータハンマ現象や開動作による水圧鉄管の真空化など）を避けなければならないので急激な追従制御には限界がある．導水路や水車系の保全のためにガイド弁の開閉の変化幅（MW%）と変化速度（MW%/sec）をある範囲内にとどめる必要があり，水力用のスピードガバナにはそのための応動抑制機構として**ダッシュポット**が備えられている．

火力タービンのスピードガバナもその基本原理は水力と同じであり，図 13・6 とほぼ同様の構造であるが，コントロールバルブの制御による過熱蒸気の急速な増減操作によってタービンが損傷する懸念はないのでダッシュポット機構を備えていない．そのため火力タービンでは比較的高速（例えば，0.1～0.2 秒で数% の変動）追従が可能である．

その一方で，火力機は毎秒 3000 rpm または 3600 rpm の高速回転をしているので定格回転速度以上のオーバースピードに対しては極めて敏感である．**表 13・1** は火力機の速度上昇の許容限度を示している．発電機の全負荷遮断の場合などのようにロータ回転数が急上昇した場合には過熱蒸気のタービンへの供給を緊急閉塞する必要があり，火力タービンには蒸気量の緊急閉塞用の**エマージェンシーガバナ**（emergency governor）も備えられている．

系統のトータル負荷の量は時間帯によって大きく変化するだけでなく常時も細かい変動をしている．これに対して発電所の総合出力を追従制御させることによって系統の周波数 f を一定範囲内（例えば 50/60±0.05 Hz）に維持する必要がある．**図 13.7** は**負荷変動**の概念図であ

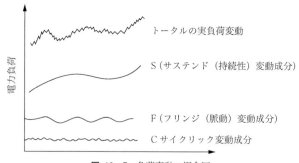

図 13・7　負荷変動の概念図

表 13・2　発電ユニットの周波数上昇/低下時の運転限界

		現象	50Hz 機	60Hz 機	備考
周波数上昇限度	タービン	動翼の共振	50.5	60.2	連続
	ボイラー・原子炉	スクラム	50.88	61.05	連続
周波数低下限度	タービン	動翼の共振	48.5	58.0	連続
	ボイラー・原子炉	補機能力低下	47.5	57.0	連続

（出典：電気学会技術報告 II 部 183 号）

る．ある系統で実負荷がトータル負荷曲線のように変化する場合，この負荷変動は図の S（**持続変動負荷，sustained change**），F（**脈動変動負荷，fringe change**），C（**サイクリック負荷変動，cyclic change**）成分に概念的に分解することができる．そして系統の周波数を一定値に維持するためには，並列運転中の各発電機出力の合計値をトータル負荷曲線に追従制御する必要がある．持続性負荷変動への追従は中央給電指令所の運転指令に基づく**発電電力制御**と **AFC 装置（Automatic Frequency Control）**によって行われる．これに対してさらに細かい脈動成分やサイクリック成分の吸収はもっぱらこのスピードガバナが吸収する役割を担う．

なお，系統周波数を一定範囲内に維持することは第 1 に負荷に良質の電気を届けるために必要である．例えば，需要家機器の許容周波数変動は電動機が ±5% であり，電子機器類では ±1% などを規格として定めている．第 2 には発電所を支障なく運転するためにも欠かせない．**表 13・2** は火力・原子力発電所の周波数低下/上昇運転限度とその主な理由を示している．

休憩室：その8　複素記号法の誕生と創始者 Arthur Kennelly

　1900年を迎えて，電気の技術は動力として，情報メディアとして，また照明源として"電気の世紀"の名にふさわしい長足の進歩を遂げていく．20世紀は19世紀とはまったく異なる電化社会の時代として幕開けしたのである．電力の分野に関しては，現代の電力グリッドの原型といえる発電送受電設備が世界各国で産声をあげていく．

　この時代の電気・電力史は多くの書物で語られているので，これ以降の［休憩室］では"電気の記述法"，すなわち「眼に見えぬ電気・電力があたかも固体や液体のごとくに正確に計算され，計測される手法」がいかに進歩していったかという視点に的を絞って振り返ることとする．電気史の中で"電気の記述史"が語られる機会は少ないと感じている著者の思い入れである．

　電気の工学的記述に関する第1の人物は何と言っても［休憩室：その7］で述べた Heaviside である．そして［休憩室］後半の部の最初に登場するのは電気の"複素記号法"を提唱した Kennelly である．

　微分方程式を解く Heaviside 演算子や Laplace 演算子の工学的役割は極めて大きいが，例えば，今，我々は複素数 $j\omega$ の概念を使わずに交流回路の定常計算をできるであろうか？　ごく簡単な回路でも容易なことではない．今日，電気技術者は例えば $R+j\omega L-j(1/\omega C)$ の計算に精通する半面，その回路計算を $j\omega$ を使うことなく行うことなど思いもよらないのである．3相回路の過渡現象ともなれば複素数の概念なしではもはや計算はほとんど不可能であろう．"電気の本質は複素数"と錯覚するほどに複素数計算は定着した手法である．さらにいえば，我々現代の技術者は「電気の本質が電線に沿って電磁波として伝わる」ことをほとんど忘れていて，電気の回路計算ではあたかも「パイプの中を流れる水流」のごとくに「複素数電流が流れる」として扱っている．まさに複素数演算の恩恵と言わなければならない．

　さて，その画期的な電気の計算手法「複素数計算法」の発明者 Kennelly の足跡について振り返ることとしよう．

　Arthur Edwin Kennelly（1861-1937）はアイルランド人の海軍軍人を父として1861年にインドで生を受ける．3歳で母を失って間もなくイギリスに帰国する．長じてから Eastern Telegraph Company で通信オペレーターとして働いていた1887年，26歳の Kennelly はイギリスを訪れた **Thomas Alva Edison**（1847-1931）の誘いを受けて渡米し，Edison が同年に設立した West Orange Laboratory のスタッフとして働くことになる．Edison は数学・電磁気学・材料などさまざまな専門分野に長じた優秀なスタッフを15名ほど身近な助手として雇っており，彼はその一人となった．Edison が直流方式による電燈事業を開始して6年目のことである．

Arthur Edwin Kennelly
(1861-1939)

　その当時は交直論争の真っ最中であったが交流方式に関する評判が徐々に高まりつつある時期でもあった．直流方式による電燈会社の経営者 Edison としては絶対に交流に負けるわけにはいかず，必死で"交流の危険性"を説くために行った逸話が数多く残っている．Kennelly は1893年までの6年間，Edison のスタッフとして直流方式を支える立場で働いた．ところが Kennelly は1893年に AIEE への投稿論文"Impedance"を発表する．この論文では"交流理論においてオームの法則に複素数を適用する方法"が提案されており，またインダクタンス・キャパシタンスが $pl\sqrt{-1}$，$-1/kp\sqrt{-1}$（ただし，今日の記号では $p\to\omega=2\pi f$，$k\to C$）で表されることなどを示している．また，その翌年には電気量を複素数として取り扱う表記法として欠か

せない $\angle\theta$, $\angle-\theta$ 等の表記も提案している．彼の AIEE 論文を時の雑誌 Electrical World は"非常に難しい問題を誰でも極めて簡単に計算できることを可能にする素晴らしい方法"と褒めちぎっている．Kennelly の論文によって複素数を交流理論に適用する技術は当然のことながら急速に広まっていった．今我々は複素数の概念を使うことなく無効電力 Q の性質やリアクトルのインダクタンス機能を明快に説明しきれるであろうか？　このように考えると上述の AIEE の賛辞もなお控えめと思われてしまうのである．

　Kennelly は双曲線関数 (Hyperbolic function：$\cosh x = (e^x + e^{-x})/2$, $\sinh x = (e^x - e^{-x})/2$ など) を電波伝搬の解析に使って通信線や導波管の解析法を導いた人としても記憶されている．双曲線関数等に関する数表 "Smithonian Table" は複雑な計算には欠かせない権威ある数表として彼の残したもう一つの偉大な功績記念碑である．

　交直論争の決着がほとんどつきかけた 1890 年，経営難に陥った Edison 社はモルガン財閥の仲介で Thomson-Houston 社への合併を余儀なくされる．2 年間の過渡的期間を経て 1892 年，合併新会社 General Electric 社が誕生する．同社は卓越した Edison の電燈技術と Houston 社の交流技術を有して世界一のメーカーとしての躍進を開始する．Kennelly の $\sqrt{-1}$ 論文はまさに GE 社の発足直後に投稿されたことになる．彼は 1894 年にいったん同社を離れて Houston & Kennelly 商会に移るが 1901 年に GE に短期間復職し，1902 年には Harvard 大学（1902-1930），MIT（1913-1924）の教授に転身する．

　1901 年 12 月，Marconi がイギリスから発信されたモールスコード "S" の無線信号をアメリカ Newfoundland で見事に受信する．当時の電波知識による予想をはるかに凌ぐ大成功であった．翌年，Kennelly は Marconi wave が大西洋を越えたのは電離層の反射によるものという理論的結論を導き，またその電離層は地上 80 km 付近にあると予言した．Kennelly-Heaviside 層（今日では E 層）である．

　Kennelly は生涯に 10 冊の本と 350 編の論文を残しており，また晩年にはアメリカの電気関係諸団体の重鎮として，またメートル法推進の先駆者として大きな足跡を残している．

第14章 系統の P-Q-V 特性と過渡・動態安定度および電圧安定度

　第12章で1機無限大系統，2機系統における発電機皮相電力の基本式と定態安定度の基本概念について述べてきた．電力システムのダイナミック特性は第10～13章で学んだ発電機の特性と深くかかわっている．本章では，動態安定度，過渡安定度について述べ，さらに系統の P-Q-V 特性を理解したうえで，いわゆる電圧安定度にまで話を進めるものとする．

14・1 定態・過渡・動態安定度の概念

　「電力システムの安定度」は典型的には「電力システムが正規および非正規状態を通じて運転の平衡性を維持し続ける特性」と定義される．その系統システムにつながっている発電機に関していえば，システムが安定であるためには各発電機が正規および非正規の条件下で同期運転を維持できなければならない．安定度は便宜上次の三つに分類される．

〔a〕 **定態安定度（Steady-state stability）**
　発電機の運転状態（前章における発電機機械入力 P_m，界磁 E_f，端子電圧 e_{gen} など）の状態変化が微小で，また系統側の運転状態（インピーダンス x_l，負荷電流 I，発生電力 P，周波数 f，相差角 $δ$ など）の状態急変もない安定な状態での系統の静特性的な安定度をいう．系統側の等価電源電圧 e_{bus}，線路構成の変更操作や事故（x_l）などの変化がなく，また火力や水力発電機の機械入力 P_m の変化もなく，端子電圧 e_{gen} の変動もない（したがって，AVRの自動制御対象の励磁 E_f にも変化がない）状態の安定度ということになる．
　そして「定態安定度限界」とは，系統の条件を少しずつゆっくり変化させていった場合にシステムが安定運転を維持できなくなる限界であると定義され，事実上は式(12・15)，(12・17)によって決まることはすでに述べたとおりである．

〔b〕 **過渡安定度（Transient-state stability）**
　系統の「過渡状態」とは，系統内の発電機や負荷の接続状況や線路その他の回路条件が急変することによって生ずる運転状況と定義できよう．そして「過渡安定度」とは，そのような過渡的状態における安定度ということになる．短絡・地絡事故，それに伴う遮断器の遮断や再閉路，変電所母線やフィーダ回線の切り替え，発電機や大きい負荷の突然の解列などが典型的な過渡安定度のきっかけとなる急変要因である．そのほかに AVR やスピードガバナの制御異常による発電機励磁の急変や原動機出力の急変，また変電所でのフィーダ接続（線路引出接続）の変更や大型負荷の変動による電力フローの急変なども過渡安定度の要因となろう．

〔c〕 **動態安定度（Dynamic stability）**
　発電機の制御用の AVR (Automatic Voltage Regulator) を適切に運転すれば定態安定度を著しく改善できる．また，系統周波数の急変に応じて発電機の出力を制御するスピードガバナの自動制御もまた安定度改善に有効である．「動態安定度」とは，各発電所で発電機の急速な励磁制御（AVR による jE_f 制御）やスピードガバナ制御（発電機の急速速度制御）を適切に行うことによって著しく改善された安定度のことをいうのである．AVR やスピードガバナの適切な制御は定態安定度をも過渡安定度をも著しく改善する有効な手段といえよう．なお，"AVR＋発電機励磁回路制御"の時定数は非常に小さい（例えば 0.1～0.5 秒）が，スピードガバナの時定数はそれより大きい（例えば 1～数秒）ので初期変化の著しい外乱に対しては

AVRによる励磁系制御の方がより効果的であることは明らかである．

14・2　2機系統の動揺方程式と外乱による応動

発電機の運動方程式は，式(13・11)，(13・12)で求めたとおりである．今度は**図14・1**のような2機系統の発電機GおよびBを対象にして検討しよう．両者の運動方程式は次式となる．

発電機G　　　　　　　　　　発電機B
$$\left. \frac{d^2\theta_G(t)}{dt^2} = \frac{\omega_G(t)}{M_G}(P_{Gm}-P_{Ge}) \qquad \frac{d^2\theta_B(t)}{dt^2} = \frac{\omega_B(t)}{M_B}(P_{Bm}-P_{Be}) \right\} \quad (14・1)$$

両発電機の間には次の関係がある．

$$\left. \begin{array}{l} P_{Ge}=-P_{Be} \quad (線路の抵抗損を無視) \\ \delta(t)=\theta_G(t)-\theta_B(t)=\int\{\omega_G(t)-\omega_B(t)\}dt<90°（両発電機の位相差角） \\ \omega_G(t)\fallingdotseq\omega_B(t)\fallingdotseq 2\pi f_0\equiv\omega_0 \quad ここで，f_0 は系統周波数 \end{array} \right\} \quad (14・2)$$

$\delta(t)$ は両発電機間の位相差角であり，同期運転中では±90°以内で変動は微小である．
式(14・2)より次式を得る．

$$\frac{d^2\delta}{dt^2}=\omega_0\left\{\frac{P_{Gm}-P_{Ge}}{M_G}-\frac{P_{Bm}-P_{Be}}{M_B}\right\} \quad (14・3)$$

ところで，簡単のため非突極機とすれば，有効電力は式(12・12)より

$$P_{Ge}=-P_{Be}=\frac{E_f E_B}{x_q+x_l}\sin\delta \quad (14・4)$$

ここで，E_f，E_B：発電機GおよびBの内部誘起電圧

また，機械入力 P_{Gm}，P_{Bm} は系統外乱の直後も0～3秒程度の間は急変ができず，外乱前の状態のままであるので

$$P_{Gm}=P_{Ge}=-P_{Be}=-P_{Bm} \quad (14・5)$$

したがって，式(14・3)は次式のようになる．

2機系統における発電機Gの運動方程式

$$\left. \begin{array}{l} \dfrac{d^2\delta}{dt^2}=\omega_0\left(\dfrac{1}{M_G}+\dfrac{1}{M_B}\right)\cdot(P_{Gm}-P_{Ge}) \\ \quad =\dfrac{\omega_0}{M_0}\left(P_{Gm}-\dfrac{E_f E_B}{x_q+x_l}\sin\delta\right) \end{array} \right\} \quad (14・6)$$

ここで，$M_0=\dfrac{M_G M_B}{M_G+M_B}$，$\delta(t)$：両発電機の内部誘起電圧の位相差角で，
同期運転状態では $-90°<\delta(t)<90°$ である．

特別の場合として発電機Bの慣性定数 M_B が発電機Gの M_G より相対的に非常に大きいとすれば $M_B\to\infty$，$M_0\to M_G$ となり，これは1機無限大母線系統の場合ということになる．

式(14・6)において，$\omega_0=2\pi f_0$（$f_0=50/60$ Hz）は固定値であり，M_G，M_B は各発電機の固有値である．また，x_l は発電機につながる系統のリアクタンスであり，もしも系統に事故が発生すれば突然非常に大きい値に急変する（理由は後述する）．したがって，発電機Gの制御

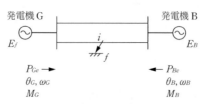

図 14・1　2機系統

という観点からいえば P_{Gm} と E_f だけが制御可能なパラメータであり，$\delta(t) = function(P_{Gm}, E_f)$ と表現することもできよう．

式(14・6)から次のようなことを読み取ることができる．

① 2機系統運動特性は2機の慣性定数を荷重平均した**等価慣性定数** M_0 の発電機の特性として表現できる．さらに，このケースからの類推で n 台の系統の場合もその荷重平均した慣性定数として扱うことができる．

すなわち，

$$\frac{1}{M_0} = \sum_{k=1}^{n} \frac{1}{M_k} \tag{14・7}$$

② 例えば，発電機至近端事故外乱が発生（$x_l \to$ 増大：後述補足）すると，その直後では式(14・6)中の P_{Gm}, E_f などは急には変化できないので $\partial\delta/\partial t = \omega \to$ 増大となるしかないが，90°を越えればもはや追従できず，加速脱調に至る．ただし，AVR制御機能によって若干の時間遅れで $E_f \to$ 増大に転じ，またガバナ制御によって発電機の $P_{Gm} \to$ 減少に転ずれば δ の増加変化は非常に軽減されるであろう．

要するに，**AVR制御やガバナ制御の機能によって定態安定度限界が動態安定度限界にまで拡大される．**

典型的な外乱として，"送電線地絡事故発生（$t=0$）→ 事故遮断(0.1秒) → 再閉路(0.5秒) → 再遮断(0.6秒)" というような場合，極めて短時間の間に x_l が数回急変する．このような場合には δ は短時間内にかなり動揺することになる．

③ 発電機はその慣性定数が大きいほど δ の動揺は少ない．慣性定数は，同一容量では当然体格が大きいほど安定に寄与することになる．また近年では，火力タービン発電機は技術の進歩によって非常にコンパクトな構造で大容量機が実現されているが，このことは GD^2 が相対的には小さくなっていることになり，安定度的には繊細な機械ということになる．その代わりガバナ制御やAVR応動の高速化による安定度寄与の効果は水力機に劣らぬ大きいものが期待できる．

14・3 過渡安定度と動態安定度ケーススタディ

図14・1のような平行2回線の f 点に短絡事故が発生した場合を例に過渡安定度と動態安定度について，ここでは最も直感的に理解しやすい**図14・2**の**等面積法**によって説明しよう．

14・3・1 過渡安定度

ケース1：安定維持の場合

発電機 G は $P_0(\delta_0)$（出力 P_0，無限大母線に対する位相差 δ_0 の意）で安定に運転中である

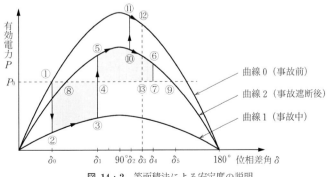

図 14・2 等面積法による安定度の説明

(図中の曲線0上の点①). 1号線の点fで短絡事故が発生すると, **発電機から見る系統インピーダンス x_l が瞬間に大きい値に変化**して P-δ 曲線が（曲線0）→（曲線1）に移動するために点①→②に瞬時に移る. その結果, 発電機は $P_0(\delta_0) - P_1(\delta_0)$ だけ入力超過となるのでただちに加速を開始する結果, 曲線1上に沿って δ が増加する. 点③に至ったとき（Ry+Br 動作時間：数サイクル後）に事故回線が遮断されるとインピーダンスが今度は瞬間に減少するので, 曲線2（当該回線が遮断されたので曲線0よりわずかに低い曲線となる）上の点⑤に跳躍し $P_2(\delta_1)$ となる. 今度は最初の状態に対して $P_2(\delta_1) - P_0(\delta_1)$ だけ出力過剰になって減速力に転ずるが, 回転体の慣性のためすぐには反転変化ができないので, δ は引き続き増加しやがて δ_4 にまで達して（点⑥）ようやく減少に転ずる. δ は（発電機の入力が P_0 のままとすれば）減衰振動をしつつやがて新しい安定点⑧に落ち着く. 上述の過程で δ の最大値は（面積①②③④）＝（面積④⑤⑥⑦）となるときの値である. すなわち

$$\underbrace{\int_{\delta_0}^{\delta_1}\{P_0(\delta_0)-P_1(\delta)\}d\delta}_{\text{加速エネルギー}}=\underbrace{\int_{\delta_1}^{\delta_4}\{P_2(\delta)-P_0(\delta)\}d\delta}_{\text{制動エネルギー}} \qquad (14\cdot 8)$$

瞬間的には点⑥で δ が 90° を超えることが理解される.

ケース2：過渡安定度限界に達する場合

ケース1と同様の経過で点⑤に達した後, δ が増加を続けて遂に点⑨の δ_5 を超えてしまう場合には, そのとたん入出力バランスの符号が逆転し, もはや同期化力として作用しなくなる. 点⑨は過渡安定度の臨界点である.

過渡安定度の限界となる条件は, （面積①②③④）≦（面積④⑤⑥⑨）となる.

この限界となる δ_5 は一般に 90° より大きい. しかしながら, 事故遮断後の曲線2の高さ（$1/x_l$ に依存）が, この場合の安定性を大きく左右することは明らかである.

このケースもいろいろのことを説明している. 例えば, 故障検出用の保護リレーの動作が遅れて事故除去が少し遅れれば, 曲線1のままで δ が急増する時間が長くなるので δ は急速に増大する. 保護リレーによる事故遮断が遅れれば発電機は脱調を避けられない.

ケース3：再閉路成功の場合

ケース1の途中経過の点⑩の δ_2 のタイミングで事故回線の再閉路が成功すると系統インピーダンスが事故前状態に戻る結果, 点⑩から⑪に瞬間に跳躍し, この場合には δ は（面積①②③④）＝（面積④⑤⑩⑪⑫⑬）となる δ_3 まで増加の後減少に反転し, やがて①に戻る.

14・3・2 動態安定度

ケース4：AVR・ガバナによる即応制御が期待できる場合

ケース1～3は励磁 E_f が不変とした過渡安定度であった.

同一ケースで, **AVR・ガバナによる即応自動制御機能**が期待できる場合には次のようになる.

ⅰ） **AVR効果**：事故発生直後の電圧降下を AVR が検出して直ちに界磁 E_f を増加させる場合には, 曲線1, 2の高さを持ち上げる効果があるので安定度維持に非常に大きい効果が期待できる. 最新の設備では, 安定度改善のために AVR の時定数を極力小さくする**超即応励磁方式**などの工夫もなされている.

ⅱ） **ガバナ効果**：事故直後の発電機加速を検出してガバナ制御によって機械入力を減少（水力ではガイド弁, 火力では加減弁の開度を絞る）させれば, 図14・2において P_0 を下方に下げて面積①②③④を低減する（$P_0 \to P_0 - \Delta P_0$ とすることに相当）ことになるので, これも安定度維持に効果がある（ただし, ガバナの時定数は AVR 系の時定数より大きく, また, ガバナ自動制御による出力の絞り込みは発電機定格容量の数％程度であるので, ガバナ効果は即応性で AVR 効果に劣るのはやむを得ない）.

式(14·6)で説明すれば，**動態安定度とは発電機の加（減）速に対して E_f や P_{Gm} を急速制御することも加味した安定度**である．これによって**過渡安定度**（E_f, P_{Gm} が不変の場合）よりもさらに安定運転の範囲を拡大できる．

14·4　4端子回路の皮相電力と発電機からみる特性インピーダンス

14·4·1　特性インピーダンス

前節の図14·2で，事故前の $P\text{-}\delta$ 曲線0が事故の発生によって曲線1に大幅低下することを暗黙の了解として話を進めた．ところで $P\text{-}\delta$ 曲線は式(14·4)で与えられるからそのピーク値は $(E_f E_B)/(x_q+x_l)$ である．E_f, E_B および x_q は不変としているから，線路事故の発生によって曲線0が曲線1に急変するためには事故によって x_l が大きい値に急変するとしなければならない．果たしてそうなるのであろうか．例えば，発電機の至近端の3相短絡が発生すれば x_l はむしろ0近くに減少するのではないか？　図3·2(a)の例では，元の回路に逆零相インピーダンスが並列接続されるので x_l も小さくなるのではないのか？　そもそも**発電機からみる系統のインピーダンス**とは何なのか？

この疑問をクリアするために式(12·12)の分母に相当する発電機の送電電力を規定するインピーダンスについて吟味しておく必要がある．

図14·3のように，送電端s，受電端rの電圧・電流を，系統の4端子回路として表現すると

$$\left.\begin{array}{l}\left[\begin{array}{c}\dot{v}_s \\ \dot{i}_s\end{array}\right]=\left[\begin{array}{cc}\dot{A} & \dot{B} \\ \dot{C} & \dot{D}\end{array}\right]\cdot\left[\begin{array}{c}\dot{v}_r \\ \dot{i}_r\end{array}\right] \\ \text{ここで，} \dot{v}_s=V_s\underline{/\delta}=V_s\cdot e^{j\delta} \\ \qquad\dot{v}_r=V_r\underline{/0}=V_r\end{array}\right\} \quad (14\cdot9)$$

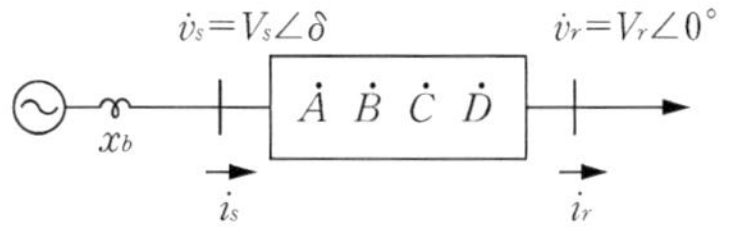

である．$\dot{i}_r$ を消去すると

$$\dot{i}_s=\frac{\dot{D}}{\dot{B}}\dot{v}_s+\frac{\dot{B}\dot{C}-\dot{A}\dot{D}}{\dot{B}}\dot{v}_r \quad (14\cdot9\text{ a})$$

したがって，この4端子回路の送電端皮相電力は次式となる．

$$\begin{aligned}\dot{S}_s=P_s+jQ_s&=\dot{v}_s \dot{i}_s{}^*\\&=\frac{\dot{D}^*}{\dot{B}^*}\dot{v}_s \dot{v}_s{}^*+\frac{\dot{B}^*\dot{C}^*-\dot{A}^*\dot{D}^*}{\dot{B}^*}\dot{v}_s \dot{v}_r{}^*\\&=\frac{\dot{D}^*}{\dot{B}^*}V_s{}^2+\frac{\dot{B}^*\dot{C}^*-\dot{A}^*\dot{D}^*}{\dot{B}^*}V_s V_r e^{j\delta}\end{aligned}$$

$$(14\cdot9\text{ b})$$

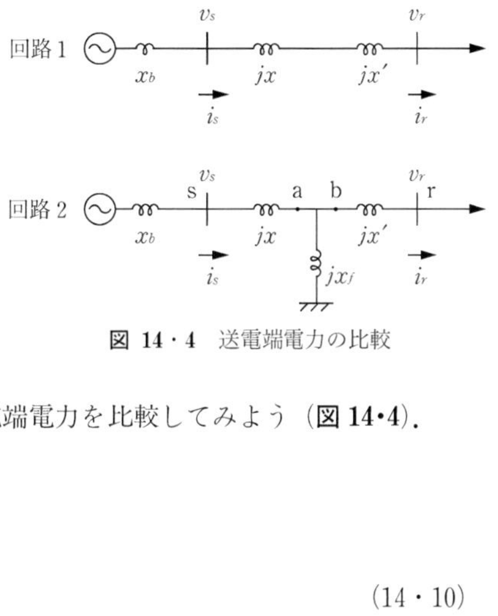

図 14·3　4端子回路

図 14·4　送電端電力の比較

この式を使って，次の二つのケースについて送電端電力を比較してみよう（**図14·4**）．

ⅰ）回路1の場合

この場合の4端子回路式は

$$\left.\begin{array}{l}\left[\begin{array}{c}\dot{v}_s \\ \dot{i}_s\end{array}\right]=\left[\begin{array}{cc}1 & j(x+x') \\ 0 & 1\end{array}\right]\cdot\left[\begin{array}{c}\dot{v}_r \\ \dot{i}_r\end{array}\right]=\left[\begin{array}{cc}\dot{A} & \dot{B} \\ \dot{C} & \dot{D}\end{array}\right]\cdot\left[\begin{array}{c}\dot{v}_r \\ \dot{i}_r\end{array}\right] \\ \dot{A}=\dot{D}=1, \quad \dot{B}=j(x+x'), \quad \dot{C}=0\end{array}\right\} \quad (14\cdot10)$$

したがって，この $\dot{A}, \dot{B}, \dot{C}, \dot{D}$ の共役値 $\dot{A}^*=\dot{D}^*=1$, $\dot{B}^*=-j(x+x')$, $\dot{C}^*=0$ を式(14·9)に代入すると皮相電力は

$$\dot{S}_s=P_s+jQ_s=\frac{V_s V_r}{x+x'}\sin\delta+j\left\{\frac{V_s{}^2-V_s V_r\cos\delta}{x+x'}\right\} \quad (14\cdot11)$$

右辺第1項が送電端sの有効電力 P_s であり，なじみ深い式である．送電端を発電機端子と

すれば，上式右辺の分母 $x+x'$ がこの発電機からみる特性インピーダンスということになる．

ii) 回路2の場合

ケース1に対して事故など，x_f のバイパス回路が追加となった場合である．

図点 s-r 間の4端子回路定数の行列は点 s-a 間，a-b 間，b-r 間の4端子回路定数の行列を順に掛け合わせればよい．すなわち，

$$\begin{vmatrix} \dot{v}_s \\ \dot{i}_s \end{vmatrix} = \underbrace{\begin{vmatrix} 1 & jx \\ 0 & 1 \end{vmatrix}}_{\text{s-a 間行列}} \cdot \underbrace{\begin{vmatrix} 1 & 0 \\ \dfrac{1}{jx_f} & 1 \end{vmatrix}}_{\text{a-b 間行列}} \cdot \underbrace{\begin{vmatrix} 1 & jx' \\ 0 & 1 \end{vmatrix}}_{\text{b-r 間行列}} \cdot \begin{vmatrix} \dot{v}_r \\ \dot{i}_r \end{vmatrix}$$

$$= \begin{vmatrix} 1+\dfrac{x}{x_f} & j\left(x+x'+\dfrac{x \cdot x'}{x_f}\right) \\ -j\dfrac{1}{x_f} & 1+\dfrac{x'}{x_f} \end{vmatrix} \cdot \begin{vmatrix} \dot{v}_r \\ \dot{i}_r \end{vmatrix} \equiv \begin{vmatrix} \dot{A} & \dot{B} \\ \dot{C} & \dot{D} \end{vmatrix} \cdot \begin{vmatrix} \dot{v}_r \\ \dot{i}_r \end{vmatrix} \tag{14・12}$$

この回路の定数 $\dot{A}$, $\dot{B}$, $\dot{C}$, $\dot{D}$ が判明したのでその共役値 $\dot{A}^*$, $\dot{B}^*$, $\dot{C}^*$, $\dot{D}^*$ を式(14・9)に代入するとこの回路の皮相電力として次式が求められる．

$$\dot{S}_s = P_s + jQ_s$$

$$= \frac{V_s V_r}{x+x'+\dfrac{x \cdot x'}{x_f}} \sin\delta + j\left\{ \frac{V_s^2 \cdot \left(1+\dfrac{x \cdot x'}{x_f}\right) - V_s V_r \cos\delta}{x+x'+\dfrac{x \cdot x'}{x_f}} \right\} \tag{14・13}$$

となる．この場合の発電端 s の有効電力 P_s を支配する特性インピーダンス（発電機端 s からみる特性インピーダンス）は $x+x'+(x \cdot x')/(x_f)$ である．

式(14・11)と式(14・13)を比較すると，特性インピーダンス（右辺第1項 P_s の分母）が

$$x+x' \longrightarrow x+x'+\frac{x \cdot x'}{x_f} \tag{14・14}$$

のように変化している．

図の回路1と2を比較すると，回路2のように線路の中間部に jx_f が追加されることによって発電機端 s から系統側をみる特性インピーダンスは $x \cdot x'/x_f$ だけ大きくなる．

x_f を短絡事故による接地インピーダンスとすれば，x_f は十分小さいので，事故中の発電端 P-δ 曲線（図14・2）の曲線1）は事故前に比べて非常に小さいものとなることが理解される．特に，発電機端の至近地点での3相短絡では $x \ll x'$，$x_f \to 0$ であるから送電可能電力はほとんどゼロとなる．

事故が発生すると特性インピーダンスが $x \cdot x'/x_f$ だけ増加し，そのため図14・1の P-δ 曲線も著しく低い値となるのである．前節の暗黙知が正しいことが理解できる．

さて，以上の結果を表3・1の正相等価回路に適用すれば，線路の途中でさまざまなモードの事故が発生した場合の P-δ 曲線を導くことができる．例えば，線路に1線地絡が発生すると事故点 f に $_fx_2 + _fx_0$ が挿入される．この場合には上式の $x_f \to (_fx_2 + _fx_0)$ ということになる．事故の種類が異なれば x_f も変わる．また，事故点が発電機 G に近いほど（x が小さいほど）$x \cdot x'/x_f$ は小さくなり送電可能電力は当然小さくなる．さらに，実際の事故では，いわゆる事故点のアーク抵抗が加わることも考慮対象としなければならない．

同様に，表3・1を参照してあらゆる故障モードに対応する P-δ 曲線を導くことができる．さらに表3・2によって断線モードでの P-δ 曲線も求められる．

さまざまな事故モードに対して挿入する等価インピーダンスを**表14・1**にまとめておく．短絡事故の場合には P-δ 曲線のピーク値は $1\phi G \to 2\phi G \to 2\phi S \to 3\phi S$ の順番でより小さくなり，$3\phi S$ では電力はほとんど送ることができない．事故点の遮断切り離しが遅れれば発電機の可速脱調は避けられない．断線の場合には $1\phi Op \to 2\phi Op$ の順で送電可能電力は小さくな

表 14・1 事故時のP-δ曲線と等価回路回路条件

P-δ	$P_s = \dfrac{V_s V_r}{D(x)} \cdot \sin\delta$	Z_f の挿入方法
事故前　$D(x) = x + x'$	正相回路の事故点に挿入する pインピーダンス $Z_f (= r_f + j x_f)$	
短絡モード　$D(x) = x + x' + \dfrac{xx'}{x_f}$	3φS　$Z_f = 0$ 2φS　$Z_f = jZ_2$ 1φG　$Z_f = jZ_0 + jZ_2$ 2φG　$Z_f = jZ_0 \cdot jZ_2 / (jZ_0 + jZ_2)$	
断線モード　$D(x) = x + x' + x_f$	3φOp　$Z_f = \infty$ 2φOp　$Z_f = jZ_0 + jZ_2$ 1φOp　$Z_f = jZ_0 \cdot jZ_2 / (jZ_0 + jZ_2)$	

り，3φOp ではもちろんゼロとなる．

14・4・2 事故時の送電可能電力（P-$δ$ 曲線のピーク値）の試算

種々の事故モードによって P-$δ$ 曲線のピーク値がどのようになるかを試算しておこう．ただし，$x_1 = x_2 = x$, $x_1' = x_2' = x'$ であるとする．

<u>ケース1：3相短絡時（3φS）</u>

このケースでは $x_f \to 0$, $D(x) \to \infty$ の場合に相当するから P-$δ$ 曲線のピーク値はほぼゼロになる．突然の3相短絡で送電線は電力をほとんど送れなくなるのであるからこの事故を速やかに遮断しない限り発電機の急速な加速脱調は避けられなくなるであろう．

<u>ケース2：2線短絡時（2φS）</u>

表14・1および表3・1を参照して

$$\left. \begin{aligned} x_f = {}_f x_2 = (x /\!/ x') = \frac{xx'}{x+x'} \\ D(x) = x + x' + \frac{xx'}{x_f} = 2(x+x') \end{aligned} \right\} \quad (14 \cdot 15\text{ a})$$

したがって，2φS では P-$δ$ 曲線のピーク値は事故前の約半分になる．

<u>ケース3：1線地絡時（1φG）</u>

表14・1および表3・1を参照して

$$\left. \begin{aligned} x_f = {}_f x_2 + {}_f x_0 = (x /\!/ x') + (x_0 /\!/ x_0') = \frac{xx'}{x+x'} + \frac{x_0 x_0'}{x_0 + x_0'} \\ D(x) = x + x' + \frac{xx'}{x_f} \end{aligned} \right\} \quad (14 \cdot 15\text{ b})$$

いま，$k = x_0/x = x_0'/x'$ とすれば

$$\left. \begin{aligned} x_f = (1+k) \cdot xx'/(x+x') \\ D(x) = \{(2+k)/(1+k)\} \cdot (x+x') \end{aligned} \right\} \quad (14 \cdot 15\text{ c})$$

P-$δ$ 曲線のピーク値は事故前の $(2+k)/(1+k)$ になる．中性点直接接地系で $k=3$ とすれば $D(x) = 4/5$ となる．

また，高抵抗接地系統であれば $x_0 /\!/ x_0' \to \infty$, $D(x) = x+x'$ となるので P-$δ$ 曲線のピーク値は事故前の状態とさほど変わらない．

<u>ケース4：2線断線（2φOp）</u>

表14・1および表3・2 [2B] を参照して，また $(x_0 + x_0') = \alpha(x+x')$ とすれば

$$\left. \begin{aligned} x_f = {}_f x_2 + {}_f x_0 = (x+x') + (x_0 + x_0') = (1+\alpha)(x+x') \\ D(x) = x + x' + x_f = (2+\alpha)(x+x') \end{aligned} \right\} \quad (14 \cdot 15\text{ d})$$

1φOp モードでは事故前の $1/(2+\alpha)$ 倍となる．$\alpha = 3$ とすれば事故前の20%しか送電でき

ないことになる.

ケース5：1線断線（単相再閉路モード，1φOp）
表14·1および表3·2 [1 B]を参照して

$$\left.\begin{array}{l} x_f = {}_f x_2 /\!/ {}_f x_0 = (x+x') /\!/ (x_0+x_0') = \dfrac{(x+x')(x_0+x_0')}{x+x'+x_0+x_0'} \\ D(x) = x+x'+x_f = \left\{1 + \dfrac{x_0+x_0'}{x+x'+x_0+x_0'}\right\}(x+x') \end{array}\right\} \quad (14·15\,\mathrm{e})$$

いま，$(x+x'):(x_0+x_0')=1:3$ とすれば $x_f=3/4$，$D(x)=1.75(x+x')$ となるので P-δ 曲線のピーク値は事故前の57%程度となる．1回線送電線での単相再閉路は負荷電流が軽い場合しかできないことが明らかである.

14·5 系統全系の P-Q-V 特性と電圧安定度（電圧不安定現象）

14·5·1 送受両端の皮相電力

図14·3の4端子回路の両端電圧・電流は式(14·9)，送電端皮相電力は式(14·9 b)であった．ここで，受電端皮相電力について求めておく．式(14·9)より

$$\dot{i}_r = \dfrac{1}{\dot{B}}\dot{v}_s - \dfrac{\dot{A}}{\dot{B}}\dot{v}_r \tag{14·15}$$

であるから，受電端の電力は

$$\dot{S}_r = P_r + jQ_r = \dot{v}_r \dot{i}_r{}^* = \dfrac{1}{\dot{B}^*}\dot{v}_s{}^*\dot{v}_r - \dfrac{\dot{A}^*}{\dot{B}^*}\dot{v}_r\dot{v}_r{}^* = \dfrac{1}{\dot{B}^*}V_s V_r e^{-j\delta} - \dfrac{\dot{A}^*}{\dot{B}^*}V_r^2 \tag{14·16}$$

である.

次に，図14·5(a)のようにs-r間のインピーダンスが $z=r+jx$ の場合の皮相電力を計算しておく．

s-r区間のインピーダンス $\dot{Z}=r+jx$ の場合（図14·5(a)）

$$\begin{bmatrix}\dot{v}_s \\ \dot{i}_s\end{bmatrix} = \begin{bmatrix}\dot{A} & \dot{B} \\ \dot{C} & \dot{D}\end{bmatrix} \cdot \begin{bmatrix}\dot{v}_r \\ \dot{i}_r\end{bmatrix} = \begin{bmatrix}1 & \dot{Z} \\ 0 & 1\end{bmatrix} \cdot \begin{bmatrix}\dot{v}_r \\ \dot{i}_r\end{bmatrix} \tag{14·17}$$

ここで，$Z=r+jx$

$\dot{A}=\dot{D}=1$，$\dot{B}=\dot{Z}$，$\dot{C}=0$ の共役値を式(14·9)，(14·16)に代入整理すると送受両端の皮相電力は次式となる.

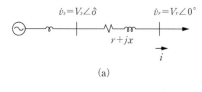

(a)

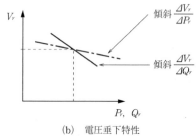

(b) 電圧垂下特性

図 14·5 送電端の皮相電力

送電端皮相電力

$$\dot{S}_s = P_s + jQ_s = \frac{1}{r-jx}\{V_s^2 - V_s V_r e^{j\delta}\}$$

$$= \frac{V_s}{r^2+x^2}[\{xV_r\sin\delta + r(V_s - V_r\cos\delta)\} + j\{x(V_s - V_r\cos\delta) - rV_r\sin\delta\}] \quad \cdots ①$$

受電端電力

$$\dot{S}_r = P_r + jQ_r = \frac{1}{r-jx}\{V_s V_r e^{-j\delta} - V_r^2\}$$

$$= \frac{V_r}{r^2+x^2}[\{xV_s\sin\delta + r(V_s\cos\delta - V_r)\} + j\{x(V_s\cos\delta - V_r) - rV_s\sin\delta\}] \quad \cdots ②$$

$$(14 \cdot 18)$$

を得る．

14・5・2 P, Q の微小変化 $\varDelta P, \varDelta Q$ に対する電圧感度

ここで，負荷端 r で P, Q が微小に変化する場合に電圧がどのように敏感に変化するかをチェックしてみる．式(14・18)②を変形すると

$$(P_r + jQ_r)(r - jx) = V_r\{V_s e^{-j\delta} - V_r\}$$

$$(rP_r + xQ_r + V_r^2) + j(rQ_r - xP_r) = V_s V_r e^{-j\delta} \quad (14 \cdot 19\text{a})$$

実数部と虚数部を分離して得られる二つの式から δ を消去すると

$$(rP_r + xQ_r + V_r^2)^2 + (rQ_r - xP_r)^2 = V_s^2 V_r^2 \quad (14 \cdot 19\text{b})$$

さて，この式で $P_r \to P_r + \varDelta P_r$ に変化したときに $V_r \to V_r + \varDelta V_r$ になるものとするとして $\varDelta V_r/\varDelta P_r$ を計算し，また同様に $Q_r \to Q_r + \varDelta Q_r$ のときの $\varDelta V_r/\varDelta Q_r$ を計算する．計算の結果は次式を得る（途中経過は〔備考1〕参照）．

$P_r \to P_r + \varDelta P_r$ のとき $V_r \to V_r + \varDelta V_r$ とすると

$$\frac{\partial V_r}{\partial P_r} = \frac{\varDelta V_r}{\varDelta P_r} = \frac{(x^2+r^2)P_r + rV_r^2}{V_r\{V_s^2 - 2V_r^2 - 2(rP_r + xQ_r)\}} \quad \cdots\cdots\cdots①$$

$Q_r \to Q_r + \varDelta Q_r$ のとき $V_r \to V_r + \varDelta V_r$ とすると

$$\frac{\partial V_r}{\partial Q_r} = \frac{\varDelta V_r}{\varDelta Q_r} = \frac{(x^2+r^2)P_r + xV_r^2}{V_r\{V_s^2 - 2V_r^2 - 2(rP_r + xQ_r)\}} \quad \cdots\cdots\cdots②$$

$$(14 \cdot 20)$$

V_r, V_s はほぼ 1.0 pu の実数であるから式(14・20) ①, ②両式は負値である．また，$x \gg r$ であるから

$$0 > \frac{\partial V_r}{\partial P_r} \gg \frac{\partial V_r}{\partial Q_r} \quad (14 \cdot 21)$$

電圧 V は P および Q のいずれが増大しても低下するが，V は Q の変化に対して著しく敏感であることを示している．この式より電力系統には図14・5(b) に示すような **P-V 特性，Q-V 特性（電圧垂下特性）**が備わっていることが示される．**電圧 V が P よりも Q に対してはるかに敏感**なのは $x \gg r$ に起因していることが理解できる．

14・5・3 電力円線図

図14・6(a) のように送電端 s と受電端 r 間の線路抵抗を無視した系統について検討する．
式(14・18) で $r = 0$ として

$$S_r = P_r + jQ_r = \frac{V_s V_r}{x}\sin\delta + j\frac{V_r(V_s\cos\delta - V_r)}{x} \quad \cdots\cdots\cdots①$$

$$P_r = \frac{V_s V_r}{x}\sin\delta \quad \cdots\cdots\cdots②$$

$$Q_r = \frac{V_r(V_s\cos\delta - V_r)}{x} \quad \cdots\cdots\cdots③$$

$$(14 \cdot 22)$$

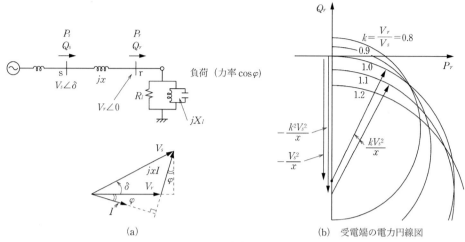

図 14・6 受電電力円線図

である.

式(14・22) ①, ②より次式のように表現することもできて (P_r, Q_r) 座標上で円曲線となる.

<u>受電端 r の電力円線図</u>

$$P_r + j\left(Q_r + \frac{V_r^2}{x}\right) = \frac{j}{x} V_s V_r e^{-j\delta} \quad \cdots\cdots\cdots ①$$

あるいは

$$P_r^2 + \left(Q_r + \frac{V_r^2}{x}\right)^2 = \left(\frac{V_s V_r}{x}\right)^2 \quad \cdots\cdots\cdots ②$$

あるいは

$$P_r^2 + \left(Q_r + \frac{k^2 V_s^2}{x}\right)^2 = \left(\frac{k V_s^2}{x}\right)^2 \quad \cdots\cdots\cdots ③$$

円の中心 $\left(0, -\dfrac{k^2 V_s^2}{x}\right)$, 半径 $\dfrac{k V_s^2}{x}$

ただし, $k = \dfrac{V_r}{V_s}$

(14・23)

を得る. 座標 (P_r, Q_r) に描くと図14・6(b) のような電力円線図を得る.

14・5・4 P-Q-V 特性と P-V 曲線, Q-V 曲線

ここで, 受電端 r における負荷力率を $\cos\varphi$ として導入する. すなわち,

$$\dot{S}_r = P_r + jQ_r = |S_r|\cos\varphi + j|S_r|\sin\varphi \quad \cdots\cdots\cdots ①$$
$$Q_r = P_r \tan\varphi, \quad \cos\varphi = P_r/\sqrt{P_r^2 + Q_r^2} \quad \cdots\cdots\cdots ②$$

(14・24)

式(14・22) ②, ③の P_r, Q_r を式(14・24) ②に代入して整理し, さらに三角関数定理を使って変形すると,

$$V_r = V_s\{\cos\delta - \tan\varphi \sin\delta\} = V_s \frac{\cos(\varphi + \delta)}{\cos\varphi} \quad (14\cdot 25)$$

式(14・25) を使って式(14・22) ①, ②の V_s と V_r の一方を消去し, 次式を得ることができる.

<u>受電端 $P_r Q_r$ の V_s による関係式</u>

<u>P_r-V_s 曲線</u>

$$P_r = \frac{V_s^2}{x} \cdot \frac{\cos(\varphi+\delta)\sin\delta}{\cos\varphi} = \frac{V_s^2}{2x} \cdot \frac{\{\sin(\varphi+2\delta) - \sin\varphi\}}{\cos\varphi} \quad \cdots\cdots ①$$

Q_r-V_s 曲線

$$Q_r = P_r \tan\varphi = \frac{V_s^2}{2x} \cdot \frac{\{\sin(\varphi+2\delta)-\sin\varphi\}}{\cos\varphi}\tan\varphi \quad \cdots\cdots\cdots ②$$

$\qquad\qquad\qquad\qquad\qquad\qquad\qquad\qquad\qquad\qquad\qquad\qquad (14\cdot 26)$

受電端 P_r, Q_r の V_r による関係式

P_r-V_r 曲線

$$P_r = \frac{V_r^2}{x}\cdot\frac{\cos\varphi\sin\delta}{\cos(\varphi+\delta)} = \frac{V_r^2}{2x}\cdot\frac{\{\sin(\varphi+\delta)-\sin(\varphi-\delta)\}}{\cos(\varphi+\delta)} \quad \cdots\cdots ①$$

Q_r-V_r 曲線

$$Q_r = P_r\tan\varphi = \frac{V_r^2}{2x}\cdot\frac{\{\sin(\varphi+\delta)-\sin(\varphi-\delta)\}}{\cos(\varphi+\delta)}\tan\varphi \quad \cdots\cdots\cdots ②$$

$\qquad\qquad\qquad\qquad\qquad\qquad\qquad\qquad\qquad\qquad\qquad\qquad (14\cdot 27)$

式 (14·25) と式 (14·26) ①, ②で, 受電端の V_r, P_r, Q_r はいずれも変数 (V_s, δ, φ) の

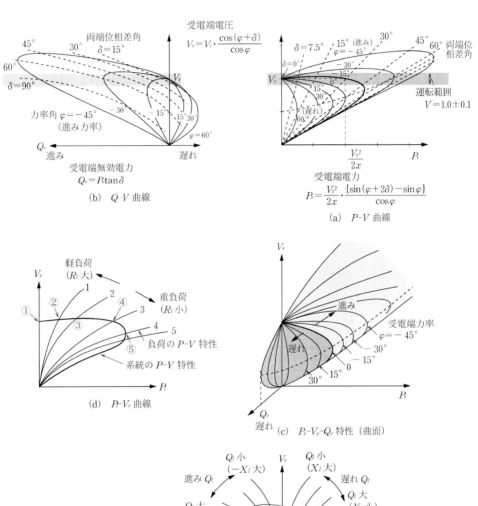

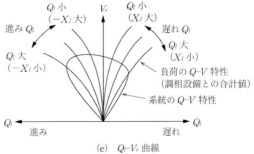

図 14·7 系統の P-Q-V 特性

関数であり，送電端電圧 V_s を一定（≒1.0）とすれば，送受電端間の位相差角 δ と負荷端の負荷力率 φ のみの関数として表現できる．また，δ と φ をパラメータとして P_r と V_r の関係（P–V 曲線），Q_r と V_r の関係（Q–V 曲線）を描くことができる．要するに，V_r，P_r，Q_r は δ と φ をパラメータとして 3 次元の関係にある．この模様を図 14·7(a)，(b)，(c) に示す．3 次元の図(c) で P_r–V_r 面での投影が，いわゆる **P–V 曲線**（図(a)）であり，Q_r–V_r 面での投影が **Q–V 曲線**（図(b)）である．

図(a)において，進み力率（φ が負値）の場合では $\delta=0$ の点（無負荷状態）から徐々に負荷電流が増えて P が増大するに伴い V も増大するが，δ が 40°あたりで V は減少傾向に転じ，また 70°付近ではついに P の上限限界点に達する．図(b) の Q–V 曲線においても同様の傾向を読み取ることができる．

遅れ力率（φ が正値）の場合では $\delta=0$ の点から P が増大するに伴い V は初めから減少傾向をたどる．両端の位相差角 δ が 60〜70°近傍で臨界点に達して，それ以上 P は増大できない．図(b) の Q についてもまったく同様である．

14·5·5　系統・負荷の P–Q–V 特性と電圧不安定現象

系統の P–Q–V 特性が導かれたので，次には受電端の負荷特性について整理しよう．負荷にも当然 P–Q–V 特性がある．

図 14·6(a) のように，抵抗 R_l とリアクタンス jX_l（容量性の場合は負値）の並列負荷とすると，

$$\left.\begin{array}{l} P_l+jQ_l = V_r I_l^* = V_r \dfrac{V_r^*}{Z_l^*} = V_r^2\left(\dfrac{1}{R_l}+\dfrac{1}{jX_l}\right) \quad \cdots\cdots\text{①} \\[6pt] 力率 \cos\varphi = \dfrac{P_l}{|P_l+jQ_l|} \qquad Q_l = P_l \tan\varphi \quad \cdots\cdots\text{②} \end{array}\right\} \quad (14\cdot28)$$

ここで，添字 l は負荷（load の意）を意味する．

$$\left.\begin{array}{l} P_l = \dfrac{V_r^2}{R_l} \\[6pt] Q_l = \dfrac{V_r^2}{X_l} \end{array}\right\} \cdots\cdots\text{①} \qquad \left.\begin{array}{l} V_r = \sqrt{R_l}\cdot\sqrt{P_l} \\[4pt] V_r = \sqrt{X_l}\cdot\sqrt{Q_l} \end{array}\right\} \cdots\cdots\text{②} \quad (14\cdot29)$$

電圧 V_r は負荷電力 P_l（あるいは Q_l）の平方根曲線となる．これらは**受電端の負荷に関する P–V 特性，Q–V 特性**というべきものである．

線路側の P–Q–V 特性と負荷側の P–Q–V 特性（3 次元曲面）の交点が実際の運転状態となる． ただし，3 次元では可視化しずらいので 2 次元におろして説明しよう．

〔a〕電圧崩壊（P–V 崩壊）

図 14·7(d) は負荷の P–V 特性（式(14·29)①）と系統受電端の P–V 特性（式(14·27)①）を重ねて表示してある．両特性の交点の P_r と V_r が実際の運転値となる．運転点は無負荷では点①で，負荷が増えるに従って点②→③→④→⑤へと移動する．点④あたりから電圧が急低下し始めて，点⑤（最大負荷点）を上限として P は減少に転ずる．すなわち，**点①〜⑤の間が P–V の安定運転領域であり，限界点⑤を超えると二つの曲線の安定な交点は存在しない**．系統の電圧は失われ，また系統の電力輸送能力が失われるから発電機は勝手に加速脱調するしかない．いわゆる系統の**電圧崩壊現象**である．

[考察 1]

式(14·26) で，ある P に対応する V は高めの解と低めの解の二つがある．実際の安定運転領域は高め解の (P, V) 領域であることは明らかである．運転点が臨界値を超えて低め解領域に入れば直ちに電圧崩壊となる．図 14·7(d) で，例えば点④で運転中に負荷が急増（負荷曲線 3→5）すれば系統は臨界点⑤を超えて電圧崩壊となる．

[考察2]

上述の説明では δ が 60～70° 近傍が運転限界となる．ところで，12・2 節で系統を安定に運転できる最大送電可能な定態度安定度の限界が $\delta=90°$ であり，また 14・3 節で過渡安定度も 90° が臨界基準点となることを説明した．異なる二つの説明の理由を認識しておかなければならない．12・2 節の定態度安定度の説明では，送受両端の電圧 V_s, V_r が一定値の場合としている．すなわち，送端・受端の電圧が一定に保たれるように P_s, P_r に見合った Q_s, Q_r が無制限に供給されることが前提となっている．

式(14・22)で $\delta=90°$ とすると次式の関係となる．

$$\left. \begin{array}{l} P_r = \dfrac{V_s V_r}{x} \quad \cdots\cdots\cdots ① \\[4pt] Q_r = -\dfrac{V_r^2}{x} \quad \cdots\cdots\cdots ② \end{array} \right\} \quad (14\cdot 30)$$

$\delta=90°$ に相当する最大電力 $P_r=(V_s V_r)/x$ を受電端に送るためには $Q_r=V_r^2/x$ が受電端になければならない．$V_r \fallingdotseq V_s \fallingdotseq 1.0\,\mathrm{pu}$ であるので，有効電力を理論最大値（$\delta=90°$ 相当）にするためには，それとほぼ同規模の無効電力供給源が受電端に必要ということを意味している．このように過大な無効電力源を用意することは現実的にできない．

図 14・7(a) において，実際の運転では $V_s=1.0\pm0.05$ の範囲として，受電電力 P_r をできるだけ大きくするためには受電点の合計負荷力率が 0°±10° の範囲内程度になるように**調相設備**を確保しなければならない．その場合でも位相差角 δ は最大 30～40° 程度で電圧崩壊に近づくことになる．

〔b〕 電圧崩壊（Q-V 崩壊）

図 14・7(e) は負荷の Q-V 特性（式(14・29)．ただし，実負荷と調相設備の合成値）と系統受電端の Q-V 特性（式(14・27)②）を重ねて表示してある．無効電力についても同様に両特性の交点の Q_r と V_r が実際の運転値となる．例えば，負荷の P_r が一定状態で，その進み（または遅れ）力率が悪くなると（進みまたは遅れ無効電力 Q_r が大きくなると）電圧崩壊が起こりうることを示している．これは **Q-V 崩壊**というべきものであろう．なお，式(14・27) で，ある Q に対応する V には高めの解と低めの解の二つがあり，実際の安定運転領域は高め解の (Q, V) 領域であることはいうまでもない．

電圧安定限界には負荷の大きさだけでなく力率 $\cos\varphi$ が大きくかかわってくることに注目する必要がある．また，上述の P-V 曲線ないし Q-V 曲線の 2 次元的な説明はあくまで理解を助けるための便宜上の説明であって，現実は系統側の特性と負荷側の特性をともに P-Q-V の 3 次元特性として理解する必要があるといえよう．その意味で，図 14・7 は **P-Q-V 定態安定度特性**といい，また **P-Q-V 崩壊**というのがより正しい表現といえるであろう．

〔c〕 **P-Q-V 定態安定度限界の吟味**

図 14・7(a) に戻って，$\partial V_r/\partial P_r$ の傾斜は $\delta=40°$ あたりでプラスからマイナスに転じている．他方で，図 12・1 において定態安定度限界は $\delta=90°$（非突極機の場合）であると説明されている．二つの説明の違いを吟味しよう．

受電端の皮相電力の式(14・18)②に戻って，この式の実数部と虚数部に分けて二つの式に分解し，さらに両式から δ を消去すると次式を導入できる（計算の途中過程は〔備考2〕を参照）．

円線図の式

$$\left. \left(P_r + \dfrac{rV_r^2}{r^2+x^2}\right)^2 + \left(Q_r + \dfrac{xV_r^2}{r^2+x^2}\right)^2 = \left(\dfrac{V_s V_r}{\sqrt{r^2+x^2}}\right)^2 \right\} \quad ①$$

ここで，$V_s \fallingdotseq V_r \fallingdotseq 1.0$, $x \gg r$

分母の r^2 を無視すれば

270　第14章　系統の P-Q-V 特性と過渡・動態安定度および電圧安定度

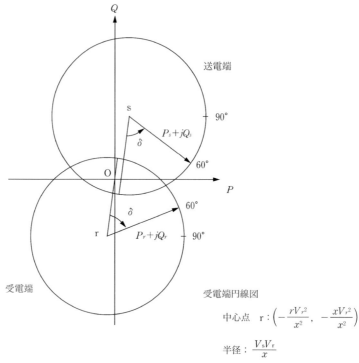

図 14・8　円線図（線路抵抗を考慮）

$$\left.\begin{array}{l}\left(P_r+\dfrac{rV_r^2}{x^2}\right)^2+\left(Q_r+\dfrac{xV_r^2}{x^2}\right)^2=\left(\dfrac{V_sV_r}{x}\right)^2 \\ \text{円の中心点}:\left(-\dfrac{rV_r^2}{x^2},\ -\dfrac{xV_r^2}{x^2}\right)\quad \text{半径}:\dfrac{V_sV_r}{x}\end{array}\right\}②\right\} \quad (14\cdot31)$$

上式より受電端の (P_r, Q_r) に関する円線図として**図14・8**を描くことができる．
これらの式および図より次のことがいえる．

* 電圧を一定に保ちつつ（例えば，$k=V_r/V_s=1.0$ に固定）P_r を増大させていくためには Q_r と位相角 δ を大きくする必要があり，$\delta \fallingdotseq 30°$ あたりになるとわずかな ΔP_r を増加するために非常に大きい ΔQ_r が必要となる．
* Q_r を一定に保ちつつ P_r を増大させていくと $k=V_r/V_s$ は小さくならざるを得ない．換言すれば，V_s が不変でも V_r は急激に小さくなる．すなわち，電圧崩壊である．

上記は図12・1のもう一つの説明法ともいえよう．現実の電力系統では δ が 40° 前後を超えて運転するためには多大な無効電力設備（受電端のリアクトル）が必要となるので非現実的な運転領域といわなければならない．換言すれば，δ が 40° 前後を超えて運転することは現実的にできないのである．

14・5・6　V-Q 制御（電圧・無効電力制御）

電力需要は個々の需要地の社会的，地勢的な状況を密接に反映するものであるから，負荷の特性もまた地域ごとにその特徴は異なるものとなる．また，個々の負荷は刻々ときまぐれに変化をしていく．したがって，これらの集合体としての負荷特性を単純に表現することは容易ではない．しかしながら，総じて次のような特徴を有するといえよう．

* 夜間では有効電力 P の消費は日中のピーク負荷よりも著しく減少し，例えば 1/2，1/3 また地域によっては 1/4 近くにも減少する．

＊さらに，また負荷の力率 $\cos\varphi$ は夜間には小さくなる傾向がある．夜間には MW が激減するにもかかわらず，無効電力容量（MVA）の大きい設備（多数の電力ケーブル，需要家側の力率改善用リアクトルなど）はい夜間も日中と同じように系統につながれたままとなる傾向が強いからである．

換言すれば，負荷に関する電気量 P, Q, $\cos\varphi$（あるいは φ）は地域ごとにも，系統トータル的にも 24 時間の間でははなはだしく変化するが，力率の変化も著しい．加えて事故等の厳しい外乱に絶えずさらされることが多い．したがって，系統のどの地域においても絶えず電圧 V を 1.0 ± 0.1 に維持し，さらには安定運転を堅持することは決して容易なことではない．需要地域の変電所に分散して配置される**負荷時タップ切換変圧器**と**リアクトル群・キャパシタ群**，またそれらを制御する V–Q 制御装置がその主役を担うことになる．発電所の発電機も無効電力制御の一翼を担っていることはすでに述べた．電圧・無効電力制御は地域的な分散制御が主体となる．中央給電指令所から総発電電力 $\sum P_k$ を一括制御する周波数制御（AFC 制御）とは趣が非常に異なるといえよう．

〔備考 14・1〕 式(14・19) より式(14・20) の導入

式(14・19) で $P_r \to P_r + \Delta P_r$, $V_r \to V_r + \Delta V_r$ と置換し，また 2 次微小項を無視して $P_r^2 \to P_r^2 + 2P_r \cdot \Delta P_r$, $V_r^2 \to V_r^2 + 2V_r \cdot \Delta V_r$ などに置換した式を作ると次式を得る．

　　式(14・19 b)　 $A^2 + B^2 = V_s^2 V_r^2$ ……… ①
　　置換式　 $(A + r \cdot \Delta P_r + 2V_r \cdot \Delta V_r)^2 + (B - x \cdot \Delta P_r)^2 = V_s^2 V_r^2 + V_s^2 (2V_r \cdot \Delta V_r)$ ……… ②
　　　ただし，$A = rP_r + xQ_r + V_r^2$, $B = rQ_r - xP_r$

式②−式①の計算を行い，2 次微小項を無視して整理すると

$$\frac{\Delta V_r}{\Delta P_r} = \frac{rA - xB}{V_r(V_s^2 - 2A)} = 式(14\cdot20)①$$

となる．

式(14・20) ②の計算も同様．

なお，この計算は陰関数式(14・19) の偏微分計算に相当する．

〔備考 14・2〕 式(14・18) ②から式(14・31) の導入

式(14・18) ②より

$$P_r + \frac{rV_r^2}{r^2+x^2} = \frac{V_s V_r}{r^2+x^2}(x\sin\delta + r\cos\delta) \quad \cdots\cdots\cdots ①$$

$$Q_r + \frac{xV_r^2}{r^2+x^2} = \frac{V_s V_r}{r^2+x^2}(x\cos\delta - r\sin\delta) \quad \cdots\cdots\cdots ②$$

①^2＋②^2 の合成を行えば次式を得る．

$$\left(P_r + \frac{rV_r^2}{r^2+x^2}\right)^2 + \left(Q_r + \frac{xV_r^2}{r^2+x^2}\right)^2 = \frac{V_s^2 V_r^2}{r^2+x^2} \quad \cdots\cdots\cdots (14\cdot31)$$

式(14・31) ①が得られた．

休憩室：その 9　電気・電力工学の大先駆者　Steinmetz

Charles Proteus Steinmetz（1865-1923）は複素数記号法のもう一人の創案者であるが，それは氏の業績のほんの一つにすぎない．Steinmetz は現代の電気・電力工学，あるいは高電圧技術の原型を築いた巨人として記憶されなければならない．

Steinmetz は南ドイツ Breslau 生まれで父はドイツ人，母はポーランド人である．背骨に肉体的ハンデがあったが地元の大学の理工学部を抜群の成績で卒業する．その学生時代に社会主義グループに属して積極的に活動したためにビスマルク政権による逮捕を逃れて 1888 年にスイスに逃亡する．さらに 1889 年，移民船にもぐり込んでニューヨーク港にたどりつく．"無一文でパスポートもない 22 歳の醜い若者"は祖国へ強制送還されそうになるが船で知り合った一紳士の懸命の助け舟でかろうじて入国を

Edison と Steinmetz
Steinmetz が行ったインパルス放電実験で破損した絶縁がいしと木片を Edison が観察している．
1922 年，GE 社 Schenectady Lav.（Schenectady Museum 提供）

果たす．やがて彼はニューヨーク州 Yonkers にある Eickemeyer and Osterheld 社で電車用モータの製図者としての職を得て頭角を現し始める．当時は交流・直流機器のロスの発生メカニズムはまったく解明されておらず，したがって設計計算ではロスの定量的な積算なども不可能な時代であったが，彼は数学的手法を駆使して多くの実験を行い，1892 年には AIEE に「the law of hysteresis」を発表する．この論文でヒステリシス現象が理論として説明されて彼は広くその名を知られることとなった．

1892 年，E&O 社が設立直後の GE 社に買収されて，31 歳 Steinmetz の GE 社での活躍が始まった．当初は Lynn 工場の技術計算部門に属していたが 2 年後の 1894 年に GE の Schenectady 本社工場に移り，まもなく抜群の技術力・指導力を発揮する．躍進を続ける GE 社経営トップの絶大な信頼を得て自分のアイデアを自由に生かしうる consulting engineer（最高技術顧問）の立場でその技術的原動力となって 1923 年の没年まで 30 年間活躍する．

1893 年，Steinmetz はシカゴで開催された国際会議で論文 "Complex quantities and their use in electrical engineering" を発表する．Kennelly 論文とは別の独自の着想によるものであった．Steinmetz 論文は Kennelly 論文より 4 か月遅れて発表されたが，実効値複素数で表現した交流電気量がキルヒホッフの法則を満たすことなどを一般化した形で詳しく論じていたのでその後は Steinmetz 論文の方が有名となっていった．

Steinmetz は電力の長距離送電が交流方式で必ず実現すると考えていた．そして新生 GE での初仕事となったナイアガラフォール水力発電所とバファロー間 26 マイル 10 kV，25 Hz 送電実験を自身の設計で見事に成功させる．

Steinmetz は数学を駆使した電気理論・実験・技術開発などを網羅して非常に広範かつ先駆的な業績を数多く残している．そのいくつかを拾ってみよう．

第 1 の功績として彼が世界で初めて手がけた数学方程式的アプローチは極めて広範に及んでいる．交流複素数演算，ベクトル作図法，過渡現象回路演算，磁気回路損失計算，2 相回路と回転磁界，誘導電動機，変圧器，雷インパルス計算，コロナロス計算，水銀整流器回路計算等々である．これらはすべて Steinmetz が世界で初めて手掛けて完成させた解析技術といってよいであろう．Steinmetz は晩年自ら「電気工学理論はこれで理論解析の可能な understood science（究められた科学）になった」と語っている．

彼は生涯に多数の論文と有名な数冊の著作を残しているが中でも "Theory and calculation of alternating current phenomena（1897, Ernst J.Berg と共著）"，"Engineering Mathematics(1911)"，

休憩室：その9　電気・電力工学の大先駆者　Steinmetz　**273**

Steinmetz によるインパルス放電
1922 年，GE 社 Schenectady Lav.（Schenectady Museum 提供）

"Theory and calculation of electrical apparatus（1917）" は電気数学を駆使した類例なき本格的解析専門書として世界中の技術者の必読書となった．今，これらの著書を手にすると，LCR 回路の定常・過渡現象計算をはじめとして今日我々が扱う電気回路計算のほとんどすべての内容が電気数学を駆使して詳細に説明されている．また，鉄心のヒステリシス特性損や導体の渦電流損を理論と実験の両面から明らかにしたうえで，発電機や変圧器の飽和現象・波形ひずみ現象などについて克明に解説しているが，今日我々の知る実務的知識も Steinmetz の創案したこれら理論から本質的に一歩も抜け出ていないのである．当時の専門書の常識を根底から覆す名著であったことが偲ばれる．Steinmetz こそ回路解析（circuit analysis）の始祖であった．彼の著書がその当時の電気工学を志す人々に対する最高の教材となり，また記載されているさまざまな計算手法が当時の電磁機械の設計等の技術業務に決定的な役割を果たしたことなども疑問の余地がない．

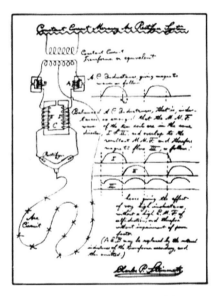

Steinmetz のスケッチ（1903 年）
バッテリー充電用の水銀整流器の応用を検討中のスケッチである．

彼の興味は解析理論だけではない．例えば，彼の関心の一つは雷インパルス現象やコロナ放電現象であった．自ら考えた回路理論でサージ解析を行い，また 1922 年には自身の設計した 120 kV インパルスジェネレータで人工的にインパルス放電，いわゆる"人工雷"を世界で初めて実現している．また後に "Steinmetz arrester" と呼称される彼の特許は"金属酸化物抵抗の非直線性抵抗素子とギャップを組み合わせて，送電を維持したままサージを処理するもの"となっている．近年（特性要素の進歩のおかげで）ギャップレス型が登場していることを別とすれば，今日の避雷器は Steinmetz arrester そのままであることがわかる．

　Steinmetz は電気の未来についてさまざまな予言を行っている．電気式冷凍箱（冷蔵庫），室内空気調整器，自動温度湿度調整器，音声電波受信機（ラジオ），動画受信装置（テレビ），電子式瞬時料理器（電子レンジ），何百万馬力の集中大発電所と長距離送電線・都市型変電所（今日的な電力グリッド）…等々である．彼は原理的技術イメージを添えて予言しているので GE 社の経営トップはこれらをことご

とく具体的な製品開発目標とした結果，そのほとんどが後年に GE 社の得意製品事業として開花していった．GE 社では経営陣の Steinmetz に寄せる信頼感は格別で，重要な経営判断時の決まり文句が "Steinmetz の意見を聞いてみよ" であったので社員は Steinmetz を "Supreme court" とあだ名していたという．

さて，ヨーロッパでは 1914-1918 年の 4 年間にわたって世界大戦が戦われる．疲へいするヨーロッパを尻目にアメリカは大躍進の時代に突入する．このころからヨーロッパからアメリカに電気に関する革新的技術開発の主舞台が移動する．中でも GE 社の本社工場の所在地 Schenectady が電気技術のメッカとなっていく．多くの人材が "Steinmetz pupils" として電力・通信（有線・無線・放送）・民生の各分野で 1920-1940 年代に大きい足跡を刻んでいくことになる．

日本人として Steinmetz の薫陶を受けた立原任博士の談話を以下に引用する．博士は 1915 年に完成した猪苗代幹線（猪苗代から東京田端までの 110 kV，226 km 長距離送電．1915 年完成当時，世界第 3 位）の建設を指導した日本の先達である．

「ス博士の門下からは英才が沢山出て居る．……．日本からは私の後に杉山（清次郎），鳳（秀太郎），小倉（公平）博士がス博士の薫陶を受けられた．」「私が猪苗代発電の仕事について博士を訪ふた時には，博士はサージのことを心配して昇圧用変圧器の一次側巻線は三角結線でなければならないと主張された．」「上記猪苗代送電についてはがいしは Thomas か Victor のいずれかの会社に発注するはずだと先生に御話をしたところ先生は，"それは以っての外だ．China と日本は古来陶器の国ではないか．美術品さえできるのに工業品ぐらいできぬ筈はない．" と大いにお叱りを受けた．」

ちなみに電気学会が創立された明治 21 年（1889 年）以来発刊されている電気学会誌を繰ってみると，明治末年までの 24 年間で数学方程式を駆使した大論文といえる寄稿論文としては下記 2 件の外には見当たらない．

- イ．Polyphase Induction Motor Under Unbalanced Voltages：by Seijiro Sugiyama. 学会誌明治 34 年 10 月号（1901 年）
- ロ．Effect of Velocity of Propagation of Electric Field on Inductance of Straight Conductor Traversed by Alternating Currents：by Kohei Ogura and Charles P.Steinmetz （Physical Review 1907 No. 25, および学会誌明治 40 年 6 月号

論文イは Steinmetz のもとで誘導電動機の回転磁界について学ばれた杉山博士が帰国後に発表されたものである．Steinmetz は論文「Polyphase Induction Motors（1897 年）」で自ら編み出した polyphase analysis を展開しており，杉山博士は帰国後には Steinmetz のもとで研讃された電気数学的手法で不平衡電圧状態のモータの応動について名論文を発表されたのであろう．

論文ロは Steinmetz と小倉公平博士の共著による大論文で 1907 年に Physical Review 誌と日本の電気学会誌（明治 40 年 6 月号）に同時掲載されている．交流電力が直線導体（送電線）で送電される状況を電磁波伝搬的視点で数学的に詳しく論じた大論文であり，世界的にも当時の電気工学分野で最高級・最難解の論文であったろうと思われる．Steinmetz の共著論文は珍しく，おそらく小倉博士（後に京都帝国大学教授）が唯一の共著者の栄誉に輝いた人ではなかったかと思われる．また，Steinmetz は回路理論・回転磁束・電動機・変圧器・非直線特性（ヒステリシス損・渦電流など）・整流器・インパルスサージ・放電現象など極めて多岐にわたる論文・著書を残しているが，電磁波現象論的論文は上記の論文がおそらく唯一であろう．

明治時代を通じて日本の学会誌に掲載された二大論文が図らずも Steinmetz 氏の指導を受けられた杉山，小倉両博士の英語による寄稿論文であった．なお，明治大正時代に日本の技術を牽引した人々の多くが Steinmetz の薫陶を受けた人々であったことについては［休憩室：その 10］で今一度述べる．

第15章 AVRを含む発電機系と負荷の全体応動特性

ある負荷状態に対して発電機が安定して電力供給できるかどうかは「**AVR＋励磁回路＋発電機**と**負荷状態**(p, q)からなる全体系の応動問題」として扱わなければならない．本章では，第1にAVR＋励磁回路＋発電機の全体系の伝達関数を求め，さらに負荷系を含めた全系としての応動関係式を導いて，発電機の安定運転が可能な限界条件を求める．なお，変数はすべてpu値であるが，オーバーバーを省いている．

15・1 AVRの理論と発電機系伝達関数

発電機がAVR制御モードで負荷Zに電力を供給している図15・1を考えよう．

発電機に外乱が生じて端子電圧が$e \to e - \Delta e$に減少したとする．AVRはこの変化Δeを検出して直ちに界磁を$E_f \to E_f + \Delta E_f$に増加させて端子電圧の変化を取り戻して元のeに戻そうとする．この場合の応動は**発電機・AVR・系統側（負荷）の全体系のシステム応動の問題**となる．そのためには自動制御理論の伝達関数の助けを借りなければならない．自動制御理論ではよく知られているように，ラプラス変換の$s = d/dt$を変数としてあたかも代数的な制御理論が構築される．そこでまず発電機の伝達関数から始めよう．

図 15・1 AVR制御モードでの電力供給

15・1・1 発電機固有の伝達関数

第10章で得たParkの理論による図10・6と式(10・43)〜(10・46)からスタートしよう．これらの式の$\dfrac{d}{dt}$をsと置き換えてラプラス変換式として再記すると

$$
\left.
\begin{aligned}
e_d(s) &= -\psi_q(s)s\theta + s\psi_d(s) - r i_d(s) &&\cdots\cdots\cdots\text{①}\\
e_q(s) &= +\psi_d(s)s\theta + s\psi_q(s) - r i_q(s) &&\cdots\cdots\cdots\text{②}\\
\bar{E}_{fd}(s) &= s\psi_{fd}(s) + r_{fd} i_{fd}(s) &&\cdots\cdots\cdots\text{③}\\
\psi_d(s) &= -x_d i_d(s) + x_{ad} i_{fd}(s) + x_{ad} i_{kd}(s) &&\cdots\cdots\text{④}\\
\psi_q(s) &= -x_q i_q(s) + x_{aq} i_{kq}(s) &&\cdots\cdots\cdots\text{⑤}\\
\psi_{fd}(s) &= -x_{ad} i_d(s) + x_{ffd} i_{fd}(s) + x_{fkd} i_{kd}(s) &&\cdots\cdots\text{⑥}
\end{aligned}
\right\} \quad (15 \cdot 1)
$$

これは発電機の一般式であるが次のように簡易化できる．

- 式(15・1)⑤, ⑥のダンパ回路電流$i_{kd}(s)$, $i_{kq}(s)$は$t = 0 \sim 3$サイクルでほとんど消滅する．したがって，これより遅い応動現象ではこの電流を含む項を無視できる．
- 発電機は系統の他の発電機と同期して$50/60 \pm 0.05$ Hz近傍で運転されているので，発電機の回転角速度$s\theta$は

第15章 AVRを含む発電機系と負荷の全体応動特性

$$s\theta = \omega = \frac{2\pi(50\pm0.05)}{2\pi\times50} = 1.0\pm0.001 \fallingdotseq 1.0 \tag{15・2}$$

である．

- 外乱発生の直前 $t=0-$ では ψ_d, ψ_q は 10・4 節で詳しく説明したように直流量であるからその微分項 $s\psi_d$, $s\psi_q$（過渡直流電流に相当）は本章の目的からは 0 として無視できる．以上により式(15・2)は次のように簡単になる．

$$\left.\begin{aligned}
e_d(s) &= -\psi_q(s) - r i_d(s) \quad \cdots\cdots\cdots\text{①} \\
e_q(s) &= +\psi_d(s) - r i_q(s) \quad \cdots\cdots\cdots\text{②} \\
E_{fd}(s) &= s\psi_{fd}(s) + r_{fd} i_{fd}(s) \quad \cdots\cdots\cdots\text{③} \\
\psi_d(s) &= -x_d i_d(s) + x_{ad} i_{fd}(s) \quad \cdots\cdots\cdots\text{④} \\
\psi_q(s) &= -x_q i_q(s) \quad \cdots\cdots\cdots\text{⑤} \\
\psi_{fd}(s) &= -x_{ad} i_d(s) + x_{ffd} i_{fd}(s) \quad \cdots\cdots\cdots\text{⑥}
\end{aligned}\right\} \tag{15・3}$$

なお，AVR の応動を検討するのであるから，ここでは制御対象となる界磁についても $E_{fd}(s)$ のように s の関数としなければならない．

上式から鎖交磁束数 ψ に関する変数を消去する．

式①，⑤より

$$\left.\begin{aligned}
e_d(s) &= x_q i_q(s) - r i_d(s) \quad \cdots\cdots\cdots\cdots\cdots\cdots\text{①} \\
\text{式②，⑤より} & \\
e_q(s) &= -x_d i_d(s) + x_{ad} i_{fd}(s) - r i_q(s) \quad \cdots\cdots\cdots\text{②} \\
\text{式③，⑥より} & \\
E_{fd}(s) &= -x_{ad} s\, i_d(s) + (x_{ffd} s + r_{fd}) i_{fd}(s) \quad \cdots\cdots\text{③}
\end{aligned}\right\} \tag{15・4}$$

式(15・4) ③の i_{fd} を式②に代入整理すると

$$\left.\begin{aligned}
e_q(s) &= \frac{x_{ad}}{x_{ffd} s + r_{fd}} E_{fd}(s) - \left\{x_d - \frac{x_{ad}^2 s}{x_{ffd} s + r_{fd}}\right\} i_d(s) - r i_q(s) \\
&= \frac{1}{1+T_{d0}' s} \cdot \frac{x_{ad}}{r_{fd}} E_{fd}(s) - \frac{1}{1+T_{d0}' s}\left\{x_d + \left(x_d T_{d0}' - \frac{x_{ad}^2}{r_{fd}}\right) s\right\} i_d(s) - r i_q(s) \cdots\text{①} \\
\therefore\ e_q(s) &= \frac{1}{1+T_{d0}' s} e_f(s) - \frac{1}{1+T_{d0}' s}\left\{x_d + \left(x_d - \frac{x_{ad}^2}{x_{ffd}}\right) T_{d0}' s\right\} i_d(s) - r i_q(s) \quad \cdots\cdots\text{②} \\
\text{ただし，}\ e_f(s) &\equiv \frac{x_{ad}}{r_{fd}} E_{fd}(s), \qquad T_{d0}' \equiv \frac{x_{ffd}}{r_{fd}} \quad \cdots\cdots\cdots\cdots\cdots\cdots\cdots\cdots\cdots\text{③}
\end{aligned}\right\} \tag{15・5}$$

この式はさらに変形できる．10・5 節の式(10・70) より

$$\left.\begin{aligned}
x_d' &= x_l + \frac{1}{\dfrac{1}{x_{ad}} + \dfrac{1}{x_{fd}}} \quad \cdots\cdots\cdots\cdots\cdots\text{①} \\
\text{式(10・72) より}& \\
x_d &= x_l + x_{ad} \quad \cdots\cdots\cdots\cdots\cdots\cdots\cdots\cdots\text{②} \\
\text{式(10・50) より}& \\
x_{fd} &= x_{ffd} - x_{ad} \quad \cdots\cdots\cdots\cdots\cdots\cdots\cdots\text{③} \\
\therefore\ x_d' &= x_d - x_{ad} + \frac{x_{ad} x_{fd}}{x_{ad} + x_{fd}} = x_d - \frac{x_{ad}^2}{x_{ffd}} \quad \cdots\cdots\cdots\text{④}
\end{aligned}\right\} \tag{15・6}$$

したがって，式(15・5) の右辺の（ ）内を x_d' で置き換えて整理すると，発電機のd-q軸電圧・電流のラプラス演算子による基本式として

$$\left.\begin{aligned}
e_d(s) &= x_q i_q(s) - r i_d(s) \quad \cdots\cdots\cdots\cdots\cdots\cdots\cdots\cdots\cdots\cdots\cdots\text{①} \\
e_q(s) &= \frac{1}{1+T_{d0}' s} e_f(s) - \frac{x_d + x_d' T_{d0}' s}{1+T_{d0}' s} i_d(s) - r i_q(s) \quad \cdots\cdots\cdots\text{②}
\end{aligned}\right.$$

ここで，
$$T_{d0}' = \frac{x_{ffd}}{r_{fd}} \quad \text{(d軸の開路時定数．通常は数秒オーダ．表10・1参照)} \quad \cdots\cdots ③$$
$$x_d' = x_d - \frac{x_{ad}^2}{x_{ffd}} \quad \text{(d軸過渡リアクタンス)} \quad \cdots\cdots ④$$
$$e_f(s) = \frac{x_{ad}}{r_{fd}} E_{fd}(s) \quad \text{(励磁電圧)} \quad \cdots\cdots ⑤$$
(15・7)

を得る．

式(15・7) ②の右辺第1項は界磁電圧 e_f によって比例的に変化する項で，時定数 T_{d0}' が数秒程度の1次遅れ項である．

右辺第2項は電機子電流によって変化する項で，発電機内部リアクタンスによる電圧ドロップ分といえよう．この項は i_d の変化直後（$t=0+$，$s\to$無限大に相当）では $x_d' i_d$ となり，またある程度の時間経過後（$t\to\infty$，$s\to 0+$）では $x_d i_d$ となることが分かる．当然，10・6節，10・7節の結果と一致する．

15・1・2 「発電機＋負荷」の伝達関数

次に，系統側回路を考えなければならない．発電機端子に負荷 $Z=R+jX$ がつながっている（図15・1）とする．なお，線路インピーダンスはすでに Z に組み込まれているとする．第10章図10・5のベクトル関係から明らかなように次式の関係がある．

$$\dot{e}_G(s) = \sqrt{e_d^2(s) + e_q^2(s)} \quad \cdots\cdots ①$$
$$e_d(s) + je_q(s) = \{i_d(s) + ji_q(s)\}(R+jX) \quad \cdots\cdots ②$$
$$\therefore \; i_d(s) = \frac{R}{R^2+X^2} e_d(s) + \frac{X}{R^2+X^2} e_q(s) \quad \cdots\cdots ③$$
$$i_q(s) = \frac{R}{R^2+X^2} e_q(s) - \frac{X}{R^2+X^2} e_d(s) \quad \cdots\cdots ④$$
(15・8)

この $i_d(s)$，$i_q(s)$ を式(15・7) ①，②に代入整理すると $e_d(s)$ と $e_q(s)$ に関する2元連立方程式を得る．それを解けば次式を得る（途中経過は〔**備考1**〕参照）．

$$e_d(s) = \frac{(X+x_q)R - X(R+r)}{\{(X+x_d)(X+x_q)+(R+r)^2\} + \{(X+x_d')(X+x_q)+(R+r)^2\}T_{d0}'s} e_f(s)$$
$$e_q(s) = \frac{X(X+x_q) + R(R+r)}{\{(X+x_d)(X+x_q)+(R+r)^2\} + \{(X+x_d')(X+x_q)+(R+r)^2\}T_{d0}'s} e_f(s)$$
(15・9)

さらに，これらを式(15・8) ①に代入して整理すると（途中経過は〔**備考2**〕参照）

$$e_G(s) = \frac{A}{1+Ts} e_f(s) \quad \cdots\cdots ①$$
$$G_G(s) \equiv \frac{e_G(s)}{e_f(s)} = \frac{A}{1+Ts} \quad \text{(発電機の伝達関数)} \quad \cdots\cdots ②$$
ここで，$A = \frac{\sqrt{X^2+R^2} \cdot \sqrt{(X+x_q)^2+(R+r)^2}}{(X+x_d)(X+x_q)+(R+r)^2} \quad \text{(発電機＋負荷のゲイン)} \quad \cdots\cdots ③$
$$T = \frac{(X+x_d')(X+x_q)+(R+r)^2}{(X+x_d)(X+x_q)+(R+r)^2} T_{d0}' \quad \text{(発電機＋負荷の時定数)} \quad \cdots\cdots ④$$
$$e_f(s) = \frac{x_{ad}}{r_{fd}} E_{fd}(s) \quad \text{(励磁系)} \quad \cdots\cdots ⑤$$
(15・10)

という結果を得た．

自動制御技術の言葉で表現すれば，**信号入力を励磁電圧 $e_f(s)$，信号出力を発電機端子電圧 $e_G(s)$ とする発電機の伝達関数はゲイン A，時定数 T とする1次遅れ特性である**ということになる．

この式より次のことがいえよう．
- ゲイン A, 1次遅れ時定数 T はともに系統側負荷インピーダンス $R+jX$ によって大きく変化する．なお，式中の電機子抵抗は実質的に $r=0$ とみなすことができる．
- $x_d > x_d'$ であるから系全体としての時定数 T は発電機の T_{d0}' より若干小さく $T < T_{d0}'$ となる．

ここで，負荷が特別の状態の場合について若干みておこう．

〔a〕 ケース1：無負荷の場合

$R = \infty$, $X = \infty$ とすれば $A = 1$, $T = T_{d0}'$

$$\therefore \quad G_G(s) = \frac{1}{1 + T_{d0}' s} \tag{15・11}$$

となり発電機の固有特性で決まる1次遅れ系となる．

〔b〕 ケース2：力率 $\cos\varphi = 1$ の場合

$X = 0$, $r = 0$ とすると

$$G_G(s) = \frac{\dfrac{R\sqrt{x_q^2 + R^2}}{x_d x_q + R^2}}{1 + \dfrac{x_d' x_q + R^2}{x_d x_q + R^2} T_{d0}' s} \tag{15・12}$$

さらに軽負荷では，$R \gg x_d$, x_q として

$$G_G(s) = \frac{1}{1 + T_{d0}' s} \tag{15・13}$$

となる．

〔c〕 ケース3：力率 $\cos\varphi = 0$ の誘導性負荷の場合

$R = 0$, $r = 0$ として

$$G_G(s) = \frac{\dfrac{X}{X + x_d}}{1 + \dfrac{X + x_d'}{X + x_d} T_{d0}' s} \tag{15・14}$$

さらに誘導性軽負荷の場合には，$X \gg x_d$, x_d' として，式(15・13)と同じになる．

〔d〕 ケース4：力率 $\cos\varphi = 0$ の容量性負荷の場合

伝達関数はケース3の式(15・14)と同じであるが，この場合には X がマイナス値で $X = -X_c$ となる．

典型的なケースは，発電機が無負荷で線路充電をする場合はこのケースである．X_c の絶対値が x_d の値に非常に近くなれば $-X_c + x_d \to 0$ に近づいてゲインが $A \to$ 無限大となる．自動制御理論ではゲイン A がこのように非常に大きい状態は自動制御理論の教えるとおり不安定状態である．現実には非常に不安定な直列共振の様相を呈することになる．このケースについては，さらに次節以下で検討する．

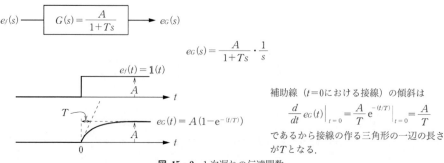

図 15・2 1次遅れの伝達関数

図 15·2 は伝達関数が 1 次遅れの場合で，入力がユニット関数 $e_f(t) = 1(t)$ の場合の出力 e_G の応動を参考までに示しておく．

15·2 AVR 系を含めた発電機全体系の伝達関数と応動特性

発電機＋負荷の伝達関数が導かれた．今度はこれに **AVR＋励磁系**の伝達関数を求めて，さらに AVR 使用状態で運転中の **AVR＋励磁機＋発電機**の全体系の伝達関数として完成させる必要がある．これによって発電機の動的な運転特性が検討できる．

始めに AVR（Automatic Voltage Regulator）に課せられた主な役割と具備条件を整理しておくと

AVR の役割

 i) 発電機端子電圧を定格電圧付近の一定範囲内に保持
 ii) 無効電力の適正な配分（V-Q 制御，P-Q 制御）
 iii) 負荷急変や速度変化等の外乱に対する励磁の自動調整，発電機の許容限界内運転の保持と逸脱時の保護
 iv) 発電機固有の運転限界の拡大
 v) 系統安定への寄与（動態安定度向上，電圧安定度向上）
 vi) 複数の隣接発電機相互間の乱調運転（例えば，無効電力のスイングなど）の防止

AVR の具備すべき条件

 i) 高感度であること．オフセット不感帯が小さいこと
 ii) 即応性が良いこと（時定数が短いこと）
 iii) 制御性が良いこと
 iv) 制御範囲が広いこと

などである．各発電機に設置される AVR は，第一に「その発電機の運転許容限界を拡大するとともにその限界内での運転を堅持し」，第二に「他の並列発電機群との安定な同期運転を確保し」，さらに第三に「系統の P-Q-V 安定度を確保する」という重要な役割を担っている．AVR は，一般には単に電圧調整器程度に考えられがちであるが，実際には上述のように非常に広範な役割を担っており，発電機の能力一杯の活用と系統の円滑な運転には欠かせない重要なメンバーである．

本書では，AVR のハードには立ち入らないが系統の動特性にかかわる基本的な機能を中心に話を進めていく．まず，**AVR＋励磁系**の伝達関数を求めよう．

励磁器の伝達関数：$G_f(s)$

発電機の**励磁方式**には

① 直流励磁器方式（自励式，他励式）
② 交流励磁器方式（自励複巻式，ブラシレス式）
③ 整流電源器方式（ソリッドステート式）

などがあり，その伝達関数も詳細レベルでは非常に複雑である．しかしながら基本的には時定数の非常に短い 1 次遅れ回路とみなすことができる．近年ではサイリスタ素子で交直変換を行う静止励磁装置が主流になりつつあるといえよう．なお，励磁器は発電機に比して小型であり，励磁電流の増減時の時定数（T_f とする）は発電機時定数 T_{d0}' に比べて十分に小さい．

AVR の伝達関数：$G_{avr}(s)$

AVR は発電機の端子電圧 e_G をフィードバックさせる**負帰還型制御システム**である．複雑な電子部品回路を内蔵し，また，不感帯，乱調防止回路，横流補償などの副次的機能（後述）を有しているが，AVR もまた近似的には 1 次遅れ回路とみなし，これに乱調防止回路系などのフィードバック機能が付加されているとみなすことができる．高性能の AVR ではその基本

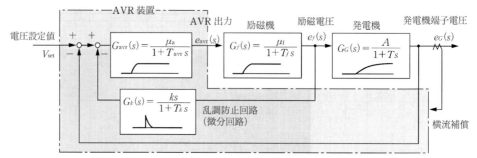

図 15・3 発電機全体系（発電機・励磁器・AVR）の伝達関数

性能となる電圧制御値の維持精度は設定値±0.5％程度，またその電圧応動時定数は0.1秒程度である．AVRは，近年では電子回路を主体にして構成されているので，その時定数（T_{avr} とする）は励磁器のそれよりもさらに小さいといえよう．

励磁系，AVR系ともに1次遅れ回路とみなして，**発電機＋励磁器＋AVR＋負荷**からなる全体系の伝達関数ブロック図を**図15・3**に示す．図で V_{set} はAVRの設定値（通常，$V=1.0$ pu前後に設定する）である．発電機端子のPT2次回路で得る発電機の端子電圧 $e_G(s)$ がAVRの入力として導入される．AVRの伝達関数 $G_{\text{avr}}(s)$ はゲインが μ_a，時定数が T_{avr} の1次遅れ関数として表現できる．AVRはさらに隣接する発電機とのハンチング（脈動）運転を防止するために微分特性の補助的な負帰還関数機能 $G_k(s)$ も備えている．なお，横流補償機能については第16章で説明する．

このブロック図を式として忠実に表現すると伝達関数式として次式を得る．

$$\left. \begin{aligned} e_G(s) &= G_G(s)\, e_f(s) \quad \cdots\cdots① \\ e_f(s) &= G_{\text{avr}}(s)\, G_f(s)\{V_{\text{set}} - e_G(s) - G_k(s)\, e_f(s)\} \quad \cdots\cdots② \\ \text{また，①，②より}& \\ e_f(s) &= \frac{G_{\text{avr}}(s)\, G_f(s)}{1 + G_{\text{avr}}(s)\, G_f(s)\{G_k(s) + G_G(s)\}} V_{\text{set}} \quad \cdots\cdots③ \end{aligned} \right\} \quad (15\cdot15)$$

また，式(15・15)より，発電機全体の伝達関数は

$$\left. \begin{aligned} e_G(s) &= G_G(s)\, e_f(s) = \frac{G_{\text{avr}}(s)\, G_f(s)\, G_G(s)}{1 + G_{\text{avr}}(s)\, G_f(s)\{G_k(s) + G_G(s)\}} V_{\text{set}} \quad \cdots\cdots① \\ \text{ここで，}\ G_G(s) &= \frac{A}{1+Ts} \quad :\text{（発電機＋負荷の伝達関数）} \quad \cdots\cdots② \\ G_f(s) &= \frac{\mu_f}{1+T_f s} \fallingdotseq \mu_f \quad :\text{（励磁器の伝達関数）} \quad \cdots\cdots③ \\ G_{\text{avr}}(s) &\frac{\mu_a}{1+T_{\text{avr}} s} \fallingdotseq \mu_a \quad :\text{（AVR主機能の伝達関数）} \quad \cdots\cdots④ \\ G_k(s) &= \frac{ks}{1+T_k s} \fallingdotseq ks \quad :\text{（AVR乱調防止回路の伝達関数）} \quad \cdots\cdots⑤ \end{aligned} \right\} \quad (15\cdot16)$$

となる．

なお，$G_{\text{avr}}(s)$，$G_f(s)$，$G_k(s)$ の式(15・16)のような近似化は，一般に $T, T_f \gg T_{\text{avr}}$ であることによる．

さらに，乱調回路のゲイン k も十分に小さいので，ここでは $k=0$ とみなせば式(15・15)より，AVRを含む全体系の伝達特性は

$$e_G(s) \fallingdotseq \frac{\mu_a \mu_f G_G(s)}{1+\mu_a \mu_f\{ks+G_G(s)\}} V_{\text{set}} \fallingdotseq \frac{\mu_a \mu_f G_G(s)}{1+\mu_a \mu_f G_G(s)} V_{\text{set}}$$

$$= \underbrace{\left(\cfrac{A}{A+\cfrac{1}{\mu_a \mu_f}}\right)}_{\text{ゲイン } A_{\text{total}}} \cdot \cfrac{1}{1+\underbrace{\left(\cfrac{T}{1+\mu_a \mu_f A}\right)}_{\text{1次遅れ時定数 } T_{\text{total}}} s} V_{\text{set}} \equiv A_{\text{total}} \cfrac{1}{1+T_{\text{total}} s} V_{\text{set}} \quad (15\cdot17\text{a})$$

となる．これはゲイン A_{total}，時定数 T_{total} の1次遅れ関数である．この式で $s\to 0$（すなわち $t\to$ 大）とすれば $e_G\to V_{\text{set}}$ となり，電圧を設定値 V_{set} を維持するように制御する機能があることがわかる．

$s\to 0$ では $A_{\text{total}}\to 1$，$T_{\text{total}}\to T$ となるので

$$e_G(s) = \frac{1}{1+Ts}\cdot V_{\text{set}} \qquad (15\cdot17\text{b})$$

式(15·17)で制御可能なのは μ_a のみであり，それ以外の定数は機械の固有値である．時定数に着目すると，AVRを使用し，そのゲイン μ_a を十分大きく設定すれば系全体の時定数 T_{total} をどんどん小さくできることを示している．**μ_a を十分大きくすれば1次時定数 T_{total} は発電機固有の時定数 T よりも $1/(\mu_a\mu_f A)$ 倍に小さくできる．このときトータルゲイン A_{total} はわずかに低下するが，実質的には影響はほとんどない．**したがって，AVRのおかげで発電機系の時定数を非常に短くすることができるので，電圧 $e_G(t)$ が小幅に，あるいは大幅に変動しても急速に回復できる．結局 $e_G(t)$ はAVRの設定値 V_{set} に維持されることになる．

式(15·17)は発電機のダイナミック制御系を正しく設定し，適切に制御運転するために欠かせない式である．

なお，乱調回路の k を無視しない場合には $k\neq 0$ なので，式(15·17)に代わって s の2次遅れ系となる．乱調機能については後述する．

なお，AVR除外状態では上式で $\mu_a=0$ となり，図15·3は発電機と励磁器の伝達関数機能のみとなり，フィードバック制御のない手動励磁運転となる．発電機はAVR機能を除外して手動で励磁制御を行うことは事実上不可能である．「AVR除外」では発電機が，例えば許容電圧幅や $p+jq$ の運転許容範囲を急に逸脱したり，あるいは隣接発電機との間で無効電力のハンチングを生じるなどの事態を回避することはほとんど不可能であろう．

15·3 「発電機＋励磁器＋AVR＋負荷」全系の応動特性と運転限界

15·3·1 「発電機＋励磁器＋AVR＋負荷」全系の s 関数式の導入

負荷の状況が発電機系の運転特性を左右することが分かったので，**図15·4**(a) のように発電機がAVR使用モードで系統の R_l と jX_l の並列負荷に電力を供給している場合について，その運転限界がどのようになるかを検討しよう．なお，ここで jX_l は誘導性/容量性のどちらでもよく，容量性の場合には負値とする．

発電機端子電圧電流と並列負荷 $Z(R_l /\!/ jX_l)$ の関係

線路のインピーダンスはすでに並列負荷インピーダンス Z に組み込まれているものとする．発電機端子電圧・電流とインピーダンスには次の関係がある．

$$\left.\begin{array}{l} \dot{i}_G = \dot{Z}^{-1} \dot{e}_G \quad\cdots\cdots\cdots\cdots\cdots\cdots\cdots\text{①} \\ \dot{Z}^{-1} = \cfrac{1}{R_l} + \cfrac{1}{jX_l} = R_l^{-1} - jX_l^{-1} \quad\cdots\cdots\text{②} \end{array}\right\} \quad (15\cdot18)$$

3相平衡状態の正相複素電圧・電流であるから10·4節の式(10·55)に準じて上式①は

$$\left.\begin{array}{l} (i_d + ji_q)e^{jt} = Z^{-1}(e_d + je_q)e^{jt} \\ \therefore\quad i_d + ji_q = Z^{-1}(e_d + je_q) \end{array}\right\} \quad (15\cdot19)$$

と表現できることに留意しておこう．

系統が安定運転中になんらかの外乱が生じて両式の電気諸量が若干変化すると，その変化量

第15章 AVRを含む発電機系と負荷の全体応動特性

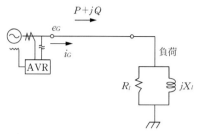

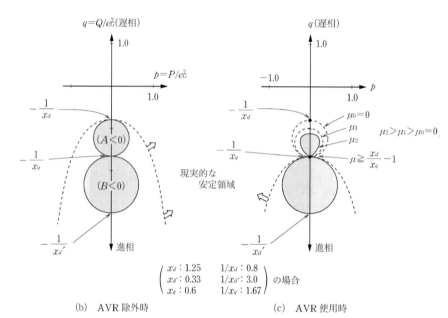

(a) AVR回路（容量性負荷では $X_l<0$）

(b) AVR除外時

(c) AVR使用時

$$\begin{pmatrix} x_d : 1.25 & 1/x_d : 0.8 \\ x_{d'} : 0.33 & 1/x_{d'} : 3.0 \\ x_q : 0.6 & 1/x_q : 1.67 \end{pmatrix} \text{の場合}$$

図 15・4 「発電機・AVR・負荷」全系の運転可能限界

に Δ を付して表現することとして

$$\left.\begin{array}{ll} \Delta i_G = (R_l^{-1} - jX_l^{-1})\Delta e_G & \cdots\cdots ① \\ \therefore \quad \Delta i_d + j\Delta i_q = (R_l^{-1} - jX_l^{-1})\cdot(\Delta e_d + j\Delta e_q) & \cdots ② \\ \therefore \quad \Delta i_d = R_l^{-1}\Delta e_d + X_l^{-1}\Delta e_q & \cdots\cdots ③ \\ \Delta i_q = -X_l^{-1}\Delta e_d + R_l^{-1}\Delta e_q & \cdots\cdots ④ \end{array}\right\} \quad (15\cdot20)$$

を得る．

発電機固有の関係式は，式(15・7) ①，②および式(15・8) ①より（電機子抵抗 $r=0$ とする）

$$\left.\begin{array}{l} \Delta e_d = x_q \Delta i_q \quad\cdots\cdots ① \\ \Delta e_q = \dfrac{1}{1+T_{d0}'s}\Delta e_f - \dfrac{x_d + x_{d'}T_{d0}'s}{1+T_{d0}'s}\Delta i_d \quad\cdots ② \\ \Delta e_G = \sqrt{(\Delta e_d)^2 + (\Delta e_q)^2} \quad\cdots\cdots ③ \end{array}\right\} \quad (15\cdot21)$$

AVRの関係式は，乱調回路を無視すれば図15・3より

$$\left.\begin{array}{l} e_f(s) = \{V_{\text{set}} - e_G(s)\}G_{\text{avr}}(s)\,G_f(s) \quad\cdots\cdots ① \\ \therefore \quad \Delta e_f(s) = -\{G_{\text{avr}}(s)\,G_f(s)\}\Delta e_G(s) \quad\cdots\cdots ② \\ G_{\text{avr}}(s)\cdot G_f(s) \fallingdotseq \mu_a \mu_f \equiv \mu \quad (\text{AVRと励磁回路の総合ゲイン}) \cdots ③ \end{array}\right\} \quad (15\cdot22)$$

式(15・20) ④と式(15・21) ①より Δi_q を消去して整理すると

15・3 「発電機＋励磁器＋AVR＋負荷」全系の応動特性と運転限界

$$(x_q^{-1}+X_l^{-1})\varDelta e_d = R_l^{-1}\varDelta e_q \quad \therefore \quad \varDelta e_d = (x_q^{-1}+X_l^{-1})^{-1}\cdot R_l^{-1}\varDelta e_q \tag{15・23}$$

これを式(15・20) ③, ④および式(15・21) ③に代入すると

$$\left.\begin{array}{l}\varDelta i_d = \{R_l^{-2}(x_q^{-1}+X_l^{-1})^{-1}+X_l^{-1}\}\varDelta e_q \quad \cdots\cdots\cdots\cdots ①\\ \varDelta i_q = \{-X_l^{-1}R_l^{-1}(x_q^{-1}+X_l^{-1})^{-1}+R_l^{-1}\}\varDelta e_q \quad \cdots\cdots\cdots ②\\ \varDelta e_G = \sqrt{\{(x_q^{-1}+X_l^{-1})^{-1}\cdot R_l^{-1}\}^2+1}\cdot \varDelta e_q \\ \quad = (x_q^{-1}+X_l^{-1})^{-1}\sqrt{(R_l^{-1})^2+(x_q^{-1}+X_l^{-1})^2}\cdot \varDelta e_q \cdots ③ \end{array}\right\} \tag{15・24}$$

他方, 式(15・22) ②を式(15・21) ②に代入して $\varDelta e_f$ を消去整理すると

$$(1+T_{d0}'s)\varDelta e_q + G_{\mathrm{avr}}(s)G_f(s)\varDelta e_G + (x_d + x_d' T_{d0}'s)\varDelta i_d = 0 \tag{15・25}$$

式(15・24) ①の $\varDelta i_d$, ③の $\varDelta e_G$ を式(15・25) に代入消去すると, 結果はすべての項に含まれている $\varDelta e_q$ が消えて次式を得る.

$$\left.\begin{array}{l}(1+T_{d0}'s)+G_{\mathrm{avr}}(s)G_f(s)(x_q^{-1}+X_l^{-1})^{-1}\cdot\sqrt{(R_l^{-1})^2+(x_q^{-1}+X_l^{-1})^2}\\ \quad +(x_d+x_d'T_{d0}'s)\{R_l^{-2}(x_q^{-1}+X_l^{-1})^{-1}+X_l^{-1}\}=0\\ \therefore\ G_{\mathrm{avr}}(s)G_f(s)\sqrt{(R_l^{-1})^2+(X_q^{-1}+X_l^{-1})^2}+(X_q^{-1}+X_l^{-1})+x_d\{X_l^{-1}(x_q^{-1}+X_l^{-1})+R_l^{-2}\}\\ \quad +T_{d0}'s[(x_q^{-1}+X_l^{-1})+x_d'\{X_l^{-1}(x_q^{-1}+X_l^{-1})+R_l^{-2}\}]=0 \end{array}\right\} \tag{15・26}$$

すなわち,

$$\left.\begin{array}{l}\left[G_{\mathrm{avr}}(s)G_f(s)\sqrt{\left(\dfrac{1}{R_l}\right)^2+\left(\dfrac{1}{x_q}+\dfrac{1}{X_l}\right)^2}+\left(\dfrac{1}{x_q}+\dfrac{1}{X_l}\right)+\dfrac{x_d}{X_l}\left(\dfrac{1}{x_q}+\dfrac{1}{X_l}\right)+\dfrac{x_d}{R_l^2}\right]\\ \quad +T_{d0}'s\left[\left(\dfrac{1}{x_q}+\dfrac{1}{X_l}\right)+\dfrac{x_d'}{X_l}\left(\dfrac{1}{x_q}+\dfrac{1}{X_l}\right)+\dfrac{x_d'}{R_l^2}\right]=0 \end{array}\right\} \tag{15・27}$$

さて, ここで発電機端子と系統側負荷 (R_l, X_l が平列接続) の電力の関係を確認すると,

$$\left.\begin{array}{l}P+jQ=e_G i_G^* = e_G\left(\dfrac{e_G}{R_l}+\dfrac{e_G}{jX_l}\right)^* = \dfrac{e_G^2}{R_l}+j\dfrac{e_G^2}{X_l}\\ P, Q を e_G^2 で \mathrm{PU} 化すれば\\ p+jq = \dfrac{P}{e_G^2}+j\dfrac{Q}{e_G^2} = \dfrac{1}{R_l}+j\dfrac{1}{X_l} \end{array}\right\} \tag{15・28}$$

となり, 諸量はすべて pu 値である.

そこで, $1/R_l \to p$, $1/X_l \to q$ と置き換えて式(15・27) をさらに整理すると,
<u>負荷の状態 (p, q) と関連した"発電機＋励磁器＋AVR"全系の s 伝達関数</u>

$$\left.\begin{array}{l}\left[G_{\mathrm{avr}}(s)G_f(s)\sqrt{p^2+\left(q+\dfrac{1}{x_q}\right)^2}+x_d\left\{p^2+\left(q+\dfrac{1}{x_d}\right)\left(q+\dfrac{1}{x_q}\right)\right\}\right]\\ \quad +T_{d0}'s\cdot\left[x_d'\left\{p^2+\left(q+\dfrac{1}{x_d'}\right)\left(q+\dfrac{1}{x_q}\right)\right\}\right]=0 \end{array}\right\} \tag{15・29}$$

という整った関係式を得ることができた. 全系の運転状態をラプラス領域で示した式である.

負荷状態 (p, q) でこの系が安定に運転できるかどうかは, この式の安定性によることになる.

さて, この式を吟味しよう.

AVRと励磁器の時間遅れを無視して $T_{\mathrm{avr}}=0$, $T_f=0$ とすれば次の近似 (安定性吟味には何らさしつかえない) が成り立つ.

$$G_{\mathrm{avr}}(s)G_f(s) \fallingdotseq \mu_a \mu_f \equiv \mu \quad (\text{AVR＋励磁系の総合ゲイン}) \tag{15・30}$$

この場合には, 式(15・29) は s に関する1次式となり次式のように表現できる.

$$\left.\begin{array}{l}A+BT_{d0}'s = 0 \quad (\text{根は一つで } s = -A/(BT_{d0}')) \quad \cdots\cdots\cdots\cdots ①\\ \text{ここで,}\ A = \mu\cdot\sqrt{p^2+\left(q+\dfrac{1}{x_q}\right)^2}+x_d\left\{p^2+\left(q+\dfrac{1}{x_d}\right)\left(q+\dfrac{1}{x_q}\right)\right\} \cdots\cdots ②\\ \quad B = T_{d0}'x_d'\left\{p^2+\left(q+\dfrac{1}{x_d'}\right)\left(q+\dfrac{1}{x_q}\right)\right\} \quad \cdots\cdots\cdots\cdots\cdots\cdots ③ \end{array}\right\} \tag{15・31}$$

15・3・2 運転限界とその p-q 座標表示

次に，式(15・31) について，動態系としての運転限界の p-q 座標表示を試みよう．

自動制御理論によれば，式(15・31) の形の s に関する1次関数がシステムとして安定に運転できるためには s が負の実根となること（ナイキスト（Nyquist）の安定性判定条件）であるから

$$\left. \begin{array}{l} \text{安定条件} \\ \quad A \cdot B \geqq 0 \\ \text{安定運転の限界} \\ \quad A=0, \quad B=0 \end{array} \right\} \tag{15・32}$$

である．そこで，式(15・31) で $A=0$, $B=0$ とすることによって，この系の運転限界を求めることができる．

〔a〕 AVR 除外運転の場合

この場合は，式(15・22) において $\mu_a=0$ （∴ $\mu=0$）である．したがって，安定限界となる関係式は

$$\left. \begin{array}{l} A = p^2 + \left(q + \dfrac{1}{x_d}\right)\left(q + \dfrac{1}{x_q}\right) = 0 \quad \cdots\cdots\cdots ① \\ B = p^2 + \left(q + \dfrac{1}{x_d'}\right)\left(q + \dfrac{1}{x_q}\right) = 0 \quad \cdots\cdots\cdots ② \\ \text{系の安定条件} \\ \quad A \cdot B \geqq 0 \quad \cdots\cdots\cdots ③ \end{array} \right\} \tag{15・33}$$

となる．式(15・33) ①，②の両式を p-q 座標として図示すると**図 15・4(b)** となる．式(15・33) ①は点 $(0, -1/x_d)$ と $(0, -1/x_q)$ を直径とする円であり，円の外側が $A \geqq 0$ となる．また，式(15・33) ②は $(0, -1/x_d')$，$(0, -1/x_q)$ を直径とする円である．

系としての安定条件 $AB \geqq 0$ であるから，結局この二つの円の外側が安定ということになる．ただし，$-1/x_d' > q$ の領域は非現実的であるから，"実際の安定領域は $q > -1/x_d$ の範囲であり，図の上の小円のさらに上部領域"ということになる．

〔b〕 AVR 使用運転の場合

AVR 運転の場合には μ (>0) をパラメータとして p-q 座標上に描くと**図 15・4(c)** のようになる．

$B=0$ に相当する下部の大円は (1) 項の場合と同じである．次に，$A=0$ に相当する上部の小円は μ の値によって影響を受ける．$\mu=0$ の場合は (1) 項の場合と同じであるが，μ が 0 より徐々に大きい値になる（AVR のゲインを大きく調整する）に従って円は小さくなり，やがて点 $(0, -1/x_q)$ に収束する．このときの μ 値は $p=0$ として $A=0$, $B=0$ を解けば求められ，次式となる．

$$\mu = \dfrac{x_d}{x_q} - 1 \tag{15・34}$$

さて，図 (b)，(c) を比較すると明らかなように，"AVR を使用してそのゲイン $\mu = \mu_a \mu_f$ を徐々に大きくしていくと q が座標上の負の領域で不安定領域となる上部円が徐々に縮退して安定領域が拡大していく"ことがわかる．**発電機は AVR を使用することによって進相無効電力の出力をより大きくすることが可能**となるのである．動態安定度が定態安定度より広がることを p-q 座標上で示していることにもなる．

現実的な技術として，非突極機（火力機）では x_d と x_q はかなり近い数値なので $-1/x_d \fallingdotseq -1/x_q$ となり，図の上部小円の直径は AVR の使用，不使用にかかわらず小さく，したがっ

て$-1/x_d \fallingdotseq -1/x_q$の近傍点が進相電力の限界領域となろう．

突極機（水力機）では，AVRの使用によって進相運転可能領域は$-1/x_d$から$-1/x_q$に拡大される．

15・4 線路充電運転の安定限界とAVR

特別の場合として$p=0$の場合を考えよう．これは発電機にLまたはC負荷のみがつながる力率ゼロのケースである．典型的なケースが，線路の相手端が開放の状態で線路充電を行う場合で，容量性C負荷のみとなる．いわゆる「発電機による線路充電」のケースである．

この場合には，式(15・29)は非常に簡単な次式となる．

$$\left\{\mu + x_d\left(q + \frac{1}{x_d}\right)\right\} + T_{d0}' x_d'\left(q + \frac{1}{x_d'}\right)s = 0 \qquad (15 \cdot 35)$$

この系が安定であるためにはsが負の実根となる（あるいはsの0次項と1次項の係数の積が同符号となる）必要がある．すなわち，

安定条件

$$\left.\begin{array}{l} s = -\dfrac{\mu + x_d\left(q + \dfrac{1}{x_d}\right)}{T_{d0}' x_d'\left(q + \dfrac{1}{x_d'}\right)} \leqq 0 \quad \cdots\cdots\cdots\cdots\cdots ① \\[2mm] \therefore \quad \left\{\mu + x_d\left(q + \dfrac{1}{x_d}\right)\right\} \cdot \left\{q + \dfrac{1}{x_d'}\right\} \geqq 0 \quad \cdots\cdots\cdots ② \end{array}\right\} \qquad (15 \cdot 36)$$

〔a〕 AVR除外による線路充電の安定運転限界

$\mu = 0$のケースであるから系が安定であるための条件は

$$\left.\begin{array}{ll} q \geqq -\dfrac{1}{x_d} & \text{（現実的領域）} \quad \cdots\cdots\cdots\cdots ① \\[2mm] q \leqq -\dfrac{1}{x_d'} & \text{（非現実的領域）} \quad \cdots\cdots\cdots ② \end{array}\right\} \qquad (15 \cdot 37)$$

式(15・37)②は数学的には安定であるが物理的には無意味であり，したがって，式①が力率ゼロ運転の場合の安定運転条件となる．

結局，
- $q < 0$（容量性負荷）の場合は$q = -1/x_d$〔pu〕が運転限界である．
- $q > 0$（リアクトルなど誘導性負荷）の場合は安定である．

〔b〕 AVR運転による線路充電の安定運転限界

$\mu \neq 0$の場合である．式(15・36)②のqに関する二つの根を求めて安定条件として意味のある範囲を求めると次式を得る．

$$q \geqq \sqrt{\left\{\frac{1}{2}\left(\frac{1}{x_d} - \frac{1}{x_d'}\right)\right\}^2 - \mu \frac{1}{x_d}} - \frac{1}{2}\left(\frac{1}{x_d} + \frac{1}{x_d'}\right) \qquad (15 \cdot 38)$$

となる．力率ゼロ運転（$p=0$）の場合の安定運転の限界は，AVR除外のケースでは$q \geqq -1/x_d$であるが，AVR使用状態では式(15・38)中のμ/x_dの効果によって図15・4のp-q座標上の下方に押し広げられて拡大できる．

試算：発電機リアクタンス$x_d = 1.8$ pu，$x_d' = 0.4$の場合
- AVR除外運転の場合
  式(15・37) ①により
  $q \geqq -0.556$
- AVR使用運転の場合

式 (15・38) により

$q \geq -0.863$　（ゲイン $\mu=0.5$ の場合）

$q \geq -0.904$　（ゲイン $\mu=1.0$ の場合）

発電機の容量性負荷運転の安定領域を AVR は大幅に拡大してくれることが，このケースからも理解される．

線路充電とそれに伴う過電圧の問題については，第 20 章で再度論ずるものとする．

〔備考 1〕　式(15・7)，(15・8) より式(15・9) の計算

式(15・8) の $i_d(s)$, $i_q(s)$ を式(15・7) ①，②に代入すると次式を得る．

$$\left.\begin{array}{l}\{X(X+x_q)+R(R+r)\}\cdot e_d(s)+\{X(R+r)-(X+x_q)R\}\cdot e_q(s)=0 \\ \{\{(X+x_d)R-X(R+r)\}+\{(X+x_d')R-X(R+r)\}T_{d0}'s\}\cdot e_d(s) \\ \quad +\{\{X(X+x_d)+R(R+r)\}+\{X(X+x_d')+R(R+r)\}T_{d0}'s\}\cdot e_q(s)=(X^2+R^2)\cdot e_f(s)\end{array}\right\} \quad (1)$$

この式は次式のように書き換えることができる．

$$\left.\begin{array}{l}m_1 e_d(s)+m_2 e_q(s)=0 \\ \{m_3+m_4 T_{d0}'s\}e_d(s)+\{m_5+m_6 T_{d0}'s\}e_q(s)=m_7 e_f(s)\end{array}\right\} \quad (2)$$

したがって

$$\left.\begin{array}{l}e_d(s)=\dfrac{m_2 m_7}{(m_1 m_5-m_2 m_3)-(m_1 m_6-m_2 m_4)T_{d0}'s}\cdot e_f(s) \\ e_q(s)=-\dfrac{m_1}{m_2}\cdot e_d(s)\end{array}\right\} \quad (3)$$

ここで，

$$\left.\begin{array}{l}m_1=X(X+x_q)+R(R+r) \\ m_2=X(R+r)-(X+x_q)R \\ m_3=(X+x_d)R-X(R+r) \\ m_4=(X+x_d')R-X(R+r) \\ m_5=X(X+x_d)+R(R+r) \\ m_6=X(X+x_d')+R(R+r) \\ m_7=X^2+R^2\end{array}\right\} \quad (4)$$

$m_1 \sim m_6$ を上式より $m_1 m_5-m_2 m_3$ などを計算すると

$$\left.\begin{array}{l}m_1 m_5-m_2 m_3=(X^2+R^2)\{(X+x_d)(X+x_q)+(R+r)^2\} \\ m_1 m_6-m_2 m_4=(X^2+R^2)\{(X+x_d')(X+x_q)+(R+r)^2\} \\ m_2 m_7=\{X(R+r)-(X+x_q)R\}\cdot\{X^2+R^2\}\end{array}\right\} \quad (5)$$

したがって，最終的に式(15・9) を得る．

〔備考 2〕　式(15・8)，(15・9) から式(15・10) の計算

式(15・9) を式(15・8) に代入して $e_G(s)$ を計算する．

$\{式(15・9)①の分子\}^2+\{式(15・9)②の分子\}^2=(X^2+R^2)\{(X+x_q)^2+(R+r)^2\}$

となる．したがって，あとは簡単に式(15・10) を導くことができる．

休憩室：その10　電力技術理論：初期の先駆者の人々

　ここで明治・大正の時代に日本では電気工学がどのような状況であったかを当時の電気学会論文等から振り返っておこう．ちなみに，日本における大規模水力発電・長距離電力輸送が実現したのは大正3年（1914年）である．東京電燈駒橋水力発電所15,000 kW（最終52,000 kW）の電気を東京早稲田変電所まで55,000 Vの電圧で76 km送電し，さらに15,000 Vの地中ケーブルで東京市内に供給するという意欲的な大開発事業であったが，ほぼすべての設備がアメリカおよびヨーロッパからの輸入で賄われた．

　さてそれより25年ほどさかのぼる明治21年（1888年）に日本の電気学会が早くも設立された．欧米では照明と動力が従来の電信に加わる新たな電気の用途として実用化の一歩を踏み出したものの，まだ直流・交流方式の決着も完全にはついていない揺籃期のことである．電気学会発足と同時に発刊されることになった電気学会誌（月刊誌）に電気・電信に関する本格的な理論式が初めて登場するのは明治26年である．明治時代を通じて，数学的記述による電気理論が主体の掲載記事は決して多くはなく，代表的なものとして下記の記事が見られる程度である．

イ．明治26年7月号：電話回線の理論と実際（澤井　廉）

　　有名な電信方程式〔第18章式(18・3)〕が登場する．

ロ．明治33年9月号：多相誘導発電機理論の発達（鳳　秀太郎）

　　1879年にWalter Beileyが示したモートルのすばらしい発想をたたえることから始まり，その後の欧米のモータの開発と理論の進展ぶりが詳しく紹介されている．

　　また，Steinmetzの「Polyphase Induction Motors (1897)」で複素記号法による理論に自説を織り交ぜて詳しく論じられている．

ハ．明治34年10月号：Polyphase Induction Motor Under Unbalanced Voltages. (by Seijiro Sugiyama)

　　GE社に在籍した著者が回転磁束に関する理論を詳しく論じ，またモータ試作機による実験について紹介されている．

ニ．明治35年5月号：送電線の静電容量及自己誘導係数に就いて（鳳　秀太郎）

　　線路定数の計算式を電磁気学的に導入されている．大地を挟んだ鏡像理論（第1章の図1・3，図1・7）が登場する．

ホ．明治40年6月号：Effect of Velocity of Propagation of Electric Field on Inductance of Straight Conductor Traversed by Alternating Currents. (by Kohei Ogura and Charles P. Steinmetz.)

　　複条の送電線に関して高等数学的記述で埋め尽くされた本格的な電磁波動理論である．これだけ高度の高等数学的手法で全ページが埋め尽くされた論文は，当時の全工学分野を通じてほかに例をみなかったのではないかと思われる．小倉公平博士がDr. Steinmetzと組んで最先端の学問分野を開拓しておられたことが分かる．

ヘ．明治44年4月号：遠距離送電線の計算法に就て（鯨井恒太郎）

　　単相送電線の分布定数回路に関する電圧・電流計算式を導入されている．Steinmetzの著書「Alternating Current」が下地になっていると書かれている．

ト．明治45年2月号：送電線中電気波動模型（鳳　秀太郎）

　　この文献では式は登場しないが，写真が初めて登場する．

チ．大正2年4月号：送電線における電波波及現象の数学的研究に就きて（大竹太郎）

　　文献ホに続く大論文で，近代関数論を駆使した結果として進行波の反射・透過現象の正当性等を述べている．

　明治から大正に移る1912年前後では文献ホ，チに象徴されるような本格的な高度の数学的手法によ

る文献も登場し始めているが，電力の実用的技術理論に関する組織的な文献などは，世界的にもまだまだ非常に乏しい時代であったといえるであろう．

このような時代背景の中で，本格的な電気工学技術の専門書として鳳秀太郎博士による一連の大著作が丸善より出版された．

鳳　秀太郎博士（鳳　誠三郎氏提供）

　交流理論：交流工学理論階梯第1編（明治45年）

　変圧器及び誘導電動機：交流工学理論階梯第2編（大正2年）

　波動，動揺及び避雷：交流工学理論階梯第3編（大正10年）

　高圧絶縁論階梯（大正9年）

　交流整流子電動機：交流工学理論階梯第4編（昭和7年，博士没後に瀬籐博士補筆出版）

後に鳳博士が**鳳テブナンの定理**や**リアクテイブ勢力不滅の定理**で世界的にも評価を受けるこの名著は質・量ともに当時の専門書の常識を覆す圧倒的な内容で，その後も1948年まで版を重ねて出版された．初版以来，電気工学を目指す多くの人々の糧となったことであろう．

博士は第1編の序で，"著者ハすたいんめっつ氏著書ノ感化ヲ受ケシコト最多シ従テ本書ノ各編多クハす氏ノ方法ニ傾カムトスルハ怪ムニ足ラズ……然レドモ断ジテ氏ノ節ニ従ハザル所アリ……"と述べている．文語体で非常に広範な電力技術，電気機械技術を定常現象からサージ領域まで実用論として詳しく論じており，"勢力（power）"，"無勢力コンポネント（wattless component）"，"乱波（distorted wave）"などの用語が登場する．鳳博士の丸善シリーズは日本における本格的な工学専門書の嚆矢であった．大正初期の時代は欧米の先進国で"産業電化"が始まったばかりであり，日本は懸命にその後を追いかける時代であった．当時の若い技術者たちが丸善の名著を前に懸命に勉強する姿を彷彿とさせるのである．それにしても，この時代に日本の技術を牽引した人々の多くがSteinmetzの薫陶を得ていた人々であったことは注目に値する．

第16章 発電機の運転とその運転性能限界

　前章では**発電機（AVR 使用）**と**線路＋負荷**の全系としての運転特性を中心に考察した．他方，発電機には当然のことながら固有のさまざまな運転能力（性能）の限界がある．本章では発電機の固有の特性とその運転性能限界について考察する．発電機の動的性能や運転技術，またその制御保護技術などの分野では p-q 座標，p-q 領域量が多用される．これらの根拠を正しく理解することが肝要である．なお，本章でもすべての電気量は特に断らないかぎり同一ベースの pu 値であることはいうまでもない．

16・1　発電機運転状態の一般式導入

　図 16・1(a) の1機無限大母線の系統を考える．この場合の電圧・電流のベクトル関係は図 16・1(b) のとおりであり，これが出発点となる．
　まず始めに **p-q 座標**については前章でも使用したが，ここで新たに定義をしておこう．

$$\left.\begin{aligned}
&P+jQ = e_G\, i_G{}^* = e_G\left(\frac{e_G}{Z_l}\right)^* = \frac{e_G{}^2}{Z_l{}^*} \quad \cdots\cdots\cdots\text{①} \\
&\text{ここで，Z_l は発電機端子から見た線路側の\textbf{特性インピーダンス}} \\
&p+jq = \frac{P}{e_G{}^2} + j\frac{Q}{e_G{}^2},\quad p=\frac{P}{e_G{}^2},\quad q=\frac{Q}{e_G{}^2} \quad \cdots\cdots\text{②}
\end{aligned}\right\} \quad (16\cdot 1)$$

　P-Q 座標と p-q 座標は $1/e_G{}^2$ を係数パラメータとして1：1の等価の関係にあるが，通常の運転状態では $e_G = 1.0 \pm 0.05$ 程度に保たれているので係数 $1/e_G{}^2 = 1.0 \pm 0.1$ 程度で 1.0 に非常に近い数値となることを念頭に置いておこう．

〔a〕発電機電気量の関係式

$$\left.\begin{aligned}
&P+jQ = e_G\, i_G\, e^{j\varphi} \quad \cdots\cdots\cdots\cdots\text{①} \\
&p+jq = \frac{P}{e_G{}^2} + j\frac{Q}{e_G{}^2} = \frac{i_G}{e_G} e^{j\varphi} \quad \cdots\cdots\text{②} \\
&\therefore\ p = \frac{i_G}{e_G}\cos\varphi,\quad q = \frac{i_G}{e_G}\sin\varphi \quad \cdots\cdots\text{③} \\
&\qquad\qquad \varphi：発電機の力率角 \\
&p^2 + q^2 = \frac{i_G{}^2}{e_G{}^2} \quad \cdots\cdots\cdots\cdots\text{④}
\end{aligned}\right\} \quad (16\cdot 2)$$

ベクトル図より

$$\left.\begin{aligned}
E_{fd} &= \overline{\mathrm{oa}} + \overline{\mathrm{ab}} = e_q + x_d\, i_G\cos(90°-\alpha-\varphi) \\
&= e_q + x_d\, i_G\sin(\alpha+\varphi) = e_q + x_d\, i_d \quad\cdots\text{①} \\
e_q &= e_G\cos\alpha \quad\cdots\cdots\cdots\cdots\text{②} \\
i_d &= i_G\sin(\alpha+\varphi) \quad\cdots\cdots\cdots\cdots\text{③}
\end{aligned}\right\} \quad (16\cdot 3)$$

　なお，上式では非突極機を対象とすることにして突極機効果の項 $(x_d - x_q)i_d$ は無視している．
　式(16・3) ①に式(16・2) ③，式(16・3) ②，③を代入整理すると E_{fd} は次のように書き換えられる．

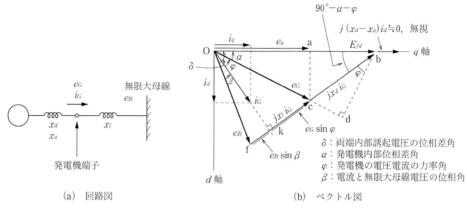

(a) 回路図　　　　　　　　　　(b) ベクトル図

図 16・1 1機無限大母線の系統

$$E_{fd} = e_q + x_d i_G (\sin\alpha \cos\varphi + \cos\alpha \sin\varphi)$$
$$= e_G x_d \left\{ p\sin\alpha + \left(q + \frac{1}{x_d}\right)\cos\alpha \right\} \tag{16・4}$$

したがって，角度 α が p, q で表されれば E_{fd} を p, q で表現できる．ベクトル図に戻って角度 α について次のような関係が見いだされる．

$$\left. \begin{aligned}
\tan\alpha &= \frac{\overline{bd}}{\overline{oc}+\overline{cd}} = \frac{x_d i_G \cos\varphi}{e_G + x_d i_G \sin\varphi} = \frac{x_d(e_G i_G \cos\varphi)}{e_G{}^2 + x_d(e_G i_G \sin\varphi)} \\
&= \frac{x_d P}{e_G{}^2 + x_d Q} = \frac{x_d e_G{}^2 p}{e_G{}^2 + x_d e_G{}^2 q} = \frac{x_d p}{1 + x_d q} \\
\therefore \quad \cos\alpha &= \frac{1 + x_d q}{\sqrt{(x_d p)^2 + (1+x_d q)^2}} = \frac{q + \dfrac{1}{x_d}}{\sqrt{p^2 + \left(q + \dfrac{1}{x_d}\right)^2}} \\
\sin\alpha &= \frac{x_d p}{\sqrt{(x_d p)^2 + (1+x_d q)^2}} = \frac{p}{\sqrt{p^2 + \left(q + \dfrac{1}{x_d}\right)^2}}
\end{aligned} \right\} \tag{16・5}$$

したがって，式(16・4)は

$$E_{fd} = e_G x_d \left\{ p \cdot \frac{p}{\sqrt{p^2 + \left(q + \dfrac{1}{x_d}\right)^2}} + \left(q + \frac{1}{x_d}\right) \cdot \frac{q + \dfrac{1}{x_d}}{\sqrt{p^2 + \left(q + \dfrac{1}{x_d}\right)^2}} \right\}$$
$$= e_G x_d \sqrt{p^2 + \left(q + \frac{1}{x_d}\right)^2} \tag{16・6}$$

と非常に簡単な式となる．

〔b〕 発電機と系統側の関係式

ベクトル図より発電機端子と無限大母線および電圧の間には次の関係がある．

$$\left. \begin{aligned}
& e_G \sin\varphi + e_B \sin\beta = x_l i_G \quad \cdots\cdots\cdots\cdots\cdots ① \\
& e_G \cos\varphi = e_B \cos\beta \quad \cdots\cdots\cdots\cdots\cdots ② \\
\therefore \quad & e_B{}^2 = (e_G \cos\varphi)^2 + (x_l i_G - e_G \sin\varphi)^2 \\
& \quad = e_G{}^2 + x_l{}^2 i_G{}^2 - 2 e_G x_l i_G \sin\varphi \quad \cdots\cdots\cdots ③
\end{aligned} \right\} \tag{16・7}$$

さらに，式(16・2) ③，④を利用して i_G, φ を消去すると

$$\left. \begin{aligned}
& e_B{}^2 = e_G{}^2 + e_G{}^2 x_l{}^2 (p^2 + q^2) - 2 e_G x_l q e_G = e_G{}^2 x_l{}^2 \left\{ p^2 + \left(q - \frac{1}{x_l}\right)^2 \right\} \\
& \text{ここで，} \quad e_B = e_G x_l \sqrt{p^2 + \left(q - \frac{1}{x_l}\right)^2}
\end{aligned} \right\} \tag{16・8}$$

e_G を p, q, e_B で表すことができたので，i_G もこの結果から簡単に求められる．
以上の結果を再整理すると全体として次の結果を得る．

〔c〕 1機無限大母線につながる発電機電気量（一般式）

$$\left. \begin{aligned} e_G &= \frac{e_B}{x_l} \cdot \frac{1}{\sqrt{p^2 + \left(q - \frac{1}{x_l}\right)^2}} \quad \cdots\cdots\cdots\cdots\cdots\cdots\cdots ① \\ i_G &= e_G \sqrt{p^2 + q^2} = \frac{e_B}{x_l} \cdot \frac{\sqrt{p^2 + q^2}}{\sqrt{p^2 + \left(q - \frac{1}{x_l}\right)^2}} \quad \cdots\cdots\cdots\cdots ② \\ P + jQ &= e_G{}^2(p + jq) = \left(\frac{e_B}{x_l}\right)^2 \cdot \frac{p + jq}{p^2 + \left(q - \frac{1}{x_l}\right)^2} \quad \cdots\cdots\cdots ③ \\ E_{fd} &= e_G x_d \sqrt{p^2 + \left(q + \frac{1}{x_d}\right)^2} = e_B \frac{x_d}{x_l} \cdot \frac{\sqrt{p^2 + \left(q + \frac{1}{x_d}\right)^2}}{\sqrt{p^2 + \left(q - \frac{1}{x_l}\right)^2}} \quad \cdots\cdots ④ \end{aligned} \right\} \quad (16 \cdot 9)$$

この四つの式に含まれる諸量で，x_d は発電機の固有値，x_l は系統側固有値で系統回路構成に変化がなければ変化しない．無限大母線の電圧 e_B は変数であるが通常のケースでは，$e_B = 1.0$ である．**発電機側の諸量（e_G, i_G, E_{fd}, p, q）はそれぞれ勝手な値を採ることはできず，式 (16・9) に拘束される五つの変数セットとしての変化をする**のである．また，1台の発電機と系統の関係としてみれば $F(e_G, i_G, p, q : e_B, x_l) = 0$ という拘束関係にあることが理解できる．

これがベクトル図 16・1(b) に対応する一般式であり，発電機の性能設計や制御保護技術，また発電機や系統全体の実際の運用・運転に欠かすことのできない極めて重要な式である．

16・2 発電機の定格事項と能力曲線

16・2・1 定格事項と能力曲線

発電機には固有の許容運転限界を示す**発電機の定格事項と能力曲線**があり，その制限値を超えて運転することはできない．発電機の**運転限界特性**の根拠をしっかり理解する必要がある．

発電機の銘板には物理諸元や冷却方式などの機械的事項，結線図や絶縁関係，温度上昇限界などの事項に加えて各種の定格事項など電気性能，運転限界に関する事柄が表示されている．

主な定格事項（銘板記載）

- 定格出力〔MVA〕：発生熱損失と熱放散のバランスで決まる各部位（絶縁物・構造物）の許容最高温度で決まる．
- 定格有効電力〔MW〕：定格力率の運転状態で保証される最大有効電力
- 定格力率：定格出力〔MVA〕運転を保証する指定力率である．
    典型的数値は　遅れ力率：0.8　または　0.85　または　0.9
                進み力率：0.9　または　0.95
- 定格電圧〔KV〕：発電機規格の標準値 3.3，6.6，13.2，20.0，24.0 などから選ばれる．
- 定格周波数 f 〔hz〕：50 Hz　または　60 Hz
- 定格回転数 N 〔rpm〕：磁極数を $2n$ とすれば　$N = 60f/n$
    2極機（$2n = 2$）では　3 000 rpm　または　3 600 rpm
- 短絡比：$\dfrac{(\text{定格速度で無負荷定格電圧を発生するのに必要な界磁電流})}{(\text{3相短絡状態で定格電流を流すのに必要な界磁電流})}$
- 各種インピーダンス，時定数（表 10・1 に記載の定数）

発電機には，① 電圧と周波数（回転数）に関する運転許容範囲と，② P-Q 座標（あるいは p-q 座標）上で表現される皮相電力に関する運転許容範囲がある．前者の典型的な例を図

16・2 に示す．後者は一般に**発電機の能力曲線**（**Capability curve**）といい，p-q（あるいは P-Q）座標として図16・3のように表現する．皮相電力の次元で運転限界を示すものである．

発電機の能力曲線（容量曲線ともいう）は，発電機の安全確保と安定度維持のために絶対に守らなければならない運転限界を示すのもであり，発電機技術関係の基礎となる重要なものである．能力曲線は，一般に p-q 座標で表現される．

能力曲線の要点は下記の 4 点である．

a. 皮相電力の限界曲線（②－③）
b. 界磁電圧 E_f（界磁電流 i_f と等価）の限界曲線（①－②）
c. 安定度維持のための運転限界曲線（⑤－⑦）
d. 発電機固定子鉄心端部の過熱防止のための運転限界曲線（③－④）

以下では，これら各種の限界曲線とその導出根拠を入念に確認しよう．

a. 皮相電力の限界曲線 $P+jQ$ または $p+jq$（曲線②－③）

発電機には定格容量（皮相電力〔MVA〕）があるので，式(16・9) ③より

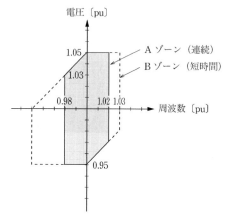

図 16・2 同期機（10 MVA 以上）の電圧・周波数 JEC2130 (2000)

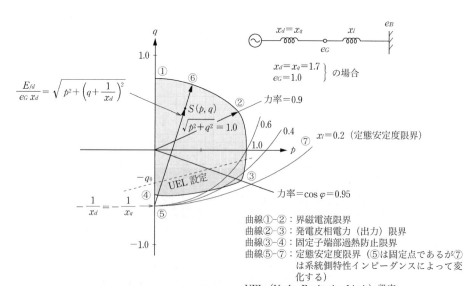

図 16・3 発電機の能力曲線

$$\dot{S} = P + jQ = e_G{}^2(p+jq) \leq S_{\max} = 1.0 \quad \cdots\cdots\cdots\cdots \text{①}$$
$$\therefore \ p + jq = \frac{1}{e_G{}^2}(P + jQ) \leq \frac{1.0}{e_G{}^2} \quad \quad \quad (16 \cdot 10)$$
ただし,$S_{\max} = 1.0 \quad \cdots\cdots\cdots\cdots\cdots\cdots \text{②}$

式(16・10)を p–q 座標上で表現すると,任意の点 (p, q) が中心 $(0, 0)$ の円として描かれる.また (p, q) は半径 $1.0/e_G{}^2$ の円の内側でなければならないことを示している.図 16・3 の円弧②③がこの式に該当する.定格皮相電力(定格〔MVA〕)を 1.0 pu と表すので P–Q 座標上では半径 1.0 の円弧となる.図 16・3 のように p–q 座標上の限界曲線としては通常 $e_G = 1.0$ の場合を描くので,実際には端子電圧 $e_G = 1.0 \pm 0.05$ とすれば半径が $e_G{}^2 = 1.0 \pm 0.1$ 程度伸縮変化するので,この変動幅を補正して読み取る必要がある.

b. 界磁電圧の上限値 $E_{fd\max}$(界磁電流 $i_{f\max}$ の上限値と等価)による限界曲線(①–②)

界磁電圧に関する式(16・9)④の「左辺=中辺」が発電機固有の関係式である.再記すると

$$E_{fd} = e_G x_d \sqrt{p^2 + \left(q + \frac{1}{x_d}\right)^2}$$
$$\therefore \ p^2 + \left(q + \frac{1}{x_d}\right)^2 = \left(\frac{E_{fd}}{e_G x_d}\right)^2 \quad \quad (16 \cdot 11)$$

上式より p–q 座標上で点⑤ $(0, -1/x_d)$ と任意の点 $S(p, q)$ を結ぶ直線の長さ $\sqrt{p^2 + (q + 1/x_d)^2}$ は励磁電流の大きさ $E_{fd}/(e_G \cdot x_d)$ に相当する.

この式を満たす p–q 座標上の任意の点 $S(p, q)$ は中心が $(0, -1/x_d)$ で,半径が $E_{fd}/(e_G x_d)$ の円となる.また,任意の点 $S(p, q)$ と点⑤ $(0, -1/x_d)$ を結ぶ直線(図の直線 $\overline{S\text{⑤}}$)の長さは $E_{fd}/(e_G x_d)$ であるから励磁電圧 E_{fd} の大きさに相当するといえよう.励磁 E_{fd} は遅れ運転($q>0$)では大きく,進み運転($q<0$)では小さくすることが必要となる.進相運転領域では,励磁 E_{fd} は小さくなり,点⑤では励磁 $E_{fd} = 0$ の点となるのである.

E_{fd} の設計上限値(励磁回路の容量)を $E_{fd\max}$ とすれば

$$p^2 + \left(q + \frac{1}{x_d}\right)^2 \leq \left(\frac{E_{fd\max}}{e_G x_d}\right)^2$$
$$\text{ここで,円軌跡の半径 } \frac{E_{fd\max}}{e_G x_d}, \ \text{中心}\left(0, -\frac{1}{x_d}\right) \quad \quad (16 \cdot 12)$$

となる.図 16・3 の円弧①②がこれに該当し,界磁電流の容量限界による出力の限界曲線となる.円弧①②はもちろん,中心が $(0, -1/x_d)$ で半径が $E_{fd\max}/e_G x_d$ の円である.

励磁容量の設計値 $E_{fd\max}$ は,定格電圧・定格力率で定格出力〔MVA〕を保証できる大きさを確保しなければならない.

x_d が小さい発電機ほど(短絡比 $1/x_d$ が大きいほど)円弧①②の円中心点⑤が下方に移るので,より大きい界磁電流容量が必要になる.

c. 定態安定度維持のための運転限界曲線(⑤–⑦)

定態安定度限界 $\delta = 90°$ の場合の限界曲線はすでに式(12・18)および図 12・4(a)で求めたような円となり,図 16・3 では曲線⑤⑦である.⑤は固定点であるが⑦は系統側特性インピーダンスの大小によって上下に移動する.励磁 $E_{fd} = 0$ となる点⑤ $(0, -1/x_q)$ が定態安定度限界曲線では円の直径端(下側)であり,また,励磁限界曲線では円中心となることが面白い.

d. 発電機固定子鉄心端部の過熱防止のための運転限界曲線(③–④)

発電機は進相運転では固定子の鉄心端部の異常過熱問題があり,その運転限界曲線が図の曲線④③のように $q<0$ の領域に存在する.これがさらに進相領域での運転の制約条件となる.この理由については次の 16・2・2 項で説明する.

さて,以上四つの運転限界曲線 a,b,c,d を同じ p–q 座標に表現した図 16・3 が**発電機の能力曲線**である.

a,b,d 項の制限は発電機固有の設計容量上の制約条件であり,c 項は系統の安定度上から

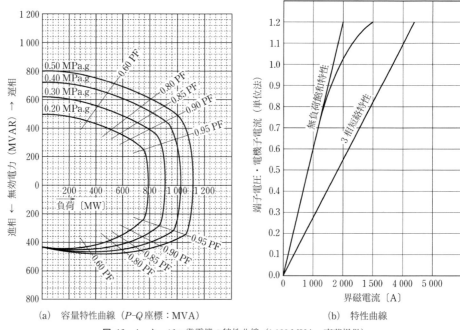

(a) 容量特性曲線（P-Q 座標：MVA）　　(b) 特性曲線

図 16・4　タービン発電機の特性曲線（1 120 MVA，東芝提供）

の運転限界である．発電機はこの能力曲線の範囲内で運転されなければならない．

図 16・4 は大型火力発電機の容量曲線の一例である．第 10 章の図 10・11 で説明した特性曲線と併せて掲載する．この例ではステータコイルとして水素冷却方式が採用されているので，その水素圧によって運転可能容量が 4 通り示されている．

16・2・2　各種運転条件での軌跡

16・2・1 項では発電機固有の能力について e_G をパラメータとして検討した．今度は e_G の代わりに 1 機無限大母線の e_B（通常は =1.0）をパラメータとして，各種の条件下での運転が p-q 座標でいかなる軌跡となるかについて考察しておこう．

a.　E_{fd} 一定の軌跡（図 16・5 の円軌跡 a_1，a_2）

式(16・9) ④の左辺＝右辺を再記すると

$$E_{fd} = e_B \frac{x_d}{x_l} \cdot \frac{\sqrt{p^2 + \left(q + \frac{1}{x_d}\right)^2}}{\sqrt{p^2 + \left(q - \frac{1}{x_l}\right)^2}} \tag{16・13}$$

この式を p と q の 2 次関数として腕力で整理すると次式で表される円特性式にたどり着く（途中経過は〔備考 1〕参照）．

$$\left. \begin{aligned} & p^2 + \left(q + \frac{b}{1-a^2}\right)^2 = \left\{\sqrt{\left(\frac{b}{1-a^2}\right)^2 + c}\right\}^2 \\ & \text{ただし，} a = \left(\frac{E_{fd}}{e_B x_d}\right) x_l \\ & b = \frac{1}{x_d} + \frac{a^2}{x_l} = \left(\frac{E_{fd}}{e_B x_d}\right)^2 x_l + \frac{1}{x_d} \end{aligned} \right\} \tag{16・14}$$

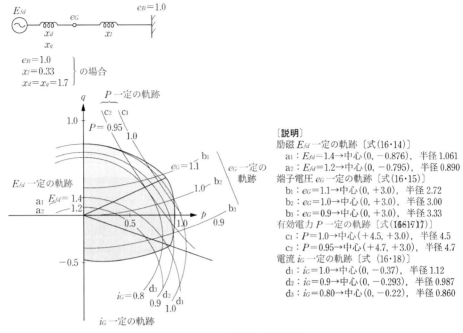

図 16・5 p-q 座標上の運転軌跡

$$c = \frac{\dfrac{a^2}{x_l^2} - \dfrac{1}{x_d^2}}{1-a^2} = \frac{\left(\dfrac{E_{fd}}{e_B x_d}\right)^2 - \dfrac{1}{x_d^2}}{1-a^2}$$

$$\text{円軌跡，中心}\left(0, -\frac{b}{1-a^2}\right), \text{半径}\sqrt{\left(\frac{b}{1-a^2}\right)^2 + c}$$

$e_B = 1.0$，E_{fd} 一定として，また x_d，x_l が与えられれば運転軌跡 (p, q) は円軌跡となる．

図 16・5 の a_1，a_2 がこの円軌跡を示している．発電機の励磁 E_{fd} を一定とした状態で原動機出力 p を大きくしていくと，発電機軌跡は点 $(0, -1/x_d)$ から一定距離の曲線上を移動することになるのでその軌跡は図の右下方向，すなわち進相運転領域に向かって急速に移動してついには進相運転限界に達することになるであろう．

b. 端子電圧 e_G 一定の軌跡(図 16・5 の円軌跡 b_1, b_2, b_3)

発電機の端子電圧は式(16・9) ①で与えられる．この式を変形すれば

$$\left. \begin{array}{l} p^2 + \left(q - \dfrac{1}{x_l}\right)^2 = \left(\dfrac{1}{e_G} \cdot \dfrac{e_B}{x_l}\right)^2 \\ \text{円軌跡　中心}\left(0, \dfrac{1}{x_l}\right), \text{半径} \dfrac{1}{e_G} \cdot \dfrac{e_B}{x_l} \end{array} \right\} \quad (16 \cdot 15)$$

これも円軌跡である（図 16・4 の b_1, b_2, b_3 参照）．

c. 有効電力 P 一定の軌跡(図 16・5 の c_1, c_2)

式(16・9) ③の実数部より

$$P = e_G{}^2 p = \left(\frac{e_B}{x_l}\right)^2 \cdot \frac{p}{p^2 + \left(q - \dfrac{1}{x_l}\right)^2} \quad (16 \cdot 16)$$

したがって，

$$\left. \begin{array}{l} \left(p - \dfrac{e_B{}^2}{2Px_l{}^2}\right)^2 + \left(q - \dfrac{1}{x_l}\right)^2 = \left(\dfrac{e_B{}^2}{2Px_l{}^2}\right)^2 \\ \text{円軌跡　中心}\left(\dfrac{e_B{}^2}{2Px_l{}^2}, \dfrac{1}{x_l}\right), \text{半径} \dfrac{e_B{}^2}{2Px_l{}^2} \end{array} \right\} \quad (16 \cdot 17)$$

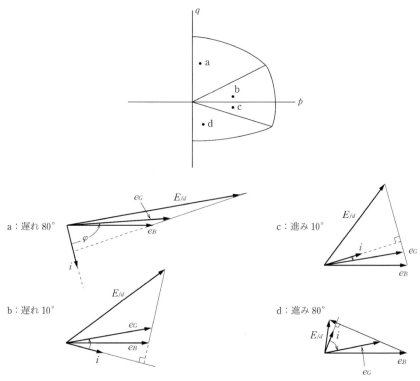

図 16・6 電圧・電流・力率のベクトル関係

P が一定であればこれも円軌跡となる（図 16・4 の c_1，c_2 参照）．

d. 電流 i_G 一定の軌跡（図 16・5 の d_1，d_2，d_3）

式 (16・9) ②を 2 乗して整理すると次式を得る．

$$\left.\begin{array}{l} p^2 + \left(q - \dfrac{1}{x_l(1-A^2)}\right)^2 = \left\{\dfrac{A}{x_l(1-A^2)}\right\}^2 \\[4pt] \text{ただし，} A = \dfrac{e_B}{x_l i_G} \\[4pt] \text{円軌跡　中心}\left(0, \dfrac{1}{x_l(1-A^2)}\right), \text{半径} \dfrac{A}{x_l(1-A^2)} \end{array}\right\} \quad (16 \cdot 18)$$

これもまた上記の中心と半径の円軌跡となる．i_G を $i_{G\max}$ と読み替えれば電機子電流の限界曲線となる（図 16・5 の d_1，d_2，d_3）．

図 16・5 は上記の結果を使って 1 機無限大母線系の軌跡を例示したものである．

また，**図 16・6** は p–q 座標上の主な点について，そのときのベクトル関係を示したものである（各ケースの e_B および i を同じ大きさに揃えて描いてある）．

16・3　発電機進相力率（低励磁領域）運転の問題と UEL 機能

16・3・1　発電機の無効電力発生源としての役割

電力系統の負荷 $\sum(P_{\text{load}} + jQ_{\text{load}})$（ただし，無効電力 $Q_{\text{load}} = Q_l - Q_c$ は±の値となりうる．送電線で消費する P，Q は負荷に織り込み済みとする）は時間の経過とともに成り行き的に変化する．この気ままに変化する負荷を賄うために発電皮相電力 $\sum(P_{\text{gen}} + jQ_{\text{gen}})$ の方では**同時等量**（**simultaneity and equality**）という電気本来の性質に則る制御をしなければならな

い．有効電力の制御については $\sum P_{\text{load}}$ に見合うように $\sum P_{\text{gen}}$ を自動制御することによって周波数を $50/60\pm\Delta f$〔Hz〕（Δf は例えば 0.05 Hz）に維持する．この制御は中央給電指令所からの給電指令と AFC 運転（Automatic Frequency Control）によって行われる．無効電力についても負荷側の $\sum j(Q_l-Q_c)$ に見合う発電側の $\sum jQ_{\text{gen}}$ を必要とするが，無効電力の場合には系統の無効電力総量の制御という概念ではなく，系統（負荷端を含めて）のすべての地域，すべての電圧クラスの線路で電圧が一定の許容範囲内（典型的には $V=1.0\pm0.10$）で維持されるように各電圧階級単位，地域単位の制御が必要である．

無効電力の発生源となる電力設備としては次のとおりといえよう．
* リアクトル（jQ_l），キャパシタ（jQ_c）
* 発電機（jQ_l, jQ_c）
* 同期調相機（jQ_l, jQ_c）

発電機は有効電力の発生を担うだけでなく遅相および進相無効電力（Var, MVar）の発生源としても重要な役目を担うのである．ただし，すでに学んだように発電機では遅相電力の供給容量は比較的大きいが，進相電力の供給能力は非常に限られたものとなる．

電力系統の典型的な運転パターンとして，日中では需要家側では負荷 $\sum(P_{\text{load}}+jQ_l)$ が大きい状態で遅相運転となるので，発電機群の方も遅相運転モードで $\sum(P_{\text{gen}}+jQ_{\text{gen}})$ を供給する．ところが，夜間になると $\sum P_{\text{load}}$ および $\sum jQ_l$ は（例えば，昼間の 1/3 程度に）激減するが，送電線（ケーブル系統および架空送電線）の浮遊キャパシタンスや負荷側の力率調整用のキャパシタなどの総量としての $-\sum jQ_c$ がさほど減少しない．その結果として夜間においては無効電力負荷 $\sum j(Q_l-Q_c)$ の運転モードが進相方向に傾斜して負荷端の電圧が上昇傾向となる．夜間の電圧上昇を抑制するために，受電用変電所に進相負荷を打ち消す目的の**並列リアクトル**を設置することが一般的な設備対策となるのであるが，発電機もまた補助的に進相運転を行って電圧制御の一翼を担う場合が多いのである．

> 注）一般に発電機では端子電圧に対する電流のベクトルを流出（発電して送り出す）方向に約束するが，モータ（受電設備側）では端子電圧に対して電流ベクトルを流入（受電する）方向に約束するので，遅相と進相の概念が逆になる．換言すれば，発電側で進み電流を送り出すことは受電側で遅れ電流を受け取ることに相当する．

発電機は上述のように電圧制御の目的で意図的に進相モードの運転が行われる場合のほかに，次のようなケースでは進相領域運転を突然余儀なくされることがあるといえよう．
* 進相運転中の隣接発電機の突然の遮断解列
* 平列運転中の隣接発電機の突然の励磁増大
* 受電端における突然のリアクトル解列または進相負荷の増加
* 当該発電機の突然の有効電力増加
* 当該発電機の AVR の突然の整定電圧の下降方向への急変（誤操作等による）

さて，次には発電機の進相領域での運転（弱励磁運転）がなぜ過酷な運転条件（16・2・1 項で説明を保留した）になるかについて学ぶこととしよう．

16・3・2 発電機の進相運転（低励磁運転）による固定子鉄心端部の過熱問題

発電機進相運転状態では固定子端部付近が異常加熱する問題がある．図 16・3 の運転限界曲線の進相領域にある限界曲線③—④について説明する．

図 16・7(c)，(d) は火力機の固定子コイルの配置と鎖交磁束，漏れ磁束の経路を示している．ロータは回転する電磁石であり，励磁電流 i_f によってロータ鉄心（ケイ素鋼板）で作られた磁束 ϕ_{total} は N 極からステータコイル部方向に向かって発して S 極に戻る．ロータから発する総磁束 ϕ_{total} の大半は電機子コイルに鎖交する有効な鎖交磁束数 $\psi_{\text{total}}=\phi_{\text{eff}}\cdot N$ として機能するが，若干の漏れ磁束 ϕ_{leak} も発生する．また，ϕ_{leak} はその発生する部位によって次の

298 第16章 発電機の運転とその運転性能限界

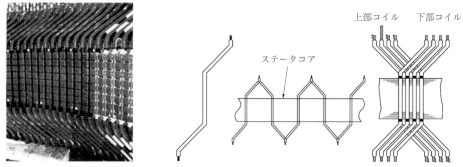

(a) 水力発電機（非突極機）固定子コイル（波巻き配置）
（一般に火力機の固定コイルは重ね巻き，水力機では波巻きである）

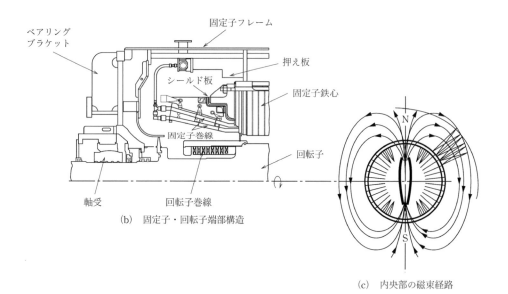

(b) 固定子・回転子端部構造

(c) 内央部の磁束経路

(d) 発電機の磁路

図 16・7 火力・原子力機（突極機）のコイル配置と磁束の経路

三つに区分できる.

$\psi_{total} = \phi_{eff} \cdot N$ (ψ_{total}：鎖交磁束数，N：ステータコイルのターン数)

ここで, $\phi_{total} = \phi_{eff}$(鎖交磁束)$+ \phi_{leak}$(漏れ磁束)

$\phi_{leak} = \phi_{air} + \phi_{slot} + \phi_{end} \fallingdotseq \phi_{end}$

$\phi_{eff} \gg \phi_{leak}$, $\phi_{end} \gg \phi_{air}$, ϕ_{slot}

なお, ϕ_{air} (air gap leakage flux)：N極から発してエアギャップ付近で折り返して, 電機子コイルに至らずにS極に戻る磁束

ϕ_{slot} (slot leakage flux)：N極から発して電機子表面付近 (コイルスロット鉄心, くさびなど) で折り返して, 電機子コイルに至らずにS極に戻る磁束

ϕ_{end} (end-coil leakage flux)：ロータ端部付近のN極から発して電機子コイルに至らずにS極に戻る磁束

(16・19)

発電機ロータおよびステータの鎖交磁束の経路には良質のケイ素鋼板を使用し, またエアギャップ (ロータとステータの間のスペース) を極力小さくする (1120 MVA級火力機で100 mm程度) など, さまざまな工夫によって鎖交磁束の経路の磁気抵抗を極力抑制し, また漏れ磁束や鉄損・渦電流損が極力小さくなるように設計されている.

ロータを輪切りにした各断面を考えると, ロータシリンダの両側の端部付近を除く内央はの輪切り断面部分 (図16・7(d) 参照) ではN極から発した磁束はほぼ全量が電機子コイルに有効に鎖交する磁束 ϕ_{eff} としてS極に戻る. したがって, 発電機の内央部で生ずる漏れ磁束 ϕ_{air} や ϕ_{slot} は非常に小さい値であるといえる. すなわち漏れ磁束 ϕ_{leak} の大半はロータ両サイドの端部 (コイルエンド) で発生する ϕ_{end} である (すなわち $\phi_{leak} \fallingdotseq \phi_{end}$) といえよう.

さて次には, コイル端部で生ずる漏れ磁束 ϕ_{end} の経路について考察しよう. ロータコイル端部でN極から発した磁束 ϕ_{end} はステータコイルに鎖交することなく, ステータ端部のメタル構造物 (鉄心・コイル支持部・くさび・ヨーク・冷却パイプ・ヨーク・シールドプレートなど) を経路としてロータS極に戻る. したがって, メタル構造物 (抵抗値 R が大きい) に渦電流が集中的に流れるのでこの部位が発熱が避けられない. ただ, 発電機が力率1.0近傍で運転されている場合の温度上昇はさほど過酷なものとはならないが, 進相力率で運転される場合にはこの端部構造部位が急激な温度上昇にさらされて深刻な問題となるのである. その理由は以下に述べる.

図16・8は三つの運転モード (a) 遅れ力率運転, (b) 力率 $\cos \delta = 1.0$ での運転, (c) 進み力率運転で運転時のベクトル図である. 各図で発電機の端子の電圧 e_G と電流 i は同じ大きさにそろえて描かれている. いま, e_G と i の大きさを変えないで力率角 δ を 90°(遅れ力率)→ 0°($\cos \delta = 1.0$)→ −90°(進み力率) をゆっくり変化させるためには, すでに学んだように励磁

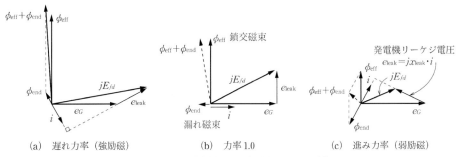

(a) 遅れ力率 (強励磁)　　(b) 力率1.0　　(c) 進み力率 (弱励磁)

図 16・8　電機子端部付近の鎖交磁束 ϕ と漏れ磁束 ϕ_{end}

電圧 jE_{fd} を小さくしていくことになる．また，有効磁束 ϕ_{eff} は e_G より 90°進みの位相でその大きさは jE_{fd} に比例する．したがって，ϕ_{eff} はケース (a) の場合が最大となる．次に，各ケースとも i は同じ大きさであるから逆起電力 $e_{leak}=(jx_{leak}, i)$ も同じ大きさである．ϕ_{end} はこの e_{leak} で作られてその位相は 90°進みとなる．ところが各ケースで e_{leak} は同じ大きさでも ϕ_{end} は同じ大きさとはならないのである．

ケース (a) 遅れ力率の場合には，ϕ_{eff} は大きく，また合成値（$\phi_{eff}+\phi_{end}$）はさらに大きくなる．ところが ϕ_{eff} が非常に大きいので磁路の磁気飽和のために ϕ_{end} はさほど大きい値とはなり得ない．ケース (b) の場合も同様である．

ケース (c) 進み力率運転の場合には事情が大いに異なる．jE_{fd} が小さいので ϕ_{eff} が小さく，（$\phi_{eff}+\phi_{end}$）はさらに小さくなる．換言すれば，ϕ_{eff} の磁束密度がもともと低く，また ϕ_{end} が加わることでさらに低くなる．したがって，加わった ϕ_{end} は磁気飽和することがないので非常に大きい値となるのである．

さて，コイルエンド部の漏れ磁束 ϕ_{end} について考察してみよう．各ケースでは e_{leak} の大きさは同じであるがコイルエンド部に生ずる ϕ_{end} はケース (c) の場合に非常に大きい値となる．その結果，ステータのコイルエンド付近のメタル構造物には大きい渦電流が生じて発熱する．

発電機が遅相運転から進相運転モードに急変するとコイルエンド部周辺の漏れ磁束 ϕ_{end} が急増して非常に短時間に著しい温度上昇を招く．その結果，メタル構造部位の強度劣化（焼きなまし効果）や絶縁物の劣化などの損傷の原因となる．

以上が発電機の進み力率運転限界(低励磁運転限界)に関する説明である．図 16・3 の低励磁限界曲線（UEL：Under Excitation Limit）はこのような状況から保護するためのものである．

もう一度，図 16・3 の運転限界曲線に立ち戻ろう．遅れ力率の限界曲線①—②の方はさほど深刻な問題はない．第一の理由は発電機が仮にこの限界を越えても発電機が急速に危険にさらされることはない．第二に遅れ力率側には系統安定度限界も存在しない．第三に励磁機自体の容量リミットが存在する．

ところが進み力率サイドの運転限界は時間的な裕度がほとんどないのである．コイル端部の温度上昇の問題は極めて短時間（数秒〜十数秒）に厳しい状況になるし，加えて安定度の限界⑤—⑦の限界も「待ったなしの現象」である．したがって，発電機は事実上一刻も限界曲線③—④を超えてはならないと考える必要があるのである．

16・3・3 AVR による UEL 保護

発電機の時定数 $T_{avr}+T_f+T$ は数秒以下と非常に小さいので，発電機が何らかの理由で低励磁領域に瞬時に近い速さで突入して，無対策では能力曲線（図 16・3）の③—④と⑤—⑦をも超えてしまうような事態がしばしば生ずるであろう．このようなときに発電機が制限領域に突入する事態を絶対に回避する役割を果たすのが **AVR の UEL（Under Excitation Limit）機能**である．

AVR の UEL 機能は発電機を損傷から守り，また系統安定度を維持するための AVR の重要な機能の一つである．図 16・3 に示すように UEL は発電機の制限曲線③—④などより余裕を多少持って整定されて，一般的には p-q 座標上で点 $(0, -q_0)$ を起点としてやや右上に傾斜する直線（方程式：$q=ap-q_0$ と表現できる）とすることが多い．図 16・3 の運転可能領域内での運転状態では，AVR は発電機の端子電圧を AVR の整定値 V_{set} に維持するように運転される．ところが，発電機がひとたび進み（低励磁）領域に移動して UEL 設定値に達した途端に AVR はそれ以上に低励磁となることを防ぐ．このような状態では，端子電圧は一時的に整定値 V_{set} に維持されないことになる．

AVR の UEL 機能が発電機の低励磁運転領域での損傷を防ぎ，また定態安定度限界への接近を防ぐ重要な役割を果たしているのである．なお，発電機の界磁喪失保護方式（保護リレ

一）については第17章で論ずる．

16・3・4 過励磁領域の運転

発電機の能力曲線図16・3の遅相領域（$q>0$）には運転限界曲線①②があるが，これは励磁系（励磁機と発電機界磁コイル）の設計仕様に基づく容量限界である．仮に運転がこの領域を瞬間的に超えるようなことがあっても発電機励磁回路の熱容量的な余裕が十分にあって，不足励磁の場合のような急激な局所温度上昇による危険性はない．また，前章までで述べたように，遅相領域には安定度の問題もほとんどない．

過励磁領域制御に関しては，AVR に **OEL(過励磁上限)設定**を行うケースもあるが，一般的にはこれを省いて，代わりに**電機子電流 i_G や界磁電流 i_{fd} の過電流リレー**を設けて，これらが動作した場合には AVR の電圧設定値を若干高めに修正制御する程度で十分とする場合が多い．

16・4 AVR による発電機の電圧・無効電力（V–Q）制御

16・4・1 発電機並列運転時の無効電力の配分と横流補償

図 **16・9** のように同一発電所の 2 台の発電機を両者同一出力 $(P_1+jQ_1)=(P_2+jQ_2)$ で並列運転する場合を考えよう．$P_1\fallingdotseq P_2$ になるように制御するのは BT 側（ボイラー・タービン系）の仕事であり，蒸気流量が等分になるように加減弁開度を制御する．$Q_1\fallingdotseq Q_2$ になるように制御するのは G 側（発電機系）の仕事であり，AVR がこの役割を担う．

AVR＋励磁系の制御は時定数が非常に短いので 1 号機が何らかの理由で $Q_1\to Q_1+\varDelta Q_1$ に増加すれば**瞬時に** 2 号機は $Q_2\to Q_2-\varDelta Q$ に追いやられる．このままでは両機とも励磁系はめまぐるしく変化して**不安定な乱調運転**となってしまう．また，この状態が続けば両者の AVR 設定値 V_{set1} と V_{set2} の微妙な差や 1 号系と 2 号系の時定数の微妙な差などによって，発電機の一方が遅相方向に走り他方が極度の低励磁状態に追いやられることにもなろう．隣接発電機相互間の無秩序な無効電力のやり取りを防止する機能が必須であり，**AVR の横流補償機能**がこの役割を担う．

図 16・9 で同一仕様の 1, 2 号機がトータル出力 $(P_1+jQ_1)+(P_2+jQ_2)=$ 一定で並列運転中とする．

1, 2 号機の電流を $i_1(t)$, $i_2(t)$ とし，また両電流の平均値を $i_{av}(t)$ とすれば，

$$\left.\begin{aligned}e_G&=E_{fd1}-i_1\cdot jx_d=E_{fd2}-i_2\cdot jx_d\\ i_{av}&=\frac{i_1+i_2}{2}\quad（平均電流）\end{aligned}\right\} \tag{16・20a}$$

そこで，1 号機電流と 1, 2 号機の平均電流の差を $\varDelta i$ とすれば

$$\left.\begin{aligned}i_1-i_{av}&=\frac{i_1-i_2}{2}\equiv\varDelta i\\ i_2-i_{av}&=\frac{i_2-i_1}{2}\equiv-\varDelta i\end{aligned}\right\} \tag{16・20b}$$

したがって，

$$\left.\begin{aligned}&i_1=i_{av}+\varDelta i\\ &i_2=i_{av}-\varDelta i\\ &ただし，\varDelta i=\frac{i_1-i_2}{2}=\frac{1}{2}\cdot\frac{E_{fd1}-E_{fd2}}{jx_d}=\frac{1}{2}\cdot\frac{\varDelta E}{jx_d}\\ &ここで，\varDelta i は 1 号機\to 2 号機に流れる\textbf{横流成分}\end{aligned}\right\} \tag{16・21}$$

となる．

式 (16・21) は，1, 2 号機の電流 i_1, i_2 を両者の平均電流 i_{av} 成分と 1→2 号機への横流成分

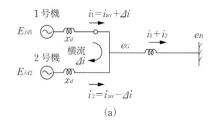

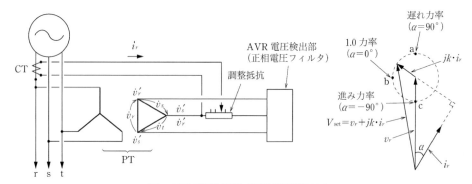

(b) AVR電圧検出部（横流補償機能付き）

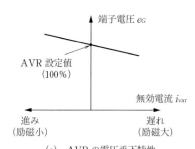

(c) AVRの電圧垂下特性

図 16・9　発電機平列運転の横流防止機能

Δi に分解して理解することを示している．**1，2号機の励磁電圧の差 $\Delta E = E_{fd1} - E_{fd2}$ に対して位相差 $90°$ の横流電流 Δi が生ずる．**1，2号機のAVRが相互に関係なく勝手に励磁制御を行えば ΔE は乱調し，結果として Δi も乱調する．両発電機とも横流を抑制して $\Delta E \to 0$，$\Delta i \to 0$ であるように（すなわち，$i_1 \to i_{av}$，$i_2 \to i_{av}$ となるように）AVRでクイック制御をする必要がある．

図16・9はAVRの検出部の原理を示している．また，図15・3の乱調防止回路（微分フィードバック回路）は横流や脈流的な乱調運転を防止するためのクイック制御用の回路である．

図16・9(b) ではAVRが電圧を一定に維持しつつ横流補償を行うための検出部の代表的な原理を示している．

図において，AVRの検出部ではPT，CTで導いた発電機端子電圧 v_r と電流 i_r を使って電気量 $V_{set} = v_r + jk \cdot i_r$ を作り出す．次に，v_r と V_{set} の絶対値を比較すると，V_{set} が図の円弧 ab にある場合は遅れ力率で $V_{set} \geq v_r$ となる．また，V_{set} が図の円弧 bc 上にある場合は進み力率で $V_{set} \leq v_r$ となる．したがって，発電機1，2号機がそれぞれに $V_{set} \geq v_r$ で励磁を弱め，$V_{set} \leq v_r$ では励磁を強める方向で $V_{set} \to v_r$ になるように制御すば，両発電機は横流を防ぎつつ電圧を同一値に維持することができる．

次に，2台の発電機の無効電力の比率を $Q_1 : Q_2 \to 1 : \alpha$ のように制御したい場合にも上述の

原理を下記のように若干変更するだけで適用できる．

$$
\left.\begin{array}{ll}
\text{発電機 1 号} & i_1 \to \dfrac{1}{\alpha+1} \cdot i_{\text{av}} \\
\text{発電機 1 号} & i_2 \to \dfrac{\alpha}{\alpha+1} \cdot i_{\text{av}} \\
& i_{\text{av}} = \dfrac{i_1 + i_2}{2}
\end{array}\right\} \tag{16・22 a}
$$

また，n 台の発電機を $Q_1:Q_2:\cdots:Q_n=1:1:\cdots:1$ のように運転したい場合には

$$i_k \to i_{\text{av}} = (i_1 + i_2 + \cdots + i_n)/n \tag{16・22 b}$$

のように制御すればよい．

ボイラー（B 系）が 1 ユニットでタービン（T 系）や発電機（G 系）が複数機で構成されて並列運転されるケースが近年の大型火力では多い．典型的なケースとして，**クロスコンパウンド型の火力機**（1 台のボイラー系から 2 組の TG 系（プライマリー機とセカンダリー機）を駆動する）がある．また，ガスタービン系と蒸気タービン系を連結する**コンバインドサイクル（CC）システム**（16・6・2 項参照）の場合にも複数の発電機が並列接続されるので上述のような制御が必要になる．

16・4・2　P-f 制御と V-Q 制御

発電機に関する運動方程式(13・11)を系統内で同期運転中の全発電機群に拡大して当てはめると次の運動方程式が成り立つ．

$$
\left.\begin{array}{l}
\sum\limits_i P_{mi} - \sum\limits_i P_{ei} = \sum\limits_i \dfrac{M_i}{\omega_i} \cdot \dfrac{d\omega_i}{dt} \fallingdotseq \dfrac{\sum\limits_i M_i}{2\pi f} \cdot \dfrac{d 2\pi f}{dt} = \dfrac{\sum\limits_i M_i}{f} \cdot \dfrac{df}{dt} \\
\text{ここで，} \omega_1 = \omega_2 = \cdots \fallingdotseq \rho_{\text{average}} = 2\pi f
\end{array}\right\} \tag{16・22}
$$

したがって，"系統の P-f 制御は全系一括制御"でよく，中央給電指令所レベルで **AFC 制御**（f の変動を 1.0 ± 0.01 pu 程度に保つための $\sum P_i$ の制御）が実施される．発電所レベルではその出力調整はあくまで中央給電指令所からの指示により"**指示値どおりのスケジュール運転（ALR 運転）**"ないし"**時々刻々の AFC 運転**（$\pm\Delta f$ を検出して原動機ガバナを制御）"が実施される．

これとの対比で，"無効電力と電圧の制御（V-Q 制御）は，系統の地項別の主要ノード（発電所と主要変電所）ごとに **AQR（Automatic Var Regulator）**による電圧を 1 ± 0.1 pu 以内に維持するためのきめ細かい地域分散制御"が必要となる．主要変電所における AQR 制御の対象は**負荷時タップ切換変圧器（LTC-Tr）**と**調相設備**（リアクトル L・キャパシタ C）である．これに対して発電所では LTC-Tr や L，C は通常設置しないので発電所の AQR とは発電機の励磁システムの制御ということになる．発電所の AQR は AVR に指令を送って AVR の設定値 V_{set} を制御する．すなわち，AVR を介して発電機の jE_f を制御するのである．

発電所に設置された 1 組の **AQR 装置**が各号機の AVR の電圧設定値を制御する方法が一般的に行われる．

無効電力 Q の典型的な運転パターンは
・時間帯別スケジュール運転
・一定力率運転
・指定関数運転：$Q=f(P)$
・中央給電室からの指令値運転
などである．

16・5 発電機の苦手現象（逆相電流・高調波電流・軸ねじれ）

16・5・1 発電機の体格と定格容量の関係

発電機の単機容量 MVA はその総鎖交磁束数 ψ_{total} に比例し，また ψ_{total} は発電機の物理的な寸法に支配される．この関係は次式で表すことができるであろう．

$$\text{単機容量 } MVA \propto \psi_{total} = \{\psi_a + \psi_b + \psi_c\} \propto \{C \cdot N_{turn}\} \cdot \{B\} \cdot \{RPM\} \quad (16\cdot23\,a)$$
$$N_{turn} = \{\text{電機子コイルスペース}\} \propto \{\pi(D_{out}^2/2)^2 - \pi(D_{in}^2/2)^2\} \cdot L \propto D^2 L$$

ここで，B：ロータ表面（エアギャップ）の磁束密度
C：電機子の電流密度
N_{turn}：電機子コイルの巻き回数
D_{out}, D_{in}：ステータの外径・内径
L：ロータ・ステータの有効軸長さ
D^2L：発電機の容体積，体格
RPM：定格回転速度（毎分）

したがって

$$\text{定格 } MVA \propto \{B：\text{磁束密度}\} \cdot \{C：\text{電流密度}\} \cdot \{D^2L：\text{体格}\} \cdot \{RPM：\text{回転数}\} \quad (16\cdot23\,b)$$

という関係が見いだせる．火力発電機に関する現在の最大容量機は 1,000 から 1,300 MW 級であるが，1950 年当時には 50〜100 MW 級であった．今日の単機容量は半世紀で約 20 倍になったが，その体積は相対的にはそれほど大きくはなっていない．大容量化は D^2L の拡大と磁束密度 B および電流密度 C の拡大によって実現されたといえよう．具体的には以下のような技術進歩で達成されたのである．

<u>D^2L の大型化</u>：
　火力機のロータは毎秒 50/60 回の高速回転をするのであるからその表面の周速度は 1 マッハに近い．さらに，自重・遠心力・回転振動・機械共振・電磁機械力・ねじれ応力・熱膨張などさまざまな機械ストレスが加わる．これらの現象をすべて克服し，たるみや偏心などを最小限にとどめて完全なバランス状態で定格回転に耐えなければならない．ロータは内部が均質で機械強度的に優れた一体の鍛造品から削り出して作られるが，その体格たるロータとしての直径 D・軸長 L はすでに製造限界に達したといわれて久しい．

<u>磁束密度 B の向上</u>：
・ロータコイルの水素冷却方式
・ケイ素鋼板の進歩（ヒステリシスロス特性の改善，高磁束密度，高耐熱化）

<u>電流密度 C の向上</u>：
・ステータコイルの水冷却・水素冷却（板状中空コイルに水（または水素）を通してコイル導体を直接的に冷却する）
・高耐熱コイル絶縁材料

図 16・4 は発電機コイルの水素・水による強制冷却が大容量化に大きく貢献していることを如実に示している．

以上のことを念頭にいれたうえで発電機についてさらに考察をしよう．

発電機は能力曲線のほかにも発電機の弱点とされるいくつかの事象がある．その主なものを列記すると次のとおりである．

a．進相運転/界磁喪失による固定子鉄心端部の局部異常過熱現象
b．逆相電流による回転子の異常過熱現象
c．高調波・直流電流による異常過熱現象

d. 外乱・再閉路などによる軸ねじれ・機械振動現象

このうち a. についてはすでに前節で述べた．以下では b. c. d. の現象について述べる．

なお，以下に述べる内容は特に火力系（非突極型）発電機に顕著であり，また水力機・同期電動機・誘導電動機などにも多かれ少なかれ共通の事象である．

16・5・2　逆相電流によるロータの異常過熱現象

系統に不平衡事故が発生すると逆相電流 I_2 が発電機コイルに流入する．I_2 が流れ込むとロータ表面の構造部位（コイルスロット付近の鉄心・くさび・鋼鉄部など）に大きい渦電流が発生してロータ表面の温度が極めて急激に上昇して危険な状態に達する．この状態が続くと鉄心の局部が過熱してくさびが渦電流による過熱で焼きなまし状態になって急速に強度が失われて，スロット内のコイルを遠心力に打ち勝って保持できなくなるなどの危険がある．極端な場合には鋼鉄部位の局所的な溶融現象もないとはいえない．発電機はその逆相電流耐量以内で運転することが絶対に必要である．

この現象は図10・6の d-軸回路・q-軸回路等価回路を使って次のように説明することができる．事故前の状態である正相電流 I_1 に対しては i_d, i_q は直流であるが，逆相電流 I_2 に対応する i_d, i_q は第2調波電流（$2\omega t$）になる（式(10・26 b)を参照）．系統事故で逆相電流が発電機に流れ込むということは，図10・4の等価回路では第2調波電流が急に流入する場合に相当する．d 軸回路で L と r の直列分路の電圧 $Ldi/dt + ri$ は直流電流に対しては ri が支配的であり，第2調波の交流に対しては Ldi/dt が支配的になることは容易に理解できる．したがって，d 軸回路に流れ込む第2調波の i_d が三つの分路に分流するが，分流比を決める要素としては抵抗分はほとんど寄与せず，インダクタンスの逆比で決まることになる．すなわち，i_d は L_{ad}, L_{fd}, L_{kd} の逆比で，三つの分路に分流することになる．結局，i_d は電機子コイル（L_{ad}）分路や界磁（L_{fd}）分路のみならず，ダンパ（L_{kd}）分路にも流れ込む．火力機ではダンパ分路とは通電回路ではなくロータの表面構造を意味しており，その抵抗値 r_{kd} は極めて大きいのでこの部位の温度が急上昇するのである．

大型火力機のロータコイルは中空部が水素冷却（中空導体の内部を水素が流れる）されている場合が多いが，ロータ表面鋼鉄部位の急激な温度上昇に対してはまったく効き目がない．

I_2 による急激な温度上昇で最も懸念されるのはロータのコイルを遠心力に打ち勝ってコイルスロットに保持する金属製のくさびが高熱（例えば200度近傍）で焼きなまし状態になって強度劣化をきたすことである．逆相電流 I_2 が流れることが発電機にとって非常に深刻な事態となる理由は以上のとおりである．

なお，水力機の場合でも逆相電流によるロータ表面の加熱現象は免れないが，突極機としてダンパ回路を備えていること，回転数が遅いのでくさびの強度がさほど深刻ではないことなどの理由でさほど深刻な問題となることはない．

16・5・3　発電機の逆相電流耐量

発電機はそのコイル冷却方式として一般的な空気冷却方式のほかに，大型火力・原子力機では水素冷却方式・水冷却方式などが採用される．この場合でも冷却対象の主体はコイル（中空導体に冷媒として水，水素を通す）であって，ロータ表面付近の構造（鉄心やくさびなど）は冷却の対象ではない．逆相電流によってこれらの構造部に渦電流が突然大量に流れれば発熱量 $\int i(t)^2 \cdot R dt$ は累積する一方なので瞬間的に高温に達する深刻な事態となるであろう．

ところで，逆相電流 $I_2(t)$ が発電機に流れ込む状態としては次のようなケースに区分できよう．

a. 不平衡短絡/地絡事故

b. 線路断線事故や遮断器の遮断失敗などによる断線モードの異常状態
c. 系統の相不平衡に伴って生ずる定常的な逆相電流
d. 連続的または断続的な不平衡負荷の存在（電気炉，単相負荷の電車など）

発電機の逆相電流耐力については，ケース a, b のように極めて大きい $I_2(t)$ が瞬間的に流入する故障モードに対する耐力と，ケース c, d のように $I_2(t)$ が連続または断続的に流れる場合の耐力を考えなければならない．

このような観点から発電機の逆相電流耐力が規格化されている．**表 16・1** は発電機の逆相電流に対する耐力を規定する規格 JEC 2130（2000）の抜粋である．**連続許容逆相電流**は「回転子表面およびくさびの温度上限（例えば，100℃）に達する電流値」で，また**短時間許容逆相電流**は「回転子の表面，特にくさびがアルミ合金の場合，その温度が200°近くになると強度が急激に低下するので，この温度以内に収まる電流値」という論拠で決められている．表 16・1 でその耐力限界をチェックしてみよう．

1,000 MVA 級非突極機（火力）の場合（試算）：
表 16・1 より $(I_2/I_{rate})^2 \cdot t \leq 5$ であるから
 $I_2/I_{rate}=5$ の場合：$t=0.2$ sec（10−12 サイクル）
 $I_2/I_{rate}=7$ の場合：$t=0.10$ sec（5−6 サイクル） $t=0.10$ sec

発電機定格電流のわずか 5 倍の逆相電流の場合でも時間的にわずか 10 サイクル程度しか許容できない．温度上昇が非常に瞬間的であることが明らかである．発電所に比較的近い地点での短絡・地絡モードの故障や断線モードの故障時には保護リレーによる速やかな事故点除去が発電機保護のためにも必須であり，系統保護方式と発電機保護方式の万全の協調が求められる．

前述のケース c, d のように逆相電流が断続的に流れる場合には，連続運転時の耐量値を参考にして慎重な検討が必要であろう．

発電機に**零相電流** i_0 が流れる場合について述べておこう．線路に地絡事故が発生すると零相電流 i_0 が生ずるが，通常は主変圧器の発電機側（低圧側）のコイルがデルタ巻線となっているので発電機側には流れ込まない．発電機端子と変圧器の間の構内事故では発電機の電機子（スター接続コイル）に当然 i_0 が流れるが，発電機は中性点を高抵抗接地しているので地絡電流はせいぜい数百 A 以内に抑制される．また，零相電流成分では，式(10・26)に示すように $i_d=i_q=0$ となるので，逆相電流の場合のような問題は起こらないともいえよう．

表 16・1 発電機の逆相電流耐量

（JEC 2130（2000）同期機より抜粋）

突極機	連続運転に対する I_2/I_{rate} の最大値	故障状態の運転に対する $(I_2/I_{rate})^2 \cdot t$ の最大値	円筒機	連続運転に対する I_2/I_{rate} の最大値	故障状態の運転に対する $(I_2/I_{rate})^2 \cdot t$ の最大値
1. 間接冷却式			1. 間接冷却式回転子		
電動機	0.1	20	空冷式	0.1	15
発電機	0.08	20	水素冷却式	0.1	10
同期調相機	0.1	20			
2. 直接冷却式			2. 直接冷却式回転子		
電動機	0.08	15	≤350 MVA	0.08	8
発電機	0.05	15	≤900 MVA	(*1)	(*2)
同期調相機	0.08	15	≤1 250 MVA	(*1)	5
			≤1 600 MVA	0.05	5

（時間 t の単位は〔秒〕）

（備考） （*1） $\dfrac{I_2}{I_N}=0.08-\dfrac{S_N-350}{3\times 10^4}$ とする．S_N は定格皮相電力〔MVA〕
　　　　（*2） $(I_2/I_{rate})^2 \cdot t=8-0.00545(S_{rate}-350)$ とする．

16・5・4 高調波・直流電流による異常過熱現象

発電機に高調波や直流分電流が流れる場合について検討する．

〔a〕 a相に n 次調波電流が流れる場合

n 次調波電流が a 相のみに流れるものとして次式で表そう．なお，$n=0$ は直流電流に該当する．

$$\left.\begin{array}{l} i_a = I\cos n\omega t \\ i_b = i_c = 0 \end{array}\right\} \tag{16・24 a}$$

0-1-2 領域では

$$i_0 = i_1 = i_2 = \frac{1}{3}i_a = \frac{1}{3}I\cos n\omega t \tag{16・24 b}$$

となる．

また，式(10・10) または式(10・18) に代入して d-q-0 領域に変換すると

$$\left.\begin{array}{l} i_d = \dfrac{2}{3}\cos\omega t \cdot I\cos n\omega t \\ i_q = -\dfrac{2}{3}\sin\omega t \cdot I\cos n\omega t \\ i_0 = \dfrac{1}{3} I\cos n\omega t \end{array}\right\} \tag{16・24 c}$$

$$\left.\begin{array}{l} i_d + ji_q = \dfrac{2}{3}(\cos\omega t - j\sin\omega t)I\cos n\omega t \\ \text{または，} \\ (i_d + ji_q)\mathrm{e}^{j\omega t} = \dfrac{2}{3}I\cos n\omega t \end{array}\right\} \tag{16・24 d}$$

を得る．

以上の式から明らかなように，a 相に n 次調波電流が流れると，0-1-2 領域では n 次調波の電流が正相電流のみならず逆相電流・零相電流としても現れる．また，d-q-0 領域では i_d，i_q は，n 次調波電流が角速度 ω の正弦波で変調された脈流波形として表現される．

ふたたび図 10・6 に戻って，このような i_d，i_q が d 軸・q 軸等価回路に流れ込めば，火力機ではロータ表面構造を意味する"ダンパ分路"に大きい高周波電流が流れ込んで，著しい高熱を発することは明らかである．

一般に，常時の電流 i_a，i_b，i_c に高調波成分が重畳するひずみ波形となる場合には，それが 3 相平衡・不平衡のいずれであっても火力発電機にとっては脅威となる．火力発電所の近くに連続的（あるいは断続的）な高調波ひずみ電流となる負荷が存在する場合には，その高調波成分の絶対値がたとえ小さくても慎重な吟味が望まれる．

〔b〕 直流電流が流れる場合

発電機 a 相に直流電流が流れ込む場合は〔a〕の説明での $n=1$ のケースに相当する．式(16・25) より i_d，i_q が交流電流となるからこの場合も"ダンパ分路"，すなわちロータ表面構造への電流の集中は避けられない．

直流電流が流れ込むケースとして，系統事故時の事故電流に直流分電流が重畳する（式(10・131) 参照）．この直流成分は通常は時定数が 0.1 秒以下であるので発電機にとっての脅威となることはないであろう（なお，事故電流の直流分重畳については遮断器（19・4・6 項）および保護リレー（22・1・2 項）などで再び論ずる）．

次に，特異なケースとして変圧器の励磁突流現象がある．遮断器で変圧器の励磁電流を遮断するときには各相に残留磁束が残る．次に，変圧器を再加圧するときには，**励磁突入電流（Inrush current）**が流れる．突入電流は ① その変圧器のヒステリシス特性，② 変圧器の結線方

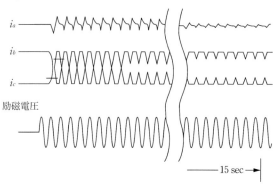

図 16・10 変圧器励磁開始時の励磁突入電流の一例

式その他の回路条件，③前回遮断時に残った残留磁束の極性と大小，④遮断器投入位相などが影響しあって複雑な様相（大きさ，波形，継続時間など）を呈する．**図 16・10** は励磁突入電流の波形の一例である．励磁突入電流は一般にせん頭波状の高調波成分を含むが，何よりもその継続時間が長く，十数秒，時には数分間以上続く場合があるとされているので発電機や電動機に対する影響という観点から留意が必要であろう．

〔c〕 3相平衡な n 次高調波電流の場合

さまざまな負荷や近年成長の著しい分散型電源システムと系統の連係に欠かせない周波数変換装置・交直変換装置など，パワー半導体応用変換装置が増加の一途をたどっている．これらの装置は高調波成分による連続で規則的な電流波形ひずみが多少は免れないので，発電機への影響という観点から留意する必要があろう．

そこで，3相平衡な n 次調波電流の場合について吟味しておこう．

$$\left.\begin{aligned} i_a &= I\cos n(\omega t) \\ i_b &= I\cos n(\omega t - 120°) \\ i_c &= I\cos n(\omega t + 120°) \end{aligned}\right\} \quad (16\cdot 25\,\text{a})$$

$$\left.\begin{aligned} i_a &= I e^{jn\omega t} \\ i_b &= I e^{jn(\omega t - 120°)} = a^{2n} \cdot I e^{jn\omega t} \\ i_c &= I e^{jn(\omega t + 120°)} = a^{n} \cdot I e^{jn\omega t} \\ a^2 &= e^{-j120°} \quad a = e^{j120°} \end{aligned}\right\} \quad (16\cdot 25\,\text{b})$$

対称分電流は

$$\left.\begin{aligned} 3i_0 &= (1 + a^{2n} + a^n) I e^{jn\omega t} \\ 3i_1 &= (1 + a^{2n+1} + a^{n+2}) I e^{jn\omega t} \\ 3i_2 &= (1 + a^{2n+2} + a^{n+1}) I e^{jn\omega t} \end{aligned}\right\} \quad (16\cdot 25\,\text{c})$$

式 (16・25 a) を式 (10・10 b) に代入すると

$$\left.\begin{aligned} i_d &= (2/3) I [\cos(\omega t)\cdot\cos n(\omega t) + \cos(\omega t - 120°)\cdot\cos n(\omega t - 120°) \\ &\quad + \cos(\omega t + 120°)\cdot\cos n(\omega t + 120°)] \\ &= (1/3)\{\cos(n+1)(\omega t) + \cos(n+1)(\omega t - 120°) + \cos(n+1)(\omega t + 120°)\} \\ &\quad + \{\cos(n-1)(\omega t) + \cos(n-1)(\omega t - 120°) + \cos(n-1)(\omega t + 120°)\} \\ i_q &= -(2/3) I [\sin(\omega t)\cdot\cos n(\omega t) + \sin(\omega t - 120°)\cdot\cos n(\omega t - 120°) \\ &\quad + \sin(\omega t + 120°)\cdot\cos n(\omega t + 120°)] \\ &= -(1/3) I [\{\sin(n+1)(\omega t) + \sin(n+1)(\omega t - 120°) + \sin(n+1)(\omega t + 120°)\} \\ &\quad + \sin(n-1)(\omega t) + \sin(n-1)(\omega t - 120°) + \sin(n-1)(\omega t + 120°)\}] \end{aligned}\right\}$$

$$(16\cdot 26)$$

$n=3m$：直流, 3, 6, 9 調波の場合

$$\left.\begin{array}{l} i_1 = 0 \\ i_2 = 0 \\ i_0 = I\cos n\omega t \end{array}\right\} \quad \left.\begin{array}{l} i_d = 0 \\ i_q = 0 \end{array}\right\} \quad i_d + ji_q = 0 \quad \right\} \quad (16\cdot27\text{ a})$$

$n=3m+1$：4, 7, 10 調波の場合

$$\left.\begin{array}{l} i_1 = I\cos n\omega t \\ i_2 = 0 \\ i_0 = 0 \end{array}\right\} \quad \left.\begin{array}{l} i_d = I\cos(n+1)\omega t \\ i_q = -I\sin(n+1)\omega t \end{array}\right\} \quad i_d + ji_q = Ie^{j(n-1)\omega t} \quad \right\} \quad (16\cdot27\text{ b})$$

$n=3m-1$：2, 5, 8 調波の場合

$$\left.\begin{array}{l} i_1 = 0 \\ i_2 = I\cos n\omega t \\ i_0 = 0 \end{array}\right\} \quad \left.\begin{array}{l} i_d = I\cos(n+1)\omega t \\ i_q = -I\sin(n+1)\omega t \end{array}\right\} \quad i_d + ji_q = Ie^{j(n+1)\omega t} \quad \right\} \quad (16\cdot27\text{ c})$$

3相平衡の高調波電流では $3n$ 倍調波成分以外は，すべて問題となる．

最近では，**電力用半導体応用の電力変換装置付の大型負荷やオンサイト型電源**などが増大しており，上述の(1)～(3)項に近い高調波による電流ひずみが増大傾向にあるので注意が必要である．特に，連続的な大きい高調波ひずみ電流を伴う負荷のある場合には，その近傍の発電機や電動機保護の観点から電力用フィルタ（卓越周波数成分電流をバイパス的に逃がすためのバンドパスフィルタ）を設けるなどの対策も検討しなければならない．**直流送電の変換所**についても同様である．

16・5・5 過渡トルクによるタービン発電機の軸ねじれ現象

〔a〕 突発外乱による過渡的軸ねじれ

発電機とタービンは TG ユニットとして直結されており，定常的な運転状態ではタービンへの機械的入力 T_m と発電機の電気的出力 T_e はバランスして運転されている．この状態で系統側に何らかのじょう乱（短絡事故など）があって T_e が激減すると発電機は急激に加速を強いられることになるので，TG 軸全体には $\varDelta T = T_m - T_e$ 相当のねじれトルクがステップ的に加わることになり，TG トレイン全体（特に TG のカップリング部）にとって過酷なストレスとなる．いわゆる TG 系の**軸ねじれ現象**である．この事情はボイラー・タービン側の蒸気系の事情で T_m が急変する場合についても同様である．軸ねじれ現象は回転部の金属疲労の原因となるほか，振動や脈動などを生ずる可能性もある．

電気系の突発外乱
・自発電機トリップ
・近接発電機トリップ，大容量負荷遮断など（発電機は慣性エネルギーを放出し減速する）
・系統至近端短絡，再閉路，逆位相投入（誤操作）など

原動機系の突発外乱
ボイラー・タービン系緊急停止（主止め弁閉）など

なお，上記のような外乱は軸ねじれ問題だけでなく回転系の振動や脈動現象の原因ともなる．不平衡短絡や単相再閉路などでは不平衡な電磁機械力が発生して発電機振動ストレスともなる．

図 16・11 は大型火力 TG ユニットの典型的な構成を示している．高圧・中圧・低圧タービン三つの軸を直結したタンデム構成タービンに発電機が直結されているので機械的には4質点系といえよう．1,300 MW 級の最大容量級の TG ユニットの場合，3,000/3,600 rpm で回転する TG の回転軸直径は 1～1.5 m 程度にすぎないが，その軸長は TG 全体で実に約 100 m である（図 16・5 参照）．軸ねじれ現象がロータの強度，あるいは金属疲労にかかわる非常に重要な技術テーマであることが理解できよう．この模式図の例ではタービン系が3質点系，発電機が

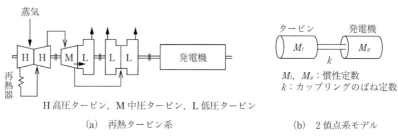

(a) 再熱タービン系　　　　　　　　(b) 2質点系モデル

図16・11　再熱タービンと発電機の直結したTG系模式図

1質点系であり，外乱ショックによって4軸に複雑なねじれトルクが発生するが，ここでは簡単のためタービン系は一つの剛体とみなして，発電機とタービンの2質点系のカップリングに注目してそのねじれを検討しよう．この場合の機械系は図(b)となる．

ねじれ軸トルクには次のようなモードがあろう．

直流（正相分電流）軸トルク ΔT_1

3相平衡外乱（3相短絡事故，3相再閉路，負荷遮断など，タービン系緊急停止の場合もこれに準ずる）の場合は，発電機の電気出力が $P_1 \to P_2$ に急変してその差電力 ΔP が直流的に変化するので，ねじれトルクも直流的（ΔT_1 と表現）に発生する．これは系統の正相分電気量のみの突発変化による成分である．

2倍周波数（逆相電流分）脈動軸トルク ΔT_2

3相不平衡外乱（不平衡事故と不平衡再閉路（1ϕRec）など）の場合には系統側に逆相電流が発生する．これに対応するねじれトルクは商用周波数 f_0 の2倍周波数となる．したがって，機械系では2倍周波数の脈動トルクが突如発生することになる．

商用周波数（過渡直流電流）軸脈動トルク ΔT_3

事故時には過渡直流電流が3相に不平衡に流れる．これに対応するねじれトルクは商用周波数トルク（ΔT_3）となる．

系統に外乱が発生すると，これらのねじれトルクが重畳して発電機の突発加速（または制動減速）応力となる．

〔b〕3相短絡事故再閉路の場合の軸ねじれ

一例として2回線運転中の線路至近端で3相永久短絡が発生し，3相再閉路失敗の場合（図16・12）を考える．

なお，全時間を通じてタービンの機械入力は不変と仮定する．

ⅰ）**時間 $t_0 \sim t_1$**：至近端線路の3相短絡事故であるから事故発生（t_0）から遮断（t_1）までの時間では発電機の電気出力はほぼゼロとなる（電圧がほぼ0なので健全回線もほとんど送電に寄与しない）．

その結果，発電機に加速トルクが突発的に生じ，カップリングにねじれトルクが生ずる．過渡的なねじれトルク ΔT は0から1.0に向かって収れんするまでに，**TG系の固有振動周波数** ω_0 にて［0⇔+2］の間を振幅±1でゆっくりした減衰速度で自由振動する．

ⅱ）**時間 $t_1 \sim t_2$**：遮断器の遮断時間 t_1 が上記の自由振動のどのタイミングになるかは運まかせである．時間 t_1 に事故遮断されて再閉路無電圧時間（1号線は遮断，2号線は負荷と連携運転）になると過渡トルク ΔT は0に向かって収れんするが，時間 t_1 がたまたま $\Delta T = 2.0$ の瞬間であったとすればそれ以降では［+2⇔−2］の間を振幅±2で自由振動する．

ⅲ）**時間 $t_2 \sim t_3$**：再閉路の時間 t_2 がたまたま $\Delta T = -2.0$ の瞬間であれば ΔT は1.0に向

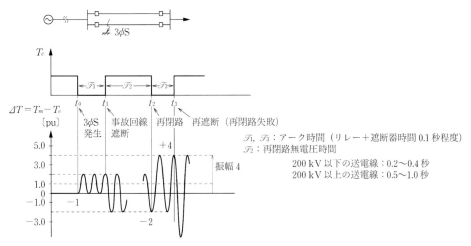

図 16・12 3相短絡事故再閉路時の軸ねじれ

かって収れんするまでに [−2⇔+4] の間を振幅±3 で自由振動する.

iv) **時間 $t_3 \sim t_4$**：再遮断の時間 t_3 がたまたま $\Delta T = +4.0$ の瞬間であれば ΔT は 0 に向かって収れんするまでに [+4⇔−4] の間を振幅±4 で自由振動する. 過渡的な軸トルク ΔT の振幅は, このタイミングで最悪では実に 4 倍に達することになるのである.

この例では**事故発生・遮断・再閉路・再遮断**という発電機にとって大きい外乱が4回続いて生じたことになる. この場合, タイミングによってはねじれトルクは外乱の度にどんどん大きくなっていく（図示例では当初の4倍の軸ねじれ振動応力が発生）ことになる.

さらに付け加えれば, $t_0 \sim t_1$ および $t_2 \sim t_3$ では過渡直流電流が流れるので商用周波数 f_0 の脈動トルク（前記の点 c）が加わることになる. また, 不平衡モードの事故（$1\phi G$, $2\phi S$ など）では逆相電流による2倍周波数 $2f_0$ の脈動トルクも加わることになる.

一般に回転機械系の減衰時定数は非常に長いので, 軸ねじれ現象によるストレスは非常に長い時間続くと考えなければならない. 図 16・13 は TG を 4 質点系として各カップリングの軸ねじれ応力を解析した一例である. 各軸の固有振動周波数が異なるので現実には非常に複雑な過渡応力が発生し, またその減衰が非常に遅いことがうかがえる.

火力発電所に近い送電線の保護リレー方式として, 系統運用の立場からは再閉路方式の採用が望ましいが, 火力機の機械疲労の立場からは避けたいとするジレンマが生ずるであろう. 発電所 TG 保護の観点からは, 近傍での短絡事故による再閉路を何回まで許容できるかについての指針を持つことが現実のエンジニアリングとして重要である.

外乱発生時には回転系の共振現象も絶対に避ける必要があり, **回転系の固有共振周波数**などもマークしなければならない. 特に, 機械系の各軸ごとの複数の固有振動周波数成分による脈動や共振を回避するような配慮が必要である.

軸ねじれ問題が厳しくなりうる他の例として次のような場合があげられる.

i) 発電機が大きい不平衡負荷（逆相負荷）を担う場合：鉄道負荷, 電気炉負荷などの不平衡負荷が大きい場合, また線路の平衡度に起因して常時電流・電圧のひずみ率が大きい場合など. このような場合にはその都度, 軸ねじれトルクが発生していると考えなければならない.

ii) 発電機が直流送電系を介して電力を供給する場合：発電端の直流変換装置は不可避的に低次高調波電流成分を連続的に発生させる. これが発電機に流れて発電機側の軸ねじれトルクの原因となる. この場合には, 上記の調波の小外乱が毎サイクル繰り返し加わることになる. 高調波フィルタの設置が近傍の発電機や電動機保護にも役立つのである.

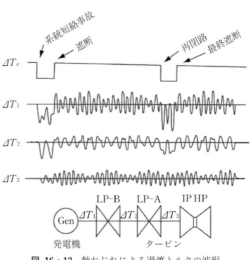

図 16・13 軸ねじれによる過渡トルクの波形
（解析シミュレーション）

　急激な変動を繰り返す負荷として電気炉負荷がある．突流的であること，3相不平衡なため逆相成分を伴うこと，さらにリップル（高調波ひずみ波形）を伴うなどの悪条件が重なる場合が多い．化学工場，鉄鋼，電鉄などの負荷にも同様の傾向が存在することもあろう．このような性質の負荷が発電所近傍にある場合には，リップルの繰り返しが連続または断続的に繰り返されて軸ねじれ応力を生ずることになる．さらに，直流送電につながる発電所や電力用半導体（サイリスタなど）変換装置を介する発電所などでもリップル現象が生ずる．これらの問題を緩和するために，必要ならばその負荷の近傍にパワーフィルタを設置するなどの慎重な対策が求められよう．

〔c〕 **TG 回転速度の共振帯**

　TGユニットの回転速度による共振現象がもうひとつの重要なポイントである．機械系としては軸系全体の固有振動周波数のほかにタービン翼などの局所的な部位の固有振動周波数がある．**図16・14** は TG ユニットの回転数に関する "**危険曲線**" といわれるものである．図に示すように，一般に定格回転数より小さい回転速度のところに1次共振速度と2次共振速度の帯が存在する．停止中の TG を起動するときにその回転数を徐々に上げていく過程ではこの共振帯を速やかに通過することが求められる．なお，定格回転数以上の回転速度運転は共振帯の有無とは関係なく絶対回避しなければならないことはいうまでもない．

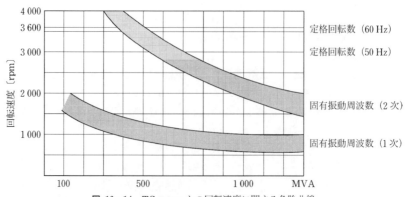

図 16・14 TG ユニットの回転速度に関する危険曲線

16・6　火力・原子力発電機の新鋭機の動向

第10章以降では発電機と電力系統の特性を中心に学んできた．その締めくくりとして火力・原子力の新鋭BTG（Boiler-Turbine-Generator）ユニットについて総覧をしておこう．

16・6・1　蒸気火力のボイラー・タービン系

水素（H）および炭素（C）を「燃やす」とは酸素（O）と化学結合させることであり，その化学反応で熱エネルギーが放出される．化学方程式は次のとおりである．

水素：　$H_2 + \frac{1}{2}O_2 = H_2O + 14.2 \times 10^7$ J/kg (or 142 000 kW·sec/kg)

炭素：　$C + O_2 = CO_2 + 3.4 \times 10^7$ J/kg (or 34 000 kW·sec/kg)

硫黄：　$S + O_2 = SO_2 + 0.92 \times 10^7$ J/kg (or 9 200 kW·sec/kg)

石炭・石油はCやHの含有割合が非常に高いので火力の燃料となる．典型例を示す．

　　Oil：C(86%)，H(12%)，S(2%)
　　Coal：C(62%)，H(5%)，S(2%)，N(1%)

炭素を燃やす行為で炭酸ガス（CO_2）が発生することは宿命である．また，火力ボイラーでは石炭・石油に少量ながら含まれている窒素（N），硫黄（S）も一緒に燃えるのでNO_x，SO_xが生ずることもやむを得ない．ただ，近年の新鋭火力ではNO_xを中和してN_2とH_2Oに分解するなど"**低ノックス燃焼**"のための技術革新が進んでおり，"**脱硫技術**"についても同様である．これらはボイラー燃焼技術の目覚ましい進歩によるものである．石炭燃焼の場合でも新鋭火力では"煙突の煙が気にならない"のはボイラー燃焼技術の向上のたまものといえよう．

図**16・15**(a)，(b) は1,000 MW級のタンデム型新鋭火力の蒸気火力のTGユニットの構成外観（Power train）とその出力分担を典型例として示している．この例ではタービン系は高圧（HP-T）/中圧（IP-T）/低圧（LP-TX 2）の四つの車室と発電機の合計5軸直結の**タンデム構成**となっている．全長100 m近いTGの回転部が毎秒50/60回転しており，最大径のLP翼の周速は音速を超えている．ボイラーからタービンに導かれる24 MPa，600度前後の超加熱蒸気はHP-T → IP-T → LP-T → 復水器（**Condenser**）の経路をたどって仕事を終える．LP-Tで仕事を終えた蒸気は復水器の水（海水・河川水・貯蔵水）で急冷されて蒸気から液体水に戻る（体積が激減する）ので，LP-Tから出る蒸気は事実上"ゲージ圧ゼロの真空中に放出される"と考えてよい．

BTGシステムのタービンの効率ηは熱力学の基礎となる**Rankine-cycle model**によって説明される．過熱蒸気のHP-T入口における温度をt_1，復水器の冷却水温度をt_2（例えば，海水温度$t_2 = 0 \sim 30°$）とすれば，タービンの理論上の最高効率は$\Delta t = t_1 - t_2$の大きさによって決まる．t_2は冷却水（臨海火力では海水）の温度であるから制御対象とはならないので，効率ηの向上は高いt_1を達成することによってのみ実現できる．現代の新鋭火力の蒸気温度は$t_1 = 550 \sim 600°C$程度であり，その効率$\eta = 38 \sim 43\%$はほぼ理論最高効率に近い．

ボイラー系・タービン系もまた技術の粋を尽したものであることが理解できる．

さて，ここで蒸気タービンの最新技術動向について少し述べておこう．

タービンの効率向上の技術史は，タービン入口蒸気圧と蒸気温度を向上させていく歴史そのものであった．1950年ごろの最新鋭機は42.5気圧・450°Cであったが，その後の約20年間で長足の進歩を遂げて1960年台後半には169気圧・566°C級のタービンが実現した．そして1967年，遂に246気圧・566°Cの**超臨界圧**（**SC: Super Critical**）**タービン**が実現した．蒸気火力のパワー伝達媒体である水（H_2O）は22.1 MPa（218気圧）以上，374°C以上では気相

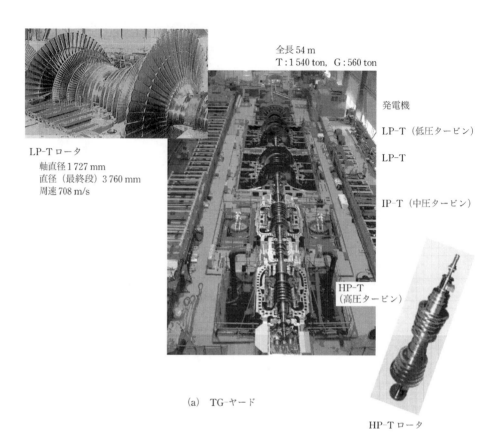

(a) TG-ヤード

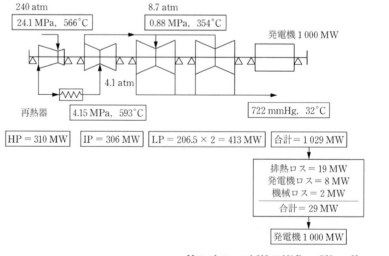

Note: 1 atm = 1.013 × 10⁵ Pa = 760 mmHg
(b) 蒸気圧-温度フローダイアグラム

図 16・15 大容量蒸気火力の TG ユニット（1 000 MW，東芝提供）

と液相の平衡状態の境がなくなる，いわゆる**超臨界状態**となる．水の超臨界点をはじめて超える画期的な出来事であった．このとき以降の約25年間にわたり246気圧・566°Cの超臨界圧タービンが世界の標準的性能となり，総合熱効率は39～40％に達した．

そして1989年には，遂に316気圧・566°C・3600 rpm の**超超臨界圧（USC：Ultra Super Critical）蒸気タービン**（総合熱効率41.7％）が日本のメーカーによって実現した．水の臨界点を圧力・温度のいずれにおいてもはるかに超える高性能タービンの登場である．余談であるが，PEI（International Power Engineering）が1945年から2010年までの65年間に原子力・火力・水力関係で達成された重要技術革新記録として14件を選び出しているが，タービン関係では1989年に日本メーカーによって達成されたUSCタービン火力と2003年にGE製コンバインドサイクル（次項参照）で達成された60％運転効率実績の2件が輝かしい金字塔として記録されている．2010年時点では，さらに小刻みな技術向上が進んで主蒸気600°C・総合効率42％程度が達成されている．その一方で，700°C級先進超超臨界圧（A-USC：Advanced Ultara Super Critical）タービンを目指す開発も続けられている．地球温暖化現象に歯止めをかける重要技術革新としてその実現が待たれるところである．

16・6・2　コンバインドサイクル機（ガスタービン/蒸気タービン複合型火力）

LNG（Liquified Natural Gas, 液化天然ガス）は，石炭・石油と並ぶ重要な燃料になった．LNGが火力の燃料として本格的に利用されるようになったのは1985年ごろからであり，LNGの探鉱・採掘・輸送・貯蔵・燃焼に関する革新技術のたまものといえよう．日本の火力発電は脱石油とLNG発電への移行の波が平行して推進され，今日では火力燃料は石炭とLNGのみになったといっても過言ではない．

天然ガス（NG）はパラフィン系列炭化水素（C_nH_{2n+2}, hydrocarbon cyclic compound：CH_4 methane, C_2H_6 ethane, C_3H_8 propane, C_4H_{10} butane,……）であり，一般にはメタンCH_4が全体の90％程度を占める．NGは十分な酸素O_2と混合状態で燃やせば極めて高効率に燃焼させることができる．換言すれば，ガスタービン（GT：gas turbine）と一体で回転する**空気圧縮機（AC：air compressor）**で大量の空気を圧さくして**燃焼機（CB：combustor）**に送り込んだ混合状態で燃焼することで高効率のガスタービンが実現できる．燃焼に関する化学式は次のとおりである．

$$C_nH_{2n+2}+\frac{3n+1}{2}O_2 = nCO_2+(n+1)H_2O+Q \text{ [J/kg]}$$

メタン（$n=1$）の場合

$$CH_4+2O_2 = CO_2+2H_2O \text{ [J/kg] or } 55\,700 \text{ [kW·sec/kg]}$$

NGは-162°C（絶対温度111°K）以下の極低温では液化する性質があるので，この極低温環境を実現すればLNG（液化天然ガス）として効率的な運搬・貯蔵が可能である．液体状の貯蔵LNGは常温水を利用する**気化機（vaporizer）**で常温に戻すだけで簡単に気化して燃料に供することができる．

図16・16(a)はLNG燃料による**コンバインドサイクル発電（ACCまたはCC（(Advanced) Combined Cycle Power Generation））**の構成図である．図のガスタービンユニットは燃焼室（CB）・圧さく空気を送り込むためのコンプレッサ（AC）・ガスタービン本体（GT）からなる．貯蔵タンクのLNGは気化機で気化されてCBに供給され，さらにACから送り込まれる空気と混合状態で着火燃焼して1,500°C前後の極めて高温のガスとなる．このガスの熱エネルギーはGTに送り込まれてタービン翼の回転力を作り出す．ガスタービンの基本原理は航空機のジェットエンジンに類似のものといえよう．GTで仕事をした後の排ガスはなお600～700°Cの高温であり，次には**HRSG（Heat Recovery Steam Generator, 熱交換器）**に導かれて水を580～600°Cの過熱蒸気に変える．次にはこの蒸気が蒸気タービンユニットのHPST

316　第16章　発電機の運転とその運転性能限界

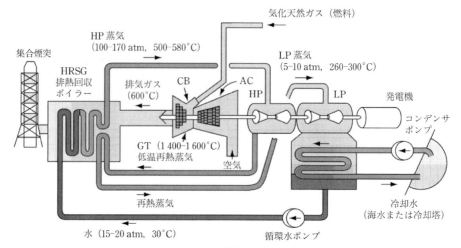

(a) コンバインドサイクルシステム

CB：燃焼機
AC：空気圧縮機
GT：ガスタービン（15-20 atm, 1 400-1 600°C）
HP：高圧蒸気タービン（100-170 atm, 500-580°C）
LP：低圧蒸気タービン（5-10 atm, 260-300°C）
HRSG：排熱回収ボイラー

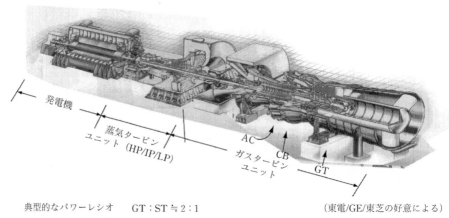

典型的なパワーレシオ　　GT：ST ≒ 2：1　　　　　　　　　　　（東電/GE/東芝の好意による）

(b) シングルシャフトコンバインドサイクルパワートレイン

図 16・16　シングルシャフトコンバインドサイクルシステム

の車室に導かれて ST 翼を押す仕事をする．蒸気タービンユニット以降のプロセスは通常の蒸気火力の場合と同じである．図の例ではガスタービンユニット・蒸気タービンユニット・発電機が直結された**パワートレイン（Power Train）**として構成されている．

　CC（コンバインドサイクル）は，一言でいえば GT と ST および両者をつなぐ HRSG からなるユニットシステムということになる．600 度級の過熱蒸気を作り出す熱交換機 HRSG が蒸気火力のボイラーに代わって登場することも大きい特徴である．

　図 16・16(b) は 150～500 MW 級の ACC の一例である．この構成例では GT・ST・G それぞれの回転軸を直結して**単一シャフト（Single Shaft Power Train）**を構成している．これとは別の ACC 構成例として，GT/G と ST/G を別々の回転系とする方法も当然成立する．

　CC とは対称的な構成として GT/G のみで構成する SC（simple cycle system）というユニットシステムも可能である．このシステムでは GT 車室で仕事を終えた排出ガスがなお 900

度程度の熱エネルギーを持っているにもかかわらずそのまま大気に放出されるので燃料利用効率は低い．ただし，起動停止の容易な GT と発電機 G のみからなるので緊急ピーク対応用発電ユニットとしての価値がある．

GT 部燃焼部で作られるガスの定格温度は 1980 年代には 1,100～1,300°C であったが 2000 年代には 1,400～1,500°C が実用化されており，現在では 1,600 度級も実現しつつある．CC では前項 16・6・1 で説明した Rankine-cycle 理論で効率を左右する $\Delta t = t_1 - t_2$ の t_1 が蒸気タービンの場合の 600°C 前後（発電効率 40～43%）よりはるかに高くなるので，CC の総合効率 η は飛躍的に向上して 50～54% にも達する．

ガス温度が 1,500°C を超える GT を構成する部位（燃焼機 AC のノズル，バケット，GT 翼など）には耐熱性の優れた単結晶特殊合金が使われるが，ガス温が合金素材の焼なまし・溶融温度に極めて近いので，部分的なホットスポットなどが生じないような細心の設計的配慮が求められる．一例として，GT 入口付近の GT 翼やホイール部にはその肉部に冷却用の中空パスを 3 次元的に設けて，その中を HRSG から抽気した 400° 前後の過熱蒸気を冷媒として通して翼の局所異常過熱を防ぐなど，極めて高度の設計・加工技術が駆使されている．

なお，天然ガス LG にも環境汚染の観点から問題となる不純物（ダスト・硫黄など）が若干含まれているが，これらは液化プロセスでほぼ完全に除去できるので $NO_x \cdot SO_x$ が非常に低レベルに抑制できる．LNG 火力が"きれいな火力"といわれる理由である．

16・6・3 原子力発電所用蒸気タービン（ST）

図 16・17 は原子力発電所の TG システムの典型的な一例である．蒸気タービンから復水器に至るプロセスの基本原理は蒸気火力と同じである．ただ，PWR 型，BWR 型のいずれの原子力においても原子炉サイドから送り込まれる蒸気温度が 280～300°C で火力の場合に比べてかなり低温である．そのため原子力用 TG は一般に HP-T/LP-T の 2 段車室方式が採用される．また，発電機は 4 ポールが採用されるので TG の定格回転速度は 1500・1800 rpm である．回転速度が火力の半分になるので LP-T の翼長や発電機ロータの直径は火力の場合より大きいものとなる．

〔備考〕 式(16・9) ④より式(16・14) の導入

式(16・9) ④を変形して a とおくと

$$\frac{E_{fd}}{x_d} \cdot \frac{x_l}{e_B} = \frac{\sqrt{p^2 + (q + x_d^{-1})^2}}{\sqrt{p^2 + (q - x_l^{-1})^2}} \equiv a$$

上式の中辺＝右辺より

$$p^2 + q^2 + 2q \cdot \frac{x_d^{-1} + a^2 x_l^{-1}}{1 - a^2} = \frac{-x_d^{-2} + a^2 x_l^{-2}}{1 - a^2}$$

左辺第 3 項の分子を新たに b とし，右辺を c とおけば

$$p^2 + q^2 + 2q \cdot \frac{b}{1 - a^2} = c$$

$$\therefore \quad p^2 + \left(q + \frac{b}{1 - a^2}\right)^2 = \left(\frac{b}{1 - a^2}\right)^2 + c$$

ただし，$b = \dfrac{1}{x_d} + \dfrac{a^2}{x_l}$

$$c = \frac{\dfrac{a^2}{x_l^2} - \dfrac{1}{x_d^2}}{1 - a^2}$$

となって式(16・14) を得る．

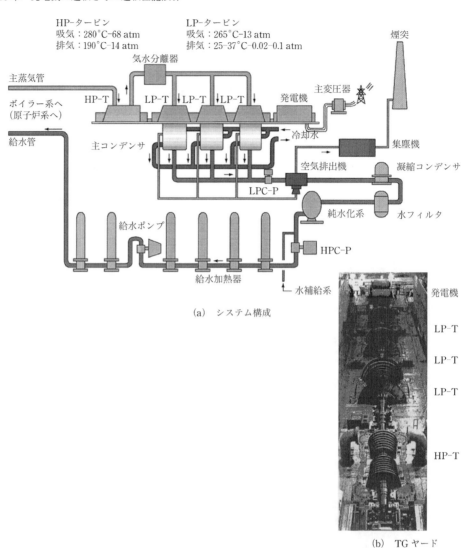

図 16・17　原子力発電所の TG ユニット（東芝提供）

休憩室：その 11　対称座標法，その生みの親・Fortescue と育ての親・別宮貞俊

3相回路の解析は対称座標法（Symmetrical components）がなくては事実上不可能であることを学んできた．複素記号法に次いで重要な対称座標法の発明者は **Charles L. Fortescue**（1876-1936）である．イギリス生まれであるがアメリカに帰化し Westinghouse 社の Pittsburgh で特別研究員として活躍した技術者である．Fortescue は電力機器や絶縁がいしの設計などに携わる一方，コイルインピーダンスの不平衡性に強い関心を抱いてその理論研究に取り組んだ．その成果として1918年に AIEE 論文 "Method of Symmetrical Components Applied to the Solution of Polyphase Network" を発表する．Fortescue はこの論文で回転機を含む小さい3相回路で3相電圧を E, aE, a^2E の成分に分解する計算手法を示して，それによって得られる三つの回路に positive-, negative-, zero-sequence circuits の名前を付した．ところがこの論文はアメリカでもさほどの関心を呼ぶこともともならず，後続の論文もまったく登場しなかった

Charles LeGeyt Fortescue
(1876-1936)
(IEEE History Center 提供)

ので，やがて対称座標法自体がほとんど忘れられた状態となってしまう．発電所と負荷を結ぶ単純な系統しか存在しなかったこの時代とはいえ，対称座標法が3相交流式電力系統の解析に利用できるとは当時誰も気づかなかったのであろう．Fortescue 自身もその後は当時の火急の技術問題たる絶縁技術・絶縁協調問題などに全関心を集中した結果，対称座標法について二度と書くことはなかったのである．

その対称座標法を論文で再び取り上げた最初の人は日本の**別宮貞俊**博士である．同博士は送電線の地絡事故解析の手段として対称座標法の価値を見いだし，下記の論文を発表している．

- イ．接地リアクトルについて（別宮貞俊，電気学会誌1922年2月号）
- ロ．Calculation of Short-circuit ground currents on three phase power networks using the symmetrical coordinates (S. Bekku, General Erectric Review, Vol. 28, 1925) (Elektr. Z, 1925)
- ハ．対称座標法とその送電線問題における応用（電気学会誌1925年11月号）

論文イは3相線路（中性点リアクトル接地系）における1線接地の不平衡現象を扱っている．この論文では対称座標法自体は登場しないが，論文のなかほどに "今，a, b, c 各相の Y 電圧をそれぞれ E, aE, a^2E（ただし $a = e^{(i2\pi/3)}$）とし，各変圧器の端子電圧を T_a, T_b, T_c とすれば……" などの表現がある．別宮博士はこの時点で0-1-2法の習得とその送電線問題への応用に努めていたことがうかがえる．博士は1924年から翌年にかけてドイツとアメリカに短期留学されるが，GE 社に滞在中に GE Review に寄稿したのが論文ロであり，またほぼ同じ内容でドイツ語雑誌 ETZ にも寄稿されている．その日本語版が帰国直後に電気学会誌に掲載された論文ハである．Edith Clerke がその著書で S. Bekku を "対称座標法を Fortescue 以降に論文を書いた最初の人" として紹介し，その内容を引用している．

また，対称座標法に関する世界最初に出版された著書は別宮博士による "対称座標法解説（1928年オーム社）" である．別宮博士はこの著書で「たまたま入手した Fortescue の論文について初めはさっぱり理解できなかったが同期電動機の問題を抱えて幾度となく読み返すうちにおぼろげながらわかってきて，また色々の問題に当てはめて試すうちにやがて対称座標法の重要性への確信に変わっていった」と述べている．記念碑的な名著であるが日本語であったので海外で読まれることはほとんどなかったであろう．

それから5年後の1933年に Fortescue の愛弟子 C.F.Wagner, R.D.Evans の共著による "Symmetrical Components as Applied to the Analysis of Unbalanced Electrical Circuits" が初の英語専門書として出版される．Fortescue の論文から15年も後のことである．

なお Fortescue は雷撃現象，接地抵抗低減等に関する論文を書いている．絶縁協調の概念構築で最大の功績者となった W.W.Lewis（[休憩室：その15] 参照）はその著書で「1940 年までの雷撃防護技術，絶縁協調技術に最も貢献した三名の技術者」として F.C.Peek, L.V.Bewley とともに Fortescue の名前を記している．

一方の別宮博士は大正6年に大学を卒業して電気試験所の技師となり，日本における電力技術の先駆者渋沢元治博士を支えて大正・昭和初期の時代の長距離送電建設・運営に活躍された後，昭和5年に住友電工に転じられ，さらに後年には同社の社長を務められた．別宮博士は Steinmetz が逝去された翌年の 1924 年に GE 社の本社工場 Schenectady を訪問されたことになる．いささか余談になるが，その別宮氏が複素記号法について述べられた言葉を以下に引用しておく．

「物事の全ては微分方程式から始まると思っている．（中略）j を使って交流回路の実用問題即ち定常状態を簡単に取り扱ふ方法が極めて無造作に初学者に教へられる．教へられるというよりつめ込まれると云ふ方が適当だらう．かくかくの器械的方法によりて計算すべきだと初学者は器械的に覚えて了ふ．そして交流回路を決して理解しているのではないから，電流がベクトルであると思い込んで了ふ喜劇が起る．インピーダンスが何故複素数となるかその根拠は夢中で教わって，回路計算に熟達した時には最早大部分はその根本的意義を忘れて居る．（中略）記号法を一般化したスタインメッツもそれが俗化されて了った現状を見てはスケネクタデイーの墓場で苦笑して居られることと思ふ．」

今日も通ずる技術者への痛烈ないましめである．

第17章　R-X座標と方向距離継電器（DZリレー）の理論

短絡・地絡などの事故は線路や発変電所，負荷などのどの部位においても起こりうる．保護リレーは**事故発生時に，その事故点を含む最小区間を瞬時に切り離して事故電流を断ち，残りの系統の健全な運転を継続させる**という極めて重要な頭脳的役割を担っている．本章では系統での適用面で比較的難解で，また線路や発変電機器・負荷の主保護・後備保護や界磁喪失や脱調現象の検出などに万能的に利用されている**方向距離リレー**（以下，**DZ-Ry**という）に的を絞って，系統保護の正しい実現に欠かせない理論的根拠について説明する．

17・1　保護リレーの使命と分類

送電線路，発変電所機器，負荷などで短絡・地絡事故が発生した場合，この事故点（事故区間）を保護リレーが検出し，遮断器に遮断指令を出して直ちに事故区間を切り離す．保護リレーの動作時間は通常1.0～3サイクル前後，また，遮断器の遮断動作時間も1.5～3サイクル程度であるから**主保護リレー＋遮断器**の遮断時間は2.5～6サイクル（50Hzベースで60～120ms）である．

系統事故時には必要最小限の区間を瞬時に遮断しなければならず，万一事故遮断が遅れると過電流・過電圧による故障の拡大，系統の脱調などを免れ得ない．不具合が次々に新たな不具合を呼び，これが将棋倒し的に拡大して設備の破損や広域停電につながることは避けられない．保護リレーに課せられる使命は非常に大きい．

　保護リレーの使命
①　事故区間の判定と瞬間的切り離し（遮断器への指令）
②　架空線事故では再閉路の実施など
③　広域保護・制御システム（線路の過電流によるカスケード遮断，P-Q-V不安定現象などによるドミノ的系統寸断や広域停電を回避するための広域的保護制御システム）

事故区間除去後の系統で，線路過負荷，電圧異常，周波数異常，系統動揺などを監視して，必要な場合，電源制限，負荷遮断・系統分離などの処置を行う**広域安定化システム**なども保護リレーの延長線上の技術である．保護リレーは第9章にみるような電圧・電流の変化を読み取って通常20～40msで**瞬時応動**する．

短絡・地絡事故検出に限らず，系統の運転にあたり瞬時の判断が求められ，運転員の判断や自動給電・系統自動制御システムの秒～分オーダの判断では時間的に間に合わない**瞬間的対応はすべて保護リレーが担う**といえよう．

保護リレーを検出原理によって分類すると次の三つに大別できる．
〔a〕　方向距離リレー（**DZ-Ry**）
方向距離リレー（DZ-Ry）が本格的に実用化されたのは1950年前後であるが，それ以前の時代はOCリレー，OVリレーなどの単純なリレーが主役を果たしていた．

リレーの設置点から見て事故点がどちらの方向にあるかを検出する**方向検出性能**と，どの距離以内にあるかを判断する**測距性能**を備えたDZ-Ryの実用化は画期的なものであり，これなくしては大規模かつ近代的な系統網の建設運用は不可能であったであろう．

方向距離リレーは送電線や発変電所機器・負荷設備などの主保護・後備保護，また発電機の

界磁喪失の検出などにも使われ，さらには系統動揺の検出，広域安定度維持制御などにも使われるなど，その利用方法は非常に多様である．重要送電線の主保護に差動保護が多く使われるようになった今日でも欠かすことはできない重要なリレーである．

〔b〕 差動保護リレー

系統回路ブランチ（送電線や機器）の入口と出口の電流波形の差分 $\Delta i = i_{in} - i_{out}$ が生ずれば内部事故と判断する方式である．発電機・変圧器などの主保護には比較的古くから使われていたが，1975年ごろからは**マイクロ波信号伝送**によって電流波形を忠実に相手変電所に送ることが可能となり，送電線の主保護にも利用されるようになった．今日では**OPGW**（架空地線の心部に光ファイバーを組み込む）など介して瞬時波形 $i(t)$ をディジタル信号化してリアルタイムで相手電気所に伝送することも容易となり，重要送電線の主保護方式として多く活用されるようになった．

〔c〕 その他のリレー

UV-Ry，OC-Ry，位相比較リレー，電力リレー，周波数リレー，相差各検出リレーなど．

本章では〔b〕，〔c〕のリレーには立ち入らず，〔a〕の**DZ-Ry**の事故や系統不安定時などの**事象に対する応動**に的を絞って説明する．

17・2 方向距離リレーの原理と R-X 座標

17・2・1 方向距離リレー（DZ-Ry）の基本的機能

DZ-Ryは**方向判別性能と測距性能**，また**故障モード判別能力**がある．リレーが設置された当該フィーダの電圧・電流（PT，CTの2次側電圧・電流）を入力電気量として取り込んで，アナログ的またはディジタル的にベクトル合成したインピーダンス $\dot{Z}(t) = \dot{V}(t)/\dot{I}(t)$ 値が，あるしきい（閾）値を超えるかどうかで事故の有無，事故地点の方向と事故点が整定距離以内であるかどうかを判断する．換言すれば，リレーは設置点からの回路インピーダンス（$\dot{V}/\dot{I}$）をみることになるので，その動作領域特性などは $\dot{V}/\dot{I} = R + jX$ のベクトル値の形で R-X 座標上に表現される．リレーの動作特性にはいろいろなバリエーションがあり，使用場所，故障検出の整定範囲など，使用目的に応じてインピーダンスリレー，リアクタンスリレー，モーリレーなどの別名で使い分けられることも多い．

DZ-Ryは各設置点に通常次のような1回線当たり6個1組が用意される．

方向短絡距離リレー（DZS）：a-b相，b-c相，c-a相用の3個
方向地絡距離リレー（DZG）：a相，b相，c相用の3個

各リレーは設置された電気所の特定フィーダの電圧・電流から次のようなインピーダンスを観測する．

$$\left. \begin{array}{ll} \text{(a-b相) 短絡距離リレー} & {}_{Ry}\dot{Z}_{ab} = \dfrac{\dot{V}_a - \dot{V}_b}{\dot{I}_a - \dot{I}_b} \\[2mm] \text{(a相) 地絡距離リレー} & {}_{Ry}\dot{Z}_a = \dfrac{\dot{V}_a}{\dot{I}_a} \quad \text{他相もこれに順ずる} \end{array} \right\} \quad (17 \cdot 1)$$

ここで，$(\dot{V}_a - \dot{V}_b)$，$(\dot{I}_a - \dot{I}_b)$ を**デルタ電圧・デルタ電流**と呼ぶ．

リレー特性や事故現象の様子も多くの場合，R-X 座標上の現象として語られる．

17・2・2 R-X 座標と P-Q 座標および p-q 座標の関係

保護リレーの技術分野で多用されるインピーダンス $\dot{Z} = R + jX$ と R-X 座標が系統電気量の何を意味するかを初めに整理しておく必要がある．

$\dot{Z} = R + jX$ は $\dot{V}/\dot{I}$，すなわち電圧 $\dot{V}$ と電流 $\dot{I}$ の関数として定義されている．したがって，$\dot{Z}$ と皮相電力 $\dot{S}$ には相互関係がある．両者の相対的な関係は次式で表される．

$$\left.\begin{aligned}\dot{S}&=P+jQ=\dot{V}\cdot\dot{I}^*\\ \dot{Z}&=R+jX=\frac{\dot{V}}{\dot{I}}\end{aligned}\right\} \quad (17\cdot 2)$$

$$\left.\begin{aligned}P+jQ&=\dot{V}\cdot\frac{\dot{V}^*}{(R+jX)^*}=\frac{\dot{V}^2}{R-jX}\\ Z^*&=R-jX=\frac{V^2}{P+jQ}=\frac{1}{\dfrac{P}{V^2}+j\dfrac{Q}{V^2}}=\frac{1}{p+jq}\end{aligned}\right\} \quad (17\cdot 3)$$

ただし，$p=P/V^2$，$q=Q/V^2$（式(12・18) と同じ定義）

上式より $R-jX$ は $P+jQ$，あるいは $p+jq$ と逆数関係にある．すなわち，**R-X 座標上の点 (R, X) と第12章式(12・18)，(15・28)，(16・2) などで登場した p-q 座標上の点 (p, q) が 1：1 対応の逆数写像関係に**ある．ただし，p-q 座標上で発電機能力曲線などを論ずる場合には3相平衡現象を対象とすればよいが，保護リレーの応動を R-X 座標上で論ずる場合には多くの場合，不平衡現象を論じなければならない．

17・2・3 距離リレーの動作特性

DZ-Ry には R-X 座標上で特性の異なるさまざまな種類がある．代表的な特性として**モー (Mho) リレー**について原理的な説明をしよう．

モーリレー特性

電子式アナログ式のモーリレーの例として図 17・1 に示す．

リレーは図 17・1(a) の構成となっており，入力電圧・電流の瞬時値 $V(t)$，$I(t)$ を電子回路によって加工合成して電気量 $v_1(t)$，$v_2(t)$ を作る．図(b)で $V(t)$ と $v_2(t)$ の位相差 β が 90°の場合には両者のベクトル関係は円となり，また円内の領域は $\beta \leq 90°$ に対応する．そこ

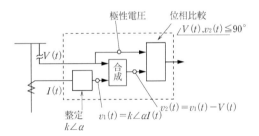

(a) 構 成

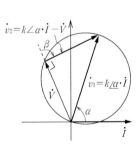

(b) ベクトル関係

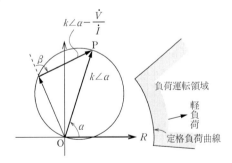

(c) リレーの特性

図 17・1 モーリレーの構成・特性

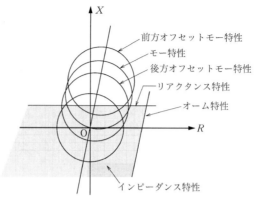

図 17・2　方向距離リレーの諸特性

でリレーは $V(t)$ と $v_2(t)$ の波形を連続的に比較して，両者の位相差 β が 90°以上では動作せず，90°以内となった瞬間に動作する．これによって円内がリレーの動作域となる．

ところで図(b)は電子回路上で元が電圧（volt）のベクトル関係であるが，これらをすべて電流 $\dot{I}(t)$ で除すると，$\dot{V}/\dot{I}$ すなわち $Z = R + jX$（元が ohm）の領域でまったく同じ円特性が得られる．このリレーの特性は図(c) の R-X 座標上で円として表され，$\dot{V}/\dot{I}$ がこの円内に入った瞬間に動作する．リレーの設置点 O から見て一方向（P に向かった前方方向）のみで動作する**方向性**と直線 OP 相当の距離以内で動作する**測距性**が備わっている．

距離リレーには特性によっていろいろな名称がつけれている．**図17・2** に代表的な特性を示す．

〔補足〕　例えば，至近端 3 相短絡事故では導入する各相電圧がすべてほぼゼロである．この場合でも実際のリレーは正しく方向判定性能と測距性能を発揮しなければならないので，保護リレーの実際の設計では**事故発生直前の電気量を記憶**して判定回路の**極性電圧**として利用するなど動作判定原理にいろいろな工夫が施されているが，本書では省略する．

17・3　無負荷事故時のインピーダンス軌跡

17・3・1　b-c 相 2 線短絡時の方向短絡距離リレー（44S-1, 2, 3）の応動

図17・3(a) の平行 2 回線系統で，1 号線 f 点に b-c 相 2ϕS が発生した場合の m 点 1 号線のリレー応動を検討する．

この場合の等価回路は図(b) となる．なお，正逆相インピーダンスは同じとする．（発電機の正・逆相リアクタンスに差があるが，変圧器・送電線のリアクタンスが加わることによってその差は薄められるのでこの近似は多くの場合に正しい．）

平行 2 回線系統では事故点 f の事故電流は f 点の左右両回路から供給される．

図(b) の等価回路から次式が成り立つ．（なお以下ではベクトルを表す ˙（ドット記号）を省略する）

$$\left.\begin{array}{l} {}_fV_1 - {}_fV_2 = R_f \cdot I_f \\ {}_fV_2 = {}_fZ_1 \cdot I_f \\ {}_fV_1 = {}_mV_1 - z_1 \cdot {}_mI_1 \\ {}_fV_2 = {}_mV_2 - z_1 \cdot {}_mI_2 \\ {}_mI_1 = C_1 I_f,\ {}_mI_2 = -C_2 I_f \end{array}\right\} \tag{17・4}$$

ここで，z_1：リレー設置点 m から事故 f 点までの 1 号線正相インピーダンス
　　　　${}_fZ_1$：事故点 f から系統を見るインピーダンス

17・3 無負荷事故時のインピーダンス軌跡

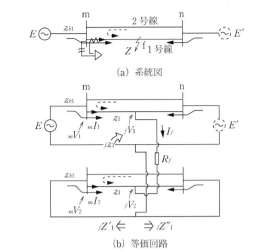

(a) 系統図

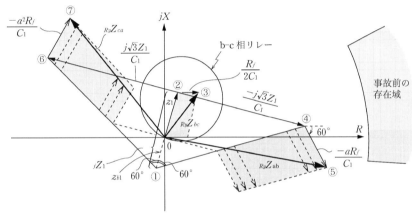

(b) 等価回路

(c) b-c相短絡時に短絡距離リレーの見るインピーダンス

図 17・3 平行2回線系のb-c相2相短絡

R_f：アーク抵抗

C_1, C_2：正相・逆相回路において故障点電流 I_f のうち，m点1号線から直接供給される電流 ${}_mI_1$, ${}_mI_2$ がどれだけの割合であるかを示すベクトル係数で，$(0〜1)∠α$. ただし，$α$ はほぼゼロ度となる．

正・逆相回路インピーダンスは同じであり，また負荷電流はゼロとすれば正相回路の左右分流比 C_1 は逆送回路の左右分流比 C_2 と同じであり，したがって，$C_1=C_2$, ${}_mI_1=-{}_mI_2$ である．

さて，この場合f点のb-c相短絡事故をm点1号線の<u>三つの短絡リレーが見るインピーダンス ${}_{Ry}Z_{ab}$, ${}_{Ry}Z_{bc}$, ${}_{Ry}Z_{ca}$</u> を計算する．

a-b相短絡距離リレーには，いわゆる Δ 電圧 (V_a-V_b)，Δ 電流 (I_a-I_b) を導入して作る電気量 $(V_a-V_b)/(I_a-I_b)$ によって特性を構成する．すなわち，

<u>b-c相短絡リレーの見るインピーダンス ${}_{Ry}Z_{bc}$</u>

$$\begin{aligned}{}_{Ry}Z_{bc} &= \frac{{}_mV_b - {}_mV_c}{{}_mI_b - {}_mI_c} = \frac{{}_mV_1 - {}_mV_2}{{}_mI_1 - {}_mI_2} = \frac{({}_fV_1 + z_1 \cdot {}_mI_1) - ({}_fV_2 + z_1 \cdot {}_mI_2)}{{}_mI_1 - {}_mI_2} \\ &= z_1 + \frac{{}_fV_1 - {}_fV_2}{2 \cdot {}_mI_1} = z_1 + \frac{R_f I_f}{2C_1 I_f} = z_1 + \frac{R_f}{2C_1}\end{aligned} \quad (17・5)$$

a-b 相短絡リレーの見るインピーダンス $_{Ry}Z_{ab}$

$$_{Ry}Z_{ab} = \frac{_mV_a - _mV_b}{_mI_a - _mI_b} = \frac{_mV_1 - a \cdot _mV_2}{_mI_1 - a \cdot _mI_2} = \frac{(_fV_1 + z_1 \cdot _mI_1) - a(_fV_2 + z_1 \cdot _mI_2)}{_mI_1 - a \cdot _mI_2}$$

$$= z_1 + \frac{_fV_1 - a \cdot _fV_2}{_mI_1 - a \cdot _mI_2} = z_1 + \frac{(1-a)_fV_2 + R_f I_f}{(1+a)_mI_1} = z_1 + \frac{(1-a)_fZ_1 I_f + R_f I_f}{-a^2 C_1 I_f}$$

$$= z_1 + \frac{(a^2 - a)_fZ_1 - a \cdot R_f}{C_1} = z_1 + \frac{-j\sqrt{3}\,_fZ_1}{C_1} - \frac{aR_f}{C_1} \tag{17・6}$$

同様の手順で，c-a 相リレーの見るインピーダンス

$$_{Ry}Z_{ca} = \frac{_mV_c - _mV_a}{_mI_c - _mI_a} = z_1 + \frac{(a-a^2)_fZ_1 - a^2 R_f}{C_1} = z_1 + \frac{j\sqrt{3}\,_fZ_1}{C_1} - \frac{a^2 R_f}{C_1} \tag{17・7}$$

図(c) は各リレーの見るインピーダンスの式(17・5)〜(17・7) の右辺を忠実に R-X 座標に表示したもので，それぞれ次のようになる．

<u>リレー $_{Ry}Z_{bc}$</u>

式(17・5) であり，R-X 座線上の直線 $\overline{0②}$ (z_1) + $\overline{②③}$ ($R_f/2C_1$) = $\overline{0③}$ を見る．図で直線 $\overline{②③}$ はアーク抵抗 R_f が小さいのでさほど長くはならない．

<u>リレー $_{Ry}Z_{ab}$ （$_{Ry}Z_{ca}$ もこの説明に準ずる）</u>

式(17・6) は R-X 座表上の直線 $\overline{0⑤}$ として描くことができる．描図の手順は次のとおりである．

特別の場合として事故点 f の事故電流がすべて左の m 電気所側から供給される（すなわち，$C_1 = 1.0$）場合を想定すると，正相回路の f 点から右側を見るインピーダンス $_fZ_1'' = \infty$ となるので，この場合には $_fZ_1 = z_1 + z_{b1}$ となる．逆相回路についても同様である．そこで R-X 座標上に m 点より左を見る背後インピーダンス z_{b1} を直線 $\overline{①0}$ として書き込むものとする．すると図の点①と点②を結ぶ直線 $\overline{①②}$ は **f 点事故で，f 点より右回路がない（$C_1 = 1.0$）とする場合の f 点から左側背後電源までのインピーダンス**ということになる．

すなわち，直線 $\overline{①②}$ ($_fZ_1$) = 直線 $\overline{①0}$ (m 点背後インピーダンス z_{b1}) + 直線 $\overline{0②}$ (m 点 f 点間 z_1) となる．

次に，図の直線 $\overline{①②}$ を $-j\sqrt{3}$ 倍（長さを $\sqrt{3}$ 倍して 90° 時計回りに回転）した直線 $-j\sqrt{3}\,_fZ_1/C_1$ を描くと直線 $\overline{②④}$ となる．$\overline{②④}$ は式(17・6) 右辺第 2 項で $C_1 = 1.0$ の場合に相当する．また，直線 $\overline{②③}$ を $-2a$ 倍する（時計方向に 120° 回転させ，長さを 2 倍にする）と直線 $\overline{④⑤}$ となる．直線 $\overline{④⑤}$ は右辺第 3 項で $C_1 = 1.0$ の場合に相当する．以上により，直線 $\overline{0⑤}$ は $C_1 = 1.0$ の場合に a-b 相リレーの見るインピーダンス $_{Ry}Z_{ab}$ となるのである．C_1 が 0〜1.0 の間で変化するときは $_fZ_1 \to _fZ_1/C_1$, $R_f \to R_f/C_1$ だけ修正を受けることになり，その分だけ直線 $\overline{①0}$ および直線 $\overline{④⑤}$ が伸縮修正を受ける．

<u>リレー $_{Ry}Z_{ca}$</u>

式(17・7) であり，$_{Ry}Z_{ab}$ の場合と同じ手順で直線 $\overline{0⑦}$，あるいは直線 $\overline{0⑥}$ として描くことができる．

結局，直線 $\overline{0②}$ の範囲の b-c 相短絡事故に対して，三つのリレー $_{Ry}Z_{ab}$, $_{Ry}Z_{bc}$, $_{Ry}Z_{ca}$ は図のほぼ平行四辺形の範囲に見る．C_1 の 0〜1.0 の変化によって a-b 相，c-a 相リレーはかなりの修正を受けるが，b-c 相リレーは C_1 によってさほど修正を受けることなく z_1 を正しく測距することができる．b-c 相短絡事故に対して b-c 相リレーのみならず，c-a 相，a-b 相のリレーもその動作範囲を R-X 座標上で正相インピーダンス z_1 とアーク抵抗 R_f（何相基準でも変わらない）だけで表現できることが非常にすばらしい．

ところで，事故の発生前では $P + jQ$ はある容量以内で運転中であるから式(17・3) の関係より，図 17・3 の R-X 座標上で $R + jX$ は原点 $(0, 0)$ から遠く離れた領域にある．すなわち，三つのリレーは事故前では R-X 座標上の右遠方域（負荷電流が逆方向ならば左遠方域，無負荷ならば無限遠方）を見ており，b-c 相短絡事故発生すると直ちに図の平行四辺形の領域に瞬間移動する．

リレーが図の円のようなモー特性整定になっていればb-c相リレーのみが動作する．整定円をさらに大きくすればa-b相c-a相リレーも動作する可能性がある．

なお，上記の$_{Ry}Z_{ab}$，$_{Ry}Z_{bc}$，$_{Ry}Z_{ca}$は，それぞれ分母・分子となるΔ電圧・Δ電流の相名が異なるので，厳密にいえばそれぞれ別のR-X座標に書くべきであろう．しかし保護リレーは三つとも同一整定とするので便宜上同じR-X座標に記載している．

距離リレーの応動のR-X座標による可視化を最初に提唱したのはGE社の**A. R. van. Warrington**であり，著名な論文1949年「AIEE Transaction "Performance of Distance Relays"」の中で事故モードに対する距離リレーの応動として各種のリレーの応動を分析可視化している．それ以前の時代には保護リレーは円板型反限時特性のリレー（過電流リレー，不足電圧リレー，電流補償付不足電圧リレーなど）が中心で，高度の"事故区間識別能力"と"高速動作性"を期待し，複雑な系統に対応できるものではなかった．1950年前後にGE社で実用化されたカップ型DZ-Ryとこの作図法の登場を契機に事故区間を正確かつ高速に処理する**搬送保護（キャリア）リレー方式**や**後備保護方式**が高度の保護リレー方式として相次いで開発され，今日のような複雑な系統構成にも対応できるようになってきた．方向距離リレーとこの作図法の果たしている役割が非常に大きい．現在ではディジタル形方向距離リレーが多用されているが，その基本的な動作原理は本書の説明と変わるところはない．

17・3・2　a相1線地絡時の方向地絡距離リレー（44G-1, 2, 3）の応動

この場合の等価回路は**図17・4**である．地絡距離リレーの場合には，その入力として単純にV_a/I_aを導入するのでは正しい方向と距離の判定はできない．零相回路は正相回路と定数が異なり，また1-2号線間に相互インピーダンスがあるので工夫が必要となる．

等価回路より，a相1線地絡では次式となる．

$$\left.\begin{array}{l}
_mV_1 - {_fV_1} = z_1 \cdot {_mI_1} \\
_mV_2 - {_fV_2} = z_1 \cdot {_mI_2} \\
_mV_0 - {_fV_0} = z_0 \cdot {_mI_0} + z_{0M} \cdot {_mI_0}' \\
\text{ここで，}z_{0M}：\text{1-2号回線間の零相相互リアクタンス} \\
\qquad\qquad （\text{式}(2\cdot20\,\mathrm{a})のZ_{0M}に相当） \\
_fV_1 + {_fV_2} + {_fV_0} = 3R_f I_f \\
_mI_1 = {_mI_2} = C_1 I_f \quad (\text{負荷電流ゼロとする}) \\
_mI_0 = C_0 I_f \\
_fV_2 = -{_fZ_1} I_f, \quad {_fV_0} = -{_fZ_0} \cdot I_f \\
\text{ここで，}{_fZ_1}，{_fZ_0}：\text{事故点から見る系統インピーダンス}
\end{array}\right\} \quad (17\cdot8)$$

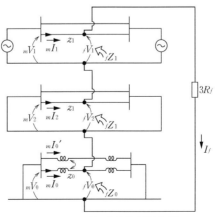

図17・4　a相1線地絡時等価回路

零相回路では，1-2号線間に相互リアクタンス z_{0M} があることに注意しよう．

リレー $_{Ry}Z_a$

上式を使ってリレーのa相電圧 $_mV_a$ を計算すると

$$\left.\begin{aligned}_mV_a &= {_mV_1} + {_mV_2} + {_mV_0} = z_1\cdot{_mI_1} + z_1\cdot{_mI_2} + z_0\cdot{_mI_0} + z_{0M}\cdot{_mI_0}' + 3R_fI_f \\ &= z_1({_mI_1} + {_mI_2} + {_mI_0}) + (z_0 - z_1){_mI_0} + z_{0M}\cdot{_mI_0}' + 3R_fI_f \\ &= z_1\cdot{_mI_a} + (z_0 - z_1){_mI_0} + z_{0M}\cdot{_mI_0}' + 3R_fI_f \end{aligned}\right\} \quad (17\cdot 9\text{ a})$$

式(17・9 a)を移行して整理すると次式を得る．

$$\left.\begin{aligned} _{Ry}Z_a &\equiv \frac{_mV_a - (z_0 - z_1){_mI_0} - z_{0M}\cdot{_mI_0}'}{_mI_a} = z_1 + 3R_f\cdot\frac{I_f}{_mI_a} \\ \text{ただし，}\ _mI_a &= (2C_1 + C_0)I_f \end{aligned}\right\} \quad (17\cdot 9\text{ b})$$

この式は地絡距離リレーの入力として V_a/I_a の V_a に代わって上式左辺の分子を導入すればa相1線地絡で正確な測距性能を確保できることを示している．距離リレーは入力としてa，b，c相 **CT の残留回路**の $_mI_0 = (1/3)\cdot(I_a + I_b + I_c)$ として得られる自回線の零相電流 $_mI_0$ に加えて隣回線（2号線）の零相電流 $_mI_0' = (1/3)\cdot(I_a' + I_b' + I_c')$ をも導入して，零相電流補正（**零相電流補償**という）を行うのである．

地絡距離リレー（DZG）の入力電気量（w相リレー(wはa，b，c相を示す)）

$$\left.\begin{aligned} &\text{電圧量}\ :\ \{_mV_w - (z_0 - z_1){_mI_0} - z_{0M}\cdot{_mI_0}'\} \\ &\qquad \text{ここで，1-2号線の}\ _mI_0,\ _mI_0'\ \text{は3相電流の合成で得られる} \\ &\text{電流量}\ :\ \{_mI_w\}\quad \text{ただし，}\ w = a,\ b,\ c \\ &\qquad \text{ここで，}\ -(z_0 - z_1){_mI_0}\ :\ \text{自回線零相電流補償項} \\ &\qquad \qquad \qquad -z_{0M}\cdot{_mI_0}'\ :\ \text{隣回線零相電流補償項} \end{aligned}\right\} \quad (17\cdot 10)$$

さて，直接接地系統ではリレーへの導入電気量をこのようにすることによって，a相リレーはa相地絡を式(17・9)のように正しく z_1 を測距できる．再記すると次式となる．

$$_{Ry}Z_a = z_1 + 3R_f\cdot\frac{I_f}{_mI_a} = z_1 + \frac{3R_f}{2C_1 + C_0} \quad (17\cdot 11)$$

リレー $_{Ry}Z_b$

式(17・8)の条件でb相リレーの電圧・電流導入量を計算すると次式を得る．

$$\left.\begin{aligned} &\text{電圧量}: \\ &\{_mV_b - (z_0 - z_1){_mI_0} - z_{0M}\cdot{_mI_0}'\} = ({_fV_0} + z_0\cdot{_mI_0} + z_{0M}\cdot{_mI_0}') \\ &\qquad + a^2({_fV_1} + z_1\cdot{_mI_1}) + a({_fV_2} + z_1\cdot{_mI_2}) - (z_0 - z_1){_mI_0} - z_{0M}\cdot{_mI_0}' \\ &\qquad = z_1\cdot{_mI_b} + {_fV_b} \\ &\text{電流量}: {_mI_b} \end{aligned}\right\} \quad (17\cdot 12\text{ a})$$

したがって，b相リレーがa相1線地絡を見るインピーダンスは

$$_{Ry}Z_b = z_1 + \frac{_fV_b}{_mI_b} \quad (17\cdot 12\text{ b})$$

一見してきれいな式であるが右辺第2項 $_fV_b/{_mI_b}$ についての吟味が必要である．

$$\left.\begin{aligned} _fV_b &= {_fV_0} + a^2\cdot{_fV_1} + a\cdot{_fV_2} = {_fV_0} + a^2(3R_fI_f - {_fV_2} - {_fV_0}) + a\cdot{_fV_2} \\ &= (a - a^2){_fV_2} + (1 - a^2){_fV_0} + 3a^2\cdot R_fI_f \\ &= \{(a^2 - a){_fZ_1} + (a^2 - 1){_fZ_0} + 3a^2\cdot R_f\}I_f \\ _mI_b &= {_mI_0} + a^2\cdot{_mI_1} + a\cdot{_mI_2} = {_mI_0} - {_mI_1} = -(C_1 - C_0)I_f \end{aligned}\right\} \quad (17\cdot 13\text{ a})$$

$$\left.\begin{aligned} \therefore\ _{Ry}Z_b &= z_1 + \frac{(a - a^2){_fZ_1} + (1 - a^2){_fZ_0} - 3a^2\cdot R_f}{C_1 - C_0} \\ &= z_1 + \frac{j\sqrt{3}\,{_fZ_1} - j\sqrt{3}\,a\cdot{_fZ_0} - 3a^2\cdot R_f}{C_1 - C_0} \end{aligned}\right\} \quad (17\cdot 13\text{ b})$$

を得る．

表 17・1　方向距離リレーの見るインピーダンス

リレー相	3相短絡	b-c相2線短絡	a相1線地絡	b-c相2線地絡
$_{Ry}Z_{ab}$	$z_1+\dfrac{R_f}{C_1}$	$z_1+\dfrac{(a^2-a)_fZ_1-aR_f}{C_1}$	$z_1+\dfrac{(a-a^2)_fZ_1+(1-a^2)(_fZ_0+3R_f)}{3C_1}$	$z_1+\dfrac{r_f}{C_1}+\dfrac{3(_fZ_1+r_f)(_fZ_0+r_f+3R_f)}{C_1\{(1-a^2)(_fZ_1+r_f)+(a-a^2)(_fZ_0+r_f+3R_f)\}}$
$_{Ry}Z_{bc}$	$z_1+\dfrac{R_f}{C_1}$	$z_1+\dfrac{R_f}{2C_1}$	∞	$z_1+\dfrac{r_f}{C_1}$
$_{Ry}Z_{ca}$	$z_1+\dfrac{R_f}{C_1}$	$z_1+\dfrac{(a-a^2)_fZ_1-a^2R_f}{C_1}$	$z_1+\dfrac{(a^2-a)_fZ_1+(1-a)(_fZ_0+3R_f)}{3C_1}$	$z_1+\dfrac{r_f}{C_1}-\dfrac{3(_fZ_1+r_f)(_fZ_0+r_f+3R_f)}{C_1\{(a-1)(_fZ_1+r_f)+(a-a^2)(_fZ_0+r_f+3R_f)\}}$
$_{Ry}Z_a$	$z_1+\dfrac{R_f}{C}$	∞	$z_1+\dfrac{3R_f}{2C_1+C_0}$	$z_1+\dfrac{3(_fZ_0+r_f+2R_f)}{C_1-C_0}$
$_{Ry}Z_b$	$z_1+\dfrac{R_f}{C_1}$	$z_1+\dfrac{_fZ_1-a^2R_f}{(a-a^2)C_1}$	$z_1+\dfrac{(a-a^2)_fZ_1+(1-a^2)_fZ_0-3a^2R_f}{C_1-C_0}$	$z_1+\dfrac{r_f\{a^2(_fZ_1+r_f)+(a-a^2)(_fZ_0+r_f+3R_f)\}-(_fZ_1+r_f)(r_f+3R_f)}{C_1\{a^2(_fZ_1+r_f)+(a-a^2)(_fZ_0+r_f+3R_f)\}-C_0(_fZ_1+r_f)}$
$_{Ry}Z_c$	$z_1+\dfrac{R_f}{C_1}$	$z_1+\dfrac{_fZ_1-aR_f}{(a-a^2)C_1}$	$z_1+\dfrac{(a^2-a)_fZ_1+(1-a)_fZ_0-3aR_f}{C_1-C_0}$	$z_1+\dfrac{r_f\{a(_fZ_1+r_f)+(a-a^2)(_fZ_0+r_f+3R_f)\}-(_fZ_1+r_f)(r_f+3R_f)}{C_1\{a(_fZ_1+r_f)+(a-a^2)(_fZ_0+r_f+3R_f)\}-C_0(_fZ_1+r_f)}$

(備考)　z_1: リレー接地点から事故点までの正相線路インピーダンス
　　　　$_fZ_1$, $_fZ_0$: 事故点から系統を見る正零相インピーダンス
　　　　C_1(C_0): リレー設置回線電流 $_mI_1$($_mI_0$) の事故点電流 I_f に対する割合（複素数）
　　　　　$C_1=_mI_1/I_f$, $C_0=_mI_0/I_f$
　　　　R_f: 事故点アーク抵抗．なお，b-c相2線地絡の場合の R_f, r_f は表 3・1(2) #8 の R および r に相当するアーク抵抗．

リレー $_{Ry}Z_c$
まったく同様の手順で計算すると次式を得る．

$$\left.\begin{aligned}_{Ry}Z_c&=z_1+\dfrac{(a^2-a)_fZ_1+(1-a)_fZ_0-3a\cdot R_f}{C_1-C_0}\\&=z_1+\dfrac{-j\sqrt{3}\,_fZ_1+j\sqrt{3}\,a^2\cdot_fZ_0-3a\cdot R_f}{C_1-C_0}\end{aligned}\right\} \quad (17\cdot13\text{c})$$

以上でa相地絡時にリレー $_{Ry}Z_a$, $_{Ry}Z_b$, $_{Ry}Z_c$ の応動に関する式(17・11)，(17・13)，(17・14)が求められた．この場合にも R-X 座標上での描写は可能である．$_{Ry}Z_a$ は式(17・11)で（C_0 が新たに加わるため〔1〕項の場合と比べてアーク抵抗の項が少し変わるが）基本的にa相事故時に事故点までの z_1（すなわち，方向と距離）をほぼ正しく測距することが明らかである．$_{Ry}Z_b$, $_{Ry}Z_c$ では，さらに $_fZ_0$ が加わるのでこれらをパラメータとして与えなければ単純な図式描写はしずらい．個々の具体的想定事故に対しては z_1, C_1, C_0 が与えられるので R-X 座標上に軌跡の作図表示が可能である．

特別の場合として，$C_1 \fallingdotseq C_0$ の場合は次式となる．

$$\left.\begin{aligned}_{Ry}Z_a&=z_1+\dfrac{R_f}{C_1}\\_{Ry}Z_b&=z_1+\infty\\_{Ry}Z_c&=z_1+\infty\end{aligned}\right\} \quad (17\cdot14)$$

a相地絡事故に対して $_{Ry}Z_a$ は正しく判定する．またb-c相リレーは動作しない．

表 17・1 は短絡用と地絡用の6個のリレーが各種故障モードで見るインピーダンスをまとめたもので，Warringtonが前記の論文で与えたものである．

これらの式の導入はかなり複雑な腕力計算となるが，前述の場合と同じように進めることで求められる．この表から，例えばb-c相リレーはb-c相2線地絡に対しても適切な測距性能を発揮することがわかる．

17・3・3　b-c相2線短絡時の方向地絡距離リレー（44G-1,2,3）の応動

再びb-c相2線短絡（図 17・3(a)，(b)）の場合に戻って，このとき，地絡リレー44Gがどのような応動状態となるかについて検討する．この場合のリレー 44 G-1, 2, 3 の見るインピーダンスは表 17・1から再録すると次式となる（この式の導入は各自試みられたい）．

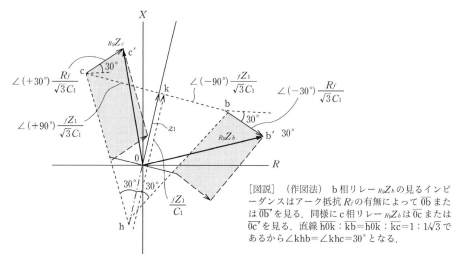

図 17・5 b-c 相短絡時に地絡距離リレーの見るインピーダンス

$$\left.\begin{array}{l}{}_{Ry}Z_a = \infty \\ {}_{Ry}Z_b = z_1 + \dfrac{fZ_1 - a^2 R_f}{(a-a^2)C_1} = z_1 + \angle(-90°)\dfrac{fZ_1}{\sqrt{3}\,C_1} + \angle(-30°)\dfrac{R_f}{\sqrt{3}\,C_1} \\ {}_{Ry}Z_c = z_1 + \dfrac{fZ_1 - aR_f}{(a^2-a)C_1} = z_1 + \angle(+90°)\dfrac{fZ_1}{\sqrt{3}\,C_1} + \angle(+30°)\dfrac{R_f}{\sqrt{3}\,C_1}\end{array}\right\} \quad (17\cdot15)$$

この式より $_{Ry}Z_a$, $_{Ry}Z_b$, $_{Ry}Z_c$ の見るインピーダンスを描くと**図 17・5** を得る．b-c 相短絡事故で $_{Ry}Z_a$ が動作することはないが，$_{Ry}Z_b$, $_{Ry}Z_c$ はその整定範囲が大きければ動作するといえよう．

さて，この節の最後に**非有効接地系統（高抵抗接地系など）の場合には地絡距離リレーは適用できない**ことを指摘しなければならない．非有効接地系では零相回路が中性点接地抵抗に支配されるために式(17・8)の C_0 が非常に小さく，かつ位相関係も C_1 とは 90° 近く異なるものとなる．したがって，式(17・11) 右辺は第 1 項 z_1 より第 2 項が支配的となるためである．

高抵抗接地系統では距離リレーは地絡事故など零相回路のかかわる現象には適用ができないのはやむをえないが，零相回路の関係しない短絡事故には十分機能する．

17・4 平常時と脱調時のインピーダンス軌跡

17・4・1 平常時・動揺時のインピーダンス軌跡

図 17・6(a) の系統を考える．この節ではすべて 3 相平衡状態とする．

r-s 端電圧はそれぞれ内部誘起電圧であり，s 端が δ だけ位相遅れ状態である．

s, m, n, r の各点で，自所の電圧を自所の電流で除した $\dot{v}/\dot{i}$ をそれぞれ $_sZ$, $_mZ$, $_nZ$, $_rZ$ と表すものとしよう．すなわち

$$_s\dot{Z} = \dfrac{\dot{e}_s}{\dot{i}}, \quad _m\dot{Z} = \dfrac{\dot{v}_m}{\dot{i}}, \quad _n\dot{Z} = \dfrac{\dot{v}_n}{\dot{i}}, \quad _r\dot{Z} = \dfrac{\dot{e}_r}{\dot{i}} \bigg\} \quad (17\cdot16)$$

インピーダンス $\dot{z}_l$ をはさんだ m-n 点の間では

$$\left.\begin{array}{l}\dot{v}_m - \dot{v}_n = \dot{z}_l \cdot \dot{i} \\ \therefore\ _m\dot{Z} - {}_n\dot{Z} = \dot{z}_l\end{array}\right\} \quad \begin{array}{l}\dot{z}_s,\ \dot{z}_l\ 等：回路のインピーダンス \\ _m\dot{Z},\ _n\dot{Z}\ 等：リレーの見るインピーダンス\end{array} \quad (17\cdot17)$$

s 点から r 点までの全系では，インピーダンスの相互関係は次式となる．また，図 17・5(b) のベクトル関係図として表される．

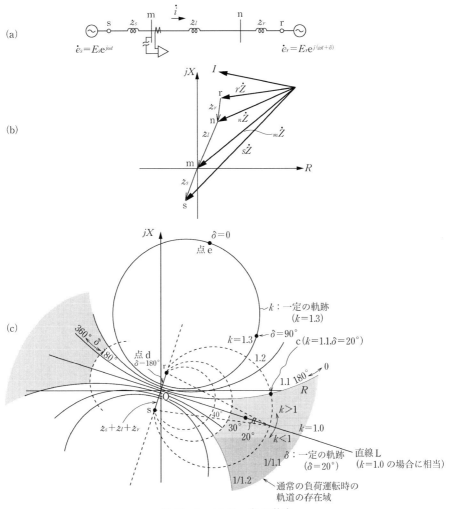

図 17・6 インピーダンス軌跡

$$\left.\begin{array}{l}\dot{e}_s = \dot{e}_r + \dot{i}(\dot{z}_r + \dot{z}_l + \dot{z}_s) \\ \therefore \quad _s\dot{Z} = {}_r\dot{Z} + (\dot{z}_r + \dot{z}_l + \dot{z}_s) \quad ① \\ _m\dot{Z} = {}_s\dot{Z} - \dot{z}_s = {}_r\dot{Z} + (\dot{z}_r + \dot{z}_l) \quad ② \end{array}\right\} \quad (17 \cdot 18)$$

これらのインピーダンスベクトル図は各点の距離リレーが見るインピーダンス関係でもある．座標の原点をどこに決めるかは任意である．仮にm点を $(0,0)$ とすれば，これはm点距離リレーの見るインピーダンス $_m\dot{Z}$ に相当し，前方に $\dot{z}_l + \dot{z}_r$ を，後方に $\dot{z}_s$ を見ることになる．n点のr方向を見るリレー $_n\dot{Z}$ は前方に $\dot{z}_r$ を，後方に $\dot{z}_s + \dot{z}_l$ を見ることになる．

さて，この系統のs，r両端の電源（内部誘起電圧）が次のように相差角 δ（r点が進み位相）で運転されているとしよう．

$$\left.\begin{array}{l}\dot{e}_s = E_s \mathrm{e}^{j\omega t} \\ \dot{e}_r = E_r \mathrm{e}^{j(\omega t + \delta)} \end{array}\right\} \quad (17 \cdot 19)$$

電流は

$$\dot{i} = \frac{E_s \mathrm{e}^{j\omega t} - E_r \mathrm{e}^{j(\omega t + \delta)}}{\dot{z}_r + \dot{z}_l + \dot{z}_s} = \frac{E_s}{\dot{z}_r + \dot{z}_l + \dot{z}_s}(1 - k\mathrm{e}^{j\delta})\mathrm{e}^{j\omega t}, \qquad k = \frac{E_r}{E_s} \quad (17 \cdot 20)$$

s端発電機の内部リアクタンスは $\dot{z}_s$ に組み込まれている（r端についても同様）．

である．したがって，

s点，m点などのリレーが普段（事故のないとき）に見るインピーダンス

$$\left.\begin{aligned} {}_s\dot{Z} &= \frac{\dot{e}_s}{\dot{i}} = (\dot{z}_r + \dot{z}_l + \dot{z}_s) \cdot \frac{1}{1-ke^{j\delta}} \quad \cdots\cdots\cdots\cdots\text{①} \\ {}_m\dot{Z} &= {}_s\dot{Z} - \dot{z}_s = (\dot{z}_r + \dot{z}_l + \dot{z}_s) \cdot \frac{1}{1-ke^{j\delta}} - \dot{z}_s \quad \cdots\cdots\text{②} \\ \text{ここで，}\ k &= \frac{E_r}{E_s}\ (k：\text{通常は}\ 0.9 \sim 1.1\ \text{の実数である}) \end{aligned}\right\} \quad (17 \cdot 21)$$

式(17·21)①の $_s\dot{Z}$ はs点の普段の負荷状態の電圧・電流をリレーがインピーダンス値として見ているのであり，負荷変動や系統動揺時にはこの式の δ が変化する．式②より，m点リレーはs点より $\dot{z}_s$ 離れた地点からs点リレーと同じ現象を見ていることを示している．

次に，式(17·21)を $R\text{-}X$ 座標の軌跡として作図しよう．

式(17·21)①は次式の形をしている．

$$\left.\begin{aligned} {}_s\dot{Z} &= \frac{\dot{A}}{1-ke^{j\delta}} \\ {}_s\dot{Z} - {}_s\dot{Z}\cdot ke^{j\delta} &= \dot{A} \\ \text{ただし，}\ \dot{A} &= \dot{z}_r + \dot{z}_l + \dot{z}_s \end{aligned}\right\} \quad (17 \cdot 22)$$

系統の回路構成が決まれば A は固定値として与えられるので，s点とr点の左右両電源の電圧比 k や位相角差 δ をパラメータとして $_s\dot{Z}$ を描くことができる．δ が固定で k が変化する場合も，また k が固定で δ が変化する場合も $_s\dot{Z}$ の軌跡は円を描く．その理由と円の描き方は〔備考17·1〕で示してあるが，円軌跡となることを理解するには若干の幾何学的考察が必要となる．〔備考17·1〕の結果を用いて式(17·21)を描いた軌跡が図17·6(c) である．

図17·6(c)において，**①δ 一定で k が変化する軌跡と②k 一定で δ が変化する軌跡はともに円弧であり，両円弧の交点の k と δ がそのときの運転点である**．k と δ が決まればその両円弧軌跡の交点がそのときのインピーダンスということになる．

一例として図中の点 c は $k=1.1$ の円と $\delta=20°$ の円弧の交点である．点 c では k が 1.0 に近いために k 一定の円弧は非常に大きく，かつ R 軸近傍にあるので，平常時存在域は原点から遠い R 軸の近傍にあるといえよう．

〔a〕 δ が一定値で k が変化する場合の軌跡（鎖線円弧）

δ が一定値で k が変化する場合の軌跡を図17·6(c) の鎖線円弧で示している（図は $\delta=20$，30，40° の場合）．この円弧の作図法〔備考17·1〕は簡単で，直線 r-s を円弦として頂角が δ の円弧となる．系統は $k=1.0\pm0.1$ の範囲で運転されるので実際の軌跡はこの円弧が $k=0$ の直線に接する近傍領域（円弧の中央部）に限られることはいうまでもない．

軌跡は δ が 0～30° 程度では直線 s-r より十分遠方にあるが，δ が増大（重負荷運転）すると急速に直線弦 s-r に接近する．

〔b〕 k が一定値で δ が変化する場合の軌跡（実線円弧）

式(17·21) において，$k=1.0\pm0.1$ 程度の一定値（実数）とみなすものとして，相差角 δ を 0～360° 回転する場合の $R\text{-}X$ 座標上での軌跡を吟味することにする．

式(17·21) に含まれる右辺の分母 $(1-ke^{j\delta})$ は $R\text{-}X$ 座標上で明らかに円である．この逆数 $1/(1-ke^{j\delta})$ の軌跡も円となる．その証明と作図法は〔備考17·1〕に示すように多少複雑である．

k を固定して系統動揺により δ が安定時の値 δ_0 から増大する場合の式(17·21) の軌跡は図のように直線 r-s（系統全長のインピーダンス）の中央点 O で交差し，r-s に垂直な直線 L（$k=1$ の場合に相当）に対して線対称の円（図17·6(c) の実線円弧となる（点 s，r が〔補足説明1〕の点 b，a に相当する）．

円の中心点と直径位置は

円の中心点：直線 s-r の延長線上で r より $\{1/(k^2-1)\}\dot{z}_{rs}$ の点
円の直径遠点：直線 s-r の延長線上で r より $\{1/(k-1)\}\dot{z}_{rs}$ の点（図の点 e, $\delta=0°$ に対応）．
円の直径近点：直線 s-r 線上で r より $\{1/(k+1)\}\dot{z}_{rs}$ の点（図の点 d, $\delta=180°$ に対応）．

k が 1.0 に近ければ円は非常に大きくなり，$k=1.0$ では直径無限大の円（すなわち，直線 r-s と直角に交わる直線 L）となる．

直線 s-r が系統の全長のインピーダンスである．なお，図 17・6(c) では点 s, r の中央点を座標の原点 O と表現している．

〔c〕 平常運転時の軌跡存在域

平常運転状態で，$k=1.0\pm0.1$，$\delta=0\sim\pm30°$ とする場合の軌跡の存在域は図 17・6(c) の網かけ範囲となる．運転軌跡は全系のインピーダンス直線 r-s に対して十分離れた領域にあるので，s-r 上の m, n 点などどの地点のリレーの見るインピーダンス（$\dot{V}/\dot{I}$）もはるか遠方に見ることになる．

〔d〕 脱調時（系統動揺時）の軌跡

$\delta=0\sim30°$ 程度で運転中に，k が一定のままで δ が増大し始めると，O の非常な右遠点にあった軌跡が k 一定の実線円弧に添って O 点に向かって接近する．δ がさらに増大して遂に脱調モード（$\delta=30°\to90°\to180°\to270°\to360°$ に変化する）になると，インピーダンス軌跡は実線円弧上を右からさらに原点に近づき，δ が 180° で直線 s-r に交差して通過し，左に去る．k が一定のままで δ のスリップ速度が仮に 360°/10 秒とすれば，脱調時に 10 秒間で図の実線円軌跡を一周して元の軌跡に戻ってくる．脱調時には m 点や n 点のリレーは直線 r-s 上の自地点からこの実線円弧（k 一定として）のインピーダンスの移動を見ることになる．

系統動揺，あるいは脱調現象で δ が 50°～90° に達すると R-X 座標上の軌跡が直線 s-r に急接近して距離リレーの動作域に入ってくるのである．大きい系統動揺や脱調現象では各変電所の距離リレーは軒並みに動作して線路が寸断されることになってしまうので，それを防ぐ特別な対策が絶対に欠かせないことになる．なお，重負荷で電源側と負荷側の位相差角 δ が 50° 付近になると系統動揺や脱調現象でなくても軌跡が距離リレーの動作域に急接近することになるので，距離リレーが重負荷で無用な動作をしないための**脱調時トリップ阻止**の配慮が必要である．

17・4・2 方向距離リレーによる脱調検出とトリップ阻止

線路保護リレーは線路事故では直ちに遮断器にトリップ指令を発するが，脱調時にはトリップ指令を発して系統があちこちで寸断されるようなことがあってはならない．系統動揺（脱

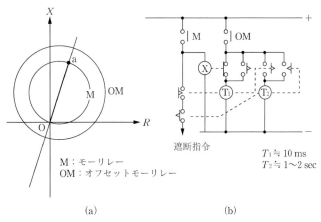

図 17・7 脱調検出とトリップ阻止シーケンス

調）でDZリレーの動作によって遮断指令を出さない工夫が必要である．その代表例を図17・7に示す．

図17・7(a)のように内部事故判定用のモーリレーMと，脱調検出用に付加されたオフセットモーリレーOMが用意される．図17・7(b)のシーケンスで，内部事故時にはインピーダンス軌跡が事故前から事故点（図の直線O-a）に瞬間的に移動するのでMとOMは同時に動作し，Mによって直ちにトリップ指令が発せられる．これに対して脱調時には，軌跡はδの増加速度に応じて比較的ゆっくり点Oに向かって移動するのでまずOMが動作し，少し遅れてMが動作する．OMが動作してからM（したがって，補助リレーX）が動作するまでに一定時間差（タイマ時間 T_1：10 ms 程度）があればタイマのb接点によってトリップ回路は阻止される．タイマ T_2 の回路は一定時間（例えば，T_2：1～2秒程度）トリップ阻止を継続するためのシーケンス回路である．

17・5 有負荷事故時のインピーダンス軌跡

前節までで方向距離リレーが平常時に見る負荷インピーダンス軌跡 $\dot{Z}_{\text{load}}$，無負荷状態の事故時に見るインピーダンス軌跡 $\dot{Z}_{\text{fault}}$ について学んだ．本節ではこの両者を既知として，**有負荷状態での事故時のインピーダンス軌跡 $\dot{Z}_{\text{total}}$ がどのようになるかについて検討しよう**．

高度に複雑化してノード・ブランチの多い今日の系統では，ループ回路や放射状回路が複雑に構成され，また負荷電流（潮流）のモードも一様でない．そのため事故時に，ある電気所の負荷電流成分が事故電流成分より大きくて無視できないというようなことも決して珍しいことではない．負荷電流の重畳を考慮したインピーダンス軌跡を正確に知っておき，保護リレーの性能把握や整定に適切に反映することが必要である．

任意地点のリレーが見るインピーダンスは次のように分類される．

$\dot{Z}_{\text{load}}$：平常時に見る負荷インピーダンス
$\dot{Z}_{\text{fault}}$：無負荷事故時に見るインピーダンス
$\dot{Z}_{\text{total}}$：有負荷事故時に見るインピーダンス

以下の説明は何相リレーであっても成り立つことであるが，b相リレーを例として説明する．b相保護リレーの見るインピーダンス V_b/I_b は次式となる．

平常時に見る負荷インピーダンス

$$\dot{Z}_{\text{load}} = \frac{\dot{v}_b}{\dot{i}_{b\text{load}}} \quad \text{①}$$

無負荷事故時に見るインピーダンス

$$\dot{Z}_{\text{fault}} = \frac{\dot{v}_b}{\dot{i}_{b\text{fault}}} \quad \text{②} \qquad (17 \cdot 23)$$

ここで，$\dot{Z}_{\text{fault}}$ は前節の $\dot{z}_r + \dot{z}_l + \dot{z}_s$ に相当する．

有負荷事故時に見るインピーダンス

$$\dot{Z}_{\text{total}} = \frac{\dot{v}_b}{\dot{i}_{b\text{total}}} = \frac{\dot{v}_b}{\dot{i}_{b\text{fault}} + \dot{i}_{b\text{load}}} \quad \text{③}$$

式(17・23)①，②を③に代入すると

$$\dot{Z}_{\text{total}} = \frac{1}{\dfrac{1}{\dot{Z}_{\text{fault}}} + \dfrac{1}{\dot{Z}_{\text{load}}}} \qquad (17 \cdot 24)$$

いうまでもなく，この式は事故の種類やリレーの相名に影響されない普遍的なものである．

我々はベクトル $\dot{Z}_{\text{fault}}$ と $\dot{Z}_{\text{load}}$ をすでに知っているので，**R-X 座標上で作図された $\dot{Z}_{\text{fault}}$ と $\dot{Z}_{\text{load}}$ を既知として，式(17・24)による $\dot{Z}_{\text{total}}$ を幾何学的方法で作図する**ことができる．複素数ベクトル A, B を既知として $\dot{Z} = 1/\{(1/\dot{A}) + (1/\dot{B})\}$ を求める作図法を〔備考17・2〕に示し

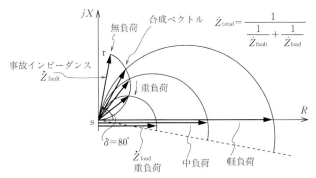

図 17・8 有負荷事故時に方向距離リレーの見るインピーダンス

てある．この結果を利用して式(17・24)の $\dot{Z}_{\text{total}}$ を作図で求めた結果を**図17・8**に示す．

図でベクトル $\overrightarrow{\text{sr}}$ が無負荷事故時の線路インピーダンス $\dot{Z}_{\text{fault}}$ で，前節の $\dot{z}_r + \dot{z}_l + \dot{z}_s$ に相当する．負荷インピーダンス $\dot{Z}_{\text{load}}$ は R 軸上にあるとして3段階に増減する場合を示している．リレーは無負荷事故時には線路インピーダンス直線 $\overline{\text{sr}}$ を自分の位置から見ている．負荷が大きくなっていくとリレーの見る合成ベクトル $\dot{Z}_{\text{total}}$ は右方向に倒れこみ，かつ短くなっていく．

重負荷送電系統では，上述の合成電流の存在域を十分に吟味して，距離リレーが負荷電流で絶対動作せず，また整定範囲内の事故時には確実に動作するように万全を期す必要がある．

17・6 発電機の界磁喪失リレー

発電機の低励磁領域の特性と問題点などについては15・4節，16・3節などで詳しく説明した．界磁喪失（例えば，励磁回路の短絡事故）はその頂点ともいうべき状態である．発電機が万一にも界磁喪失状態になれば発電機を直ちに解列して発電機の保護と系統安定度の維持を図らなければならない．本節では，この役割を担う界磁喪失リレーについて述べよう．発電機の界磁喪失検出にも方向距離リレーが使われるのである．

17・6・1 界磁喪失リレーの特性

一般的な方法として界磁喪失リレー（**60 Ry** ともいう）は，その特性は次式および**図17・9**

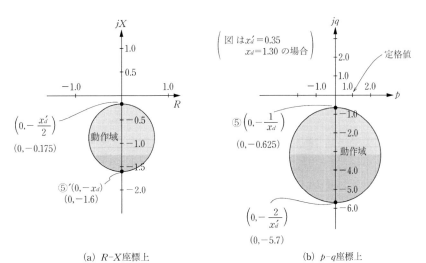

(a) R-X座標上   (b) p-q座標上

図 17・9 界磁喪失リレーの動作域

(a) に示すような R-X 座標上の円特性として整定される．

リレーの R-X 座標上の動作特性

$$\left.\begin{aligned}&\underline{直径}：点\ (0, -x_d)\ と\ \left(0, -\frac{x_d{'}}{2}\right) を結ぶ直線\\&\underline{中心点}：\left(0, -\frac{x_d+\frac{x_d{'}}{2}}{2}\right) \quad \underline{半径}：\frac{x_d-\frac{x_d{'}}{2}}{2}\\&\underline{特性式}：R^2+\left\{X+\frac{x_d+\frac{x_d{'}}{2}}{2}\right\}^2=\left\{\frac{x_d-\frac{x_d{'}}{2}}{2}\right\}^2\end{aligned}\right\} \quad (17\cdot 25)$$

R-X 座標と p-q 座標の関係は 17・2 節の式(17・3) で説明したように逆数の関係にあり，$R+jX$ の共役値の逆数が $p+jq$ となる．そこで，式(17・25) が p-q 座標上ではどのように投影されるかを検討しよう．

式(17・25) を p-q 座標に投影すると図 17・9(b) に示すように，これも次のような円特性となる．

p-q 座標上の動作特性

$$\left.\begin{aligned}&\underline{直径}：点\ \left(0, -\frac{1}{x_d}\right) と点 \left(0, -\frac{2}{x_d{'}}\right) を結ぶ直線\\&\underline{中心点}：\left(0, -\frac{\frac{1}{x_d}+\frac{2}{x_d{'}}}{2}\right) \quad \underline{半径}：\frac{\frac{2}{x_d{'}}-\frac{1}{x_d}}{2}\\&\underline{特性式}：p^2+\left\{q+\frac{\frac{1}{x_d}+\frac{2}{x_d{'}}}{2}\right\}^2=\left\{\frac{\frac{2}{x_d{'}}-\frac{1}{x_d}}{2}\right\}^2\end{aligned}\right\} \quad (17\cdot 26)$$

16・2 節の式(16・11) と図 16・3 で p-q 座標上の任意の点 (p, q) と点⑤ $(0, -1/x_d)$ を結ぶ直線の長さが界磁の強さに対応し，また点⑤が界磁ゼロの点である．あるいは，図 17・9 で文字どおり $E_{fd}=0$ に相当する界磁喪失の点は図(b) の p-q 座標上で⑤$(0, -1/x_d)$ である．この点は図(a) R-X 座標上の点⑤${'}(0, -x_d)$ に相当する．界磁喪失リレーとしての方向距離リレー（40 リレー）は，点⑤を動作域としてカバーするように整定すればよいことになる．

界磁喪失リレーが動作したら発電機の保護と系統動揺防止のために直ちに発電機をトリップしなければならない．実際の運転では低励磁域にさしかかると UEL 整定域を超えないように AVR が制御してくれるが，それでも間に合わない場合，さらに AVR 系や励磁系統の不具合時の場合もまれにないとはいえないので界磁喪失リレーを省くことはできない．

〔備考 17・1〕 式(17・21) が円軌跡であることの証明と作図説明
$\dot{Z}=\dot{A}/(1-e^{j\delta})$ の軌跡の求め方
$\dot{A}$ が既知ベクトルの場合の $\dot{Z}$ の軌跡を求める．

（1） δ：一定，k：$0\sim\infty$ に変化する場合の軌跡

$$\left.\begin{aligned}&\dot{A}=\dot{Z}-\dot{Z}\cdot ke^{j\delta}\\&角\ \underline{/\mathrm{acb}}=\delta\end{aligned}\right\} \quad (1)$$

であるから $\dot{A}$, $\dot{Z}$, $\dot{Z}e^{j\delta}$ をそれぞれ一辺とする閉三角形 abc を作ることができる（**図 17・10**）．

ここで，δ：一定とすれば，角 $\mathrm{acb}=\delta$：一定となる．したがって，点 c は直線 $\overline{\mathrm{ab}}$ を弦とする円弧を描く．点 c は $k=0$ で点 b，$k=\infty$ で点 a に一致する．

結局，ベクトル $\dot{Z}$ の軌跡は $\dot{A}$ を弦とする円弧となる．$\delta=90°$ では半円，$\delta=180°$ では薄い円弧，$\delta=0°$ では極大の円となる．

（2） k：一定，δ：$0\sim360°$ に変化する場合の軌跡

この場合には $\mathrm{ab}=\dot{A}$ の $1:k$ の内分点を d，$1:k$ の外分点を e とすると，d と e を直径とする円が $\dot{Z}$ の軌跡となる．ただし，数学的な説明はいささか複雑になる．

図において，点 d，e は $\dot{A}$ の内分点と外分点であるから直線上の点 e，o，a，d，b には下記の関係が

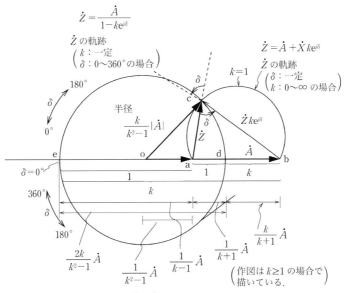

図 17・10 $\dot{Z}=\dot{A}/(1-e^{j\delta})$ の軌跡の求め方

ある.

$$\left.\begin{aligned}
&\overrightarrow{\mathrm{ad}}=\frac{1}{k+1}\dot{A}, \quad \overrightarrow{\mathrm{db}}=\frac{k}{k+1}\dot{A}\\
&\overrightarrow{\mathrm{ea}}:(\overrightarrow{\mathrm{ea}}+\dot{A})=1:k \quad \therefore \quad \overrightarrow{\mathrm{ea}}=\frac{1}{k-1}\dot{A}\\
&\text{直径} \quad \overrightarrow{\mathrm{ed}}=\overrightarrow{\mathrm{ea}}+\overrightarrow{\mathrm{ad}}=\frac{2k}{k^2-1}\dot{A}\\
&\text{半径} \quad \overrightarrow{\mathrm{od}}=\frac{k}{k^2-1}\dot{A}\\
&\overrightarrow{\mathrm{oa}}=\overrightarrow{\mathrm{od}}-\overrightarrow{\mathrm{ad}}=\frac{1}{k^2-1}\dot{A}
\end{aligned}\right\} \quad (2)$$

また,三角形 oac に注目すると

$$\overrightarrow{\mathrm{oc}}=\overrightarrow{\mathrm{oa}}+\dot{Z}=\frac{1}{k^2-1}\dot{A}+\frac{\dot{A}}{1-ke^{j\delta}}=\frac{k}{k^2-1}\cdot\frac{k-e^{j\delta}}{1-ke^{j\delta}}\dot{A} \quad (3)$$

上記の $\overrightarrow{\mathrm{oc}}$ に δ が含まれているのでその長さが δ の変化に対して一見変化するようにみえるが,実は一定値となる.

$$\begin{aligned}
\left|\frac{k-e^{j\delta}}{1-ke^{j\delta}}\right|&=\left|\frac{(k-\cos\delta)-j\sin\delta}{(1-k\cos\delta)-jk\sin\delta}\right|=\sqrt{\frac{(k-\cos\delta)^2+\sin^2\delta}{(1-k\cos\delta)^2+(k\sin\delta)^2}}\\
&=\sqrt{\frac{k^2+1-2k\cos\delta}{k^2+1-2k\cos\delta}}=1
\end{aligned} \quad (4)$$

したがって,任意の δ に対して

$$|\overrightarrow{\mathrm{oc}}|=\frac{k}{k^2-1}\dot{A} \quad (5)$$

となる.$\overrightarrow{\mathrm{oc}}$ が δ に影響されず k のみで決まる一定値であることがわかったので $\dot{X}$ が δ の変化に対して中心点 o,半径 $\overrightarrow{\mathrm{oc}}$ の円弧を描くことが証明された.

この円の描き方を再整理すると,$\overrightarrow{\mathrm{ab}}=\dot{A}$ の延長線上で

〈k 一定時の円の描き方〉

$$\left.\begin{aligned}
&\text{中心点 o:線 }\overrightarrow{\mathrm{ab}}\text{ の延長線上で a より }\frac{1}{k^2-1}\dot{A}\\
&\text{直径遠点 e:線 }\overrightarrow{\mathrm{ab}}\text{ の延長線上で a より }\frac{1}{k-1}\dot{A}\\
&\text{直径近点 d:線 }\overrightarrow{\mathrm{ab}}\text{ 上で a より }\frac{1}{k+1}\dot{A}
\end{aligned}\right\} \quad (6)$$

図 17・10 は $k\geqq 1$ の場合であるが $k\to 1.0$ では中心点 o は点 a よりどんどん遠ざかり,$k=1$ では直線

$\overline{ab}$ の中央でこれに直交する直線となる.$k \leq 1.0$ では上記の式で $k \to 1/k$ と置き換わる関係にあり,$\overline{ab}$ の中央直交線を挟んで線対称の円軌跡を得る.

〔備考 17・2〕 17・5 節の $\dot{Z} = \dfrac{1}{1/\dot{A} + 1/\dot{B}}$ の作図法

複素ベクトル $\dot{A}$,$\dot{B}$ が既知の場合の $\dot{Z}$ を作図法で求める (図 17・11).

$$\dot{Z} = \dfrac{1}{\dfrac{1}{\dot{A}} + \dfrac{1}{\dot{B}}} \tag{1}$$

これより次の二つの式が得られる.

$$\left.\begin{array}{l} \dot{Z} = \dfrac{\dot{A}}{1 + \dfrac{\dot{A}}{\dot{B}}} = \dfrac{\dot{A}}{1 + k\mathrm{e}^{-j\delta}} \\[2mm] \dot{Z} + \dot{Z} \cdot k\mathrm{e}^{-j\delta} = \dot{A} \\[1mm] \text{ただし,}\ \dot{A} = \dot{B} \cdot k\mathrm{e}^{-j\delta} \end{array}\right\} \tag{2}$$

$$\left.\begin{array}{l} \dot{Z} = \dfrac{\dot{B}}{1 + \dfrac{\dot{B}}{\dot{A}}} = \dfrac{\dot{B}}{1 + \dfrac{1}{k}\mathrm{e}^{j\delta}} \\[2mm] \dot{Z} + \dot{Z} \cdot \dfrac{1}{k}\mathrm{e}^{j\delta} = \dot{B} \\[1mm] \text{ただし,}\ \dot{B} = \dot{A} \cdot \dfrac{1}{k}\mathrm{e}^{j\delta} \end{array}\right\} \tag{3}$$

式 (2) より,ベクトル $\dot{A}$,$\dot{Z}$ および $\dot{Z} \cdot k\mathrm{e}^{-j\delta}$ は閉三角形 $\angle$aco の関係にある.また,$\dot{Z} \cdot k\mathrm{e}^{-j\delta}$ は $\dot{Z}$ を時計方向に δ 回転させて長さを k 倍したものである.ここで,$\delta = $ 一定とすれば,三角形の頂角 $\angle$aco $= \pi - \delta:$ 一定であり,$\dot{Z}$ は $\dot{A}$ を弦として,頂角が $\pi - \delta$ の円弧を描く.

同様に式 (3) の関係から,$\dot{B}$,$\dot{Z}$ および $\dot{Z} \cdot \dfrac{1}{k}\mathrm{e}^{j\delta}$ は閉三角形の関係にあり,また δ 一定とすれば $\dot{Z}$ は $\dot{B}$ を弦として頂角 $\pi - \delta$ の円を描く.

以上により,式 (1) の関係があるとき,ベクトル $\dot{Z}$(直線 $\overrightarrow{\mathrm{oc}}$)はベクトル $\dot{A}$ および $\dot{B}$ を弦とする二つの円弧の上にあることが証明された.

なお,このとき,
$\overline{\mathrm{ac}} : \overline{\mathrm{co}} = \mathrm{oc} : \overline{\mathrm{cb}} = k : 1 \qquad \triangle \mathrm{oac} \infty \triangle \mathrm{boc}$

$\dot{A}$ を負荷運転中の軌跡,$\dot{B}$ を無負荷事故時のベクトルとすれば $\dot{Z}$ が有負荷事故時のベクトルである.

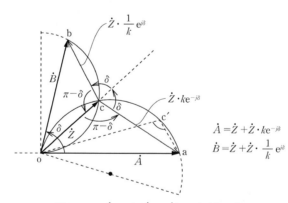

図 17・11 $\dot{Z} = 1/(1/\dot{A} + 1/\dot{B})$ の合成作図法

休憩室：その12　α-β-0 法（Clarke Components）の登場

α-β-0 components は **Edith Clarke** による次の二つの論文にはじめて登場する．

"Determination of Voltage and Currents During Unbalanced Faults" GE Review, 1937

"Overvoltages Caused by Unbalanced Short Circuits" AIEE Transaction vol. 57, 1938
（共著者：C. N. Weygandt, C. Concordia）

α-β-0 法は別名 **Clarke Components** とも言われる．ただし，Clarke は自著の中で α-β-0 法の原理ともいうべき概念（Y-Δ 変圧器のコイル電流を線間帰路成分と対地帰路成分に分解する考え）がすでに W. W. Lewis の 1917 年の論文 "Short Cirrcuit Currents on Grounded Neutral System" で使われていると指摘している．第 6 章の図 6・8 が Lewis が示した図である．

α-β-0 法は第 6，7 章で述べたように，変換係数が実数の変換法であるので調波成分を複数含む現象でも a-b-c 相 ⇔ α-β-0 相の間で直接的な波形合成が可能，線路が対称座標法と共通の回路定数で表現できるなどの優れた特徴がある．α-β-0 法は現状では対称座標法ほどには活用されているとはいえないが，α-β-0 法でなければうまく解けないケース（例えば 7・3 節，19・2 節）もあるのである．電気理論記述史として，記号法，対称座標法および 1928 年登場の d-q-0 法（第 10 章で述べる）と並ぶ **第 4 の発明エポック** といえるであろう．α-β-0 法が後年にさほど活用される存在とならなかったのはその丁寧な解説と，活用の有効性を示す応用事例などに関する文献類が過去に少なかったことによるのではないかと思われる．α-β-0 法が対称座標法と並ぶ有効な解析法であることが本書を通じて理解いただければ幸甚である．

さて，Edith Clarke(1883-1959) は 1983 年アメリカ Maryland 生まれの女性である．1991 年から University of Wisconsin で学びつつ計算作業の仕事で学資を稼ぎ，卒業後，いったんは AT&T 社で "computer"（計算作業者）として働くが 1918 年に MIT の電気工学の修士課程に入学し，翌年には女性としてアメリカ初の MIT 電気工学修士課程卒業者になる．彼女は MIT を卒業後，1921 年に GE 社に入社し，26 年間の GE 社勤務で数々の業績を残した後，1947 年から 1956 年まで University of Texas の教壇に立ち，1959 年に故郷 Maryland で生涯を終えている．

彼女は GE 社時代に対称座標法の適用，複導体線路，不平衡事故時の異常電圧，安定度などの数々の論文を発表しているが，1941 年には AIEE 提出論文 "Stability Limitations of Long-Distance Alternating Current Power Transmission Systems" で制度化直後の AIEE "the Best Paper of the Year" の第 1 回受賞者に輝いている．

α-β-0 法を使った論文が 1937 年に発表されたことは前述のとおりある．

Edith は名著 "Circuit Analysis of AC Power Systems" の著者としても有名であるが，さらに送電線路の実際の計画・設計段階で必須の各種データの簡易な算出決定に非常に有効な簡略計算図表などを次々に発表して，電力系統建設の実務の効率化に大きく貢献したことでも知られている．彼女の時代は二つの大戦をはさんでアメリカが世界の工業大国として，その大躍進の真っ最中であり，電力系統の猛烈な建設ラッシュの時代であった．計算機のない時代に "a woman computer" として働いた経験が彼女をいろいろな簡略計算式図表の作成に駆り立てたのであろう．

Edith はアメリカ人女性として初の MIT 電気工学修士，GE 社 engineer，AIEE 掲載論文著者，AIEE fellow，電力系大学教授などとしても記憶されており，アメリカの偉大な女性列伝の殿堂にも名前を連ねている．

E. Clarke
(1883-1959)
(E. C. B. White 収蔵写真，IEEE History Center 提供)

第18章 進行波の現象

前章までは電力系統技術の仕組みや諸特性・振舞いを商用周波数（50/60 Hz）ないしそれに近い周波数領域の現象として述べてきた．電気は電線・巻線内を瞬時に流れる商用周波数の交流であるとして扱っても通常はほとんど支障のない範囲の技術論であった．しかしながら本来は電気は有限の速度と広い周波数帯域の振動を伴って伝搬し，電磁波と名づけられた一つのエネルギーの姿である．直流，商用周波数の現象から MHz, GHz オーダにも及ぶ開閉サージや雷現象まで，すべてが電気の姿であり電力系統の姿である．

ところが現実には，商用周波数の現象と高周波の現象をあたかも互いに無関係な別の理論のようにややもすると錯覚し，また一方の知見に偏って他方の知見をまったく欠くというようなことが非常に多いのではないだろうか．

電力技術者たるもの，交流理論とサージ領域の理論のどちらを欠いても電力システムの本当の姿を描くことは不可能である．このような思いを込めて，本章以降では電力系統の姿を高周波領域に拡大して描いていくものとする．本章ではその第一歩として，送電線の進行波現象についてその理論的エッセンスを説明する．

18・1 送電線（分布定数回路）の進行波理論

表 18・1 を参照しつつ電力系統の現象を便宜上，次の三つに分けてみよう．
① **0〜数 kHz の低次高調波領域**：直流・商用周波数・低次高調波などの現象．
② **数 kHz〜数百 kHz の高周波領域**：高次高調波過渡現象，電力線搬送，通信誘導障害などの多くはこの範囲の現象であろう．
③ **MHz, GHz のサージ領域**：雷現象や開閉サージはこの領域となる．

送電線の厳密な意味での本来の姿は表 18・1 に示すように分布定数回路として表現される．また，これを適切な方法で近似化したものが表中の集中定数回路（T 回路，π 回路など）であり，高周波領域の現象では誤差が大きくなるが取り扱いがはるかに容易になる．精度評価を忘れない限り②，③の現象に対しても十分に利用できる極めて有効な近似法である．さらに，集中定数回路の並列浮遊キャパシタンス C を無視すると回路は $R+jX$ の直列定数のみとなる．

後述するように回路の浮遊キャパシタンス C を無視することは，実は電気は回路導体中を速度無限大で伝搬すると仮定することにほかならない．

サージ領域の現象を扱う場合には，長い架空送電線やケーブルは定数 L, C, R, G よりなる分布定数回路として理論を組み立てなければならない．また，我々が普段扱い慣れた交流領域の理論は近似論であるという認識が必要である．

18・1・1 送電線（架空送電線・ケーブル）の波動方程式と進行波のイメージ

〔a〕 波動方程式の導入

電気はその周波数の如何にかかわらず電界と磁界を伴う電磁波として電線に添って速度 u〔km/sec〕で伝搬していく．架空送電線の場合には，電線を取り巻く空間は大気であり，電磁波はその大気空間を伝搬するのであるからその伝搬速度 u は光が真空中を伝搬する速度にほぼ等しく，$u=300,000$ km/sec である（1・3 節および〔休憩室：その 4〕などを参照）．

表 18・1 系統現象の周波数マップ

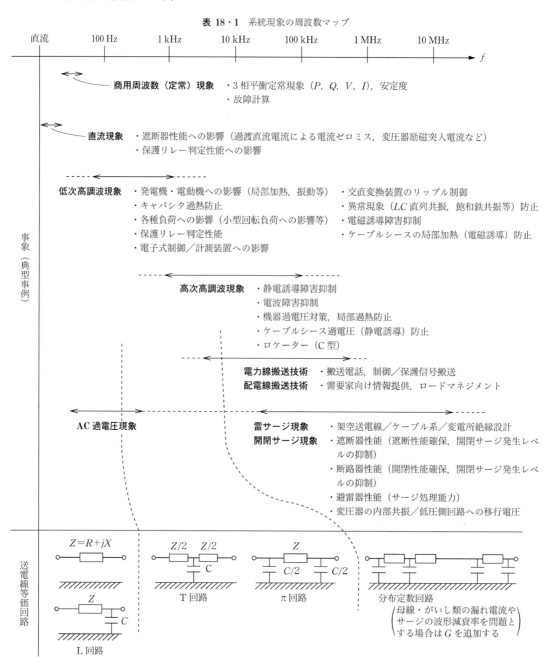

さて，その電磁波の姿としての電圧 $v(t)$，電流 $i(t)$ が送電線に添って伝搬していく現象を理論的に正しく表現するのが図 18・1 に示す送電線の分布定数回路である．$v(t)$，$i(t)$ が高周波（サージ現象を含めて）の領域では線路の C（単位長当たりの漏れキャパシタンス〔F/km〕）や G（単位長当たりの漏れコンダクタンス〔℧/km〕．漏れ抵抗〔Ω/km〕の逆数）を完全に無視してゼロとすることはできない．

送電線の単位長当たりの商用周波の漏れ電流は次のように表現できる．

$$i_{leak}(t) = i'_{leak}(t) + i''_{leak}(t) = G \cdot V(t) + C \frac{dV(t)}{dt}$$

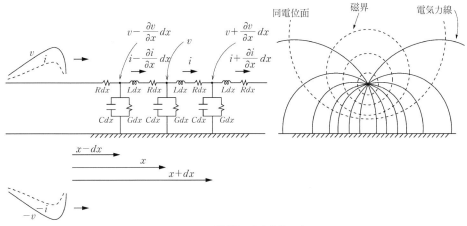

図 18・1 送電線の分布定数回路

商用周波数定常漏れ電流
$$i_{leak}(t) = i'_{leak}(t) + i''_{leak}(t) = (G + j\omega C) \cdot V(t) = Y \cdot V(t) \quad (18 \cdot 1)$$

ただし，$Y = G + j\omega C$〔℧/km〕：アドミッタンス，G〔℧/km〕：コンダクタンス，ωC〔℧/km〕：容量性サセプタンス．

送電線のある点sを起点として，起点からxの地点の電圧，電流を$v(x,t)$，$i(x,t)$としよう．送電線の部位xと$x+\Delta x$の微小区間で次の関係が成り立つ．

$$\left. \begin{array}{l} v(x,t) - \left(v(x,t) + \dfrac{\partial v(x,t)}{\partial x}dx\right) = (Ldx)\dfrac{\partial i(x,t)}{\partial t} + (Rdx)i(x,t) \cdots\cdots ① \\ -i(x,t) + \left(i(x,t) - \dfrac{\partial i(x,t)}{\partial x}dx\right) = (Cdx)\dfrac{\partial v}{\partial t}(x,t) + (Gdx)v(x,t) \cdots ② \end{array} \right\} \quad (18 \cdot 2a)$$

$$\therefore \left. \begin{array}{l} -\dfrac{\partial v(x,t)}{\partial x} = L\dfrac{\partial i(x,t)}{\partial t} + Ri(x,t) \cdots\cdots\cdots\cdots ① \\ -\dfrac{\partial i(x,t)}{\partial x} = C\dfrac{\partial v(x,t)}{\partial t} + Gv(x,t) \quad \cdots\cdots\cdots ② \end{array} \right\} \quad (18 \cdot 2b)$$

式(18・2) ①の両辺を偏微分して②に代入しiを消去するなどによってvとiを分離した次式を得る．

$$\left. \begin{array}{l} \dfrac{\partial^2 v(x,t)}{\partial x^2} = LC\dfrac{\partial^2 v(x,t)}{\partial t^2} + (LG + CR)\dfrac{\partial v(x,t)}{\partial t} + RG \cdot v(x,t) \\ \dfrac{\partial^2 i(x,t)}{\partial x^2} = LC\dfrac{\partial^2 i(x,t)}{\partial t^2} + (LG + CR)\dfrac{\partial i(x,t)}{\partial t} + RG \cdot i(x,t) \end{array} \right\} \quad (18 \cdot 3)$$

式(18・1)～(18・3)は電力技術の出発点となる重要な式であるが，歴史的には有線通信ケーブルの理論として最初に利用されたことから**電信方程式**と名づけられ，また「波で説明される現象の基本式」として**波動方程式**とも呼ばれている．有線通信用ケーブル，同軸ケーブル，無線通信用導波管，光ケーブルなどの電磁波現象や光現象，また棒・パイプ・塔などの構造物に関する機械的現象など，これらすべての現象の理論的な起点となる重要な基本式である．

〔b〕 **進行波としての概念（無損失線路の場合）**

式(18・3)のままではその物理的イメージがまったく描けないので，簡単のため$R = G = 0$の**無損失線路**を考える．

いま，**図18・2**のような無損失の線路があり，その任意の点をs（$x = 0$）とする．

点sに任意の電圧$v(t)$（雷撃サージ電圧でも発電機電源でもよい）が印加された場合に，s点から距離xの地点の電圧・電流の関係式は

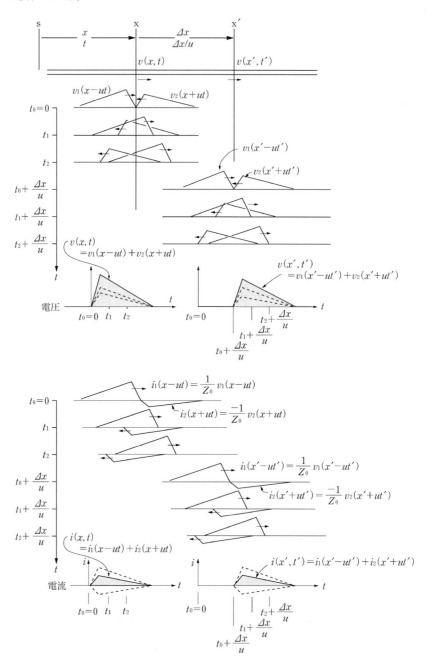

図 18・2　送電線進行波の概念

$$\left.\begin{array}{l}-\dfrac{\partial v(x,t)}{\partial x}=L\dfrac{\partial i(x,t)}{\partial t}\\[4pt]-\dfrac{\partial i(x,t)}{\partial x}=C\dfrac{\partial v(x,t)}{\partial t}\end{array}\right\} \quad (18\cdot 4)$$

$$\left.\begin{array}{l}\dfrac{\partial^{2} v(x,t)}{\partial x^{2}}=LC\dfrac{\partial^{2} v(x,t)}{\partial t^{2}}\\[4pt]\dfrac{\partial^{2} i(x,t)}{\partial x^{2}}=LC\dfrac{\partial^{2} i(x,t)}{\partial t^{2}}\end{array}\right\} \quad (18\cdot 5)$$

式(18·5) の一般解は次式で与えられる.

$$\left.\begin{array}{l} v(x,t) = v_1(x-ut) + v_2(x+ut) \\ i(x,t) = \dfrac{1}{Z_0}[v_1(x-ut) - v_2(x+ut)] \end{array}\right\} \quad (18\cdot 6)$$

ただし, $Z_0 = \sqrt{\dfrac{L}{C}}$ (**サージインピーダンス**), $u = \dfrac{1}{\sqrt{LC}}$ (**速度**)

式(18·6) は**ダランベールの解**と名づけられている.この解を式(18·5)から導く手続きは数学専門書にゆずるとして,式(18·6)が式(18·4),(18·5)の一般解であることを証明するのは簡単で,式(18·6)を式(18·4),(18·5)に代入して部分微分の定理を利用してこれら両式を満足する一般解であることを確かめればよい(読者自ら確かめられたい).

さて, ここで v_1, v_2 が v といかなる関係にあるかはこの時点では何もいえない.ただ, $x-ut$ の単位が距離であり, t が時間であるから u は速度である.したがって, $v_1(x-ut)$ は s点から u の速さで線路に沿って x 方向に移動しつつ観察すれば常に同一の大きさである.このことは v_1 が**距離 x に沿って速度 u で進む進行波**(前進波と名づける)であることを示している. $v_2(x+ut)$ についても同様であるが,この場合は進路が逆(**後進波**と名づける)と理解できる.そして x 点の電圧 $v(x,t)$ はその両者の合計値である.すなわち,**x 点の電圧 $v(x,t)$ は前進波 $v_1(x-ut)$ と後進波 $v_2(x+ut)$ の和**であると理解できる.

同様に,電流 $i(x,t)$ もまた前進波 $i_1(x-ut) = (1/Z_0)\cdot v_1(x-ut)$ と後進波 $-i_2(x+ut) = (-1/Z_0)\cdot v_2(x+ut)$ の重畳した電流(ただし,後進波は符号が逆になっている)として理解できる.

図18·2は電圧 v, 電流 i がそれらの前進波 $v_1, i_1 = v_1/Z_0$ および後進波 $v_2, i_2 = -v_2/Z_0$ の和として表現できることを (x,t) と $(x+\Delta x, t+\Delta x/u)$ の二つの地点でイメージとして示したものである.

ここで,次のことに留意しなければならない.

i) 送電線の任意の起点sから x の距離にある地点 x において時間 t に存在する電圧 $v(x,t)$, 電流 $i(x,t)$ に関する基本となる方程式ついて論じてきた.だが任意の地点 x, 時間 t になぜこの v, i が存在しているかについては何も言及していない.唯一の前提は起点sから x の距離までの間で送電線の設計構成(電線の種類・配置など)が同じであるとしているだけである.したがって,前述の方程式は送電線地点や電源の種類・場所などについてまったく制約のない状態で導かれたものである.換言すれば,この式は送電線固有の特性式であって,送電線に接続される電源の種類・場所(遮断器投入による発電機接続,雷撃,断路器開閉など)や外部回路の条件などに左右される性質のものではない.

ii) x 地点で物理的に観測できる実際の電圧はあくまで $v(x,t)$ であって,これを数学的には前進波成分 $v_1(x-ut)$ と後進波成分 $v_2(x+ut)$ の両者の和として理解できるということを示しているだけである.その意味では前進波,後進波は実測不可能な概念上の電圧である. x 点に右側から同時に現れる後進波 v_2 がなぜ,どこから来るかなどを論ずることは意味がない.電流についても同様である.

iii) 前進波 $v_1(x-ut)$, $i_1(x-ut)$ および後進波 $v_2(x+ut)$, $i_2(x+ut)$ は起点sに接続される電源条件(発電機・雷撃など)あるいはその他の外部回路条件と起点sから x までの線路の条件 x を過ぎたさらに遠方の線路の条件が決まれば決定される.すなわち v_1, i_1, v_2, i_2 は線路の終端条件が与えられれば特定された値として計算できるが,これについては後述する.

iv) 理想(無損失)送電線の場合には,電圧 $v(x,t)$, 電流 $i(x,t)$ およびこれを概念的に分解した前進波 v_1, i_1, 後進波 v_2, i_2 はいずれもその波形,速度は不変である.

なお，もしも地点 x に電源（発電機または雷撃）が突然接続されると現実の電圧サージ・電流サージが左右に向かって進行を開始する．この場合に左右に向かう電圧・電流は実測可能な実体としてのサージであって，前述の概念的な前進波・後進波とは異なるものであるから混同してはならない（18・5 節で学ぶ）．

〔c〕 進行波としての概念（無ひずみ線路の場合）

無ひずみ線路とは L，R，C，G の定数に次の関係がある場合のことである．

$$\alpha = \frac{R}{L} = \frac{G}{C} \tag{18・7}$$

この場合には，式(18・2)，(18・3) は簡易化されて

$$\left. \begin{aligned} -\frac{\partial v(x,t)}{\partial x} &= L\left\{\frac{\partial i(x,t)}{\partial t} + \alpha i(x,t)\right\} \quad \text{①} \\ -\frac{\partial i(x,t)}{\partial x} &= C\left\{\frac{\partial v(x,t)}{\partial t} + \alpha v(x,t)\right\} \quad \text{②} \end{aligned} \right\} \tag{18・8}$$

$$\left. \begin{aligned} \frac{\partial^2 v(x,t)}{\partial x^2} &= LC\left\{\frac{\partial^2 v(x,t)}{\partial t^2} + 2\alpha\frac{\partial v(x,t)}{\partial t} + \alpha^2 v(x,t)\right\} \quad \text{①} \\ \frac{\partial^2 i(x,t)}{\partial x^2} &= LC\left\{\frac{\partial^2 i(x,t)}{\partial t^2} + 2\alpha\frac{\partial i(x,t)}{\partial t} + \alpha^2 i(x,t)\right\} \quad \text{②} \end{aligned} \right\} \tag{18・9}$$

この式の一般解は式(18・6) に代わって次式となる（途中過程は〔備考1〕参照）．

$$\left. \begin{aligned} v(x,t) &= e^{-\alpha t}\{v_1(x-ut) + v_2(x+ut)\} \quad \text{①} \\ i(x,t) &= \frac{e^{-\alpha t}}{Z_0}\{v_1(x-ut) - v_2(x+ut)\} \quad \text{②} \end{aligned} \right\} \tag{18・10}$$

この式によれば，s 点に任意の電圧が印加されて発生した**進行波電圧は，前進波・後進波ともに波形は相似形のままで減衰項** $e^{-\alpha t}$ **だけ減衰しながら線路に沿って伝搬していくのである**．

また，進行波電流の前進波・後進波は，進行波電圧の $1/Z_0$ の大きさで相似形のまま同じ速度，同じ減衰率で電圧進行波に寄り添うように減衰しつつ（ただし，後進波は逆符号）進んでいく．

18・1・2 ラプラス変換領域における電圧・電流の一般解

式(18・2) に戻って，この式をラプラスの s 領域（$s = d/dt$）に変換してみよう．s 領域では式(18・2) は次式となる．

$$\left. \begin{aligned} -\frac{dV(x,s)}{dx} &= (Ls+R)\cdot I(x,s) - L\cdot i(x,0) \\ -\frac{dI(x,s)}{dx} &= (Cs+G)\cdot V(x,s) - C\cdot v(x,0) \end{aligned} \right\} \tag{18・11}$$

ここで，$v(x,0)$，$i(x,0)$ は線路の x 地点における電圧・電流の $t=0$ 時点の初期値である．

両式より V または I を消去すると

$$\left. \begin{aligned} \frac{d^2V(x,s)}{dx^2} &= \gamma^2(s)\cdot V(x,s) + \varphi_v(x) \\ \frac{d^2I(x,s)}{dx^2} &= \gamma^2(s)\cdot I(x,s) + \varphi_i(x) \end{aligned} \right\} \text{①}$$

ここで，

$$\gamma(s) = \sqrt{(Ls+R)(Cs+G)} \quad \text{（伝搬定数）} \quad \text{②}$$

$$\left. \begin{aligned} \varphi_v(x) &= L\frac{di(x,0)}{dx} - C(Ls+R)\cdot v(x,0) \\ \varphi_i(x) &= C\frac{dv(x,0)}{dx} - L(Cs+G)\cdot i(x,0) \end{aligned} \right\} \text{③} \tag{18・12}$$

また，式②は次のようにも表現できる．

$$\gamma(s) = \sqrt{(Ls+R)(Cs+G)} = \sqrt{LC} \cdot \sqrt{\left(s+\frac{R}{L}\right)\left(s+\frac{G}{C}\right)}$$
$$= \sqrt{LC} \cdot \sqrt{(s+\alpha+\beta)(s+\alpha-\beta)} = \sqrt{LC} \cdot \sqrt{(s+\alpha)^2-\beta^2}$$

ここで，

$$\left.\begin{array}{l}\dfrac{R}{L}=\alpha+\beta \\[6pt] \dfrac{G}{C}=\alpha-\beta\end{array}\right\} \quad \begin{array}{l}\text{減衰定数 } \alpha=\dfrac{1}{2}\left(\dfrac{R}{L}+\dfrac{G}{C}\right) \\[6pt] \text{波長定数 } \beta=\dfrac{1}{2}\left(\dfrac{R}{L}-\dfrac{G}{C}\right) \\[6pt] \text{伝搬速度 } u=\dfrac{1}{\sqrt{LC}}\end{array} \right\} \quad ④$$

$\varphi_v(x),\ \varphi_i(x)$ は x 点の $t=0$ における初期値であるから線路が初めは無課電状態であったとすれば，

$$\varphi_v(x)=0, \qquad \varphi_i(x)=0 \tag{18・13}$$

したがって，式(18・12)は

$$\left.\begin{array}{l}\dfrac{d^2V(x,s)}{dx^2}=\gamma^2(s)\cdot V(x,s) \quad \cdots\cdots\cdots① \\[8pt] \dfrac{d^2I(x,s)}{dx^2}=\gamma^2(s)\cdot I(x,s) \quad \cdots\cdots\cdots②\end{array}\right\} \tag{18・14}$$

この式の一般解は次式となる．

$$\left.\begin{array}{l}V(x,s)=A(s)\mathrm{e}^{-\gamma(s)x}+B(s)\mathrm{e}^{\gamma(s)x} \quad \cdots\cdots\cdots① \\[6pt] I(x,s)=\dfrac{1}{Z(s)}\{A(s)\mathrm{e}^{-\gamma(s)x}-B(s)\mathrm{e}^{\gamma(s)x}\} \quad \cdots② \\[6pt] \text{ただし，} Z_0(s)=\sqrt{\dfrac{Ls+R}{Cs+G}}=\dfrac{1}{Y_0(s)} \quad \cdots\cdots\cdots③ \\[6pt] \text{ここで，} Z_0(s): \textbf{サージインピーダンスオペレータ} \\[4pt] Y_0(s): \textbf{サージアドミタンスオペレータ}\end{array}\right\} \tag{18・15}$$

式(18・15)①の $V(x,s)$ を x で2回微分すれば式(18・14)①を満たすことを確かめられたい．
初期条件として，$x=0$ 地点での注入電圧 $v(0,t)$ が与えられるので

$$V(0,s)=\mathcal{L}[v(0,t)] \quad (\mathcal{L}\text{はラプラス変換の意}) \tag{18・16}$$

結局，式(18・16)の電圧が線路の s 点に注入されたときの s 領域の解が式(18・15)である．

18・1・3　任意の2点間の4端子回路行列式

線路上の任意の地点 s（距離 $x=0$）と地点 r（距離 x）の電圧・電流の関係式を求める．
式(18・15)で $x=0$ とおくと

$$\left.\begin{array}{l}\left.\begin{array}{l}V(0,s)=A(s)+B(s) \\[4pt] I(0,s)=\dfrac{1}{Z_0(s)}\{A(s)-B(s)\}\end{array}\right\}① \\[14pt] \therefore\ \left.\begin{array}{l}A(s)=\dfrac{1}{2}\{V(0,s)+Z_0(s)I(0,s)\} \\[4pt] B(s)=\dfrac{1}{2}\{V(0,s)-Z_0(s)I(0,s)\}\end{array}\right\}②\end{array}\right\} \tag{18・17}$$

上式の②を式(18・15)に再代入して整理すると

$$\left.\begin{array}{l}V(x,s)=\dfrac{\mathrm{e}^{\gamma(s)x}+\mathrm{e}^{-\gamma(s)x}}{2}\cdot V(0,s)-\dfrac{\mathrm{e}^{\gamma(s)x}-\mathrm{e}^{-\gamma(s)x}}{2}\cdot Z_0(s)I(0,s) \quad \cdots\cdots\cdots① \\[8pt] I(x,s)=\dfrac{1}{Z_0(s)}\left\{-\dfrac{\mathrm{e}^{\gamma(s)x}-\mathrm{e}^{-\gamma(s)x}}{2}\cdot V(0,s)+\dfrac{\mathrm{e}^{\gamma(s)x}+\mathrm{e}^{-\gamma(s)x}}{2}\cdot Z_0(s)I(0,s)\right\} \quad \cdots\cdots② \end{array}\right\} \tag{18・18 a}$$

あるいは行列式として表せば，分布定数線路の任意の2点間の電圧・電流に関するラプラス

関係式

$$\begin{bmatrix} V(x,s) \\ I(x,s) \end{bmatrix} = \begin{bmatrix} \cosh\gamma(s)x & -Z_0(s)\sinh\gamma(s)x \\ \dfrac{-1}{Z_0(s)}\sinh\gamma(s)x & \cosh\gamma(s)x \end{bmatrix} \cdot \begin{bmatrix} V(0,s) \\ I(0,s) \end{bmatrix} \quad (18\cdot 18\text{ b})$$

この関係式が分布定数回路の距離 x だけ離れた2点間の電圧・電流に関する重要な基本式である．

式(18・18) を逆に解くと（〔**備考2**〕参照），次のように **4端子回路式**が得られる．

$$\begin{bmatrix} V(0,s) \\ I(0,s) \end{bmatrix} = \begin{bmatrix} \cosh\gamma(s)x & Z_0(s)\sinh\gamma(s)x \\ \dfrac{1}{Z_0(s)}\sinh\gamma(s)x & \cosh\gamma(s)x \end{bmatrix} \cdot \begin{bmatrix} V(x,s) \\ I(x,s) \end{bmatrix} \quad (18\cdot 19\text{ a})$$

送電端 s，受電端 r，長さ l の送電線として電圧・電流を s, r の添え字で表せば次式となり，これはおなじみの4端子回路定数である．

$$\begin{bmatrix} V_s(s) \\ I_s(s) \end{bmatrix} = \begin{bmatrix} \cosh\gamma(s)l & Z_0(s)\sinh\gamma(s)l \\ \dfrac{1}{Z_0(s)}\sinh\gamma(s)l & \cosh\gamma(s)l \end{bmatrix} \cdot \begin{bmatrix} V_r(s) \\ I_r(s) \end{bmatrix} \quad (18\cdot 19\text{ b})$$

ここで，$V(x,s) = \mathscr{L}[v(x,t)]$, $I(x,s) = \mathscr{L}[i(x,t)]$

ここで，$\gamma(s)$ は式(18・12)④，$Z_0(s)$ は，式(18・15)③で与えられる．

さて，送電線の分布回路が簡単な行列式，式(18・18)，(18・19) で表された．この式は任意の2点 r と s の間の送電線を分布数回路として正しく表現したものである．送電線を分布定数として扱う通常の解析は前述の微分方程式から始める必要はなく，この式からスタートすることができるのである．

この式の特別の場合として二つのケースを以下に示す．

<u>無ひずみ線路の場合</u>：式(18・19) の特別の場合として

$$\left.\begin{aligned} &\alpha = \frac{R}{L} = \frac{G}{C} \quad \text{であるから} \\ &\beta = 0 \\ &Z_0 = \frac{1}{Y_0} = \sqrt{\frac{L}{C}} \\ &\gamma(s) = \sqrt{LC}(s+\alpha) = \frac{s+\alpha}{u} \quad (\gamma(s)：\text{伝搬定数}) \\ &u = \frac{1}{\sqrt{LC}} \quad (u：\text{伝搬速度}) \\ &Z_0：\text{サージインピーダンス，} Y_0：\text{サージアドミタンス} \end{aligned}\right\} \quad (18\cdot 20)$$

<u>無損失線路の場合</u>

$$\left.\begin{aligned} &\alpha = \beta = 0 \quad \text{であるから} \\ &Z_0 = \frac{1}{Y_0} = \sqrt{\frac{L}{C}} \\ &\gamma(s) = \sqrt{LC}\cdot s = \frac{s}{u} \\ &u = \frac{1}{\sqrt{LC}} \end{aligned}\right\} \quad (18\cdot 21)$$

となる．

さて，いかなる過渡現象解析にも対応できるラプラス領域での送電線関係式を得た．周知のようにラプラス変換では $s=d/dt$ と表記して式中の Ld/dt, Cd/dt に代わって Ls, Cs などと置き換えたうえで s に関する代数的な演算を行う．

したがって，角周波数 $\omega = 2\pi f$ （f は商用周波数とは限らない）の定常現象を問題にする場

合については，当然のことながら上式で $s \to j\omega$ と置き換えればよい．

例えば，式(18・19)で $s \to j\omega$ と置けば見慣れた定常現象に関する4端子回路式となる．

また，このときの $\gamma(s)$ は

無ひずみ線路では

$$\gamma = \sqrt{LC}(j\omega + \alpha) = \frac{j\omega + \alpha}{u} \quad \cdots\cdots\cdots ①$$

無損失線路では

$$\gamma = \sqrt{LC} \cdot j\omega = \frac{j\omega}{u} \cdots\cdots\cdots\cdots\cdots ②$$

$$(18 \cdot 22)$$

とすればよい．

18・1・4 定数の吟味

架空送電線とケーブルについて，$\gamma(s)$（伝搬定数），Z（サージインピーダンス），u（伝搬速度）などの標準的な大きさを吟味しておこう．

〔a〕 架空送電線の場合

架空送電線の作用インダクタンス L および作用キャパシタンス C は第1章の式(1・11)と式(1・35)で求められ，またその標準的な大きさは表2・1および表2・2で示したとおりである．これらはいずれも送電線の各相間と対地間の配置距離のみに依存し，印加電圧の大きさや周波数領域に依存しない（抵抗 R は高周波領域では表皮効果やコロナ損などが増大する非線形特性となるが，ここでは問題としない）．

式(1・9)，(1・35)を再記すると

正相インダクタンス

$$L = 0.4605 \log_{10} \frac{s_u}{r} + 0.05 \, [\text{mH/km}] \fallingdotseq 0.4605 \log_{10} \frac{s_u}{r} \times 10^{-3} \, [\text{H/km}] \cdots ①$$

正相キャパシタンス

$$C = \frac{0.02413}{\log_{10} \frac{s_u}{r}} \, [\mu\text{F/km}] = \frac{0.02413}{\log_{10} \frac{s_u}{r}} \times 10^{-6} \, [\text{F/km}] \cdots\cdots\cdots\cdots\cdots\cdots ②$$

$$(18 \cdot 23)$$

式(18・23)を使って無損失線路（$R = G = 0$）の進行波速度 u，サージインピーダンス Z，電圧減衰率 $\gamma(s)$ を具体的に計算できる．

伝搬速度

$$\begin{aligned} u &= \frac{1}{\sqrt{LC}} = \frac{1}{\sqrt{0.4605 \times 10^{-3} \times 0.02413 \times 10^{-6}}} \, [\text{km/s}] \\ &= 300\,000 \, [\text{km/s}] = 300 \, [\text{m}/\mu\text{s}] \quad (\text{真空中の光速 } c) \end{aligned}$$

$$(18 \cdot 24)$$

サージインピーダンス

$$Z = \sqrt{\frac{L}{C}} = \frac{1}{\sqrt{LC}} \cdot L = uL = \sqrt{\frac{0.4605 \times 10^{-3}}{0.02413 \times 10^{-6}}} \cdot \log_{10} \frac{s_u}{r} = 138 \log_{10} \frac{s_u}{r} \, [\Omega]$$

$$\left(\begin{array}{l} L = 1 \, \text{mH/km}, \quad C = 0.01 \, \mu\text{F/km では} \\ Z = uL = 300\,000 \times (1 \times 10^{-3}) = 300 \, \Omega \end{array} \right)$$

$$(18 \cdot 25)$$

伝搬定数

$$\gamma(s) = \sqrt{LC} \cdot s = \frac{s}{u} \tag{18・26}$$

u の計算では L と C の対数項が相殺されて無条件で $u = c$（真空中の光速）という結果が得られる．サージインピーダンス Z は線路導体のスパン s_u と半径 r のみに依存する．第1，2章で説明したように，電圧階級が高くなるに従って送電線スパン s_{ab} などが相対的に大きくなるが，それでも仮想対地距離 H に比べれば十分に小さいので，式(18・23)の対数項は大きく変化せず，したがって電圧階級にかかわらずおおよそ **$L = 1$ mH/km, $C = 0.01 \, \mu$F/km** で

ある．この標準的数値をあてはめると架空送電線のサージインピーダンスはおおよそ 300 Ω となる．**架空送電線のサージインピーダンス**は電圧階級や複導体などの導体数にあまり依存せず，おおよそ **300 Ω 前後**（実用的には 250～500 Ω）と考えてよい．

〔b〕 **電力ケーブルの場合**

表 2·3 の代表的な 2 種類のケーブルについて計算してみよう．

<u>275 kV・2000 sq 級（単心 CV ケーブル）</u>
$L = 0.392 \times 10^{-3}$ H/km, $C = 0.25 \times 10^{-6}$ F/km であるから
$$u = 101{,}000 \text{ km/s} = 101 \text{ m/}\mu\text{s},\quad Z = 39.6 \text{ Ω} \tag{18·27}$$

<u>154 kV・1600 sq 級（単心 OF ケーブル）</u>
$L = 0.404 \times 10^{-3}$ H/km, $C = 0.19 \times 10^{-6}$ F/km であるから
$$u = 109{,}000 \text{ km/s} = 109 \text{ m/}\mu\text{s},\quad Z = 46.1 \text{ Ω} \tag{18·28}$$

電力ケーブルはサージインピーダンスがおおよそ 15～50 Ω で架空線の 10 分の 1 以下，伝搬速度が 2 分の 1 以下で 100～140 m/μs 程度となることが分かる．なお，CV テーブルと OF ケーブルでは絶縁構造はまったく異なる（23 章参照）が線路諸定数にさほどの差がないことが表 2·2 から理解される．

18·2 分布定数回路の近似化と集中定数回路の精度

式 (18·18)，(18·19) に戻って，簡単のため長さ l [km] の無損失線路（$R=0$, $G=0$）を考える．

無損失線路では式 (18·12)，(18·19) で $R=0$, $G=0$ として，次の **4 端子回路式**を得る．

$$\begin{bmatrix} V(0,s) \\ I(0,s) \end{bmatrix} = \begin{bmatrix} \cosh \gamma l & Z_0 \sinh \gamma l \\ \dfrac{1}{Z_0} \sinh \gamma l & \cosh \gamma l \end{bmatrix} \cdot \begin{bmatrix} V(l,s) \\ I(l,s) \end{bmatrix} \tag{18·29}$$

ここで，$\gamma = \sqrt{LC} \cdot s = \dfrac{s}{u}$, $Z_0 = \sqrt{\dfrac{L}{C}}$

ところで，双曲線関数は次のように展開できる（**マクローリン展開式**）．

$$\left. \begin{aligned} \cosh \gamma l &= 1 + \dfrac{(\gamma l)^2}{2!} + \dfrac{(\gamma l)^4}{4!} + \dfrac{(\gamma l)^6}{6!} + \cdots \\ \sinh \gamma l &= \gamma l + \dfrac{(\gamma l)^3}{3!} + \dfrac{(\gamma l)^5}{5!} + \dfrac{(\gamma l)^7}{7!} + \cdots \end{aligned} \right\} \tag{18·30}$$

$(\gamma l)^2/2 \ll 1$（あるいは $\gamma l \ll \sqrt{2}$）の範囲では，上式の右辺第 2 項以下を省略して

$$\begin{bmatrix} V(0,s) \\ I(0,s) \end{bmatrix} = \begin{bmatrix} 1 & Z_0 \gamma l \\ \dfrac{\gamma l}{Z_0} & 1 \end{bmatrix} \cdot \begin{bmatrix} V(l,s) \\ I(l,s) \end{bmatrix} \fallingdotseq \begin{bmatrix} 1 & Lls \\ Cls & 1 \end{bmatrix} \cdot \begin{bmatrix} V(l,s) \\ I(l,s) \end{bmatrix} \tag{18·31}$$

ただし，$\cosh \gamma l \fallingdotseq 1$, $\sinh \gamma l \fallingdotseq \gamma l = \dfrac{l}{u} \cdot s$

となる．この式は図 18·1 の **L 型の集中定数回路**にほかならない．

ある単一の周波数成分を考えるときは上記で $s \rightarrow j\omega$ あるいは $j2\pi f$ とすればよい．長さ l の線路の単一の角速度成分 $\omega = 2\pi f$ を考えると

$$\gamma l = \dfrac{j\omega l}{u} = \dfrac{j2\pi f l}{u} \tag{18·32}$$

したがって，上式で，線路の伝搬速度 u として典型的な数値を与え，また式 (18·29) の右辺第 2 項以下が無視できるように十分小さい γl をパラメータとして与えると，集中定数化が可能な線路長 l と周波数 f の関係が求められる．**図 18·3** は架空線路 $u = 300$ m/μs，ケーブル

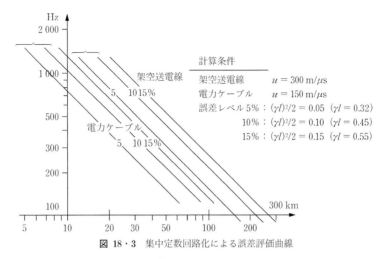

図 18・3 集中定数回路化による誤差評価曲線

$u=150\,\mathrm{m}/\mu\mathrm{s}$ として式 (18・32) を $(\gamma l)^2/2 \leqq 0.05,\ 0.1,\ 0.15$ の条件でグラフ化したものである．線路を集中定数化する場合の誤差評価の普遍的な尺度として利用できる．

例えば，送電線を 10% 以内の誤差で L 型集中回路として表すことができるのは $(\gamma l)^2/2 \leqq 0.1$ あるいは $\gamma l \leqq 0.45$ の範囲であるから架空送電線では 200 Hz で 11 km，400 Hz で 55 km，また電力ケーブルでは 200 Hz で 55 km，400 Hz で 27 km などとなる．

18・3 進行波の透過と反射

18・3・1 変移点における透過と反射の一般式

線路定数 $L,\ C,\ R,\ G$ が突然変わる点（したがって，サージインピーダンス $\sqrt{L/C}$ も変化する）を**変移点**という．線路の電線の種類や配置が変化する点，分岐点，変電所母線，発電機・変圧器・避雷器などとの接続点，開放または設置された線路の終端，地絡事故点などはすべて変移点である．線路に沿って変移点 a に侵入波が到着すると，その波の一部は反射波として変移点を折り返して戻り，残りは透過波として変移点を超えてさらに進む．変移点では侵入波の反射と透過の現象が生ずるのである．図 **18・4** のように変位点 a でサージインピーダンスが Z_1 から不連続に Z_2 に変化するものとして，サージ電圧・電流が左から右に侵入してくる場合について吟味しよう．

このとき次の関係式が成立する．

$$\left.\begin{array}{l}
\text{侵入波 } e \text{ と } i \text{ の関係：} \dfrac{e}{i} = Z_1 \\[4pt]
\text{透過波 } e_t \text{ と } i_t \text{ の関係：} \dfrac{e_t}{i_t} = Z_2 \\[4pt]
\text{反射波 } e_r \text{ と } i_r \text{ の関係：} \dfrac{e_r}{i_r} = Z_1 \\[4pt]
\text{変移点 a の両側電圧の連続性：} e + e_r = e_t \\[4pt]
\text{変移点 a の両側電流の連続性：} i - i_r = i_t
\end{array}\right\} \quad (18\cdot 33)$$

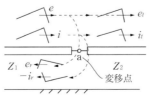

$e,\ i$：侵入波（incident wave）
$e_t,\ i_t$：透過波（transmitted wave）
$e_r,\ -i_r$：反射波（reflected wave）

図 18・4

これらの関係式より次式を得る．

$$
\left.\begin{array}{ll}
e_r = \dfrac{Z_2-Z_1}{Z_2+Z_1}\cdot e & i_r = \dfrac{Z_2-Z_1}{Z_2+Z_1}\cdot i \quad \rho = 1-\mu = \dfrac{Z_2-Z_1}{Z_2+Z_1} \quad \begin{array}{l}\text{反射係数}\\ \text{(reflection operator)}\end{array} \\[2mm]
e_t = \dfrac{2Z_2}{Z_1+Z_2}\cdot e & i_t = \dfrac{2Z_1}{Z_1+Z_2}\cdot i \quad \mu = 1-\rho = \dfrac{2Z_2}{Z_2+Z_1} \quad \begin{array}{l}\text{透過係数}\\ \text{(refraction operator)}\end{array}
\end{array}\right\} \quad (18\cdot34)
$$

ここで，Z は式(18·15)で定義されているが，$\omega L \gg R$，$\omega C \gg G$ である（損失を無視）とすれば

$$Z_1 = \sqrt{\dfrac{L_1}{C_1}} \qquad Z_2 = \sqrt{\dfrac{L_2}{C_2}} \qquad (18\cdot35)$$

サージ領域の通常の検討では上記のように扱うことができる．

さて，ここで変移点 a の前後の電力をチェックしておく．

変移点の前後における電力の連続性

$$
\left.\begin{array}{l}
\text{変移点 a の直左部位の電力}：P_A = (e+e_r)(i-i_r) = \left(e+\dfrac{Z_2-Z_1}{Z_2+Z_1}\cdot e\right)\cdot\left(i-\dfrac{Z_2-Z_1}{Z_2+Z_1}\cdot i\right) \\[2mm]
\text{変移点 a の直右部位の電力}：P_B = e_t i_t = \left(\dfrac{2Z_2}{Z_1+Z_2}\cdot e\right)\left(\dfrac{2Z_1}{Z_1+Z_2}\cdot i\right) \\[2mm]
\therefore \quad P_A = P_B
\end{array}\right\} \quad (18\cdot36)
$$

当然であるが変移点の前後で電力もまた連続性が成立することが納得される．

（備考）　式(18·33)において i_r の符号を±逆に定義して，$e_r/i_r = -Z_1$，$i+i_r = i_t$ とする説明法もあるが結果は同じである．

18·3·2　電圧・電流侵入波の変移点における様相

図 18·5 は代表的な四つの終端条件の場合について，変移点に到来した電圧・電流の侵入波の時間的変化の模様を示したものである．

ケース 1：変移点で解放の場合，$Z_2 = \infty$：侵入波電流 i が右行して変移点 a に到達した瞬間に左行する反射波電流 i_r（$=i$）もまた同時に変移点 a に到着する．その結果，変移点の電流は $i-i_r = 0$ となる．このとき，反射波電圧は $e_r = e$（e_r は i_r と同じ極性であるから）なので a 点の電圧は $e+e_r = 2e$ となる．

ケース 2：変移点で接地の場合，$Z_2 = 0$：電圧 e が a 点に到着すると，その瞬間に反射波 e_r（$=-e$）も右から到着するので，a 点電圧は $e+e_r = 0$ となる．反射波電流は $i_r = -i$ となる（i_r は e_r と同じ極性であるから）ので電流は $i-i_r = 2i$ となる．

ケース 3：変移点でキャパシタ接地の場合，$Z_2 = 1/sC$：侵入波 e が到着直後では C はあたかも直接接地している場合と同様に振る舞うが，時間が経過するとあたかも開放端のように振る舞う．したがって，侵入波到着直後ではケース 2 のように振る舞うがやがて時間の経過とともにケース 1 のように振る舞う．なお，サージ電流 $i = C\cdot de/dt$ はサージ電圧 e の波頭部（de/dt が大きい）に対しては大きいが波尾部（de/dt が小さい）では小さくなるからという説明もできる．

ケース 4：変移点でリアクトル接地の場合，$Z_2 = sL$：侵入波 e が侵入直後では L はあたかも開放端と同じように振る舞うが，時間が経過するとあたかも直接接地端のように振る舞う．したがって，侵入波到着直後ではケース 1 のように振る舞うがやがて時間の経過とともにケース 2 のように振る舞う．なおサージ電圧 $e = L\cdot di/dt$ はサージ電流 i の波頭部（di/dt が大きい）に対しては大きいが波尾部（di/dt が小さい）では小さくなるからという説明もできる．

図 18·6 はサージインピーダンス $Z_1 = 300\,\Omega$ と $Z_2 = 150\,\Omega$ の線路を結ぶ変移点 a に侵入波が到来した場合について，侵入波・反射波・透過波の概念によって変移点の電圧・電流の時間的

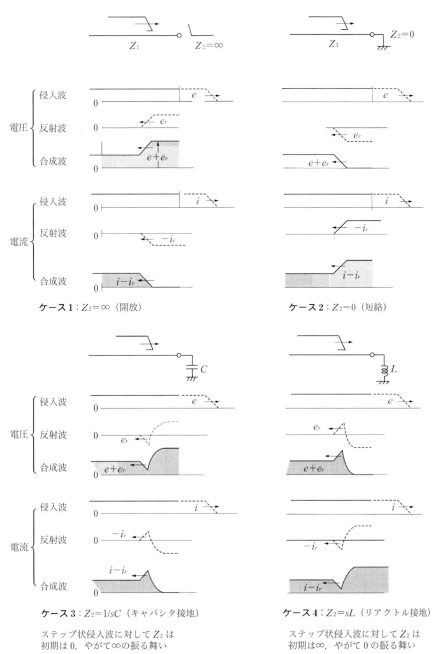

図 18・5 変移点での進行波透過と反射の模様

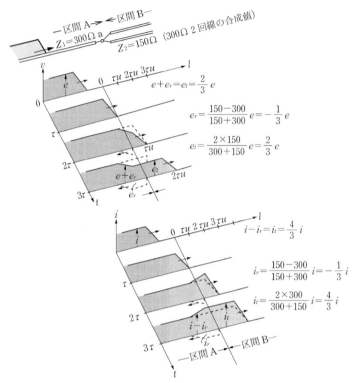

図 18・6 変位点とその前後地点の電圧・電流の様相

変化の可視化を試みたものである．

18・4 サージ過電圧，紛らわしい三つの表記法

　　サージ過電圧・過電流の理解，あるいはその簡易計算は当然サージインピーダンス回路をベースとしなければならない．ところでサージ現象を扱う場合に，いくつかの概念のサージ過電圧・過電流が登場するが，これらを多くの場合，共通の文字 e, i あるいは E, I で表記するために紛らわしく，あるいは誤った理解をしてしまうことがなきにしもあらずである．そこで以下では**図 18・7** のケース 1，2，3 に示す三つのケースについて比較整理を試みることとする．

　ケース 1：サージ源電圧 e が印加されて過電圧 e_a がサージインピーダンス回路 Z_1，Z_2 を右行するとする場合

　　図 18・7 (1 a) においてサージインピーダンスが Z_1 および Z_2 の線路が変移点 a で接続されている．いま，サージ電圧源 e がスイッチインされてサージ過電圧が発生し，サージインピーダンス回路 Z_1，Z_2 に沿って右行する場合に変移点 a にどのような電圧 e_a が発生するかを考える．e は雷電圧，あるいは発電機電圧のいずれでもよいが，理想電源（内部インピーダンスがゼロ）とする．また，簡単のため減衰はないものとする．この場合の変移点 a における過電圧 e_a を求める過渡現象の関係式はラプラス変換領域で次式として表現できる．

$$\left.\begin{array}{l} e(s) - e_a(s) = i(s) \cdot Z_1(s) \\ e_a(s) = i(s) \cdot Z_2(s) \quad\quad ① \\ \therefore\ e_a(s) = \dfrac{Z_2(s)}{Z_1(s) + Z_2(s)} e(s) \quad ② \end{array}\right\} \quad (18 \cdot 37)$$

　　式② は e_a が e をサージインピーダンス Z_1 と Z_2 で分圧した値として簡易計算が可能である

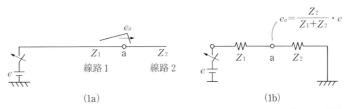

(1a)　　　　　　　　　　(1b)

ケース1：理想電源 e のスイッチインで生ずる変移点 a のサージ過電圧 e_a の計算

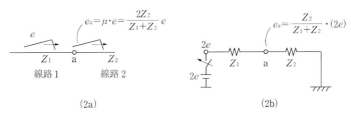

(2a)　　　　　　　　　　(2b)

ケース2：侵入波 e により変移点 a に生ずる過電圧 e_a の計算

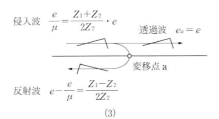

(3)

ケース3：変移点 a にサージ過電圧 e が発生する場合の侵入波・透過波・反射波電圧の関係

図 18・7　サージ過電圧, 紛らわしい三つの表記法

ことを示している．したがって，この概念を図18・7(1b)のように簡易表現することができる．変移点 a の過電圧は式②の計算で求めることができる．

ケース2：回路 Z_1 を右行するサージ過電圧が侵入波 e として変移点 a に達する場合

図18・7(2a) において点 a はサージインピーダンスが Z_1 および Z_2 の線路を結ぶ変移点である．

いま，サージ過電圧が Z_1 を右行して侵入波 e として変移点 a に達しようとしている．この e は到着直前のサージ電圧であり，a 点に到達すると透過波 $\mu \cdot e$ としてただちに線路 Z_2 に沿って右行を開始する．透過係数は $\mu = 2Z_2/(Z_1+Z_2)$ であるから e が到来直後の a 点電圧は次のように表現できる．

$$e_a = \mu \cdot e = \frac{2Z_2}{Z_1+Z_2} \cdot e = \frac{Z_2}{Z_1+Z_2} \cdot (2e) \tag{18・38}$$

この式は変移点 a の電圧 $e_a = \mu \cdot e$ が電源電圧 $2e$ をサージインピーダンス Z_1 および Z_2 で分圧した値として計算できることを示している．すなわち，等価回路的に図18・7(b2)のように描くことができる．サージ現象を考えるうえで非常に重宝な考え方である．

ケース3：サージインピーダンス回路 Z_1 を右行するサージ過電圧が変移点 a に到来して過電圧値 e が生ずるとする場合

この場合には過電圧が変移点 a に到来した直後に結果として e が観測されることを意味している．すなわち，この e は a 点で Z_2 側に現れた透過波そのものであるから，上記ケース2の $\mu \cdot e$ をケース3では e と命名したことに相当する．

ケース1とケース2を比較すれば，変移点電圧 e_a がケース1では e を Z_1, Z_2 の分圧で計

算できるとしているが，ケース2では $2e$ を Z_1, Z_2 の分圧で計算できるとしていることになる．両者は似て非なる別の状況を扱っていることが明白であるが，実務では混乱を招き，あるいは誤った結果を導きやすい．

ケース2とケース3については変移点aに到来する侵入波電圧と到着後さらに右行を開始する透過波のどちらを e と名づけるかという定義の差であるといえる．侵入波を e と命名すれば透過波が $\mu \cdot e$ であり，透過波を e と命名すれば侵入波が e/μ となる．

なお，本書ではサージ現象をケース1の立場で考察する例として図20・7，図21・5などで，またケース2の視点で考察する例は図23・5，図23・8，図23・9などで登場する．また，ケース3の例は次節の $E(t)$ として早速登場する．

18・5 雷直撃地点に発生する進行波

図18・8のように，雷が送電線の変移点a（左右のサージインピーダンスを Z_1, Z_2 とする）を直撃する場合について吟味しよう．このケースでは，雷雲から発した電磁波電圧・電流，$E_\text{lightning}$, $I_\text{lightning}$ が空中の放電経路（そのサージインピーダンスを Z_0 とする）を経て点aでサージインピーダンス Z_1, Z_2 の平列回路（サージインピーダンス $Z_\text{total}=1/(Z_1^{-1}+Z_2^{-1})$）を直撃したと考えることができる．以下ではその結果としての変移点aにおけるサージ電圧・電流に関するいろいろの表現法を整理して説明しておこう．

ケース1：変移点aに雷電圧 $E(t)$ が注入されるとする場合

雷電圧 $E(t)$ が変移点aに注入される瞬間の現象は図18・8(b)をスイッチインした瞬間に相当する．

$$\left.\begin{array}{ll}
\text{変移点aへの注入電圧} & \text{変移点aへの注入電流} \\
E(t) & I(t)=\dfrac{E(t)}{Z_\text{total}(t)}=\left(\dfrac{1}{Z_1}+\dfrac{1}{Z_2}\right)\cdot E(t) \\
\text{右向き進行波} & \text{左向き進行波} \\
v_1(t)=E(t) & v_2(t)=E(t) \\
i_1(t)=\dfrac{1}{Z_1}\cdot E(t) & i_2(t)=\dfrac{1}{Z_2}\cdot E(t)
\end{array}\right\} \quad (18\cdot 39)$$

ケース2：変移点aに雷電流 $I(t)$ が注入されるとする場合

このケースはケース1において，変移点aに電圧 $E(t)=Z_\text{total}\cdot I(t)$ が注入された場合に相当する．

$$\left.\begin{array}{ll}
\text{変移点への注入電圧} & \text{変移点aへの注入電流} \\
E(t)=Z_\text{total}\cdot I(t)=\dfrac{Z_1 Z_2}{Z_1+Z_2}\cdot I(t) & I(t) \\
\text{右向き進行波} & \text{左向き進行波} \\
v_1(t)=E(t)=Z_\text{total}\cdot I(t) & v_2(t)=E(t)=Z_\text{total}\cdot I(t) \\
i_1(t)=\dfrac{Z_2}{Z_1+Z_2}\cdot I(t) & i_2(t)=\dfrac{Z_1}{Z_1+Z_2}\cdot I(t)
\end{array}\right\} \quad (18\cdot 40)$$

ケース3：変移点aから右向きの進行波電圧が $E(t)$，進行波電流が $I(t)$ とする場合

図18・8(c)のように路線1の右向き進行波電流が $I(t)$ とする場合は雷電圧 $Z_1\cdot I(t)$ を注入するとする場合に相当する．

$$\left.\begin{array}{ll}
\text{変移点への注入電圧} & \text{変移点aへの注入電流} \\
E(t)=v_1(t)=v_2(t) & i_1(t)+i_2(t)=\dfrac{Z_1+Z_2}{Z_2}\cdot I(t) \\
\quad =Z_1\cdot I(t) & \\
\text{右向き進行波} & \text{左向き進行波} \\
v_1(t)=E(t)=Z_1\cdot I(t) & v_2(t)=Z_1\cdot I(t) \\
i_1(t)=I(t) & i_2(t)=\dfrac{1}{Z_2}\cdot v_2(t)=\dfrac{Z_1}{Z_2}\cdot I(t)
\end{array}\right\} \quad (18\cdot 41)$$

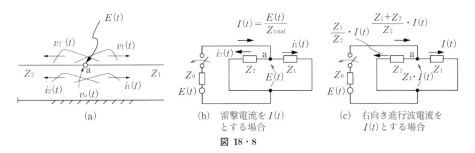

図 18・8

となる．

なお，a点が非変移点の場合には上記において $Z_1=Z_2$ であるから，左右に向かう進行波は同じ大きさとなる．送電線途中の非変移点aに直撃雷 $I(t)$ がある場合には，電流進行波は1/2ずつ左右に分かれて $\frac{1}{2}I(t)$ が左右に進行する．また，そのときのa点電圧 $v_a(t)=\left(\frac{1}{2}\right)ZI(t)$ が左右に向かう電圧進行波でもある．

ところで，第18章で扱っている線路定数 L, C, R, G は線路のごく短い単位長さ部分に対応する定数である．（商用周波数現象の計算において距離 l に比例する定数として登場する $L\cdot l$, $C\cdot l$, $R\cdot l$, $G\cdot l$ と混同しないように留意しなければならない．）したがって，サージインピーダンス $Z_{\text{surge}}=\sqrt{L/C}$，サージ速度 $u=1/\sqrt{LC}$ もまた単位長さに対応する定数であり，$Z_{\text{surge}}\cdot l$ などの概念は物理的に無意味である．また，上述の説明では，図18・8(a) の雷撃現象が，雷撃電圧・電流の注入点aにおける時間 $t=0+$ の瞬間の現象として図(b)，(c) や式(18・39)〜(18・41) で説明できるとしているだけである．換言すれば，点aの $t=0+$ 以降の時点の現象や点a以外の地点の現象がどのようになるかは何も示していない．$t=0+$ 以降の現象や他の地点の現象は点aにつながる線路の回路条件が示されたときに初めて議論できることになる．

18・6　3相送電線のサージインピーダンスと落雷現象

18・6・1　3相送電線のサージインピーダンス

大地に沿って布設された1条の線路の進行波の振舞いやサージインピーダンスの概念が明らかになったので，今度は3相回路のサージインピーダンスについて整理しておこう．

第1章で述べたように電線aの対地定数 L_{aag}, C_{aa} は電線aの大地との相対位置関係のみに依存し，電線b，cなどの有無に関係ない．また，電線aの電線bに対する相間定数 L_{ab} や C_{ab} はa-b相導体の相対的位置関係のみに依存し，大地や線cの有無に依存しない．

さらに，送電線の定数 LC は印加される電圧・電流の周波数の大小にも依存しない．したがって，第7章で説明したように，高周波領域を含む任意の現象に対して第1～4章で導いた関係式はそのまま成り立ち，ただ手続き的には $j\omega\to d/dt$ の置換を行えばよい（なお，厳密には，抵抗要素 R は高周波領域では**表皮損**，**コロナ損**などが増大し，また漏れ抵抗係数 G は湿度等に依存するなど，非直線特性となるがここでは不問とする）．

大地に沿って布設された3相送電線の任意の地点には自己および相互インダクタンス（L_{aa}, L_{ab}, L_{ac} など），キャパシタンス（C_{aa}, C_{ab}, C_{ac} など）があるので，自己および相互サージインピーダンス $Z_{aa}=\sqrt{L_{aa}/C_{aa}}$, $Z_{ab}=\sqrt{L_{ab}/C_{ab}}$ が存在する．

いま，サージ（進行波）電流 $i_a(t)$ が線路のa相導体を左から右方向に進んでいるとすれば，a，b，c相導体には電圧サージ $v_a(t)=Z_{aa}\cdot i_a(t)$, $v_b(t)=Z_{ab}\cdot i_a(t)$, $v_c(t)=Z_{ac}\cdot i_a(t)$ が同じ方向に伴走しているはずである．ゆえに，伴走するサージ電圧・電流とサージインピー

ダンス行列の式が導入できる．簡単のため系統は3相平衡しているとすれば，

$$\left.\begin{array}{l} \boldsymbol{v}_{abc}(t)=\boldsymbol{Z}_{abc}\cdot \boldsymbol{i}_{abc}(t) \quad \cdots\cdots\cdots\cdots\cdots ① \\ \boldsymbol{Z}_{abc}=\begin{bmatrix} Z_s & Z_m & Z_m \\ Z_m & Z_s & Z_m \\ Z_m & Z_m & Z_s \end{bmatrix} \quad \cdots\cdots\cdots\cdots\cdots ② \\ \text{ここで, } Z_s=\sqrt{\dfrac{L_s}{C_s}}, \quad Z_m=\sqrt{\dfrac{L_m}{C_m}} \quad \cdots\cdots ③ \end{array}\right\} \quad (18\cdot 42)$$

$\boldsymbol{v}_{abc}(t),\ \boldsymbol{i}_{abc}(t)$ は各相のサージ（進行波）電圧・電流

対称分サージインピーダンスに変換すれば，

$$\left.\begin{array}{l} \boldsymbol{v}_{012}(t)=\boldsymbol{Z}_{012}\cdot \boldsymbol{i}_{012}(t) \quad \cdots\cdots\cdots\cdots\cdots\cdots\cdots\cdots\cdots ① \\ \boldsymbol{Z}_{012}=\boldsymbol{a}\cdot \boldsymbol{Z}_{abc}\cdot \boldsymbol{a}^{-1}=\begin{bmatrix} Z_s+2Z_m & 0 & 0 \\ 0 & Z_s-Z_m & 0 \\ 0 & 0 & Z_s-Z_m \end{bmatrix}=\begin{bmatrix} Z_0 & & \\ & Z_1 & \\ & & Z_2 \end{bmatrix} \cdots ② \\ \text{零相サージインピーダンス } Z_0=Z_s+2Z_m=\sqrt{\dfrac{L_s}{C_s}}+2\sqrt{\dfrac{L_m}{C_m}} \quad \cdots\cdots ③ \\ \text{正(逆)相サージインピーダンス } Z_1=Z_2=Z_s-Z_m=\sqrt{\dfrac{L_s}{C_s}}-\sqrt{\dfrac{L_m}{C_m}} \quad \cdots ④ \end{array}\right\} \quad (18\cdot 43)$$

すなわち，3相の線路をほぼ対称と見なせば，サージ領域でも線路は正・逆・零相をそれぞれ独立に扱うことが可能である．α-β-0法回路への変換についても第6章と同様である．

18・6・2　対称座標法によるサージ解析（a相への雷撃の場合）

架空送電線の任意の地点pでa相に雷が直撃してサージ電流 $I(t)$ が注入されたとする（図18・9(a)）．このとき，大きさが $I(t)/2$ の進行波電流がp点から右向きおよび左向きに進行を開始する．その結果，a相には $Z_s I/2$ の電圧が発生し，b相およびc相には $Z_m I/2$ の電圧が発生する．a-b相間およびa-c相間には両者の差 $(Z_s-Z_m)I/2$ の電位差が生ずる．実際にはこれに落雷以前から存在する商用周波電圧が重畳された値となる．このような電圧がp点から左右に進行を開始する．進行波電圧がa相大地間あるいは相間の**耐電圧値を超えなければそのまま進行**を続け，あるいはp点またはその他の地点で**線路の耐電圧値を超えて絶縁破壊すれば地絡や短絡事故**となる．

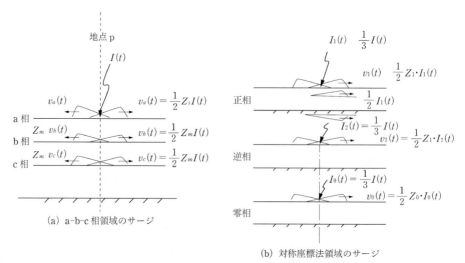

図 18・9　a線への電流注入時の進行波電圧・電流

地点 p の a 相へ電流 $I(t)$ が注入されると p 点 a-b-c 相から左（および右）方向に向かって三つの電圧進行波 v_a, v_b, v_c が進行を開始する（ここでは，a 相大地間あるいは線間せん絡は考えない）．線路には Z_{ag}, Z_{bg}, Z_{cg}, Z_{ab}, Z_{ac} などの多数のサージインピーダンスが存在するので進行波の様子を a-b-c 相領域で取り扱うことは簡単ではない．しかしながら，対称座標法の 0-1-2 領域に変換をすることによって簡単に計算ができる．

p 地点 a 相にのみ $I(t)$ が注入されたとすると，サージ電流は

$$\left.\begin{array}{l} I_a = I, \quad I_b = 0, \quad I_c = 0 \\ \therefore \quad I_0 = I_1 = I_2 = \dfrac{1}{3} I(t) \end{array}\right\} \quad (18\cdot44)$$

したがって，図 18・9(a) を対称座標領域で表現すれば図 18・9(b) のようになる．すなわち，p 点で正逆零相回路にそれぞれ $(1/3)I$ の電流が注入される．右に向かう対称分進行波に注目すると

$$\left.\begin{array}{l} v_1(t) = Z_1 \left(\dfrac{1}{2} I_1(t) \right) = \dfrac{1}{6} \cdot Z_1 I(t) \\ v_2(t) = Z_1 \left(\dfrac{1}{2} I_2(t) \right) = \dfrac{1}{6} Z_1 I(t) \\ v_0(t) = Z_0 \left(\dfrac{1}{2} I_0(t) \right) = \dfrac{1}{6} Z_0 I(t) \end{array}\right\} \quad (18\cdot45)$$

この結果を a-b-c 相に逆変換すれば，

$$\left.\begin{array}{l} v_a(t) = v_0(t) + v_1(t) + v_2(t) = \dfrac{1}{6}(2Z_1 + Z_0) I(t) \\ v_b(t) = v_0(t) + a^2 v_1(t) + a v_2(t) = \dfrac{1}{6}(Z_0 - Z_1) I(t) \\ v_c(t) = v_0(t) + a v_1(t) + a^2 v_2(t) = \dfrac{1}{6}(Z_0 - Z_1) I(t) \end{array}\right\} \quad (18\cdot46)$$

あるいは，

$$\left.\begin{array}{l} v_a(t) = \dfrac{1}{2} Z_s I(t) \\ v_b(t) = v_c(t) = \dfrac{1}{2} Z_m I(t) \end{array}\right\} \quad \text{ただし，} \left.\begin{array}{l} Z_s = \dfrac{1}{3}(2Z_1 + Z_0) \\ Z_m = \dfrac{1}{3}(Z_0 - Z_1) \end{array}\right\} \quad (18\cdot47)$$

を得る．p 点で電流 $I(t)$ が注入されたときに a-b-c 相線路の進行波電圧 v_a, v_b, v_c の姿を示している．左に向かう進行波も同様である．

なお，以上は p 点に直撃雷 $I(t)$ を注入した場合の進行波電圧の発生メカニズムを説明したものであって，この電圧によって p 点あるいはその他の地点で線路の絶縁耐電圧値を超えて短絡・地絡に至るかどうかは別問題である．もちろん送電線への直撃雷が発生すれば一般には発生サージ電圧は p 点の絶縁耐電圧値を多くの場合上回るので，p 点で直ちに地絡または短絡に至るであろうことはいうまでもない．

18・7　3 相回路の対地波と線間波（対地波・線間波変換法）

サージを取り扱う分野では**対地波，線間波**という言葉が使われることがある．これも数学的には**対地波・線間波変換法**とでもいうべき一種の変数変換法（***l-g* and *l-l* 変換法**と名づけよう）である．その意味を説明しておこう．

a-b-c 相進行波電圧 v_a, v_b, v_c を図 18・10 に示すような対地波 v_0，線間波 v_{12}, v_{13} の 3 要素に変換する．対地波 v_0 は a-b-c 相それぞれに加わり，大地を帰路として g 相に $-3v_0$ が加わる．線間波 v_{12} は a 相に加わって b 相を帰路とし，v_{13} は a 相に加わって c 相を帰路とする．サージ電流 i_0, i_{12}, i_{13} についても同様に定義される．

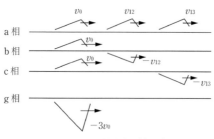

図 18・10　対地波と線間波

さて，変換定義に従って a–b–c 領域と l–g and l–l 領域の電圧変換式は

$$\begin{bmatrix} v_a(t) \\ v_b(t) \\ v_c(t) \end{bmatrix} = \begin{bmatrix} 1 & 1 & 1 \\ 1 & -1 & 0 \\ 1 & 0 & -1 \end{bmatrix} \cdot \begin{bmatrix} v_0(t) \\ v_{12}(t) \\ v_{13}(t) \end{bmatrix} \qquad \text{（電流も同形）} \quad \bm{v}_{abc} = \bm{C}^{-1} \cdot \bm{v}_{lg} \tag{18・48}$$

逆に解くと

$$\begin{bmatrix} v_0(t) \\ v_{12}(t) \\ v_{13}(t) \end{bmatrix} = \frac{1}{3} \begin{bmatrix} 1 & 1 & 1 \\ 1 & -2 & 1 \\ 1 & 1 & -2 \end{bmatrix} \cdot \begin{bmatrix} v_a(t) \\ v_b(t) \\ v_c(t) \end{bmatrix} \qquad \text{（電流も同形）} \quad \bm{v}_{lg} = \bm{C} \cdot \bm{v}_{abc} \tag{18・49}$$

そこで，上式を使って式(18・42)①を変換すると次式を得る．

$$\begin{bmatrix} v_0(t) \\ v_{12}(t) \\ v_{13}(t) \end{bmatrix} = \begin{bmatrix} Z_s+2Z_m & 0 & 0 \\ 0 & Z_s-Z_m & 0 \\ 0 & 0 & Z_s-Z_m \end{bmatrix} \cdot \begin{bmatrix} i_0(t) \\ i_{12}(t) \\ i_{13}(t) \end{bmatrix} \quad \bm{v}_{lg} = \bm{C} \cdot \bm{Z}_{abc} \cdot \bm{C}^{-1} \cdot \bm{i}_{lg} \tag{18・50}$$

インピーダンス $\bm{C}^{-1} \cdot \bm{Z}_{abc} \cdot \bm{C}$ を計算すると，これが式(18・43)の $\bm{Z}_{012}$ と一致することがわかる．したがって，次のように要約できる．

3相対称線路では a–b–c 相の進行波を式(18・46)で定義される対地波と線間波に分けて取り扱うことができる．

・そのインピーダンスは対称座標法と同じものを使い，線間波に対しては正相サージインピーダンスを，大地波は零相サージインピーダンスを使えばよい．

線間波：サージインピーダンス　$Z_{ll} = Z_s - Z_m = \sqrt{\dfrac{L_s}{C_s}} - \sqrt{\dfrac{L_m}{C_m}}$

　　　　サージ速度　$u_{ll} = \dfrac{1}{\sqrt{L_s C_s}}$

対地波：サージインピーダンス　$Z_{lg} = Z_s + 2Z_m = \sqrt{\dfrac{L_s}{C_s}} + 2\sqrt{\dfrac{L_m}{C_m}}$

　　　　サージ速度　$u_{lg} = \dfrac{1}{\sqrt{L_m C_m}}$

両者の大小関係は $Z_{ll} < Z_{lg}$，$u_{ll} > u_{lg}$

である．線間波 v_{12}, i_{12} に比べて対地波 v_0, i_0 の方が進行速度が遅く，またサージインピーダンスが大きいことが理解できる．

図18・10を第6章図6・1と比較していただきたい．**対地波・線間波変換法**はα-β-0法と兄弟関係にあり，また零相回路は対称座標法のそれとまったく同じである．両変換法とも対称分インピーダンスがそのまま使用できることが大きい長所である．

l-g and l-l 変換法によるサージ解析は現象的に非常に分かりやすく有効なサージ解析法である．その実例を23・5節，23・6節で再度学ぶこととする．

18・8　格子図法によるサージ解析および過渡現象のモード

18・8・1　格子図法

図18・11において，変移点p1, p2, p3をはさんで線路区間#0，#1，#2，#3（サージインピーダンスはそれぞれZ_0, Z_1, Z_2, Z_3）がつながっている．

侵入波としてサージ電圧が#0方面から右行して$t=0$のタイミングに変移点p1に到達した．その結果，透過波$e=1$（大きさ1のステップ波とする）が線路#1に沿って右行を開始する．このサージは時間$t=l_1/u_1$（$\equiv T$，線路#1の進行に要する単位時間）の後にp2に到達するが，そのときeは1からαに減衰する（αは区間#1における片道分の減衰係数．$\alpha=1 \sim 0$）．次に，p2では侵入波$e=\alpha$が到着したので$t=T$にその反射波（大きさ$\alpha\rho_2$）が左行，透過波（大きさ$\alpha\mu_2$）が右行を開始する．したがって，変移点p2における電圧は時間$t<T$ではゼロであるが，$T \leq t$では$(\alpha+\alpha\rho_2)$または$\alpha\mu_2$となる．区間#0からp1に到来した進行波電圧は各変移点p1, p2, p3, …で次々に反射と透過を減衰するまで繰り返すことになる．このような反射と透過の現象の繰り返しの様相を図18・11の**格子図**（reflection lattice）で表現できる．また，この格子図を使えば，変移点p1とp2における電圧が時間の経過とともに変化していく様子を式として表すことができる．

区間#0と#2が#1に比べて十分に長いとして格子図を使えば，変移点p1とp2における電圧は次式で表される．

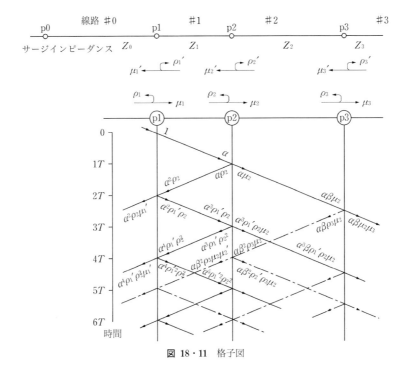

図 18・11　格子図

変移点 p1

$$v_1(t) = \{ \overset{(0-2)T}{(1)} + \overset{(2-4)T}{(\alpha^2\rho_2 + \alpha^2\rho_1'\rho_2)} + \overset{(4-6)T}{(\alpha^4\rho_1'\rho_2^2 + \alpha^4\rho_1'^2\rho_2^2)} + \overset{(6-8)T}{(\alpha^6\rho_1'^2\rho_2^3 + \alpha^6\rho_1'^3\rho_2^3)}$$
$$+ \overset{(8-10)T}{(\alpha^8\rho_1'^3\rho_2^4 + \alpha^8\rho_1'^4\rho_2^4)} + \cdots \}$$
$$= [(1) + \alpha^2(1+\rho_1')\rho_2\{1 + (\alpha^2\rho_1'\rho_2) + (\alpha^2\rho_1'\rho_2)^2 + (\alpha^2\rho_1'\rho_2)^3 + (\alpha^2\rho_1'\rho_2)^4 + \cdots\}]$$
$$\Rightarrow \frac{1+\alpha^2\rho_2}{1-\alpha^2\rho_1'\rho_2} \text{ に収れん} \qquad ①$$

変移点 p2

$$v_2(t) = \{ \overset{(0-1)T}{(0)} + \overset{(1-3)T}{(\alpha + \alpha\rho_2)} + \overset{(3-5)T}{(\alpha^3\rho_1'\rho_2 + \alpha^3\rho_1'\rho_2^2)} + \overset{(5-7)T}{(\alpha^5\rho_1'^2\rho_2^2 + \alpha^5\rho_1'^2\rho_2^3)}$$
$$+ \overset{(7-9)T}{(\alpha^7\rho_1'^3\rho_2^3 + \alpha^7\rho_1'^3\rho_1^4)} + \cdots \}$$
$$= [(0) + \alpha(1+\rho_2)\{1 + (\alpha^2\rho_1'\rho_2) + (\alpha^2\rho_1'\rho_2)^2 + (\alpha^2\rho_1'\rho_2)^3 + (\alpha^2\rho_1'\rho_2)^4 + \cdots\}]$$
$$\Rightarrow \frac{\alpha(1+\rho_2)}{1-\alpha^2\rho_1'\rho_2} = \frac{\alpha\mu_2}{1-\alpha^2\rho_1'\rho_2} \text{ に収れん} \qquad ②$$

変移点 p2

$$v_2(t) = \{ \overset{(0-1)T}{(0)} + \overset{(1-3)T}{(\alpha\mu_2)} + \overset{(3-5)T}{(\alpha\mu_2)(\alpha^2\rho_1'\rho_2)} + \overset{(5-7)T}{(\alpha\mu_2)(\alpha^2\rho_1'\rho_2)^2} + \overset{(7-9)T}{(\alpha\mu_2)(\alpha^2\rho_1'\rho_2)^3} + \cdots \}$$
$$\Rightarrow \frac{\alpha\mu_2}{1-\alpha^2\rho_1'\rho_2} \text{ に収れん} \qquad ③$$

ここで，

Z_0, Z_1, Z_2, Z_3：線路区間 0, 1, 2, 3 のサージインピーダンス

反射系数 ρ, ρ'　　　　　透過係数 μ, μ'

$\rho_1 = (Z_1 - Z_0)/(Z_1 + Z_0)$　　　　$\mu_1 = 2Z_1/(Z_1 + Z_0)$

$\rho_1' = (Z_0 - Z_1)/(Z_0 + Z_1)$　　　　$\mu_1' = 2Z_0/(Z_0 + Z_1)$

$\rho_2 = (Z_2 - Z_1)/(Z_2 + Z_1)$　　　　$\mu_2 = 2Z_2/(Z_2 + Z_1)$　　　など

$T = l_1/u_1$：線路 1 の片道進行時間（区間長：l_1，伝搬速度：$u_1 = 1/\sqrt{L_1 \cdot C_1}$）

(18・51)

v_2 は②と③のどちらででも計算できる．

なお，$1 + x + x^2 + x^3 + x^4 + \cdots = 1/(1-x)$．である

時間 $t = (0 \sim n) \cdot T$ の全時間帯における点 p1, p2 の電圧 $v_1(t)$, $v_2(t)$ が式(18・51)で計算できる．$v_1(t)$, $v_2(t)$ の級数が収れんする値がこの過渡電圧の最終値，すなわち $t \to \infty$ における定常電圧となる．点 p2 の電圧 $v_2(t)$ は式②と③のどちらで計算しても結果は同じである．式(18・51)にあるように，透過係数 μ_1, μ_1', μ_2 は＋値であるが，ρ_1, ρ_1', ρ_2 は Z_0, Z_1, Z_2 などの大小関係によって±の値となる．そのために変移点で新たな反射波・透過波が生まれるたびに電圧波形が振動的になったり単純増加（または単純減少）的になることが理解できる．

なお，式(18・51)には変移点 p0, p3 などの反射波の影響は加味されていない．これらが p1, p2 に到達する時刻になればこれらの電圧が加算されて式(18・51)の修正が必要になることはいうまでもない．例えば点 p2 では時刻 $4T$ に点 p3 からの反射波 $(\alpha\beta^2\rho_3\mu_2 + \alpha\beta^2\rho_2'\rho_3\mu_2)$ が加算になるなどである．

さらにもうひとつ，上述の説明では点 p1 の透過電圧 $e(t)$ がステップ状（$e(t) = 1(t)$：同じ大きさがいつまでも続く）であるとした．実際にはサージ透過波 $e(t)$ は有限の時間しか続かないので式(18・51)は $e(t)$ の波形による修正を受けなければならないことに留意する必要がある．雷撃電圧の場合には波頭長 T_f と半波尾長 T_t からなる三角波に近い電圧波形（表 21・2 c, 21・3 節参照）であるから，例えば図 18・12 のようなサージ成分に分割して考えることができる．

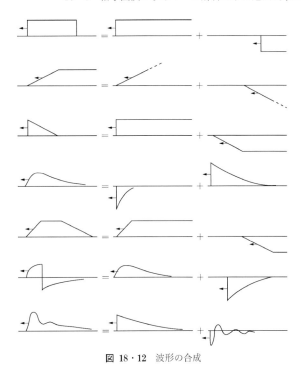

図 18・12 波形の合成

18・8・2 サージ波の振動性と非振動性

式(18・51) ①，②を吟味すると，$\rho_1' \cdot \rho_2 > 0$ ならば非振動性の単純増加級数であり，$\rho_1' \cdot \rho_2 < 0$ ならば振動性の級数である．このことから次のようにいえる．

ケース 1a $Z_0, Z_2 > Z_1$ の場合（すなわち $\rho_1' > 0, \rho_2 > 0$ の場合）および

ケース 1b $Z_0, Z_2 < Z_1$ の場合（すなわち $\rho_1' < 0, \rho_2 < 0$ の場合）

$v_1(t), v_2(t)$ は非振動的であり，換言すれば $dv_1(t)/dt > 0, dv_2(t)/dt > 0$ である．区間 Z_1 内のすべての地点で $v(t)$ は非振動的である．

ケース 2a $Z_0 > Z_1 > Z_2$ の場合（すなわち $\rho_1' > 0, \rho_2 < 0$ の場合）および

ケース 2b $Z_0 < Z_1 < Z_2$ の場合（すなわち $\rho_1' < 0, \rho_2 > 0$ の場合）

$v_1(t), v_2(t)$ は振動的であり，$dv_1(t)/dt, dv_2(t)/dt$ は＋－を繰り返す．

式(18・51)で $\alpha = 1, \rho_1' = 1, \rho_2 = 1$ とすれば電圧は時間とともに増大してついには無限大になってしまう．これは侵入サージが無限長のステップ状波形としているためであってもちろん非現実的である．第1には侵入するサージは有限の長さ（例えば，雷サージならば $100\,\mu s$ 程度）であること，第2には片道区間の減衰率が $0 < \alpha < 1$ であること，この二つの理由で $v(t)$ はやがて収れんして定常状態の値に落ち着くことになる．

なお，$Z_0, Z_2 \gg Z_1, \alpha \fallingdotseq 1$ の場合には $v(t)$ が大きい値を示すことも明らかである．

ところで上述の各ケースについては高地と低地の段丘地形に流れ込む水流になぞらえて理解することができる．ケース 1a は Z_0, Z_2 が高原で Z_1 が低地であるから Z_0 から大量の水が流れ込む場合，低地 Z_1 区域では洪水は免れない．ケース 2a ではこの水は Z_2 に殺到する．

最後に，変移点でスイッチングが行われる場合の振動波形について吟味しておこう．図 18・13(a)，(b) は線路の終端において接地または開放のスイッチングが行われる場合である．このケースは図 8・10 で変移点 p2 が $Z_1 \gg Z_2 = 0, \rho_2 < 0$ のケースであるから電圧は振動波形となる．図 18・13 はこの状況を模式的に示している．

364　第18章　進行波の現象

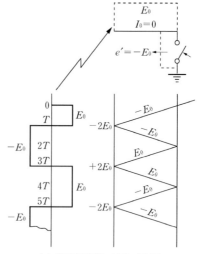

(a) 課電線路端の接地（地絡）

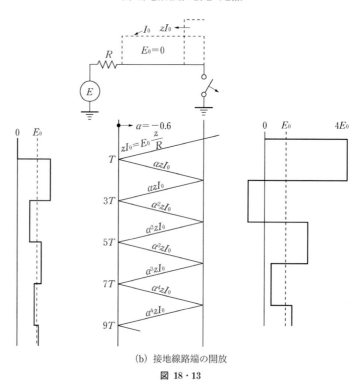

(b) 接地線路端の開放

図 18・13

〔備考1〕　式(18・10) が式(18・9) の一般解であることの説明

　式(18・9)①の $v(x, t)$ に対して便宜上の理由で次式で定義される $v'(x, t)$ を導入する．
$$v(x, t) = e^{-\alpha t} \cdot v'(x, t) \tag{1}$$
式(1) を x で2度偏微分すると，
$$\frac{\partial^2 v(x, t)}{\partial x^2} = e^{-\alpha t} \cdot \frac{\partial^2 v'(x, t)}{\partial x^2} \tag{2}$$
t による偏微分は積の微分によって
$$\frac{\partial v(x, t)}{\partial t} = -\alpha e^{-\alpha t} \cdot v'(x, t) + e^{-\alpha t} \cdot \frac{\partial v'(x, t)}{\partial t}$$

$$= e^{-\alpha t}\left\{-\alpha v'(x,t) + \frac{\partial v'(x,t)}{\partial t}\right\} \tag{3}$$

$$\frac{\partial^2 v(x,t)}{\partial t^2} = -\alpha e^{-\alpha t}\left\{-\alpha v'(x,t) + \frac{\partial v'(x,t)}{\partial t}\right\} + e^{-\alpha t}\left\{-\alpha \cdot \frac{\partial v'(x,t)}{\partial t} + \frac{\partial^2 v'(x,t)}{\partial t^2}\right\}$$

$$= e^{-\alpha t}\left\{\alpha^2 v'(x,t) - 2\alpha \cdot \frac{\partial v'(x,t)}{\partial t} + \frac{\partial^2 v'(x,t)}{\partial t^2}\right\} \tag{4}$$

ここで，式(1), (3), (4) を式(18·9)①の右辺に代入整理すると非常に簡単になって

$$\text{式}(18\cdot 9)\text{①の右辺} = LC e^{-\alpha t}\cdot \frac{\partial^2 v'(x,t)}{\partial t^2} \tag{5}$$

他方，式(2)は式(18·9)①の左辺そのものである．
ゆえに式(18·9)①は $v(x,t)$ に代わって $v'(x,t)$ に関する次式の波動方程式となる．

$$\frac{\partial^2 v'(x,t)}{\partial x^2} = LC\frac{\partial^2 v'(x,t)}{\partial t^2} \tag{6}$$

これは式(18·5) と同形であるからその一般解は式(18·6) の形となる．

$$v'(x,t) = v_1(x - ut) + v_2(x + ut) \tag{7}$$

したがって，次式が式(18·9)①の一般解となる．

$$v(x,t) = e^{-\alpha t}\{v_1(x - ut) + v_2(x + ut)\} \tag{8}$$

電流についても同様の手順で説明できる．

〔備考2〕 式(18·18) を逆に解いて式(18·19) を求める説明

式(18·18) で ①±②·$Z_0(s)$ を求めると

$$V(x,s) + Z_0(s)\cdot I(x,s) = e^{-\gamma(s)x}\{V(0,s) + Z_0(s)\cdot I(0,s)\} \tag{1}$$

$$V(x,s) - Z_0(s)\cdot I(x,s) = e^{\gamma(s)x}\{V(0,s) - Z_0(s)\cdot I(0,s)\} \tag{2}$$

両式の e 項を左辺に移項したうえで両式を加減算すれば式(18·19) が求められる．

第19章 開閉（遮断・投入）現象

　電力回路の開閉操作や事故電流遮断に伴う高電圧・大電流の開閉現象は開閉サージを伴う極めて過酷な過渡現象である．また，その開閉サージを所定のレベル以下の大きさに抑制することは，電力系統の合理的な絶縁協調を実現するために欠かすことができない．電力系統の開閉の役割を果たす遮断器や断路器は過酷な過渡現象に打ち勝って回路開閉の役割を果たす性能を求められるだけでなく，不可避的に発生する開閉サージを所定のレベル以内に抑える重要な責務をも担うのである．

　電力系統で発生する過酷な過渡現象と開閉装置の責務・性能は互いに切り離して論ずることはできない．本章では，はじめに回路の遮断に伴う過渡現象の電気数学的な解法について学んだ後に，実際の開閉装置のエンジニアリングに関する解説を行うこととする．それが遮断器のさまざまな性能・責務を理解するための近道と考えるからである．

19・1　単相回路の遮断過渡現象の計算

　回路の過渡現象解析は一般に非常にタフな計算である．例えば L, C, R 要素がわずか 3～4 つ程度の簡単な回路の過渡解析でも決して容易ではなく，適切な近似を行わない限り一般には解が得られない．そのため過渡現象解析の専門書では特別な条件での解法しか記載していない．しかしながら，エンジニアリングの実務では特別な場合だけで済ませるわけにはいかない．幸いにしてエンジニアリングの実務では L, C, R などの定数の大きさが与えられるので，いかなる条件でも適切な近似を行うことで正しい答えを導く必要がある．サージ領域の現象もまた比較的簡単な回路モデルでの現象を十分に理解することが重要性である．また，適切な近似手続きによる適切な現象評価を行うことも重要な実践技術である．

19・1・1　短絡電流遮断時の過渡電圧計算

　基本的なケースとして図 19・1(a) の単相回路で遮断過渡現象の計算をしてみよう．点 f で地絡事故が発生し，地絡電流が流れている遮断器 Br を $t=0$ 時点で遮断するとしてこの場合の両接触子 a, b の対地電圧と両接触子間の過渡電圧を計算する．この回路は図 19・1(b) の過渡計算ということになるので，テブナンの定理によって図(c)と図(d)の重畳問題として扱うことができる．

ステップ 1　定常項の計算（図 19・1(c) の定常計算）

　事故が発生して地絡電流 i が流れ，これを保護リレーが検出して遮断器に遮断指令を発し，Br は接触子の開離動作を開始する．この間おおよそ 2～3 サイクル（20～40 ms）前後であるから厳密には事故発生直後の過渡現象が完全には終わっていないかもしれないが（例えば，短絡電流に減衰時定数が 0.05～0.1 秒の直流分が重畳することが多い），ここでは簡単のために事故発生における過渡現象はすでにおさまって地絡電流は定常成分のみが流れているとしよう．

　電源電圧を
$$e(t) = \mathrm{Re}(Ee^{j\omega t}) = E\cos\omega t \tag{19・1}$$
とする．Br に流れている地絡電流 $i(t)$ は図の C にはほとんど関係しないから

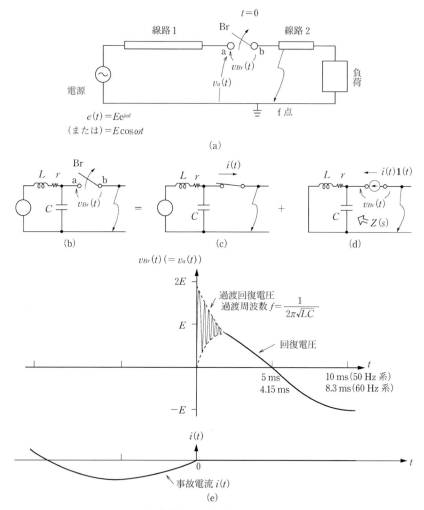

図 19・1 短絡電流遮断時の基本回路・過渡電圧特性

$$i(t) = \mathrm{Re}\left(\frac{E}{j\omega L + r} e^{j\omega t}\right) = \frac{E}{\omega L \left(1 + \dfrac{r^2}{\omega^2 L^2}\right)} \left\{\sin \omega t + \frac{r}{\omega L} \cos \omega t \right\} \qquad (19・2\,\mathrm{a})$$

後で述べるように $\omega L \gg r$ であるから上式の第2項は十分の精度で省略できて，$i(t)$ は次のように簡単になる．

$$\therefore \quad i(t) = \frac{E}{\omega L} \sin \omega t \qquad (19・2\,\mathrm{b})$$

これは短絡電流の遮断直前 $t=0-$ の初期値である．

ステップ2　過渡項の計算（図19・1(d) の過渡計算）

遮断器による遮断は交流の短絡電流の波形がちょうどゼロになるタイミング（"電流ゼロ点"という）で遮断される．式(19・2 b) では $t=0$ が電流ゼロ点である．そこで，図(d) で式(19・2 b) を $t=0$ 時点で電流源として注入し，そのときの電流源の電圧 $v_{Br}(t)$ を求める．これが接触子間電圧の過渡項となる．この計算にはラプラス演算が必要となる．$\sin \omega t$ のラプラス変換が $\omega/(s^2+\omega^2)$ である（付録A参照）ことに留意して，

$$i(s) = \frac{E}{\omega L} \cdot \mathcal{L}[\sin \omega t] = \frac{E}{\omega L} \cdot \frac{\omega}{s^2 + \omega^2} \quad \cdots\cdots\cdots\cdots\cdots\cdots\cdots ①$$

$$Z(s) = \frac{1}{\frac{1}{Ls+r} + Cs} = \frac{1}{C} \cdot \frac{s + \frac{r}{L}}{s^2 + \frac{r}{L}s + \frac{1}{LC}} \quad \cdots\cdots\cdots\cdots\cdots\cdots ②$$

$$\therefore \quad v_{Br}(s) = i(s) \cdot Z(s) = \frac{E}{LC} \cdot \frac{s + \frac{r}{L}}{(s^2+\omega^2)\left(s^2 + \frac{r}{L}s + \frac{1}{LC}\right)} \equiv \frac{E}{LC} \cdot F(s) \quad \cdots ③$$

(19・3)

$\sin \omega t$ は $t=0$ でゼロとなるので，電流源を①のように表すことで電流ゼロ時点で遮断される場合の計算をすることになる．式②の $Z(s)$ は図(d) の回路インピーダンスである．式③を解けば遮断器接触子間の過渡電圧が求められる．式〔19・3〕③の右辺で定義した $F(s)$ を整理すると

$$F(s) = \frac{s + \frac{r}{L}}{(s^2+\omega^2)\left(s^2+\frac{r}{L}s + \frac{1}{LC}\right)} = \frac{s+2\alpha}{(s^2+\omega^2)(s^2+2\alpha s + u^2)}$$

$$= \frac{s+2\alpha}{(s^2+\omega^2)\{(s+\alpha)^2 + (u^2-\alpha^2)\}}$$

(19・4)

ただし，$u = \frac{1}{\sqrt{LC}}, \quad \alpha = \frac{r}{2L}$

$F(s)$ は分母が s の 4 次式であり，これでも筆算は決して容易な計算ではない．

ここで実用上まったく問題のない式の簡易化を行う準備として，実際の定数の大小関係（概略オーダ）を吟味する必要がある．

$L = 1\,\mathrm{mH/km}, \quad C = 0.01\,\mu\mathrm{F/km}, \quad r = 0.01\,\Omega/\mathrm{km}, \quad f = 50\,\mathrm{Hz}$ とすれば

$\omega = 2\pi f \fallingdotseq 314, \quad \omega^2 \fallingdotseq 10^5$

$\omega L = 314 \times 10^{-3}\,\Omega/\mathrm{km} \fallingdotseq 0.3\,\Omega/\mathrm{km}$

$\dfrac{1}{\omega C} = \dfrac{1}{314 \times 10^{-8}}\,\Omega/\mathrm{km} \fallingdotseq 3 \times 10^5\,\Omega/\mathrm{km}$

$\omega L \cdot \omega C \fallingdotseq 0.3 \times \dfrac{1}{3 \times 10^5} \fallingdotseq 10^{-6}$ ①

$u = \dfrac{1}{\sqrt{LC}} = \dfrac{1}{\sqrt{10^{-3} \times 10^{-8}}} \fallingdotseq 300\,000\,\mathrm{km/s}$

$2\alpha = \dfrac{r}{L} = \dfrac{0.01}{10^{-3}} = 10, \quad \alpha = 5$

(19・5)

したがって，十分な精度で

$\dfrac{1}{\omega C} \gg \omega L \gg r, \quad u \gg \alpha$ ②

したがって $F(s)$ は分母の $(u^2-\alpha^2) \to u^2$ の近似を行って次のように書き直すことができる．なお，上式の矢印→は十分な精度の根拠をもって無視していく項を示す（本書では以下同様の表現をする）．

$$F(s) = \frac{s+2\alpha}{(s^2+\omega^2)\{(s+\alpha)^2+(u^2-\alpha^2)\}} = \frac{s+2\alpha}{(s+j\omega)(s-j\omega)(s+\alpha+ju)(s+\alpha-ju)}$$

$$= \frac{k_1}{s+j\omega} + \frac{k_2}{s-j\omega} + \frac{k_3}{s+\alpha+ju} + \frac{k_4}{s+\alpha-ju}$$

(19・6)

係数 k_1, k_2, k_3, k_4 の求め方は，すでに 10・5 節の〔**備考1**〕で説明しているが，これはあとで求めることにして，$F(s)$ がこのようにして求められれば，ラプラス逆変換式は

$$\mathscr{L}^{-1}\left[\frac{1}{s \pm a}\right] = \mathrm{e}^{\mp at}$$

(19・7)

であるから $F(s)$ は簡単に t 領域に逆変換することができる．

$$
\left.\begin{aligned}
F(t) &= k_1 e^{-j\omega t} + k_2 e^{j\omega t} + k_3 e^{-(a+ju)t} + k_4 e^{-(a-ju)t} \\
&= \{(k_1+k_2)\cos\omega t - j(k_1-k_2)\sin\omega t\} \\
&\quad + e^{-at}\{(k_3+k_4)\cos ut - j(k_3-k_4)\sin ut\}
\end{aligned}\right\} \tag{19・8}
$$

次に係数の計算が残っている．この係数計算の過程は〔備考1〕に示すように定数の大小関係から適切な省略を行うことで次式の結果を得ることができる．

$$
k_1 = k_2 = -k_3 = -k_4 = \frac{1}{2u^2} = \frac{LC}{2} \tag{19・9}
$$

したがって，

$$
\left.\begin{aligned}
F(t) &= LC(\cos\omega t - e^{-at}\cos ut) \quad\cdots\cdots\cdots\cdots ① \\
\therefore\ v_{Br}(t) = v_a(t) &= \frac{E}{LC}\cdot F(t) = E(\cos\omega t - e^{-at}\cos ut) \\
&= E\Big\{\underbrace{\cos\omega t}_{\text{定常項}} - \underbrace{e^{-\frac{r}{2L}t}\cos\frac{1}{\sqrt{LC}}\cdot t}_{\text{過渡項}}\Big\} \quad\cdots\cdots ② \\
&\quad\cdot\text{固有振動周波数 } f_0 = \frac{1}{2\pi\sqrt{LC}} \\
&\quad\cdot\text{減衰時定数 } T = 2L/r
\end{aligned}\right\} \tag{19・10}
$$

という解を得た．これが事故電流が電流ゼロのタイミング $t=0$ の瞬間に遮断された場合の両接触子間の電圧 $v_{Br}(t)$ であり，またこのケースでは（接触子 b の電圧が 0 なので）接触子 a の対地電圧 $v_a(t)$ でもある．この電圧波形を図19・1(e) に示す．

式 (19・10) ② の $v_{Br}(t)$ は遮断器が短絡電流を遮断直後の両接触子間の電圧（過渡状態を**過渡回復電圧**，定常状態に落ち着いた状態の電圧を**回復電圧**という．）の計算結果を示しており，遮断現象を説明する基礎的な式である．この式より次のようなことがいえる．

・遮断器は短絡電流をその**電流ゼロ点で遮断**するが，（遮断直前の電圧 E と短絡電流 i には位相差がほぼ 90° あるから）遮断のタイミング $t=0$ における電源電圧はピーク値 E である．

・遮断直後には両接触子間には過渡回復電圧として高調波振動成分が生ずる．この過渡項は遮断直後の線路 1 の L，C による固有振動電圧が端子 a に現れた結果であり，$f = 1/(2\pi\sqrt{LC})$ の固有振動周波数で振動しつつ時定数 $2L/r$ で減衰する．式 (19・10) ② の $\{\ \}$ は $t=0$ の直後の状態では最大 2 になるので過渡回復電圧 $v_{Br}(t) = v_a(t)$ は最大で $2E$ となりうる．遮断器の端子 a で生じた最大 $2E$ の過渡電圧は図19・1(d) で注入した電流が進行波として発電機に至る左側の線路 1 の回路で往復反射を繰り返した結果である．

・過渡現象が減衰した後の回復電圧は $v_{Br}(t) = v_a(t) = E\cos\omega t$ となる．

19・1・2　左右に電源系統がある場合の回路遮断の過渡電圧計算

今度は遮断器の左右に系統定数がある**図19・2**(a) の場合について計算する．

この回路の計算は 19・1・1 項で行った計算を回路の左右で 2 度繰り返す程度ではすまず，はるかに複雑なものとなる．理由は 19・1・1 項では $F(s)$ の分母が s の 4 次項を含むものであったのに対して，本ケースでは s の 6 次項となるからである．回路理論のテキストでこの程度の回路でもその解を示している本はほとんど皆無であるが，理由は式が複雑すぎて何らかの省略をしない限り一般式として求めることは手におえないからであろう．

我々実務者はそれではすまないので，途中経過においてしっかりした根拠を持って適宜省略を図って答えを導かなければならない．省略の手順も一つの重要な技術である．そのような意味合いを込めて計算してみよう．

ステップ1　定常電流の計算

図19・2(b) で両電源は相差角 δ で同期運転をしているものとする．

19・1 単相回路の遮断過渡現象の計算

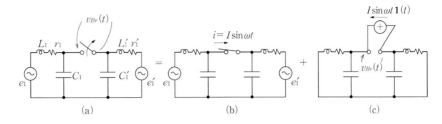

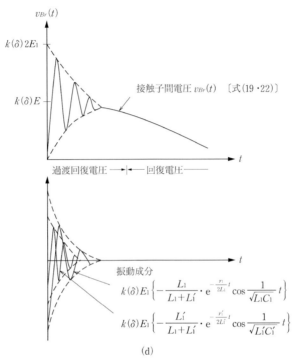

図 19・2 遮断器の左右に電源系統がある場合の回路遮断時の過渡電圧

$$\begin{aligned}\dot{e}_1(t) &= E_1 e^{j\omega t} \\ \dot{e}_1{'}(t) &= E_1{'} e^{j(\omega t - \delta)}\end{aligned} \Bigg\} \quad (19・11)$$

これより

$$\Delta \dot{e}(t) = \dot{e}_1(t) - \dot{e}_1{'}(t) = \left(1 - \frac{E_1{'}}{E_1} e^{-j\delta}\right) e_1(t) = \dot{k}(\delta) E_1 e^{j\omega t}$$

ただし, $\dot{k}(\delta) = 1 - \dfrac{E_1{'}}{E_1} e^{-j\delta}$ $\Bigg\} \quad (19・12)$

遮断器にその遮断前に流れている電流 $i(t)$ の定常計算には C_1, $C_1{'}$ はほとんど影響しないので

$$\begin{aligned}\dot{i}(t) &= \frac{\Delta \dot{e}(t)}{(j\omega L_1 + r_1)+(j\omega L_1{'}+r_1{'})} \fallingdotseq \frac{-j\Delta\dot{e}(t)}{\omega(L_1+L_1{'})} = \dot{k}(\delta)\cdot\frac{-jE_1}{\omega(L_1+L_1{'})}\cdot e^{j\omega t} \\ &= \dot{k}(\delta)\cdot\frac{E_1}{\omega(L_1+L_1{'})}\cdot e^{j(\omega t - 90°)}\end{aligned} \Bigg\} \quad (19・13)$$

以上の複素数計算式の実数部を採用すると

電源電圧
$$\left.\begin{array}{l} e_1(t) = E_1 \cos \omega t \\ e_1'(t) = E_1' \cos(\omega t - \delta) \end{array}\right\} \quad (19 \cdot 14)$$

定常電流
$$\left.\begin{array}{l} i(t) = |\dot{k}(\delta)| \cdot \dfrac{E_1}{\omega(L_1 + L_1')} \cos(\omega t - 90°) = |\dot{k}(\delta)| \cdot \dfrac{E_1}{\omega(L_1 + L_1')} \sin \omega t \\ \equiv I \sin \omega t \\ \text{ただし,} \quad I = |\dot{k}(\delta)| \cdot \dfrac{E_1}{\omega(L_1 + L_1')} \quad \dot{k}(\delta) = 1 - \dfrac{E_1'}{E_1} \mathrm{e}^{-j\delta} \end{array}\right\} \quad (19 \cdot 15)$$

遮断器 Br の遮断直前の定常電流 $i(t)$（ただし, 時間 $t=0$ でゼロ点となる）が求められた.

ステップ2　過渡電圧の計算

図 19・2(c) の過渡計算を行う. 式(19・15) の電流 $i(t) = I \sin \omega t$ を図(c) の Br 接触子間に注入すればよい.

ステップ1の結果から過渡計算の関係式はラプラス領域では次式となる.

初期電流
$$\left.\begin{array}{l} i(s) = I \cdot \dfrac{\omega}{s^2 + \omega^2} \quad \cdots\cdots\cdots\cdots\cdots\cdots\cdots\cdots\cdots\cdots\cdots\cdots\cdots\cdots\cdots\cdots\cdots① \\ \text{回路インピーダンス} \\ \sum Z(s) = Z_1(s) + Z_1'(s) \quad \cdots\cdots\cdots\cdots\cdots\cdots\cdots\cdots\cdots\cdots\cdots② \\ Z_1(s) = \dfrac{1}{\dfrac{1}{L_1 s + r_1} + C_1 s} = \dfrac{1}{C_1} \cdot \dfrac{S + \dfrac{r_1}{L_1}}{s^2 + \dfrac{r_1}{L_1} s + \dfrac{1}{L_1 C_1}} = \dfrac{1}{C_1} \cdot \dfrac{s + 2\alpha_1}{(s+\alpha_1)^2 + u_1^2} \cdots\cdots③ \\ Z_1'(s) = \dfrac{1}{\dfrac{1}{L_1' s + r_1'} + C_1' s} = \dfrac{1}{C_1'} \cdot \dfrac{s + \dfrac{r_1'}{L_1'}}{s^2 + \dfrac{r_1'}{L_1'} s + \dfrac{1}{L_1' C_1'}} = \dfrac{1}{C_1'} \cdot \dfrac{s + 2\alpha_2}{(s+\alpha_2)^2 + u_2^2} \cdots\cdots④ \\ \text{遮断器開極電圧（両接触子間過渡電圧）} \\ v_{Br}(s) = i(s) \cdot \sum Z(s) = I\omega \left\{ \dfrac{1}{s^2 + \omega^2} (Z_1(s) + Z_1'(s)) \right\} \equiv I\omega \cdot F(s) \quad \cdots\cdots⑤ \end{array}\right\}$$
$$(19 \cdot 16)$$

式(19・16) の $Z_1(s)$, $Z_2(s)$ は, すでに求めた式(19・3) の $Z(s)$ とまったく同型である.
式(19・16) ⑤で定義した $F(s)$ は次式のように展開できる. 式中の→は省略項を示す.

$$\left.\begin{array}{l} F(s) = \dfrac{1}{s^2 + \omega^2} \cdot \left\{ \dfrac{1}{C_1} \cdot \dfrac{s + 2\alpha_1}{(s+\alpha_1)^2 + u_1^2} + \dfrac{1}{C_1'} \cdot \dfrac{s + 2\alpha_2}{(s+\alpha_2)^2 + u_2^2} \right\} \\ = \dfrac{s}{s^2 + \omega^2} \cdot \dfrac{C_1\{(s+\alpha_1)^2 + u_1^2\} + C_1'\{(s+\alpha_2)^2 + u_2^2\}}{C_1 C_1'\{(s+\alpha_1)^2 + u_1^2\} \cdot \{(s+\alpha_2)^2 + u_2^2\}} \\ = \dfrac{s\{C_1(s^2 + u_1^2) + C_1'(s^2 + u_2^2)\}}{C_1 C_1'(s+j\omega)(s-j\omega)(s+\alpha_1+ju_1)(s+\alpha_1-ju_1)(s+\alpha_2+ju_2)(s+\alpha_2-ju_2)} \\ = \dfrac{k_1}{s+j\omega} + \dfrac{k_2}{s-j\omega} + \dfrac{k_3}{s+\alpha_1+ju_1} + \dfrac{k_4}{s+\alpha_1-ju_1} + \dfrac{k_5}{s+\alpha_2+ju_2} + \dfrac{k_6}{s+d_2-ju_2} \end{array}\right\}$$
$$(19 \cdot 17)$$

$F(s)$ は図 19・1 のケースではその分母が 4 次関数であったが, 図 19・2 のケースでは**分母が 4 次の分数の二つの和である**ため通分すれば分母が s の 6 次関数となり, 計算は非常に複雑さが増す.

係数 $k_1 \sim k_6$ の計算は〔**備考2**〕に示すように定数の大小関係から適切な省略を行うと

$$k_1 = k_2 = \dfrac{1}{2}(L_1 + L_1')$$

$$k_3 = k_4 = -\frac{L_1}{2}$$
$$k_5 = k_6 = -\frac{L_1'}{2} \qquad (19\cdot 18)$$

したがって,

$$\begin{aligned} F(s) &= \frac{1}{2}(L_1 + L_1')\left\{\frac{1}{s+j\omega} + \frac{1}{s-j\omega}\right\} \\ &\quad - \frac{L_1}{2}\left\{\frac{1}{s+\alpha_1+ju_1} + \frac{1}{s+\alpha_1-ju_1}\right\} \\ &\quad - \frac{L_1'}{2}\left\{\frac{1}{s+\alpha_2+ju_2} + \frac{1}{s+\alpha_2-ju_2}\right\} \\ &= (L_1+L_1')\frac{s}{s^2+\omega^2} - L_1\frac{s+\alpha_1}{(s+\alpha_1)^2+u_1^2} - L_1'\frac{s+\alpha_2}{(s+\alpha_2)^2+u_2^2} \\ &= (L_1+L_1')\frac{s}{s^2+\omega^2} - L_1\frac{s}{(s+\alpha_1)^2+u_1^2} - L_1'\frac{s}{(s+\alpha_2)^2+u_2^2} \end{aligned} \qquad (19\cdot 19)$$

となる．ラプラス逆変換表の公式より

$$\begin{aligned} \mathcal{L}^{-1}\left[\frac{s}{s^2+\omega^2}\right] &= \cos\omega t \\ \mathcal{L}^{-1}\left[\frac{s}{(s+\alpha_1)^2+u_1^2}\right] &= e^{-\alpha_1 t}\left(\cos u_1 t - \frac{\alpha_1}{u_1}\sin u_1 t\right) = e^{-\alpha_1 t}\cos u_1 t \\ \mathcal{L}^{-1}\left[\frac{s}{(s+\alpha_2)^2+u_2^2}\right] &= e^{-\alpha_2 t}\left(\cos u_2 t - \frac{\alpha_2}{u_2}\sin u_2 t\right) = e^{-\alpha_2 t}\cos u_2 t \end{aligned} \qquad (19\cdot 20)$$

などに留意して

$$\mathcal{L}^{-1}[F(s)] = (L_1+L_1')\cos\omega t - L_1 e^{-\alpha_1 t}\cos u_1 t - L_1' e^{-\alpha_2 t}\cos u_2 t \qquad (19\cdot 21)$$

となる．したがって，遮断時の過渡接触子間電圧は

$$v_{Br}(t) = I\omega\cdot\mathcal{L}^{-1}[F(s)] = |\dot{k}(\delta)|\cdot\frac{E}{L_1+L_1'}\cdot\mathcal{L}^{-1}[F(s)]$$

すなわち

$$v_{Br}(t) = |k(\delta)|\cdot E_1\left\{\underbrace{\cos\omega t}_{\text{定常項}} - \underbrace{\frac{L_1}{L_1+L_1'}e^{-\frac{r_1}{2L_1}t}\cos\frac{1}{\sqrt{L_1 C_1}}t}_{\text{左側回路の過渡項}} - \underbrace{\frac{L_1'}{L_1+L_1'}e^{-\frac{r_1'}{2L_1'}t}\cos\frac{1}{\sqrt{L_1' C_1'}}t}_{\text{右側回路の過渡項}}\right\}$$

ただし，$k(\delta) = 1 - \frac{E_1'}{E_1}e^{-j\delta}$　（δ は両電源の相差角）

$$(19\cdot 22\,\text{a})$$

あるいは次式のようにも表すことができる．

$$\begin{aligned} v_{Br}(t) = |k(\delta)|\cdot E_1&\left\{\frac{L_1}{L_1+L_1'}\left(\cos\omega t - e^{-\frac{r_1}{2L_1}t}\cos\frac{1}{\sqrt{L_1 C_1}}t\right)\right. \\ &\left. + \frac{L_1'}{L_1+L_1'}\left(\cos\omega t - e^{-\frac{r_1'}{2L_1'}t}\cos\frac{1}{\sqrt{L_1' C_1'}}t\right)\right\} \end{aligned} \qquad (19\cdot 22\,\text{b})$$

このケースの計算では式(19・11)〜(19・20) の過程で精度上，まったく問題のない省略演算 (→) を 48箇所行ってようやく解にたどり着くことができた．このような省略なしで解を求めることは不可能かつ無意味であろう．

この場合の波形を図19・2(d) に示す．図では Br の接触子間過渡電圧は左右二つの回路の固有振動電圧が重畳されたものとなることを示すために振動数を低く誇張してある．

式(19・22)の吟味

大きさ

式(19・22 a) の右辺 { } 内の左右回路の二つの過渡振動項の位相が一致すれば両過渡項の

和の最大値は1で，{ }の最大値は2となる．仮に左右の回路の共振周波数が同じとし，また減衰を無視すれば $v_{Br}(t)$ の最大値は $k(\delta)\cdot 2E_1$ となる．〔1〕項では $2E$ であったが〔2〕項ではそれに遮断動作直前の相差角に依存する $k(\delta)$ 倍となることが理解される．

仮に $E_1=E_1'=1$，$\delta=90°$（定態安定度限界近く）とすれば，$k(\delta)=\sqrt{2}$ となるから理論最大値は $2\sqrt{2}E$ である．無負荷状態（$\delta=0°$）では $k(\delta)=0$ であるから $v_{Br}=0$ となる．

電圧の立ち上がりの急峻度（過渡回復電圧上昇率 $RRRV$）

$$
\left.
\begin{array}{lll}
\text{過渡電圧成分} & \text{左側回路} & \text{右側回路} \\
\text{最大波高値} & k(\delta)E_1 \cdot \dfrac{2L_1}{L_1+L_1'} & k(\delta)E_1 \cdot \dfrac{2L_1'}{L_1+L_1'} \\
\text{固有振動周波数} & f_1=\dfrac{1}{2\pi\sqrt{L_1C_1}} & f_1'=\dfrac{1}{2\pi\sqrt{L_1'C_1'}}
\end{array}
\right\}
\quad (19\cdot 23)
$$

過渡振動分も正弦波であるが，これを近似的に三角波とみなして，**1/4波長の時間で 0 → 最大波高値に達する**とすれば，接触子間電圧の第1波立上り峻度（**過渡回復電圧上昇率〔kV/μs〕**という）を計算できる．

仮に $L_1=L_1'=1\,\text{mH/km}$，$C_1=C_1'=0.01\,\mu\text{F/km}$ とすると

$$
f_1=f_1'=\frac{1}{2\pi\sqrt{10^{-3}\times 10^{-8}}}\fallingdotseq 50\,\text{kHz} \quad \therefore\ 1\,\text{波長時間}=20\,\mu\text{s} \quad (19\cdot 24\,\text{a})
$$

したがって，過渡項は1/4波長時間（$5\,\mu\text{s}$）で最大値 $V_{p1}+V_{p1}'=2|k(\delta)|\cdot E_1$ に達することになるから，遮断器接触子間第1波立ち上がり峻度（最大値）は，

$$
2|k(\delta)|\cdot E_1 \times \frac{1}{5}\ \text{〔V/}\mu\text{s〕} \quad (19\cdot 24\,\text{b})
$$

となる．

過渡回復電圧上昇率の計算

式(19・22 a) より **過渡回復電圧上昇率は，式(19・22 a)の時間微分によって計算で求められる**．式(19・22 a)を時間 t で微分すると

$$
\begin{aligned}
\frac{d}{dt}v_{Br}(t)=|k(\delta)|\cdot E_1 \Bigl\{ &-\omega\sin\omega t \\
&-\frac{L_1}{L_1+L_1'}\left(-\frac{r_1}{2L_1}e^{-\frac{r_1}{2L_1}t}\cos\frac{1}{\sqrt{L_1C_1}}t - e^{-\frac{r_1}{2L_1}t}\frac{1}{\sqrt{L_1C_1}}\sin\frac{1}{\sqrt{L_1C_1}}t\right) \\
&-\frac{L_1'}{L_1+L_1'}-\left(\frac{r_1'}{2L_1'}e^{-\frac{r_1'}{2L_1'}t}\cos\frac{1}{\sqrt{L_1'C_1'}}t - e^{-\frac{r_1'}{2L_1'}t}\frac{1}{\sqrt{L_1'C_1'}}\sin\frac{1}{\sqrt{L_1'C_1'}}t\right)
\end{aligned}
$$
$$(19\cdot 25\,\text{a})$$

上式で t が十分に小さい立ち上がり初期の状況 $t=0+$ では定常項は $\sin\omega t \to 0$ で無視できる．また，

$$
e^{-\frac{r_1}{2L_1}t}\to 1,\quad e^{-\frac{r_1'}{2L_1'}t}\to 1 \quad (19\cdot 25\,\text{b})
$$

である．さらに，( )内の過渡第1項は $r_1\ll\omega L_1$ などであるから無視できるので，

$$
\frac{d}{dt}v_{Br}(t)=|k(\delta)|\cdot E_1 \left\{\frac{1}{L_1+L_1'}\sqrt{\frac{L_1}{C_1}}\sin\frac{1}{\sqrt{L_1C_1}}t + \frac{1}{L_1+L_1'}\sqrt{\frac{L_1'}{C_1'}}\sin\frac{1}{\sqrt{L_1'C_1'}}t\right\}
$$
$$(19\cdot 26)$$

したがって，**過渡回復電圧上昇率（最大値）**

$$
\text{Max}\frac{d}{dt}v_{Br}(t)=|k(\delta)|\cdot \frac{E_1}{L_1+L_1'}\underbrace{\left\{\sqrt{\frac{L_1}{C_1}}+\sqrt{\frac{L_1'}{C_1'}}\right\}}_{\text{サージインピーダンスの和}} \quad (19\cdot 27)
$$

を得る．式(19・27)の右辺{ }は左右の回路のサージインピーダンスの和である．**左右の回路でサージインピーダンスが大きくなると比例的に過渡回復電圧上昇率〔kV/μs〕が大きくなる**ことが理解できる．

19・2　3相回路の遮断過渡現象の計算

前節では単相（あるいは正相）回路の遮断現象として考察してきた．本節では実際に即して3相回路を対象として**送電線事故時の3相遮断の場合**を考えよう．

3相遮断では保護リレーからの指令を受けて遮断器各相はほぼ同時に開離を開始し，その途端，各相とも両接触子間にアーク電流が生ずる．次に，どの相が初めに遮断（アークの吹き消し）に成功するかは各相の電流ゼロ点のタイミングと関係するので予見できない．第1相（a相としよう）が遮断するとこの時点で回路条件はa相断線となり，b-c相の過渡電流も変化を受ける．やがてbまたはcの電流ゼロ点が到来して第2相，第3相が遮断される（実は，後述するように第2, 3相は同時遮断となる）．

以上のことを念頭に置いて具体的に検討してみよう．

19・2・1　遮断第1相の回復電圧

遮断器が遮断直後に両接触子間に現れる過渡電圧を**過渡回復電圧**といい，また，やがて過渡現象がおさまったときの電極間の交流定常電圧を**回復電圧**という．いろいろの故障条件での第1相の回復電圧は，詳細な計算によらなくても直感的な洞察で傾向を知ることができる．代表的な六つのケースについて**図19・3**にその結果を示す．また，以下に若干補足をする．

<u>ケース1（3相地絡短絡）について</u>

・直接接地系の場合

第1相（a相）が遮断した瞬間では明らかに $v_a = E$, $v_a' = 0$ であるから $v_{aa'} = E$ となる．式で書けば

$v_a' = 0$, $v_b = v_b' = 0$, $v_c = v_c' = 0$, $v_n = 0$ ∴ $v_a = E$, $v_{aa'} = E$

・中性点開放の場合

$v_a' = 0$, $v_b = v_b' = 0$, $v_c = v_c' = 0$, $v_n =$ 不定

∴ $v_{ab} = v_a = 1.5E$, $v_{aa} = 1.5E$

中性点開放の場合には中性点電圧 v_n の上昇がa相電圧を押し上げているのである．抵抗接地系（非有効接地系）では中性点開放の場合に近い現象となることが容易に理解できる．

<u>ケース3（遮断器をまたぐa, b相地絡）について</u>

遮断器の両サイドにまたがる事故の場合である．

・直接接地系の場合

$v_a' = 0$, $v_b = v_b' = 0$, $v_n = 0$ ∴ $v_a = E$, $v_{aa'} = 1E$

・中性点開放の場合

$v_a' = 0$, $v_b = v_b' = 0$, $v_n =$ 不定 ∴ $v_{ab} = \sqrt{3}E$, $v_{aa'} = \sqrt{3}E$

遮断器をまたぐ異地点事故に関する典型的なケースである．実戦のエンジニアリングではこのようなケースも想定しなければならない．

<u>ケース4, 5, 6（脱調遮断）について</u>

ケース4の最悪の条件として，遮断の瞬間に電圧 v_a と v_a' が逆位相になっているとすれば

・直接接地系の場合

$v_a = 1E$, $v_a' = -1E$, $v_n = 0$ ∴ $v_{aa'} = 2E$

・中性点解放の場合

$v_b = v_b'$, $v_c = v_c'$, $v_n =$ 不定, $v_n' =$ 不定　$v_{bc} = v_{b'c'}$,　∴ $v_{aa'} = 3E$

脱調時の遮断は遮断器にとっては非常に過酷な条件であることが理解できる．系統脱調が生じたときには各遮断器を遮断させないことが保護リレーによる系統保護プラクティスの原則で

第19章 開閉(遮断・投入)現象

| | 直接接地系の場合 | 非有効接地系の場合 |

ケース1　3相接地短絡(相手端遮断後)
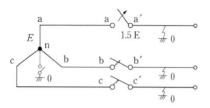

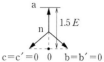

ケース2　1線地絡，第1相遮断(両端同期)
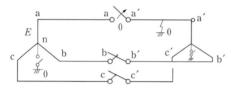

ケース3　遮断器を挟む異相地絡(相手端遮断後)
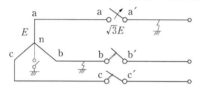
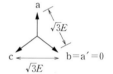

ケース4　脱調遮断
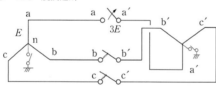
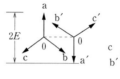
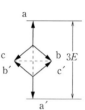

ケース5　地絡を伴う脱調遮断
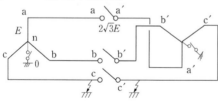
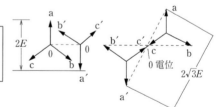

ケース6　異相地絡を伴う脱調遮断
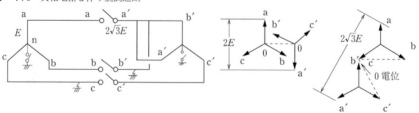

図 19・3　第1相(a相)遮断時の回復電圧 $v_{aa'}$

あろう．しかしながら，地絡・短絡事故がきっかけで遮断器を挟んだ両前後の系統の同期化力が弱まって系統が動揺を始めてついには脱調に至るケースも想定される．ケース5，6は3相遮断後に位相が120度ずれた瞬間のa相回復電圧が$2\sqrt{3}E$になることを示している．脱調遮断が遮断器にとって非常に過酷な責務となることも明らかである．

図19・3の図解による回復電圧の大まかな予測手法は過電圧現象や遮断器の責務の目安値を得る方法として非常に有効である．

19・2・2　第1・2・3相遮断計算（3相短絡の場合）

図19・4(a)に示すように遮断器を挟んで線路 l と l' の回路の先で3相短絡（$3\phi S$）が発生した場合の過渡計算を行う．

〔a〕　第1相（a相）遮断の過渡回復電圧計算

ステップ1　$3\phi S$ 時のa相遮断前の定常計算

a相が第1相遮断になるものとして，まず遮断直前の3相短絡電流の定常値を求める．正相

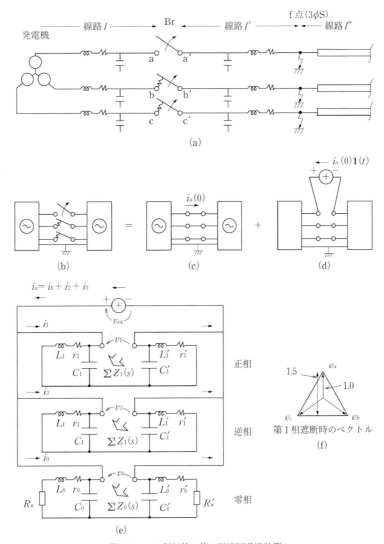

図19・4　3相短絡の第1相遮断過渡計算

回路計算のみであるから，この回路は 19・1 節の〔2〕項の場合で $e_1'=0$ とする場合とまったく等価である．

したがって，式(19・11)以下で示した計算式が踏襲できる．

a 相（正相）電源電圧を式(19・11)と同様に，次式のように表すものとする．
$$\dot{e}_a(t) = e_1(t) = Ee^{j\omega t} \tag{19・28}$$

遮断器に流れる電流は式(19・13)で $\Delta e(t) = e(t)$, $k(\delta) = 1$ とするのみでよく，
$$\dot{i}(t) = \frac{Ee^{j\omega t}}{(j\omega L_1 + r_1) + (j\omega L_1' + r_1')} \fallingdotseq \frac{E}{\omega(L_1 + L_1')} e^{j(\omega t - 90°)} \tag{19・29}$$

これらの式の実数部を採用すれば
$$\left.\begin{array}{l} e_1(t) = E\cos\omega t \\ i(t) = \dfrac{E}{\omega(L_1 + L_1')}\cos(\omega t - 90°) = I\sin\omega t \\ \text{ただし，} I = \dfrac{E}{\omega(L_1 + L_1')} \end{array}\right\} \tag{19・30}$$

正相回路の抵抗を無視しているので電流は当然電圧に対して 90° 遅れであり，また第 1 相が電流ゼロ点となる遮断瞬時 $t=0$ には電圧はピーク値 E_1 になる．

ステップ 2 第 1 相（a 相）遮断時の過渡回復電圧計算

図 19・4(a) において，a 相を遮断するということは a 相に遮断前に流れていた電流と同じ電流を逆極性で注入することに相当するから，図(b)＝図(c)＋図(d) である．次に，図(d) は a 相断線モードであるから対称座標法で表現すれば図(e) となる．結局，図(e) に式(19・30)で求めた電流を初期値として注入するときの過渡計算を行えばよいことになる．

表 3・2 の 1A に示す a 相断線の対称座標法の等価回路図を緩用して図 19・4(e) の回路の過渡計算を行えばよい．

さて，図(e) をラプラス変換で計算しよう．必要な関係式は次の式(19・31)と式(19・32)である．

<u>回路式</u>
$$\left.\begin{array}{l} \sum Z_1(s) = Z_1(s) + Z_1'(s) \quad\cdots\cdots\cdots\cdots\cdots\cdots\cdots\cdots\cdots\cdots\cdots\cdots① \\ \sum Z_0(s) = Z_0(s) + Z_0'(s) \quad\cdots\cdots\cdots\cdots\cdots\cdots\cdots\cdots\cdots\cdots\cdots\cdots② \\ \text{ただし，} \\ Z_1(s) = \dfrac{1}{\dfrac{1}{L_1 s + r_1} + C_1 s} = \dfrac{1}{C_1}\cdot\dfrac{s + \dfrac{r_1}{L_1}}{s^2 + \dfrac{r_1}{L_1}s + \dfrac{1}{L_1 C_1}} = \dfrac{1}{C_1}\cdot\dfrac{s + 2\alpha_1}{(s+\alpha_1)^2 + u_1^2} \quad③ \\ Z_1'(s) = \dfrac{1}{\dfrac{1}{L_1's + r_1'} + C_1's} = \dfrac{1}{C_1'}\cdot\dfrac{s + \dfrac{r'}{L_1'}}{s^2 + \dfrac{r_1'}{L_1'}s + \dfrac{1}{L_1'C_1'}} = \dfrac{1}{C_1'}\cdot\dfrac{s + 2\alpha_1}{(s+\alpha_2)^2 + u_2^2} \\ \qquad\qquad\qquad\qquad\qquad\qquad\qquad\qquad\qquad\qquad\qquad\cdots\cdots\cdots\cdots④ \end{array}\right\} \tag{19・31}$$

同様に，$Z_0(s)$, $Z_0'(s)$ も上記に準ずる．

<u>電圧・電流式</u>
$$\left.\begin{array}{l} i(s) = \mathscr{L}[I\sin\omega t] = I\cdot\dfrac{\omega}{s^2 + \omega^2} \quad\cdots\cdots\cdots\cdots\cdots\cdots\cdots\cdots① \\ v_{eq}(s) \equiv v_1(s) = v_2(s) = v_0(s) = i(s)\cdot\sum Z_{\text{total}} \quad\cdots\cdots\cdots② \\ \text{ただし，} \sum Z_{\text{total}} = \dfrac{1}{\dfrac{1}{\sum Z_1(s)} + \dfrac{1}{\sum Z_2(s)} + \dfrac{1}{\sum Z_0(s)}} \quad\cdots\cdots③ \end{array}\right\} \tag{19・32}$$

$$\therefore \quad v_{aa'}(s) = v_1(s) + v_2(s) + v_0(s) = 3 \cdot i(s) \cdot \sum Z_{\text{total}}(s) = 3I \frac{\omega}{s^2 + \omega^2} \cdot \sum Z_{\text{total}}(s) \tag{19・33 a}$$

$\sum Z_{\text{total}}$ については

・直接接地系の場合
$$\sum Z_1(s) \fallingdotseq \sum Z_2(s) \fallingdotseq \sum Z_0(s)$$
$$\therefore \sum Z_{\text{total}} = \frac{1}{3} \cdot \sum Z_1(s) \qquad ①$$

・非有効接地系の場合
$$\sum Z_1(s) \fallingdotseq \sum Z_2(s) \ll \sum Z_0(s)$$
$$\therefore \sum Z_{\text{total}} = \frac{1}{2} \cdot \sum Z_1(s) \qquad ② \tag{19・33 b}$$

以上により，a相接触子間電圧のラプラス関係式は

$$\begin{aligned} v_{aa'}(s) &= k \cdot i(s) \cdot \sum Z_1(s) = k \cdot I \frac{\omega}{s^2+\omega^2} \Big\{ \frac{1}{C_1} \cdot \frac{s+2\alpha_1}{(s+\alpha_1)^2+u_1^2} \\ &\quad + \frac{1}{C_1'} \cdot \frac{s+2\alpha_2}{(s+\alpha_2)^2+u_2^2} \Big\} \equiv k \cdot I\omega \cdot F(s) \end{aligned} \tag{19・34}$$

ここで，直接接地系：$k \fallingdotseq 1.0$
　　　　非有効接地系：$k \fallingdotseq 1.5$

となる．

式(19・35)中の $F(s)$ は前節の式(19・17) のそれとまったく同じであり，我々は式(19・19) ～(19・21) の過程ですでにその t 領域への変換結果式(19・21)を知っている．これを利用すると式(19・35)は

$$\begin{aligned} v_{aa'}(t) &= \mathcal{L}^{-1}\{v_{aa'}(s)\} = k \cdot I\omega \cdot \mathcal{L}^{-1}\{F(s)\} = k \cdot \frac{E}{L_1+L_1'} \cdot \mathcal{L}^{-1}\{F(s)\} \\ &= k \cdot E \Big\{ \cos\omega t - \frac{L_1}{L_1+L_1'} e^{-\frac{r_1}{2L_1}t} \cos\frac{1}{\sqrt{L_1 C_1}}t - \frac{L_1'}{L_1+L_1'} e^{-\frac{r_1'}{2L_1'}t} \cos\frac{1}{\sqrt{L_1' C_1'}}t \Big\} \end{aligned} \tag{19・35}$$

これで，a相極間の過渡回復電圧が求められた．上式の { } の中の数値は最大で2であるから過渡回復電圧 $v_{aa'}$ の最大値（この場合は $v_{aa'}=v_a$ でもある）は次式となる．

$$\begin{aligned} \text{Max } v_{aa'}(t) &= 2kE \fallingdotseq 2E \quad \text{（直接接地系統の場合）} \quad ① \\ &\fallingdotseq 3E \quad \text{（非有効接地系統の場合）} \quad ② \end{aligned} \tag{19・36}$$

この過渡現象が減衰すれば回復電圧は $v_{aa'}(s) = k \cdot E\cos\omega t$ となる．①と②で1.5倍の差が生ずるのは図 19・4(f) に示す遮断時のベクトル関係からも理解できる．

〔b〕 第2，3相（b-c相）遮断時の過渡回復電圧

次に，第2，3相の遮断の計算を行う．今度は図19・5(a) の計算であり，図(b) の定常計算の結果を電流の初期値として図(c) に注入し，その過渡計算を行えばよい．第2，3相の遮断

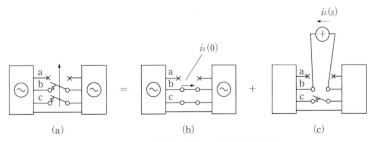

図 19・5　3相短絡の第2,3相遮断過渡計算

時の過渡回復電圧は非有効接地方式の場合，すなわち $\sum Z_1 = \sum Z_2 \ll \sum Z_0$ の場合の方が厳しくなるのでこの条件で計算を試みることとする．

ステップ1 a相断線状態（第2相遮断前）の電流の定常計算

第3章表3・2〔1B〕の対称座標法1線断線の等価回路を参照して，図19・5(b)における初期電流計算（a相断線モード回路）を行う．

一連の関係式は

$$\begin{aligned}
\dot{e}(t) &= E\mathrm{e}^{j\omega t} \quad\cdots\cdots\cdots\cdots\cdots\cdots\cdots\cdots\cdots\cdots\cdots\cdots\cdots\cdots\cdots\cdots\cdots\cdots\cdots\cdots\cdots\text{①} \\
\dot{i}_1(t) &= \frac{\dot{e}(t)}{\sum Z_1 + \dfrac{1}{\dfrac{1}{\sum Z_2}+\dfrac{1}{\sum Z_0}}} = \frac{\dot{e}(t)}{\sum Z_1 + \dfrac{\sum Z_1}{\dfrac{\sum Z_1}{\sum Z_0}+1}} \fallingdotseq \frac{1}{2}\cdot\frac{\dot{e}(t)}{\sum Z_1} \quad\cdots\text{②} \\
\dot{i}_2(t) &= \frac{-\sum Z_0}{\sum Z_2 + \sum Z_0}\cdot \dot{i}_1(t) \fallingdotseq -\dot{i}_1(t) \quad\cdots\cdots\cdots\cdots\cdots\cdots\cdots\cdots\cdots\cdots\cdots\text{③} \\
\dot{i}_0(t) &= \frac{-\sum Z_2}{\sum Z_2 + \sum Z_0}\cdot \dot{i}_1(t) \fallingdotseq 0 \quad\cdots\cdots\cdots\cdots\cdots\cdots\cdots\cdots\cdots\cdots\cdots\cdots\text{④}
\end{aligned} \quad (19\cdot 37)$$

非有効接地系では

$$\sum Z_1 = \sum Z_2 \ll \sum Z_0 \quad\cdots\cdots\cdots\cdots\cdots\cdots\cdots\cdots\cdots\cdots\cdots\cdots\cdots\cdots\cdots\cdots\cdots\text{⑤}$$

これを定常計算として解くと

$$\begin{aligned}
\dot{i}_a(t) &= 0 \\
\dot{i}_b(t) &= -\dot{i}_c(t) = (a^2 - a)\cdot \dot{i}_1(t) = -\sqrt{3}j \times \frac{1}{2}\cdot \frac{E}{(j\omega L_1 + r_1)+(j\omega L_1' + r_1')}\mathrm{e}^{j\omega t} \\
&= -\frac{\sqrt{3}}{2}\cdot \frac{E}{\omega(L_1 + L_1')}\mathrm{e}^{j\omega t}
\end{aligned} \quad (19\cdot 38)$$

上記の実数部を採用すれば

$$\begin{aligned}
e_a(t) &= E\cos\omega t \\
i_a(t) &= 0 \\
i_b(t) &= -i_c(t) = -\frac{\sqrt{3}}{2}\cdot \frac{E}{\omega(L_1 + L_1')}\cos\omega t
\end{aligned} \quad (19\cdot 39)$$

a相遮断後過渡回復電圧が減衰したあとでは定常解として式(19・39)を得る．3相短絡でa相が断たれればb, c相がいわゆる単相回路を構成して $i_b = -i_c$（b相から流れてc相に戻る）となるのは当然である．また，b相電流はa相電源電圧 v_a と同位相であり，したがってb-c相電圧 v_{bc} に対して90°遅れである．これが以下の過渡回復電圧計算の電流初期値となる．

ステップ2 第2, 3相遮断時の過渡回復電圧計算

図19・5(b)の計算結果の式(19・39)で，**時間軸を $\omega t \to \omega t' - 90°$ と置き換えよう**（$i_b(t)$, $i_c(t)$ が $t = 0$ で電流ゼロ点となるための操作である）．これによって式(19・39)は次式に書き換えられる．

$$\begin{aligned}
e_a(t') &= E\cos(\omega t' - 90°) = E\sin\omega t' \\
i_a(t') &= 0 \\
i_b(t') &= -i_c(t') = -\frac{\sqrt{3}}{2}\cdot \frac{E}{\omega(L_1 + L_1')}\cos(\omega t' - 90°) \\
&= -\frac{\sqrt{3}}{2}\cdot \frac{E}{\omega(L_1 + L_1')}\sin\omega t'
\end{aligned} \quad (19\cdot 40)$$

これで電流 i_b, i_c は新しい時間軸（元の時間より90°相当時間遅れ）$t' = 0$ でゼロ点となり，電流遮断が始まる．

次に，図19・5(c)の過渡計算を**対称座標法で解くことは事実上不可能であり，α-β-0法で解くことにする**．この計算は対象座標法ではa相1線断線等価回路→a-b相またはa-c相2

線断線（b-c 相断線ではない）等価回路への切換回路を構成できないからである．0-1-2法で事実上不可能な計算が α-β-0 法で簡単に解くことができるのが面白い．

初期値電流となる式(19・40) の電流を α-β-0 領域に変換すると

$$\left.\begin{aligned}
i_\alpha(t') &= \frac{-1}{3}(i_b(t') + i_c(t')) = 0 \\
i_\beta(t') &= \frac{\sqrt{3}}{3}(i_b(t') - i_c(t')) = \frac{E}{\omega(L_1 + L_1')}\sin\omega t' \\
i_0(t') &= \frac{1}{3}(i_b(t') + i_c(t')) = 0
\end{aligned}\right\} \quad (19\cdot41)$$

上式を初期値として図 19・5(c) の過渡計算を α-β-0 法で実行する．第6章表6・2の#5のa相断線の α-β-0 法等価回路を新たに遮断する問題となるので図 19・6 の過渡計算となる．α-0 回路の計算と β 回路の計算が別々にできる．

$\underline{\alpha\text{-0 回路の過渡計算}}$

先の $\sum Z_1 = \sum Z_2 \ll \sum Z_0$ の近似化によって $i_a(t) = i_0(t) = 0$ であるから図 19・6 の α-0 回路に注入する初期電流がゼロである．したがって，α 回路および 0 回路の過渡電気量はすべてゼロで，接触子間電圧についても $v_\alpha = v_0 = 0$ である．

$\underline{\beta\text{ 回路の過渡計算}}$

式(19・41) の電流 i_β を $t' = 0$ のタイミングで注入して過渡計算を行う．なお，i_c がゼロ点となる $t' = 0$ が i_β のゼロ点でもあり遮断タイミングとなることに留意しよう．

このときのラプラス関係式は

$$\left.\begin{aligned}
i_\beta(s) &= \frac{E}{\omega(L_1 + L_1')} \cdot \mathcal{L}[\sin\omega t'] = \frac{E}{\omega(L_1 + L_1')} \cdot \frac{\omega}{s^2 + \omega^2} \\
v_\beta(s) &= i_\beta(s) \cdot \sum Z_1(s) = \frac{E}{L_1 + L_1'} \cdot F(s)
\end{aligned}\right\} \quad (19\cdot42)$$

ここで，$\sum Z_1(s)$ と $F(s)$ は式(19・16)，(19・17)，(19・31) とまったく同じである．要するに図 19・6 の β 回路の過渡計算は図 19・2(c) の過渡計算とまったく同型である．したがって，$F(s)$ の t 領域への逆変換の解である式(19・21) が，またしてもそのまま利用できる．ゆえに，上式の逆変換式は直ちに求められて次式となる．

$$v_\beta(t') = \frac{E}{L_1 + L_1'} \cdot \mathcal{L}^{-1}[F(s)]$$

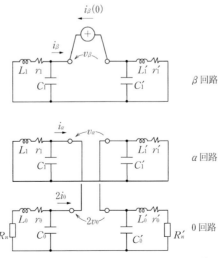

図 19・6　第 2, 3 相遮断の過渡計算（α-β-0 法）

$$= \frac{E}{L_1+L_1'} \cdot \left\{ (L_1+L_1')\cos\omega t' - L_1 e^{-\frac{r_1}{2L_1}t'}\cos\frac{1}{\sqrt{L_1C_1}}t' - L_1' e^{-\frac{r_1'}{2L_1'}t'}\cos\frac{1}{\sqrt{L_1'C_1'}}t' \right\}$$

$$= E\left\{ \cos\omega t' - \frac{L_1}{L_1+L_1'} e^{-\frac{r_1}{2L_1}t'}\cos\frac{1}{\sqrt{L_1C_1}}t' - \frac{L_1'}{L_1+L_1'} e^{-\frac{r_1'}{2L_1'}t'}\cos\frac{1}{\sqrt{L_1'C_1'}}t' \right\}$$

(19・43)

a-b-c 相接触子間過渡電圧（過渡回復電圧）への変換

式(19・43) とすでに求めた $v_a(t') = v_0(t') = 0$ に留意してa-b-c領域に変換すると、

$$v_{bb'}(t') = -v_{cc'}(t') = \frac{\sqrt{3}}{2} v_\beta(t')$$

$$= \frac{\sqrt{3}}{2} E\left\{ \cos\omega t' - \frac{L_1}{L_1+L_1'} e^{-\frac{r_1}{2L_1}t'}\cos\frac{1}{\sqrt{L_1C_1}}t' - \frac{L_1'}{L_1+L_1'} e^{-\frac{r_1'}{2L_1'}t'}\cos\frac{1}{\sqrt{L_1'C_1'}}t' \right\}$$

(19・44)

以上の結果を整理すると，非有効接地系において3相短絡遮断を行う場合，まず第1相がその電流ゼロ点で遮断し，それから90°遅れのタイミングに第2，第3相が同時遮断することを示している．また，非有効接地系の場合の遮断第1相と遮断第2，3相の過渡回復電圧および回復電圧は式(19・43) および式(19・44) で求められ，その最大値は次のとおりである．その過渡回復電圧の波形を**図19・7**に示す．

非有効接地系の場合	過渡回復電圧	回復電圧
遮断第1相	$3E$	$1.5E$
遮断第2，3相	$\sqrt{3}E$	$\frac{\sqrt{3}}{2}E$

直接接地系の場合には遮断第1相の過渡回復電圧は最大で$2E$，回復電圧はEであり，第2，3相の場合にはさらに小さい値となる（$\sum Z_1$，$\sum Z_0$ が与えられれば計算できるが省略する）．以上で遮断器の遮断第1相，第2，3相の遮断時の接触子間の過渡回復電圧の計算値が求められた．

最後に，3相短絡電流を遮断する場合，RRRVの最大値は式(19・36) で与えられるがこの式より，遮断器の両側につながる送電線路のサージインピーダンスがRRRV，したがって遮断器の動作責務に大きく影響することを確認しておこう．両側の回路のLCによる固有振動周波数の高調波振動電圧が発生するので，これらが重畳して接触子間の電圧峻度は一層大きいものとなるのである．

〔補足〕 上記の説明では $\sum Z_1 = \sum Z_2 \ll \sum Z_0$ としたので第1相 i_a 遮断後は $i_b(t) = -i_c(t)$ となり，第2，3相は同じタイミングで電流ゼロ点となるために同時遮断することがわかった．ところが，$\sum Z_1 = \sum Z_2 \fallingdotseq \sum Z_0$ の場合では第1相遮断後の $i_b(t)$ と $i_c(t)$ は電流ゼロ点が同一タ

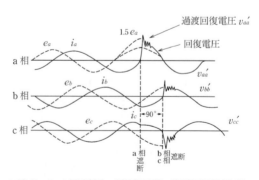

図 19・7 3相遮断時の両接触子間の過渡回復電圧波形

イミングとならないので第2相, 第3相の遮断タイミングも時間的に同時とはならない. この場合の計算はさらに煩雑になるが同様の方法で計算ができる.

19・3 遮断器の概念

　遮断器が電流遮断を行う場合, 指令操作によって両接触子は機械的に開離された後もアークが必ず発生して電気的には依然として導通状態が続き, 次に短絡電流の±極性が変わる電流ゼロ点の瞬間にアークが消滅して電気的な遮断が完了する. 両接触子の開離直後に発生するアーク（電流プラズマ）は若干の電圧降下を伴うが, 前節の遮断過渡現象計算ではこのアークドロップを無視している. 遮断時の実際の波形は, このアークドロップによって計算波形と少し異なるものとなる. 本節では実際の遮断器の遮断現象について説明する.

　なお, 遮断器はその動作原理（あるいは二つの接触子間の絶縁媒体）の異なるガス遮断器（GCB）, 空気遮断器（ACB）, 油遮断器（OCB）および真空遮断器（VCB）などがある. それぞれに特徴があるがGCB, ACB, OCBは滑動式可動接触子（sliding contacts）を有しており, また遮断時には両接触子間に発生するプラズマアークを絶縁媒体（ガス・空気・油）で速やかに消弧する原理という点で共通である. VCBはバットコンタクト（対面接触子）構造の両接触子を極度の真空状態の密封空間に配置して, 遮断時には電子ビームを生じさせないことで遮断を実現する. 100 kV 級以上の送変電用では往年の主流であったACB, OCBに代わって今日ではGCBが圧倒的に多く利用されており, 70 kV 以下の送変電設備や受電設備や配電系統では四つのタイプがその特徴を使い分けて利用されているといえよう. 本章では高電圧の主流であるGCBを中心に説明を進めるが, 以降の説明内容は滑動接触子式のGCB, ACB, OCBにすべて共通であり, VCBにもおおむね共通であるといえよう. なお, VCBは変電用として採用されるのはまれであるが, 多頻度開閉操作性能が非常に優れているので負荷側の6～60 kV 級受電設備用として多く採用されている.

19・3・1 遮断器の概念

　送変電級の高電圧遮断器では固定接触子と可動接触子が相対している（500 kV 級の最大容量級の遮断器では両接触子ともに可動接触子とする遮断器も実現している）.

　遮断器は遮断指令を受けて閉状態の両接触子を瞬間的な機械力（ばね, 空気圧, 油圧などを利用）で引き離す. 全ストローク（接触子の動作開始後"ワイプ＋開離完了までの有効ストローク". 超高圧級 SF_6 遮断器で150～250 mm程度）の引き離しに要する時間は, 遮断器によって異なるがおおよそ10 ms程度（1サイクル未満）である. 開離開始直後では両接触子間の絶縁耐力は極く小さいので（電流を断つことで両接触子間に生ずるであろう過渡電圧に抗しきれず）両接触子間に不可避的に電流アーク（数千度の電流プラズマ）が発生する. 遮断器はこの膨大なアークエネルギーをわずか10～30 ms前後の時間で処理して両接触子間の絶縁を回復（消弧）して遮断を完了する. 50 kAあるいは63 kA（rms値）の事故電流の遮断操作に伴って消弧室内で両接触子間に発生する数千度のプラズマアークのエネルギーを瞬間的に下げて（あるいは外部に放出して）消弧を完了しなければならない. さらに, その遮断責務を繰り返して保持しなければならない.

　核融合技術では, プラズマを閉じ込めてエネルギー密度を高める. これとは逆に, 遮断器では特大の系統をバックパワーとする非常に大きいエネルギーレベルのプラズマを瞬間的にほぼゼロにまで薄め（逃さ）なければならない. 遮断器の性能・信頼性向上に関する長い間の苦難の歴史は電力技術の歴史の中でも特筆されるものであり, これは遮断器が極めて高難度の技術の結集であることを雄弁に語っているといえよう.

　図19・8にUHF級大容量 SF_6 ガス遮断器の構成および消弧室構造・圧力上昇特性を示す.

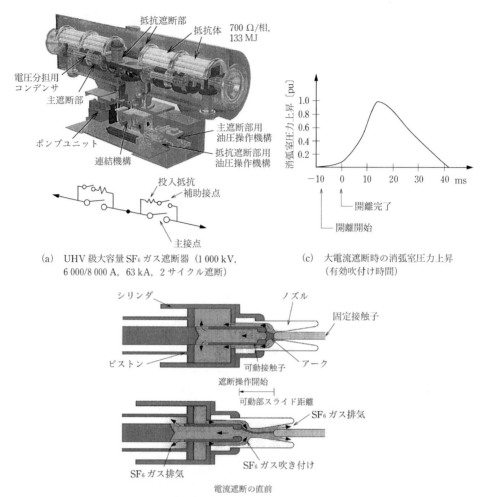

図 19・8　SF₆遮断器の原理と構造（東芝提供）

(a) UHV級大容量SF₆ガス遮断器（1 000 kV, 6 000/8 000 A, 63 kA, 2サイクル遮断）

(b) SF₆ガス遮断器の消弧原理

・開極と同時に両接触子間に発生するアークに高圧の SF₆ガスを吹き付けてアーク電流遮断を行う.

(c) 大電流遮断時の消弧室圧力上昇（有効吹付け時間）

注）本図は500 kV, 63 kA, 1点切り遮断部を2点直列として1 000 kV, 63 kA遮断器としている.

今日，実用されている遮断器のハードの説明は専門書に譲るが，60 kV以上の高電圧級で圧倒的に普及しているSF₆ガス遮断器におけるさまざまな工夫の一端を以下に紹介する．

<u>SF₆ガス遮断器の場合</u>

SF₆ガスは絶縁特性に優れ，高温でも非常に安定な気体である．

・SF₆ガスは絶縁性と吹付け効果を一層高めるために高圧ガス（6, 4気圧等）として使用する．

・操作指令による可動接触子の移動と連動して，ふいご原理によってSF₆ガスをアーク柱に吹き付けて，①アーク柱にさらされる絶縁媒体の入れ替え，②アーク柱を電極から遠くへ逃がして（細長く引き伸ばして）ごく短時間でSF₆ガスの絶縁回復を図る．

・必要に応じて補助遮断部，直列多点切りなどの手段も用いられる．

などである．

SF₆遮断器の場合には，**ふいごのガスを使い切るまでのガス有効吹付け時間**は3サイクル程

度（図 c）であるから，この時間内にアークが消滅しなければもはや遮断はできず，熱破壊するしかない．油遮断器の場合もアーク熱によって油が分解してガス化するので，アークが切れないと系統からのアークエネルギーの補給が続いて内部圧力の急上昇によって破壊は免れない．要するに遮断器は遮断能力を動作開始後，数サイクルの間保持するのみであり，所定時間で遮断できなければ（他の遮断器が直ちに事故電流を断ってくれない限り）破損するしかない．遮断器の遮断失敗はそれ自体が新たな事故（短絡・地絡・断線など）である．万一遮断失敗が発生すると，今度はこの遮断器を系統から切り離すためには，故障電流を供給している当該電気所や隣接電気所の多数の遮断器を遮断（**後備遮断**）しなければならない．これは系統を各所で同時遮断することになるので，基幹系統でこのようなことが起こると系統が各所で寸断されて，最悪では広域大停電の引き金ともなりうるであろう．遮断器の担う遮断責務は非常に重要であるといわねばならない．

ところで，両接触子が開離するときに生じたアークが消弧媒体（SF_6 ガス，油，空気など）内でやがて強制消弧される現象については，下記の二つの理論的解釈がなされている．

a) **エネルギー平衡説**：エネルギーの供給と放出の収支を負にする（アーク中の電子密度の微分値をマイナスの状態になる）ことによりアークが消滅するとする理論

b) **絶縁平衡説**：両接触子間の絶縁破壊力を絶縁耐力回復が上回ることによってアークが消滅するという理論

アークの理論解釈はともかくとして，"アークの消滅"とは"両接触子間の絶縁の回復"を意味する．したがって，"過渡回復電圧とその初期上昇率（RRRV）が遮断器の遮断責務能力と大きくかかわる二大パラメータ"となることは容易に理解できる．

19・3・2 遮断性能や開閉現象に関する主な用語

系統の開閉には必ず過渡異常電圧（開閉サージ電圧）が発生する．遮断器の責務は回路の開閉だけではない．開閉時に発生するスイッチングサージを一定のレベル以内に抑制することもまた絶縁協調の基礎となる遮断器の重要な責務である．このことを念頭において系統の異常電圧や遮断器の性能を扱う分野で使う主な用語を簡単に説明する．19・1, 19・2 節の過渡計算を体験している読者には用語に関する長い説明は不要であろう．

<u>主な用語</u>

① **過渡回復電圧**（TRV：Transient recovery voltage）：遮断器の遮断直後にその遮断部の両接触子間に現れる過渡電圧をいう．

② **固有過渡回復電圧**（Ideal transient recovery voltage）：正弦波の電流がその電流のゼロ時点でアークなどを発生することなく理想的な遮断をした場合の過渡回復電圧．

③ **回復電圧**（Recovery voltage）：遮断後に遮断点間に現れる商用周波電圧をいう．

④ **過渡回復電圧波高値**（Peak value of transient recovery voltage）：過渡回復電圧波形のいくつかの極大値のうちの最大値をいう．

⑤ **過渡回復電圧初期波高値**（Initial peak value of transient recovery voltage (the first peak value)）：再起電圧第 1 波の極大値をいう．

⑥ **過渡回復電圧周波数**（Frequency of transient recovery voltage）：過渡振動電圧成分の振動周波数をいう．回路条件によっては複数の振動周波数が含まれる．

⑦ **過渡回復電圧振幅率**（Amplitude ratio of transient recovery voltage）：過渡回復電圧波高値と回復電圧波高値との比をいう．

⑧ **過渡回復電圧上昇率**（RRRV：Rate of Rise of Recovery Voltage）：過渡回復電圧の初期部分の立上り速度で，kV/μs で表す．

⑨ **再発弧**（Reignition of arc）：遮断電流が遮断された直後，商用周波数の 1/4 サイクル（50 Hz 系ならば 5 ms）以内の時点で遮断器の両接触子間に再び電流が流れることをいう．

⑩ **再点弧**（Restriking of arc）：遮断電流が遮断された直後，商用周波数の1/4サイクル以後の時点で遮断器の両接触子間に再び電流が流れることをいう．再発弧は許容されるが再点弧は深刻な現象となる．なぜ1/4サイクルが両者を分けるかは後述する．

⑪ **低周波消弧**（Low-frequency extinction）：故障電流(商用周波)の電流ゼロ点でのアーク消弧．

⑫ **高周波消弧**（High frequency extinction）：再発弧（または再点弧）後の自由振動電流ゼロ点でのアーク消弧．

上述の言葉で定義される諸現象が遮断器の遮断性能と発生するサージレベルにかかわる重要な因子となる．

19・4 実際の遮断現象

遮断器には固有の性能があり，遮断器にとって"切りやすい現象と切り難い現象"がある．遮断器の優れた性能を知るとともにその限界をも理解しておかなければならない．また，開閉現象はさまざまな過渡異常電圧（開閉サージ）や持続性異常電圧を伴うので絶縁協調の視点からも開閉現象をよく理解しておかなければならない．本節では遮断器による典型的な遮断現象についてその様相を解説する．

19・4・1 短絡電流（遅相電流）遮断

遮断器端子の近傍の短絡事故（**BTF**：Bus Terminal Fault）を遮断する場合の過渡回復電圧（TRV）現象を**図19・9**で説明する．図のように遮断器の一方の端子の電圧がゼロであるからこの場合は過渡回復電圧 v_{Br} と電源側端子の対地電圧 v_a は同じである．図(a)はアーク電圧を無視した場合の波形を示しており，図19・1で示した計算波形と同じである．実際には接触子の開離と同時にアークが発生して電源電圧の5〜10%程度の大きさのアーク電圧が生ずる．アークは電気的には「ほぼ純抵抗」であるから電流ゼロ点でアーク電圧は極性が反転する．遮断直後に発生する TRV の振幅率の理論最大値は 2.0 pu であるが，実際には高周波成分の減衰によって 1.4 ないし 1.7 pu 程度以下であるとしてよい．高周波成分の周波数は電源側回路を単純な LC タンク回路とみなせば，その固有振動周波数は $f=1/2\pi\sqrt{LC}$ となる．

図19・10 は個々の系統条件として求められる**遮断性能責務**と遮断器の能力を模式的に示している．図(a)は開閉に伴う過渡回復電圧と概念的な両接触子間の絶縁耐力の時間的な上昇の模様を対比させており，遮断能力のある場合と不足の場合の二つのケースを概念的に示している．遮断器の遮断性能を単純な図式で表現することは実際問題として容易ではないが，図(b)は系統のある変電所地点に必要な遮断能力を短絡容量 MVA（短絡電流 kA の最大値に相当）と RRRV の二つのパラメータで表すこととして，それに遮断器の概念的な動作責務を重ね合わせて示したものである．図において，系統側の条件が P_1 の場合には遮断器 1，2のどちらでも問題ないが，系統条件が P_2 の場合には遮断器 2 では不十分であり，遮断器 1 に取り換える必要がある．遮断器の選定にあたっては将来系統条件も含めてさまざまな系統構成に対応できるものでなければならない．

19・4・2 進み小電流（線路の充電電流）遮断

実際の遮断器技術で説明を避けて通ることができないのが**再発弧現象**（**reignition**）と**再点弧現象**（**restriking**）である．そして**進み小電流遮断**ではその再発弧や再点弧が発生しやすい状況となる．再発弧はさほど深刻な問題とはならないが，再点弧は線路や変電所機器の対地絶縁を脅かし，また遮断器の遮断失敗に直結する極めて過酷な現象である．

BTF（Bushing Terminal Fault）の場合には遮断器の片端がアーク電位になっているので接触子間電圧 v_{Br} と対地電圧 v_a が等しい

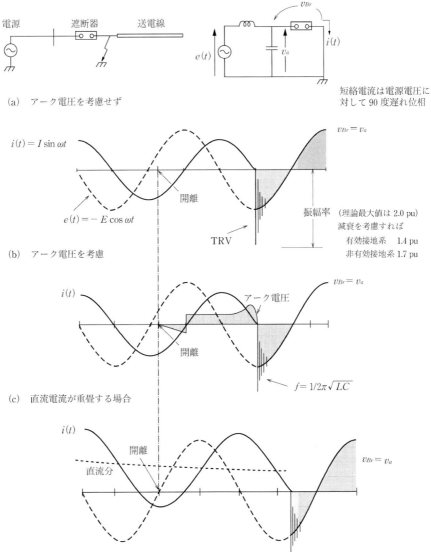

図 19・9　短絡電流遮断時の典型的は過渡回復電圧波形
BTF（Bushing Terminal Fault）の場合

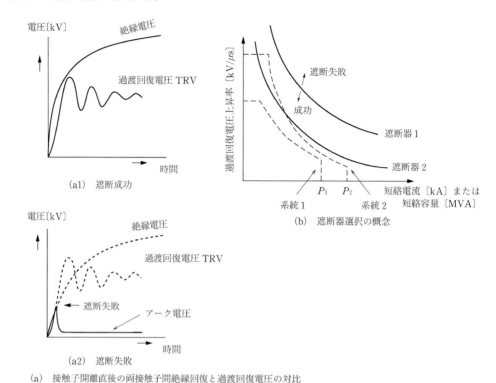

(a) 接触子開離直後の両接触子間絶縁回復と過渡回復電圧の対比

図 19・10 遮断器の遮断能力（概念図）

進み小電流遮断時の場合の再発弧と再点弧現象について，**図 19・11** を用いて説明する．

図 19・11(a) において，線路 2 の相手端は開放中であるので遮断器 Br には線路 2 の充電電流 i（進み力率の電流）が流れている．この電流を遮断する場合について検討する．ちなみに，表 2・2 に示したように架空送電線の充電電流は 275 kV の場合で 0.6 A/km 程度であるから 100 km 線路で 60 A 程度であり，電圧階級が異なってもそれほどの差はない．

ケース1：遮断成功（再発弧 再点弧を伴わず）

図 19・11(b) で説明する．$t<t_1$，すなわち t_1 より以前では系統電圧 $e(t)=E\cos\omega t$ より 90 度進みの充電電流 $i(t)=I\sin\omega t$ が流れている．遮断器が遮断指令を受けて可動接触子が t_1 で開離するが，その途端にアーク電流が流れるので $t_1 \leq t < t_2$ では電気的には依然として通電状態である．次に，遮断器は電流ゼロ点 t_2 で電流 $i(t)$ を容易に遮断（**低周波消弧**）する．次に，t_2 以降の $t_2<t$ では電源側の電圧は $e(t)=E\cos\omega t$ であるから遮断器の電源側端子 a の電圧 v_a は E と $-E$ の間で変化している．これを $[E, -E]$ と表現することとしよう．一方，線路側の端子 b はアークが電流ゼロ点で消滅した途端にその瞬間の電圧 v_b は直流電圧 E（電流ゼロ点では 90 度位相差の電圧はピーク値 E である）として残留する．すなわち $v_b=E$ である．したがって，両接触子間の電圧 v_{ab} はゼロから半サイクル後には $2E$ まで増加して減少に転ずる．換言すれば，t_2 以降では v_{ab} は $[0, 2E]$ の間で変化する．以上の現象を次のように記述することとしよう．

$v_a(t)=E\cos\omega t=[E, -E]$ または $|v_a(t)|\leq E$

$v_b(t)=E$

∴ $|v_{ab}(t)|\leq 2E$

両接触子間の電圧 v_{ab} は $2E$ を超えることがないので遮断器はこの電流 $i(t)$ を容易に遮断する．

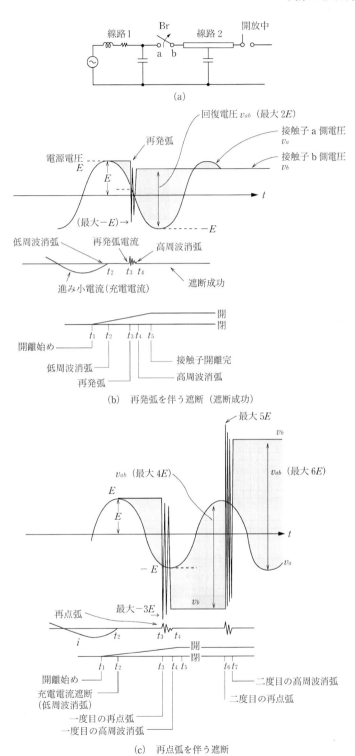

図 19・11 進み小電流（充電電流）遮断現象の説明

ケース2：再発弧を伴って遮断成功

上述の説明で，t_2 より 1/4 サイクル以内の時間 $t=t_3$ で再発弧（reignition）が発生したとしよう．この場合には再発弧直前では $v_a(t)$ は 0 と E の間であるから $t\leq t_3$ で

$v_a(t)=E\cos\omega t=[E, 0]$ または $|v_a(t)|\leq E$

$v_b(t)=E$

∴ $|v_{ab}(t)|\leq E$

次に，$t_3\leq t\leq t_4$ で両接触子間の電圧 v_{ab} は高周波自由振動を開始するがその振幅は $\pm E$ 以内である．やがて高周波振動の電流ゼロ点 t_4 で遮断に成功（**高周波消弧**）するであろう．式で表現すれば，$t_3\leq t\leq t_4$ で

$|v_{ab}(t)|\leq 2E$

この場合も v_{ab} は $2E$ を超えることがないので遮断器はこの電流 $i(t)$ の遮断に成功するであろう．再発弧は好ましいことではないが後述する再点弧に比べればさほど過酷な TRV 現象にはならないのである．

ケース3：再点弧による遮断失敗

図 19・11(c) で説明する．もしも再度の点弧が t_2 より 1/4 サイクル以上あとの時間 $t=t_3$ でアークが再発生（これを再点弧，restriking という）したとしよう．この場合には次のようになる．$t\leq t_3$ で

$v_a(t)=E\cos\omega t=[0, -E]$

$v_b(t)=E$

∴ $E<|v_{ab}(t)|\leq 2E$

v_{ab} は E より大きく最大で $2E$ となる．したがって，$t=t_3$ で再点弧が生じると v_{ab} は $t_3<t$ では $[E, -3E]$ の範囲で振幅 $\pm 2E$ の自由振動となる．

$t_3\leq t\leq t_4$ で

$2E\leq|v_{ab}(t)|\leq 4E$

再点弧が 1 度生ずると $2E\sim 4E$ の TRV が発生するのである．それでも遮断器は t_4 で高周波消弧をするが，その後の $t_4<t<t_6$ では v_{ab} は最大では $[5E, -3E]$ の間で自由振動をする．

$v_a(t)=E\cos\omega t=[E, -E]$

$v_b(t)=[5E, -3E]$

∴ $E<|v_{ab}(t)|\leq 8E$

v_{ab} は 2 度目の再点弧では最悪 $8E$ にまで達するのでおそらくは遮断に失敗するであろう．仮に 2 度の再点弧に耐えたとしても v_{ab}，すなわち TRV は理論的には再点弧を繰り返すたびにさらに大きくなりうるのである．遮断器は有効（吹き付け）消弧時間も尽きて遮断失敗，破損は必定である．遮断器の型式試験では「再点弧は電流遮断性能と異常過電圧発生の両面で遮断失敗」を意味するのは当然である．

さて，再発弧，再点弧の現象を線路を試充電する系統条件をモデルにして説明したが，再発弧，再点弧は短絡電流遮断の場合においても事情は同じである．実系統で短絡事故遮断時に遮断器の再点弧が発生すればその遮断器自体が遮断失敗し，破損して新たな（地絡・短絡・断線）事故点となる．後備保護リレーによって隣接する多数の遮断器の遮断を余儀なくされることになり広範な系統事故を招くことは必定であろう．

19・4・3　近距離故障遮断（SLF）

図 19・12 で説明する．図で三つの事故点 f_1, f_2, f_3 を比較する．遮断器 Br にとっては事故点が遠いほど短絡電流は小さくなるので f_1 事故より f_2 事故の方が遮断が容易と思われる．ところが架空送電線路の場合，至近端 f_1 の事故より数 km 程度離れた f_2 事故の方が過酷なことがわかってきた．**近距離故障遮断 SLF**（Short Line Fault）といわれるもので，図中のケース2

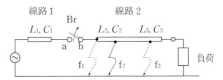

ケース1 f_1 地点の地絡事故の場合

接触子 b の至近端地絡だから地絡電流は f_2, f_3 地点事故より大きいものの，事故発生直後の $v_b(+0)=0$ であるから，接触子間電圧 v_{ab} の過渡電圧は v_a の過渡電圧そのものであり，RRRV は比較的に小さい．

ケース2 f_2 地点（b 点から1～数 km）の地絡事故の場合（遮断）

Br の消弧直後に b 点と f 点の数 km の送電線の L_2, C_2 の自由振動による過渡電圧 v_b が発生する．接触子間電圧 v_{ab} としては，この v_b がケース1の v_a に加わることになるので，RRRV は非常に大きくなる．ケース1との対比で短絡電流は多少小さくなるが，遮断器にとっては非常に過酷となる．

架空送電線の進行波はおおよそ $300\,\mathrm{m/\mu s}$ であったから $\overline{bf_2}=3\,\mathrm{km}$ とすれば b 点で生じた過渡電圧は f_2 で逆符号の反射波となって $20\,\mu\mathrm{s}$ 後に b 点に帰ってくる．この往復反射の繰返しによる自由振動過渡電圧（周波数約 $50\,\mathrm{kHz}$）が接触子 b に加わることになる．SLF は遮断器にとっては過渡回復電圧と RRRV が非常に大きくなり，過酷なケースとなる．

ケース3 f_3 地点（b 点からかなり遠い）の地絡事故の場合

$10\,\mathrm{km}$ を越える，さらに遠い f_3 点の地絡事故では，往復伝搬距離が長くなるために進行波の減衰や波頭峻度のなまり方が著しく，また振動周波数も低いので結果として b 点の自由振動が緩和され，v_{ab} の RRRV はケース2より楽になる．

図 19・12 近距離故障（SLF）遮断

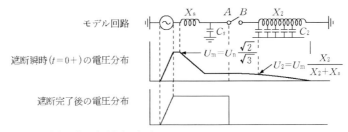

(a) SLF 事故遮断時の電圧分布の概念

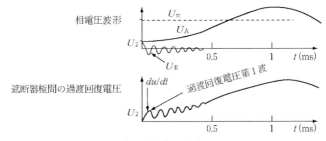

(b) SLF 事故遮断時の過渡回復電圧（波形）の概念

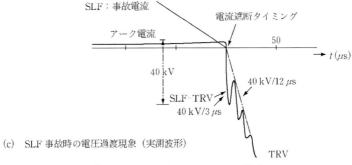

(c) SLF 事故時の電圧過渡現象（実測波形）

図 19・13 SLF（Short Line Fault）現象

の説明にあるように，f_2事故では開離直後のBrとf_2間のサージの往復反射によってRRRVが非常に過酷になってしまうのである．

図19・13(a)は短絡電流のSLF遮断直後の各部位の電圧分布を概念的に示している．またその時の相電圧波形と過渡回復電圧波形の様相を示している．図19・13(b)はSLF遮断直後の遮断器極間に生ずる過渡回復電圧（SLF-TRV）波形の概念図である．また図(c)はSLF-TRVの典型的な実測波形である．図(c)ではTRVの第1波は3μsで40kVに達しているから片道3μs程度の距離（$300 \text{m}/\mu\text{s}$として900m程度）の短絡事故と予想できる．第1波のRRRVは約$40\text{kV}/3\mu\text{s}$であり，BTFの場合のTRVが$40\text{kV}/12\mu\text{s}$程度に対して4倍程度に急峻になっている．

SLF現象が認識され，遮断器にとって過渡回復電圧上昇率が非常に大きいファクタとなることが認識されるようになったのは1950年代である．それ以前では短絡電流の大小が遮断難易度の最大の目安になっていたが，変電所の至近端事故に比べて故障電流は少ないはずの1～数km以内の故障の遮断失敗が非常に多いことから，1950年代後半ごろからSLF現象として認識され，それ以降，RRRVを重視する遮断器技術が大きく前進した．

19・4・4　遅れ小電流遮断・励磁突入電流遮断時のチョッピング現象

高電圧用の遮断器は数百～数千Aの負荷電流や31.5kA，あるいは50kA，63.5kA級の短絡電流を遮断するように設計されている．今日の遮断器は分類上は強制消弧式（自然消弧式に対して）とされて，大電流を（電流ゼロ点で）遮断する能力を備えているので，例えば10A程度以下の小電流を遮断する場合には電流ゼロ点に達する前にその電流を$i(t) \neq 0$の状態で消弧してしまうことが当然ありうる．この現象を**電流チョッピング**（**電流さい断**，current chopping）と称する．電流チョッピングは遮断する電流$i(t)$がガス遮断器（GCB）ではおおむね10～20A以下の場合に生ずるとされるが，油遮断器（OCB），空気遮断器（ACB）の場合などでもそれほど差はない．電流チョッピングは過渡過電圧の観点から重要な問題となる現象である．その理由を端的に説明すれば，電流は小さくても$i(t) \neq 0$で遮断するのであり，その瞬間では$di(t)/dt \to$大，したがって$v(t) = L \cdot di(t)/dt \to$大，また$dv(t)/dt \to$大と説明できるであろう．なお，チョッピングは電圧$v(t)$に対する$i(t)$の位相が$+90 \sim 0 \sim -90$度のいずれであっても起こる現象であるが，力率角が$\pm 90$度に近い場合（進み小電流遮断，リアクトル遮断など）にはチョッピングが電圧のピーク値に近いタイミングで生じやすいので，より過酷な過渡回復電圧TRVやサージ性の過渡過電圧を生じやすい．

電流チョッピング現象の典型的な例として，**図19・14**で変圧器の**励磁電流遮断**の場合について検討する．図(a)で変圧器の低圧側が開放状態で無負荷課電中であるから遮断器Brには励磁電流$i(t)$（通常は数百mA～数A程度で電圧とほぼ同位相）が流れている．変圧器の高圧側ブッシング端子と遮断器の間には母線やフィーダの漏れキャパシタンスC（典型的には100から1000pF）が存在している．したがって，電気回路的には図(b)の状態といえる．

さて，この電流$i(t)$を遮断する場合のチョッピング現象を図(c)で説明する．遮断器の開操作によってチョッピングが生ずると，その途端にb端には周波数$f = 1/(2\pi\sqrt{LC})$の自由振動電圧が生ずる．この前後の瞬間$t = \pm 0$においてエネルギー保存の法則が成り立つから次式が成立する．

$$\left. \begin{array}{c} \underbrace{\dfrac{1}{2}C \cdot e^2(0-) + \dfrac{1}{2}L \cdot i_L{}^2(0-)}_{\text{チョッピング発生直前の貯蔵エネルギー}} = \underbrace{\dfrac{1}{2}C \cdot v_b{}^2(0+)}_{\text{直後の貯蔵エネルギー}} \\ \text{ここで}\quad e(0-) = E\cos\omega t|_{t=0-} = E \end{array} \right\} \quad ①$$

したがって，

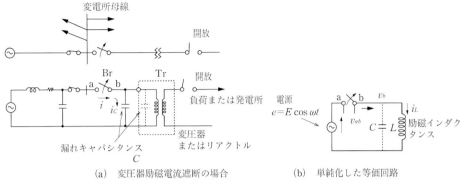

(a) 変圧器励磁電流遮断の場合　　(b) 単純化した等価回路

(c) 電流チョッピングによる電圧・電流波形

図 19・14　小電流遮断による電流チョッピング現象

$$\left.\begin{array}{l}v_b(0+) = \pm\sqrt{\dfrac{L}{C}\cdot i_L{}^2(0-)+E^2} \quad \left(>\sqrt{\dfrac{L}{C}\cdot i_L(0-)},\,E\right) \\ v_{ab}(0+) = E \pm\sqrt{\dfrac{L}{C}\cdot i_L{}^2(0-)+E^2},\quad f=\dfrac{1}{2\pi\sqrt{LC}}\end{array}\right\}②\quad(19\cdot45)$$

ここで，$v_b(0-)$，$v_{ab}(0-)$，$i(0-)$：電流チョッピング開始直前の電圧値
　　　　$v_b(0+)$：点 b に発生する対地振動電圧の最高値
　　　　$v_{ab}(0+)$：両接触子間に発生する TRV の最高値
　　　　f：自由振動周波数

チョッピング発生の瞬間 $t=0$ の電圧値は電源電圧 $e(t)$ のピーク値 E に近いから $v_b(0-)\fallingdotseq E$ である．したがって，$v_b(0+)$ および $v_{ab}(0+)$ は電源電圧のピーク値 E より大きく，また周波数が高い固有周波数となることが式②より明らかである．次に，この（最初の）再発弧によって電気的に再び小電流が流れ出すが，この強力な遮断器では2度目のさい断，2度目の**再発弧**の現象が続くことは当然起こりうる．現実には図（c）に示すように，電流チョッピングがいったん発生すると「さい断と再発弧が電流ゼロ点近くのタイミングに至るまで繰り返される」可能性が高い．

電流チョッピングは一般には「さい断と再発弧の繰り返しを伴う現象」として遮断器の遮断能力にかかわる $v_{ab}(0+)$」と「絶縁協調に関連する開閉サージレベル $v_b(0+)$」の二つの側面からマークしなければならない現象といえよう．説明が前後するが，遮断器の電流チョッピング現象を生じやすい小電流遮断のケースを羅列しておこう．

〔a〕　変圧器の励磁電流遮断の場合

充電電流は大容量変圧器の場合でも 1〜5 A 程度の小電流であり（5・3 節の図 5・4 参照），ま

たヒステリシス非直線特性と関連するためにその波形は一般にひずみ波形となる．充電電流は鉄心の熱損失を供給する電流であるので基本的には力率1（電圧・電流がほぼ同位相）の成分が優勢であるが，電流が小さいのでそのピーク値（したがって，電圧のピーク値）近傍でのチョッピングも起こりうるから過渡過電圧の観点から注意を要する．なお，変圧器の励磁電流遮断後の再課電時の励磁突入電流現象については5・6・4項を参照されたい．

〔b〕 比較的短い送電線の充電電流遮断の場合

10～20 km以下の架空送電線（充電電流は0.6 A/kmとして6～12 A）ではチョッピングが生ずる可能性が高い．進み力率の電流であるからチョッピングが起こりやすい電流ゼロ点近傍では電圧がピーク値に近いので大きい過渡過電圧となる可能性も大きい．さらに，相手端が開放された線路状態の場合でも線路のキャパシタンスのほかに何らかのインダクタンスが並列に接続されて（例えばリアクトル，線路用PTなど），図（b）のようなタンク回路が構成されているとすれば再発弧に伴う電圧の自由振動と関連して繰返しの再発弧を伴うチョッピング現象となることもありうるであろう．

〔c〕 リアクトル遮断の場合

リアクトル遮断の場合にも電流ゼロ点に達する前に電流チョッピングがひとたび発生すれば，繰返しチョッピングとなり得よう．

なお，〔b〕は進み電流，〔c〕は遅れ電流であるが，遮断器にとっては電圧に対して電流が90度の位相差を伴うという点で同じであり，進みと遅れの区別はあくまで系統現象の中での電流の向きの約束に基づくものであることを指摘しておこう．

19・4・5 脱調遮断

図19・3のケース4，5，6に示したように，系統が脱調の様相を呈している状況で負荷電流ないし短絡電流を遮断することは，最悪では$3E$の回復電圧になるので遮断器の遮断責務としては非常に厳しい条件である．高電圧系統用の遮断器は，型式試験で**脱調遮断**の責務を保証することが求められる．もちろん系統の運用の立場からは脱調時にあちこちの発電所・変電所で方向距離リレー動作による遮断が行われて系統が寸断されないようにトリップ指令をロックすることが一般的なプラクティスであることはいうまでもない（17・4節参照）．

19・4・6 電流ゼロミス現象

この節の最後に遮断器のアキレス腱ともいうべき**ゼロミス現象**（current-zero missing）について述べておかなければならない．

すでに繰返し学んだように「遮断器は短絡電流や負荷電流を電流ゼロ点のタイミングで遮断する」ということが遮断器の原点である．したがって，遮断器が遮断指令を受け取った直後の有効消弧時間内に電流ゼロ点が到来しないとすればこれは遮断失敗となる．遮断器は破損をまぬがれえず，また遮断器自体が新たな事故点となって確実に深刻な事態を招く．蛇足であるが，特別な直流回路に用いられる**直流遮断器**がある．この遮断器も遮断器自体に付属するLC高周波共振回路で高調波電流を作って直流電流に重畳させてその高周波電流のゼロ点で遮断させる原理によるものであり，電流ゼロ点遮断となる点で交流用遮断器と同様である．

さて，遮断器にとって致命的な電流ゼロミス現象が生ずる可能性がある場合について簡単に考察しておこう．

〔a〕 短絡電流$i(t)$が時定数の長い直流電流成分$i_{dc}(t)$を伴う場合

事故時の短絡電流$i(t)$は一般に直流分$i_{dc}(t)$を含んでいる（16・6節などを参照）．その成因は系統のさまざまなモードの短絡事故時の発電機の振舞いと深くかかわっており，またその直流分減衰時定数は発電機の各種時定数（10・7節参照）と外部回路（線路や負荷）側の時定数が複雑にからんだものとなることなどを第10，11，15，16章などで学んだ．

通常の系統状態では，短絡事故時の直流電流成分の時定数 T_{dc} は経験的におおよそ0.1秒以内（50 Hz 系統では商用交流成分が5サイクル経過するまでに $i_{dc}(t)$ が半減する）とされている．ゼロミスに起因する遮断器事故の報告がほとんどないことからも明らかなように，この程度の時定数であれば2サイクル遮断器の場合でも経験的におおむね問題ないといえよう．これに対して 275 kV 級以上の EHV，UHV 系統では T_{dc} が長くなる傾向があり，ゼロミス現象に対するより慎重な理解と対策が欠かせないテーマといえよう．

EHV，UHV 級線路で T_{dc} が長くなる傾向として次のようなことが考えられる．

ⅰ) 架空送電線は多導体送電線（$n=2,4,6,8$ 導体）がごく普通のプラクティスとなって線路の $T=2L/r$ が低位系統に比べて小さくなる傾向にあること（第1, 2章参照）．

ⅱ) EHV 級ケーブル系統が増加傾向にあること．

〔b〕 **変圧器の励磁突入電流遮断**

変圧器の**励磁突入電流**（magnetizing inrush current）の波形の一例を図16・10に示している．個々の波形の様相は，第1に「励磁突入電流の現象は変圧器のヒステリシス特性」に大きく依存するが，第2に「変圧器が最後に3相遮断されたときの各相の残留磁束（遮断位相角のタイミングに支配される）の残り方」に，第3には「新たに（例えば低圧側開放で高圧側から）無負荷投入課電されるときの遮断器投入位相と（高圧側）周辺系統の接続状況（例えば隣バンクの有無）」などに影響される．図16・10のように直流シフトした電流が長く続くことがありうるので，このような電流を遮断すればゼロミス事故につながりかねない．変圧器課電直後には励磁突入電流によって変圧器差動保護リレーが誤動作する問題があるので，一般には変圧器励磁開始直後の 10～30 秒間は差動リレーをロックするなどのプラクティスが講じられている．励磁電流遮断は遮断器のゼロミスによる遮断失敗防止の観点からもこの処置はやむを得ないことと理解できる．

なお，励磁突入電流は遮断器にとっても問題となりうるが，変圧器投入時にその周辺回路の**電圧瞬時低下**（例えば，10～20% 程度の電圧低下が突流が減衰するまで続く）を生ずるとして近年徐々に問題視されつつある．その対策として変圧器課電時に遮断器の投入タイミング（3相の投入位相角）制御を行う試みもなされている．

19・5 遮断器投入時の過電圧現象（投入サージ）

19・5・1 遮断器投入による過電圧現象

次に，遮断器の投入操作時の過電圧現象について考察しよう．**図19・15**において遮断器 Br の投入操作が行われようとしている．投入指令を受けて遮断器の可動接触子がスライド動作を開始して 0.1 秒程度以内に固定接触子との接触を完了する．ただ，両接触子が機械的に接触する直前に両接触子のストローク距離の間で発弧（prearc）が先行して電気的にはこの時点で導通となる．ストロークが急速に狭まりつつある段階での現象であるからいったん発弧してしまえば電流は流れ続けて消弧することはない．遮断時には再発弧あるいは再点弧が生じ得たが，

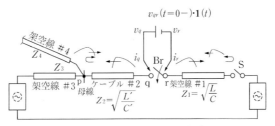

図 19・15 遮断器投入時の異常電圧

投入時に再消弧が生じることはないのである．また，遮断時には電流ゼロ点で遮断されるのに対して，投入操作時のアーク通電開始のタイミングは成り行き的である．

図 19・15 において，$v_{qr}(0-)$ は，投入操作時に両接触子間で発弧する直前の電圧である．投入操作時の過渡現象はこの電圧を打ち消すように $-v_{qr}(0-)$ を点 q，r の間に挿入課電することで計算できる．電圧課電（発弧）の瞬間にサージ電圧・電流 $v_q(t)$，$i_q(t)$ および $v_r(t)$，$i_r(t)$ がそれぞれ左右に伝搬を開始する．その瞬間のサージ電圧・電流に関する方程式は次式となる．

$$\left.\begin{array}{ll} v_q(t)-v_r(t)=v_{qr}(0-), & i_q(t)=-i_{r(t)} \\ \dfrac{v_q(t)}{i_q(t)}=Z_2, & \dfrac{v_r(t)}{i_r(t)}=Z_1 \end{array}\right\} \quad (19\cdot 46\,\text{a})$$

$$\therefore \text{左行サージ} \qquad\qquad \text{右行サージ}$$

$$\left.\begin{array}{l} v_q(t)=\dfrac{Z_2}{Z_1+Z_2}\cdot v_{qr}(0-) \\ i_q(t)=\dfrac{1}{Z_1+Z_2}\cdot v_{qr}(0-) \end{array}\right\}① \quad \left.\begin{array}{l} v_r(t)=-\dfrac{Z_1}{Z_1+Z_2}\cdot v_{qr}(0-) \\ i_r(t)=-\dfrac{1}{Z_1+Z_2}\cdot v_{qr}(0-) \end{array}\right\}② \quad (19\cdot 46\,\text{b})$$

ところで発弧の初期値となる $v_{qr}(0-)$ については，図 19・15 の線路 #1 の終端のスイッチ S の開閉状態によって以下のように事情が異なってくる．

<u>ケース 1：点 q と r が隣回線または別ルート回線を通じてループ構成となっている場合</u>

$t<0$ では

$$v_{qr}(t)=E_1\mathrm{e}^{j\omega t}-E_2\mathrm{e}^{j(\omega t+\delta)}=E_1\left(1-\dfrac{E_2}{E_1}\mathrm{e}^{j\delta}\right)\mathrm{e}^{j\omega t}\fallingdotseq E_1(1-\mathrm{e}^{j\delta})\mathrm{e}^{j\omega t}\leqq \sqrt{2}\,E_1$$

$$\therefore v_{qr}(0-)=1.4E \quad 最大値 \quad ①$$

<u>ケース 2：スイッチ S が開状態の場合</u>

線路 #1 をいったん強制接地を行わない限り点 r には残留電圧が残っており，$v_r(0-)=+E\sim 0\sim -E$ である．一方の q 点は電源電圧であり，$v_q(0-)=E\cos(\omega t+\alpha)$ である．

したがって

$$v_{qr}(0-)=2E \quad 最大値 \quad ②$$

<u>ケース 3：スイッチ S は閉状態で，（何らかの操作ミスで）点 q と逆極性の電圧が点 r に印加される場合</u>

万一行われると下式の初期電圧を加えたことになる．

いうまでもないが，逆位相の投入は安定度や正常な電圧確保という系統運用的要求だけでなく，異常なサージ現象を回避し，あるいは遮断器を守る観点からも絶対行ってはならない．

$$v_{qr}(0-)=2E \quad 最大値 \quad ③$$

$$(19\cdot 47)$$

19・5・2 投入サージの試算

図 19・15 で線路 #1 の終端の S が開放されている状態で遮断器 Br を投入する．

想定ケース

- 架空送電線 #1：長さ 15 km，サージインピーダンス $Z_1=300\,\Omega$，伝搬速度 $u_1=300\,\text{m}/\mu\text{s}$
- ケーブル線 #2：長さ 5 km，サージインピーダンス $Z_2=30\,\Omega$，伝搬速度 $u_2=150\,\text{m}/\mu\text{s}$
- 架空送電線 #3，#4：長さ十分に長い，サージインピーダンス $Z_3=Z_4=300\,\Omega$，伝搬速度 $u_3=u_4=300\,\text{m}/\mu\text{s}$

試　算

左側（点 q-p 間）サージ

・左向きの初期サージ（点 q から p へ）

$$v_q(t) = \frac{Z_2}{Z_1+Z_2} \cdot v_{qr}(0-) = \frac{30}{300+30} \cdot v_{qr}(0-) = 0.09 \cdot v_{qr}(0-)$$

$$i_q(t) = \frac{1}{Z_1+Z_2} \cdot v_{qr}(0-) = \frac{1}{300+30} \cdot v_{qr}(0-) = 0.003 \cdot v_{qr}(0-)$$

・点 p の反射係数 $p = (150-30)/(150+30) = 0.67$
・点 q から p へのサージの往復伝搬時間 $= 2 \times 5000/150 = 66.7\ \mu s$ ∴ $f = 15.0\ \text{kHz}$
・p 点からの反射第 1 波が q 点に戻る瞬間の q 点電圧 $= (1+0.67) \cdot v_{qr}(0-) = 1.67 \cdot v_{qr}(0-)$

右側（点 r-s 間）サージ

・右向きの初期サージ（点 r から s へ）

$$v_r(t) = \frac{Z_1}{Z_1+Z_2} \cdot v_{qr}(0-) = \frac{300}{300+30} \cdot v_{qr}(0-) = 0.91 \cdot v_{qr}(0-)$$

$$i_r(t) = \frac{1}{Z_1+Z_2} \cdot v_{qr}(0-) = \frac{1}{300+30} \cdot v_{qr}(0-) = 0.003 \cdot v_{qr}(t)$$

・点 s の反射係数 $= (\infty - 300)/(\infty + 300) = 1.0$
・点 r から s へのサージの往復伝搬時間 $= 2 \times 15000/300 = 100.0\ \mu s$ ∴ $f = 10.0\ \text{kHz}$
・s 点からの反射第 1 波が r 点に戻る瞬間の r 点電圧 $= (1+1) \cdot v_{qr}(0-) = 2.0 \cdot v_{qr}(0-)$

　一般論として振動周波数が大きいほど発生初期の過電圧は急峻で厳しいが，線路の表皮効果やコロナ損による減衰も速くなり，したがって系統内で過渡電圧の影響する範囲は比較的狭く，また比較的速く消滅する．逆に，低い周波数成分ほど過渡波形は緩やかであるが影響範囲は広く，またその減衰も遅い．

　近年，広く普及した密閉型の変電設備（GIS）はコンパクトな設計であるがゆえに回路のさまざまな変移点間の相互距離が短く，したがって開閉時の過渡振動周波数は非常に高くなる傾向がある．過電圧を抑制するために接地インピーダンスを低くするなどの配慮が必要となる．

19・6　遮断器の抵抗遮断方式と抵抗投入方式

19・6・1　抵抗遮断方式と抵抗投入方式の原理

　EHV/UHV 級の遮断器では，その遮断性能を確保するために，あるいは開閉サージを抑制するために**抵抗遮断方式**あるいは**抵抗投入方式**が採用されることがある．その具体的な構成を**図 19・16** で説明する．遮断器は主遮断部（主接触子 S_1），補助遮断部（補助接触子 S_2）および抵抗素子 R（抵抗値は通常 300〜500 Ω）を備えている．

　抵抗遮断方式の遮断操作時のシーケンスは以下のとおりである．遮断器の投入状態では主接触子 S_1，補助接触子 S_2 ともに閉状態であり，負荷電流あるいは短絡電流 $i(t)$ は主遮断部 S_1

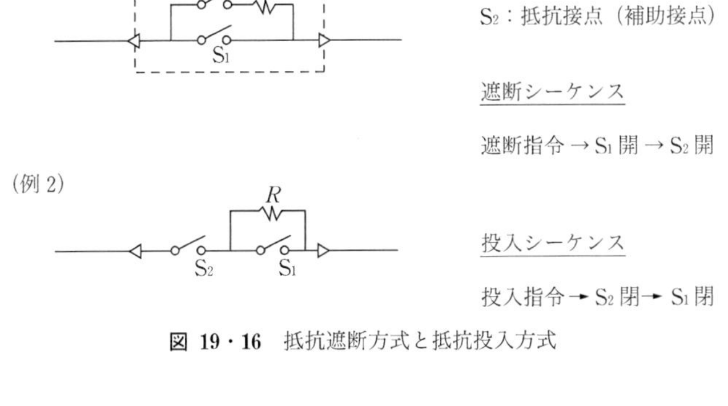

（例 1）

S_1：主接点
S_2：抵抗接点（補助接点）

遮断シーケンス

遮断指令 → S_1 開 → S_2 開

（例 2）

投入シーケンス

投入指令 → S_2 閉 → S_1 閉

図 19・16 抵抗遮断方式と抵抗投入方式

を流れている．遮断操作指令を受けて電流 $i(t)$ を遮断すべく主遮断部の可動接触子 S_1 が開動作を開始する．やがて S_1 の両接触子は開離してアーク電流が生ずるが，まもなく電流ゼロのタイミング t_1 にて消弧する．この瞬間に電流は補助遮断部の S_2 と抵抗 R の回路に $i_{aux}(t)$ として転流する．やがて S_2 が開動作を開始して電流 $i_{aux}(t)$ をその電流ゼロ点のタイミング t_2（時間差 $\Delta T_0 = t_1 - t_2$）にて遮断する．補助遮断部の消弧完了で遮断器としての遮断を完了する．2サイクル遮断器の場合，S_2 の開極完了時間が $t_2 ≒ 10～15$ ms 程度であり，S_1 と S_2 の時間差 $\Delta T = t_2 - t_1$ は数 ms 程度である．補助遮断部に流れる電流 $i_{aux}(t)$ は抵抗 R で抑制されて小さくなり，またその電圧・電流の位相差もかなり同一位相に近くなるので，電流ゼロのタイミングでは電圧もゼロ点に近くなる傾向があるので補助遮断部は $i_{aux}(t)$ を比較的容易に遮断することができる．さらに，発生するサージレベルも低減される．

抵抗 R に $i_{aux}(t)$ が流れる時間 ΔT_0 はわずか 10 ms 以内であるが，抵抗体は電流 $i_{aux}(t)$ によるジュール熱 $\int i_{aux}^2 \cdot R dt$ に耐えて抵抗特性を維持しなければならない．

抵抗投入方式遮断器の投入操作時のシーケンスは遮断操作の逆手順となる．投入指令を受けて補助遮断部の S_2 が投入動作を開始してやがて補助遮断部で $i_{aux}(t)$ の通電が始まる．次に，ΔT_c だけ遅れて主遮断部の S_1 が投入されて遮断器としての投入が完了する．

19・6・2　抵抗遮断方式と抵抗投入方式の採用選択

遮断器は型式試験によって規格に定められた性能責務を満たす必要があるが，個々の遮断器設計にあたって抵抗遮断方式あるいは抵抗投入方式を採用するかどうかは基本的にはメーカーの選択の問題である．主遮断部のほかに補助遮断部と抵抗素子が必要となるので採用する場合の具体的対象となるのは主として UHV 級の大容量遮断器ということになる．抵抗遮断方式あるいは抵抗投入方式の採用を決める判断要因は二つある．第一には主遮断部だけで投入・遮断の責務をカバーできるかということ，第二には投入ないし遮断時の開閉サージレベルを規定値以内に抑制するために必要かどうかということになろう．

典型的な一例として 500 kV 遮断器（遮断電流 50 kA，63 kA 級，1点切り）が抵抗投入方式で実現されている．この例では主遮断部がスライドコンタクトであるのに対して，補助遮断部はバット（面接触）コンタクト方式を採用して抵抗投入方式を実現しているが，抵抗遮断方式にはなっていない．

ところで，第二の判断要因となる開閉サージについては電力系統の絶縁協調の必要性に基づくものである．遮断器の開閉に伴って開閉サージが不可避的に発生して変電設備や電力ケーブルなどの絶縁を脅かす．第21章で詳細説明をするように，電力系統を構成するメンバーとしての送電線や変電機器の合理的な絶縁協調の必要性から遮断器の開閉に伴うサージレベルはある規定レベル以内に抑制しなければならない．表21・2B，2C は 200 kV 以上の電圧階級に関する IEC と IEEE の規格であるが，この中で，許容される開閉サージの上限が規定されている．遮断器はこの規定レベル以内に開閉サージを抑制するために必要ならば抵抗遮断方式あるいは抵抗投入方式を採用することになる．一例として，IEC 規格（表21・2B）の 420 kV 級系統では最高運転電圧が $V_{l-l} = 420$ kV（線間電圧，rms 値）であるから相電圧波高値は $(\sqrt{2}/\sqrt{3}) \cdot 420$ kV $= 343$ kV である．これに対して規格の定める開閉サージ耐電圧値は 850 kV，950 kV，1050 kV のいずれかであり，これは 343 kV に対するサージ倍数 $\alpha = 2.48$，2.77，3.06 ということになる．遮断器は開閉サージをこのように規定されたサージ耐電圧値以下の値に抑制しなければならない．

19・6・3　抵抗遮断方式遮断器による遮断現象

図 19・17 の系統で**抵抗遮断方式遮断器**が地絡電流遮断する場合の現象を検討する．図(a)

19・6 遮断器の抵抗遮断方式と抵抗投入方式   **399**

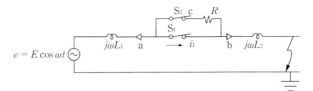

(a) 主接点 S₁ 開極直前

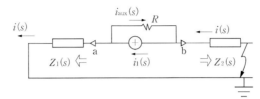

(b) 主接点 S₁ 開極直後

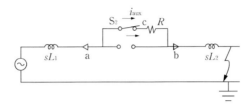

(c) 抵抗接点 S₂ 開極直前

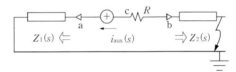

(d) S₂ 開極直後の過渡計算

図 19・17 遮断時のサージ計算（抵抗遮断方式）

において主接点 S_1 には電源電圧に対して 90°遅れの地絡電流 $i(t)=I\sin\omega t$ が流れている．この状態で主接触子 S_1 が開離開始して電流ゼロ点 ($t=0$) で消弧し，$\Delta T \fallingdotseq 5\sim 10$ ms 遅れて補助接触子 S_2 が開離し，消弧することで遮断が完了する．

図(a) で s_1 消弧直前の初期電圧・電流（定常値），

$$\left.\begin{array}{l} e(t)=E\cos\omega t \\ i(t)=i_1(t)=I\sin\omega t=\dfrac{E}{\omega(L_1+L_2)}\sin\omega t \quad (t=0\ \text{で電流ゼロ点消弧}) \end{array}\right\} \quad (19\cdot 48)$$

S_1 が開離を始めて消弧 ($t=0$) するときの過渡現象は図(b) で点 ab（Z_1+Z_2 と R の並列接続となっている）に上記の電流 i_1 を逆挿入する場合に相当する．このとき，系統側に流れる電流を $i(s)$ として，この過渡状態をラプラス変換で表現すれば，$t\geqq 0$ に対して

$$\left.\begin{array}{l} i_1(s)=\dfrac{E}{\omega(L_1+L_2)}\cdot \mathscr{L}[\sin\omega t]=\dfrac{E}{\omega(L_1+L_2)}\cdot\dfrac{\omega}{s^2+\omega^2} \\ i(s)=\dfrac{R}{R+Z_1(s)+Z_2(s)}\cdot i_1(s)\equiv \alpha(s)\cdot i_1(s) \\ i_{\text{aux}}(s)=\dfrac{Z_1(s)+Z_2(s)}{R+Z_1(s)+Z_2(s)}\cdot i_1(s) \\ \text{ただし，}\ \alpha(s)=\dfrac{R}{R+Z_1(s)+Z_2(s)} \end{array}\right\} \quad (19\cdot 49\,\text{a})$$

$$v_a(s) = Z_1(s) \cdot i(s) = \alpha(s)$$
$$v_b(s) = -Z_2(s) \cdot i(s) = -\alpha(s) \cdot Z_2(s) \cdot i_2(s)$$
$$v_{ab}(s) = \{Z_1(s) + Z_2(s)\} \cdot i(s) = \alpha(s) \cdot \{Z_1(s) + Z_2(s)\} \cdot i_1(s)$$

となる．

補助遮断部のない遮断器の場合は上記のケースで $R \to \infty$ にする場合に相当するので，

$$\left. \begin{aligned} i(s) &= i_1(s) \\ v_a(s) &= Z_1(s) \cdot i_1(s) \\ v_b(s) &= -Z_2(s) \cdot i_1(s) \\ v_c(s) &= \{Z_1(s) + Z_2(s)\} \cdot i_1(s) \end{aligned} \right\} \quad (19 \cdot 49\,\text{b})$$

となる．

換言すれば，抵抗遮断方式（抵抗値 R）を採用することによって系統に流れる過渡電流 $i(s)$ が $\alpha(s)$ 倍に低減され，また，その結果として線路の過渡電圧 v_a，v_b，主遮断部の過渡回復電圧 v_{ab} などがすべて $\alpha(s)$ 倍に低減されることになる．

$$\text{サージ低減率}：\alpha(s) = \frac{R}{R + Z_1(s) + Z_2(s)} \quad (19 \cdot 50)$$

過渡現象の初期期間（左右の線路 1，2 へ向かった進行波が変位点で反射して戻ってくるまでの時間）では，線路 1，2 をともにサージインピーダンスとして扱って，つまり $Z_1(s) \to \sqrt{L_1/C_1}$，$Z_2(s) \to \sqrt{L_2/C_2}$ に置き換えて

$$\text{サージ低減率}：\alpha = \frac{R}{R + \sqrt{\dfrac{L_1}{C_1}} + \sqrt{\dfrac{L_2}{C_2}}} \quad (19 \cdot 51)$$

となる．

仮に，抵抗 R を $R \leq (Z_1 + Z_2)$ に選べば電圧サージ，過渡回復電圧を 1/2 以下に低減できる．ただし，R を小さくするにつれて抵抗 R に流れる電流値 i_{aux} が増大するので補助遮断部の遮断責務は大きくなる．

次に約 5〜10 ms 程度遅れて補助遮断部 S_2 を開く直前の回路状況は図(c)のとおりで，その消弧直前の電流（電流ゼロ点 $t' = 0$ で消弧）i_{aux}（R が挿入されて過渡項の減衰が速く，定常状態とみなしてよい）は

$$i_{\text{aux}}(t') = \frac{E}{|R + j\omega(L_1 + L_2)|} \sin \omega t' \fallingdotseq \frac{E}{R} \sin \omega t' \quad (t = 0 \text{ でゼロ点消弧}) \quad (19 \cdot 52)$$

R を 300 Ω 程度に選べば，一般に $R \gg \omega(L_1 + L_2)$ なので S_2 を通過する電流 i_{aut} は非常に抑制され，またその位相が電圧とほぼ同位相にもなるので電流ゼロ点近傍では電圧も非常に小さくなることも重なって，補助遮断部 S_2 の遮断は容易である．

図(d)で S_2 消弧によって発生する過渡電圧 v_a，v_c，v_{ac} などはラプラス領域では次式となる．$t \geq 0$ に対して

$$\left. \begin{aligned} i_{\text{aux}}(s) &= \frac{E}{|R + s(L_1 + L_2)|} \cdot \frac{\omega}{s^2 + \omega^2} \fallingdotseq \frac{E}{R} \cdot \frac{\omega}{s^2 + \omega^2} \\ v_a(s) &= Z_1(s) \cdot i_{\text{aux}}(s) \\ v_b(s) &= -Z_2(s) \cdot i_{\text{aux}}(s) \\ v_c(s) &= -\{R + Z_2(s)\} \cdot i_{\text{aux}}(s) \\ v_{ac}(s) &= \{R + Z_1(s) + Z_2(s)\} \cdot i_{\text{aux}}(s) \end{aligned} \right\} \quad (19 \cdot 53)$$

初期過渡電圧が近似的に

$$v_a = \frac{Z_1}{R} E, \qquad v_b = \frac{-Z_2}{R} E, \qquad v_c = \left(1 + \frac{Z_2}{R}\right) \cdot E \quad (19 \cdot 54)$$

などとなることを示しており，サージレベルは非常に低く，問題とならない．

なお，S_1 消弧後 S_2 が消弧するまでの約 10 ms の間に抵抗部には，次式の発生熱量に耐えな

ければならない．

$$\int i_{\text{aux}}(t)^2 \cdot R dt \risingdotseq i_{\text{aux}}^2 R \cdot \varDelta T, \qquad \varDelta T \risingdotseq 0.01 \text{ sec} \tag{19・55}$$

R の値は第1には遮断器の主遮断部・補助遮断部の設計バランスの観点から，第2には規格にて規定されている許容開閉サージ倍数（表21・2 A，B，C）の二つの観点から通常300〜500 Ω の範囲で決定される．

19・6・4　投入時の現象（抵抗投入方式）

この場合は図 **19・18**(a) で，初めに補助遮断部 S_2 の接触子が投入され，さらに若干時間 $\varDelta T$ 遅れて主遮断部 S_1 の主接触子が閉路する．

補助遮断部 S_2 を投入する直前の両接触子間の電圧初期値 $v(0-)$ の大きさは点 d の状況で影響を受ける．

ⅰ）d 点が開放状態の場合

　　d 点の電圧は線路2の残留電荷の状況によって $v_d = -e \sim 0 \sim +e$

　　したがって $v_{ab}(0-) = 2e$ 　（最大時）

ⅱ）d 点が地絡事故中（自動再閉路の途中）の場合

　　$v_d = 0$，したがって $v_{ab}(0-) = e$ 　（最大時）

ⅲ）d 点の右側電源と同期併入を行う場合

　　v_a と v_b はほぼ同一位相であるから $v_{ab}(0-) \risingdotseq 0$

したがって，遮断器投入操作直前の両接触子間の電圧は $v_{ab} = k \cdot e$（ただし，$k = 0 \sim 2$）であり，この電圧を図(b)の点 a，b の間に初期値として挿入すればよい．

補助遮断部 S_2 の可動接触子が閉駆動を開始すると，まもなく両接触子間にアーク（pre-arc）が生じて抵抗 R 経由の電気的な通電が始まり，やがて機械的な閉路によってそのアークは消滅し，補助遮断部 S_2 の投入動作は完了する．なお，S_2 による電気的通電開始のタイミング（電気的位相角）は成り行きである．次に，$\varDelta T$（例えば，数 ms 程度）遅れて主遮断部 S_1

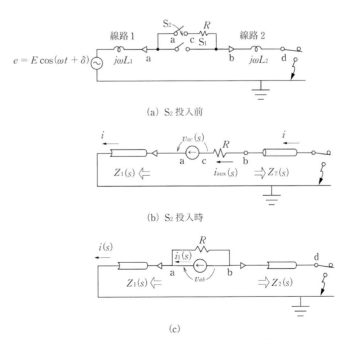

図 19・18　投入時のサージ計算（抵抗投入方式）

の投入動作が完了し，補助遮断部の電流は消滅し，全電流が主遮断部に移る．これで投入操作が満了する．

さて，補助遮断部の通電が始まるタイミングでの投入サージの計算を行う．図(b)において挿入する初期電圧は，$t<0$ にて

$$v_{ac}(t) = v_{ab}(t) = k \cdot E \cos(\omega t + \delta)$$
ただし，$k = 0 \sim 2$（投入直前の線路2の電圧状況による） $\quad (19 \cdot 56)$

S_2 の電気的通電開始直後 $t=0+$ の過渡電圧・電流の関係式はラプラス領域で次式となる．

$$v_{ac}(s) = k \cdot E \cdot \mathcal{L}[\cos(\omega t + \delta)] = kE \cdot \frac{s \cos\delta - \omega \sin\delta}{s^2 + \omega^2} \quad \cdots\cdots ①$$

$$i_{\text{aux}}(s) = \frac{1}{R + Z_1(s) + Z_2(s)} \cdot v_{ac}(s) \quad \cdots\cdots ②$$

$$v_a(s) = Z_1(s) \cdot i_{\text{aux}}(s) = \frac{Z_1(s)}{R + Z_1(s) + Z_2(s)} \cdot v_{ac}(s) \quad \cdots\cdots ③ \quad (19 \cdot 57)$$

$$v_b(s) = -Z_2(s) \cdot i_{\text{aux}}(s) = \frac{-Z_2(s)}{R + Z_1(s) + Z_2(s)} \cdot v_{ac}(s) \quad \cdots\cdots ④$$

$$v_c(s) = -\{R + Z_2(s)\} \cdot i_{\text{aux}}(s) = \frac{-\{R + Z_2(s)\}}{R + Z_1(s) + Z_2(s)} \cdot v_{ac}(s) \quad \cdots\cdots ⑤$$

抵抗投入方式をとらない場合は式(19·57)で $R \to 0$ とする場合に相当するから式(19·57)の各電圧の分母のインピーダンスが $\{R + Z_1(s) + Z_2(s)\} \to \{Z_1(s) + Z_2(s)\}$ となる．

したがって，$i_{\text{aux}}(s)$，$v_a(s)$，$v_b(s)$，$v_c(s)$，$v_{ac}(s)$ は抵抗投入方式を採用することによって低減されることになり，その投入サージ低減率 $\beta(s)$ は次式で表される．

$$\text{サージ低減率} \quad \beta(s) = \frac{Z_1(s) + Z_2(s)}{R + \{Z_1(s) + Z_2(s)\}} \quad (19 \cdot 58\,\text{a})$$

近傍の変移点によるサージ反射波の影響が出るまでの初期時間帯においては $Z_1(s) \to \sqrt{L_1/C_1}$，$Z_2(s) \to \sqrt{L_2/C_2}$ の近似化が可能であるから

$$\text{サージ低減率} \quad \beta = \frac{\sqrt{\dfrac{L_1}{C_1}} + \sqrt{\dfrac{L_2}{C_2}}}{R + \left\{\sqrt{\dfrac{L_1}{C_1}} + \sqrt{\dfrac{L_2}{C_2}}\right\}} \quad (19 \cdot 58\,\text{b})$$

仮に補助遮断部の抵抗 R を系統の左右サージインピーダンスの和 $R = Z_1 + Z_2$ に選ぶとすれば，投入サージレベルは約2分の1に低減される．また，この場合の過渡電圧・電流は，式(19·57)を解くことで計算ができる．

送電線が短絡状態であるにもかかわらず遮断器を投入することがある．いわゆる**"事故投入"**である．この場合，短絡電流 $i(t)$ が流れ始めるが，その初期電流 $i(0+)$ には直流分が重畳するために交流成分の2倍の大きさになりうるであろう．したがって，**短絡突入電流**の最大値は

$$\begin{aligned}&\text{理論最大値：} 2\sqrt{2} \cdot I_{\text{rate}} = 2.83 I_{\text{rate}} \\ &\text{現実的最大値：} 2.5 I_{\text{rate}} \text{（さまざまな要因のロスによる）} \\ &\text{ここで，} I_{\text{rate}} \text{は定格遮断電流である．}\end{aligned} \quad (19 \cdot 59)$$

遮断器はこの事故投入の責務にも耐える必要がある．

一般に抵抗投入方式の遮断器では遮断および投入時の開閉サージ（過渡電圧 v_a，v_b，v_{ab} など）は抵抗によるサージ低減率 α および β によって規格（表21·2 B，C など）を満足するように制御することが可能である．ただし，主遮断部，補助遮断部それぞれの接触子のアーク熱による損傷や抵抗素子の熱的損傷が生じないようにしなければならないことは当然である．

19・7 断路器の開閉サージ

断路器（ダインスイッチ，LS）は，負荷電流や短絡電流を遮断する責務を有しない開閉器

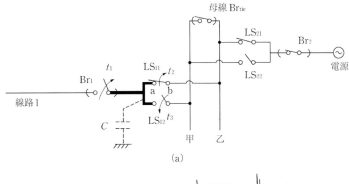

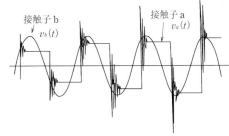

(b) LS_{11} を開操作時

図 19・19 断路器の開閉サージ

である．遮断器によって開放されていて電流が流れていない回路の接続切換えを行うことがその役目である．**図 19・19** は二重母線構成の場合の LS と遮断器 Br の配置を示している．この図の例では線路用遮断器 Br_1 が閉状態で，さらにブスタイ遮断器 Br_{tie} が開状態の場合のみに LS_{11}，LS_{12} の通過電流がゼロとなるので操作が可能である．したがって，断路器の操作の制御シーケンスとしてのインターロックは運転・保安の観点から非常に大切である．LS では遮断器の場合のような高速開閉操作は必要がないので開閉速度は比較的遅く，例えば気中開放式の場合では 2～3 秒，また GIS に組み込みの LS では 0.5 秒程度であろう．

さて，「電流を切らないはずの LS ではあるが，実は漏れ電流を切る必要があり，またそれによって厳しい開閉サージを伴う」のである．図 19・19(a) において，この現象を吟味することにしよう．

19・7・1 断路器サージ現象

図 19・19 において，二重母線構成であり，ブスタイ遮断器 Br_{tie} は閉状態であり，また線路 1 は LS_{11} を経て母線乙に接続されており，LS_{12} は開状態である．この状態の線路 1 を甲母線に接続切換えを行う．この操作の手順は次のとおりである．

- **時間 t_1**：遮断器 Br_1 で負荷電流を遮断する．この段階で図の区間太線で示す区間（$Br_1/LS_{11}/LS_{12}$ で区切られた区間）には漏れキャパシタンス C が存在するので LS_{11} 端子 a，b には電圧 $v_a = v_b = E\cos\omega t$ があり，また微小ながら充電電流 $i_c(t) = \omega C \cdot E\cos(\omega t - 90°) = \omega C \cdot E\sin\omega t$ が流れている．
- **時間 t_2**：LS_{11} を開放操作する．この段階で LS_{11} が充電電流 $i_c(t) = \omega C \cdot E\sin\omega t$ を切るときに図(b) に示すような著しいサージ現象が現れる．LS_{11} の端子 b には電源電圧 $v_b(t) = E\cos\omega t$ があり，端子 a の電圧は高周波の自由振動が重畳するステップ状のサージ電圧が繰り返し発生しているが，両接触子の離隔距離が十分に長いのでやがては充電電流遮断が完了する．
- **時間 t_3**：LS_{12} を投入する．これによって線路 1 が母線乙から甲への接続変更が完了する．

さて，上述の一連の線路切換え操作の過程で，LS_{11} を開放操作する時間 t_2 の段階で厳しいサージが発生する．このメカニズムについて考えよう．

図(a)において断路器 LS_{11} の接触子 a と b が開離した途端に点 a を含む小区間（太線で示す $Br_1/LS_{11}/LS_{12}$ で区切られた区間）には自由振動による過渡過電圧 v_a が発生するが，その区間は両端が行き止まりでなおかつ区間長さ l が短い（例えば，気中型変電所で 10 m，GIS の場合で数 m 程度）ので，サージの往復反射によって生ずる自由振動周波数は非常に高い．例えば，区間長 $l=6$ m，$u=300$ m$/\mu$sec とすれば自由振動周波数は 25 MHz に達することになる．v_a のこの振動成分はやがて短時間で減衰するであろうが，v_a はこの小区間の漏れキャパシタンス C による残留直流電圧として残ることになる．他方の端子 b は電源電圧につながっているので $v_b(t)=E\cos\omega t$ で変化している．したがって，LS_{11} の接触子間電圧 v_{ab} はゼロから $2E$ に向かって拡大していく．ところが断路器の場合には可動接触子の開離速度が遅いのでやがて再発弧が生じて再び高周波自由振動が発生する．このときの自由振動成分は t_2 の直後に生じた最初の自由振動成分よりも大きいものとなりうる（理論的には $v_{ab}=2E$ のタイミングで再発弧すれば過渡振動分は最大 $4E$ となりうる）ことは明らかである．この再発弧通電も接触子の開離距離が拡大中であるのでやがて再消弧する．そしてまた 2 度目の再発弧が発生する……．再発弧を繰り返すたびに（理論的には）過渡成分は大きくなっていく．このような過程を経ながら最終的には十分な離隔距離が確保されて LS_{11} の充電電流遮断は完了する．

さて，断路器遮断の現象説明は以上である．我々の問題はこのときに発生する断路器サージがどのような影響をもたらすかということである．以下にこの点について考察をしてみよう．

19・7・2　断路器サージの影響

断路器サージは雷サージや遮断器開閉サージとは異なる特徴があり，またその影響は小さくない．

- 過酷なサージレベル等：雷サージの場合には変電所に達するまでにある程度減衰し，また変電所出口の**線路用避雷器**によって確実にあるレベル以内に抑制される．これとの対比で，断路器サージはサージレベルが高く，周波数も高く，その継続時間がはるかに長い．断路器の操作の度に発生するのであるからその発生頻度も非常に多いであろう．
- サージ保護の難しさ：断路器サージは変電所構内で発生するサージであり，そのサージの避雷器による抑制が簡単ではない．断路器と絶縁を保護すべき設備（変圧器など）までの距離が非常に短い（数～数十 m）ので，伝搬途上での減衰はあまり期待できない．また，避雷器は LS サージのように継続時間の長いサージに対してはその保護性能に限度がある．さらには**避雷器離隔距離**（断路器と避雷器と変圧器などとの相互距離）に関連する保護性能低下の問題もある．換言すれば，変電所構内で発生する開閉サージの抑制は簡単ではないし，また**絶縁協調**という観点からも厄介であるといわなければならない．これらについては第 20，21 章でさらに学ぶこととする．

さて，図 19・19(a) に戻って，現実のプラクティスとして LS 自体が充電電流遮断に対応できる十分な責務能力を有することが第一に求められる．ただ，この小区間の漏れキャパシタンスに並行に漏れ抵抗があればこのサージレベルを抑制するのに効果的であろう．その意味でギャップレス避雷器を LS の線路側（端子 a 側）に設置すれば，避雷器としての責務は厳しいがサージ抑制効果が大きいであろう．これらについても 21 章で学ぶこととしよう．

最後に，断路器には通常**接地装置**（earth grounding device）が付属していることについて付記しておかなければならない．送電線や変電所構内の一部を保安点検等の目的で非課電区間としなければならない．その場合の区間分離の役割を LS が担っている．

その作業時間帯では停止区間の導体主回路部を LS に付属の接地装置で必ず接地することで残留電荷を逃し，あるいは他回線からの（静電・電磁）誘導電圧を封じなければならない．

LSの操作は通常手動操作となっているので保安手順規則に沿った正しい運用が求められる．

〔備考1〕　式(19・6)の係数 k_1, k_2, k_3, k_4 の計算

すでに10・5節で説明したように，k_1 は式(19・6)の両辺に $(s+j\omega)$ を掛けた $F(s)\cdot(s+j\omega)$ で $s=-j\omega$ と置くことで求められる．

$$k_1 = F(s)\cdot(s+j\omega)|_{s=-j\omega} = \frac{-j\omega+2\alpha}{-j2\omega\cdot(-j\omega+\alpha+ju)(-j\omega+\alpha-ju)}$$

$$= \frac{j}{2\omega}\cdot\frac{-j\omega+2\alpha}{(u^2-\omega^2+\alpha^2)-j2\omega\alpha} \fallingdotseq \frac{-j}{2\omega}\cdot\frac{-j\omega}{u^2} = \frac{1}{2u^2}$$

同様にして

$$k_2 = F(s)\cdot(s-j\omega)|_{s=j\omega} = \frac{-j}{2\omega}\cdot\frac{j\omega+2\alpha}{(u^2-\omega^2+\alpha^2)+j2\omega\alpha} \fallingdotseq \frac{j}{2\omega}\cdot\frac{-j\omega}{u^2} = \frac{1}{2u^2}$$

$$k_3 = F(s)\cdot(s+\alpha+ju)|_{s=-\alpha-ju} = \frac{j}{2u}\cdot\frac{-ju+\alpha}{(-u^2+\omega^2+\alpha^2)+j2u\alpha} \fallingdotseq \frac{j}{2u}\cdot\frac{-ju}{-u^2} = -\frac{1}{2u^2}$$

$$k_4 = F(s)\cdot(s+\alpha-ju)|_{s=-\alpha+ju} = \frac{-j}{2u}\cdot\frac{ju+\alpha}{(-u^2+\omega^2+\alpha^2)-j2u\alpha} \fallingdotseq \frac{-j}{2u}\cdot\frac{ju}{-u^2} = -\frac{1}{2u^2}$$

(1)

を得る．なお，上式で矢印（→）は十分な精度根拠を持って以降の計算で無視した項を示す．

〔備考2〕　式(19・17)の係数 $k_1 \sim k_6$ の計算

$$k_1 = F(s)\cdot(s+j\omega)|_{s=-j\omega} = \frac{(-j\omega)\{C_1(-\omega^2+u_1^2)+C_1{}'(-\omega^2+u_2^2)\}}{C_1C_1{}'(-j2\omega)\{(-j\omega+\alpha_1)^2+u_1^2\}\{(-j\omega+\alpha_2)^2+u_2^2\}}$$

$$= \frac{C_1u_1^2+C_1{}'u_2^2}{2C_1C_1{}'u_1^2u_2^2} = \frac{1}{2C_1u_1^2}+\frac{1}{2C_1{}'u_2^2} = \frac{1}{2}(L_1+L_1{}') \tag{1}$$

同様にして

$$k_2 = \frac{1}{2}(L_1+L_1{}') = k_1 \tag{2}$$

まったく同様のプロセスで

$$k_3 = F(s)\cdot(s+\alpha_1+ju_1)|_{s=-(\alpha_1+ju_1)}$$

$$= \frac{-(\alpha_1+ju_1)\{C_1\{(\alpha_1+ju_1)^2+u_1^2\}+C_1{}'\{(\alpha_1+ju_1)^2+u_2^2\}\}}{C_1C_1{}'\{(\alpha_1+ju_1)^2+\omega^2\}(-j2u_1)\{(-\alpha_1+ju_1+\alpha_2)^2+u_2^2\}}$$

$$= -\frac{1}{2C_1u_1^2} = -\frac{L_1}{2} \tag{3}$$

$$k_4 = F(s)\cdot(s+\alpha_2+ju_2)|_{s=-(\alpha_1-ju_1)} = -\frac{1}{2C_1u_1^2} = -\frac{L_1}{2} \tag{4}$$

$$k_5 = k_6 = -\frac{L_1{}'}{2} \tag{5}$$

となる．式(19・18)に示した結果が得られた．

> **休憩室：その13　d-q-0 法の登場**
>
> 　d-q-0 法が有名な Park's equation とともに登場したのは下記の論文である．
> 　"Definition of an Ideal Synchronous Machine and Formula for the Armature Flux Linkages" by R. H. Park, GE rev. 1928 年
> 　"Two-reaction Theory of Synchronous Machines Ⅰ, Ⅱ" by R. H. Park, AIEE Transaction, vol. 48, 1929 年, and vol. 52, 1933 年
> 　同期機が回転電気機械であるにもかかわらず変圧器・送電線など静止型の設備と単純に組合わせたインピーダンス回路（第 10 章の図 10・6）として正確に記述できるのは，**d-q-0 法**で記述された Park's equation〔式(10・29)〕のお陰である．この理論がなければ，発電機の各種のインピーダンスや時定数の定義もできないし，端子短絡計算もできない．系統の潮流計算も過渡/動態安定度の計算もできない．要するに，この手法がなければ同期機の仕様も記述出来ないし同期機を含む 3 相回路のアナログ解析もディジタル解析も不可能である．
> 　**d-q-0 法と Park の方程式に代表される発電機応動の正確な記述法の登場は，記号法，対称座標法の登場に次ぐ電力技術記述法に関する第 3 の画期的出来事**であったといえよう．
> 　回転機の直軸・横軸の概念は回転機の設計の **2 反作用理論**としてかなり古くからあったのであろうが，これを d-q-0 法によって見事に方程式化したのは Park 氏の非常に大きい功績である．**R. H. Park** もまた GE 社の Schenectady の俊英の一人である．Park が活躍した 1930〜40 年代はアメリカが名実ともに世界一の大国となり，その広域グリッドの拡張が急速に進められた時代である．小規模系統時代には問題ともならなかったさまざまな動態的な技術問題が続出した時代でもあったであろう．当時は発電機の動態特性を正確に表現し，また線路や負荷の回路と組み合わせる回路理論の完成が愁眉の問題であったと思われる．
> 　発電機を"電圧不変の固定電源"と考えるようなことではすまされなくなった時代背景の中で，1933 年に電力技術のメッカ Schenectady から d-q-0 法と発電機の Park 理論が颯爽と登場した．対称座標法に d-q-0 法の Park 理論が加わって，発変電所の構内で起こる諸問題や安定度など，系統全体にかかわる現象を正確に記述し理論的に把握することができるようになったといえる．
> 　1930 年代は架空送電線・ケーブル・発電機・変圧器・開閉装置などの主回路機器や調速機・AVR・保護リレー・計測監視制御方式・電力線搬送通信などが長足の進歩を遂げた時代でもあった．今日，我々の手にしている大半の電力技術は，その原型がこの時期にほぼ完成されたといっても過言ではない．その中で d-q-0 法と Park 理論の果たした役割も極めて大きいものであったことは疑う余地がない．
> 　Park 氏は d-q-0 法の概念によって第 10 章の式(10・29) までを導びいた．その後は同氏を含めて GE 社の Schenectady 研究所の俊英の人々が，次々と貴重な理論の拡張や応用拡大を成し遂げていく．例えば，発電機の特性を見事に表現する等価回路図 10.5 は式(10.36)〜(10.46) のプロセスで $L_d → L_{ad}+L_l$ の置き換えや巧妙なベース量選定による PU 化によって導かれることを示した．この PU 化のプロセスは **M. W. Schultz** が 1948 年の AIEE 論文 "A Simplified Method of Determining Instantaneous Fault Currents and Recovery Voltages in Synchronous Machines" で発表したものである．その後では 1951 年に **Charles Concordia** の名著 "Synchronous Machines: Theory and Performance" が有名である．発電機のダイナミック特性，短絡過渡現象などを詳細に扱って難解ながら研究者によって広く読まれた本であるといえよう．
> 　さて，Kennelly と Steinmetz による記号法 Symbolic method が登場したのが 1893 年，Fortescue による対称座標法 Symmetrical components の登場が 1918 年，さらに d-q-0 法と Park 理論の登場が 1928 年である．これらに 1938 年登場の $α-β-0$ 法を加えて**電力技術に関する四つの記述法**が出揃うのに 45 年程度を要したことになる．電力技術の記述法に関する歴史は近代社会を築いた輝かしい電気史

の中でも特筆されるべきものと考えたい．

　それにしても回転する発電機・電動機と静止している変圧器・線路などを結合した3相回路の計算を可能にし，さらに今日では一国をカバーするほど巨大な電力系統の応動特性までも自在に計算し，現象をシミュレートすることを可能にしてしまうとは，電気屋は実に器用な人々の集団であるといえるであろう．

第20章 過電圧現象

　過電圧現象のいくつかのメカニズムについてはすでに前章までに説明をしてきた．本章では主な過電圧現象を発生原理の面から分類し，また未説明の現象について原理的な説明を行うものとする．**過電圧の発生メカニズム**と次章で説明する**絶縁協調の概念**は電力技術の共通ベース知識として広く電力技術者が理解しておかなければならない重要な概念である．

20・1　過電圧現象の分類

　系統の過電圧現象についてはいろいろの分類法があるが，主として原理的な切り口から分類を試みたものが**表20・1**である．本章では絶縁協調理論を学ぶ前提としておおむねこの表に沿

表 20・1　過電圧現象（発生原理による分類）

1. 持続性・短時間過電圧現象（非共振性 AC 過電圧）
1a　フェランティ効果
1b　発電機の自己励磁
1c　1線地絡時健全相電圧上昇
1d　負荷遮断
2. 持続性・短時間過電圧現象（共振性過電圧現象）
2a　比較的広範囲の共振現象（低周波線形共振）
・正相直列共振
・短絡／地絡／断線等不平衡モードの直列共振
2b　局所的な共振現象（高周波領域の線形共振，鉄心飽和による非直線共振など）
・ケーブル受電変電所の変圧器励磁投入
・変圧器の励磁突入
・変圧器等の鉄共振現象
3. 開閉過電圧（開閉サージ）
3a　遮断器の投入サージ
3b　遮断器の遮断サージ
・送電線の軽負荷遮断（再点弧発生時）
・送電線の事故の遮断
・送電線の充電電流遮断
・変圧器リアクトルの遮断（電流裁断現象）
3c　断路器の開閉サージ
4. 雷電圧
4a　直撃雷（3相導体への直撃）
4b　架空地線・鉄塔への直撃雷（逆せん絡，逆フラッシオーバ）
4c　誘導雷（静電誘導雷，電磁誘導雷）
5. ケーブル系過電圧
5a　ケーブルおよび接続部の過電圧（相対シースおよびシース対大地）
5b　ケーブル接続部の長手方向（longitudinal）過電圧
5c　ケーブル（中性点非有効接地方式）の間欠アーク地絡
6. 特殊な場合の過電圧現象
6a　脱調遮断
6b　相誤結線・異電圧混触

ってさまざまな過電圧現象を総覧する．

なお，表20・1中の分類2a，5b，5cなどの現象は過電圧現象の一般的分類法には一般に含まれていないようである．実際の系統では，このような現象がほとんど起こっていないからであるが，系統の条件が変われば起こりうる現象であることを認識し，今後も起こらないようにするためにそのメカニズムを知ることが電力技術者の務めである．

なお，表の5a，5bについては第23章で，5cについては本章で，6bについては第24章で述べる．6aについてはすでに第19章で述べた．

20・2　持続性・短時間過電圧現象（非共振性 AC 過電圧）

表20・1の分類1，2に示した過電圧現象は商用周波数の過電圧（AC 過電圧という）である．これらの現象は絶縁協調に関する規格の「**TOV**(Temporary Over Voltage)」という用語（21・1・2項参照）で表現され，絶縁協調理論を構成する重要な概念である．

持続的または短時間の現象として現れる過電圧現象はその発生原理によって①**非共振性の電源周波（AC）過電圧現象**と②**共振性過電圧現象**によるものに大別できるであろう．本節では①非共振性の AC 過電圧現象について述べ，次節で②の現象について説明する．

20・2・1　フェランティ効果

図20・1(a) の系統で，①**遅れ力率負荷の場合**にはそのベクトル関係は図(b) のようになり，その結果 $v_s > v_r$ となる．他方，②**進み力率負荷の場合**にはベクトル関係は図(c) のようになり，一般に $v_s < v_r$ となって受電端電圧が送電端電圧以上に大きくなる．②の現象，すなわち進み力率負荷のために受電端電圧が送電端電圧より上昇する現象を**フェランティ効果**という．特に，受電端で"C 負荷"のみの場合（**線路が試充電**な場合など）では図(d) のように電圧上昇は非常に大きくなりうる．

"C 負荷"が大きくフェランティ効果による電圧上昇が問題となる典型的なケースとしては

・電力ケーブルや長距離架空送電線の試充電（相手端開放）または軽負荷時
・動力負荷（工場など）の夜間軽負荷時などで力率改善用コンデンサが接続されたままの場合

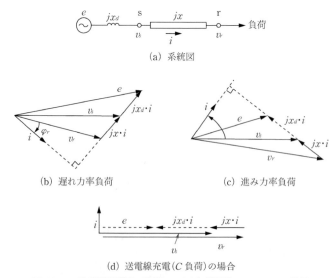

図 20・1　送受電端電圧・電流のベクトル関係とフェランティ効果

などがある.

送電線充電の場合の電圧上昇計算

距離 x だけ離れた送電端 s と受電端 r の電圧・電流関係は 4 端子回路式 (18・19b) である. 無負荷状態で線路の受電端 r は開放とすれば $I_r=0$ であるから地点 s から地点 r までの距離を x とすれば

$$\left.\begin{array}{l}\dfrac{V_r(x)}{V_s(x)}=\dfrac{1}{\cosh\gamma(s)\cdot x}\quad(\text{受電端開放時の電圧上昇率})\\ \text{ここで},\ \gamma(s)=\sqrt{(LS+R)(Cs+G)}\end{array}\right\} \quad (20\cdot1)$$

R と G を無視し,また電源周波数現象であるから $s\to j\omega$ とおけば

$$\left.\begin{array}{l}\cosh\gamma(s)\cdot x=\cosh\{j\omega\sqrt{LC}\cdot x\}=\dfrac{1}{2}\{e^{j\omega\sqrt{LC}\,x}+e^{-j\omega\sqrt{LC}\,x}\}\\ \qquad=\cos(\omega x\cdot\sqrt{LC})\\ \therefore\ \dfrac{V_r}{V_s}=\dfrac{1}{\cos(\omega x\cdot\sqrt{LC})}\geqq 1.0\end{array}\right\} \quad (20\cdot2)$$

したがって,送電線の受電端が開放 (無負荷) の場合,その電位は送電端より必ず高くなる.

いま,$L=1\,\mathrm{mH/km}$,$C=0.01\,\mu\mathrm{F/km}$,50 Hz として,上式により受電端倍率を計算すると図 20・2 を得る.$x=312\,\mathrm{km}$ で 1.05 倍,432 km で 1.10 倍となる.平行回線数が増加しても上式の $L\to 1/n\cdot L$,$C\to n\cdot C$ となって $\sqrt{LC}$ は不変なので倍数は変わらない.

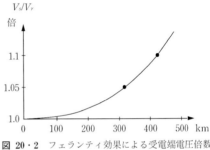

図 20・2 フェランティ効果による受電端電圧倍数

フェランティ効果による電圧上昇を防ぐためには受電端で C に見合う L を並列補償してやらなければならない.

すでに第 18 章でも論じたように,無負荷状態の場合はもちろんのこと,夜間などで軽負荷状態では受電用変電所がフェランティ効果のために電圧が上昇気味になる.

架空線の先にケーブル系がつながる場合にはさらに電圧は上昇する.ケーブルが多用され,また長距離架空線受電を行う大都市受電用変電所では線路の C 補償用の**並列リアクトル**が必須である.このような**大都市受電用変電所**では,変圧器の**負荷時タップ切換器**と並列リアクトルを制御対象とする **V-Q 自動制御**が行われる.

20・2・2 発電機の自己励磁

図 20・3(a) のように定速運転中の発電機に容量性の負荷 C (例えば,無負荷送電線) を接続すると,たとえ発電機の励磁 E_{fd} をゼロにしていても発電機端子に過電圧が発生することがある.いわゆる**同期発電機の自己励磁現象**である.

自己励磁現象を理解するために,初めに第 16 章の図 16・8 を復習しよう.発電機は遅れ力率の運転 (図(a)) や力率 1.0 の運転 (図(b)) の場合には界磁ベクトル E_{fd} より発電機端子電圧ベクトル e_G のほうが小さいので,端子電圧 e_G を発生するためには大きい界磁力が必要である.これとは対称的に,進み力率運転 (図(c)) では E_{fd} より発電機端子電圧 e_G のほうが大きく,特に**進み 90°力率ではわずかな励磁力 E_{fd} で大きい端子電圧 e_G が発生する**.進み力率運転モードの場合のこのような特徴を復習したうえで次に進む.

発電機を無負荷,無励磁 ($E_{fd}=0$) のままで定速回転させるものとする.このとき,発電機の励磁回路に励磁電流をまったく流さない状態 (式(10・60)) で $jx_{ad}\cdot i_{fd}=E_{fd}=0$ とする) としていても,すでに運転履歴のある発電機には必ず残留磁気が残っている (磁石化されてい

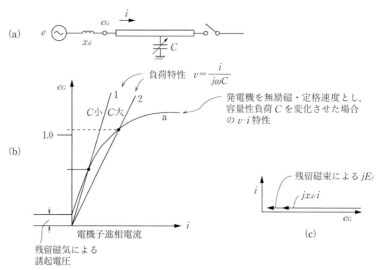

図 20・3 発電機の自己励磁現象

る）ので若干の励磁力 E_{fd}（残留磁束）が存在し，その結果，端子の電圧 e_G はゼロではなく，ある程度の大きさの残留電圧が発生している．

このような状態の発電機端子にごく小容量のキャパシタンス C を接続するものとすると，たとえ無励磁状態にしていてもわずかな進相電流で端子電圧が増大する．負荷 C の容量を徐々に増大（進み電流を増大）していくと端子電圧 e_G はどんどん大きくなっていき，やがて発電機の定格電圧領域を越えると鉄心の飽和によって電圧 e_G も飽和気味となる．図20・3(b) の曲線 a がこの状態を示しており，**発電機の無励磁状態でキャパシタンス C を接続して進み位相電流を流したときの v-i 特性**である．i は進相電流であるからこのときの発電機電圧・電流のベクトル関係は図(c) の関係にある．

今度は発電機電圧 e_G と負荷 C の関係に着目すると $e_G = i/(\omega C)$ であり，e_G と i は図(b) の直線1, 2のような負荷特性として描くことができる．

図(b) で実際の運転点は飽和曲線 a と負荷特性（直線）の交点となり，発電機に接続されるキャパシタンス C が大きくなると発電機の飽和領域の非常に高い電圧にまで達してしまう．自己励磁は持続性過電圧現象であるので，発電機や線路の**絶縁**の視点からも問題であるが，発電機や変圧器は**持続的な鉄心飽和状態（鉄損が急増する）**に伴う異常過熱が非常に厳しい問題となるので，絶対に避けなければならない．

20・2・3 負荷遮断

受電用変電所側で何らかの理由で規模の大きい**負荷遮断**が生ずると，次のような三つの事象が重なって特に受電端の過電圧現象を生ずる．

① 突然の負荷減少により発電機端子電圧が過渡的に急上昇し，その結果が受電端電圧をも上昇させる．発電機が第10章図10・5の状態で運転中に突然 I_{a1} が減少するが，励磁 E_f は急には変化できない．したがって，図で発電機電圧ベクトル E_{a1} はベクトル jE_f に近づいて（発電機が完全無負荷になれば両者一致）大きくなり AVR で jE_f を小さくするまで発電機端子の過電圧は解消できない．

② 線路が軽負荷になった結果，受電端のインピーダンス電圧降下が減少する．

③ 進相運転モードの方向に移行（全遮断では線路充電のみ）するのでフェランティ現象が生ずる．

上記の三つがいずれも受電端電圧を押し上げる方向に作用するので注意しなければならない．

20・2・4　1線地絡時健全相電圧上昇

1線地絡時の健全相電圧上昇については第8章表8・2〔1〕と8・2節で直接接地系と高抵抗接地系を対比してそのメカニズムを詳しく説明した．また，この計算式を使って1線地絡事故時の過電圧倍数を求めると図8・1が得られる．図8・1および図21・1において，直接接地系統（$\delta ≒ 0〜1$）ではおおよそ $0.8E〜1.3E$，高抵抗接地系（$\delta ≒ 5〜\infty$）では $1.5E〜1.9E$ 程度となることもすでに述べた．いうまでもなくこの現象は電源周波数の過電圧であるが，1線地絡の瞬間に生ずる健全相と中性点電位の不安定な跳躍現象でもあるので，過渡的にはさらに上記を上回る電圧となることもある．

送電線線路の地絡時（特に1線地絡時）に健全相に発生する AC 過電圧（TOV）の上昇率は非常に大きいが，電力系統のすべての場所の設備（設置される避雷器も含めて）はこの TOV に耐えるだけの絶縁強度を保持しなければならない．1線地絡時の健全相の過電圧現象はさまざまな TOV 現象の中でも一般に最も大きいとされるので，絶縁協調理論を構成する重要な現象である．詳細は第21章で学ぶこととする．

20・3　持続性・短時間過電圧現象（共振性過電圧）

系統は非常に多くの L，C 要素からなる複雑な回路であり，また系統を回路として表現する場合にはその目的と期待精度によって LC 要素の数はいくらでも増えていく．また，回路中の任意の L と C の間には必ず共振周波数が存在する．我々の関心事は過電圧という観点から系統で $Z = j\omega L + 1/j\omega C \to 0$ による **LC 直列共振現象**（共振周波数 $f = 1/2\pi\sqrt{LC}$）が生じるかどうかである．1 kHz 以下の低次高調波領域の共振現象が生ずれば減衰が遅いので広範囲かつ継続時間の長い影響をもたらすであろう．1 kHz 以上の高周波領域では送電線の表皮効果やコロナ損，その他のロスによって減衰が速いので共振過電圧の現象は事実上問題とならないであろう．上述のような観点から**比較的広範囲な系統の共振現象**と**局所的な共振現象**に分けてこれらの代表的な例を考察する．

20・3・1　比較的広範囲な系統の共振現象（低周波線形共振）

図 20・4(a) のように架空送電線から複数のケーブル系統につながる都市型系統を考える．簡単のため架空線は L のみ，ケーブル線路は C のみの集中定数とみなすものとし，また無負荷を想定すると LC 直列回路となる．このような回路は 50/60 Hz 領域でもフェランチ現象として過電圧の原因となるが，常時および事故時（短絡・地絡・断線・再閉路無電圧時間中）の直列共振の可能性もチェックしなければならない．

（1）　正相直列共振（通常運転状態）の条件

図 20・4(a) の系統の線路定数を次のように想定する．

図 20・4(a) の線路定数

　　架空送電線：0.01 mH/km，l_1〔km〕として　　$L = 10^{-5} \cdot l_1$　〔H〕

　　電力ケーブル：0.33 μF/km，l_2〔km〕，m 回線として　　$C = 0.33 \times 10^{-6} \cdot l_2 \cdot m$　〔F〕

$$(20・3)$$

系統が仮に簡単のため無負荷で線路充電されている場合を想定すると，その回路は LC 直列の正相回路（図 20・4(b)）となる．

n 次高調波電圧・電流の直列共振の条件（$f = 50\,\text{Hz}$ とする）

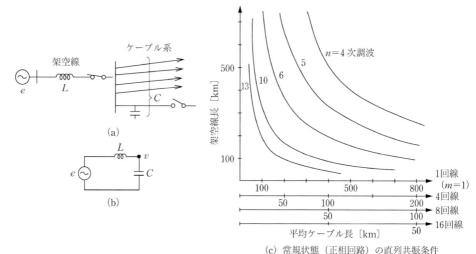

(c) 常規状態（正相回路）の直列共振条件

図 20・4 ケーブル系の直列共振条件

$$\left.\begin{array}{l} j2\pi nfL - j\dfrac{1}{2\pi nfC} = 0 \\ \text{すなわち,} \\ \quad (2\pi nf)^2 LC = (314n)^2 LC = 1.0 \\ \therefore \quad 10^5 n^2 \cdot LC \fallingdotseq 1.0 \end{array}\right\} \quad (20\cdot 4\,\mathrm{a})$$

式 (20・4) の LC 条件を式 (20・3) で置き換えると

正相回路共振条件

$$n^2 \cdot l_1(l_2 m) \fallingdotseq 3 \times 10^6 \qquad (20\cdot 4\,\mathrm{b})$$

式 (20・5) の結果をグラフにして図 20・4(c) に示す．例えば，架空送電線線路が $l_1 = 200$ km 1 回線 (あるいは $l_1 = 400$ km, 2 回線), ケーブル線路の総こう長が $l_2 = 400$ km 以内とすると幸いにも $n=2\sim 6$ の範囲では自己共振条件は存在しない．なお，上記のモデルのような無負荷状態は通常の運転状態では非現実的であろうが，線路が軽負荷状態や受電用変電所で母線事故遮断される場合などではこれに近い状況もありうるであろう．

ところで実系統では発電機が作り出す 50/60 Hz の正弦波電圧・電流のほかに，系統設備や負荷回路にはさまざまな周波数成分を発生する電圧源・電流源が存在する．このようなひずみ波形の原因となる"汚い周波数成分"が上述の線路の共振周波数に近づけば，その周波数成分は増幅されて著しいひずみ波形を生ずることになる．電力系統にはさまざまな L, C があり，さまざまなひずみ波電圧・電流源があるのでこのような共振現象が局所的地域（例えば，配電線など）で生じるとしても不思議ではない．なお，電圧・電流の波形ひずみ現象については第 22 章で再度学ぶこととする．

（2）短絡時・地絡時・断線時・再閉路無電圧時間時の共振

今度は第 3 章表 3・1，3・2，第 6 章表 6・1，6・2 に記載の短絡・地絡・断線モード（単相再閉路無電圧時間中，遮断器欠相など）の変則状態を吟味する．

上記の四つの表に示した各モードの等価回路が高次高調波領域で直列共振にならないことが肝要である．そのためには上記の表中の電流に関する式の分母がゼロに近づくことの有無をマークすることになる．

直列共振の対象モード

平常運転時 : $Z_1 \to 0$

$2\phi\mathrm{G}$: $Z_1 + (Z_2 /\!/ Z_0) \to 0$

$2\phi S : Z_1 + Z_2 \to 0$

$1\phi G : Z_1 + Z_2 + Z_0 \to 0$ (20・5)

$1\phi O$（1線断線，単相再閉路時間中など）： $Z_1 + (Z_2 // Z_0) \to 0$

　図20・4(c) の結果からの類推で理解されるように，一般には上記のような共振モードは通常は生じにくいのであるが，ケーブル回線の増大によって直列共振が生じやすくなることを留意しておく必要がある．

　なお，短絡・地絡の事故モードの直列共振では，通常は事故発生後，数十msで事故遮断され，また不平衡再閉路無電圧時間（断線モード）は通常1秒程度以内で終わるので，仮に共振条件に近くても実用上はあまり問題にならない．しかしながら，遮断器・断路器の**欠相事故**（遮断器の遮断失敗，投入失敗など）などの**断線モード直列共振**については，万一発生すると保護リレーによる確実な遮断の保証もなく長時間続く可能性がないとはいえないので深刻な事態を招く可能性がある．欠相事故は，発電機電動機の逆相電流問題や波形ひずみのみならず異常電圧の面からも十分マークすべき事項である．

20・3・2 局所的な共振現象（高周波領域の線形共振，鉄心飽和による非直線共振など）

（1）ケーブル受変電所の変圧器の励磁投入による共振

　図20・5のようなケーブル受変電所で2次側が開放された状態でBr1を投入して変圧器を励磁する場合，ケーブルの伝搬時間に相当する周波数成分が支配的な過渡電圧が発生する．

　ケーブル長13.5 km，$L_1 = 0.392$ mH/km，$C_1 = 0.25$ μF/km，伝搬速度135 m/μs（表2・2中の275 kV，2 000 sq級CVケーブルに相当）とするとサージの片道伝搬時間は100 μs，したがって5 kHzである．系統側で発生するこのような高調波過渡現象に対して変圧器が共振しないように配慮が必要である．

　なお，変圧器は高周波領域では非常に複雑な LC タンク回路であるから，外部からのサージや高調波の侵入に対してはコイル内で独得の電圧振動が発生しコイル絶縁破壊の原因ともなりうる．周知のように，高周波領域でコイル内に過酷な電圧固有振動が起こらないように，またコイルの各部位にできるだけ均等に電圧が分担されるように，コイルとシールドの適正な設計を行うことは変圧器の重要なベース技術である（第21章参照）．

（2）変圧器励磁突入電流による共振

　変圧器を投入するときに流れる励磁突入電流は，おおよそ1～数秒で，ゆっくり減衰する直流電流を主成分とする不平衡過渡電流である．フーリエ級数展開すればさまざまな高調波成分が含まれる．いずれかの成分電流が変圧器の LC による固有共振周波数に近づくと共振過電圧の原因となる．

（3）鉄心飽和による鉄共振

　変圧器や過飽和リアクトルは運転電圧が定格電圧の1.1倍程度を超えると**鉄心飽和**が始まって，わずかな電圧上昇で励磁電流が急増し，いわば**励磁インピーダンスが急減**する．この非直線性のインピーダンスが線路の他の LC と関連して**直列鉄共振**や**並列鉄共振**を起こすと過電圧や電圧・電流波形ひずみの原因となる．

　図20・6(a)，(b) に**直列鉄共振**と**並列鉄共振**の生じうる回路を示す．このような条件が通常の系統（正相回路）で簡単に発生するわけではないが，1線地絡や断線モードの事故などで変

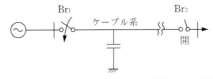

図 20・5　ケーブル受電変圧器の励磁投入時の共振

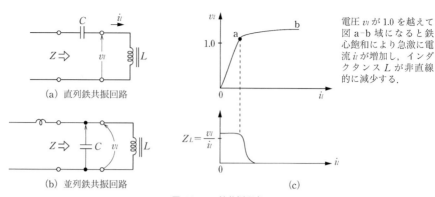

図 20・6 鉄共振現象

則的回路構成が生ずると 20・3・1 項(1) の場合と類似のメカニズムで正逆零相回路全体で鉄共振が起こりうる．

特に，近年は都市部のケーブル系が急増しているので，その C が関与して直列共振とならないように留意が必要である．

20・3・3 中性点非接地（あるいは微小接地方式）系のケーブル間欠地絡

中性点非接地方式（微小電流接地方式）の被覆配電線（架空線または地中ケーブル）系統では 1 線地絡（1ϕG）で地絡電流が微小（例えば，10～100 mA 程度）で事実上"ゼロ Amp"に抑制されるので配電系統では大きい利点となる（表 8・1 参照）．我が国の 6 kV 配電系統がこれに該当する．ただし，以下に述べる**間欠弧光地絡（微地絡ともいう）**という中性点非接地方式に独特の地絡過電圧現象が配電用被覆電線の絶縁を広範囲に脅かす可能性があるので格別の留意が必要である．

配電用被覆電線の絶縁が徐々に劣化してある個所でケーブルの絶縁層にピンホールクラックが生じたとする．電圧が正弦波のピーク値付近のタイミングで微小な地絡電流（例えば 10 mA，位相は電圧より約 90 度遅れ）がピンホールに流れるであろうが，その程度の電流ではピンホールのダメージは拡大せず，したがって電圧ゼロ近傍のタイミングでは微小地絡電流は消滅して絶縁は回復してしまう．絶縁が回復する電圧がゼロ近傍のタイミングではこの微小電流はピーク値近傍である．したがって，微小電流はそのピーク値近傍のタイミングで電流チョッピング（19・4 節参照）現象を伴って消滅することになり，針状波過渡電圧が発生する．ケーブルのある部位でこのような微地絡がいったん発生するとそのたびに針状波過電圧が生じてその局所的なピンホール部位はやがては絶縁劣化がさらに進んで自復が不能な地絡事故となるであろう．また，その針状波過電圧が繰り返されてそのケーブルの近傍部位の絶縁劣化をも促進することとなる．やがてはそのケーブル回路のいたるところで間欠的に微地絡が繰り返されることになって，その配電ケーブルは絶縁劣化が急速に促進されることになる．いわば劣化現象が新たな劣化を招く状況となってケーブル回線全般の絶縁問題に波及していく．

近年の配電用ケーブル被覆電線（CV ケーブル：第 23 章参照）は絶縁性に優れているので間欠弧光地絡現象が問題となるのはまれであろう．しかしながらケーブルを運転しながらその間欠弧光地絡現象を予見，あるいは常時監視することが難しく，絶縁破壊事故が発生して初めて認識される可能性が高いこと，またそのときには同一地域の広範な回線で劣化が進行している可能性が高いという点でやっかいな問題となる．配電系統特有の現象として格別の留意が必要であろう．

なお，中性点非接地方式では裸線線路の**樹木接触**（高インピーダンス接地となる）でも同様の間欠地絡が起こりうるので留意が必要であろう．

20・4 開閉過電圧現象（開閉サージ）

遮断器や断路器の開閉時には過渡振動電圧（開閉サージ）が発生する（発生メカニズムは第19章で述べた）．また，発生した過渡電圧は左右の系統に進行波として伝搬し，インピーダンス変位点での反射・透過を繰り返し，我々はその重畳値を実際の現象として観測する．反射・透過の結果として過渡電圧は一層過酷さを増すこともある．

開閉サージは，雷サージとの対比で次のような非常に過酷な特徴がある．

① 発生する**過電圧の電圧倍数，周波数・初期上昇率などがいずれも非常に高く，**また多発パルス性過電圧で**持続時間が非常に長い**（断路器の開閉では継続時間は秒の単位となる）．

② 発変電所構内で発生するので**構内の母線・ケーブル・主回路機器など**（ひとたび絶縁破壊すると自己回復性がない）**を直撃する．**

③ 遮断器，断路器の開閉のたびに発生し，**発生頻度が非常に多い．**

送電線雷撃（雷サージ）の場合は**線路伝搬による減衰・波頭緩和がある**（変電所至近端雷撃の場合を除く），**連続多発性ではない，アークホーンなどにより波高上限値がコントロールされる**などのことが期待できる．これとの対比で**開閉サージ現象が技術的に非常に重要な絶縁上の問題**となるのである．

20・4・1 遮断器投入時（投入サージ）

投入サージの発生メカニズムはすでに19・5節，19・6・3項で説明した．**図20・7**(a)に示すように"遮断器を投入すること"は"投入直前の両接触子間電圧に大きさが等しく，極性が逆の電圧を印加することと等価"である．したがって，両接触子に初めに発生する進行波（相手端からの反射が戻る以前の初期値）は $e_1(0) - e_2(0)$ に比例して，図(b)に記載の式で表すことができる．"開放線路に残留電圧が残っている場合の投入では，特に高い過渡過電圧が発生する"こと，"コンデンサバンクの投入もこれに順ずる"こと，また，"逆位相投入（ケース3）は発電機や系統安定度などへのショックのみならず，異常過渡サージの原因になる"などのことも前章で述べた．

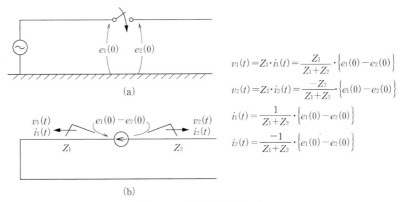

$$v_1(t) = Z_1 \cdot i_1(t) = \frac{Z_1}{Z_1 + Z_2} \cdot \{e_1(0) - e_2(0)\}$$

$$v_2(t) = Z_2 \cdot i_2(t) = \frac{-Z_2}{Z_1 + Z_2} \cdot \{e_1(0) - e_2(0)\}$$

$$i_1(t) = \frac{1}{Z_1 + Z_2} \cdot \{e_1(0) - e_2(0)\}$$

$$i_2(t) = \frac{-1}{Z_1 + Z_2} \cdot \{e_1(0) - e_2(0)\}$$

図20・7 遮断器投入サージ

20・4・2 遮断器の遮断時（遮断サージ）

遮断器の遮断に伴って発生する過電圧サージについてはすでに第19章で詳しく学んだのでここでは繰り返さない．典型的なケースとして，事故電流を遮断する**図20・8**(a)は図19・9と同形である．この回路の遮断直後のサージ電圧・電流波形は図(b)で計算できることもすで

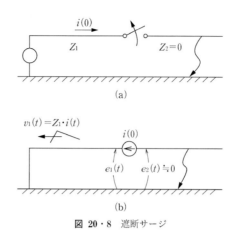

図 20・8 遮断サージ

に学んだ．さらに，遮断器の再点孤が異常に大きいサージをもたらすことなども学んだ．

20・4・3 断路器の開閉サージ

すでに 19・7 節で説明したとおりである．変電所の構内機器にとっては，雷サージ以上に過酷な条件としてマークしなければならない．

20・5 雷過電圧現象

雷が大地や送電線に落ちる雷撃現象に関する典型的な説明は次のとおりである．

雷雲の電荷が増えて局部的に電位傾度が大きくなり，空気の湿度と電離状況がある条件を超えると**電気ストリーマ**（**electric streamer**）が大地方向に向かって走るが，数百 m ほど走ったところで消滅する．しばらくしてストリーマが再び発生する．このようなストリーマの繰り返しは**ステップリーダ**（**stepped leader**）といわれる．ステップリーダの経路が長くなって遂には大地に達すると，その途端に大電流（main stroke：1〜150 kA）がステップリーダの通った経路を光速の十分の一ほどの速度で流れる．いわゆる落雷である．

さて，我々の関心事は雷が送電線へ直撃し，あるいは大地に落雷して，送電線にサージ電圧・電流を引き起こすような雷現象である．このような雷撃は通常は**直撃雷**，**逆せん絡**，**誘導雷**の三つに分類される．

20・5・1 直 撃 雷

雷電流が送電線の 1 本または複数本の相導体を直撃する場合を**直撃雷**（**direct stroke**）という．**図 20・9** は a 相導体が直撃されて雷電流 $I(t)$ が注入される場合を示している．この場合のサージ現象についてはすでに 18・4 節，18・5 節で詳しく論じている．図において，送電

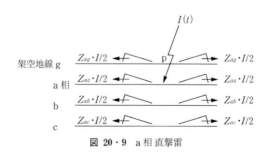

図 20・9 a 相 直撃雷

線にはそのサージインピーダンス Z_{ag}, Z_{gg} などに比例してサージ電圧 $v_a = Z_{aa} \cdot (I/2)$, $v_g = Z_{ag} \cdot (I/2)$ などが導体および架空地線に発生する．このとき，サージ電圧 $v_{ag} = v_a - v_g$ がa相導体と架空地線側（鉄塔・OGW・アークホーン：絶縁耐力の最弱点部は通常アークホーン（後述））の間の絶縁耐力を上回れば a 相絶縁が破れて a 相地絡となる．さらに，$v_{ab} (= Z_{ab}(I/2))$ が a, b 相導体間の絶縁耐力を上回れば a, b 相短絡となる．送電線が直撃雷を受ければほとんどの場合，その絶縁耐力を上回ってせん絡事故になるであろう．

20・5・2 架空地線・鉄塔への直撃雷（逆せん絡，逆フラッシオーバ）

雷電流が送電線の OGW または鉄塔を直撃する場合である．**図 20・10** は架空地線が直撃されて雷電流 $I(t)$ が注入される場合を示している．OGW にはサージ電圧 $v_g = Z_{gg} \cdot (I/2)$ が，また a 相導体には $v_a = Z_{ga} \cdot (I/2)$ が発生する．$v_{ag} = v_a - v_g$ が a 相の絶縁耐力を上回れば a 相地絡となる．このように地線や鉄塔頭部が直撃を受けてその誘導電圧で相導体がせん絡に至るケースを**逆せん絡（inverse flashover）**という．

図 20・10(b) において，雷撃電圧 $e(t) = i(t) \cdot Z_0$（Z_0 は雷撃電流通路のサージインピーダンス）が送電線タワーまたはその近傍の OGW を直撃したとする．直撃点はサージインピーダンス Z_0 から $Z_n // Z_n // R$ への変移点ということになるから雷撃点の電圧，電流は次式で計算できる．

$$
\left.
\begin{array}{l}
v = e + e_{ref} = i_{trans} \cdot Z_g \quad (= Z_n \cdot i_n = R \cdot i_R) \quad \text{①} \\
i - i_{ref} = i_{trans} \quad (= 2i_n + i_R) \quad \text{②} \\
i = e/Z_0, \quad i_{ref} = e_{ref}/Z_0, \quad i_n = v/Z_n, \quad i_R = v/R \quad \text{③}
\end{array}
\right\} \quad (20 \cdot 6 \text{a})
$$

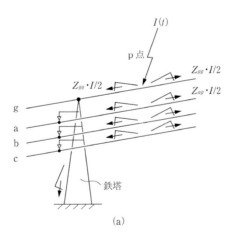

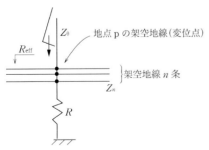

鉄塔頭部の等価的な有効抵抗

$$R_{\text{eff}} = \cfrac{1}{\cfrac{1}{Z_0} + \cfrac{2}{Z_n} + \cfrac{1}{R}}$$

Z_0：雷撃自身のサージインピーダンス（$Z_0 \fallingdotseq 400\,\Omega$）
Z_n：n 条の架空地線の等価サージインピーダンス
R：鉄塔のサージインピーダンス

図 20・10 架空地線・鉄塔への直撃雷

$$Z_g = \frac{1}{\frac{2}{Z_n} + \frac{1}{R}} \qquad ④$$

i_{ref}, i_{trans}：変移点における反射波電流と透過波電流
Z_0：雷撃電流通路のサージインピーダンス
Z_{gw}, $Z_n = Z_{gw}/n$：OGW 1本およびn本統合のサージインピーダンス
R：鉄塔構造のサージインピーダンス
Z_g：変移点の接地回路全体のサージインピーダンス

式③を式②①に代入してeを消去すると

$$v = \frac{2Z_g}{Z_0 + Z_g} \cdot e = \frac{1}{\frac{1}{Z_0} + \frac{1}{Z_g}} \cdot \frac{2e}{Z_0} = \frac{1}{\frac{1}{Z_0} + \left(\frac{2}{Z_n} + \frac{1}{R}\right)} \cdot \frac{2e}{Z_0} \qquad (20 \cdot 6\,b)$$

式(20·6 b) は式18·34を使って導くこともできる．この式から雷撃点に発生する雷撃電圧v，鉄塔およびOGWへの雷撃電流i_R, i_nなどが計算できる．

試算

OGW は 1 条（$n=1$）とし，また $Z_0 = 400\,\Omega$, $R = 350\,\Omega$, $Z_n = Z_{gn} = 300\,\Omega$ などとする．
OGW および鉄塔の合成サージインピーダンスは $Z_g = 1/(2/300 + 1/350) = 105\,\Omega$ となる．
雷撃電流 $I(t) = 20kA$ とすれば鉄塔に生ずる雷撃電圧の初期の大きさは $v = 20kA \times 105\,\Omega = 2100kV$ となる．これは相導体に逆閃絡モードの絶縁破壊を来す大きさということになろう．
実際には相導体側にも商用周波電圧が存在する．400 kV 線路を想定すれば $\pm 400 \times (\sqrt{2}/\sqrt{3}) = \pm 327kV$ である．鉄塔地線側に $2100kV$，相導体側に $\pm 327kV$ の電圧が存在することになるので絶縁碍子にかかる電圧は $v_{ga} = 1773 \sim 2427$ kV (5.4 E〜7.4 E) となる．相導体に逆閃絡モードの絶縁破壊が避けられない大きさということになろう．

もしも OGW が 1 条から n 条に変更されれば Z_n が $1/n$ 倍になるので合成サージインピダンスを減少させることができる．n=3 では，$Z_g = 1/(2/100 + 1/350) = 43.7\,\Omega$, $v = 20kA \times 43.7\,\Omega = 874kV$ となって雷撃電圧を半減できることになる．

20・5・3　誘導雷（静電誘導雷・電磁誘導雷）

第三の雷撃として**誘導雷**がある．図**20·11**にその発生メカニズムを示す．送電線に比較的近い大地に落雷が生じる場合である．この場合は電気的には雷雲から大地の落雷地点までに仮想

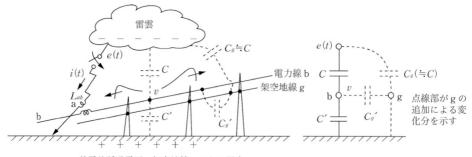

静電的誘導電圧　架空地線 g のない場合
$$v = \frac{C}{C + C'} \cdot e(t)$$

架空地線 g のある場合
$$v \fallingdotseq \frac{C}{(C + C') + C_g'} \cdot e(t) \qquad \text{ただし，} C \fallingdotseq C_g < C' < C_g'$$

電磁的誘導電圧　$v = L \dfrac{d}{dt} i(t)$

図 20・11　誘導雷の概念

的な電線（サージインピーダンス Z_0）があり，それが突然スイッチインされてサージ電流 $I_0(t)$ が流れたと考えることができる．この仮想電線と送電線の各相導体および OGW との間にも相互キャパシタンスや相互インダクタンスとがあるので，送電線の相導体および OGW には静電的誘導電圧と電磁的誘導電圧が発生してせん絡の原因となるのである．

〔a〕 **静電的誘導雷撃**

図 20・11 において仮想電線（a と名づける）と相導体（b と名づける）がある．雷雲の電圧を $e(t)$ とすれば，相導体 b に誘起される静電誘導電圧は $v(t) = \{C/(C+C')\} \cdot e(t)$ となる．この電圧でせん絡が発生するかもしれない．これが**静電誘導雷撃**である．

さて，ここで 1 条の OGW（g と名づける）を追加してみよう．相導体 b と OGW g は接近して平行に配置されているので静電誘導電圧の計算式は次のように修正される．

静電誘導電圧

$$\left.\begin{array}{ll} \text{GW がない場合} & v(t) = \dfrac{C}{C+C'} \cdot e(t) \cdots\cdots\cdots ① \\[2mm] \text{OGWg がある場合} & v(t) = \dfrac{C}{(C+C')+C_g} \cdot e(t) \quad \text{ただし，} C \fallingdotseq C_g \ll C' < C_g' \cdots ② \end{array}\right\} \tag{20・7}$$

電磁誘導電圧

$$v(t) = L\dfrac{d}{dt} \cdot i(t) \tag{20・8}$$

静電誘導電圧は OGW の追加によって式①から②に修正されて，式②の分母に C_g が追加になるだけ低減される．相導体と OGW は接近しているから $C \fallingdotseq C_g \ll C' < C_g'$ の大小関係があるので，誘導電圧 $v(t)$ は OGW によって著しく低減される．本件については第 21 章で再度論ずることとする．

〔b〕 **電磁的誘導雷撃**

図 20・11 に示すように仮想電線 a と相導体 b の間には相互インダクタンス L_{ab} があるので，仮想電線に流れる雷撃電流 $i(t)$ によって相導体には $v(t) = L \cdot d/dt \cdot i(t)$ が誘起される．この電圧でせん絡が発生すれば**電磁誘導雷撃**となる．

もしも OGW が追加されれば，L_{ab} が低減される（理由は第 1 章で学んだ）ので OGW は電磁誘導電圧をも低減する効果がある．

さて，以上の説明を総括すると，OGW を追加することで送電線の L を小さくし，C を大きくする効果があり，したがってサージインピーダンス $\sqrt{L/C}$ が非常に効果的に低減されることが理解できる．本件については次章でさらに学ぶこととする．

休憩室：その14　アメリカ，電気事業・電気メーカー誕生のころ

発明家 Edison は 1879 年に苦心の末に炭素電球を完成する．Edison は多数の電球製造に関する特許を獲得する一方で Morgan 財閥等の資金提供を受けて「直流電気供給＋電燈製造＋電燈設備施工の一貫会社」The Edison Electric Light Company（1881 年）を設立し，1882 年にはニューヨーク市内パール街に中央発電所第 1 号を完成して操業を開始する．世界初の電力会社の誕生である．Edison の方式は中央発電所に設置された蒸気機関駆動の直流発電機で 500 m 四方の地域に電燈用電気を供給する方式である．直流方式であるためにそれ以上の距離の地域への供給ができないこと，また複数の発電機の並列運転・連系ができないことが技術的な難点であった．それでも 300 件を超す電燈製造特許を強い武器として事業拡張を進め，1890 年ころまでに中央発電所は 57 か所に及んだ．

ところが皮肉なことに 1880 年代前半に交流送電方式が盛んに研究されるようになり，実現の可能性が徐々に高まっていった．1880 年代後半は直交論争がアメリカ・ヨーロッパの科学者・技術者を二分し，さらには企業経営者・資本家・政治家までも巻き込んで展開された．Edison は直流電気式の供給事業の経営者として直流を絶対に死守しなければならない立場にあった．

同じころ，発明家の **Edwin J. Houston**（1847-1914）と **Elihu Thomson**（1853-1937）は Thomson-Houston arc-light を完成する．二人は Philadelphia の高等学校の師弟であり同僚教師であった．二人は 1883 年に Thomson-Houston Electric company を設立し Thomson は教師を辞して経営に専心し，Houston は教師の立場のままで経営を支援する立場をとる．

Thomson は同社の経営者，技術者として活躍し，1885 年ごろには電燈・アークライトの保護用に磁気消弧原理の保護装置の開発や変圧器コイルの一端を接地する方式を試みるなど交流方式実現のための努力を重ねて事業の地歩を着々と固めていった．1890 年，この Thomson-Houston Electric company を **Charles A. Coffin**（1844-1926）が譲り受けて経営にあたることになる．このころになると交流方式の勝利が誰の目にも明らかになった．Edison 社は電燈の特許権で圧倒的であったものの直流方式一辺倒の硬直経営にこだわったために経営的な窮地に陥っていた．1892 年，大出資者 Morgan 財閥の幹旋で Thomson-Houston Electric company が Edison 社を吸収合併する．合併新会社を率いる Coffin は新社名を General Electric と改めた．総合電機会社 GE の誕生である．

話を 1880 年代に戻そう．Edison は新会社に Testing Room という技術開発組織を設けて電気・化学・数学などさまざまな専門の技術スタッフを雇っていた．その中で後の時代に名前をとどめた三人の人々についてその足跡を簡単に振り返る．

その一人，Arthur Kennelly については［休憩室：その8］ですでに登場した．彼は渡米直後の 1887 年に"電気知識と数学に詳しい助手"として働き始めた．このころ，大発明家 Edison にも交流電気は理論的に難しすぎたし，またなによりも経営者として直流方式を死守しなければならない瀬戸際の立場にあった．新聞・雑誌に"交流方式は技術的にも経済的にも不要かつ危険である"などと寄稿し，交流電気による動物殺害実験の写真を公開し，あるいは Virginia 州で 800 V 以上の交流配電を禁止する法令案をめぐる州議会の論争に参考人として出席するなど手段を選ばぬほどの努力を重ねていた．Kennelly は Edison の助手として当然のことながら"危険な交流方式"を PR するための動物実験などにもかかわらなければならなかった．交流電気の特性が理解できる Kennelly にとっては板挟みの業務だったであろう．Kennelly は Edison が経営を退き，GE 社が誕生した翌年の 1893 年に交流電気の記号法を発表する．そして 1894 年には GE 社をいったん辞して Philadelphia で Edwin J. Houston とともに Houston-Kennelly Consulting Firm を設立する．1901 年にふたたび GE 社に戻り，さらに Harverd 大学教授となることはすでに述べた．

Edison のもとで働きながら交流技術で大きな足跡を残したもう一人の人物は **Nicola Tesla**（1836-

1916) である．2相4線交流方式の着想とそれによる回転磁界の実現は電動機の進歩につながる決定的新技術であった．Tesla は優れた業績を残しながらも Edison の評価が得られず，やがて **George Westinghouse**（1846-1914）の設立した Westinghouse 社に転身する．Westinghouse 社は Tesla や変圧器の **William Stanley**（1858-1927）を擁して，また彼らの発明特許を活用して交流方式の Westinghouse 社として大躍進を遂げていくことになる．

Nicola Tesla
(1836-1916)

Edison のもとで働いた巨人をもう一人あげる必要がある．その人の名は **Samuel Insull**（1859-1938），1920 年代にはアメリカの電力王としてインサル帝国を作り上げた人物である．彼はロンドンで電信会社のオペレーターをしていたときに同地を訪れた Edison の眼にとまる．Edison から直接誘いを受けた 21 歳のイギリス青年 Insull は渡米を決意して 1881 年に New York 港に上陸し，その翌日から Edison の秘書としての活動を開始した．Insull は会社の経営スタッフとしてその実力を誰もが認める存在となり，Edison 社が吸収合併により消滅するときまで Edison を大いに支えて活躍した．1892 年に Edison が経営から退き GE 社が成立してまもなく，Insull は独立してシカゴに移り，1897 年に Commonwealth Electric Co. を立ち上げる．現代の電気事業に通ずる世界初の電力会社の誕生である．非技術者の Insull には交流電気の供給が無限のビジネスチャンスであるという着想が出来上がっていた．「直流方式では一台の発電機でせいぜい高層ビルならば各階への垂直配電が限界であるが，交流方式ならばもっと大きい発電機で広域をカバーする水平配電が実現できる．そうすれば電力料金は必ず下げることができるので需要は急増するに違いない」．Insull は Morgan 財閥の後押しを得て交流方式による水平に広げうる広域配電を目指して電気事業を開始し，その柔軟な発想は見事に的中する．彼

Samuel Insull
(1859-1938)

の経営能力は抜群で，初期投資の大きい電気事業の経営方式として "固定料金と比例料金を組み合わせた料金制度" を創案し，"電気が公益的な自然独占" であることを州政府や政治家に説得して "地域独占" の事業体という概念を創案し定着させていき，また必要用地確保等の法制度や税制などの "電気事業のための特別な法整備" を定着させる原動力となっていった．こうして Insull はアメリカ各地に電力会社を設立し，自身はその持ち株会社の総帥として君臨する．Insull の持ち株会社は 1925 年ころまでにアメリカの総発電電力の 20% を所有するに至るのである．Insull は 1929 年の Wall 街発の世界大恐慌では多額の銀行債務を抱えて遂に挫折するが，今日世界中の電気事業の基礎となっている "料金制度"，"長期償却会計制度"，"地域独占の概念" 等々の仕組みはほとんど Insull が創設した制度であるといわれている．電力会社を世界で初めて設立したのは Edison であるが，現代に通ずる本格的な電気事業を立ち上げた巨人は Insull であった．

第21章 絶縁協調

　前章まででさまざまな過電圧現象についてその発生メカニズムの視点で学んできた．これらの知見を踏まえて本章では送電線，発電所，変電所，受電用変電所およびこれらに設置される電気設備の絶縁設計に関するトータルの概念，すなわち「電力系統の**絶縁協調（Insulation coordination）**」と「**過電圧の保護（protection scheme）のための具体策**」について学ぶこととする．

　20世紀前半，特に電力が一大発展を遂げたのは1930年代以降であるが，それ以前の時代の電力技術を振り返ってみよう．電力に関するさまざまな理論，材料，加工技術，基礎実験データ，経験などあらゆる面で今日とは比較にならない未熟な技術背景の中で当時の電力技術者たちは苦闘を強いられた．中でも電力システムの基本的・技術的なコンセプトである「絶縁協調」に関する概念，規格や推奨方式などの概念が欠如していたことが送電線や変電所設備の設計・運転実務の致命的な障害となっていたことが理解される．

　絶縁協調の概念構築の必要性が認識され，そのためのさまざまな研究が本格化し，また特に過渡現象やサージ現象の理論と現実のエンジニアリングが本格化したのは1920年代半ば以降のことである．電気の波形がオシロスコープの発明で観察できるようになったのもほぼ同時期である．また，工学としての電気理論が"3相交流の定常現象"の域を脱して"過渡現象"，"サージ現象"も含めた理論体系として進化を遂げるのは1930年以降である．現代的な意味での電力技術が生まれ，電力システムの建設が本格化したのはこの時代以降であるといっても過言ではないであろう．

　「電気の技術は究極的には電気の通り道となる導体を絶縁体で包み込む技術」といっても過言ではない．したがって，電気の絶縁の仕組みをいかに構築するかという基本概念，すなわち絶縁協調の概念は電力技術に関する最も基本的な概念といわなければならない．今日，確立された絶縁協調の国際規格は先人達が世代を超えて積み上げた偉大な技術成果集大成のともいえるであろう．「**絶縁協調に関する理論と規格は電力システムに関する"物理的な現象"，"実用的な理論と技術のプラクティス"，"経済性"等のすべての知見を網羅して電気技術者が1世紀をかけて蓄積した英知の結晶**」である．

21・1　絶縁に対するストレスとしての過電圧

21・1・1　導電と絶縁

　典型的な**導電性の材料**は銅・アルミ・その他の金属ないし合金類である．また，**絶縁材**としては空気・油・SF_6ガス・磁器・ファイバガラス・紙・プラスチック・架橋ポリエチレンなどがある．電力系統を構成するメンバーたるすべての電気設備は例外なく性質が正反対の導電材と絶縁材の絶妙な組合せによって成り立っている．**電力系統とは「電気の獲得・輸送・利用」を同時等量で行うために導電材と絶縁材で作り上げた巨大な器**であるともいえよう．

　導電現象は帯電粒子の移動によって生ずる．導電体は電界によって移動する自由電子が多い物質であり，絶縁体は自由電子が少ない物質と説明される．絶縁材料に加えられる電気ストレスがある高いレベルに達するとその抵抗性が突然に変化して導電材のように自由電子が急激に増大する．いわゆる**電気破壊**あるいは**絶縁破壊（breakdown）**である．

さて，実用的なエンジニアリング技術の観点から電気を絶縁するという我々の目的を実行するためには次のような概念が必要になる．

・過電圧・過電流に関する大きさと特徴の規定
・電力系を構成する全メンバー（構成要素）に関する絶縁強度
・さまざまな過電圧を低減し，また線路や電気所設備の絶縁を保護するための方策

そして「絶縁協調とは過去に蓄積された理論・経験・実績データ等に基づいて上記の三つの概念を合理的に組み合わせたうえで作成された実用的な絶縁設計に関するガイドライン」であると規定できよう．

電力系統の諸設備が長寿命で運転できるためには，各部位に想定される**過電圧レベル**（**Overvoltage level**）と所要の**絶縁レベル**（**Insulation level**）がセットで規定される必要がある．したがって，**絶縁強度**（**insulation strength**）という概念が高電圧実用技術の重要なテーマとなる．

絶縁協調に関する国際・各国規格（IEC, IEEE, ANSI, JEC など）では絶縁設計に関する基本的な考え方と，具体的なプラクティスとして発生する過電圧特性とその電圧から絶縁を保護するための具体的な方策などが規定されている．今日では絶縁協調は世界的な共通概念として確立されており，したがって各規格の記載内容は事実上ほぼ同一といえよう．以下には IEC 規格と IEEE 規格を中心に絶縁協調の要旨を説明する．JEC 規格もこれら両規格と本質的な差異はない．

21・1・2 過電圧の分類

系統に発生する過電圧をその要因によって内部要因（開閉サージ，地絡事故時の健全相電圧上昇，負荷遮断など）と外部要因（雷撃）に分類されることがある．さまざまな過電圧の発生メカニズムについてはすでに前章までで学んだとおりである．電力系統全体とその全構成メンバーはこれらの特徴ある過電圧現象に耐えるための妥当な絶縁強度（insulation strength）を持たなければならない．ところで，その絶縁強度は下記の五つの要因によって影響を受ける．

・過電圧の特徴（大きさ，波形，継続時間，電圧の極性）
・絶縁部の電界分布に関する絶縁設計
・絶縁媒体の種類（ガス状，液状，個体，あるいはこれらの組合せ）
・絶縁部の物理的状況（温度，圧力，機械的ストレスなど）
・絶縁体の運転・保守履歴

「**発生過電圧が個々の絶縁体の許容絶縁レベルを超えないように抑制する**」か，あるいは「**その過電圧から絶縁体を保護する**」ことが必要である．これこそが絶縁に関する不可欠の基本である．そして個々の絶縁強度に最もかかわる要因は過電圧の「**大きさ**（**magnitudes**）」と「**波形峻度**（**wave shapes, steepness of the voltage**）」と「**継続時間**（**time duration**）」である．このような事情を踏まえて，IEC 規格では過電圧を次のように分類している．

a) **Maximum continuous（power frequency）overvoltage** U_s（**MCOV**）：系統が通常運転状況のもとで発生しうる商用周波数の過電圧（実効値 rms で表す）である．

b) **Temporary overvoltage（TOV）**：系統事故時，開閉操作時，負荷遮断時，共振現象（鉄共振現象など），あるいはこれらの組合せで生ずる過電圧（実効値 rms で表す）である．

c) **Slow-front overvoltages**：雷撃あるいは開閉操作によって生ずる緩波頭の過電圧である．

d) **Fast-front overvoltages**：雷撃あるいは開閉操作によって生ずる急峻波頭の過電圧である．

e) **Very fast-front overvoltages**：GIS の内部の開閉操作や地絡事故で生ずる極度に急峻波頭の過電圧である．

上記の c)〜e) の過電圧は高周波数領域の過渡過電圧現象である．さて，これらの過電圧について吟味をしていこう．

〔a〕 **Maximum continuous (power frequency) overvoltage** U_s (MCOV)

通常の運転状態では 50/60 Hz の電圧は場所によって異なり，また時々刻々変化している．絶縁設計，絶縁協調を検討する立場に立てば「通常運転状態で生じうる最高のシステム電圧値（記号 U_s (MCOV) で表す）」を考慮する必要がある．

U_s (MCOV) は**公称運転電圧** (nominal voltage) の 1.04〜1.1 倍と想定するのが一般的である．例えば，下記のとおりである．

公称電圧 (nominal voltage)	最高系統電圧 (highest system voltage) U_s	代表 TOV (representative TOV) $U_{rp} = k \cdot (1/\sqrt{3})\, U_s$
phase-to-phase (rms)	phase-to-phase (rms)	phase-to-ground (crest value)
230 kV	245 kV	212 kV ($k=1.5$)
500 kV	550/525 kV	476/455 kV ($k=1.5$)
735 kV	765 kV	662 kV ($k=1.5$)
1,000 kV	1 100 kV	953 kV ($k=1.5$)

〔b〕 **TOV および representative TOV** = U_{rp}

通常運転状態の運転電圧の最高値 U_s をさらに TOV に押し上げる要因として次のような現象がある．

・1 線地絡事故（健全相電圧が上昇する）
・鉄共振現象
・負荷遮断
・中性点接地の喪失
・長距離無負荷送電線（フェランティ効果）
・線路共振
・変圧器突入電流

これらはいずれも「系統回路の変更」という内部要因によって生ずる現象であって，電圧が不安定なゆっくりした過渡現象といえるものであり，また低次の高調波や直流成分を含むことも多く，さらに継続時間は 0.1 秒から数秒，時には数分間継続することもあろう．

系統の絶縁協調を検討するためにはさまざまな TOV を検討して，現在および将来にわたって想定される TOV の最大値を **representative TOV** U_{rp} として決める必要がある．一般には 1 線地絡時の健全相電圧の上昇が最大値 U_{rp} （1 相対地電圧実効値）として想定されることが多い．

i） 1 線地絡故障（Single line to ground fault）

図 21・2 は 1 線地絡時の健全相電圧上昇の様子を示した図 8・1 の中央付近を拡大表示したものである．第 8 章で詳しく論じたように，1 線地絡事故による健全相の TOV はシステムの中性点接地方式（$v = {}_fX_0/{}_fX_1$, $\delta = {}_fR_0/{}_fX_1$）と深くかかわっており，接地係数 k（Coefficient of grounding, COG）として表現する．k は中性点接地方式では 1.5 とし，高インピーダンス接地方式の場合には $\sqrt{3} = 1.73$ あるいはそれよりやや高めの数値とするのが一般的である．

ii） 負荷遮断（Load rejection）

例えば，受電用変電所の母線事故等で大容量の負荷が一斉遮断される場合，その直後の変電所近傍の系統はフェランティ効果（20・2 節）によって電圧上昇傾向となり，その状態は発電所/変電所群の AVR によって下降制御されるまで解消されない．

iii） 中性点接地喪失（Loss of ground）

中性点高インピーダンス接地系統では高インピダンス（抵抗/リアクタンス）を介して中性

東京電力提供
1 000 kV 設計並行 2 回線送電線（東京電力　北栃木線 427 km）
　設計諸元
　　電圧階級　　公称電圧 1,000 kV，最高電圧 1,100 kV
　　導体　　　　ACSR　810 mm²（直径 34.4 mm），8 導体（w = 400 mm）
　　　　　　　　最高温度 90℃
　　懸垂がいし（320 mm タイプ）
　　　　　　　　2 連 40 直列　アークホーンのギャップ長 6.3 m
　　鉄塔　　　　平均重量 310 トン
　　　　　　　　平均高さ 111 m，最下部アームの高さ 65 m
　　　　　　　　同一回線内の線間距離 20 m，両回線間の線間距離 33 m
　　　　　　　　導体地上高 32 m 以上
　　　　　　　　平均スパン 632 m，最大スパン 1 056 m
　　TOV（Temporary overvoltage）
　　　　　　　　1 LG：1.1 pu，負荷遮断：1.5 pu
　　LIWV（Lightning impulse withstanding voltage）
　　　　　　　　GIS：2 250 kV，変圧器：1 950 kV
　　SIWV（Switching impulse withstanding voltage）
　　　　　　　　GIS：1 550 kV，変圧器：1 425 kV
〔備考〕世界初の 1 100 kV 設計の送電線は東京電力によって実現された（ただし，現在は 500kV で運転中である）．中相への直撃雷の写真は極めて貴重なものである．東京電力での実績が評価されて IEC 絶縁協調規格では 1 000 kV 級電圧階級の追加が日本のイニシアチブで実現した（表 21.2B 参照）．

図 21・1　1 000 kV 設計　平行 2 回線送電線

点接地を行う変圧器が 1 台ないし数台に限られる場合が多い．万一，これらすべての変圧器が送電線や変電所のせん絡事故などによって遮断されれば系統は中性点非接地となる．中性点電位が 0 V に固定されない不安定なフリー電位状態となり，したがって各相電位もまたフリーに上下するので TOV は極めて不安定で高い値になる．また，このような事態に 1 線地絡事故が重なれば健全相の電圧はさらに苛酷なものとなるであろう．おそらく避雷器はあちこちで破

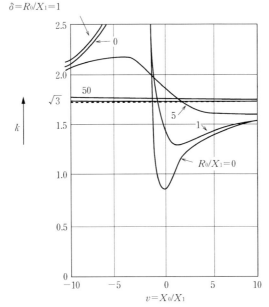

図 21・2　1線地絡等の健全相電圧上昇特性
(図 8・1 の局部拡大図)

壊されるなど新たなせん絡事故が続発して電力系統が総崩れになることが必定である．中性点喪失は絶縁保護の観点から絶対に避けなければならない．

絶縁協調の設計思想の観点からは以下に例示するように，「想定する最大の TOV としては1線地絡時の健全相電圧上昇であるとして representative TOV U_{rp} を決定する」ことが一般的である．この発想は中性点非接地状況での運転は絶対に生じさせないことが前提であることを銘記する必要がある．U_{rp} の典型的な設計例を下記に示す．

 representativeTOV $= U_{rp} = k \cdot (1/\sqrt{3}) U_s$ の典型的な設計思想

 公称電圧 140 kV 系統（抵抗接地系）の場合：$k = 1.7$ $U_{rp} = 1.7 \cdot (1/\sqrt{3}) \cdot 154 = 151$ kV
      230 kV 系統（直接接地系）の場合：$k = 1.5$ $U_{rp} = 1.5 \cdot (1/\sqrt{3}) \cdot 245 = 212$ kV
      500 kV 系統（直接接地系）の場合：$k = 1.5$ $U_{rp} = 1.5 \cdot (1/\sqrt{3}) \cdot 550 = 476$ kV

〔c〕 Slow-front overvoltage

Slow-front overvoltage とは過電圧波形の波頭長が数〜数千 ms 程度で波尾長を伴う過電圧で，また振動波であることが多い．下記のような場合に発生する．

・線路試充電開始，線路充電電流遮断
・せん絡事故発生，せん絡電流遮断
・誘導性/容量性電流遮断
・負荷遮断
・遠方地点から伝搬する雷撃サージ電圧（雷撃波頭峻度が伝搬途上で緩和された波形）

上述の過電圧の発生メカニズムはすでに学んだが，これらの **Slow-front overvoltage を代表させる標準過電圧** として「波形が 250/2500 μs, representative switching impulse voltage（波頭長 250 μs，半波尾長 2500 μs 表 21・3 参照）」が国際規格で規定されている．

なお，この種の過電圧現象として補足する．電流力率がほぼゼロの場合の小電流遮断で電流裁断（current chopping）になりやすい．類似の現象として下記のようなケースの遮断についての格別の注意が望まれる．

・無負荷ケーブルの遮断，キャパシタバンクの遮断

- 誘導性電流遮断（変圧器の励磁電流遮断など）
- アーク炉電流の遮断
- 高電圧ヒューズによる電流遮断

〔d〕 **Fast-front overvoltage**

　1.2/50 μs の波形で代表される標準過電圧（波頭長 1.2 μs，波尾長 50 μs 表 21・3 参照）であり，雷撃サージがその典型であるが開閉サージも該当する．雷撃には導体への直撃雷と地線からの逆せん絡，誘導雷に分類できるが，誘導雷によるサージは通常 400 kV 以下であるので 100 kV 級以下の系統だけが検討の対象となる．

〔e〕 **Very fast-front overvoltage**

　GIS の内部事故や GIS の遮断器/断路器の開閉によって生ずるサージ過電圧が該当する．GIS はそのコンパクトな設計ゆえに複数の変移点間の距離が短いので反射による過電圧の振動周波数が極めて高くなる．例えば，距離 7.5 m，$u = 300$ m/μs とすれば振動周波数は 20 MHz となり，第 1 波の波頭長（1/4 波長）は 0.0125 μs となる．一般に 1～20 MHz の開閉サージは減衰が速く，その継続時間は 2～3 ms 以内と考えてよいであろう．20 MHz，3 ms は絶縁部に対する 60 000 回のビートストレスを意味している．また，開閉サージの発生するチャンスは運用の場所によっては非常に多いといわなければならない．ただし，減衰が速いので GIS の外につながる回路への透過波としての影響は比較的限られた範囲にとどまるであろう．

　Very fast-front overvoltage は影響範囲を限定し，また許容レベル以内に抑制する必要がある．抑制のための効果的な方策は，ギャップレス避雷器（非直線特性の抵抗の役割を果たす）の設置である．これによって最大値を 2.5 pu 程度に抑制することが必要になる．GIS の内部事故によって GIS に接続される機器，特に変圧器は 20 MHz 程度の振動周波数の過電圧にさらされることになり，適切な対応が求められる．

　なお，Slow-front overvoltage, Fast-front overvoltage, Very fast-front overvoltage に相当する日本語は定義されていないが，**JEC-2371 避雷器規格**では，類似の区分として**開閉インパルス，雷インパルス，急しゅん雷インパルス**などの用語が使われている．

　さて，一般に Fast-front overvoltage, Very fast-front overvoltage などの電圧サージによって変圧器/リアクトルがサージにさらされ，また変圧器の低圧側につながる発電機や低圧側機器なども変圧器を介して移行サージ電圧（後述する）にさらされることになる．変圧器およびその低圧側に接続される機器の絶縁保護のための有効な方策が求められる．これらの現象については第 21 章および第 23 章で後述する．

21・2　絶縁協調の基本概念

21・2・1　絶縁協調の概念

　絶縁協調とは「送電線の絶縁と発変電所およびその設備類との絶縁の方策に関する関連づけ」というほどの意味であろう．また，「発変電所においては設備の絶縁強度を超える過電圧に対して設備を保護し，また運転を継続するための絶縁の方策を技術・経済性・期待信頼度などの総合的な視点で適切に定める」ということになろう．今日，絶縁協調の概念およびその基準とすべき具体策は IEC，IEEE，JEC などの規格で確立されているが，この考え方の必要性が認識され，サージ現象や絶縁特性を解明しさらには具体的な規格化への努力が本格的に開始されたのは 1930 年代である．理論やデータも乏しく，オシロスコープなど高度の測定技術も存在せず，絶縁協調の規格も存在しなかった当時の時代の先人たちの苦労をしのぶことができる．

　絶縁協調を実践するためには，次のような項目が明らかでなければならない．

- さまざまな過電圧の発生メカニズムの探求

表 21・1 送電線と発変電所の絶縁協調に関する基本コンセプト

	架空送電線			発変電所		
	雷過電圧	開閉過電圧	短時間過電圧	雷過電圧	開閉過電圧	短時間過電圧
絶縁破壊事故に対する考え方	・絶縁破壊はやむを得ないが適正な事故率にとどめること ・せん絡経路はアークホーンに限ることとして導体やがいし類に損傷を与えないこと	・絶縁破壊は起こさないこと		・送電線電撃によって絶縁破壊を起さないこと ・直撃雷による絶縁破壊はやむ得ないがその確率を最小限にとどめるための対策，特に内部絶縁破壊を防ぐための対策を講ずること ・電力ケーブルは破損せぬように絶対に防護すること	・絶縁破壊は起こさないこと	
主な対策	・架空地線OGW ・アークホーン ・鉄塔接地抵抗低減	・主として発変電所の対策に依存 ・アークホーンが開閉サージ・短時間過電圧でせん絡しないこと		・架空地線OGW ・避雷器 ・横内中性点接地システムの抵抗低減(接地棒・接地メッシュなど) ・(保護ギャップ)	・避雷器(ギャップレス型) ・遮断器(抵抗投入・抵抗遮断) ・横内中性点接地システムの抵抗低減(接地棒・接地メッシュなど)	・並列リアクトル・キャパシタ ・負荷時タップ切替え変圧器 ・負荷調整(給電) ・V-Q制御
耐電圧に関する考え方	ガウス確率曲線に基づくせん絡確率により定める．典型的には50%せん絡確率より3σ低い電圧を耐電圧値とする．(送電線絶縁の最弱点部をアークホーンギャップにして，それが開閉サージによってせん絡する確率を3σ以下にする)			発変電所機器類は規格に定める耐電圧値(表3.2 A, B, Cなど)保証すること		

・送電線路や発変電所に発生しうる過電圧の大きさ，特性の評価
・さまざまな過電圧の抑制法とその抑制用デバイス（避雷器など）の開発
・送電線の絶縁耐電圧値の設定
・発変電所の絶縁耐電圧値の設定，等々

上述の諸項目を達成するための高電圧実験設備（高電圧発生・測定など）が必要なこともまた自明である．

さて今日，絶縁協調に関連する国際的に権威ある規格としてはIECとIEEEがあり，またJECなど各国が定める規格があるが，これら各規格の差異はわずかである．換言すれば，絶縁協調に関する概念および個々のプラクティスは世界レベルでほぼ収れんしているといえよう．以下ではIEC，IEEEの規格を軸に世界共通の概念としての絶縁協調に関する基本的な考え方を表21・1に沿って学ぶこととする．

21・2・2 絶縁強度とブレイクダウンに関する基本原則

絶縁協調の基本となるのは「送電線路と発変電所の相対的な絶縁強度に関する基本的な考え方」である．その基本概念を表21・1に示している．さらに，個々に説明すればは次のとおりである．

〔a〕 架空送電線の設計基準

基本的な考え方は次のとおりである．
- 雷撃によって送電線がせん絡することは（不可抗力として）許容するが，損傷（導体溶損，がいし破損など）が生じないように万全を期す．
- 技術的・経済的にバランスある絶縁距離（クリアランス）を確保する．そのために雷撃によるある程度のせん絡確率（failure rate）を許容する．また雷撃が発変電所にもたらす影響とその頻度を最小限にする方策を講じる．
- 架空送電線は発変電所で発生する開閉サージやTOVによって絶対にせん絡しないこと．

架空送電線は大気が絶縁媒体であり，せん絡が生じてもサージが消滅すればせん絡は消滅し，絶縁は回復する．上述のコンセプトは送電線の**絶縁の自己回復性**（self-restoring insulation）という特徴を踏まえた合理的な考え方といえよう．

次には，そのための具体的プラクティスについて列挙する．
- 送電線への雷撃の確率を減らすこと．複数回線への雷撃を極力避けること．
  → 架空地線の採用，その他
- 架空地線/鉄塔への雷撃による逆せん絡の確率を減らすこと．
  → 架空地線/鉄塔のサージインピーダンスの低減
- 雷撃によるサージが発変電所に達するまでに極力減衰し，また峻度が低減すること．
  → アークホーン，その他
- 発変電所で発生する開閉サージで絶対にせん絡させないこと．
  → 絶縁最弱点としてのアークホーンのギャップ長を設定，など
- 同一ルート複数回線における複数回線同時せん絡を極力避けるための工夫
- 保護リレーによる送電線事故時の自動再閉路方式の採用

〔b〕 発変電所および発変電所用機器の絶縁設計基準

発変電所および発変電所用機器の絶縁は雷撃および開閉サージに耐えて絶縁損傷を被らないこと．結果として発変電所の運転に支障を生じないこと．これが基本である．具体的なプラクティスを列挙する．
- 発変電所に対する直接的な雷撃が極力発生しないための方策
  → 架空地線，接地インピーダンス低減，屋内化
- 送電線への雷撃による進行波サージ電圧に対する保護を万全にして損傷を起こさないこと．
  → 避雷器など
- 開閉サージレベルの低減．また，開閉サージによって機器が損傷を被らないこと．
- 開閉サージやTOVによって設備・機器類のせん絡や絶縁損傷が絶対に生じないこと．

〔c〕 電力用ケーブル線路の絶縁設計基準

雷撃，開閉サージ，TOVのすべてに対して電力ケーブルが完全に保護されるべきこと．ケーブルは自己回復性のない線路であるから，送電線路・発変電所構内線路のいずれについても変圧器等と同様に完全に防護されるべきこと．

さて，以上〔a〕，〔b〕，〔c〕で述べた基準が電力系統の構築に対する基本的な発想の原点である．以上の要旨をまとめた表21・1は絶縁協調の理論と実践の原点であるといえよう．

21・3 架空送電線の過電圧抑制策と防護策

架空送電線に関して上述のような設計基準を満たすための主要な対策についてその概要を以下に説明する．読者はさまざまな過電圧の発生メカニズムについてすでに学んだので，以下に述べる対策が過電圧抑制に有効なことは容易に理解できるであろう．

21・3・1 架空地線（OGW, OPGW）の採用

架空地線（可能なれば複数条）の採用が雷撃チャンスの低減，また発生する過電圧の低減に有効なことは明らかである．その理由を定性的には次のように説明できるであろう．**OGW**（Overhead grounding wire）あるいは **OPGW**（Grounding wire with optical filber）を鉄塔トップに配置することによって各導体への直撃雷のチャンスを低減できるであろう（遮へい効果，20・5 節参照）．代わって OGW が雷撃を受けることになろうが，その場合は雷撃エネルギーの何割かは地線と複数の鉄塔を介して大地に直接バイパスされるので逆せん絡に至る確率も低減されるであろう．

a. OGW の採用によって送電線導体の L が著しく小さく，C が著しく大きくなるのでサージインピーダンスが低減される（第 1, 3, 20 章）．雷撃電流 $I(t)$ が直撃する場合，発生するサージ電圧 $V(t)$ は線路のサージインピーダンス Z_{aa}，Z_{ab} などに比例する．したがって，OGW の採用でサージ過電圧の大きさが抑制されることになるので直撃雷，逆せん絡，誘導雷のいずれによっても導体せん絡事故に進展する確率は低減されることになるであろう．なお，OGW の条数（$n=1, 2, 3$ など）が多いほどサージインピーダンス低減効果が大きいこともすでに学んだ（第 18 章）．

b. 線路の時定数 $T=2L/r$ が小さくなるので進行波，振動波としてのサージ電圧・電流の減衰が促進される（第 18, 19 章）．過電圧サージの波頭峻度が鈍ることも期待できる．

c. 線路のインダクタンス L_{aa}，L_{ab} など，したがって正相・逆相・零相インダクタンス L_1，L_2，L_0 などが低減される．そのため負荷電流による電圧降下の低減，安定度の向上など商用周波数の特性改善にも有効である．本件はサージ現象とは別の事象であるが OGW の重要な利点の一つとして列記しておく．

なお，今日では OGW の鋼心中央部に通信用光ファイバを加えた OPGW の採用が増加している．

21・3・2 3相導体・地線の適切なクリアランスと配置の確保

各相導体と OGW は**たわみ**（dip）があり，また風・雨・雪などさまざまな自然環境のもとで当然揺れ動くものと思わなければならない．熱膨張によるたわみの増減・**微風振動・強風振動・ギャロッピング**（着氷雪で電線断面が上下非対称になると横風で揚力が生じて導体の上下振動を生ずる）・**スリートジャンプ**（着氷雪の落下などによる過渡的跳躍振動）などである．また，線下の構築物の状況，さらには周辺の樹木の成長で対地絶縁距離が不足状態に至る場合もありうる．これらすべての状況をカバーしたうえで各相導体と OGW は必要な相互の離隔距離（クリアランス）を確保して，想定する最大 TOV や開閉サージによって絶対にせん絡しないようにしなければならない．そのうえで離隔距離をなお大きくできればそれだけせん絡確率を低減できるであろうが，これは経済性とのトレードオフということになる．導体配置（したがって，鉄塔構造）の設計にあたっては負荷電流分布・電圧降下・安定度などの観点から L，C が，また絶縁協調の観点から $\sqrt{L/C}$ などの定数の妥当性が評価されることは当然である．

21・3・3 鉄塔のサージインピーダンス低減

鉄塔のサージインピーダンスを小さくすることが雷撃確率，特に逆せん絡の確率を減じ，また雷撃サージレベルを低減するのに有効なことは 20・5 節などで説明した．鉄塔のサージインピーダンス値は鉄塔の構造と基礎部の接地抵抗に依存するが，EHV 級の送電線では一般に 20～100 Ω 程度とみなすことができよう．

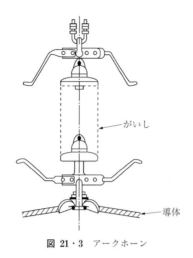

図 21・3　アークホーン

21・3・4　アークホーンの採用

　　アークホーン（arcing horns）は鉄塔の導体を保持する絶縁がいし連に平列に配置されて，あるレベル以上の過電圧で気中放電するように設定されたエアギャップ電極対であり，電極の一方は導体側に，他方は鉄塔アース側に配置される．一般にがいし連と並列にある距離を保ち，またがいしを包み込むように配置されたシールド環形状をしている場合が多い．**図 21・3**はその形状を示す例である．
　　アークホーンの責務は次のように要約できよう．
- 電極の形状とエアギャップ長の自在な設計で雷過電圧による放電開始電圧を自由に設計することができる．過大な雷過電圧が直撃してもアークホーンが放電することによって線路に沿って伝搬する過電圧サージはアークホーンの設定電圧値以内に抑制できる．
- 雷サージ電圧に対するアークホーンの設定電圧は導体を保持するがいし連のせん絡電圧よりも低く設定される．雷撃時にはアークホーンが放電し，またその続流アークを受け持つことによってアークをがいし連から遠ざける効果があり，がいしのアーク熱損傷を避けることができる．アークホーンをサージ過電圧に対する絶縁耐力の最弱点部とすることでがいし連の保護の役割を果たすことになり，送電線の自復特性を確保するための重要な役割を果たすといえよう．
- アークホーンはがいし連と平列にアレンジされることによってがいし連のサージ電圧に対する電位分布を平準化する役割をも担う．
- その一方で，アークホーンは MCOV や変電所から伝搬する開閉サージ過電圧で絶対に放電しないことが必須である．

　　各鉄塔ごとのアークホーンは原則として同一ギャップ長に設計される．ただし，変電所に隣接する若干の鉄塔では例外的に若干短いギャップ長とされる場合もある．変電所に近い鉄塔近傍での直撃雷ではサージが減衰しないままに変電所に到来するので，その過電圧値を若干低減するための配慮である．

21・3・5　送電線用避雷装置

　　アークホーンの機能をさらに改善する目的の送電線避雷装置が開発され，一部の電力会社で採用が始まっている．
　　アークホーンは気中ギャップそのものであるのに対して**送電線避雷装置**は気中ギャップと直列にポリマーがい管に収納した酸化亜鉛特性要素を備えている．**図 21・4**(a)，(b) はその概念

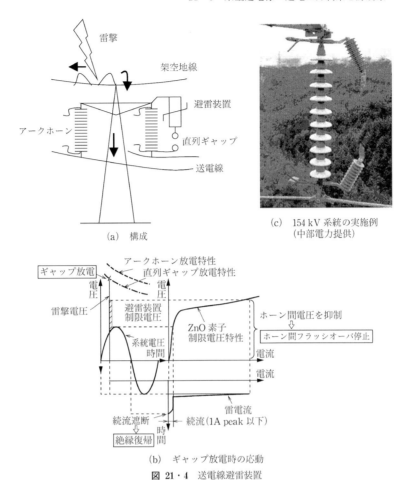

図 21・4 送電線避雷装置

説明図であり，図(c) は 154 kV 級線路での実施例である．

<u>従来のアークホーンの場合</u>

　雷撃でアークホーンが放電すれば，それは，"地絡事故"であり，その 2〜6 サイクル後（保護リレー＋遮断器時間）の線路遮断は免れ得ない．遮断後はアークホーンの自復性による再閉路を期待することになる．

<u>送電線避雷装置の場合</u>

　図 21・4(b) に特性原理を示す．送電線雷撃によって直列ギャップがいったんは放電するが，そのとき送電線避雷装置の両端（すなわち，相導体対鉄塔アース間）の電圧は非直線素子の v–i 特性で決まる電圧が依然保持されているので，運転電圧の極性が変わる 1/2 サイクル以内に続流遮断が期待できる．その結果，第 1 の効果として「送電線がせん絡事故として保護リレーによる事故遮断を回避」することが期待できる．すなわち雷撃事故件数の低減である．第 2 の効果として「電圧瞬時低下現象（事故点の近傍系統でせん絡時に遮断器トリップが完了するまでの数サイクルの間，電圧降下する）による負荷への影響をある程度防ぐことを期待できる．

　送電線避雷装置は，特性要素の特性および耐熱特性の飛躍的進歩と軽量化が生んだ新技術である．系統信頼度向上と電圧瞬時低下対策の目的で今後の普及が期待される．

21・3・6 不平衡絶縁の採用(並行2回線送電線の場合)

並行2回線送電線では,雷撃を1回線内にとどめて両回線にまたがる雷撃を極力防止する目的で両回線の絶縁レベルに若干の差をつける**不平衡絶縁方式**が採用される場合がある.一方の回線のアークホーンのギャップ長を若干短く設定することによって両回線同時事故の確率をある程度低減できるとされている.

21・3・7 高速度再閉路方式の採用

絶縁協調の話題と少々ずれることになるが,送電線雷撃事故との関連事項として**高速度再閉路方式**についてここで少々整理しておこう.

線路事故時の自動再閉路方式は雷撃で送電線の事故回線(あるいは事故相)を遮断した直後に絶縁が自復することを期待して再閉路を試みるもので,送電線保護リレー装置の主保護機能の一部として実施される.

送電線の1線地絡時の単相再閉路方式を例にして説明する.送電線の1相(a相とする:aϕG)がせん絡して地絡事故になると主保護リレーの事故相選別機能によって送電線両端変電所のa相遮断器だけが2〜6サイクル程度の時間内(リレー+遮断器の動作時間)にトリップされる.a相導体は系統から分離されたことになるが並行するb相,c相が活線状態であるからこれら他相の電圧 v_b, v_c (さらには隣回線)からの電磁/静電誘導によってa相電圧 v_a は依然ゼロではない.したがって,a相導体は遮断された直後もしばらくの時間(0.2〜0.5秒程度)は商用周波数の続流アーク電流 i_a が大地に流れ続けることになる.そこでこのアーク電流が自然消滅することが期待される待機時間 T (T=0.4〜1秒程度)の経過後に遮断相の再閉路を試みるのである.送電線絶縁が自復しておれば再閉路は成功して当該回線は正常な運転状態を回復する.「アーク事故再閉路成功」のパターンである.またもし,自復していなければ「永久事故」とみなして3相導体を最終遮断する.以上が再閉路の基本的なコンセプトである.

なお,再閉路の待機時間 T は,送電線の電圧階級が EHV,UHV と高くなるほど長く設定される.電圧階級が高いほど絶縁レベルが相対的に低減されているためにアークの消滅に時間がかかるためである.800 kV,1000 kV 級の UHV 送電線では大胆な低減絶縁であるがゆえに自然消孤に長い時間を要するであろう.

(蛇足であるが,待機時間 T のことを「**再閉路無電圧時間**(dead-voltage time)」と称する慣習があるが,本来は「**再閉路続流遮断待機時間**」とでも呼称すべきものであろう.)

さて,高速度再閉路方式は,事故モードによって次のようなプラクティスが普及している.以下並行2回線(1号線 a,b,c 相,2号線 A,B,C 相)として解説する.

- **単相再閉路方式**:1号線 a 相地絡事故の場合にその a 相(事故相)のみの遮断と再閉路を試みる.
- **3相再閉路方式**:1号線内の事故時にはその事故相のモードにかかわらず1号線3相一括の遮断と再閉路を試みる.なお,3相再閉路は送電線両端変電所電圧の同期が確保されていることが前提であるので,放射状系統構成の場合には1回線送電線で適用することはできない.健全な隣回線で同期が保持されていることが3相再閉路の前提となる.
- **多相再閉路方式**:2回線にまたがる同時事故の場合でも例えば「1号線 a 相,2号線 B 相,C 相が事故」の場合には,この両回線の事故相だけを遮断しても依然として「A,b,c 相が健全」で両端電圧の3相同期が維持されている.「1号線 a 相,2号線 B 相が事故」の場合には「A,b,c,C 相が健全」である.

多相再閉路方式は,2回線同時事故の場合でも救える場合には両端電気所の連系を継続しようというものである.待機時間 T の後の再閉路でアーク消滅されておれば両回線連系が維持

されたことになる．なお，多相再閉路には上述の例のように「健全相3相残りの多相再閉路」とする方式と「健全相2相残りの多相再閉路」とする方式がある．

ところで再閉路は当該送電線で連系される両電気所の電圧同期が維持されていることが大前提である．さらに，再閉路無電圧時間中に健全相を介して送られる電力が安定度上問題ない送電可能な範囲内であることが当然前提となる．例えば，1回線送電線で単相再閉路の場合では，1線断線状態での送電可能電力以内でなければならない（表3・2，表8・2[8]，[10] 参照）．

再閉路についてさらに留意すべき重要事項がある．単相再閉路や多相再閉路を実施する場合には，その再閉路無電圧時間中は逆相・零相電流が送電線および両端電気所構内に流れていると考えなければならないことである．火力/原子力発電所では，発電機が逆相電流に対して極めてぜい弱であることを説明した（16・5節）．したがって，火力/原子力発電所に直結する送電線の再閉路方式実施については極めて慎重な配慮が求められる．なお，零相成分電流は発電所の主変圧器（低圧側Δ接続）でブロックされるので問題とはならない．

21・4 発変電所における過電圧保護

次に，発変電所における過電圧の様相とその過電圧から設備を保護し，あるいは過電圧を低減するさまざまな方策について吟味する．

21・4・1 避雷器によるサージ過電圧保護

避雷器（arresters）は発変電所と変電所構内のさまざまな電気施設を雷撃サージから保護する要の役割を果たす機器であり，またこの避雷器の保護能力が送電線・発変電所を含めた全電力システム全体の絶縁レベルを決定する重要な役割を果たしている．さらに付け加えれば，近年標準に使われるようになったギャップレス避雷器は開閉サージによる過電圧を低減することも期待できる．

高電圧系統で標準的に適用される酸化亜鉛型避雷器（metal oxide surge arrester）は酸化亜鉛抵抗円板素子（酸化亜鉛ZnO粉末粒子に若干の添加物を混ぜて円板状に成型して800～1200度の高温で焼き固めたもの）による素晴らしい非直線 v-i 特性と熱エネルギー処理能力を備えた避雷器である．

避雷器によるサージ保護機能の原理について図21・5で説明する．図21・5(a)で送電線と変電所をつなぐ地点aに避雷器が接続されている．点aは送電線側と変電所側導体のサージインピーダンスが仮に同じ（$Z_1 = Z_2$）であるとしても避雷器（非直線抵抗 Z_{ar}）が接続されているためにサージ現象を考えるにあたっては変移点とみなさなければならない．

送電線側から右行する侵入サージ E が点aに到来する場合には次の関係式が成立する．

$E + v_r = v_{ar} = v_t$　　E：送電線を右行して到来する侵入サージ電圧
$i - i_r = i_t + i_{ar}$　　v_{ar}, i_{ar}：避雷器の端子電圧（a点電圧）と避雷器の非直線素子を流れる電流
$E = Z_1 \cdot i$　　Z_{ar}：避雷器の非直線抵抗 $Z_{ar} = v_{ar}/i_{ar}$
$v_r = Z_1 \cdot i_r$　　v_r, i_r：変移点aから送電線方向への反射波電圧・電流
$v_t = Z_2 \cdot i_t$　　v_t, i_t：変移点aから変電所方向への透過波電圧・電流
$v_{ar} = Z_{ar} \cdot i_{ar}$　　Z_1：送電線のサージインピーダンス
　　　　　　　　Z_2：変電所側（母線側）回路のサージインピーダンス

(21・1a)

避雷器電圧 v_{ar}，電流 i_{ar} の関係式 $v_{ar} = Z_{ar} \cdot i_{ar}$ は図21・3(b)の非直線特性を示す v-i 曲線①で示されている．

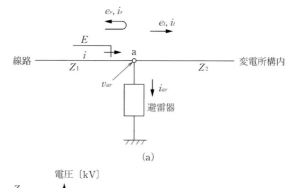

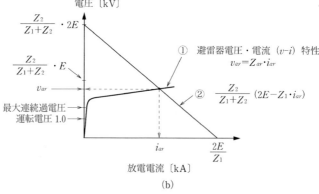

図 21・5 避雷器によるサージ保護の原理

上式から v_r, i_r を消去すると次式を得る．

$$v_{ar} = v_t = \frac{Z_2}{Z_1+Z_2} \cdot (2E - Z_1 \cdot i_{ar}) \tag{21・1 b}$$

この式は図 21・3(b) の直線②を示している．避雷器設置点 a の実際の電圧 v_{ar} と電流 i_{ar} は図の特性①，②の交点として与えられる．もし仮に避雷器がなければ点 a の電圧 v_{ar} は $\{Z_2/(Z_1+Z_2)\}\cdot 2E$ になり，したがって $Z_1=Z_2$ では E，また $Z_2=\infty$（変電所側開放）では最大値 $2E$ になる．しかしながら，適切な $v\text{-}i$ 特性の避雷器が設置されていれば点 a の電圧 v_{ar} は $2E$ より小さいことはもちろんのこと，元の侵入サージの E より低く抑制することもできる．ただ，一方でこの条件を実現するためには避雷器の抵抗円板素子は $v\text{-}i$ 曲線特性を保持し続けながら内部で熱として発生する非常に大きいサージエネルギー $\left(\int v_{ar} \cdot i_{ar} dt\right)$ に耐えなければならない．さらに，サージの終息後も元の $v\text{-}i$ 曲線特性を保持し続けなければならない．以上が避雷器によるサージ電圧抑制の基本原理である．

この基本原理から導かれる当然の結果として，避雷器の保持すべき基本責務として次のような事項を満足しなければならない．

避雷器の基本責務

i） 避雷器はその両端間に商用周波数の**連続使用電圧**（continuous operating voltage）や U_s（**最大連続過電圧** MCOV）や U_{rp}（representative TOV）が印加されている状態でも非常に高い抵抗値 Z_{ar} を保持し，またその抵抗素子は連続的に流れる電流（避雷器の漏れ電流，continuous current of arrester，通常は数百 μA あるいは 1 mA 以下）による熱ストレスに耐えなければならない．

試算：230 kV 級系統の場合，$U_s=245$ kV，$U_{rp}=k\cdot(1/\sqrt{3})\cdot U_s=1.5\cdot(1/\sqrt{3})\cdot 245$ kV $=212$ kV である．そこでこの避雷器は U_{rp} で $i_{ar} \leq 1$ mA であるとする．この避雷器として

は，$v_{ar}=212\,\text{kV}$，$i_{ar}\leq 1\,\text{mA}$，$Z_{ar}\geq 212\,\text{M}\Omega$ となり，またその熱ストレスは $v_{ar}\cdot i_{ar}=212\,\text{kV}\cdot 1\,\text{mA}=212\,\text{W}$ となる．

ⅱ）　サージ電圧・電流が到来時に，避雷器は直ちにその電流を **放電**（dicharge）して，またその期間中の電圧 v_{ar} の上昇をある一定値（**residual voltage** あるいは **discharge voltage** U_{res}，JEC では**制限電圧，放電電圧**と称する）以内に抑制しなければならない．これによって避雷器設置点の電圧が一定値以内に抑制される．

ⅲ）　避雷器はサージ電流を放電する時間帯でその v–i 曲線特性を保持し続けつつそのサージ**放電電流**（**discharge current**，$10\sim 100\,\text{kA}$ など）による熱エネルギーに耐えなければならない．

避雷器のサージ電流（継続時間は例えば $5\sim 100\,\mu\text{s}$）が消滅した後の商用周波数電圧 v_{ar} では避雷器電流は元どおりに $i_{ar}\leq 1\,\text{mA}$ の状態に復帰しなければならない．換言すれば，サージ電圧・電流の消滅後はすべての特性が元どおりに回復しなければならない．

ⅳ）　避雷器は規定された一定値以内の**開閉サージ処理能力**を保持する必要がある．開閉サージは運転電圧の大きさに比例するので高電圧系統になるほどその責務は厳しくなる（後述する）．

変電所から送電線への接続部（引出し口）近傍に避雷器を設置すれば，その送電線から襲来したサージは避雷器の放電電圧（discharge voltage）に抑制されることになるので，そのときの最大衝撃電圧値（その避雷器の制限電圧）を超える絶縁耐力を有する変電設備は保護されることになる．以上が，避雷器による発変電所機器のサージ保護に関する基本原理である．

21・4・2　酸化亜鉛型避雷器

近年実用化されている**酸化亜鉛型避雷器**（**Metal-oxide arresters**）は次の2種類に分類できよう．

ⅰ）　ギャップレス避雷器
ⅱ）　直列ギャップ付き避雷器

今日，一般に広く普及しているのが ⅰ) のギャップレス避雷器である．ギャップレス避雷器が登場した1980年代以前においては避雷器といえばすべてが ⅱ) の直列ギャップ付き避雷器（大容量避雷器では直列ギャップのほかに側路ギャップを備える避雷器もあった）であったといえよう．当時の技術では直列ギャップなしの状態では，非直線 v–i 特性をつかさどる**避雷素子**（**特性要素**とも称する）が常時の商用周波数電圧で連続的に流れる漏れ電流 i_{ar} による熱ストレスに耐えることができず，破損してしまう．そこでやむを得ず直列ギャップを設けて素子の漏れ電流が常時は流れないように阻止して，サージ到来時にのみ直列ギャップが放電を開始して避雷器がサージ電流を流すことで電圧抑制機能を発揮するようにしたものである．特性要素に直列にギャップを設けることで漏れ電流による素子の熱的破壊は避けられたものの，サージが到来時にはギャップが遅滞なく放電し，またサージが消滅と同時に商用周波数電圧がかかっていてもギャップ放電が遅滞なく終息（ギャップの**続流遮断**，following current trip）しなければならない（**続流遮断責務**）．また，放電アークエネルギーを逃す工夫も必要である．そのために直列ギャップ付き避雷器は複雑な形状のギャップを内蔵するなど大掛かりな構造であったといえよう．

ここで電力系統の絶縁に関する歴史を簡単に振り返っておこう．絶縁協調という概念が芽生え，また絶縁レベルの規格制定の必要性が認識されるようになったのは1920年代後半以降である．その意味で1930年代はサージ性過電圧現象の理論と高電圧・大電流に関するデータの蓄積が大きく進展する一方で，電力システムの絶縁協調をいかに実現するかというコンセプトの構築で大きく躍進した時代でもあった．それに続く1940年代から1980年代まではほぼ確立した絶縁協調のコンセプトに則ってより高い電圧階級の送電線（EHV, UHV級）の実現を目

指すのと並行していかにその**絶縁低減**を実現するかという課題に取り組む時代であった．そしていつの時代もその技術の核心となるのは避雷器の性能そのものであった．絶縁レベルの低減は雷サージ・開閉サージを克服する避雷器の性能次第である．世界中のメーカーが直列ギャップ付き避雷器の性能向上に工夫をこらす時代が長く続いた．この直列ギャップ付き避雷器による絶縁協調の長い歴史に終止符を打つことになったのが1980年代に登場したギャップレス避雷器である．ついでに記せば日本勢のメーカー陣は世界をリードしてそのブレークスルーの主導的役割を果たしたといえる．

さて，今日では11kV以上の系統用では直列ギャップ付き避雷器はほとんど姿を消してギャップレス避雷器に置き換わったといえる．v-i非直線性素子の熱処理性能が飛躍的に進歩して系統電圧による漏れ電流が常時流れ続けても素子が**熱暴走破壊**をしなくなったのである．このように熱処理能力の優れた非直線素子の製造が可能になれば避雷器は複雑な構造の直列ギャップをもはや必要としない．こうしてギャップレス避雷器は1980年代にさっそうと登場し，それ以降は急速に普及したのである．その結果今日では，ギャップレス避雷器がギャップ付き避雷器をほぼ淘汰したといえようが絶縁協調のコンセプトは昔も今も不変である．したがって，絶縁協調や避雷器に関連する現行の規格類ではギャップ付き避雷器時代の伝統的な用語を極力引き継ぐように配慮されている．例えば，ギャップ付き避雷器の時代の用語"**放電（discharge）**"，"**放電開始電圧（discharge voltage）**"は文字どおり内蔵ギャップがサージ過電圧で放電を開始することを意味していた．この伝統的用語を今日も温存して，過電圧でギャップレス避雷器の避雷素子の電流が急増する状態を"**放電**"という用語で表現しているのである．

ギャップレス避雷器では設置点の電圧v_{ar}がその特性要素に常時かかっているので漏れ電流i_{ar}（1mA程度以下ではあろうが）がたえず連続的に流れている．したがって，特性要素はサージによる発熱に加えてその後の連続的な発生熱量$\left(\int v_{ar}\cdot i_{ar}dt\right)$に耐えて非直線$v$-$i$特性を安定的に保持しなければならない（**漏れ電流耐量責務**，**thermal duty**）．

ギャップレス避雷器が登場して以降の直近の20年間でもv-i非直線性素子の特性が飛躍的に向上して避雷器性能は著しい進歩を遂げつつある．今日，全電圧階級について低減絶縁が進展しつつあり，またUHV級（500～1000kV）で大胆な低減絶縁が実現しつつあるのは避雷器の著しい性能向上が実現されたからこそといえよう．

さて，図21・6はギャップレス避雷器の外観の一例である．その特性について説明しよう．図21・7はその非直線v-i特性を示している．変電所に設置されている避雷器には設置点の電圧v_{ar}が課電されて素子には漏れ電流i_{ar}が流れている．この状態ではv_{ar}，i_{ar}は図のv-i非直線性特性の点aとbの間を毎サイクルごとに往復しており，また漏れ電流の最大値i_0は典型的には100～500μAの大きさであり，メーカー指定の電流値（**reference current of the arrester**，例えば1mA）を超えることはない．いま，侵入サージ電圧Eが時間t_1に避雷器設置点に到来するとする．そのv-i特性上の動作点は点aを超えて直ちに上昇し，時間t_2に折れ曲がり点cに達し，時間t_3で電圧の最大値$V_{\max}$（**制限電圧**，**residual voltage**，または **discharge voltage** kV_{crest}）に達して，さらに時間t_4で電流の最大値$I_{\max}$（**放電電流の最大値** kA_{crest}）となる．それ以降はサージ電圧・サージ電流ともに下降の経過をたどってやがて（200μsほど後の）時間t_5では消滅し，それ以降の時間帯では元の商用周波数電圧・電流のレベル点a-0-bの繰り返しレベルを回復する．折れ曲がり点cを **reference point** と称し，またその点の電圧を **reference voltage**（**放電開始電圧**，または**動作開始電圧** kV_{rms}）と称する．また，この一連の経過で現れた最大電圧$V_{\max}$を制限電圧（kV_{crest}）という．避雷器によってサージ電圧が"制限電圧"にまで抑制されたのであるから，サージから保護すべき機器類（変圧器など）のサージ絶縁耐力はこの制限電圧より大きい必要があるということになる．機器類のサージ絶縁耐力が避雷器の制限電圧値より大きいことが絶縁協調の基本概念ということにな

21・4 発変電所における過電圧保護

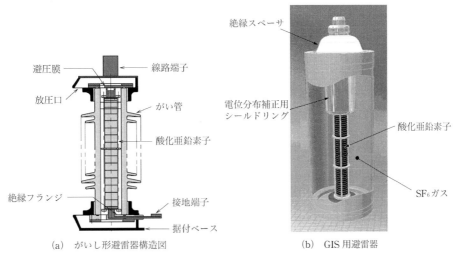

(a) がいし形避雷器構造図 (b) GIS用避雷器

図 21・6 避雷器の構造（東芝提供）

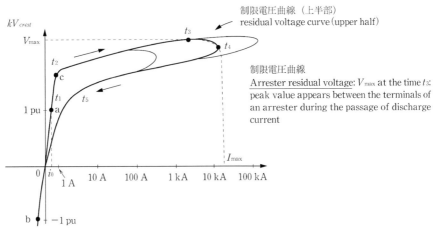

図 21・7 避雷器特性要素（非直線抵抗素子）の v-i 機能

る．なお，上述した経過で時間の過程で往路の t_1〜t_4 と帰路の t_4〜t_5 の時間帯の軌跡が異なるのは帰路では，特性要素の v-i 特性が熱上昇のために一時的に影響を受けることによるものである．

図 21・8 は国際規格に則った避雷器の**制限電圧特性曲線**（**residual voltage characteristics curve**）であり，避雷器の**保護レベル**（**protective level**）を定め，また避雷器の型式試験でその保護性能を保証する目的で利用される重要な特性である．縦軸は制限電圧（波高値）であり，図 21・7 の V_{max} に相当する．この特性曲線が避雷器の事実上の保護能力を示すことになる．雷撃サージ電圧・電流が変電所に到来すると，避雷器によって電圧は抑制されるがこの曲線の示す制限電圧（residual voltage．放電電圧 discharge voltage という用語も使われる）以下にはならない．また，その制限電圧は避雷器を流れる放電電流の大きさ（インパルス電流 i_{ar}）によって左右される．

そのサージ電流 i_{ar} の大きさは一般に 5〜20〜50 kA の程度であるといわれるが，想定される最大値としては 400〜500 kV 系統で 150 kA，275〜300 kV 系統で 100 kA，160〜230 kV 系統で 80 kA，110〜160 kV 系統で 60 kA，60〜90 kV 系統で 30 kA の程度と見込まれる．図

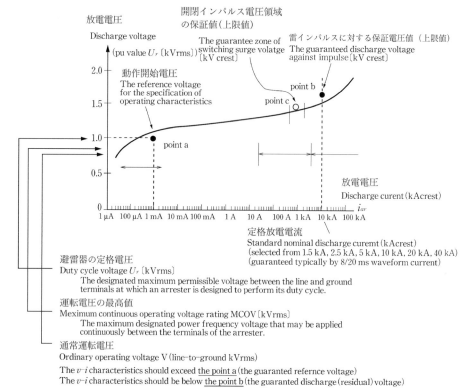

酸化亜鉛特性素子

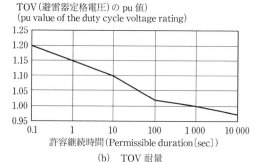

(b) TOV 耐量

図 21·8　避雷器の v-i 特性曲（東芝提供）

21·8 は今日の非常に進歩した避雷器の制限電圧特性の一例である．この例では，横軸の広範な放電電流のほぼ全域にわたって放電電圧は常規の商用周波数電圧の 1.5 倍以内であり，100 kA を超える場合でも 2 倍程度である．

さて以上の説明を踏まえて，変電所とその電気設備の絶縁協調について次のような結論を見いだすことができる．

・送電線からの雷撃サージに対して：
　―変電所で生ずるサージ電圧は，避雷器の制限電圧の最大値想定値以内に抑制すること．
　―変電所の電気機器類は，制限電圧の想定最大値に耐える絶縁耐力を有すること．
・商用周波数電圧に対して：
　―避雷器は MCOV，TOV による漏れ電流および開閉サージ電流による熱ストレスに耐える熱処理責務を有すること．

21・4・3 避雷器の定格と選定区分

避雷器の基本事項を学んだので次には避雷器の特性保証の方法と選定区分について IEC および IEEE の規格の考え方に準拠してその基本的な事項を学ぶこととする．

初めに避雷器に関する主な用語について IEC と IEEE の定義をリストアップして基本的な解説をして吟味しておくこととする．

<u>IEC 60099-4 standard of surge arresters</u>

Rated voltage of an arrester :

Maximum permissible rms value of power-frequebcy voltage berween its terminals at which it is designed to operate correctly under temporary overovoltage conditions as established in the operating duty tests. (U_r)

Continuous operating voltage of an arrester :

Designed permissible rms value of power-frequency voltage that may be applied continuously between the arrester terminals in accordance with 8.5 opetating duty test. (U_c)

Reference voltage of an arrester :

Peak value of power-frequency voltage divided by $\sqrt{2}$ which is applied to the arrester to obtain the reference current. (U_{ref})

Reference current of an arrester :

Peak value (the higher peak value of the two polarities if the current is asymmetrical) of the resistive component of a power-frequency current used to determine the reference voltage of the arrester (I_{ref})

Residual voltage of an arrester :

Peak value of voltage that appears between the terminals of an arrester during the passage of discharge current. (U_{res})

Discharge current of an arrester :

Impulse current which flows through the arrester.

<u>IEEE C 62.11 standard of surge arrester</u>

Duty cycle voltage ratings of an arrester :

The designated maximum permissible power frequency voltage (rms value) between its line and ground terminals at which an arrester is designed to perform its duty cycle. The duty cycle voltage is used as a reference parameter for the specification of operating characteristics.

Maximum continuous operating voltage rating (MCOV rating) :

The maximum designed rms value of power frequency voltage that may be applied continuously between the terminals of the arrester.

Temporary over voltage rating (TOV rating) :

The voltage the arrester is capable of operating for limited periods of time at power frequency voltages above their MCOV rating.

Discharge voltage of an arrester :

The voltage that appears across the terminals of an arrester during the passage of discharge current.

Reference voltage (U_{ref}) and **reference current of an arrester** (I_{ref}) :

The IEEE and IEC definitions are the same.

上述のように IEC と IEEE では用語とその定義説明が微妙に異なるが，その基本コンセプ

トに事実上の差はなく，両者はほぼ同じみなすことができる．

IEEE の規定する 'Duty cycle voltage rating' は避雷器の両端子間に連続的に課電されている状態で避雷器の責務を果たし得る電圧値ということで定義されているが，その意味は IEC の 'Rated voltage of an arrester' と事実上同意であり，kV 実効値（rms value）で表した**避雷器の定格電圧**であるとみなしてよい．避雷器はこの電圧値が連続的に加えられる状態でその性能を発揮できるということでなければならないから，適応される系統で想定されるあらゆる TOV および MCOV よりもある余裕をもって高い電圧定格値とする必要がある．上記の説明から明らかなように，避雷器の定格電圧に関する概念は発電機，変圧器，遮断器などの定格電圧に関する概念とは全く異なるものである．また，避雷器は通常の変電所では相対大地間に設置されるのであるが，一般論としては線間に設置される場合，また稀には長手方向に設置される場合もある（たとえば 23・4・1 項参照）．したがって避雷器の定格電圧はあくまで避雷器の 2 つの端子間にかかる電圧（多くの場合相対大地間電圧）で定義されることも知っておかねばならない．

図 21・8(a) の避雷器 v-i 特性について吟味する．図の点 a は 'reference voltage and current' （$v_a[kV_{rms}], i_a[mA_{rms}]$）と定義されており，避雷器メーカが提示する数値である．個々の避雷器の v-i 特性は，i_a（メーカ指定の reference current 値，多くの場合 $1mA$）において保証する reference voltage 値 v_a を超えてより大きい値であることを保証する．

図の点 b は 'standard nominal discharge voltage and current' （$v_b[kV_{crest}], i_b[kA_{crest}]$）と定義されている．$i_b$ は標準電流として企画に定められた電流値 $1.5kA, 2.5kA, 5kA, 10kA, 20kA, 40kA$ から選ぶものとして，標準電流 i_b においてインパルス電圧値（IEEE の '**discharge voltage**'，IEC の '**residual voltage**'）を保証する．個々の避雷器の特性は標準電流 i_b の状態での電圧値がこの保証電圧値より低いことを保証する．

ところで IEEE の用語 discharge voltage と IEC の用語 residual voltage は同意語である．この discharge voltage はメーカ保証値として型式試験で確認されるもので，一般には $8 \times 20 \mu s$ 標準波電圧で試験を多数回行ってその都度 '**nominal discharge voltage**' より低い電圧となることを確認する．

さて避雷器の定格の選定にあたっては，当該系統である MCOV や最大の TOV（U_{rp}）が想定されているとして，これらの数値より大きい定格電圧（**guaranteed reference voltage** あるいは **duty cycle voltage**）の避雷器を選定すべきことが明らかである．

そのほか EHV/UHV 級の避雷器では 'switching surge durability' を保証することになっている．具体的には型式試験において定められた放電電流値において 'thermal energy absorbing capability'（kJ）を保証値として確認することが求められる．

開閉サージについては図の c 点の電圧値および電流値（$v_c[kV_{crest}], i_c[kA_{crest}]$）を開閉サージの型式試験保証値として確認する．$0.5kA, 1kA, 2kA$（crest 値）などの標準サージ電流の条件でサージ電圧値が一定値以下になることを確認するのであるが，具体的な記載は省略する．

以上 IEC と IEEE の避雷器規格の解説を軸に避雷器の基本特性について学んできた．これに対して JEC の避雷器規格は規定する用語や考え方に多少の差異がある．高電圧・絶縁強調・避雷器などの技術をリードする日本が 1970 年代に独自の先進的知見を規格にいち早く反映してきた歴史的経緯によるものであり，たとえば避雷器に関する JEC 規格には次のような特長がみられる．

避雷器の JEC 規格の場合
- JEC では避雷器端子に連続的に課電可能な電圧を "**連続使用電圧**" と定義している．
- JEC では系統で起こりうる短時間過電圧値に若干の裕度を含んだ電圧値が "**避雷器の定格値**" として規定されておりその具体的数値が定められている．

・JEC では "reference voltage", "reference current" に関する規定はない（サージ放電耐量クラスを別に規定しているためである）が, ほぼ同義語として "**動作開始電圧下限値**" という表現が用いられている.

・JEC では "discharge voltage", "residual voltage" とほぼ同義語として "**制限電圧**" が, またその上限値として "**制限電圧上限波高値**" が通常の用語として用いられている.

・"nominal discharge current" は "**公称放電電流**" と称している.

なお, 21・5・5 項で絶縁強調および避雷器について IEC や IEEE と JEC の考え方を対比してあらためて吟味することとする.

21・4・4　避雷器の離隔効果の問題

サージが到来したある瞬時 t における変電所の電圧はその変電所内の場所（部位）によって異なっている. したがって, 変圧器のブッシング端子と避雷器端の電圧も当然異なるものとなる. サージを防護すべき部位（代表例として以下では変圧器接続点と称する）と避雷器設置点が離れている場合に, 変圧器端子の電圧が避雷器端子の電圧を上回ることがないかどうかのチェックが必要になる. 両地点間のサージ伝搬距離に起因する, いわゆる**避雷器の離隔効果**の問題である. この現象が顕著であれば避雷器による防護の役割が目減りする.

図 21・9(a) の回路でこの現象を説明する. 避雷器は線路引出し口に設置されており, 変圧器は**離隔距離** l だけ離れている. 両地点の過電圧の離隔効果が大きくなる主な要因は, ① 避雷器と変圧器の離隔距離 l, ② サージ電圧の波頭峻度 [kV/μs], ③ 変圧器側の反射係数 ρ_{tr} の3点である. この現象は下記の方法で大まかな計算が可能である.

送電線から到来して避雷器設置点 ar に透過波 $V_{ar}(t)$ が $t=0$ に現れた. その波頭長は $T_{front} \fallingdotseq 1.2$ μs で, また波頭峻度が α (kV/μs, 一般に 200〜500 kV/μs 程度) であるとすれば, 初期の時間帯 $0 \leq t \leq T_{front}$ ($\fallingdotseq 1.2$ μs) においては透過波は $\alpha \cdot t$ [kV] と書くことができる. また, 避雷器点電圧 $V_{ar}(t)$ は変圧器端から反射波が帰ってくるまでの時間帯 $0 \leq t \leq 2l/u$ では $V_{ar} = \alpha \cdot t$ [kV] である. このサージ電圧が $t=0$ に距離 l に沿って伝搬を開始して, 変圧器には時間 $t=l/u \equiv T$ に到着する. その後の変圧器端 tr (反射係数 ρ_{tr}) の電圧は $V_{tr}(t') = (1+\rho_{tr}) \cdot \alpha \cdot t'$ [kV] （ただし, $t' = t - l/u$. 減衰は無視している）となる.

試算：$l=60$ m, $u=300$ m/μs, $T=60/300=0.2$ μs（片道の伝搬時間）
　　　$Z_1=300$ Ω, $Z_2=5000$ Ω（変圧器のサージインピーダンス）とすれば
この場合には

$$\rho_{tr} = \frac{5000-300}{5000+300} = 0.9 \quad \text{（変圧器端の反射係数）}$$

$$V_{ar}(t) = \alpha \cdot t \text{ [kV]} \quad \text{ただし, } 0 \leq t \leq 2T = 0.4 \text{ μs}$$

$$V_{tr}(t') = (1+\rho_{tr}) \cdot \alpha \cdot t' \text{ [kV]} = 1.9 \cdot \alpha \cdot t' \text{ [kV]} \quad \text{ただし, } 0 \leq t' \leq 2T = 0.4 \text{ μs}$$

(21・2)

上記の場合には変圧器端の電圧 $V_{tr}(t')$ が $0 \leq t' \leq 2T = 0.4$ μs の時間帯では $V_{ar}(t)$ に比べて $1+\rho_{tr}=1.9$ 倍の波頭峻度となることを示している. そして V_{ar} は時間 $0 \leq t \leq 2T=0.4$ μs では増加の一途であるから, $V_{tr}(t')$ もまた $0 \leq t' \leq 2T = 0.4$ μs の間は増加の一途でその大きさも V_{ar} の1.9倍である. 変圧器端の反射波が避雷器端に戻る $t=0.4$ μs 以降の $t>2T=0.4$ μs では（避雷器端の反射係数が負であろうから）V_{ar} は振動モードになるであろう.

結局, サージ到来の初期において $V_{tr}(t')$ は V_{ar} より2倍近く大きく, また振動モードの電圧峻度も2倍近くになることが理解できる.

さて, 以上の説明から明らかなように, 離隔距離 l が大きい（あるいはその伝搬時間 $T=l/u$ が長い）とすれば, 変圧器端のサージ過電圧が避雷器設置点の電圧を上回ることがありうるのである. 逆に, l が小さければ負の反射波がすぐに現れるので両地点の電位 $V_{tr}(t')$ と

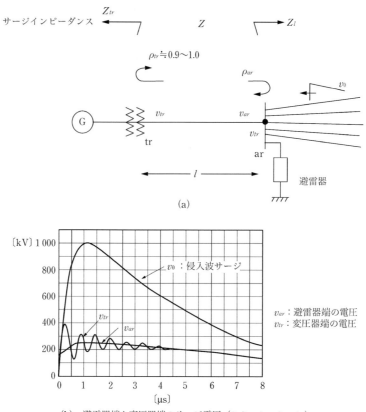

(a)

(b) 避雷器端と変圧器端のサージ電圧（シミュレーション）

(c) サージインピーダンス値（典型例）

架空送電線　　：300〜500 Ω
ケーブル　　　：20〜60 Ω
変圧器　　　　：1 000〜10 000 Ω
回転機　　　　：500〜1500 Ω

図 21・9　避雷器の離隔効果

V_{ar} はほとんど同じになる．図21・8(b) は，離隔距離効果を示すシミュレーションの例である．図(c) には主な施設の典型的なサージインピーダンス値を示す．

　現実のエンジニアリングに立ち返って考察する．避雷器を送電線引出し口（feeder gate）に設置することは，送電線からの雷撃を入り口で食い止めるという意味で理にかなっており，また必須である．しかしながら，大きい変電所では特に変圧器との離隔距離が大きいであろうから，変圧器を確実に防護するためには変圧器高圧側ブッシング付近に専用の避雷器を設けることが好ましい．なお，このような変圧器（あるいはケーブル，その他の施設）**専用の避雷器（bespoke arrester）** は開閉サージによる防護対象へのストレスを緩和する意味でも望ましいことといえる．

　図21・10 は GIS 構成の 500 kV 級変電所の外観と単線結線図および GIS の内部構成を示している．変圧器バンクごとに専用の避雷器が設置されていることを単線結線図から読み取ることができる．

21・4 発変電所における過電圧保護　**447**

500 kV 変電所（屋外 GIS 複母線：4 母線方式）
（東京電力提供）

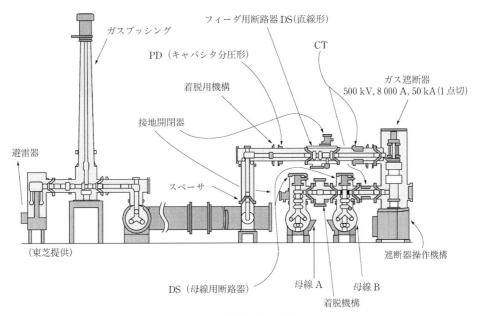

図 21・10　GIS 変電所（屋外式複母線方式）

21・4・5　変電所の架空地線 OGW と接地抵抗低減による防護

次に，変電所のそのほかの雷撃対策について学ぶこととしよう．

〔a〕 変電所の直撃雷

一般に変電所は各送電線路の引出し口で第1鉄塔に近い場所に避雷器を設置して送電線からの襲来サージ（せん絡に至るかどうかにかかわらず）に対する備えとしているので送電線事故に対しては万全である．ところが雷撃が送電線ではなく変電所を直接に襲う可能性がある．変電所への直接的な雷撃を完全に防ぐ手立てはないがそのチャンスをできるだけ減らし，あるいは直撃されてもそのサージレベルを緩和して構内でのせん絡事故，特に**内部絶縁破壊**を伴う事故への進展を極力回避するなどの手段を講じる必要がある．

送電線への直撃雷に比べて変電所への直撃雷のチャンスは少ないであろうが，ひとたび発生すれば送電線への雷撃に比べてはるかに過酷なものとなろう．送電線雷撃では第1にアークホ

ーンのせん絡によって大きさが抑えられ，また自復性が期待できる．第2に伝搬途上での減衰が期待できる．第3に変電所の避雷器が確実に防護の役目を果たすことが期待できる．ところが変電所構内への雷撃事故は正反対ということになる．

- 雷撃で構内には導体むき出しの外部絶縁部位が広く複雑に展開しており，これらを雷撃から完全に防護することは不可能である．また，雷撃個所やせん絡個所を特定の場所に限定させることも難しい．
- 送電線の場合のような減衰が期待できない．
- 数多くの変移点があり，サージインピーダンスが複雑に展開しているので構内で複雑な過電圧現象を伴うことになる一方で，避雷器がその離隔距離効果で十分に防護の機能を果たし得ないことも起こりうる．
- 特定の避雷器に過大な放電サージエネルギーが集中して避雷器の破損を招きかねない．避雷器が破損すればそれ自体が新たな事故点となる．

〔b〕 **変電所構内架空地線（OGW）**

変電所構内に架空地線を張り巡らす最大の理由は，直撃雷の遮へい効果を高めてその発生確率を減らすことである．OGWに雷撃すれば逆せん絡に進展する可能性が大きいが，サージエネルギーの大半が地線を介してバイパス的に大地に流れることで構内へ侵入するサージレベルを抑制し，あるいはむき出し導体部位の逆せん絡の可能性を低減できる．

〔c〕 **変電所の接地抵抗および接地サージインピーダンスの低減**

変電所の接地回路系のサージインピーダンスの低減は送電線雷撃や開閉サージによるストレス低減に有効であるが，特に変電所の直撃雷に対して変電所を防護するために絶対に欠かせない対策である．図21・5に立ち戻って考察しよう．侵入雷に対して構内側のサージインピーダンス Z_2 を減らすことが最も重要であり，具体的には変電所構内側**接地系サージインピーダンス**を低減することが，構内の相導体系や架空地線などすべてのサージインピーダンスを下げるための事実上唯一の具体策であり，またその効果は非常に大きい．

試算：

侵入回路のサージインピーダンスを架空送電線と同等の $Z_1=300\,\Omega$ と仮定すると構内側への変移点の電圧は

$$\frac{2Z_2}{Z_1+Z_2}\cdot E = 0.5E \quad (Z_2=100\,\Omega\text{ の場合})$$
$$= 0.28E \quad (Z_2=50\,\Omega\text{ の場合}) \quad (21\cdot 3\,\text{a})$$
$$= 0.18E \quad (Z_2=30\,\Omega\text{ の場合})$$

この試算は変電所の Z_2 の低減が非常に有効なことを示している．また，構内のOGWに直撃する場合には図20・10と式(20・6)に準じて

$$\left.\begin{array}{l} R_{\text{eff}}=\dfrac{1}{\dfrac{1}{Z_0}+\dfrac{1}{Z_{OGW}}+\dfrac{1}{Z_2}} \\ Z_0：雷撃パスのサージインピーダンス（Z_0\fallingdotseq 400\,\Omega） \\ Z_{OGW}：\text{OGW}全体の等価的なサージインピーダンス \\ Z_2：変電所の接地系サージインピーダンス \end{array}\right\} \quad (21\cdot 3\,\text{b})$$

Z_2 を減らすことによって R_{eff} を低減することができる．

変電所のサージインピーダンスの低減は接地系の抵抗値 $R\,[\Omega]$ を低減することにもなって，商用周波数レベルの人体に対する安全確保の観点からも重要である．仮に $R=1\,\Omega$ として $I_g=1000\,\text{A}$ の地絡電流が流れるとすれば，そのときの誘起電圧は $V_g=1\,\text{kV}$ となって人体にとっては非常に危険な大きさである．接地インピーダンスを減らすための具体的手段は接地棒，接地導体，接地導体網，接地銅板プレート，あるいはこれらの組合せを行って接地抵抗値 $0.5\,\Omega$

あるい1Ω程度以内に抑えることなどが行われる．

なお，変電所の機器（変圧器，開閉装置など）では，その内部絶縁より外部絶縁部（ブッシング部など）を意図的に若干弱い絶縁とすることで，内部絶縁破壊を極力回避するなどの対策を行う場合も多い．

21・5 絶　縁　協　調

さて，第18章以降で述べてきたすべての知見を動員していよいよ絶縁協調の基本事項について吟味する段階に達した．"絶縁"は電気を"電力系統"という名前の巨大な器に封じ込めるための基本技術であり，その技術をエンジニアリング・社会ニーズ・経済性また環境調和性などあらゆる視点に立って最も合理的な方法で実現するためのコンセプトが**"絶縁協調"**である．また，そのコンセプトをエンジニアリング的合意事項・指針として集約させた規定が**絶縁協調に関する規格**である．"電力系統"という巨大な電気の器を作る基本的プラクティスであるといえよう．

今日，電力系統を構築し，あるいはその構成メンバーたる送電線や発変電所機器の絶縁設計の基準となるのが絶縁協調に関する規格である．権威ある国際規格として**IEC規格とIEEE規格**があり，また我が国の**JEC規格**のように各国が個々に規格を定める場合もある．絶縁協調に関するIEC，IEEEの規格を比較すると，個々の表現において字句上の微妙な差はあるが，そのコンセプトと数値を含む重要な規定で本質的な差異はなく，世界標準的な域に収れんしているといえよう．そこで本節では，極力IECおよびIEEEの規格を中心に説明する．他方でJECについては絶縁協調の基本的なコンセプトについて差異があるはずもないが，具体的な耐電圧試験法では日本独自の歴史的経過もあってEHV，UHVクラスで若干の差異が生じている．以下ではIEC，IEEEを中心に説明し，その後でJECについて特徴的な差異を紹介することとしよう．

21・5・1　絶縁協調の規格に関する定義とその基本的コンセプト

はじめに"絶縁協調"についてIEC，IEEE，JECによる用語の定義を紹介しておこう．

- The selection of the insulation strength consistent with expected overvoltages to obtain an acceptable risk of failure (IEEE 1313.1-1996, Standard for insulation coordination)
- The selection of the dielectric strength of equipment in relation to the voltages which can appear on the system for which the equipment is intended and taking into account the service environment and the characteristics of the available protective devices (IEC 71-1, 1993 Insulation coordination)
- 系統各部の機器設備の絶縁の強さに関して技術上・経済上並びに運用上から見て最も合理的な状態になるように協調を図ること（JEC-0102-1994 試験電圧標準）

三つの規格による用語の表現はかなり異なるが意味するところは同じである．以下に説明する各論内容についても各規格の違いは表現上の差異程度であって，その本質部分と具体的プラクティスは今や世界標準として共有されているといえよう．そこで以下の説明では，読者の便宜を考えて用語等についてはIEC，IEEEの用語の英語表記とJECの表記を極力併記しながら解説していくこととする．

はじめに，絶縁協調のゴールに関する基本コンセプトを確認しなければならない．国際的に定着している絶縁協調のコンセプトは表21・1のように要約できる．送電線と変電所の絶縁設計に区分して両者の協調を図ること，また絶縁を脅かす過電圧を**"雷サージ過電圧"**・**"開閉サージ過電圧"**・**"商用周波の過電圧（短時間過電圧MTOVに相当）"**に区分して整理されてい

るが，第18～21章の本節までを学んだ読者にはその妥当性が十分理解できるであろう．

表21・1の送電線の**アークホーンギャップ**について補足しておこう．開閉過電圧および短時間過電圧の発生しうる最大値で送電線のアークホーンが絶対にせん絡しないようにその耐電圧値が上回らなければならない．アークホーンはこの条件を満たすようにギャップ長をある長さ以上に選定することになる．ところが気中ギャップがせん絡（フラッシオーバ）するかどうかは確率現象であり，ガウス確率曲線（累積正規分布）に従うと考えられている．そこで**50% フラッシオーバ電圧より 3σ（σ は標準偏差）低い電圧**をその**ギャップ耐電圧値**とする方法で算定する．現実のギャップ長は，この算定値どおりまたはそれ以上の長さを確保するように選定するのである．

21・5・2 絶縁構成

そもそもどの部分が"絶縁"の対象となるか．その絶縁構成について IEC，IEEE，JEC の定義を併記してみよう．

Insulation configuration（絶縁構成）
- The complete geometric configuration of the insulation, including all elements (insulating and conducting) that influence its dielectric behaviour. Examples of insulation configurations are phase-to-ground insulation, phase-to-phase insulation, and longitudinal insulation (IEEE 1313, Similarly IEC 71-1)

Longitudinal insulation（同相主回路端子間絶縁）
- An overvoltages that appears between the open contact of a switch (IEC)
- An insulation configuration between terminals belonging to the same phase, but which are temporarily separated into independently energized parts (open-switch device) (IEEE).
- 遮断器，断路器などが開路状態のときの同相主回路端子間の絶縁（JEC）

External insulation（外部絶縁）
- The distances in atmospheric air, and the surfaces on contact with atmospheric air of solid insulation of the equipment which are subject to dielectric stresses and to the effects of atmospheric and other external conditions, such as pollution, humidity, vermin, etc. (IEC)
- The air insulation and the exposed surfaces of solid insulation of equipment, which are both subject to dielectric stresses of atmospheric and other external conditions such as contamination, humidity. (IEEE)
- 外的条件の影響を受ける気中ギャップ，および機器・設備の絶縁のうち大気に露出している部分の絶縁（JEC）

Internal insulation（内部絶縁）
- Internal insulation comprises the internal solid, liquid, or gaseous elements of the insulation of equipment, which are protected from the effects of atmospheric and other external conditions such as contamination, humidity, and vermin (IEEE, IEC similarly)
- 機器・設備の絶縁のうち，がい管，絶縁物あるいは金属ケースなどで覆われて外的条件の影響を直接受けない部分の絶縁（JEC）

Self-restoring insulation（自復性絶縁）
- Insulation which completely recovers its insulating properties after a disruptive discharge (IEC)
- Insulation that completely recovers its insulating properties after a disruptive discharge caused by the application of a test voltage; insulation of this kind is generally,

but necessarily, external insulation（IEEE）
・絶縁破壊を生じた後も絶縁性能を完全に回復する絶縁（IEC）

Non-self-restoring insulation（非自復性絶縁）
・Insulation which loses its insulating properties, or does not recover them completely, after a disruptive discharge（IEC）
・An insulation that loses its insulation properties or does not recover them completely after disruptive discharge caused by the application of a test voltage；insulation of this kind is generally, but not necessarily, internal insulation（IEEE）
・絶縁破壊を生ずると絶縁性能を失うかもしくは，絶縁性能を完全には回復しない絶縁（JEC）

21・5・3　絶縁耐電圧レベルと BIL，BSL の定義

さて，私たちはこれまでの章節でさまざまな種類の過電圧とそれを低減し，あるいは過電圧から絶縁，特に内部絶縁を保護する対策について学んできた．これらの知識を総動員させることで，insulation strength（絶縁強度）と insulation-withstanding level（絶縁耐力レベル）の概念，さらには standard withstand voltages（標準耐電圧）あるいは standard insulation levels（標準絶縁レベル）に関する概念が浮かび上がってくる．

絶縁強度を規定する規格では，絶縁耐力を測る物差しとその物差しで測る個々の絶縁耐力レベルの規定が備わっていなければならない．そのための重要な四つのプロセス・手段が必要である．

ⅰ）個々の系統の同一運転電圧区間にある送電線・発変電所の絶縁強度レベルを決定し，選択するための手段（物差し）
ⅱ）実際に起こりうる過電圧ストレスを選択した絶縁レベル以内に抑制する手段
ⅲ）個々の設備・機器類に求められる絶縁強度を規定する手段
ⅳ）個々の設備・機器類が規定された所定の絶縁強度を有することを試験し，保証するための手段

そして絶縁協調の基本コンセプトとして絶縁強度あるいは絶縁耐電圧レベルは三つの代表的な過電圧カテゴリー "BIL"，"BSL"，"商用周波数電圧の最大値" によって表すこととしている．この3種類の過電圧レベルを標準的に定めて機器の試験を行おうとするものである．

BIL，BSL について IEEE では次のように定義している．最高商用周波数電圧についてはあらためて説明する必要もないであろう．

・**BIL（Basic Lightning Impulse Insulation Level）**：The electrical strength of insulation expressed in terms of the crest value of a standard lightning impulse under standard atmospheric conditions. BIL may be expressed as either statistical or conventional.

雷インパルスを代表する標準波形の過電圧レベルを BIL として設定し，この電圧を印加して機器の雷サージ過電圧に対する絶縁耐力を確認するのである．

・**BSL（basic Switching Impulse Insulation Level）**：The electrical strength of insulation expressed in terms of the crest value of a standard switching impulse. BSL may be expressed as either statistical or conventional.

開閉インパルスを代表する標準波形の過電圧レベルを BSL として設定し，この電圧を印加して機器の開閉サージ過電圧に対する絶縁耐力を確認するのである．

なお，IEEE では **Conventional BIL** および **Conventional BSL** という言葉を定義している．絶縁破壊は本来確率的な現象であるが，特に自復性のない機器では過電圧試験を幾度も繰り返すことが（絶縁劣化の原因となるので）できない．そこで別に定める回数試験を行って絶

縁破壊が生じなければ合格と認めるとする考え方が"Conventional"の意味である．

さて，次には雷インパルスと開閉インパルスによる耐電圧試験を行う場合のそれぞれを代表する**標準波形**を設定しなければならない．そして BIL および BSL の耐電圧試験はこの標準波の電圧によって試験しなければならない．IEC，IEEE，JEC は過電圧試験の標準波形としていずれも下記の波形を規定している．

- **Standard lightning impulse**（標準雷インパルス波形：波頭長 T_f=1.2 μs，半波尾長 T_t=50 μs）
 The wave shape having a peak of 1.2 μs and a time to half-value of 50 μs
- **Standard switching impulse**（標準開閉インパルス波形：波頭長 T_f=250 μs，半波尾長 T_t=2500 μs）
 The wave shape having a peak of 250 μs and a time to half-value of 2500 μs

標準雷インパルス波形および標準開閉インパルス波形を表 21·2 C に示す．なお，蛇足であるが標準雷インパルス波形の波頭長 T_f=1.2 μs と同じ 1.2 μs を 1/4 サイクルとする正弦波（1 サイクルが 4.8 μs）は 208 kHz である．波頭部の波頭峻度〔kV/μs〕は 208 kHz の振動波並みということになる．同様に標準開閉インパルス波形の波頭峻度は 5 kHz 相当となる．

21·5·4 標準耐電圧値（IEC，IEEE の場合）

はじめに IEC と IEEE 規格について述べ，その後で JEC について補足する．

国際的に引用されている規格 **IEEE1313** と **IEC71-1** による**標準耐電圧値**（**Standard withstand voltages**）を**表 21·2** A，B，C に示す．両規格とも運転電圧階級によって二つの区分に分けて規定している．

A） IEC, for specified highest voltages for equipment:
- Range Ⅰ：Medium（1～72.5 kV）and high（72.5～242 kV）voltages
- Range Ⅱ：EHV and UHV above 242 kV

B） IEEE, for the specified standard highest voltages:
- Class Ⅰ：Medium（1～72.5 kV）and high（72.5～242 kV）voltages
- Class Ⅱ：EHV and UHV above 242 kV

両規格は用語や数値に若干の差はあるが基本的な内容（数値・背景・理由）は全電圧階級にわたってほぼ同等といえる．そこで 245 kV 以下の階級に関する Class Ⅰ と Range Ⅰ については両表を著者の責任で表 21·2 A として合体表示した．EHV，UHV 級については両規格の表をそのまま表 21·2 B，C として引用している．

低位電圧クラスについても EHV，UHV 級に関しても標準電圧として採用された電圧が欧州とアメリカで歴史的に異なっていたことが両規格の運転電圧の差として今日も色濃く残ってはいるが，絶縁協調の技術的なコンセプトに事実上の差異はほとんどない．

以下では 245 kV 以下の低位クラスと EHV，UHV 級の順で両規格の耐電圧規定値の特徴を見ていくこととしよう．

〔a〕 245 kV 以下の低位系統の耐電圧値の規定

表 21·2 A に示す 245 kV 以下の低位系では商用周波数耐電圧値と雷インパルス耐電圧値の規定があるが開閉インパルスの規定はない．

第 1 に TOV（Temporary Over Voltages）として課せられる商用周波数耐電圧値が低位電圧階級になるほど大きい．低位系では中性点非有効接地系統も多いので **ground-fault-factor**（1 線地絡時の健全相電圧の上昇率）が一般に大きい．また，特に 36 kV 以下の系統ではさまざまな一時的な電気的異常事態（例えば，中性点が非接地となる事故，高電圧系との導体接触事故など）や機械的な損壊などが起こりやすいので，安全・安心の観点から余裕を大きく確保する必要がある．このような理由で商用周波数の耐電圧値が相対的に大きい値となっている．

21・5 絶縁協調

表 21・2A IEC 71-1 and IEEE 1313 : Standard withstand voltages for power systems of up to 245 kV

IEC 71-1, 1993-12 Insulation coordination Part 1: Definitions, principles and rules.
Range 1 : 1 kV$<U_m\leq$245 kV

IEEE 1313. 1-1996 Insulation Coordination-Definitions, principles and rules,
Class 1 : 15 kV$<U_m\leq$242 kV

Highest voltage for equipment U_m / Maximum system voltage (phase-to-phase) V_m kV, rms value		Standard short-duration power frequency withstand voltage / Low-frequency, short-duration withstand voltage (phase-to-ground) kV, rms value		Standard lightning impulse withstand voltage / Basic lightning impulse insulation level (phase-to-ground) BIL kV, crest value	
IEC	IEEE	IEC	IEEE	IEC	IEEE
3.6		10		20, 40	
7.2		20		40, 60	
12		28		60, 75, 95	
17.5	15	38	34	75, 95	95, 110
24	26.2	50	50	95, 125, 145	150
36	36.2	70	70	145, 170	200
52	48.3	95	95	250	250
72.5	72.5	140	95 140	32.5	250 350
123	121		140 185 230	450 550	350 450 550
		(185) 230 275			
145	145	(185) 230 275	230 275 325	(450) 550 650	450 550 650
170	169	(230) 275 325 (275)	230 275 325 275	(550) 650 750 (650)	550 650 750 650
245	242	(325) 360 395 460	325 360 395 480	(750) 850 950 1050	750 825 900 950, 1050

試算:耐電圧値の $U_m/\sqrt{3}$ に対する倍数

$20/(7.2/\sqrt{3})=4.81$, $70/(36/\sqrt{3})=3.37$, $140/(72.5/\sqrt{3})=3.34$
$230/(145/\sqrt{3})=2.75$, $360/(245/\sqrt{3})=2.55$

第2にこのクラスでは開閉インパルスに関する耐電圧規定(BSL)がない.発生する開閉インパルスの大きさは原理的に運転電圧に比例することをすでに学んだ.したがって,上記試算から明らかなように常時の運転電圧(相対地電圧)の2.5倍以上のAC耐電圧値が保証されるこのクラスでは開閉サージは自動的に保証されるという考えによるものである.

第3に雷インパルス耐電圧値(BIL)について見てみよう.BILの常時運転電圧波高値$(\sqrt{2}/\sqrt{3})U_m$に対する倍数を比較するとUHV級から低位電圧クラスになるほど大きくなっ

ていることが下記の試算で明らかである．

　試算：BIL の最高運転電圧（相対地波高値）に対する倍数 $BIL/\{(\sqrt{2}/\sqrt{3})U_m\}$
　表 21・2 A：$200/\{(\sqrt{2}/\sqrt{3})\cdot 36\}=6.80$, $325/\{(\sqrt{2}/\sqrt{3})\cdot 72.5\}=5.49$
　　　　　　　$850/\{(\sqrt{2}/\sqrt{3})\cdot 245\}=4.25$
　表 21・2 B, C：$850/\{(\sqrt{2}/\sqrt{3})\cdot 300\}=3.47$, $1300/\{(\sqrt{2}/\sqrt{3})\cdot 525\}=3.03$
　　　　　　　　$1800/\{(\sqrt{2}/\sqrt{3})\cdot 800\}=2.76$, 1950 または $2250/\{(\sqrt{2}/\sqrt{3})\cdot 1000\}$
　　　　　　　　$=2.39$ または 2.76

　雷撃は自然現象であり襲来する雷撃インパルスの大きさは送電線のサージインピーダンスによって影響を受けるが，系統運転電圧に影響される現象ではない．したがって，低位系統になるほど運転電圧に対する雷インパルスは相対的に大きい電圧となる．また，雷インパルス耐電圧値（BIL）の運転電圧に対する倍数が低位系統ほど大きく規定されているのである．

〔b〕 **EHV，UHV（245 kV 以上）クラスの耐電圧値の規定**

　表 21・2 B，C に見るように，このクラスでは**雷インパルス（BIL）**と**開閉インパルス（BSL）**の耐電圧値規定がある一方で，商用周波数に対する規定がない．

　今日では EHV，UHV 系統は例外なく中性点直接接地方式が適用されている．中性点直接接地方式では representative TOV U_{rp} の係数が $k=1.5$ とすれば十分であることをすでに学んだ．したがって，EHV，UHV クラスではこの表に規定する BIL，BSL を保証できる機器は $k=1.5$ の過電圧相当の AC 耐電圧を自動的に保証できるとして AC 耐電圧規定が省かれているのである．

　一方で，EHV，UHV 級では電圧階級が高いほど相対的な意味で**低減絶縁**が実現されており，雷インパルス耐電圧値 BIL の運転電圧に対する倍数が低く設定されている．特に，300 kV 以上のクラスで近年において低減絶縁レベルが規定されるようになった最大の要因は，避雷器の著しい技術進歩（特に $v-i$ 特性と開閉サージに対する熱処理能力）によるものである．BIL が 245 kV 以下の系統より相対的に非常に低いことはいうまでもない．ところが低減絶縁により BIL が相対的に低く設定されているということは，換言すれば BIL に対して運転電圧が相対的に高いことをも意味している．開閉サージはその運転電圧に比例するとしなければならないので，低減絶縁が進むほど開閉サージが厳しくなるということになる．このような理由で EHV，UHV クラスでは BIL のほかに開閉インパルスに対する耐電圧値 BSL が設定されているのである．

　運転電圧の最大値（相電圧波高値）$(\sqrt{2}/\sqrt{3})U_m$ に対する BIL と BSL の倍率をチェックしてみよう．

　試算　　i）$BIL/\{(\sqrt{2}/\sqrt{3})U_m\}$　　　　　　　　ii）$BSL/\{(\sqrt{2}/\sqrt{3})U_m\}$
　300 kV：$(850-1050)/\{(\sqrt{2}/\sqrt{3})300\}=3.47-4.29$　$(750-850)/\{(\sqrt{2}/\sqrt{3})300\}$
　　　　　　　　　　　　　　　　　　　　　　　　　　　　$=3.06-3.48$
　525 kV：$(1175-1550)/\{(\sqrt{2}/\sqrt{3})525\}=2.74-4.15$　$(950-1175)/\{(\sqrt{2}/\sqrt{3})525\}$
　　　　　　　　　　　　　　　　　　　　　　　　　　　　$=2.22-2.74$
　800 kV：$(1800-2050)/\{(\sqrt{2}/\sqrt{3})800\}=2.76-3.14$　$(1300-1800)/\{(\sqrt{2}/\sqrt{3})800\}$
　　　　　　　　　　　　　　　　　　　　　　　　　　　　$=1.99-2.76$
　1000 kV：$(1950-2250)/\{(\sqrt{2}/\sqrt{3})1000\}=2.38-2.76$　$(950-1100)/\{(\sqrt{2}/\sqrt{3})1000\}$
　　　　　　　　　　　　　　　　　　　　　　　　　　　　$=1.16-1.35$

　結局 EHV，UHV 級については次のような結論に到達する．
・運転電圧に対する BIL は EHV，UHV クラスにおいて非常に低く，絶縁レベルの低減が大胆に実施されていることが明らかである．低い保護レベルを実現した避雷器の技術革新によるところが大きい．
・運転電圧に対する BSL 倍率と BIL 倍率が非常に接近している．したがって，EHV，

表 21・2B IEC 71-1 Standard withstand voltages for power systems of up to 245 kV Range 2: $U_m > 245$ kV Standard insulation levels for range 2 (60071-1 Amend. 1 IEC:2010)

Highest Voltage for equipment U_m kV (rms value)	Standard switching impulse withstand voltage			Standard rated Lightning impulse withstand voltage [b] kV (peak value)
	Longitudinal insulation [a] kV (peak value)	Phase-to-earth kV (peak value)	Phase-to-phase (ratio to the phase-to-earth peak value)	
300 [c]	750	750	1.50	850
				950
	750	850	1.50	950
				1050
362	850	850	1.50	950
				1050
	850	950	1.50	1050
				1175
420	850	850	1.60	1050
				1175
	950	950	1.50	1175
				1300
	950	1050	1.50	1300
				1425
550	950	950	1.70	1175
				1300
	950	1050	1.60	1300
				1425
	950 / 1050	1175	1.50	1425
				1550
800	1175	1300	1.70	1675
				1800
	1175	1425	1.70	1800
				1950
	1175 / 1300	1550	1.60	1950
				2100
1100	—	1425 [d]	—	1950
				2100
	1425	1550	1.70	2100
				2250
	1550	1875	1.65	2250
				2400
	1675	1800	1.60	2400
				2550
1200	1550	1675	1.70	2100
				2250
	1675	1800	1.65	2250
				2400
	1800	1950	1.60	2550
				2700

[a] Value of the impulse voltage component of the relevant combined test while the peak value of the power-frequency component of opposite polarity is $U_m \times \sqrt{2}/\sqrt{3}$

[b] These values apply as for phase-to-earth and phase-to-phase insulation as well; for longitudinal insulation they apply as the standard rated lightning impulse component of the combined standard rate withstand voltage, while the peak value of the power-frequency component of opposite polarity is $0.7 \times U_m \times \sqrt{2}/\sqrt{3}$

[c] This U_m is a non-preferred value in IEC60038.

[d] This value is only applicable to the phase-to-earth insulation of single phase equipment not exposed to air.

表 21・2C　IEEE 1313 : Standard withstand voltages for power systems of over 242 kV, Class 2 : $U_m > 245$ kV

Maximum system voltage (phase-to-phase) V_m kV, rms	Basic switching impulse insulation level (phase-to-ground) BSL kV, peak	Basic lightning impulse insulation level (phase-to-ground) BIL kV, peak
362	650 750 825 900 975 1050	900 975 1050 1175 1300
550	1300 1425 1550 1675 1800	1175 1300 1425 1550
800	1300 1425 1550 1675 1800	1800 1925 2050

T_f : the time-to-crest value (virtual time)
T_t : the time-to-half value (virtual time)

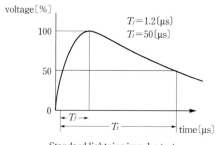

Standard lightning impulse test
voltage 1.2/50 impulse

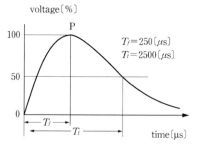

Standard switching impulse test
voltage 250/2500 impulse

UHV では以下の点について十分な配慮が必要である．
—EHV, UHV 級の避雷器は BIL を低くする一方で大きい開閉サージ処理能力（熱暴走しない）が求められる．
—EHV, UHV 級の遮断器は開閉サージを所定のレベル以内にとどめなければならない．例えば，500 kV 級の遮断器は抵抗投入/遮断方式を採用すること等の方法で BSL を（典型的には）2.5 倍以内に抑制する必要がある．
—EHV, UHV 級のすべての機器は表 21・2 B, C に記載の BIL, BSL レベルを保証する必要がある．

次に，個々の系統で「絶縁協調が満足な状態にあるか」を確認するための評価指標が規定されている．
IEEE PC 62.22 の例は次のとおりである．

$$\text{PR (protective ratio)} = \frac{\text{insulation withstanding level}}{\text{voltage at protected equipment}}$$

voltage at protected equipment は避雷器の離隔距離効果がわずかであれば arrester protective level と同じである．

$$\mathrm{PR}_l = \frac{\text{BIL (basic lightning impulse level)}}{\text{LPL (lightning impulse protective level)}} \quad (\mathrm{PR}_l \geq 1.15 \text{ を可とする})$$

$$\mathrm{PR}_s = \frac{\text{BSL (basic switching impulse level)}}{\text{SPL (switching impulse protective level)}} \quad (\mathrm{PR}_s \geq 1.2 \text{ を可とする})$$

上記の方法で BIL, BSL の満足度を確認するのであるが, chopped-wave overvoltage test (電流さい断時の過電圧試験) が特別の条件ではオプションとして課せられることもある.

最後に表 21・2B に示した IEC 規格の UHV 1000 kV 級規格について一言しておきたい. 表中の 1000 kV 級の規定は東京電力および日本のメーカー勢の IEC に対する強力なアプローチが実って 2010 年春に規格化が実現したものである. 東京電力では 1990 年代に世界初の 1000 kV 送電を実現させる予定で, 1000 kV の送電線建設 (図 21・1 参照) と変電設備の長期実証試験を国内メーカーの協力を得て精力的に推進したが, その後の経済鈍化の影響で 1000 kV としての実運用は延期されることになった.

国内での 1000 kV 級実現は後回しになったものの 1000 kV 級送変電技術の確立という意味では日本がこの時点で世界で唯一の国となった. この日本発の技術は 2009 年に中国が世界初の 1000 kV 線路を実現することで生かされることとなる一方で, 同じく 2009 年に IEC の絶縁協調関係の規格委員会にて新たな絶縁階級として 1000 kV 級の規定追加が審議された. その結果が 2010 年に正式に採択された IEC 6007-1 Amend IEC: 2010 (表 21.2B) である. 1000 kV 級の送電線および変電機器の唯一の開発経験国として日本の技術が評価されて IEC 規格として採択されたのである.

21・5・5 JEC 規格の耐電圧値

日本では電気学会 (IEEJ) の電気規格調査会が定める規格「**JEC-0102 (1994) 試験電圧標準**」が耐電圧試験を規定する役割を果たしてきたが, 近年その改訂案がまとまり, 採択の運びとなった. その内容を**表 21・3A** として掲載する. 今回の改訂によって追加または変更となった個所を表中の * マークで示している.

JEC の試験電圧標準の特徴を IEC, IEEC 規格との対比で列挙しておこう. 以下の3点に要約できる.

i) 日本で使用されている電圧階級のみに絞って規定している. 当然ながら 154 kV 以下のクラスについては中性点非有効接地方式, 187 kV 以上については直接接地方式を前提としている.

ii) 3.3～154 kV 級については, ①雷インパルス耐電圧値と②短時間商用周波耐電圧値の2本立てとしている点で IEC および IEEE と基本的に同じである. また, ①, ②の数値についても JEC と IEC, IEEE では基本的な差はないといえよう.

しいて言えば, IEC, IEEE では 72.5～145 kV クラスでは各国が異なる試験電圧値を採用してきた歴史的経過を尊重して同一公称電圧クラスで試験電圧の選択肢が多い表となっているが, JEC では国内での実績値を尊重する姿勢を貫いている.

iii) 187 kV 以上のクラスについては JEC と IEC, IEEE では著しい差がある. IEC, IEEE では雷インパルス耐電圧試験と開閉インパルス試験の2本立てとなっているのに対して JEC では雷インパルス耐電圧試験と**長時間商用周波耐電圧試験**の2本立てとなっているのである. この差異に関する JEC 0102 による解説を下記に引用する.

JEC 0102 解説 (引用):

・IEC 71 では, 対地試験は 245 kV 以下に対しては商用周波と雷インパルスの試験を, 245 kV 超過に対しては雷インパルスと開閉インパルスの試験を採用している. また, IEC 71 では, 長時間商用周波耐電圧試験は, 絶縁協調上から要求される絶縁試験ではないという立場から規定していないが, 本規格 (JEC) では絶縁協調上から要求される試験法の観点

表 21・3A JEC-0102(1994) における試験電圧値

(参考)

公称電圧 [kV] (a)	試験電圧値 [kV]			公称電圧×$\frac{\sqrt{2}}{\sqrt{3}}$ に対する(b)の倍数	公称電圧×$\frac{\sqrt{2}}{\sqrt{3}}$ に対する(c)または(d)の倍数
	雷インパルス耐電圧試験 (b)	短時間商用周波耐電圧試験(実効値) (c)	長時間商用周波耐電圧試験(実効値) (d)		
3.3	30	10	—	11.1 倍	3.7 倍
	45	16		16.7	5.9
6.6	45	16	—	8.4	3.0
	60	22		11.1	4.1
11	75	28	—	8.4	3.1
	90			10.0	
22	75*	38*	—		2.1*
	100	50		5.6	2.8
	125			7.0	
	150			8.4	
33	150	70	—	5.6	2.6
	170			6.3	
	200			7.4	
66	250*	115*	—	4.6*	2.1*
	350	140		6.5	2.6
77	325*	140*	—	5.2*	2.2*
	400	160		6.4	2.5
110	450*	195*	—	5.0*	2.2*
	550	230		6.1	2.6
154	650*	275*	—	5.17*	2.2*
	750	325		6.0	2.6
187	650	—	t_1 t_2 t_3 170—225—170 (1分)	4.3	t_1 t_2 t_3 1.11—1.45—1.11
	750			4.9	
220	750	—	200—265—200 (1分)	4.2	1.11—1.47—1.11
	900			5.0	
275	950	—	250—330—250 (1分)	4.2	1.11—1.47—1.11
	1 050			4.7	
500	1 300	—	475—635—475	3.2	1.17—1.56—1.17
	1 425			3.5	
	1 550			3.8	
	1 800			4.4	
1000*	1 950*	—	950—1 100—950*	2.4*	1.16—1.35—1.16
	2 250*			2.7*	

$t_2 = 1$分, t_1, t_3 は機器の特性を考慮して決める.

〈雷インパルス波形と開閉インパルスの標準波形〉

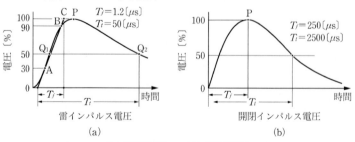

雷インパルス電圧 　　　開閉インパルス電圧
(a)　　　　　　　　　　　(b)

T_f：規約波頭長　　T_t：規約波尾長

から切り離せないと考え規定した．

　一方，本規格（JEC）では前述のように所要開閉インパルス耐電圧は雷インパルス耐電圧試験によって検証されること，および雷インパルス耐電圧試験のみによって所要商用周波耐電圧を検証することには無理があることにより，全電圧階級において雷インパルス耐電圧試験と商用周波耐電圧試験を実施している．

・対地開閉インパルス耐電圧試験は，全電圧階級にわたって対地雷インパルス耐電圧試験で検証できるので，全電圧階級について規定しなかった．すなわち，機器の絶縁性能面からは，機器や設備の絶縁破壊電圧は印加電圧波形により異なるが，機器の種類（絶縁の種類）ごとにマイクロ秒から数分にわたる V-t 特性を調査し，下記の異なる波形間の耐電圧値を換算する係数を求めた．

「開閉インパルス絶縁耐力」対「雷インパルス絶縁耐力」
「開閉インパルス絶縁耐力」対「1分間商用周波電圧に対する絶縁耐力」

これらの換算係数を用いて，全電圧階級にわたって代表的な機種の所要開閉インパルス耐電圧値に相当する雷インパルス耐電圧値を求めると，これは雷インパルス試験電圧値を十分下回る．

　JEC では上記のように解説したうえで，開閉インパルス試験が必要になった場合を想定して参考値的扱いで**表 21·3B** を記載している．

　187 kV 級以上（直接接地系）については，絶縁協調の基本コンセプトにさほどの違いはないが JEC と IEC，IEEE は規格の用語表現や試験の実施規定などの面ではかなりの隔たりがある．JEC の規定の要旨は第1に「IEC では AC 耐電圧値は絶縁協調上から要求される絶縁試験ではないとしているが，これは絶縁協調の要求事項としてはずせない」としている．また，第2に JEC では「雷インパルス耐電圧試験に耐えれば開閉インパルス耐電圧試験値にも耐えることを代表的な機種で確かめたので開閉インパルス試験は省略できる」としている点である．内外の規格が異なることは高電圧技術分野における日本の高い技術力の証左であるが，電力技術のグローバル化の進む現代にあっては「日本独自」を喜べない．国内向けの開発製品は海外展開が不可能なため国内メーカは海外向け製品の新たな開発を強いられる一方で外国メーカには非関税障壁と映る．グローバル規格と国内規格の溝を埋めていく努力が求められるところである．

　次に，JEC の避雷器規格について紹介する．**表 21·4** は日本で避雷器適用の基準となっている規格「JEC2371-2003 がいし形避雷器」の適用指針のうち 66～500 kV 級の関連部分を抜粋したうえで，読者の便への配慮から筆者が若干の補筆をしたものである．この表の中から系統の最高運転電圧（MCOV），短時間運転最高電圧（MTOV）に関する考え方，および避雷器の適用基準としての動作開始電圧（duty cycle voltage），雷インパルス制限電圧値，開閉インパルス電圧値などの関連が理解できるであろう．

表 21·3B　対地開閉インパルス試験電圧値
（JEC0102 参考値）

公称電圧〔kV〕	試験電圧値〔kV〕
187	450
220	550
275	750
500	1050

表 21・4 日本における避雷器の規格

系統電圧				JEC-217 参考表			参考表7		避雷器の保護性能と耐電圧特性										高電圧値		中性点接地方式
公称電圧	連続使用電圧			参考表2			稀に発生すると考えられる持続性過電圧 (TOV)		定格電圧		動作開始電圧			雷インパルス制限電圧				急しゅん波インパルス制限電圧 10kA避雷器	開閉インパルス制限電圧 10kA避雷器	商用周波電圧	雷インパルス	
	最高回路電圧	相対地実効値	相対地波高値	1線地絡時過電圧倍数	負荷遮断時過電圧倍数	遭遇発生すると考えられる持続性過電圧 (TOV)					下限値	倍	メーカー保証値(例)	10 kA 避雷器			20kA避雷器 上限値	上限値	上限値			
														上限値	倍	メーカー保証値(例)						
$kV_{l-l\,rms}$	$kV_{l-g\,rms}$	$kV_{l-g\,rms}$	$kV_{l-g\,crest}$	PU	PU	PU	PU	$kV_{l-g\,crest}$	kV_{rms}	$kV_{l-g\,crest}$	$kV_{l-g\,crest}$	倍	$kV_{l-g\,crest}$	$kV_{l-g\,crest}$	倍	$kV_{l-g\,crest}$	$kV_{l-g\,crest}$	$kV_{l-g\,crest}$	$kV_{l-g\,crest}$	kV_{rms}	$kV_{l-g\,crest}$	
3.3	3.45	2	2.8	1.73	1.15	1.99	3.2	5.6	4.2	5.9	7.1	2.54	8.9	17	6.07	17	—	—	—	16	45	非接地系
6.6	6.9	4	5.6	1.73	1.15	1.99	3.2	11.2	8.4	11.9	14.3	2.55	17	33	5.90	31	—	—	—	22	60	
11	11.5	6.6	9.4	1.73	1.15	1.99	2.34	18.7	14	19.8	19.8	2.11	22.7	47	5.00	42	—	—	—	28	90	中抵抗接地系
22	23	13.3	18.8	1.73	1.15	1.99	2.34	37.4	28	39.6	39.6	2.11	45.5	94	5.00	83	—	—	—	50	150	
33	34.5	19.9	28.2	1.73	1.15	1.99	2.34	56.1	42	59.4	59.4	2.11	68.2	140	4.97	124	—	—	—	70	200	
66	69	39.8	56.3	1.73	1.15	1.99	2.34	112.1	84	118.8	119	2.11	125/132	269	4.78	220/227	296	240	—	140	350	高抵抗接地系
77	80.5	46.5	65.7	1.73	1.15	1.99	2.34	130.8	98	138.6	139	2.11	142/156	314	4.78	258	345	281	—	160	400	
110	115	66.4	93.9	1.72	1.15	1.99	2.34	186.9	140	198	198	2.11	204/226	448	4.77	371/375	493	401	—	230	550	
154	161	93	131.5	1.73	1.15	1.99	2.34	261.6	196	277.2	227	1.73	284/312	627	4.77	515/516	690	561	—	325	750	
187	195.5	112.9	159.6	1.25	1.15	1.44	1.69	229.9	182	257.4	232	1.45	241	524	3.28	400	576	470	—	225	750	直接接地系
220	230	132.8	187.8	1.25	1.15	1.44	1.69	270.4	210	297	267	1.43	280	605	3.23	465	666	541	—	265	900	
275	287.5	166	234.7	1.25	1.15	1.44	1.69	338.0	266	376.2	339	1.44	358	766	3.27	594	843	686	—	330	1050	
275	300	173.2	245	1.25	1.15	1.44	1.69	352.7	280	396	356	1.45	374	807	3.29	620	888	722	—	330	1050	
500	550	317.5	449	1.25	1.3	1.3	1.50	583.8	420	594	535	1.19	641	1100	2.45	997	1210	981	1215	635	1550	
a	b	c	d	e	f	g	h	i	j	k	l	m	n	o	p	q	r	s	t	u	v	

$c = a/\sqrt{3}$ $d = \sqrt{2/3} \cdot a$ $h = d \times g$ i j $k = \sqrt{2} \cdot j$ l $m = l/d$ n o $p = o/d$

注1) 避雷器の規格としては①JEC203-1978「避雷器」、②JEC217-1984「酸化亜鉛形避雷器」がある。また、その後にギャップレス形避雷器の普及と低減絶縁などの技術進歩などの理由で個別の規格③JEC2371-1995「ガス絶縁タンク形避雷器(3.3〜154 kV用)」、④JEC2372-1998「ガス絶縁避雷器(187〜500 kV用)」、⑤JEC2371-2003「がいし形避雷器」が規定された。本表は⑤の数値をベースとして②の定格電圧と②および③の参考表7を追記し、さらにメーカーの保証値例などを追加してまとめたものである。
上表の定格電圧と②および③の参考表7を追記し、さらにメーカーの保証値例などを追加してまとめたものである。

注2) メーカー保証値欄(n, q欄)はメーカーのカタログ値などを設計要領として記載したもので器の例として補足したものである。
本表より日本の絶縁協調に関する設計要領(中性点接地方式の違い)と、技術的経緯(送電電圧の逐次高くなっていったことと避雷器やその他の絶縁技術的進歩)の結果であることを読み取ることができる。

・配電3.3〜6 kV系(微小電流接地系)では連続使用電圧(相対地波高値)(d欄)に対する雷インパルス制限電圧(上限値)(o欄)が5.9〜6.1倍、動作開始電圧(上限値)(m欄)が2.55倍。また配電11〜33 kV系(中抵抗接地系)では連続使用電圧が5.00倍、2.11倍である。
・66〜154 kV系(高抵抗接地系)では連続使用電圧(相対地波高値)(d欄)に対する雷インパルス制限電圧(上限値)(o欄)が4.78倍、動作開始電圧(上限値)(m欄)が1.73〜2.11倍である。
・EHV 187〜275 kV系(直接接地系)では連続使用電圧(相対地波高値)(d欄)に対する雷インパルス制限電圧(上限値)(o欄)が3.28倍、動作開始電圧(上限値)(m欄)が1.45倍である。また、UHV 500 kV系(特殊接地系)では2.45倍、1.19倍である。
系統の絶縁協調レベルの低減という観点から見れば表21・3 AのJEC102(1994)に示したように下記の低減絶縁が実現している。
500 kV:1550 kV → 1425 kV/1300 kV
275 kV:1050 kV → 950 kV
220 kV:900 kV → 750 kV
187 kV:750 kV → 650 kV

21・5・6 ケーブルの絶縁保護

電力ケーブルは非自復性絶縁であり，またさまざまな環境下の長距離区間の布設が前提となるので，ひとたび事故破損に至れば復旧に長期間を要することになる．したがって，ケーブルは線路用と構内用のいずれについても過電圧による破損は絶対に避けることが絶縁協調の基本となる．

ケーブルはそのサージインピーダンスが40〜50Ω程度で架空線より一桁小さいので，架空送電線からの襲来サージはケーブル線路との接続点で著しく緩和されることになる．しかしながらその半面で，ケーブルの近傍の開閉器による開閉サージはケーブルと送電線の接続点で大きく反射して構内に大きい過電圧を生ずることにもなる（18・7節参照）．このような懸念を緩和するために**専用（bespoke type）ギャップレス避雷器**を接地することが非常に有効なことはすでに述べたとおりである．一般に発変電所構内回路のサージインピーダンス回路地図は極

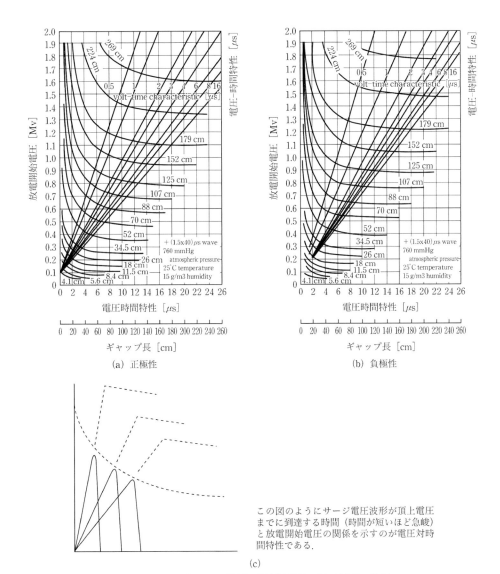

この図のようにサージ電圧波形が頂上電圧までに到達する時間（時間が短いほど急峻）と放電開始電圧の関係を示すのが電圧対時間特性である．

図 21・11 空気絶縁の放電特性（棒対棒電極で大気圧条件の場合）

めて複雑なので，構内で発生する開閉サージ現象も非常に複雑である．基礎知識に裏付けされた洞察眼が大切である．なお，ケーブルの関係する回路の過電圧現象とその防護策などについては第 23 章でさらに考察する．

本節の最後に絶縁協調の基礎となる高電圧・大電流技術について指摘しておきたい．今日，電力系統の主回路を構成するすべてのメンバー（架空送電線・ケーブル・発変電所設備/機器）の絶縁性能はこの絶縁協調に関する内外の規格に則って製造・構築されているが，その基礎となっているのは高電圧・大電流分野の技術である．100 年間にわたって蓄積され，継承されてきた緻密な理論と貴重な技術データが今日の技術を支えている．一例として気中ギャップの放電特性に関する実測データを図 21・11 図に掲げておく．

21・6　変圧器の移行電圧現象と発電機保護

発変電所の変圧器高圧（HT）側コイルブッシングに雷サージまたは開閉サージ過電圧が到来すると，① 変圧器の各内部コイル間で複雑な異常電圧振動現象が発生する．また，② 高圧（HT）コイルと低圧（LT）コイルの静電（C）結合と電磁（L）結合のメカニズムで低圧回路側にサージ性の移行過電圧が発生して低圧側回路につながる発電機，あるいは所内回路機器の絶縁を脅かすことになる．①，②は本来はともに絶縁協調の視点で吟味しなければならない現象であるが，変圧器とその低圧側回路の固有の現象という意味で規格等に定める絶縁協調の概念からは切り離した問題とされるのが一般通念である．換言すれば，変圧器や発電機など低圧回路機器の絶縁仕様を正しく選択すれば絶縁協調が自動的に保持されるということにならない独特の現象問題である．したがって，設備当事者（メーカー/ユーザー）が個々の回路の状況を踏まえてその都度適切な現象解析と絶縁耐力保持の対応を施す必要がある．本節では②の問題を，また次節で①の問題を学ぶこととする．

21・6・1　静電移行サージ過電圧

第 5 章では変圧器を集中インダクタンスのみからなるものとして，コイルの漏れキャパシタンス C はまったく無視したものであった．商用周波数ないしそれに近い低次高調波領域の現象を扱う場合にはそれで十分であろうが，さらに高周波領域の現象に対しては C を無視することはできない．急峻なサージ現象では変圧器のコイル内の複雑な現象は L よりも C が主役と考える必要がある．高圧（HT）コイルと低圧（LT）コイルの漏れキャパシタンスによって生ずる静電移行電圧について単相変圧器と 3 相変圧器の順で考察する．

〔a〕　単相変圧器の等価回路

図 21・12 (a) は単相変圧器の静電誘導現象に関する典型的な等価回路である．HT-LT 間および LT-アース間の C が各ブッシング端子側からアース端子側に向かって分布配列されてお

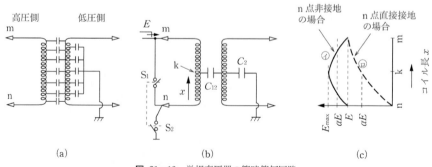

図 21・12　単相変圧器の簡略等価回路

り，円板巻線構成の変圧器コイルにかなり近い等価回路といえよう．なお，HTコイルとアース間の C は外部回路に一括繰り込みと考えてこの回路では省略している．さて，我々は計算機によらない解析を目的としているので，図21・12(a) を簡略化した**図21・12**(b) で考察を進めることとする．この図ではHT-LT間およびLT-アース間の漏れキャパシタンスを集中的に C_{12} および C_2 で表している．

さて，図(b) で以下の2通りの回路条件で変圧器に到来したサージ電圧がいかに振る舞うかを吟味する．

ケース1

単相変圧器の低圧側は開放状態で，高圧端子m-nを非接地のまま結んでこれにインパルス電圧 E を加える（図(b) で S_1 閉，S_2 開）．高圧コイルの端子nからm向きに測る距離を x として，このときのコイル各部位における電位を仮想的に計測すると図(c) の曲線①のような分布となるはずである．端子m-nの中間距離点kではm-n両端から同じ大きさの E が同じタイミングで到来するので，コイル中間点kの電圧が最も高い E_{max} となるはずである．（減衰を無視すれば，点kでは両サイドからの E が正面衝突のかたちで同時到来することになってその瞬間に電圧は $2E$ となる．）そこでこの分布電圧曲線の平均値を αE で表すものとする．点m-nが非接地の場合には $\alpha>1.0$ となるのは当然である．

ケース2

今度はnを接地し，m-nを結ばずに端子mに E を印加するケースである（図(b) で S_1 開，S_2 閉）．この場合には高圧コイル内の電圧分布は図(c) の曲線回のようになるはずである．この場合の平均電圧を αE とすれば，$\alpha<1.0$ となるはずである．

以上の結果を踏まえ，ケース1，ケース2のいずれの場合にもHTコイルの中央点kに平均サージ電圧 αE が到来したとみなすことが可能である．ただし，ケース1，ケース2で α は次のようになる．

$$\left.\begin{array}{l} \text{ケース1の場合：} \quad \alpha=1.4\sim1.6 \\ \text{ケース2の場合：} \quad \alpha=0.5\sim0.7 \end{array}\right\} \tag{21・4}$$

[b] 単相変圧器の移行電圧計算

図21・13(a) のように単相変圧器の端子mにインパルス電圧 $E_m(t)$ が，端子nに $E_n(t)$ が同時に印加されたとして，低圧コイル間に発生する移行電圧を計算する式を求める．

$$\left.\begin{array}{l} {}_1v_m = E_m \\ {}_1v_n = E_n \end{array}\right\} \tag{21・5a}$$

E_m，E_n を**対地波** $E'(t)$ と**線間波** $E''(t)$ に変換して，図(a)＝図(b)＋図(c) に分解して考察することが可能である．

$$\left.\begin{array}{l} E_m = E' + E'' \\ E_n = E' - E'' \end{array}\right\} ① \quad \left.\begin{array}{l} \text{対地波} \quad E' = \dfrac{1}{2}(E_m + E_n) \\ \text{線間波} \quad E'' = \dfrac{1}{2}(E_m - E_n) \end{array}\right\} ② \tag{21・5b}$$

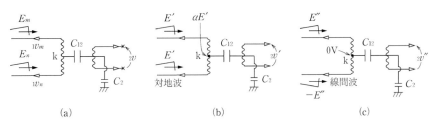

図 21・13 単相変圧器の移行電圧

図21·13(b) の対地波成分については,1次コイルの中間点 k に印加された電圧 $\alpha E'$ が C_{12} と C_2 で分圧されたものが低圧側電圧といえるので

$$_2v' = \frac{C_{12}}{C_{12}+C_2}\cdot \alpha E' = \frac{\alpha}{2}\cdot \frac{C_{12}}{C_{12}+C_2}(E_m+E_n) \tag{21·6a}$$

図(c) 線間波成分については,高圧コイルの電圧は任意の時点で m 点の E から n 点の $-E$ に分布しているので,中間点 k の電位は当然ゼロのままである.すなわち,

$$_2v'' = \frac{C_{12}}{C_{12}+C_2}\cdot 0 = 0 \tag{21·6b}$$

低圧コイルに現れる移行電圧は $_2v = {_2v'} + {_2v''}$ で式(21·6a)と式(21·5b)の合成値 $_2v' + {_2v''}$ のはずであるから

$$_2v = {_2v'} + {_2v''} = \frac{C_{12}}{C_{12}+C_2}\cdot \alpha E' = \frac{\alpha}{2}\cdot \frac{C_{12}}{C_{12}+C_2}(E_m+E_n) \tag{21·6c}$$

となる.

〔c〕 3相変圧器の移行電圧計算式導入

次は単相変圧器3台が組み合わされた3相1バンク変圧器(**図21·14**)について HT(高圧側)→ LT(低圧側)への移行電圧の計算式を求める.

HT 側 a-b-c 相にそれぞれ $E_a(t), E_b(t), E_c(t)$ が同時に印加されたとすると,LT 側△巻線の各辺 a,b,c コイルに発生する移行電圧は

$$\left.\begin{array}{l} \text{a 相}\quad _2v_a = \dfrac{\alpha}{2}\cdot \dfrac{C_{12}}{C_{12}+C_2}(E_a + {_1v_n}) \\[4pt] \text{b 相}\quad _2v_b = \dfrac{\alpha}{2}\cdot \dfrac{C_{12}}{C_{12}+C_2}(E_b + {_1v_n}) \\[4pt] \text{c 相}\quad _2v_c = \dfrac{\alpha}{2}\cdot \dfrac{C_{12}}{C_{12}+C_2}(E_c + {_1v_n}) \end{array}\right\} \tag{21·7}$$

ここで,

$_1v_n$:HT 側中性点 n のサージ電位上昇値

式中の $_1v_n$ は HT 中性点 n に現れるサージ電位である.

式(21·7)を対称座標法に変換して次式のようにも表される.

$$\left.\begin{array}{l} _2v_0 = \dfrac{1}{3}({_2v_a}+{_2v_b}+{_2v_c}) \\[2pt] \quad\;\, = \dfrac{\alpha}{2}\cdot \dfrac{C_{12}}{C_{12}+C_2}(E_0+{_1v_n}) \\[4pt] _2v_1 = \dfrac{\alpha}{2}\cdot \dfrac{C_{12}}{C_{12}+C_2}\cdot E_1 \\[4pt] _2v_2 = \dfrac{\alpha}{2}\cdot \dfrac{C_{12}}{C_{12}+C_2}\cdot E_2 \end{array}\right\} \tag{21·8}$$

ただし,

$$\begin{bmatrix} E_0 \\ E_1 \\ E_2 \end{bmatrix} = \frac{1}{3}\begin{bmatrix} 1 & 1 & 1 \\ 1 & a & a^2 \\ 1 & a^2 & a \end{bmatrix}\cdot \begin{bmatrix} E_a \\ E_b \\ E_c \end{bmatrix}$$

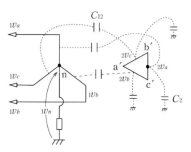

図 21·14 3相変圧器の浮遊キャパシタンス
(図は a 相の C のみ図示)

式(21・7)および式(21・8)が**2次側移行電圧**（ただし，**2次側は開放**としている）の一般式である．

式(21・7)，(21・8)は同形であるから，高圧側から低圧側への移行電圧を一般化して次式のように整理して表現することができる．

変圧器高圧側から低圧側への移行電圧（低圧側端子開放時）

$$_2v = k\alpha \cdot \frac{C_{12}}{C_{12}+C_2} E \tag{21・9}$$

ただし，α：式(21・3)による．

k：移行係数：端子接続によって異なり，表21・4に記載のとおり

例）ケース6では　a相　$k=5/6$，b相　$k=2/6$

$k\alpha \cdot \dfrac{C_{12}}{C_{12}+C_2}$ ：電圧移行率

この式をもとに代表的な七つのケースについて移行電圧を求める計算式をまとめたものが**表21・5**である．

導入過程で留意すべきは，高圧側中性点 n を進入サージ電圧の変移点として扱う必要があることである．ケース1～3では，n 点が接地されているのでその中性点 n の透過係数は 0，したがって $_1v_n=0$ である．**中性点透過係数**がケース5では 2，ケース6では 2/3，ケース7では 4/3 などとなるために移行係数 $k\alpha$ も中性点接地方式により変化する．

なお，$C_{12}=4000$ pF，$C_2=8000$ pF で，$\alpha=0.5$（直接接地系），$\alpha=1.5$（非接地系）とした場合の移行電圧試算式を表に併記してある．高抵抗接地系では α は 0.5 と 1.5 の中間であるが，初期波頭時間を過ぎれば直接接地の場合（$\alpha=0.5$）に近づく．

275 kV 級発電所の場合の移行電圧試算

主変圧器：275kV/24kV，主変圧器（HT 側直接接地）の HT 側 a 相にサージ電圧 E が侵入する場合（表21・5のケース1）：$C_{12}=4000$ pF，$C_2=8000$ pF，$\alpha=0.7$ として，式(21・9)より

$$_2v_a = \frac{\alpha}{2} \cdot \frac{4000}{4000+8000} \cdot E = \frac{1}{6} \cdot \alpha E \tag{21・10}$$

いま，仮に HT 側から 1050 kV 相当のサージが侵入するとすれば，$_2v_a = \dfrac{1}{6} \cdot \alpha E = \dfrac{1}{6} \cdot 0.7 \cdot 1050$ kV $= 122.5$ kV となる．これは低圧側（発電機側）定格電圧の 1 相対地電圧波高値 $(\sqrt{2}/\sqrt{3}) \cdot 24 = 19.6$ kV$_{l-g\,crest}$ の 6.25 倍となり，低圧側のコイルが開放の場合の計算ではあるが無対策では低圧側の絶縁を脅かす非常に高い移行電圧であるといえよう．

最後に**表21・5**について次のことを指摘しておきたい．雷撃サージが送電線から到来する場合には，送電線のせん絡相モードがどのようであれ侵入サージ E_a，E_b，E_c が 3 相セットの電圧として同時に変電所に到来する．したがって，これら各相電圧には同一の成分電圧 E_0（零相電圧）が含まれており，この成分は表21・5のケース3，ケース4，ケース5の結線に対応するサージ成分として振る舞うことになる．また，ケース1，ケース2，ケース6，ケース7は図21・13の対地波成分として振る舞うことになる．換言すれば，表21・5各ケースの結線状態での運転することなどはあり得ないが，サージの移行現象を理解，解析する方法としては各ケースともに極めて現実的な回路状態といえるであろう．開閉サージについても同様である．

〔d〕 発電機端子に達する移行電圧の計算

変圧器の低圧側の端子が開放の場合の低圧への移行電圧の式(21・9)を得たので，今度は低圧側に発電機（サージインピーダンス Z_g）が接続されている場合の電圧を計算しよう．この場合の計算は回路**図21・15**(a) において変圧器高圧側からの侵入電圧を $k\alpha \cdot e(t)$ とすればよいので，次のラプラス関係式を得る．

回路の関係式は

表 21・5 変圧器の静電移行電圧の計算式

	$\curlywedge$（1次）巻線への侵入サージ条件	△巻線（2次）側巻線への移行電圧（辺電圧および零相電圧）$v = ka \cdot \dfrac{C_{12}}{C_{12}+C_2} E$	移行電圧の試算 $\left(\begin{array}{l}C_{12}=4\,000\,[\text{pF}],\\ C_2=8\,000\,[\text{pF}]\\ \dfrac{C_{12}}{C_{12}+C_2}=\dfrac{1}{3}\end{array}\right)$ とする
ケース1	$_1v_a = E,\ _1v_b = _1v_c = 0$ $_1v_n = 0$	$_2v_a = \dfrac{\alpha}{2} \cdot \dfrac{C_{12}}{C_{12}+C_2} E,$ $_2v_b = _2v_c = 0$ $\therefore _2v_0 = \dfrac{\alpha}{6} \cdot \dfrac{C_{12}}{C_{12}+C_2} E$ $(k=1/2)$	$\alpha = 0.5$ $_2v_a = \dfrac{0.5}{2} \cdot \dfrac{1}{3} E = \dfrac{1}{12} E$ $_2v_0 = \dfrac{0.5}{6} \cdot \dfrac{1}{3} E = \dfrac{1}{36} E$
ケース2	$_1v_a = _1v_c = E,\ _1v_b = 0$ $_1v_n = 0$	$_2v_a = _2v_c = \dfrac{\alpha}{2} \cdot \dfrac{C_{12}}{C_{12}+C_2} E,$ $_2v_b = 0$ $\therefore _2v_0 = \dfrac{\alpha}{3} \cdot \dfrac{C_{12}}{C_{12}+C_2} E$ $(k=1/2,\ 1/3)$	$\alpha = 0.5$ $_2v_a = _2v_c = \dfrac{1}{12} E$ $_2v_0 = \dfrac{1}{18} E$
ケース3	$_1v_a = _1v_b = _1v_c = E$ $_1v_n = 0$	$_2v_a = _2v_b = _2v_c = \dfrac{\alpha}{2} \cdot \dfrac{C_{12}}{C_{12}+C_2} E$ $\therefore _2v_0 = \dfrac{\alpha}{2} \cdot \dfrac{C_{12}}{C_{12}+C_2} E$ $(k=1/2)$	$\alpha = 0.5$ $_2v_a = _2v_b = _2v_c = \dfrac{1}{12} E$ $_2v_0 = \dfrac{1}{12} E$
ケース4	$_1v_a = _1v_b = _1v_c = E$ $_1v_n$：中性点サージ電位上昇値 $(E_n \neq 0)$	$_2v_a = _2v_b = _2v_c$ $= \dfrac{\alpha}{2} \cdot \dfrac{C_{12}}{C_{12}+C_2} (E + _1v_n)$ $\therefore _2v_0 = \dfrac{\alpha}{2} \cdot \dfrac{C_{12}}{C_{12}+C_2} (E + _1v_n)$ $(k=1/2)$	初期ではケース5に同じ。初期を過ぎればケース2に同じ。
ケース5	$_1v_a = _1v_b = _1v_c = E$ $_1v_n = 2E$ （中性点 n で2倍反射する）	$_2v_a = _2v_b = _2v_c = \dfrac{3\alpha}{2} \cdot \dfrac{C_{12}}{C_{12}+C_2} E$ $\therefore _2v_0 = \dfrac{3\alpha}{2} \cdot \dfrac{C_{12}}{C_{12}+C_2} E$ $(k=3/2)$	$\alpha = 1.5$ $_2v_a = _2v_b = _2v_c = \dfrac{3 \times 1.5}{2}$ $\cdot \dfrac{1}{3} E = 0.75 E$ $_2v_0 = \dfrac{3}{4}$
ケース6	$_1v_a = E,\ _1v_b = _1v_c = 0$ 変移点 n の前後のサージインピーダンス $Z_1 : Z_2 = 2 : 1$ だから $_1v_n = \dfrac{2Z_2}{Z_1+Z_2} E = \dfrac{2}{3} E$	$_2v_a = \dfrac{\alpha}{2} \cdot \dfrac{C_{12}}{C_{12}+C_2} \left(E + \dfrac{2}{3} E\right)$ $= \dfrac{5\alpha}{6} \cdot \dfrac{C_{12}}{C_{12}+C_2} E$ $_2v_b = _2v_c$ $= \dfrac{\alpha}{2} \cdot \dfrac{C_{12}}{C_{12}+C_2} \left(0 + \dfrac{2}{3} E\right)$ $= \dfrac{2\alpha}{6} \cdot \dfrac{C_{12}}{C_{12}+C_2} E$ $\therefore _2v_0 = \dfrac{\alpha}{2} \cdot \dfrac{C_{12}}{C_{12}+C_2} E$ $(k=1/2,\ 5/6,\ 1/3)$	$\alpha = 1.5$ $_2v_a = \dfrac{5}{12} E,$ $_2v_b = _2v_c = \dfrac{1}{6} E$ $_2v_0 = \dfrac{1}{4} E$
ケース7	$_1v_a = _1v_c = E,\ _1v_b = 0$ $Z_1 : Z_2 = 1 : 2$ だから $_1v_n = \dfrac{2Z_2}{Z_1+Z_2} E = \dfrac{4}{3} E$	$_2v_a = _2v_c$ $= \dfrac{\alpha}{2} \cdot \dfrac{C_{12}}{C_{12}+C_2} \left(E + \dfrac{4}{3} E\right)$ $= \dfrac{7\alpha}{6} \cdot \dfrac{C_{12}}{C_{12}+C_2} E$ $_2v_b = \dfrac{\alpha}{2} \cdot \dfrac{C_{12}}{C_{12}+C_2} \left(0 + \dfrac{4}{3} E\right)$ $= \dfrac{4\alpha}{6} \cdot \dfrac{C_{12}}{C_{12}+C_2} E$ $_2v_0 = \alpha \dfrac{C_{12}}{C_{12}+C_2} E$ $(k=7/6,\ 4/6,\ 1)$	$\alpha = 1.5$ $_2v_a = _2v_c = \dfrac{1}{6} E,$ $_2v_b = \dfrac{1}{3} E$ $_2v_0 = \dfrac{1}{3} E$

（備考）　k：移行係数　　$ka \cdot \dfrac{C_{12}}{C_{12}+C_2}$：移行率　　α：式(21・3)による．

21・6 変圧器の移行電圧現象と発電機保護

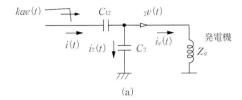

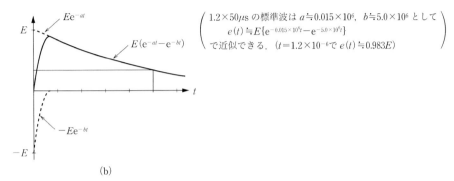

(b)

図 21・15 低圧側に接続された発電機のサージインピーダンス

$$\left.\begin{array}{l}\{k\alpha\cdot e(s) - {}_2v(s)\}\cdot sC_{12} = i(s) = i_2(s) + i_g(s) \\ {}_2v(s) = \dfrac{i_2(s)}{sC_2} = i_g(s)\cdot Z_g \quad (Z_g \text{ は発電機のサージインピーダンス})\end{array}\right\} \quad (21\cdot11)$$

$$\left.\begin{array}{l}\therefore\ {}_2v(s) = \dfrac{sC_{12}\cdot k\alpha\cdot e(s)}{s(C_{12}+C_2)+\dfrac{1}{Z_g}} = \dfrac{C_{12}}{C_{12}+C_2}\cdot\dfrac{s}{s+\delta}\cdot k\alpha\cdot e(s) \\ \text{ただし,}\ \delta = \dfrac{1}{(C_{12}+C_2)Z_g}\end{array}\right\} \quad (21\cdot12)$$

次に,高圧側から侵入するサージ電圧 $e(t)$ が標準波形に近いものとする.**標準波形**は図 21・15(b) に示すように,近似的に $e(t) = E(e^{-at} - e^{-bt})$ で表現できる.

高圧側侵入波

$$\left.\begin{array}{l}e(t) = E(e^{-at} - e^{-bt}) \\ e(s) = E\left(\dfrac{1}{s+a} - \dfrac{1}{s+b}\right)\end{array}\right\} \quad (21\cdot13)$$

ラプラス変換によって低圧側電圧 ${}_2v(s)$, ${}_2v(t)$ を計算する.

$$\begin{aligned}{}_2v(s) &= k\alpha\,E\dfrac{C_{12}}{C_{12}+C_2}\cdot\left\{\dfrac{1}{s+a}\cdot\dfrac{s}{s+\delta} - \dfrac{1}{s+b}\cdot\dfrac{s}{s+\delta}\right\} \\ &= k\alpha\,E\dfrac{C_{12}}{C_{12}+C_2}\cdot\left\{\dfrac{1}{\delta-a}\left(\dfrac{\delta}{s+\delta} - \dfrac{a}{s+a}\right) - \dfrac{1}{\delta-b}\left(\dfrac{\delta}{s+\delta} - \dfrac{b}{s+b}\right)\right\} \\ &= k\alpha\,E\dfrac{C_{12}}{C_{12}+C_2}\left\{\dfrac{(a-b)\delta}{(\delta-a)(\delta-b)}\cdot\dfrac{1}{s+\delta} - \dfrac{a}{\delta-a}\cdot\dfrac{1}{s+a} + \dfrac{b}{\delta-b}\cdot\dfrac{1}{s+b}\right\}\end{aligned} \quad (21\cdot14)$$

ラプラス逆変換を行えば

$$\begin{aligned}{}_2v(t) &= k\alpha E\dfrac{C_{12}}{C_{12}+C_2}\left\{\dfrac{(a-b)\delta}{(\delta-a)(\delta-b)}\cdot e^{-\delta t} + \dfrac{a}{a-\delta}\cdot e^{-at} - \dfrac{b}{\delta-b}\cdot e^{-bt}\right\} \\ &= k\alpha E\dfrac{C_{12}}{C_{12}+C_2}\left\{\dfrac{-\delta}{a-\delta}\cdot e^{-\delta t} + \dfrac{a}{a-\delta}\cdot e^{-at} - e^{-bt}\right\} \quad \text{ここで,}\ a, \delta \ll b\end{aligned} \quad (21\cdot15)$$

発電機ブッシング端子におけるサージ移行電圧が求められた.

さて,変圧器高圧側からの侵入サージがインパルス標準波形 ($1.2\times50\ \mu\text{s}$) であるとすれば式(21・13) の $e(t)$ は, $a\fallingdotseq 0.015\times10^6$, $b\fallingdotseq 5.0\times10^6$ でほぼ近似できる(図21・15(b) 参照).

さらに，次に示す試算で明らかなように δ は a より小さいので $\delta < a \ll b$ である．したがって，侵入波のピーク値付近のタイミング $t=1\sim1.2\,\mu s$ では $e^{-at}\to 1$，$e^{-\delta t}\to 0$，$e^{-bt}\to 0$，$\delta/(a-\delta)\to 0$ と近似できる．

結局，高圧側からの発電機ブッシング端子に現れるサージ移行電圧は次のようになる．

$$\left.\begin{array}{l}{}_2v(t) = k\alpha E \dfrac{C_{12}}{C_{12}+C_2}\left\{\dfrac{a}{a-\delta}\cdot e^{-at}-\dfrac{\delta}{a-\delta}\cdot e^{-\delta t}\right\}\\[2mm] a \gg \delta = \dfrac{1}{(C_{12}+C_2)\cdot Z_g}\end{array}\right\} \quad (21\cdot16\text{ a})$$

以上の結果を整理すると

$$\left.\begin{array}{l}{}_2v(t) = k\alpha E \dfrac{C_{12}}{C_{12}+C_2}\cdot e^{-at}\\[2mm] t=0+\text{の時間帯では}\quad {}_2v(t)\fallingdotseq k\alpha E \dfrac{C_{12}}{C_{12}+C_2}\\[2mm] \text{ここで，}E\text{（kV 波高値）：変圧器高圧端子へ侵入するサージ過電圧}\\ \quad \alpha=0.5\text{（中性点直接接地系）}\\ \quad\quad=1.5\text{（非接地系）}\\ \quad\quad=0.5\sim1.5\text{（高インピーダンス接地系）}\\ \quad k=1/3,\ 1/2,\ 2/3,\ 5/6,\ 1,\ 7/6\text{（変圧器の中性点接地方式による）}\end{array}\right\} \quad (21\cdot16\text{ b})$$

試算

変圧器キャパシタンス $C_{12}=4000\,\text{pF}$，$C_2=8000\,\text{pF}$，$(C_{12}+C_2=12000\times10^{-12}\,\text{F})$ とする．また，容量が大きい発電機のサージインピーダンスとして $Z_g=30\sim300\,\Omega$ とする．

これにより

$${}_2v(t)\fallingdotseq k\alpha E \dfrac{C_{12}}{C_{12}+C_2}=k\alpha E \dfrac{4000}{4000+8000}=0.33\cdot k\alpha E$$

式(21・16 b)とその試算の結果が示すように，発電機へのサージ移行電圧は発電機のサージインピーダンスが接続されてもさほど低減されないことを示している．移行電圧抑制対策が欠かせないことが明らかである．

21・6・2　静電移行電圧の防護対策

発電機側回路の定格電圧は 10～35 kV 級であろうからその絶縁耐力は低いと思わなければならない．したがって，変圧器高圧側からのサージ性移行電圧に対する防護対策が欠かせない．

発電機・2次所内回路の移行電圧保護策

一般に，1次・2次間の変圧比が大きい回路では低圧側の発電機や2次所内回路を保護するために **サージ吸収器（surge absorber）** を設けるのが必須の常とう手段である．サージ吸収器は図 21・16 に示すように変圧器低圧側 Δ 巻線の引出し端子（低圧側ブッシング）にキャパシタ C と避雷器を並列にして構成する．

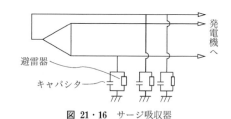

図 21・16　サージ吸収器

キャパシタ C を設置することによって，前述の式で $C_2 \to C_2+C$ とすることになるから

$$\dfrac{C_{12}}{C_{12}+C_2} \longrightarrow \dfrac{C_{12}}{C_{12}+(C_2+C)} \quad (21\cdot17)$$

とすることになるので，非常に大きい静電移行電圧の低減効果がある．

サージ吸収用のキャパシタ $C \gg C_{12}$，C_2 のように選べば十分な効果が得られるので，通常は 0.1～0.5 μF 程度の値が選ばれる．ただし，この C が変圧器の漏れインダクタンスと共振し

ないように留意しなければならない．避雷器の挿入は移行電圧の波頭部（いわゆるひげ電圧）の低減といえよう．なお，変圧器高圧側端子にはサージが必ず生ずるものであるという前提での設備設計が必要である．

21・6・3 変圧器の電磁移行電圧

変圧器高圧側コイルと低圧側コイルの電磁結合によるサージ性移行電圧も当然存在する．電磁結合によって発生する電圧は単純に示せば $M \cdot di/dt$ であるから，高圧側から低圧側への移行電圧は巻線比（$= n_{HT}/n_{LT}$），あるいは変圧比におおむね比例するといえよう．例えば，高圧側から $1.2 \times 50\,\mu s$ の標準波サージ電圧 E が侵入する場合，電流サージもおおむね近似的な波形としよう．この場合の初期時間帯（$t = 0 \sim 1/2\,\mu s$）ではおおむね電磁移行電圧＝変圧比× E となる．

$275\,kV/24\,kV$ 級変圧器（変圧比 11.5）を例にすれば，高圧側に侵入するサージ性電圧 E によって低圧側には $(1/11.5)E = 0.078E$ の移行電圧が現れる．大きさ，波形峻度のいずれも過酷な条件とはならない．サージ性移行電圧は静電移行電圧に力点を置いて対策すればよいことになる．

21・7 サージによる変圧器巻線の電圧振動

雷サージや開閉サージが変圧器ブッシング端子に侵入すると変圧器内部では特異な高周波過電圧現象が発生して変圧器コイルの絶縁を脅かす．この現象は変電所の絶縁協調という観点で決して見過ごせない現象ではあるが，"電力系統の絶縁協調"という理論体系には含めないのが一般的である．個々の変圧器は当該変電所回路の絶縁階級の規格で認めている雷サージ，開閉サージの上限値が侵入する場合でも損傷しないことが不可欠であるが，これは変圧器メーカーが当然カバーすべき必須条件とみなされる．本節では，この変圧器内部で発生する特異な過電圧現象について考察する．

変圧器は鉄心を包む形で高・中・低圧巻線が同心円上に配置され，しかも各巻線は相互に接近している（**図21・17** 参照）．したがって，高・中・低圧コイルの各部位の相互間には漏れキャパシタンスが複雑に分布しているはずである．このキャパシタンス（C）が変圧器内部に発生する高周波過電圧振動現象を引き起こす主役となる．なお，第5章では変圧器をインダクタンス（L）機械として扱って C はまったく無視した．高周波領域と商用周波領域では変圧器の等価回路自体がまったく異なるものとなることを理解しておく必要があろう．

21・7・1 変圧器のサージ現象に対する等価回路

大容量変圧器用のコイルは，一般に平角電線を転移撚りした導体に絶縁用の紙テープを施してコイル巻きを行う．3巻線変圧器の場合，鉄心（アース電位）を中央にして内側から低・中・高圧巻線の順序で配置され，三重の同心円筒状に配置され，各コイル間には絶縁筒（プレスボード製のバリアー）が挿入される．各コイルの巻き方にはいろいろの方法があるが，**図21・17** に示す**円板巻線**と**多重円筒巻線**が代表的なものである．

雷インパルスや開閉サージがコイルのブッシング端子から侵入したとする．このような急峻な高周波領域においては，当該コイルの等価回路は**図21・18**(a) のようなはしご状のタンク回路とみなさなければならない．ただし，高・中・低圧コイルは同心円筒として互いに接近して配置されているので厳密には高圧コイルと中・低圧コイルの相互間にも相互インダクタンス M と浮遊容量 C が分布しているはずであるが，これらは無視している．

コイルの任意の2点間の相互インダクタンス L_{jk}，相互キャパシタンス C_{jk} 値は相互の距離によって決まり，近いほど L_{jk}，C_{jk} とも大きくなって無視できないが，遠くなれば無視でき

470 第21章 絶縁協調

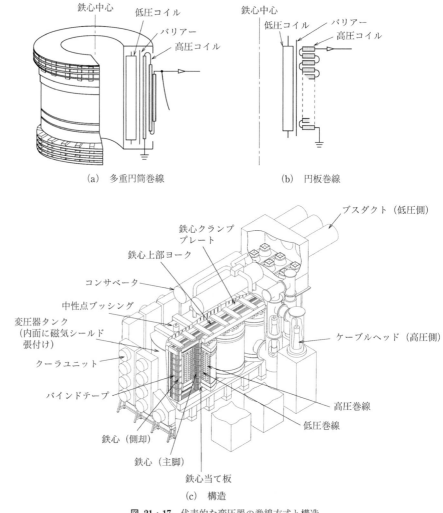

(a) 多重円筒巻線
(b) 円板巻線
(c) 構造

図 21・17 代表的な変圧器の巻線方式と構造

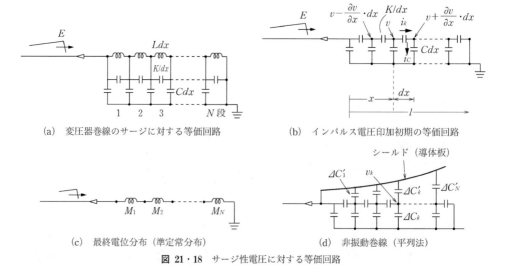

(a) 変圧器巻線のサージに対する等価回路
(b) インパルス電圧印加初期の等価回路
(c) 最終電位分布（準定常分布）
(d) 非振動巻線（平列法）

図 21・18 サージ性電圧に対する等価回路

る．また，はしご形等価回路の LC 値の分布は巻線方法によって左右される．多重円筒コイルでははしごの各段が必ずしも同じとはならないが，円板コイルでは各段 L, C がほぼ同じとなることが概念的に理解できる．

21・7・2 サージ侵入による変圧器内部の振動性過渡電圧とその計算

さて，図 21・18(a) は高周波領域において非常に正確な高圧コイルの等価回路とみなすことができる．この高圧コイルの入り口端子に急峻な雷サージまたは開閉サージが到来する場合，そのごく初期の短時間においては図(a)のインダクタンス L にはほとんど電流が流れないので L を無視した図(b)の状態であるとみなすことができよう．また，この高周波過渡現象がしずまった後はキャパシタンスにはほとんど電流が流れないので C を無視した図(c)の回路とみなしうるであろう．このように考えて，まず初めに図(b)でサージ侵入初期の検討を行う．

サージ印加の初期電位分布の計算

サージ（ステップ状のインパルス波形）侵入の初期段階においては，L にはほとんど電流が流れないので，図 21・18(a) の $L=\infty$ とみなして，同図(b) の C のみのタンク回路でコイル各部位の電圧の計算式を求める．

以下の式において，次のように記号を定める．

C：コイルのトータル対地キャパシタンス
K：線路端から接地端までのトータル直列キャパシタンス
Cdx：各円板コイル（部位 $x\sim x+dx$）ごとの対地キャパシタンス
K/dx：各円板コイル（部位 $x\sim x+dx$）を横断する直列キャパシタンス
i_k：K/dx を流れる電流
i_C：Cdx を流れる電流

$x\sim x+dx$ 区間で時間 t における電圧 $v(x,t)$ について次の微分方程式が成り立つ．

$$\left.\begin{array}{l} i_k = \dfrac{K}{dx}\cdot\dfrac{\partial}{\partial t}\left\{\underbrace{v}_{\substack{\text{部位 }x\\ \text{の電圧}}} - \underbrace{\left(v+\dfrac{\partial v}{\partial x}\cdot dx\right)}_{\substack{\text{部位 }x+dx\\ \text{の電圧}}}\right\} \quad \therefore\ i_k = -K\dfrac{\partial^2 v}{\partial t\,\partial x} \quad \text{①} \\[2em] \underbrace{-\dfrac{\partial i_k}{\partial x}\cdot dx}_{\substack{x\sim x+dx\\ \text{の区間で}\\ \text{生ずる }i_k\\ \text{の減少分}}} = \underbrace{Cdx\cdot\dfrac{\partial v}{\partial t}}_{\substack{x\sim x+dx\text{ の区間の }Cdx\\ \text{を流れる漏れ電流}}} \quad \therefore\ -\dfrac{\partial i_k}{\partial x} = C\dfrac{\partial v}{\partial t} \quad \text{②} \end{array}\right\} \quad (21\cdot 18)$$

式(21・18) の①を②に代入して i_k を消去すると

$$K\dfrac{\partial}{\partial t}\cdot\dfrac{\partial^2 v}{\partial x^2} = C\dfrac{\partial v}{\partial t} \tag{21・19}$$

したがって，

$$\left.\begin{array}{l} K\dfrac{\partial^2 v}{\partial x^2} = Cv \\[1em] \text{あるいは，} \\[0.5em] \dfrac{\partial^2 v}{\partial x^2} = \alpha^2 v \quad \text{ただし，}\ \alpha=\sqrt{\dfrac{C}{K}} \end{array}\right\} \quad (21\cdot 20)$$

コイルの部位 x の初期の電圧 v は上記の偏微分方程式で求められる．この式の一般解は

$$v = A\cosh\alpha x + B\sinh\alpha x \tag{21・21}$$

ここで，A, B は積分定数で終端条件で決定される．

式(21・21) が式(21・20) を満足していることを〔**備考**〕で示しておく．

コイル終端 $x=1$ で接地され，また始端 $x=0$ にサージ電圧 E が印加されるとして，境界条件

$$\left.\begin{aligned} x=l \text{ で } v=0 \quad &\therefore \quad 0 = A\cosh\alpha l + B\sinh\alpha l \\ &\qquad\qquad = \frac{A+B}{2}e^{\alpha l} + \frac{A-B}{2}e^{-\alpha l} \\ x=0 \text{ で } v=E \quad &\therefore \quad E = A\cosh 0 + B\sinh 0 = A \end{aligned}\right\} \quad (21\cdot 22)$$

$$\left.\begin{aligned} \therefore \quad & A = E \\ & B = -E\frac{e^{\alpha l}+e^{-\alpha l}}{e^{\alpha l}-e^{-\alpha l}} = -E\frac{\cosh\alpha l}{\sinh\alpha l} \end{aligned}\right\} \quad (21\cdot 23)$$

式(21・21)に式(21・23)を代入して腕力で整理演算を行うと次式を得る．

$$\left.\begin{aligned} v(x,0) &= E\frac{e^{\alpha(l-x)}-e^{-\alpha(l-x)}}{e^{\alpha l}-e^{-\alpha l}} = E\frac{\sinh\alpha(l-x)}{\sinh\alpha l} \\ \text{ただし，} \alpha &= \sqrt{\frac{C}{K}} \end{aligned}\right\} \quad (21\cdot 24)$$

式(21・24)は $t=0$ における高圧コイル各部の電位分布 $v(x,0)$ を示しており，コイルの部位 x と $\alpha=\sqrt{C/K}$ をパラメータとして**図21・19**(a) のように描くことができる．サージ電圧 E は $t=0+$ の初期において高圧コイルの各部位に均等に分布するのではなく，入り口のHTブッシング端子付近に大きい電位差が集中することを示している．仮に α が大（C が大，K が小）であれば電圧の大半が高圧ブッシング周辺に集中することになる．例えば，$\alpha=10$ では $0.8E$ の電圧が上部20%のコイルに集中することになる．なお，$C\neq 0$ であるから $\alpha=0$ とはなり得ず，したがって E が均等分布になることはあり得ない．

高圧コイルの各部位の電位傾度は，式(21・24)を微分することで得られる．

$$\frac{\partial v}{\partial x} = -E\frac{\alpha\cosh\alpha(l-x)}{\sinh\alpha l} \quad (21\cdot 25)$$

コイルの線路端部（$x=0$）で上式の絶対値が最大になり，

$$\left.\frac{\partial v}{\partial x}\right|_{x=0} = -E\frac{\alpha\cosh\alpha l}{\sinh\alpha l} \quad (21\cdot 26)$$

式(21・26)は $t=0+$ の瞬間において最も入り口付近の円板コイルに最大電位傾度が集中するとしてその大きさを示している．

さらに考察を続ける．雷サージとして短波頭の三角波電圧（例えば，$1.2\times 50\,\mu\text{s}\sim 1.2\times 200\,\mu\text{s}$）がHTブッシング端子に到来する場合を想定する．このとき高圧コイル各部位の電圧 $v(x,t)$ は，$v(x,0)$ の状態を出発点にして時間の経過とともに振動を開始する．図21・19(b) はこの電圧振動の模様を説明している．高圧コイル各部位の電位は図の直線（ⅱ）を超えてオーバスイングを幾度も繰り返しつつ減衰していき，最後には直線（ⅱ）の分布状態に落ち着くことになる．この直線（ⅱ）の状態を**準定常状態電圧分布**（quasi-steady-state voltage distribution）という．

侵入波電圧 E は長波尾の時間帯では直流電圧的に振る舞うから v の絶対値は依然として大きいが，その変化率は緩慢となり $dv/dt \to 0$ となる．したがって，長波尾の終わりの時間帯に近くなると $C\cdot dv/dt \to 0$，$K/(dv/dt) \to \infty$ となるのでキャパシタンスは開放回路として機能する．結局，長波尾の終わり近くでは図21・18(a) 回路の C と K は無視することができることになり，この段階では図 (c) の回路として扱うことができることになる．この状態ではコイル各部位に流れる電流は均等であり，電圧分布も図21・19 の（ⅱ）に示す均等な分布となる．

この最終均等分布状態を円板コイルの段数 $k(=1\sim N)$ で表せば次式となる．

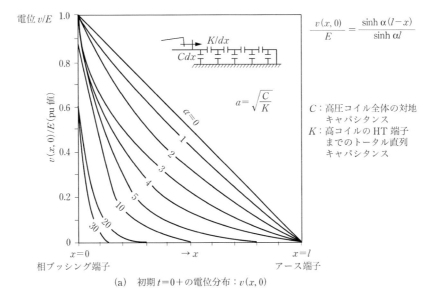

(a) 初期 $t=0+$ の電位分布：$v(x,0)$

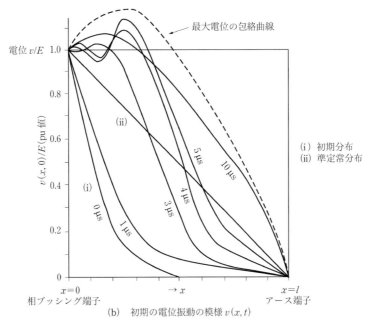

(b) 初期の電位振動の模様 $v(x,t)$

図 21・19 サージ電圧侵入初期の変圧器内部の電圧振動

$$\left.\begin{array}{l}
E = \sum_{k=1}^{N} \Delta v_k \quad \cdots\cdots\cdots\cdots\cdots\cdots ① \\
\Delta v_k = \left(\sum_{j=1}^{N} L_{kj}\right) \dfrac{di}{dt} \equiv M_k \dfrac{di}{dt} \cdots\cdots ② \\
\text{ここで,} \quad i : \text{コイル各段の電流} \\
\qquad \Delta v_k : k\text{段目コイルの分担電圧} \\
\qquad L_{kj} : k\text{段目と}j\text{段目のコイルの相互インダクタンス} \\
\qquad M_k = \sum_{j=1}^{N} L_{kj} : k\text{段目コイルの自己・相互インダクタンス合計値} \\
\qquad\qquad (\text{各コイルとの相対位置関係で決まる固有値})
\end{array}\right\} \quad (21\cdot27)$$

この式の M_k が直列につながる図 21·18(c) がこの段階の回路である．

この最終分布に達した時点（(ii) の準定常状態）では電位振動は終息しているので，どの円板コイルにも同じ電流 i が流れることとなり，各円板コイルの分担電圧 Δv_k も均等で一定値に近くなる．また，この時点では式(21·27)②より di/dt が一定値となることと，i が一定割合で増加中であることを示している．換言すれば，準定常状態に達した時点ではサージ電圧振動は終わっているがサージ電流は増加中ということになる．このサージ電流の増加がなお小時間続くが，やがては熱損失となって減衰して消滅する．

さて，上述の現象を要約しよう．高圧ブッシング端子にサージ電圧が侵入すると，その直後では変圧器は等価回路図 21·18(a) として振る舞い，図 21·19(a)，(b) のようにコイルの一部に電圧が集中する状態で高周波振動を生ずる．この振動が終息して準定常状態に達するまでの時間帯では高圧ブッシング端子付近のコイル絶縁が非常に過酷なものとなり，無対策では変圧器は絶縁破壊を生じかねないことになる．変圧器設計上の対策が必須となる．

21·7·3 変圧器内部のサージ性電圧振動の抑制

すでに述べたように，サージ性電圧振動の抑制対策が変圧器設計上不可欠である．具体的には図 21·19(a) に示すサージ侵入時の初期電位分布を準定常状態に極力近づける（$\alpha = \sqrt{C/K} \to 0$）ことが望ましい．しかしながら，$k$ を大きくすることは各円板コイル相互間の距離はすでに非常に接近して配置されているので，これ以上接近させることは物理的に不可能である．また，C を小さくすることは高圧コイルとタンク/鉄心その他の部位との距離を大きくすることになるので事実上不可能である．したがって，$\alpha = \sqrt{C/K}$ の改善は見込めない．ここで登場する電位分布改善対策の切り札となるのが**漏れキャパシタンスの並列補償方式**（parallel compensation method）である．なお，以下では高圧コイルが円板コイル構造（円板状コイルを多数積んで円筒構造にする）として説明するが，多重円筒構造などの場合も事情は同じである．

図 21·18(d) にその概念を示す．高圧コイルの相ブッシング近傍のコイル部位（初段円板コイル付近）にシールドリングプレート（rib shield と称す）を追加的に配置する．シールドリングと各コイル部位との離隔距離はブッシング近傍のコイルほど近く，アース中性点端子に近いコイル部位にはシールドは設けない．これによって図(d) において $\Delta C_1'' > \cdots > \Delta C_k' > \cdots > \Delta C_N'$ となるようにキャパシタンスの並列補償を行うのである．

サージ電圧 E が加わる初期時点では，ΔC_k を流れる電流は $\Delta C_k'$ から供給されるので各コイル部位の ΔK_k に流れる電流が均等化されることになり，その結果，各コイル部位の電圧分担も均等化される．このようなメカニズムを模式化すれば次のようにも表現できよう．

初期の時間帯では，各円板コイルのキャパシタンスに流れる充電電流について次式が成り立つ．

$$\left.\begin{array}{l} \Delta C_k' \cdot \dfrac{\partial(E-v_k)}{\partial t} = \Delta C_k \cdot \dfrac{\partial v_k}{\partial t} \quad (k=1,2,\cdots,N) \\[2mm] \therefore \dfrac{\partial v_k}{\partial t} = \dfrac{1}{\dfrac{\Delta C_k}{\Delta C_k'}+1} \cdot \dfrac{\partial E}{\partial t} \equiv \delta_k \cdot \dfrac{\partial E}{\partial t} \\[2mm] \text{ただし，} \delta_k = \dfrac{1}{\dfrac{\Delta C_k}{\Delta C_k'}+1} \end{array}\right\} \quad (21 \cdot 28)$$

そこで，もしも各円板コイルの δ_k をほぼ同等に設計できれば（$\delta_1 = \delta_2 \cdots \delta_k = \cdots$）各円板の初期電圧上昇率（$\partial v_k/\partial t$）を均等にすることで電圧の均等分布が実現できる．このような設計上の配慮がされたものを**非共振型コイル**などと称する．大容量変圧器の巻線方式には円板型のほかに多重円筒型（図 21·17）などがあるが，円板巻線方式が最も占積率がよく，また作りや

すいことから近年では 1000～1500 MVA 級の大容量発電所用，変電所用ともに主流となっている．また，その電圧振動防止法にも若干のバリエーションがあるが，基本は上述の並列補償法に準じたものといえよう．変圧器の内部共振電圧の問題は電圧階級が高い変圧器ほど過酷なことは自明であり，具体的な変圧器製造を担う変圧器メーカー技術者の腕の見せどころである．

さて，変圧器の内部振動電圧現象の説明を終わるにあたって，以下のことをもう一度繰り返しておきたい．変圧器の内部異常電圧と変圧器移行サージ電圧の問題は，電力系統の絶縁協調の観点から非常に重要な問題である．しかしながら，これらは慣例的には通常の絶縁協調の視点とは切り離した変圧器固有の問題とみなして変圧器技術者，あるいは変電プラント技術者に必要な手段を講じることが求められる．蛇足を加えれば，絶縁協調に関する技術史を振り返ると，その理論と実践的技術は 1020 年代後半から 1930 年代にかけてアメリカを主舞台に大いに進展した（[休憩室：その 16] 参照）．そして変圧器の内部で振動過電圧とその抑制技術の進歩もまた然り，同時期に同じ舞台で進展したのである．系統の絶縁協調と変圧器固有の過電圧の両技術テーマが両輪の役割を果たしながら技術進歩の路を遂げてきたことが理解される．

21・8 油変圧器とガス変圧器

60～1500 MVA 程度以上の大容量変圧器は一般に油入変圧器であり，乾式変圧器やガス絶縁変圧器はそれ以下の小容量変圧器に限られている．油が絶縁性能と冷媒としての熱冷却性能をともに備えている唯一の非常に優れた材料であるからにほかならない．開閉装置（遮断器や GIS）では油遮断器や空気遮断器に代わって SF_6 ガス遮断器が主流になって久しいが，中・大容量の変圧器については SF_6 ガス絶縁が油絶縁に代わることは不可能と考えられていた．SF_6 ガスはその絶縁性能は極めて優れているが熱容量・熱伝達率の特性が非常に劣るので，コイル・鉄心が生ずる熱の冷却が困難なためである．

ところが油変圧器と同様に円板コイルを積み上げたコイル構造で，油に代わって SF_6 ガスを絶縁・冷媒とする大容量のガス絶縁変圧器（275 kV，300 MVA 級）と 150 MVA 級のガス絶縁式並列リアクトルが 1990 年代半ばに東京電力の地下変電所に実現した．これは大容量変圧器に関する従来の常識を覆すブレークスルーとなった．今日では 400 MVA 級の変圧器も実現している．

油絶縁変圧器の最大の欠点は，万一の内部事故時に油がアーク熱で気化することによって内圧が急上昇してタンクの上部蓋構造を毀損して油が流出すること，また最悪の場合には引火事故に至ることである．ガス絶縁変圧器ではこのような懸念がまったくない．さらに，油変圧器に必須のコンサベータが不要となるので所要の高さを 20% 程度縮小できるメリットもある．都市型変電所用の変圧器としては，油変圧器に代わる防災型変圧器の切り札として将来ますますの普及が期待される．

さて，大容量ガス絶縁変圧器がどのようにして実現されたかについて簡単な解説を試みよう．技術的には次の三つのポイントの合わせ技で実現されたと要約できる．

a) 複雑なコイル形状・ガス流経路形状におけるガス絶縁解析，ガス流量解析・放熱解析と綿密なモデル検証．また，これらの基礎技術の蓄積に基づくコイル構造とガス流路の最適設計．

b) SF_6 ガス圧として 0.4 MPa（4 気圧）を採用すること．

c) 従来の A 種絶縁に代わる F 種絶縁の採用（最高許容温度 130 度：コイルテーピングに PET フィルムを使用）．SF_6 ガスの熱容量は油の熱容量との対比で 1 気圧の場合で 1/200＝0.5%，4 気圧の場合でも 2.4/200＝1.2% にすぎない（**表 21・6**）．ガス絶縁変圧器では，ガスによる放熱性確保が最大の技術ポイントとなる．次に，油は流体抵抗があ

るので狭い場所には流れづらい．気体の場合にはこのようなことがないので狭い部分の絶縁には有利である．ところがコイル・鉄心の発生熱分布に対応させてホットスポットのガス流を増して重点的に冷やすことなどは容易ではない．効果的な冷却構造の設計は簡単ではないのである．

表 21・6 油とSF₆ガスの熱容量特性比較

	熱容量（相対比較）
Oil	200
SF₆ gas: 0.125 MPa-g	1
SF₆ gas: 0.40 MPa-g	24

注) 0.1 MPa-g (megapascal to gravity)
　　＝ 1 atm ＝ 1000 mb 概数

さて，以上の説明によって明らかなように，ガス絶縁変圧器には絶縁・冷却の両面から極めて高度の解析技術が欠かせない．500 MVA を超える大容量変圧器の実現は決して容易ではないことも同じ理由によるものである．図 21・20 は大都市の地下変電所用の 300 MVA・275 kV/66 kV/1 kV のガス絶縁式の負荷時タップ切換変圧器である．4気圧のガス圧に耐える必要があるので伝統的な箱型タンクに代わって円筒型タンクの設計となっており，またコンサベータが不要なことなど，非常にコンパクトな設計となっている．都市型大容量変電所の防災の観点から今後の普及が期待される．

〔備考〕　式(21・21) が式(21・20) の解であることの証明

式(21・21) の v を x で2度偏微分すると

$$v = A\cosh \alpha x + B \sinh \alpha x = \frac{A}{2}(e^{\alpha x}+e^{-\alpha x}) + \frac{B}{2}(e^{\alpha x}-e^{-\alpha x})$$

$$\therefore \frac{\partial v}{\partial x} = \frac{A+B}{2}\alpha e^{\alpha x} - \frac{A-B}{2}\alpha e^{-\alpha x}$$

$$\therefore \frac{\partial^2 v}{\partial x^2} = \frac{A+B}{2}\alpha^2 e^{\alpha x} + \frac{A-B}{2}\alpha^2 e^{-\alpha x} = \alpha^2 v$$

となる．

したがって，式(21・21) は式(21・20) を満足する解である．

東芝提供

図 21・20　地下変電所用 SF₆ ガス絶縁変圧器（負荷時タップ切換器付き）
300 MVA　1次：275±27.5 kV
　　　　　2次：66 kV
　　　　　3次：21 kV

第22章 波形ひずみ（低次高調波）現象

電圧・電流の**高調波現象**，あるいは**波形ひずみ現象**は，電力の質に関連する看過できない問題である．特に近年では，第1に**パワー半導体応用の電力変換装置**（波形ひずみの発生源となる）の必要な負荷や小規模分散発電が著しく増大していること，第2に電圧・電流の波形ひずみに影響を受けやすい敏感な負荷が急増していることなどの事情があげられる．他方，電力系統側においても高調波・波形ひずみが受動的または能動的メカニズムで発生する理由があり，また発電機や保護リレー，電力量計などその影響を受けやすい構成メンバーが多い．

近年急速に拡大しつつある分散型発電システム（風力・ソーラー・小型ガスタービン・小水力等々）を相互に連系し，あるいは50/60 Hzの電力系統と連系する場合には電力変換装置（power conditioner：電力用半導体応用装置）が例外なく必要となる．一方の負荷システムにおいても電算機システムやさまざまな情報通信ネットワークシステム用の電源システム（UPS：無停電電源システム），微妙な速度制御を必要とする設備（精密加工設備，交通・搬送設備など），また近年注目される自動車用バッテリーチャージャ等々は電力変換装置が不可避的に必要な装置である．将来システムとして注目されるマイクログリッドもまたしかりである．そしてパワー半導体の増加によって電圧・電流の高調波・直流成分による波形ひずみの問題が今後は非常に重要な課題となっていくことを理解しておく必要があろう．

高調波は電力の質の問題として極力抑制しなければならないが，そのためには典型的な発生のメカニズムと障害について知っておかなければならない．本章では電圧・電流の高調波・ひずみ波の発生要因などについて簡単に整理したうえで，保護リレーなどに深刻な影響を及ぼす地絡事故時のひずみ現象について詳しく考察する．なお，本書では電力変換技術には立ち入らない．

22・1 波形ひずみ（低次高調波）現象の発生要因と影響

22・1・1 発生要因の分類

表22・1は，電圧・電流の低次高調波（波形ひずみ）の発生要因を，また**表22・2**にひずみ波による影響を著者の考えによって整理したものである．

表22・1に示すように，電圧・電流のひずみ波成分が系統にひずみ波源として強制的に注入される**能動的要因**と，飽和や共振によって生ずる**受動的要因**がある．能動的要因には，急増しつつある大小の半導体応用（SCR，パワートランジスタなど）負荷設備や分散型電源（燃料電池・小型ガスタービン・ソーラシステムなど）の電力変換装置（パワーコンディショナ，Power conditioner），さらに直流送電の変換システムなどが該当する．

図22・1は高調波負荷を含み局部的な系統で観測された定常的なひずみ波形電圧・電流の一例である．

連続的に発生する高調波成分を減らす技術的方法としては①**変換装置に多相（12相，24相など）変換方式を採用する**，②**電力用フィルタを設ける**などの方法があるが，これらは特別に大きい高調波が連続的に生ずるような場合の適用（例えば，直流送電の交直変換所の低次高調波吸収用の交流フィルタ）に限られるのが実情である．

受動的要因については次節で述べる．

表 22・1 低次高調波の発生要因

a) 能動的発生要因（電力設備／負荷が高調波電圧・電流発生源となる）
   負荷側要因（代表例）
     ・突流電流的断続負荷（電気炉・電車負荷など）
     ・高周波誘導形・共振形負荷（誘導炉など）
     ・放電形負荷（電気炉・溶接機など）
     ・整流負荷，電力用半導体変換装置を介する負荷
     ・電力用半導体応用負荷（SCR，パワートランジスタによる速度制御負荷など）
     ・UPS（社会インフラ用の無停電電源装置）
       通信／情報の基幹ネットワーク用，サーバ/ルータ用，処理/監視制御用システム用など
     ・バッテリーチャージャ
   系統側要因（代表例）
     ・直流変換所システム，周波数変換システム
     ・各種の非同期式発電設備連係用電力変換装置（パワーコンディショナ）
       燃料電池，ソーラシステム，蓄エネ用2次電池システム，分散電源用小型ガスタービン発電システム，風力発電（非同期式）など

b) 受動的発生要因（系統の特別な状況下での発生メカニズムによる現象）
  b1) 逆相・零相・直流電流など（非正相電流）の発電機・電動機への流入によるひずみ波の発生
    負荷側要因（代表例）
      ・単相配電負荷（連続的）
      ・3相交流不平衡負荷（連続または断続的）
        電車負荷，電気炉など
    系統側要因（代表例）
      ・送電線路の不平衡による逆相・零相分（連続的）
      ・変圧器の励磁突入電流（短時間）
      ・系統事故時，不平衡再閉路無電圧時間中（短時間）
  b2) 飽和現象によるひずみ波の発生
    負荷側要因（代表例）
      ・飽和形非直線特性負荷，特定条件下での鉄共振現象
    系統側要因（代表例）
      ・変圧器などの過電圧による飽和，特定条件下での鉄共振現象（まれに，短時間）
  b3) 系統の特別な状況下のLC共振によるひずみ波の発生
      ・通常運転時の線路のLCなどによる共振ひずみ（連続的）
      ・過渡的変則状態（地絡・断線モードなど）の共振ひずみ（短時間）

表 22・2 電圧・電流のひずみ（高調波・直流）による影響

a) 負荷への影響
    ・高調波電流の流入による機器・設備の過熱や損失の増大（特に，力率調整用キャパシタの過熱）
    ・電動機の脈動トルク発生
    ・単相電動機（キャパシタによる回転磁界型，家電などに使われる）への影響
    ・電圧波形ひずみによる制御装置や計測装置の誤動作・誤差増大
    ・照明フリッカ現象
b) 系統設備機能への影響
    ・発電機：ロータ表面その他の異常過熱と脈動トルク発生（振動）
    ・調相用コンデンサ：過熱
    ・変圧器など：局部過熱，（まれに機械共振など），他に電磁機器も同様．
    ・CT，PT：飽和による測定誤差
    ・保護リレー：誤動作・誤不動作の原因となりうる．
    ・制御系（AVRなど）：電圧検出回路の誤差要因となりうる．
    ・電力量計：誤差要因となりうる．
c) 通信線などへの影響（誘導障害，ただし低周波につき一般に軽度）
d) 電力線搬送への影響（搬送周波数領域が低い場合に影響要因となりうる）

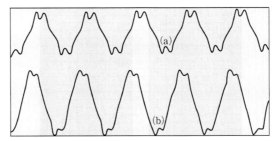

図 22・1 電圧・電流の定常ひずみ波形（実測例）

表22・2に示すように波形ひずみによる影響は非常に広範に及ぶ．波形ひずみに敏感な負荷の多くが"発生源と被害対象の二つの側面"を持つ場合が多いことが注目される．

電力設備に限っていえば，主回路機器としては**発電機と進相用キャパシタが最も敏感**であろう．発電機が高調波を苦手としていることはすでに第16章16・5節で述べた．他方，キャパシタ（ωC）は n 次調波に対しては $n\omega C$ として（あるいはインピーダンス $j/n\omega C$ として）機能するから高調波成分に対しては過負荷の傾向が生ずる．キャパシタは，電流高調波成分とフェランティ効果による電圧上昇のいずれの理由によっても過負荷状態となって異常加熱により損傷しやすいことを理解しておかなければならない．

制御・保護系システムでは**系統保護リレーが非常に敏感**である．保護リレーは入力として導入する電圧・電流が基本正弦波であるとして電子回路上で（いろいろの L, C, R を組み合わせて）必要なベクトル電気量を合成して特性を実現する（第17章）ので，入力電圧・電流のひずみがあると特性に狂いが生じやすい．だからといって，低次高調波除去フィルタを挿入することは原理的に動作時間を遅らせる（フィルタ遅延時間）ことになるので，動作時間がわずか 1～1.5 サイクルのリレーには適用できないのである．

そのほか，**AVR などの制御装置**や**電力量計**においても，電圧・電流が正弦波であるとして電子回路上で，さまざまなベクトル的処理を行っているのでなにがしかの影響は免れない．

波形ひずみ・高調波は今後ますます関心を持って臨むべき現象である．

22・1・2 波形ひずみの発生

電力設備がかかわって受動的にひずみ波を発生する要因（表22・1のb項）について補足する．

〔a〕 発電機・電動機への逆相・零相・直流などの流入によるひずみ波の発生

発電機は第10，16章などで説明したように，いわば"正相電圧・電流発生機"である．原理的に次のような現象をまぬがれない．

 i) **発電機に逆相電流 i_2 が流れると電機子コイルに新たに第 3, 5, 7, … の奇数調波電流が発生する．** ところで逆相電流は系統事故時に流れるだけではない．線路は厳密には完全な3相平衡ではないし，また配電用負荷の多くは単相負荷の集合体であるからその不平衡があり，若干の i_2 は常時含まれている．また，特定の大型単相負荷（例えば，鉄道）があれば非常に大きい相不平衡が生じて i_2 が不規則かつ断続的に発生する．

 ii) **発電機に直流電流が流れると第 2, 4, 6, … の偶数調波電流が生ずる．** 系統事故時の過渡電流，また変圧器投入時に発生する励磁突入電流（数秒継続する）などは直流分を含んでいるので回転機（発電機・モータ）が偶数調波電流を発生することになる．電気炉負荷（一種の短絡負荷）は，自らが直流や高調波電流の発生源であると同時に発電機の高調波発生原因ともなる．

したがって，表22・1のb1項に示したように，逆相電流や直流電流が流れれば発電機がひずみ波発生源ともなる．その値が大きくなるとこれは発電機にとっても系統にとっても厳しい

状況となる．

[b] **電磁機械の飽和現象**

飽和現象によるひずみ波の発生（表 22・1 の b 2 項）がある．

発電機，変圧器，各種モータなど電磁機械は定格電圧の 1.1 倍程度を超えると磁気飽和が始まり，電圧ひずみ・電流ひずみを生ずる．通常はこのような過電圧が生じないように系統が電圧制御されているので問題にはならないが，発生のメカニズムとして理解しておく必要がある．

また，特定の条件下では，まれではあるが局所的な**鉄共振現象**によって厳しい過電圧と波形ひずみを生ずることもある．

[c] **特別な状況下のひずみ波の発生**

第 20 章 20・2，20・3 節で過電圧について述べた**発電機の自己励磁現象**や系統の**特別な状況下の共振現象**はひずみ波の現象でもある．第 20 章で紹介した同じ解析法で発生を予測することができる．

比較的容量の大きい直流整流器負荷（電気分解工場など）や交直流変換設備などでは，持続的・断続的に特定の高調波が能動的に発生するので，必要に応じて系統への影響を緩和するために**電力用の低次高調波フィルタ**を設置する（これらの技術については専門書を参照されたい）．

22・2　事故時のケーブル系波形ひずみ現象

電力系統の電圧・電流が受動的原因で波形ひずみを生ずることを前節で述べてきたが，その典型例として，送電線路のせん絡事故時に流れる地絡・短絡電流がケーブル系統と送電線の直列共振によって大きくひずむ現象を伴うことがある．電力ケーブル系が集中する都会形の系統では電力ケーブルの漏れキャパシタンス C が大きく，これが架空送電線の L と事故時に共振を生じて短絡・地絡が大きくひずみ，保護リレーにとって深刻な誤動作・誤不動作の事態を招きかねない．以下は，そのようなケースについて現象理論的視点から詳細に吟味する．

22・2・1　波形ひずみの発生メカニズムとその計算

図 22・2(a) のように線路 1 と 2 からなる系統の線路 1 で地絡事故が発生したときに p，q，r 点にどのようなひずみ波形電流が現われるかを計算する．

線路 1，2 は架空線であってもケーブルであってもよいが，ここでは実践的な意味あいから線路 1 は架空線，線路 2 はケーブル系とする．

ステップ 1

過渡現象計算であるからラプラス (s) 領域での計算となるが，せいぜい 10 調波（50～500 Hz）以内の低次高調波を扱うことになる．18・2 節の図 18・4 で示したように，400 Hz 以内として架空線路では約 100 km，ケーブルでは 50 km で誤差 10% 程度であるから，この程度の誤差を許容すれば線路 1，2 を集中定数として扱うことができる．そこでケーブル（線路 2，長さ l_2）は $(r_2+sL_2)l_2$ と $sC_2 l_2$ からなる L 型回路とし，架空線（線路 1，長さ l_1）は簡単のため C も省いて $(r_1+sL_1)l_1$ からなるものとする（図 22・2(b)）．なお，計算では r 点の遮断器は開放で無負荷とするが，負荷状態でも以下に説明するひずみ過渡現象は免れない．

ステップ 2

線路 1 の途中点 f（q 点から距離 x）で地絡事故が発生するときの各点の過渡電流を計算する．この計算はテブナンの定理によって，図(c) において事故直前の f 点電圧 $v_f(t)$ を f 点に印加した場合の過渡計算（その後で事故前状態と合算する）に相当する．

ステップ 3

図(c) での過渡計算は f 点の左右を別々に行うことができる．そして右側回路は図(d) の過

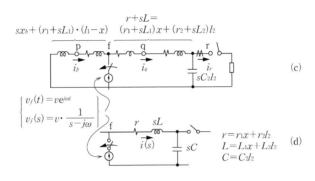

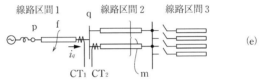

図 22・2 ケーブル系に生じる波形ひずみ

渡計算にほかならない.

$$\left.\begin{array}{l} L = L_1 x + L_2 l_2 \\ C = C_2 l_2 \\ r = r_1 x + r_2 l_2 \end{array}\right\} \quad (22 \cdot 1)$$

のように符号を置き換えたうえで図(d)の過渡計算を行う.

f点の地絡直前の電圧は

$$v_f(t) = V_f e^{j\omega t} = V_f(\cos\omega t + j\sin\omega t), \quad v_f(s) = V_f \frac{1}{s-j\omega} \quad \cdots\cdots① \quad (22 \cdot 2\text{ a})$$

実数部をとれば商用周波正弦波のピークのタイミング($t=0$)で地絡したとすることになる.
f点より右側回路のインピーダンスは次式となる.

$$\left.\begin{array}{l} Z(s) = r + sL + \dfrac{1}{sC} \quad \cdots\cdots\cdots\cdots\cdots\cdots\cdots\cdots\cdots\cdots\cdots\cdots② \\[2pt] \therefore\ \dfrac{1}{Z(s)} = \dfrac{1}{L}\cdot\dfrac{s}{s^2+\dfrac{r}{L}s+\dfrac{1}{LC}} = \dfrac{1}{L}\cdot\dfrac{s}{s^2+2\alpha s+u^2} \\[4pt] \qquad\qquad = \dfrac{1}{L}\cdot\dfrac{s}{(s+\alpha)^2+(u^2-\alpha^2)} \doteqdot \dfrac{1}{L}\cdot\dfrac{s}{(s+\alpha+ju)(s+\alpha-ju)} \cdots③ \\[4pt] \text{ここで,}\ \alpha=\dfrac{r}{2L},\quad u=\dfrac{1}{\sqrt{LC}} \quad \cdots\cdots\cdots\cdots\cdots\cdots\cdots\cdots\cdots④ \\[4pt] i(s) = \dfrac{v_f(s)}{Z(s)} = \dfrac{V_f}{L}\cdot\dfrac{s}{(s-j\omega)(s+\alpha+ju)(s+\alpha-ju)} \equiv \dfrac{V_f}{L}\cdot F(s) \cdots⑤ \end{array}\right\} (22 \cdot 2\text{ b})$$

ここで，定数の大小関係を吟味しておく．
ケーブル線路2の典型的値として伝搬速度15万km/s，サージインピーダンス20Ωとすると

$$\left.\begin{array}{l} u_2 = \dfrac{1}{\sqrt{L_2 C_2}} = 150\,000 \text{ km/s} = 150 \times 10^6 \text{ m/s} \\ Z_2 = \sqrt{\dfrac{L_2}{C_2}} = 20\,\Omega \\ r_2 = 0.03\,\Omega/\text{km} = 0.3 \times 10^{-4}\,\Omega/\text{m} \end{array}\right\} \quad (22\cdot 3)$$

したがって，

$$\left.\begin{array}{l} L_2 = \dfrac{Z_2}{u_2} = \dfrac{20}{150 \times 10^6} = 0.133 \times 10^{-6}\,\text{H/m} = 0.133\,\text{mH/km} \\ C_2 = \dfrac{1}{Z_2 u_2} = \dfrac{1}{20 \times 150 \times 10^6} = 0.33 \times 10^{-9}\,\text{F/m} = 0.33\,\mu\text{F/km} \\ \alpha_2 = \dfrac{r_2}{2L_2} = \dfrac{0.3 \times 10^{-4}}{2 \times 0.133 \times 10^{-6}} = 1.13 \times 10^2 \end{array}\right\} \quad (22\cdot 4)$$

また，$\omega = 2\pi \times 50 = 314$ でもあるから

$$\left.\begin{array}{l} \text{図(c) で} \quad u_2 \gg \alpha_2, \omega \\ \text{図(d) で} \quad u \gg \alpha, \omega \end{array}\right\} \quad (22\cdot 5)$$

である．これが式(22·2) ③の分母の α^2 が省略できる理由である．

式(22·2 b) ⑤で定義される $F(s)$ を計算する．

$$F(s) = \dfrac{s}{(s-j\omega)(s+\alpha+ju)(s+\alpha-ju)} = \dfrac{k_1}{s-j\omega} + \left\{\dfrac{k_2}{s+\alpha+ju} + \dfrac{k_3}{s+\alpha-ju}\right\} \quad (22\cdot 6)$$

上式の係数 k_1, k_2, k_3 は第19章の式(19·6) と19章の補足説明と同じ方法で計算ができる．結果を示すと，

$$\left.\begin{array}{l} k_1 = F(s)\cdot(s-j\omega)|_{s=j\omega} = \dfrac{j\omega}{(j\omega+\alpha)^2+u^2} = \dfrac{j\omega}{u^2} = j\omega LC \\ k_2 = F(s)\cdot(s+\alpha+ju)|_{s=-(\alpha+ju)} = \dfrac{-(\alpha+ju)}{2ju\{\alpha+j(u+\omega)\}} = \dfrac{j}{2u} = j\dfrac{\sqrt{LC}}{2} \\ k_3 = F(s)\cdot(s+\alpha-ju)|_{s=-(\alpha-ju)} = \dfrac{\alpha-ju}{2ju\{\alpha-j(u-\omega)\}} = \dfrac{-j}{2u} = -j\dfrac{\sqrt{LC}}{2} \end{array}\right\} \quad (22\cdot 7)$$

式中の→は式(22·5) を根拠としての省略を意味している．

したがって，式(22·6) の右辺 { } 内は

$$\dfrac{j}{2u}\left\{\dfrac{1}{s+\alpha+ju} - \dfrac{1}{s+\alpha-ju}\right\} = \dfrac{1}{(s+\alpha)^2+u^2} \quad (22\cdot 8\text{a})$$

$$\therefore \quad F(s) = \dfrac{j\omega}{u^2}\cdot\dfrac{1}{s-j\omega} + \dfrac{1}{u}\cdot\dfrac{u}{(s+\alpha)^2+u^2} \quad (22\cdot 8\text{b})$$

$$\left.\begin{array}{l} \mathscr{L}^{-1}\left[\dfrac{1}{s-j\omega}\right] = e^{j\omega t} \\ \mathscr{L}^{-1}\left[\dfrac{u}{(s+\alpha)^2+u^2}\right] = e^{-\alpha t}\sin ut \\ \text{ここで，} u = \dfrac{1}{\sqrt{LC}} \end{array}\right\} \quad (22\cdot 9)$$

に留意して式(22·2) ⑤の電流は

$$i(t) = \dfrac{V_f}{L}\left\{\dfrac{j\omega}{u^2}e^{j\omega t} + \dfrac{1}{u}e^{-\alpha t}\sin ut\right\} = V_f\cdot\omega C e^{j(\omega t + 90°)} + \dfrac{1}{\sqrt{L/C}}\cdot e^{-\alpha t}\sin ut$$

$$\therefore\ i(t) = V_f\Bigl\{\underbrace{\omega C\sin\omega t}_{\text{定常項}} + \underbrace{\frac{1}{\sqrt{L/C}}e^{-\frac{r}{2L}t}\sin\frac{t}{\sqrt{LC}}}_{\text{過渡項}}\Bigr\} \tag{22・10}$$

図22・2(d) の過渡計算が得られた．右辺第2項の過渡項が電流ひずみである．その大きさは事故直前の電圧 V_f をサージインピーダンス $\sqrt{L/C}$ で割った値で，振動周波数は

$f = 1/(2\pi\cdot\sqrt{LC})$，また減衰時定数は $2L/r$ である．

なお，途中の計算で省略をまったくしなかったとすれば，非常に高次の周波数成分がごくわずかながら含まれることになろう．

22・2・2 電流ひずみ成分（式(22・10) の過渡成分）の吟味

さて，図22・2(d) の過渡計算で得た電流は図(c) に戻せば点 q の電流 i_q である．また，式(22・10) の定数 L，C，r は図(c) の定数に戻せば式(22・1) の関係にある．したがって，図(c) では，線路1の事故点 f の位置（点 q からの距離 x）によって過渡振動成分の大きさ，振動周波数，時定数などが影響を受けることがわかる．

以上の結果から次のような結論を導くことができる．

ケース1：線路区間2が1回線の場合（基本系統）

図(c) の計算結果を図(d) の視点で読み替えればよい．ひずみ電流成分に着目して整理すると

電流 i_q の過渡ひずみ成分

$$\left.\begin{array}{l}
大きさ：i_q(\text{ひずみ}) = \dfrac{V_f}{\sqrt{L/C}} = \dfrac{V_f}{Z_{\text{surge}}} \\[4pt]
振動周波数：f = \dfrac{1}{2\pi\sqrt{LC}} \\[4pt]
減衰時定数：T = 2L/r \\[4pt]
ただし，L = L_1 x + L_2 l_2 \\
\qquad\quad C = C_2 l_2 \\
\qquad\quad r = r_1 x + r_2 l_2
\end{array}\right\} \tag{22・11}$$

地点 q のひずみ電流成分の大きさを距離 l_2 と x の関数として把握できる．地絡点が p から q に近づくほど（$x\to 0$ で L が小さくなるので）ひずみ電流は大きくなり，q 点至近端地絡では $V_f/\sqrt{L_2/C_2}$ となる．

なお，時定数は $2L/r$（C に関係しない）であるからかなり大きく，**ひずみ波成分の減衰は遅い**．

ケース2：線路区間2が複数 (n) 回線の場合

この場合にはケーブル区間の定数が $L_2\to(1/n)L_2$，$C_2\to nC_2$ のように修正される．したがってサージインピーダンス Z_{surge} は $1/n$ になるが自由振動周波数は影響を受けない．

回路全体としては式(22・11) の定数が次式のように修正される．

$$L = L_1 x + L_2 l_2 \to L = L_1 x + \frac{L_2 l_2}{n} \tag{22・12}$$
$$C = C_2 l_2 \to C = n C_2 l_2$$

結局，ケーブル区間が1回線の場合と n 回線の場合について点 q に近い事故点 f ($x\cong 0$) の状況を比較すると次のごとくとなる．

$$\left.\begin{array}{ll}
\quad\underline{1\text{回線}} & \quad\underline{n\text{回線}} \\[4pt]
Z_{\text{surge}} = \sqrt{\dfrac{L_2}{C_2}} & Z_{\text{surge}} = \dfrac{1}{n}\sqrt{\dfrac{L_2}{C_2}} \\[10pt]
i_q = \dfrac{V_f}{\sqrt{\dfrac{L_2}{C_2}}} & i_q = n\cdot\dfrac{V_f}{\sqrt{\dfrac{L_2}{C_2}}}
\end{array}\right\} \tag{22・13}$$

$$f = \frac{1}{2\pi\sqrt{L_2 C_2}} \qquad f = \frac{1}{2\pi\sqrt{L_2 C_2}}$$
$$T = \frac{2L_2}{r_2} \qquad T = \frac{2L_2}{r_2}$$

ケーブル区間が n 回線になると至近点 f の事故で過渡事故電流 i_q は時定数や自由振動周波数は変わらないままで大きさが n 倍になることを示している．ケーブルの輻輳する大都市では差動保護リレーや方向距離リレーの誤動作防止の観点から留意すべき現象といわねばならない．

ケース3：図(e)で線路区間3にケーブルがある場合

この場合は，キャパシタンス合計値（途中に変圧器を介する場合は変成比で換算後の値）が C_2 に繰り込まれて増加する．

その結果，ひずみ電流はケース1の場合より大きく，また周波数も低くなる．調相設備の場合も同様である．

試算例

以上の結果を踏まえて，典型的な条件で試算した結果を**図22・3**に示す．図では線路1は架空線 100 km，線路2はケーブル 20 km で1〜4回線，線路3は開放として，線路1の q 点電流のひずみ波成分を式(22・11)で計算したものである．

q 点のひずみ波電流 i_q について，グラフより次のことを読み取ることができる．

 i) 地絡点 f が p 点近傍では，その絶対値は小さいが商用周波数に近い低次調波が生ずる．

 ii) 地絡点 f がケーブル接続点 q の近傍になると急激にひずみ電流が大きくなり，また次数も高くなる．

 iii) ケーブル区間の回線数が増えると i_q（線路2の全回線合計値）は回線数に比例して増加する（1回線当たりの量は変わらない）．線路区間3に多数のケーブルがつながる場合も同様である．

ケーブル線路の多い都市地域系統では事故電流にかなり大きい低次高調波ひずみが発生する

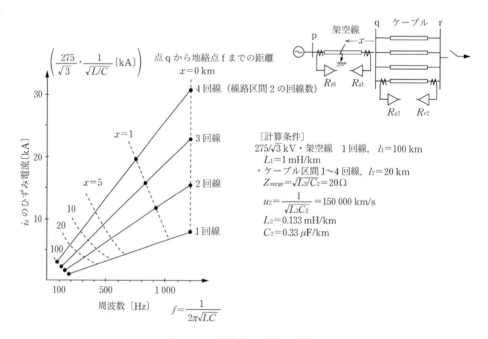

図 22・3 電流ひずみ成分の試算結果

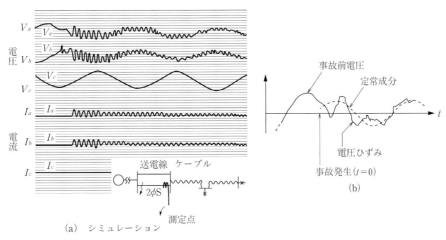

図 22・4 事故時の電圧ひずみの例（実測波形）

ことがわかる．

　事故時のひずみ電流を求めたがひずみ電圧についても当然計算できる．図22・4(a)は上述のようなケースのシミュレーションの例である．また，図(b)は類似のケースの実測例である．

22・2・3 電圧・電流波形ひずみの保護リレーなどへの影響

　さて，この現象は線路地絡発生後，遮断器が事故遮断するまでの短時間（数十 ms）現象であるから，高調波に非常に敏感な発電機にとってはさほどの問題とはならない．敏感に影響を受けるのは保護リレーである．このような場合でも保護リレーには低次高調波フィルタ技術を使わずに（なぜなら動作時間が犠牲になるため）正しい事故判定を行うことが求められる．

　方向距離リレーや差動保護リレーは基本的には PT，CT から電圧・電流を導入し，事故発生時には基本周波電圧・電流のベクトル関係（大きさ，位相）から事故モードの特徴を抽出して動作判定をする．したがって，事故時入力の波形ひずみ率が大きくなると動作判定を誤る要因となりうるのである．保護リレー技術では事故時電圧・電流のひずみ成分の最大値を上述のような方法で定量的に把握することが必要となる．

　近年は大中都市地域の幹線線路・配電線路の地中化が非常な勢いで推進されており，常時および事故時の波形ひずみ問題はますます厳しくなっていくであろう．波形ひずみの発生要因と定量的把握を行うことが大切である．

第 23 章　電力ケーブル線路

　大都市圏に超高圧級ケーブル網が張り巡らされ，都市圏変電所の地下化や配電線の地中化が進むなど，電力ケーブル線路の役割の重要性はますます大きくなっている．
　ケーブル系を含む系統では，発電機の運転特性や系統の安定性を左右する独特な現象が多く見られるだけでなく，異常電圧という切り口でも商用周波数からサージ領域まで，特徴ある現象を呈することが多い．その一方で，**絶縁設計の基本事項**として，架空送電線では雷撃などによるせん絡を許容するのに対して，"**ケーブルは雷撃・開閉サージ・持続性異常電圧に対して絶縁破壊を生じない設計とする**"とされていることを 21・1 節で述べた．ハードとしての**ケーブルが架空送電線や変電機器と非常に異なる基本的な特徴**を理解すること，またケーブル系回路の特にサージ領域における独特な振る舞いなどについて知ることは，系統全体の動特性や絶縁協調を考える上で非常に重要と考える．なお，配電線（6 kV 級以上）では架空・地中のいずれの布設方法でも標準的に被覆（CV）ケーブルが採用される．したがって，配電線はその接続部を除けばすべてケーブル系ということもできよう．

23・1　CV ケーブルと OF ケーブル

23・1・1　電力用ケーブルの種類

　高電圧の電力ケーブルは絶縁構造のまったく異なる CV ケーブルと OF ケーブルの 2 種類に大別される．

- **CV ケーブル**（架橋ポリエチレン絶縁ケーブル，$\underline{C}$ross-linked polyethylene insulated with $\underline{V}$inyl sheathed），別名 XLPE（$\underline{C}$ross-linked $\underline{P}$olyethylene）
　主絶縁部は架橋ポリエチレンの固体有機材料．押出機でポリエチレン材を加熱液状化して走行する導体に被覆させ，またその連続過程で架橋化（架橋材反応により重合分子をさらに網状分子化させる）をさせつつ冷却固化させて製造する．

- **OF ケーブル**（$\underline{O}$il $\underline{f}$illed，油侵紙絶縁ケーブル）
　主絶縁部は油侵紙．紙テープを重ね巻きした後，油を真空含侵させる．シース内部に油通路を設けて低粘度の絶縁油を脱気充填し，運転状態では常時大気圧以上の圧力を終端部または中間接続部に設けられた油槽から加えて，絶縁体内にギャップを発生しないよう完全な油浸紙絶縁としている．

　CV と OF の代表的な構造と各部の役割を**図 23・1**(a)，(b)，(c) に示す．線路定数は 2・3 節の**表 2・3** に示したとおりである．
　OF ケーブルの実用化は 1900 年前後にさかのぼり，1930 年ごろより内外の 66 kV 級で本格的な普及が始まった．1970 年代には OF による我が国初の都心 275 kV 級系統が完成し，またその後 500 kV 級（1988 年，本州四国連係線など）も実用化された．
　他方，CV ケーブルは 1980 年前後から，まず 66/77 kV 級で本格的な実用化が始まり，その後の目覚ましい技術進歩を重ねて欧米では 400 kV，我が国では 275 kV 級の主幹系にも多く採用され，また最近では 500 kV 東京都心導入線にも採用された．
　OF が紙と油の伝統的な絶縁材であるのに対して，CV は有機物固体（PE）を絶縁材としており，技術的には OF よりデリケートであるが絶縁油を使わないなどの利点がある．OF と

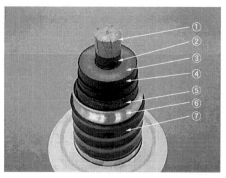

（エクシム提供）

CVケーブル

①導体（Conductor）
電流の通路（銅より線）．屈曲性を良くするために多数の細い銅素線をより合わせて円形に圧縮整形している．大サイズの場合（1 000〜2 000 mm² 級）は，表皮効果による交流導体抵抗の増加を改善するため，銅素線を扇形のセグメントに圧縮整形し，このセグメントを絶縁紙などで互いに絶縁しながら複数個を組み合わせて円形にした分割導体が採用される．なお，2 000 mm² を超えるような大サイズでは，交流導体抵抗のさらなる改善を目的として，各素線をエナメルや酸化被膜で絶縁した素線絶縁導体が用いられることもある．

②内部半導電層（Conductor screen）
導体表面の電界を緩和するとともに，導体と絶縁体との隙間を埋めて部分放電を防止するために施される．カーボンを多量に含有したポリオレフィン系樹脂を約1 mm 程度の厚さに被覆する．

③架橋ポリエチレン絶縁体（Corss-linked polyethylene insulation）
CVケーブルの絶縁層 XLPE でありポリエチレンを架橋して網状分子構造としたものである．XLPE は 90℃ 以下では化学的に非常に安定な固体状であり，非常に優れた電気的絶縁性と耐熱性，機械的性能（引張り・圧縮・曲げ・ねじり等に対する柔軟性）特性を備えており，電力ケーブルに必要な条件を満たす画期的な材料である．架橋前のポリエチレンは熱可塑性であり，押出機で押出成型することが可能である．この性質を利用して導体に内部半導電層②，絶縁層③，外部半導電層④を 120℃ 前後の高温で3層同時に押出し被覆し，各層間の密着性を高め，ギャップボイドの形成を防いでいる．押出被覆工程に続く架橋・冷却工程では，絶縁層に十分な熱を加えて架橋反応を起こさせてポリエチレンを架橋ポリエチレンとした後に，固化させるために十分な冷却を行う．なお，架橋・冷却工程は，ボイドの発生を抑えるために高圧下で行われる．

④外部半導電層（Insulation screen）
絶縁体表面の電界を緩和するとともに，絶縁体と金属遮へいとの隙間を埋めて部分放電を防止するために施される．内部半導電層と同様にカーボンを多量に含有したポリオレフィン系樹脂が使用される．一般に 66 kV 以上のケーブルでは，絶縁体に強固に固着するタイプのものが使用されるが，33 kV 以下のケーブルでは，接続時の作業性を向上させるためはく離可能なタイプを使用する．

⑤クッション層（Cushion layer）
金属シースとしてアルミシースを使用する場合には，絶縁体の熱による膨張・収縮を吸収するとともに，充電電流をアルミシースに流すためにクッション層を設ける．一般には銅線を織り込んだ布テープが使用される．

⑥遮へい層（Metallic screen）
電気的遮へいと地絡電流の帰路として施される．遮へい層の構造は，ケーブルの熱膨張や地絡電流を基に決定され，6〜33 kV の中圧ケーブルでは銅テープ，66 kV 級ケーブルでは，銅テープやワイヤシールド（銅線横巻き），154 kV 以上のケーブルでは，ワイヤシールドやアルミシースなどの金属シースが採用される．

⑦防食層（Outer covering）
金属シースを機械的，化学的劣化要因から保護するために，耐候性，耐磨耗性，耐薬品性に優れたビニルやポリエチレンが用いられるが，難燃性の良いビニルが一般的である．また，金属シースなしのケーブルにおいては水トリー対策として，防食層の内側に金属はくとプラスチックをラミネートした遮水層を設けることが多い．

図 23・1 (a)　CV ケーブルの構造例（275 kV 架橋ポリエチレン絶縁アルミ被ビニル防食ケーブル）

(エクシム提供)

OF ケーブル

①油通路（Oil duct）
気温や負荷変動による絶縁油の熱膨張・収縮を補償するために，ケーブル内を絶縁油が移動しやすいように設けられた絶縁油の通路．一般には亜鉛めっき銅帯をスパイラル状に加工したものが使用される．

②導体（Conductor）
電流の通路（銅より線）．屈曲性を良くするために多数の細い銅素線をより合わせて円形に圧縮整形している．大サイズの場合は，表皮効果による交流導体抵抗の増加を改善するため，銅素線を扇形のセグメントに圧縮整形し，このセグメントを絶縁紙などで絶縁しながら複数個を組み合わせて円形にした分割導体が採用される．なお，2 000 mm² を超えるような大サイズでは，交流導体抵抗のさらなる改善を目的として，各素線をエナメルや酸化被膜で絶縁した素線絶縁導体が用いられることもある．

③導体遮へい（Conductor screen）
導体側の電界を緩和し電気特性を改善するために施される．カーボン紙やカーボン紙と金属化紙の組合せなどが用いられる．

④油浸紙絶縁体（Oil-impregnating insulation paper）
絶縁紙と絶縁油の複合誘電体である．導体上に絶縁紙を積層巻きした後，真空中で乾燥し絶縁紙に含まれる水分を除去し，金属シースを施した後に油浸を行う．シース内部に油通路を設けて低粘度の絶縁油を脱気充てんし，運転状態では常時大気圧以上の圧力を終端部または中間接続部に設けられた油槽から加えて絶縁体内にギャップを発生しないよう完全な油浸紙絶縁としている．絶縁紙は，クラフト紙が一般的であるが，超高圧級ケーブルではクラフト紙にポリプロピレンをラミネートした半合成紙（PPLP 紙）なども使われている．油てんする絶縁油には，鉱油系絶縁油とアルキルベンゼン系合成油があり，高電圧ケーブルでは，電気特性に優れたアルキルベンゼン系合成油が使用される．

⑤遮へい層（Metallic screen）
電気的遮へいのために施され，非磁性体金属テープや金属化紙とカーボン紙の合わせ巻きが採用されている．

⑥押えテープ（Binding tape）
遮へい層を製造工程中の外傷から保護するとともに，充電電流を金属シースに流す役目を果たし，一般には銅線を織り込んだ布テープが使用される．

⑦金属シース（Metallic sheath）
OF ケーブルでは導体部を油浸紙で重ね巻きして主絶縁部としているが，運転状態では油槽によって圧力調整された油で充実されていることが必須である．シースはそのための油を封じ込めるコンテナの役割を果たしている．可とう性が求められるのでコルゲート（波付け）に押し出し加工を施したアルミ管が一般的に使われるが，海外では鉛管が用いられることもある．さらに，外部の機械的衝撃から絶縁層を保護するとともに地絡電流の帰路としての役割をも果たす．なお，OF ケーブルは熱膨張伸縮を伴うので絶縁油系統は油槽による圧力調整の役割をも果たしている．

⑧防食層（Outer covering）
金属シースを機械的，化学的劣化要因から保護するためのもので，耐候性，耐磨耗性，耐薬品性に優れたビニルやポリエチレンが用いられるが，難燃性の点からビニルが一般的である．

図 23・1(b) OF ケーブルの構造例（400 kV アルミ被ビニル防食 OF ケーブル）

(a) CV ケーブル

(b) OF ケーブル

（エクシム提供）

図 23・1(c)　さまざまな CV ケーブルと OF ケーブル

　CV の共存時代が長く続いたが，CV の信頼性が OF に遜色ないレベルと徐々に認識されて，今では主役の座を確保したといえよう．今日では配電用ケーブルはすべて CV であり，60 kV 以上でも CV が標準的に採用されることが多いが，OF も依然国内外で広く利用されており，また本州・四国連係の架橋ルート（交流 500 kV）や海底ルート（直流 500 kV）では OF が採用されている．海外の超高圧級では方針として OF を採用する事業者もある．

　架空送電線は絶縁と冷却を自然大気の性質にすべて依存するので，絶縁については大気と支持がいしの絶縁耐力をもとに所要の離隔距離を確保するように裸導体を配置することでよい．これに対して，CV ケーブルは絶縁材が固体有機物であるから約 100℃ 付近の高温になると**軟化**と**特性劣化**を生じて，温度が下がっても元通りに復元しない．したがって，規格に規定される許容範囲内以上の高温運転履歴（連続および短時間の）は絶対に回避しなければならない．特に，CV ケーブルは**図 23・2** に示すように許容値以上の高温運転履歴があると，急速な絶縁劣化をきたし，あるいは充電電流が急増（$\tan\delta = \omega C/r$ が上昇）するなど電気的，熱的に寿命の加速はまぬがれない．なお，その運転時の温度を左右するケーブル表面からの熱放散が布設経路の状態によって大いに変化する．架空送電線とケーブルでは絶縁と冷却に関する事情が根本的に異なるのである．

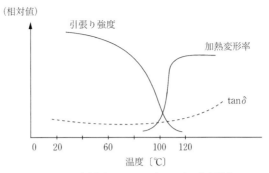

図 23・2 架橋ポリエチレン(XLPE)の物理特性

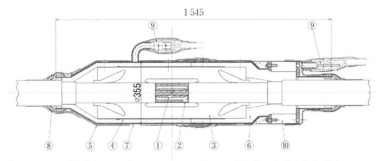

① 導体スリーブ　② スリーブカバー　③ ゴムブロック絶縁体　④ 外部半導電層
⑤ 保護テープ　⑥ 防水コンパウンド　⑦ 保護管　⑧ 防水処理部　⑨ 接地端子　⑩ 絶縁筒

図 23・3　CVケーブル用中間接続部（400 kV・2 000 mm² ゴムブロック絶縁型　洞道布設用）（エクシム提供）

図 23・3 は，CV ケーブル同士を接続する中間接続部の一例として 400 kV 級の洞道布設タイプの断面構造を示している．CV ケーブル接続用の**中間接続部**および**終端接続部**は，近年では**常温収縮型のゴムブロック絶縁体**を主絶縁に用いる方式が普及してきた．ケーブル絶縁体外径よりも小さい内径のゴムブロック絶縁体をケーブル絶縁体に装着することにより生じる界面圧力で絶縁性能を確保する構造であり，ゴムブロック絶縁体内に配置されている高圧電極および**ストレスリリーフコーン**（半導電性）で電界を緩和している．なお，図の例は常温収縮型の構造である．すなわち，主絶縁に用いるゴムブロック体はスパイラル形状のコアに拡径保持された状態で工場出荷され，現地の接続工事に際してそのスパイラルコアを引き抜いてケーブル絶縁体に密着させる方式である．現地工事の作業性が向上している．

23・2　電力ケーブルの特徴

電力ケーブルが架空送電線やその他の変電機器との対比で著しく異なる特徴についてまず整理をしておこう．

23・2・1　絶縁方式

架空送電線と電力ケーブルの比較をしてみよう．架空送電線は基本的に裸導体であり，空気の絶縁性を利用するのであるから絶縁破壊を起こしても自復性が備わっている．またその絶縁耐力は課電部位とアース部位の絶縁距離を加減することで自在に制御できる．それに対して電力ケーブルは油侵紙（OF）または架橋ポリエチレン（XLPE）の個体絶縁であり自復性がない．特に PV ケーブルは超高圧級でも XLPE 主絶縁層は 25 mm 未満であり極めて繊細な製造

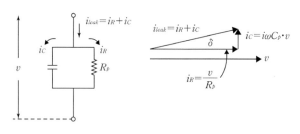

誘電正接　$\tan\delta = \dfrac{|i_C|}{|i_R|} = 2\pi f \cdot C_p R_p$

誘電損失　$W = v \cdot i = 2\pi f C \cdot v^2 \cdot \tan\delta\,[\mathrm{W/km}]$

図 23・4　誘電正接 $\tan\delta$ と誘電損失

技術に依存する製品である．図 23・2 において，XLPE は 90 度程度の温度で軟化し始めると共にその機械的体力のみならず電気的な絶縁耐力も急速に低下する．さらに誘電損失の重要指標となる**誘電正接** $\tan\delta$（$= G/2\pi f C$ ただし C, G は単位長さあたりのキャパシタンスとコンダクタンス定数．）が低下すると誘電損熱によって主絶縁の劣化は加速度的に上昇する．限度を超える過電流による温度上昇に伴い主絶縁部が軟化すれば直ちに機械的劣化および電気的劣化が生じて，その後温度がもとに戻っても機械強度や絶縁耐力が回復することはない．XLPE は温度が 120 度を超せばゲル状（高い粘性の液状）になり，重力・張力により形状崩れも生ずることになる．温度上昇は各断面毎の発熱と放熱の熱収支によって決まるが過電流状況では急速な温度上昇を伴うので温度上昇限界は待ったなしの限界特性と理解しておく必要がある．

図 23・4 は電力ケーブルの絶縁劣化状況を判断する重要な指標とされる**誘電正接 $\tan\delta$**（$= G/2\pi f C$）の考え方を示す等価回路図と漏れ電流のベクトル概念である．

誘電正接 $\tan\delta$ は電力ケーブルの健全性を評価するための極めて重要な指標として型式試験でその測定が行われる．一般に $\tan\delta$ が 0.001〜0.005 の範囲以下であれば健全性に問題ないとされる．

23・2・2　製造プロセス

電力ケーブルは 2 章表 2・2 に示すように規格で決められた標準導体断面積の製品として製造され，EHV クラスのケーブルでは導体断面積は 600〜2500 mm² の間の標準サイズとして製造される．

<u>CV ケーブルの製造工程</u>

　　導体セグメント製造（銅線の圧縮撚り合わせ行程）→ 複数セグメント撚り合わせ行程 → 三層（外部半導電層/主絶縁層/内部半導電層）押し出し被覆行程 → 化学重合化プロセス → 水冷却による固化プロセス → 金属遮蔽被覆プロセス → 防食層被覆プロセス

上記のような多くのサブプロセス毎にドラムによる巻き上げと巻き戻し作業が繰り返される．そのため 1 本物としての製造可能な長さはドラムサイズによって決まることになり，EHV 級では一般に 600〜2,000 m の長さで製造される．したがって亘長が 2,000 m 以上の線路では中間接続部（図 23・3 参照）によって必要本数を接続することになる．

23・2・3　さまざまな布設環境と求められる耐環境性

PV ケーブルは 3〜6 kV 級の配電系用から 60〜400 kV の EHV 級，さらには 500 kv の UHV 級まで幅広く普及している．配電系統の場合は地中埋設の場合はもちろんのこと，架空布設の場合であっても被覆された PV ケーブルが採用されているので我が国の配電系は全て電力ケーブルによって構成されているということになる．

電力ケーブルの布設環境は実に多様を極めており，ケーブルにはさまざまな耐環境性能が求

められる．多様な布設環境を示すキーワードを羅列してみよう．
- 地表布設/埋設/ダクト/トレンチ/トンネル/架空（宙吊り）/川底/海底
- 水平/傾斜/垂直　直線/スネーク/曲線
- 硬床/軟弱/泥質
- 高熱/寒冷/化学汚染/腐食/紫外線/放射性
- 張力/圧縮力/曲げ応力/機械振動/膨張収縮応力/横荷重
- 瞬発機械力（短絡事故時応力など）/土壌振動/床振動/水流/潮流/風力
- 不等沈下/地震/火災
- 人為的外力衝撃（掘削ショベル接触/パイル接触/海底錨接触など）

2つの変電所を結ぶある一区間のケーブル線路についても一般論としては一様ではなく，上述のキーワードで表現されるさまざまな布設環境の地域を経由する場合が多い．電力ケーブルの場合，布設工事が技術的にもコスト的にも極めて重要な位置づけとされる．

さて，布設環境に関する上述の事情を念頭にしながら次には電力ケーブルが20年以上の長期にわたり耐えなければならない環境ストレスに対する対抗性について定性的に整理しておくこととする．

i ） 機械的ストレス

ケーブルの機械ストレスは実に多様なものとなる．主なものは次のとおりである．

① 製造・運搬・布設段階

ケーブルの製造工程から布設工程までの過程で繰り返される巻き取り，巻き戻し，その他の外力と自重（超高圧級では40〜48 kg/m程度）などで生ずる圧縮，引張り，曲げ応力，また，その布設条件（埋設・俵積み・架空・海底，水平・傾斜・垂直など）と支持方法（地面上・棚上・架空間隔支持など）によってさまざまな荷重，応力がかかる．

② 通電による電磁機械力・熱伸縮機械力など

短絡時には各相間で突発的に電磁反発や吸引機械力が働く．また，熱伸縮によるストレスも無視できない．

③ 布設環境からの外部ストレス

布設方法は**坑道内布設**のほか**地中直埋布設・管路布設・海底布設**，また配電電圧級では**架空装柱**などさまざまである．土砂崩れ，地震，海底ケーブルの場合の潮流など自然現象的なストレスがある．また，埋設ルート近傍の車両・鉄道や工事現場からの連続的な微振動も経年的には無視できないものとなる．例えば，上下線分離の高速道路などで一方向車両レーンに平行して布設されたケーブルが経年的に特定の方向にずれる**波乗り**といわれる現象も発生しうる．時には打痕（工事パイルの打ち込み，錨接触など）も起こりうる．

ii） 電気的ストレス

CVケーブルでは架橋ポリエチレンは電気的に非常に優れた絶縁体であるが，高電圧を全長にわたって薄い絶縁体（表23・1）で支えるのであるから電気ストレスは非常に厳しいものがある．微小なボイド・異物・突起や他絶縁体の均質性のわずかな乱れも許さない厳しい品質管理が求められる．

iii） 熱的ストレス

CVケーブルが最高許容温度90℃を超えると架橋PEは軟化しはじめて，100℃付近では**固体としての物理的・機械的特性**と**電気的な絶縁特性・誘電特性**の劣化を招き，また温度が元に戻っても特性の完全な自復性は期待できない（図23・2）．また，このような状態が長時間継続すると電気的にはtanδが徐々に大きくなり，それが絶縁体の温度上昇をさらに促進して急速な熱劣化に至ることもある（熱暴走）．優れた絶縁体とはいえプラスチックであるためにやむをえないことである．CVケーブルもOFケーブルも**導体の連続最高許容温度**は90℃であるが，OFケーブルはこれを超えても直ちに回復不能な劣化が促進するわけではなく，また温度

が下がれば特性も回復してかなりの自復性が期待できる．CV ケーブルは OF に比べて温度上昇に非常に敏感で余裕が少ないことはやむをえない．

なお，ケーブルは強制冷却機能を備えていないので，**絶縁体の温度は通電による導体の発熱量と防食層表面からの放散熱量の熱収支によって決まる**．表面からの熱放散はケーブル経路の布設環境に左右されるので，全経路にわたる**ケーブル敷設施工法に伴う放熱量計算が重要な技術**となる．

iv) 化学的ストレス

直埋布設，海底布設，河底布設などでは腐食，水などの内部浸透などを絶対避ける必要がある．架空敷設では雨水，紫外線劣化などもある．海外では一つのルートでさまざまな経路の地中直埋（都市部，高速道路沿い，軟弱地盤地帯，河川底横断，砂漠など）や架空架設などが混在するケースも少なくない．防食層はケーブルの機械的保護に加えて経年的な化学的腐食や電食，紫外線劣化などを生じないための化学的保護の役を担っている．

〔b〕 CV ケーブルと OF ケーブルの比較

OF ケーブルは導体中央部に油通路が設けられており，内部が油で満たされているので温度変化に伴う油量（体積）の増減や圧力変化を補償するための給油設備がケーブルの終端や中間接続部に設けられる．一方，CV ケーブルは固体絶縁であるからこのような付属設備が不要であり，また難燃性絶縁体であるため保安上は非常に有利である．

前述の各種のストレスは CV にも OF にも加わるが CV の方が明らかにより敏感である．品質の安定感では OF に一日の長があるといわれてきたが今日では CV も遜色ないレベルという認識が定着し，むしろ CV の保安上の利点（難燃性，油の補給系統が不要）が評価されているなどの理由で CV が主役の座についたといえる．

有機固体絶縁によって実現された CV ケーブルは，一見シンプルであるが，その薄い絶縁厚（275 kV 級で 23 mm 程度）と 1 条 2 000 m の造り込み技術，布設環境下でのさまざまなストレスに対する耐力など，これもまた他の機器，施設類に劣らぬ高度技術の結晶である．

23・2・4 電力ケーブルの許容電流

ケーブルには発変電機器のような定格電流の概念はなく，代わりに次の用語がベースとして使われる．

許容電流（定常状態）：ケーブルに通電したときに生ずる電力損失（導体損，誘電損，シース損など）による導体温度上昇と基底温度との和がケーブル絶縁体の最高許容温度（一般に導体最高許容温度）を超えない電流をいう．

同様に，**許容電流（短時間状態）**，**許容電流（短絡時）**が定義される．

CV 絶縁体の最高許容温度（＝導体最高許容温度）：常時：90℃，短時間：105℃，短絡瞬時：230℃（これら数値は OF ケーブルと同じ）

CV ケーブルの温度上昇は（中間接続部も含めて）任意の 2 次元断面ごとの熱の発生と放散の収支によって決まる．**発生熱量**は通電電流の大きさによって決まるが，**放散熱量**はケーブルの布設環境（直埋・洞道内（砂埋め，棚上，地上）・海底など，また，他相との離隔距離など）によってまったく異なるものとなる．そのために許容電流は導体サイズのみでは決まらず，全経路の布設環境と施工方法を詳細に検討して導かれる**基底温度**が決まったときにケーブルに許容される温度上昇も決まり，許容電流も決定される．ケーブルの施工技術は，この観点からも一般の据付け工事の概念を超える独得の技術といえる．

23・2・5 ケーブルの絶縁に関する諸元と試験電圧値

電力ケーブルには電圧階級・電流容量および単相・3 相の区分などの電気的仕様，布設環境（坑道，埋設，海底など）等々によりさまざまな種類がある．また，海底ケーブルなどでは通信

23・2 電力ケーブルの特徴   **495**

表 23・1 電力ケーブルの代表的な絶縁厚（$D-r$）

電圧階級 [kV]	OFケーブル （油侵紙 $\varepsilon=3.7$） [mm]	CVケーブル （架橋ポリエチレン $\varepsilon=2.3$） [mm]
6.6	—	2.7〜3.6
22	—	6〜7
33	—	8〜9
66	7〜8	9〜11
77	8〜9	11〜13
110	9.5〜10.5	17
154	13〜14	15〜19
220	18	20〜23
275	19.5	23
500		27

（備考）（ ）内は低減絶縁厚

表 23・2 (a) ケーブルの雷インパルス試験電圧値   JEC-3408 (1997)

公称電圧 [kV]	275	220	187	154	110	77	66	33	22	11
常温試験電圧値 [kV]	1,445	1,240	1,035	1,035	760	550	485	275	210	125
高温（90℃）試験電圧値 [kV]	1,155	990	825	825	605	440	385	220	165	100

JEC-0102 (1994)

機器の雷インパルス試験電圧値 (LIWV)	1,050 950	900 750	750 650	750	550	400	350	200 170 150	150 125 100	90 75

（備考） ケーブルの試験電圧値＝LIWV$\times k_1 \times k_2$
　　　　ただし，k_1：温度係数 (1.25)，k_2：裕度 (1.1)
　　　　試験は，ケーブル長 6m 以上＋接続部 1 試料以上で行う．

表 23・2 (b) ケーブルの商用周波耐電圧試験   JEC-3408 (19197)

公称電圧 [kV]	275	220	187	154	110	77	66	33	22	11
ケーブル最高電圧 [kV]	300	240	204	168	120	84	72	36	24	12
常温試験電圧値 [kV]*1	525	420	360	295	210	150	130	65	45	25
高温（90℃）試験電圧値 [kV]*1	440	350	300	245	175	125	105	55	35	20
出荷時試験電圧値 [kV]*2	300	240	205	190	135	95	85	45	30	15

〈注〉 *1：形式試験, *2：出荷試験
（備考） 試験電圧値（形式試験）＝$\dfrac{E_0}{\sqrt{3}} \times k_1 \times k_2 \times k_3$　試験電圧値（出荷試験）＝$\dfrac{E_0}{\sqrt{3}} \times c_1 \times k_2$
　　　　ただし，E_0：ケーブル最高電圧，k_1：劣化係数 (＝2.30)（劣化指数 $n=15$ で 30 年間），k_2：温度係数 (1.2)，
　　　　k_3：裕度 (1.1)，c_1：出荷耐電圧試験倍数（有効接地系 $\dfrac{1.44}{\sqrt{3}}$）

表 23・2 (c) 防食層のインパルス耐電圧値

ケーブル公称電圧 [kV]	雷インパルス耐電圧値 [kV]
〜33	—
66〜74	50
110〜187	65
220〜275	75

表 23・3　IEC 60840 & 62067: Test voltages of CV-cable

	Rated voltage	Highest voltage for equipment	Value of U_0 for determination of test voltages	Voltage test (routine test)		Impulse voltage test (type test)	Switching impulse voltage test (type test)
	U kV	U_m kV	U_0 kV	2.5 U_0 kV	Duration [min]	kV	kV
IEC 60840	45 to 47	52	26	65	30	250	—
	60 to 89	72.5	36	90	30	325	—
	110 to 115	123	64	160	30	550	—
	132 to 138	145	76	190	30	650	—
	150 to 162	170	87	218	30	750	—
IEC 62067	220 to 230	245	127	318	30	1050	—
	275 to 287	300	160	400	30	1050	850
	330 to 345	362	190	420	60	1175	950
	380 to 400	420	220	440	60	1425	1050
	500	550	290	580	60	1550	1175

U_0: the rated power frequency voltage between conductor and core screen for which the cable and its accessoriles are designed (rms).
U_m: the highest line-to-line voltage (rms) of the system that can be sustained under normal operating conditions (rms).
Besides, partial discharge test at 1.5 U_0 to confirm non-detectable discharge shall be carried out.
Notes:
1. U_0 is the same as $U/\sqrt{3}$, or the close value exceeding $U/\sqrt{3}$.
2. Impulse and switching voltage tests are performend as items of type test using a sample cable at least 10 m in length.
3. The applied wavefrom. Lightning impulse test: time to peak T_f: 1-5 μs, time to half value T_t: 40-60 ns. Switching impulse test: time to peak $T_f=250$ μs±20%, time to half-value $T_t=2500$ μs±60%.
4. The test voltages for OF cables can be considered as the same in the table, although they are slightly different due to historical reasons.

用光ファイバ線を内蔵する場合も珍しくない．図23・1(c)にさまざまなCVケーブルとOFケーブルを示す．

すでに述べたように，CVケーブルとOFケーブルでは絶縁構造に決定的な差異があるが，次には系統を構成するメンバーとしての視点に立って両者を比較してみよう．はじめにケーブル本体の寸法諸元であるが，OFケーブルで必要とする油供給系がCVケーブルでは不要であること，したがって中間接続部や終端接続部の構造がかなり異なることなどを別にすれば，電圧・電流仕様が同等のケーブルでは本体の外観，寸法等にさほどの差異はない．使用温度条件や布設状態での熱収支に関する条件もほぼ同等とみなしてよい．**表23・1**に両者の主絶縁部の標準的な厚さを示しておく．

電気特性について見てみよう．第2章の表2・2にCVケーブルとOFケーブルの典型的な線路定数 L，C，$\sqrt{L/C}$，r を掲げてあるが，両者に著しい差異はない．

次に，絶縁協調の視点で欠かせない絶縁強度について見てみよう．**表23・2(a)，(b)，(c)**に規格「**JEC-3408（1997）電力用ケーブル**」の規定する雷インパルス試験電圧値，商用周波耐電圧試験，および防食層のインパルス耐電圧試験値を示す．この規格はCVケーブル，OFケーブルに共通の規格であり，したがって各表の試験電圧値も共通である．また，「**IEC規格 60840および62067**」の定めるCVケーブルに関する試験電圧値も**表23・3**として掲げておく．表の説明にあるように，出荷時のルーチン試験項目としてのac耐電圧試験は一般に製造時のドラム単位（600～2 000 m程度）で行われる．また雷インパルス耐電圧試験および開閉インパルス耐電圧試験は10 m以上のサンプルケーブルによって型式試験として行われる．静電容量 C が大きいので長いケーブルではインパルス発生器で所定の電圧が発生できないからである．

23・3 ケーブルの電気回路定数

本節は第2章の表2・3のケーブル定数一覧を適宜に参照しつつ考察を進めよう．

23・3・1 ケーブルのインダクタンス

電気回路としての高電圧電力ケーブルは，導体・絶縁材料・金属シース（金属パイプ）を内

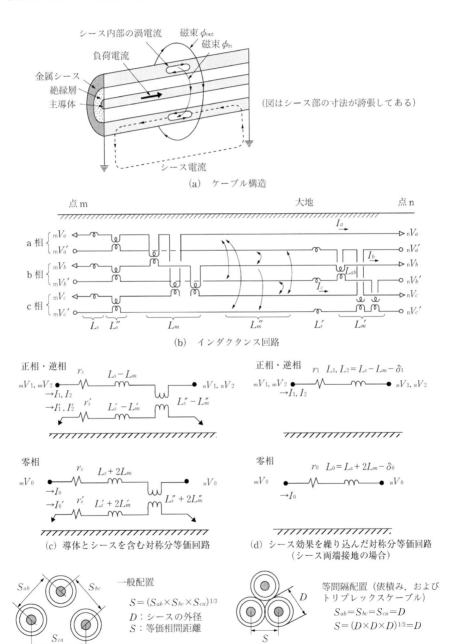

図 23・5　3相ケーブルのインダクタンス

側から順に同心円状に構成した3層の円筒構造とみなすことができる．このような構造のケーブルが地面に沿ってm地点からn地点まで布設されている．**図23・5(a)** はその模式図である．布設環境は埋設方式・地表布設等，さまざまであろうがこの原理に変わりはない．

さて，そこで3相ケーブルの自己/相互インダクタンスについて考察する．いま，3相ケーブルのa相の導体に電流 I_a が流れると，a相のシース回路 a′ との相互インダクタンスによってシース電流 I_a' が流れる．また，I_a によって誘起する磁束はシース内で同心円状に分布する ϕ_{a-in} として生ずるだけでなく，シースの外側にも ϕ_{a-out} として生ずる．その ϕ_{a-out} の一部は b相，c相の導体電流およびシース b′，c′ に流れる電流とも鎖交するであろうから，a相導体と b，c相導体およびシースとの間にも相互インダクタンスが存在する．換言すれば，単相ケーブル3条からなる1回線ケーブル線路は各相の主導体 a，b，c とシース a′，b′，c′ の合計6条の回路パスの自己/相互インダクタンスで構成されるとしなければならない．したがって，3相分のインダクタンスに関する回路としては図23・5(b) をイメージすればよい．なお，シース回路が両端で接地されているかどうかは，6条の一般式の終端条件を与えるものということになる．

次に，3相の平衡度について考える．30～60 kV クラスでは比較的小口径ケーブルなので3相撚架が小刻みに行われる（代表例として，**トリプレックス式ケーブル**は単相ケーブル3条を等ピッチでねじった構成で出荷される）ので3相は完全に平衡である．大口径のケーブルでは3条の布設配置状況によっては（例えば，3条水平配置など）なにがしか相不平衡となるであろう．図23・5(e) に示す俵積み方式といわれる配置は比較的平衡度は良いが，それでも長距離線路の場合にはドラム巻き取り長を接続する各中間接続部ごとに配置の撚架を繰り返すことで平衡度の改善を行うのが一般的な布設プロセスである．結局，ケーブル線路では長距離ケーブルであっても撚架布設を行うことが一般的プロセスなので3相平衡度は非常に良いといえる．なお，ケーブルに関してはシールド部の撚架もまたサージ防護の観点から大切であるが，これについては 23・5節「クロスボンド接続方式」として詳述する．

さて，図23・5(b) で各相の平衡度が十分に良好とすれば第1章式(1・3)～(1・6)に準じて次式が成り立つ．

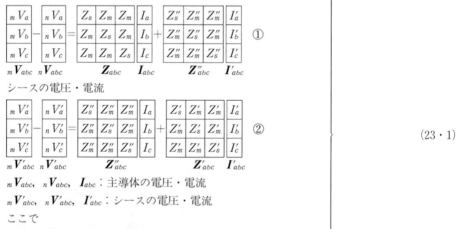

$$ _mV_{abc},\ _nV_{abc},\ I_{abc}:\text{主導体の電圧・電流} $$
$$ _mV'_{abc},\ _nV'_{abc},\ I'_{abc}:\text{シースの電圧・電流} $$

ここで

$Z_{abc}=j\omega L_{abc}$：3相主導体のインピーダンス行列

$Z'_{abc}=j\omega L'_{abc}$：3相シースのインピーダンス行列

$Z''_{abc}=j\omega L''_{abc}$：各相導体と各相シース間のインピーダンス行列

$\quad$ 0-1-2領域に変換すれば

主導体の対称分電圧・電流

$$\begin{pmatrix} {}_mV_0 \\ {}_mV_1 \\ {}_mV_2 \end{pmatrix} - \begin{pmatrix} {}_nV_0 \\ {}_nV_1 \\ {}_nV_2 \end{pmatrix} = j\omega \begin{pmatrix} L_s+2L_m & & \\ & L_s-L_m & \\ & & L_s-L_m \end{pmatrix} \cdot \begin{pmatrix} I_0 \\ I_1 \\ I_2 \end{pmatrix} + j\omega \begin{pmatrix} L_s''+2L_m'' & & \\ & L_s''-L_m'' & \\ & & L_s''-L_m'' \end{pmatrix} \cdot \begin{pmatrix} I_0' \\ I_1' \\ I_2' \end{pmatrix} \quad ①$$

$${}_mV_{012} \quad {}_nV_{012} \qquad \boldsymbol{L}_{012} \qquad \boldsymbol{I}_{012} \qquad \boldsymbol{L}_{012}'' \qquad \boldsymbol{I}_{012}'$$

シースの対称分電圧・電流

$$\begin{pmatrix} {}_mV_0' \\ {}_mV_1' \\ {}_mV_2' \end{pmatrix} - \begin{pmatrix} {}_nV_0' \\ {}_nV_1' \\ {}_nV_2' \end{pmatrix} = j\omega \begin{pmatrix} L_s''+2L_m'' & & \\ & L_s''-L_m'' & \\ & & L_s''-L_m'' \end{pmatrix} \cdot \begin{pmatrix} I_0 \\ I_1 \\ I_2 \end{pmatrix} + j\omega \begin{pmatrix} L_s'+2L_m' & & \\ & L_s'-L_m' & \\ & & L_s'-L_m' \end{pmatrix} \cdot \begin{pmatrix} I_0' \\ I_1' \\ I_2' \end{pmatrix} \quad ②$$

$${}_mV_{012}' \quad {}_nV_{012}' \qquad \boldsymbol{L}_{012}'' \qquad \boldsymbol{I}_{012} \qquad \boldsymbol{L}_{012}' \qquad \boldsymbol{I}_{012}'$$

${}_mV_{012},\ {}_nV_{012},\ \boldsymbol{I}_{012}$:主導体の対称分電圧・電流

${}_mV_{012}',\ {}_nV_{012}',\ \boldsymbol{I}_{012}'$:シースの対称分電圧・電流

$L_s,\ L_m$:3相主導体の自己インダクタンスと相互インダクタンス

$L_s',\ L_m'$:3相シースの自己インダクタンスと相互インダクタンス

L_s'':主導体と同相シース間の相互インダクタンス

L_m'':主導体と他相のシースとの相互インダクタンス

(23・2)

式(23・2) ②から明らかなように,正相インダクタンスは $I_1'=0$ の条件下では (L_s-L_m) で与えられるが,$I_1' \neq 0$ の条件では若干の修正が必要となる.零相インダクタンス (L_s+2L_m) についても事情は同様である.以上より,等価回路図として図23.4(c) を得る.

次に,式(23・1) ①に注目して,特別の場合として電流 I がa相導体から流出してすべてb相導体から帰ってくる場合を考えよう.この場合には,c相導体や各相シースには電流は流れないので次式が成り立つ.

$$\left. \begin{array}{l} I_a=-I_b=I,\ I_c=0,\ I_a'=I_b'=I_c'=0 \\ \therefore\ {}_mV_a-{}_nV_a = j\omega(L_s-L_m)I \end{array} \right\} \quad (23\cdot 3\text{a})$$

この条件は第1章の図1・2と同じであり,またインダクタンス (L_s-L_m) は式(1・9)で求めた作用インダクタンスそのものである.すなわち,ケーブル導体の作用インダクタンスとして

$$\left. \begin{array}{l} L_s-L_m = \dfrac{\mu_s \cdot \mu_0}{2\pi}\log_e\dfrac{S}{r} + \dfrac{\mu_{cond}\cdot\mu_0}{8\pi} = 0.4605\log_{10}\dfrac{S}{r} + 0.05 \ [\text{mH/km}] \\ \text{ただし,}\ S=(S_{ab}\cdot S_{bc}\cdot S_{ca})^{1/3}\ \ (\text{図}23\cdot 5(\text{d})\ 参照) \\ \qquad r:\text{主導体の半径} \\ \qquad S:\text{各相導体の相対配置間隔(中心部から測る)} \end{array} \right\} \quad (23\cdot 3\text{b})$$

となる.なお,(L_s-L_m) は図1・2(b) の方法で測定できるインダクタンスである.

次に,シース端子について考えなければならない.ケーブルは両終端地点および中間のジョイント部地点(後述)でシースを接地するのが一般的なプラクティスであるが,ごく短距離線路(例えば,工場内の500m程度の区間)では片端だけでシースの接地を行うこともある.したがって,二つのケースについて吟味をしておく必要がある.

ケース1:片方終端(n地点)のみでシース接地を行う場合(短距離線路)

これは ${}_nV_{abc}'=0,\ I_{abc}'=0$ のケースであるから式(23・1),(23・2)において ${}_nV_{012}'=0,\ I_{012}'=0$ となる.したがって,

$$\left. \begin{array}{l} {}_mV_1-{}_nV_1 = j\omega L_1\cdot I_1 \\ {}_mV_2-{}_nV_2 = j\omega L_1\cdot I_2 \\ {}_mV_0-{}_nV_0 = j\omega L_0\cdot I_0 \end{array} \right\} \quad ①$$

$$\left.\begin{array}{l}\text{正相・逆相インダクタンス}: L_1 = L_2 = L_s - L_m \\ \text{零相インダクタンス}: L_0 = L_s + 2L_m\end{array}\right\} ②$$

$$\left.\begin{array}{l}{}_mV'_1 = j\omega(L''_s - L''_m) \cdot I_1 \\ {}_mV'_2 = j\omega(L''_s - L''_m) \cdot I_2 \\ {}_mV'_0 = j\omega(L''_s + 2L''_m) \cdot I_0\end{array}\right\} ③ \quad (23 \cdot 4)$$

ケース 2：両終端（m, n 地点）でシース接地を行う場合（長距離線路）

これは ${}_mV'_{abc}=0$, ${}_nV'_{abc}=0$ のケースであるから式(23·1), (23·2) において ${}_mV'_{012}=0$, ${}_nV'_{012}=0$ となる．したがって，I'_1, I'_2, I'_0 が消去できて次式を得る．

主導体回路の式

$$\left.\begin{array}{l}{}_mV_1 - {}_nV_1 = j\omega L_1 \cdot I_1 \\ {}_mV_2 - {}_nV_2 = j\omega L_1 \cdot I_2 \\ {}_mV_0 - {}_nV_0 = j\omega L_0 \cdot I_0\end{array}\right\} ①$$

正・逆相インダクタンス

$$L_1 = L_2 = (L_s - L_m) - \delta_1 \quad \text{ここで，} \delta_1 = \frac{(L''_s - L''_m)^2}{L'_s - L'_m}$$

零相インダクタンス

$$L_0 = (L_s + 2L_m) - \delta_0 \quad \text{ここで，} \delta_0 = \frac{(L''_s + 2L''_m)^2}{L'_s + 2L'_m}$$

δ_1, δ_0 は補正項

m, n 地点を流れるシース電流

$$\left.\begin{array}{l}I'_1 = -\dfrac{L''_s - L''_m}{L'_s - L'_m} \cdot I_1 \\[2pt] I'_2 = -\dfrac{L''_s - L''_m}{L'_s - L'_m} \cdot I_2 \\[2pt] I'_0 = -\dfrac{L''_s + 2L''_m}{L'_s + 2L'_m} \cdot I_0\end{array}\right\} ③ \quad (23 \cdot 5)$$

式(23·4) および式(23·5) を対称座標法等価回路として描けば図 23·5(c), (d) を得る．ケース 2 の場合も δ_1, δ_0 の補正を行えばシース効果も織り込み済みのインダクタンス値となる．

ケーブル線路のインダクタンス（要約）

i) インダクタンスに関する対称座標法等価回路は図 23·5(c) となる．これは架空送電線の場合の図 2·5 と同形である．

ii) ケーブル線路のインダクタンスは主導体の寸法諸元（導体半径 r），各相配置（主導体間の距離），シースの接地方法によって決まる．

iii) 作用インダクタンス ($L_s - L_m$) は式(23·3) によって求められ，導体半径 r と各相配置（主導体間の平均距離 S）によって決まる．

iv) シースが片端接地の場合には，正相インダクタンス L_1 は作用インダクタンスそのもの，すなわち $L_1 = (L_s - L_m)$ である．シースが両端接地の場合には，L_1 はそれより補正項 δ_1, δ_0 だけ小さい値となる．

試算：式(23·3) の正相インダクタンス ($L_s - L_m$)

・$r = 25$ mm, $S = 75$ mm では $L_s - L_m = 0.4605 \log_{10}(75/25) + 0.05 = 0.269$ mH/km

・$r = 25$ mm, $S = 100$ mm では $L_s - L_m = 0.327$ mH/km

・$r = 25$ mm, $S = 150$ mm では $L_s - L_m = 0.408$ mH/km

ケーブルの作用インダクタンスはおおむね 0.15〜0.4 mH/km ということになる．また，電力系統用のケーブル線路は（ほぼ例外なく）両端接地が行われるので正・逆相インダクタンスはこれより小さくなり，$L_1 = L_2 = 0.1$〜0.3 mH/km となる．架空送電線の 1/5〜1/10 倍程度ということになる（表 2·2 参照）．

23・3・2 ケーブルのキャパシタンスおよびサージインピーダンス

　　3相ケーブル線路の漏れキャパシタンスは，布設断面で**図23・5**(a)のように描くことができる．したがって，任意の地点m, n間のインダクタンスとキャパシタンスの集中定数回路は図(b)のように表すことができよう．図では3相平衡として，また導体とシース間キャパシタンスCは集中一定数として，またシースと対地間のキャパシタンスC'_s, C'_m はインダクタンスを挟んで左右に二分したπ回路で表現している．

　　さて，次に第2章の図2・7で学んだ方法を援用すれば，図23・5(b)の対称分等価回路として図(c)を得る．

　　ところでケーブルの構造が図23・4(a)の同心円構造であり，導体と金属シースの間は誘電率が $\varepsilon = \varepsilon_s \cdot \varepsilon_0$ の絶縁層で満たされている．そこでもしも導体に電荷$+q$を，またシースに電荷$-q$に与えると，電気力線は導体からシースに向かって360度方向に等密度の放射状に描かれる．導体から発した電気力線はすべてシースに到着することになり，この状態はシースの外側の状況にはまったく影響を受けないことも明らかである．換言すれば，導体とシース間の漏れキャパシタンスC は外界の影響を受けない固有値として次式で求められる（この式は第1章で式(1・53)と同じ方法で求められる）．

$$C=\frac{2\pi\varepsilon}{\log_e \frac{D}{r}}=\frac{\varepsilon_s}{2\times 9 \times 10^9 \log_e \frac{D}{r}} \text{〔F/m〕}=\frac{0.02413\varepsilon_s}{\log_{10}\frac{D}{r}} \text{〔μF/km〕} \qquad (23・6)$$

ここで，r：導体の半径　　D：シースの半径（内径）

　　　　ε_0：真空中の誘電率　$\left(\varepsilon_0 = \dfrac{1}{(4\pi \cdot 10^{-7}) \cdot c_0^2} = \dfrac{1}{4\pi \cdot (9\times 10^9)}\right)$

　　　　ε_s：絶縁層の比誘電率

　　　　CVケーブル(架橋ポリエチレン) $\varepsilon_s \fallingdotseq 2.3$ でOFケーブル(油浸紙) $\varepsilon_s \fallingdotseq 3.7$ である．

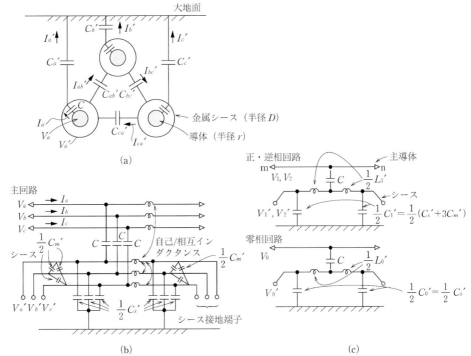

図 23・6 3相ケーブルのキャパシタンス

この式は第1章の式(1·27)の3×3行列を1×1行列に修正した場合の $v_a = p_{aa} \times q_a$ に相当する．

図23·6(a), (b), (c) より次式を得る．

a-b-c 領域

漏れ電流
$$\left.\begin{array}{lll} I_a = j\omega C(V_a - V'_a) & I'_a = j\omega C'_a & I'_{ab} = j\omega C'_{ab}(V'_a - V'_b) \\ I_b = j\omega C(V_b - V'_b) \quad ① & I'_b = j\omega C'_b \quad ② & I'_{bc} = j\omega C'_{bc}(V'_b - V'_c) \quad ③ \\ I_c = j\omega C(V_c - V'_c) & I'_c = j\omega C'_c & I'_{ca} = j\omega C'_{ca}(V'_c - V'_a) \end{array}\right\} \quad (23·7)$$

導体・シース間　　　シース・対地間　　　シース・シース間

0-1-2 領域

漏れ電流
$$\left.\begin{array}{l} I_1 = j\omega C(V_1 - V'_1) = j\omega C'_1 \cdot V'_1 \\ I_2 = j\omega C(V_2 - V'_2) = j\omega C'_1 \cdot V'_2 \\ I_0 = j\omega C(V_0 - V'_0) = j\omega C'_0 \cdot V'_0 \end{array}\right\} ①$$

導体・シース間　シース・対地間

誘起電圧
$$\left.\begin{array}{l} V'_1 = \dfrac{C}{C + C'_1} \cdot V_1 \\ V'_2 = \dfrac{C}{C + C'_1} \cdot V_2 \\ V'_0 = \dfrac{C}{C + C'_0} \cdot V_0 \end{array}\right\} ② \quad\quad\quad (23·8)$$

ここで，$C'_1 = C'_s + 3C'_m$, $C'_0 = C'_s$

ところでシース回路は，通常は両端で接地されるので商用周波数の現象を扱う場合には，$V'_a = V'_b = V'_c = 0$，したがって $V'_0 = V'_1 = V'_2 = 0$ であるから式(23·7)①，(23·8)①は次のように簡単になる．（片端接地の短距離ケーブルの場合でも事情はほとんど変わらない．）

a-b-c 領域

漏れ電流　$\begin{vmatrix} I_a \\ I_b \\ I_c \end{vmatrix} = j\omega C \begin{vmatrix} V_a \\ V_b \\ V_c \end{vmatrix}$ (23·9)

0-1-2 領域

漏れ電流　$\begin{vmatrix} I_0 \\ I_1 \\ I_2 \end{vmatrix} = j\omega C \begin{vmatrix} V_0 \\ V_1 \\ V_2 \end{vmatrix}$ (23·10)

すなわち，$C_1 = C_2 = C_0 = C$

正・逆・零相の漏れキャパシタンスが等しく C であり，また式(23·6)で計算できる理由が説明できた．

さて，ケーブルの定数としてその設計諸元（導体半径 r，シース内径 S および絶縁層誘電率 ε_0）のみで決まる定数は，漏れキャパシタンス $C_1 = C_2 = C_0 = C$ と作用インダクタンス $L_s - L_m$ だけであることが明らかになった．$L_1 = L_2$, L_0 はケーブルの布設の配置状況に依存するのでケーブルメーカーの設計固有値としては提供され得ない．ケーブルの定数表，表2·2では C と $L_s - L_m$ のみが与えられるのは，このような理由によるのである．

最後に，上述の説明から導かれる自明の結果として，ケーブルのサージインピーダンスとサージ伝搬速度について式として整理しておこう．

$$
\left.
\begin{array}{lll}
& \text{サージインピーダンス} & \text{サージ速度} \\
\text{正相・逆相回路} & Z_{1surge} = \sqrt{\dfrac{L_1}{C}} & u_1 = \dfrac{1}{\sqrt{L_1 C}} \\
\text{零相回路} & Z_{0surge} = \sqrt{\dfrac{L_0}{C}} & u_0 = \dfrac{1}{\sqrt{L_0 C}}
\end{array}
\right\} \quad (23\cdot11)
$$

ただし，$L_1 = L_2 = L_s - L_m - \delta_1 \fallingdotseq L_s - L_m \quad C_1 = C_2 = C_0 = C$
$L_0 = L_s + 2L_m - \delta_0 \fallingdotseq L_s + 2L_m$
$L_s - L_m$ は式(23・3)で，C は式(23・6)で計算できる．

具体的数値は表2・2と2・5節を参照頂きたい．正相サージインピーダンスが20〜40 Ω，またサージの進行速度はおおむね100〜150 m/μs となることは第2章で述べた．

23・4 金属シースと防食層

23・4・1 金属シースと防食層の役割

金属シース（メタルシース（**metallic screen**））はケーブルの端末位置に接地用端子が付属しており，一般的には両端のシースが接地されて金属シース回路を構成する（23・3・2項参照）．金属シースは①主絶縁部を機械的・電気絶縁的に保護すると共に，②主導体の電圧・電流の外部環境への電気的影響を遮断する役割をも担う．また防食層はケーブルの最外層として前述のようなさまざまな布設環境に基づく過酷なストレスに耐えるための防護の役割を果たす．シースには定常的，過渡的に電位が生ずるので防食層は一定の耐電圧性も求められる．表23・1bはJEC 3402 で定める防食層の絶縁レベルを示している．

60 kV 級以上の高電圧用ケーブルは，通常500〜2000 m の長さを単位としてドラムにコイル状に巻き取る方式で製造，出荷・輸送が行われる．1ドラム以内の区間長の場合には両端に**終端接続部**を設けるだけでよいが，それより長い区間用の線路ではさらに**中間接続部**を設けて複数区間を継ぎ足していくことになる．中間接続部では，左右両区間のシース端子を処理する（23・4節参照）ことになる．

電力ケーブルは電気的仕様のほかに機械的仕様・布設環境に関する仕様（地中直埋・坑道・地上・海底など，水平・垂直・傾斜など）が極めて多様であるので，金属シースと**防食層**（**outer covering**）の仕様もまた極めて多様である．金属シースは屈曲性が求められるので，CV ケーブルおよび OF ケーブルのいずれの場合にも波打ち加工したアルミパイプ（corrugated aluminum sheath）が一般的（まれに鉛仕様もある）であり，必要に応じて鉄線または銅線が補強材として使われる．

防食層は，一般には **PVC**（**polyvinyl chloride**）または **PE**（**polyethylene**）が絶縁材料として使われる．金属シースは片端ないし両端が接地されていても定常現象・過渡現象・サージ現象のいずれによってもシース電圧が誘起され，シース電流が流れることになるので人体接触の可能性のある露出は絶対に避ける必要がある．金属シースと防食層の役割は下記のように整理することができよう．

金属シースの主な役割
・絶縁層（架橋ポリエチレン，油浸紙）の収納と保護
・外部環境（大気・湿気・水など）からの遮断
・機械的強度の分担
・故障電流，不平衡電流
・電気的遮へい（電磁遮へい・静電遮へい）とアース機能：誘導障害の低減，安全（人体感度）

防食層の主な役割
・金属シースを機械的の損傷・化学腐食等に対して防護（打痕・磨滅・耐腐食性・耐候性・耐

熱性など）
・金属シースの隔離（シースの誘起電圧からの人体保護）

　過度のシース電圧は防食層の絶縁耐力に対するストレスであり，また過度のシース電流は主絶縁層や防食層の熱的ストレスとなり，あるいはケーブルの熱収支の阻害要因となるので十分な吟味が必要である．

23・4・2　シースの両端接地方式と片端接地方式

　シースの接地方式の基本的方法として両端接地方式が一般的プラクティスであり，短距離ケーブルの場合に片端接地方式が採用されることをすでに繰り返し述べてきた．その理由を吟味することとしよう．

〔a〕　シース両端接地方式（solid sheath bonding method）

両端接地方式の特徴は次のように要約できよう．

a. シースが両端で接地されているので3相電流が定常状態ではシースはどの地点においてもおおむねその電位はゼロであるので，防食層への電圧負担はほとんどないという利点がある．しかしながら，他方でシース回路には普通の状態で電流がある程度連続的に流れていると考えなければならない．この場合の計算式はケース2で示したとおりである．式(23・5)③が示すように正相電流 I_1 に比例するシース電流 I'_1 が連続的に流れるのである．換言すれば，主回路の負荷電流がなにがしかシース回路を帰路として流れるのである．負荷電流が不平衡であれば逆相・零相電流もシースを帰路として流れることになる．地絡事故中には大きいシース電流が流れることはいうまでもない．

b. 開閉サージ・雷サージの到来時には，両端接地されていても複雑なサージインピーダンス回路として高いサージ性電位・電流がシースに発生することを忘れてはならない（次節参照）．

c. 常時のシース電流がケーブルの絶縁層の放熱収支のわずかながら阻害要因となる．

〔b〕　片端接地方式（single sheath bonding method）

片端接地方式は，シースが片端（n 地点としよう）だけで接地されているのでシース回路に電流は流れない利点がある．ところがシース非接地終端（m 地点）に近くなるほど誘起するシース電位が高くなり，その発生電圧はシース接地終端からの距離に比例する．長い線路区間では非接地端のシース端子部の電位が高くなって保安上の危険度が高まり，また防食層の絶縁を脅かすことになるので適応できないことになる．片端シース接地方式は，工場構内など短距離回路に限定して採用されるべき方式である．

　片端接地方式の場合のシース非接地端子の商用周波数の誘起電圧の計算式はすでに式(23・4)で示したとおりである．

　具体的に試算してみよう．

試算

　3相平衡な負荷電流 $I_1=I_a$ が流れているとして，非接地端シース部の誘起電圧は式(23・4)③より

$$E = j\omega(l'_s - l'_m) \cdot I_1 \text{ [V/km]} \tag{23・12}$$

　$l'_s - l'_m$：導体と同相シース間の相互インダクタンス値〔H/km〕

　$f=50$ HZ，$l'_s - l'_m = 2$ mH/km とすれば

$$E = j2\pi \cdot 50 \times 2 \cdot 10^{-3} \cdot I_1 = 0.628 \cdot I_1 \text{ [V/km]}$$

したがって，$I_1=100$ A で $E=63$ V/km，$I_1=500$ A で $E=314$ V/km

　数百 m 以上の長さでは保安および防食層絶縁の観点から決して無視できない電圧である．

23・5 クロスボンド接続方式

23・5・1 クロスボンド接続方式

単相ケーブル3条で構成する3相長距離ケーブル線路では，多数の中間接続部を設けてケーブルの継ぎが行われる．例えば，全長18 kmの線路区間長を出荷時ドラム長1100 mのケーブルで構成する場合，中間接続部を平均1000 mごとに設置するとして18本を接続することになるので，**終端接続部**が2箇所と**中間接続部**が17箇所必要となる．

ところで仮に主導体の L_{abc}, C_{abc} およびシースの L'_{abc}, C'_{abc} が完全に平衡で，また各相導体を流れる負荷電流 I_{abc} が平衡であるとする理想的なケースを想定すれば，電流の帰路を構成するシース電流は平衡となる．ところが上述のような長距離ケーブル線路では主導体の L_{abc}, C_{abc} およびシースの L'_{abc}, C'_{abc} は当然不平衡になるので，仮に負荷電流 I_{abc} が平衡であっても各相シースにはシース電流 I'_{abc} が不平衡になる．負荷電流の不平衡（逆相・零相）成分があれば，それに起因するシース電流がさらに重畳する．長距離線路ではこのようなシース電流 I'_{abc} を低減する対策が必要になる．この対策として長距離ケーブル線路で普遍的に採用されるのが**クロスボンドシース接続方式**である．

さて，クロスボンド接続方式とは，3相ケーブル自体を布設ルートに沿って適宜撚架することで L_{abc}, C_{abc} の平衡化を図ることに加えて，シースの撚架を各中間接続点で行って L'_{abc}, C'_{abc} の平衡度を確保する方式である．

クロスボンド接続方式を**図23・7**(a) に示す．図は隣接する3区間のシース接続状況を示している．線路の全長を3区間ごとに区切って，その両端に位置する接続点p, sには「**普通接続箱**」を配してシース接地を行うが，中間の接続点q, rには「**絶縁接続箱**（同相の左右シース端子を絶縁している）」を配してシース端子は相撚架接続を行うのみで接地はしない．したがって，シース撚架は毎接続点で行われるが，シース接地は3区間ごとということになる．「普通端子箱」で挟まれた3区間単位で L'_{abc}, C'_{abc} の平衡度が確保されるので，通常状態で流れる不平衡シース電流を最小限に低減することができる．

クロスボンド接続方式は商用周波数のシース電流を低減する方法として優れているが，サージの襲来時には絶縁接続箱を配した接続点q, rでは各相の導体およびシースが複雑なサージ現象にさらされるのでサージに対する特別な防護策が不可欠である．具体的には，図23・6(b) のように避雷器とシース電流抑制装置（限流リアクトル）を設けることがクロスボンド接続方式の標準プラクティスである．

次に，このサージ現象について吟味しよう．

23・5・2 クロスボンド接続方式のサージ現象とその防護策

図23・7(a)，(b) に示すように，**クロスボンド接続方式**（Cross-bonding Metallic-shielding Method）では「絶縁接続箱」を配した中間接続点q, rではシース端子の撚架を行うのみで接地は行わない．この中間接続部qにおけるサージ現象について考察しよう．

図23・7(a) でa相導体に沿ってサージ電圧 $e(t)$ が右行して絶縁接続箱qに到来した．この瞬間のサージインピーダンス回路は図23・6(c) のように表すことができる．ケーブルの主導体・シースの構成は接続箱qの前後で変わらないから，a相q点を挟んでその前後（浸入側と透過側）のサージインピーダンス回路も変わらない．したがって，図のサージインピーダンス回路は浸入側と透過側が左右対称であり，またそのa相の左右の導体サージインピーダンス Z_c を挟むようにサージ電源電圧 $2e(t)$ が挿入されている．なお，（$e(t)$ ではなく）$2e(t)$ が挿入される理由は18・4節のケース2（図18・7）で説明済みである．

次に，導体やシースのサージインピーダンスは3相平衡かつ左右対称なので，図(c) は図

第23章 電力ケーブル線路

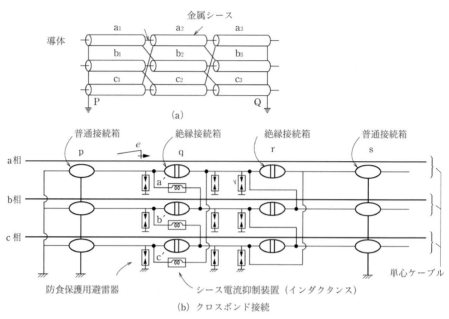

(a)

(b) クロスボンド接続

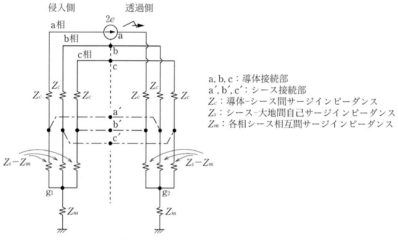

a, b, c：導体接続部
a', b', c'：シース接続部
Z_c：導体-シース間サージインピーダンス
Z_s：シース-大地間自己サージインピーダンス
Z_m：各相シース相互間サージインピーダンス

(c) 絶縁接続箱Ⅰの等価回路（その1）

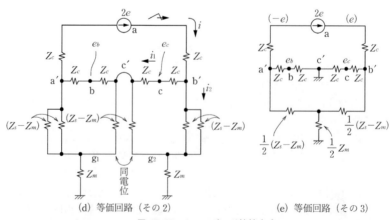

(d) 等価回路（その2）　　　(e) 等価回路（その3）

図 23・7　クロスボンド接続方式

(d) のように書き表すことができる．さらに，図(d) も左右対称であるから図中の g_1, g_2 は同電位のはずであるから図(e) のように書き換えることができる．

図(e) で，点 a′, b′ より下方を見るインピーダンスは

$$Z_{b'a'} \equiv \{(4Z_c) /\!/ (Z_s - Z_m)\} = \frac{4Z_c(Z_s - Z_m)}{4Z_c + (Z_s - Z_m)} \tag{23・13}$$

であるから，点 a′-b′ 間の電圧は次式となる．

$$\left. \begin{array}{l} e_{b'} - e_{a'} = \dfrac{Z_{b'a'}}{2Z_c + Z_{b'a'}} \cdot 2e = \dfrac{(Z_s - Z_m)}{4Z_c + 3(Z_s - Z_m)} \cdot 4e \equiv m \cdot 4e \\[2mm] \text{ただし，} m = \dfrac{Z_s - Z_m}{4Z_c + 3(Z_s - Z_m)} \end{array} \right\} \tag{23・14}$$

式(23・14) は等価回路図 (e) において点 b′ と a′ 間に $4me$ の電圧が加わることを意味している．この電圧 $4me$ は四つの Z_c によって均等に分担されるので，各点の電位は b′ 点 ($2me$)，c 点 (me)，c′ 点 (0)，b 点 ($-me$)，a′ 点 ($-2me$) となる．以上により次式を得る．

中間接続箱 I の部位における導体およびシース電位

導体電位（透過波） シース電位（透過波）

$$\left. \begin{array}{l} e_a = e \\ e_b = -me \\ e_c = me \end{array} \right\} \cdots\cdots ① \qquad \left. \begin{array}{l} e_{a'} = -2me \\ e_{b'} = 2me \\ e_{c'} = 0 \end{array} \right\} \cdots\cdots ② \tag{23・15 a}$$

また，図 23・7(b) で左から右に向かって a 相導体を伝搬してきたサージ e によって，シースの絶縁接続箱 I の両端には次のような電位が発生する．

$$\left. \begin{array}{llll} & \text{シース端子の電位} & & \text{絶縁接続部をまたぐ} \\ \text{絶縁接続箱 I} & \text{右側端子} & \text{右側端子} & \text{左右のシース電位差} \\ \text{a 相シース箱} & e_{a'} = -2me & e_{b'} = 2me & e_{a'} - e_{b'} = -4me \\ \text{b 相シース箱} & e_{b'} = 2me & e_{c'} = 0 & e_{b'} - e_{c'} = +2me \\ \text{c 相シース箱} & e_{c'} = 0 & e_{a'} = -2me & e_{c'} - e_{a'} = +2me \\ & m = \dfrac{Z_s - Z_m}{4Z_c + 3(Z_s - Z_m)} & & \end{array} \right\} \tag{23・15 b}$$

シース端子の電位は $2me$ に達して防食層の絶縁を脅かす．また，絶縁接続部をまたぐ左右のシース端子間の電位差は $4me$ に達して絶縁接続部の長手方向の絶縁を脅かすことになる．

<u>試算</u>

$Z_c = 15\,\Omega$，$Z_s = 25\,\Omega$，$Z_m = 13\,\Omega$ とすれば，式(23・14) により $m = 0.25$ となる．

したがって，a 相導体に侵入するサージ電位 $e(t)$ によって各部位の電位は次のようになる．

導体サージ電位　　　　　a 相：e　　　　b 相：$-0.125e$　　　c 相：$+0.125e$
シースのサージ電位　　　a′ 相：$-0.25e$　　b′ 相：$+0.25e$　　　c′ 相：0
絶縁接続箱左右シース間　a′-b′ 相：$-0.5e$　b′-c′ 相：$+0.25e$　c′-a′ 相：$+0.25e$

侵入サージによってシースには非常に大きい過電圧が発生して防食層および中間接続部のシース対地絶縁と絶縁接続箱の長手方向の絶縁を脅かすことが明らかである．

クロスボンド接続方式では，**中間接続部で避雷器によるシース電位の抑制とシース過電流を低減するための限流インダクタンス**が標準プラクティスとして欠かせないことになる．

23・5・3　クロスボンド接続単心 3 相ケーブル線路のシース異常電圧対策

〔a〕　常時のシース電位

常時の電源周波数領域におけるシースに誘起する電位は，導体と金属シース間の電磁誘導によるものである．ケーブルの一端で接地すると，他の地点では接地点からの距離に応じてシースと対地間に電位差が生ずる．

常時のシース電位（商用周波数）

図 23・8 CV ケーブル用中間接続部の状況（海外の施工事例，400 kV・2500 mm²）（エクシム提供）

$$E = \sum jX_m \cdot I \quad \text{[V/km]}$$
ここで，X_m：導体とシース間相互リアクタンス〔Ω/km〕
　　　　I　：導体電流〔A〕
(23・16)

　ケーブルに常時生ずるシースの許容電位は，シース接続部付近での作業など主として人体への安全上の配慮から通常は 30～60 V 程度以内とされている．防食層は交流腐食などに対して十分配慮された設計となっているために，この程度の常時電位では防食層が絶縁上の問題となることはない．

　常時のシース電位の低減には 3 相導体配置の平衡度確保に加えて**全ルート長の合計でシースの平衡度の高いクロスボンド接続**が非常に効果的なことは明らかである．

〔b〕　導体へのサージ侵入によるサージ性異常シース電位

　雷や開閉サージが侵入する場合のクロスボンド接続点でのサージの挙動は，前記 23・5・2 項で説明したとおりである．クロスボンド接続点の左右の導体とシースのサージインピーダンスが変移点となるために，ここにサージ電位が発生する．

　23・5・2 項で計算理論を説明したように，非常に急峻なサージ e が侵入する場合，シースの対地電位はその 10～25% 程度にもなり，また接続箱の両端にはそのまた 2 倍程度の電圧が発生する．

　シースの過渡電位上昇による**防食層の絶縁破壊を防ぐように避雷素子の配置**などのサージ抑止策が重要である．

23・6　ケーブル接続終端における導体・シースのサージ性異常電圧

　本節では，送電線とケーブル接続点におけるサージ現象とサージのケーブル区間伝搬の様相について検討する．

23・6・1　架空送電線とケーブル接続点のサージ現象

　図 23・9 に示すような架空送電線およびケーブルの接続点の現象について吟味しよう．変移点におけるサージの振る舞いについては 18・3 節，18・4 節で詳しく述べたが，変移点の前後の線路を架空送電線およびケーブルと置き換えたうえでその一部を以下に再録する．

$$\begin{aligned}
&\underline{\text{架空線} \to \text{ケーブル方向}}\text{の透過係数} \quad \mu = \frac{2Z_c}{Z_{oh} + Z_c} \\
&\underline{\text{ケーブル} \to \text{架空線方向}}\text{の透過係数} \quad \mu' = \frac{2Z_{oh}}{Z_c + Z_{oh}}
\end{aligned} \quad (23\cdot 17)$$

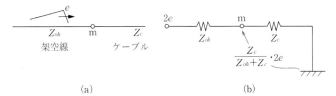

図 23・9 架空送電線とケーブルの接続変位点の状況

透過波として計算される電圧は

$$\mu \cdot e = \frac{2Z_2}{Z_1 + Z_2} \cdot e = \frac{Z_2}{Z_1 + Z_2} \cdot (2e) \qquad (23 \cdot 18)$$

したがって，架空線からのサージ e が変移点 m に到着するとき，その瞬間のケーブル始点 m の透過電圧は図 23・7(b) のように "**$2e$ の電圧がサージインピーダンス $Z_{oh} + Z_c$ に印加されたときに Z_c が分担する電圧**" と言い換えることができる．

試算 架空線：$Z_{oh} = 300\,\Omega$，ケーブル：$Z_c = 30\,\Omega$ とすると

ケース 1：架空線側からケーブルに e が侵入する場合のケーブル始端の電圧

$$e_{\text{cable}} = \frac{2Z_c}{Z_{oh} + Z_c} \cdot e = \frac{2 \times 30}{300 + 30} \cdot e = 0.18e \qquad (23 \cdot 19\,\text{a})$$

ケース 2：ケーブル側から架空線に e が侵入する場合の架空線始端の電圧

$$e_{oh} = \frac{2Z_{oh}}{Z_c + Z_{oh}} \cdot e = \frac{2 \times 300}{30 + 300} \cdot e = 1.8e \qquad (23 \cdot 19\,\text{b})$$

一般にケーブルのサージインピーダンスは架空送電線より 1 桁小さいので，ケース 2 では変移点で電圧は 2 倍近くに跳ね上がる．

以上を予備知識としたうえで次に進む．

23・6・2 サージ過電圧のケーブル区間伝搬

次に，**図 23・10** でサージのケーブル区間伝搬について検討する．図 23・10(a) から明らかなように，ケーブルは中心部から同心円状で「導体→シース→大地の 3 層構造」になっているので実践的な検討では「導体・シース間のサージ e_1, i_1」と「シース・大地間の e_2, i_2」の 2 重構造の現象をイメージする必要がある．

図において，Z_{12} はケーブル導体・シース間のサージインピーダンス，Z_2 はシース・大地間のサージインピーダンス，また Z_{s1}, Z_{s2} はケーブル両端シースの接地サージインピーダンスである．

〔a〕 接続点 m における異常電圧

接続点 m の近傍におけるサージインピーダンスの状況は図 23・10(b 1) のようになる．サージ e が到来直後においては導体・シース間電圧 e_1 とシース・大地間電圧は等価回路図 (b 2) を計算することで求められる．すなわち

e_1：導体・シース間への透過波（**同軸モード波**という）…ケーブル絶縁層にかかる電圧

$$e_1 = \frac{2Z_{12}}{Z_{oh} + Z_{12} + \dfrac{Z_2 Z_{s1}}{Z_2 + Z_{s1}}} \cdot e \quad \text{ここで}\ \ \frac{Z_2 Z_{s1}}{Z_2 + Z_{s1}} = (Z_2 /\!/ Z_{s1}) \qquad (23 \cdot 20\,\text{a})$$

e_2：シース・大地間への透過波（**対地モード波**という）…ケーブルの防食層（外被）にかかる電圧

$$e_2 = \frac{2 \cdot \dfrac{Z_2 Z_{s1}}{Z_2 + Z_{s1}}}{Z_{oh} + Z_{12} + \dfrac{Z_2 Z_{s1}}{Z_2 + Z_{s1}}} \cdot e \qquad (23 \cdot 20\,\text{b})$$

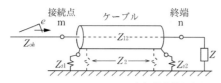

(a) 架空線からケーブルへの侵入サージの状況

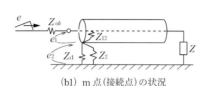 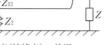

(b1) m点(接続点)の状況　　(b2) m点(接続点)における過渡現象等価回路

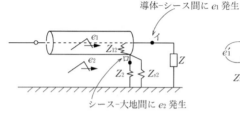 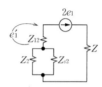

(c1) n点(終端)の状況　　(c2) 導体-シース間電圧成分 (c3) シース-大地間電圧成分
　　　　　　　　　　　　　　　(同軸モード)　　　　　　　（対地モード）

n点(終端)における過渡現象等価回路

図 23・10 ケーブル接続終端における導体・シースのサージ性異常電位の発生メカニズム

また，m点で大地へ逃げるサージ電流について

$$I_{\text{conductor}\to\text{sheath}} = \frac{e_1}{Z_{12}} = \frac{e_2}{Z_2 /\!/ Z_{s1}} = I_{\text{sheath}\to\text{ground}} \quad \text{したがって} \quad e_2 = \frac{Z_2 /\!/ Z_{s1}}{Z_{12}} \cdot e_1 \quad (23 \cdot 20\text{ c})$$

侵入サージの波頭部到来直後（ケーブル内の反射が到来するまで）ではm点では上式のような電圧となる．e_1, e_2 はm点からn点に向かってケーブル区間の伝搬を開始する．

試算

式(23・20 a)，(23・20 b)において，ケーブルの各サージインピーダンスを $Z_{12}=Z_c=15\,\Omega$, $Z_2=Z_s-Z_m=25-13=12\,\Omega$ とし，またシース接地サージインピーダンスは $Z_{s1}=5\,\Omega$ とする．このとき $(Z_2 /\!/ Z_{s1})=(12\times 5)/(12+5)=3.52\,\Omega$ である．さらに架空線 $Z_{oh}=300\,\Omega$ とすれば，

$$e_1 = \frac{2\times 15}{300+15+3.52}\cdot e = 0.094e \qquad e_2 = \frac{2\times 3.52}{300+15+3.52}\cdot e = 0.022e$$

架空線からのサージによってケーブルの導体-シース間とシース-大地間に 0〜20% オーダーのサージが発生することがわかる．開閉サージの場合には発生源が近く，また開閉器からケーブル接続点までのサージインピーダンス（上記試算の Z_{oh} に相当）が小さくなるのでケーブルへの侵入サージ倍率が増加する．

ケーブル回線のある変電所では，このような理論原理に基づいて耐雷設計のための詳細解析を行い，①主回路導体への避雷器，②シース用避雷器，③架空地線とケーブルシース共通接地系接続とその低減，等々の方策が決定される．

〔b〕 ケーブル終端 n における電圧

m点で発生した e_1, e_2 が所要の伝搬時間後に n 点に達する（図(c1)）．m→n への e_1 のケーブル伝搬速度はおおよそ 140〜150 m/μs であり，また途中での減衰はほとんどないとする．対地帰路となる e_2 の伝搬速度はそれより若干遅くなる（若干の減衰を伴うであろうが無視す

る).

終端nの近傍のサージインピーダンスの状況は図(c1)に示すとおりで，図中の点ⓘに e_1 が到来し，またそれより少し遅れて点回に e_2 が到来する．e_1 が n 点のⓘに到来直後のサージ電圧分担の等価回路が図(c2)であり，それより少し遅れて e_2 が n 点回に到来直後のシースのサージ電圧分担の等価回路が図(c3)である．図より

e_1'：導体・シース間への透過波…ケーブル絶縁層にかかる電圧

$$e_1' = \frac{2Z_{12}}{Z_{12}+(Z_2 // Z_{s2})+Z} \cdot e_1 = \frac{2Z_{12}}{Z_{12}+\dfrac{Z_2 Z_{s2}}{Z_2+Z_{s2}}+Z} \cdot e_1 \tag{23・21 a}$$

e_2'：シース・対地間への透過波…ケーブル防食層にかかる電圧

$$e_2' = \frac{2Z_T}{Z_2+Z_T} \cdot e_2 \quad ただし，Z_T=\{Z_{s2} // (Z_{12}+Z)\} = \frac{Z_{s2}(Z_{12}+Z)}{Z_{s2}+(Z_{12}+Z)} \tag{23・21 b}$$

n 点では導体・シース間（絶縁層）に式(23・21 a)のサージ e_1' が到来し，やや遅れてシース・対地間（防食層間）に式(23・21 b)のサージ e_2' が到来する．

絶縁層が電圧 e_1，e_1' やその後の反射波重畳電圧に耐えなければならないのはもちろんであるが，防食層もまた e_2，e_2' とその反射波重畳に耐えなければならない．

もしも我々の関心がケーブルの主絶縁強度についてであるとするならば，シースが理想的に接地されている（すなわち，シースのサージインピーダンスがゼロ，$Z_{s1} \to 0$，$Z_{s2} \to 0$）として防食層に生じるサージ e_2，e_2' を無視することができる．これによってサージ現象はケーブルを同軸モードで伝搬する e_1，e_1' だけとなり，上式は簡略化されて次式となり，若干苛酷サイドの数値を得る．

$$\left.\begin{aligned}e_1 &= \frac{2Z_{12}}{Z_0+Z_{12}} \cdot e \\ e_1' &= \frac{2Z_{12}}{Z_0+Z} \cdot e \\ ただし，&Z_{s1} \to 0, \; Z_{s2} \to 0 \\ &Z：負荷のサージインピーダンス\end{aligned}\right\} \tag{23・21 c}$$

23・6・3 金属シースの両端接地と片端接地の選択と対策

金属シースを**両端接地方式**とすれば，ケーブルシースの電位低減対策としては非常に有効であるが，シース電流が大きくなるのでそのシース損による温度上昇を十分検討する必要がある．

金属シースを**片端接地（m 端非接地，n 端接地）**とする場合には，式(23・20 a, b)で $Z_{s1} \to \infty$ となるので m 点での透過波 e_1（ケーブル絶縁層電圧），e_2（シース電圧）ともに最大で次式となる．

$$e_1 = \frac{2Z_{12}}{Z_{oh}+Z_{12}+Z_2} \cdot e \qquad e_2 = \frac{2Z_2}{Z_{oh}+Z_{12}+Z_2} \cdot e \tag{23・22 a}$$

金属シースを**片端接地（m 端接地，n 端非接地）**とする場合には，式(23・21 a, b)で $Z_{s2} \to \infty$ となるので e_1'（ケーブル絶縁層電圧），e_2'（シース電圧）ともに最大で次式となる．

$$e_1' = \frac{2Z_{12}}{Z_2+Z_{12}+Z} \cdot e_1 \qquad e_2' = \frac{2(Z_{12}+Z)}{Z_2+Z_{12}+Z} \cdot e_2 \tag{23・22 b}$$

終端では到来波の2倍の電位が現れるので対策なしでは危険な状態となる．

ケーブルシースの接地方式は，サージ現象の十分な定量的検討に基づくサージ対応策の一環として決定されなければならない．

23・7 架空送電線とケーブルの接続系統のサージ過電圧

図 23・11 において，雷サージ電圧 e が架空送電線（サージインピーダンス Z_0）からケーブル（Z_1）接続点 m に到来する．図 18・11，式 (18・51) などを参照して，ケーブル接続点に現れる過電圧は次式で計算ができる．

透過波
$$e_t = \mu \cdot e = \frac{2Z_1}{(Z_0 + Z_1)} \cdot e \qquad ①$$

変移点 m
$$v_m = e_t [\underbrace{(1)}_{(0-2)T} + \alpha^2 (1 + \rho_1') \rho_2 \{1 + \underbrace{(\alpha^2 \rho_1' \rho_2)}_{(2-4)T} + \underbrace{(\alpha^2 \rho_1' \rho_2)^2}_{(4-6)T} + \underbrace{(\alpha^2 \rho_1' \rho_2)^3}_{(6-8)T} \cdots\}] \Rightarrow \frac{1 + \alpha^2 \rho_2}{1 - \alpha^2 \rho_1' \rho_2} \cdot e_t \qquad ②$$

変移点 n
$$v_n = e_t [\underbrace{(0)}_{(0-1)T} + \alpha (1 + \rho_2) \{1 + \underbrace{(\alpha^2 \rho_1' \rho_2)}_{(1-3)T} + \underbrace{(\alpha^2 \rho_1' \rho_2)^2}_{(3-5)T} + \underbrace{(\alpha^2 \rho_1' \rho_2)^3}_{(5-7)T} \cdots\}] \Rightarrow \frac{\alpha (1 + \rho_2)}{1 - \alpha^2 \rho_1' \rho_2} \cdot e_t \qquad ③$$

$$(23 \cdot 23)$$

もしも ρ_1'，ρ_2 が正値ならば（すなわち，$Z_0, Z_2 > Z_1$ ならば）v_m, v_n はより大きくなり，また $Z_0 \gg Z_1$，$Z_2 \gg Z_1$ では最大値となる．

試算：$Z_1 = 30\,\Omega$，$Z_0 = 300\,\Omega$（架空送電線．十分に長距離とする）$Z_2 = \infty$（開放）とする．

ケーブルへの透過波：$e_t = \mu \cdot e = 0.18 e$
：$\rho_1' = (Z_0 - Z_1)/(Z_0 + Z_1) = (300 - 30)/(300 + 30) = 0.82$
：$Z_2 = \infty$ (open end)：$\rho_2 = (Z_2 - Z_1)/(Z_2 + Z_1) = 1$

透過波
$$e_t = 2 \times 30/(300 + 30) \cdot e = 0.182 e \qquad ①$$

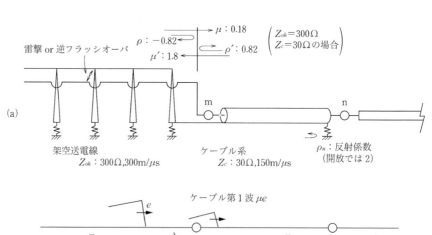

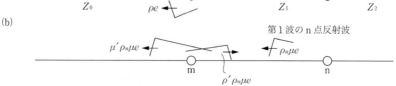

図 23・11 架空線−ケーブル接続系統

変移点 m
$$v_m = e_t[\overset{(0-2)T}{(1)} + 1.82\alpha^2\{\overset{(2-4)T}{1} + \overset{(4-6)T}{(0.82\alpha^2)} + \overset{(6-8)T}{(0.82\alpha^2)^2} + \overset{(8-10)T}{(0.82\alpha^2)^3}\cdots\}]$$
$$\Rightarrow (1+\alpha^2)/(1-0.82\alpha^2)\cdot e_t \qquad ②$$

変移点 n
$$v_n = e_t[\overset{(0-1)T}{(0)} + 2\alpha\{\overset{(1-3)T}{1} + \overset{(3-5)T}{(0.82\alpha^2)} + \overset{(5-7)T}{(0.82\alpha^2)^2} + \overset{(7-9)T}{(0.82\alpha^2)^3}\cdots\}] \Rightarrow 2\alpha/(1-0.82\alpha^2)\cdot e_t \qquad ③$$

$$(23\cdot 24)$$

v_m, v_n が反射を繰り返しつつ単純増加していき最後は収れんすることを示している．仮に $\alpha=1.0$（減衰しない）と仮定すれば v_m, v_n は式(23・24) ②，③によって単純増加して最終的に $11.1e_i$（$=2e$）に達する計算になる．この収れん値は幸いに次の理由で非現実的である．

- この計算では入力サージ e としてステップ波形（無限時間続く）としているが，実際の入力サージ波形は半波尾長が 100〜200 μs 以内でやがて消滅する．したがって，本来ならば $1.2\times 50\ \mu s$ などの波形に置き換えて計算すべきである．
- 減衰係数 $\alpha<1$ による減衰効果が大きい．式(23・22)の収れん値に当てはめてみると $\alpha=1.0,\ 0.8,\ 0.6,\ 0.4$ に対して収れん値は v_m, $v_n \rightarrow 2e, 0.62e, 0.30e, 0.24e$ となる．

式(23・20)，(23・21)の収れん値は上述の理由でやや非現実的であるが，この式が与えるごく初期（$0T$〜$6T$ の時間帯）の電圧値は非常に正確といえよう．

なお，上記の計算過程から例えば次のようなことが理解できる．

図(b) で m 点の右行透過係数 $\mu=2Z_0/(Z_0+Z_1)=2/(1+Z_1/Z_0)$ であるから，透過する電圧は Z_1/Z_0 の大小によって $\mu e=0$〜$2e$ の大きさとなる．また，このとき，サージインピーダンス Z_1 と Z_2 との対比で，$Z_1<Z_2$ なら $\rho_2>0$ で非振動性，$Z_1>Z_2$ なら $\rho_2<0$ で振動性の過電圧モードとなる．Z_2 の状況（架空送電線またはケーブル終端 n の先の系統回線数・負荷容量の多寡など）がケーブル区間の過電圧現象に大きく影響する．

23・8 開閉サージのケーブル線路への襲来

図 23・12(a) において開閉サージがケーブル終端の遮断器で発生する場合について考察しよう．ケーブルは線路用，あるいは発変電所や工場の構内ケーブルであるかもしれない．

遮断器を投入すると投入サージ $\{2Z_1/(Z_0+Z_1)\}\cdot e_0$（ここで，$e_0$ は遮断器投入直前の両接触子間の初期電圧（波高値））が隣接するケーブル端子 m に現れる．変電所側の母線につながる回線数が多いとすれば Z_0 は小さい（$Z_0 \rightarrow 0$）であろうから m 点の電圧 v_m はほとんど $2e_0$ に近い値となるであろう．さらに，ケーブル区間の終端 n 点につながるサージインピーダンス Z_2 が大きければ（例えば，開放 $Z_2=\infty$），サージは大きさも継続時間もより過酷なものとなろう．

図 23・12(b) はケーブル終端 n 点の電圧 v_n を $Z_0=0\ \Omega$, $Z_1=30\ \Omega$, $Z_2=400\ \Omega$ の条件で計算した結果を示している．v_n が振動性過電圧で最高 1.86 倍（常時電圧波高値の倍数）に達している．仮に n 端が開放（$Z_2=\infty$）ならばこの電圧はさらに大きくなる．他方の m 点電圧 v_m は $Z_0=0$ の条件で $v_m=2e_0$ となる．

実際には開閉器とケーブル周辺には変移点がいくつも存在して複雑なサージインピーダンス回路を構成しているであろうから，ケーブルに現れる開閉サージの波形はおそらく複数の振動成分を含む複雑な様相となるであろう．しかしながら，サージの発生のメカニズムを知るうえでは上述の原理説明で十分であろう．

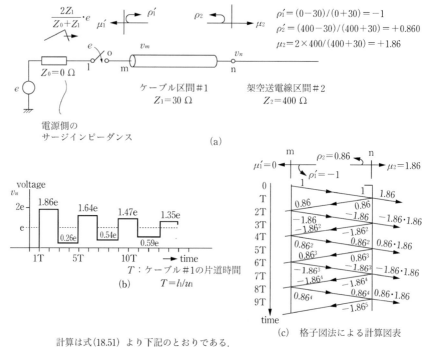

計算は式(18.51)より下記のとおりである．
$$v_n = (1+\rho_2) \cdot \{1 + (\rho'_1 \rho_2) + (\rho'_1 \rho_2)^2 + (\rho'_1 \rho_2)^3 + (\rho'_1 \rho_2)^4 + \cdots\} \cdot e$$

図 23・12　ケーブル区間における開閉サージの様相

23・9　GIS・ケーブル接続終端のサージ性異常シース電圧

　SF₆ 絶縁の **GIS**（**Gas Insulated Substation**）は気中絶縁の変電設備に比べて非常にコンパクトな設計であるために，往復反射の繰り返される両端変移点となるタンク間の距離（GIS タンク長）が短く，したがって開閉サージの周波数は約 1 桁高く，数 MHz 以上のオーダともなる．したがって，**図 23・13**(a) のようにケーブルが GIS につながる場合，シース終端 g_1 に誘起する電圧も比例的に高周波となり，異常に高いシース電位となる場合がある．

　図 23・13(a) の GIS 側からケーブル接続点に向ってサージ e が進む場合のサージ計算の等価回路が図 23・13(b) である．

　図の g_1 と g_2 点間のサージ性電位はテブナンの定理により次式となる．

シース端電位
$$V_{g1} = \frac{Z_a}{Z_c + Z_a + Z_{GIS} + Z_b} \cdot 2e$$

GIS 接地端電位
$$V_{g2} = \frac{-Z_b}{Z_c + Z_a + Z_{GIS} + Z_b} \cdot 2e$$

$$V_{g1-g2} = \frac{Z_a + Z_b}{Z_c + Z_a + Z_{GIS} + Z_b} \cdot 2e$$

ただし，$Z_a = \dfrac{Z'_c Z_{g1}}{Z'_c + Z_{g1}}$　　（シース端から大地側サージインピーダンス）

$Z_b = \dfrac{Z_{GIS} Z_{g2}}{Z_{GIS} + Z_{g2}}$　　（GIS タンク接地点から大地側のサージインピーダンス）

(23・25)

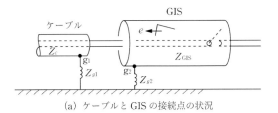

(a) ケーブルと GIS の接続点の状況

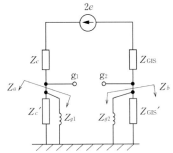

サージインピーダンス
Z_c：ケーブル-導体間
Z_c'：シース-大地間
Z_{GIS}：GIS 導体-タンク間
Z_{GIS}'：タンク-大地間
Z_{g1}, Z_{g2}：接地線サージインピーダンス
$Z_a = (Z_c' // Z_{g1})$　$Z_b = (Z_{GIS}' // Z_{g2})$

(b) 等価回路

図 23・13　ケーブルと GIS の接続系統

式中のサージインピーダンス Z_{GIS} は GIS の設計構造によるだけでなく，母線につながる他の回線の開閉器の開閉状況などによって当然変化する．図 23・13(b) を基本として，さらに GIS とケーブルの各変異点の状況を正確に与えて EMTP プログラムなどで詳細解析が行われる．

架空送電線はせん絡を許容するのに対して**"ケーブルは雷撃・開閉サージ・持続性異常電圧に対して絶縁破壊を生じない設計とする"**ことが系統絶縁設計の基本事項であることを 21・1 節で述べた．電力ケーブルの周辺回路では，さまざまなケースに対して細心の異常電圧対策を施す必要がある．特にサージ領域の現象に対しては計算機による詳細解析は非常に大切であるが，そのためにも簡易化した回路で基礎的メカニズムを十分理解しておくことが肝要である．

第24章 特別な回路の場合

　実際の系統では負荷時タップ切換変圧器を含むループ構成の解析がしばしば登場する．また，第5章で説明した標準的な変圧器と異なる特別な変圧器も活躍する．本章では，このような特別な回路条件の計算法について学ぶこととする．
　また，3相回路の相順を間違えた場合の現象について解説を試みる．電力系統は無限ともいえる多くの構成メンバーが有機的に結合するダイナミックな生き物であり，またそれを扱う電力技術者は時に想定外の事態にも対応しなければならない．「教科書に解説のない事態」に遭遇すればそれに対応すべき理論は自ら構築するしかない．電気現象はどのような場合でも計算が可能であるということを示したいがための事例として「相順ミス」を解説とする．

24・1　負荷時タップ切換変圧器

　負荷時タップ切換変圧器（LTC-Tr：On Load Tap Changing Transformer）は，有負荷状態のままで1次側の巻線のターン数 $_pN$ を変更してその1次・2次間変圧比を標準±10% 程度の幅で変化させうる変圧器である．一般に電圧・無効電力調整の要め役を担う受電用大容量変電所では主要変圧器として負荷時タップ切換変圧器が設置されて，タップ切換えによって自動電圧・無効電力調整（AVR，AQR 制御）が行われる．
　LTC は変圧器の変圧比が変化するので，第5章で説明した PU 法が影響を受ける．例えば，正規電圧 275 kV（1次側）/66 kV（2次側）の系統で LTC がある場合には両側の電圧ベース量をどのように取り扱えばよいのか，工夫が必要となる．本節では PU 法による系統の回路記述で LTC がある場合に，どのような取り扱いをすればよいかを説明する．
　5・1・2項のすべての図および式を，1次・2次・3次ターン数が標準の $_pN:_sN:_tN$ の場合としてここで再度踏襲する．すなわち，図5・2(a) の3巻線変圧器は式(5・7) のベース量で PU 化することによって，式(5・12a) で求められる $_pZ, _sZ, _tZ$ を使って図5・2(b) の等価回路で表現される．
　さて，この変圧器で1次側ターン数のみを $_pN \to _pN'$ に変更した新たな変圧器を想定する．この変圧器の関係式は次のように表現できるはずである．

$$
\left.
\begin{aligned}
&\text{ターン数}\quad _pN':_sN:_tN \quad\cdots\cdots\cdots\cdots\cdots\cdots\cdots\cdots\cdots\text{①}\\
&\text{ベース量}\\
&\qquad \frac{_pV_{\text{base}}}{_pN}=\frac{_sV_{\text{base}}}{_sN}=\frac{_tV_{\text{base}}}{_tN}=\frac{_pV_{\text{base}}'}{_pN'}\\
&\qquad _pI_{\text{base}}\cdot _pN=_sI_{\text{base}}\cdot _sN=_tI_{\text{base}}\cdot _tN=_pI_{\text{base}}'\cdot _pN' \quad\cdots\cdots\cdots\text{②}\\
&\qquad k\equiv \frac{_pN'}{_pN}=\frac{_pV_{\text{base}}'}{_pV_{\text{base}}}=\frac{_pI_{\text{base}}}{_pI_{\text{base}}'}=0.9\sim 1.1\\
&\text{1次側電圧}\ _pV,\ \text{電流}\ _pI\ \text{は}\\
&\quad\text{ベース量}\ _pV_{\text{base}}',\ _pI_{\text{base}}'\ \text{（1次側ターン数}\ _pN'\text{）による pu 値}\\
&\qquad _p\overline{V}'=\frac{_pV}{_pV_{\text{base}}'}\qquad _p\overline{I}'=\frac{_pI}{_pI_{\text{base}}'} \quad\cdots\text{③}
\end{aligned}
\right\} \quad (24\cdot 1)
$$

ベース量 $_pV_{base}$, $_pI_{base}$（1次側標準ターン数 $_pN$）による pu 値

$$_p\overline{V} = \frac{_pV}{_pV_{base}} \qquad _p\overline{I} = \frac{_pI}{_pI_{base}}$$

1次側が $_pN'$〔ターン〕のこの変圧器の等価回路は**図 24·1**の右部のようになる．1次側巻回数が $_pN'$ なので図中の等価インピーダンス $_pZ'$, $_sZ'$, $_tZ'$ は巻き回数が $_pN:_sN:_tN$〔ターン〕の場合の $_pZ$, $_sZ$, $_tZ$ とは少し異なるものとなる．

両ベース量の関係

$$\frac{_pV_{base}}{_pN} = \frac{_pV_{base}'}{_pN'} \qquad _pI_{base} \cdot _pN = _pI_{base}' \cdot _pN'$$

すなわち

$$k = \frac{_pN'}{_pN} = \frac{_pV_{base}'}{_pV_{base}} = \frac{_pI_{base}}{_pI_{base}'} = 0.9 \sim 1.1$$

(24·2)

したがって，次式が成り立つ．

$$_p\overline{V} = \frac{_pV}{_pV_{base}} = \frac{_pV_{base}'}{_pV_{base}} \cdot \frac{_pV}{_pV_{base}'} = k \cdot _p\overline{V}'$$

$$_p\overline{I} = \frac{_pI}{_pI_{base}} = \frac{_pI_{base}'}{_pI_{base}} \cdot \frac{_pI}{_pI_{base}'} = \frac{1}{k} \cdot _p\overline{I}'$$

(24·3)

式(24·3)は，図 24·1 左部に示した理想トランス（ターン数 $_pN:_pN'$）の特性そのものである．したがって，使用中のタップで表した変圧器の 3 端子等価回路に理想トランスをつないだ図 24·1 は，式(24·1)〜(24·3)の関係式をすべて満たしており，負荷時タップ切換変圧器の等価回路である．

一般に，タップ切換器による変圧比の変更は標準値±10% 程度に設計されるので $k = 0.9 \sim 1.1$ である．各タップごとにインピーダンス値が変化するのは当然であり，$_{p-s}Z$, $_{p-t}Z$, $_{s-t}Z$ として，各タップごとに銘板記載事項となっている．

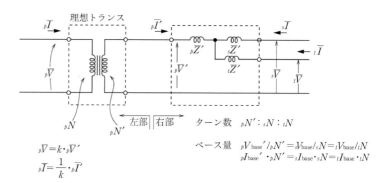

図 24·1 タップ切換変圧器

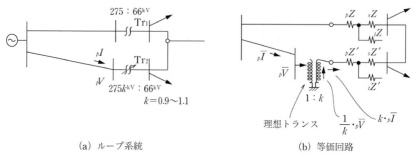

(a) ループ系統　　　　　　　(b) 等価回路

図 24·2 負荷時タップ切換変圧器を含むループ系統

系統計算で変圧器のタップ切換えによる精度が問題になるケースでは，図のように理想変圧器を挿入して計算を行うことになる．

一例として，**図24・2**(a) のように標準タップの Tr_1 と非標準タップの Tr_2 がループ回路の場合の計算では図(b) のような等価回路の計算を行うことになる．Tr_2 のインピーダンスは標準タップのときの値とは若干異なるものとなる．

24・2 位相調整変圧器（移相変圧器）

ループ構成で運転される系統の場合に，各ルートへの通過電流の按分が成り行きのまま（インピーダンス逆比）では容量的に適切とならないことがある．**移相調整変圧器（phase shifter）** は，各ルートの通過電力の按分を積極的に制御するための特別な変圧器である．図 **24・3**(a) は1次・2次側が同一電圧階級（直接接地系）のループ系に適用する場合の代表的な結線の例である．**位相調整変圧器は，3相の直列変圧器と調整変圧器の組合せで構成され**，系統に直列接続のコイルが配置される．

24・2・1 基本式の導入

図 24・3(a) で次の関係がある．

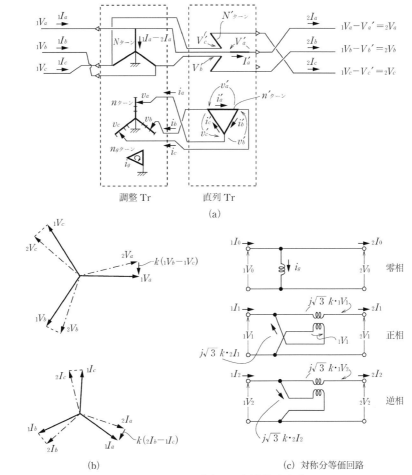

図 24・3 位相調整変圧器（直接接地系用）

$$\frac{{}_1\boldsymbol{V}_{abc}}{N}=\frac{\boldsymbol{v}_{abc}}{n}$$

$$\frac{\boldsymbol{V}_{abc}{}'}{N'}=\frac{\boldsymbol{v}_{abc}{}'}{n'}$$

$$\boldsymbol{V}_{abc}{}'={}_1\boldsymbol{V}_{abc}-{}_2\boldsymbol{V}_{abc}$$

$$N\{{}_1\boldsymbol{I}_{abc}-{}_2\boldsymbol{I}_{abc}\}+n\boldsymbol{i}_{abc}+n_g\,\boldsymbol{i}_g=0$$

ここで, $\boldsymbol{i}_g=\begin{bmatrix}i_g\\i_g\\i_g\end{bmatrix}$

$$N'\cdot{}_2\boldsymbol{I}_{abc}+n'\cdot\boldsymbol{i}_{abc}{}'=0$$

$$\begin{bmatrix}&1&-1\\-1&&1\\1&-1&\end{bmatrix}\cdot\begin{bmatrix}v_a\\v_b\\v_c\end{bmatrix}=\begin{bmatrix}v_a{}'\\v_b{}'\\v_c{}'\end{bmatrix}\qquad\begin{bmatrix}i_a\\i_b\\i_c\end{bmatrix}=\begin{bmatrix}&1&-1\\-1&&1\\1&-1&\end{bmatrix}\cdot\begin{bmatrix}i_a{}'\\i_b{}'\\i_c{}'\end{bmatrix}$$

$\quad\boldsymbol{\varphi}\qquad\boldsymbol{v}_{abc}\quad\boldsymbol{v}_{abc}{}'\qquad\boldsymbol{i}_{abc}\qquad\boldsymbol{\varphi}\qquad\boldsymbol{i}_{abc}{}'$

$$\qquad\qquad(24\cdot4)$$

これより次式を得る.

$$\{1-k\boldsymbol{\varphi}\}\cdot{}_1\boldsymbol{V}_{abc}={}_2\boldsymbol{V}_{abc}\qquad\text{ここで, }k=\frac{n}{N}\cdot\frac{N'}{n'}$$

$${}_1\boldsymbol{I}_{abc}+k_g\cdot\boldsymbol{i}_g=\{1+k\boldsymbol{\varphi}\}\cdot{}_2\boldsymbol{I}_{abc}\qquad k_g=\frac{n_g}{N}$$

$$(24\cdot5\text{ a})$$

あるいは

$$\begin{aligned}{}_2V_a&={}_1V_a-k({}_1V_b-{}_1V_c)&{}_1I_a+k_g\cdot i_g&={}_2I_a+k({}_2I_b-{}_2I_c)\\{}_2V_b&={}_1V_b-k({}_1V_c-{}_1V_a)&{}_1I_b+k_g\cdot i_g&={}_2I_b+k({}_2I_c-{}_2I_a)\\{}_2V_c&={}_1V_c-k({}_1V_a-{}_1V_b)&{}_1I_c+k_g\cdot i_g&={}_2I_c+k({}_2I_a-{}_2I_b)\end{aligned}\qquad(24\cdot5\text{ b})$$

一般に, 調整 Tr はその巻線の極性と巻数 n(タップ) を変更できるように設計されるので正負の値を取ることができ, k も正負の値を取り得て, $k=\pm0.1$ 程度以内の仕様となる.

3相平衡の場合のベクトル関係の模様は図 24・3(b) のようになる.

式(24・5) を対称分に変換する.

$$\{1-k\cdot(\boldsymbol{a}\cdot\boldsymbol{\varphi}\cdot\boldsymbol{a}^{-1})\}\cdot{}_1\boldsymbol{V}_{012}={}_2\boldsymbol{V}_{012}$$

$${}_1\boldsymbol{I}_{012}+k_g\begin{bmatrix}i_g\\0\\0\end{bmatrix}=\{1+k\cdot(\boldsymbol{a}\cdot\boldsymbol{\varphi}\cdot\boldsymbol{a}^{-1})\}\cdot{}_2\boldsymbol{I}_{012}$$

$$(\boldsymbol{a}\cdot\boldsymbol{\varphi}\cdot\boldsymbol{a}^{-1})=\begin{bmatrix}&&\\&a^2-a&\\&&a-a^2\end{bmatrix}=\begin{bmatrix}&&\\&-j\sqrt{3}&\\&&j\sqrt{3}\end{bmatrix}$$

$$(24\cdot6)$$

したがって

$$\left.\begin{aligned}{}_1V_0&={}_2V_0\\(1+j\sqrt{3}\,k)\cdot{}_1V_1&={}_2V_1\\(1-j\sqrt{3}\,k)\cdot{}_1V_2&={}_2V_2\end{aligned}\right\}\cdots\text{①}\qquad\left.\begin{aligned}{}_1I_0+k_g i_g&={}_2I_0\\{}_1I_1&=(1-j\sqrt{3}\,k)\cdot{}_2I_1\\{}_1I_2&=(1+j\sqrt{3}\,k)\cdot{}_2I_2\end{aligned}\right\}\cdots\text{②}\qquad(\mathbf{24\cdot7})$$

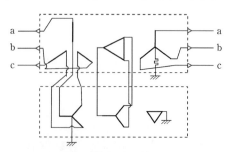

図 24・4 位相調整変圧器 (高抵抗接地系用)

0-1-2相等価回路として描くと図24・3(c)を得る．

高抵抗接地系統のような移相調整器の結線の代表例を**図24・4**に示す．図24・3の場合と同様の等価回路を求めることができる．

24・2・2 ループ系統への適用

前述の位相調整変圧器が**図24・5**に示すループ系統の受電端rのルート1側に設置されているとする．図はこの場合の正相等価回路である．正相回路関係式は，

ルート1 　　　　　　　　　　　　　　　　　ルート2

$$\left.\begin{aligned}\dot{V}_{s1}-\dot{V}_{rr1}&=\dot{I}_1\cdot\dot{Z}_1\\\dot{V}_{rr1}-\dot{V}_{r1}&=-j\sqrt{3}\,k\cdot\dot{V}_{rr1}\\\therefore\quad \dot{V}_{s1}-\frac{1}{1+j\sqrt{3}\,k}\cdot\dot{V}_{r1}&=\dot{I}_1\cdot\dot{Z}_1\end{aligned}\right\}① \quad \left.\begin{aligned}\dot{V}_{s1}-\dot{V}_{r1}&=\dot{I}_1'\cdot\dot{Z}_1' \quad ②\\ \dot{Z}_1&\fallingdotseq jx_1 \\ \dot{Z}_1'&=jx_1' \end{aligned}\right\}③ \quad (24\cdot8)$$

ルート1について，位相調整変圧器がある場合

$$\left.\begin{aligned}\dot{I}_1&=\frac{1}{\dot{Z}_1}\left\{\dot{V}_{s1}-\frac{1}{1+j\sqrt{3}\,k}\cdot\dot{V}_{r1}\right\}\\ \dot{S}_{s1}&=P_{s1}+jQ_{s1}=\dot{V}_{s1}\cdot\dot{I}_1{}^*=\frac{1}{\dot{Z}_1{}^*}\left\{\dot{V}_{s1}{}^2-\frac{1}{1-j\sqrt{3}\,k}\cdot\dot{V}_{s1}\cdot\dot{V}_{r1}{}^*\right\}\end{aligned}\right\} \quad (24\cdot9)$$

位相調整変圧器がない場合（$k=0$のケースに相当）

$$\dot{S}_{s1,k=0}=P_{s1}+jQ_{s1}=\frac{1}{\dot{Z}_1{}^*}\left\{\dot{V}_{s1}{}^2-\dot{V}_{s1}\cdot\dot{V}_{r1}{}^*\right\} \quad (24\cdot10)$$

位相調整変圧器がある場合とない場合のルート1の皮相電力の差（両式の差）を求めると

$$\left.\begin{aligned}\varDelta\dot{S}_{s1}&=\dot{S}_{s1}-\dot{S}_{s1,k=0}=\frac{-j\sqrt{3}\,k}{1-j\sqrt{3}\,k}\cdot\frac{\dot{V}_{s1}\cdot\dot{V}_{r1}{}^*}{\dot{Z}_1{}^*}=\frac{3k^2-j\sqrt{3}\,k}{3k^2+1}\cdot\frac{\dot{V}_{s1}\cdot\dot{V}_{r1}{}^*}{Z_1{}^*}\\ &\fallingdotseq(3k^2-j\sqrt{3}\,k)\cdot\frac{\dot{V}_{s1}\cdot\dot{V}_{r1}{}^*}{-jx_1}\\ &=\frac{\sqrt{3}\,k+j3k^2}{x_1}\cdot\dot{V}_{s1}\cdot\dot{V}_{r1}{}^*\fallingdotseq\frac{\sqrt{3}\,k}{x_1}\cdot\dot{V}_{s1}\cdot\dot{V}_{r1}{}^* \quad\cdots\cdots\cdots①\\ \dot{V}_s&=|V_s|\underline{/\delta°}, \quad \dot{V}_r=|V_r|\underline{/0°}\text{とすれば}\\ \varDelta\dot{P}_{s1}&+j\dot{Q}_{s1}\fallingdotseq\frac{\sqrt{3}\,k}{x_1}\cdot|\dot{V}_{s1}\cdot\dot{V}_{r1}{}^*|\cdot(\cos\delta+j\sin\delta) \quad\cdots\cdots\cdots② \end{aligned}\right\} \quad (24\cdot11)$$

途中の近似は$k=\pm0.1$程度であることによっている．位相調整変圧器によってルート1の通過電力を式(24・11)だけ増減制御が可能となる．

例えば，"ルート1の方がルート2より線路容量が大きいのに長距離のためインピーダンスが大きく，送電電力がルート2に偏ってしまう場合"がある．このような場合に，ルート2に位相調整変圧器を設置することによってルート2の通過電力を式(24・11)相当分ルート1に移すことができる．地点s→rの両ルート合計皮相電力が不変とすれば，ルート1の通過電流が増大した分だけルート2の通過電力は減少する．結果としてs-r間の位相差角も縮小して安定度にも寄与することになる．

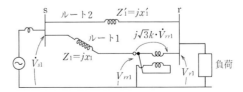

図 24・5 位相調整変圧器のループ系への適用（正相回路）

24・3 ウッドブリッジ変圧器とスコット変圧器

電車鉄道や電気炉負荷は断続的に変化の激しい単相負荷であり，3相系統側で不平衡電流を生ずる．その不平衡度を緩和するために，電気鉄道用変電所ではウッドブリッジ結線，あるいはスコット結線という特別な結線方式の変圧器が使われる．新幹線のように大容量の不平衡負荷でありながら，零相電流を流さず，かつ逆相電流も減らすように巧妙に工夫された特殊な変圧器である．

24・3・1 ウッドブリッジ変圧器

ウッドブリッジ変圧器の回路を図 24・6 に示す．変圧器はその2次 (S), 3次 (T) の仕様がまったく同じ（同一容量，同一巻き回数）に設計された3巻線変圧器で，またそのコイルが図のように特別な接続になっている．変圧器の低圧側にA座，B座の二つの単相負荷引出し口があり，B座にはさらに $1:\sqrt{3}$ の昇圧トランスが用意される．負荷はほぼ同量に2分（例えば，鉄道の上り線と下り線）して，それぞれA座，B座に接続される．

A座，B座の単相負荷電流と1次側電流の関係を計算してみよう．変数はすべてベクトル値である．

変圧器のアンペアターンの相殺関係より

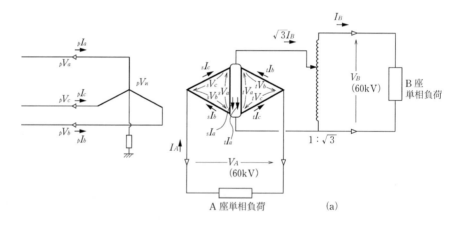

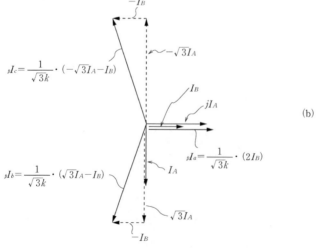

図 24・6 ウッドブリッジ変圧器

24・3 ウッドブリッジ変圧器とスコット変圧器

$$\left.\begin{array}{l}{}_pn\cdot {}_pI_a+{}_sn({}_sI_a+{}_tI_a)=0\\{}_pn\cdot {}_pI_b+{}_sn({}_sI_b+{}_tI_b)=0\\{}_pn\cdot {}_pI_c+{}_sn({}_sI_c+{}_tI_c)=0\end{array}\right\} \therefore \left.\begin{array}{l}k\cdot {}_pI_a+{}_sI_a+{}_tI_a=0\\k\cdot {}_pI_b+{}_sI_b+{}_tI_b=0\\k\cdot {}_pI_c+{}_sI_c+{}_tI_c=0\end{array}\right\} \quad (24\cdot 12)$$

ここで，${}_pn$ は 1 次側，${}_sn$ は 2 次・3 次側巻き数．ただし，$k=\dfrac{{}_pn}{{}_sn}$

A 座電流
$$I_A={}_sI_c-{}_sI_b={}_tI_c-{}_tI_b \quad\cdots\cdots\cdots\cdots\text{①}$$
B 座電流
$$\sqrt{3}\,I_B=({}_sI_c-{}_sI_a)+({}_tI_b-{}_tI_a) \quad\cdots\cdots\text{②}$$
$$\left.\right\} \quad (24\cdot 13)$$

式 (24・13) と式 (24・12) の ${}_tI_b, {}_tI_c$ を消去整理すると

$$_sI_b-{}_sI_c=\dfrac{-k}{2}({}_pI_b-{}_pI_c) \quad (24\cdot 14)$$

式 (24・12), (24・14) を式 (24・13) に代入整理して I_A, I_B を 1 次側電流で表すと，

$$\left.\begin{array}{l}I_A=\dfrac{k}{2}({}_pI_b-{}_pI_c)\\ \sqrt{3}\,I_B=({}_sI_c-{}_sI_a)+({}_tI_b-{}_tI_a)\\ \quad=\dfrac{k}{2}(2\,{}_pI_a-{}_pI_b-{}_pI_c)\end{array}\right\} \quad (24\cdot 15\,\text{a})$$

すなわち

$$\begin{bmatrix}I_A\\\sqrt{3}\,I_B\end{bmatrix}=\dfrac{k}{2}\begin{bmatrix}0&1&-1\\2&-1&-1\end{bmatrix}\cdot\begin{bmatrix}{}_pI_a\\{}_pI_b\\{}_pI_c\end{bmatrix} \quad (24\cdot 15\,\text{b})$$

また

$$\begin{bmatrix}I_A\\\sqrt{3}\,I_B\end{bmatrix}=\dfrac{k}{2}\begin{bmatrix}0&1&-1\\2&-1&-1\end{bmatrix}\cdot\begin{bmatrix}1&1&1\\1&a^2&a\\1&a&a^2\end{bmatrix}\cdot\begin{bmatrix}{}_pI_0\\{}_pI_1\\{}_pI_2\end{bmatrix}=\dfrac{k}{2}\begin{bmatrix}0&-j\sqrt{3}&j\sqrt{3}\\0&3&3\end{bmatrix}\cdot\begin{bmatrix}{}_pI_0\\{}_pI_1\\{}_pI_2\end{bmatrix}$$

結局，次式を得る．

$$\begin{bmatrix}I_A\\I_B\end{bmatrix}=\dfrac{\sqrt{3}}{2}k\begin{bmatrix}0&-j&j\\0&1&1\end{bmatrix}\cdot\begin{bmatrix}{}_pI_0\\{}_pI_1\\{}_pI_2\end{bmatrix}$$

$$(24\cdot 15\,\text{c})$$

$$\left.\begin{array}{l}I_A=-j\dfrac{\sqrt{3}}{2}k({}_pI_1-{}_pI_2)\\ I_B=\dfrac{\sqrt{3}}{2}k({}_pI_1+{}_pI_2)\end{array}\right\}\cdots\cdots\cdots\cdots\text{①}$$

逆に解いて

$$\left.\begin{array}{l}{}_pI_1=\dfrac{1}{\sqrt{3}\,k}(I_B+jI_A)\\ {}_pI_2=\dfrac{1}{\sqrt{3}\,k}(I_B-jI_A)\\ {}_pI_0=0\end{array}\right\}\cdots\cdots\cdots\cdots\text{②}$$

$$\left.\begin{array}{l}{}_pI_a=\dfrac{1}{\sqrt{3}\,k}(2I_B)\\ {}_pI_b=\dfrac{1}{\sqrt{3}\,k}(\sqrt{3}\,I_A-I_B)\\ {}_pI_c=\dfrac{1}{\sqrt{3}\,k}(-\sqrt{3}\,I_A-I_B)\end{array}\right\}\cdots\cdots\text{③}$$

$$(24\cdot 16)$$

ここで，$jI_A = I_B$ のとき $_pI_2 = 0$ となる．

この結果は次のことを意味している．

① 2組の単相負荷電流 I_A と I_B は，I_A に対して I_B が 90°遅れ位相の負荷となる．

② 2次・3次側が△接続になっているので，A座，B座の負荷がどのような状態でも1次側に零相電流は発生しない．すなわち，負荷がいかなる状態でも $_pI_0 = 0$ である．

③ A座，B座の負荷電流によって1次側には正相および逆相電流が流れる．ただし，両座の負荷が同じ大きさになると $I_B = jI_A$ あるいは $|I_A| = |I_B|$ であるから1次側逆相電流もゼロ $_pI_2 = 0$ となる．また，I_B と I_A のどちらか一方がゼロの場合には，$_pI_1 = _pI_2$ となって正相電流と同じ大きさの逆相電流が流れることになる．はなはだしい不平衡負荷といわなければならない．

ベクトル関係を図 24・6 (b) に示す．

鉄道の場合，単相き電方式となっているので大きい不平衡電流が流れる原因となる．ただ，ほぼ同時・同容量と考えられる2組の単相負荷（例えば，上り線/下り線，あるいはき電区間など）に分けてA座，B座の負荷とすることによって逆相電流がかなり抑制される．

24・3・2 スコット変圧器

スコット変圧器は基本的に単相変圧器を2台組み合わせた構造であってその結線を図 24・7 に示す．図において，1次（高圧）側巻線がT字型結線として構成されており，またその巻回数が $n_1 : n_2 : n_3 = 1 : 2 : \sqrt{3}$ および $n_A : n_B = \sqrt{3} : 1$ となっていることが特徴である．その結線はウッドブリッジ変圧器と全く異なるが，両者は機能的には全く同じであると考えてよい．図 24・7 の結線を式で表現すれば

$$n_A \cdot I_A = n_3 \cdot I_b - n_3 \cdot I_c$$
$$n_B \cdot I_B = n_2 \cdot I_a - n_1 \cdot (I_b + I_c) \tag{24・17 a}$$

ここで $n_1 : n_2 : n_3 = 1 : 2 : \sqrt{3}$ および $n_A : n_B = \sqrt{3} : 1$

したがって

$$\left. \begin{array}{l} I_A = \dfrac{n_3}{n_A}(_pI_b - _pI_c) \\[6pt] I_B = \dfrac{n_2}{n_B} {_pI_a} - \dfrac{n_1}{n_B}(_pI_b + _pI_c) = \dfrac{n_1}{n_B} \cdot \{2_pI_a - (_pI_b + _pI_c)\} \\[6pt] \therefore \begin{bmatrix} I_A \\ I_B \end{bmatrix} = k \begin{bmatrix} 0 & 1 & -1 \\ 2 & -1 & -1 \end{bmatrix} \cdot \begin{bmatrix} _pI_a \\ _pI_b \\ _pI_c \end{bmatrix} \end{array} \right\} \tag{24・17 b}$$

あるいは

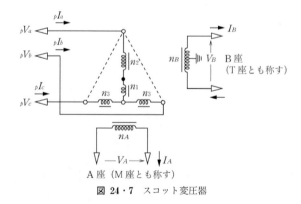

図 24・7 スコット変圧器

$$\begin{vmatrix} I_A \\ I_B \end{vmatrix} = \sqrt{3}K \begin{vmatrix} 0 & -j & j \\ 0 & 1 & 1 \end{vmatrix} \cdot \begin{vmatrix} {}_pI_0 \\ {}_pI_1 \\ {}_pI_2 \end{vmatrix} \qquad ただし \quad k = \frac{n_3}{n_A} = \frac{n_1}{n_B} \qquad (24 \cdot 17\,\mathrm{c})$$

式(25・15 b)と(25・17 b)および式(25・15 c)と(25・17 c)はそれぞれ同形である．スコット結線変圧器とウッドブリッジ結線変圧器がその構造は全く異なるにもかかわらず機能的には同等であることを示している．

スコット変圧器はWestinghouse社の技師であったC. F. Scottによって1890年代に発明されており鉄道変電に欠かせない変圧器となった．これに対してウッドブリッジ変圧器は1970年代に実用化されており，日本では山陽新幹線で初めて採用された．スコット変圧器は3相非対称の結線方式であるがウッドブリッジは2次3次側巻線が同一仕様でまたそのコイル端子が通常と異なる結線方式の3相三巻線変圧器であると理解できる．現在では両結線方式共にがそのコストを競う形で単相交流饋電の鉄道用変圧器や電気炉など大形単相負荷用変圧器として実用に供せられている．

24・4　零相接地変圧器

大規模の化学工場や電気炉工場などでは，連係変圧器の工場負荷側を△巻線にして送電系統側と零相回路の**縁を切る**構成とすることが多い．この場合，多くの重要負荷がつながる工場構内系統は，このままでは零相回路が非接地状態となるので**構内系統独自に中性点接地を行う必要がある**．そこで構内系として人結線の変圧器を用意して独自に零相接地をすることもできるが，中性点接地の目的で通常の変圧器を設けることは不経済である．そこで登場するのが**零相接地変圧器**である．零相変圧器は正逆相回路としては開放で零相回路接地の役割のみを果たす特殊な変圧器である．**図24・8**(a)にその結線を示す．通常の3相平衡状態ではベクトル関係が図(b)のようになるので**千鳥結線**ともいわれる．

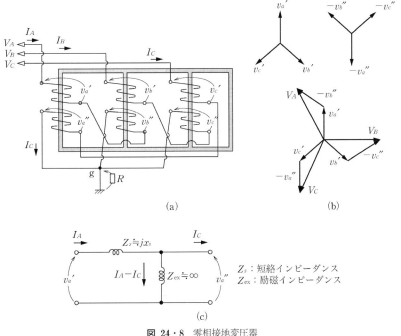

図 24・8 零相接地変圧器

さて，この図で v_a'，v_a'' の加わる第1鉄心コイルに着目すると，これは巻き回数が1:1の2巻線変圧器であるから，その電気量の関係は図(c)の等価回路で表現できる．$Z_s=jx_s$ は短絡インピーダンスであり，Z_{ex} は非常に大きい励磁インピーダンスである．他の鉄心コイルについても同様である．したがって，この結線では次式が成立する．

$$\left.\begin{array}{l}\left.\begin{array}{l}v_a'-v_a''=Z_s I_A\\ v_b'-v_b''=Z_s I_B\\ v_c'-v_c''=Z_s I_C\end{array}\right\}\cdots\cdots\text{①}\quad\left.\begin{array}{l}v_a''=Z_{ex}(I_A-I_C)\\ v_b''=Z_{ex}(I_B-I_A)\\ v_c''=Z_{ex}(I_C-I_B)\end{array}\right\}\cdots\cdots\text{②}\\ \left.\begin{array}{l}V_A=v_a'-v_b''\\ V_B=v_b'-v_c''\\ V_C=v_c'-v_a''\end{array}\right\}\cdots\cdots\text{③}\end{array}\right\}\quad(24\cdot18)$$

v_a'，v_a'' などを消去すると

$$\begin{aligned}V_A&=Z_s I_A+Z_{ex}(2I_A-I_B-I_C)\\ &=Z_s I_A+3Z_{ex}(I_A-I_0)\\ &=(Z_s+3Z_{ex})I_A-3Z_{ex}I_0\end{aligned}\quad(24\cdot19\text{ a})$$

$$\therefore\quad\left.\begin{array}{l}V_A=(Z_s+3Z_{ex})I_A-3Z_{ex}I_0\\ V_B=(Z_s+3Z_{ex})I_B-3Z_{ex}I_0\\ V_C=(Z_s+3Z_{ex})I_C-3Z_{ex}I_0\end{array}\right\}\quad(24\cdot19\text{ b})$$

対称分に変換すると

$$\left.\begin{array}{l}V_0=Z_s I_0\\ V_1=(Z_s+3Z_{ex})I_1\\ V_2=(Z_s+3Z_{ex})I_2\end{array}\right\}\quad(24\cdot20)$$

また

$$\left.\begin{array}{l}Z_0=\dfrac{V_0}{I_0}=Z_s=jx_s\\ Z_1=Z_2=\dfrac{V_1}{I_1}=Z_s+3Z_{ex}\fallingdotseq\infty\\ Z_2=\dfrac{V_2}{I_2}=Z_s+3Z_{ex}\fallingdotseq\infty\end{array}\right\}\quad(24\cdot21)$$

を得る．$Z_{ex}\fallingdotseq\infty$ とみなしうるから，この変圧器は正逆相回路としては開放であり，零相的に jx_s を介して接地の役割を果たすことになる．なお，図24・8(a) の中性点 g で抵抗 R を介して接地すれば $Z_0=3R+jX_s$ となることも自明である．

さて，**第3調波電流**は零相電流的な振舞いをするのであったから，零相接地変圧器は第3調波フィルタの役割をも果たすことも明らかである．電気炉工場などでは，零相接地変圧器は電流源的に発生する $3n$ 倍調波成分を大地に逃がして，局所的なひずみにとどめる役割も担っているといえよう．

なお，一般に発電所ではその主変圧器の低圧側（発電機側）を △ 巻線として発電機側回路と系統側回路を零相回路的に切り離すが，発電機（電機子スター結線）の中性点を必ず抵抗接地（通常100 A程度）として中性点を安定させるので零相変圧器は不要となる．

24・5 相順の誤接続回路の計算

技術者は教科書に絶対記載のないケースに対して答えを求めなければならないことが多い．その一例が誤結線である．

図24・9のような左右二つの3相回路を相互に接続するときに相順を間違えてしまったらどのようになるであろうか．計算は自身で組み立てるしかない．理論的思考の基礎があればそれ

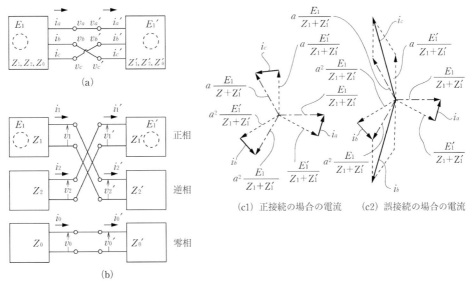

図 24・9 相誤結線(a-b-c 相⟷a′-c′-b′相)

が可能である．

24・5・1 ケース1 a-b-c 相 ⇔ a-c-b 相の誤接続の場合

図 24・9(a) で左右の平衡回路が正しく接続されておれば，回路の接続点の電圧・電流は正相分のみで式(24・22)となることは自明である．この場合の接続点の関係式は

$$\left.\begin{array}{l} i_1 = \dfrac{E_1 - E_1'}{Z_1 + Z_1'} \\ i_2 = i_0 = 0 \end{array}\right\} \cdots\cdots\textcircled{1} \quad \left.\begin{array}{l} i_a = \dfrac{E_1 - E_1'}{Z_1 + Z_1'} \\ i_b = a^2 i_a,\ i_c = a i_a \end{array}\right\} \cdots\cdots\textcircled{2} \quad (24\cdot22)$$

次に図 24・9(a) の誤接続状況の場合を検討する．式で表現すれば

$$\underbrace{\begin{bmatrix} v_a \\ v_b \\ v_c \end{bmatrix}}_{\boldsymbol{v}_{abc}} = \underbrace{\begin{bmatrix} v_a' \\ v_c' \\ v_b' \end{bmatrix}}_{\boldsymbol{v}_{acb}'} \quad \underbrace{\begin{bmatrix} i_a \\ i_b \\ i_c \end{bmatrix}}_{\boldsymbol{i}_{abc}} = \underbrace{\begin{bmatrix} i_a' \\ i_c' \\ i_b' \end{bmatrix}}_{\boldsymbol{i}_{acb}'} \tag{24・23}$$

したがって，

$$\underbrace{\begin{bmatrix} v_a' \\ v_c' \\ v_b' \end{bmatrix}}_{\boldsymbol{v}_{acb}'} = \underbrace{\begin{bmatrix} 1 & 0 & 0 \\ 0 & 0 & 1 \\ 0 & 1 & 0 \end{bmatrix}}_{\boldsymbol{k}_1} \cdot \underbrace{\begin{bmatrix} v_a' \\ v_b' \\ v_c' \end{bmatrix}}_{\boldsymbol{v}_{abc}'} \quad \underbrace{\begin{bmatrix} i_a' \\ i_c' \\ i_b' \end{bmatrix}}_{\boldsymbol{i}_{acb}'} = \underbrace{\begin{bmatrix} 1 & 0 & 0 \\ 0 & 0 & 1 \\ 0 & 1 & 0 \end{bmatrix}}_{\boldsymbol{k}_1} \cdot \underbrace{\begin{bmatrix} i_a' \\ i_b' \\ i_c' \end{bmatrix}}_{\boldsymbol{i}_{abc}'}$$

$$\boldsymbol{v}_{acb}' = \boldsymbol{k}_1 \cdot \boldsymbol{v}_{abc}' \qquad \boldsymbol{i}_{acb}' = \boldsymbol{k}_1 \cdot \boldsymbol{i}_{abc}' \tag{24・24}$$

式(24・24)を対称分へ変換すると

$$\boldsymbol{v}_{012} = \boldsymbol{a} \cdot \boldsymbol{v}_{abc} = (\boldsymbol{a} \cdot \boldsymbol{k}_1 \cdot \boldsymbol{a}^{-1}) \cdot \boldsymbol{v}_{012}', \quad \boldsymbol{i}_{012} = (\boldsymbol{a} \cdot \boldsymbol{k}_1 \cdot \boldsymbol{a}^{-1}) \cdot \boldsymbol{i}_{012}'$$

$$\boldsymbol{a} \cdot \boldsymbol{k}_1 \cdot \boldsymbol{a}^{-1} = \frac{1}{3}\begin{bmatrix} 1 & 1 & 1 \\ 1 & a & a^2 \\ 1 & a^2 & a \end{bmatrix} \cdot \begin{bmatrix} 1 & 0 & 0 \\ 0 & 0 & 1 \\ 0 & 1 & 0 \end{bmatrix} \cdot \begin{bmatrix} 1 & 1 & 1 \\ 1 & a^2 & a \\ 1 & a & a^2 \end{bmatrix} = \begin{bmatrix} 1 & 0 & 0 \\ 0 & 0 & 1 \\ 0 & 1 & 0 \end{bmatrix} \tag{24・25}$$

すなわち

$$\begin{vmatrix} v_0 \\ v_1 \\ v_2 \end{vmatrix} = \begin{vmatrix} v_0' \\ v_2' \\ v_1' \end{vmatrix} \quad \begin{vmatrix} i_0 \\ i_1 \\ i_2 \end{vmatrix} = \begin{vmatrix} i_0' \\ i_2' \\ i_1' \end{vmatrix} \tag{24・26}$$

式(24・26) より等価回路として図24・9(b) が得られる.
この等価回路より接続端子の電圧・電流は次式となる.

$$\left.\begin{array}{lll} i_1 = \dfrac{E_1}{Z_1+Z_2'} & i_2 = \dfrac{-E_1'}{Z_1'+Z_2} & i_0 = 0 \\ v_1 = i_1 Z_2' & v_2 = -i_2 Z_2 & v_0 = 0 \end{array}\right\} \tag{24・27}$$

$$\begin{vmatrix} i_a \\ i_b \\ i_c \end{vmatrix} = \begin{vmatrix} 1 & 1 & 1 \\ 1 & a^2 & a \\ 1 & a & a^2 \end{vmatrix} \cdot \begin{vmatrix} 0 \\ \dfrac{E_1}{Z_1+Z_2'} \\ \dfrac{-E_1'}{Z_1'+Z_2} \end{vmatrix} \quad \begin{vmatrix} v_a \\ v_b \\ v_c \end{vmatrix} = \begin{vmatrix} 1 & 1 & 1 \\ 1 & a^2 & a \\ 1 & a & a^2 \end{vmatrix} \cdot \begin{vmatrix} 0 \\ \dfrac{Z_2'}{Z_1+Z_2'} \cdot E_1 \\ \dfrac{Z_2}{Z_1'+Z_2} \cdot E_1' \end{vmatrix} \tag{24・28}$$

図24・9の誤接続の場合の接続点電圧・電流が求められた. この場合は逆相分が両系統に発生することがわかる.

$Z_1=Z_2$, $Z_1'=Z_2'$ の場合について, 正接続と誤接続の場合の電流を比較すると次式となる.

$$\left.\begin{array}{l} \text{正接続の場合} \\ i_a = \dfrac{E_1-E_1'}{Z_1+Z_1'} \\ i_b = \dfrac{a^2(E_1-E_1')}{Z_1+Z_1'} \\ i_c = \dfrac{a(E_1-E_1')}{Z_1+Z_1'} \end{array}\right\} \cdots\cdots ① \quad \left.\begin{array}{l} \text{誤接続の場合} \\ i_a = \dfrac{E_1-E_1'}{Z_1+Z_1'} \\ i_b = \dfrac{a^2 E_1 - a E_1'}{Z_1+Z_1'} \\ i_c = \dfrac{a E_1 - a^2 E_1'}{Z_1+Z_1'} \end{array}\right\} \cdots\cdots ② \tag{24・29}$$

i_a は変わらないが, i_b, i_c が大きく変わる. 図24・9(c1), (c2) は正接続と誤接続の場合の電流ベクトル関係を対比して示したものである. 非常に大きい逆相電流が流れるので3相電流は著しく不平衡であり, また, 相順の誤接続をしたb相, c相には著しく大きい電流が流れることが明らかである. 誤ってこのような誤接続を行うと, 近傍にある発電機や電動機には深刻な問題が生ずるであろうことはすでに第16章で論じたところである. このような誤接続は絶対に防止しなければならない.

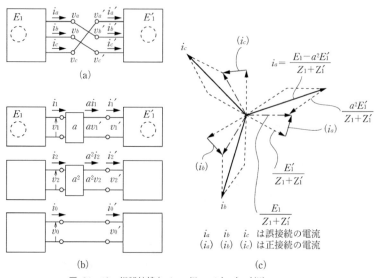

i_a i_b i_c は誤接続の電流
(i_a) (i_b) (i_c) は正接続の電流

図 24・10 相誤結線(a-b-c相 ⟷ b'-c'-a'相)

24・5・2　ケース2　a-b-c 相 ⇔ b-c-a 相の誤接続の場合

誤接続の関係は

$$\boldsymbol{v}_{abc} = \begin{bmatrix} v_a \\ v_b \\ v_c \end{bmatrix} = \begin{bmatrix} & 1 & \\ & & 1 \\ 1 & & \end{bmatrix} \cdot \begin{bmatrix} v_a' \\ v_b' \\ v_c' \end{bmatrix} \quad \boldsymbol{i}_{abc} = \begin{bmatrix} i_a \\ i_b \\ i_c \end{bmatrix} = \begin{bmatrix} & 1 & \\ & & 1 \\ 1 & & \end{bmatrix} \cdot \begin{bmatrix} i_a' \\ i_b' \\ i_c' \end{bmatrix} \quad \boldsymbol{v}_{abc}' \quad \boldsymbol{k}_2 \quad \boldsymbol{i}_{abc}'$$

(24・30)

対称分に変換すると

$$\boldsymbol{v}_{012} = (\boldsymbol{a} \cdot \boldsymbol{k}_2 \cdot \boldsymbol{a}^{-1}) \cdot \boldsymbol{v}_{012}' \quad \boldsymbol{i}_{012} = (\boldsymbol{a} \cdot \boldsymbol{k}_2 \cdot \boldsymbol{a}^{-1}) \cdot \boldsymbol{i}_{012}'$$

ただし，$\boldsymbol{a} \cdot \boldsymbol{k}_2 \cdot \boldsymbol{a}^{-1} = \begin{bmatrix} 1 & 0 & 0 \\ 0 & a^2 & 0 \\ 0 & 0 & a \end{bmatrix}$

(24・31 a)

すなわち

$$\begin{aligned} v_0 &= v_0' & i_0 &= i_0' \\ v_1 &= a^2 v_1' & i_1 &= a^2 i_1' \\ v_2 &= a v_2' & i_2 &= a i_2' \end{aligned}$$

(24・31 b)

また，左右回路の対称分関係式は次式である．

$$\begin{aligned} v_0 &= -Z_0 i_0 & v_0' &= Z_0' i_0' \\ v_1 &= E_1 - Z_1 i_1 & v_1' &= E_1' + Z_1' i_1' \\ v_2 &= -Z_2 i_2 & v_2' &= Z_2' i_2' \end{aligned}$$

(24・32)

式(24・31 b)，(24・32) を電流で解くと誤接続点の電流は次のようになる．等価回路として図 24・10(b) を得る．

$$\left. \begin{aligned} i_1 &= \frac{E_1 - a^2 E_1'}{Z_1 + Z_1'} \\ i_2 &= i_0 = 0 \end{aligned} \right\}$$

(24・33)

$$\left. \begin{aligned} i_a &= \frac{E_1 - a^2 E_1'}{Z_1 + Z_1'} \\ i_b &= a^2 i_a \\ i_c &= a i_a \end{aligned} \right\}$$

(24・34)

これらの式を忠実に描くと図 24・10(b) を得る．正逆相回路では数学的な±120°位相シフタを介して左右の回路がつながれる．電流ベクトルは図 24・10(c) のようになる．逆零相電流はなく平衡電流であるが，正接続の場合（式(24・29) ①）に比べて非常に大きくなる．無論，このような誤結線は絶対にあってはならない．

第 25 章 誘導機の理論

　誘導機は負荷側のさまざまな電力利用技術分野で大きな役割を果たしているが，近年は発電技術分野においてもパワーエレクトロニクス（PE: Power Electronics）の進展と相まって風力・小水力・可変速揚水発電システムでは発電機として主役を担っている．またそれを可能にしているのは PE 変換技術であり，今日，PE 技術は電力発生・電力輸送・電力利用のあらゆる電力技術分野で広範に組み込まれて決定的に重要な役割を果たしている．そこで本章では PE 技術論に欠かせない誘導電動機（IM: Induction Machine）理論について詳しく学ぶこととし，さらに第 26〜28 章では PE 応用の電力変換技術の基礎理論と電力技術分野での活用の実体について学ぶこととする．

25・1　誘導機（誘導発電電動機，誘導発電機，誘導電動機）

　回転機，モータといえば今日そのほとんどが**誘導機**（**Induction Machine**，以下 IM と略記）といっても過言ではないであろう．小は数 W のマイクロモーターから数千 kW の動力用モータ，さらには 500 MW 級の交流可変速揚水用発電電動機に至るまで現代は大小さまざまな誘導機動力の恩恵で成り立っている．その典型例を以下に示そう．
 a. 位置制御用電動機駆動（Servo-drive）：ロボット，航空機翼制御，電磁バルブ
 b. 可変速駆動電動機システム（Variable-speed drive）
 　スピード制御：ポンプ，送風機，空調
 　スピード＆トルク制御：工場製造設備，電気鉄道，エレベータ，電気自動車，洗濯機
 c. 可変速発電機システム（Variable speed generation）：風力発電，小水力発電など
 d. 発電電動機（Variable speed pumped storage generator motor）：可変速揚水発電電動機

　PE 技術が広く行き渡る以前の時代について振り返ると，単純な動力用としてはかご形誘導機が普及する一方で，高度の速度制御やトルク制御が必要な駆動方式では**水銀整流器**との組み合わせで直流モータが主役であり，稀に特別な用途に誘導機が使用される程度であった．ところが 1960 年代以降の目覚ましい PE 技術の進歩と歩調を合わせて今日では大小さまざまな容量規模において誘導電動機が圧倒的な回転機の主役を担うようになった．さらに，発電システムにおいても上記 c, d 項に見られるように風力・小水力，また 100-500 MW 級の大容量可変速揚水機において誘導機が発電の主役を務める時代となり，同期機は火力・通常水力・原子力などの大型事業用発電機に限られる状況である．今日の PE 技術社会は誘導機動力社会でもあるといえよう．

　ところで誘導機には 3 相用と単相用があるが本書で扱うのは 3 相誘導機である．これらはさらに次のように大別される．
 a. **3 相巻線形誘導機**（**電動機，発電電動機，Doubly fed type IM**）：ステータコイル（固定子巻線）・ロータコイル（回転子巻線）ともにスター結線．
 b. **3 相かご形誘導電動機**（**squirrel-cage type IM, Singly fed type**）
 　ロータ側が棒状導体の両端をリング状に短絡したかご形構造で外部引出用回路はない．
 　かご形 IM はロータ側の構造がシンプルなため安価なのが特徴で，単純用途の小規模動力駆

動モータとして幅広く利用されている．巻線形はステータ・ロータの双方に3相スター結線が配置されており，両者に（電源または負荷としての）電気回路が接続される．巻線形は電気回路理論的にはステータとロータは対称であり，電力の移動は双方向に可能である．たとえばステータ固定子側は系統電源に接続され，ロータ回転子側にはPE電源回路が接続されているとして，このIMが等速運転の状態では，① 固定子側電気入力，② 回転子側電気入力，③ 回転子機械入力からなる三入力の総和はゼロとなる．機械的入力が絶えず変化する風力発電・小水力発電や大中容量の動力駆動システム（鉄鋼・電鉄・船舶など）では基本的に巻線形IMがPE回路と相携えて駆動トルクと速度を適切に制御してその威力を発揮する．PEによる電力変換技術の著しい進展が誘導機の役割を著しく拡大したといえよう．

さて誘導機の理論を徹底解説するのに先立って指摘しておきたい．第10章で詳述した同期機理論では固定子電源側周波数角速度 $\omega_0=2\pi f_0$ に見合う同期角速度で回転子が回転するので電源の同期角速度で回転する dq0 軸を回転子に括り付ける軸と設定して Park 式を導いた．これに対して誘導機ではステータとロータ回転子の双方に周波数の異なる電気回路を想定しなければならないし，また回転速度も電源周波数に依存せずに絶えず変化する．

したがって，3相巻線形誘導機の理論展開を詳細に展開するためには固定子電源周波数に見合う $d_s, q_s, 0_s$ 軸とロータ電源周波数に見合う $d_r, q_r, 0_r$ 軸を想定して，また $d_s, q_s, 0_s$ 軸と $d_r, q_r, 0_r$ 軸の回転速度の差が誘導機の速度変化（スリップ）になるとしなければならない．誘導機は電気回路理論としては同期機よりも一段高度の理論展開が求められることになる．なお回路理論的にはかご形電動機の場合は巻線形電動機理論でロータ側巻線を短絡状態とする特別な場合として扱うことができる．また，同期機の理論は巻線型誘導機の理論展開のなかで回転子側に周波数 0 Hz の電流，すなわち直流電流を流す特別な場合として理解することもできる．

25・2　3相巻線形誘導機の理論

回転機理論としてチャレンジングな3相巻線形誘導機（Double fed type Induction Machine）の電気回路理論から始めることとする．巻線形IMは図25・1に示すようにステータ巻線・ロータ巻線それぞれにスター接続の巻線が配されており，電力の入出力がステータコイル・ロータコイルの双方から可能なため英語ではその機能を示す doubly fed IM と呼称されることが多いが日本語ではロータの構造から巻線形誘導機と呼称されることが一般的である．なお回転機の使用目的によって発電機・電動機・発電電動機などと使い分けが行われるが電磁機械として電気と機械の可逆対称性が保存されているので電気理論としては当然共通である．したがって，以下ではこれらを総称する誘導機（IM）として理論展開を進めていく．

（備考）　ステータ端子の電流符号を発電機は流出する方向に採り，電動機は流入する方向に採ることが多いがこれは記号の表記に関する約束であり本質的な意味はない．本章では原則として流入する方向に約束することとする．

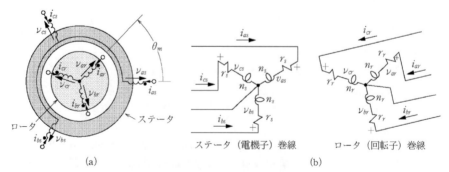

図 25・1　3相誘導発電電動機（巻線形IM）

25・2・1　誘導機の abc 領域における基本式

巻線形誘導機（IM）の電磁気回路理論の基礎となる基本概念を図25・1(a), (b) に示す. ステータ電流 i_{as}, i_{bs}, i_{cs}, ロータ電流 i_{ar}, i_{br}, i_{cr} はそれぞれ流入方向に符号を採るものと約束する. 添え字 s, r は stator と rotor を意味している.

ステータの a 相コイルの鎖交磁束数 ψ_{as} と端子電圧 v_{as} は次式のように表現できる.

$$\psi_{as} = l_s \cdot i_{as} + L_s \cdot i_{as} + L_s \cos\frac{2\pi}{3} \cdot i_{bs} + L_s \cos\frac{4\pi}{3} \cdot i_{cs}$$
$$+ L_{ms}\cos\theta_m \cdot i_{ar} + L_{ms}\cos\left(\theta_m + \frac{2\pi}{3}\right) \cdot i_{br} + L_{ms}\cos\left(\theta_m - \frac{2\pi}{3}\right) \cdot i_{cr} \tag{25・1a}$$

$$v_{as} = r_s \cdot i_{as} + s\psi_{as} \tag{25・1b}$$

ただし　$L_{self} = L_s + l_s$：ステータコイルの自己インダクタンス
　　　　　L_s：ステータコイルの鎖交磁束（主磁束）インダクタンス
　　　　　l_s：ステータコイルのもれインダクタンス

さて IM は図 25・1 のようなコイル結線からなり, またステータ, ロータともに3相平衡な設計になっているから IM 全体として次式で表現できる.

$$\begin{bmatrix} \psi_{as} \\ \psi_{bs} \\ \psi_{cs} \\ \psi_{ar} \\ \psi_{br} \\ \psi_{cr} \end{bmatrix} = \begin{bmatrix} l_s+L_s & L_s\cos\frac{2\pi}{3} & L_s\cos\frac{-2\pi}{3} & L_{ms}\cos\theta_m & L_{ms}\cos\left(\theta_m+\frac{2\pi}{3}\right) & L_{ms}\cos\left(\theta_m-\frac{2\pi}{3}\right) \\ L_s\cos\frac{-2\pi}{3} & l_s+L_s & L_s\cos\frac{2\pi}{3} & L_{ms}\cos\left(\theta_m-\frac{2\pi}{3}\right) & L_{ms}\cos\theta_m & l_{ms}\cos\left(\theta_m+\frac{2\pi}{3}\right) \\ L_s\cos\frac{2\pi}{3} & L_s\cos\frac{-2\pi}{3} & l_s+L_s & L_{ms}\cos\left(\theta_m+\frac{2\pi}{3}\right) & L_{ms}\cos\left(\theta_m-\frac{2\pi}{3}\right) & l_{ms}\cos\theta_m \\ L_{mr}\cos\theta_m & L_{mr}\cos\left(\theta_m-\frac{2\pi}{3}\right) & L_{mr}\cos\left(\theta_m+\frac{2\pi}{3}\right) & l_r+L_r & L_r\cos\frac{2\pi}{3} & L_r\cos\frac{-2\pi}{3} \\ L_{mr}\cos\left(\theta_m+\frac{2\pi}{3}\right) & L_{mr}\cos\theta_m & L_{mr}\cos\left(\theta_m-\frac{2\pi}{3}\right) & L_r\cos\frac{-2\pi}{3} & l_r+L_r & L_r\cos\frac{2\pi}{3} \\ L_{mr}\cos\left(\theta_m-\frac{2\pi}{3}\right) & L_{mr}\cos\left(\theta_m+\frac{2\pi}{3}\right) & L_{mr}\cos\theta_m & L_r\cos\frac{2\pi}{3} & L_r\cos\frac{-2\pi}{3} & l_r+L_r \end{bmatrix} \begin{bmatrix} i_{as} \\ i_{bs} \\ i_{cs} \\ i_{ar} \\ i_{br} \\ i_{cr} \end{bmatrix} \cdots\cdots ①$$

ここで鎖交磁束に関して

$$\psi_{as} = L_{as} \cdot i_{as} = \psi_{ar} = L_{ms} \cdot i_{ar}$$
$$i_{as} \cdot n_s = \psi_{ar} = i_{ar} \cdot n_r$$
$$\therefore \quad \frac{L_s}{n_s} = \frac{L_{ms}}{n_r}, \quad \frac{L_r}{n_r} = \frac{L_{mr}}{n_s} \cdots\cdots\cdots\cdots\cdots\cdots\cdots\cdots ②$$

$v_{as}, v_{bs}, v_{cs}, i_{as}, i_{bs}, i_{cs}, \psi_{as}, \psi_{bs}, \psi_{cs}$：ステータコイルの電圧・電流・鎖交磁束数
$v_{ar}, v_{br}, v_{cr}, i_{ar}, i_{br}, i_{cr}, \psi_{ar}, \psi_{br}, \psi_{cr}$：ロータコイルの電圧・電流・鎖交磁束数
n_s, n_r：ステータコイル, ロータコイルの巻き回数
$\theta_s, \omega_s = \dfrac{d\theta_s}{dt} = 2\pi f_s$：ステータ側外部回路の位相角・位相角速度（$a$ 相基準）

$\theta_r = \theta_s - \theta_m$, θ_r, $\omega_r = \dfrac{d\theta_r}{dt} = 2\pi f_r = \omega_s - \omega_m$: ロータ側外部回路の位相角・位相角速度（a相基準）．

$f_s = \dfrac{\omega_s}{2\pi}$, $f_r = \dfrac{\omega_r}{2\pi}$: ステータおよびロータ側電源周波数

θ_m, $\omega_m = \dfrac{d\theta_m}{dt} = \omega_s - \omega_r$: ロータの機械的な滑り角度と角速度（添え字 m は mechanical の意．ロータの位置はステータ側位置より速度が $\omega_m = \omega_s - \omega_r$ だけ遅く，位置が $\theta_m = \theta_s - \theta_r$ だけ遅れ位置にある）

$$\tag{25・2 a}$$

行列簡略記号法で記せば

$$\begin{bmatrix} \boldsymbol{\phi}_{abcs} \\ \boldsymbol{\phi}_{abcr} \end{bmatrix} = \begin{bmatrix} \boldsymbol{L}_s & \boldsymbol{L}_{ms} \\ \boldsymbol{L}_{mr} & \boldsymbol{L}_r \end{bmatrix} \begin{bmatrix} \boldsymbol{i}_{abcs} \\ \boldsymbol{i}_{abcr} \end{bmatrix} \tag{25・3 a}$$

$$\boldsymbol{\phi}_{abcs} = \begin{bmatrix} \psi_{as} \\ \psi_{bs} \\ \psi_{cs} \end{bmatrix}, \quad \boldsymbol{\phi}_{abcr} = \begin{bmatrix} \psi_{ar} \\ \psi_{br} \\ \psi_{cr} \end{bmatrix}, \quad \boldsymbol{v}_{abcs} = \begin{bmatrix} v_{as} \\ v_{bs} \\ v_{cs} \end{bmatrix}, \quad \boldsymbol{i}_{abcs} = \begin{bmatrix} i_{as} \\ i_{bs} \\ i_{cs} \end{bmatrix} \tag{25・3 b}$$

ステータコイルの鎖交インダクタンス行列

$$\boldsymbol{L}_s = \begin{pmatrix} l_s + L_s & L_s \cos\dfrac{2\pi}{3} & L_s \cos\dfrac{-2\pi}{3} \\ L_s \cos\dfrac{-2\pi}{3} & l_s + L_s & L_s \cos\dfrac{2\pi}{3} \\ L_s \cos\dfrac{2\pi}{3} & L_s \cos\dfrac{-2\pi}{3} & l_s + L_s \end{pmatrix} = \begin{pmatrix} l_s + L_s & -\dfrac{1}{2}L_s & -\dfrac{1}{2}L_s \\ -\dfrac{1}{2}L_s & l_s + L_s & -\dfrac{1}{2}L_s \\ -\dfrac{1}{2}L_s & -\dfrac{1}{2}L_s & l_s + L_s \end{pmatrix} \tag{25・3 c}$$

ロータコイルの鎖交インダクタンス行列

$$\boldsymbol{L}_r = \begin{pmatrix} l_r + L_r & L_r \cos\dfrac{2\pi}{3} & L_r \cos\dfrac{-2\pi}{3} \\ L_r \cos\dfrac{-2\pi}{3} & l_r + L_r & L_r \cos\dfrac{2\pi}{3} \\ L_r \cos\dfrac{2\pi}{3} & L_r \cos\dfrac{-2\pi}{3} & l_r + L_r \end{pmatrix} = \begin{pmatrix} l_r + L_r & -\dfrac{1}{2}L_r & -\dfrac{1}{2}L_r \\ -\dfrac{1}{2}L_r & l_r + L_r & -\dfrac{1}{2}L_r \\ -\dfrac{1}{2}L_r & -\dfrac{1}{2}L_r & l_r + L_r \end{pmatrix} \tag{25・3 d}$$

ロータコイル電流によるステータコイルへの鎖交インダクタンス行列

$$\boldsymbol{L}_{ms} = L_{ms} \begin{pmatrix} \cos\theta_m & \cos\left(\theta_m + \dfrac{2\pi}{3}\right) & \cos\left(\theta_m - \dfrac{2\pi}{3}\right) \\ \cos\left(\theta_m - \dfrac{2\pi}{3}\right) & \cos\theta_m & \cos\left(\theta_m + \dfrac{2\pi}{3}\right) \\ \cos\left(\theta_m + \dfrac{2\pi}{3}\right) & \cos\left(\theta_m - \dfrac{2\pi}{3}\right) & \cos\theta_m \end{pmatrix} = \dfrac{L_{ms}}{L_{mr}}(\boldsymbol{L}_{mr})^t \tag{25・3 e}$$

ステータコイル電流によるロータコイルへの鎖交インダクタンス行列

$$\boldsymbol{L}_{mr} = L_{mr} \begin{pmatrix} \cos\theta_m & \cos\left(\theta_m - \dfrac{2\pi}{3}\right) & \cos\left(\theta_m + \dfrac{2\pi}{3}\right) \\ \cos\left(\theta_m + \dfrac{2\pi}{3}\right) & \cos\theta_m & \cos\left(\theta_m - \dfrac{2\pi}{3}\right) \\ \cos\left(\theta_m - \dfrac{2\pi}{3}\right) & \cos\left(\theta_m + \dfrac{2\pi}{3}\right) & \cos\theta_m \end{pmatrix} = \dfrac{L_{mr}}{L_{ms}}(\boldsymbol{L}_{ms})^t \tag{25・3 f}$$

ここで

$$\dfrac{1}{L_{ms}}(\boldsymbol{L}_{ms})^t = \dfrac{1}{L_{mr}}\boldsymbol{L}_{mr}, \quad \dfrac{1}{L_{ms}}\boldsymbol{L}_{ms} = \dfrac{1}{L_{mr}}(\boldsymbol{L}_{mr})^t$$

25・2 3相巻線形誘導機の理論

式(25・3 a, b) を再録すると

$$\left. \begin{array}{l} \boldsymbol{\phi}_{abcs} = \boldsymbol{L}_s \cdot \boldsymbol{i}_{abcs} + \boldsymbol{L}_{ms} \cdot \boldsymbol{i}_{abcr} \cdots ① \\ \boldsymbol{\phi}_{abcr} = \boldsymbol{L}_{mr} \cdot \boldsymbol{i}_{abcs} + \boldsymbol{L}_r \cdot \boldsymbol{i}_{abcr} \cdots ② \end{array} \right\} \quad (25 \cdot 3 \text{ g})$$

電磁気理論に従って

$$L_s = \frac{\mu S n_s^2}{g} \quad L_r = \frac{\mu S n_r^2}{g} \quad \therefore \quad L_s = \left(\frac{n_s}{n_r}\right)^2 L_r \quad (25 \cdot 3 \text{ h})$$

g: ステータコイル・ローターコイルを経由する磁気回路パスのエアギャップ長
S: 鎖交磁束パスの断面積
μ: 真空空間（エアギャップ）の透磁率

ところで式(25・3 h)に現れる n_s/n_r がたびたび現れるのは煩わしいので行列 $\boldsymbol{\phi}_{abcr}, \boldsymbol{i}_{abcr}, \boldsymbol{v}_{abcr}$ に代わって式(25・4)で定義される $\boldsymbol{\phi}'_{abcr}, \boldsymbol{i}'_{abcr}, \boldsymbol{v}'_{abcr}$ を導入するものとする．

$$\boldsymbol{\phi}'_{abcr} \equiv \frac{n_s}{n_r} \boldsymbol{\phi}_{abcr}, \quad \boldsymbol{i}'_{abcr} \equiv \frac{n_r}{n_s} \boldsymbol{i}_{abcr}, \quad \boldsymbol{v}'_{abcr} \equiv \frac{n_s}{n_r} \boldsymbol{v}_{abcr} \quad (25 \cdot 4)$$

これによって式(25・3 g)は次のように書き換えることができる．

$$\boldsymbol{\phi}_{abcs} = \boldsymbol{L}_s \cdot \boldsymbol{i}_{abcs} + {}^{*1}\left(\frac{n_s}{n_r} \boldsymbol{L}_{ms}\right) \cdot \left(\frac{n_r}{n_s} \boldsymbol{i}_{abcr}\right) \quad (25 \cdot 5 \text{ a})$$

$$\left. \begin{array}{l} \left(\dfrac{n_s}{n_r} \boldsymbol{\phi}_{abcr}\right) = {}^{*2}\left(\dfrac{n_s}{n_r} \boldsymbol{L}_{mr}\right) \cdot \boldsymbol{i}_{abcs} + {}^{*3}\left(\left(\dfrac{n_s}{n_r}\right)^2 \boldsymbol{L}_r\right) \cdot \left(\dfrac{n_r}{n_s} \boldsymbol{i}_{abcr}\right) \\ \text{もしくは} \ \boldsymbol{\phi}'_{abcr} = {}^{*2}\left(\dfrac{n_s}{n_r} \boldsymbol{L}_{mr}\right) \cdot \boldsymbol{i}_{abcs} + {}^{*3}\left(\left(\dfrac{n_s}{n_r}\right)^2 \boldsymbol{L}_r\right) \cdot \boldsymbol{i}'_{abcr} \end{array} \right\} \quad (25 \cdot 5 \text{ b})$$

ただし

$$*1 = \frac{n_s}{n_r} \boldsymbol{L}_{ms} = \boldsymbol{L}'_{ms} \quad (25 \cdot 5 \text{ c})$$

$$*2 = \frac{n_s}{n_r} \boldsymbol{L}_{mr} = \frac{n_s}{n_r} \cdot \frac{\boldsymbol{L}_{mr}}{\boldsymbol{L}_{ms}} (\boldsymbol{L}_{ms})^t = \frac{\boldsymbol{L}_{mr}}{\boldsymbol{L}_{ms}} \left(\frac{n_s}{n_r} \boldsymbol{L}_{ms}\right)^t \equiv (\boldsymbol{L}'_{ms})^t \quad \text{ここで} \quad \frac{\boldsymbol{L}_{mr}}{\boldsymbol{L}_{mr}} = \frac{(\boldsymbol{L}_{ms})^t}{\boldsymbol{L}_{ms}}$$
$$(25 \cdot 5 \text{ d})$$

$$*3 = \left(\frac{n_s}{n_r}\right)^2 \boldsymbol{L}_r \equiv \boldsymbol{L}'_r \quad (25 \cdot 5 \text{ e})$$

ここで

$$\boldsymbol{L}'_r \equiv \left(\frac{n_s}{n_r}\right)^2 \boldsymbol{L}_r = \left(\frac{n_s}{n_r}\right)^2 \begin{bmatrix} l_r + L_r & -\frac{1}{2}L_r & -\frac{1}{2}L_r \\ -\frac{1}{2}L_r & l_r + L_r & -\frac{1}{2}L_r \\ -\frac{1}{2}L_r & -\frac{1}{2}L_r & l_r + L_r \end{bmatrix} = \begin{bmatrix} l'_r + L_s & -\frac{1}{2}L_s & -\frac{1}{2}L_s \\ -\frac{1}{2}L_s & l'_r + L_s & -\frac{1}{2}L_s \\ -\frac{1}{2}L_s & -\frac{1}{2}L_s & l'_r + L_s \end{bmatrix}$$
$$(25 \cdot 5 \text{ f})$$

式(25・3 h)の関係を利用して(25・5 f)の関係が成立する．そこで行列 $\boldsymbol{L}_s$ と $\boldsymbol{L}'_r$ の各要素を比較すると漏れ磁束 l_r と l'_r とは異なるが鎖交磁束（主磁束）がステータ，ロータともども共通に L_s で表現できている．そこで(25・4), (25・5 c), (25・5 d), (25・5 e), (25・5 f)を(25・5 a), (25・5 b)に代入することによって式(25・3 g)が次式のように修正表示できる．

鎖交磁束の関係式

$$\left. \begin{array}{l} \boldsymbol{\phi}_{abcs} = \boldsymbol{L}_s \cdot \boldsymbol{i}_{abcs} + \boldsymbol{L}'_{ms} \cdot \boldsymbol{i}'_{abcr} \\ \boldsymbol{\phi}'_{abcr} = (\boldsymbol{L}'_{ms})^t \cdot \boldsymbol{i}_{abcs} + \boldsymbol{L}'_r \cdot \boldsymbol{i}'_{abcr} \end{array} \right. \quad \text{もしくは} \quad \begin{bmatrix} \boldsymbol{\phi}_{abcs} \\ \boldsymbol{\phi}'_{abcr} \end{bmatrix} = \begin{bmatrix} \boldsymbol{L}_s & \boldsymbol{L}'_{ms} \\ (\boldsymbol{L}'_{ms})^t & \boldsymbol{L}'_r \end{bmatrix} \begin{bmatrix} \boldsymbol{i}_{abcs} \\ \boldsymbol{i}'_{abcr} \end{bmatrix} \quad (25 \cdot 6 \text{ a})$$

上式では元の物理的関係を全く損なうことなく行列 $\boldsymbol{L}_{ms}$ と $\boldsymbol{L}_{mr}$ が転置行列 $\boldsymbol{L}'_{ms}$ と $(\boldsymbol{L}'_{ms})^t$ に置き換えられている．なお $\boldsymbol{L}_s, \boldsymbol{L}'_r$ は時間に非従属，$\boldsymbol{L}'_{ms}, (\boldsymbol{L}'_{ms})^t$ は時間に従属である．

鎖交磁束の時間変化率の式（起電力の式：ファラデーの法則）

$$\left. \begin{array}{l} s\boldsymbol{\phi}_{abcs} = \boldsymbol{L}_s \cdot s\boldsymbol{i}_{aabcs} + (s\boldsymbol{L}'_{ms}) \cdot \boldsymbol{i}'_{abcr} + \boldsymbol{L}'_{ms} \cdot s\boldsymbol{i}'_{abcr} \\ s\boldsymbol{\phi}'_{abcr} = (s\boldsymbol{L}'_{ms})^t \cdot \boldsymbol{i}_{abcs} + \boldsymbol{L}'_{ms} \cdot s\boldsymbol{i}_{abcs} + \boldsymbol{L}'_r \cdot s\boldsymbol{i}'_{abcr} \end{array} \right. \quad (25 \cdot 6 \text{ b})$$

以上によって元の式(25・2a)は次のごとくに修正表現されたことになる．
鎖交磁束と電流に関する基本式

$$\begin{bmatrix}\psi_{as}\\ \psi_{bs}\\ \psi_{cs}\\ \psi_{ar}\\ \psi_{br}\\ \psi_{cr}\end{bmatrix}=\begin{bmatrix}l_s+L_s & -\frac{1}{2}L_s & -\frac{1}{2}L_s & L'_{ms}\cos\theta_m & L'_{ms}\cos\left(\theta_m+\frac{2\pi}{3}\right) & L'_{ms}\cos\left(\theta_m-\frac{2\pi}{3}\right)\\ -\frac{1}{2}L_s & l_s+L_s & -\frac{1}{2}L_s & L'_{ms}\cos\left(\theta_m-\frac{2\pi}{3}\right) & L'_{ms}\cos\theta_m & L'_{ms}\cos\left(\theta_m+\frac{2\pi}{3}\right)\\ -\frac{1}{2}L_s & -\frac{1}{2}L_s & l_s+L_s & L'_{ms}\cos\left(\theta_m+\frac{2\pi}{3}\right) & L'_{ms}\cos\left(\theta_m-\frac{2\pi}{3}\right) & L'_{ms}\cos\theta_m\\ (L'_{ms})^t\cos\theta_m & (L'_{ms})^t\cos\left(\theta_m-\frac{2\pi}{3}\right) & (L'_{ms})^t\cos\left(\theta_m+\frac{2\pi}{3}\right) & l_r+L_s & -\frac{1}{2}L_s & -\frac{1}{2}L_s\\ (L'_{ms})^t\cos\left(\theta_m+\frac{2\pi}{3}\right) & (L'_{ms})^t\cos\theta_m & (L'_{ms})^t\cos\left(\theta_m-\frac{2\pi}{3}\right) & -\frac{1}{2}L_s & l_r+L_s & -\frac{1}{2}L_s\\ (L'_{ms})^t\cos\left(\theta_m-\frac{2\pi}{3}\right) & (L'_{ms})^t\cos\left(\theta_m+\frac{2\pi}{3}\right) & (L'_{ms})^t\cos\theta_m & -\frac{1}{2}L_s & -\frac{1}{2}L_s & l_r+L_s\end{bmatrix}\begin{bmatrix}i_{as}\\ i_{bs}\\ i_{cs}\\ i'_{ar}\\ i'_{br}\\ i'_{cr}\end{bmatrix}$$

$$(25\cdot 7)$$

元の行列 $\boldsymbol{L}_s$, $\boldsymbol{L}_r$ と $\boldsymbol{L}_{ms}$, $\boldsymbol{L}_{mr}$ 中のもれインダクタンス l_r l_s を除く鎖交インダクタンスが対称行列に書き換えられた．この式(25・7)あるいは(26・6a)は IM のステータコイルとロータコイルは物理的にも数学的にも相互対称の関係にあることを物語っている．

次に端子電圧はファラデーの法則によって鎖交磁束の変化速度であるから式(25・7)の微分式として次式を得る．

$$\begin{bmatrix}\boldsymbol{v}_{abcs}\\ \boldsymbol{v}'_{abcr}\end{bmatrix}=\begin{bmatrix}r_s\cdot\boldsymbol{i}_{abcs}\\ r'_r\cdot\boldsymbol{i}'_{abcr}\end{bmatrix}+\begin{bmatrix}s\boldsymbol{\phi}_{abcs}\\ s\boldsymbol{\phi}'_{abcr}\end{bmatrix}$$
$$=\begin{bmatrix}r_s\cdot\boldsymbol{i}_{abcs}\\ r'_r\cdot\boldsymbol{i}'_{abcr}\end{bmatrix}+\begin{bmatrix}0 & s\boldsymbol{L}'_{ms}\\ s(\boldsymbol{L}'_{ms})^t & 0\end{bmatrix}\begin{bmatrix}\boldsymbol{i}_{abcs}\\ \boldsymbol{i}'_{abcr}\end{bmatrix}+\begin{bmatrix}\boldsymbol{L}_s & \boldsymbol{L}'_{ms}\\ (\boldsymbol{L}'_{ms})^t & \boldsymbol{L}'_r\end{bmatrix}\begin{bmatrix}s\boldsymbol{i}_{abcs}\\ s\boldsymbol{i}'_{abcr}\end{bmatrix} \quad (25\cdot 8)$$

端子電圧 $\boldsymbol{v}_{abcs}$ は発生電圧 $s\boldsymbol{\phi}_{abcs}$ からコイル抵抗による電圧降下 $r_s\cdot\boldsymbol{i}_{abcs}$ を差し引いた値となる．

さて，IM の abc 領域での基本式(25・7)，(25・8)を得た．この式で $\boldsymbol{L}_s$, $\boldsymbol{L}'_r$ などは時間によって変化しない値であるが $\theta_m=\omega_m t$ が時間関数であるから行列 $\boldsymbol{L}_{ms}$, $(\boldsymbol{L}_{ms})^t$ は時間関数である．

IM の電磁気量（電圧・電流・磁束）の abc 領域で表現する基本式(25・6)，(25・7)，(25・8)を得た．

25・2・2　abc 領域から dq0 領域への変換

さらに続けよう．次には求められた IM の基本式を第10章の同期機の場合と同様に abc 領域から dq0 領域の基本式に変換する．ただ，同期機の場合にはステータ外部回路の電源周波数と同期してロータが回転しているからステータとロータに共通な一組の定義による dq0 変換を行えばよかった．しかしながら IM の場合はステータとロータは同等の対称関係にあり，

またステータとロータにはそれぞれ周波数 f_s, f_r の外部電源が接続されて，その結果ロータは機械的に $\omega_m = 2\pi(f_s - f_r)$ の角速度で回転するのであるからステータとロータのそれぞれに対応して二組の dq0 変換式を定義しなければならない．すなわち，ステータに d_s, q_s, 0_s 軸への変換を，またロータには d_r, q_r, 0_r 軸への変換を行う．このような変換の概念を図 25・2 に示す．

変換式の定義

$$\boldsymbol{D}_s(t) = \frac{2}{3} \begin{bmatrix} \cos(\theta_s) & \cos\left(\theta_s - \frac{2\pi}{3}\right) & \cos\left(\theta_s + \frac{2\pi}{3}\right) \\ -\sin(\theta_s) & -\sin\left(\theta_s - \frac{2\pi}{3}\right) & -\sin\left(\theta_s + \frac{2\pi}{3}\right) \\ \frac{1}{2} & \frac{1}{2} & \frac{1}{2} \end{bmatrix} \tag{25・9 a}$$

$$\boldsymbol{D}_s(t)^{-1} = \begin{bmatrix} \cos(\theta_s) & -\sin(\theta_s) & 1 \\ \cos\left(\theta_s - \frac{2\pi}{3}\right) & -\sin\left(\theta_s - \frac{2\pi}{3}\right) & 1 \\ \cos\left(\theta_s + \frac{2\pi}{3}\right) & -\sin\left(\theta_s + \frac{2\pi}{3}\right) & 1 \end{bmatrix} \tag{25・9 b}$$

$$\boldsymbol{D}_r(t) = \frac{2}{3} \begin{bmatrix} \cos(\theta_r) & \cos\left(\theta_r - \frac{2\pi}{3}\right) & \cos\left(\theta_r + \frac{2\pi}{3}\right) \\ -\sin(\theta_r) & -\sin\left(\theta_r - \frac{2\pi}{3}\right) & -\sin\left(\theta_r + \frac{2\pi}{3}\right) \\ \frac{1}{2} & \frac{1}{2} & \frac{1}{2} \end{bmatrix}$$

$$= \frac{2}{3} \begin{bmatrix} \cos(\theta_s - \theta_m) & \cos\left(\theta_s - \theta_m - \frac{2\pi}{3}\right) & \cos\left(\theta_s - \theta_m + \frac{2\pi}{3}\right) \\ -\sin(\theta_s - \theta_m) & -\sin\left(\theta_s - \theta_m - \frac{2\pi}{3}\right) & -\sin\left(\theta_s - \theta_m + \frac{2\pi}{3}\right) \\ \frac{1}{2} & \frac{1}{2} & \frac{1}{2} \end{bmatrix} \tag{25・10 a}$$

$$\boldsymbol{D}_r(t)^{-1} = \begin{bmatrix} \cos(\theta_r) & -\sin(\theta_r) & 1 \\ \cos\left(\theta_r - \frac{2\pi}{3}\right) & -\sin\left(\theta_r - \frac{2\pi}{3}\right) & 1 \\ \cos\left(\theta_r + \frac{2\pi}{3}\right) & -\sin\left(\theta_r + \frac{2\pi}{3}\right) & 1 \end{bmatrix}$$

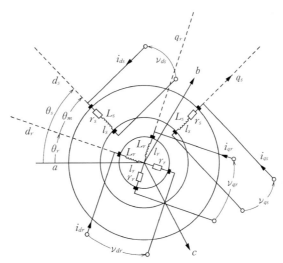

図 25・2　巻線形誘導機の dq0 軸変換座標における概念

$$= \begin{bmatrix} \cos(\theta_s-\theta_m) & -\sin(\theta_s-\theta_m) & 1 \\ \cos\left(\theta_s-\theta_m-\dfrac{2\pi}{3}\right) & -\sin\left(\theta_s-\theta_m-\dfrac{2\pi}{3}\right) & 1 \\ \cos\left(\theta_s-\theta_m+\dfrac{2\pi}{3}\right) & -\sin\left(\theta_s-\theta_m+\dfrac{2\pi}{3}\right) & 1 \end{bmatrix} \tag{25・10 b}$$

ただし $\theta_r = \theta_s - \theta_m$

さて次には式(25・6),(25・7),(25・8)を dq0 変換する．式(25・8)のステータの電圧式(25・8)を d_s, q_s, 0_s 変換する．

$$\boldsymbol{v}_{abcs} = \boldsymbol{r}_s \cdot \boldsymbol{i}_{abcs} + s\boldsymbol{\phi}_{abcs} \tag{25・11}$$

$$\boldsymbol{v}_{dq0s} = \boldsymbol{D}_s \cdot \boldsymbol{v}_{abcs} = \boldsymbol{D}_s \cdot r_s \boldsymbol{i}_{abcs} + \boldsymbol{D}_s \cdot s\left(\boldsymbol{D}_s^{-1}\boldsymbol{\phi}_{dq0s}\right)$$

$$= \boldsymbol{D}_s \cdot r_s \boldsymbol{D}_s^{-1} \boldsymbol{i}_{dq0s} + \boldsymbol{D}_s \cdot (s\boldsymbol{D}_s^{-1}) \cdot \boldsymbol{\phi}_{dq0s} + \boldsymbol{D}_s \cdot \boldsymbol{D}_s^{-1}(s\boldsymbol{\phi}_{dq0s})$$

$$\therefore \quad \boldsymbol{v}_{dq0s} = r_s \boldsymbol{i}_{dq0s} + \boldsymbol{D}_s \cdot (s\boldsymbol{D}_s^{-1}) \cdot \boldsymbol{\phi}_{dq0s} + s\boldsymbol{\phi}_{dq0s} \tag{25・12}$$

$$s\boldsymbol{D}_s^{-1}(t) = \frac{d\theta_s}{dt}\frac{d}{d\theta_s}\begin{bmatrix} \cos\theta_s & -\sin\theta_s & 1 \\ \cos\left(\theta_s-\dfrac{2\pi}{3}\right) & -\sin\left(\theta_s-\dfrac{2\pi}{3}\right) & 1 \\ \cos\left(\theta_s+\dfrac{2\pi}{3}\right) & -\sin\left(\theta_s+\dfrac{2\pi}{3}\right) & 1 \end{bmatrix}$$

$$= -\omega_s \begin{bmatrix} \sin\theta_s & \cos\theta_s & 0 \\ \sin\left(\theta_s-\dfrac{2\pi}{3}\right) & \cos\left(\theta_s-\dfrac{2\pi}{3}\right) & 0 \\ \sin\left(\theta_s+\dfrac{2\pi}{3}\right) & \cos\left(\theta_s+\dfrac{2\pi}{3}\right) & 0 \end{bmatrix}$$

$$\boldsymbol{D}_s(t) \cdot s\boldsymbol{D}_s^{-1}(t) = \frac{2}{3}\begin{bmatrix} \cos\theta_s & \cos\left(\theta_s-\dfrac{2\pi}{3}\right) & \cos\left(\theta_s+\dfrac{2\pi}{3}\right) \\ -\sin\theta_s & -\sin\left(\theta_s-\dfrac{2\pi}{3}\right) & -\sin\left(\theta_s+\dfrac{2\pi}{3}\right) \\ \dfrac{1}{2} & \dfrac{1}{2} & \dfrac{1}{2} \end{bmatrix} \tag{25・13 a}$$

$$\cdot (-\omega_s)\begin{bmatrix} \sin\theta_s & \cos\theta_s & 0 \\ \sin\left(\theta_s-\dfrac{2\pi}{3}\right) & \cos\left(\theta_s-\dfrac{2\pi}{3}\right) & 0 \\ \sin\left(\theta_s+\dfrac{2\pi}{3}\right) & \cos\left(\theta_s+\dfrac{2\pi}{3}\right) & 0 \end{bmatrix} = \omega_s\begin{bmatrix} 0 & -1 & 0 \\ 1 & 0 & 0 \\ 0 & 0 & 0 \end{bmatrix}$$

$$\therefore \quad \boldsymbol{v}_{dq0s} = \boldsymbol{r}_s \cdot \boldsymbol{i}_{dq0s} + \omega_s \begin{bmatrix} 0 & -1 & 0 \\ 1 & 0 & 0 \\ 0 & 0 & 0 \end{bmatrix}\boldsymbol{\phi}_{dq0s} + s\boldsymbol{\phi}_{dq0s} \tag{25・13 b}$$

あるいは

$$\begin{aligned} v_{ds} &= r_s i_{ds} - \omega_s \cdot \phi_{qs} + s\phi_{ds} \\ v_{qs} &= r_s i_{qs} + \omega_s \cdot \phi_{ds} + s\phi_{qs} \\ v_{0s} &= r_s i_{0s} + s\phi_{0s} \end{aligned} \tag{25・14}$$

同様にロータの端子電圧について変換式 $\boldsymbol{D}_r(t)^{-1}$ によって d_r, q_r, 0_r 変換を行う．

$$\begin{aligned} v'_{dr} &= r'_r \cdot i'_{dr} - (\omega_s - \omega_m)\phi'_{qr} + s\phi'_{dr} \\ v'_{qr} &= r'_r \cdot i'_{qr} + (\omega_s - \omega_m)\phi'_{dr} + s\phi'_{qr} \\ v_{0r} &= r'_r \cdot i'_{0r} + s\phi'_{0r} \end{aligned} \tag{25・15}$$

ただし

θ_s, $\omega_s = d\theta_s/dt$, $f_s = \omega_s/2\pi$：ステータ外部回路の位相角（a 相基準），角速度，周波数

$\theta_r = \theta_s - \theta_m$, $\omega_r = d\theta_r/dt$, $f_r = \omega_r/2\pi$：ロータ外部回路の位相角（a 相基準），角速度，周波数

$\theta_m = \theta_s - \theta_r$, $\omega_m = d\theta_m/dt = \omega_s - \omega_r$：ロータの回転すべり位相角および回転角速度

25・2 3相巻線形誘導機の理論

式(25・14) ステータに関する変数 $(v_s, i_s, \psi_s, \omega_s)$ が d_s, q_s, 0_s 領域に変換されて式(25・14) となり，またロータに関する変数 $(v'_r, i'_r, \psi'_r, \omega_r=\omega_s-\omega_m)$ が d_r, q_r, 0_r 領域に変換されて(25・15) となった．ロータの機械的回転速度はステータとロータそれぞれの外部回路電源の角速度の差 $\omega_m=\omega_s-\omega_r$ として得られる．

次には $\boldsymbol{\phi}_{abcs}$ を $\boldsymbol{D}_s$, $\boldsymbol{D}_s^{-1}$ によって d_s, q_s, 0_s 領域の式に，また $\boldsymbol{\phi}'_{abcr}$ を $\boldsymbol{D}_r$, $\boldsymbol{D}_r^{-1}$ によって d_r, q_r, 0_r 領域の式に変換する．

式(25・6 a) を再記すると

$$\boldsymbol{\phi}_{abcs} = \boldsymbol{L}_s \cdot \boldsymbol{i}_{abcs} + \boldsymbol{L}'_{ms} \cdot \boldsymbol{i}'_{abcr} \tag{25・6 a}$$

$$\boldsymbol{\phi}'_{abcr} = (\boldsymbol{L}'_{ms})^t \cdot \boldsymbol{i}_{abcs} + \boldsymbol{L}'_r \cdot \boldsymbol{i}'_{abcr}$$

$$\therefore \quad \boldsymbol{\phi}_{dq0s} = \boldsymbol{D}_s \cdot \boldsymbol{\phi}_{abcs} = \boldsymbol{D}_s \cdot \boldsymbol{L}_s \cdot \boldsymbol{D}_s^{-1} \cdot \boldsymbol{i}_{dq0s} + \boldsymbol{D}_s \cdot \boldsymbol{L}'_{ms} \cdot \boldsymbol{D}_r^{-1} \cdot \boldsymbol{i}'_{dq0s} \tag{25・16 a}$$

$$\boldsymbol{\phi}'_{dq0s} = \boldsymbol{D}_r \cdot \boldsymbol{\phi}'_{abcr} = \boldsymbol{D}_r \cdot (\boldsymbol{L}'_{ms})^t \cdot \boldsymbol{D}_s^{-1} \cdot \boldsymbol{i}_{dq0s} + \boldsymbol{D}_r \cdot \boldsymbol{L}'_r \cdot \boldsymbol{D}_r^{-1} \cdot \boldsymbol{i}'_{dq0s} \tag{25・16 b}$$

$$\begin{bmatrix} \boldsymbol{\phi}_{dq0s} \\ \boldsymbol{\phi}_{dq0r} \end{bmatrix} = \begin{bmatrix} \boldsymbol{D}_s \cdot \boldsymbol{L}_s \cdot \boldsymbol{D}_s^{-1} & \boldsymbol{D}_s \cdot \boldsymbol{L}'_{ms} \cdot \boldsymbol{D}_r^{-1} \\ \boldsymbol{D}_r \cdot (\boldsymbol{L}'_{ms})^t \cdot \boldsymbol{D}_s^{-1} & \boldsymbol{D}_r \cdot \boldsymbol{L}_{r} \cdot \boldsymbol{D}_r^{-1} \end{bmatrix} \begin{bmatrix} \boldsymbol{i}_{dq0s} \\ \boldsymbol{i}'_{dq0s} \end{bmatrix} \tag{25・16 c}$$

$$\left. \begin{array}{l} \boldsymbol{D}_s \cdot \boldsymbol{L}_s \cdot \boldsymbol{D}_s^{-1} = \boldsymbol{D}_s \cdot \begin{bmatrix} l_s+L_s & -\dfrac{1}{2}L_s & -\dfrac{1}{2}L_s \\ -\dfrac{1}{2}L_s & l_s+L_s & -\dfrac{1}{2}L_s \\ -\dfrac{1}{2}L_s & -\dfrac{1}{2}L_s & l_s+L_s \end{bmatrix} \cdot \boldsymbol{D}_s^{-1} = \begin{bmatrix} l_s+\dfrac{3}{2}L_s & 0 & 0 \\ 0 & l_s+\dfrac{3}{2}L_s & 0 \\ 0 & 0 & l_s \end{bmatrix} \\[6pt] \phantom{\boldsymbol{D}_s \cdot \boldsymbol{L}_s \cdot \boldsymbol{D}_s^{-1}} = \begin{bmatrix} l_s+L & 0 & 0 \\ 0 & l_s+L & 0 \\ 0 & 0 & l_s \end{bmatrix} \\[6pt] \text{ただし} \\ L \equiv \dfrac{3}{2} L_s : \mathrm{d}_s,\ \mathrm{q}_s 0_s\ \text{領域におけるステータインダクタンス} \end{array} \right\} \tag{25・17}$$

式(25・17)，(25・18)，(25・19) の計算の詳細は 25・4 節に記載の**備考1**を参照されたい．

$$\boldsymbol{D}_s \boldsymbol{L}'_{ms} \boldsymbol{D}_r^{-1} = \frac{2}{3} \begin{bmatrix} \cos\theta_s & \cos\left(\theta_s-\dfrac{2\pi}{3}\right) & \cos\left(\theta_s+\dfrac{2\pi}{3}\right) \\ -\sin\theta_s & -\sin\left(\theta_s-\dfrac{2\pi}{3}\right) & -\sin\left(\theta_s+\dfrac{2\pi}{3}\right) \\ \dfrac{1}{2} & \dfrac{1}{2} & \dfrac{1}{2} \end{bmatrix} \cdot$$

$$L'_{ms} \begin{bmatrix} \cos\theta_m & \cos\left(\theta_m+\dfrac{2\pi}{3}\right) & \cos\left(\theta_m-\dfrac{2\pi}{3}\right) \\ \cos\left(\theta_m-\dfrac{2\pi}{3}\right) & \cos\theta_m & \cos\left(\theta_m+\dfrac{2\pi}{3}\right) \\ \cos\left(\theta_m+\dfrac{2\pi}{3}\right) & \cos\left(\theta_m-\dfrac{2\pi}{3}\right) & \cos\theta_m \end{bmatrix} \cdot \boldsymbol{D}_r^{-1}$$

$$= \frac{2}{3} L'_{ms} \frac{3}{2} \begin{bmatrix} \cos(\theta_s-\theta_m) & \cos\left(\theta_s-\theta_m-\dfrac{2\pi}{3}\right) & \cos\left(\theta_s-\theta_m+\dfrac{2\pi}{3}\right) \\ -\sin(\theta_s-\theta_m) & -\sin\left(\theta_s-\theta_m-\dfrac{2\pi}{3}\right) & -\sin\left(\theta_s-\theta_m+\dfrac{2\pi}{3}\right) \\ 0 & 0 & 0 \end{bmatrix} \cdot$$

$$\begin{bmatrix} \cos(\theta_s-\theta_m) & -\sin(\theta_s-\theta_m) & 1 \\ \cos\left(\theta_s-\theta_m-\dfrac{2\pi}{3}\right) & -\sin\left(\theta_s-\theta_m-\dfrac{2\pi}{3}\right) & 1 \\ \cos\left(\theta_s-\theta_m+\dfrac{2\pi}{3}\right) & -\sin\left(\theta_s-\theta_m+\dfrac{2\pi}{3}\right) & 1 \end{bmatrix}$$

$$=\dfrac{3}{2}L'_{ms}\begin{bmatrix} 1 & 0 & 0 \\ 0 & 1 & 0 \\ 0 & 0 & 0 \end{bmatrix}=M\begin{bmatrix} 1 & 0 & 0 \\ 0 & 1 & 0 \\ 0 & 0 & 0 \end{bmatrix}$$

ただし $M\equiv\dfrac{3}{2}L'_{ms}$: ロータ電流に起因するステータインダクタンス

$$(25\cdot 18)$$

$$\boldsymbol{D}_r\cdot(\boldsymbol{L}'_{ms}\cdot\boldsymbol{D}_s^{-1})=\dfrac{2}{3}\begin{bmatrix} \cos(\theta_s-\theta_m) & \cos\left(\theta_s-\theta_m-\dfrac{2\pi}{3}\right) & \cos\left(\theta_s-\theta_m+\dfrac{2\pi}{3}\right) \\ -\sin(\theta_s-\theta_m) & -\sin\left(\theta_s-\theta_m-\dfrac{2\pi}{3}\right) & -\sin\left(\theta_s-\theta_m+\dfrac{2\pi}{3}\right) \\ \dfrac{1}{2} & \dfrac{1}{2} & \dfrac{1}{2} \end{bmatrix}\cdot$$

$$L'_{ms}\begin{bmatrix} \cos\theta_m & \cos\left(\theta_m-\dfrac{2\pi}{3}\right) & \cos\left(\theta_m+\dfrac{2\pi}{3}\right) \\ \cos\left(\theta_m+\dfrac{2\pi}{3}\right) & \cos\theta_m & \cos\left(\theta_m-\dfrac{2\pi}{3}\right) \\ \cos\left(\theta_m-\dfrac{2\pi}{3}\right) & \cos\left(\theta_m+\dfrac{2\pi}{3}\right) & \cos\theta_m \end{bmatrix}\cdot\boldsymbol{D}_s^{-1}$$

$$=L'_{ms}\begin{bmatrix} \cos\theta_s & \cos\left(\theta_s-\dfrac{2\pi}{3}\right) & \cos\left(\theta_s+\dfrac{2\pi}{3}\right) \\ -\sin\theta_s & -\sin\left(\theta_s-\dfrac{2\pi}{3}\right) & -\sin\left(\theta_s+\dfrac{2\pi}{3}\right) \\ 0 & 0 & 0 \end{bmatrix}\cdot$$

$$\begin{bmatrix} \cos\theta_s & -\sin\theta_s & 1 \\ \cos\left(\theta_s-\dfrac{2\pi}{3}\right) & -\sin\left(\theta_s-\dfrac{2\pi}{3}\right) & 1 \\ \cos\left(\theta_s+\dfrac{2\pi}{3}\right) & -\sin\left(\theta_s+\dfrac{2\pi}{3}\right) & 1 \end{bmatrix}$$

$$=\dfrac{3}{2}L'_{ms}\begin{bmatrix} 1 & 0 & 0 \\ 0 & 1 & 0 \\ 0 & 0 & 0 \end{bmatrix}=M\begin{bmatrix} 1 & 0 & 0 \\ 0 & 1 & 0 \\ 0 & 0 & 0 \end{bmatrix} \tag{25·19}$$

$$\boldsymbol{D}_r\cdot\boldsymbol{L}'_r\cdot\boldsymbol{D}_r^{-1}=\boldsymbol{D}_r\cdot\begin{bmatrix} l'_r+L_s & -\dfrac{1}{2}L_s & -\dfrac{1}{2}L_s \\ -\dfrac{1}{2}L_s & l'_r+L_s & -\dfrac{1}{2}L_s \\ -\dfrac{1}{2}L_s & -\dfrac{1}{2}L_s & l'_r+L_s \end{bmatrix}\cdot\boldsymbol{D}_r^{-1}=\begin{bmatrix} l'_r+\dfrac{3}{2}L_s & 0 & 0 \\ 0 & l'_r+\dfrac{3}{2}L_s & 0 \\ 0 & 0 & l'_r \end{bmatrix}$$

$$=\begin{bmatrix} l'_r+L & 0 & 0 \\ 0 & l'_r+L & 0 \\ 0 & 0 & l'_r \end{bmatrix} \tag{25·20 a}$$

ここで登場した L と M の関係について吟味する必要がある.式(25·17),(25·18),(25·5 b),(25·2 a)より

$$L=\dfrac{3}{2}L_s, \quad M=\dfrac{3}{2}L'_{ms}=\dfrac{3}{2}\left(\dfrac{n_s}{n_r}L_{ms}\right), \quad \dfrac{L_s}{n_s}=\dfrac{L_{ms}}{n_r} \tag{25·20 b}$$

$$\therefore\quad L=M$$

$L=M$ となるのであるから以下に示すように鎖交磁束や電圧の式で L を M と書き換えて M だけを含む式にすることができる．

$$\begin{bmatrix} \psi_{ds} \\ \psi_{qs} \\ \psi_{0s} \end{bmatrix} = \begin{bmatrix} l_s+M & 0 & 0 \\ 0 & l_s+M & 0 \\ 0 & 0 & l_s \end{bmatrix} \begin{bmatrix} i_{ds} \\ i_{qs} \\ i_{0s} \end{bmatrix} + \begin{bmatrix} M & 0 & 0 \\ 0 & M & 0 \\ 0 & 0 & 0 \end{bmatrix} \begin{bmatrix} i'_{dr} \\ i'_{qr} \\ i'_{0r} \end{bmatrix}$$

$$\begin{bmatrix} \psi'_{dr} \\ \psi'_{qr} \\ \psi'_{0r} \end{bmatrix} = \begin{bmatrix} M & 0 & 0 \\ 0 & M & 0 \\ 0 & 0 & 0 \end{bmatrix} \begin{bmatrix} i_{ds} \\ i_{qs} \\ i_{0s} \end{bmatrix} + \begin{bmatrix} l'_r+M & 0 & 0 \\ 0 & l'_r+M & 0 \\ 0 & 0 & l'_r \end{bmatrix} \begin{bmatrix} i'_{dr} \\ i'_{qr} \\ i'_{0r} \end{bmatrix}$$

(25・21 a)

または

$$\begin{aligned}
\psi_{ds} &= l_s \cdot i_{ds} + M(i_{ds}+i'_{dr}) & \psi'_{dr} &= l'_r \cdot i'_{dr} + M(i_{ds}+i'_{dr}) \\
\psi_{qs} &= l_s \cdot i_{qs} + M(i_{qs}+i'_{qr}) & \psi'_{qr} &= l'_r \cdot i'_{qr} + M(i_{qs}+i'_{qr}) \\
\psi_{0s} &= l_s \cdot i_{0s} & \psi'_{0r} &= l'_r \cdot i'_{0r}
\end{aligned}$$

(25・21 b)

ただし

M：ステータとロータに共通の鎖交インダクタンス（主磁束に関する magnetizing inductance）

l_s, l'_r：ステータとロータのもれインダクタンス

式(25・6) を dq0 領域に変換した式が求められた．6×6 のインダクタンス行列の要素からは時間要素 $\theta_m(t)$ が消滅して時間によって変化しない一定のインダクタンス値になった．鎖交磁束の微分値 $s\boldsymbol{\phi}_{dqos}$, $s\boldsymbol{\phi}_{dqor}$ はインダクタンス M, l_s, l'_r などをまたいで発生する電圧であり，次式で表される．

$$\begin{aligned}
s\psi_{ds} &= l_s \cdot si_{ds} + sM(i_{ds}+i'_{dr}) & s\psi'_{dr} &= l'_r \cdot si'_{dr} + sM(i_{ds}+i'_{dr}) \\
s\psi_{qs} &= l_s \cdot si_{qs} + sM(i_{qs}+i'_{qr}) & s\psi'_{qr} &= l'_r \cdot si'_{qr} + sM(i_{qs}+i'_{qr}) \\
s\psi_{0s} &= l_s \cdot si_{0s} & s\psi'_{0r} &= l'_r \cdot si'_{0r}
\end{aligned}$$

(25・22)

電圧を磁束量 ψ と $s\psi$ で表現すれば（25・14）（25・15）より

$$\begin{aligned}
v_{ds} &= r_s \cdot i_{ds} - \omega_s \psi_{qs} + s\psi_{ds} & v'_{dr} &= r'_r \cdot i'_{dr} - (\omega_s-\omega_m)\psi'_{qr} + s\psi'_{dr} \\
v_{qs} &= r_s \cdot i_{qs} + \omega_s \psi_{ds} + s\psi_{qs} & v'_{qr} &= r'_r \cdot i'_{qr} + (\omega_s-\omega_m)\psi'_{dr} + s\psi'_{qr} \\
v_{0s} &= r_s \cdot i_{0s} + s\psi_{0s} & v'_{0r} &= r'_r \cdot i'_{0r} + s\psi'_{0r}
\end{aligned}$$

(25・23)

電圧を電流量 i で表現すれば（25・21 b）（25・22）（25・23）より

$$\begin{bmatrix} v_{ds} \\ v_{qs} \\ v_{0s} \end{bmatrix} = \begin{bmatrix} r_s \cdot i_{ds} \\ r_s \cdot i_{qs} \\ r_s \cdot i_{0s} \end{bmatrix} + \begin{bmatrix} s(l_s+M) & -\omega_s(l_s+M) & 0 \\ \omega_s(l_s+M) & s(l_s+M) & 0 \\ 0 & 0 & sl_s \end{bmatrix} \begin{bmatrix} i_{ds} \\ i_{qs} \\ i_{0s} \end{bmatrix} + \begin{bmatrix} sM & -\omega_s M & 0 \\ \omega_s M & sM & 0 \\ 0 & 0 & 0 \end{bmatrix} \begin{bmatrix} i'_{dr} \\ i'_{qr} \\ i'_{0r} \end{bmatrix}$$

(25・24 a)

$$\begin{bmatrix} v'_{dr} \\ v'_{qr} \\ v'_{0s} \end{bmatrix} = \begin{bmatrix} r'_r \cdot i'_{dr} \\ r'_r \cdot i'_{qr} \\ r'_r \cdot i'_{0r} \end{bmatrix} + \begin{bmatrix} sM & -(\omega_s-\omega_m)M & 0 \\ (\omega_s-\omega_m)M & sM & 0 \\ 0 & 0 & 0 \end{bmatrix} \begin{bmatrix} i_{ds} \\ i_{qs} \\ i_{0s} \end{bmatrix}$$
$$+ \begin{bmatrix} s(l'_r+M) & -(\omega_s-\omega_m)(l'_r+M) & 0 \\ (\omega_s-\omega_m)(l'_r+M) & s(l'_r+M) & 0 \\ 0 & 0 & sl'_r \end{bmatrix} \begin{bmatrix} i'_{dr} \\ i'_{qr} \\ i'_{0r} \end{bmatrix}$$

(25・24 b)

あるいは

$$\begin{aligned}
v_{ds} &= r_s \cdot i_{ds} - \omega_s\{l_s \cdot i_{qs} + M(i_{qs}+i'_{qr})\} + sl_s \cdot i_{ds} + sM(i_{ds}+i'_{dr}) \\
v_{qs} &= r_s \cdot i_{qs} + \omega_s\{l_s \cdot i_{ds} + M(i_{ds}+i'_{dr})\} + sl_s \cdot i_{qs} + sM(i_{qs}+i'_{qr}) \\
v_{0s} &= r_s \cdot i_{0s} + sl_s i_{0s}
\end{aligned}$$

(25・25 a)

$$\begin{aligned}
v'_{dr} &= r'_r \cdot i'_{dr} - (\omega_s-\omega_m)\{l'_r \cdot i'_{qr} + M(i_{qs}+l'_{qr})\} + sl'_r \cdot i'_{dr} + sM(i_{ds}+i'_{dr}) \\
v'_{qr} &= r'_r \cdot i'_{qr} + (\omega_s-\omega_m)\{l'_r \cdot i'_{dr} + M(i_{ds}+l'_{dr})\} + sl'_r \cdot i'_{qr} + sM(i_{qs}+i'_{qr}) \\
v'_{0r} &= r'_r \cdot i'_{0r} + sl'_r i'_{0r}
\end{aligned}$$

(25・25 b)

式(25・25 a), (25・25 b) の中カッコ { } の中は (25・21 b) に示すように鎖交磁束数 ψ_{ds} などで置き換えができるので両式を整理しなおすと次式を得る.

$$v_{ds} - r_s \cdot i_{ds} - sl_s \cdot i_{ds} + \omega_s \psi_{qs} = v'_{dr} - r'_r \cdot i'_{dr} - sl'_r \cdot i'_{dr} + (\omega_s - \omega_m)\psi'_{qr} = sM(i_{ds} + i'_{dr})$$
$$v_{qs} - r_s \cdot i_{qs} - sl_s \cdot i_{qs} - \omega_s \psi_{ds} = v'_{qr} - r'_r \cdot i'_{qr} - sl'_r \cdot i'_{qr} - (\omega_s - \omega_m)\psi'_{dr} = sM(i_{qs} + i'_{qr})$$

$$(25 \cdot 26)$$

電圧と磁束に関する式(25・25 a, b), (25・26) を正確に表現する等価回路として図25・3 を得る. 図中のロータ側の抵抗値 r'_r はロータ巻線の抵抗値に負荷等価回路の抵抗分を加えた値である(図25・11を参照).

さて, 以上でdq0領域における ψ, $s\psi$, v の関係式を求めることができた. ここでIMに関して導いた式(25・21)-(25・24) を第10章の同期機で求めた式(10・29)-(10・33) と対比してみよう. IMの場合も同期機の場合と同じようにdq0領域における変数はすべて定常状態では時間に無関係な直流量となる. したがって式(25・23), (25・24) で $s = d/dt$ を含む項は過渡項であるといえよう. ゆえに定常状態のみを問題とする場合にはこれら過渡項は必要に応じてオミットすることができる.

さらに, 式(25・23), (25・24) を比較すると, v_{ds}, v_{qs} が ψ_{ds}, ψ_{qs} の関数として単純な式で表されるのに対し i_{ds}, i_{qs}, i'_{dr}, i'_{qr} の関数としては非常に複雑な式で表される. これは誘導機の制御技術は電流制御方式よりも鎖交磁束による制御方式の方が容易なことを示唆している. この点については第27, 28章で詳しく学ぶこととする.

次に, 得られた式(25・21), (25・24) 等のPU化を行う. 以下では簡単のため零相回路式は無視するものとする. $X_M = \omega M$ の関係にあるインダクタンス M とリアクタンス X_M をPU化すると

$$\bar{X}_M = \frac{X_M}{X_{base}} = \frac{\omega_{base} M}{\omega_{base} M_{base}} = \frac{M}{M_{base}} = \bar{M} \tag{25・27}$$

である(第10章式(10・51)参照)からインダクタンス値 $\bar{M}$ をリアクタンス値 $\bar{X}_M$ で置きかえることができる. したがって式(25・21 b) はPU化した基本式として次式となる.

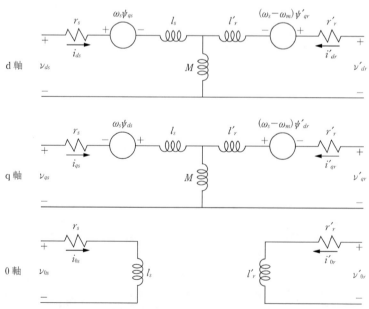

図 25・3 巻線形誘導機の dq0 軸変換座標における等価回路

$$\left.\begin{aligned}
\bar{\psi}_{ds} &= \bar{X}_{ls}\bar{i}_{ds} + \bar{X}_M(\bar{i}_{ds} + \bar{i}'_{dr}) \\
\bar{\psi}_{qs} &= \bar{X}_{ls}\bar{i}_{qs} + \bar{X}_M(\bar{i}_{qs} + \bar{i}'_{qr}) \\
\bar{\psi}'_{dr} &= \bar{X}'_{lr}\bar{i}'_{dr} + \bar{X}_M(\bar{i}_{ds} + \bar{i}'_{dr}) \\
\bar{\psi}'_{qr} &= \bar{X}'_{lr}\bar{i}'_{qr} + \bar{X}_M(\bar{i}_{qs} + \bar{i}'_{qr})
\end{aligned}\right\} \quad (25 \cdot 28\,\text{a})$$

$$\left.\begin{aligned}
\bar{v}_{ds} &= \bar{r}_s \cdot \bar{i}_{ds} - \frac{\omega_s}{\omega_{base}} \cdot \bar{X}_{ls}\bar{i}_{qs} - \frac{\omega_s}{\omega_{base}} \cdot \bar{X}_M(\bar{i}_{qs} + \bar{i}'_{qr}) + \frac{s}{\omega_{base}} \cdot \bar{X}_{ls}\bar{i}_{ds} \\
&\quad + \frac{s}{\omega_{base}} \cdot \bar{X}_M(\bar{i}_{ds} + \bar{i}'_{dr}) \\
\bar{v}_{qs} &= \bar{r}_s \cdot \bar{i}_{qs} + \frac{\omega_s}{\omega_{base}} \cdot \bar{X}_{ls}\bar{i}_{ds} - \frac{\omega_s}{\omega_{base}} \cdot \bar{X}_M(\bar{i}_{ds} + \bar{i}'_{dr}) + \frac{s}{\omega_{base}} \cdot \bar{X}_{ls}\bar{i}_{qs} \\
&\quad + \frac{s}{\omega_{base}} \cdot \bar{X}_M(\bar{i}_{qs} + \bar{i}'_{qr}) \\
\bar{v}'_{dr} &= \bar{r}'_r \cdot \bar{i}'_{dr} - \frac{(\omega_s - \omega_m)}{\omega_{base}} \cdot \bar{X}'_{lr}\bar{i}'_{qr} - \frac{(\omega_s - \omega_m)}{\omega_{base}} \cdot \bar{X}_M(\bar{i}_{qs} + \bar{i}'_{qr}) + \frac{s}{\omega_{base}} \cdot \bar{X}'_{lr}\bar{i}'_{dr} \\
&\quad + \frac{s}{\omega_{base}} \cdot \bar{X}_M(\bar{i}_{ds} + \bar{i}'_{dr}) \\
\bar{v}'_{qr} &= \bar{r}'_r \cdot \bar{i}'_{qr} + \frac{(\omega_s - \omega_m)}{\omega_{base}} \cdot \bar{X}'_{lr}\bar{i}'_{dr} + \frac{(\omega_s - \omega_m)}{\omega_{base}} \cdot \bar{X}_M(\bar{i}_{ds} + \bar{i}'_{dr}) + \frac{s}{\omega_{base}} \cdot \bar{X}'_{lr}\bar{i}'_{qr} \\
&\quad + \frac{s}{\omega'_{base}} \cdot \bar{X}_M(\bar{i}_{qds} + \bar{i}'_{qr})
\end{aligned}\right\} \quad (25 \cdot 28\,\text{b})$$

ただし pu 値として $\bar{X}_{ls} = \bar{l}_{ls}$, $\bar{X}_{lr} = \bar{l}_{lr}$, $\bar{X}_M = \bar{M}$

式 (25・21 a) の逆行列式として次式を得る.

$$\begin{bmatrix} \bar{i}_{ds} \\ \bar{i}_{qs} \\ \bar{i}'_{dr} \\ \bar{i}'_{qr} \end{bmatrix} = \frac{1}{K_x} \begin{bmatrix} \bar{X}'_{lr} + \bar{X}_M & 0 & -\bar{X}_M & 0 \\ 0 & \bar{X}'_{lr} + \bar{X}_M & 0 & -\bar{X}_M \\ -\bar{X}_M & 0 & \bar{X}_{ls} + \bar{X}_M & 0 \\ 0 & -\bar{X}_M & 0 & \bar{X}_{ls} + \bar{X}_M \end{bmatrix} \begin{bmatrix} \bar{\psi}_{ds} \\ \bar{\psi}_{qs} \\ \bar{\psi}'_{dr} \\ \bar{\psi}'_{qr} \end{bmatrix} \quad (25 \cdot 29)$$

ただし $K_x = (\bar{X}_{ls} + \bar{X}_M)(\bar{X}'_{lr} + \bar{X}_M) - \bar{X}_M^2$

式 (25・29) を (25・28 b) に代入することで電圧の pu 値 $\bar{v}$ もまた $\bar{\psi}$ の関数として表現される.

$$\begin{bmatrix} \bar{v}_{ds} \\ \bar{v}_{qs} \\ \bar{v}'_{dr} \\ \bar{v}'_{qr} \end{bmatrix} = \begin{bmatrix} \frac{1}{K_x}\bar{r}_s \cdot (\bar{X}'_{lr} + \bar{X}_M) + \frac{s}{\omega_{base}} & -\frac{\omega_s}{\omega_{base}} & -\frac{1}{K_x}\bar{r}_s \cdot \bar{X}_M & 0 \\ \frac{\omega_s}{\omega_{base}} & \frac{1}{K_x}\bar{r}_s \cdot (\bar{X}'_{lr} + \bar{X}_M) + \frac{s}{\omega_{base}} & 0 & -\frac{1}{K_x}\bar{r}_s \cdot \bar{X}_M \\ -\frac{1}{K}\bar{r}'_r \cdot \bar{X}_M & 0 & \frac{1}{K_x}\bar{r}'_r \cdot (\bar{X}_{ls} + \bar{X}_M) + \frac{s}{\omega_{base}} & -\left(\frac{\omega_s - \omega_m}{\omega_{base}}\right) \\ 0 & -\frac{1}{K_x}\bar{r}'_r \cdot \bar{X}_M & \left(\frac{\omega_s - \omega_m}{\omega_{base}}\right) & \frac{1}{K_x}\bar{r}'_r \cdot (\bar{X}_{ls} + \bar{X}_M) + \frac{s}{\omega_{base}} \end{bmatrix} \begin{bmatrix} \bar{\psi}_{ds} \\ \bar{\psi}_{qs} \\ \bar{\psi}'_{dr} \\ \bar{\psi}'_{qr} \end{bmatrix} \quad (25 \cdot 30)$$

ただし $\bar{\omega}_r = \dfrac{\omega_s - \omega_m}{\omega_{base}}$: ロータ外部電源の角速度 pu 値

25・2・3　dq0 領域変換式のフェーザ表現

式(25・28 b) で得られた dq0 変換式は $\tilde{\bar{v}}_{dqs} = \bar{v}_{ds} + j\bar{v}_{qs}$, $\tilde{\bar{i}}_{dqs} = \bar{i}_{ds} + j\bar{i}_{qs}$, $\tilde{\bar{v}}'_{dqs} = \bar{v}'_{ds} + j\bar{v}'_{qs}$, $\tilde{\bar{i}}'_{dqs} = \bar{i}'_{ds} + j\bar{i}'_{qs}$ などの複素数に合成したフェーザとして表すことができる．

$$\tilde{\bar{v}}_{dqs} = \left\{ \bar{r}_s \cdot \tilde{\bar{i}}_{dqs} + \frac{j\omega_s}{\omega_{base}} \cdot \bar{X}_{ls} \tilde{\bar{i}}_{dqs} + \frac{j\omega_s}{\omega_{base}} \cdot \bar{X}_M (\tilde{\bar{i}}_{dqs} + \tilde{\bar{i}}'_{dqr}) \right\}$$
$$+ \left\{ \frac{s}{\omega_{base}} \cdot \bar{X}_{ls} \tilde{\bar{i}}_{dqs} + \frac{s}{\omega_{base}} \cdot \bar{X}_M (\tilde{\bar{i}}_{dqs} + \tilde{\bar{i}}'_{dqr}) \right\}$$
$$\tilde{\bar{v}}'_{dqr} = \left\{ \bar{r}'_r \cdot \tilde{\bar{i}}'_{dqr} + \frac{j(\omega_s - \omega_m)}{\omega_{base}} \cdot \bar{X}'_{lr} \tilde{\bar{i}}'_{dqr} + \frac{j(\omega'_s - \omega'_m)}{\omega'_{base}} \cdot \bar{X}_M (\tilde{\bar{i}}_{dqs} + \tilde{\bar{i}}'_{dqr}) \right\}$$
$$+ \left\{ \frac{s}{\omega_{base}} \cdot \bar{X}'_{lr} \tilde{\bar{i}}'_{dqr} + \frac{s}{\omega_{base}} \cdot \bar{X}_M (\tilde{\bar{i}}_{dqs} + \tilde{\bar{i}}'_{dqr}) \right\} \quad (25 \cdot 31)$$

鎖交磁束の式(25・28) についても $\tilde{\bar{\psi}}_{dqs} = \bar{\psi}_{ds} + j\bar{\psi}_{qs}$, $\tilde{\bar{\psi}}'_{dqr} = \bar{\psi}'_{dr} + j\bar{\psi}'_{qr}$ の表現で

$$\tilde{\bar{\psi}}_{dqs} = \bar{X}_{ls} \tilde{\bar{i}}_{dqs} + \bar{X}_M (\tilde{\bar{i}}_{dqs} + \tilde{\bar{i}}'_{dqr}) \quad s\tilde{\bar{\psi}}_{dqs} = s\bar{X}_{ls} \tilde{\bar{i}}_{dqs} + s\bar{X}_M (\tilde{\bar{i}}_{dqs} + \tilde{\bar{i}}'_{dqr})$$
$$\tilde{\bar{\psi}}'_{dqr} = \bar{X}'_{lr} \tilde{\bar{i}}'_{dqr} + \bar{X}_M (\tilde{\bar{i}}_{dqs} + \tilde{\bar{i}}'_{dqr}) \quad s\tilde{\bar{\psi}}'_{dqr} = s\bar{X}'_{lr} \tilde{\bar{i}}'_{dqr} + s\bar{X}_M (\tilde{\bar{i}}_{dqs} + \tilde{\bar{i}}'_{dqr}) \quad (25 \cdot 32)$$

さて，abc 領域での鎖交磁束数 ψ_{abc}，電圧 v_{abc}，電流 i_{abc} に関する基本式が ds-, qs-領域および dr-, qr-領域の式に変換され，さらにフェーザによってシンプルな式(25・32) として表現された．

ここまでの方程式展開プロセスを通じて①ステータとロータの方程式の対称性，②ステータ d 軸と q 軸方程式の対称性，③ロータ d 軸と q 軸方程式の対称性に気付いている．これは誘導機の設計構成として「(i) ステータとロータの巻線および磁路（巻き回数等を別として）が対称に設計されている」「(ii) ステータが軸を中心として放射状方向にも長軸方向にも一様設計である」「(iii) ロータが軸を中心とする放射状方向にも長軸方向にも一様設計である」という物理的な構造に基づく当然の結果であるといえよう．同期機の場合はロータの構造が d 軸方向と q 軸方向で非対称であることと対比して興味深いことである．いうまでもないがここに得られた基本式は誘導機回路の電気機械的解析モデリングの基礎でもあり，また第 26-28 章の主題たる PE 回路と組み合わせての誘導機駆動制御の基礎となるのである．

実際的なエンジニアリングの視点からもうすこし考えてみよう．我々が対象としている誘導機はステータとロータの双方から励磁あるいは電気入力を行い得る機械（doubly-excited or doubly-fed machine）であり，ステータは周波数 $f_s = \omega_s/2\pi$ の外部回路電源（多くの場合電力系統）に接続され，またロータは周波数 $f_r = \omega_r/2\pi$ の外部回路電源（たとえば3相平衡な PE 回路）に接続されている．この状態でステータ側電源の位相角度が $\theta_s(t)$ であるのに対してロータ側の電源位相角度は $\theta_r(t)$ であり，ロータは角速度 $\omega_m(t) = \omega_s(t) - \omega_r(t) = 2\pi(f_s - f_m)$ で回転している．そして誘導機が一定の速度 ω_m で運転中（定常運転）であるとすれば当然下記の式が成り立っているといえる．

$$P_{\substack{stator \\ electrical}} + P_{\substack{rotor \\ electrical}} + P_{\substack{rotor \\ mechanical}} = 0 \quad (25 \cdot 33)$$

そして $P_{\substack{rotor \\ mechanical}}$ は正値運転（電動モード）にも負値運転（発電モード，たとえば電車の回生制動）にも自在に変化しうるのである．

誘導機の代表的な運転方式として三つのケースを紹介しておこう．

ケース 1：同期運転（Synchronized operation）

ステータ回路は電力系統（周波数 $f_s = 50/60$ Hz）に接続されており，ロータ回路は PE 回路から直流電流 i_{ar}, i_{br}, $i_{cr}(f_r = f_s - f_m = 0$ Hz）が供給されるとする．この場合はロータ角速度が $\omega_m = 2\pi f_s - 2\pi f_r = 2\pi f_s$ となり，誘導機が同期機と同じく同期角速度での運転状態になる．

ケース 2：可変速電動運転（Variable speed motor operation）

ステータ回路は電力系統（周波数 $f_s = 50$ Hz）に接続されており，ロータコイル側は PE 回路から $f_r = f_s - f_m = 0 - 5$ Hz の範囲で可変周波数の電流 i_{ar}, i_{br}, i_{cr} が供給されるとする．こ

の場合はロータ角速度は $\omega_m=2\pi f_s-2\pi f_r=2\pi(50\sim 45\,\text{Hz})$ の範囲（60 Hz 系では $\omega_m=2\pi(60\sim 55\,\text{Hz}$ の範囲）で 10% 程度の減速制御運転が可能となる．交流可変速揚水用発電電動機がその典型的な例となるがその詳細については 28・4 節で学ぶこととする．

ケース3：可変速発電運転（Variable speed generating operation）

風車または小水力の原動機で駆動される誘導発電機が気まぐれに変化する速度 $\omega_m(t)$ で駆動回転しているとする．もしもロータから周波数 $f_r(t)=2\pi f_s(t)-\omega_m(t)/2\pi$ の電流 i_{ar}, i_{br}, i_{cr} を供給すればステータ側周波数は $f_s(=50/60\,\text{Hz})$ となるので系統と連系して同期運転が可能である．風力発電や小水力発電では周波数変換機能を有する PE 変換回路が必須となることは自明である．詳しくは 28・5, 28・6 節で学ぶこととする．

25・2・4 誘導機の駆動力とトルク

次には誘導機 IM のパワーとトルクについて考えよう．ここで誘導機の abc の領域における基本式(25・7)を再録する．ただし 6×6 のインダクタンス行列について漏れ磁束相当の行列と鎖交磁束（主磁束）相当の行列に分けて表現している．

abc 領域基本式

$$\boldsymbol{\phi}_{abc}=\boldsymbol{l}\cdot\boldsymbol{i}_{abc}+\boldsymbol{L}\cdot\boldsymbol{i}_{abc} \tag{25・34 a}$$

ただし

$$\boldsymbol{L}_{abcdomain}=\boldsymbol{l}+\boldsymbol{L}$$

鎖交磁束の変化速度（起電力）

$$\therefore\quad s\boldsymbol{\phi}_{abc}=\boldsymbol{l}\cdot s\boldsymbol{i}_{abc}+(s\boldsymbol{L})\cdot\boldsymbol{i}_{abc}+\boldsymbol{L}\cdot s\boldsymbol{i}_{abc} \tag{25・34 b}$$

電圧

$$\boldsymbol{v}_{abc}=\boldsymbol{r}\cdot\boldsymbol{i}_{abc}+s\boldsymbol{\phi}_{abc}=\boldsymbol{r}\cdot\boldsymbol{i}_{abc}+\boldsymbol{l}\cdot s\boldsymbol{i}_{abc}+(s\boldsymbol{L})\cdot\boldsymbol{i}_{abc}+\boldsymbol{L}\cdot s\boldsymbol{i}_{abc}$$

$$\therefore\quad \boldsymbol{v}_{abc}=\boldsymbol{r}\cdot\boldsymbol{i}_{abc}+s\boldsymbol{\phi}_{abc}=\boldsymbol{r}\cdot\boldsymbol{i}_{abc}+(s\boldsymbol{L})\cdot\boldsymbol{i}_{abc}+(\boldsymbol{l}+\boldsymbol{L})\cdot s\boldsymbol{i}_{abc} \tag{25・35}$$

上式で 6×6 インダクタンス行列 $\boldsymbol{L}$ は位相角 $\theta_m(t)$ の時間的変化に伴って変化するが，l_s, l_r, L_s, L_r, M'_s などは時間によって変化しない．

誘導機のステータ外部回路電源およびロータ回路外部電源から注入される電力（電気パワー）をそれぞれ正符号で表現するものとする．今，ステータ外部回路およびロータ外部回路の双方から電気パワーが注入されているとすれば誘導機に注入される電気パワーの合計値は次式で表現される．

$$P_{in}(t)=\boldsymbol{i}^t_{abc}\cdot\boldsymbol{v}_{abc}=\underbrace{\boldsymbol{i}^t_{abc}\cdot\boldsymbol{r}\cdot\boldsymbol{i}_{abc}}_{P_{resist}(t)}+\underbrace{\boldsymbol{i}^t_{abc}\cdot\boldsymbol{l}\cdot s\boldsymbol{i}_{abc}+\boldsymbol{i}^t_{abc}\cdot\boldsymbol{L}\cdot s\boldsymbol{i}_{abc}+\boldsymbol{i}^t_{abc}\cdot(s\boldsymbol{L})\cdot\boldsymbol{i}_{abc}}_{\text{IM が受け取る電力と機械力の瞬時値}} \tag{25・36}$$

$$P_{resist}(t)=\boldsymbol{i}^t_{abc}\cdot\boldsymbol{r}\cdot\boldsymbol{i}_{abc}=r_s(i^2_{as}+i^2_{bs}+i^2_{cs})+r_r(i^2_{ar}+i^2_{br}+i^2_{cr}) \tag{25・37}$$

上式で $P_{resist}(t)$ はステータおよびロータコイルの抵抗によって消費される熱ロスである．IM が外部回路から受け取る全パワー（瞬時値）$P_{in}(t)$ はコイル抵抗の熱損 $P_{resist}(t)$ と電力（瞬時値）$P_\phi(t)$ と機械力（瞬時値）$P_m(t)$ に変換される．すなわち

$$P_{in}(t)=P_{resist}(t)+P_\phi(t)+P_m(t) \tag{25・38}$$

式(25・37)と(25・38)を比較すると $P_\phi(t)+P_m(t)$ が抽出できて次式を得る．

誘導機の受け取る有効なパワー

$$P_\phi(t)+P_m(t)=\boldsymbol{i}^t_{abc}\cdot\boldsymbol{l}\cdot s\boldsymbol{i}_{abc}+\boldsymbol{i}^t_{abc}\cdot(s\boldsymbol{L})\cdot\boldsymbol{i}_{abc}+\boldsymbol{i}^t_{abc}\cdot\boldsymbol{L}\cdot s\boldsymbol{i}_{abc} \tag{25・39}$$

一方で誘導性コイルのインダクタンスに蓄えられるエネルギー（瞬間電力の積分値）は $\sum_k \frac{1}{2}L_k\cdot i^2_k$ であるから，誘導機に蓄えられる誘導性エネルギーの合計値

$$\int P_\phi(t)\,dt=\frac{1}{2}\cdot\boldsymbol{i}^t_{abc}\cdot\boldsymbol{l}\cdot\boldsymbol{i}_{abc}+\frac{1}{2}\boldsymbol{i}^t_{abc}\cdot\boldsymbol{L}\cdot\boldsymbol{i}_{abc} \tag{25・40}$$

IM のコイルインダクタンスが受け取る電力（瞬時値）$P_\phi(t)$：（上式の微分形）

$$P_\psi(t) = \frac{1}{2}\{(si_{abc}^t)\cdot l\cdot(i_{abc}) + (i_{abc}^t)\cdot l\cdot(si_{abc})\}$$
$$+ \frac{1}{2}\{(si_{abc}^t)\cdot L\cdot(i_{abc}) + (i_{abc}^t)\cdot(sL)\cdot(i_{abc}) + (i_{abc}^t)\cdot L\cdot(si_{abc})\} \tag{25・41}$$

もれインダクタンス l は時間に無関係であり L は時間関数であること，また転置行列に関する数学公式 $(si_{abc}^t)\cdot(L)\cdot i_{abc} = i_{abc}^t\cdot(L)\cdot si_{abc}$ であることなどにより式(25・41)の $P_\psi(t)$ はさらに次式のように書き改めることができる．

$$P_\psi(t) = i_{abc}^t\cdot l\cdot si_{abc} + \frac{1}{2}i_{abc}^t\cdot(sL)\cdot i_{abc} + i_{abc}^t\cdot(L)\cdot si_{abc} \tag{25・42}$$

式(25・39)，(25・42)を比較することによって $P_m(t)$ が次式として抽出できる．

ステータ・ロータ両コイルからの電気入力によってロータに生ずる機械出力

$$P_m(t) = \frac{1}{2}i_{abc}^t\cdot(sL)\cdot i_{abc} \tag{25・43}$$

上式で，IM のコイルインダクタンスが受け取る電力（瞬時値）$P_\psi(t)$ は半サイクル毎にパワーの送受を繰り返すので時間平均ではゼロとなる．また IM が受け取る機械力（瞬時値）$P_m(t)$ はロータの回転力として機能する．機械力の式(25・43)をさらに吟味しよう．

式(25・43)を非記号スタイルで表せば

$$sL = \frac{dL}{dt} = \frac{d\theta_m}{dt}\cdot\frac{d}{d\theta_m}\begin{bmatrix} l_s+L_s & -\frac{1}{2}L_s & -\frac{1}{2}L_s \\ -\frac{1}{2}L_s & l_s+L_s & -\frac{1}{2}L_s \\ -\frac{1}{2}L_s & -\frac{1}{2}L_s & l_s+L_s \\ (L'_{ms})^t\cos\theta_m & (L'_{ms})^t\cos\left(\theta_m-\frac{2\pi}{3}\right) & (L'_{ms})^t\cos\left(\theta_m+\frac{2\pi}{3}\right) \\ (L'_{ms})^t\cos\left(\theta_m+\frac{2\pi}{3}\right) & (L'_{ms})^t\cos\theta_m & (L'_{ms})^t\cos\left(\theta_m-\frac{2\pi}{3}\right) \\ (L'_{ms})^t\cos\left(\theta_m-\frac{2\pi}{3}\right) & (L'_{ms})^t\cos\left(\theta_m+\frac{2\pi}{3}\right) & (L'_{ms})^t\cos\theta_m \\ L'_{ms}\cos\theta_m & L'_{ms}\cos\left(\theta_m+\frac{2\pi}{3}\right) & L'_{ms}\cos\left(\theta_m-\frac{2\pi}{3}\right) \\ L'_{ms}\cos\left(\theta_m-\frac{2\pi}{3}\right) & L'_{ms}\cos\theta_m & L'_{ms}\cos\left(\theta_m+\frac{2\pi}{3}\right) \\ L'_{ms}\cos\left(\theta_m+\frac{2\pi}{3}\right) & L'_{ms}\cos\left(\theta_m-\frac{2\pi}{3}\right) & L'_{ms}\cos\theta_m \\ l_r+L_s & -\frac{1}{2}L_s & -\frac{1}{2}L_s \\ -\frac{1}{2}L_s & l_r+L_s & -\frac{1}{2}L_s \\ -\frac{1}{2}L_s & -\frac{1}{2}L_s & l_r+L_s \end{bmatrix}$$

$$= -\frac{2}{3}\omega_m M\begin{bmatrix} 0 & 0 & 0 \\ 0 & 0 & 0 \\ 0 & 0 & 0 \\ \sin\theta_m & \sin\left(\theta_m-\frac{2\pi}{3}\right) & \sin\left(\theta_m+\frac{2\pi}{3}\right) \\ \sin\left(\theta_m+\frac{2\pi}{3}\right) & \sin\theta_m & \sin\left(\theta_m-\frac{2\pi}{3}\right) \\ \sin\left(\theta_m-\frac{2\pi}{3}\right) & \sin\left(\theta_m+\frac{2\pi}{3}\right) & \sin\theta_m \end{bmatrix}$$

$$\begin{bmatrix} \sin\theta_m & \sin\left(\theta_m+\dfrac{2\pi}{3}\right) & \sin\left(\theta_m-\dfrac{2\pi}{3}\right) \\ \sin\left(\theta_m-\dfrac{2\pi}{3}\right) & \sin\theta_m & \sin\left(\theta_m+\dfrac{2\pi}{3}\right) \\ \sin\left(\theta_m+\dfrac{2\pi}{3}\right) & \sin\left(\theta_m-\dfrac{2\pi}{3}\right) & \sin\theta_m \\ 0 & 0 & 0 \\ 0 & 0 & 0 \\ 0 & 0 & 0 \end{bmatrix}$$

ただし式(25・20 b)より $L'_{ms}=\dfrac{2}{3}M$ \hfill (25・44)

L は式(25・7)に登場する $L_{abcdomain}$ からもれインダクタンス l_s, l_r を除外した鎖交インダクタンス行列である．電圧 v_{abc} は (25・44) で求めた L と sL を (25・35) に代入すれば求められるが長い式になるので記載を省略する．

式(25・43)による機械パワーの式 $P_m(t)$ は (25・44) によりさらに次の通りに修正して表現できる．

$$P_m(t)=\dfrac{1}{2}\boldsymbol{i}^t_{abc}(s\boldsymbol{L})\cdot\boldsymbol{i}_{abc}$$

$$=-\dfrac{1}{3}\omega_m\cdot M\Bigg\{[i_{as}\ i_{bs}\ i_{cs}]\cdot\begin{bmatrix} \sin\theta_m & \sin\left(\theta_m+\dfrac{2\pi}{3}\right) & \sin\left(\theta_m-\dfrac{2\pi}{3}\right) \\ \sin\left(\theta_m-\dfrac{2\pi}{3}\right) & \sin\theta_m & \sin\left(\theta_m+\dfrac{2\pi}{3}\right) \\ \sin\left(\theta_m+\dfrac{2\pi}{3}\right) & \sin\left(\theta_m-\dfrac{2\pi}{3}\right) & \sin\theta_m \end{bmatrix}\cdot\begin{bmatrix} i'_{ar} \\ i'_{br} \\ i'_{cr} \end{bmatrix}$$

$$+[i'_{ar}\ i'_{br}\ i'_{cr}]\cdot\begin{bmatrix} \sin\theta_m & \sin\left(\theta_m-\dfrac{2\pi}{3}\right) & \sin\left(\theta_m+\dfrac{2\pi}{3}\right) \\ \sin\left(\theta_m+\dfrac{2\pi}{3}\right) & \sin\theta_m & \sin\left(\theta_m-\dfrac{2\pi}{3}\right) \\ \sin\left(\theta_m-\dfrac{2\pi}{3}\right) & \sin\left(\theta_m+\dfrac{2\pi}{3}\right) & \sin\theta_m \end{bmatrix}\cdot\begin{bmatrix} i_{as} \\ i_{bs} \\ i_{cs} \end{bmatrix}\Bigg\}$$
\hfill (25・45 a)

あるいは

$$P_m(t)=-\omega_m M\Big[i_{as}i'_{ar}\sin\theta_m+i_{as}i'_{br}\sin\left(\theta_m+\dfrac{2\pi}{3}\right)+i_{as}i'_{cr}\sin\left(\theta_m-\dfrac{2\pi}{2}\right)$$
$$+i_{bs}i'_{ar}\sin\left(\theta_m-\dfrac{2\pi}{3}\right)+i_{bs}i'_{br}\sin\theta_m+i_{bs}i'_{cr}\sin\left(\theta_m+\dfrac{2\pi}{3}\right) \quad\quad\quad (25\cdot45\ \text{b})$$
$$+i_{cs}i'_{ar}\sin\left(\theta_m+\dfrac{2\pi}{3}\right)+i_{cs}i'_{br}\sin\left(\theta_m-\dfrac{2\pi}{3}\right)+i_{cs}i'_{cr}\sin\theta_m \Big]$$

さて，以上でパワーに関する式が abc 領域で求められたことになる．次には $P_m(t)$ を dq0 領域に変換することとする．ただし我々の関心は主として3相平衡現象についてであるから零相回路成分は無視するものとして変換式は次のようになる．

$$\left.\begin{aligned} i_{as}&=\dfrac{2}{3}\{\cos\theta_s\cdot i_{ds}-\sin\theta_s\cdot i_{qs}\} \\ i_{bs}&=\dfrac{2}{3}\left\{\cos\left(\theta_s-\dfrac{2\pi}{3}\right)\cdot i_{ds}-\sin\left(\theta_s-\dfrac{2\pi}{3}\right)\cdot i_{qs}\right\} \\ i_{cs}&=\dfrac{2}{3}\left\{\cos\left(\theta_s+\dfrac{2\pi}{3}\right)\cdot i_{ds}-\sin\left(\theta_s+\dfrac{2\pi}{3}\right)\cdot i_{qs}\right\} \end{aligned}\right\} \quad (25\cdot46\ \text{a})$$

$$i'_{ar} = \frac{2}{3}\{\cos(\theta_s - \theta_m) \cdot i'_{dr} - \sin(\theta_s - \theta_m) \cdot i'_{qr}\}$$

$$i'_{br} = \frac{2}{3}\left\{\cos\left(\theta_s - \theta_m - \frac{2\pi}{3}\right) \cdot i'_{dr} - \sin\left(\theta_s - \theta_m - \frac{2\pi}{3}\right) \cdot i'_{qr}\right\} \quad (25 \cdot 46 \text{ b})$$

$$i'_{cr} = \frac{2}{3}\left\{\cos\left(\theta_s - \theta_m + \frac{2\pi}{3}\right) \cdot i'_{dr} - \sin\left(\theta_s - \theta_m + \frac{2\pi}{3}\right) \cdot i'_{qr}\right\}$$

$P_m(t)$ は (25・46 a, b) を (25・45 b) に代入することによって直接的に計算できるがその結果は直感的に予測される下式と一致する（直接的な計算には付録1に記載の三角関数の公式が有効に利用できる）．

機械パワー

$$P_m(t) = \omega_m M(i_{qs} \cdot i'_{dr} - i_{ds} \cdot i'_{qr}) \quad (25 \cdot 47 \text{ a})$$

機械トルク

$$T_m(t) = \frac{P_m}{\omega_m} = M(i_{qs} \cdot i'_{dr} - i_{ds} \cdot i'_{qr}) \quad (25 \cdot 47 \text{ b})$$

ここで，$P_m(t)$，$T_m(t)$，$\omega_m(t) = d\theta_m/dt$ などはスカラー量である．

また $P_m(t)$，$T_m(t)$ は次式のようにも表現できる．

$$P_m = \text{Re}[\omega_m M(ji^*_{dqs})(i'_{dqr})] = \text{Re}[\omega_m M j(i_{ds} + ji_{qs})^* \cdot (i'_{dr} + ji'_{qr})] = \omega_m M(i_{qs} \cdot i'_{dr} - i_{ds} \cdot i'_{qr})$$
$$= \text{Re}[j\omega_m(\psi_{ds} + j\psi_{qs})^* \cdot (i'_{dr} + ji'_{qr})] = \omega_m(\psi_{qs} \cdot i'_{dr} - \psi_{ds} \cdot i'_{qr}) \quad (25 \cdot 48 \text{ a})$$

$$T_m = \text{Re}[M(ji^*_{dqs})(i'_{dqr})] = \text{Re}[Mj(i_{ds} + ji_{qs})^* \cdot (i'_{dr} + ji'_{qr})] = M(i_{qs} \cdot i'_{dr} - i_{ds} \cdot i'_{qr})$$
$$= \text{Re}[j(\psi_{ds} + j\psi_{qs})^* \cdot (i'_{dr} + ji'_{qr})] = \psi_{qs} \cdot i'_{dr} - \psi_{ds} \cdot i'_{qr} \quad (25 \cdot 48 \text{ b})$$

ただし上式で電流から鎖交磁束 ψ_{ds}，ψ_{qs}，ψ'_{dr}，ψ'_{qr} への置き換えは式(25・21)の関係（ただし巻線のもれインダクタンス l_s，l'_r による電圧降下を無視）を利用している．

さて，ステータ・ロータの双方から電気入力が加わるとして誘導機の $v(t)$，$i(t)$，$\psi(t)$ および $P_m(t)$，$P_m(t)$ が全て出揃って求められた．電気的・機械的な入出力の収支バランスは当然保たれているから

$$P_{\text{stator} \atop \text{electrical}} + P_{\text{rotor} \atop \text{electrical}} + P_{\text{rotor} \atop \text{mechanical}} + P_{\text{loss} \atop \text{electrical}} = 0 \quad (25 \cdot 49)$$

ここで

$$P_{\text{loss} \atop \text{electrical}} \cong 0$$

となる．

25・2・5 誘導機の定常運転

誘導機の基本式が得られたので次にはその定常運転の場合の特性について吟味する．誘導機のステータコイルは周波数 $f_s = \omega_s/2\pi$ Hz の電源に，またロータコイルは $f_r = \omega_r/2\pi$ Hz の電源につながれて電力を双方から受け取っているとする．発電の場合には負の電力を受け取っているとすればよい．ロータは角速度 $\omega_m = \omega_s - \omega_r = 2\pi(f_s - f_r)$ で回転している．

電源から3相平衡な正弦波電気量が送り込まれているとすればdq0領域での電気量はすべて時間に依存しない直流量になることを式(25・52 b, c)で後述する．したがって3相平衡な定常運転状態では式(25・31)の電圧式 $\tilde{v}_{dqs}$，$\tilde{v}_{dqr}$ で過渡項（微分記号 $s(=d/dt)$ を含む項）は無視して次式を得る．

誘導機の3相平衡定常運転状態の基本式

$$\tilde{\tilde{v}}_{dqs} = \bar{r}_s \tilde{\tilde{i}}_{dqs} + \frac{j\omega_s}{\omega_{base}} \bar{X}_{ls} \cdot \tilde{\tilde{i}}_{dqs} + \frac{j\omega_s}{\omega_{base}} \bar{X}_M \cdot (\tilde{\tilde{i}}_{dqs} + \tilde{\tilde{i}}'_{dqr}) \quad ①$$

$$\tilde{\tilde{v}}'_{dqr} = \bar{r}'_r \tilde{\tilde{i}}'_{dqr} + \frac{j(\omega_s - \omega_m)}{\omega_{base}} \bar{X}'_{lr} \cdot \tilde{\tilde{i}}'_{dqr} + \frac{j(\omega_s - \omega_m)}{\omega_{base}} \bar{X}_M \cdot (\tilde{\tilde{i}}_{dqs} + \tilde{\tilde{i}}'_{dqr}) \quad ②$$

②は次式のように書きかえることができる． $(25 \cdot 50)$

$$\frac{\tilde{\bar{v}}'_{dqr}}{s_{lip}} = \frac{\bar{r}'_r}{s_{lip}} \tilde{\bar{i}}'_{dqr} + \frac{j\omega_s}{\omega_{base}} \bar{X}'_{lr} \cdot \tilde{\bar{i}}'_{dqr} + \frac{j\omega_s}{\omega_{base}} \bar{X}_M \cdot (\tilde{\bar{i}}_{dqs} + \tilde{\bar{i}}'_{dqr}) \quad ③$$

ただし
$$\bar{\omega}_r = \frac{\omega_s - \omega_m}{\omega_s} \equiv s_{lip} \quad (\text{スリップの定義}) \quad ④$$

式①③より
$$\left[\tilde{\bar{v}}_{dqs} - \left\{ \bar{r}_s + \frac{j\omega_s}{\omega_{base}} \bar{X}_{ls} \right\} \tilde{\bar{i}}_{dqs} \right] = \left[\frac{\tilde{\bar{v}}'_{dqr}}{s_{lip}} - \left\{ \frac{\bar{r}'_r}{s_{lip}} + \frac{j\omega_s}{\omega_{base}} \bar{X}'_{lr} \right\} \tilde{\bar{i}}'_{dqr} \right]$$
$$= \frac{j\omega_s}{\omega_{base}} \bar{X}_M (\tilde{\bar{i}}_{dqs} + \tilde{\bar{i}}'_{dqr}) \equiv \tilde{\bar{e}}_M \quad (25 \cdot 51)$$

式(25·51) を忠実に表現する等価回路として図 25·4 を得る．図中の中央部のインダクタンス $(j\omega_s/\omega_{base})\bar{X}_M$ に生ずる磁束はステータとロータ間のパワーの授受を司る鎖交磁束（**エアギャップ磁束**）$\tilde{\bar{\phi}}_{ag}$ およびその磁束に比例する電圧（**エアギャップ電圧**）$\tilde{\bar{e}}_M$ と理解できる．誘導機の 3 相平衡定常の応動はこの等価回路図を出発点として検討することができるのである．

次に，定常運転に関する上述の関係式をよりなじみ深い表現で表現してみよう．ステータとロータの 3 相平衡な電圧・電流を次式で表現するとしよう．

abc 領域での定常電圧，電流
$$\left. \begin{array}{ll} \bar{v}_{as} = V_s \cos(\omega_s + \alpha_s) & \bar{i}_{as} = I_s \cos(\omega_s + \gamma_s) \\ \bar{v}_{bs} = V_s \cos\left(\omega_s t + \alpha_s - \frac{2\pi}{3}\right) & \bar{i}_{bs} = I_s \cos\left(\omega_s t + \gamma_s - \frac{2\pi}{3}\right) \\ \bar{v}_{cs} = V_s \cos\left(\omega_s t + \alpha_s - \frac{2\pi}{3}\right) & \bar{i}_{cs} = I_s \cos\left(\omega_s t + \gamma_s + \frac{2\pi}{3}\right) \\ \bar{v}'_{ar} = V_r \cos(\omega_s - \omega_m) t + \alpha_r) & \bar{i}'_{ar} = I_r \cos((\omega_s - \omega_m) t + \gamma_r) \\ \bar{v}'_{br} = V_r \cos\left((\omega_s - \omega_m)t + \alpha_r - \frac{2\pi}{3}\right) & \bar{i}'_{br} = I_r \cos\left((\omega_s - \omega_m)t + \gamma_r - \frac{2\pi}{3}\right) \\ \bar{v}'_{cr} = V_r \cos\left((\omega_s - \omega_m)t + \alpha_r - \frac{2\pi}{3}\right) & \bar{i}'_{cr} = I_r \cos\left((\omega_s - \omega_m)t + \gamma_r - \frac{2\pi}{3}\right) \end{array} \right\}$$
$$(25 \cdot 52\,\text{a})$$

dq0 領域では直流量となる（10·4 節，式(10·53)，(10·54) 参照）．
$$\left. \begin{array}{ll} \bar{v}_{ds} = V_s \cos \alpha_s & i_{ds} = I_s \cos \gamma_s \\ \bar{v}_{qs} = V_s \sin \alpha_s & i_{qs} = I_s \sin \gamma_s \\ \bar{v}_{0s} = 0 & i_{0s} = 0 \\ \bar{v}'_{dr} = V_r \cos \alpha_r & \bar{i}'_{dr} = I_r \cos \gamma_r \\ \bar{v}'_{qr} = V_r \sin \alpha_r & \bar{i}'_{qr} = I_r \cos \gamma_r \\ \bar{v}'_{0r} = 0 & \bar{i}'_{0r} = 0 \end{array} \right\} \quad (25 \cdot 52\,\text{b})$$

dq0 領域でのフェーザ表現
$$\left. \begin{array}{ll} \tilde{\bar{v}}_{dqs} \equiv \bar{v}_{ds} + j\bar{v}_{qs} = V_s e^{j\alpha_s} & \tilde{\bar{v}}'_{dqr} \equiv \bar{v}'_{dr} + j\bar{v}'_{qr} = V_r e^{j\alpha_r} \\ \tilde{\bar{i}}_{dqs} \equiv \bar{i}_{ds} + j\bar{i}_{qs} = I_s e^{j\gamma_s} & \tilde{\bar{i}}'_{dqr} \equiv \bar{i}'_{dr} + j\bar{i}'_{qr} = I_r e^{j\gamma_r} \end{array} \right\} \quad (25 \cdot 52\,\text{c})$$

a 相の電圧・電流のフェーザ表現
$$\left. \begin{array}{l} \tilde{\bar{v}}'_{as} = V_s e^{j(\omega_s t + \alpha_s)} = e^{j\omega_s t} (\bar{v}_{ds} + j\bar{v}_{qs}) = e^{j\omega_s t} \tilde{\bar{v}}_{dqs} \\ \tilde{\bar{i}}_{as} = I_s e^{j(\omega_s t + \gamma_s)} = e^{j\omega_s t} (\bar{i}_{ds} + j\bar{i}_{qs}) = e^{j\omega_s t} \tilde{\bar{i}}_{ds} \end{array} \right\} \quad (25 \cdot 53\,\text{a})$$

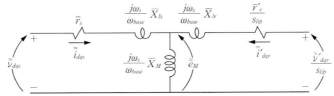

図 25·4 巻線形誘導機の dq0 軸変換座標における定常状態の等価回路

$$\left.\begin{array}{l}\tilde{v}'_{ar}=V_r e^{j((\omega_s-\omega_m)t+\alpha_r)}=e^{j(\omega_s-\omega_m)t}(\bar{v}'_{dr}+j\bar{v}'_{qr})=e^{j(\omega_s-\omega_m)t}\tilde{\bar{v}}'_{dr}\\ \tilde{\bar{i}}'_{ar}=I_r e^{j((\omega_s-\omega_m)t+\gamma_r)}=e^{j(\omega_r-\omega_m)t}(\bar{i}'_{dr}+j\bar{i}'_{qr})=e^{j(\omega_s-\omega_m)t}\tilde{\bar{i}}'_{dr}\end{array}\right\} \quad (25\cdot 53\text{ b})$$

式 (25・52 b), (25・52 c) を (25・50) ①に代入すると

$$\tilde{\bar{v}}_{dqs}=V_s e^{j\alpha_s}=\bar{r}_s \cdot I_s e^{j\gamma_s}+\frac{j\omega_s}{\omega_{base}}\bar{X}_{ls}\cdot I_s e^{j\gamma_s}+\frac{j\omega_s}{\omega_{base}}\bar{X}_M\cdot (I_s e^{j\gamma_s}+I_r e^{j\gamma_r})\cdots\cdots ①$$

∴

$$\tilde{\bar{v}}_{dqs}\cdot e^{j\omega_s t}=V_s e^{j(\omega_s t+\alpha_s)}=\bar{r}_s\cdot I_s e^{j(\omega_s t+\gamma_s)}+\frac{\omega_s}{\omega_{base}}\bar{X}_{ls}\cdot I_s e^{j\left(\omega_s t+\gamma_s+\frac{\pi}{2}\right)} \quad (25\cdot 54)$$

$$+\frac{\omega_s}{\omega_{base}}\bar{X}_M\cdot (I_s e^{j\left(\omega_s t+\gamma_s+\frac{\pi}{2}\right)}+I_r e^{j\left(\omega_s t+\gamma_r+\frac{\pi}{2}\right)})\cdots\cdots ②$$

またその実数部を抽出すると次式を得る．なおステータの電気量は d_s, q_s 領域の電気量として，またロータの電気量は d_r, q_r 領域の電気量として表わされる．

$$\bar{v}_{as}=V_s\cos(\omega_s t+\alpha_s)=\bar{r}_s\cdot I_s\cos(\omega_s t+\gamma_s)$$
$$-\left\{\frac{\omega_s}{\omega_{base}}\bar{X}_{ls}\cdot I_s\sin(\omega_s t+\gamma_s)+\frac{\omega_s}{\omega_{base}}\bar{X}_M(I_s\sin(\omega_s t+\gamma_s)+I_r\sin(\omega_s t+\gamma_r))\right\}$$

$$(25\cdot 55)$$

さて以上で求めた式 (25・50) - (25・55) が誘導機の 3 相平衡での定常運転特性を表す基本式であり，またこの式を忠実に描いた等価回路図が図 25・4 である．第 26-28 章で学ぶ回転機の PE 制御理論の基礎となる重要な特性式および等価回路といえよう．

25・3 かご型誘導機

25・3・1 回路方程式

中小容量の誘導機といえばその大半が本節で学ぶかご形誘導機といっても過言ではないであろう．ロータには外部電源に接続可能な巻線は存在せず，代ってロータ鉄心の軸長方向に掘られた複数上の溝に銅合金またはアルミの棒状または開いた状の導体を平行等間隔に埋め込み配置して，その軸端の両側でリングによって回路結合した構造になっている（**図 25・5** 参照）．ロータ側の回路構造がリング構造の鳥かごに似ていることから**かご形誘導機（Squirrel-cage type IM）**と呼ばれている．ロータ回路はロータ内部の閉回路であって外部に接続されることはなく，外部系統に接続されるのはステータコイルのみであるから **singly fed IM** または **singly excited IM** とも称される．かご形誘導機（以下では単に IM と表現する）ではロータに絶縁コイルが存在しないので非常に頑丈，またモータとして安価なのが大きい特徴であり，回転駆動力を必要とする負荷側システムの主役はほとんどすべて IM であるといっても過言ではないであろう．なお，家電応用など小型の IM の過半は**単相 IM**（**隈取りコイル（Shading-**

図 25・5 かご形誘導機

coil）を配して回転磁束を作り回転する）であろうが，本書の関心外として説明は省略する．以下では3相 IM について学ぶこととする．

3相 IM のステータコイルが周波数の外部回路（典型的には 50/60 Hz の系統）に接続されて運転される場合について考える．IM は次の二つのカテゴリーに大別分類される．

 i **可変速駆動制御**：典型的例として通風ファン，空気圧縮機，ポンプなどの制御駆動
 ii **サーボ駆動**：典型例といて量産製造ラインの位置決め制御（ロボット制御），計算機周辺機器など

本書の主たる関心である上記分類 i に使われる IM について議論を進めていくこととする．まずはかご形 IM の基本式を導入しよう．かご型 IM のロータ側の電気回路は銅合金またはアルミ製の棒状構造が一般的で巻線形のコイル構造とは全く異なる形状そしている．しかしながらこの回路も電気回路理論の視点では3相平衡コイルであり，ただしその3相回路の各端子が外に引きだされることなくロータ内部で短絡された閉回路となっていると解釈できる．したがって前節までで求めた巻線型誘導機の一般式において $v'_{ar}=v'_{br}=v'_{cr}=0$ かつ $\tilde{\tilde{v}}'_{dqr}=0$ とすればかご型 IM の基本式となることが納得される．$\tilde{\tilde{v}}'_{dqr}=0$ の条件を式(25・23)，(25・24)に適用してその右側端子を短絡させた**図 25・6** がかご形 IM の等価回路として得られることになる．方程式としては式(25・51)で $\tilde{\tilde{v}}'_{dqr}=0$ として

$$\tilde{\tilde{i}}'_{dqr}=\frac{-\dfrac{j\omega_s}{\omega_{base}}\bar{X}_M}{\dfrac{\tilde{\tilde{r}}'_r}{s_{lip}}+\dfrac{j\omega_s}{\omega_{base}}\bar{X}'_{lr}+\dfrac{j\omega_s}{\omega_{base}}\bar{X}_M}\tilde{\tilde{i}}_{dqs}=\frac{-\dfrac{j\omega_s}{\omega_{base}}\bar{X}_M}{\dfrac{\tilde{\tilde{r}}'_r}{s_{lip}}+\dfrac{j\omega_s}{\omega_{base}}(\bar{X}'_{lr}+\bar{X}_M)}\tilde{\tilde{i}}_{dqs} \qquad (25\cdot 56)$$

$\tilde{\tilde{i}}_{dqs}$：ステータ電流
$\tilde{\tilde{i}}'_{dqr}$：ロータ電流
$\tilde{\tilde{i}}_M = \tilde{\tilde{i}}_{dqs} - \tilde{\tilde{i}}'_{dqr}$：鎖交リアクタンス $\bar{X}_M$ (magnetizing reactance) を流れる電流（主磁束相当の電流）

図 25・6 の中央部に位置するコイル M の電流 $\tilde{\tilde{i}}_M$ と起電力電圧 $\tilde{\tilde{e}}_M$ はステータとロータ間の空隙を超えてパワーの送受の役を担う主磁束を作り出す電流と電圧であるから**空隙電流**（air-gap current），**空隙電圧**（air-gap voltage）と称する．

次に式(25・48 b) を参照して，トルクの pu 値 $\bar{T}_m$ は次式で表すことができる．なお，PU 化しているので鎖交インダクタンス $\bar{M}$ は鎖交リアクタンス $\bar{X}_M$ に置換している．

$$\bar{T}_m = \mathrm{Re}[\bar{X}_M j\,\tilde{\tilde{i}}'_{dqs} \cdot \tilde{\tilde{i}}'_{dqr}] \qquad (25\cdot 57)$$

式(25・56) を (25・57) に代入すると

トルク式

$$\bar{T}_m = \mathrm{Re}[\bar{X}_M j(\tilde{\tilde{i}}_{dqs})^* \cdot \tilde{\tilde{i}}'_{dqr}] = \mathrm{Re}\left[\bar{X}_M j(\tilde{\tilde{i}}_{dqs})^* \frac{\dfrac{j\omega_s}{\omega_{base}}\bar{X}_M}{\dfrac{\tilde{\tilde{r}}'_r}{s_{lip}}+\dfrac{j\omega_s}{\omega_{base}}(\bar{X}'_{lr}+\bar{X}_M)}\tilde{\tilde{i}}_{dqs}\right]$$

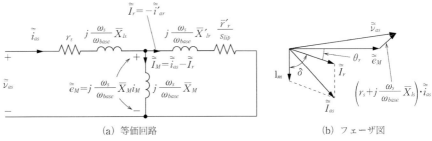

(a) 等価回路 (b) フェーザ図

図 25・6 かご形誘導機の定常状態における等価回路

$$= \mathrm{Re}\left[\bar{X}_M j \dfrac{\dfrac{j\omega_s}{\omega_{base}}\bar{X}_M\left\{\dfrac{\widetilde{\bar{r}}_r'}{s_{lip}} - \dfrac{j\omega_s}{\omega_{base}}(\bar{X}_{lr}' + \bar{X}_M)\right\}}{\left(\dfrac{\widetilde{\bar{r}}_r'}{s_{lip}}\right)^2 + \left(\dfrac{\omega_s}{\omega_{base}}(\bar{X}_{lr}' + \bar{X}_M)\right)^2}\;\middle|\;\widetilde{\bar{i}}_{dqs}\right|^2\right]$$

$$= \dfrac{\left(\dfrac{\omega_s}{\omega_{base}}\right)\left(\dfrac{\bar{X}_M^2}{\omega_{base}}\right)\left(\dfrac{\widetilde{\bar{r}}_r'}{s_{lip}}\right)}{\left(\dfrac{\widetilde{\bar{r}}_r'}{s_{lip}}\right)^2 + \left(\dfrac{\omega_s}{\omega_{base}}(\bar{X}_{lr}' + \bar{X}_M)\right)^2}\;|\widetilde{\bar{i}}_{dqs}|^2$$

$$\therefore\quad \bar{T}_m = \dfrac{\left(\dfrac{\omega_s}{\omega_{base}}\right)\left(\dfrac{\bar{X}_M^2}{\omega_{base}}\right)\left(\dfrac{\widetilde{\bar{r}}_r'}{s_{lip}}\right)}{\left(\dfrac{\widetilde{\bar{r}}_r'}{s_{lip}}\right)^2 + \left(\dfrac{\omega_s}{\omega_{base}}(\bar{X}_{lr}' + \bar{X}_M)\right)^2}\;|\widetilde{\bar{i}}_{dqs}|^2 \tag{25・58}$$

次にインピーダンス $\widetilde{\bar{Z}}_s = \widetilde{\bar{v}}_{dqs}/\widetilde{\bar{i}}_{dqs} = \widetilde{\bar{v}}_{abc}/\widetilde{\bar{i}}_{abc}$ を式(25・50),(25・56)から導くことができる.

$$\widetilde{\bar{Z}}_s = \dfrac{\widetilde{\bar{v}}_{dqs}}{\widetilde{\bar{i}}_{dqs}} = \dfrac{\widetilde{\bar{v}}_{abc}}{\widetilde{\bar{i}}_{abc}} = \bar{r}_s + \dfrac{j\omega_s}{\omega_{base}}\bar{X}_{ls} + \dfrac{j\omega_s}{\omega_{base}}\bar{X}_M + \dfrac{j\omega_s}{\omega_{base}}\bar{X}_M\dfrac{\widetilde{\bar{i}}_{dqr}'}{\widetilde{\bar{i}}_{dqs}}$$

$$= \bar{r}_s + \dfrac{j\omega_s}{\omega_{base}}(\bar{X}_{ls} + \bar{X}_M) + \dfrac{j\omega_s}{\omega_{base}}\bar{X}_M\dfrac{-\dfrac{j\omega_s}{\omega_{base}}\bar{X}_M}{\dfrac{\widetilde{\bar{r}}_r'}{s_{lip}} + \dfrac{j\omega_s}{\omega_{base}}(\bar{X}_{lr}' + \bar{X}_M)}$$

$$= \dfrac{\bar{r}_s\dfrac{\widetilde{\bar{r}}_r'}{s_{lip}} - \left(\dfrac{\omega_s}{\omega_{base}}\right)^2(\bar{X}_{ls}+\bar{X}_M)(\bar{X}_{lr}'+\bar{X}_M) + \left\{\bar{r}_s\left(\dfrac{j\omega_s}{j\omega_{base}}(\bar{X}_{lr}'+\bar{X}_M)\right)\right. \\ \left. + \left(\dfrac{\widetilde{\bar{r}}_r'}{s_{lip}}\dfrac{j\omega_s}{\omega_{base}}(\bar{X}_{ls}+\bar{X}_M)\right)\right\} + \left(\dfrac{\omega_s}{\omega_{base}}\right)^2\bar{X}_M^2}{\dfrac{\widetilde{\bar{r}}_r'}{s_{lip}} + \dfrac{j\omega_s}{\omega_{base}}(\bar{X}_{lr}'+\bar{X}_M)} \tag{25・59 a}$$

また式(25・53)を利用して

かご形 IM の abc 領域におけるインピーダンス方程式

$$\widetilde{\bar{Z}}_s = \dfrac{\widetilde{\bar{v}}_{abcs}}{\widetilde{\bar{i}}_{abcs}} = \dfrac{\mathrm{e}^{j\omega_s t}\cdot\widetilde{\bar{v}}_{dqs}}{\mathrm{e}^{j\omega_s t}\cdot\widetilde{\bar{i}}_{dqs}} = \dfrac{\widetilde{\bar{v}}_{dqs}}{\widetilde{\bar{i}}_{dqs}}$$

$$= \dfrac{\bar{r}_s\dfrac{\widetilde{\bar{r}}_r'}{s_{lip}} + \left(\dfrac{\omega_s}{\omega_{base}}\right)^2(\bar{X}_M^2 - \bar{X}_{ss}\bar{X}_{rr}) + \dfrac{j\omega_s}{\omega_{base}}\left\{\bar{r}_s\bar{X}_{rr} + \dfrac{\widetilde{\bar{r}}_r'}{s_{lip}}\bar{X}_{ss}\right\}}{\dfrac{\widetilde{\bar{r}}_r'}{s_{lip}} + \dfrac{j\omega_s}{\omega_{base}}\bar{X}_{lr}}$$

ここで $\bar{X}_{ss} = \bar{X}_{ls} + \bar{X}_M$
$\bar{X}_{rr} = \bar{X}_{lr}' + \bar{X}_M$
$\tag{25・59 b}$

式(25・59 b) は IM の正相インピーダンス,あるいは3相平衡状態の代表一相のインピーダンスと称することができよう.図 25・6(a),(b) はかご型誘導機の等価回路と3相平衡状態におけるフェーザダイヤグラムを示している.図においてロータ側の等価抵抗 $\widetilde{\bar{r}}'/s_{lip}$ ロータ側回路の抵抗値と負荷回路の等価負荷抵抗の和であることに留意しよう(図 25・11 で再度説明する).

25・3・2 かご形誘導機の特性

かご形誘導機の標準理論としてその回転速度とスリップ (slip) が次のように定義される.

$$\left.\begin{aligned}
&\text{回転角速度:}\;\omega_m = \omega_s(1-s_{lip}) = \dfrac{2\pi f_s}{p}(1-s_{lip}) \quad (p はポールの対極数)\\
&\text{スリップ (slip):}\;s_{lip} = \dfrac{\omega_s - \omega_m}{\omega_s} = \dfrac{f_s - f_m}{f_s}\;(=\bar{\omega}_r)\\
&\text{スリップ角速度:}\;\omega_{slip} = \omega_s - \omega_m = \omega_s\cdot s_{lip}\\
&\text{スリップ周波数:}\;f_{slip} = f_s - f_m = f_s\cdot s_{lip}
\end{aligned}\right\} \tag{25・60}$$

注) スリップは単に s と表記されることが多いが本書ではラプラス記号 s と紛らわしいの

で s_{lip} と表記する.

$s_{lip}=0$ は同期速度での回転（$\bar{\omega}_m=1$）を意味し，また $s_{lip}=1$ は速度ゼロ（$\bar{\omega}_m=0$）を意味している．トルク $\bar{T}_m$ の方程式(25・58)を再録する．ただし $\tilde{\bar{i}}_{dq0}$ を $\tilde{\bar{i}}_{as}$ に置き換えている．

$$\bar{T}_m = \frac{\left(\frac{\omega_s}{\omega_{base}}\right)\left(\frac{\bar{X}_M^2}{\bar{\omega}_{base}}\right)\left(\frac{\tilde{\bar{r}}_r'}{s_{lip}}\right)}{\left(\frac{\tilde{\bar{r}}_r'}{s_{lip}}\right)^2 + \left(\frac{\omega_s}{\omega_{base}}(\bar{X}_{lr}'+\bar{X}_M)\right)^2}(\tilde{\bar{i}}_{as})^2 = \frac{\left(\frac{s_{lip}\cdot\omega_s}{\omega_{base}}\right)\cdot\left(\frac{\bar{X}_M^2}{\omega_{base}}\right)\cdot\tilde{\bar{r}}_r'}{(\tilde{\bar{r}}_r')^2+\left(\frac{s_{lip}\cdot\omega_s}{\omega_{base}}(\bar{X}_{lr}'+\bar{X}_M)\right)^2}(\tilde{\bar{i}}_{as})^2$$
(25・61a)

トルク $\bar{T}_m$ とスリップ s_{lip}（あるいは速度（$\omega_m=(1-s_{lip})\omega_s$）の関係を表す式がパラメータ $\tilde{\bar{r}}_r'$（誘導機負荷抵抗，$\tilde{\bar{r}}_r'$ が小さいほど重負荷），$\bar{X}_M$（ステータ・ロータ間の鎖交磁束リアクタンス），$\tilde{\bar{i}}_{as}$（ステータ電流）によって表現されている．

定格回転速度を PU 化して 1.0 とすれば $\omega_s=1$，$\omega_{base}=1$ であるから式はさらに簡単になる．

$$\bar{T}_m = \frac{s_{lip}\cdot\bar{X}_M^2\cdot\tilde{\bar{r}}_r'}{(\tilde{\bar{r}}_r')^2+s_{lip}^2(\bar{X}_{lr}'+\bar{X}_M)^2}(\tilde{\bar{i}}_{as})^2 \tag{25・61b}$$

ただし $\omega_m=1-s_{lip}$

数値計算チェック

式(25・61b)を使って Excel により計算して描いた特性曲線を図 25・7 に示す.

$\tilde{\bar{r}}_r'=0.5$（軽負荷），0.3，0.1（重負荷），$\bar{X}_M=1.0$，0.75，0.5 をパラメータとして計算している．

図 25・7 は誘導機の理論を丁寧にたどって導いた基本式(25・61b)によって描かれる特性曲線である．誘導機に関する多くの書物で解説の起点として理由を省いて示される馴染み深い特性に我々はようやくたどり着いたのである．

図 25・8 は同じく式(25・61b)から導かれるトルク T_m と回転速度の関係を示す特性曲線を示すトルク・スピード曲線である．角速度 ω_s/ω_{base}（あるいは周波数 f_s/f_{base}）が-1.0 から 2 の範囲（またはスリップ s_{lip} 2.0 から-1.0 の範囲）のパラメータとして描かれており，左から右に 4 つの動作領域に分割して理解することができる．

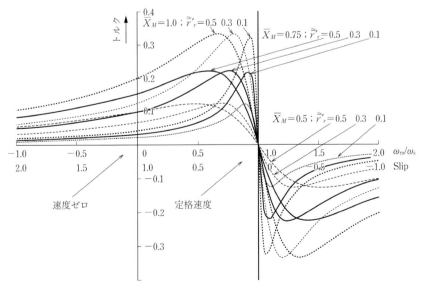

図 25・7　トルク・スピード特性（式(25.61b) の数値計算結果）

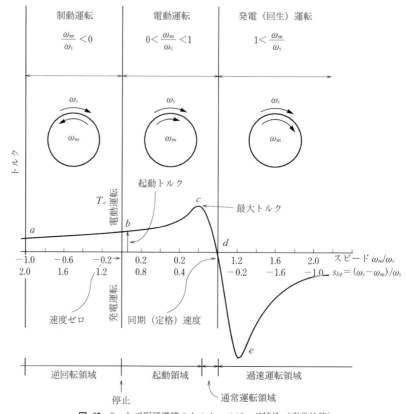

図 25・8 かご形誘導機のトルク・スピード特性（定常状態）

(ⅰ) **ブレーキ運転モード（Braking mode 点 a, b の間）**：$s_{lip} = \dfrac{f_s - f_m}{f_s} \geq 1$

　$0 \geq \omega_m/\omega_s$ および $\overline{T}_m \geq 0$ の場合であるから誘導機の制動（braking）運転状態を意味している．回転磁束とロータの機械的回転の回転方向が逆の状態にあり，この状態ではロータの表面が急速異常加熱することになるのでこの状態は短時間で回避しなければならない．ロータの異常加熱の理由は同期機の逆相電流による異常加熱と類似である（16・5・2 項参照）．

(ⅱ) **起動時モード（Start-up mode 点 b, c の間）**：$1 \geq s_{lip} = \dfrac{f_s - f_m}{f_s} \geq 0$

　点 b では停止状態であり，起動制御が始まるとほぼ定格速度に近い点 c まで加速する．"速度とトルクを同時に制御する"必要性を伴う最初の段階といえよう．25・3・4 項で詳述する．

(ⅲ) **電動運転モード（Motoring mode 点 c, d の間）**：$1 \geq s_{lip} \geq 0$, $1 \geq \dfrac{\omega_m}{\omega_s} \geq 0$, $\overline{T}_m \geq 0$

　点 c から d までが定格速度に近い 0.9〜1 PU 程度の速度で運転される通常の電動運転領域である．

(ⅳ) **発電運転モード（Generating mode 点 d, e の間）**：$0 \geq s_{lip} = \dfrac{f_s - f_m}{f_s}$, $\dfrac{\omega_m}{\omega_s} \geq 1$, $0 \geq \overline{T}_m$

　定格速度を上回る加速度運転領域である．ロータに与えられる機械入力（原動機による駆動，誘導機の回生制動状態など）によってこのような状態になれば発電機として機能する発電領域である．

25・3 かご型誘導機　**555**

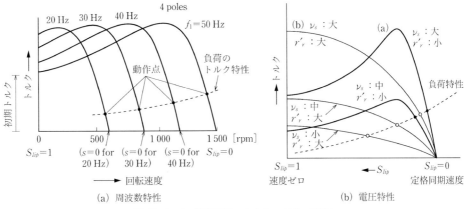

(a) 周波数特性　　　　　　　　　　　　(b) 電圧特性

図 25・9　かご形誘導機のトルク・スピード特性

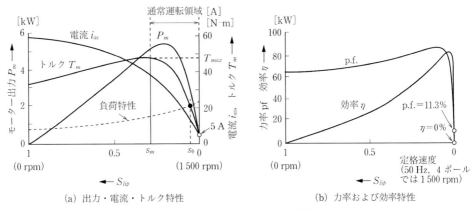

(a) 出力・電流・トルク特性　　　　　　(b) 力率および効率特性

図 25・10　かご形誘導機の動作特性

電動機としてごく一般的な運転法の場合，図25・8においてごく短時間の間に点bから点cまでの起動領域を通過してに通常の運転領域であるcとdに至り，この範囲で運転される．トルクが最大になる点cは個々の誘導機によって固有の値であり，式(25・61b)で$d\bar{T}_m/d(\omega_r/\omega_s)=0$の条件を解くことによって計算できる．

図25・9(a)，(b)はトルク・スピード曲線をステータが接続される外部電源回路の周波数f_sと電圧v_sをパラメータとして変化させた場合の状況を表したものである．両図から明らかなようにトルク$\bar{T}_m$は電源回路の周波数f_sと電圧v_sのいずれを変化させても制御することができる．

図25・10は誘導機の機械出力P_mと効率ηを速度あるいはスリップs_{lip}をパラメータとして描いている．最大効率はほぼ同期速度で運転される場合である．誘導機のさまざまな運転法については本章の次節以降および第27，28章などで詳述する．

25・3・3　PE制御の基礎としての誘導機のトルク・速度・パワー

かご形誘導機の電圧・電流とトルク・鎖交磁束・ロータ速度などの関係が基本式(25・56)-(25・61)の関係にあることを学んだ．これらの結果は誘導機のPE制御理論と直結するのでさらに考察を加えよう．なお，pu値であることを示す上付きバーは以下の説明では省略する．

図25・11は誘導機が3相平衡運転をしている場合の等価回路図を再録したものである．ただし，等価負荷抵抗r'_r/s_{lip}をロータ回路の固有の抵抗値r'_rとロータに加わる機械的負荷パワー

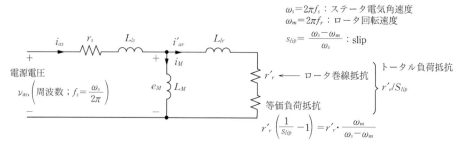

図 25・11 かご形誘導機の3相平衡定常状態における等価回路

相当の等価抵抗値 $r'_r(1/s_{lip}-1)$ に分割して表現している．これらは次式のように理解できる．

$$\frac{r'_r}{s_{lip}} = r'_r \frac{\omega_m}{\omega_s - \omega_m} : 負荷回路の出力に相当する抵抗値とロータ抵抗を含むトータルの等価抵抗$$

$$r'_r\left(\frac{1}{s_{lip}}-1\right) = r'_r \frac{\omega_m}{\omega_s - \omega_m} : 負荷回路の出力に相当する抵抗値 \qquad (25・62)$$

図25・6(b) および図25・11において，ステータコイルに周波数 $f_s = \omega_s/2\pi$ の正弦波電源電圧 v_{as} が接続されているとする．ステータには3相平衡な電流 i_{as} が流れ，またエアギャップ表面に沿って同期角速度 ω_s の回転磁界が分布する．

$$\omega_s = \frac{2\pi/(p/2)}{1/f_s} = \frac{2}{p}(2\pi f_s) = \frac{2}{p}\omega_s \ [\text{rad/s}]$$

$$N_s = 60 \times \frac{\omega_s}{2\pi} = \frac{120}{p} f_s \qquad (25・63)$$

ただし

f_s, ω_s：電源周波数および角速度

p：ポール数

N_s：ロータの同期回転速度 rpm (revolution per minute)

空隙磁束 ϕ_{ag} （**エアギャップ磁束．主磁束**ともいう．）とその鎖交磁束 $\psi_{ag} = n_s \cdot \phi_{ag}$ （n_s はステータコイルの等価巻き回数）は規則的に配置されたステータ巻線に沿って同期速度 ω_s で回転する．その結果各相に周波数 f_s の逆起電力 e_M （**エアギャップ電圧**とも称される）が生ずる．図中の要素 r_s と L_{ls} はステータコイルの抵抗と漏れインダクタンスであり通常の運転状態では無視可能である（起動途上の $\omega_m \approx 0 - 0.6$ では無視できない．後述する）．

図25・11のステータコイル電流 i_{as} は，主磁束分路に流れる電流 i_M とロータ負荷側の等価抵抗 r'_r/s_{lip} の分路に流れる鎖交磁束電流 (magnetizing current) i_{ar} にそれぞれ分流する．また，i_M によって次式を満たす鎖交磁束（エアギャップ磁束）とエアギャップ電圧が生ずる．

$$\left.\begin{array}{l}\psi_{ag} = n_s \cdot \phi_{ag} = L_M \cdot i_M : エアギャップ磁束 \\ e_M = \dfrac{d\psi_{ag}}{dt} = n_s \dfrac{d\phi_{ag}}{dt} : エアギャップ電圧\end{array}\right\} \qquad (25・64)$$

エアギャップ磁束はステータコイルとロータコイルの双方に鎖交して正弦波を描くので

$$\left.\begin{array}{l}\phi_{ag}(t) = \phi_{ag} \sin \omega_s t \\ e_M = \dfrac{d\psi_{ag}}{dt} = n_s \phi_{ag} \omega_s \cos \omega_s t \propto \phi_{as} \cdot \omega_s\end{array}\right\} \qquad (25・65)$$

上式より明らかなように，e_M は φ_{ag} に比例し，またステータ電源の角速度 ω_s にも比例する．そしてエアギャップ磁束と電流の相互作用によって回転軸にトルクが生ずる．もしもロー

タが同期速度で回転中とすれば，ロータとエアギャップ磁束 φ_{ag} は同一速度で回転するので相互に相対的な変化はないのでロータ側に電圧・電流が誘起されることはなく，トルクの増減も生じない．またロータがスリップ角速度 $\omega_{slip}=\omega_s-\omega_m$ を伴う非同期速度 ω_m で回転しておればロータには電圧と電流が生ずることになる．すなわち

$$\left.\begin{array}{l}\omega_{slip}=\omega_s-\omega_m : \text{スリップ角速度}, \quad f_{slip}=f_s-f_m=s_{lip}\cdot f_s : \text{スリップ周波数} \\ s_{lip}=\dfrac{\omega_s-\omega_m}{\omega_s}=\dfrac{f_s-f_m}{f_s}=\dfrac{N_s-N_m}{N_s} : \text{スリップ}\end{array}\right\} \quad (25\cdot66)$$

ロータに誘起される電圧はファラデーの法則によってスリップ周波数 $s_{lip}\cdot f_s=f_s-f_m$ となり，スリップ速度 s_{lip} に比例する．スリップ周波数電流はロータ角速度 ω_m に対応してスリップ角速度 ω_{slip} の回転磁束を作る．この状態で $\omega_s=\omega_{slip}+\omega_m$ の関係が当然保持されている．

図 25・11 で抵抗 r'_r/s_{lip} はロータ分路の等価的な全抵抗であってロータの回路の固有の抵抗値 r'_r と回転機の機械的負荷に相当する等価抵抗値 $r'_r(1/s_{lip}-1)=r'_r(\omega_m/(\omega_s-\omega_m))$ に分割して理解できる．ロータがステータコイルの周波数と同期速度で回転している（$s_{lip}\to 0$, $\omega_s\to\omega_m$）とすれば，r'_r/s_{lip} は非常に大きくなるので電流はロータ分路にはほとんど流れなくなり，電流の状態は $i_{as}=i_M+i'_{ar}\cong i_M$, $i'_{ar}\cong 0$ となる．対称的に，停止状態に近い $s_{lip}\to 0$ あるいは $\omega_m\to 0$ の状態ならば r'_r/s_{lip} が減少してロータ電流が増大する．ゆえに，ロータ電流はロータが停止状態から始動する段階（start-up region）で最大限に増大することが理解できる．

図 25・11 と式(25・56)，(25・61) を参照しつつ，誘導機の電圧・電流がトルク・鎖交磁束・回転速度とどのように関連するかについてさらに考察する．図 25・11 の等価回路図より次式が導かれる．

$$\tilde{v}_{as}=(r_s+j\omega_s L_{ls})\tilde{i}_{as}+\dfrac{j\omega_s L_M(r'_r/s_{lip}+j\omega_s L'_{lr})}{j\omega_s L_M+(r'_r/s_{lip}+j\omega_s L'_{lr})}\tilde{i}_{as} \quad (25\cdot67)$$

式(25・67) は次のように修正表現ができる．

$$\left.\begin{array}{l}\tilde{i}_{as}=\dfrac{\tilde{v}_{as}}{(r_s+\omega_s A)+j\omega_s B}\equiv |\tilde{i}_{as}|e^{-j\delta} \quad |\tilde{i}_{as}|=\dfrac{|\tilde{v}_{as}|}{\sqrt{(r_s+\omega_s A)^2+(\omega_s B)^2}} \\ \text{ここで} \\ A=\dfrac{(r'_r/s_{lip})\omega_s L_M^2}{(r'_r/s_{lip})^2+\omega_s^2(L_M+L_{lr})^2} \\ B=L_{ls}+L_M\dfrac{(r'_r/s_{lip})^2+\omega_s^2 L'_{lr}(L'_{lr}+L_M)}{(r'_r/s_{lip})^2+\omega_s^2(L_M+L'_{lr})^2} \\ \delta=\tan^{-1}\dfrac{\omega_s B}{r_s+\omega_s A} \\ \text{また} \\ \tilde{v}_{as}=\{(r_s+\omega_s A)+j\omega_s B\}\cdot\tilde{i}_{as} \\ \therefore\quad \tilde{v}_{as}\cdot\tilde{i}^*_{as}=r_s\cdot\tilde{i}_{as}\cdot\tilde{i}^*_{as}+\omega_s A\cdot\tilde{i}_{as}\cdot\tilde{i}^*_{as}+j\omega_s B\tilde{i}_{as}\cdot\tilde{i}^*_{as}\end{array}\right\} \quad (25\cdot68)$$

$$\quad (25\cdot69\text{ a})$$

1相分のパワー収支

$$\therefore\quad \tilde{v}_{as}\cdot\tilde{i}^*_{as}=r_s\cdot|\tilde{i}_{as}|^2+\omega_s A\cdot|\tilde{i}_{as}|^2+j\omega_s B\cdot|\tilde{i}_{as}|^2 \quad (25\cdot69\text{ b})$$

図 25・11 でロータの等価抵抗値 r'_r/s_{lip} はロータコイルの抵抗値 r'_r とロータ負荷相当の抵抗値 $r'_r(1/s_{lip}-1)$ に分解して表現することができて，ステータからロータに与えられる入力パワー P_m（エアギャップパワーともいえよう）は次式で表現できる．

$$P_m=\omega_s A\cdot|\tilde{i}_{as}|^2=\dfrac{r'_r}{s_{lip}}|\tilde{i}'_r|^2=\left(r'_r+\dfrac{f_m}{f_s-f_m}r'_r\right)\cdot|\tilde{i}'_r|^2$$

$$=r'_r\cdot|\tilde{i}'_r|^2+\dfrac{f_m}{f_s-f_m}r'\cdot|\tilde{i}'_r|^2 \quad (25\cdot70\text{ a})$$

$$P_{load}=\dfrac{f_m}{f_s-f_m}r'_r\cdot|\tilde{i}'_r|^2 : \text{機械的パワー} \quad (25\cdot70\text{ b})$$

$$P_{loss} = r'_r \cdot |\tilde{i}'_r|^2 : 負荷側の回路抵抗による熱損失 \qquad (25 \cdot 70\text{ c})$$

ロータ入力 P_m はその大半が機械的な仕事を行う機械的パワー P_{loss} となるが，ごく一部はロータコイルの熱損失 $P_{loss} = r'_r \cdot |\tilde{i}'_r|^2$ として消費される．また，ロータ入力 P_m は機械的角速度 ω_m とトルク T の積であるから

$$\left.\begin{aligned}3 \cdot \omega_s A \cdot |\tilde{i}_{as}|^2 &= 3 \cdot n\omega_m A \cdot |\tilde{i}_{as}|^2 = \omega_m (3 \cdot nA \cdot |\tilde{i}_{as}|^2) = \omega_m \cdot T \\ \therefore \quad T &= 3 \cdot nA \cdot |\tilde{i}_{as}|^2 \\ ここで \; &\omega_s : ステータ側電源の角速度 \\ &\omega_m : ロータの回転角速度 \\ &n : ポール対数 \end{aligned}\right\} \qquad (25 \cdot 71)$$

簡単のため $r_s \ll \omega_s A$（r_s を無視する）として，式(25・68)を参照して

$$\left.\begin{aligned}|\tilde{i}_{as}|^2 &= \frac{1}{\sqrt{A^2+B^2}} \cdot \frac{\tilde{v}_{as}}{\omega_s} \\ T &= 3 \cdot nA \cdot |\tilde{i}_{as}|^2 = 3 \cdot nA \cdot \frac{1}{A^2+B^2}\left(\frac{\tilde{v}_{as}}{\omega_s}\right)^2 \end{aligned}\right\} \qquad (25 \cdot 72\text{ a})$$

$$\therefore \quad \tilde{i}_{as} \propto \frac{\tilde{v}_{as}}{\omega_s}, \qquad T \propto \tilde{i}_{as}^2 \propto \left(\frac{\tilde{v}_{as}}{\omega_s}\right)^2 \qquad (25 \cdot 72\text{ b})$$

等価回路図より

$$\tilde{v}_{as} = j\omega_s L_M \cdot \tilde{i}_M = j\omega_s \phi_{ag} = \left(\frac{r'_r}{s_{lip}} + j\omega_s L'_{lr}\right) \cdot \tilde{i}'_r = \sqrt{\left(\frac{r'_r}{s_{lip}}\right)^2 + (\omega_s L'_{lr})^2} \cdot \tilde{i}'_r \cong \frac{r'_r}{s_{lip}} \cdot \tilde{i}'_r \qquad (25 \cdot 73\text{ a})$$

ここで $\dfrac{r'_r}{s_{lip}} \gg \omega_s L'_{lr}$ である．

$$\therefore \quad \tilde{i}'_r \propto \tilde{v}_{as} \cdot s_{lip} \qquad (25 \cdot 73\text{ b})$$

エアギャップ磁束 $\tilde{\phi}_{ag} = L_M \cdot i_M$

$$\therefore \quad \tilde{\phi}_{ag} = L_M \cdot \tilde{i}_M \propto \frac{1}{\omega_s \cdot s_{lip}} \cdot \tilde{i}'_r \propto \frac{\tilde{v}_{as}}{\omega_s} \qquad (25 \cdot 74)$$

次には別の観点から考察しよう．ステータコイルに関する式(25・65)を再録すると

$$e_M = n_s \frac{d\psi_{ag}}{dt} = n_s \phi_{ag} \omega_s \cos \omega_s t \propto \phi_{ag} \cdot \omega_s = \phi_{ag} \cdot 2\pi f_s \qquad (25 \cdot 75\text{ a})$$

$$\therefore \quad e_M \propto \phi_{ag} \cdot \omega_s \quad もしくは \quad e_M \propto \phi_{ag} \cdot f_s \qquad (25 \cdot 75\text{ b})$$

これはエアギャップ磁束がステータコイルに対して角速度 ω_s で回転しているからである．ロータ側の $\tilde{e}'_r$ に関しても同様の形式で表現できるがこの場合には速度 ω_s に代わって $\omega_{slip} = 2\pi f_{slip} = 2\pi f_s \cdot s_{lip}$ とする必要がある．エアギャップ磁束がロータに対しては ω_{slip} で回転しているからである．

$$\left.\begin{aligned}\tilde{e}'_r &= n_r \frac{d\psi_{ag}}{dt} = n_r \tilde{\phi}_{ag} \omega_{slip} \cos \omega_{slip} t \propto \phi_{ag} \cdot \omega_{slip} = \tilde{\phi}_{ag} \cdot 2\pi f_{slip} \\ \tilde{e}'_r &= \left(\frac{r'_r}{s_{lip}} + j\omega_r L'_{lr}\right) \tilde{i}'_{ar} \cong \frac{r'_r}{s_{lip}} \tilde{i}'_{ar} \end{aligned}\right\} \qquad (25 \cdot 76\text{ a})$$

$$\therefore \quad \tilde{e}'_r \propto \phi_{ag} \cdot \omega_{slip} \quad もしくは \quad \tilde{e}'_r \propto \phi_{ag} \cdot f_{slip} \qquad (25 \cdot 76\text{ b})$$

トルク T については

$$i_{as} = i_M + \tilde{i}'_{ar}$$
$$T = k\psi_{ag} \cdot \tilde{i}'_{ar} \sin \delta \qquad (25 \cdot 77\text{ a})$$

ここで $\delta = \angle \tilde{i}_M, \tilde{i}'_{ar} \qquad \psi_{ag} = n_s \phi_{ag} = n_r \phi_{ag} \qquad \delta : トルク角$

エアギャップ磁束 ψ_{ag} を作り出す電流 i_M（鎖交電流ともいえる）は鎖交電圧 e_M に対して 90 度遅れである．またロータの等価電流 $\tilde{i}'_{ar}$ は e_M に対して θ 度遅れ（θ はロータの等価インピーダンス $r'_r/s_{lip} + j\omega_s L'_{lr}$ の力率角）である．すなわち，

$$\theta = \tan^{-1}\frac{\omega'_s L'_{lr}}{r'_r/s_{lip}} \approx 0 \quad (\text{通常 } \omega_s L_{lr} \ll r'_r/s_{lip}) \tag{25・77 b}$$

$$\delta = \angle \tilde{i}_M, \tilde{i}'_{ar} \approx 90°$$

したがってトルク T は

$$T = k\phi_{ag} \cdot \tilde{i}'_{ar} \sin\delta \approx k\phi_{ag} \cdot \tilde{i}'_{ar} \propto \phi_{ag} \cdot \tilde{i}'_{ar} \tag{25・78}$$

誘導機電気量の比例関係の要約

PE制御にしばしば必要となるので誘導機IMの各種電気量相互の比例関係について本項の締めくくりとして整理をしておこう.

式(25・72 b) より

$$\tilde{i}_{as} \propto \frac{\tilde{v}_{as}}{\omega_s} \tag{25・79 a}$$

式(25・72) または (25・79 a) より

$$T \propto \tilde{i}_s^2 \propto \left(\frac{\tilde{v}_{as}}{\omega_s}\right)^2 \tag{25・79 b}$$

式(25・73) より

$$\tilde{i}'_r \propto \tilde{v}_{as} \cdot s_{lip} \tag{25・79 c}$$

式(25・74) より

$$\tilde{\phi}_{ag} = L_M \cdot \tilde{i}_M \propto \frac{1}{\omega_s \cdot s_{lip}} \cdot \tilde{i}'_r \propto \frac{\tilde{v}_{as}}{\omega_s} \tag{25・79 d}$$

式(25・75 b) より

$$\tilde{e}_M \propto \tilde{\phi}_{ag} \cdot \omega_s \quad \text{もしくは} \quad \tilde{e}_M \propto \tilde{\phi}_{ag} \cdot f_s \tag{25・79 e}$$

式(25・76 b) より

$$\tilde{e}_M \propto \tilde{\phi}_{ag} \cdot \omega_{slip} \quad \text{もしくは} \quad e_M \propto \phi_{ag} \cdot f_{slip} \tag{25・79 f}$$

$$T \propto \left(\frac{\tilde{v}_{as}}{\omega_s}\right)^2 \propto \left(\frac{\tilde{v}_{as}}{f_s}\right)^2 \propto \tilde{\phi}_{ag}^2 \tag{25・79 g}$$

式(25・70 b) より

$$P_{load} \propto \frac{f_m}{f_s - f_m} \cdot \tilde{i}'^2_r \propto \frac{\tilde{i}'^2_r}{s_{lip}} \tag{25・79 h}$$

$$P_{load} \approx \tilde{v}_{as} \cdot \tilde{i}_{as} \tag{25・79 i}$$

式(25・71) より

$$\omega_m \cdot T \propto \tilde{i}_{as}^2, \quad \omega_m = \omega_s(1 - s_{lip}) \propto \tilde{i}_{as}^2/T \tag{25・79 j}$$

$$\tilde{i}_{as} = \sqrt{\tilde{i}'^2_{arM} + \tilde{i}'^2_r} \quad \tilde{i}'^2_r = \tilde{i}_{as}^2 - \tilde{i}_M^2 \propto P_{load} \cdot s_{lip} \tag{25・79 k}$$

図25・8において通常の運転領域は点cからeの範囲であり, トルク T とスリップ s_{lip} は T の全域に対してほとんど線形比例の関係にある. したがって

$$T = k \cdot s_{lip} \quad (\text{ただし定格速度付近 } (s_{lip} \approx -0.1 \sim 0 \sim +0.1) \text{ での回転速度において})$$
$$\tag{25・80}$$

T と s_{lip} が $s_{lip} \approx -0.1 \sim +0.1$ の範囲で比例関係にあることが誘導機のさまざまな速度・トルク・出力等の制御に関する基礎を与えるものである.

誘導機制御方式の具体例

 a. トルク T 一定制御
  f_s を変えつつ v_{as}/f_s を一定に保つ
 b. トルク T 一定制御
  φ_{ag}^2 を一定に保つ
 c. トルク T 一定制御と回転速度 ω_m 一定制御
  f_s を変えつつ v_{as}/f_s を一定に保ち, さらに i_{as} を変えつつ i_{as}^2/T を一定に保つ
 d. トルク T 一定制御と回転角速度 ω_m の可変速一定制御

f_s を変えつつ v_{as}/f_s を一定に保ち,さらに i_{as} を変化させて i_{as}^2/T を変更制御させる これらの制御の実例は第 27, 28 章でさらに詳しく学ぶこととする.

25・3・4 停止状態からの起動時運転

誘導機制御の難しさの一つは起動時制御である.起動には格段大きいトルクを必要とし,また電圧の確立のために大きい電流を必要とするからである.そこで誘導機の起動直後の運転(図 25・8 の点 b と c の範囲)について考察する.

図 25・12(a) に示すように IM の通常の運転領域は $s=0\sim0.1$ の非常に狭い領域であり,停止状態から起動して通常運転領域にまで加速させるための起動領域では加速トルク ΔT を供給し続ける必要がある.この低速の起動領域では図 25・12(b) にみるように非常に大きいロータ電流 i_r が流れることになる.これは図 25・11 で低速運転 ($s_{slip}\approx 1$) の範囲では r'_r/s_{slip} が非常に小さいからと理解できる.このことを念頭にして図 25・13(a) のトルク(T)一定起動制御(定トルク駆動起動制御)について考察する.

図 25・9(a) において PE 応用のインバータによってステータ電源の周波数 $f_s=\omega_s/2\pi$ を $0\to 10\to 20\to 50$ Hz と徐々に高くしていくことができる.また,f_s がどのように変化しても

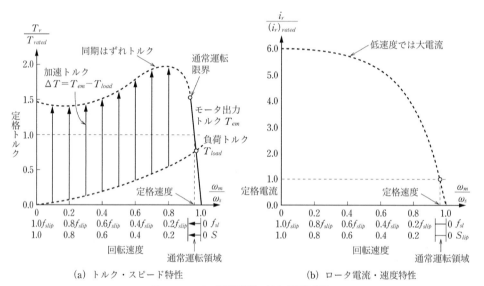

図 25・12 かご形誘導機の起動時運転特性

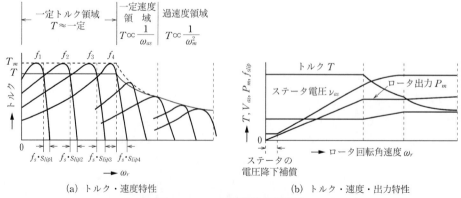

図 25・13 かご形誘導機の動作特性

T と s_{lip} が比例関係にある（式(25・80)および図25・13(a)参照）．したがって，f_s が可変の状態で s_{lip} を一定に保持することによってトルク T を一定値に保持することができる．トルク・速度特性は図25・13(a)のように周波数によって水平に移動するのである．周波数 f_1 と f_2 の2つの状態において，トルク T が一定値の場合の $f_s \cdot s_{lip}$ はほとんど同じである．したがって，このケースでは $f_s \cdot s_{lip}$ を一定に保つことによってトルク T を一定値に保つことができる．また f_s を変化させつつ φ_{ag} を一定に保ち（トルク・速度曲線の傾斜を一定に保つためである）また $f_s \cdot s_{lip}$ を一定値に保つことにて定トルク駆動起動ができるのである．

25・3・5 定常運転

図25・13において定常運転領域に達したのちに定格速度を保ちつつ時々刻々変化する負荷出力の制御を行う場合について考察する．この場合，回転速度は変化させないのでトルクはエアギャップ磁束値 φ_{ag} を変化させることによって対応できる．またこの領域でさらに定出力運転を行う場合には f_s を一定に保持する一方で，v_{as} は定格値を保持したまま i_{as} を変化させることによってエアギャップ磁束 φ_{ag} を制御させればよい．

誘導機の（定常）運転はその目的に応じたさまざまな方法について第27，28章で詳しく学ぶこととする．

25・3・6 誘導機の加速運転とブレーキ運転

ステータを接続する電源の周波数を定格周波数より大きくすることによって定格回転速度を上回るスピードでの運転が可能である．**過速（over speed）運転領域**は図25・13でふたつの領域に分けて論ずることになる．$1.8 \geq \omega_m \geq 1.0$ の可変速運転では，電圧 v_{as} は定格電圧値を超えて運転することはできないので過速運転領域では f_s の増大に伴って v_{as}/f_s が減少し，さらに φ_{ag} が減少する（式(25・79 d)参照）．したがってトルクは概ね $T \propto 1/\omega_m$ の関係で速度に逆比例して低下する．

さらに $\omega_m \geq 1.8$ の超過速運転領域では v_{as}/f_s^2 に近い割合でエアギャップ磁束は減少し，トルクも概ね $T \propto 1/\omega_m^2$ の割合で減少する．

次に**制動（ブレーキ）運転（braking operation）**について述べる．運転中の誘導機を急速に減速あるいは停止するために頻繁に制動運転を行うことが多い．その典型例は鉄道における車載用の誘導機に適用される電動ブレーキ方式であろう．図25・8において点 d の左側領域では電動モードの運転，右側領域では発電モードの運転状態（回生運転）になるので有効電力を電源側に回収することになる．すでに式(25・49)などで学んだように誘導機は本質的に機械入力と電気入力の可逆特性を備えているので発電モードの運転が可能なのも当然である．第27章でその具体例について学ぶこととする．

［備考25・1］ インダクタンス変換行列式(25・17)(25・18)(25・19)の計算

$$\boldsymbol{D}_s \cdot \boldsymbol{L}_s \cdot \boldsymbol{D}_s^{-1} = \frac{2}{3} \begin{pmatrix} \cos(\theta_s) & \cos\left(\theta_s - \frac{2\pi}{3}\right) & \cos\left(\theta_s + \frac{2\pi}{3}\right) \\ -\sin(\theta_s) & -\sin\left(\theta_s - \frac{2\pi}{3}\right) & -\sin\left(\theta_s + \frac{2\pi}{3}\right) \\ \frac{1}{2} & \frac{1}{2} & \frac{1}{2} \end{pmatrix}$$

$$\begin{pmatrix} l_s+L_s & -\frac{1}{2}L_s & -\frac{1}{2}L_r \\ -\frac{1}{2}L_s & l_s+L_s & -\frac{1}{2}L_s \\ -\frac{1}{2}L_s & -\frac{1}{2}L_s & l_s+L_s \end{pmatrix} \cdot \boldsymbol{D}_s^{-1}$$

$$= \frac{2}{3}\begin{pmatrix} \cos(\theta_s) & \cos\left(\theta_s-\frac{2\pi}{3}\right) & \cos\left(\theta_s+\frac{2\pi}{3}\right) \\ -\sin(\theta_s) & -\sin\left(\theta_s-\frac{2\pi}{3}\right) & -\sin\left(\theta_s+\frac{2\pi}{3}\right) \\ \frac{1}{2} & \frac{1}{2} & \frac{1}{2} \end{pmatrix}$$

$$\cdot\left\{\begin{pmatrix} l_s+\frac{3}{2}L_s & 0 & 0 \\ 0 & l_s+\frac{3}{2}L_s & 0 \\ 0 & 0 & l_s+\frac{3}{2}L_r \end{pmatrix} + \begin{pmatrix} -\frac{1}{2}L_s & -\frac{1}{2}L_s & -\frac{1}{2}L_s \\ -\frac{1}{2}L_s & -\frac{1}{2}L_s & -\frac{1}{2}L_s \\ -\frac{1}{2}L_s & -\frac{1}{2}L_s & -\frac{1}{2}L_s \end{pmatrix}\right\}\cdot\boldsymbol{D}_s^{-1}$$

$$= \frac{2}{3}\left\{\left(l_s+\frac{3}{2}L_s\right)\begin{pmatrix} \cos(\theta_s) & \cos\left(\theta_s-\frac{2\pi}{3}\right) & \cos\left(\theta_s+\frac{2\pi}{3}\right) \\ -\sin(\theta_s) & -\sin\left(\theta_s-\frac{2\pi}{3}\right) & -\sin\left(\theta_s+\frac{2\pi}{3}\right) \\ \frac{1}{2} & \frac{1}{2} & \frac{1}{2} \end{pmatrix}\right.$$

$$\left.-\frac{1}{2}L_s\begin{pmatrix} 0 & 0 & 0 \\ 0 & 0 & 0 \\ \frac{3}{2} & \frac{3}{2} & \frac{3}{2} \end{pmatrix}\right\}\begin{pmatrix} \cos(\theta_s) & -\sin(\theta_s) & 1 \\ \cos\left(\theta_s-\frac{2\pi}{3}\right) & -\sin\left(\theta_s-\frac{2\pi}{3}\right) & 1 \\ \cos\left(\theta_s+\frac{2\pi}{3}\right) & -\sin\left(\theta_s+\frac{2\pi}{3}\right) & 1 \end{pmatrix}$$

$$= \frac{2}{3}\left(l_s+\frac{3}{2}L_s\right)\begin{pmatrix} \frac{3}{2} & 0 & 0 \\ 0 & \frac{3}{2} & 0 \\ 0 & 0 & \frac{3}{2} \end{pmatrix} - \frac{1}{3}L_s\begin{pmatrix} 0 & 0 & 0 \\ 0 & 0 & 0 \\ 0 & 0 & \frac{9}{2} \end{pmatrix}$$

$$= \begin{pmatrix} l_s+\frac{3}{2}L_s & & \\ & l_s+\frac{3}{2}L_s & \\ & & l_s+\frac{3}{2}L_s-\frac{3}{2}L_s \end{pmatrix}$$

$$= \begin{pmatrix} l_s+\frac{3}{2}L_{ms} & 0 & 0 \\ 0 & l_s+\frac{3}{2}L_{ms} & 0 \\ 0 & 0 & l_s \end{pmatrix} \tag{25・81}$$

$$\boldsymbol{D}_s \boldsymbol{M}'_s \boldsymbol{D}_r^{-1} = \frac{2}{3} \begin{pmatrix} \cos\theta_s & \cos\left(\theta_s - \frac{2\pi}{3}\right) & \cos\left(\theta_s + \frac{2\pi}{3}\right) \\ -\sin\theta_s & -\sin\left(\theta_s - \frac{2\pi}{3}\right) & -\sin\left(\theta_s + \frac{2\pi}{3}\right) \\ \frac{1}{2} & \frac{1}{2} & \frac{1}{2} \end{pmatrix} \cdot$$

$$L_M \begin{pmatrix} \cos\theta_m & \cos\left(\theta_m + \frac{2\pi}{3}\right) & \cos\left(\theta_m - \frac{2\pi}{3}\right) \\ \cos\left(\theta_m - \frac{2\pi}{3}\right) & \cos\theta_m & \cos\left(\theta_m + \frac{2\pi}{3}\right) \\ \cos\left(\theta_m + \frac{2\pi}{3}\right) & \cos\left(\theta_m - \frac{2\pi}{3}\right) & \cos\theta_m \end{pmatrix} \cdot \boldsymbol{D}_r^{-1}$$

$$= \frac{2}{3} L_M \frac{3}{2} \begin{pmatrix} \cos(\theta_s - \theta_m) & \cos\left(\theta_s - \theta_m - \frac{2\pi}{3}\right) & \cos\left(\theta_s - \theta_m + \frac{2\pi}{3}\right) \\ -\sin(\theta_s - \theta_m) & -\sin\left(\theta_s - \theta_m - \frac{2\pi}{3}\right) & -\sin\left(\theta_s - \theta_m + \frac{2\pi}{3}\right) \\ 0 & 0 & 0 \end{pmatrix}$$
$$\boldsymbol{D}_s \boldsymbol{M}'_s$$

$$\cdot \begin{pmatrix} \cos(\theta_s - \theta_m) & -\sin(\theta_s - \theta_m) & 1 \\ \cos\left(\theta_s - \theta_m - \frac{2\pi}{3}\right) & -\sin\left(\theta_s - \theta_m - \frac{2\pi}{3}\right) & 1 \\ \cos\left(\theta_s - \theta_m + \frac{2\pi}{3}\right) & -\sin\left(\theta_s - \theta_m + \frac{2\pi}{3}\right) & 1 \end{pmatrix}$$
$$\boldsymbol{D}_r^{-1}$$

$$= \frac{3}{2} L_M \begin{pmatrix} 1 & 0 & 0 \\ 0 & 1 & 0 \\ 0 & 0 & 0 \end{pmatrix} \tag{25・82}$$

付録1に示す三角関数の公式を使えば比較的簡単に演算できる．

休憩室：その15　雷撃解析，そして絶縁協調

　第1次世界大戦がヨーロッパを主舞台にして1914-1918年の4年間にわたって戦われた．1920年代は戦争で疲へいしたヨーロッパ諸国にとっては大戦後の回復の緒についたばかりである．無傷のアメリカが新しい世界の主役国として躍り出るのは必然であった．電気産業の主舞台も同様で，アメリカでは今日の電力グリッドの原型ともなる発電所や送電線の建設が急ピッチで繰り広げられていった．メーカーではGE社，Westinghouse社また情報系のBell社などが急成長を開始した．その結果，1920年代以降に達成された技術革新の大半はアメリカの電力事業会社各社と手を携えつつGE社かWestinghouse社のいずれかで達成されたといっても過言ではない．中でもGE本社工場のSchenectadyでは一時代を画したSteinmetzが1923年に没しているが，その薫陶を受けた優れた電気技術者が輩出し，目覚ましい技術革新を達成していった．電気・電力の解析技術や機器・線路等の施設の設計・施工技術は急速に進歩していった．しかしながら長い時間軸で眺めれば1920年代の電気技術は知識・経験ともに乏しく，まだまだ幼稚な域を脱していなかった．典型的な例として雷撃サージ現象理論と絶縁技術，また絶縁協調の分野の状況について振り返ってみることとしよう．

　W. W. LewisはSteinmetzの亡きあとSchenectadyにあって高電圧技術分野で最も指導的な役割を果たした巨人の一人である．Lewisは高電圧技術では初とされる名著 "The Protection of the Transmission Systems against lightning(1949)" の中で1920年代を振り返って次のように述べている．

W. W. Lewis
(Schenectady Museum 提供)

「1924年に私はペンシルバニア州のある系統で事故破損した変圧器の原因調査を行う機会があった．驚いたことにその系統では変電所に避雷器がなく，送電線には架空地線もなく，さらに驚くべきことに送電線の絶縁耐力の方が変圧器のそれよりも高く設計されていることであった．要するにこの当時には送電線や変電所の絶縁協調の考えはまったく議論されたこともなく，また何よりもインパルス絶縁耐力のことなど何もわかっていなかったのである……．」

さらに，次のようにも書いている．

「1926年にはペンシルバニア州のウォーレンポーパックとジークフリードを結ぶ220 kV送電線が運転開始されたが，この線路もまた架空地線がなく，またアレスターも設置されていなかった．」

　1926年ごろからLewisの主導で設備の絶縁耐力とインパルス防護用避雷器の性能関係の理論確立や絶縁協調の実践的な仕組みの確立に向けての活発な活動が開始された．そして1928年に絶縁協調に関する2編のAIEE論文が初めて提出された．同じ1928年にインパルス観測用のオシログラフが実用化されて，1930年には雷撃電圧のオシロ波形が初めて目視観測された．

　1930年代に入って過電圧（雷サージ・開閉サージAC過電圧・変圧器内部振動電圧など）理論と実験，またインパルス電圧防護対策などの一連の技術研究が極めて意欲的に行われていった．

　この時代に高電圧技術およびサージ現象の記述法で特に大きい貢献をした人々としてF. W. Peek, W. W. Lewis, C. L. Fortescue, L. V. Bewley, J. H. Hagenguth, Gabriel Kronらの人々の名が刻まれている．Bewleyがインパルスサージ過電圧現象とその解析手法について徹底解説した "The Mathematical Theory of Surge Phenomena(1950)" は60年後の今日読んでもまったく色褪せることなき大名著である（ちなみに，図18・12，図18・13および図21・19は同書からの引用である）．

　電力系統は人類が現代を生き抜くための基本インフラとして世代を超えて継承していくことがどの世代の人々にも課せられた使命である．我々電気技術者は過去の世代の人々の勇気あるチャレンジの上に立って今日を生きていることを忘れるべきではないであろう．

第26章 パワーエレクトロニクス用スイッチング素子の概念

電気の歴史を簡単に振り返れば，1760年代に始まった蒸気機関による産業革命以降の時代が約130年間続いた後の1890年代に電灯とモーター動力が登場し，さらに1890年代には直距離送電の時代が始まった．20世紀を迎えてエネルギーの大量消費を可能とする長距離送電によって先進諸国の様相が一変していった．また Cooper Herwitt による水銀整流器の発明（1900年），John A. Fleming による陰極線管の発明（1904年）などパワーエレクトロニクス（PE：Power Electronics，電力用半導体，以下 PE と表記）の祖ともいうべき技術が誕生して20世紀初頭は産業電化とラジオ無線が飛躍的に進歩する契機の時となった．それからほぼ半世紀後の1947年に W. B. Shockley，J. Berdeen，W. H. Brattain によって最初のトランジスタが発明され，また1956年には最初の SCR（Silicon Controlled Rectifier）が GE 社によって実用化された．20世紀後半は半導体素子による今日的な意味での Electronics 技術が従来の電気技術を塗り替える革新的時代となった．半導体 PE 応用技術はそのミクロ回路を担う LSI 技術と高電圧大電流応用を志向する PE を両翼として飛躍的な進化を遂げて21世紀の今日では公共・産業・民生のあらゆる分野に浸透して社会のインフラを担っている．

以下の各章では既に第1-25章で学んだ広範な電力技術と関連をさせつつ，第26章（PE素子），第27章（PE回路），第28章（電力分野の PE 応用）の順で広い視野に立って学んでいくこととする．なお，半導体技術分野では英語表記の専門用語がそのまま使われることが多い．これらの言葉を無理にカタカナ表記するのは読みづらいので敢えて日本語表記にこだわらないで英語表記を交えて記述することとする．

26・1 パワーエレクトロニクスの基本概念

まず初めに1975年に IEC が行った PE 技術に関する定義の確認からはじめよう．IEC では図26・1を示して次のように定義している．

> *Power Electronics is a technology which is interstittial to all three of the major disciplines of electrical engineering : electronics, power and control. Not only does power electronics involve a combination of the technologies of electronics, power, and control, as implied by Figure 26.1, but it also requires peculiar fusion of the viewpoints which characterize these different disciplines.* (IEEE Trans. 1A-10 by W. E. Newell)

図26・1に示されるように PE は，"Power" と "Electronics（半導体電子回路）" および両者を結び付ける重要な役割を担う "制御" の概念が融合した "Power と Electronics の総合技術" と定義しているといえよう．PE によって電気に関する $P(t), Q(t), v(t), i(t), \phi(t), f$ などのさまざまな電気量をその大きさと波形も含めて自在に作り出し，あるいは別の姿に変換し，またモーターとの組み合わせによって $T(t)$（トルク），$\omega_m(t)$（機械速度），$D(t)$（位置），$Q(t)$/sec（流速）等の機械的・物理的諸量をも自在に作り出すのである．

さて PE の基本はパワーの変換であり，PE 技術とは PE 変換器技術に他ならない．その変

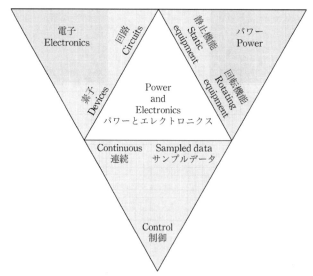

図 26・1 パワーエレクトロニクス (PE) の概念

表 26・1 PE 変換方式の主な種類

名　称	機　能
順変換装置（整流装置ともいう）Rectifier	ac から dc への変換
逆変換装置 Inverter	dc から ac への変換
可逆変換装置 Reversible converter	ac/dc 可逆変換
（静止型）周波数変換装置（Electronic）frequency converter	周波数変換
直流変換装置 dc converter	直流電圧・電流制御
交流電力調整装置 Electric ac power controller	無効電力および力率制御
電力スイッチング Electric (power) switch	回路スイッチング
電力用アクティブフィルタ Active filter	高調波除去
無効電力発生装置 Var generator	無効電力発生

換器についてその機能に応じて固有の名前が付せられているので表 26・1 で冒頭に一覧として示しておく．

26・2　電力素子によるパワースイッチング

　パワースイッチの概念について図 26・2(a) によって考えよう．機械的スイッチ S の端子 a, b 間の電圧を v_s，スイッチに流れる電流を i_s とする．スイッチ S が閉状態を $(v_s, i_s) = (0, i_s$，開状態を $(v_s, i_s) = (v_s, 0)$ 表すこととする．図 26・2(b) は S が開状態から閉操作される場合の経過途中の (v_s, i_s) の状況を 2 種類の軌跡で表現している．点 A は閉状態，点 B は開状態を示している．開閉途中の極間電圧 $v_s(t)$ と電流 $i_s(t)$ の状況は点 A, B を結ぶ座標上の軌跡 (v_s, i_s) として描くことができる．高電圧遮断器の用語で説明すれば，遮断時の過渡回復電圧とアーク電流の様相をこの座標で点 A から B に向かう軌跡として表示することができる．軌跡 C_2 は過渡回復電圧が大きくて荒々しい遮断過程（hard switching）を示しており，軌跡 C_1 は穏やかな遮断過程（soft switching）を示している．スイッチ on・off のいずれの過程でも hard switching では過大な電圧が発生し，またパワー損失 $P_{loss} = v \cdot i$ が生ずる．そして点 O $(0, 0)$ に近い軌跡でのスイッチングほど理想的な開閉ということになる．

　次には半導体素子によるスイッチングについて考えてみよう．この場合も基本的には図

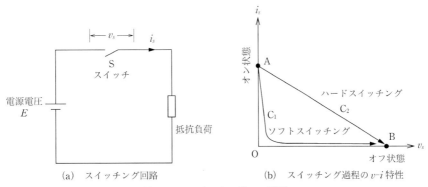

図 26・2 スイッチングの v-i 特性

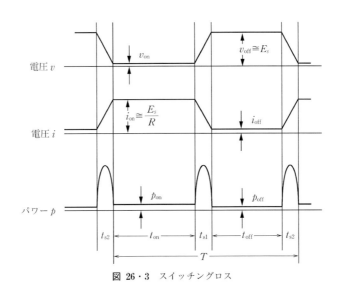

図 26・3 スイッチングロス

26・2(b) で表現できる．ただし半導体素子の場合にはスイッチオフ状態でわずかばかりの**漏れ電流** (leakage current) $i_{leak}(≈0)$ が生じ，またオン状態で**漏れ電圧** $v_{leak}(≈0)$ が生ずる．**図 26・3** はオン・オフ時の電圧 v, 電流 i, 消費パワー p の様子を示している．

理想的スイッチングの特徴を列挙してみよう．

 i．オフ状態での漏れ電流が最小
 ii．オン状態での漏れ電圧が最小
 iii．ターンオンスイッチ時間，ターンオフスイッチ時間が最小
 iv．繰り返しスイッチングが半無限に可能
 v．オン状態，オフ状態，スイッチング過程での損失が最小

機械スイッチでは i, ii, v は優れているが iii, iv が致命的である．ところが半導体スイッチでは適切な回路設計によって i から v まですべての項目にわたって理想に近い特徴を満しているといえよう．中でも iii, iv の特徴は半導体素子の高速スイッチングを安定的に行う半導体素子の身に備わる優れた特徴といえよう．今日の半導体素子は 1 kV, 1 kA 級の大電圧・大電流を最高 1 MHz の超高速でスイッチング可能な性能にまで達しているのでその制御を適切に行うことによってさまざまな電気量・機械量をいかなる波形ででも実現できるようになったといっても過言ではない．半導体素子の大容量化と優れた高速スイッチング特性によってその応用が今日限りなく広がりつつあるのである．**表 26・2** は理想スイッチが組み込まれた回路で負荷

表 26・2 スイッチングの基本回路と理想波形

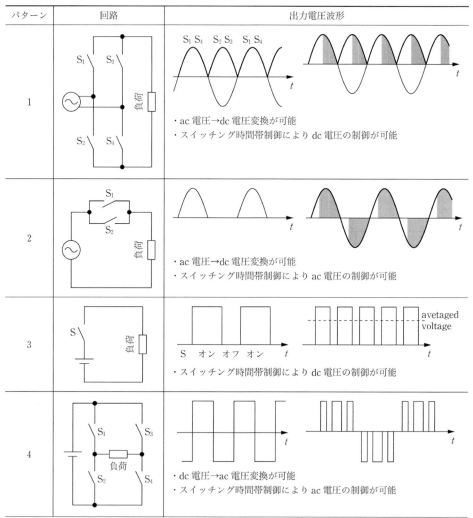

に生ずる電圧波形を示している．

　さて，素子の消費する熱損失（thermal loss）について図26・3によって考察しよう．電圧 $v(t)$ と電流 $i(t)$ が同時に存在する時に熱損失が生ずるのであるから素子内で消費する熱エネルギーは $\int v(t)\cdot i(t)dt$ となる．スイッチオン状態の漏れ電圧 v_{on} とオフ状態の漏れ電流 i_{off} が十分に小さいのでオンおよびオフの静止状態で生ずる熱損失 $v_{on}\cdot i_{on}$ および $v_{off}\cdot i_{off}$ は非常に小さく，スイッチング途中で生ずる電圧，電流による損失，すなわちスイッチング損失が支配的な損失になるのである．図26・4(a), (b), (c) はスイッチング途中で生ずる電圧，電流の様相を模式的に三つのパターンで示しており，(d) はこれらのパターンを $v-i$ 座標軌跡で示している．パターン (a) では電圧 $v(t)$ と電流 $i(t)$ が直線的に変化しているので対応して図(d) では軌跡①による開動作軌跡として描かれている．

　パターン (b) では電圧が確立されてから電流が減少するので図(d) では②の軌跡に対応する．またパターン (c) は図(d) の軌跡③に対応するソフトスイッチング（soft switching）の場合である．開閉途中で電圧と電流が同時に存在することがないのでスイッチング損失 $v(t)\cdot$

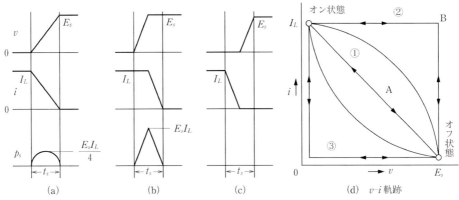

図 26・4 スイッチング損失と v–i 軌跡

$i(t)$ は理論的にゼロ（実際には漏れ電圧，漏れ電流によるわずかなロスが発生する）となる．

結局，図 26・4(d) でオン状態とオフ状態の 2 点と原点 O を結ぶ面積に相当する素子の熱損失を示すことになる．したがって，熱損失を極力減らすためのソフトスイッチングとは $v(t)$・$i(t)$ およびスイッチに要するスイッチング時間 T を小さくするということに尽きる．素子の漏れ電圧 v_{on}・漏れ電流 i_{off} は素子特性に固有の値であって変更できないが切替の軌跡を制御するソフトスイッチングの実現は半導体素子回路の設計によって達成することができる（次節スナバー回路参照）．

ここで図 26・4(a) の切り替えパターンの場合についてスイッチング損失を計算しておこう．電圧 v・電流 i が直線状に変化しているので

$$J_{sw} = \int_0^{\Delta T} v(t) \cdot i(t)\, dt = \int_0^{\Delta T} E\left(1 - \frac{t}{\Delta t}\right) \cdot I\left(\frac{t}{\Delta t}\right) dt = EI \int_0^{\Delta T} \left(\frac{t}{\Delta t} - \frac{t^2}{(\Delta t)^2}\right) dt$$

$$= EI\left[\frac{\Delta T}{2} - \frac{\Delta T}{3}\right]_0^{\Delta t} = \frac{EI}{6} \Delta T \quad [\text{J}] \tag{26・1}$$

1 サイクル周期 T に 2 度のスイッチングが繰り返されるので熱損失 P は下記により計算される．

$$P = \frac{EI}{6} \Delta T \times 2f = \frac{EI}{3} \cdot \frac{\Delta T}{T} \quad [\text{W}] \tag{26・2}$$

$$f(=1/T)$$

熱損失 P は $E, I, \Delta T$ に比例するのでこれらを減らす回路設計が必要となる．

26・3 スナバー回路

図 26・5 ではスイッチングの v–i 軌跡を時間 t_0 から t_5 の時間帯で示している．これはかなり厳しいハードスイッチング（hard switching）のケースであり無対策ならば素子は熱破壊または絶縁破壊に至るであろう．ハードスイッチング現象を緩和してソフトスイッチングを実現するための追加の回路を**スナバー回路**（**snubber circuit**）という．スナバー回路の役割は次のように要約できる．

 i．過渡的な $v(t)$，$i(t)$ を適切に抑制してソフトスイッチングを達成すること
 ii．過大な dv/dt による誤スイッチングや過大な di/dt による破壊を防止すること
 iii．スイッチング過程で $v(t)$ と $i(t)$ が同一時間帯に存在することによる消費損失を低減すること
 iv．素子を多数直列接続して利用する場合に各素子の電圧分担率を極力平等にすること．

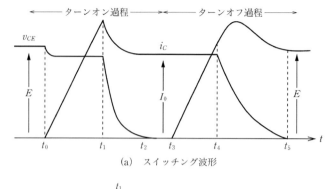

(a) スイッチング波形

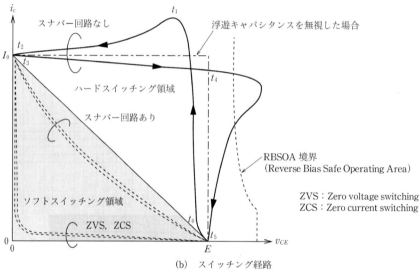

(b) スイッチング経路

図 26・5 スイッチング波形とスイッチング軌跡の関係

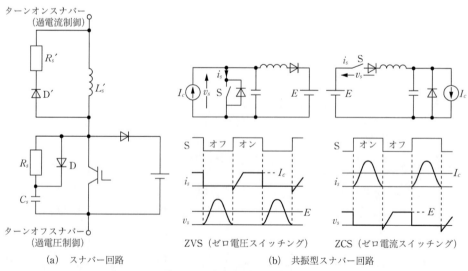

(a) スナバー回路　　　　　(b) 共振型スナバー回路

図 26・6 代表的なスナバー回路

代表的なターンオンスナバー回路とターンオフスナバー回路を**図 26・6**(a)に示す．図中でターンオフスナバー（voltage snubber または parallel connected snubber ともいう）は回路素子 R と C からなっていて素子のオフ操作のときに発生するサージ性電圧 v や dv/dt によって生ずる誘導性エネルギーを R, C の並列回路によって吸収する．ターンオンスナバー（current snubber または series connected snubber ともいう）は di/dt を抑制する役割を果たす．

図 26・6(b) は **ZVS**（Zero voltge switch）および **ZCS**（Zero current switch）を示す．これらは一般に**共振スナバー**（resonant snubber）と称せられることもある．ZVS（あるいは ZCS）の役割は追加されている補助スイッチ S によって時間帯 T_{off} において電圧（あるいは電流）をゼロにすることで **EMI**（Electro-Magnetic Interference）を極小化し，またスイッチング損失を極小化するのである．

26・4　スイッチングによる電圧変換

図 26・7(a) において直流電源 E と抵抗負荷 R が理想スイッチ S を介して接続されており，理想スイッチ S のオンオフを繰りかえすと負荷 R の両端子間には図 26・7(b) の長方形波形の電圧が現れる．その平均電圧 V_{avr} は当然 E より小さい値であり下式で計算できる．

$$V_{ave} = \frac{1}{T}\int_0^T v(t)\,dt = \frac{1}{T}\left\{\int_0^{T_{on}} E\,dt + E\int_{T_{on}}^{T_{off}} 0\,dt\right\} = E \cdot \frac{T_{on}}{T} = E \cdot \frac{T_{on}}{T_{on}+T_{off}} = d \cdot E$$

$$d = \frac{T_{on}}{T_{on}+T_{off}} : \text{duty fctor} \tag{26・3}$$

$$T = T_{on} + T_{off}$$

平均電圧 V_{avr} は周期 T が一定としてその間の T_{on}，T_{off} を変化させることによって制御することができる．式中の d は**デューティファクタ**（**duty factor**）といい，このような制御方式を**デューティファクタ制御**（**duty factor control**）という．

表 26・3 は上記の場合と同様の表現で各種の素子による制御信号と結果として現れる出力波形を模式的に整理したものである．

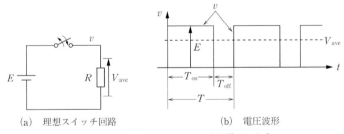

(a) 理想スイッチ回路　　　　(b) 電圧波形

図 26・7　理想スイッチによる直流電圧の生成

表 26・3 PE素子の性能一覧

素子名	非制御性 ダイオード Diode	オン制御性 サイリスタ Thyristor	オンオフ制御性 GTO (Gate Turn on Thyristor)	オンオフ制御性 パワートランジスタ Power transistor	オンオフ制御性 パワー MOSFET Power MOSFET	オンオフ制御性 IGBT
記号	アノード A / カソード K	アノード A / ゲート G / カソード K	アノード A / ゲート G / カソード K	コレクタ C / ベース B / エミッタ E	ドレイン D / ゲート G / ソース S	コレクタ C / ベース B / エミッタ E
$v \cdot i$ 波形	アノード電圧 / アノード電流	アノード電圧 / アノード電流 / ゲート電流	アノード電圧 / アノード電流 / ゲート電流	コレクタ電圧 / コレクタ電流 / ベース電流	ドレイン電圧 / ドレイン電流 / ゲート・ソース電圧	コレクタ電圧 / コレクタ電流 / ゲート・エミッタ電圧
ターンオン	アノード電圧 v_a を + に保持	閾値を超えるアノード電圧を阻止,またはアノード端子に逆極性電圧を印加	ゲートにトリガ電流を加える	ベース電流 i_{base} を加える	ゲート電圧 v_{gate} を連続保持する	ゲート電圧 v_{gate} を加える
オンオフ状態保持	アノード電圧 v_a を + に保持	—	ゲートにトリガ電流を加える	ベース電流 i_{base} を連続保持する	ゲート電圧 v_{gate} を連続保持する	ゲート電圧 v_{gate} を連続保持する
ターンオフ	—	アノード電流を阻止,またはアノード端子に逆極性電圧を印加	ゲートに逆電流を流す	ベース電流 i_{base} をゼロにする	ベース電流 i_{base} をゼロにする	ゲート電圧 v_{gate} をゼロにする
定格電圧		6 000 V	4 500 V	1 200 V	1 000 V	1 200 V
定格電流		2 500 A	3 000 A	800 A	8 A	600 A
ターンオン電圧		3.0 V/2 500 A	4.0 V/3 000 A	2.5 V/800 A	1.3 Ohm	4.0 V/600 A
ターンオン時間		10 μs	10 μs	3 μs	0.2 μs	0.8 μs
ターンオフ時間		400 μs	20 μs	15 μs	0.8 μs	0.4 μs
スイッチング周波数(概数)	100 Hz	100 Hz	1 kHz	10 kHz	1 MHz	100 kHz

26・5 パワーエレクトロニクス素子

26・5・1 パワー素子の分類とその基本特性

PE素子（PE devices）は絶縁材料や導電性材料とは異なる半導体素子（semiconductor）であるからその基本的な性質は抵抗器やキャパシタ，リアクターなどの素子とは非常に異なっている．半導体の基本材料となるケイ素（Si）やゲルマニウム（Ge）は周期律表のIV族（電子が最外殻に4個）に属するのでその導電性は絶縁物と導電性材料の中間的値を有することになる．ゆえにもしも半導体にあるレベルのエネルギー（電界あるいは光など）が加えられると自由電子（free electrons）あるいはキャリアーホール（carrier holes）が現れて励起状態となる．n-type（electron carrier）あるいはp-type（positive hole carrier）ではSiやGeに微量のIII族またはV族の材料が添加される．pn-junction（pn接合）素子ではその接合部に±極性の電圧（順バイアス電圧）がある値以上に与えられると電流が流れる一方で逆極性の電圧（逆バイアス電圧）では電流は流れない．このように片方向だけの電流が片方向だけに流れるタイプのことを**整流**（**rectification**）という．

表26・3は主な素子の代表的な定格事項と基本特性を簡略して説明を付したものである．図26・8は各素子の性能を容量とスイッチング周波数に示している．実用的には電圧・電流のほかにオンオフスイッチングの速度を示す周波数特性が重要な性能指標となる．以下の節では各素子についてその基本特性を学んでいくこととする．その一番手はダイオード（diode，整流素子）である．

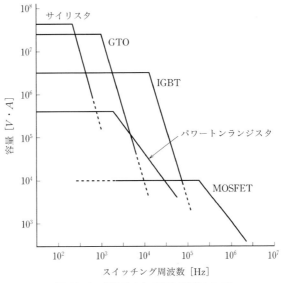

図 26・8 各種デバイス素子の定格レンジ

26・5・2 ダイオード

ダイオード（diode）は最も簡単なp-n接合で構成される素子で順方向電圧バイアスが加えられている状態でのみ通電状態となる．図26・9にその構成，表記記号，v-i特性を示す．端子A（Anode）とK（Cathode）があり，A端子の電位がK端子の電位より高い場合に電流はAからK方向に流れる．電流が逆に流れることはできない．図26・9(c)において順方向電圧が加えられれば通電状態（点a）となり，また逆方向電圧では非通電状態（点b）となる．

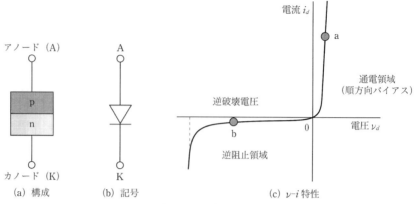

図 26・9 ダイオード

またダイオードは**逆破壊電圧**（**reverse breakdown voltage**，図の点 c）以内の電圧領域で運転する必要がある．ダイオードは単独の整流素子として使用される場合もあるが，他の素子との組み合わせによって回路素子の一つとして使用される場合が多い．これらの具体例は次章で多く学ぶこととする．

26・5・3 サイリスタ

電子部品を**受動素子**（**passive device**）と**能動素子**（**active device**）に分類することがある．受動素子とはパワー出力の増幅機能を有しない素子であり，抵抗素子，キャパシター素子それにダイオードなどが該当する．能動素子とは出力の増幅機能を備える素子であり，**トランジスタ**（**transistor**），**サイリスタ**（**thyristor**）などがその代表的な素子となる．後者の素子は小パワー（あるいは小電流）の入力を大パワー（大電流）の出力に変換する機能を備えている．言い換えれば，低レベルの信号電流によって電源から供給される主回路の大電流を制御（変調）することが可能となる．サイリスタは図26・10(a)に示すようにアノード（A），カノード（K），ゲート（G）の3つの端子を備えていて A-K 間に順方向電圧が加えられている状態で G 端子に正の短時間の電流トリガーパルスを加えると通電状態になる．この状態での順方向の電圧降下は数ボルト以内である．また逆破壊電圧以内での逆方向電圧でサイリスタを流れる漏れ電流は非常に小さくほとんど無視できるレベルである．サイリスタは SCS（silicon controlled switch）あるいは SCR（silicon controlled rectifier）というグループに分類される素子であり，その名前も電流のオンオフスィッチを行う素子として登場した事に由来している．

図 26・10 において A-K 間に順方向電圧が存在する状態 $v_{AK} = v_A - v_K > 0$ で G 端子にトリガーパルスが送られるとオン状態になって電流は A → K の方向に流れ始める．いったんオン状態になると G 端子シグナルがなくなってもその状態は維持されてオフ状態には戻ることなく電流は流れ続けて，A-K 間電圧が順方向からゼロまたは逆方向電圧に変化したときに再びオフ状態に復帰する．素子自体にはオン → オフ状態に変化する能力がなく，外部電圧の変化という外部回路条件に依存してオフ状態にシフトする性質のことを**他励**（**external commutation**）という．サイリスタとダイオードは**他励素子**の代表格として分類される．

なお，G 端子に加えられる**ゲート信号**（**gate signal**）には**電気信号と光パルス信号**（**optical pulse**）があるが現在ではほとんどすべてのサイリスタが微小な光パルス信号であるといってよい．

サイリスタは図26・10(c)に示すように pnp-transistor を2つ組み合わせて得られる特性と理解することができる．ゲート信号が端子 G に加わると，二つのトランジスタが正帰還

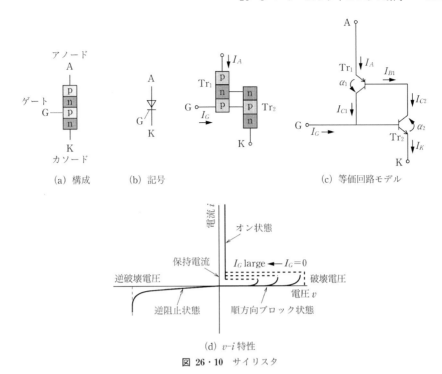

図 26・10 サイリスタ

(positive feedback)的に機能してサイリスタがオン状態に移行する．この状態を次式で表現できる．

$$I_{C1} = \alpha_1 I_A + I_{C01}$$
$$I_{C2} = \alpha_2 I_K + I_{C02}$$
$$I_{B1} = I_A - I_{C1} = I_{C2}$$
$$I_K = I_A + I_G$$
$$\therefore\ I_A = \frac{\alpha_2 I_G + I_{C01} + I_{C02}}{1 - \alpha_1 - \alpha_2}$$

(26・4)

I_{C01}, I_{C02}：もれ電流

α_1, α_2：電流供給率 (zero under turn-off state)

一方，オフ状態では $I_G=0$ かつ電流供給率（current supplying rate）の和 $\alpha_1+\alpha_2$ はほぼゼロである．この状態でゲート信号がGに与えられると $\alpha_1+\alpha_2$ は $0\to1$ に変化して主回路電流は $I_A(\cong +I_K)\to\infty$ の状態に変化する．すなわちターンオンスイッチングが行われたことになる．

26・5・4 GTO

GTO素子は Gate Turn-Off Thyrister の名前が示すごとくオン・オフ制御が可能な素子であり，プラスゲート信号でオン状態に移行し，マイナスゲートシグナルでオフ状態に移行することができる．この素子は表26・3に示すように pnpn-接合の構成からなっていてサイリスタの場合と同様に二つのトランジスタ回路の合成機能として理解することもできる．ただ，GTOは逆極性のゲートパルス信号を与えるとそれによって正帰還機能が停止するのでオフスイッチ状態に移行することができる．GTOはプラスまたはマイナスのゲートパルス信号によってオン状態にもオフ状態にも移行できるということで**自励機能**（**self commutation**）を備えた自励素子であることがサイリスタとの決定的な差といえよう．負極性のG-K間電圧を与えることで大きい負極性電流が流れる．GTOの特徴と記号は表26・3に示すとおりである．

GTO の性能は電圧 5 kV 程度，電流数 kA を数 μsec の速度でスイッチング可能なレベルに達しており，100 Hz 程度の低速度スイッチングから 10 kHz 程度の高速度スイッチング用途で幅広く利用されている．

26・5・5 バイポーラジャンクショントランジスタ

バイポーラジャンクショントランジスタ（**Bipolar junction transistor：BJT**）は別名パワートランジスタとも言われる自励素子でありバイアス信号としてベース電流によってオン・オフ制御ができる．図 26・11(a)，(b) に示すようにコレクタ（Collector：C），エミッタ（Emitter：E），バイアス（Bias：B）の 3 つの端子がある．"Bipolar" という名前は電子と正ホール（positive hole）の両方が電荷移動の運び手として機能することに由来している．BJT も GTO と同様に線形増幅機能を有しているが，重電系の大半の応用では増幅素子としてではなくスイッチング素子として利用される．

増幅機能とスイッチング機能に共通の視点で素子のパワー損失について着目してみよう．図 26・11(c) の素子特性に注目すると次式が成り立つ．

$i_E = i_B + i_C$　　ここで i_E, i_C, i_B：エミッタ，コレクタ，バイアスの電流

$\alpha = i_E / i_B$：電流増幅率（通常）$\alpha \approx 0.9 \sim 0.999$

$$h_{FE} = \frac{i_C}{i_B} = \frac{i_C}{i_E - i_C} = \frac{1}{1-\alpha} = 10 \sim 1000 : \text{dc 電流増幅率} \tag{26・5}$$

したがって $i_B = 0.02$ mA とすれば $h_{FE} = 100$ となる．

図 26・12(b) は BJT 素子の特性に加えて右下がり直線の負荷特性を示しているので両者の交点が運転状態を示す点となる．この時のパワー損失は次式で計算できる．

$$P_{loss} = V_{CE} \cdot I_C = V_{CE} \cdot \frac{V_{load}}{R_{load}} = V_{CE} \cdot \frac{E - V_{CE}}{R_{load}} = -\frac{1}{R_{load}}\left(V_{CE} - \frac{E}{2}\right)^2 + \frac{E^2}{4R_{load}} \tag{26・6}$$

上式より図 26・6(c) に示す電圧 v_{CE} とパワー損失 P_{loss} の関係が導かれる．パワー損失 P_{loss} は点 c で最大になり，点 a（ターンオフ領域）と点 b（飽和領域）で最小になる．したがって増幅機能とスイッチング機能のいずれの目的であれ半導体素子は熱損失を伴うことになるので変換回路として適切な冷却機能を必要とする．また，スイッチング目的の場合にはオンおよびオフ状態で図の点 a および点 b に極力近い状態となるような回路設計が求められる．

BJT 素子は 1500 V，電流が数百 A 級の素子が実用化されている．

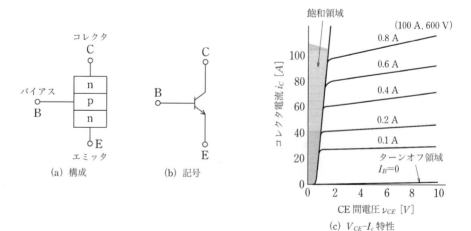

図 26・11　BJT 素子

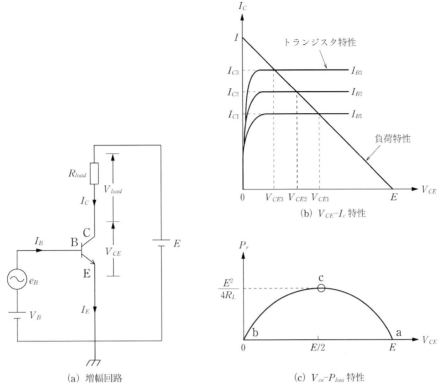

図 26・12 トランジスタ素子によるパワー増幅作用

26・5・6 パワー MOSFET

MOSFET（Metal Oxide Semiconductor Field Effect Transistors） は MOS 型のパワートランジスタであってそのゲート電極自体が金属酸化物（metal oxide）半導体である．前項の BJT はベース電流によってオン・オフ制御されるのに対して，パワー MOSFET（Power MOSFET）は制御端子（ゲート G）に加えた電圧でオン・オフ制御が行われる電圧制御型の素子である．n チャンネル型の場合，ゲートに正の電圧を加えるとゲート直下のシリコン表面に負の電荷（電子）が現れてシリコン表面が p 型から n 型に反転する．この反転層が電子の通路（チャンネル）となる．さらにドレン（D）・ソース（S）間に電圧を加えるとチャンネル内の電子がドレン（D）に移動してドレン電流が SD 間に流れる（表 26・3 参照）．

非常に多くの電荷キャリア（n 型の場合は電子）があるので非常に高速のスイッチングが可能であること，また電圧制御であるために必要な駆動電力が小さいことなどが大きい特徴である．$v-i$ 特性を図 26・13 に示す．

素子が通電状態を維持するためには適切な大きさのゲート電源電圧が必要である．またゲート電源の電圧が閾値 v_{gate} を下回るとスイッチオフ状態に移行する．ゲート回路が高インピーダンスの電圧制御型の素子であるから，オンとオフへの移行過程でごく短時間の間わずかなゲート電流が流れるだけであり，駆動電力は極めて小さい利点がある．同じ理由でスイッチング時間も非常に短く，10～500 nsec（nanosecond）程度である．10 kVA 級で 1 MHz 級の素子が実用化されている．

パワー MOSFET 素子の定格電圧は 1000 V 級であるが定格電流は 100 A 程度と比較的小さい．しかしながら通電状態での抵抗値が正の温度係数であるために複数素子を並列接続することが簡単で回路的な特別の工夫を要しない．MOSFET はこれらすべての優れた特徴，特にそ

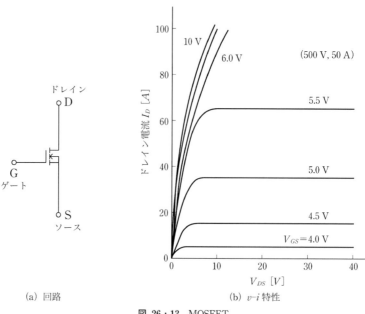

(a) 回路　　(b) v-i 特性

図 26・13　MOSFET

の高速スイッチング特性があるために1980年代以降に BJT 素子に代わる素子として広く普及して今日に至っている．

26・5・7　IGBT

IGBT (Insulated Bipolar Transistor) は表 26・3 に示すように BJT の有する高い定格電圧性能，MOSFET の高速スイッチング特性，さらに GTO のゲート信号によるオン・オフ制御が可能な自励特性などを合わせ持つ優れた素子である．図 26・14 にその v-i 特性と表記記号を示す．MOSFET の場合と同様に IGBT は高インピーダンス型ゲートであるからスイッチングの消費電力が小さい事も重要な利点である．さらに IGBT は通電状態での電圧 v_{on} が小さい（$v_{on} \sim 3$ V 程度）．オン・オフ切り替えの所要時間は 1 μsec 程度であり，現在では 4.5 kV，1,500 A，切替速度 20 kHz クラスの素子が市販されている．

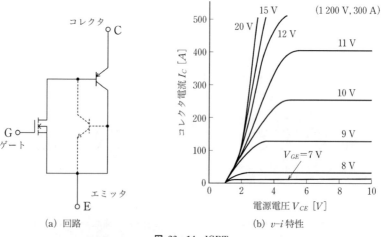

(a) 回路　　(b) v-i 特性

図 26・14　IGBT

IGBT は上述のように非常に優れた性能を備えた素子であるので 1980 年代に実用化されて以来急速に普及して今日に至っている．自励素子 IGBT の普及によって今では"高電圧・大容量のいかなる周波数・波形の電気量も実現可能"になっているといっても過言ではないであろう．

上述した素子以外にも **IEGT**, **SI-transistor** など新しい素子の販売が実現している．中でも注目されるのが大容量自励素子 **IEGT**（**Inkection Enhanced Gate Transistor**）である．定格電圧 4.5 kV，定格電流 2,600 A 級の大容量素子がすでに実用化されており，近い将来には 6 kV，3,000 A 級の上位機種の実用化も見込まれている．IEGT は GTO などの従来形自励素子に代ってその応用が拡大しつつあることだけにとどまらず，直流送電システムにおいても他励素子サイリスタにかわって IEGT による自励式変換器が実現している．PE 素子の高性能化は今後ともますます進んで PE 技術全体の歴史を塗り替えていくことであろう．

26・5・8 IPM

主要な素子について紹介を終えたこの段階で**デバイスモジュール**（**Device module**），あるいは**回路モジュール**（**Circuit module**）に一言しておく．複数の半導体素子に snubber や reactor などの回路素子を全て標準的に組み込んだ回路モジュールを総称して **IPM**（**Intelligent Power Module**）といいさまざまな仕様のモジュールが市販されている．さまざまな目的の変換装置を小型で安価に実現する手段として今後ますます普及発展が期待されるといえよう．

26・6 パワーエレクトロニクスに登場する数学的基礎

半導体変換技術で扱う制御対象は電気量に限らず，さまざまな物理量（重量・流体・位置・パワーなどの制御）など極めて多様であるが，直接的な意味で扱うのは多くの場合多かれ少なかれ波形歪を伴う周期性の電気量（waveform distorted periodic quantities 電圧 v・電流 i・磁束 φ・有効電力 P・無効電力 Q など）であるといえよう．そこで次章以降の回路理論では任意波形の電気量を数学的に扱うことになるので，ここでその要点を整理しておくこととする．

26・6・1 フーリエ級数展開

周期関数はいかなる波形の場合でもフーリエ展開式として下記のように表現できる．

$$v(t) = a_0 + \sum_{k=1}^{\infty}(a_k \cos k\omega t + b_k \sin k\omega t) = a_0 + \sum_{k=1}^{\infty}(\sqrt{a_k^2+b_k^2}\sin(k\omega t + \varphi_k))$$
$$= V_0 + \sum_{k=1}^{\infty}\sqrt{2}\,V_k \sin(k\omega t + \varphi_k) \tag{26・7 a}$$

ここで $f = \dfrac{1}{T}[\text{Hz}]\quad \omega = 2\pi f = \dfrac{d\theta}{dt}[\text{rad/sec}]\quad \theta = \omega t\,[\text{rad}]$

$a_0 = V_0 = \dfrac{1}{T}\int_0^T v(t)\,dt = \dfrac{1}{2\pi}\int_0^{2\pi} v(\theta)\,d\theta$ dc 項

$a_k = \dfrac{2}{T}\int_0^T v(t)\cos k\omega t\,dt = \dfrac{1}{\pi}\int_0^{2\pi} v(\theta)\cos k\theta\,d\theta$

$b_k = \dfrac{2}{T}\int_0^T v(t)\sin k\omega t\,dt = \dfrac{1}{\pi}\int_0^{2\pi} v(\theta)\sin k\theta\,d\theta$ (26・7 b)

$V_k = \dfrac{\sqrt{a_k^2+b_k^2}}{\sqrt{2}}$

$\varphi_k = \tan^{-1}\dfrac{a_k}{b_k}$

上式で $k=1$ とすれば基本周波数成分，$k=2, 3, 4, \cdots$ とすれば k 次オーダーの高調波成分である．

26・6・2 任意波形の電気量（ひずみ波交流）の平均値と実効値

平均値 $V_{ave} = \dfrac{1}{T}\displaystyle\int_0^T v(t)\,dt = \dfrac{1}{2\pi}\displaystyle\int_0^{2\pi} v(\theta)\,d\theta$ ここで $dt = \dfrac{1}{\omega}d\theta$

$I_{ave} = \dfrac{1}{T}\displaystyle\int_0^T i(t)\,dt = \dfrac{1}{2\pi}\displaystyle\int_0^{2\pi} i(\theta)\,d\theta$

(26・8 a)

実効値 $V_{eff} = \sqrt{\dfrac{1}{T}\displaystyle\int_0^T v^2(t)\,dt} = \sqrt{\dfrac{1}{2\pi}\displaystyle\int_0^{2\pi} v(\theta)\,d\theta}$

$I_{eff} = \sqrt{\dfrac{1}{T}\displaystyle\int_0^T i^2(t)\,dt} = \sqrt{\dfrac{1}{2\pi}\displaystyle\int_0^{2\pi} i(\theta)\,d\theta}$

(26・8 b)

26・6・3 パワー・力率・歪率

任意波形の周期関数で表現できる電圧・電流を次式で表すものとする．

$v(t) = \displaystyle\sum_{k=1}^{\infty} \sqrt{2}\,V_K \sin(k\omega t + \varphi_k)$

$i(t) = \displaystyle\sum_{k=1}^{\infty} \sqrt{2}\,I_k \sin(k\omega t + \varphi_k - \theta_k)$

(26・9 a)

電力実効値 (effective power by rms value) $W[\mathrm{W}]$ は次式となる．

$W = \dfrac{1}{T}\displaystyle\int_0^T p(t)\,dt = \dfrac{1}{T}\displaystyle\int_0^T v(t)\cdot i(t)\,dt = \dfrac{1}{2\pi}\displaystyle\int_0^{2\pi} p(\omega t)\,d(\omega t)$

$= V_1 I_1 \cos\theta_1 + V_2 I_2 \cos\theta_2 + V_3 I_3 \cos\theta_3 + \cdots$

$= \displaystyle\sum_{k=1}^{\infty} V_k I_k \cos\theta_k$

(26・9 b)

高調波を含む電圧・電流の平均パワーは同一周波数の電圧と電流の積の各周波成分の合計値として表されることは第 11 章で学んだ通りである．

電圧実効値 $V_{eff} = \sqrt{\dfrac{1}{T}\displaystyle\int_0^T v^2(t)\,dt} = \sqrt{V_1^2 + V_2^2 + V_3^2 + \cdots}$

電流実効値 $I_{eff} = \sqrt{\dfrac{1}{T}\displaystyle\int_0^T i^2(t)\,dt} = \sqrt{I_1^2 + I_2^2 + I_3^2 + \cdots}$

(26・9 c)

総合力率 $\lambda = \dfrac{\text{電力実効値}}{\text{皮相電力}} = \dfrac{W}{\sqrt{V_1^2+V_2^2+V_3^2+\cdots}\sqrt{I_1^2+I_2^2+I_3^2+\cdots}}$

$= \dfrac{\text{電力の平均値}}{(\text{電圧 }v\text{ の実効値})(\text{電流 }i\text{ の実効値})}$

(26・9 d)

基本波力率 (displacement power factor)

基本波力率 $= \dfrac{\text{基本周波数成分の有効電力}}{\text{基本周波数成分の皮相電力}}$

$= \dfrac{V_1 I_1 \cos\theta_1}{V_1 I_1} = \cos\theta_1$

(26・9 e)

総合ひずみ率 (THD : Total Harmonic Distortion factor)

電圧の総合ひずみ率

$THD = \dfrac{\text{電圧の全高調波成分の実効値}}{\text{電圧の基本周波数成分の実効値}} = \dfrac{V_H}{V_1} = \dfrac{\sqrt{V_2^2+V_3^2+V_4^2+\cdots}}{V_1}$

電流の総合ひずみ率

$THD = \dfrac{\text{電流の全高調波成分の実効値}}{\text{電流の基本周波数成分の実効値}} = \dfrac{I_H}{I_1} = \dfrac{\sqrt{i_2^2+I_3^2+I_4^2+\cdots}}{I_1}$

(26・9 f)

26・6・4 直流量の繰り返しオン・オフスイッチング

図 26・15 は直流量がオン・オフスイッチングを繰り返す場合の波形を示している．この場合の平均値と実効値は次式で計算される．

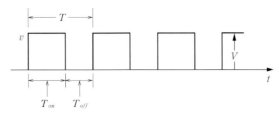

図 26・15 非連続直流波形

$$v_{avr} = \frac{1}{T}\int_0^T v(t)\,dt = \frac{1}{T}\int_0^{T_{on}} V\,dt = \frac{T_{on}}{T}V$$

$$v_{eff} = \sqrt{\frac{1}{2\pi}\int_0^{\frac{T_{on}}{T_{on}+T_{off}}2\pi} v^2(\theta)\,d\theta} = \sqrt{\frac{1}{2\pi}\left[\frac{1}{3}V^3\right]_0^{\frac{T_{on}}{T_{on}+T_{off}}2\pi}} = \frac{2\pi}{\sqrt{3}}\left(\frac{T_{on}}{T_{on}+T_{off}}\right)^{\frac{3}{2}}$$

(26・10 a)

26・6・5 交流長方波形

図 26・16 (a) は長方形波形で周期が 2π の交流波形を示している．式で表現すれば次式となる．

$$v(\theta) = V \quad (0 \leq \theta \leq \pi \text{ において})$$
$$\quad\quad\quad -V \quad (\pi \leq \theta \leq 2\pi \text{ において}) \quad \text{ここで}\ \theta = \omega t \quad (26\cdot11\,\text{a})$$

$v(\theta)$ をフーリエ級数で展開する．式 (26・11 a) を (26・7 b) に代入すると

$$a_0 = \frac{1}{2\pi}\int_0^{2\pi} v(\theta)\,d\theta = \frac{1}{2\pi}\left[\int_0^{\pi} V\,d\theta + \int_{\pi}^{2\pi}(-V)\,d\theta\right]$$
$$= \frac{V}{2\pi}[\theta]_0^{\pi} + \frac{V}{2\pi}[-\theta]_{\pi}^{2\pi} = \frac{1}{2\pi}[\pi - 2\pi + \pi] = 0$$

$$a_k = \frac{2}{2\pi}\int_0^{2\pi} v(\theta)\cos k\theta\,d\theta = \frac{1}{\pi}\left[\int_0^{\pi} V\cos k\theta\,d\theta + \int_{\pi}^{2\pi}(-V)\cos k\theta\,d\theta\right]$$
$$= \frac{V}{\pi}\left[\frac{1}{k}\sin n\theta\right]_0^{\pi} - \frac{V}{\pi}\left[\frac{1}{k}\sin n\theta\right]_{\pi}^{2\pi} = \frac{V}{k\pi}[\sin k\pi - \sin 2k\pi + \sin k\pi] = 0$$

$$b_k = \frac{2}{2\pi}\int_0^{2\pi} v(\theta)\sin k\theta\,d\theta = \frac{1}{\pi}\left[\int_0^{\pi} V\sin k\theta\,d\theta + \int_{\pi}^{2\pi}(-V)\sin k\theta\,d\theta\right]$$
$$= \frac{V}{\pi}\left[-\frac{1}{n}\cos k\theta\right]_0^{\pi} + \frac{V}{\pi}\left[\frac{1}{n}\cos k\theta\right]_{\pi}^{2\pi} = \frac{V}{k\pi}[-\cos k\pi + 1 + \cos 2k\pi - \cos k\pi]$$
$$= \frac{2V}{k\pi}(1 - \cos k\pi) = 0 \quad (k = 2, 4, 6, \cdots \text{ において})$$
$$\quad\quad\quad\quad\quad\quad\quad\quad = \frac{4}{k\pi} \quad (k = 1, 3, 5, \cdots \text{ において})$$

上式をさらに式 (26・7 a) に代入すると

$$v(t) = \sqrt{2}\frac{2\sqrt{2}}{\pi}V\left(\sin\omega t + \frac{1}{3}\sin 3\omega t + \frac{1}{5}\sin 5\omega t + \cdots\right)$$
$$= \sqrt{2}\frac{2\sqrt{2}}{\pi}V\sum_{k=1}^{\infty}\frac{1}{2k-1}\sin(2k-1)\omega t$$

(26・11 b)

あるいは

$$v(t) = v_1(t) + v_{harmonics}$$

$$v_1(t) = \sqrt{2}\frac{2\sqrt{2}}{\pi}V\sin\omega t : \text{基本周波数成分}$$

$$v_{harmonics}(t) = \sqrt{2}\frac{2\sqrt{2}}{\pi}V\sum_{k=2}^{\infty}\frac{1}{2k-1}\sin(2k-1)\omega t : \text{全高調波成分} \quad (26\cdot11\,\text{c})$$

また

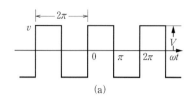

(a)

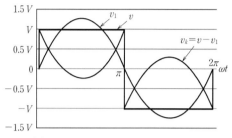

(b) 基本波 v_1 と全高調波 v_k の合成波形 v

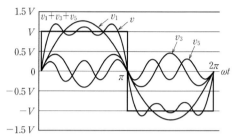

(c) 第 1, 3, 5 調波 v_1, v_3, v_5 とその合成波 $v_1+v_3+v_5$

図 26・16 矩形波交流周期波形

$$v_{ave}=0$$

$$v_{eff}=\sqrt{\frac{1}{2\pi}\int_0^{2\pi}v(\theta)^2d\theta}=\sqrt{\frac{1}{2\pi}\left[\int_0^{\pi}V^2d\theta+\int_{\pi}^{2\pi}(-V)^2d\theta\right]}=V$$

$$v_{1eff}(t)=\frac{1}{\sqrt{2}}V_1(t)=\frac{2\sqrt{2}}{\pi}V\sin\omega t:\text{基本波成分の実効値}$$

$$v_{Heff}=\sqrt{\sum_{k=2}^{\infty}V_k^2}=\sqrt{V_{eff}^2-V_1^2-V_0^2}:\text{全高調波成分の実効値} \qquad (26\cdot11\text{ d})$$

図 26・16 a の波形に対しては $V_0=0$, $V_{eff}=V$ として

$$V_H=\sqrt{V^2-\left[\frac{2\sqrt{2}}{\pi}\right]^2V^2}=\sqrt{1-\left[\frac{2\sqrt{2}}{\pi}\right]^2}\cdot V=0.435\,V \qquad (26\cdot11\text{ e})$$

$$\text{THD}=\frac{V_H}{V_1}=\frac{\sqrt{\sum_{k=2}^{\infty}V_k^2}}{V_1}=\frac{\sqrt{1-\left[\frac{2\sqrt{2}}{\pi}\right]^2}}{\frac{2\sqrt{2}}{\pi}V}=\sqrt{\frac{\pi^2}{8}-1}=0.483 \qquad (26\cdot11\text{ f})$$

図 26・16 b に示すように，1 次 2 次 3 次成分を合計することですでに元の長方形波に非常に近くなることが理解できる．

26・6・6 点弧角 α・消弧角 β の長方形波

位相タイミング α でオン，β でオフスイッチを行う長方形波（図 26・17）の場合の電気量は下式で表現できる．

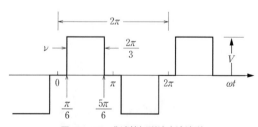

図 26・17 非連続矩形波交流波形

$$v(t) = \begin{cases} 0 & (\pi+\beta \leq \omega t \leq \alpha \text{ および } \pi+\beta \leq \omega t \leq \pi+\alpha \text{ において}) \\ V & (\alpha \leq \omega t \leq \beta \text{ において}) \\ -V & (\pi+\alpha \leq \omega t \leq \pi+\beta \text{ において}) \end{cases} \quad (26 \cdot 12\text{ a})$$

$V_{ave} = 0$

$$V_{eff} = \sqrt{\frac{1}{2\pi}\int_0^{2\pi} v(\theta)\,d\theta} = \sqrt{\frac{1}{2\pi}\left[\int_\alpha^\beta V^2 d\theta + \int_{\pi+\alpha}^{\pi+\beta} (-V)^2 d\theta\right]} \quad (26 \cdot 12\text{ b})$$

$$= \sqrt{\frac{1}{2\pi}[V^2(\beta-\alpha) + V^2(\beta-\alpha)]} = \sqrt{\frac{\beta-\alpha}{\pi}} \cdot V$$

$\alpha = \dfrac{\pi}{6}$, $\beta = \dfrac{5\pi}{6}$ とすれば

$$V_{eff} = \sqrt{\frac{2}{3}} \cdot V \quad (26 \cdot 12\text{ c})$$

図 26・17，式 (26・12) のフーリエ級数展開式

$$v(t) = \sqrt{2}\,\frac{\sqrt{6}}{\pi} V\left(\sin\omega t - \frac{1}{5}\sin 5\omega t - \frac{1}{7}\sin 7\omega t + \frac{1}{11}\sin 11\omega t + \frac{1}{13}\sin 13\omega t - \cdots\right)$$

$$= \sqrt{2}\,\frac{\sqrt{6}}{\pi} V\left\{\sin\omega t + \sum_{k=1}^{\infty} \frac{(-1)^k}{6k\pm 1}\sin(6k\pm 1)\omega t\right\} \quad (26 \cdot 12\text{ d})$$

その実効値は

$$V_1 = \frac{\sqrt{6}}{\pi} V \quad (26 \cdot 12\text{ e})$$

26・6・7　ひずみ波電圧・電流の電力

電圧，電流がひずみ波形の場合の電力については第 11 章で詳しく吟味した．第 11 章の式 (11・8)，(11・9) などより

$$v(t) = V_0 + \sum_{k=1}^{\infty} \sqrt{2}\,V_k \sin(k\omega t + \varphi_k)$$
$$i(t) = I_0 + \sum_{k=1}^{\infty} \sqrt{2}\,I_k \sin(k\omega t + \varphi_k - \theta_k) \quad (26 \cdot 13\text{ a})$$

平均電力は同一調波の電圧と電流の積で得られる各調波毎の電力パワーの合計値として次式で計算される．

$$W = \frac{1}{T}\int_0^T p(t)\,dt = \frac{1}{T}\int_0^T v(t)\cdot i(t)\,dt = \frac{1}{2\pi}\int_0^{2\pi} p(\omega t)\,d(\omega t)$$
$$= V_0 I_0 + V_1 I_1 \cos\theta_1 + V_2 I_2 \cos\theta_2 + V_3 I_3 \cos\theta_3 + \cdots \quad (26 \cdot 13\text{ b})$$
$$= V_0 I_0 + \sum_{k=1}^{\infty} V_k I_k \cos\theta_k$$

総合力率（Total power factor）　λ

$$\lambda = \frac{\text{実効電力}}{\text{皮相電力}} = \frac{W}{\sqrt{V_0^2 + V_1^2 + V_2^2 + \cdots}\sqrt{I_0^2 + I_1^2 + I_2^2 + \cdots}}$$
$$= \frac{\text{電力の平均値}}{(\text{電圧}\,v\,\text{の実効値})(\text{電流}\,i\,\text{の実効値})} \quad (26 \cdot 13\text{ c})$$

基本波の力率（Displacement power factor）

$$\text{基本周波数成分の力率} = \frac{V_1 I_1 \cos\theta_1}{V_1 I_1} = \cos\theta_1 \quad (26 \cdot 13\text{ d})$$

第27章 パワーエレクトロニクス変換回路の理論

　　第26章で各種の半導体素子について基本特性を学んだ．本章ではこれらのPE素子を使って構成されるパワーエレクトロニク変換回路（PE変換回路）とその制御に関する基本的な理論を中心に学んでいくこととする．第26章で述べたようにPEを介して電源側から得る電気量を希望するさまざまな電気量（$P(t)$, $Q(t)$, $v(t)$, $i(t)$, $\phi(t)$, f など）に変換し，またモータ駆動系との組み合わせによって$T(t)$（トルク），$\omega_m(t)$（機械速度），$D(t)$（位置），$Q(t)/\sec$（流速）等の機械的・物理的諸量をも自在に創り出すことができる．PE回路は極めて多様な利用法がなされているのでその入力側端子と出力側端子の接続先自体が多様である．その中で最も多いと思われる利用法は電力会社が提供する50/60 Hzを電源回路に接続されて得られる50/60 Hzの電圧・電流・電力を直流ないし異なる周波数の電圧・電流・電力に変換する利用法であろう．このような利用法による変換方式ついて順次学んでいく．

27・1　交流から直流への変換：ダイオードによる整流器

　　PE変換回路の最も基礎的な回路としてダイオードやサイリスタ素子による交流・直流変換回路について学ぶこととする．このような"基礎的な変換回路を読む"ことに習熟することでより複雑な回路への理解を深めていくことができる．

27・1・1　単相半波整流回路（純抵抗負荷の場合）

　　図27・1(a) は最も基礎的な**単相半波整流回路**（Single phase half-wave rectifier）であり，単相の交流電源電圧 v_s と負荷 R がダイオード素子 D を介して直列に接続されている．負荷 R は純抵抗，あるいはモータ負荷のいずれであってもよい．交流電圧 v_s が順方向極性の時間帯では素子 D はオン状態（事実上無視できる 0.5～0.8 V 程度の電圧降下を伴う導通状態）に

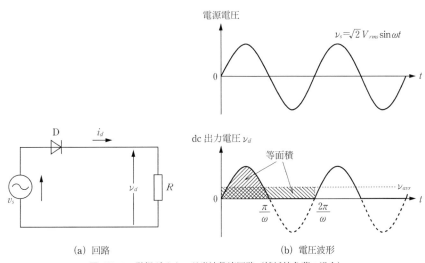

(a) 回路　　　　　(b) 電圧波形

図 27・1　単相ダイオード半波整流回路（純抵抗負荷の場合）

なり，また逆方向電圧極性の時間帯ではオフ状態（事実上無視できる程度の微小漏れ電流を伴う高抵抗遮断状態）になる．換言すれば，電源が正弦波の交流電圧 v_s なのでダイオードが正極性バイアスになる半サイクルごとに回路電流 i_d が流れる（図 27・1(b)）．したがって負荷側の電圧 v_d・電流 i_d はパルス状に dc 偏移を伴うことになり事実上正極性のみの直流電圧・直流電流となり，出力パワー P も直流である．添え字 d は直流値 dc の意である．負荷が純抵抗であるとしているので式 $i_d = v_d/R$ の関係が保存されており，v_d と i_d はたえず同一位相関係を保持している（図 27・1(b)）．

負荷 R に供給される電力 P（毎周期ごとの電気出力）は次式で計算できる．

電源側正弦波電圧・正弦波電流の式

$$v(t) = \sqrt{2}\, V_{rms} \sin \omega t = \sqrt{2}\, V_{rms} \sin \theta$$
$$i(t) = \sqrt{2}\, I_{rms} \sin \omega t = \sqrt{2}\, I_{rms} \sin \theta = \sqrt{2}\, \frac{V_{rms}}{R} \sin \theta \tag{27・1}$$

ここで $V_{rms} = I_{rms} \cdot R$

負荷側の平均電圧 v_{avr}，平均電流 i_{avr} は次式で計算できる．

$$v_{avr} = \frac{1}{T} \int_0^T v(t)\, dt = \frac{1}{2\pi} \left\{ \int_0^\pi \sqrt{2}\, V_{rms} \sin \theta\, d\theta + \int_\pi^{2\pi} 0\, d\theta \right\} = \frac{1}{2\pi} \sqrt{2}\, V_{rms} [-\cos \theta]_0^\pi$$
$$= \frac{\sqrt{2}}{\pi} V_{rms} = 0.45 V_{rms} \tag{27・2a}$$

$$i_{avr} = \frac{1}{T} \int_0^T i(t)\, dt = \frac{1}{2\pi} \left\{ \int_0^\pi \sqrt{2}\, I_{rms} \sin \theta\, d\theta + \int_\pi^{2\pi} 0\, d\theta \right\} = \frac{1}{2\pi} \sqrt{2}\, I_{rms} [-\cos \theta]_0^\pi$$
$$= \frac{\sqrt{2}}{\pi} I_{rms} = 0.45 I_{rms} \tag{27・2b}$$

図 27・1(b) で平均電圧の線を挟む 2 つの斜線領域の面積は当然同じである（平均電圧の定義）．負荷 R が受け取る変換器の出力パワー P は

$$P = \frac{1}{2\pi} \int_0^{2\pi} v(\theta) \cdot i(\theta)\, d\theta = \frac{1}{2\pi R} \int_0^{2\pi} v^2(\theta)\, d\theta$$
$$= \frac{1}{2\pi R} \left\{ \int_0^\pi (\sqrt{2}\, V_{rms} \sin \theta)^2\, d\theta + \int_\pi^{2\pi} (0)^2\, d\theta \right\} \tag{27・3}$$
$$= \frac{V_{rms}^2}{2R} = \frac{1}{2} V_{rms} \cdot I_{rms}$$

負荷に電流が流れるのは半サイクルだけであるから P は交流の場合の電力の 1/2 以下ということになる．なお，次式が成り立つ．

$$P = \frac{1}{2} V_{rms} \cdot I_{rms} > v_{avr} \cdot i_{avr} = (0.45 V_{rms})(0.45 I_{rms}) \tag{27・4}$$

27・1・2 誘導性負荷の場合および直列インダクタンスの役割

次に図 27・2 のように負荷 R に直列にインダクタンス L が追加された回路について，直流側の電圧・電流が L の追加挿入によってどのように影響をうけるかについて吟味する．

dc 側の電圧は $t = (0, \pi)$ の全時間帯を通じて $i_d(\omega t) \cdot R$ と $v_L = L \dfrac{di_d(\omega t)}{d\omega t}$ によって分圧されるから

$$v_d(\theta) = i_d(\theta) \cdot R + L \frac{di_d(\theta)}{d\theta} \quad \text{ただし} \quad \theta = \omega t \tag{27・5}$$

したがって電流 $i_d(t)$ は電圧 $v_d(t)$ に対して位相角 $\varphi = \tan^{-1} \omega L/R$ だけ遅れ位相となる．ここで $\cos \varphi$ は R と L の直列回路からなる負荷の力率である．負荷電圧の波形を図 27・2(b) に示す．

ところで 1 サイクル $(0, 2\pi)$ の間に下式を満足する瞬間 θ_m が一度存在する．

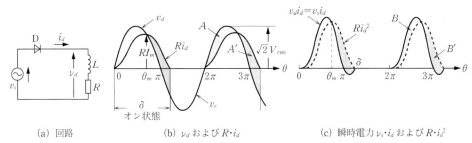

(a) 回路　　(b) ν_d および $R\cdot i_d$　　(c) 瞬時電力 $\nu_s\cdot i_d$ および $R\cdot i_d^2$

図 27・2 単相ダイオード半波整流回路（誘導性 LR 負荷の場合）

$$\theta=\theta_m \text{ にて } \quad v_d(\theta_m)-i_d(\theta_m)\cdot R=L\frac{di_d(\theta_m)}{d\theta}=0 \tag{27・6}$$

この瞬間では $di_d(\theta_m)/d\theta=0$ であるから $i_d(\theta_m)$ はピーク値となり，また式 $v_d(\theta_m)=i_d(\theta_m)\cdot R$ の関係が成立する．時間帯 $0\leq\theta\leq\theta_m$ を記号的に $[0,\theta_m]$ で表すものとして，この時間帯では $v_L=v_s-v_R$ が正値であるから $v_s\geq v_R$ であり，電流は増大してインダクタ（誘導素子）に蓄えられるエネルギーも増大する．やがてタイミング θ_m に達すると電流は減少に転じる．タイミング $\theta=\pi$ 以降も電流は $\theta=\delta$ （δ は消弧角（extinction angle））に至るまで流れ続ける．すなわち時間帯 $[\pi,\delta]$ では $v_d(\theta)$ が負極性であってもダイオード D は順バイアスの状態のままなので電流が流れ続けて誘導素子 L に蓄えられたエネルギーが放出されることによって電流は流れ続けるのである．

電流波形 $i_d(\theta)$ は式 (27・5) を $i_d(\theta)|_{\theta=0}=0$ の条件で解くことによって計算が可能でありその解は次式となる．

$$\left.\begin{array}{l}i_d(\theta)=\dfrac{\sqrt{2}\,V_{rms}}{\sqrt{R^2+(\omega L)^2}}[\sin(\theta-\varphi)+\sin\varphi\cdot e^{-\frac{R}{\omega L}\theta}]\\[2mm]\qquad=\dfrac{\sqrt{2}\,V_{rms}}{R}\cos\varphi[\sin(\theta-\varphi)+\sin\varphi\cdot e^{-\theta\cot\varphi}]\\[2mm]\text{ここで}\tan\varphi=\dfrac{\omega L}{R},\quad \cos\varphi=\dfrac{R}{\sqrt{R^2+(\omega L)^2}}\\[2mm]T=\dfrac{\omega L}{R}\text{ time constant}\end{array}\right\} \tag{27・7}$$

また δ は $\theta=\delta$ において $i_d(\theta)|_{\theta=\delta}=0$ とすることによって計算できる．

$$\left.\begin{array}{l}e^{\delta\cot\varphi}\cdot\sin(\delta-\varphi)=-\sin\varphi\\[2mm]\text{面積 A}\\A=\displaystyle\int_0^{\theta_m}\left(\dfrac{\omega L di(\theta)}{d\theta}\right)=\int_0^{I_m}di(\theta)\\[2mm]\text{面積 B}\\A'=\displaystyle\int_{\theta_m}^{\delta}\left(\dfrac{\omega L di(\theta)}{d\theta}\right)=\int_{I_m}^{0}di(\theta)=A\end{array}\right\} \tag{27・8}$$

結局 δ は図中の面積 A と A' が同じになるタイミングであると解釈できる．

次に $[0,2\pi]$ を通じてのパワーについて図 27・1(c) によって考察する．

時間帯 $[0,\theta_m]$ では電源から供給された電力はその一部が負荷抵抗 R によって消費され，残りの電力はインダクタンス L に蓄えられる．図の網掛けで囲まれた面積 B がこの蓄積エネルギーに相当する．次の時間帯 $[\theta_m,\delta]$ では L は蓄積されたエネルギーを電力として放出し続ける．電力は時間帯 $[\theta_m,\pi]$ において L から R に供給されて $i_d^2\cdot R$ として消費される．その次の時間帯 $[\pi,\delta]$ では v_d と i_d の極性が異なるから v_d，i_d は負値となり電力が電源に戻されることを意味している．結局 L が放出する電力は一部が R によって消費され，他は電源側

に戻されるということになる．L 自体は電力を消費しないから L による蓄積エネルギーの総量（図の B）と放出エネルギーの総量（図の B'）は同じである．

次に，時間帯 $[\delta, 2\pi]$ はオフ状態である．しかしながら，もしもインダクタンス L をより大きい値に設計すれば θ_m が π に向かって移動し，また δ が 2π に向かって移動することになる．記号的に表現すれば，$L \to \infty$ とすることによって $\theta_m \to \pi$, $\delta \to 2\pi$ と表現できる．結局，L を相対的に大きく選ぶことによって負荷電流をより平坦でオフ時間帯 $[\delta, 2\pi]$ の短い波形に整形することができる．より正確に言えば，L を十分大きく選んで式(27・7)の時定数 $T = \omega L/R$ を実用上大きくすれば電流のオフ時間帯が消滅して電流 $i_d(\theta)$ は全時間帯 $[0, 2\pi]$ を通電し続けることになる．

27・1・3　還流ダイオードと平滑リアクトルの役割

図 27・3 では R と L の直列回路に並列にダイオード D_2（**還流ダイオード**（freewheeling diode））が追加されている．交流電源電圧 $v_s(\theta)$ が正極性の時間帯 $0 \leq \theta \leq \pi$ においては D_1 はオン状態であるが，D_2 は逆極性電圧なのでオフ状態である．このような動作状態を $[D_1, D_2] = [\text{on, off}]$ と表記することにしよう．図 27・3 で D_2 がオフの回路状況は図 27・2 における状況と全く同じであり，この時 $i_s(\theta)$ と $i_d(\theta)$ は同じとなって $i_s(\theta) = i_d(\theta)$ となる．次の時間帯 $\pi \leq \theta \leq 2\pi$ では電源 $v_s(\theta)$ が負極性であるから $[D_1, D_2] = [\text{off, on}]$ となり，電流通路は $v_s - D_1 - L - R$ から $D_2 - L - R$ に切り替わる．このように電流パスが切り替わることを**転流**（current commutation）という．この状態では D_2 がオン状態なので $v_s(\theta) = v_d(\theta)$ となる（図 27・3(b)）．この状態では L に蓄積されていたエネルギーは D_2 経由のループパスで負荷 R に供給される．またこの時の負荷電圧の平均値 v_{avr} は式(27・2a)によって計算できて $v_{avr} = 0.45 V_{rms}$ となる．

還流ダイオード D_2 が追加になった効果で図 27・3(c) に示すように全時間帯を通じて連続的に負荷電流を流すことができる．また，もしも L（あるいは $\omega L/R$）を十分大きく選べば電流はより平坦になり，ついには図 27・3(d) のように完全に平坦で瞬時値が一定の直流電流となしうるのである．

ダイオード D_2 は還流ダイオード（free wheeling diode）と，またインダクタンス L は**平滑リアクトル**（smoothing reactor）と称する．図 27・3 の回路では D_2 と L によって完全に平滑された直流電流が得られるのである．

さらに次式について考えよう．

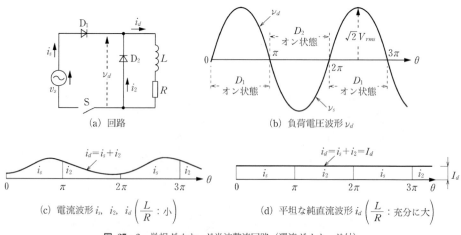

図 27・3　単相ダイオード半波整流回路（還流ダイオード付）

$$v_d(\theta) = R \cdot i_d(t) + L\frac{di_d(t)}{dt} = R \cdot i_d(\theta) + \omega L \frac{di_d(\theta)}{d\theta} \qquad (27 \cdot 9)$$

積分すれば

$$\left.\begin{array}{l} v_{avr} = \dfrac{1}{2\pi}\displaystyle\int_0^{2\pi} v_d(\theta)\,d\theta = R \cdot \dfrac{1}{2\pi}\displaystyle\int_0^{2\pi} i_d(\theta)\,d\theta + \dfrac{\omega L}{2\pi}\displaystyle\int_0^{2\pi}\left(\dfrac{di_d(\theta)}{d\theta}\right)d\theta = R \cdot i_{avr} \\ \therefore \quad v_{avr} = R \cdot i_{avr} \end{array}\right\} \qquad (27 \cdot 10)$$

中辺の第1項は $R \cdot i_{avr}$ そのものであり第2項は定常状態ではゼロであるから $v_{avr} = R \cdot i_{avr}$ の関係が得られる．平均電流 i_{avr} は v_{avr} と R のみによって決まるので平滑リアクトルのインダクタンス値 L によって左右されないことが理解できる．

ところで，電源の電圧 $v_s(\theta)$ は正弦波であるが電流 $i_s(\theta)$ は dc 成分を含んだ歪波である．そして L/R が充分に大きければ i_d は平坦な直流になるのであるから電流 $i_s(\theta)$ はフーリエ展開して次式のように表わすことができる．

$$i_s(\theta) = \underbrace{\frac{i_{avr}}{2}}_{\text{dc-成分}} + \underbrace{\frac{2i_{avr}}{\pi}\sin\theta}_{\text{ac-成分}} + \underbrace{\frac{2i_{avr}}{\pi}\left[\frac{1}{3}\sin 3\theta + \frac{1}{5}\sin 5\theta + \cdots\right]}_{\text{高調波成分}} \qquad (27 \cdot 11)$$

電流 $i_s(\theta)$ は基本波成分のほかに直流成分と高調波成分を含んでいるが，電圧 $v_s(\theta)$ が正弦波しか含んでいないので $i_s(\theta)$ の直流成分と高調波成分が有効電力に影響することはない．換言すれば，この回路では電流 $i_s(\theta)$ が歪むという欠点はあるが，負荷に供給される電力パワーは $v_s(\theta) \times \{i_s(\theta)$ の基本波成分$\}$ となって電流の歪に影響されないのである．ただし，この電流 $i_s(\theta)$ の直流成分が変圧器の偏磁による**磁気飽和**（**flux-bias on transformers**, 27・7節の変圧器の直流偏磁を参照）という別の問題を引き起こすことがあるので注意を要する．

27・1・4 ダイオードブリッジ単相全波整流回路

次には単相の**全波整流回路**として代表的な**図 27・4** の回路について学ぶ．電流の経路は時間帯 $\theta = [0, \pi]$ では Gen → D_1 → 負荷 LR → D_2'，次の時間帯 $\theta = [\pi, 2\pi]$ では Gen → D_2 → 負荷 LR → D_1' となる．毎サイクル2度の転流が行われることになる．図 27・4(b) は負荷電圧 $v_d(\theta)$ と負荷電流の波形を示す．$v_d(\theta)$ は正弦波形であるがその極性は全時間帯 $[0, 2\pi]$ を通じて正極性となり，電流 $i_d(\theta)$ は L/R が充分に大きく $L/R \to \infty$ のように設計されておれば平坦な直流波形となる．この状態を式で表現すれば

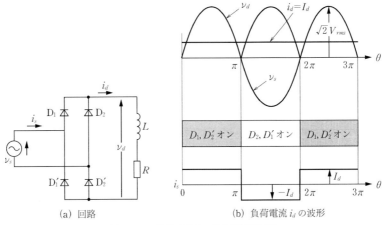

図 27・4　単相ダイオード全波整流回路

電源側

$$v_s(\theta) = \sqrt{2}\, V_{rms} \sin\theta$$
$$i_s(\theta) = \sqrt{2}\, I_{rms} \sin(\theta-\varphi)$$
(27・11 a)

負荷側

$\theta = [0, \pi]$ で

$$v_d(\theta) = \sqrt{2}\, V_{rms} |\sin\theta|$$

$$i_d(\theta) = \frac{1}{2\pi}\int_0^\pi \sqrt{2}\, I_{rms} \sin(\theta-\varphi)\, d\theta = \frac{\sqrt{2}}{2\pi} I_{rms}[-\cos(\theta-\varphi)]_0^\pi$$
$$= \frac{\sqrt{2}}{2\pi} I_{rms}[-\cos(\pi-\varphi) + \cos(-\varphi)] = \frac{\sqrt{2}}{\pi} I_{rms} \cos\varphi$$

$\theta = [\pi, 2\pi]$ で

$$v_d(\theta) = \sqrt{2}\, V_{rms} |\sin\theta|$$
(27・11 b)

$$i_d(\theta) = \frac{1}{2\pi}\int_\pi^{2\pi} \sqrt{2}\, I_{rms} (-1)\sin(\theta-\varphi)\, d\theta = \frac{\sqrt{2}}{2\pi} I_{rms}[\cos(\theta-\varphi)]_\pi^{2\pi} = \frac{\sqrt{2}}{\pi} I_{rms} \cos\varphi$$

すなわち

$$v_d(\theta) = \sqrt{2}\, V_{rms} |\sin\theta|$$

$$i_d(\theta) = \frac{\sqrt{2}}{\pi} I_{rms} \cos\varphi \quad (\varphi\text{を固定すれば }i_d\text{ は dc 電流となる})$$

ただし

$$\tan\varphi = \frac{\omega L}{R} \gg 0$$

27・1・5 電圧平滑キャパシタの役割

単相の全波整流回路として代表的なもう一つの回路を**図 27・5** に示す．図 27・4 の回路で負荷に直列接続された平滑リアクトルに代わってこの回路では**平滑キャパシタ（smoothing capacitor）** C が負荷に並列に挿入されている．ダイオード全波ブリッジの変換部に R と C の並列回路からなるトータル負荷が接続された回路ということもできる．毎半サイクルごとに交互に繰り返される $D_1, D_2' = [\mathrm{on}, \mathrm{on}]$ および $D_1', D_2 = [\mathrm{on}, \mathrm{on}]$ において $|v_s| \geq v_d$ となる時間帯で交流電源からの脈流電流によってキャパシタ C が充電される．また $|v_s| \leq v_d$ の時間帯では全ダイオードがオフ状態になるので C に蓄えられていたエネルギーが負荷に放電される．この回路の電圧および電流波形を図 25・5(b) に示す．回路は C が十分大きくて $\omega \ll CR$ であ

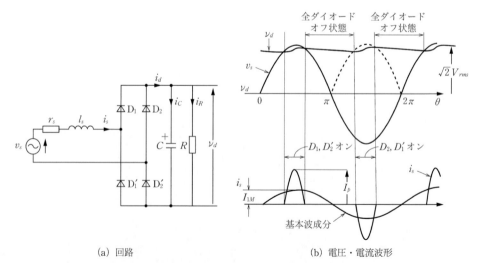

(a) 回路　　　　　　　　　　　　　(b) 電圧・電流波形

図 27・5　単相ダイオード全波整流回路（平滑キャパシタ付）

るとして，全ダイオードがオフ状態の時間帯における過渡電圧は次式で計算できる．

$$\left.\begin{array}{l} i_d = C\dfrac{dv_d}{dt} + \dfrac{v_d}{R} \\ i_d(t) = \sqrt{2}\,I_{rms}\sin(\omega t - \alpha), \quad \omega \ll CR \\ 時定数 \quad T = CR \end{array}\right\} \quad (27\cdot 12\,\mathrm{a})$$

上式の解は次式となる．

$$\left.\begin{array}{l} v_d(t) = \sqrt{2}\,I_{rms}\cdot\dfrac{1}{\omega C}\cos\alpha\cdot \mathrm{e}^{-\frac{t}{CR}} \\ 時定数 \quad T = CR \end{array}\right\} \quad (27\cdot 12\,\mathrm{b})$$

したがって C（したがって $T = CR$）が充分に大きく設計されておれば負荷電圧の波形は平滑されて事実上完全に平坦な直流電圧となる．平滑キャパシタによって負荷電圧 v_d が完全に平滑化されるのである．

27・1・6 3相半波整流回路

今度は図27・6の3相半波整流回路（**Three-phase diode half bridge rectifier**）について学ぶこととしよう．3相平衡電圧 $v_1(\theta)$, $v_2(\theta)$, $v_3(\theta)$ がダイオード D_1, D_2, D_3 のアノード側に供給されており，カソード側端子側の共通接続点 M と電源中性点 N の間に R と L （L/R は充分に大きい）のトータル負荷が接続されている．なお，この章では電源側外部回路の相名 a, b, c とは別に回路内の状況を詳しく論ずる必要があるので変換回路内の各部相名とその各変数に対して添え字 1, 2, 3 を当てるものとして両者を区別しながら説明を進めていくものとする．

この回路で電圧 $v_1(\theta)$ が正極性でかつ $v_2(\theta)$, $v_3(\theta)$ より大きい値の時間帯では D_1 はオン状態であり，この事情は D_2, D_3 についても同様である．したがって各ダイオードは毎サイクル $2\pi/3$ 毎に順番に点弧を繰り返す．ダイオード D_1 は時間帯 $\left[\dfrac{\pi}{6}, \dfrac{5\pi}{6}\right]$ において $v_1(\theta)$ によってオン状態となり，また $v_1(\theta)$ のこの時間帯における平均値は

$$\left.\begin{array}{l} v_{1avr} = \dfrac{1}{2\pi}\displaystyle\int_{\frac{\pi}{6}}^{\frac{5\pi}{6}} \sqrt{2}\,V_{rms}\sin\theta\,d\theta = \dfrac{\sqrt{6}}{2\pi}\cdot V_{rms} = 0.39\,V_{rms} \\ D_2 は時間帯 \left[\dfrac{5\pi}{6}, \dfrac{9\pi}{6}\right] において \quad v_{2avr} = 0.39\,V_{rms} \end{array}\right\} \quad (27\cdot 13\,\mathrm{a})$$

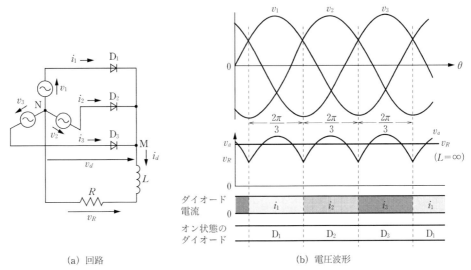

(a) 回路 (b) 電圧波形

図 27・6 3相ダイオード半波整流回路

D_3 は時間帯 $\left[\dfrac{9\pi}{6}, \dfrac{\pi}{6}\right]$ において $\qquad v_{3avr} = 0.39\,V_{rms}$

また 1 サイクル $[0, 2\pi]$ を通じての平均電圧は上式の和 $v_{1avr} + v_{2avr} + v_{3avr}$ であるから

$$v_{avr} = \dfrac{3\sqrt{6}}{2\pi}\,V_{rms} = 1.17\,V_{rms} \tag{27・13 b}$$

D_1 を通じて流れる負荷電流の $\left[\dfrac{\pi}{6}, \dfrac{5\pi}{6}\right]$ における平均値は

$$i(\theta) = \dfrac{1}{(4\pi/6)} \int_{\frac{\pi}{6}}^{\frac{5\pi}{6}} \sqrt{2}\,I_{rms} \sin(\theta - \varphi)\,d\theta = \dfrac{3\sqrt{6}}{2\pi}\,I_{rms} \cos\varphi \tag{27・14 a}$$

D_2, D_3 についても同様であるから $[0, 2\pi]$ を通じての負荷電流平均値は

$$\left.\begin{aligned} i_{avr} &= \dfrac{3\sqrt{6}}{2\pi}\,I_{rms}\cos\varphi = 1.17\,I_{rms}\cos\varphi \\ \text{ここで } \tan\varphi &= \dfrac{\omega L}{R} \gg 0 \end{aligned}\right\} \tag{27・14 b}$$

となる．

27・1・7　電流の重なり現象

図 27・7 においてブリッジ回路の電流 i_1, i_2, i_3 が転流するタイミングで実際には小時間 u だけオーバーラップ（current overlapping）が生ずる．電源側にごく小さいながらインダクタンス X_l が存在するために電流 i_1, i_2, i_3 にわずかばかりの位相遅れが生ずるからである．

電流 i_1, i_2 が転流する小時間帯 u に注目すると次式が成り立つ．

$$\left.\begin{aligned} v_u &= v_1 - X_l \dfrac{di_1}{d\theta} = v_2 - X_l \dfrac{di_2}{d\theta} & \text{①} \\ i_1 + i_2 &= i_d & \text{②} \\ \text{ここで} & \\ v_1 &= \sqrt{2}\,V_{rms}\sin\left(\theta + \dfrac{5\pi}{6}\right), \quad v_2 = \sqrt{2}\,V_{rms}\sin\left(\theta + \dfrac{\pi}{6}\right) & \text{③} \end{aligned}\right\} \tag{27・15}$$

$$\therefore \quad v_u = \dfrac{v_1 + v_2}{2} = \dfrac{\sqrt{2}}{2}\,V_{rms}\cos\theta \tag{27・16}$$

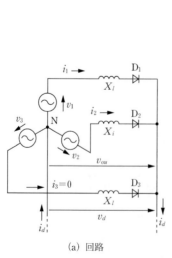

(a) 回路

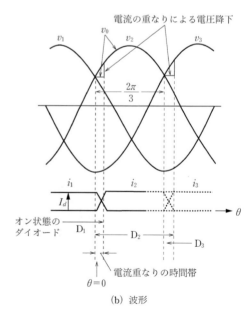

(b) 波形

図 27・7　電流の重なり現象

$\theta = 0$ において $i_2 = 0$ であり，また式(27・15) ③より $v_1 - v_2 = \sqrt{2}\,V_{rms}(-\sqrt{3}\sin\theta)$ であることに留意すると

$$i_2(\theta) = \frac{1}{X_l}\int_0^\theta \frac{v_1 - v_2}{2}\,d\theta = \frac{\sqrt{6}\,V_{rms}}{2X_l}[-\cos\theta]_0^\theta = \frac{\sqrt{6}\,V_{rms}}{2X_l}(1 - \cos\theta)$$

$$i_1(\theta) = I_d - i_2(\theta) = I_d - \frac{\sqrt{6}\,V_{rms}}{2X_l}(1 - \cos\theta) \quad \Biggr\} \quad (27\cdot17)$$

さらに $i_1(\theta = u) = 0$ あるいは $i_2(\theta = u) = I_d$ であるから

$$u = \cos^{-1}\left(1 - \frac{2X_l}{\sqrt{6}\,V}I_d\right) \tag{27・18 a}$$

電流の重なりによって生ずる平均電圧降下は

$$E_x = \frac{3}{2\pi}\int_0^u \frac{v_1 - v_2}{2}\,d\theta = \frac{3}{2\pi}X_l I_d \tag{27・18 b}$$

式(27・18 b)，(27・13 b) より

$$v_{avr} = \frac{3\sqrt{6}}{2\pi}V_{rms} - E_x = 1.17\,V_{rms} - \frac{3}{2\pi}X_l I_d \tag{27・19}$$

結局，平均負荷電圧の式(27・13 b) が電流の重なりによって (27・19) のように若干下方修正されるのである．X_l が大きいと下方修正も大きくなることも上式より自明である．

27・1・8 3相全波整流器

3相全波整流回路（**Three phase diode full bridge rectifier**）を図27・8に示す．図27・8で点A側アーム回路ではダイオード D_1, D_2, D_3 のうち最も電位の高いダイオードが順次通電するので中性点 N に対する点 A の電位 v_{AN} は図27・6の場合の電位と同じ波形となる．また，点 B 側のアーム回路ではダイオード D_1', D_2', D_3' の電位の最も低くなるダイオードが順次通電するので，電位 v_{BN} は v_{AN} と逆極性の同形となる．したがって，点 AB 点間の負荷電圧 $v_{AB} = v_d$ は図27・8(b) に示すようなパルス波形となる．

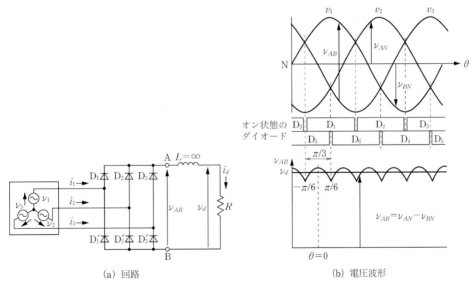

(a) 回路　　　　　　　　　(b) 電圧波形

図 27・8 3相ダイオード全波整流回路

27・2 サイリスタによる交流直流制御変換

前節で学んだダイオードによる整流器では出力側電圧値は電源側電圧の大きさに応じた値となり、いわば制御できないなりの電圧しか得られない。負荷端入口の変換装置としてこれでも十分とする応用例も非常に多い。ただ、電源側交流電圧が変動しても負荷側直流電圧が指令値通りの一定値となる変換器を必要とする場合も多い。ダイオードに代わってサイリスタを利用することによって直流出力側電圧の制御が可能な ac/dc 変換器が実現できる。英語呼称では出力側 dc 電圧値を制御できるサイリスタ式を ac to controlled dc converter, 制御のできないダイオード式を Rectifier と呼称して区別している。

27・2・1 サイリスタ単相半波ブリッジ型整流回路

サイリスタ単相半波ブリッジ型整流回路 (**Single-phase half-bridge rectifier by thyristors**) を図 27・9 に示す。この図は図 27・3 におけるダイオード D_1 がサイリスタ T_1 に置き換わっている点を除いては全く同じである。この回路でも L は充分に大きくて $\tan\varphi = \omega L/R \gg 0$ であるとする。

サイリスタはその A-K 間に順方向電圧 v_{AK} がある場合でもゲートに正パルスが与えられるまでは導通しない。またゲートにひとたび正パルスが与えられれば導通を開始し、電圧 v_{AK} が逆極性になるか失われるまで導通状態のままとなる。

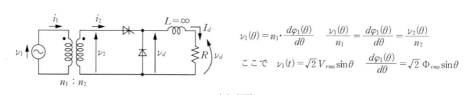

$$\nu_1(\theta) = n_1 \cdot \frac{d\varphi_1(\theta)}{d\theta} \quad \frac{\nu_1(\theta)}{n_1} = \frac{d\varphi_1(\theta)}{d\theta} = \frac{\nu_2(\theta)}{n_2}$$

ここで $\nu_1(t) = \sqrt{2}\, V_{rms} \sin\theta \quad \frac{d\varphi_1(\theta)}{d\theta} = \sqrt{2}\, \Phi_{rms} \sin\theta$

(a) 回路

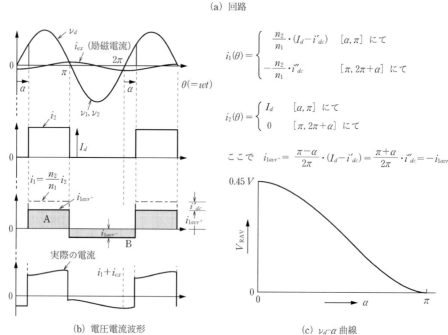

$$i_1(\theta) = \begin{cases} \dfrac{n_2}{n_1} \cdot (I_d - i'_{dc}) & [\alpha, \pi] \text{ にて} \\ -\dfrac{n_2}{n_1} \cdot i''_{dc} & [\pi, 2\pi+\alpha] \text{ にて} \end{cases}$$

$$i_2(\theta) = \begin{cases} I_d & [\alpha, \pi] \text{ にて} \\ 0 & [\pi, 2\pi+\alpha] \text{ にて} \end{cases}$$

ここで $i_{1avr^+} = \dfrac{\pi-\alpha}{2\pi} \cdot (I_d - i'_{dc}) = \dfrac{\pi+\alpha}{2\pi} \cdot i''_{dc} = -i_{1avr^-}$

(b) 電圧電流波形　　(c) ν_d-α 曲線

図 27・9　サイリスタ単相半波整流回路

時間帯 $[0, \pi]$ においてサイリスタ A-K 間の電圧 v_{AK} が順方向であっても点弧角 α でゲートパルスが加わるまではサイリスタは点弧しない．したがって時間帯 $[0, \alpha]$ では電流は $D \to L \to R$ の経路を流れる．次に $\theta = \alpha$ でゲートパルスが与えられるとサイリスタの通電が開始されて v_{AK} の極性が $\theta = \pi$ で反転するまで通電する．この時間帯 $[\alpha, \pi]$ における電流の経路は $T \to L \to R$ となる．この時ダイオードの電流はゼロであるからサイリスタ電流 i が負荷電流 i_d と一致して $i = i_d$ である．次の時間帯 $[\pi, 2\pi]$ では v_{AK} が逆極性なのでサイリスタは非通電となり，また $[2\pi, 2\pi+\alpha]$ の時間帯で v_{AK} が順方向電圧に戻って後も非通電状態が続く．非通電の時間帯 $[\pi, 2\pi+\alpha]$ を通じて電流は $D \to L \to R$ 回路に転流して平坦な直流電流が流れ，次の点弧角 $\theta = 2\pi+\alpha$ まで続いた後再び転流する．転流後の $[2\pi+\alpha, 3\pi]$ では再びサイリスタが通電モードとなる．

負荷側で得られる平均電圧値は次式で計算できる．

$$v_{avr} = \frac{1}{2\pi}\int_{\alpha}^{\pi} \sqrt{2}\, V_{rms} \sin\theta\, d\theta = \frac{\sqrt{2}}{2\pi} V_{rms}[-\cos\theta]_{\alpha}^{\pi} = 0.45\, V_{rms}\frac{1+\cos\alpha}{2} \quad (27\cdot 20)$$

この式から，負荷の平均電圧 v_{avr} がサイリスタの点弧角 α によって制御できることを示しており，両者の関係を示す $v_{avr}-\alpha$ 曲線を図 27・9(c) に示す．

ところでこの図 27・9(a) の PE 回路では変圧器を介した電源側の電流 i_1 が非対称の矩形波状に近い波形となり，また鉄心に**直流鎖交磁束偏移現象**（**dc-linking flux bias**，5・6・3 項参照）という厄介な問題を生じやすい欠点がある．図 27・9(a)（b）によって変圧器1次，2次側電圧・電流と鉄心の磁束の関係について詳しく吟味してみよう．

図 27・9(a)，(b) において PE 回路の電源側に接続されている変圧器の1次電圧，電流 v_1, i_1, 2次側電圧，電流 v_2, i_2 および鉄心磁束 φ の関係式として次式が成り立つ．

単相変圧器に関する固有の式

$$v_1(\theta) = r \cdot i_1(\theta) + n_1 \frac{d\varphi(\theta)}{d\theta} \quad (27\cdot 21\text{a})$$

$$\frac{v_1(\theta)}{n_1} = \frac{d\varphi(\theta)}{d\theta} = \frac{v_2(\theta)}{n_2} \quad (27\cdot 21\text{b})$$

式 (27・21 b) は $v_1(\theta)$, $v_2(\theta)$, $d\varphi(\theta)/d\theta$ が互いに同一波形であることを示しており，さらに $v_1(\theta)$ が正弦波であるから $v_2(\theta)$ および鎖交磁束の変化速度 $d\varphi(\theta)/d\theta$ も正弦波的に変化する．すなわち

$$v_1(\theta) = \sqrt{2}\, V_{1rms}\sin\theta \qquad v_2(\theta) = \sqrt{2}\, V_{2rms}\sin\theta \quad (27\cdot 21\text{c})$$

$$\frac{d\varphi(\theta)}{d\theta} = \sqrt{2}\, \Phi_{rms}\sin\theta \quad (27\cdot 21\text{d})$$

$$\varphi(\theta) = -\sqrt{2}\, \Phi_{rms}\cos\theta + \Phi_{dc} \quad (27\cdot 21\text{e})$$

ただし Φ_{dc} は積分定数であるから初期条件で決まる一定値

$v_1(\theta)$, $v_2(\theta)$, $d\varphi(\theta)/d\theta$ は $[0, 2\pi]$ の区間で積分すればいずれもゼロとなって**交流条件**（**alternate condition**，注1参照）を満たしている．また $d\varphi(\theta)/d\theta$ は $v_1(\theta)$ のみに依存して2次側電流 $i_2(\theta)$ には依存しないことも示している．鉄心磁束 $\varphi(\theta)$ は正弦波が直流値 Φ_{dc}（積分定数項だから初期条件で決まる一定値）だけバイアスする可能性を示している．

2次側電流 $i_2(\theta)$ はすでに説明したようにサイリスタがオン状態の $[\alpha, \pi]$ の時間帯だけ間欠的な矩形波形の電流 I_d として流れるのであるから

$$i_2(\theta) = \begin{cases} I_d & [\alpha, \pi] \text{ にて} \\ 0 & [\pi, 2\pi+\alpha] \text{ にて} \end{cases} \quad (27\cdot 21\text{f})$$

いま，式 (27・21 a) の $v_1(\theta)$ を $[0, 2\pi]$ の時間帯で積分すれば

$$\frac{1}{2\pi}\int_0^{2\pi} v_1(\theta)\,d\theta = 0 = \frac{1}{2\pi}\int_0^{2\pi} r\cdot i_1(\theta)\,d\theta + n_1\frac{1}{2\pi}[\varphi(\theta)]_0^{2\pi}$$
$$= \frac{1}{2\pi}\int_0^{2\pi} r\cdot i_1(\theta)\,d\theta + n_1\frac{1}{2\pi}(\varphi(2\pi) - \varphi(0)) \qquad (27\cdot 21\,\text{g})$$

ここで $\varphi(0) = \varphi(2\pi)$ したがって

$$\frac{1}{2\pi}\int_0^{2\pi} i_1(\theta)\,d\theta = 0 \qquad (27\cdot 21\,\text{h})$$

この式は1次電流 $i_1(\theta)$ が交流条件（1サイクルの平均がゼロ）を満たしていることを示しているが一般論として正弦波であるとは限らない．事実 $i_1(\theta)$ は交流条件を満たしながらも以下に説明するように矩形波となるのである．

2次側電流（27・21 f）に対応して変圧器の起磁力（アンペアターン）相殺関係 $n_1\cdot i_1'' = n_2\cdot i_2$ で得られる1次側電流成分 $i_1''(\theta)$ は次式となる．

$$i_1''(\theta) = \begin{cases} \dfrac{n_2}{n_1}\cdot I_d & [\alpha, \pi] \text{ にて} \\ 0 & [\pi, 2\pi + \alpha] \text{ にて} \end{cases} \qquad (27\cdot 21\,\text{i})$$

$i_1''(\theta)$ は交流条件を満たしていないから交流条件を満たす $i_1(\theta)$ にはさらに別の電流成分が加わっていると考えねばならない．そこで $i_1(\theta)$ には次式のように時間帯 $[\alpha, \pi]$ で $-i_{dc}'$，時間帯 $[\pi, 2\pi + \alpha]$ で i_{dc}'' なる電流成分が重畳されていると考える．

$$i_1(\theta) = \begin{cases} i_1''(\theta) - i_{dc}' = \dfrac{n_2}{n_1}\cdot I_d - i_{dc}' & [\alpha, \pi] \text{ にて} \\ 0 + i_{dc}'' = i_{dc}'' & [\pi, 2\pi + \alpha] \text{ にて} \end{cases} \qquad (27\cdot 21\,\text{j})$$

$i_1(\theta)$ が交流条件を満たしている（1サイクル平均値がゼロ）のであるから

$$0 = \frac{1}{2\pi}\int_\alpha^{2\pi+\alpha} i_1(\theta)\,d\theta = \frac{1}{2\pi}\int_\alpha^\pi \left(\frac{n_2}{n_1}\cdot I_d - i_{dc}'\right)d\theta + \frac{1}{2\pi}\int_\pi^{2\pi+\alpha} i_{dc}''\,d\theta$$
$$= \frac{\pi-\alpha}{2\pi}\left(\frac{n_2}{n_1}\cdot I_d - i_{dc}'\right) + \frac{\pi+\alpha}{2\pi}\cdot i_{dc}''$$

$$\therefore\ i_{1avr+} = \frac{\pi-\alpha}{2\pi}\left(\frac{n_2}{n_1}\cdot I_d - i_{dc}'\right) = -\frac{\pi+\alpha}{2\pi}\cdot\frac{n_2}{n_1}\cdot i_{dc}'' = -i_{1avr-} \qquad (27\cdot 21\,\text{k})$$

時間帯 $[\alpha, \pi]$ の平均電流　　時間帯 $[\pi, 2\pi+\alpha]$ の平均電流
図の面積 A　　　　　　　　　図の面積 B

1次側電流 $i_1(\theta)$ は式(27・21 j)のようになり，また $i_1(\theta)$ が式(27・21 k)によって交流条件を満たしていることを示している．$i_1(\theta)$ は実際には式(27・21 i)の波形に対して変圧器の鉄心損失を補うための励磁電流（図27・9(b) の i_{ex}）が重畳するので図27・9 (b) のように若干丸みを帯びた波形となる．

図27・9(a) の変換回路は1次側電流が矩形波状に近い歪電流になるので好ましい変換回路とは言い難い．

注1) 毎周期の積分値がゼロ値になる電気量（正弦波，非正弦波のいずれであってもよい）は交流条件（alternate condition）を満たしているという．

27・2・2　サイリスタ単相全波整流回路

図27・10はサイリスタ単相全波整流回路（thyristor Single-phase full bridge rectifier）であり，図27・4でダイオードがサイリスタに置き換わった回路である．負荷側電圧・電流の波形を図27・10(b) に示す．この回路でも $\omega L/R \gg 0$ とすれば1次電流 i_s は正極性通電の時間帯 $[\alpha, \pi+\alpha]$ 及び負極性通電時間帯 $[\pi+\alpha, 2\pi+\alpha]$ それぞれにおいて充分に平坦な電流となる（図27・11(d) に相当する）．仮にサイリスタの点弧角を $\alpha = 0$ に制御すれば図27・4のダイオード整流器と全く同じ機能となることは自明である．

この回路では $\omega L/R$ の大きさをどのように選択するかによって負荷電流 i_d は連続電流にも

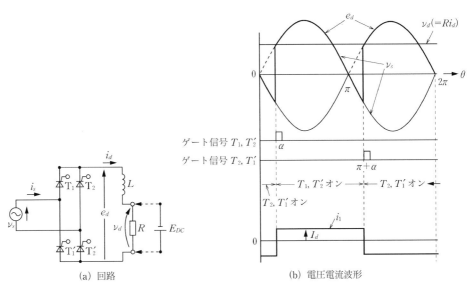

図 27・10 サイリスタ単相全波整流回路

断続電流にもなり，その模様を図 27・11(a)–(d) に示す．連続的になるか断続的になるかの分かれ目となる限界条件について吟味する．

サイリスタ T_1, $T_2' = [\text{on, on}]$ の状態において

$$\omega L \frac{di_d(\theta)}{d\theta} + R i_d(\theta) = v_s(\theta) \qquad (27 \cdot 22)$$

ここで $d\theta = \omega dt$

であるから限界条件は $\theta = \alpha$ において $i_d = 0$ とすればよい．その解は

$$i_d(\theta) = \frac{\sqrt{2}\, V_{rms}}{R} \cos\varphi [\sin(\theta - \varphi) - \sin(\alpha - \varphi) e^{-(\theta-\alpha)\cos\varphi}] \qquad (27 \cdot 23)$$

カッコ [ ] の中の第 1 項は定常項，第 2 項は過渡項である．$\alpha = \varphi$ の条件では過渡項はゼロになるので i_d は正弦波となる．結局，負荷電流 i_d は $\alpha > \varphi$ の条件では断続電流となり（図 17・11(a)）となり，$\alpha = \varphi$ の条件では正弦波電流（図 17・11(b)）となり，$\alpha < \varphi$ の条件では連続電流（図 17・11(c)）となり，さらに $\tan\varphi = \omega L/R \gg 0$ では完全に平坦な直流電流（図 17・11(d)）となる．他方の 1 次電流 i_s は $\alpha = \varphi$ の条件では正弦波電流となるが $\tan\varphi = \omega L/R \gg 0$ では点弧角 α で極性が反転する矩形波電流となる．

ここでサイリスタの転流について図 27・11(d) によってさらに吟味しよう．$\omega L/R \gg 0$ の条件によって i_d は完全に平坦な直流電流であるが，そのサイリスタアーム部分の電流経路は $\theta = \pi + \alpha$ において T_1, $T_2' = [\text{on, on}]$ から T_1', $T_2 = [\text{on, on}]$ に転流する．T_2（あるいは T_1'）がオン状態に切り替わる瞬間に T_1（T_2'）には逆極性の電圧がかかるので T_1（T_2'）はオフ状態となる．換言すれば，T_1, T_2' と T_2, T_1' の転流が（ゲート信号によるのではなく）アノードとカソードの電位の逆転という回路の状態変化によって繰り返される．このような転流を**他励転流**（external commutaition）という．既に第 26 章で述べたようにサイリスタは他励転流素子なのである．サイリスタのような他励素子では理論的に転流は区間 $0 \leq \alpha \leq \pi$ の範囲で実行可能（この範囲を self-commutation zone という）である（区間 $\pi \leq \alpha \leq 2\pi$ での転流は自励素子によらねばならない）．

さて，図 27・11(d) において負荷電圧 v_d の平均電圧 v_{davr} は次式で計算され，また負荷電流 i_d は完全に平坦な電流 $i_d = I_d$ となる．

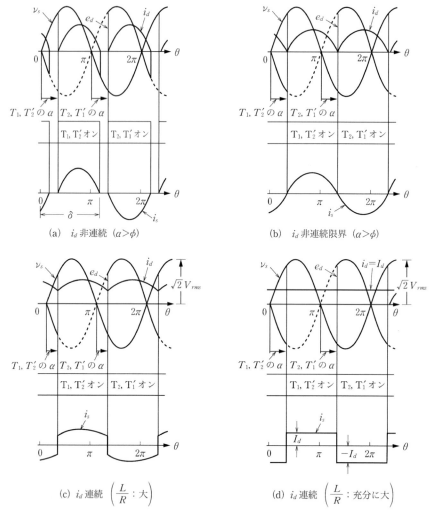

図 27・11 単相サイリスタ半波整流回路の負荷電流モード

$$v_{davr} = \frac{1}{\pi}\int_{\alpha}^{\pi+\alpha} v_s d\theta = \frac{2\sqrt{2}\,V_{rms}}{\pi}\cos\alpha = R\cdot I_d \tag{27・24}$$

負荷の平均電圧 v_{davr} は $\cos\alpha$ に比例するので点弧角 α が $0\leq\alpha\leq\frac{\pi}{2}$ に選ばれれば $v_{davr}\geq 0$ である．この範囲では有効電力 $P=\{v_s\cdot i_s = v_d\cdot i_d$ の平均値$\}\geq 0$ が ac 電源から負荷側に直流パワーとして供給される．このような点弧角での運転を**順方向変換**（**forward conversion**）または**整流変換モード変換**（**rectification mode conversion**）という．

またもしも点弧角 α が $\frac{\pi}{2}\leq\alpha\leq\pi$ の範囲に選ばれれば $v_{davr}\leq 0$ となる．i_d の極性は不変なのに v_{davr} の極性が逆転するのであるからこの時間帯では P が負値となる．これは図 27・10 (a) の負荷回路に直流電源 E_{DC} がつながれておれば有効電力が負荷側の直流電源から交流電源側に供給されることを意味している．このような点弧角での運転を**逆方向変換**（**reverse conversion**）または**他励インバータモード変換**（**externally inverter operation mode**）という．このような運転モードの場合の波形を図 27・12 に示す．図において $\beta=\pi-\alpha$ を新たに定義して β を**逆点弧角**（**angle of advance**）という．

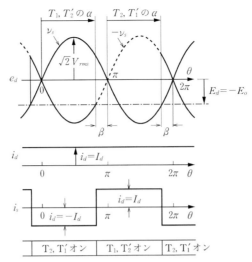

図 27・12 サイリスタインバータの他励インバータモード変換

さて，点弧角を $0 \leq \alpha \leq \frac{\pi}{2}$ に選べば交流電源側から直流側（順方向運転）に，また $\frac{\pi}{2} \leq \alpha \leq \pi$ （したがって $0 \leq \beta \leq \frac{\pi}{2}$）に選べば直流側から交流電源側（逆方向運転）に電力の供給が可能であることが明らかとなった．後述する**直流送電システム**（28・10節参照）はここで説明したサイリスタ回路を単相から3相に変更した変換器を**直流送電線**（**dc-transmission line system**）の両端の変電所に設置したものなのである．ここで注意すべきは順方向運転にも逆方向運転にも変換器の交流側と直流側にそれぞれ電圧を確立するだけの電源が必要になるということである．直流送電システムでは電力の供給側系統にも受給側系統にも交流電圧が確立されていなければならない（全くの非電源側には送電できない）が，その理由が上述の回路説明で理解できる．

27・2・3 サイリスタによる3相全波整流回路

次にサイリスタ素子による3相全波整流回路について学ぶ．その回路図と各部の波形を**図 27・13**(a)-(e) に示す．

交流電源電圧 v_1, v_2, v_3 は3相平衡しており，$\omega L/R \gg 0$ の条件で正極性のトップ側サイリスタ T_1, T_2, T_3 の点弧角および負極性のボトム側サイリスタ T'_1, T'_2, T'_3 の点弧角を両者とも α として正負対称の運転を行うものとしている．各サイリスタは1サイクルの1/3にあたる時間帯 $2\pi/3$ づつ交互に点弧する．トップ側（T_1, T_2, T_3 のカソード側）の中性点 o に対する電位 e_{d1} は T_1 の点弧によって v_1，T_2 の点弧によって，v_2，T_3 の点弧によって v_3 と等しくなる．同様にボトム側（T'_1, T'_2, T'_3 のアノード側）の中性点に対する電位 e_{d2} も T'_1, T'_2, T'_3 が切り替わるごとに順次 v_1, v_2, v_3 と等しくなる（図27・13(c)）．

負荷側電圧は $e_d = e_{d1} - e_{d2}$ であるからその波形は 27・13(b) のようなのこぎり波形になる．なおこの回路は転流回数が毎サイクル6回であるから6パルス方式（$p=6$）といわれる．図28・31に直流送電で標準的に使われる12パルス方式の場合を示している．

平均電圧 e_{davr} は次式で計算できる（$\omega L/R \gg 0$ としている）．

$$e_{davr} = \frac{3}{\pi}\int_{\frac{\pi}{6}+\alpha}^{\frac{5\pi}{6}+\alpha}\sqrt{2}\,V_{rms}\sin\theta\,d\theta = \frac{3\sqrt{6}\,V_{rms}}{\pi}\cos\alpha = \frac{3\sqrt{2}\,V_{l-trms}}{\pi}\cos\alpha = 1.35\,V_{l-trms}\cos\alpha$$

(27・25)

第 27 章 パワーエレクトロニクス変換回路の理論

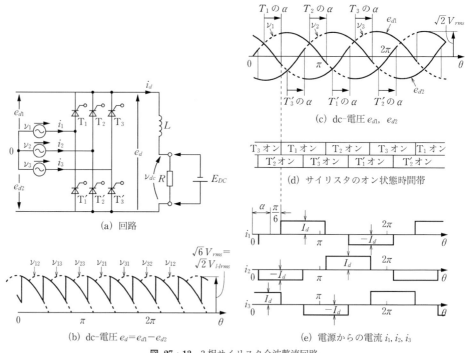

図 27・13 3相サイリスタ全波整流回路

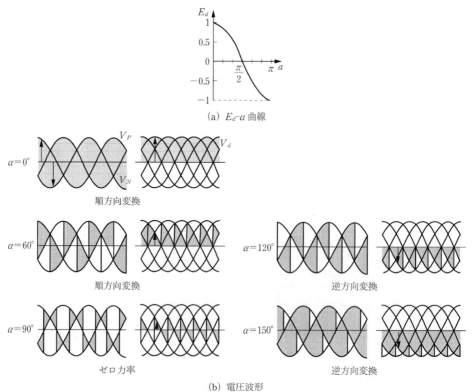

図 27・14 直流平均出力電圧波形

e_{davr} は $\cos\alpha$ に比例するのであるから，$0 \leq \alpha \leq \frac{\pi}{2}$ では $e_{davr} \geq 0$ となって順変換動作となる．また，$\frac{\pi}{2} \leq \alpha \leq \pi$ では $e_{davr} \leq 0$ となって直流側に電源がなければ運転はできない．図 27・13 (b) は dc 側出力電圧の波形を示しており，1 サイクルで 6 回の転流が行われて各素子が $\frac{2\pi}{6}$ ピッチで点弧角 α にて点弧制御されている状態を示す．ダイオード整流器では出力側の直流電圧が入力電圧に依存していわば制御ができないのに対して，サイリスタ整流器では入力側交流電源の変動如何にかかわらず α 点弧角を制御することによって $e_{davr}(\geq 0)$ を自在に制御できることを示している．図 27・14(a) は点弧角 α によって e_{davr} がどのように変化するかを示す $e_{davr}-\alpha$ 特性を示している．また図 27・14(b) は α 値の変化によって出力電圧波形が変化していく様子を示している．

さらに，もしも図 7・13(a) のように出力側に直流電源 E_{dc} が接続されておれば $\frac{\pi}{2} \leq \alpha \leq \pi$ の範囲で点弧角 α を制御することによって 3 相交流に変換が可能となる．ただしこの場合もサイリスタの転流を可能にするために交流側電源電圧が必要となる．このような dc から ac への変換を**インバータ運転領域**（**inverter operating range**）ともいう（これについては 27・6 節および 28・2 節で再度学ぶこととする）．

27・2・4 高調波成分とひずみ率

図 27・13(a) の回路（$\omega L/R \gg 0$ として）の交流電源側の電流 i_1，i_2，i_3 の波形を図 27・13 (e) に示す．第 1 相電流 i_1 の間欠的矩形波のフーリエ展開を行う．（展開プロセスは図 26・17 と式(26・12 c) を参照のこと）．

$$i_1 = \frac{2\sqrt{3}}{\pi} I_d \Big[\sin(\theta-\alpha) - \frac{1}{5}\sin 5(\theta-\alpha) - \frac{1}{7}\sin 7(\theta-\alpha) + \frac{1}{11}\sin 11(\theta-\alpha)$$
$$+ \frac{1}{13}\sin 13(\theta-\alpha) - \cdots\Big]$$
$$= \sqrt{2}\frac{\sqrt{6}}{\pi} I_d \Big\{\sin(\theta-\alpha) + \sum_{k=1}^{\infty} \frac{(-1)^k}{6k\pm 1}\sin(6k\pm 1)(\theta-\alpha)\Big\} \qquad (27\cdot 26)$$

α 相電流 i_1 は第 $(6k\pm 1)$ 調波（ただし $k=1, 2, 3\cdots$）の高調波成分（Higher harmonics）を含んでおり，また i_1 の基本波成分は v_1 に対して α だけ位相遅れを伴うので基本波成分の力率（displacement power factor）は $\cos\alpha$ である．なお，電圧が正弦波形 v_1 であるから電流の高調波成分は電力に関与しないので，この矩形波電流の瞬時パワーは

$$P(\theta) = v_1 \cdot \{i_1 \text{の基本波成分}\} = v_1 \frac{2\sqrt{3} I_d}{\pi}\sin(\theta-\alpha) \qquad (27\cdot 26\text{ b})$$

電流 i_1 の実効値：$I_{eff} = \sqrt{2/3} I_d$

電流 i_1 の基本波実効値：$I_1 = \sqrt{6}\frac{I_d}{\pi}$

ひずみ率 THD（式(26・9 f) 参照）：$\text{THD} = \sqrt{\left(\frac{I_e}{I_1}\right)^2 - 1} = \sqrt{\frac{\pi^2}{9} - 1} = 0.311$

電源から供給される有効電力：$P = 3V_{rms}I_1\cos\alpha = e_{davr}\cdot I_d = \frac{3\sqrt{6}}{\pi}V_{rms}\cos\alpha$

$$(27\cdot 27)$$

結論として，交流側から供給される電力 P は交流側歪を伴う電流の基本成分によって決まることになり，当然負荷側の受け取るパワーでもある．電流の高調波成分は無効電力として寄与することになる（第 11 章参照）．このブリッジ回路の負荷側出力電流 i_d は純平坦な電流であり，またその**総合力率**（**Total power factor**）は次式で表される．

$$\lambda = \frac{E_d \cdot I_d}{3 V_{rms} \times (i_1 \text{の実効値})} = \frac{3}{\pi}\cos\alpha = 0.955\cos\alpha \qquad (27\cdot28)$$

総合力率 λ は基本波力率より少し小さい値になる．また λ は E_d に比例して $\alpha = \frac{\pi}{2}$ では $\lambda = 0$ である．

27・2・5 転流リアクタンス（電源側リアクタンス）の影響

本章で述べてきた説明では交流電源側のインピーダンス $Z_s = j\omega L_s + r_s$ を一切無視して論じてきた．そこで図 27・15(a) に示すような電源側のリアクタンス $j\omega L_s$ が dc 電圧 v_d にどのように影響するかについて吟味してみることとする．ただし電源側では $\omega L_s \gg r_s$ であるから抵抗 r_s は引き続き無視するものとする．v_1 が v_3 を超える瞬間に，T_1 が導通を開始する一方で T_3 は ωL_3 によって蓄えられていたエネルギー $(1/2)L_s \cdot i_d^2$ が放出を終えるまで電流を流し続ける．したがって転流の都度に T_1 と T_3 がともに導通状態の過渡現象を伴うオーバラップ位相角時間（overlap angle time）が存在する．

その過渡時間帯において，

$$\left.\begin{array}{l} e_d = v_1 - \omega L_s \dfrac{di_1}{d\theta} = v_3 - \omega L_s \dfrac{di_3}{d\theta} \quad \text{①} \\[4pt] i_1 + i_3 = i_d = I_d \quad \text{②} \\[4pt] \text{②より} \\[4pt] \dfrac{di_1}{d\theta} + \dfrac{di_3}{d\theta} = 0 \quad \text{③} \\[4pt] \text{③を①に代入すると} \\[4pt] \omega L_s \dfrac{di_1}{d\theta} = \dfrac{v_1 - v_3}{2} \quad \text{④} \\[4pt] e_d = \dfrac{v_1 + v_3}{2} = -\dfrac{v_2}{2} \quad \text{⑤} \end{array}\right\} \qquad (27\cdot29)$$

図 27・15(b) は e_d の電圧波形を示しており，オーバーラップ時間帯 u において電圧降下（図の網掛け部分）が生ずる．結果として $u = 0$ の場合との対比で網掛け部相当の平均電圧の現象が生ずることになる．このような電圧低下効果が毎サイクル 3 回（3 相パルス回路で $p = 3$ 回）生ずるので e_d の平均電圧 E_d は次式で計算される．

$$E_d = \frac{3}{2\pi}\left[\int_{\alpha+\frac{\pi}{6}}^{\alpha+\frac{5\pi}{6}} v_1 d\theta - \omega L_s \int_0^{I_d} di_1 \right] = \frac{3\sqrt{6}\,V_{rms}}{2\pi}\cos\alpha - \frac{3\omega L_s}{2\pi}I_d \qquad (27\cdot30)$$

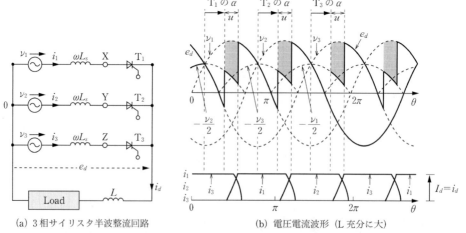

(a) 3 相サイリスタ半波整流回路　　(b) 電圧電流波形（L 充分に大）

図 27・15 転流リアクタンス電圧降下の影響

右辺の第2項が平均電圧 E_d の電源側リアクタンスによる減少分を示す．このような E_d の目減り現象を**転流リアクタンス電圧降下**（**commutating reactance voltage drop**）という．式の右辺第2項が通常の交流回路の内部インピーダンスによる電圧降下のような影響をもたらすことになる．なお，上式は $p=3$ の場合であるが，p パルス方式の回路の場合には上式右辺第2項は $(p\cdot\omega L_s/2\pi)I_d$ のように修正される．なお，この電圧降下現象は図 27・15(a) の点 X, Y, Z における電圧降下であるからリアクタンスがパワーをエネルギーを消費するわけではなく，変換器の損失が増えるわけでもない．したがって負荷の電力損失を低下させる要因とはならない．

27・3 dc-dc コンバータ

dc-dc コンバータ（**dc-dc Converter**）は出力側電圧値を任意の値に制御可能な変換器であり，大小さまざまな回転機の駆動電源用として広範に利用される．直流電圧応用では多くの場合電圧変動を伴う通常の系統電源をダイオード整流器で直流変換した直流電源設備として用意されるので直流出力電圧は変動を伴うことになる．そのような変動する直流電源から所定の電圧値に制御された直流を得るのが dc-dc コンバータの基本的機能である．図 27・16 はその基本構成を示している．dc-dc コンバータは後述するように，出力側 dc 電圧を降圧することも昇圧することも可能であり，また入力側と出力側の可逆運転を可能とすることもできる．

dc-dc コンバータは上記のような優れた特長を備えているので**電圧安定器**（**voltage source stabilizer**），**直流変圧器**（**reciprocal dc to dc transformer**）などと称されることも多い．なお，**dc chopper チョッパー**という別名もあり，これは真空管や水銀整流器が技術の主流であった時代の current chop という言葉の名残りである．

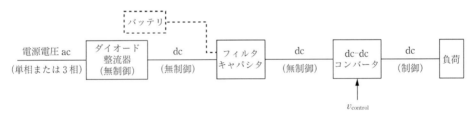

図 27・16 dc-dc コンバータのシステム構成

27・3・1 直流降圧用 dc-dc コンバータ

初めに一方向性の**降圧用 dc-dc コンバータ**（**Voltage step-down converter**）について学ぶ．図 27・17(a) にその基本回路を示す．素子Sはサイリスタまたは自励素子（トランジスタなど）であり，素子の点弧角 α を制御することによって常時変動している入力側電圧を目標電圧（一定電圧とは限らない）に時々刻々制御する．なお，**バックチョッパー**（**Back chopper**）という別名もある．

図において，負荷 R に直列に平滑リアクトル L（$\omega L/R \gg 0$）が，また並列に還流ダイオード D が設けられているので出力側には平坦な直流電圧が得られる．S, D が理想素子であるとして出力側の平均電圧 E_2 は下式となる．

$$E_2 = \frac{t_{on}}{t_{on}+t_{off}} E_1 = d \cdot E_1 \quad d;\text{duty factor（または duty ratio）} \tag{27・31}$$

上式により $E_1 \geq E_2$ であるから降圧用であることも自明である．

時間帯 t_{on} において L に蓄えられたエネルギーは時間帯 t_{off} において負荷にすべて供給されるのでインダクタンス L にかかる電圧の平均値はゼロである．出力電圧は 0～100% の幅で自

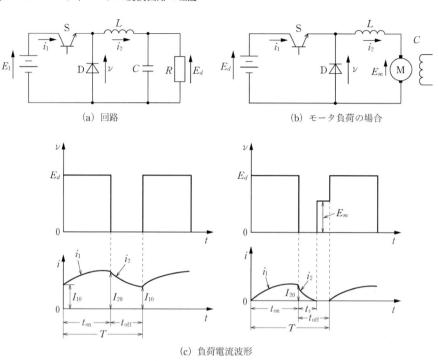

(a) 回路　　(b) モータ負荷の場合

(c) 負荷電流波形

図 27・17　降圧用 dc-dc コンバータ（バックチョッパ）

在に制御が可能である．このことは制御指令値を用意することによって希望通りの変動電圧を得ることも可能とする．

L, C は電力を消費しないので S が理想素子とすれば回路内で電力を消費するのは負荷 R だけであり，エネルギー保存則によって当然次式が成り立つ．

$$E_1 \cdot I_1 = E_2 \cdot I_2, \quad I_2 = \frac{E_1}{E_2} \cdot I_1 = \frac{1}{d} \cdot I_1 \tag{27・32}$$

ただし　$E_1 \geq E_2$

式(27・32)は理想的な交流変圧器（励磁電流を無視した場合）の基本式と同形であり，dc-dc コンバータがしばしば直流変圧器とも称される所以である．典型的な応用例として，負荷としてモータが接続された場合を図 27・17(b) に示している．点弧角 α の制御法については後述するとして，この回路の電圧，電流の様相についてさらに検討する．

（i）Sがオン状態（D がオフ状態）

$$\left. \begin{array}{l} L\dfrac{di_1}{dt} + Ri_1 + E_m = E_d \\ \therefore\ i_1 = I_{10}e^{-\frac{t}{\tau}} + \dfrac{E_d - E_m}{R}(1 - e^{-\frac{t}{\tau}}) \qquad \tau = L/R \\ \text{ここで } I_{10} \text{ はこの時間帯の電流の初期値である．} \end{array} \right\} \tag{27・33 a}$$

E_m はモーターの逆起電力である

（ii）Sがオフ状態（D がオン状態）

$$\left. \begin{array}{l} L\dfrac{di_2}{dt} + Ri_2 + E_m = 0 \\ \therefore\ i_2 = I_{20}e^{-\frac{t}{\tau}} - \dfrac{E_m}{R}(1 - e^{-\frac{t}{\tau}}) \qquad \tau = L/R \\ \text{ここで } I_{20} \text{ はこの時間帯の電流の初期値である．} \end{array} \right\} \tag{27・33 b}$$

したがって，設計定数の選択によって電流波形は連続にも非連続にもすることができる．そ

こでパルス電流が平坦な連続波形になる場合について計算してみよう．

式(27・33b)において $t=t_{on}$ で $i_1=I_{20}$ となり，$t=t_{off}$ で $i_2=I_{10}$ となるようにすると

$$\left. \begin{array}{l} I_{20}=I_{10}\mathrm{e}^{-t_{on}/\tau}+\dfrac{E_d-E_m}{R}(1-\mathrm{e}^{-t_{on}/\tau}) \\[4pt] I_{10}=I_{20}\mathrm{e}^{-t_{off}/\tau}-\dfrac{E_m}{R}(1-\mathrm{e}^{t_{off}/\tau}) \\[4pt] \text{したがって} \\[2pt] I_{10}=\dfrac{1-\mathrm{e}^{-t_{on}/\tau}}{1-\mathrm{e}^{-T/\tau}}\dfrac{E_d}{r}-\dfrac{E_m}{R}=\left[\dfrac{1-\mathrm{e}^{-d\rho}}{1-\mathrm{e}^{-\rho}}-\xi\right]\dfrac{E_d}{R} \\[6pt] I_{20}=\dfrac{\mathrm{e}^{t_{on}/\tau}-1}{\mathrm{e}^{T/\tau-1}}\dfrac{E_d}{R}-\dfrac{E_m}{R}=\left[\dfrac{\mathrm{e}^{d\rho}-1}{\mathrm{e}^{\rho}-1}-\xi\right]\dfrac{E_d}{R} \\[6pt] \text{ここで } \tau=L/R \quad \xi=E_m/E_d \\[4pt] \dfrac{t_{on}}{\tau}=\dfrac{t_{on}}{T}\cdot\dfrac{T}{\tau}=d\rho, \quad \rho=\dfrac{T}{\tau}, \quad d=\dfrac{t_{on}}{T} \end{array} \right\} \quad (27\cdot 33\,\mathrm{c})$$

図 27・17 より I_{10} は最大値，I_{20} は最少値を示すのであるから，テーラー展開定理（付録 1 参照）によって一次近似を行い，かつ $L\to\infty$ とすると

$$I_{10}=I_{20}\cong(d-\xi)\dfrac{E_d}{R}=\dfrac{dE_d-E_m}{R} \qquad (27\cdot 33\,\mathrm{d})$$

$$E_{avr}=\dfrac{t_{on}}{T}E_d=d\cdot E_d \qquad (27\cdot 33\,\mathrm{e})$$

この式は $L\to\infty$ とすることによって完全に平坦な負荷電流が得られることを示している．

結局，直流降圧用 dc-dc コンバータは変動性の電源電圧であっても任意の希望する電圧 $d\cdot E_d$ に降圧することができるのである．

27・3・2 昇圧コンバータ

図 27・18(a) は直流電圧を昇圧する**昇圧コンバータ**（Step-up converter）を示している．平滑リアクトル L が十分大きく選ばれているのでスイッチ S がオン状態で平坦な直流電流 I_1 が L を通して流れてエネルギー $E_1I_1\cdot t_{on}$ が L に蓄積される．さらに S がオフ状態でこの全エネルギーが放電されるとき，C が充分に大きいので出力電圧は平坦な直流電圧 E_2 となる．S のオフ時間帯においても平坦な電流 I_1 が流れているので L から負荷への放電エネルギーは $(E_2-E_1)I_1\cdot t_{off}$ となる．定常状態では両者は等しい値になるはずであるから

$$\left. \begin{array}{l} E_1I_1t_{on}=(E_2-E_1)I_1t_{off} \\[4pt] \therefore\ E_2=\dfrac{t_{on}+t_{off}}{t_{off}}E_1=\dfrac{T}{t_{off}}E_1 \\[6pt] \text{または } E_2=\dfrac{1}{1-\dfrac{t_{on}}{T}}E_1=\dfrac{1}{1-d}E_1 \\[6pt] \text{ここで } T/t_{off}\gg 1 \end{array} \right\} \quad (27\cdot 34\,\mathrm{a})$$

上式で $T/t_{off}\gg 1$ であるから E_2 は E_1 より大きい値に昇圧されていることがわかる．また入力パワーと出力パワーは同じはずであるから

$$E_1I_1=E_2I_2 \qquad (27\cdot 34\,\mathrm{b})$$

結局，昇圧コンバータは dc-dc 変圧器の機能を有することが理解できる．また昇圧コンバータは連続電流も非連続電流も出力できる．なお，**ブーストチョパ**（Boost chopper）という別名もある．

さらに，昇圧コンバータは**発電モード**（generation mode）でも**回生モード**（regeneration）でも運転できる．図 27・18(b) では直流モータが回生ブレーキモードで運転している状況を示している．

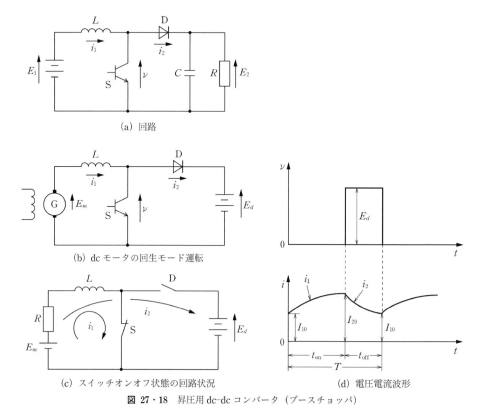

図 27・18 昇圧用 dc-dc コンバータ（ブーストチョッパ）

スイッチSがオン状態とオフ状態における等価回路が図27・18(c)のようになるから

Sオン状態では

$$L\frac{di_1}{dt}+Ri_1=E_m$$
$$\therefore\ i_1=I_{10}\mathrm{e}^{-t/\tau}+\frac{E_m}{R}(1-\mathrm{e}^{-t/\tau})$$

(27・35 a)

Sオフ状態では

$$L\frac{di_2}{dt}+Ri_2=E_m-E_d$$
$$\therefore\ i_2=I_{20}\mathrm{e}^{-t/\tau}+\frac{E_d-E_m}{R}(1-\mathrm{e}^{-t/\tau})$$

(27・35 b)

電流 i_1 および i_2 の式は時定数 τ によって連続波形にも非連続波形にもなりうるが，図 27・18 (d) は連続波形の場合を示している．

27・3・3 昇降圧コンバータ

制御された直流電圧電源が有る場合にその出力側電圧の極性を正・負のいずれにもでき，また昇圧・降圧のいずれの値にもできるのが**昇降圧コンバータ**（**Step-up/Step-down converter**）である．**Buck-boost converter, Polarity changing chopper, 昇降圧チョッパ**ともいう．図 27・19(a) はその代表的な回路である．

図において L および C は充分に大きい値である．スイッチSがオン状態では電流 i_1 が E_1-S-L のループ回路を流れてエネルギが L に蓄積される．Sがオフ状態になると電流 i_2 が i_1 と逆方向に流れて出力電圧 E_2 の極性が逆転する．図 27・19(b) は回路各部の電圧電流波形を示す．

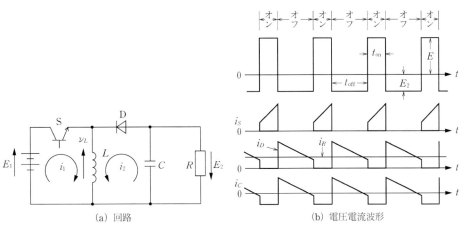

(a) 回路　　(b) 電圧電流波形

図 27・19　昇圧降圧用コンバータ

定常状態では1サイクルの平均電圧 v_L は明らかにゼロであるから

$$\int_0^{2\pi} v_L dt = 0 \tag{27・36 a}$$

したがって，L が充分に大きければ

$$\left.\begin{array}{l} E_1 \cdot t_{on} = E_2 \cdot t_{off} \\ \therefore\ E_2 = \dfrac{t_{on}}{t_{off}} E_1 = \dfrac{t_{on}}{T - t_{on}} E_1 = \dfrac{d}{1-d} E_1 \\ ここで\ d = \dfrac{t_{on}}{T} : ターンオンレシオ（turn-on ratio） \end{array}\right\} \tag{27・36 b}$$

したがって，d（すなわち点弧時間帯 t_{on}）を適宜変更することによって E_2 を昇圧あるいは降圧のいずれの値にすることも可能である．

電流 i_1 と i_2 が I_1 と I_2 に平滑されているから，I_1，I_2 はそれぞれ i_1, i_2 の平均値でもあり，また次式が成り立つ．

$$\left.\begin{array}{l} \dfrac{I_1}{I_2} = \dfrac{t_{on}}{t_{off}} \\ \therefore\ I_2 = \dfrac{t_{off}}{t_{on}} I_1 = \dfrac{T - t_{on}}{t_{on}} I_1 = \dfrac{1-d}{d} I_1 \end{array}\right\} \tag{27・36 c}$$

したがって，スイッチ S の損失を無視すれば

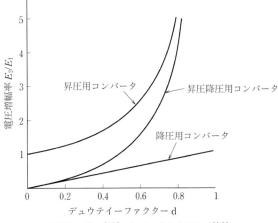

図 27・20　各種コンバータの E_2/E_1-d 特性

$$E_1 \cdot I_1 = E_2 \cdot I_2 \tag{27・36 d}$$

Buck-boost インバータも入力と出力の両サイドのパワーが同じであり"**直流変圧器**"の機能を発揮することが理解できる．図 27・20 は上述の 3 種類のコンバータそれぞれについて出力側の電圧比 E_2/E_1 を点弧時間帯 d の関数として比較したものである．

27・3・4　2 象限/4 象限コンバータ（複合コンバータ）

　電動機の応用はそのほとんどの場合入力側と出力側が固定れていて，また回転方向も一方に限られているであろう．しかしながらモータが正逆いずれの方向にも回転できることが求められる場合も多い．このような運転モードのことを **2 象限運転**（**two quadrant mode operation**）といい，電圧の極性を一方向に保ちつつ電流の極性を正逆いずれにも変更することが可能な回路によって実現できる．

　さらに，もしも入力側と出力側を入れ替えることも必要な場合には電圧の極性も電流の極性も正逆切り替え可能な回路とすればよい．このような機能を **4 象限モード運転**（**four quadrant mode operation**）という．また 2 象限運転と 4 象限運転の可能な回路を総称して**複合チョパ**（**composite chopper**）という．図 27・21(a)(b) は 2 象限モードの dc-dc コンバータの回路を示す．図において S_1 と D_1 が電源側からの降圧チョッパとして機能し電源から直流モータにパワーが供給される**力行運転**となる．また S_2 と D_2 が負荷側からの昇圧チョッパとして機能して，この時は直流モータの運動エネルギーが電気エネルギに変換されて電源側に変換する**回生運転**（**regenerating function**）となる．逆モード運転の場合には機械的な回転エネルギーが電気エネルギーに姿を変えて電源サイドに戻される．図 27・21(b) において，負荷電流は常に $S_1 \rightarrow D_1 \rightarrow S_2 \rightarrow D_2$ の順番で連続して流れるからこれは交流パルス電流となる．したがってその平均負荷電流はオンオフスイッチのタイミング制御によって正値（forward operation）にも負値（backward operation）バイアスさせることができる．

　運動エネルギーを回収しながらブレーキングを行う電車の**回生制動**（**regulating braking**）はこのような運転の代表例であろう．なお，この回路で S_1 と S_2 が同時に通電することは電源回路の短絡を意味するので絶対に避けねばならない．

　図 27・22(c) は複合チョパ（4 象限コンバータ）の回路図である．これは図 27・21 の 2 象限コンバータを二組組み合わせた回路であり，電源側と負荷側の電力の授受の方向を可逆的に制御できる．図 27・22(a)(b) に複合チョパに備わる 4 象限運転の電圧，電流およびトルクと回転方向に関する相互関係を示す．

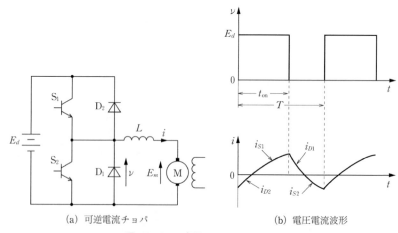

(a) 可逆電流チョパ　　　　　(b) 電圧電流波形

図 27・21　2 象限 dc-dc コンバータ

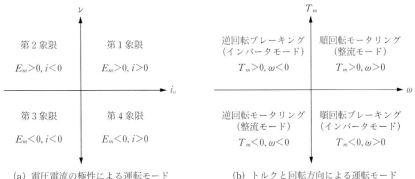
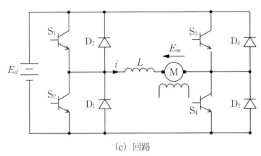

(a) 電圧電流の極性による運転モード　　(b) トルクと回転方向による運転モード

(c) 回路

図 27・22　4象限 dc-dc コンバータ（複合チョッパ）

27・3・5　dc-dc コンバータのパルス幅変調（PWM）制御

図27・17(a) において，出力側 dc 電圧の平均値 E_2 は式(27・31)で表される．再記すれば

$$E_2 = \frac{t_{on}}{t_{on}+t_{off}} E_1 = d \cdot E_1$$

ここで　$d = \dfrac{t_{on}}{t_{on}+t_{off}}$　　　　　　　　　　　　　　　　　　　　(27・37)

次には，入力電圧 E_1 が変動する場合でも任意の出力電圧 $E_2 \equiv v_{desired}$ を得ることができる点弧制御の方法を図27・23によって説明する．図27・23(a) がその制御信号を作り出す回路のブロック図である．制御目標としての電圧 $v_{desired}(t)$（一定値とは限らない）とフィードバック信号として得る実際の電圧 $v_{actual}(t)$ との差の制御信号 $v_{control}(t)$ が式(27・38)によってアンプ回路（amplifier）で連続的に作り出されて比較回路（comparator）に導かれる．

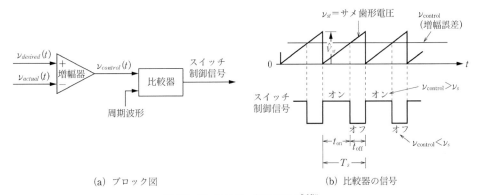

(a) ブロック図　　　　　　　　(b) 比較器の信号

図 27・23　コンバータの PWM 制御

$$v_{control}(t) = v_{desired}(t) - v_{actual}(t) \tag{27・38}$$

比較回路では $v_{control}(t)$ とサメの歯型波形の繰返し電圧 $v_{st}(t)$（repetitive sharp saw-teeth voltage）が連続的に比較されて，スイッチが $v_{control}(t) \geq v_{st}(t)$ ではオン状態，$v_{control}(t) < v_{st}(t)$ ではオフ状態になるように制御を行う．このような制御方法を **PWM 制御**（**Pulse Width Modulation Control**）という．このような制御信号の生成と点弧時間帯制御は実際にはマイクロチップ（変換器の制御部として具備される）によるデジタル演算によって行われる．この回路では電源側電圧 E_1 がどのように変動していても出力側電圧 E_2 が目標電圧 $v_{desired}$ に絶えず一致するように制御できる．

さらに，目標電圧 $v_{desired}$ は必ずしも一定値である必要はなく，デジタル的に任意の希望波形の $v_{desired}$ を生成すればその波形どおりの出力電圧が得られることも明らかである．PWM 制御は PE 回路で最も根幹的な役割を果たす重要な制御方法であり，以下の節で頻繁に登場する．

最後に，上述の PWM 制御は図 27・17(a)，図 27・18(a) 図 27・19 のどの回路にも適用できることも自明である．

27・3・6 多相コンバータ

図 27・24 は**多相コンバータ**（**Multi-phase converter**）といわれる回路である．図 27・17 に示す単相コンバータ回路が電源側で m 相分並列に組み合わされた回路である．このように回路を増やすことによって直流モータのリップル効果によるひずみを減らしてより精細な制御が可能となる．また，回路中の 1 相にアーム故障が生じても継続して運転ができるため信頼性の向上対策にもなる．

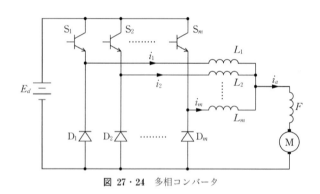

図 27・24 多相コンバータ

27・4 dc-ac インバータ

27・4・1 インバータの概要

dc 電圧電源を ac 正弦波電圧に変換する回路を総称して**インバータ**（**inverter**）という．インバータは任意の周波数で任意の大きさの正弦波電圧を安定に確保することができるので ac モータ駆動装置（ac-motor drives）として極めて多様な使い方がされている．また，**UPS**（**uninterruptible ac power supplies，無停電電源装置**．日本では **CVCF** ともいわれる．28・13 節参照）としても欠かせない回路である．

図 27・25(a) にモータ駆動用のインバータの典型的な構成を示す．電圧も周波数も変動している ac 電源から単純なダイオード整流器で整流して得た非制御の dc 電圧電源がインバータ回路の入力電源となる．電圧値が変動し，またリップルを伴う dc 電源を電圧・周波数共に任意に制御された正弦波に変換して電動機駆動に供するのである．インバータは極めて多様な目

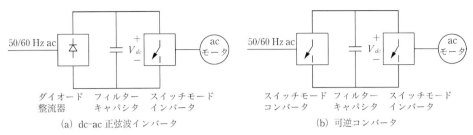

図 27・25 インバータと可逆コンバータ

的に供される正に夢の変換器といっても過言ではない．

インバータはdc電力からac電力に変換して運転する（inverter mode operation）応用例がほとんどであろうが，回路的には可逆変換器であって稀にはac電力をdc電力に変換する運転も可能である．このような可逆運転特性を強調するために**可逆モードインバータ**（**switch-mode inverter**）と称する．

可逆モードインバータと対比されるのが図27・25(b)に示される**可逆モードコンバータ**（**reversible converter**）である．この回路はサイリスタによるdc-acインバータを2組back to backに組み合わせた回路である．変動する交流電源電力を任意の電圧値と周波数のac電力に直接的に変換することができるし，また完全に可逆的回路であるから逆向きにパワーを伝えることもできる．典型的な応用例として鉄道ではdcき電方式として図27・25(a)が，またacき電方式として図27・25(b)が多用されている．両方式ともに制動運転モードではモーターの機械的慣性エネルギーを交流電源側に送り返す**回生制動**（**regenerative braking**）が可能である（28・12・2項参照）．鉄道車両のように可逆運転が頻繁に求められるような負荷系に適した回路ということができよう．

さて，dcからacの電圧と周波数を自在に作り出すインバータに話題を戻そう．その核となる素子にはIGBT，MOSFETなどの**自励素子**（**controllable** または **self commutation mode switching element**）が採用される．また，**デジタルプロセッサー**（**digital processor**）による超高速度スイッチング制御信号の生成技術がもう一つの重要な技術要素となる．

27・4・2 単相インバータ

インバータは**電圧源型インバータ**（**voltage source type inverter**）と**電流源型インバータ**（**current source type inverter**）に分類される．**図 27・26**(a)，(b)にその両者の基本構成を対比して示す．いま，理想スイッチ S_1, S_4 および S_2, S_3 が時間的に重なることなく交互にオンオフを繰り返しているとする．両回路でこの時に得られる回路内各部の電圧・電流・電力の波形を図27・26(c)に示している．

S_1, S_4 および S_2, S_3 の交互のスイッチングによって図27・26(a)では負荷電圧 v は時間帯 $T/2$ ごとに極性が反転する矩形波となる．このとき負荷（典型的にはモータ）は一般に誘導性負荷であるから負荷電流 i は負荷電圧 v より指数関数的に遅れ波形となる．またこの状態での入力パワー p_{in} と出力パワー p_{out} の波形は下式で与えられる．

$$p_{out} = v \cdot i \tag{27・39a}$$

$$p_{in} = v_s \cdot i_d = \begin{bmatrix} V_s \cdot i\,(T_1 \text{の時間帯にて}) \\ -V_s \cdot i\,(T_2 \text{の時間帯にて}) \end{bmatrix} = (\text{dc電圧})(\text{入力電流}) \tag{27・39b}$$

図27・26(c)に示すように電圧源型回路では負荷電圧 v が矩形波，負荷電流 i 指数関数的に修正された波形となるので出力パワー p_{out} がサメ歯型の波形を呈することも自明である．入力パワー $p_{in}(=p_{out})$ および入力電流 i_d も当然サメの歯波形である．

図27・26(b)の電流源型では負荷電流が矩形波となり，負荷電圧が指数関数的に修正された

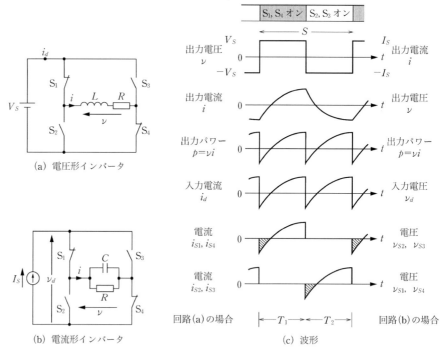

図 27・26 インバータ

波形になるので出力パワー p_{out}，入力パワー p_{in}（出力パワー p_{out} に等しい）および入力電圧 v_d がサメ歯型の波形を呈することになる．

さて，この回路で各サイクルの初めの小時間帯では $v_s>0$，$i_d<0$，したがって $p_{in}=p_{out}<0$ でもあり，パワーが ac サイドから dc サイドに送られている回生モードの運転時間帯であることを示している．インバータは本質的に可逆モードの機能を備えているのである．図 27・27 は単相インバータ（Single phase inverter）をより一般化して表現しており，出力側電圧 v_{ac}，電流 i_{ac} は正弦波に制御されているとしている．図 27・27(b)（c）より明らかなように1サイクルで電圧と電流が1度ずつ極性反転するので v_{ac} と i_{ac} の極性に関する4つのモードが交互に現れる．換言すれば，インバータはその本質的な機能としてこの4つの極性モード運転が自在に可能であるといえる．

再び図 27・26(a)，(b) に戻って，出力電流（あるいは出力電圧）は明らかに負荷が誘導性・容量性のいずれであるかおよびその力率によって影響を受ける．その影響について学んでおこう．

図 27・26 では負荷が L と R が直列の誘導性で電圧 v が電流 i に対して遅れの場合であり，この時は矩形波電圧 v に対して電流は指数関数的遅れ波形となった．図 27・28 では負荷が L，R，C 直列回路条件として異なる場合に電流波形 i がどのように影響を受けるかを示している．図 27・28(a) では負荷が純粋抵抗 R であるから電流波形は電圧波形と同形の矩形波になり，また図 27・28(b) は図 27・26(c) の再録である．図 27・28(c) では負荷が R，C の直列回路であるから毎半サイクル電圧の極性が急変する最初の時間帯では $C \cdot dv/dt \to +\infty$ または $-\infty$ となるので電流も急激に極性が変化して図 27・28(a) とほぼ同じような様相を呈する．図 27・28(d) は負荷が L，R，C の直列回路でその直列共振でその Q-factor $=\omega_0(L/R)=\sqrt{L/C}/R \geq 1$ であって電流波形が振動性となる特別の場合である．もしも出力周波数 f（すなわち S_1，S_4 および S_2，S_3 の交互のスイッチング頻度）が L，C の自由共振周波数 f_0（$=\omega_0/2\pi$）に近ければ電流は正弦波に近い波形となる．この場合には電圧の極性が切り替わるタイ

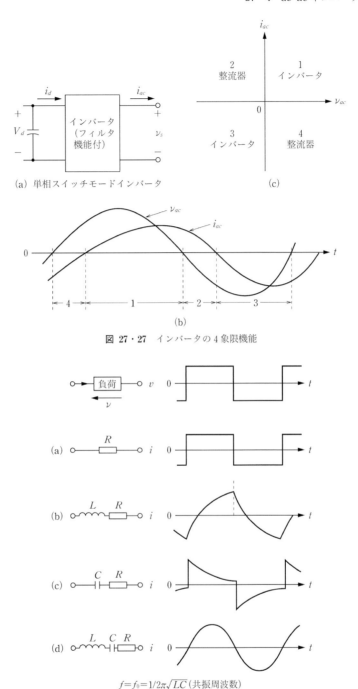

図 27・27 インバータの4象限機能

図 27・28 インバータの各種負荷モードによる電圧・電流波形

ミングが**電流ゼロ点スイッチング**（**current zero switching**）となるのでスイッチング損失をほぼゼロに低減することができる．

図 27・29(a), (b) は単相インバータの実際の回路図である．図 27・29(a) では理想スイッチ S_1, S_2, S_3, S_4 に代わって4つの自励のトランジスタ素子 Tr に置き換わり，また各素子には**並列ダイオード D**（**feedback diode**）が配置されている．並列ダイオードは電流が逆向きに

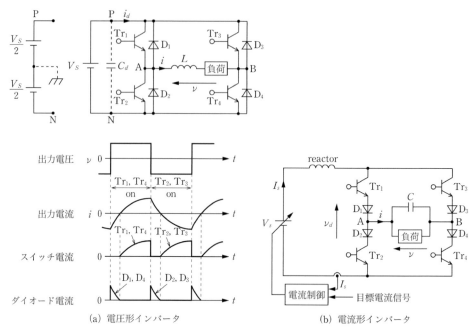

図 27・29 単相インバータ

も流れるようにするために実用回路では省くことのできない必須の素子である．各トランジスタ素子と並列ダイオードに流れる電流の波形を図27・29(a) に示している．

ところで図27・26，図27・28，図27・29に示す出力電圧としての矩形波電圧をフーリエ級数展開すれば下式となることを付記しておく．

$$v(t) = \sqrt{2}\frac{\sqrt{6}}{\pi}V\left(\sin\omega t - \frac{1}{5}\sin 5\omega t - \frac{1}{7}\sin 7\omega t + \frac{1}{11}\sin 11\omega t + \frac{1}{13}\sin 13\omega t - \cdots\right)$$
$$= \sqrt{2}\frac{\sqrt{6}}{\pi}V\left\{\sin\omega t + \sum_{k=1}^{\infty}\frac{(-1)^k}{6k\pm 1}\sin(6k\pm 1)\omega t\right\} = \sqrt{2}\frac{\sqrt{6}}{\pi}V\sin\omega t + v_{harmonic}$$

(27・40 a)

$$v_{fundamental}(t) = \sqrt{2}\frac{\sqrt{6}}{\pi}V\sin\omega t \tag{27・40 b}$$

$$v_{harmonic}(t) = \sqrt{2}\frac{\sqrt{6}}{\pi}V\left(\sin\omega t - \frac{1}{5}\sin 5\omega t - \frac{1}{7}\sin 7\omega t + \frac{1}{11}\sin 11\omega t + \frac{1}{13}\sin\omega t - \cdots\right)$$
$$= \sqrt{2}\frac{\sqrt{6}}{\pi}V\left\{\sum_{k=1}^{\infty}\frac{(-1)^k}{6k\pm 1}\sin(6k\pm 1)\omega t\right\} \tag{27・40 c}$$

27・4・3 3相インバータ

前項では単相インバータで矩形波電圧が得られることとそれに伴う諸特性について学んだ．この回路を発展させて**3相インバータ**（**Three phase inverter**）を構成することができる．図27・30に3相インバータ（電圧源型）の回路図と各部の電圧・電流波形を示している．3対6個のスイッチングアームがあり，各素子は単相の場合と同じように180度ごとにオンオフを繰り返し，また3相のアーム対としては相順にしたがって120度の位相差で順次点弧する．

この回路では正弦波に非常に近似する階段式波形の交流電圧が得られる．図27・30(b) において，Tr_1，Tr_2は180度ごとに点弧を繰り返す．Tr_3，Tr_4およびTr_5，Tr_6も同様の点弧を繰り返すがその位相差タイミングは120度および240度遅れて点弧する．その結果，v_{u0}，v_{v0}，v_{w0}は180度幅の矩形波となり，またv_{uv}，v_{vw}，v_{wu}はほぼ120度幅となる．さらに，出

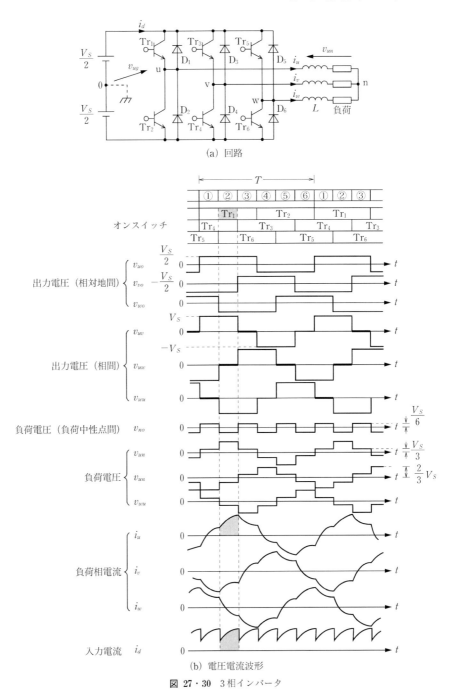

図 27・30 3相インバータ

力となる負荷電圧 v_{un}, v_{vn}, v_{wn} は正弦波形に近い階段状波形になり，また3相電圧はそれぞれ0度，120度，240度ずれているのでこの出力は近似的に正弦波の3相平衡電圧となる．中性点 n の電圧 $v_{n0}=(1/3)(v_{u0}+v_{v0}+v_{w0})$ は交流の階段状電圧となる．したがってインバータの相電圧 v_{u0}, v_{v0}, v_{w0} と負荷端子の相電圧 v_{un}, v_{vn}, v_{wn} は互いに異なる波形となる．

次に dc 電源サイドの入力電流 i_d についてチェックしてみよう．図 27・30(b) の時間帯②に注目すると，Tr_1, Tr_4, Tr_6 がオン状態であるから dc 電源側の電流 i_d は負荷側 u 相を経て

v 相 w 相に分流して電源に戻るので，結局 $i_d=i_u=-(i_v+i_w)$ の関係が保持されている．時間帯③では Tr_1, Tr_3, Tr_6 がオン状態になるから，dc 電源側の電流 i_d は負荷側 u 相 v 相を経て w 相に流れる．したがって $i_d=i_u+i_v=-i_w$ の関係が保持される．負荷が3相平衡であるとすれば1サイクルで dc 電源電流は時間帯①～⑥の6回転流することになり，直流電源側の電流 i_d は図のように正極性側にバイアスした鋸歯の波形となる．i_d は第6調波成分を含んでいることにもなる．

27・5 インバータの PWM 制御

さて，マイクロプロセッサによりデジタル的手法で自励素子の高速スイッチング制御を行って望み通りの出力電気量を得る方法について学ぶ段階に到達した．"自励素子の優れた高速スイッチング特性"に"マイクロプロセッサによって任意の出力を得るための高速スイッチング制御信号を作り出す技術"が不離一体の技術となって今日では電圧・電流・鎖交磁束・電力・周波数などの電気量やパワー・トルク・速度・流量などの物理量が事実上いかなる時間関数の出力ででも実現できるといっても過言ではない．そのような手法の基本形として，インバータで任意の周波数，任意の大きさの交流正弦波電圧を得る方法を学ぶこととする．

27・5・1 PWM 制御の原理 (三角波変調の場合)

27・3・5項で PWM 制御 (Pulse Width Modulation) の dc-dc 変換器での応用について紹介した．この応用例ではある目標電圧 $v_{control}(t)$ と高周期で繰り返される三角波形電圧がデジタル的に比較回路 (comparator) で連続的に比較されて，前者が後者を下回った場合に点弧制御を行うという考え方 (図27・24) であった．今度はインバータで希望通りの周波数 f_1 と大きさ (波高値) の正弦波交流電圧を得るための高速スイッチング制御信号を PWM 制御の原理で作りだそうとするのであるからもう少し複雑な工夫が求められる．**図27・31** に示すように，デジタル演算手法によって希望通りの周波数 f_1 の正弦波信号を生成し，また他方で周波数 f_{sw} で繰り返す三角波信号 v_{tri} を生成する．両者がデジタル的方法で連続的に比較されて，前者が後者を上回った時に該当相の素子を点弧制御する．

さてここでインバータから離れて PWM 制御に関する基礎的事項の定義を行う必要がある．まず初めに，周波数 f_{sw} で繰り返す三角波信号 $v_{tri}(t)$ を**キャリア信号**（**carrier signal**）といい，周波数 f_{sw} を**キャリア周波数**（**carrier frequency**）という．自励素子が周波数 f_{sw} で高速スイッチングできることが前提となる．他方で出力目標とする周波数 f_1 の正弦波電圧 $v_{control}(t)$ が**制御信号**（**control signal**）として生成される．そして $v_{tri}(t)$ と $v_{control}(t)$ が連続的に比較されて $v_{tri}>v_{control}$ ではスイッチオフ，$v_{tri} \leq v_{control}$ ではスイッチオンとなるように点弧時間制御を行うのである．この様子を図27・31(b) に示す．キャリア信号波形を制御信号波形（音声波形など）で変調する概念は電波放送や無線通信などで古くからおなじみの技術であり，図27・31 で紹介する PWM 制御はこれと同じ概念であって目標とする周波数 f_1 の正弦波振動で非常に高い周波数 f_{sw} の三角波キャリア信号を変調する**デジタル変調**（**digital modulation**）方式と理解できる．この方式では信号周波数 f_1 に対してキャリア周波数 f_{sw} が充分に（たとえば20倍以上）高い周波数であることが原理的に必要条件となる．

なお，PWM 制御は個々の目的に応じてさまざまな制御信号波形で利用される PE 制御の基本方式であって，上述の正弦波形での制御の例はその代表的な一例である．正弦波に変えて希望する任意の波形をデジタル信号として生成して変調波として用意すればその波形通りの電圧が得られることも自明である．今日，PE 技術は工場用電動機駆動・電気鉄道・放送・通信機・UPS・昇降機・空調・給排水・調光器・電子オーブンなど，また次章で学ぶように電力関係のあらゆる分野で重要な役割を果たしている．そのほとんどすべての応用で素子のスイッ

27・5 インバータのPWM制御 **617**

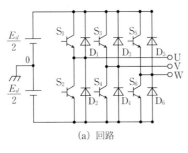

(a) 回路

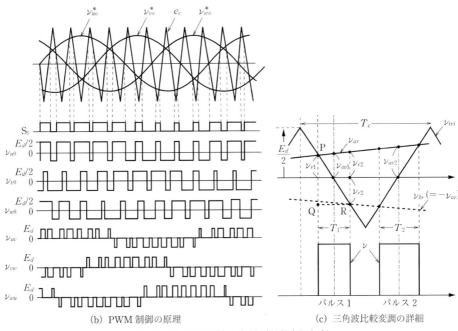

(b) PWM制御の原理 　　　　　　　(c) 三角波比較変調の詳細

図 27・31　PWM制御（三角波比較変調方式）

チング制御はPWM制御によっているといっても過言ではないであろう．PWMスイッチング周波数（キャリアー周波数）は負荷制御の点弧指令速度よりかなり高い周波数であることが必要である．その典型例として，家電用では 10-120 Hz，モーター駆動用では 1-20 kHz，音響設備や計算機用の電源供給装置等では 10-100 kHz であるといえよう．MOSFETやIGBTなどの素子のスイッチング速度は表 26・3 に見るように高速スイッチング性能が 100 kHz を上回るほどに非常に優れているので，今日ではPWM制御によって任意波形の電圧・電流・磁束などの電気量，あるいはパワー・トルク速度などの物理量を得ることが可能であるといえよう．PWM制御のもう一つの特徴的利点としてそのスイッチング時に生ずる損失が非常に小さいことが挙げられる．スイッチがオン状態では電圧降下が極めて小さく，またオフ時には漏れ電流が極めて小さいからである．したがって，電圧と電流の積であるパワー損失は非常に小さく 1～2% 程度以下でほぼゼロに等しいといえる．

　さて，PWM制御についてさらに学ぶこととする．図 27・31(a) は図 27・30(a) と同じ回路であるからその出力電圧および電流は図 27・30(b) に示すように非正弦波形である．この回路にPWM制御を適用することによって正弦波のスイッチング信号を作り出し，また制御信号通りの正弦波電圧を作り出すことができるのである．図 27・31(b) によって最も一般的なPWM制御法として知られる**PWM三角波制御**（**PWM triangle modulation**）の原理を示す．

図 27·31(b) で v_{u0}^*, v_{v0}^*, v_{w0}^* が正弦波電圧指令信号であり，e_c が三角波信号である．$v_{u0}^* < e_c$ の状態で $[S_1, S_2] = [on, off]$ となり $v_{u0}^* > e_c$ の状態では $[S_1, S_2] = [off, on]$ となるように点弧制御を行う．これによって S_1 と S_2 どちらか一方が交互に点弧することになり，そのたびに u 端の電圧 v_{u0} は $E_d/2$ または $-E_d/2$ のいずれかの値となる．なおこの時，S_1 と S_2 が同時に点弧して電源短絡状態となることを避けるために対となる両素子の制御信号が必ず逆になるように制御される．v 相の S_3, S_4, w 相の S_5, S_6 についても同様であるから v_{v0}^*, v_{w0}^* に応じて v_{v0}, v_{w0} も $E_d/2$ または $-E_d/2$ のいずれかの値となる．したがって v_{u0} と v_{v0} の電位差である $v_{uv} = v_{u0} - v_{v0}$ は図のように信号波形 v_{v0}^* の極性に応じて $E_d/2$ または $-E_d/2$ の値をとり，また v_{v0}^* の波高値に類似の点弧のパルス幅となるのである．三角波信号の周波数が高くなれば信号波形の波高値と点弧のパルス幅の比例関係の精度が向上することも自明である．また信号波形が正弦波に限る必要もなく，任意の信号波形 $v_{control}(t)$ に対して時々刻々点弧幅が比例した 2 値パルスが得られることになる．

図 27·31(c) は図 27·31(b) の局部拡大図で三角波キャリア信号の 1 サイクルと信号波形 $v_{control}(t)$ の一部を示している．変調されたパルス 1 およびパルス 2 のパルス幅はそれぞれ T_1 および T_2 である．図において三角波の大きい傾斜角度は $E_d/(T_c/2)$ および $(v_{r1} + v_{r2})/T_1$ の 2 通りで表現できるから次式が成り立つ．

$$\frac{\overline{PQ}}{\overline{QR}} = \frac{v_{r1} + v_{r2}}{T_1} = \frac{E_d}{T_c/2} \tag{27·41 a}$$

$$\therefore \quad T_1 = \frac{T_c}{E_d} \cdot v_{av1} \quad \text{ここで} \quad v_{av1} = \frac{v_{r1} + v_{r2}}{2}, \quad T_c = \frac{1}{f_c} \tag{27·41 b}$$

したがってパルス 1 のパルス幅 T_1 は三角波の交点における信号波の大きさ v_{av1} に比例する．同様にして T_1, T_2, T_3, T_4 …は三角波がゼロ点を区切る瞬間の信号波の大きさ v_{av1}, v_{av2}, v_{av3}, v_{av4} …に順次比例する．したがって，もしも v_{av1}, v_{av2}, v_{av3}, v_{av4} …が正弦波を満足する値であるならば，T_1, T_2, T_3, T_4 …は正弦波の出力電圧を作り出すための素子点弧を制御する PWM 制御信号となるのである．なお，図において三角波のゼロ点は必ず各パルス幅の中央点となる．

結局，PWM パルスシリーズ T_1, T_2, T_3, T_4 …によって素子が上述のようにスイッチング制御されれば出力電圧の瞬時値がスイッチングの duty ratio d で制御されて望みどおりの正弦波が得られる．

さて，上述した三角波を使った PWM 変調は簡単なデジタル演算回路で①三角波キャリア信号 (v_{tri}) 発生器 (repetitive waveform generator) と②比較器 (comparator) を図 27·23(a)のように構成すれば簡単に実現できる．また，三角波信号 v_{tri} は図 27·32 あるいは図 27·23(b) に示すようなサメの歯形キャリア信号 (saw-teeth carrier wave) でも差支えない．

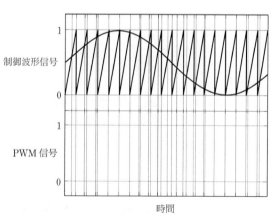

図 27·32 PWM 制御 (サメ歯波形比較変調方式)

さて，我々はモータ駆動回路に PWM 制御を適用することによって正弦波に近似のパルス列を作り，近似正弦波の交流電圧波形 [Volt] を得，さらには近似正弦鎖交磁束 [Tesla] を得ることによってスムーズなモータ制御が実現できることを学んだ．キャリア周波数が高くなるほど切替え回数は増えるが近似度が向上することも自明である．

ところで上述した PWM 制御の原理は一般論として広くどのような制御目的にも適用できる．いま，制御したいある時間変数を $y(t)$ であるとしよう．変数 $y(t)$ は電気的な V[Volot]，I[Amp]，ϕ[Tesla]，P[MW]，Q[MVar]，周波数 [Hz] や，機械的な位置 [m]，重量 [kg] トルク [$N \cdot m$]，角度 [radian]，回転速度 ω[rad/sec]，速度 [m/sec]，加速度 [m/ssc^2]，流量 [m^3/sec]，温度「degree」，等々何であってもよい．変数 $y(t)$ の描く任意の時間関数波形に応じたパルス列によって点弧制御を行うことによって自在に制御を行うことができるのである．

式 (27・41) の結果についてもう少し考察しよう．高速度のキャリア信号の 1 サイクル 2π の間にスイッチングは 0 回または 1 回ずつ行われる．作られる矩形パルス（高さ y_{peak}，幅 T_{on}，で $2\pi = T_{on} + T_{off}$ とする）は毎サイクル 1 個または 0 個で，1 秒間では最大でキャリア周波数だけの数ということになる．したがって，毎サイクルの平均値 y_{avr} は次式となる．

$$\left. \begin{array}{l} y_{avr} = \dfrac{1}{2\pi} \displaystyle\int_0^{2\pi} y(t) dt = \dfrac{1}{2\pi} \displaystyle\int_0^{T_{on}} y_{peak} dt + \dfrac{1}{2\pi} \displaystyle\int_{T_{on}}^{2\pi} 0 dt = \dfrac{T_{on} y_{peak}}{2\pi} \\ \quad = \dfrac{T_{on}}{T_{on} + T_{off}} y_{peak} = d \cdot y_{peak} \\ \text{ここで } d = \dfrac{T_{on}}{T_{on} + T_{off}} \text{ duty factor} \\ 2\pi = T_{on} + T_{off} \end{array} \right\} \quad (27 \cdot 42)$$

信号 $y(t)$ のサイクル平均値 y_{avr} が毎サイクルごとに duty factor $d = T_{on}/(T_{on}+T_{off})$ に比例することになる．

27・5・2 許容誤差バンド PWM 制御

前項で説明した PWM 方式は非常に高精度の正弦波出力を得ることができるが，一つの欠点はスイッチング回数が非常に多くなる．そこで多少の範囲内で誤差を許容して，代わりに損失低減のためにスイッチング回数を減らすことに努めたいケースが多い．精度を多少犠牲にしてもスイッチング回数を大幅に減らすための工夫を凝らした PWM 制御方法がさまざまに実用されている．本項ではその代表例として**許容誤差バンド制御**（**tolerance band control, Delta modulation** ともいう）について紹介する．

その原理を図 27・33 (a)(b) で a 相電流 $i_a(t)$ の制御法として説明する．3 相出力の a 相の実電流を $i_a(t)$，またある許容誤差 $\pm \Delta i_{limit}$ 以内の信号電圧を i_a^* と表記する．b，c 相についても同様である．

スイッチ $[S_{a+}, S_{a-}]$ は [on, off] または [off, on] の状態にあり，この時電流 $i_a(t)$ は 1 または 0 の断続的なパルス波形となる．さて，実電流 $i_a(t)$ の大きさが許容誤差幅 $i_a^* \pm \Delta i_{limit}$ と連続的に比較されており，$i_a(t)$ が許容値以内の状態ではスイッチは [on, off] のままであるが，許容値を超えようとすると [off, on] に切り替わるので $i_a(t)$ は点弧が中断されて再び許容範囲内の状態に押し戻される．実際の制御では制御演算部で $\Delta error(t) = i_a(t) - i_a^*(t)$ を連続的に積分演算してその値がリミットに達したときにスイッチング切り替えを行えばよい．この方法では出力 $i_a(t)$ が許容値に達するたびにスイッチ状態が逆転することになる．一定の許容値を許すことになるがスイッチングの回数を飛躍的に減らすことができるので運転損失を抑制する意味で優れた制御法であるといえよう．

なお，許容誤差バンド制御は正弦波波形に限らずいかなる波形の出力生成にも利用できるこ

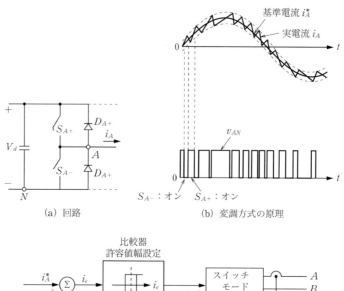

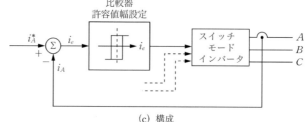

(c) 構成

図 27・33 PWM 制御（許容幅比較制御）

とも自明である．デジタル制御部で生成するデジタル波形を変更するのみで主回路の変換回路を事実上変更することなく自在に出力電気量を制御できるのである．また，PWR 制御法はこの例にも見るように極めて柔軟な制御法であり，PE の実用に欠かすことのできない基本的な要素といえるであろう．我々は次章でも PWM 制御のさまざまな応用例を学んでいくことになる．

27・6 サイクロコンバータ

　　比較的低速度の電動力駆動設備では系統からの ac 入力（$f_{input}=50/60$ Hz）を直接に別の周波数 f_{output} の ac 出力に直接的に変換して同期機または誘導機を駆動する方式も広く使われている．このような周波数変換を伴う ac から ac への変換器を**サイクロコンバータ**（**Cycloconverter**）という．1,000 kW 以上の大型負荷，たとえば鉄鋼圧延工場，製紙工場，鉄鉱石・セメント工場，船舶駆動など広範に利用される方式である．**図 27・34** は 3 相型サイクロコンバータの回路と波形を示している．この方法では直流への変換を介せずに ac から ac に直接変換されることが特徴であるが，出力周波数は入力周波数の 1/3 程度を超えると正弦波出力波形を得るのが困難となる．商用周波数 $f_{input}=50/60$ Hz から $f_{output}=0\sim20$ Hz 程度の周波数の 3 相平衡正弦波に変換される使い方が多いであろう．

　　一般に他励素子サイリスタが使われて，転流は入力側電圧または出力側電圧のどちらかの極性反転によって行われる．換言すれば変換回路の 4 象限可逆特性を利用した運転制御が行われる．27・2・3 項（図 27・14，図 27・15 など）でサイリスタの点弧角 α を制御して平均出力電圧を自在に変更できること，また $\cos\alpha$ 制御によって任意の正弦波電圧が得られることなどを我々は学んだ．それと同じ原理がサイクロコンバータ制御に適用されるのである．

　　図 27・34(a) は 3 相型である．P-コンバータと N-コンバータは対称回路をなしており，ま

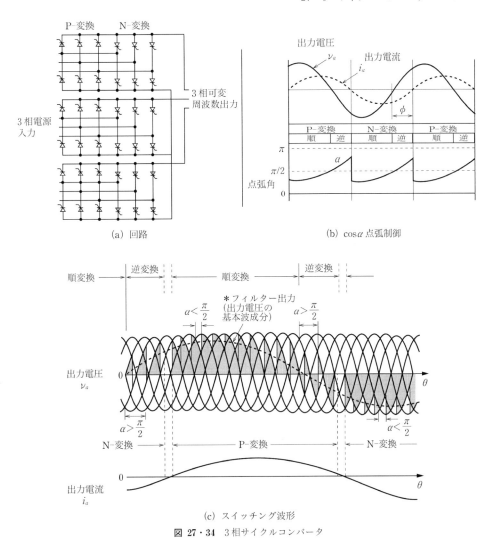

図 27・34 3相サイクロコンバータ

た両者は同じ点弧角 α で $\cos\alpha$ 制御される．図 27・34(b) は a 相に関して $\cos\alpha$ 制御の様子を示し，図 27・34(c) は結果としての出力側の負荷電圧・電流の波形を示している．出力側の a 相電流が i_a 正方向に流れる状態では P-コンバータが動作し，また i_a が逆方向に流れる状態では N-コンバータが動作して両者は半サイクルごとに切り替わり動作する．図 27・34(b) に示すように，a 相の P-コンバータは $0<\alpha<\pi$ の範囲で制御され，点弧角 $0<\alpha<\pi/2$ では順変換モード，$\pi/2<\alpha<\pi$ では逆変換モードになり，その平均値は $\cos\alpha$ に比例する．いま，負荷側で得ようとする正弦電圧を $E_a\cos 2\pi f_0^* \cdot t$ （f_0^* は目標周波数）とすれば，時間 t の変化にしたがって次式が成り立つように点弧角 $\alpha(t)$ を制御する．

$$E_d\cos\alpha(t) = E_a\cos 2\pi f_0 \cdot t \tag{27・43}$$

次の半サイクルでは N-コンバータが同様の動作状態となる．b 相 c 相回路はの a 相より 120 度，240 度遅れで全く同様の運転モードが繰り返される．なお，同一相の P-，N-コンバータが同時に点弧すれば電源の短絡になるのでそのようなことの内容に回路的配慮が必須である．

休憩室：その16　日本，電気事業・電気メーカー誕生のころ

　さて，アメリカの電気史と重ねつつここでは日本における明治中期の電気草創の時代に大きい足跡を残した偉大な技術者である藤岡市助と岩垂邦彦，また"もの造り"の先駆者である三吉正一の足跡を振り返ってみることとしたい．

　藤岡市助(1857-1918)は1881年（明治24年）工部大学校を卒業した後，引き続き教官として白熱電灯の研究に努める一方で電燈事業設立の重要性を時の財界に訴える．その結果，"電力供給＋電燈の製作＋需要家向け電気設備施工"を事業内容とする東京電燈が1883年に設立され1887年に操業を開始する．藤岡は工部大学校教官と東京電燈の技師長を兼務する．東京電燈はEdison社が世界初の電気事業の操業を開始した翌年に設立されており，藤岡の慧眼と行動力に驚かざるを得ない．

藤岡市助
(1857-1918)

　同じころ，1883年に藤岡と同郷の友人**三吉正一**(1854-1906)は東京芝に三吉電機工場を創設した．学識の藤岡ともの造りの三吉は互いに欠かせないビジネスパートナーとして長年にわたり互いに支え合う盟友となっていく．

　工部大学校には藤岡の一年後輩に**岩垂邦彦**(1857-1941)がいた．彼は1882年に工部大学校を卒業後工部省に出仕するが1886年に職を辞して単身渡米し，Edison社のTesting roomの一員となった．KennellyがEdisonに雇われる前年のことである．同じころ，関西財界では大阪に電燈会社を設立する計画が持ち上がり，1888年に大阪電燈が設立される．関西財界ではアメリカに渡って1年ほどの岩垂に帰国して大阪電燈の技師長に就任することを要請する．東京電燈の技師長藤岡に対抗できる人物としての狙いがあったであろう．岩垂はこの要請を受諾することとして，Edison社に身を置く立場ながら大阪電燈が買い付ける電気設備としてThomson Houston社（後にエジソン社と合併してGE社となる）製の125 Hz交流発電機の採用を決意する．アメリカでは直流・交流の大論争が始まり，情勢が徐々に交流有利に進み始めたころである．

岩垂邦彦
(1857-1941)

　このころの岩垂の活動を知る手掛かりとして興味深い資料が残っている．Edison社でEdisonの片腕として活躍していたInsullが横浜事務所からの電信連絡で「Iwatareがニューヨークの Thomson Houston社から125 Hzの発電機を購入して日本に持ち帰ろうとしている…」と知らされた直後に同僚に書き送った1888年6月付けの社内連絡メモで「Edisonがあの日本人についてライバル社から購入しようとしている証拠がはっきりするまでは解雇しないといっていることに驚いている．Edisonは明らかに悲しむべき過ちを犯しているが，さればとて我々もその証拠調べにニューヨーク中を歩き回るほどの暇はない……」と書き送っている．後の大電力王Insullも1888年時点でなお直流一辺倒のEdison社の忠実な社員であったことがわかる．

　岩垂はThomson Houston社の交流125 Hzの発電設備を持ち帰って1889年に大阪電燈西道頓堀発電所を操業開始させている．岩垂がEdison社のTesting roomにありながらも直流方式よりも交流方式を選択したことはやはり慧眼である．岩垂がEdison社にあった2年間に仲間関係にあったTeslaやKennellyと，またInsullとどのように接したかは明らかでないが，岩垂がアメリカに滞在した1886〜88年は交流方式の実現性の認識が広まり始めた時期であったことは彼にとって幸運であった．

さて，1890年代の日本に舞台を移して藤岡・岩垂をめぐる後日談を続けよう．1892年はEdison社が消滅してGE社が誕生することで世界中が交流の勝利を確認する年となった．1895年，東京電燈ではドイツAEG社製50 Hz発電機を浅草発電所に導入し，他方の大阪電燈は1897年にGE 60 Hz機を幸町発電所に採用した．これが日本を50/60 Hzで二分するきっかけとなったことはよく知られている．

日本の電気史を振り返る観点から藤岡と岩垂を対比すると，藤岡はEdisonがNew Yorkで電燈事業を操業開始した翌年の1882年に早くも東京電燈設立に奔走している．藤岡にはEdisonの直流方式を採用する以外には選択肢はなかったであろう．彼は1884年にフィラデルフィア万国博覧会に政府代表として出席し，帰途にEdison社を訪問して白熱電球の製造工程を視察した．このときEdisonは「電気機器を輸入するばかりの国は滅びるであろう」といって日本での電球製造を奨めたといわれる．Edisonが製造特許の売り込みを意図して述べた言葉を藤岡は電気技術の自力開発の重要性に対する言葉として深く心に刻んで帰国した．一方の岩垂は1886年にEdison社に飛び込んで交流・直流論争を冷静に見極めることができた．

藤岡は交流方式の導入では岩垂に一歩先を譲ったが1886年には大学職を辞して東京電燈技師長に専念し，交流電気による電灯・動力の普及ともの造りの分野で多大な足跡を残していく．1890年（明治23年），苦心の末カーボンフィラメントによる電球の国産化に成功し，さらに東京電燈の電灯製造部門を分離して電球製造会社白熱舎を設立してその経営を三吉に託す一方で自らは電気鉄道の技術指導に傾倒していく．一方の岩垂は1894年に大阪電燈を辞してWestern Electric（WE）社の日本総代理店を開業し電話の普及に傾注を開始する．そして二人のライバル関係は三吉の足跡とあわせてその後も続く．

藤岡は1898年（明治31年）に東京電燈を辞して欧米諸国の電鉄事情調査のために三度目の外国訪問に旅立った．同じころ，岩垂はWE社の代理店を経営するなかで電話機や交換機の国産化を模索し始めていた．また，三吉は鉄道用電動機などを製造する三吉電機工場と電球の白熱舎の両社の社長として藤岡との欠かせぬパートナー関係が続いていた．そんな三吉に突然，日清戦争後の大不況が襲った．経営破綻に直面した三吉工場の買収に岩垂が乗り出した．岩垂はWE社と組んで資金を確保し，東京芝の地にある三吉電機工場をそっくり手中にした．明治31年10月，岩垂による日本電気合資会社，今日の日本電気（NEC）が東京芝に誕生した．その2か月後に欧米視察旅行から帰国した藤岡は驚愕する．盟友三吉に協力して自ら育て上げて，また今後の電動機分野での活躍の拠点として欠かせないはずであった三吉電機工場が消滅し，あろうことか岩垂の会社となっていたのである．

藤岡は三吉から白熱舎を引き取って自ら社長職につき，社名を東京電気（後の東芝民生・弱電部門）と改めてその経営に専念する．電気事業草創の時代に東京電燈と大阪電燈の設立でそれぞれ主役を担った藤岡と岩垂は因縁の人間模様を描きつつ，1899年（明治32年）今度はメーカー経営の総帥として競い合うことになった．なお，三吉電機工場には三吉の遠縁にあたる**重宗芳水**（1873-1917）が技術者として活躍していた．重宗は日清戦争後の不況で苦境にある三吉に諭されて独立を決意し，1897年に東京築地に明電舎を創業している．明治時代に大きい志を持った偉大な技術者たちが人間模様を描きつつ設立させ育てあげた会社が今日の東京電力，関西電力，さらに東芝，日本電気，明電舎として技術立国日本の担い手になっていることは周知のとおりである．

第28章　発電・送変電および受配電システムにおけるパワーエレクトロニクスの応用

28・1　パワーエレクトロニクスの応用

　大電力の電子スイッチング技術が初めて登場したのは**水銀整流器**（marcury arc valve rectifier）である．アメリカ人 Cooper Herwitt が 1900 年に水銀整流器を発明し，その後 C. P. Steinmetz らによってさまざまな改良工夫が施されて広く工業の基礎技術として普及していった．水銀整流器はガラス管または鉄製容器の中に封入した水銀と炭素電極の間でアーク放電させることによって整流作用を行わせる整流器であり，**単極型水銀整流器**（1個の陰極に対して陽極が1個）や多極型水銀整流器（1個の陰極に陽極を 2 n 個配置）が実用化された．また，単極水銀整流器ではアーク点弧の方法を工夫した**イグナイトロン**（陰極水銀プール内に浸したイグナイタと呼ぶ耐熱高抵抗点弧子に交流電圧をかけることによりアークを発生させる）や**エキサイトロン**（起動時にフイゴ式の水銀噴射ポンプで励弧極に陰極の水銀を噴射してアークを発生させる方式）などが開発された．本体が大きく，また陰極が液体水銀であるために**逆弧**（back fire）事故が起こりやすく，今日の半導体素子とは比べ物にならない大掛かりな装置であったが半導体登場以前においては事実上唯一の大容量整流器として速度制御の必要なさまざまな工業分野や電鉄などで重要な役割を果たしてきた．パワー素子登場以前のパワーエレクトロニクス（PE）といえば水銀整流器技術を指すものであったといえよう．

　Herwitt の発明から半世紀の後，初のトランジスタが 1947 年に登場し，また大きいパワーを扱える初のパワーエレクトロニクス素子（PE素子）として SCR が 1956 年に登場して PE の概念を一変させる巨大なブレークスルーとなった．今日では半導体チップに象徴される弱電系半導体と電力変換に象徴される PE 技術が両翼となって半導体技術が文字通りあらゆる用途で世に満ち溢れる時代となった．そしてすでに見てきたように PE 分野における今日の進展振りは発電・送変電・受配電分野のシステムやさまざまな負荷系システムの技術にも深く浸透して重電系技術の様相を一変させている．

　高度の PE 技術は図 26・1 に示されたようにパワーとエレクトロニクスの高度な複合技術の接合役を果たしている．

　ところで PE 技術という言葉には狭義と広義の使い方があるように思われる．
① PE 変換回路技術（第 26, 27 章で学んだ基礎技術）
② 自動制御技術と PE スイッチング制御技術が有機的に複合化された高度の制御技術
③ 対象とするシステム系に関する技術（たとえば第 1-25 章で学んださまざまな発電・送変電・負荷系システム（回転機を含む）に関する技術）

狭義の PE とは上記①②に限って論じられることであるが，③の視点が欠落した狭義の概念は PE の本来の姿をとらえているとは言い難い．①②に③に関する確たる技術が加わった3つの複合概念こそが広義の PE であり，あらゆる分野で活躍する技術者にとって大切な技術概念であるべきというのが筆者の考えである．このような考え方を念頭にしつつ本章ではさまざまな発電・送変電・受配電および負荷系分野における応用を俯瞰しつつ各種の PE 制御技術についてさらに学んでいくこととする．

28・2 モータ駆動応用

28・2・1 誘導電動機駆動制御

回転機あるいはモータの駆動制御は数ワットの小規模から数千 kW の大規模分野までさまざまな用途に供せられている．回転機の代表格は**直流機**（**dc-machine**）・**同期機**（**synchronous machine**）・**誘導機**（**IM : Induction machine**）である．今日の PE 発展以前の時代ではトルクや速度の制御性に優れた直流機が重要な工業用途に多用されて，誘導機は比較的単純な動力用としてかご型 IM が広く用いられることが多かった．しかしながら今日では IM がほとんどすべての用途に圧倒的に利用される状況となった．**かご型 IM**（**squirrel-cage type IM**）はロータが非常に頑丈で保守が容易であり，また比較的廉価であるという第 1 の理由に加えて，第 2 の理由として PE 回路と組み合わせのさまざまな高度の制御技術によって，従来は困難とされた IM のトルク制御や速度制御が自在に行われうるようになったことにより，その応用範囲が圧倒的に広がったのである．産業動力用や民生用のモータをはじめ風力発電，揚水可変速発電に至るまで，その応用範囲は PE 技術の発展と歩みをそろえて無限に拡大しつつあるといっても過言ではない．

そこで本節では PE 応用回転動力システムの主役たる IM，特にかご型 IM の駆動制御応用を主対象として議論を進めていくこととする．

図 28・1 (a) (b) はモータ駆動回路とその制御法を示す概念図である．IM はカップリング機構を介して機械負荷系につながっており，また負荷系とモータ駆動系は負荷の目的に応じた信号（トルク・速度・流量・位置など）のフィードバックループ（負帰還ループ）が構成されている．一般にモータ駆動回路の詳細を論ずる場合，その前提として個々の負荷システムとして求められる要求事項が明確になっていなければならない．図 28・2 は負荷の要求事項を示すプロファイルの一例である．図では速度 ω_m，位置 θ，及びトルク T_m の定常および過渡的応動に関する要求事項が時間のパラメータとして表現されている．このような要求特性に応じて図 28・1 に示すような制御システムの基本構成が構築されていくことになる．

モータ駆動システムは下記の 2 つに大別される．

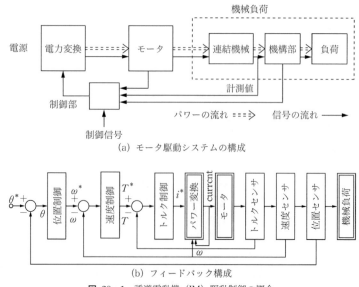

(a) モータ駆動システムの構成

(b) フィードバック構成

図 28・1　誘導電動機 (IM) 駆動制御の概念

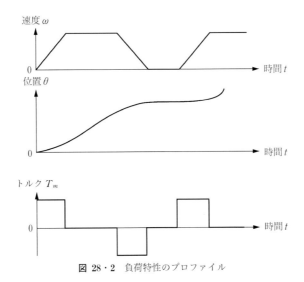

図 28・2 負荷特性のプロファイル

(i) **可変速駆動**：文字通り，産業用モータ駆動システムで文字通りにモータの回転力・回転速度を文字通りに自在に制御する駆動システムである．本節の主題である．
(ii) **サーボ駆動**：物体の位置・移動方向・速度などを制御量とし，目標値の任意の変化に追従する制御系をサーボ機構といい，またその駆動モータをサーボモータという．産業用ロボットや NC 工作機の基本技術として欠かせない PE 駆動方式である．フェライト系などの永久磁石を回転子の磁極として組み込んだ直流サーボモータが IGBT チョパー回路と組みあわされて多用されている．

負荷系で多用される (ii) については本書ではこれ以上言及せず，以下では (i) に分類される IM（誘導機）の可変速駆動について学んでいく．IM は電源系統（公共電力系統ならば 50/60 Hz±0.05 Hz 程度の範囲で変動している）に接続されて通常は定格速度にややスリップ遅れを伴う 90～100％ の速度で運転される．ところが今日では PE 変換によって電圧・磁束・周波数・パワーなどが自由に出力として加工できるので IM は変換器との組み合わせによって速度・トルク・加速度などを自在に制御できるようになった．

これから学んでいく誘導機の代表的な制御方式を整理しておこう．
かご型誘導機の主な制御方式
(i) 一次電圧（V1）制御
(ii) V/f（Volt per Hertz）制御
(iii) V/f ベクトル制御
巻線型誘導機（double fed IM）の主な制御方式
(iv) 2次電圧（V2）制御
(v) 2次周波数（f2）制御

最も需要の多い一般動力用の 5～200 kW 程度の小型モータはかご型 IM といってよいであろう．巻線形 IM は可逆運動も含めて速度とトルクの微妙な制御を要する用途に適しているが，ステータ側巻線とロータ側は巻線形の双方に電気回路を必要とすることになるので一般には大中容量で精密制御を要する用途（製鉄所熱延システム，新幹線駆動システム，交流可変速揚水システムなど）で採用される．

各分野で活躍する IM 駆動制御の各論に入る前に第 25 章で学んだかご型 IM の電気量の相互の比例関係について第 25 章の式(25・29 a～k)の関係を整理して再録しておこう．

$$\left.\begin{array}{ll}\text{ステータの（励磁）電流} & i_{as} \propto \dfrac{v_{as}}{\omega_s} \cdots\cdots\cdots\cdots\cdots\cdots\text{①}\\[6pt] \text{鎖交磁束} & \phi_{ag} \propto \dfrac{v_{as}}{\omega_s} \propto \dfrac{v_{as}}{f_s} \cdots\cdots\cdots\cdots\text{②}\\[6pt] \text{ロータトルク} \quad T \propto i_{as}^2 \propto \left(\dfrac{v_{as}}{\omega_s}\right)^2 \propto \left(\dfrac{v_{as}}{f_s}\right)^2 \propto \phi_{ag}^2 \cdots\cdots\text{③}\\[6pt] \text{ロータ電流} & i_r \propto v_{as} \cdot s_{lip} \cdots\cdots\cdots\cdots\cdots\cdots\text{④} \end{array}\right\} \quad (28\cdot1)$$

かご型 IM ではロータ回路はかご型リング導体で閉回路が構成されているので接続される外部回路といえばステータ側の ac 電源（50/60 Hz 電源またはインバータ出力）だけである．したがって上式でステータ側電気量を示す添え字 s は省略して理解すればよい．また 3 相平衡状態の考察であれば代表 a 相を示す添え字 a も適宜省略して理解すればよい．

28・2・2　V/f 制　御

インバータの電源となる直流電源は一定値に制御された電源（制御電源と称す）と成り行き的に電圧変動を伴う電源（非制御電源と称す）に分類できる．電力会社の系統電源は電圧の変動を伴うので当然非制御電源である．

非制御直流電源からインバータを介して可変周波数 $f(t)$ の正弦波電圧 $V(t)$ を作り，かご型誘導機（IM, Induction motor）を駆動するシステムについて考察する．インバータ制御方式として初めに **V/f 駆動制御**（**Volt per Hertz control**），あるいは **AVAF**（**Adjustable Voltage Adjustable Frequency**）**制御**といわれる制御方式について学ぶこととする．V/f 駆動制御は IM をほぼ一定のトルクで駆動する運転法として広く使われる駆動制御でありおそらくは最も一般的に普及し利用されている制御方式であろう．そのブロック図を **図 28・3**(c) に示す．インバータ内蔵の CPU チップによって図のような演算制御が行われ，またチップには過電圧や過電流などに対する保護機能も組み込まれている．

図 28・3(a) はかご型 IM の **$T-f$（トルク・周波数）特性**である．この特性が第 25 章式 (25・61) によって図 25・7 のように描かれること，また図 25・13 によって誘導機は停止状態から定格速度までの起動領域および通常運転領域では一般に一定トルク運転がなされることも学んだ．また式 (25・72)，(25・79) などの結果を受けて式 (28・1) の関係を学んだが，さらに特性の基本式 (25・35)，(25・59 b) などに立ち戻ってその制御原理を吟味してみよう．

式 (25・35)，(25・59 b) を再録すると
相電圧
$$\boldsymbol{v}_{abc} = \boldsymbol{r} \cdot \boldsymbol{i}_{abc} + s\boldsymbol{\phi}_{abc} = \boldsymbol{r} \cdot \boldsymbol{i}_{abc} + (s\boldsymbol{L}) \cdot \boldsymbol{i}_{abc} + (\boldsymbol{l} + \boldsymbol{L}) \cdot s\boldsymbol{i}_{abc} \quad (28\cdot2\,\text{a})$$
相インピーダンス
$$\begin{aligned}\tilde{\tilde{Z}} &= \frac{\tilde{\tilde{v}}_{abcs}}{\tilde{\tilde{i}}_{abcs}} = \frac{e^{j\omega_s t} \cdot \tilde{\tilde{v}}_{dqs}}{e^{j\omega_s t} \cdot \tilde{\tilde{i}}_{dqs}} = \frac{\tilde{\tilde{v}}_{dqs}}{\tilde{\tilde{i}}_{dqs}}\\ &= \frac{\bar{r}_s \dfrac{\tilde{\tilde{r}}_r'}{s_{lip}} + \left(\dfrac{\omega_s}{\omega_{base}}\right)^2 (\bar{X}_M^2 - \bar{X}_{ss}\bar{X}_{rr}) + \dfrac{j\omega_s}{\omega_{base}}\left(\bar{r}_s \bar{X}_{rr} + \dfrac{\tilde{\tilde{r}}_r'}{s_{lip}}\bar{X}_{ss}\right)}{\dfrac{\tilde{\tilde{r}}_r'}{s_{lip}} + \dfrac{j\omega_s}{\omega_{base}}\bar{X}_{rr}}\end{aligned} \quad (28\cdot2\,\text{b})$$
ここで
$$\bar{X}_{ss} = \bar{X}_{ls} + \bar{X}_M$$
$$\bar{X}_{rr} = \bar{X}_{lr} + \bar{X}_M$$

V/f 駆動制御の原理は IM の上記の式から求められる図 28・3(a) のトルク-速度 (torque-speed) 曲線に関連して 2 つの解釈で理解できる．

第 1 の解釈

IM の特性は定格速度の前後付近においては非常に急峻な負傾斜の直線状であり，また電源

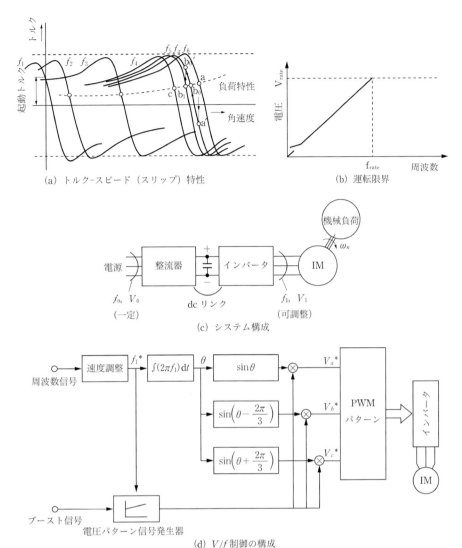

(a) トルク-スピード（スリップ）特性
(b) 運転限界
(c) システム構成
(d) V/f 制御の構成

図 28・3 V/f モータ駆動制御

周波数が変化するとほぼ並行状態で左右にシフトする．式(28·2b)で r_s, r_r を含む項を無視すると定常状態における相電圧 $\tilde{\bar{v}}_{abc}$ と相電流 $\tilde{\bar{i}}_{abc}$ に関する次式を得る．

$$\tilde{\bar{v}}_{abc} = -j\left(\frac{\omega_s}{\omega_{base}}\right)\frac{\overline{X}_M^2 - \overline{X}_{ss}\overline{X}_{rr}}{\overline{X}_{rr}} \cdot \tilde{\bar{i}}_{abc} \tag{28·3}$$

ゆえに，インバータ電源から IM に供給する周波数 $f_s = \omega_s/2\pi$ を可調整とすることによって IM の回転速度を近似的に比例制御が可能となるのである．かご型 IM は $T \propto (v_{as}/f_s)^2$ の関係があるので IM に供給される周波数 f_s が変化しても v_{as}/f_s を一定に保てばトルク T を略一定に保つことができる．

第 2 の解釈

相電圧の特性式(28·2a) $v_{abc} = r \cdot i_{abc} + s\Psi_{abc}$ の右辺に注目する．起動前後の状態では右辺は $r \cdot i_{abc} \gg s\Psi_{abc}$ で $r \cdot i_{abc}$ が特性を支配するが定格付近の速度に達すれば $r \cdot i_{abc} \ll s\Psi_{abc}$ となって $r \cdot i_{abc}$ はほぼ無視できるので $v_{abc} \cong s\Psi_{abc}$ となる．定常状態では s を $\omega = 2\pi f$ に置き換え

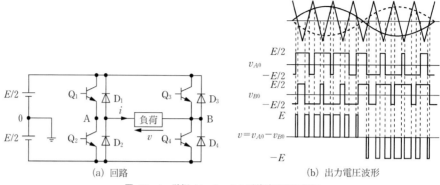

図 28・4 単相インバータの正弦波 PWM 制御

て $v_{abc} \cong 2\pi f \cdot \Psi_{abc}$，あるいは $v_{abc}/2\pi f \cong \Psi_{abc}$ の関係を得る．ゆえに $v_{abc}/2\pi f$ を一定に保持することによって Ψ_{abc} を一定に保持することができる．v/f（一定）制御とは鎖交磁束 Ψ の（一定）制御，すなわち IM のステータとロータ間のパワー伝達力の（一定）制御に他ならないのである．式 (28・1)② も ϕ_{as} と v_{as}/f_s で同じことを説明している．

さて，以上がインバータによる誘導機 V/f 制御の基本原理である．インバータとしては停止状態の IM を起動させ定格速度に達するまでの過程では $V(t)/f(t)$ が略一定になるように保ちつつインバータ出力周波数 $f(t)$ を増加させていく．$V(t)$ と $f(t)$ を同時に制御することになるので，AVAF（Adjustable Voltage Adjustable Frequency）制御と称されることもある．なお，一般には定格速度を超える領域では電源側の制約およびモータの焼損を防ぐためにトルク制御運転モードから出力パワー制御運転モードに切り替えて運転される（図 25・13 参照）．

図 28・3(a) の T–f 特性に戻って，IM の定常運転領域は最大トルク点（pull-out point）の右側特性は右下がりの略直線の領域であり，またインバータの電源周波数 f が増加すれば直線は比例的に右にシフトしていく．図には IM に繋がる機械の一般的な負荷特性を点線で併記してある．両特性の交点が定常速度での運転状態を示すポイントである．また，IM の T–f 特性が点線の負荷特性の上部にあればその差分は加速トルクということになる．いま，f_6 で運転中のインバータの周波数 f_x が減じたとすると運転点は a から b_0 に移動する．また f_5 で運転中のインバータの周波数が f_x に増加したとすると運転点は b_1 から b_0 に移動する．

なお，V/f 制御方式ではインバータの点弧制御によって $V(t)/f(t)$ が略一定に保たれるように制御を行うのであるから V と f は図 28・3(b) のように定格範囲内で略直線的に比例する．定格値 V_{rate}，f_{rate} を超す運転は絶縁強度や速度制限を脅かすことになる．また V が非常に小さい領域では負荷の始動トルクが重いのでより大きい電圧で加速する必要がある．

図 28・3(d) のインバータ制御ブロック図について補足する．周波数信号 $f^*(t)$ が時間積分されて位相 $\theta(t)$ が生成され，さらに 3 相平衡正弦波信号が生成される．他方で電圧パターン V^* が生成される．最後に両者が掛け合わされて信号 $V_a^*(t) = V_a^* \sin\theta$ が生成され，またそれより位相がそれぞれ $2\pi/3$，$4\pi/3$ 遅れの，$V_b^*(t)$，$V_c^*(t)$ が生成されて PWM 変調信号として供される．

図 28・4 は単相インバータ（電圧型）PWM 制御を行う場合の点弧角制御に関する説明図であり，基本的に図 27・29 に等しい．3 相回路の場合には各相が相互に 0，$2\pi/3$，$4\pi/3$ だけ点弧角をずらすだけで構成できる．

28・2・3 一定トルク一定速度制御

トルクおよび速度を一定に保つ**トルク・スピード一定制御**（Constant Torque and Constant speed control）方式について述べる．

かご型誘導機のトルク T_m，電流 i_{dq0} スリップ周波数 s_{lip}（あるいは機械速度 ω_m）に関する式(25・61 a)，(25・60) を知っている．再録すれば

$$T_m = \frac{\left(\frac{s_{lip} \cdot \omega_s}{\omega_{base}}\right) \cdot \left(\frac{\bar{X}_M^2}{\omega_{base}}\right)}{(\tilde{\bar{r}}_r')^2 + \left(\frac{s_{lip} \cdot \omega_s}{\omega_{base}}(\bar{X}_{lr} + \bar{X}_M)\right)^2} (\tilde{\bar{i}}_{as})^2 \tag{28・4 a}$$

ただし　$\omega_m = \omega_s(1 - s_{lip})$

したがって

$$\tilde{\bar{i}}_{dqs} = \sqrt{\frac{\left\{\left(\frac{\tilde{\bar{r}}_r'}{s_{lip}}\right)^2 + \left(\frac{\omega_s}{\omega_{base}}(\bar{X}_{lr} + \bar{X}_M)\right)^2\right\} T_m}{\left(\frac{\omega_s}{\omega_{base}}\right)\left(\frac{\bar{X}_M^2}{\omega_{base}}\right)\left(\frac{\tilde{\bar{r}}_r'}{s_{lip}}\right)}} \tag{28・4 b}$$

そこで T_m と s_{lip} を目標道りに制御したい場合には，その目標値 T_m^*，s_{lip}^* に対応して上式によって目標電流，i_{as}^* を計算できる．したがって実際の系の s_{lip} が s_{lip}^* に一致し，また i_{as} が i_{as}^* に一致するように比較制御するフィードバック制御系を構成すれば T_m と s_{lip} を目標値通りに制御できることになる．上記の計算は変換器に付属のチップによる簡単なデジタル演算であり，また現実のインバータ制御系としては電流を負帰還電気量として利用することによって複雑なトルクセンサーを必要としないトルク・速度制御系が実現できる．

28・2・4　誘導電動機の瞬時空間ベクトル制御

本項では**瞬時空間ベクトル制御法**（Space Vector PWM control）という PWM 制御法について学ぶこととする．27・5・1項では三角波キャリア信号を正弦波で変調する PWM 制御について学んだ．この方法は極めて精度の高い正弦波出力を作ることができるが，正攻法的に正弦波を作り出すのであるから単相回路の場合でもスイッチング回数がキャリア周波数に応じて非常に多く，また各相ごとの制御方式であるから3相回路ではさらに3倍のスイッチング回数になるためスイッチング損失が大きくなることが欠点である．この欠点を補うインバータ制御法として瞬時空間ベクトル制御法という手法が近年急速に普及しつつある．本節ではその代表的な事例として空間ベクトル制御法によるインバータ正弦波出力電圧をうる方法について学ぶこととする．なお，Napier 定数 e（＝2.71828…）が電圧 e と紛らわしいので本項では指数関数 e^{jx} を ε^{jx} と表すこととする．

瞬時空間ベクトル制御は簡潔にいえば回転電圧ベクトル $e(t) = E\varepsilon^{j\omega t}$ を少ないスイッチング回数で実現して3相一括制御の巧妙な点弧制御を行う PWM 制御法である．図 28・5 に基づいて説明する．

まず始めに3相一括制御の概念を取り入れた空間電圧ベクトル（space vector）E_{sv} として次のように定義する．

$$E_{sv}(t) \equiv \sqrt{\frac{2}{3}}\left(e_a(t) \cdot \varepsilon^{j0} + e_b(t) \cdot \varepsilon^{+j\frac{2\pi}{3}} + e_c(t) \cdot \varepsilon^{-j\frac{2\pi}{3}}\right) \tag{28・5 a}$$

空間ベクトルを作る回路は図 28・5(a) であり，端子 a の電圧 e_a は $[S_{a+}, S_{a-}]$ が［オン，オフ］状態であれば E 値，［オフ，オン］状態であれば 0 値になるとする．b，c 相アームの状態によって決まる e_b，e_c についても同様である．

次に図(a)の回路の a，b，c 各アームのノッチパターンを変更して得られる下記8つのベクトルを**基本空間ベクトル**として定義する．

基本ベクトル

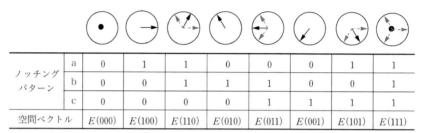

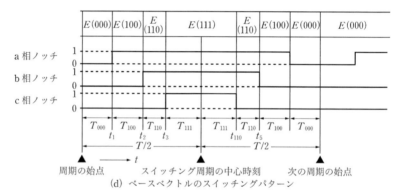

(a) 回路　　　　　(b) 8個の空間ベクトル

(c) ベース電圧ベクトルとそのスイッチング条件

(d) ベースベクトルのスイッチングパターン

図 28・5　空間ベクトル変調

$$\left.\begin{aligned}
E_{sv}(t) &\equiv E(000) = \sqrt{\frac{2}{3}}\,(0\varepsilon^{j0}+0\varepsilon^{+j\frac{2\pi}{3}}+0\varepsilon^{-j\frac{2\pi}{3}})=0 \cdots\cdots\cdots\cdots\text{①}\\
&\equiv E(100) = \sqrt{\frac{2}{3}}\,(E\varepsilon^{j0}+0\varepsilon^{+j\frac{2\pi}{3}}+0\varepsilon^{-j\frac{2\pi}{3}})=\sqrt{\frac{2}{3}}\,E\varepsilon^{j0}\cdots\cdots\text{②}\\
&\equiv E(110) = \sqrt{\frac{2}{3}}\,(E\varepsilon^{j0}+E\varepsilon^{+j\frac{2\pi}{3}}+0\varepsilon^{-j\frac{2\pi}{3}})=\sqrt{\frac{2}{3}}\,E\varepsilon^{j\frac{\pi}{3}}\cdots\cdots\text{③}\\
&\equiv E(010) = \sqrt{\frac{2}{3}}\,(0\varepsilon^{j0}+E\varepsilon^{+j\frac{2\pi}{3}}+0\varepsilon^{-j\frac{2\pi}{3}})=\sqrt{\frac{2}{3}}\,E\varepsilon^{j\frac{2\pi}{3}}\cdots\cdots\text{④}\\
&\equiv E(011) = \sqrt{\frac{2}{3}}\,(0\varepsilon^{j0}+E\varepsilon^{+j\frac{2\pi}{3}}+E\varepsilon^{-j\frac{2\pi}{3}})=\sqrt{\frac{2}{3}}\,E\varepsilon^{j\frac{3\pi}{3}}\cdots\cdots\text{⑤}\\
&\equiv E(001) = \sqrt{\frac{2}{3}}\,(0\varepsilon^{j0}+0\varepsilon^{+j\frac{2\pi}{3}}+E\varepsilon^{-j\frac{2\pi}{3}})=\sqrt{\frac{2}{3}}\,E\varepsilon^{j\frac{4\pi}{3}}\cdots\cdots\text{⑥}\\
&\equiv E(101) = \sqrt{\frac{2}{3}}\,(E\varepsilon^{j0}+0\varepsilon^{+j\frac{2\pi}{3}}+E\varepsilon^{-j\frac{2\pi}{3}})=\sqrt{\frac{2}{3}}\,E\varepsilon^{j\frac{5\pi}{3}}\cdots\cdots\text{⑦}\\
&\equiv E(111) = \sqrt{\frac{2}{3}}\,(E\varepsilon^{j0}+E\varepsilon^{+j\frac{2\pi}{3}}+E\varepsilon^{-j\frac{2\pi}{3}})=0 \cdots\cdots\cdots\cdots\text{⑧}
\end{aligned}\right\} \quad (28\cdot5\,\mathrm{b})$$

さて，これら8個の基本ベクトルは図28・5(a)のスイッチ素子の開閉状態（notching pattern）を図28・5(c)のように制御することで実現できる．

たとえば図の回路でa相端子の電位はノッチパターンが$[S_{a+}, S_{a-}]=[$オフ，オン$]$ではE，$[S_{a+}, S_{a-}]=[$オン，オフ$]$では0となる．したがって，図中の基本ベクトル$E(110)$はノッチパターン$[S_{a+}, S_{a-}]=[$オン，オフ$]$，$[S_{b+}, S_{b-}]=[$オン，オフ$]$，$[S_{c+}, S_{c-}]=[$オン，オフ$]$でa，b，c端子の電位がE，E，0となるので式(28・5a)で$e_a \to E$，$e_b \to E$，$e_c \to 0$とすることによって式③の基本空間ベクトル$E(110)=(\sqrt{2/3})E\varepsilon^{j\pi/3}$を得る．図28・5(b)の六角図形はこのようにして作った6個の有値ベクトルと2個のゼロ値ベクトルを示している．

次には上述の8つの基本ベクトルの組み合わせを適宜変更する切り替えを行い，さらにその点弧時間を制御して平均値的に任意の電圧を得ることを考える．たとえば図28・5(b)において，基本ベクトル$E(100)$と$E(110)$のパターンでの点弧時間を適宜制御して両基本ベクトルに挟まれた60度以内に存在する任意のベクトル電圧eを生成することを考える．その制御方法を図28・5(d)に示す．

図(d)に示すように，前半の半サイクル時間$T/2$内のタイミングt_0，t_1，t_2，t_3でノッチ切り替えを行って4つの時間帯T_{000}，T_{100}，T_{110}，T_{111}に区切って運転することとする．

半サイクルの平均電圧

$$\left. \begin{aligned} &e\angle\theta = \{E(000)\cdot T_{000} + E(100)\cdot T_{100} + E(110)\cdot T_{110} + E(111)\cdot T_{111}\}/(T/2) \\ &\text{ただし} \quad T_{000} + T_{100} + T_{110} + T_{111} = \frac{T}{2} \end{aligned} \right\} \quad (28\cdot5\text{c})$$

ここで$E(000)=0$，$E(100)=\sqrt{\frac{2}{3}}E\varepsilon^{j0}$，$E(110)=\sqrt{\frac{2}{3}}E\varepsilon^{j\frac{\pi}{3}}$，$E(111)=0$であることに留意して

$$\left. \begin{aligned} e\angle\theta &= \left\{0\cdot T_{000} + \sqrt{\frac{2}{3}}E\varepsilon^{j0}\cdot T_{100} + \sqrt{\frac{2}{3}}E\varepsilon^{j\frac{\pi}{3}}\cdot T_{110} + 0\cdot T_{111}\right\}/(T/2) \\ &= \sqrt{\frac{2}{3}}E\{\varepsilon^{j0}\cdot T_{100} + \varepsilon^{j\frac{\pi}{3}}\cdot T_{110}\}/(T/2) \\ &= \sqrt{\frac{2}{3}}E\left\{\left(T_{100}+\frac{1}{2}T_{110}\right) + j\cdot\frac{\sqrt{3}}{2}T_{110}\right\}/(T/2) \\ \therefore\ e\angle\theta &= \sqrt{\frac{2}{3}}E\left\{\left(T_{100}+\frac{1}{2}T_{110}\right) + j\cdot\frac{\sqrt{3}}{2}T_{110}\right\}/(T/2) \quad\cdots\cdots ① \\ &T_{000} + T_{100} + T_{110} + T_{111} = \frac{T}{2} \quad\cdots\cdots\cdots\cdots\cdots\cdots\cdots\cdots ② \end{aligned} \right\} \quad (28\cdot5\text{d})$$

式(28・5d)でT_{000}，T_{100}，T_{110}，T_{111}を決めれば$e\angle\theta$（$|e|$と$\angle\theta$）は一意的に決められる．

結局，半サイクル$T/2$の区間を4つの時間帯に区切って$E(000)$，$E(100)$，$E(110)$，$E(111)$の各パターンでの運転時間T_{000}，T_{100}，T_{110}，T_{111}を適宜選択することによって$E(100)$と$E(110)$両者に挟まれた60度内で任意の大きさおよび位相の平均電圧ベクトル$e\angle\theta$を生成することができるのである．

さて，$E(100)$，$E(110)$に挟まれた任意の$e\angle\theta$が点弧時間の一意的制御で実現できることがわかったので，図28・5(b)に示す15度間隔のe_1，e_2，e_3などを点弧時間の選択で作ることができる．同様の方法で全周に$e_1, e_2, \cdots, e_{24}$のベクトルを用意して順次切り替えていくことにすれば回転ベクトル$e(t)=E\varepsilon^{j\omega t}$を非常に高い精度で模擬することができる．結果として3相一括のPWM点弧制御で，スイッチング回数を減じながら図27・31と同じような正弦波を得ることができる．こうして希望する任意の大きさと周波数（AVAF）の電圧を回転ベクトルとして得て誘導機のトルクと速度を自在にPWM制御することができる．

（追記）式(28・5a)で定義される空間基本ベクトルについて補足説明

今，3相平衡状態の電圧は次式で表されることができる（第2章参照）．

$$e_a(t) = E\varepsilon^{j\omega t}, \quad e_b(t) = E\varepsilon^{j(\omega t - \frac{2\pi}{3})}, \quad e_c(t) = E\varepsilon^{j(\omega t + \frac{2\pi}{3})} \tag{28・6a}$$

対称座標法表現では

$$e_1(t) = \frac{1}{3}(e_a(t) + \varepsilon^{+j\frac{2\pi}{3}}e_b(t) + \varepsilon^{-j\frac{2\pi}{3}}e_c(t)) = e_a(t) = E\varepsilon^{j\omega t} \tag{28・6b}$$

$$e_2(t) = 0, \quad e_0(t) = 0$$

(28・5a) に (28・6a) を代入すれば

$$E_{sv}(t) = \sqrt{\frac{2}{3}}(3 \cdot E\varepsilon^{j\omega t}) = \sqrt{3}(\sqrt{2}E\varepsilon^{j\omega t}) = \sqrt{3}(\sqrt{2}e_1(t)) \tag{28・6c}$$

定義した $E_{sv}(t)$ は正相電圧の波高値表現 $\sqrt{2}e_a(t)$ を $\sqrt{3}$ 倍した値にほかならない．

28・2・5 回転磁界を得る空間ベクトル制御

前項では電圧の回転ベクトルを作って任意の周波数と大きさの正弦波電圧電源（AVAF電源）を得る方法を学んだ．正弦波の電圧を得ることは一般に電源としての基本条件であり，AVAF電源方式は回転機系と非回転機系を問わず，全ての負荷の精密な制御に欠かせない電源システムとして広く利用される基本技術であるといえよう．

その一方で，負荷が単一の誘導機（IM：Induction machine）の場合には前述のAVAF電源方式に代えて誘導機の**回転鎖交磁束（回転磁界）**を作って誘導機のトルクと速度の制御をより直截に行うことも可能である．そこで空間ベクトルの概念を直接的に鎖交磁束に適用して任意の速度でスムーズに回転する回転磁界を実現する磁束ベクトルPWM制御法，すなわち**空間ベクトル制御法**（space vector PWM control）について学ぶ．

誘導機の電源側パワーと回転機械力の伝達の橋渡しをするのは**エアギャップ磁束**（あるいは主磁束．図10・4参照）である．我々は誘導機のエアギャップ磁束の関係式(25・74)，(25・75ab) など，また誘導機のトルク T はエアギャップ磁束 ϕ_{ag} の二乗に比例することを示す式 (25・79g) などを知っている．そこで図28・6に示すように理想的な回転鎖交磁束 $\phi(t) = \phi\varepsilon^{j\omega t}$ について考える．ステータ巻線の作る鎖交磁束の微分値は電圧に比例する（式(25・11)(25・35)など）．したがって微小時間 Δt に生ずる鎖交磁束の微小変化 $\Delta\phi/\Delta t$ は電圧の追加分 ΔV と考えることができる．また微小時間 Δt おける電圧変化の積分値が磁束の変化として生ずる（$\Delta\phi = \Delta V \cdot \Delta t$）とも表現できる．

したがって，ステータ巻線に電圧ベクトル $E(110)$ を時間 Δt だけ加えると両者の積 $E(110)\cdot\Delta t$ だけ磁束が変化すると理解できる（図28・6a）．そこで前節の式(28・5)で定義した8つの基本ベクトルを使って図28・6のように高い精度の近似的な円弧を描く鎖交磁束を実現するのである．

$$\left.\begin{array}{l}\phi(t) = \phi\varepsilon^{j\omega t} \\ \phi(t+\Delta t) = \phi(t) + \Delta\phi(t) = \phi\varepsilon^{j\omega t} + E(000)\cdot\Delta t\end{array}\right\} \tag{28・8}$$

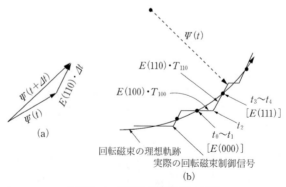

図 28・6　回転磁束制御 PWM 制御

そこで図28・6(b) に示すように回転する鎖交磁束の円弧に沿って近似的な円弧を電圧の追加修正によって描いていく．

$$\phi(t) = \phi(t_0) + \{T_{000} \cdot E(000) + T_{100} \cdot E(100) + T_{110} \cdot E(110) + T_{111} \cdot E(111)\}/(T/2)$$
(28・9a)

ただし

$$\left.\begin{array}{l}E(000)=0,\ E(100)=1,\ E(110)=\varepsilon^{j\frac{\pi}{3}},\ E(111)=0 \\ T_{000}+T_{100}+T_{110}+T_{111}=\dfrac{T}{2} \\ T_{000}=t_0 - t_1 \\ T_{100}=t_1 \sim t_2 \\ T_{110}=t_2 \sim t_3 \\ T_{111}=t_3 \sim t_4\end{array}\right\}$$
(28・9b)

各時点の鎖交磁束の状態は次式で表現できる．

$$\left.\begin{array}{l}\phi(t_1) = \phi(t_0) + E(000) \cdot T_{000}/(T/2) = \phi(t_0) + 0 \cdot T_{000}/(T/2) = \phi(t_0) \\ \phi(t_2) = \phi(t_1) + E(100) \cdot T_{100}/(T/2) = \phi(t_1) + 1 \cdot T_{100}/(T/2) \\ \phi(t_3) = \phi(t_2) + E(110) \cdot T_{110}/(T/2) = \phi(t_1) + \varepsilon^{j\frac{\pi}{3}} \cdot T_{110}/(T/2) \\ \phi(t_4) = \phi(t_3) + E(111) \cdot T_{111}/(T/2) = \phi(t_3) + 0 \cdot T_{111}/(T/2) = \phi(t_3)\end{array}\right\}$$
(28・9c)

このようにしてジグザグ直線で構成する擬似円の軌跡をたどる回転磁束を作り出すことができる．

以上が回転磁界を創り出す空間ベクトル制御法である．この方式は磁束の値を時間とともに逐次修正していく方法によっているといえよう．前項で説明した $e_1, e_2, \cdots e_{24}$ を毎度ゼロ値から作っていく考え方と異なるもう一つの方式といえよう．

28・2・6 d-q 変換 PWM 正弦波制御

さて，誘導機の回転鎖交磁束を得るための空間ベクトル PWM 制御法について図28・3，図28・5，図28・6を使って3種類の方法を学んだ．本項では第4の制御法として d-軸 q-軸電流の概念を利用する **d-q 変換 PWM 正弦波制御**（**d-q-sequence current PWM control**）について学ぶ．第10, 25章などで学んだ **d-q-0 座標変換**（変数変換）の理論をリアルタイムのデジタル演算機能として自動制御回路に組み込んでしまう方法であり，近年の PE 制御技術の多様性を示す好例といえよう．

図28・7のブロック図に沿って説明する．我々は abc 領域の電気量を dq0 領域の電気量に変換する手法を第10章や本章の式(25・9 ab)，(25・10 ab) などを通じて学んでおり，3相平衡な交流電気量 i_a, i_b, i_c は dq0 領域では直流量 i_d, i_q になることを式(10・53)，(10・54) および

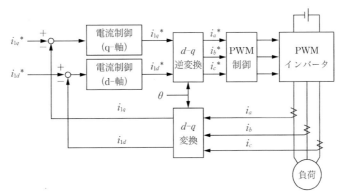

図 28・7 d-p 軸変換 PWM 制御

式(25・52 ab)によって知っている．この原理を使って実回路の電流 i_a, i_b, i_c を所定の大きさおよび周波数の3相平衡な制御信号 $i_a^*(t)$, $i_b^*(t)$, $i_c^*(t)$ 通りに制御することを目的とする回路である．

図28・7において，自動制御の負帰還信号となる電流値 $i_a(t)$, $i_b(t)$, $i_c(t)$ は付属のデジタル演算部で $i_d(t)$, $i_q(t)$ に変換されて直流電気量指令値 $i_d^*(t)$, $i_q^*(t)$（ただし $i_0^*=0$ とする）と比較される．両者の差分 $\Delta i_d(t) = i_d^* - i_d(t)$, $\Delta i_q(t) = i_q^* - i_q(t)$ が再び $\Delta i_a(\omega t)$, $\Delta i_b(\omega t)$, $\Delta i_c(\omega t)$ に変換されて交流の修正指令となって主回路の点弧制御が行われる．Δi_a, Δi_q が絶えずゼロになるように制御されておれば $i_a(t)$, $i_b(t)$, $i_c(t)$ が正弦波信号 $i_a^*(t)$, $i_b^*(t)$, $i_c^*(t)$ に一致するように制御されていることになる．

さて，28・1節，28・2節ではPE回路の点弧制御の基本となる代表的な制御方式のいくつかについて学んできた．これらの適用例で見てきたように，PEの変換回路を骨格筋肉とすればその制御方式は頭脳神経系の役割を果たすことは自明であり，またPEの制御信号の過半は変換器に付属させる演算制御部のチップソフトによってデジタル演算的に生成されるので制御方法としてもさまざまな発想が可能でありその自由度は非常に高い．現実に即して対象とするシステム系の特徴，求められる応動特性等々によってさまざまな方法が実用されている．

以下の節では個々の応用技術分野でのPE応用の様子を総攬しつつその他のさまざまな制御方式をも学んでいくものとする．

28・3 発電機励磁システム

PE技術の個々の応用分野として初めに発電所における応用について見ていくこととしよう．その最初は火力・原子力・水力発電所の同期発電機の励磁回路への応用例である．

同期発電機の励磁回路には直流電流を供給する励磁回路が必要となる．半世紀前の時代には**励磁用直流機**が発電機に直結される方式が代表的であったがサイリスタが普及し始めて以来直流機方式は徐々に淘汰されて今日では励磁回路といえば**静止型励磁回路**（**solid state excitation system**），すなわちPE変換によって直流励磁電流を得る方式を意味するとしてよい．

図28・8は大型火力ユニットの励磁装置方式の代表的な構成である．発電機の3相端子から励磁用の小型変圧器を介して得たパワーがサイリスタのフルブリッジ変換回路に導かれて，次にはその点弧位相角制御によって加減制御されて得られる平均直流電流が発電機のスリップリングを介して発電機ロータの励磁巻線に供給される．回路の主要部は図27・13で学んだサイリスタによる3相全波整流回路である．**デジタル式AVR**の制御指令を受けてサイリスタの位相

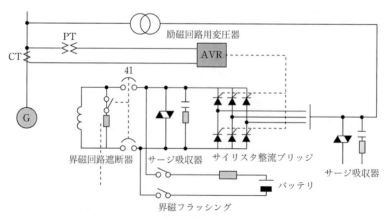

図 28・8　発電機の静止型励磁システム（サイリスタ方式）

角点弧が行われることが点線で示されている．系統に連携されて運転中の個々の発電機の電圧および出力 $P+jQ$ は無制御では絶えず小刻みな変動を伴うことになるが，本図のようにデジタル AVR と静止型励磁装置が備われば高感度で時間遅れが極めて小さい発電機制御系（図15・3参照）となるので小刻みな変動を素早く修正制御して非常にスムーズで安定した運転状態を維持することができる．

なおこの回路では主回路側から補助変圧器を介して侵入する**移行サージ**に対してサイリスタ回路を保護するための保護用の**サージ保護回路**とロータ励磁回路側からの移行サージに対してサイリスタ回路を保護するための移行サージ吸収回路が設けられている．一般にこの例のように重要な用途の半導体変換回路では入念なサージ保護が必要である．21・6 節で変圧器を介した移行サージ現象のことを詳しく学んだが，発電機のステータコイルとロータコイルの間でも移行サージが生ずることは自明であり十分な保護対策が必要となる．半導体素子はサージ性過電圧に対しては本質的に弱い．またひとたび素子破壊（短絡モードまたは断線モードの破壊）が生ずれば変換回路の故障だけにとどまらず，第 16 章などで学んだように発電機や近傍の線

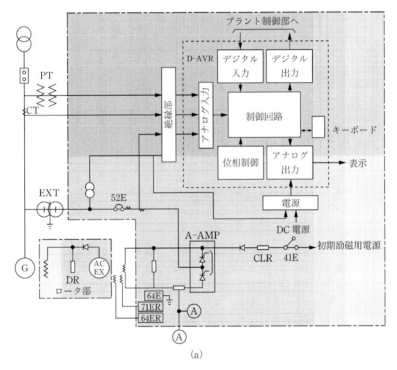

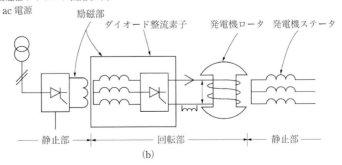

図 28・9　ブラシレス発電機の静止型励磁システム（サイリスタ方式）

路・負荷系に様々な障害をもたらすことになるので PE 変換回路を含むシステム系ではサージ性移行電圧に対する素子の保護に万全を期す必要がある．

なお，図 28・8 のシステムでは発電機の起動初期の励磁用の直流バッテリー回路などが設けられている．系統電圧が確立されていない状態でも発電機の起動時の初期電圧を確立する**ブラックスタート (black starting)** が仕様として求められる場合にはこの回路が必要となる．

近年，**ブラシレス発電機**が大型ユニットとして採用されることが多くなってきた．ロータ内に整流素子を組み込むことによって，同期機の励磁電流を供給するためのスリップリングを省略して保守性を向上させようとするものである．**図 28・9**(a) はブラシレス方式 (brushless type) の発電機における励磁回路の例である．ブラシレス方式の発電機の基本構造を図 28・9(b) に示す．励磁器の回転部はタービン発電機の主軸の終端部に機械的にカップリング結合された円筒構造で円周に沿って 3 相巻線が分布巻で配されている．また固定部は円柱構造で内部には直流電流コイルが配されており，円筒構造の回転部に挿入される．励磁器はエアギャップの内側固定子に直流巻線が配されており，外側回転子に 3 相交流巻線が配された構成であるから内側固定子で作られた直流磁束を回転子の 3 相コイルが鎖交する点では原理的には同期機と同じであるといえよう．ただし直流巻線を配した心棒側が固定されていて 3 相巻線を配した円筒コイル側が心棒側を取り囲んで回転する点が同期機の場合と逆である．地上設置の整流器を介して供給される直流電流によって励磁器固定子側では直流磁束が形成される．励磁器回転子側の 3 相巻線はその直流磁束を鎖交するので 3 相平衡の電圧が生ずる．さらに回転子側にはダイオードが実装されているので励磁器 3 相巻線の交流電流は直流に変換されて発電機の励磁電流として供給されることになる．

結局，ブラシレス方式では発電機に励磁電流 i_{fd} を供給するためのパワーは励磁器のエアギャップを介して固定子側から回転子側に供給されるので保守面で厄介なスリップリングは不要となる．ただし回転するシャフトで得られる電流は交流なので内部に整流用ダイオードを実装して直流に変換する必要がある．ダイオード整流素子が火力機の 3000/3600 rpm の高速回転するロータ内に実装されるのである．

28・4 可変速揚水発電電動機システム

揚水発電 (pumped storage hydropower system) には 100 年の歴史があり，自然エネルギーを大規模に貯蔵できる唯一の手段として今日ではますますその重要性が増している．揚水発電システムの重要な要素となるのは発電所の上流・下流に位置する二つの貯水池（上池，下池），**可逆運転可能な水車 (reversible pumped turbine)**，それに発電電動機 (generator-motor) である．発電電動機は相順の切替えによって発電モードと電動モードで回転方向が逆の運転を行うことになる．今日では揚程 10 m～1,000 m の範囲で大小さまざまな規模の揚水発電が実現している．

通常の揚水発電システムと水力発電システムを電気設備的な側面で比較すれば，発電運転から揚水運転への切り替え手順が必要になるということであろう．揚水運転を開始するためには水車側ではガイドベーン (guide vane) が "閉" の状態で水車ケーシング内の水を圧縮空気で押し下げていったん排除する必要がある．また発電機側では発電電動機の相順を切り替える (a-b-c を a-c-b に変更) ことによって逆回転を可能にしなければならない．これらの切り替え手順が全て電気的制御機能として組み込まれることはいうまでもない．なお揚水発電システムと水力発電システムの励磁系 PE 回路の構成は図 28・8 で示した火力の励磁系システムと大差はない．

さて，揚水発電に必要な可逆水車と発電電動機は高度の成熟技術であるが，通常の同期機による揚水発電システムには次のような原理的な弱点がある．

28・4 可変速揚水発電電動機システム

a) ポンプ水車の**揚水効率**は水の揚程 (head) $H[m]$ (water head)，水量 $V[m^3]$，水車の回転速度 $\omega_0 = 2\pi f_0/n$（n は発電電動機のポール数）に大きく依存して，また水車発電の高効率運転とバランスを採る必要があり，せいぜい 70-80% 程度の総合効率しか期待できない．

b) 同期機の宿命として揚水運転時の回転速度 $\omega_0 = 2\pi f_0/n$ は一定であり，揚程 H，水量 V の状況に応じて高効率揚水運転のための回転速度制御ができない．

c) 同じ理由で揚水運転において電力系統側の事情に応じての自在の AFC 運転，あるいは **LFC（Load Frequency Control）**運転や電圧制御運転ができない．

上記の弱点を補う切り札として登場したのが**可変速揚水発電（Adjustable speed pumped storage hydro-generation）**である．

可変速揚水発電が初めて実現したのは 1990 年代で，350 MVA 級の大容量機として日本において実現した．今日では 500 MVA 級の大容量機も実現しており，大容量電力貯蔵を高効率で実現する切り札として今後一層の普及が期待されている．

図 28・10 に可変速揚水システムの構成を通常揚水との対比で示す．可変速揚水の利点の第 1 は高効率の揚水総合効率確保であり，第 2 は揚水運転過程での自在な**負荷調整**（Load leveling, LFC: Load Frequency Control）である．電気技術進歩の視点で見れば PE 回路を大胆に主回路として組み込むことによって従来の同期機に代えて誘導機を大容量発電電動機として実現したということができる．その主役は巻線形誘導発電電動機およびそのロータ側 3 相コイルに低周波交流電流をながす PE 回路である．

ステータ側とロータ側の双方にスター接続の 3 相巻線を配した**巻線式誘導発電電動機（Double fed generator-motor）**については第 25 章，特に 25・2・4 項でその詳細理論を学んだ．誘導機が PE 技術と相まって風力発電機，小水力発電機，そして可変速揚水発電電動機として広く活躍する時代になったがこれらは容量と設置環境は大きく異なるものの PE 制御の観点からは共通点が多い．巻線型誘導機が広範囲な分野に適用される今日，その最大級容量での適用が可変速揚水機であるといえよう．

図 28・10(b) の誘導機のステータには周波数 $f_s = \omega_s/2\pi = 50/60\, Hz$ の系統側電圧 v_{as}，v_{bs}，v_{cs} に繋がっていて電流 i_{as}，i_{bs}，i_{cs} が流れる（添え字 s はステータ電気量を示す）．したがっ

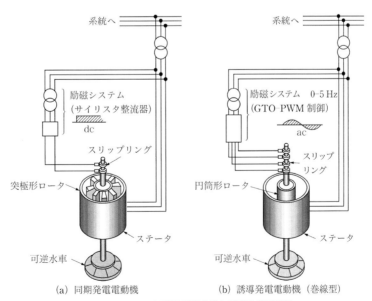

(a) 同期発電電動機　　　(b) 誘導発電電動機（巻線型）

図 28・10 同期発電電動機と誘導発電電動機

てステータ側の事情は図 28·10(a) に示す同期機の場合と異なるところはない．

ところがロータ側の状況については両者は全く異なる構成となっている．巻線形誘導機ではロータ側にも 3 相 y 結線の巻線があってスリップリングを介して 3 相引出し端子は 3 相ブリッジ回路で構成される**サイクロコンバータ** (**cycloconverter**：サイリスタ素子で $f_s \to f_r$ に変換) または **IGBT (GTO) converter-inverter** ($f_s \to dc \to f_r$ に変換) に接続されており，ロータ側 3 相巻線にも周波数 $f_r = 0 \sim 5\ Hz$ 程度の 3 相平衡な交流電圧 $v_{ar},\ v_{br},\ v_{cr}$ と電流 $i_{ar},\ i_{br},\ i_{cr}$ が供給される．この状態では回転磁束の角速度は $\omega_m = \omega_s - \omega_r = 2\pi (f_s - f_r)$ である．また特別な場合として $f_r = 0\ Hz$ の状態ではロータ巻線に直流電流が供給されることを意味しており，これは同期機としての運転状況（ステータ電源の周波数 $f_r = 0\ Hz$ に同期してロータが $\omega_r = 2\pi f_s$ で回転する）に相当する．

結局，PE 変換装置で作るロータ巻線の周波数の可調整範囲を $f_r = 0 \sim 5\ Hz$ に設計すればロータの回転速度 ω_m を 50 Hz 系では定格回転速度の 100～90% の範囲で速度制御させることができる．回転速度 ω_m をわずか 10% 程度低減するだけでも水車の機械出力 P は $Bets$ の法則 (28·5 節参照) によって ω_m^3 に比例し，また発電運転ならびに揚水運転による効率 η は上池貯水のヘッド H に応じた最適速度で運転することによって大幅に改善できるのである．

図 28·11 はフランシス型水車の特性の典型的な一例である．揚水機械力 $P_m[\%] (= \omega_m \cdot T)$，効率 $\eta [\%]$ は水量 $Q[m^3]$ と揚程 $H[m]$ に大きく依存して変化する非直線特性となる．いわば非線陰関数 $Function (P_{stator}, P_{rotor}, \omega_m, P_m = \omega_m \cdot T : H) = 0$ の特性であるともいえよう．そこでもし P_{rotor} と $T = P_m / \omega_m$ を独立に制御することができればこの系は $Function (P_{stator}, \omega_m, P_m : H) = 0$ となるのでその時のヘッド H に応じて高い効率点での運転を行うことができる．

図 28·12 は揚水可変速機のロータ構造を示しており円筒形 3 相巻線構造である．ロータは通常の水力発電機の突極機構造と大きく異なっていることが理解できる．円筒形コイル構造で，突極機の場合のようなダンパー巻線がない点では火力機の構造に近いともいえる．

図 28·13 は可変速揚水発電機の変換装置に関する結線図である．この例では自励素子による **inverter-converter** 方式を示している．

ここでロータに接続する PE 電源回路として他励素子サイリスタによる cycloconverter と

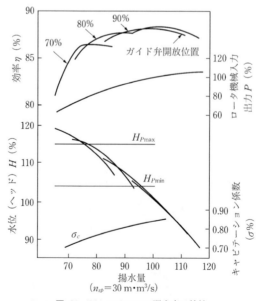

図 28·11 フランシス型水車の特性

28・4 可変速揚水発電電動機システム

定格事項：
発電容量：475 MVA
電動機容量：412 MW
回転速度：480〜520 rpm
定格電圧：475 kV
定格電流：15236 A
自励式インバータ制御

図 28・12 可変速揚水発電電動機の円筒形ロータ（東京電力・東芝提供）

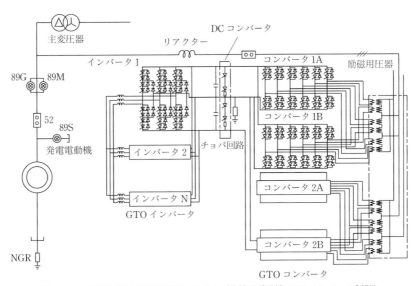

図 28・13 可変速揚水発電電動機システム（巻線型誘導機 GTO インバータ制御）

自励素子 IGBT（GTO）による converter-inverter の比較をしておこう．初期の可変速揚水では他励素子サイリスタが一般的であったが，最近では自励素子が使われることが多くなった．自励式を採用することによる技術的な利点を列挙すれば次の通りである．

自励式可変速揚水方式の利点
(ⅰ) 自励式変換器ではその入力側および出力側の力率をどちらも 1.0 近くに制御することができる（理由については 28・8・4 項 SVG の原理を参照）ので結果として変換器の kW 容量を減らすことができる．
(ⅱ) PWM 空間ベクトル制御によって高効率領域での回転速度とトルクの最適制御をスムーズに行うことができる．
(ⅲ) 必要ならばアクティブフィルタと同じ原理で高調波成分を自在に除去できる（28・9・1 項参照）ので誘導機にとって優しい運転が可能となる．

最後に交流可変速発電動機について留意すべき事項を指摘しておこう．そのロータは円筒状で，円周に配された多数のスロットには絶縁を施した巻線が3相平等分布巻きで埋め込まれている（図28・12参照）．ロータの機械的構造としては通常水力の突極機構造よりはるかに複雑である．したがって，16・5節で同期機の弱点として逆相電流耐力 $i_2^2 \cdot t$ などの特質を同期機の弱点として学んだが，巻線型誘導機は同期機の機械的弱点を共有しているといえよう．**交流可変速機の能力曲線**およびその他の運転性能限界について従来型水力とは異なる配慮が求められる．

28・5 風 力 発 電

28・5・1 風力発電システム

風力発電（Wind generation）は近年世界各地で加速度的に普及しており，5,000 kW 級の大型風車が多数林立する風景も珍しくない．第1には豊富でクリーンなエネルギーであること，第2には初期建設コストは必ずしも小さいとは言えないが運転コストが小さいので総合的に採算性が向上できることなどが主な理由といえよう．

図 28・14 は GWEC（World Wind Energy Association World Wind Energy Report）の発表した将来の普及予想である．現時点で建設された風力発電設備容量の世界合計値はすでに 200 GW を突破しているといわれており，年間 30% の伸び率と報じられている．今後はさらなる拡大が約束されているといえよう．

多数の風車が林立する大規模風力発電システムは 60 kV 以上の高電圧系に連系されることもあろうが，市街地から遠く離れた山間部・海岸部等に設置される中小規模のシステムでは弱小な配電系統への連系を余儀なくされる場合が多いので**電圧の擾乱，起動時の電圧確立，励磁突入電流**（5・6節参照）の問題など独特の電気技術的な問題が生じやすい．機械と電気の複合系としての大小多数の風力ユニットを効率よく安定的に系統連系に供給するためには連系用 PE 変換装置に高度の制御技術が科せられることは言をまたない．

その電気系を学ぶ前に風力発電システムを理解するうえでの基礎知識として風車の機械的な特性について学んでおこう．

風力発電の典型的なユニット容量は 200 kW～5,000 kW である．5,000 kW 級のユニットでは風車の羽根の直径が 80 m，ナセル（風車軸部）60 m，回転面最上部 100 m に達する．

羽根の受け取る風力パワーは次式で計算される．

機械エネルギー

$$E = \frac{1}{2} M V^2 = \frac{1}{2} A \rho V^3 \qquad (28 \cdot 10\text{ a})$$

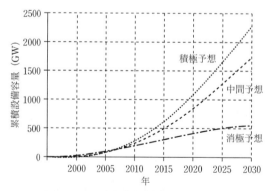

図 28・14 風力発電機の普及予測
(World Wind energy Report 2009)

風車の発生エネルギー

$$E_{out} = \eta \cdot \frac{1}{2} A \rho V^3$$

ここで　空気密度 $\rho [kg/m^3]$
　　　　風速 $V [m/sec]$
　　　　受風面積 $A = \pi r^2 [m^2]$
　　　　毎秒の空気量 $m = A\rho V [Kg/sec]$
　　　　風車効率 η

(28・10 b)

風車の出力エネルギーは風速の三乗 (V^3) に比例する．また図 **28・15**(b) に示すように風車の受けるパワー効率 η は風速に大きく依存するが，後述する Betz の法則によって理論的に $\eta_{max} = 0.593$ を超えることはありえない．また一般に多数の風車ユニットは各台ごとに受ける風量 $V(t)$ も回転速度 $\omega_{wind}(t) = 2\pi f_{wind}(t)$ も異なるのでこれらを並列的に接続し，さらにグリッドに連系するための運転制御マネジメントが非常に重要になる．

Betz の法則

流体機械の効率について Albert Betz によって 1919 年に示された法則である．図 28・15(a) を参照して，風車の羽根の回転面のすぐ上流およびすぐ下流の風速をそれぞれ V_1, V_2 とすれば，その平均風速は $(V_1 + V_2)/2$ であり，また次式が成立する．

羽根の獲得する機械エネルギー

$$E = \frac{1}{2} MV_1^2 - \frac{1}{2} MV_2^2 = \frac{1}{2} M(V_1^2 - V_2^2) = \frac{1}{2} A\rho(V_1 + V_2) \cdot \frac{1}{2}(V_1^2 - V_2^2) \quad (28 \cdot 11 \text{ a})$$

風車の上流の元の運動エネルギー

$$E_0 = \frac{1}{2} MV_1^2 = \frac{1}{2} A\rho V_1^3 \quad (28 \cdot 11 \text{ b})$$

理論的な機械効率

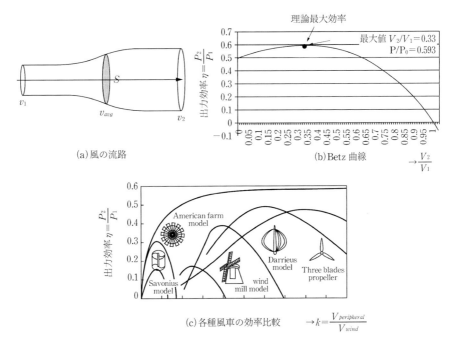

(a) 風の流路

(b) Betz 曲線　　$\to \dfrac{V_2}{V_1}$

(c) 各種風車の効率比較　　$\to k = \dfrac{V_{peripheral}}{V_{wind}}$

図 28・15 Betz の法則と効率曲線

$$\therefore \eta = \frac{E}{E_0} = \left(1+\frac{V_2}{V_1}\right)\cdot\left(1-\left(\frac{V_2}{V_1}\right)^2\right)$$

ここで V_1, V_2 : 羽根の受風面のすぐ上流と下流における風速〔m/sec〕

$\frac{1}{2}(V_1+V_2)$: 羽根を駆動する風の平均速度〔m/sec〕

$M = A\rho\cdot\frac{1}{2}(V_1+V_2)$ 羽根を駆動する毎秒空気量〔Kg/sec〕

A : 受風面積〔m²〕

ρ : 空気密度〔Kg/m²〕

(28・11 c)

図28・15(b) は式(28・11 c)によって導かれた V_2/V_1 対 η の理論特性であり，$V_2/V_1=0.33$ において理論最高効率 $\eta_{max}=0.593$ になる．式(28・11 c)で得た η を式(28・10 b)に代入すれば風車の獲得する出力エネルギー E_{out} が求められる．風車の出力エネルギー E_{out} は風速の三乗（V^3）に比例することを示している．強い風が期待できる立地条件が風力発電の前提とならざるをえない．また，個々のサイトの気象環境に応じてスイートスポットでの運転時間が極力長くなるよう風車の最適設計が行われ，また羽根の角度制御などきめ細かい制御が求められる．

風車技術の重要な要素となるのは①高い信頼性，②高い発電量（広い発電効率特性），③系統との親和性，④保守性の4つのポイントに集約できるであろう．

図28・16(a)(b)(c)に2,000～5,000 kW級の大容量風力ユニットのハブ構造と代表的な変換器構成を示す．

風車の回転速度 ω_m は風速 V に大きく依存する．V の状況に応じ羽根の角度を制御して広い範囲でスイートスポットを確保して最大限のパワー P を獲得するように高度の変換器制御が求められる．

発電機としての回転速度の大幅な変化が前提となるので同期機に代わって**誘導発電機**が採用される場合が多い．ただし保守性が極めて優れた**永久磁石励磁同期発電機**を採用して，またフルコンバータ（ac → dc → ac 変換）によって系統親和性を確保する方法も実用されている．

昨今のPE制御技術の高い制御性を駆使してさまざまな方式が実現可能であり，回転機の方式，変換器の方式ともにそれぞれ複数の方式でその性能を競い合う状況といってもよいであろう．風車には**最高制限風速**（**survival speed**）があり通常は 50～60 m/sec の値である．これを上回る風速になれば羽根角度の制御により回転速度の抑制をする必要がある．

制御システムは回転速度，風向きその他の状況を変数として検出するセンサー系，風力パワーをしっかり確保するための油圧操作機構，両者を有機的に繋ぐ制御系からなる総合システム系としてさまざまな状況に応じて複雑な制御が行われる．大型機では風速に応じて最大限のパワーを掴むための**羽根角度の制御**（**stalling**），強風時に風を逃がして回転速度を抑えるための**ファーリング制御**（**furling**）などの機能を備えており，また羽根の操作用の油圧操作機構が万一不具合の場合には風を最大限に逃がして停止するための制御（full furling）などの機能も必要となる．中小容量器では羽根の操作を羽根ごとに備えたサーボモータで行う方式も実用化されている．

電気的に並列接続される多数の風車ユニットを電力系統に連係して一括制御を行うシステム全体の概念を図28・16(c)に示す．系統の風力システムでは系統側の事故時等で系統に電力を送り出すことができない場合に備えて**蓄電バッテリー設備**を適宜備える必要がある．蓄電バッテリーシステムは発電出力の平準化等にも役立てるなどの設備も備えられる場合が多い．また強風時の羽を逃がすファーリング機能が不十分な小型機の場合には緊急停止のために**水抵抗負荷**（**electrical damping resistor**）などを備える場合もある．

風力発電所および多数の風車を含めたトータルシステムとして**耐雷対策**も重要である．風力発電システムでは下記のような雷撃経路による避雷を考慮してその避雷対策が必要となる．図

28・5 風 力 発 電　**645**

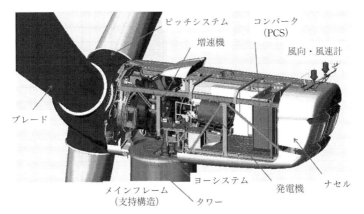

(a) ハブ内の構造(2 000〜3 000 kW 級，ユニソン社提供)

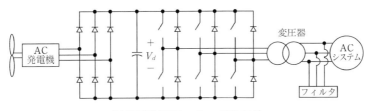

(b) PE 変換回路(ac-dc-ac 変換方式)

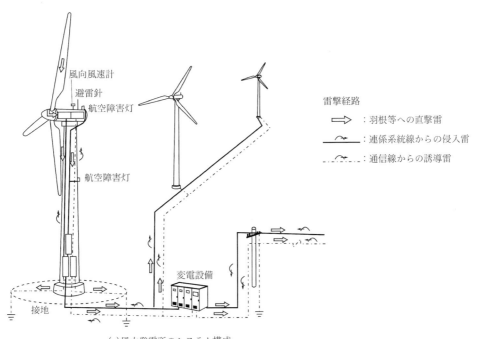

(c) 風力発電所のシステム構成

図 28・16　風力発電システム

28・16(c) にその経路を示している．
　ⅰ．風車羽根等に対する直撃雷
　ⅱ．連係系統線（架空送電線または配電線）からの侵入サージ
　ⅲ．通信線からの誘導雷

風車タワー自体が送電鉄塔と同様のサージインピーダンス回路である．また風車回転部の羽根への直撃雷を受ける可能性をなくすことは不可能である．**避雷ブラシ**を介して羽根の回転部を確実に接地し，そのサージインピーダンスをできるだけ低くすること，また要所に避雷器を配置する対策が必須である．

羽根に直撃雷を受ける場合，ハブ内の電気系の電気絶縁破壊のみならず羽根その他の機械的な損傷を伴う可能性がある．なお，大規模風力発電システムでは風車への雷撃の確率を減らすために**雷撃塔**（風車よりも高い先尖塔）を近接して設置する方策を行う例もある．

28・5・2 風力用発電機

個々の風力ユニットに注目すると，大容量器の場合タワー上のエンジン収納部（nacelle, ナセル）では風車の軸心に直結またはギヤカップルを介して発電機が機械結合される．またその隣に変換器が配置され電力変換が行われる（図28・16参照）．風車のロータハブの回転速度は通常5-20 rpm程度で非常に遅くかつ一定しないので，ギヤカップルを介して回転速度がアップされた状態で発電機に結合されることが多い．回転速度が絶えず変化するのであるから，系統との連系には電力変換のためにPE変換器が必須の設備となる．発電機としては誘導機が採用されることが多いが，永久磁石励磁の同期機が採用されることもある．PE変換器制御方式の進歩によって，今日では電動機の種類に関する選択肢が著しく増加しているといえよう．代表的な方式について以下で見ていくこととする．

ギヤレスタービン＆巻線型誘導機方式

発電機は系統に連系するために変換器の出力側周波数は $f_s = \omega_s/2\pi = 50/60\ Hz$ でなければならない．そこでロータ側が巻線の誘導機を使って系統連系が実現できる．すなわち，ステータ巻線を系統（$f_s = 50/60\ Hz$）に接続し，ロータ巻線側のPE変換器で $f_r = \omega_r/2\pi = f_s - \omega_m/2\pi$ の周波数の正弦波を得るようにすれば可変速同期運転ができる．これは揚水可変速機の発電運転の場合と同じ原理である．この方法ではハブ回転のギヤアップを省略することもできる．

PE変換方式の分類

PE変換器方式に注目して代表的な方式をいくつか整理しておこう．

モデル1：dc結合方式

変換器としてはコンバータ・インバータ（$f_{wind} \to dc \to f_s$）による直流結合（dc-link）方式である．図28・16(b)はこの方式である．ギヤ結合でIGが使われることが多い．

モデル2：ac-ac結合方式

サイクロコンバータ変換によって $f_{wind} \to f_s$ のac-ac変換方式である．

モデル3：永久磁石励磁式同期機方式

$f_{wind} \to dc \to f_s$ 変換方式と $f_{wind} \to f_s$ 変換方式のいずれもが可能である．

28・5・3 風力発電用変電所

大規模風力発電システムの場合，図28・16(c)に示すように多数の風力ユニットを統括する風力変電所が設置される．主変圧器の高圧側母線はグリッド系統に連系され，低圧側母線は風車ユニットの台数に応じて多数の引出し線（feeder）が設けられる．母線とユニットをつなぐ

線路は回線用遮断器を介して架空線路と電力ケーブルが適宜組み合わされた線路となるが，風車発電機に近い区間は電力ケーブルとなる．

誘導機の場合には同期機の場合と同様にその**界磁喪失状態**や**進相運転状態**を避ける必要がある（16・3・2項参照）ので**無効電力**が必要である．そのために風力変電所では多数の風力ユニットの出力を集めて系統に送り出す役割を果たすために全体としての**力率調整用のキャパシタ**を備えるなどの配慮が必要となる．

隣接する多数の風力ユニットはそれぞれに運転状況（出力・回転速度・電圧）がすべて異なるので，新しい風力設備の計画に当たってはさまざまな擾乱要因についてのシミュレーションが重要である．

一般論として回転機は起動時に電圧の確立と系統の同期併入を行うときに回転機と系統との電圧位相差に応じて**励磁突入電流**が流れ，さらにそのために過渡的な**電圧低下現象**が避けられない．いわゆる**起動時の電圧擾乱**である（5・6節参照）．この現象は弱小系統（短絡容量の小さい系統）においてより深刻になる．風力ユニットは多くの場合山間部の弱小系統への連系となるのでこの問題への対策が重要である．起動併入時に**変圧器励磁突入電流**を抑制のための工夫も重要な配慮事項となるであろう．

ところで風力発電の発電量は風次第であり，年間の発電電力量の設備容量見合いの理論電力量に対する割合を**容量係数（capacity factor）**という．一般論として発電効率の高いとされる大容量器でも年平均で20-40%程度以内にとどまるとされる．なお小型容量機と大型容量機を比較すると，小容量機では強い風力での運転性能で劣るのが難点とされる．他方の大容量機では弱い風力では停止を余儀なくされる傾向にある．立地点の気象条件に関する精細な事前検討が大切になる．

28・6 小水力発電

小水力（small-hydro）という言葉に容量的な定義があるわけではないが，通常は500 kW級から10 MW級のユニット容量を指して言われているようである．さらにそれ以下の容量のユニットは**マイクロハイドロ（micro-hydro），ピコハイドロ（pico-hydro）**などと称されることもある．

貯水池の水の有する位置のエネルギーが水車への機械エネルギーとして伝えられることになる水力発電としての出力パワー $P(t)$ は水のヘッド（Head）と単位時間当たりの流量 $Q(t)$ に比例する．

$$P = \eta_T \cdot \eta_G \cdot \rho \cdot g \cdot Q \cdot H \tag{28・12 a}$$

P：タービンの得る機械パワー
η_T：水車効率
η_G：発電機効率
ρ：水の密度（1000 kg/m^3）
g：重力加速度 9.81 m/s^2
Q：タービンを通過する水量（m^3/s）
H：上流貯水池の有効落差（head, m）

仮にシステム全体の総合効率（水の位置のエネルギーに対して発電で得るエネルギーの総合効率）が70%程度とすれば上式は次式のように簡単な近似式で表現できる．

$$P[kW] = 7 \times Q[m^3/s] \times H[m] \tag{28・12 b}$$

一般に水車の効率は最高でも80-90%の程度であるが，小型容量になるほど効率は低下する傾向にあるので小水力の場合には60-80%程度の効率であろう．

小水力の多くは大きい貯水池をもたず小規模の調整池，あるいは堰を備えた程度で事実上貯

水が不可能な**自流式**（run-of river）**発電システム**である．小水力では水の流量・流速が大幅に変化するので運転可能な水車の回転速度の幅ができるだけ広いことが望まれる．そのために調速機を備えた同期発電機方式では対応できない．したがって一般には，PE変換器を介して誘導発電機を備える方式が採用されることになる．巻線ロータ型誘導発電機を採用して，可変速揚水発電システムの場合と同様にロータ巻線に低周波交流電流を送り込む方式にすれば，広い流速の変化に対応して運転が可能であり，季節的な水量の変動にも対応して運転効率を上げることができる．**誘導発電機方式**の場合の系統との連系運転の原理は可変揚水発電の場合と変わるところがないので制御方式の詳細説明は省略する．

電力系統への連系が行われない局所用の小規模発電システムも比較的少ないが存在する．この場合には負荷系の使用電力の時間的変動に対応して発電機の十分な出力調整が可能なように水車の取り込む流量調整機能を備えて発電機の回転速度をある範囲内で制御して発生電圧並びに周波数が一定値以内で運転できるような配慮が不可欠となる．またそれが不可能な場合には発電機は全出力で運転して，負荷側に**ダミー負荷**（たとえば水抵抗負荷）を設けて負荷側で負荷制御を行う方法も考えられる．

28・7 太 陽 光 発 電

28・7・1 ソーラエネルギーとPV太陽光発電方式

太陽から太陽光として地球に到達する太陽エネルギーを**ソーラエネルギー**（Solar energy），**ソーラパワー**（Solar power）などと呼ぶ．すべての生物が太古の昔から恩恵を被ってきた自然エネルギーであり，人間は農業，照明，暖房などの形で受動的に依存してきた．ただし今日，エネルギー獲得技術の対象として論ずるのは太陽電池や集熱器を用いて，積極的にエネルギーを獲得・輸送する能動的な利用形態を指す．一般にその利用形態によって下記のように大別して論じられることが多い．

a. 太陽光発電
  太陽電池（solar cell）を用いて太陽光を直接的に電力に変換して発電方式で**PV発電**（Photo-Voltaic Power generation（PV-generation））と称される事が多い．

b. 太陽熱発電
  熱器を用いて太陽光を熱に変換し，熱せられた空気や蒸気を用いてタービンを回して発電する．

c. 太陽熱利用
  集熱器を用いて太陽光を熱に変換し，加熱した空気や水を暖房や給湯に利用する．高温そのものを炉や調理に利用する場合もある．

本節では世界規模で普及の著しい太陽光発電についてPE応用の観点から学ぶこととする．

PV発電の第一の要素技術は**太陽電池**である．太陽電池は，光起電力効果を利用し，光エネルギーを直接電力に変換して出力する発電機であるといえる．

光起電力効果とは電子に光のエネルギーを吸収させ（光励起），半導体の性質を利用して，エネルギーを持った電子を直接的に電力として取り出す現象のことである．亜酸化銅，セレン等，半導体においては普遍性のある現象である．セル内部に入射した光のエネルギーは，電子によって直接的に吸収され，あらかじめ設けられた電界に導かれ，電力として太陽電池の外部へ出力される．いわば発光ダイオードの場合と逆の機能であるともいえる．実用上の視点からは光の持つエネルギーが直接的に電力に変換されるのでその変換過程では熱・蒸気・運動エネルギーなどへの変換を必要としないことが最大の特長といえるであろう．

太陽電池（セル）を複数枚直並列接続して必要な電圧と電流を得られるようにしたパネル状の製品単体は，**ソーラーパネル**または**ソーラーモジュール**と呼ばれる．モジュールをさらに複

数直並列接続して必要となる電力が得られるように設置したものは，ソーラーアレイと呼ばれる．

現在太陽光発電に利用されている代表的なセルは，p型とn型の半導体を接合した構造のpn接合型で，いわば大型のpn接合型ダイオード（フォトダイオード）であるともいえる．下記のシリコン系，あるいはその他の化合物系の太陽電池がこれに該当する．

シリコン系セルのほか化合物系セルが実用に供されている．代表的なものを列挙しておこう．

a. **シリコン単結晶型**
高純度シリコン単結晶ウエハを半導体基板として利用する．

b. **シリコン多結晶型**
結晶の粒径が数mm程度の多結晶シリコンを利用する．

c. **アモルファスシリコン型**
シラン（水素化ケイ素 SiH_4）ガスから化学気相成長（CVD）させてできるアモルファスシリコンを利用する．結晶シリコンに比べて高温時も出力が落ちにくい特性を持つ．極端な低照度下での効率が高いことや，蛍光灯の短波長光に感度があることから，主に電卓など室内用途に使われてきた．近年では太陽光で劣化しやすい（光劣化）欠点が克服されて屋外用にも市販されている．

d. **多接合型（タンデム型）**
アモルファスシリコンと各種の結晶シリコンを積層したものなど，吸収波長域の異なるシリコン層を積層したもの．

e. **金属化合物系太陽電池**
金属化合物系のInGaAs太陽電池，GaAs系太陽電池，CIS系（カルコパイライト系）太陽電池などが代表的である．一般に光電変換効率が高い事（InGaAsではエネルギー効率が35%を超える），数μmの薄さでも十分に機能すること，経年劣化が少ないことなどの特長があり宇宙技術用等で広く利用されているが今後は地上用低コスト品への応用も期待される．

さて，セルに関する詳細は専門書に譲るとして太陽光発電のPE変換技術に戻って学ぶこととしよう．

図 **28・17** はシリコン系太陽光発電用セルの v-i 特性，v-P 特性の一例である．個々のセル

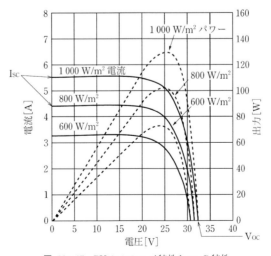

図 **28・17** PVセルの v-i 特性と v-P 特性

自体の出力電圧 v は 10 ボルト前後の直流値であるから直列接続の個数の大小にかかわらず系統連系のためには小さい直流値から大きい交流値への dc-ac 昇圧変換が必要となる．v-i 特性，v-P 特性はセルの温度に依存して変化するが，ある温度での v-i 特性は概ね垂直（電圧 v 一定）特性と水平（電流 i 一定）特性の組み合わせ特性であるといえよう．

光照射の状態で端子を開放した時の出力電圧を **開放電圧**（**open circuit voltage** V_{oc}．図で横の電圧軸との交点），短絡した時の電流を **短絡電流**（**short-circuit current**，I_{sc}．図で縦の電流軸との交点）と呼ぶ．また I_{sc} を有効受光面積 S で割ったものを **短絡電流密度**（$J_{sc} = I_{sc}/S$）と呼ぶ．

電気的出力は $P = \eta(v \cdot i)$（η は変換効率）であるから両特性の交差するニーポイントに近い領域 $P_{\max}(v_{\max}, i_{\max})$ で運転することが高効率で出力を得るための技術の必須条件となる．太陽電池を最大出力点付近で動作させるために大電力用のシステムでは通常，**最大電力点追従装置**（Maximum Power Point Tracker, MPPT）を用いて，日射量や負荷にかかわらず，太陽電池側からみた負荷を常に最適に保つように運転が行われる．変換装置側の制御技術が発電効率を左右する大きい技術要素となる．

最大の出力電力を与える動作点 $P_{\max}(v_{\max}, i_{\max})$ を最大出力点（maximum power point，最適負荷点ともいう）と称し，その点を示す方法として **曲線因子**（**fill factor**）FF を下式のように表現する．

$$FF = \frac{v_{\max}}{V_{oc}} \cdot \frac{i_{\max}}{I_{sc}} \quad (28 \cdot 13\text{a})$$

また，照射光による入力エネルギーを 1000 W/m^2 で規格化して公称変換効率 η を下式で表すことも行われている．

$$\eta = V_{oc} \cdot J_{sc} \cdot FF \quad (28 \cdot 13\text{b})$$

図 28・18(a) は太陽光発電システムを表現する単純な模擬回路の例である．直列抵抗 R_s 成分は素子各部を電流が流れる時の抵抗成分であり，これが低いほど性能が良くなる．並列抵抗 R_{sh} は pn 接合周辺における漏れ（リーク）電流などによって生じ，これが高いほど性能が良い．

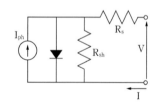

(a) PV セルの近似的等価回路

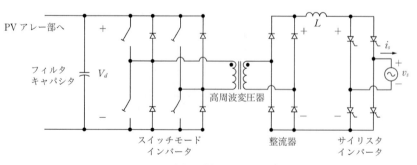

(b) PE 変換回路

図 28・18　大規模 PV システムの変換回路

最大出力点での運転を行うための制御法について考えてみよう．いま，電圧 v・電流 i・出力 P で運転中であるとして，電流が $i+\Delta i$ に増加したときに出力が $P+\Delta P$ に増加する状態であれば出力が増加しなくなるまで電流を増やせばよい．また，電圧 v が $+\Delta v$ に増加したときに出力が $P+\Delta P$ に増加する状態であれば出力が増加しなくなるまで電圧を増やせばよい．結局 $\Delta P/\Delta i=0$ および $\Delta P/\Delta v=0$ の条件を満たす運転点が最大出力点ということになる．このような運転点で所定の正弦波交流電圧を得るために PWM 制御が重要な要素技術となることも自明である．

図 28・18(b) に大規模太陽光発電システムの代表的な変換回路を示す．dc-ac 変換装置としては最大出力点運転のための PWM 制御が行われるが，さらに個々のアレイが定格電流・定格電圧を超えないように能力曲線を超えない範囲での運転を保証するための保護機能を備えることも求められる．

太陽光発電は夜間や悪天候での発電はできないのでその発電効率は最大でも 25% 以下といわれている．したがって昼夜の負荷を賄うために，あるいは日中の過剰出力を吸収するために何らかの電力貯蔵設備（たとえば二次電池）との組み合わせ運転が望ましいとされる．また風力発電との組み合わせによって断続運転という原理的な欠点を補完しあうことも望ましいとされる．

28・7・2 起動時の問題

さて，ここで太陽光発電の**起動時の問題**に触れておこう．発電機，変圧器，電動機，その他大小さまざまな通常負荷系，PE を介した発電系・負荷系など，これらすべてのシステムはその起動時に運転電圧を確立するために通常運転状態よりはるかに大きい起動パワーを必要とする（5・6 節参照）．この起動パワーを自ら備えている能動的なシステムの代表例として水車発電機は貯水の位置のエネルギーを注入することで定格速度までの加速が可能である．しかしながらこのようなポテンシャルエネルギーを持たない弱小発電システムや負荷システムの場合には一般に起動時に必要なパワーは連系する系統側から供給されるしかない．起動時に系統に接続

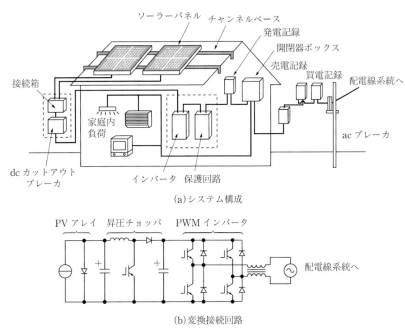

図 28・19 住宅用 PV システム

されて電圧が確立される過程で生ずる**励磁突入電流現象**とは初期の起動エネルギーを系統から供給されるために生ずる不可避的な過渡現象に他ならない．太陽光発電システムもその例外ではなく，起動時に必要とするパワーは連系される系統からの供給によるしかない．そこで問題になるのが**弱小系統での接続**の問題である．一般に強い系統と弱い系統を区別する最良の目安となるのは短絡容量である．短絡容量の小さい系統は弱い系統であり，適正な運転電圧を維持しながら新たに接続されるシステムに起動パワーを供給することができない．このような場合には過大な励磁突入電流が流れて連系点の過渡的電圧低下現象をきたし，はなはだしい場合には所定の電圧が確立できずそのシステムの接続に失敗することになる．

さて，中小規模の太陽光発電の多くは比較的に弱小な末端の配電系統に接続されることが多いので（ジーゼル発電機などを備えない限り）起動時の電圧を確立できずに系統との連系に失敗する可能性も多い．この問題は分散型電源といわれる設備を起動して系統に連系する場合に広く共通的にみられる技術問題である．原理的な考察は5・6節を参照されたい．

小規模の **PV システム** として一般家庭に設置される PV システムの例を図 28・19(a)，(b) に示す．この場合，一般にアレイから 50〜200 V 程度の電圧を得て昇圧インバータを介して配電系統に接続される．このような家庭用では電力変換は発電・受電の双方向性が求められることはいうまでもない．家庭用の小容量といえども適切な電圧と電力送受を確保するための PWM 制御の重要性は変わらない．

最後に，電力系統との接続を前提としない PV システムについて補足しておこう．離島など孤立した地域とか大型船舶などに見られる小規模の**独立系発電システム**（Off-grid PVsystem）がその代表例であるが，さらに小規模の局所的 PV 発電システムとして灯台・洋上ブイ・山間部の交通信号電源なども存在することを知っておこう．

28・8 静止型無効電力補償器（他励方式）

これまでは有効電力 $P[MW]$ を変換する機能回路としてコンバータ・インバータ・チョッパー・サイクロコンバータなどについて学んできた．しかしながら PE 回路は無効電力 $\pm Q$ $[MVar]$ を作り出すことも可能である．正弦波電圧に対して位相が 90 度遅れまたは進みの正弦波電流を変換装置で作り出せば並列リアクトルあるいは並列キャパシターと同じ役割の無効電力供給が可能になるのである．電力系統の安定な電圧確保に欠かせない**無効電力発生器**としての PE 応用技術はその自在性を示す好例であろう．その一番手としてサイリスタ素子による他励式**無効電力補償装置（SVC：Static Var Compensator）**について学ぶこととする．

電力系統はそのすべての地点において 3 相電圧が定格電圧程度以内で絶えず運転される必要がある．電圧・無効電力（$V-Q$）制御は電力系統全体で面的な広がりを持った繊細な制御が求められるので有効電力・周波数（$P-f$）制御との対比ではるかに複雑微妙な技術課題であるといわねばならない．電力系統の節となる重要な変電所での柔軟な電圧制御の役割を担うのが SVC である．

28・8・1 SVC

変電技術分野の専門用語として **TSR**（Thyristor Switched Reactor），**TCR**（Thyristor Controlled Reactor），**TSC**（Thyristor Switched Capacitor），**TCC**（Thyristor Controlled Reactor），**FC**（Fixed Capacitor）などといわれる無効電力補償装置がある．これらを無効電力発生システムを総称して **SVC**（**Static Var Compensators**）という．なおこれらの装置は高調波フィルターの機能をも備えることが多いので **Filter**（**FL**）という概念をも含めることが多い．

図 28・20(a) に TCR，TSC，FC などが組み合わされた標準的な SVC の構成例を示す．図

28・8 静止型無効電力補償器（他励方式）

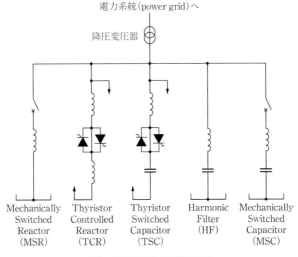

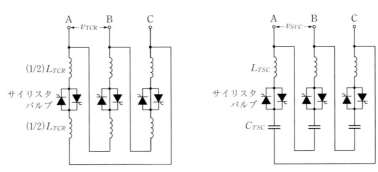

(a) TCR/TSC の標準的構成

(b) TCR サイリスタ制御リアクタ
(Thyristor Ccontrolled Reactor)

(c) TSC サイリスタスイッチドキャパシタ
(Thyristor Switched Capacitor)

図 28・20　サイリスタによる TCR/TSC 無効電力調整方式

においてTCRバンクではサイリスタ点弧によりリアクトル容量を連続かつ即応制御することができる．サイリスタ素子は電流が可逆的にながれるように2つの素子が並列逆接続となっている．サイリスタ素子はTSCではスイッチング用として使われているが，TCRでは連続即応制御が行われる．また受動型の高調波フィルタ（HF）が並列に設けられている．サイリスタスイッチのTSCバンクおよびメカニカル開閉器のリアクトルバンクとキャパシタバンクはオンオフ制御ということになるが，TCRによって連続かつ即応制御が可能なので変電所全体としても連続即応制御が可能である．送電線および負荷のスムーズな力率改善が期待できるほかに，急峻（fringing）な電圧変動を伴う工場群や電圧変動に敏感な工場群の受電用変電所などで電圧安定化を確保するための貴重な機能を発揮するであろう．

図28・20(b)(c)はTCRおよびTSCの3相回路構成を示している．対象系統がEHV級の場合であってもTCRは絶縁の経済設計の観点から変圧器を介した30〜60kV級の低圧側に設置されるので中性点接地を行わないフル絶縁方式でもさほど不利になることがない．したがってスター接続に代わってデルタ接続として3の倍数調波成分がデルタ回路を還流するのみで系統側へ流出しないようにしている．またレイアウト設計上の理由で各相のリアクトルを2分割してサイリスタをその中間部に配置することが多い．各相のサイリスタは同一点弧角に選ばれており，各相ともに電圧位相に対して90度遅れ（または進み）の電流が流れてリアクトル（キャパシタ）の役目を果たすことになる．

TCR（Thyristor Controlled Reactor）はサイリスタ点弧角制御が $0 \leq \alpha \leq \pi$ の範囲で行われることによって無効電力 $\pm Q$ を連続的に加減することができる（次項参照）．なお TCR を $\alpha = 90°$ で運転すればリアクトル容量は最大となって TSR と同じ状態になる．

28・8・2 TCR

TCR（Thyristor controlled reactors）ではサイリスタの点弧角によってその電流波形がどのように変化していくかについて図28・21(a) の単相 TCR でさらに吟味する．図28・21(a) でリアクトル（空心型またはギャップ付鉄心型リアクトル）が可逆接続のサイリスタを介して交流電源に接続されている．リアクトル（インダクタンス L）の抵抗分は無視できるものとし，またサイリスタ Th_1 および Th_2 は共に点弧角 α で制御されるものとすればリアクトルに流れる電流 i_L は α の関数として表わすことができる．

図28・21(b) のケース1は電圧のゼロ点を基準として点弧角が $\alpha = 90°$ の場合であり，このケースでは電圧の毎半サイクルごとに両サイリスタが交互に全時間帯を通じて導通するのでリアクトルには 90°遅れの正弦波電流 i_L（rms値）が流れる．

$$i_L = i_{L1} = \frac{v_s}{\omega L} = \frac{v_s}{2\pi f \cdot L} \quad \text{ただし} \quad \omega = 2\pi f \cdot L \tag{28・14 a}$$

$\alpha = 90°$ ではサイリスタはダイオードと同じ機能を果たし，電圧と電流の関係は交流のリアクトル回路の場合と同じであり電流は正弦波であり，高調波を含まない．また $0° \leq \alpha \leq 90°$ の場合には電圧が正極性の時にサイリスタが導通開始するので回路は図28・21(b) と同じ状態となり，電流も式(28・14 a) と変わらない．

次にケース2の $\alpha = 120°$，ケース3の $\alpha = 135°$ の場合の波形を示している．$90° \leq \alpha \leq 180°$ の範囲で α が大きくなるにしたがって電流 i_L の通電間隔が小さくなるのでその基本波成分 i_{L1} も小さくなっていく．リアクトル電流の基本波成分 i_{L1} に対する等価インダクタンスを L_{eff} で表せば

$$L_{eff} = \frac{v_s}{\omega \cdot i_{L1}} = \frac{V_s}{2\pi f \cdot i_{L1}} \tag{28・14 b}$$

α が大きくなるにしたがって電流の基本波成分 i_{L1} が小さくなっていくのでインダクタンス L_{eff} は大きくなっていく．結局，点弧角を $90° \leq \alpha \leq 180°$ の範囲で制御することによってリアクトルのインダクタンスを $L_{eff} = L \sim \infty$ の範囲で連続的に制御することができる．電流の基

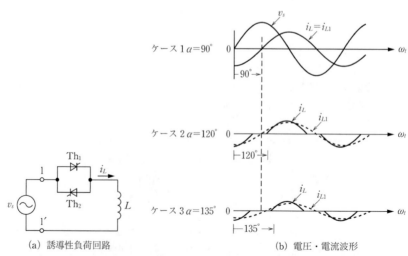

(a) 誘導性負荷回路　　　　(b) 電圧・電流波形

図 28・21　TCR の原理

本波成分 i_{L1} はフーリエ級数式によって次式となる．

$$i_{L1} = \frac{v_s}{\omega L} \cdot \frac{2(\pi-\alpha)+\sin 2\alpha}{\pi} \quad \text{ただし} \quad \frac{\pi}{2} \leq \alpha \leq \pi \tag{28・14c}$$

可変リアクトル容量は次式の範囲で容量を連続的に可変制御することができる．

$$Q = v_s \cdot i_{L1} = \frac{(v_s)^2}{\omega L_{eff}} = 0 \sim \frac{(v_s)^2}{\omega L} \tag{28・14d}$$

リアクトルに流れる電流 i_L は $\alpha \geq 90°$ において正弦波ではなく 3, 5, 7, 9, 11, 13, 15 などの奇数調波成分を含んでいる．このうち 3, 9, 15 など 3 の倍数調波成分は 3 相デルタ結線によって回避できるが 5, 7, 11, 13 調波成分は含まれることになる．

28・8・3 交直変換回路による無効電力補償装置

前項では二つのサイリスタを可逆的に組み合わせたスイッチとして利用した交流回路としてのSVCについて説明した．今度はサイリスタをフルブリッジの交直変換回路として用いた**無効電力補償装置（Var compensator）**について説明する．図 **28・22** のようにフルブリッジサイリスタ変換回路の直流側には直流リアクトル L_{dc} が接続されている．この回路は第27章図 27・13 で直流側をインダクタンス負荷だけとした回路である．この回路の直流側で得られる平均電圧は式 (27・25) によって $v_{davr} = (3\sqrt{2}/\pi) V_{l-trms} \cos\alpha$ で求められるのであった．そこで直流回路の電流を i_d とすれば交流側の有効電力および無効電力の基本波成分は（電流の重なりを無視するとして）次式のようになる．

$$\left.\begin{array}{l} P = \dfrac{3\sqrt{2}\,V_{l-trms}}{\pi} i_d \cos\alpha \\[4pt] Q = \dfrac{3\sqrt{2}\,V_{l-trms}}{\pi} i_d \sin\alpha \\[4pt] S = P + jQ = v_{davr} \cdot i_d = \dfrac{3\sqrt{2}\,V_{l-trms}}{\pi} i_d (\cos\alpha + j\sin\alpha) \end{array}\right\} \tag{28・15}$$

ただし $0 \leq \alpha \leq \pi$

無効電力 Q を得る無効電力補償装置としては点弧角を $\alpha \cong \pi/2$ に保つように制御することによって

$$\left.\begin{array}{l} P \cong 0 \\[4pt] Q \cong \dfrac{3\sqrt{2}\,V_{l-trms}}{\pi} i_d \end{array}\right\} \tag{28・16}$$

となる．$\alpha \cong \pi/2$ に制御することによってパワーをほとんど消費することなく遅れ無効電力 Q を発生することができる．また Q は直流側の電流 i_d を制御することによって可調整となる．なお，他励素子サイリスタに代わって自励素子を使えば $-\pi \leq \alpha \leq \pi$ での制御が可能になるから $\alpha \cong -\pi/2$ を保つように制御することによって進み無効電力を発生することも可能となる．

さてフルブリッジ交直変換回路による無効電力補償装置の説明は以上であるが，一つの問題が残されている．この回路では制御できるのは α だけであるから，α をほぼ90度に保ちつつ

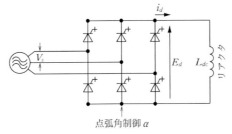

図 **28・22** TCR（3相ブリッジ回路型）

電流 i_d をも適正に制御することは現実的に困難である．この問題を解消する手段が次節で説明する非対称制御方式である．

28・8・4 非対称 PWM 制御とその SVC への応用

二つの制御因子を同時に適切に制御するための巧妙な方法として**非対称制御法（Asymmetrical control method）**といわれる技術について，前項の SVC への適用事例として紹介する．図 28・23 は図 28・22 のフルブリッジ変換回路が二組組み合わせて構成されている回路を示している．この回路の場合には式(28・15)が次式のように修正されることになる．

$$\left.\begin{array}{l} P = \dfrac{3\sqrt{2}\ V_{l-trms}}{\pi} i_d (\cos\alpha_1 + \cos\alpha_2) \\[4pt] Q = \dfrac{3\sqrt{2}\ V_{l-trms}}{\pi} i_d (\sin\alpha_1 + \sin\alpha_2) \\[4pt] \text{ただし} \\[2pt] 0 \leq \alpha_1 \leq \pi, \quad 0 \leq \alpha_2 \leq \pi \quad i_d \text{はリアクトル電流} \end{array}\right\} \quad (28 \cdot 17)$$

この変換回路 1 で点弧角 α_1 を制御し，変換回路 2 で点弧角 α_2 を制御する．この時 i_d が安定して確保されるように $(\cos\alpha_1+\cos\alpha_2)$ を制御し，また目標の Q が安定的に得られるように $(\sin\alpha_1+\sin\alpha_2)$ を制御する．この時安定した i_d を得る為には変換回路が消費するスイッチング損失に相当する最小限のパワー P を供給するように変換回路 1 を制御しながら変換回路 2 で目標の Q を発生させるのである．

Q と i_d を同時に制御することによって SVC の起動時よび定常運転時共にスムーズな目標道りの Var 出力 Q による運転が実現できる．なお SVC はコンバータが 2 台であるから出力は 2 倍になって $\alpha_1 \approx \alpha_2 \approx \pi/2$ の状態の時に最大出力 $Q = 2 \cdot (3\sqrt{2}/\pi) V_{l-trms} i_d$ を発生する．

さてここで SVC からいったん離れて非対称制御方式について考察しておこう．式(28・17)は次式のように修正して表わすことができる．

$$\left.\begin{array}{l} P = (3\sqrt{2}/\pi) V_{l-trms} \cdot I_d K_d \cos\varphi \\[2pt] Q = (3\sqrt{2}/\pi) V_{l-trms} \cdot I_d K_d \sin\varphi \quad \text{①} \\[2pt] \text{ここで} \quad K_d \cos\varphi = \cos\alpha_1 + \cos\alpha_2 \\[2pt] \qquad\quad K_d \sin\varphi = \sin\alpha_1 + \sin\alpha_2 \quad \text{②} \end{array}\right\} \quad (28 \cdot 18)$$

上式において変数因子 (α_1, α_2) と (K_d, φ) は 1 対 1 の変数変換関係にあり，簡単な計算で相互に変換できる．そのうえで α_1 と α_2 がそれぞれ独立に制御可能であるのだから K_d と φ もそれぞれ独立に制御が可能である．したがって上記 SVC の例では φ によって i_d を制御し，K_d によって Q を制御できるのである．

非対称の二つの因子を 2 つの変換回路制御でそれぞれに制御するので非対称制御と称されている．非対称制御による 2 つの変換器の点弧制御には当然 PWM 制御が組み合わされて行われるので非常に即応性の優れた高速かつスムーズな無効電力 $\pm Q$ の制御が可能である．産業負荷部門で時に深刻な障害となる**電圧フリッカー現象**や**短絡事故直後の電圧瞬時低下現象**，さら

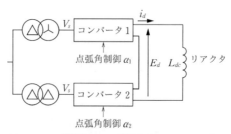

図 28・23 非対称 PWM 制御方式の TCR への適用

には**変圧器突入電流**による**電圧低下現象**などに対して即応電圧回復の効果を期待できる．

　非対称制御は一般論として公共・産業・民生のさまざまな広い応用分野でのPE制御方式として欠かせない技術要素となっている．代表的事例としては回転機応用分野である．回転速度とトルク，回転速度と位置など二つの因子を起動時から定常運転状態まで一貫して同時制御することが可能となる．三つの因子を同時制御したい場合（エレベータ・自動運転鉄道・圧延工程など）には変換回路を3組にすれば実現できる．

28・8・5　SVG あるいは STATCOM

　SVG（Static Var Generator）あるいは**STATCOM（Static Synchronous Compensator）**という新しい概念の**静止型無効電力補償装置**が実用化されている．リアクトルやキャパシタを利用することなくPE技術によって電圧に対して電流が±90°の位相関係にある電流，すなわち無効電力 $\pm Q$ を即応的に作り出すのであるが，同期調相機のように無効電力 $\pm Q$ を連続可変で即応的に出力することができる．通常の系統で電圧の即応的安定性を確保したい場合や**電圧瞬時低下現象**を緩和したい場合に対して効果を発揮する．さらに，設置された変電所の力率を絶えず改善して1.0近くの状態での運転を確保することもできる．無効電力を即応連続可変で作りだす点ではSVCと同じ機能といえるがSVCはリアクトル・キャパシタを利用するのに対してSVGはそれらを必要とせず，PE技術によって無効電力を作り出す．

　近年，**FACTS（Flexible AC Transmission System）**という概念が頻繁に登場するようになった．PE技術により作り出せるさまざまな機能をフルに活用して電力系統を最も経済的かつ安定に設備し運用しようとする概念である．FACTSの概念に含まれる各種PE技術のうち最も広く期待されるのがSVGである．電力系統の節となる重要な受電変電所（複数）にそれぞれSVGを設置して各変電所毎にその力率を絶えず1.0近くに保持すれば電力系統が全体としても局所的にも力率1.0近くに維持されることになるので次のような機能が期待できる．

<u>SVGの期待される効果</u>
① 送電設備の利用効率を最大限に活用（線路の設備冗長性を圧縮）する．
② 系統の定態/過渡安定度，電圧安定度を最高度に向上させる．
③ 重負荷時の電圧降下や軽負荷時のフェランチ効果による電圧上昇を防止する．
④ 送電ロスを最小限に抑制する．
⑤ 負荷需要家側の力率改善による効率向上をはかる．
⑥ 電圧瞬時低下現象（事故直後の瞬時低下や励磁突入電流による短時間電圧低下）の即応的回復を図る．
⑦ 分散型弱小電源システム（PV，風力，小水力など）の接続によって生ずる不安定な連系状態を補強し解消する．
⑧ 適切なPWM制御によって高調波除去するための能動フィルタの機能が備わる（高調波が発生しない）ので従来型フィルタが不要．

設備採算性の課題はあるものの技術的には非常に斬新な構想であり今後の進展が期待される．

　さてSVGの原理について学ぶこととしよう．

　図 **28・24**(a) において発電端 s と受電用変電所 r が線路インピーダンス $z = r + jx$ で接続されており，受電変電所 r の母線には SVG が接続されているとする．図(b)はその主回路図である．この状態を次式(28・19)で表わすことができる．自励素子回路による非対称PWM制御法を行うものとして，$0 \leq \alpha_1 \leq 2\pi$，$0 \leq \alpha_2 \leq 2\pi$ での点弧制御を行う．この回路は直流キャパシタを負荷とした交直変換回路による無効電力補償装置（電圧源型：直流キャパシタ型．負荷インピーダンス $1/\omega C$ が大きい）であって，図28・23で説明した無効電力補償装置（電流源型：直流リアクトル負荷型．負荷インピーダンス ωL が小さい）とPE回路部は同等である．

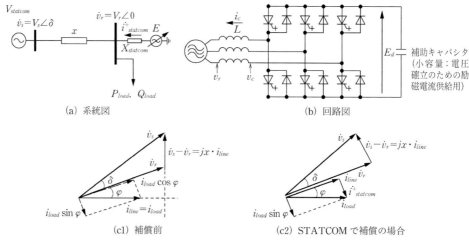

(a) 系統図　　(b) 回路図

(c1) 補償前　　(c2) STATCOM で補償の場合

(c) STATCOM による力率の改善（力率角 20°の場合）

(d1) 補償前　　(d2) STATCOM で補償の場合

(d) STATCOM による力率の改善（力率角 70°の場合）

図 28・24　STATCOM（SVG）による無効電力補償

両者ともに毎半周期毎に L が最大 $\frac{1}{2}LI^2$ のエネルギー（または C が最大 $\frac{1}{2}CV^2$ エネルギー）の充電放電を繰り返すだけでパワーを消費しないことに差はない．

発電端 s と受電端 r を結ぶ系統側の関係式（送電線の抵抗 r を無視する）

$$\left.\begin{array}{l} \dot{v}_s = V_s \angle \delta \quad \dot{v}_r = V_r \angle 0° \quad \dot{i}_{line} = (\dot{v}_s - \dot{v}_r)/jx \quad ① \\ \text{および} \quad v_r = V_r \sin \omega t \quad i_{line} = i_{load} \quad ② \\ S_r = P_r + jQ_r = \dot{v}_r \cdot \dot{i}_{line}^* = \dot{v}_r \cdot \dfrac{v_s^* - v_r^*}{-jx} = \dfrac{V_s V_r \angle (-\delta + 90°)}{x} - j\dfrac{V_r^2}{x} \quad ③ \\ P_r = \dfrac{V_s V_r}{x} \sin \delta \quad ④ \\ Q_r = \dfrac{V_r(V_s \cos \delta - V_r)}{x} \end{array}\right\} \quad (28 \cdot 19)$$

上式③④は第14章の式(14・22) の再録である．

受電端 r における負荷側の関係式

$$\left.\begin{array}{l} P_{load} + jQ_{load} = \dot{v}_r \cdot \dot{i}^* = V_r I_{load} \cos \varphi + jV_r I_{load} \sin \varphi \\ v_r = V_r \sin \omega t \\ i_{line} = i_{load} = I_{load} \sin(\omega t - \varphi) = \underbrace{(I_{load} \cos \varphi) \sin \omega t}_{\text{有効電流成分}} - \underbrace{(I_{load} \sin \varphi) \cos \omega t}_{\text{無効電流成分}} + \underbrace{i_{high}}_{\substack{\text{高調波}\\\text{電流成分}}} \end{array}\right\}$$

$$(28 \cdot 20)$$

ここで $\cos \varphi$：負荷側の総合力率

28・8 静止型無効電力補償器（他励方式）

さてこの回路の受電端母線に SVG を設置して SVG によって電流 $i^*_{statcom}$ を追加で注入するものとする．このとき次式の関係が加わる．

$$\left.\begin{array}{l} i_{load} = i_{line} + i^+_{statcom} \qquad ① \\ i^+_{statcom} = \{k\cos\omega t\}^+ + i^+_{high} : \text{STATCOM の制御信号} \quad ② \end{array}\right\} \quad (28\cdot21)$$

その結果として受電端 r における電流の状況が次式のように修正される．

$$\begin{aligned} i_{line} &= i_{load} - i^+_{statcom} \\ &= (I_{load}\cos\varphi)\sin\omega t - \{(I_{load}\sin\varphi)\cos\omega t - (k\cos\omega t)^+\} + \{i_{high} - i^+_{high}\} \end{aligned} \quad (28\cdot22)$$

さて PWM 自励制御によって正弦波の電流を作り出すことができ，その大きさ・位相も連続可変で制御できるのであるから STATCOM では式(28・22) の右辺第 2 項，第 3 項がゼロになるように制御を行うものとする．すなわち

$$\left.\begin{array}{l} (k\cos\omega t)^+ \Rightarrow \underbrace{(I_{load}\sin\varphi)\cos\omega t}_{\text{無効電流成分}} \therefore k^+ \Rightarrow I_{load}\sin\varphi \;（時間的に連続して）\quad ① \\ i^+_{hr} \Rightarrow i_{hr} \;（時間的に連続して）\qquad\qquad\qquad\qquad\qquad\qquad ② \end{array}\right\} \quad (28\cdot23)$$

図 28・24(c)(d) を参照して，STATCOM で式(28・23) を満足するように理想的な制御を行えば電力システム全体の回路状態は次式のように改善修正される．

$$\left.\begin{array}{l} i_{line} = i_{load} - i^+_{statcom} \Rightarrow (I_{load}\cos\varphi)\sin\omega t \qquad\qquad\qquad\qquad ① \\ P_{line} = P_{load} + P_{statcom} \Rightarrow V_r I_{load}\cos\varphi \quad ② \quad\text{ここで } P_{statcom}\cong 0 \quad ③ \\ Q_{line} = Q_{load} + Q_{statcom} = V_r\{(I_{load}\sin\varphi)\cos\omega t - (k\cos\omega t)^+\} \quad ④ \\ \qquad = \underbrace{V_r(I_{load}\sin\varphi)\cos\omega t}_{Q_{load}} - \underbrace{V_r(k\cos\omega t)^+}_{Q_{statcom}} \Rightarrow 0 \end{array}\right\} \quad (28\cdot24\text{ a})$$

STATCOM は，進みまたは遅れ位相の無効電力 $\pm Q_{statcom}$ を発生して設置点 r の Q_{load} を相殺することにより，結果として $Q_{load} + Q_{statcom} \cong 0$ となるように機能する．その結果，受電点 r における力率が 1 になり，線路電流 i_{line} は受電点で消費される有効電力［MW］相当値まで低減される．

結局，STATCOM は次式の関係を満たすように自動調整機能が備わっているともいえよう．式(28・19) で $\delta = 0$ として

$$\left.\begin{array}{l} P_r = 0 \\ Q = \dfrac{V_s - V_r}{jx}\cdot V \end{array}\right\} \quad (28\cdot24\text{ b})$$

ところで，ここで STATCOM が消費する有効電力 $P_{statcom}$ について吟味しておこう．キャパシタ C の瞬時電力 $\tilde{P}_{statcom}(t)$ は系統側の正弦波周期によって毎サイクル極性反転してエネルギー $(1/2)CV^2$ の充放電を繰り返すので瞬時電力 $\tilde{P}_{capacitor}(t)$ は大きくてもその平均値たるキャパシターの消費電力はほとんど無視できて $P_{capacitor}(t) \cong 0$ である．そのほかには自励素子のスイッチング損失 $P_{switching}$ も適切な PWM 制御によって十分に小さく抑制できる．両者の合計値たる STATCOM としての消費電力 $P_{statcom}$ も無視できる程度に十分に小さくできる．

結論として，STATCOM は変動する負荷電流 i_{load} のリアクティブ成分 $i_{load}\sin\varphi$ を自動的に相殺するような電流を作り出す．換言すれば，連続的に無効電力 $\pm Q^+_{load}$ を作り出して負荷側の無効電力 Q_{load} を事実上ゼロに相殺する．STATCOM は負荷の力率を 1.0 付近に維持するために必要な無効電力の自動調整機能（self turning）を備えているのである．また，回転式の同期機と同じ機能を PE 回路で実現するものであり，SVG あるいは **Static Synchronous Condenser** と呼ぶにふさわしい．

図 28・24(c)(d) において線路の電流 i_{line} は r 点の電圧 v_r と同一位相になるので i_{line} は最少値，線路での消費電力 $r\cdot i^2_{line}$ も誘導性電力消費 $Q_{line} = x\cdot i^2_{line}$ も最小値となる．また図 (c)

(d) を比較すると，力率がゼロに近い（力率角 φ が 90 度に近い）場合に改善が著しいことも理解できる．

STATCOM は遅れ位相特性と進み位相特性は基本的に対称で，遅れ位相と進み位相における定格値 Q_{+rate} と Q_{-rate} は同一値である．図 28・24(b) で直流側に C 素子を採用しているが C は毎サイクルのエネルギー貯蔵を担うのであってその充放電は自励素子のスイッチングに依存している．したがって図 28・22 のように直流側に L が採用されても同様の機能が実現できるのである．

次に全系統の視野にたって考えてみよう．主要な受電変電所のすべてに STATCOM が設置されて各変電所が力率 1.0 で運転されるとしよう．この場合には発電端と受電端を結ぶ送電線の消費する無効電力を発電機がわずかに補う点を除けば全系統が力率 1.0 で運転されることを意味している．STATCOM の特性としての優れた特長といえよう．

続いてその即応特性に注目しておく必要がある．**電圧回復感度**（**voltage recovery sensitivity**）が非常に優れているので通常の電圧変動の吸収のみならず，**電圧不安定現象**の解消，系統事故時や**励磁突入電流現象**に伴う**電圧瞬時低下現象**にたいしてもその即応特性が効果を発揮することが期待できる．

さらにその優れた能動的な**高調波フィルタ機能**（**active filter**）にも注目しなければならない．式 (28・23) ② $i_{high}^* \Rightarrow i_{high}$ は STATCOM が電流に含まれる高調波成分をキャンセルできることを示している．この点については次節のアクティブフィルタでさらに論ずることとする．また STATCOM については図 28・27 で再度論ずることとする．

補説：STATCOM の設置に伴う送電線円線図の修正

第 14 章の図 14・6 および式 (14・22)～(14・30) で送電線の円線図について学んだ．この図の受電点 r に Statcom が設置されると次式のように修正される．

$$\left.\begin{aligned}
P_r &= P_{load} \\
Q_r &= Q_{load} + X_{STAT} \cdot I_{STAT}^2 = Q_{load} + I_{STAT} \cdot V_r \\
P_r &= P_{load} = \frac{V_s V_r}{x} \sin\delta \\
Q_r &= Q_{load} + I_{STAT} \cdot V_r = \frac{V_r^2 - V_s V_r \cos\delta}{x} \\
[P_{load} \cdot x]^2 &+ [V_r^2 - Q_{load} \cdot x - I_{STAT} \cdot V_r \cdot x]^2 = [V_s V_r]^2 \\
P_{load}^2 &+ \left(Q_{load} - \left(\frac{V_r^2}{x} - I_{STAT} \cdot V_r\right)\right)^2 = \left(\frac{V_s V_r}{x}\right)^2
\end{aligned}\right\} \quad (28・25)$$

元の円線図の半径は不変であるが中心点が $(0, V_r^2/x)$ から $(0, V_r^2/x - I_{stat} V_r)$ に移動する．したがって Statcom で電流 $I_{stat} = V_r/x$ を作り出せば（適切に制御すれば）円線図の中心はほぼ原点 $(0, 0)$ に移動する．

28・9 電力用アクティブフィルタ

28・9・1 電力用アクティブフィルタの基本原理

電力系統（負荷系統を含めて）の電圧・電流には高調波成分が無視できない程度に含まれることが多い．その発生メカニズムには第 22 章で学んだような電力系統のさまざまな非直性特性に起因する高調波，負荷側の特性に起因する高調波などと並んで PE 回路のスイッチングに起因する場合も少なくない．PE 変換回路も無対策では高調波発生源となりうることもあろう．その一方で電圧・電流に含まれる高調波が回転機・変圧器・キャパシタや多様な負荷系システム，さらには制御系などにさまざまな障害をもたらすことはすでにいろいろの角度から見てきた．高調波が著しい回路では高調波フィルタが不可欠の設備となる．

28・9 電力用アクティブフィルタ

高調波電流が大きく問題となる電気所（たとえば直流送電の変換所，電気溶解炉工場など）ではLとCの直列組み合わせによって特定周波数の高調波電流を吸収する**共振型フィルタ**，いわゆる受動型のフィルタが広く使われてきた．PE技術が登場する以前の時代のフィルタは全て共振型フィルタであり，特定周波数成分の除去のみに効果があること，チューニングのミスマッチを生じやすいことなどが原理的な難点であった．これに対してPE回路の高速スイッチングによって任意の高調波を自在に吸収する**能動型フィルタ**いわゆる**アクティブフィルタ**（**AF**：Active Filter）が実現した．AFは交流回路に生ずる歪波電流がいかなる状況の場合でもそれに含まれる高調波電流成分とまったく同じ波形の電流を時々刻々作り出して回路に注入することによって高調波を消滅させるのである．受動型フィルタのようなチューニングの難点もなくすべての調波成分を除去する理想的なフィルタが実現できる．

図28・25(a) において，電源電圧 $v_s(t)$ は正弦波であるが受電点rには高調波を含む負荷電流 $i(t)$ が流れている．任意の周期波形の電流 $i(t)$ はフーリエ級数展開によって基本波成分と高調波成分に分けて $i(t)=i(t)+i_{high}(t)$ のように表現できる．一例として図28・25(b) のような矩形波交流波形の場合には電流は次式となる．

$$i(t)=\frac{4}{\pi}\left(\sin(\omega t-\alpha_1)+\frac{1}{3}\sin(3\omega t-\alpha_3)+\frac{1}{5}\sin(5\omega t-\alpha_5)+\cdots\right)$$
$$=\frac{4}{\pi}\sum_{k=1}^{\infty}\sin(2k-1)(\omega t-\alpha_m) \qquad (28\cdot26\text{ a})$$

あるいは

$$\therefore \quad i(t)=i_{sign}+i_{high}$$
$$\text{ここで } i_{sign}=\frac{4}{\pi}I_d\sin(\omega t-\alpha_1) \quad 基本波成分$$
$$i_{high}=\frac{4}{\pi}I_d\left\{\sum_{k=2}^{\infty}\frac{1}{2k-1}(\sin(2f-1)(\omega t-\alpha_f)\right\} \quad 高調波成分 \qquad (28\cdot26\text{ b})$$

そこで，もしもPE装置で上記の高調波成分 $i_{high}(t)$ に相当する電流 $i^*_{high}(t)$ を作り出して系統に注入することで $i_{high}(t)$ を相殺することができれば理想的なフィルタ効果となる．図28・25(a) の回路で (b) の下段に示すような波形の電流 $i^*_{high}(t)$ を作り出して矩形波電流に重畳させることで電流波形を正弦波に整形する．一般にAFは任意の波形の $i_{sign}(t)$ に対してその波

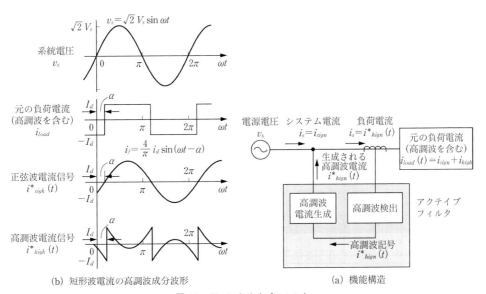

(b) 矩形波電流の高調波成分波形　　(a) 機能構造

図 28・25 アクティブフィルタ

形に相当する電流 $i^*_{high}(t)$ を作り出して相殺する理想的なフィルタである．

さて図28・25(a) を作り出す具体的な方法について吟味する必要がある．AFのPWM点弧信号 $i^*_{high}(t)$ をデジタル的に作り出す制御技術の代表的な方法について次項以降で学ぶこととする．

なお，AFは3相不平衡電流を平衡電流に変換する機能（逆相電流を消滅させる機能）も有するがその応用例については28・12・1項で学ぶこととする．

28・9・2 アクティブフィルタのd-q法制御

同期機・誘導機に欠かせない理論としてのd-q-0法について第10, 25章などで学んできた．この理論がPE技術でもさまざまな形で登場する．ただしPE技術においては（特別な解析を要する場合等を別にすれば）3相平衡状態を論ずればよいから零相回路電気量をゼロとして扱うことが可能である．したがってd-q-0法の変換式(10・10) (10・11) で零相量を除いた変換の基本式として次式を定義する．

$$\begin{bmatrix} i_d \\ i_q \end{bmatrix} = \frac{2}{3} \begin{bmatrix} \cos\omega t & \cos\left(\omega t - \frac{2\pi}{3}\right) & \cos\left(\omega t + \frac{2\pi}{3}\right) \\ -\sin\omega t & -\sin\left(\omega t - \frac{2\pi}{3}\right) & -\sin\left(\omega t + \frac{2\pi}{3}\right) \end{bmatrix} \begin{bmatrix} i_a(t) \\ i_b(t) \\ i_c(t) \end{bmatrix} \quad (28\cdot 27\text{ a})$$

$$\boldsymbol{i}_{dq} = \boldsymbol{C} \cdot \boldsymbol{i}_{abc}$$

$$\begin{bmatrix} i_a(t) \\ i_b(t) \\ i_c(t) \end{bmatrix} = \begin{bmatrix} \cos\omega t & -\sin\omega t \\ \cos\left(\omega t - \frac{2\pi}{3}\right) & -\sin\left(\omega t - \frac{2\pi}{3}\right) \\ \cos\left(\omega t + \frac{2\pi}{3}\right) & -\sin\left(\omega t + \frac{2\pi}{3}\right) \end{bmatrix} \begin{bmatrix} i_d(t) \\ i_q(t) \end{bmatrix} \quad (28\cdot 27\text{ b})$$

$$\boldsymbol{i}_{abc} = \boldsymbol{C}^{-1} \cdot \boldsymbol{i}_{dq}$$

また

$$P + jQ = v_a i_a^* + v_b i_b^* + v_c i_c^* = v_d i_d + v_q i_q \quad (28\cdot 28)$$

もしも電流 $i_a(t)$, $i_b(t)$, $i_c(t)$ が基本波正弦波であるとすればそれをd-q変換した $i_d(t)$, $i_q(t)$ は直流量になるはずである．式で表現すれば式(12・1) (12・2) などを参照して

$$\left.\begin{array}{l} v_a(t) = \sqrt{2}\,V_{rms}\cos(\omega t + \alpha_1) \\ v_b(t) = \sqrt{2}\,V_{rms}\cos(\omega t + \alpha_1 - 2\pi/3) \\ v_c(t) = \sqrt{2}\,V_{rms}\cos(\omega t + \alpha_1 + 2\pi/3) \end{array}\right\} (a) \quad \left.\begin{array}{l} i_a(t) = \sqrt{2}\,I_{rms}\cos(\omega t + \alpha_2) \\ i_b(t) = \sqrt{2}\,I_{rms}\cos(\omega t + \alpha_2 - 2\pi/3) \\ i_c(t) = \sqrt{2}\,I_{rms}\cos(\omega t + \alpha_2 + 2\pi/3) \end{array}\right\} (b)$$

$$\left.\begin{array}{l} \therefore\ v_d = \sqrt{2}\,V_{rms}\cos\alpha_1 \\ v_q = \sqrt{2}\,V_{rms}\sin\alpha_1 \end{array}\right\} (c) \quad \left.\begin{array}{l} i_d = \sqrt{2}\,I_{rms}\cos\alpha_2 \\ i_q = \sqrt{2}\,I_{rms}\sin\alpha_2 \end{array}\right\} (d)$$

$$(28\cdot 29)$$

$$\left.\begin{array}{l} P_{3\phi} = 3P_d = \dfrac{3}{2}(v_d i_d + v_q i_q) = 3 V_{rms} I_{rms}\cos(\alpha_1 - \alpha_2) \quad (a) \\[4pt] Q_{3\phi} = 3Q_q = \dfrac{3}{2}(v_q i_d - v_d i_q) = 3 V_{rms} I_{rms}\sin(\alpha_1 - \alpha_2) \quad (b) \\[4pt] \therefore\ P_{3\phi d-q\ domain} = 3 V_{rms} \cdot I_{rms}\cos\varphi \quad (c) \\[4pt] Q_{3\phi d-q\ domain} = 3 V_{rms} \cdot I_{rms}\sin\varphi \quad (d) \\[4pt] \text{ここで} \cos\varphi：力率\ (\varphi = \alpha_1 - \alpha_2) \end{array}\right\} (28\cdot 30)$$

したがって $i_d(t)$, $i_q(t)$ も $P_{3\phi d-q}$, $Q_{3\phi d-q}$ も直流量になるはずである．換言すれば，もしも $i_d(t)$, $i_q(t)$ が交流成分を含んだ脈流波形であるとすればその脈流成分は $i_a(t)$, $i_b(t)$, $i_c(t)$ に含まれた高調波成分 $i_{a\,high}(t)$, $i_{b\,high}(t)$, $i_{c\,high}(t)$ に相当するはずである．電流波形を連続的に演算するデジタル演算機能によって電流波形 $i_d(t)$, $i_q(t)$ から $i_{d\,high}(t)$, $i_{q\,high}(t)$ を抽出する（digital dc filtering）ことが簡単にできる．

28・9 電力用アクティブフィルタ **663**

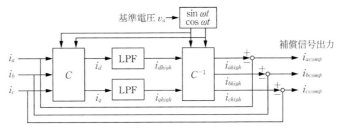

図 28・26 高調波フィルタ（d-q 法原理方式）

図 28・26 が d-q 法による演算制御アルゴリズムを示すダイアグラムである．CT センサーから得た電流波形相当のデジタル波形シグナル $i_a(t)$，$i_b(t)$，$i_c(t)$ が d-q 変数への変換演算 C によって $i_d(t)$，$i_q(t)$ に変換された後ローパスフィルタ（LPF）によってその高調波成分 $i_{d\,high}(t)$，$i_{q\,high}(t)$ が除去されて基本波相当の $i_{d\sin}(t)$，$i_{q\sin}(t)$ のみが抽出される．さらに逆変換演算 C^{-1} によって基本波 $i_{a\sin}(t)$，$i_{b\sin}(t)$，$i_{c\sin}(t)$ が算出される．最後はこの波形と元の高調波を含む $i_a(t)$，$i_b(t)$，$i_c(t)$ の波形との差が系統に注入されて相殺補償すべき高調波成分波形の電流 $i_{acomp}(t)$，$i_{bcomp}(t)$，$i_{ccomp}(t)$ として得られる．これら一連の演算が変換装置に付属する演算部によってデジタル的に算出されることはいうまでもない．

さて，この AF の制御方式が特に優れている点について整理をしておこう．
① 3 相の電流入力波形と基準電圧としての電圧波形がリアルタイムで取り込まれるだけでリアルタイムの演算部に大掛かりな仕掛けを必要としない．
② リアルタイム補償方式であるから発生する高調波を事前に予測する必要もないしミスマッチングすることもなくすべての高調波成分を取り除く．
③ 電流 $i_a(t)$，$i_b(t)$，$i_c(t)$ が高調波を含む場合のみならず 3 相不平衡（逆相・零相成分を含む）の場合でも図 28・26 の d-q 制御法はその不平衡成分を矯正することができる．電流が不平衡であれば $i_d(t)$，$i_q(t)$ に逆相電流相当の 2 倍調波の電流が生ずるので同じ原理で LPF によって除去される．AF は 3 相平衡の正弦波電流波形をリアルタイムで作りだす．
④ 演算部に力率補償用の無効電流も合わせて発生するようにすれば高調波電流の除去と力率改善（すなわち STATCOM の機能）を併せ持つことができる．
⑤ AF は設置される変電所の高調波電流を自ら吸収して波形を正弦波に整形するのみであ

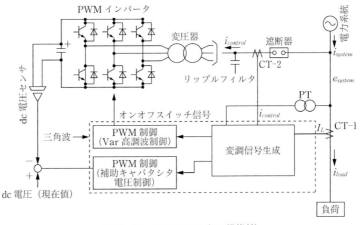

図 28・27 STATCOM（AF 機能付）

り，電圧その他に悪影響や他の電気所への悪影響は一切生じない．発生するパワー損失は事実上スイッチング損失だけである．

図 28・27 に AF と STATCOM の機能を備えた回路の具体的な構成例を示す．インバータ回路の直流側は 28・8・4 項の図 28・8・5 で説明した STATCOM の場合と同様で直流コンデンサだけからなっている．AF の構成は STATCOM の場合とほとんど同じであることが理解される．AF で無効電力補償機能を演算部に持たせれば STATCOM の機能を併せ持つこともできるのである．

図 28・27 で理解されるように直流回路側のキャパシタ電圧を確保しつつ PWM 制御が行われている．ただしこのキャパシタはあくまで交流側のエネルギーを毎サイクル直流側で $(1/2)Cv_{dc}^2$ として預かる機能を果たしているのである．受動フィルタの LC チューニング用とは全く異なる機能を果たしていることがわかる．

28・9・3　SVG の d-q 法空間ベクトル PWM 制御

d-q-変換理論と空間ベクトル制御を組み合わせた d-q 法空間ベクトル PWM 制御による SVG について紹介する．

我々の扱うのは概ね 3 相平衡電気量であるから式(28・29)(a)(b) および (28・39) に見られるように d-q-領域で表すパワー $P_{3\phi d-qdomain}(t)$，$Q_{3\phi d-qdomain}(t)$，は概ね時間によって変化しない直流量である．そこで次式に空間ベクトル PWM 制御理論を適用する．

$$\left.\begin{array}{l} P_{3\phi d-qdomain}(t)=3V_{rms}\cdot K_a I_{rms}\cos\alpha \\ Q_{3\phi d-qdomain}(t)=3V_{rms}\cdot K_a I_{rms}\sin\alpha \\ \text{ここで } 0\leq K_a \leq 1：\text{PWM 係数制御} \\ -\pi \leq \alpha \leq \pi \quad \text{点弧角} \end{array}\right\} \quad (28\cdot31)$$

上式で $Q_{3\phi d-qdomain}(t)$ が時間的に一定値に維持されるように制御すれば結果として無効電力の一定運転が実現できる．非対称制御によって $\alpha \cong 90°$ を維持しつつ K_a の増減制御によって連続可変の無効電力を作り出すことができる．

28・9・4　直流インバータの d-q 変換法制御

d-q-変換法は様々な PE 応用部門で非常に多彩な応用が可能である．そこで SVC の話題から一端離れて d-q 変換および伝達関数による自動制御理論の手法を組み合わせて実現する dc インバータについて紹介する．ダイナミック解析の手法としても，また現実の制御法としても有効な方法である．

図 28・28(a) のような 3 相変換装置が電力系統に接続されているとする．この時，下式が成立する．

$$\left.\begin{array}{l} \begin{bmatrix} e_a \\ e_b \\ e_c \end{bmatrix} = R \begin{bmatrix} i_a \\ i_b \\ i_c \end{bmatrix} + L\dfrac{d}{dt}\begin{bmatrix} i_a \\ i_b \\ i_c \end{bmatrix} - \begin{bmatrix} v_a \\ v_b \\ v_c \end{bmatrix} \quad ① \\ v_a i_a + v_b i_b + v_c i_c = v_d i_d + v_q i_q = v_{dc} i_{dc} \quad ② \\ v_{dc} = \dfrac{1}{C}\int (i_{dc}-i_L)\,dt \quad ③ \\ e_a,\ e_b,\ e_c：\text{系統側電源電圧} \\ v_a,\ v_b,\ v_c：\text{コンバータ端子の相電圧} \\ v_{dc},\ i_{dc}：\text{dc 電圧・電流} \\ i_L：\text{負荷電流} \end{array}\right\} \quad (28\cdot32)$$

上式は式(28・27)(a)(b) によって d-q-領域に変換可能である．

下式に留意して

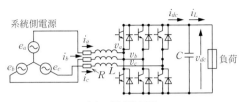
(a) 3相変換回路

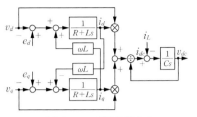
(b) Laplace 変換制御方式

図 28・28 3相インバータ（d-q 変換 Laplace 制御方式）

$$\boldsymbol{C} \cdot \boldsymbol{C}^{-1} = 1 \quad \text{および} \quad \boldsymbol{C} \cdot \frac{d}{dt} \boldsymbol{C}^{-1} = \omega \begin{bmatrix} 0 & -1 \\ 1 & 0 \end{bmatrix} \tag{28・33}$$

上式に留意して式(28・32 a) より

$$\begin{bmatrix} e_d \\ d_q \end{bmatrix} = L \frac{d}{dt} \begin{bmatrix} i_d \\ i_q \end{bmatrix} + \begin{bmatrix} R & -\omega L \\ \omega L & R \end{bmatrix} \begin{bmatrix} i_d \\ i_q \end{bmatrix} + \begin{bmatrix} v_d \\ v_q \end{bmatrix} \tag{28・34 a}$$

$$\frac{d}{dt} \begin{bmatrix} i_d \\ i_q \end{bmatrix} = \begin{bmatrix} -\dfrac{R}{L} & \omega \\ -\omega & -\dfrac{R}{L} \end{bmatrix} \begin{bmatrix} i_d \\ i_q \end{bmatrix} + \frac{1}{L} \begin{bmatrix} e_d - v_d \\ e_q - v_q \end{bmatrix} \tag{28・34 b}$$

式(28・32) ②③より

$$\frac{d}{dt} v_{dc} = \frac{1}{C v_{dc}} (v_d i_d + v_q i_q) - \frac{i_L}{C} \tag{28・34 c}$$

そこでラプラス変換手法により $\dfrac{d}{dt} \to s$ の置換を行うと

$$(R + sL) i_d = \omega L i_q + (e_d - v_d) \tag{28・35 a}$$

$$(R + sL) i_q = -\omega L i_d + (e_q - v_q) \tag{28・35 b}$$

$$v_{dc} = \frac{1}{sC} \left(\frac{v_d i_d + v_q i_q}{v_{dc}} - i_L \right) = \frac{1}{sC} \left(\frac{P}{v_{dc}} - i_L \right) \tag{28・35 c}$$

上式(28・35 a)(28・35 b)(28・35 c) によって負帰還のラプラス伝達関数ブロック図としての図 28・28(b) を得た．ここで入力値たる e_d, e_q および v_d, v_q がリアルタイムで得られているから v_{dc} がこのブロック図伝達関数の出力値として自動制御的に得られるのである．d-q 変換およびラプラス変換による伝達を組み合わせた自動制御理論による ac-dc インバータである．

なお，ここで我々は第 11 章で学んだ式(11・25) を思い出そう．再録すれば

$$P = e_d i_d + e_q i_q \tag{28・36 a}$$

$$Q = e_d i_q + e_q i_d \tag{28・36 b}$$

電源電圧・電流を次式(28・27 a) で表現すれば

$$\begin{bmatrix} e_a \\ e_b \\ e_c \end{bmatrix} = \sqrt{2} E \begin{bmatrix} \cos(\omega t + \alpha) \\ \cos\left(\omega t + \alpha - \dfrac{2\pi}{3}\right) \\ \cos\left(\omega t + \alpha + \dfrac{2\pi}{3}\right) \end{bmatrix} \quad \begin{bmatrix} i_a \\ i_b \\ i_c \end{bmatrix} = \sqrt{2} I \begin{bmatrix} \cos(\omega t + \beta) \\ \cos\left(\omega t + \beta - \dfrac{2\pi}{3}\right) \\ \cos\left(\omega t + \beta + \dfrac{2\pi}{3}\right) \end{bmatrix} \tag{28・37 a}$$

変換式 $e_{dq} = \boldsymbol{C} \cdot e_{abc}$ によって

$$\begin{bmatrix} e_d \\ e_q \end{bmatrix} = \begin{bmatrix} \sqrt{3} E \cos \alpha \\ \sqrt{3} E \sin \alpha \end{bmatrix} \quad \begin{bmatrix} i_d \\ i_q \end{bmatrix} = \begin{bmatrix} \sqrt{3} I \cos \beta \\ \sqrt{3} I \sin \beta \end{bmatrix} \tag{28・37 b}$$

$$P = 3EI \cos(\alpha - \beta) \qquad Q = 3EI \sin(\alpha - \beta) \tag{28・37 c}$$

したがって i_d が有効電力に対応し i_q が無効電力に対応していることがわかる．以上の理論を踏まえて図 28・28 b のブロック図が P, Q, v, i 解析モデルとしても実際の制御方式としても適用できる．

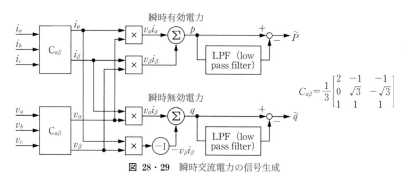

図 28・29 瞬時交流電力の信号生成

28・9・5 電力用アクテイブフィルタ（p-q 座標法）

p-q 法（p-q method，$\alpha\beta$ 法ともいう）いう制御アルゴリズムについて図 28・29 によって紹介する．我々は対称座標法と $\alpha\beta0$ 法の相互関係について第 6 章図 6・2 などで学んだ．式 (6・1)，(6・9) を引用して，また本章では零相成分を無視できるので

$$\begin{bmatrix} i_\alpha(t) \\ i_\beta(t) \end{bmatrix} = \begin{bmatrix} 1 & 1 \\ -j & j \end{bmatrix} \begin{bmatrix} i_1 \\ i_2 \end{bmatrix} = \frac{1}{3}\begin{bmatrix} 2 & -1 & -1 \\ 0 & \sqrt{3} & -\sqrt{3} \\ 1 & 1 & 1 \end{bmatrix} \begin{bmatrix} \sqrt{2}\,i_{arms}(t) \\ \sqrt{2}\,i_{brms}(t) \\ \sqrt{2}\,i_{crms}(t) \end{bmatrix} \qquad (28 \cdot 38)$$

また回路電流が 3 相平衡であれば $i_2(t)=0$，$i_\alpha(t)=i_1(t)$，$i_\beta(t)=-ji_1(t)$ であることも知っている．瞬時有効電力 $p(t)$ と瞬時無効電力 $q(t)$ は

$$\begin{bmatrix} p(t) \\ q(t) \end{bmatrix} = \begin{bmatrix} v_\alpha(t)\,i_\alpha(t)+v_\beta(t)\,i_\beta(t) \\ -v_\beta(t)\,i_\alpha(t)+v_\alpha(t)\,i_\beta(t) \end{bmatrix} = \begin{bmatrix} v_\alpha(t) & v_\beta(t) \\ -v_\beta(t) & v_\alpha(t) \end{bmatrix} \cdot \begin{bmatrix} i_\alpha(t) \\ i_\beta(t) \end{bmatrix} \qquad (28 \cdot 39\text{ a})$$

逆変換すれば

$$\begin{bmatrix} i_\alpha(t) \\ i_\beta(t) \end{bmatrix} = \frac{1}{v_\alpha^2(t)+v_\beta^2(t)} \begin{bmatrix} v_\alpha(t) & -v_\beta(t) \\ v_\beta(t) & v_\alpha(t) \end{bmatrix} \cdot \begin{bmatrix} p(t) \\ q(t) \end{bmatrix} \qquad (28 \cdot 39\text{ b})$$

瞬時電力 $p(t)$，$q(t)$ はオフセットを伴った交流電力であり（図 11・1 参照）そのサイクル平均値 $\bar{p}$，$\bar{q}$ が有効電力，無効電力の定義である（式(11・3)，(11・4) 参照）．また電力 p，q は電圧と電流の同一周波数成分の積として表されることを知っている（式(11・10) 参照）．そこで p と q を直流成分 $\bar{p}$，$\bar{q}$ と交流成分 $\tilde{p}$，$\tilde{q}$ に分割するとすれば，前者は基本周波数 (50/60 Hz) の電圧・電流による電力，後者は電圧・電流の高調波成分による電力ということになる．そこで交流成分 $\tilde{p}$，$\tilde{q}$ を $\alpha\beta$ 領域で抽出して abc 領域に逆変換することができる．図 28・29 は瞬時電力の交流成分 $\tilde{p}$，$\tilde{q}$ を演算する制御アルゴリズムを示している．図のような加算・乗算を含む複雑なアルゴリズムが PE 変換器に付属の制御部で自在にデジタル演算できる．

p-q 法の一つの難点は，ac 電源側の瞬時電力 $p(t)$，$q(t)$ が使われるので電源側電圧・電流にすでに高調波成分が含まれている場合にその影響をなにがしか受けることである．この観点から比較すれば d-q 法では電源系統側の電圧・電流が歪んでいても正弦波の電流が作れる点で p-q 法より優れているともいえよう．

28・10 直流送電（HVDC 送電）

直流送電システムはさまざまな PE 応用分野の中でも間違いなく最大容量・最大電圧のシステムとして利用される PE 応用分野であるといえよう．直流送電の送受両端に設置される交直変換装置のコストは送電距離の長短に無関係であるために，一般には数百 kM 以上の EHV/UHV 級長距離送電線の場合や海底送電線の場合に交流に代わって活躍する．

28・10 直流送電（HVDC送電）

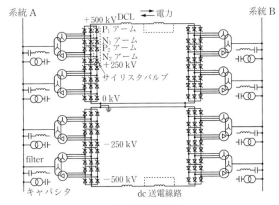

(a) 単線結線図

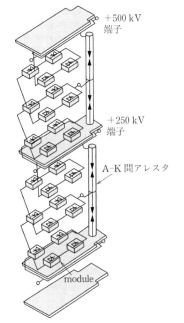

(b) 変換器の構成

(c) 写真（東芝提供）

図 28・30　HVDC 変換器（±500 kV）

交流送電との対比で直流送電の主な特長を簡単に整理しておこう．
① 送電線の建設コストが安いこと．
② 2つの交流系統を非同期で連系することができる．そのために交流系統では不可避的に制約となる安定度崩壊・脱調等の懸念がない
③ 交流系統では系統の拡大に伴う短絡容量増大の問題がない．
④ 有効電流 P に相当する電流のみが流れるので交流に比べて送電ロスが低減される．
⑤ 送電線の漏れ電流が事実上ゼロである．
⑥ 即応制御が可能である．
⑦ また，周波数の異なる系統を連系する **BTB（Back to Back）** 設備としても利用される．

短所は変換器が高価なこと．また3端子構成とか並列ループ系構成が困難，また回路切替が事実上不可能なことなど柔軟性に欠けることなどであろう．

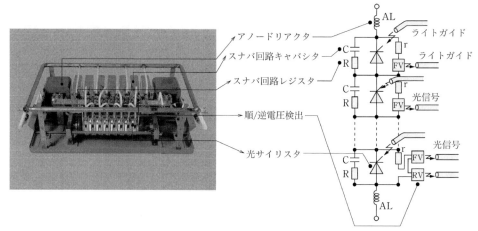

(c) アームの構成

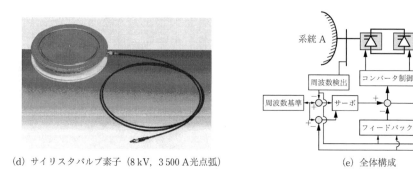

(d) サイリスタバルブ素子（8 kV, 3 500 A光点弧）　　(e) 全体構成

図 28・30　（続き）

商用周波数の異なる系統を連系する **BTB（Back to Back）周波数変換システム**は送電距離が0 km の直流送電と見なすことができる．

　なお，直流送電といえば歴史的な経過と経済性の二つの理由でサイリスタによる他励変換というのが相場であったが近年では自励素子による直流送電も実現している．ただし本節では他励変換方式の直流送電を中心にその概要を学ぶこととする．

　図 28・30 (a) は直流送電システムの典型的な単線結線図であり，図 28・30 (b) は変換器の構成を写真と接続図を対比して示している．この例では送電線の両側の変換所 A，B の間を±500 kV の導体 2 本と中性線導体 1 本の合計 3 本の架空線または直流ケーブルで結ばれる．変換装置は両変換所とも対称構成であり，この例では 250 kV 変換システムが 2 段積みの構成で +500 kV および −500 kV の変換部を実現している．

　サイリスタ変換回路の基礎的理論は 27・22 節，27・23 節で説明した通りである．双方向のいずれにも送電可能なことはいうまでもないが，今，図において変換所 A から変換所 B に送電する場合について考察する．送電端 A 側の交流系統（交流電圧 69-500 kV 級）変圧器で 500 kV に昇圧されてフルブリッジサイリスタ変換回路を介して HVDC 送電線に接続されており，受電端 B の変換器構成も全く同じである．A 交流系統のパワーは A 端で交直変換されて B 端子に送られ，今度は直交変換されて交流 B 系統に送られる．

　変換器はプラス極とマイナス極変換部からなり，線路もプラス極導体とマイナス極導体からなっている．中性線はプラス極導体の電流 i^+ とマイナス極導体の電流 i^- の差分 $\Delta i = i^+ - i^-$ が流れる帰路であるのでその電流容量は少なくて一般には極の送電線導体より細い導体で十分である．なお，中性線を省略しても大地帰路が存在するので直流送電は実現できるが，この場

28・10　直流送電（HVDC 送電）　　669

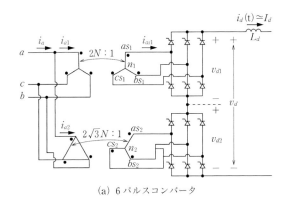

(a) 6パルスコンバータ

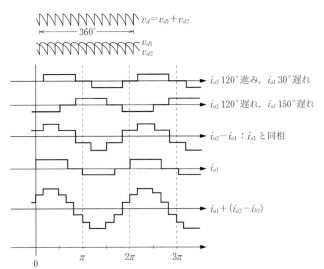

(b) 階段状擬似正弦波の生成

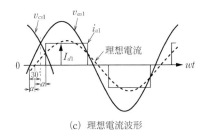

(c) 理想電流波形

図 28・31　12パルス変換（6パルス二組）方式

合には直流大地電流による磁界が乱されるなどの悪影響（たとえば磁石・羅針盤の狂いや機械類の偏磁など）が避けられないので中性線は必要である．

1組の変換器は図 27・13 で説明した3相フルブリッジ6パルス構成であるが，変圧器のY巻線とデルタ巻線に2組の変換器を配することによって**12パルス交直変換方式**としている．変換器の交流側には**交流フィルタ**（5, 7, 11, 13 次高調波吸収用）が設置される．直流線路側には直流電流の波形平滑化と直流過電流抑制の目的で**直流リアクトル**を設置することが多い．

サイリスタ変換器は両サイドの交流系統側に電圧が確立していることが起動並びに運転の必須条件である．交流母線側の充電電流相当の無効電力が供給されて電圧が確立すること並びに

変換器の位相制御のための無効電力が必要である．したがって交流側が極端な弱小電源回路の場合や事実上ブラックスタートが求められるような場合には**同期調相機**を設ける必要がある．

変圧器には直交変換に伴いリップル波形の電流が流れるのでその直流成分のために変圧器に**直流偏磁**（図27・35参照）が生じやすいので鉄心の磁束密度を低くした設計を行うなどの対策が講じられる．

変換器に実装されるサイリスタ素子とその組み合わせのアーム構造について図28・30(c)，(d)，(e)に示す．サイリスタ素子はライトガイド点弧信号によって点弧される．回路の基本的動作原理はすでに27・2・3項で説明した通りである．

図28・31(a)(b)(c)に12パルス変換回路における点弧制御で得られる各部位の電圧と電流の波形を示す．図28・31(a)において，電圧v_{as1}は電圧v_{as2}より30度進みである．直流線路側に設置された平滑用インダクタンスL_dによって電流I_dが完全に平滑されている．また交流側の転流インダクタンス（27・2・5項参照）を無視できるとする．この時電流i_{a1}，i_{a2}，i_{b2}などは完全な矩形波になる（図28・3(b)）．したがって，$i_{a2}-i_{b2}$はi_{a1}と同一位相関係を保つ交流波形となり，さらに電流$i_{a1}+(i_{a2}-i_{b2})$は正弦波への近似度を一層増す．この波形では3の倍数調波成分は変圧器デルタ回路によってすでに除去されているがその他の奇数（5，7，11，13次）調波成分は含まれている．交流側にフィルタ（経済的な理由で受動型フィルタ）が欠かせない事になる．

最後に，近年では自励式素子による直流送電が実用に供せられている．変換器自体がアクティブフィルタ機能を備えているので受動型フィルタを省略できる上に交流側で理想的な正弦波を送受できること．弱小電源系での電圧確立のために必要とされる同期調相機が省略できることなどの利点があるので今後の展開が期待される．

28・11 電力無効制御（FACTS）

28・11・1 FACTSの概要

FACTS（**Flexible AC Transmission System**）という言葉がしばしば登場するようになった．FACTSという言葉の概念についてIEEEでは次のように定義している．

> 'A power electronic based systems and other static equipment that provide control of one or more ac transmission system parameters to enhance controllability and increase power transfer capability'.

FACTSの意味するところは電力系統（配電系および負荷の一部を含む）のより柔軟な計画・建設・運転に資することのできる個々のPE応用技術，およびそれによって制御の柔軟性を増した系統自体ということであろう．すでに前節までで説明したSVC，SVG（STATCOM），AFなどを含めて未来志向の電力系統システムを指すといえよう．FACTSの目的とする技術的特徴を整理しておこう．

FACTSの概念の目指す技術的な機能

　ⅰ．ダイナミックな無効電力の供給による力率の改善と電圧安定性の向上およびそのための制御性向上．
　ⅱ．送電線設備容量の冗長性の圧縮と無効電力調整設備（リアクトル／キャパシタ／フィルタなど）の省略
　ⅲ．系統安定度の向上
　ⅳ．有効電力，無効電力の柔軟な制御
　ⅴ．潜在的な諸問題の低減（電圧瞬時低下現象，サブシンクロナスSSR共振現象（28・11・3項参照），カスケード崩壊現象など）

vi. 環境ならびに法規制面での貢献

FACTS に関する PE 技術の特徴
 i. 即応特性
 ii. 出力側電気量で得られる特性の柔軟性
 iii. スムーズな可変調整能力

表 28・1 は FACTS の概念に含まれるさまざまな装置技術の一覧である．系統への接続方法で大別して**並列接続システム**と**直列接続システム**に分類される．

PE 技術の優れた特徴を生かした FACTS の概念を既存の系統に取り入れることによって既存の ac 系統が技術的に改善され，あるいはその供給能力の拡大強化が大いに期待される．

その意味で FACTS は未来志向の電力システムを示唆する大きい役割を果たすことになろう．その一方で以下に述べるような現実的な側面をも見失ってはならない．FACTS は交流系統の保持するパワーをより良い形に加工変換し，あるいは系統に生ずるパワー損失を低減するなどの役割を果たすが，自らパワーを作り出す能動的な能力を持っているわけではない．PE スイッチング技術を駆使した受動的な装置ということである．また，発電に寄与しない一方でその建設費は決して安くない場合が多い．したがって個々の系統において FACTS の各種技術の採用可否を検討するに当たってはそれによって得られる技術的な利益の正当な評価と合わせて，その費用対効果について FACTS を採用しない場合との対比で慎重な検討が求められる．

表 28・1 は FACTS の概念に含まれるさまざまな装置技術の総攬である．すべての技術が誘導性または容量性の無効電力 Var と電圧の制御に関連していることが理解できる．この中で

表 28・1 FACTS システムの総攬

	装置	特徴	構成
並列接続	SVC (Static Var Compensator) ・TCR (Thyristor Controlled Reactor) ・TSC (Thyristor Switched Capacitor) ・TCR (Thyristor Controlled Capacitor)	＊電圧安定性改善 　・電圧変動の改善 　・電圧瞬時低下現象（短絡事故・励磁突入電流などによる）の急速回復 ＊無効電力急速制御 ＊安定度改善 ＊電力動揺の抑制 ＊送電容量の改善	図 28・20-23
	SVC (Static Voltage Generator) または STATCOM (Static Synchronous Compensator)	SVC の全機能にさらに下記 ＊± 無効電力生成 ＊逆相電流相殺	図 28・24
	Active Filter	＊不平衡電力の是正（option） ＊高調波フィルタ ＊不平衡電流の是正（option）	図 28・26-27
直列接続	FSC (Fixed Series Capacitor) SC (Series Capacitor) TCSC (Thyristor Controlled Series Capacitor) TPSC (Thyristor Protected Series Capacitor) SCCL (Short-Circuit Current Limitation)	＊送電容量の増加 ＊送電位相角差の縮小化改善 ＊電力動揺の抑制 ＊送電線電流制御 ＊SSR (Sub-Synchronous Resonance) の抑制 ＊安定度改善	図 28・32
並列接続	HVDC (High Voltage dc Transmission)	＊送電容量の経済的増大	図 28・30-31

最も注目される技術として並列接続技術ではすでに学んだ自励式素子による SVG（STAT-COM）と AF，また直列接続技術では次項で説明する直列キャパシタ（SC：Series Capacitor）であるといえよう．電力系統の主なノードにおける無効電力 Q と電圧 v は密接に関連するのでその両方を最適化するのが FACTS の並列接続技術の究極の狙いである．また送電線に固有の線路リアクタンスを相殺して送受両端の電位差を最小限にまで低減するのが SC であり，直列接続による FACTS の代表的技術である．並列接続の技術についてはすでに前節まででいろいろ学んできたので以下では FACTS の直列接続システムについて概観する．

28・11・2 直列キャパシタ TCSC および TPSC

直列キャパシタ（**SC：Series Capacitor, Series Condenser**）方式とは線路リアクタンスの送電線に直列にキャパシタ（$-jx_c$）を挿入して線路のリアクタンスを $j(x-x_c)$ にまで低減補償するものである．SC 方式は長距離大容量送電線の送受両端の位相のずれを緩和する有効な方法として 1950 年代から世界の各地において限定的ではあるが実用されてきた．図 28・32(a) にその概念を示す．SC 方式では一般に線路の補償度（x_c/x）は 50-70% とされる．また，短絡事故によりキャパシタに大電流が流れるときにキャパシタに生ずる過電流または長手方向の過電圧によるキャパシタの破壊を防止する必要があり，キャパシタに並列に**保護ギャップ**を設けるのが基本である．

そして FACTS の概念に含まれる SC は直列キャパシタの過電圧保護用の並列ギャップに PE を活用することをその特徴としており，**TCSC**（**Thyristor-controlled Series Capacitor**）および **TPSC**（**Thyristor Protected Series Capacitor**）の 2 種類に分類される．

TCSC

TCSC（Thyristor-Controlled Series Capacitor）は最も代表的なの概念であり基本構成を図 28・32(b) に示す．直列キャパシタ C（リアクタンス $-jx_c$）に並列に PE 技術によって可変容量としたリアクトル（リアクタンス jx_l）が接続されている．結果として TCSC の合成リアクタンスは下記の範囲で連続的に可変となる．

$$-jx_{c\ reg\,tated} = \frac{1}{x_c^{-1} - x_l^{-1}} = 0 \sim -jx_c \tag{28・40}$$

TCSC は容量性リアクタンスを $0 \sim -jx_c$ の範囲で連続可変できるということになる．

TCSC の特長を列記すれば次のように要約できよう．

a. 電圧変動の抑制
b. 無効電力の制御
c. 有効電力の脈動の抑制
d. パワー送電能力の向上
e. 不平衡電流の低減
f. 変則異常現象の抑制．特に **SSR**（**Sub Synchronous Resonance**）現象による障害の防止

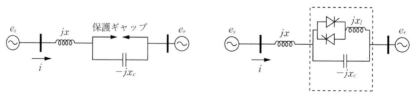

(a) 直列コンデンサ（従来形）　　(b) TCSC（サイリスタ制御直列キャパシタ）

図 28・32　可調整形直列キャパシタ TCSC

TSSC（Thyristor-Switched Series Capacitor）:
図 28·32(b) においてサイリスタを単なるオンオフスイッチとして使おうとするものである．直列キャパシタとしては非可変型であるが従来の放電ギャップとことなり並列バイパス回路を即応制御できるのが大きい利点である．

FACTS の概念に含まれる直列接続システム技術としてその他にもさまざまな応用が考えられている．その主なものは次の通りである．

SCCL（Short Circuit Current Limitter）:
系統に地絡・短絡が生じたときに変圧器中性点に電流抑制抵抗（NGR）を短時間挿入して短絡電流を抑制する．

RDB（Resistive Dynamic Braking）:
負荷遮断などによって発電機が加速を余儀なくされるような場合に直ちにダンピング抵抗を挿入して加速脱調を食い止める．

FACTS は PE 技術を駆使して電力系統の姿をより柔軟かつ合理的なものとしていくための大きなインパクトとなる技術である．SVG に代表されるようにすでに実用化されているケースも少なくないが現状では系統の姿を塗り替えるほどの普及状態には至っていない．風力発電・太陽光発電などの分散電源の一層の普及と連動して FACTS が技術と経済性の両面から大いに前進して電力技術の将来を塗り替えていくことが期待される．

28·11·3　直列キャパシタ補償に伴う発電機の超低周波共振現象

ここで直列キャパシタ方式の線路でその一方につながる発電機に生ずる特異な現象として**超低周波共振現象（SSR : Sub Synchronous Resonance）**について補足しておこう．

図 28·32(a) にもどって直列キャパシタの採用されている系統について考える．この系統は線路側リアクタンス（送電線および電源側発電所リアクタンスの合計値 $j\omega \cdot L$）と直列キャパシタ C の容量性リアクタンス（$-j/(\omega C)$）の直列回路であるから $f_{resonance}=1/2\pi\sqrt{LC}$ という共振周波数をもつことになる．$f_{resonance}$ は一般に 10-40 HZ 程度の超低周波共振である．この極めて低周波の電流がわずかながらも脈流として発生し，ほとんど減衰することなく発電機の固定子コイルに流れ込む．その結果発電機には超低周波の軸ねじれトルクが継続的に発生して発電機・タービンシャフトの金属疲労が徐々に進む原因となる．発電機の機械系の共振周波数も超低周波領域であるので両者による機械的擬似共振に近い状態がさらに機械的疲労を加速する可能性もある．

さて以上が SSR 現象といわれるものである．従来の直列キャパシタに代わって TCSC を採用すれば系統の運転状況に合わせて $-jx_{c\,regranted}=0\sim-jx_c$ の範囲で適宜制御することによって SSR 現象を回避することができるとされる．

28·12　鉄道における PE 応用

本節では鉄道受変電と鉄道車載における PE 応用（Railway Application）例を紹介する．なお負荷系の PE 応用も公共施設用・産業用民生用などきわめて多彩であるが本書の意図を超えるので割愛せざるを得ない．

28·12·1　鉄道用変電設備での応用

我々は鉄道用変電設備において利用される**スコット巻線変圧器**と**ウッドブリッジ巻線変圧器**について 24·3 節で学んだ．定格出力・定格電圧が等しい単相の負荷端子として M 座と T 座の 2 つの回路を有しており，両者の電圧 V_M，V_T には互いに 90 度の位相ずれがある．また両回路の負荷電流が $I_M(t)=jI_T(t)$ の状態（すなわち $P_M(t)=P_T(t)$）では 3 相回路側電流は平

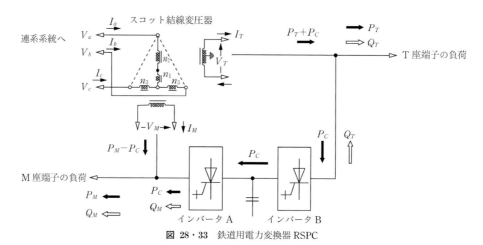

図 28・33 鉄道用電力変換器 RSPC

衡状態になるが $I_M(t) \neq jI_T(t)$ の状態（すなわち $P_M(t) \neq P_T(t)$）では著しい不平衡状態（逆相電流 $I_2(t)$ の発生）を避けられない．

ところが最新の PE 技術を駆使した鉄道受電設備では M 座と T 座の負荷 $P_M(t)$ と $P_T(t)$ が絶えず等量になるようにパワーの融通を行う技術が実用に供されている．

図 28・33 は上述のような目的の **RSPC**（**Railway Static Power Conditioner**）の実施例である．M 座と T 座の負荷回路にはインバータ A とインバータ B が接続されており，両負荷の差分 $\Delta P(t)=P_M(t)-P_T(t)$ が絶えずゼロとなるように M 座と T 座でパワーの融通制御が行われる．RSPC の機能は次式で表すことができよう．

スコット変圧器特性

$$V_M(t)=j\cdot V_T(t), \quad P_M(t)=V_M(t)\cdot I_M(t)$$
$$P_T(t)=V_T(t)\cdot I_T(t) \tag{28・41}$$

逆相電流の発生を防ぐための均等パワー制御

$$I_M(t)=jI_T(t) \quad \text{または} \quad P_M(t)=P_T(t)$$

力率 1.0 とするための無効電力制御

$$Q_M(t)\to 0 \quad \text{および} \quad Q_T(t)\to 0$$

この場合の 2 台のインバータは直流送電の変形として 28・10 節で紹介した Back to Back 周波数変換器とほぼ同じ PE 回路であり，その PWM 制御方式のみ変更すればよいことが自明である．また，必要に応じて非対称制御方式を採用すれば両負荷回路の無効電力を低減して力率を 1.0 に補償することや波形を整形する AF の機能を負荷すること，また安定な電圧制御にも効果を発揮することができよう．RSPC は受電用変電所でのさまざまな PE 応用の可能性をも示唆する興味深い自励である．

28・12・2 鉄道車載用モータ駆動システム

電気鉄道の給電（饋電）方式は鉄道会社それぞれの歴史の中で築かれているのできわめて多彩である．直流給電方式・交流給電方式があり，またその定格電圧・周波数，さらには中性線方式など会社毎に極めて個性的である．車載のモータ駆動技術も給電方式と関連して極めて個性的である．モータ駆動方式はトルクとスピードを最高度に制御する必要があり，PE 発達以前の時代においては直流モータが主役であった．今日，在来線の給電方式として直流方式が広く普及しているのはそのような歴史的理由によるものといえよう．

その中で，在来線とは切り離して新たに導入される高速鉄道では交流き電方式として誘導機（IM）を採用し，また PE 技術の粋を尽くして最高の技術が搭載される．自励素子の進歩に加

えて高度の PWM 制御技術を駆使する進化した PE 応用技術の賜物として誘導機駆動による毎時 350 km 級の高速鉄道が登場した．本節では**高速鉄道**用車載用の PE 応用先端技術の一例を紹介することとする．

誘導機 IM は直接に電源系統に接続される場合には 25・3・2 項，28・2・2 項などですでに学んだように定格速度の 90〜100% 程度の速度範囲で運転されるのであってそれ以外の速度での定常運転は通常は行われない．ところが PE 技術のおかげで IM のトルクとスピードを広範囲かつ自在に制御することが出来るようになった．

その代表例として**電圧周波数可調整インバータ**（**Voltage and frequency adjustable inverter**（日本では **VVVF**（Variable Voltage Variable Frequency Inverter）と称されることが多い））に空間ベクトル PWM 制御などを組み合わせたアドバンス技術について紹介する．

図 **28・34** は自励素子 IGBT による車載変換システムを簡略化して示したものである．4 組の PWM 変換部と 2 組の VVVF インバータ部が左右および上下対称に配列されている．4 台の PWM 変換部 A，B，C，D はそれぞれ別の車両に搭載されているが共通 1 台のき電変圧器部からパワーを受ける．4 台の変換部は同一周波数で点弧される方式であるがその点弧タイミン

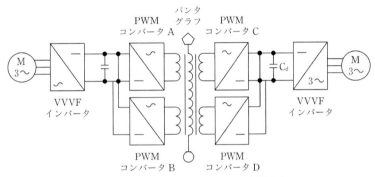

4 相移相制御 IGBT-PWM コンバータ制御方式
図 28・34　鉄道用の車載駆動システム（例）

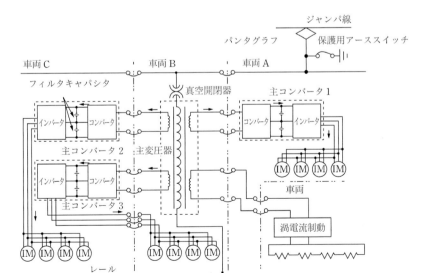

図 28・35　高速鉄道用の車載駆動回路

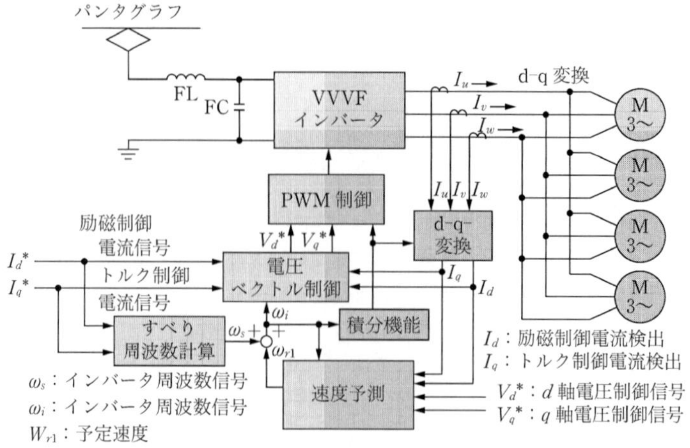

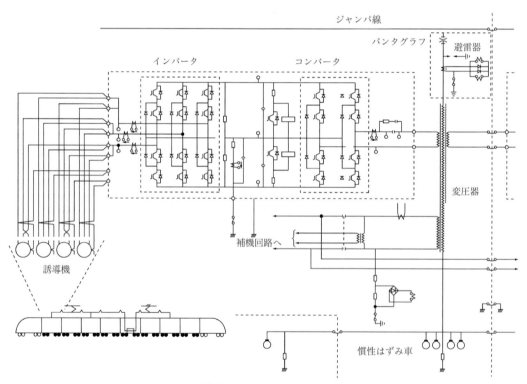

図 28・36　高速鉄道用制御方式（IGBT インバータ方式）

図 28・37　高速鉄道用の車載駆動回路（図 28・35 の詳細図）

グは相互に 45 度ずつずらして制御されるようになっている．各車両の駆動モータは全車両に必要なパワーを四分の一ずつ平等に受け持つが，その出力タイミングを互いにずらして点弧する仕掛けになっている．そのために変換部出力側に生ずるリップル成分が互いに相殺して大幅に低減されるように工夫されている．

図 28・35 は 350 km/hour 級の高速鉄道に搭載されている PWM 空間ベクトル制御方式の実例である．また図 28・36 はそのインバータ制御原理を示す図であり，図 28・37 はその詳細な実線接続図，図 38・38 は列車の雄姿である．この方式では空間ベクトル制御法に加えて d-q 法

図 28・38　高速鉄道（JR東日本提供）

制御を取り入れて①回転速度および回転方向，②トルク，③不平衡電流除去，④リプル除去，⑤停車位置制御などのすべての機能が採用されている．その具体的な制御原理はすでに前節まですべて説明済みであるのでここでは省略する．

28・13　無停電電源（UPS）

本章では主として電力部門における PE 応用技術について幅広く学んできた．その最後の応用例として**無停電電源装置**（**UPS：Uninterruptible Power Supply**）について紹介する．UPS は広く公共施設，情報関連施設，産業施設，民生施設，そして電力施設を含めて"電気が欠かせない設備の電源"として大変重要な役割を担っている．良質の電気が絶対に欠かせない設備の動力源として，またコンピュータシステムやサーバーシステムに代表される情報処理システムの電源として，UPS は小容量のものから大容量のものまで欠くことのできないベース設備となっていることに気付かされるのである．なお日本では UPS のことを **CVCF**（**Constant Voltage Constant Frequency power source**）と称されることが多い．その名のごとく周波数および電圧が一定の電源を安定に供給することがその使命である．

図 28・39 に UPS の典型的な例を示す．この例では ac-dc コンバータと dc-ac インバータを組み合わせ，なおバッテリーが並列に接続されて電源喪失の場合でも一定時間の電源確保の役割を果たす．さらに必要に応じて非常用ジーゼルエンジン発電設備も用意される．機能的には高速度制御性の利点を生かして一定周波数でかつ一定の大きさの正弦波電圧を安定的に供給する．UPS もまた PWM 制御によって AVR 機能，リプルの抑制や過渡現象抑制機能が織り込まれて高い PE 応用技術水準を示す装置である．

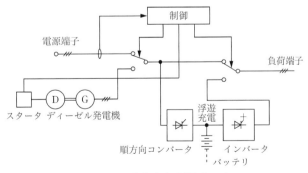

図 28・39　無停電電源装置（UPS）

休憩室：その 17　電化社会 100 年の今

　1882 年（明治 15 年），London と New York で世界最初の Edison 電燈会社が操業を開始する．石炭炊き 150 馬力のワット式蒸気機関で直流式 110 V，800 A の"ジャンボ発電機"を駆動する方式であった．同年に日本でも藤岡市助らの努力で東京電燈が設立されて，1887 年にエジソン式火力発電所が操業を開始する．また岩垂邦彦の指導によって大阪電燈でも 1889 年に 125 Hz 交流方式で操業が開始された．電気が照明用として実用に供される時代が到来したのである．しかしながら電気がその後の社会に急速に普及していったかといえばそうではない．当時の蒸気機関・発電機・配電等の未熟な技術レベルもさることながら，落差を使い果たして後に市中を流れる河川は発電の役に立たないし，石炭を産炭地から安価に運ぶ手段も存在しない．このような状況では電気がひろく社会に普及浸透していく原動力にはなりえなかったのである．

　20 世紀を迎えて 1900 年（明治 33 年）から 1912 年（明治 45 年）までの明治後期には交流送電方式の実用性に確信が得られるとともにモータ技術が大きく進歩し，また M. D. Dobrowosky（1862-1919）による 3 相交流長距離送電実験の成功（1891 年），G. Marconi（1874-1937）による大西洋横断無線通信の成功（1901 年），**C. A. Parsons（1854-1931）**によるタービンの発明（1887 年）などが相次ぎ，さらにガソリンによる内燃エンジンの技術も前進した．こうして次世代の社会インフラを担うことになる画期的新技術が次々に実用化の域に到達していったが，これらが直ちに社会に工業として定着していったわけではない．その普及に不可欠なエネルギーの確保という条件の達成になお十数年の経過が必要であった．明治後期（1900-1912 年）において人々の営みの中心は依然として人力・馬力であり，ごく限定的に蒸気機関の恩恵を受ける程度の社会であったといわざるを得ない．蒸気機関の普及で日本の一歩先を進む英米仏独などの先進国においても同様の状況であった．

　大正時代（1912-1926）を迎えて明治時代後期に登場した新技術がその揺籃期を経て一斉かつ劇的に花開く．その決定的契機となった最大の原動力はいうまでもなく日本も含めて欧米先進国で始まった高電圧長距離送電の実現である．日本における当時の足跡を具体的にたどってみよう．

　東京電燈では山梨県大月の桂川水系に駒橋発電所（15,000 kW，1909 年竣工）と八ツ澤発電所（35,000 kW，1914 年竣工）を建設するとともに両発電所から東京早稲田変電所までの 76 km を 55 kV の 3 相式電圧で結ぶ長距離送電線を 1914 年に完工させた．並行して東京市中では早稲田変電所（1913 年竣工），田端変電所（1914 年竣工）を起点として市中各地域を 15 kV の地中ケーブル線路で結ぶ配電系統が同時進行で完成した．また猪苗代水電による猪苗代第一発電所（37,500 kW，1914 年竣工）と田端変電所を結ぶ 115 kV，226 km 長距離送電線（1914 年竣工）が完成し，さらに千住火力発電所との連系も実現した．今日的な意味の長距離送電と水火連系系統（grid）が 100 年前の 1914 年の時点で一挙に誕生したのである．同じ年，関西でも大阪電燈が宇治水力発電所（23,900 kW，1913 年完成）と大阪までの 55 kV 送電を実現させた．最先進国とほぼ肩を並べて日本の産業史上の快挙であった．

　Edison の電燈会社設立（1882 年）から約 30 年，1914 年（大正 3 年）は東西両都市圏において豊富な水力電気の長距離輸送のインフラが実現して電化社会時代を迎える画期的な年となった．人力・馬力と蒸気機関に代ってモータが唸りをあげる工場が生まれ，また市中では電燈が人々に身近な存在となっていく．明治の時代に蒸気機関では欧米先進国を追う立場にあった日本も大正新時代では電化社会に欠かせないエネルギーインフラを欧米列強とほぼ同列で確保しえたのである．

　ところで 1914 年は日本を取り巻く政治・経済・社会の状況においても劇的な節目の年であった．日露戦争から 10 年を経て日本は列強の一角を占める国際的地位が定着していた．"大正"という新しい時代区分に人々は"明治"と異なる明るい響きを感じていた．そんな 1814 年の 7 月にヨーロッパを主舞台として世界大戦（1914-1918）が突然に勃発した．日本としては欧州依存体質の工業技術構造から脱却せざるを得ない状況が突然生じたのである．これからは自主技術により内需をまかない，さらには一流工業国としての躍進を遂げていかねばならない．

こうして国内の政治・経済，また世界大戦などが重なって日本が舶来依存体質から脱却して自力で産業の進歩を促し，新しい社会の仕組みを作り上げていかねばならない状況に立ち至った1914年，まさにその時に我が国は豊富な水力エネルギーを存分に利用できる電力インフラが東西の大都市圏に実現していたのである．軽工業（繊維・食糧など），重工業（鉱業・製鉄・非鉄・造船・電気・機械・肥料・セメント・化学など）が数多く生まれ，一斉にモータを活用する産業電化が始まった．この年を境に電力の需要増に呼応して全国各地で水力資源の開発が加速度的に進められ，豊富で安価な水力電気によって日本の産業経済は大躍進を遂げていく．エネルギーの長距離輸送が可能になった今，落差を利用できる河川は日本中にいくらでもある．国中の市町村で公営・私営の発電所の建設が始まり，町工場が次々に産声をあげて競ってモータ動力を導入した．市中では電燈照明が急速に普及しはじめて電気が市民に身近な存在となっていった．水力資源に恵まれた日本ではその後の30年間で全国至るところで電源開発が進められて日本の社会全体が水主火従の電気に依存する仕組みに代わっていった．

　日本の戦前派製造業各社を総覧すると，鉱業・鉄鋼・造船系の会社は明治に源を発するが，電気・機械・繊維・製紙・化学・建築・土木・電鉄など各分野の戦前派製造業各社の大半が1912-1926年（大正3-15年）の大正時代に誕生していることに気付く．これらの産業が電気の形でエネルギーを大量消費するインフラ条件によって成り立っていることを考えれば多くの企業の創立時期が約100年前の大正時代に集中しているのも当然のことであろう．

　さて，筆者が電化社会の始まりとする1914年といえばこの一文を記す2014年からちょうど100年の昔である．人類は今日的な意味で電気に依存して大量消費する社会をわずか100年間しか経験していない．そして21世紀の今，人類は19世紀あるいは20世紀前半の人々と比較して桁外れに大量の燃料エネルギーと材料を消費する社会をわずか100年間で作り上げてしまっている．人間の営み自体を後戻りできない形で根本的に変えてしまったのである．しかして，電気はエネルギーを上手に利用するかけがえのない技術ではあるが電気自体がエネルギーを創り出すわけではない．人類は今後必要とする大量のエネルギーおよび材料資源をどこに求めていこうとするのか．地球環境の保全とエネルギー大量獲得の二立背反的課題をどのように解決していこうとするのか．今，1,000年単位の長期視点に立った人間の英知が求められているといえよう．

付録1．数 学 公 式

(1) 三角関数・双曲線関数などの公式

$\sin^2\alpha + \cos^2\alpha = 1$

$\sin(\alpha \pm \beta) = \sin\alpha\cos\beta \pm \cos\alpha\sin\beta$

$\cos(\alpha \pm \beta) = \cos\alpha\cos\beta \mp \sin\alpha\sin\beta$

$\cos(\alpha + \beta) + \cos(\alpha - \beta) = 2\cos\alpha\cos\beta$

$\cos(\alpha + \beta) - \cos(\alpha - \beta) = -2\sin\alpha\sin\beta$

$\sin 2\alpha = 2\sin\alpha\cos\alpha$

$\cos 2\alpha = \cos^2\alpha - \sin^2\alpha = 1 - 2\sin^2\alpha = 2\cos^2\alpha - 1$

$\cos^2\theta + \cos^2\left(\theta - \dfrac{2\pi}{3}\right) + \cos^2\left(\theta + \dfrac{2\pi}{3}\right) = \dfrac{3}{2}$

$\sin^2\theta + \sin^2\left(\theta - \dfrac{2\pi}{3}\right) + \sin^2\left(\theta + \dfrac{2\pi}{3}\right) = \dfrac{3}{2}$

$\cos^2 x + \cos^2\left(x - \dfrac{2\pi}{3}\right) + \cos^2\left(x + \dfrac{2\pi}{3}\right) = \dfrac{3}{2}$

$\sin^2 x + \sin^2\left(x - \dfrac{2\pi}{3}\right) + \sin^2\left(x + \dfrac{2\pi}{3}\right) = \dfrac{3}{2}$

$\sin x \cos x + \sin\left(x - \dfrac{2\pi}{3}\right)\cos\left(x - \dfrac{2\pi}{3}\right) + \sin\left(x + \dfrac{2\pi}{3}\right)\cos\left(x + \dfrac{2\pi}{3}\right) = 0$

$\cos x + \cos\left(x - \dfrac{2\pi}{3}\right) + \cos\left(x + \dfrac{2\pi}{3}\right) = 0$

$\sin x + \sin\left(x - \dfrac{2\pi}{3}\right) + \sin\left(x + \dfrac{2\pi}{3}\right) = 0$

$\sin x \cos y + \sin\left(x - \dfrac{2\pi}{3}\right)\cos\left(y - \dfrac{2\pi}{3}\right) + \sin\left(x + \dfrac{2\pi}{3}\right)\cos\left(x + \dfrac{2\pi}{3}\right) = \dfrac{3}{2}\sin(x - y)$

$\sin x \sin y + \sin\left(x - \dfrac{2\pi}{3}\right)\sin\left(y - \dfrac{2\pi}{3}\right) + \sin\left(x + \dfrac{2\pi}{3}\right)\sin\left(y + \dfrac{2\pi}{3}\right) = \dfrac{3}{2}\cos(x - y)$

$\cos x \sin y + \cos\left(x - \dfrac{2\pi}{3}\right)\sin\left(y - \dfrac{2\pi}{3}\right) + \cos\left(x + \dfrac{2\pi}{3}\right)\sin\left(y + \dfrac{2\pi}{3}\right) = -\dfrac{3}{2}\sin(x - y)$

$\cos x \cos y + \cos\left(x - \dfrac{2\pi}{3}\right)\cos\left(y - \dfrac{2\pi}{3}\right) + \cos\left(x + \dfrac{2\pi}{3}\right)\cos\left(y + \dfrac{2\pi}{3}\right) = \dfrac{3}{2}\sin(x - y)$

$\sin x \cos y + \sin\left(x + \dfrac{2\pi}{3}\right)\cos\left(y - \dfrac{2\pi}{3}\right) + \sin\left(x - \dfrac{2\pi}{3}\right)\cos\left(y + \dfrac{2\pi}{3}\right) = \dfrac{3}{2}\sin(x + y)$

$\sin x \sin y + \sin\left(x + \dfrac{2\pi}{3}\right)\sin\left(y - \dfrac{2\pi}{3}\right) + \sin\left(x - \dfrac{2\pi}{3}\right)\sin\left(y + \dfrac{2\pi}{3}\right) = -\dfrac{3}{2}\cos(x + y)$

$\cos x \sin y + \cos\left(x + \dfrac{2\pi}{3}\right)\sin\left(y - \dfrac{2\pi}{3}\right) + \cos\left(x - \dfrac{2\pi}{3}\right)\sin\left(y + \dfrac{2\pi}{3}\right) = \dfrac{3}{2}\sin(x + y)$

$\cos x \cos y + \cos\left(x + \dfrac{2\pi}{3}\right)\cos\left(y - \dfrac{2\pi}{3}\right) + \cos\left(x - \dfrac{2\pi}{3}\right)\cos\left(y + \dfrac{2\pi}{3}\right) = \dfrac{3}{2}\cos(x + y)$

(2) Euler（オイラー）の公式

$e^{jy} = \cos y + j\sin y \qquad e^{-jy} = \cos y - j\sin y$

$e^z = e^{x+jy} = e^x \cdot e^{jy} = e^x(\cos y + j\sin y)$

$\sin x = \dfrac{e^{jx} - e^{-jx}}{2j} \qquad \cos x = \dfrac{e^{jx} + e^{-jx}}{2} \qquad \tan x = \dfrac{e^{jx} - e^{-jx}}{e^{jx} + e^{-jx}}$

$$\sinh x = \frac{e^x - e^{-x}}{2} \qquad \cosh x = \frac{e^x + e^{-x}}{2} \qquad \tanh x = \frac{e^x - e^{-x}}{e^x + e^{-x}}$$

(3) 級数展開公式

$$e^x = 1 + \frac{x}{1!} + \frac{x^2}{2!} + \frac{x^3}{3!} + \cdots$$

$$(1+x)^r = 1 + \frac{rx}{1!} + \frac{r(r-1)x^2}{2!} + \frac{r(r-1)(r-2)x^2}{3!} + \cdots$$

$$\sin x = x - \frac{x^3}{3!} + \frac{x^5}{5!} - \frac{x^7}{7!} + \cdots$$

$$\cos x = 1 - \frac{x^2}{2!} + \frac{x^4}{4!} - \frac{x^6}{6!} - \cdots$$

$$\sinh x = x + \frac{x^3}{3!} + \frac{x^5}{5!} + \frac{x^7}{7!} + \cdots$$

$$\cosh x = 1 + \frac{x^2}{2!} + \frac{x^4}{4!} + \frac{x^6}{6!} + \cdots$$

テイラー展開　$f(x) = f(a) + f'(a)(x-a) + \frac{f''(a)}{2!}(x-a)^2 + \frac{f'''(a)}{3!}(x-a)^3 + \cdots$

(3) 微分公式

* $y = f(\alpha x)$ とすれば

$$\frac{dy}{dx} = \frac{df(\alpha x)}{d(\alpha x)} \cdot \frac{d(\alpha x)}{dx} = \alpha \cdot \frac{df(\alpha x)}{d(\alpha x)}$$

* f, g が x の関数ならば

$$\frac{d}{dx}\{f(x) \cdot g(x)\} = \left\{\frac{d}{dx}f(x)\right\} \cdot g(x) + f(x) \cdot \left\{\frac{d}{dx}g(x)\right\}$$

$$\frac{d}{dx}\left\{\frac{f(x)}{g(x)}\right\} = \left\{\left(\frac{d}{dx}f(x)\right) \cdot g(x) - f(x) \cdot \left(\frac{d}{dx}g(x)\right)\right\} \Big/ g^2(x)$$

* $z = f(u), \ u = g(x)$ ならば

$$\frac{dz}{dx} = \frac{dz}{du} \cdot \frac{du}{dx}$$

* $z = f(u, v), \ u = g(x), \ v = k(x)$ ならば

$$\frac{dz}{dx} = \frac{\partial z}{\partial u} \cdot \frac{du}{dx} + \frac{\partial z}{\partial v} \cdot \frac{dv}{dx}$$

* $z = f(u, v), \ u = g(x, y), \ v = h(x, y)$ ならば

$$\frac{\partial z}{\partial x} = \frac{\partial z}{\partial u} \cdot \frac{\partial u}{\partial x} + \frac{\partial z}{\partial v} \cdot \frac{\partial v}{\partial x}$$

$y = f(x)$	$\dfrac{dy}{dx}$
x^n	nx^{n-1}
a^x	$a^x \log_e a$
$\log x$	$1/x$
$\sin x$	$\cos x$
$\cos x$	$-\sin x$
e^x	e^x
e^{ax}	$a \cdot e^{ax}$

（4） ラプラス変換公式

$$F(s) = \mathscr{L}[f(t)] = \int_0^\infty f(t)\mathrm{e}^{-st}dt \qquad f(t) = \mathscr{L}^{-1}[F(s)] = \frac{1}{2\pi j}\int_{c-j\infty}^{c+j\infty} \mathrm{e}^{st}F(s)\,dt$$

主なラプラス変換

$f(t)$	$F(s) = \mathscr{L}[f(t)]$
$1\,(t>0)$	$\dfrac{1}{s}$
$\dfrac{t^{n-1}}{(n-1)!}$	$\dfrac{1}{s^n}$
$\mathrm{e}^{\mp\alpha t}$	$\dfrac{1}{s\pm\alpha}$
$\sin\omega t$	$\dfrac{\omega}{s^2+\omega^2}$
$\cos\omega t$	$\dfrac{s}{s^2+\omega^2}$
$\mathrm{e}^{-\alpha t}\sin\omega t$	$\dfrac{\omega}{(s+\alpha)^2+\omega^2}$
$\sinh\omega t$	$\dfrac{\omega}{s^2-\omega^2}$
$\cosh\omega t$	$\dfrac{s}{s^2-\omega^2}$
$\mathrm{e}^{-\beta t}\sin(\alpha t+\theta)$	$\dfrac{(s+\beta)\sin\theta+\alpha\cos\theta}{(s+\beta)^2+\alpha^2}$
$\mathrm{e}^{-\beta t}\cos(\alpha t+\theta)$	$\dfrac{(s+\beta)\cos\theta+\alpha\sin\theta}{(s+\beta)^2+\alpha^2}$
$2A\mathrm{e}^{-\alpha t}\cos(\beta t+\theta)$	$\dfrac{A\underline{/\theta}}{s+\alpha-j\beta}+\dfrac{A\underline{/-\theta}}{s+\alpha+j\beta}$

ラプラス関数の因数分解法については第10章〔**備考1, 2, 3**〕を参照のこと．

付録2. 回路方程式の行列記法

取り扱う回路方程式の個数あるいは変数の個数が多い場合に**行列記法**（matrix equation method）を使うことによってこれら方程式群を簡明に表すことができ，また方程式群の性質を正しく理解する意味でも非常に有効である．詳細は工業数学の参考書にゆずるとして，ここでは行列記法の要点を簡単に説明する．

（1） 一般に

$$A = \begin{bmatrix} A_{11} & A_{12} & \cdots & A_{1m} \\ A_{21} & A_{22} & \cdots & A_{2m} \\ \vdots & \vdots & \cdots & \vdots \\ A_{l1} & A_{l2} & \cdots & A_{lm} \end{bmatrix} \quad (→ m 列, ↓ l 行) \qquad \cdots\cdots (1)$$

のように表した A を l 行 m 列の**行列**という．（行列：matrix，行：row，列：column）

（2） l 行 m 列の行列 A と，m 行 n 列の行列 B があるときこれらの行列の積 $A \cdot B$ を次のように定義する．$A \cdot B$ は l 行 n 列の新たな行列となる．（ここでは簡単のため A は3行2列，B は2行3列として示す．）

（3） 一般に行列 A と行列 B の積 $A \cdot B$ が存在するためには，A と B の行数・列数が次の関係にある必要がある．

$$l 行 \downarrow \underset{A}{\overset{m 列}{\rightarrow}} \cdot m 行 \downarrow \underset{B}{\overset{n 列}{\rightarrow}} = l 行 \downarrow \underset{(A \cdot B)}{\overset{n 列}{\rightarrow}} \qquad \cdots\cdots (3)$$

すなわち，A の行数と B の列数が等しいことが必要である．

（4） 行数と列数が等しい行列を**正方行列**という．

（5） 正方行列のうち，左上から右下への対角線上のコラムがすべて1で，その他のコラムはすべて零となるような行列を**単位行列**といい，特に **1** と表す．3行×3列の単位行列は，

$$\mathbf{1} = \begin{bmatrix} 1 & 0 & 0 \\ 0 & 1 & 0 \\ 0 & 0 & 1 \end{bmatrix} \qquad \cdots\cdots (4)$$

である．

ある正方行列 C に単位行列を掛けても元のままである．すなわち

$$C = C \cdot \mathbf{1} = \mathbf{1} \cdot C \qquad \cdots\cdots (5)$$

（6） 二つの正方行列 C と D の積 $C \cdot D$ が単位行列となる場合，すなわち

$$C \cdot D = \mathbf{1} \qquad \cdots\cdots (6)$$

の関係がある場合には，C と D は互いに**逆行列**の関係にあるという．D が C の逆行列であることを記号的に強調するために D の代わりに C^{-1} のような記号を用いて

$$C \cdot C^{-1} = \mathbf{1} \qquad \cdots\cdots (6)'$$

と表す．逆行列の具体的な例として，対称座標法の a と a^{-1}（第2章），α-β-0法の α と

$\boldsymbol{\alpha}^{-1}$（第6章），d-q-0法の $\boldsymbol{D}(t)$ と $\boldsymbol{D}^{-1}(t)$（第10章）は，互いに逆行列である．また，次のような例もある．

$$\underbrace{\begin{vmatrix} 1 & 0 & 3 \\ 2 & 4 & 1 \\ 1 & 3 & 0 \end{vmatrix}}_{\boldsymbol{C}} \times \underbrace{\begin{vmatrix} -1 & 3 & -4 \\ \frac{1}{3} & -1 & \frac{5}{3} \\ \frac{2}{3} & -1 & \frac{4}{3} \end{vmatrix}}_{\boldsymbol{C}^{-1}} = \underbrace{\begin{vmatrix} 1 & 0 & 0 \\ 0 & 1 & 0 \\ 0 & 0 & 1 \end{vmatrix}}_{\boldsymbol{1}}$$

（7） 二つの正方行列（両者は行および列数が等しいとする）$\boldsymbol{C}$ と $\boldsymbol{E}$ について

一般には，
$$\boldsymbol{C}\cdot\boldsymbol{E} \neq \boldsymbol{E}\cdot\boldsymbol{C} \quad\cdots\cdots\cdots(7)$$

である．すなわち，**交換の法則は一般には成り立たない**ので行列の順序を入れ替えることはできない．

ただし，二つの行列の一方が単位行列の場合および二つの行列が互いに逆行列の場合は例外的に交換の法則が成り立つ．すなわち

$$\boldsymbol{C}\cdot\boldsymbol{1} = \boldsymbol{1}\cdot\boldsymbol{C} = \boldsymbol{C} \quad\cdots\cdots\cdots(8)$$

$$\boldsymbol{C}\cdot\boldsymbol{C}^{-1} = \boldsymbol{C}^{-1}\cdot\boldsymbol{C} = \boldsymbol{1} \quad\cdots\cdots\cdots(9)$$

（8） $\boldsymbol{A}\cdot\boldsymbol{B}\cdot\boldsymbol{C} = (\boldsymbol{A}\cdot\boldsymbol{B})\cdot\boldsymbol{C} = \boldsymbol{A}\cdot(\boldsymbol{B}\cdot\boldsymbol{C}) \quad\cdots\cdots\cdots(10)$

の関係が成り立つ．ただし，各行列の行数・列数は（3）の関係を満たしているものとする．

（9） $\boldsymbol{A}\cdot\boldsymbol{B} + \boldsymbol{A}\cdot\boldsymbol{C} = \boldsymbol{A}\cdot(\boldsymbol{B}+\boldsymbol{C}) \quad\cdots\cdots\cdots(11)$

$\boldsymbol{A}\cdot\boldsymbol{B} + \boldsymbol{D}\cdot\boldsymbol{B} = (\boldsymbol{A}+\boldsymbol{D})\cdot\boldsymbol{B} \quad\cdots\cdots\cdots(12)$

の関係が成り立つ．ただし，各行列は（3）項を満たしているものとする．

（10） **方程式群**

$$\left.\begin{matrix} Z_1 = A_{11}y_1 + A_{12}y_2 \\ Z_2 = A_{21}y_1 + A_{22}y_2 \\ Z_3 = A_{31}y_1 + A_{23}y_2 \end{matrix}\right\} \quad\cdots\cdots\cdots(13)$$

を次のように表すことができる．

$$\left.\underbrace{\begin{vmatrix} Z_1 \\ Z_2 \\ Z_3 \end{vmatrix}}_{\boldsymbol{Z}} = \underbrace{\begin{vmatrix} A_{11}y_1 + A_{12}y_2 \\ A_{21}y_1 + A_{22}y_2 \\ A_{31}y_1 + A_{32}y_2 \end{vmatrix}}_{\boldsymbol{A}\cdot\boldsymbol{y}} = \underbrace{\begin{vmatrix} A_{11} & A_{12} \\ A_{21} & A_{22} \\ A_{31} & A_{32} \end{vmatrix}}_{\boldsymbol{A}} \cdot \underbrace{\begin{vmatrix} y_1 \\ y_2 \end{vmatrix}}_{\boldsymbol{y}} \quad \text{あるいは記号的に} \quad \boldsymbol{Z} = \boldsymbol{A}\cdot\boldsymbol{y} \right\} \cdots(14)$$

行列 $\boldsymbol{Z}$，$\boldsymbol{A}$，$\boldsymbol{y}$ の行（横列）と列（縦列）には次の関係がある．

$$3\text{行}\downarrow\boldsymbol{Z} = 3\text{行}\downarrow\boldsymbol{A} \overset{1\text{列}}{\times} 2\text{行}\downarrow\boldsymbol{y}^{1\text{列}}$$

（11） 式(14)のほかに次の式(15)

$$\left.\underbrace{\begin{vmatrix} y_1 \\ y_2 \end{vmatrix}}_{\boldsymbol{y}} = \underbrace{\begin{vmatrix} B_{11}x_1 + B_{12}x_2 + B_{13}x_3 \\ B_{21}x_1 + B_{22}x_2 + B_{23}x_3 \end{vmatrix}}_{\boldsymbol{B}\cdot\boldsymbol{x}} = \underbrace{\begin{vmatrix} B_{11} & B_{12} & B_{13} \\ B_{21} & B_{22} & B_{23} \end{vmatrix}}_{\boldsymbol{B}} \cdot \underbrace{\begin{vmatrix} x_1 \\ x_2 \\ x_3 \end{vmatrix}}_{\boldsymbol{x}} \quad \text{あるいは} \quad \boldsymbol{y} = \boldsymbol{B}\cdot\boldsymbol{x} \right\} \cdots(15)$$

があるものとする．式(14)と式(15)から変数群 y_1，y_2 を消去する場合には

$$\left.\begin{matrix} \boldsymbol{Z} = \boldsymbol{A}\cdot\boldsymbol{y} = \boldsymbol{A}\cdot(\boldsymbol{B}\cdot\boldsymbol{x}) = (\boldsymbol{A}\cdot\boldsymbol{B})\cdot\boldsymbol{x} \equiv \boldsymbol{C}\cdot\boldsymbol{x} \\ \text{ここで，} \boldsymbol{C} = \boldsymbol{A}\cdot\boldsymbol{B} \end{matrix}\right\} \quad\cdots\cdots\cdots(16)$$

あるいは，

$$\begin{bmatrix} Z_1 \\ Z_2 \\ Z_3 \end{bmatrix} = \begin{bmatrix} C_{11} & C_{12} & C_{13} \\ C_{21} & C_{22} & C_{23} \\ C_{31} & C_{32} & C_{33} \end{bmatrix} \cdot \begin{bmatrix} x_1 \\ x_2 \\ x_3 \end{bmatrix} \quad \bm{Z} = \bm{C} \cdot \bm{x} \Biggr\} \quad \cdots\cdots (16)'$$

ただし，$\bm{C}$ は，

$$3行 \downarrow \bm{C} \overset{3列}{=} 3行 \downarrow \bm{A} \overset{2列}{\cdot} 2行 \downarrow \bm{B} \overset{3列}{}$$

であり，

$$\bm{C} \equiv \begin{bmatrix} C_{11} & C_{12} & C_{13} \\ C_{21} & C_{22} & C_{23} \\ C_{31} & C_{32} & C_{33} \end{bmatrix} = \bm{A} \cdot \bm{B} = \begin{bmatrix} A_{11} & A_{12} \\ A_{21} & A_{22} \\ A_{31} & A_{32} \end{bmatrix} \cdot \begin{bmatrix} B_{11} & B_{12} & B_{13} \\ B_{21} & B_{22} & B_{23} \end{bmatrix}$$

$$= \begin{bmatrix} A_{11}B_{11}+A_{12}B_{21} & A_{11}B_{12}+A_{12}B_{22} & A_{11}B_{13}+A_{12}B_{23} \\ A_{21}B_{11}+A_{22}B_{21} & A_{21}B_{12}+A_{22}B_{22} & A_{21}B_{13}+A_{22}B_{23} \\ A_{31}B_{11}+A_{32}B_{21} & A_{31}B_{13}+A_{32}B_{22} & A_{31}B_{13}+A_{32}B_{23} \end{bmatrix} \quad \cdots\cdots (17)$$

ここで，$C_{11}=A_{11}B_{11}+A_{12}B_{21}$，$C_{12}=A_{11}B_{12}+A_{12}B_{22}$ などとなる．

(12) 行列方程式

$$\bm{C} = \bm{A} \cdot \bm{B} \quad \cdots\cdots (18)$$

として，これより $\bm{A}$ および $\bm{B}$ に関する式を導く．

式(18) の両辺の左側に $\bm{A}^{-1}$ を掛ける（**左積**する）と

$$\bm{A}^{-1} \cdot \bm{C} = \bm{A}^{-1} \cdot \bm{A} \cdot \bm{B} = (\bm{A}^{-1} \cdot \bm{A}) \cdot \bm{B} = \bm{B} \quad \therefore \bm{B} = \bm{A}^{-1} \cdot \bm{C} \quad \cdots\cdots (19\,\mathrm{a})$$

式(18) の両辺の右側に $\bm{B}^{-1}$ を掛ける（**右積**する）と

$$\bm{C} \cdot \bm{B}^{-1} = \bm{A} \cdot \bm{B} \cdot \bm{B}^{-1} = \bm{A} \cdot (\bm{B} \cdot \bm{B}^{-1}) = \bm{A} \quad \therefore \bm{A} = \bm{C} \cdot \bm{B}^{-1} \quad \cdots\cdots (19\,\mathrm{b})$$

となる（$\bm{A} \neq \bm{B}^{-1} \cdot \bm{C}$，$\bm{B} \neq \bm{C} \cdot \bm{A}^{-1}$ である）．

(13) 行列方程式

$$\bm{P} = \bm{L} \cdot \bm{M} \cdot \bm{N} \quad (\bm{P}, \bm{L}, \bm{M}, \bm{N} \text{ は正方行列}) \quad \cdots\cdots (20)$$

より，$\bm{L}, \bm{M}, \bm{N}$ を求めると次のようになる．各自検算していただきたい．

$$\left. \begin{aligned} \bm{L} &= \bm{P} \cdot \bm{N}^{-1} \cdot \bm{M}^{-1} \\ \bm{M} &= \bm{L}^{-1} \cdot \bm{P} \cdot \bm{N}^{-1} \\ \bm{N} &= \bm{M}^{-1} \cdot \bm{L}^{-1} \cdot \bm{P} \end{aligned} \right\} \quad \cdots\cdots (21)$$

(14) $\bm{F} + \bm{G} = \bm{G} + \bm{F} \quad \cdots\cdots (22)$

である．

(15) $(\bm{F} + \bm{G}) \cdot \bm{Q} = \bm{K} \quad \cdots\cdots (23)$

ならば，

$$\bm{F} + \bm{G} = \bm{K} \cdot \bm{Q}^{-1} \quad \therefore \bm{F} = \bm{K} \cdot \bm{Q}^{-1} - \bm{G}, \quad \bm{G} = \bm{K} \cdot \bm{Q}^{-1} - \bm{F} \quad \cdots\cdots (24)$$

となる．

(16) l 行 m 列の行列 $\bm{A}$ の行と列を入れ替えた新たな m 行 l 列の行列を $\bm{A}$ の**転置行列**といい，一般に ${}^t\bm{A}$ の記号で表す．

$$\bm{C} = \bm{A} \cdot \bm{B} \text{ のとき } {}^t\bm{C} = {}^t\bm{B} \cdot {}^t\bm{A} \quad (25)$$

である．

式(17) を転置行列で表すと

$$^t\boldsymbol{C} \equiv \begin{array}{|c|c|c|} \hline C_{11} & C_{21} & C_{31} \\ \hline C_{12} & C_{22} & C_{32} \\ \hline C_{13} & C_{23} & C_{33} \\ \hline \end{array} = \begin{array}{|c|c|} \hline B_{11} & B_{21} \\ \hline B_{12} & B_{22} \\ \hline B_{13} & B_{23} \\ \hline \end{array} \cdot \begin{array}{|c|c|c|} \hline A_{11} & A_{21} & A_{31} \\ \hline A_{12} & A_{22} & A_{32} \\ \hline \end{array} = {}^t\boldsymbol{B} \cdot {}^t\boldsymbol{A}$$

$${}^t\boldsymbol{B} \qquad {}^t\boldsymbol{A}$$

(26)

分類別解説個所一覧

本文の記述内容を大分類と小分類の2層形式にして，解説個所を章節および図表番号で示す．大分類は，A：解析手法等，B：技術事項，C：数値試算に分けて記載している．

大 分 類	小 分 類	章 節	図 表
A （解析手法）			
a1) 行列・行列式演算法	行列と行列式の基礎	付録2	
a2) 記号法 複素数記号法	記号法	7·1, 7·2, 第13章末尾, 第14章末尾	休憩室8, 休憩室9
	記号法と実数計算法の比較(単相回路過渡現象計算)	7·2	表7·1
	記号法と実数計算法の比較(3相回路過渡現象計算)	7·3	表7·2
	対称座標法と α–β–0 法の比較(3相短絡の過渡現象計算)	7·3	表7·2
	皮相電力の記号法表示	11·1	
	実数電気量と複素数電気量	6·2	
	任意波形電気量の複素数表現	6·2	
	オイラー(Euler)の方程式	7·2	表7·1
	フーリエ級数展開	26·6	
a3) 変数変換	変数変換の考え方と変換/逆変換プロセス	2·1, 2·3, 3·1	図2·1, 図3·1
	方程式の変数変換/逆変換のプロセス(対称座標法)	2·3	
	対称座標表法	2·1, 2·2	
	α–β–0 法	6·1	
	d–q–0 法	10·2, 25·2, 28·9	
	2相回路変換, 2相回路の対称座標法	4·1, 4·2, 2·1	
	線間波と対地波への変換	18·7, 2·1	
	前進波と後進波	18·1	
	対称座標法による皮相電力	11·2	
	対称座標法と α–β–0 法の相互関係	6·2	図6·2
	0-1-2領域, d-q-0領域, α–β–0領域の相互関係	10·2, 25·2	
	P–Q座標とR–X座標, 両座標の相互関係	16·2, 17·2, 17·6	
	p-q 変換	28·9	
a4) 対称座標法	対称座標表法の定義, 演算の考え方	2·1, 2·2, 3·1	図2·3, 図3·1
	対称座標法の誕生	第16章末尾	休憩室11
	対称座標法の変換/逆変換のプロセス	2·3	
	任意波形電気量(直流・高調波)の対称座標法による表現	2·2, 6·2	
	地絡・短絡故障計算	3·1, 3·2, 3·3, 9·1~9·5	表3·1(1)(2)(3)
	断線故障計算	3·4	表3·2
	平行2回線送電線等価回路	4·1, 4·2, 4·3, 4·4	
	平行2回線の故障計算(1回線/両回線事故・異地点多重事故)	4·5, 4·6, 4·7, 4·8	表4·1, 図4·6
	故障計算における負荷電流の取り扱い	3·2, 17·5	
	a-b-c領域, 0-1-2領域, α–β–0領域電気量の相互関係	6·2	図6·2
	対称座標法と α–β–0 法による過渡現象解析の比較	7·1, 7·2	表7·2
	皮相電力；対称座標法と d-q-0 法による表現	11·1, 11·2	

大　分　類	小　分　類	章　節	図　表
	送電線の正相・逆相・零相等価回路(1回線・2回線)	2・4	図 2・5, 図 2・6, 図 2・7, 図 2・8
	送電線の正相・逆相・零相インピーダンス/キャパシタンス	2・4, 2・5	表 2・1, 表 2・2
	送電線の線路定数	2・4, 2・5	表 2・3
	電力ケーブル(CV, OF)の線路定数	2・5	表 2・2
	サージ現象の対称座標法による解析	18・6	
	ベクトルオペレータ a, a^2, ベクトルオペレータ行列	2・2	図 2・2
	発電機の正相・逆相・零相等価回路(簡略等価回路)	2・6	
	3相送電線のサージインピーダンス, 雷撃時の様相(対称座標法への展開)	18・6	図 18・9
a 5) α–β–0 法（クラーク法）	α–β–0 法の定義, 物理的概念	6・1	図 6・1
	α–β–0 法の誕生	第 17 章末尾	休憩室 12
	α–β–0 領域へのインピーダンス変換	6・3, 6・4	
	α–β–0 法による送電線の等価回路	6・3, 6・4	図 6・3, 図 6・4
	α–β–0 法による発電機の等価回路	6・4	図 6・5
	短絡・地絡故障計算	6・5	表 6・1
	断線故障計算	6・5	表 6・2
	α–β–0 法による任意波形電気量の取り扱い方	6・2	
	a–b–c 領域, 0–1–2 領域, α–β–0 領域電気量の相互関係	6・2	図 6・2
	対称座標法と α–β–0 法による過渡現象解析の比較	7・1, 7・2	表 7・2
	d–q–0 領域と α–β–0 領域電気量の相互関係	10・9	
	遮断器による短絡電流遮断過渡現象解析(第2, 3相遮断)	19・2	
	α–β 制御	28・9	
a 6) 2 相回路変換法	2 相回路の定義	4・1	図 4・1, 図 4・2
	2 相回路の対称座標法	4・1, 4・2	
	インピーダンス/キャパシタンスの2相回路変換(第1/第2回路変換)	4・2, 4・3	
	正・逆・零相の第1, 第2回路変換等価回路	4・4	図 4・4
	平行2回線送電線の故障計算(片回線事故・多重事故)	4・6, 4・7, 4・8	表 4・1, 図 4・6
	零相循環電流	4・4	
a 7) d–q–0 法	d–q–0 法の誕生	第 18 章末尾	休憩室 13
	d–q–0 法の定義と物理的概念	10・2	
	d–q–0 法電気量への変換	10・3, 25・2, 28・5	
	d–q–0 法電気量の特徴	10・2	
	d–q–0 法における PU 化	10・3	
	d–q–0 領域における皮相電力, 0–1–2 領域皮相電力との相互関係	11・1	
	d–q–0 領域, a–b–c 領域, 0–1–2 領域電気量の相互関係	10・2	
	d–q–0 領域と α–β–0 領域電気量の相互関係	10・9	
	d–q 制御, d–q 変換制御	28・2, 28・9	
a 8) Per Unit 法, PU 法	単相回路の PU 法	5・1	図 5・1
	3 相回路の PU 法	5・2	図 5・3
	3 相回路の PU 法のベース量設定	5・2	
	PU 法のベース量変換	5・4	
	単相3巻線変圧器のと PU 法ベース量設定と PU 等価回路図	5・1	図 5・2
	3 相3巻線変圧器の PU 法ベース量設定と PU 等価回路図	5・3	図 5・3
	発電機基本式の PU 化, 電機子回路/回転子回路ベース量の設定	10・3	
	ループ系統(負荷時タップ切換変圧器を含む)の PU ベース設定法	24・1	

大分類	小分類	章節	図表
	電力系統のPU法等価回路図の描き方(例題)	5・5	
a 9) ラプラス変換 (過渡現象計算)	ラプラス変換表($t \longleftrightarrow s$変換)	付録1	
	ラプラス逆変換の計算技法	10・10, 備考10・5, 備考10・6	
	sに関する有理関数の部分分数への変換法(Heaviside展開式)	10・10, 備考10・5, 備考10・6	
	ラプラス演算子とヘビサイド演算子	第10章末尾	休憩室7
	発電機のd-1-0領域における基本方程式	10・7	図10・6
	発電機の3相短絡時の過渡電流計算	10・10	
	ラプラス領域における4端子回路式	18・1	
	s領域のオペレーショナルリアクタンスと時定数	10・7	
	発電機・AVR系の伝達関数(s領域ブロック図)	15・1, 15・2	
	分布定数回路の波動方程式のラプラス領域解	18・2	
	s領域のサージインピーダンス・サージアドミッタンス	18・1	
	伝播定数, 減衰定数, 波長定数, 伝播速度	18・1	
	単相回路遮断の過渡現象計算(1電源系, 2電源系)	19・1	
	抵抗遮断方式の過渡現象計算	19・6	
	抵抗投入方式の過渡現象計算	19・6	
	変圧器移行電圧の計算	21・5	
	インパルス波形注入による過渡現象計算	21・5	
	送電線・ケーブル系事故時の電圧・電流波形歪み現象	22・2	図22・1, 図22・2
	ラプラス変換法制御	28・9	
a 11) 伝達関数	ブロック線図, 1次遅れ回路, ゲイン, 時定数, ナイキスト判定条件	15・1, 15・3	図15・2
	伝達関数:発電機系	15・1	
	伝達関数:発電機+負荷系	15・1	
	伝達関数:発電機(+励磁器)+AVR+負荷系	15・2	図15・3
	発電機(+励磁器)+AVR+負荷系の応動特性	15・3	
	発電機(+励磁器)+AVR+負荷系の安定運転限界	15・3	図15・4
	伝達関数系としての負荷力率特性の影響	15・1	
	s領域のオペレーショナルリアクタンスと時定数	10・7	
	発電機・AVR系の伝達関数(s領域ブロック図)	15・1 15・2	
	パワーエレクトロニクス制御系	28・9	
a 12) 電磁気学の基礎	MKS(A)有理単位系, 電気系の実用単位	1・3	
	クーロンの電荷の法則, 磁極の法則(ガウス単位系・有理単位系の比較)	1・3	
	ファラデーの法則	第2章末尾 第5章末尾, 13・3	休憩室2, 休憩室4, 図13・2
	マックスウェルの4つの方程式 ・電束密度に関するガウスの法則 ・電流・変位電流に関するアンペール・マクスウェルの法則 ・磁束密度に関するガウスの法則 ・電場と磁場に関するファラデーの法則	第5章末尾	休憩室4
	電磁波の概念	第5章末尾, 第7章末尾, 1・3	休憩室4, 休憩室5
	導体表面電位と任意空間の電位の計算式導入	1・3	
	作用インダクタンスと作用キャパシタンス, その計算式導入	1・1, 1・2, 1・3, 2・5	
	電位係数と静電容量係数	1・2	
	磁束と鎖交磁束(数)の概念	10・1, 10・2, 10・3	図10・4, 図10・5, 図10・14, 図13・2, 図16・7

大　分　類		小　分　類	章　節	図　表
		主磁束・漏れ磁束の概念	10・10	図10・4，図10・5，図10・14，図13・2，図16・7
		テブナンの定理		
		双曲線関数	18・1，21・7，備考10・2	
		ヘビサイド演算子	第10章末尾	休憩室7
a 13)	電力系統解析手法	4端子回路	14・4，18・1，18・2	
		電力円線図	14・5	図14・6，図14・8
		等面積法(安定度解析)	14・3	
		行列式演算	付録2	
		発電と電力消費の同時・等量性	13・1	
a 14)	皮相電力・有効電力・無効電力	皮相電力・有効電力・無効電力の定義	11・1	
		任意波形の電圧・電流における皮相電力・有効電力・無効電力(定義拡張)	11・1	
		0-1-2領域(対称座標法)における皮相電力	11・2	
		d-q-0領域における皮相電力，0-1-2領域皮相電力との相互関係	11・3	
		皮相電力の記号法	11・1	
		皮相電力のPU化	11・2	
		Park方程式理論の皮相電力への拡張	12・1	
		4端子回路の皮相電力	14・4	
		FACTS, SVC, SVG, STATCOM	28・8, 28・11	
a 15)	故障計算・電力フロー計算	対称座標法による故障計算	3・1～3・4, 4・7, 4・8	
		α-β-0法による故障計算	6・5	表6・1，表6・2
		送電系統事故時の図式解法と電圧・電流ベクトルの傾向	9・1～9・6	図9・1～9・6
		負荷時タップ切換変圧器のPU等価回路	24・1	
		脱調時のR-X座標軌跡の計算	17・4	備考17・1
		発電機界磁喪失時のp-q座標/R-X座標軌跡の計算	17・6	
		故障時のインピーダンス軌跡とその描き方(R-X座標)	17・3	図17・3，図17・5
		負荷運転時のインピーダンス軌跡とその描き方(R-X座標)	17・4	
		事故時インピーダンス軌跡と負荷の軌跡の合成	17・5	図17・6，備考17・2
		インパルス波形注入による過渡現象計算	21・5	
		送電線・ケーブル系事故時の電圧・電流波形歪み現象	22・2	
		記号法と実数計算法の比較(単相回路過渡現象計算)	7・2	表7・1
		記号法と実数計算法の比較(3相回路過渡現象計算)	7・3	表7・2
a 16)	過渡現象・サージ現象解析	系統現象の周波数マップ	18・1	表18・1
		短絡電流遮断時の過渡現象計算(単相片端電源回路，ラプラス変換)	19・1	
		負荷電流遮断時の過渡現象計算(単相両端電源回路，ラプラス変換)	19・1	
		短絡電流遮断過渡現象計算(3相回路遮断1, 2, 3相過渡回復電圧計算)	19・2	
		単相回路遮断の過渡現象計算(1電源系，2電源系)	19・1	
		抵抗遮断方式の過渡現象計算	19・6	
		抵抗投入方式の過渡現象計算	19・6	
		変圧器移行電圧の計算	21・5	
		インパルス波形注入による過渡現象計算	21・5	
		対称座標法とα-β-0法による過渡現象解析の比較	7・1, 7・2	表7・2
		発電機短絡時の3相過渡電流計算	10・10	
		線間波と対地波への変換	18・7	

分類別解説個所一覧 693

大　分　類	小　分　類	章　節	図　表
	格子図解析 (Latice method)	18・8, 23・6	図 18・11, 図 18・13, 図 23・11
	サージ波形合成	18・8	図 18・12
	透写波と反射波, 透過係数と反射係数	18・3, 18・4	図 18・5, 図 18・6, 図 18・7
	変移点, 電圧電流侵入波の変移点における様相	18・3, 18・4	図 18・5, 図 18・6, 図 18・7
	雷撃地点の進行波現象	18・1, 18・4, 18・5, 20・5	図 18・8, 図 20・10
	クロスボンド接続方式, 中間接続部のサージ現象とその解析技術	23・4	図 23・6
	ケーブル接続終端のサージ電圧現象	23・5	図 23・8, 図 23・9
	励磁突流現象	5・6, 28・7	
	架空送電線/ケーブル接続点のサージ性過電圧現象(格子図法)	23・6	図 23・10
	開閉サージのケーブル線路への到来時の現象(格子図法)	23・7	
	ケーブルと GIS の接続点のサージ現象	23・8	図 23・12

B （技術事項）

大　分　類	小　分　類	章　節	図　表
b1) 発電機	対称座標法(0-1-2領域)による等価回路	2・6, 10・4, 10・6	図 2・11, 図 10・8, 図 10・9
	α-β-0 法による近似等価回路	6・4	図 6・5
	a-b-c 領域の電磁回路モデル	10・1	図 10・1
	d-q-0 法による基本モデル式と等価回路	10・2, 10・3	図 10・6, 図 10・9, 図 10・10
	Park の方程式(モデル方程式)	10・2, 10・3	
	Park の方程式；電機子・回転子コイル PU 化ベース量決定法	10・3	
	Park 方程式のパワー(皮相電力)への拡張	12・1	
	初期過渡・過渡・定常インピーダンスと各種時定数	10・3, 10・5, 2・6	図 10・9, 表 10・1
	各種リアクタンスの測定	10・8	図 10・11, 図 10・12
	代表的リアクタンス定数・時定数一覧表	10・8	表 10・1
	オペレーショナルリアクタンス	10・7	図 10・6
	リアクタンス飽和係数	10・8	表 10・2
	d-q-0 領域と α-β-0 領域電気量の相互関係	10・9	
	発電機3相短絡時の過渡電流計算	10・10	
	発電機の構造	13・3, 16・3	図 13・4, 図 13・5, 図 16・7
	発電機定格容量と体格の関係	16・5	
	発電機の主磁束・漏れ磁束, 鎖交磁束数の概念	10・2, 10・10	図 10・4, 図 10・5, 図 10・14, 図 13・2, 図 13・3, 図 16・7
	機械トルク, 慣性定数(M 値), GD^2	13・1, 13・2	表 13・1
	機械パワー対電気パワー, 機械トルク対電気トルク	10・3, 13・1	
	機械入力から電気出力(有効電力＆無効電力)へ, その原理メカニズム	13・3	
	機械的運動方程式	13・1, 13・2, 14・2	
	定格事項	16・2	図 16・3
	発電機の励磁方式	15・2	
	同期機の電圧・周波数運転限界(規格)	16・2	図 16・2
	能力曲線 (Capability Curve)	16・2	図 16・3
	運転限界曲線(P-Q 座標/p-q 座標表示)	16・2	図 16・3, 図 16・4, 表 10・2
	さまざまな運転条件による運転軌跡(P-Q 座標)	16・2	図 16・5
	無負荷飽和曲線・3相短絡電流特性・短絡比・飽和係数	10・8, 16・2	図 16・4, 表 10・2
	危険曲線	16・5	図 16・14
	大容量発電機実現のキー技術	16・5	
	軸ねじれ現象, 軸トルク, 脈動軸トルク	16・5	図 16・12, 図 16・13

大分類	小分類	章節	図表
	同期化力	12・2, 13・1	
	発電機の伝達関数, AVR を含めた伝達関数	15・1, 15・3	
	突極効果	12・1	図 12・1
	進相運転による固定子端部異常加熱現象, 進相(低励磁)運転限界	16・2, 16・3,	図 15・4, 図 16・3, 図 16・7, 図 16・8
	逆相電流耐量；逆相電流によるくさび(Wedge)の急速異常加熱	16・5	表 16・1
b2) 発電機の運転特性	3相平衡運転(定常状態)時の d-q-0 領域電圧・電流関係式とベクトル図	10・4, 16・1	図 10・7, 図 16・1
	1機無限大母線系の発電機応動・運転特性・運転限界	16・1, 12・2	
	2機系統と1機無限大母線系統の運転特性比較	12・2, 12・3	
	P-δ 曲線と Q-δ 曲線	12・1, 12・2	図 12・1
	定態安定度	12・1, 12・2	図 12・1, 図 12・3
	P-Q 座標による運転特性・運転限界	16・1, 16・2, 17・6	図 16・3
	P-f 制御と V-Q 制御	16・4	
	AFC 運転	13・1, 13・4	図 13・7
	AVR の役割と原理, 検出アルゴリズム	15・1, 15・2, 16・4	図 16・9
	AVR と動態安定度	14・1, 14・3	
	AVR 運転状態の進相運転限界, AVR による進相運転制限(UEL)	16・2, 16・3,	図 15・4, 図 16・3, 図 16・7, 図 16・8
	AVR による V-Q 制御, AQR(自動無効電力制御)	15・3	
	発電機と AVR の伝達関数	15・1, 15・2	
	全系(発電機+AVR+線路+負荷)の伝達関数	15・1, 15・2, 15・3	図 15・3
	進相(低励磁)運転時の運転限界	15・3	図 15・4
	AVR による進相運転領域の拡大	15・3	図 15・4
	負荷の力率特性による伝達関数への影響評価	15・1	
	容量性負荷時(キャパシタ負荷運転・線路充電運転など)の AVR 運転	15・4	
	複数発電機並列運転時の無効電力配分	16・4	
	AVR による横流と横流防止機能, 乱調運転防止機能	15・2, 16・4	
	発電機の進相運転(低励磁運転)限界と AVR による UEL 保護	15・3, 15・4, 16・3, 17・6	図 15・4
	過励磁領域の運転限界, 励磁容量限界	16・3	
	界磁喪失時の保護, 界磁喪失検出リレー	16・3, 17・6	図 17・9
	逆相電流・高調波電流・直流電流の問題	16・5	
	自己励磁現象	20・2 21・3	図 20・3
	発電機から系統を見る特性インピーダンスと P-δ 曲線(正常時)	14・4	
	発電機から系統を見る特性インピーダンスと P-δ 曲線(系統事故中)	14・4	
	低周波共振	28・11・3	
b3) 原動機と発電ユニット(水力・火力・原子力)	回転系の固有振動周波数	16・5	
	軸ねじれ現象, 軸トルク, 脈動軸トルク	16・5	
	サブシンクロナス共振 (SSR)	28・11	
	火力発電ユニット	13・3	図 13・3, 図 13・4, 図 16・11, 図 16・15
	水車, 水力発電機(突極機)	13・3	図 13・5
	スピードガバナー, スピードガバナー制御	13・4, 14・2, 14・3	図 13・6
	発電ユニットの周波数上昇/低下時の運転限界	13・4	表 13・2
	燃焼, 燃焼反応	16・6	
	超々臨界圧タービン・超々臨界圧火力発電	16・6	
	蒸気圧―温度フローダイアグラム	16・6	図 16・15
	ガスタービン/蒸気タービン複合型発電(コンバインドサイクル機)	16・6	図 16・16

大分類	小分類	章節	図表
	シンプルサイクル機	16・6	図16・16
	シングルシャフトコンバインドサイクル機	16・6	図16・16
	原子力TGユニット	16・6	図16・17
	揚水可変速発電電動機	28・4	
	風力発電	28・5	
	小水力発電	28・6	
	太陽光発電	28・7	
	風車Betzの法則	28・5	
b4) 電力系統の運転特性	負荷変動の概念,脈動(フリンジ)・持続性変動(サステンド)	13・4	図13・7
	定態安定度・過渡安定度・動態安定度の概念	14・1	
	動揺方程式	14・2	
	等面積法による定態安定度の説明	14・3	
	過渡安定度の等面積法による説明	14・3	図14・2
	動態安定度の等面積法による説明, AVR・ガバナーによる即応自動制御	14・3	図14・2
	発電機から系統を見る特性インピーダンスとP-δ曲線(正常時)	14・4	
	安定度機械モデル	12・2	
	発電機から系統を見る特性インピーダンスとP-δ曲線(系統事故中)	14・4	
	正常運転時の送電可能電力	14・4	
	事故時/再閉路無電圧時間中の送電可能電力	14・4	
	平常運転時と事故時のP-δ特性の比較	14・4	
	系統全系のP-Q-V特性と電圧安定度	14・5	
	P-Q-V特性と電圧安定度	14・5	図14・7
	系統の電圧不安定(崩壊)現象,電圧崩壊	14・5	
	系統全系のP-Q-V特性,P-Q-V安定度,電圧安定度	14・5	図14・5
	P-Q-V特性,P-V特性,Q-V特性	14・5	図14・7
	P,Qの微小変化に対する電圧感度	14・5	
	電圧垂下特性	14・5	図14・5
	V-Q制御,無効電力制御(AQR)	14・5, 16・4	図14・7
	線路充電運転野安定限界とAVRによる限界拡大	15・4	
	P-f制御	16・4	
	電力円線図	12・12, 14・5	図12・4, 図14・6, 図14・8
	AFC	13・1, 14・1, 14・2, 16・4	
	AQR	14・2, 16・4	
	AVR効果とガナバー効果	13・1, 14・1, 14・2, 14・3	
	発電と負荷消費の同時・等量性	序章, 13・1	
	電圧瞬時低下現象	28・8	
	FACTS, SVC, SVG, STATCOM	28・8, 28・11	
	SSR現象	28・11	
b5) 送電線	各相の自己/相互インダクタンス・インピーダンス	1・1, 1・2, 1・3, 2・4	
	自己/相互インダクタンス・インピーダンスの測定	1・1	
	各相の自己/相互サージインピーダンス	2・5	
	正・逆・零相インピーダンス・キャパシタンス	2・3, 2・4, 7・2	表2・1 表2・2, 表5・3
	正・逆・零相サージインピーダンス	2・5, 18・1, 18・3, 18・6	
	線路定数	2・5, 18・1, 18・2	表2・1, 表2・2
	α-β-0法による等価回路と故障計算	6・3, 6・4	図6・3, 図6・4
	導体表面電位と任意空間の電位の計算式導入	1・3	

大分類	小分類	章節	図表
	作用インダクタンスと作用キャパシタンスの計算式導入	1・1, 1・2, 1・3, 1・4	
	作用インダクタンスと作用キャパシタンスの特質	1・3	
	架空送電線の設計基準	21・2	
	送電線導体(架空電線),導体のサイズと連続許容電流	1・1, 2・5	図1・4,表2・3
	多導体線路	1・1, 1・4, 2・5	図1・4
	架空地線	1・1, 2・5	図1・4
	鉄塔	1・1, 2・3, 2・5	図1・4
	支持がいし	21・1	
	アークホーン,保護ギャップ	21・3	
	表皮効果・コロナ損	18・6	
	1,000 kV 級送電線	21・1, 21・4, 21・5	図21・1
	送電線避雷装置	21・3	図21・4
	直列シャパシタ	28・11	
b6) 送電線過電圧抑制策と防護策	架空送電線の過電圧抑制策と防護策,設計基準	21・2, 21・3	
	鉄塔サージインピーダンス低減	21・3	
	アークホーン	21・3	
	送電線避雷装置	21・3	
	不平衡絶縁方式	21・3	
b7) 中性点接地方式	中性点有効接地方式,非有効接地方式：分類と特徴	8・1, 8・2, 5・4	表8・1, 表8・2, 表5・3
	ケーブルの間歇弧光地絡(中性点非接地/微小電流接地系統)	20・3	
	1線地絡時健全相電圧上昇	20・1, 20・2	図8・1, 図21・2
	消弧リアクトル(ペターゼンコイル)	8・3	
b8) 変圧器	単相3巻線変圧器のと PU 法ベース量設定と PU 等価回路図	5・1	図5・2
	3相3巻線変圧器の PU 法ベース量設定と PU 等価回路図	5・3	図5・3
	変圧器の基本構造	21・6	図21・17
	鉄心構造と零相励磁インピーダンス	5・3	表5・2
	非振動型コイル(漏れキャパシタンスの並列補償)	21・7	図21・18
	ガス絶縁変圧器	21・8	表21・6,図21・20
	オートトランス	5・5	図5・5
	位相調整変圧器とその PU 等価回路	24・2	
	ウッドブリッジ変圧器・スコット変圧器	24・3	
	零相接地変圧器	24・4	
	△巻線の効用	5・3	
	負荷時タップ切換変圧器(LTC-Transformer),その PU 等価回路	24・1	
	負荷時タップ切換変圧器を含むループ系統の電力フロー計算	24・1	図24・2
	変圧器用サージ吸収器	21・6	
	変圧器磁気特性,変圧器励磁電流,励磁インピーダンス	5・3, 5・6	図5・4
	残留磁束	5・6	
	変圧器の励磁突入電流	16・5, 28・7, 28・8	図16・10
	変圧器・リアクトル遮断,変圧器励磁電流遮断	19・4, 5・3	図5・4
	鉄共振現象	20・3	図20・6
	直流偏磁	5・6, 27・2	
b9) 変圧器の移行電圧現象	変圧器の移行電圧；低圧側回路(発電機等)への移行電圧	21・6	
	変圧器の移行電圧；現象とその解析計算	21・6	
	さまざまな移行電圧モード	21・6	表21・5

大分類	小分類	章節	図表
	静電容量性移行電圧と電磁移行電圧	21・7	
b 10) 変圧器の内部振動異常電圧	変圧器の巻線構造	21・7	図 21・17
	振動性過電圧とその計算	21・7	
	振動性過電圧の抑制	21・7	
	鉄共振・鉄心飽和現象	20・1, 20・3	
b 11) 保護リレー, 系統保護方式	保護リレーの役割と分類	17・1	
	方向距離リレーの検出原理	17・1, 17・2	
	R-X 座標と P-Q 座標	17・2	
	短絡検出距離リレーと地絡検出距離リレー	17・3	
	1線地絡時のインピーダンス軌跡(R-X 座標)	17・3	
	2線短絡時のインピーダンス軌跡(R-X 座標)	17・3	図 17・3, 図 17・5
	有負荷事故時のインピーダンス軌跡(合成法)	17・5	図 17・8, 図 17・11, 備考 17・2
	各種事故モードにおける方向距離リレーの見るインピーダンス	17・3	表 17・1
	有負荷事故時のインピーダンス軌跡(合成法)	17・5	図 17・8, 図 17・11 備考 17・2,
	平常運転時, 脱調時のインピーダンス軌跡	17・4	図 17・6, 備考 17・1
	脱調検出とトリップ阻止	17・4	備考 17・1, 図 17・10
	界磁喪失時の保護, 界磁喪失検出リレー	16・3, 17・6	図 17・9
	零相循環電流	17・3	
	零相電流補償	4・4	
	事故時の電圧・電流波形ひずみとその保護リレーへの影響	22・2	図 22・2
b 12) 再閉路方式	高速度再閉路方式(単相/3相/多相再閉路)	14・2, 20・3, 21・3	
	事故時/再閉路無電圧時間中の送電可能電力	14・4	
	再閉路による発電ユニットの軸ねじれ	16・5	図 16・12, 図 16・13
b 13) 進行波理論	分布定数回路の進行波理論, 波動方程式とその一般解	18・1	図 18・1
	進行波の概念	18・1	
	波動方程式・電信方程式	18・1	
	前進波, 後進波, 波動速度, サージインピーダンス等の概念	18・1	
	分布定数回路;ラプラス領域一般解	18・1	
	分布定数回路;ラプラス領域の4端子回路表現	18・1	
	L, C 定数の吟味(架空送電線, ケーブル線路)	18・1	
	伝播定数, 減衰定数, 波長定数, 伝播速度	18・1	
	集中定数回路による近似化とその精度評価	18・2	図 18・2
	無ひずみ線路, 無損失線路	18・1 第10章末尾	休憩室 7
	変移点, 透過波と反射波	18・1, 18・3	図 18・5, 図 18・6
	サージ計算;紛らわしい3つのケース	18・4	
	サージ計算;直撃雷	18・5	
	3相送電線のサージインピーダンス, 雷撃時の様相(対称座標法への展開)	18・6	図 18・9
	線間波と対地波(線間波と対地波への変換)	18・7, 21・5	図 18・10
	格子図法	18・8	
	サージの振動性と非振動性	18・8, 23・6	図 18・11, 図 18・13, 図 3・11
	サージ波形の合成	18・8	図 18・12

大　分　類	小　分　類	章　節	図　表
b 14) 開閉サージ現象, 開閉装置 (遮断器, 断路器)	短絡電流遮断時の過渡現象計算(単相片端電源回路, ラプラス変換)	19・1	
	負荷電流遮断時の過渡現象計算(単相両端電源回路, ラプラス変換)	19・1	
	短絡電流遮断過渡現象計算(3 相回路遮断 1, 2, 3 相過渡回復電圧計算)	19・2	
	さまざまな事故モード遮断時の回復電圧の様相	19・2	図 19・3
	GIS 変電所	21・4, 23・8	図 21・10, 図 23・12
	遮断器の概念	19・3, 19・4	図 19・8
	遮断性能や開閉現象に関する主な用語 (TRV 過渡回復電圧, RRRV 過渡回復電圧上昇率など)	19・3	
	過渡回復電圧上昇率(RRRV)	19・1	
	遮断器の雷インパルス/開閉インパルスに関する責務	21・5	表 21・2 C, 表 21・3 A
	再点弧と再発弧	19・3	図 19・11
	低周波消弧と高周波消弧	19・3	図 19・11
	進み小電流(線路の充電電流)遮断	19・4	図 19・11
	近距離故障遮断(SLF)	19・4	
	遅れ小電流遮断, 励磁電流遮断	19・4	図 19・13
	電流裁断(チョッピング現象)	19・4	図 19・13
	ゼロミス(電流ゼロ点遅れ)現象	19・4	
	遮断器投入時/遮断時のサージ現象(ラプラス変換)	19・5	
	遮断器抵抗投入方式・抵抗遮断方式とサージ低減率の計算(ラプラス変換)	19・6	
	変圧器・リアクトル遮断, 変圧器励磁電流遮断	19・4, 5・3	図 5・4
	脱調遮断	19・4	図 19・3
	欠相遮断・欠相事故	20・3	
	断路器の役割	19・7	
	断路器開閉サージ	19・7	図 19・18
b 15) 持続性過電圧現象	送電線フェランティー効果	20・1, 20・2	
	発電機自己励磁	20・1, 20・2, 21・3	
	1 線地絡時健全相電圧上昇	20・1, 20・2	図 8・1, 図 21・2
	負荷遮断	20・1, 20・2	
	直列共振	20・1, 20・2, 20・3	
	ケーブルの間欠弧光地絡(中性点非接地/微小電流接地系統)	20・3	
	ケーブル系の直列共振条件	20・3	図 20・4
	開閉サージ過電圧；遮断器投入サージ, 遮断サージ	20・4	
	変圧器励磁突入電流遮断		
	鉄共振現象	20・3	図 20・6
b 16) 雷現象	雷撃現象, 雷撃過電圧	18・5, 18・6, 20・5	
	雷撃, 直撃雷, 逆閃絡	18・5, 18・6	図 18・8, 図 20・9, 図 20・10
	誘導雷(静電誘導雷, 電磁誘導雷)	20・5	図 20・11
	架空地線・鉄塔への直撃雷(逆閃絡, 逆フラッシュオーバ)	20・5	
	構内直撃雷	21・3	
	送電線サージインピーダンス	18・1, 18・5	
	鉄塔, サージ通路としてのサージインピーダンス	20・5, 21・3	
b 17) 絶縁協調	過電圧の分類	20・1	表 20・1
	絶縁協調の歴史	第 21 章末尾	休憩室 16
	絶縁協調；過電圧の分類	21・1	
	絶縁協調の基本概念	21・2, 21・5	表 21・1

分類別解説個所一覧 **699**

大 分 類	小 分 類	章 節	図 表
	絶縁の構成(外部絶縁, 内部絶縁, 自復性/非自復性絶縁)	21・5	
	絶縁の耐電圧レベル; BIL/BSL	21・5	
	標準耐電圧値(IEC, IEEE 規格, JEC 規格)	21・5	表 21・2 A, 2 B, 2 C
	標準耐電圧値(JEC 規格)	21・5	表 21・3 A, 表 21・3 B
	雷インパルス/開閉インパルス標準波形	21・5	表 21・2 C, 表 21・3 A
	不平衡絶縁方式	21・3	
	支持がいし	21・1	
	アークホーン, 保護ギャップ	21・3	
	発変電所の過電圧抑制策	21・4	
	変圧器の移行電圧; 低圧側回路(発電機等)への移行電圧	21・6	図 21・12, 図 21・13
	変圧器の移行電圧; 現象とその解析計算	21・6	図 21・12, 図 21・13
	さまざまな接続状況による変圧器移行電圧	21・6	表 21・5
b 18) 避雷器	避雷器によるサージ抑制の原理	21・4	図 21・5
	避雷器の責務	21・4	図 21・6, 図 21・7, 図 21・8, 図 21・9
	酸化亜鉛型避雷器	21・4	
	避雷器の選定と定格区分	21・4	
	避雷器の各種性能	21・4	表 21・4
	避雷器の離隔効果	21・4	図 21・9
b 19) 発変電所の過電圧保護	避雷器による過電圧抑制理論	21・4	
	避雷器の特性	21・4, 21・5	表 21・4
	避雷器に関する特性用語	21・4	
	変電所の雷撃低減策(OGW, 接地抵抗低減等)	21・4	
	避雷器の離隔距離効果	21・4	
b 20) 電圧・電流の波形ひずみ現象	波形ひずみ現象の分類	22・1	
	事故電流のひずみ現象(低次高調波:ケーブル系統)とその計算	22・2	
	事故時の電圧・電流波形ひずみとその保護リレーへの影響	22・2	図 22・2
	変圧器励磁電流	5・3	図 5・4
	アクティブフィルタ	28・9	
b 21) 電力ケーブル線路	ケーブルの絶縁保護	21・5	
	電力用ケーブルの分類 CV ケーブル/OF ケーブルの構造	23・1	
	CV/OF ケーブルの構造と所要性能	23・1	図 23・1 a, b
	CV ケーブル(XLPE, 架橋ポリエチレン)の物理特性	23・1	
	ケーブルの許容電流	23・1	
	ケーブルの絶縁厚, ケーブルの試験電圧値	23・1	表 23・1, 表 23・2(a)(b)
	ケーブルの試験電圧値(IEC, JEC)	23・1	
	ケーブルの電気回路定数(インダクタンス, キャパシタンス, 抵抗)	2・5, 23・2	表 2・2
	ケーブル線路の電圧・電流方程式と等価回路(対称座標法)	23・2	図 23・4, 図 23・5
	3 相ケーブル(導体・シース)のインダクタンス・キャパシタンス	23・2	図 23・4, 図 23・5
	ケーブルのサージインピーダンス	18・1, 23・1	表 2・3
	金属シースと防食層, その役割とシース接地方式	23・3, 23・7	表 23・2(c)
	シース定常電位, サージ電位の計算	23・2, 23・4, 23・6	
	中間接続部	23・1	図 23・1, 図 23・6, 図 23・7

大分類	小分類	章節	図表
	クロスボンド接続方式，中間接続部のサージ現象とその解析技術	23・4	図 23・6
	ケーブル接続終端のサージ電圧現象	23・5	図 23・8，図 23・9
	架空送電線/ケーブル接続点のサージ性過電圧現象(格子図法)	23・6	図 23・10
	開閉サージのケーブル線路への到来時の現象(格子図法)	23・7	
	ケーブルと GIS の接続点のサージ現象	23・8	図 23・12
b 22) 特別の回路	負荷時タップ切換変圧器(LR-トランス)の PU 等価回路	24・1	
	ループ系統(負荷時タップ切換変圧器あり)の電力フロー計算	24・2	
	位相調整変圧器とその PU 等価回路	24・2	
	ウッドブリッジ変圧器・スコット変圧器	24・3	
	零相接地変圧器	24・4	
	相順接続ミス回路の計算	24・5	
	並列リアクトル	16・3, 20・2	
	鉄道応用	28・12	
	無停電電源，UPS	28・13	
b 23) 誘導機	巻線形誘導機，かご形誘導機	25・1, 25・2, 25・3, 25・4, 28・2	
	水銀整流器	25・1	
	発電電動機	25・1	
	3 相巻線形誘導機	25・2	
	同期運転	25・2	
	可変速電動運転	25・2, 25・3	
	駆動力，駆動方式	25・2, 28・2	
	トルク，トルク・スピード特性	25・2, 25・3	
	空隙電圧・空隙電流，空隙磁束	25・3	
	サーボ駆動	25・3	
	ブレーキ運転モード	25・3	
	起動時モード	25・3	
	発電運転と電動運転	25・3	
	空隙磁束（エアギャップ磁束）	25・3	
	誘導機制御電気量の相互関係	25・3	
b 24) パワーエレクトロニクス応用	スイッチング損失・スイッチング軌跡	26・3	
	半導体素子の漏れ電圧・漏れ電流	26・2	
	スナバー回路	26・3	
	半導体素子の種類と性能	26・4, 26・5	
	サイリスタ	26・5, 27・2	
	整流回路	27・1, 27・2	
	平滑リアクタ・平滑キャパシタ	27・1	
	還流ダイオード・並列ダイオード	27・1, 27・4	
	全波整流回路	27・2	
	電流の重なり現象	27・2	
	直流偏磁現象	27・2	
	交流条件	27・2	
	他励と自励	27・2	
	順方向変換と逆方向変換	27・2	
	直流送電	27・2, 28・10	
	転流リアクタンス	27・2	
	dc-dc コンバータ	27・3	
	直流変圧器	27・3	
	電圧安定器	27・3	
	コンバータ	27・3	

分類別解説個所一覧

大　分　類	小　分　類	章　節	図　表
	複合コンバータ	27・3	
	回生運転・回生制動	27・3	
	PWM 制御	27・3, 27・5, 28・2, 28・8, 28・9	
	非対称 PWM 制御	28・8	
	インバータ	27・3, 27・4, 27・5, 28・12	
	無停電電源装置, UPS	27・4, 28・13	
	サイクロコンバータ	27・6	
	水銀整流器	28・1	
	可変速駆動とサーボ駆動	28・2	
	V/f 駆動, AVAF 制御	28・2	
	空間ベクトル制御	28・2, 28・9	
	鉄道車載装置	28・12	
	発電機励磁システム, AVR	28・3	
	ブラッシレス発電機	28・3	
	可変速揚水発電電動機	28・4	
	LFC (Load Frequency Control)	28・4	
	無効電力補償	28・8	
	SVC, SVG, STATCOM	28・8	
	FACTS	28・8, 28・11	
	アクティブフィルタ	28・8, 28・9	
	d–q 変換制御	28・8, 28・9	
C （数値試算）			
	多導体送電線のリアクタンス値	第 1 章　1・1・1	
	送電線の自己キャパシタンス・相互キャパシタンス値	1・2・1	
	作用インダクタンス/キャパシタンスから電磁波(進行波)速度の算出	1・3・3	
	進行波速度とサージインピーダンスより L, C 値を算出	第 2 章　2・5・2	
	送電線の対称分 L, C, R 値の例示		表 2・1
	電力ケーブルの対称分 L, C, R 値の例示		表 2・2
	3 相 3 巻線変圧器の等価回路インピーダンス値の試算	第 5 章　5・3・1	
	オートトランスの自己容量比算計算	5・5	
	系統の対称座標法 PU 値等価回路図の作成	5・6	
	中性点直接接地系/高抵抗接地系の 1 線地絡電流の試算	第 8 章　8・2	
	定態安定度限界(電力円線図)	第 12 章　12・2・4	
	系統の P–Q–V 特性	第 14 章　14・5・4	図 14・7
	全系(発電機＋AVR＋負荷系統)進相不安定領域(p–q 座標)の試算	第 15 章　15・3・1	図 15・4
	発電機の運転能力曲線(p–q 座標)の試算	第 16 章　16・2・1	図 16・3
	各種パラメータ変更による運転軌跡 (p–q 座標)の試算	16・2・2	図 16・5
	発電機が逆相電流に耐えうる時間の試算	16・5・3	
	界磁送失リレーの動作域(p–q 座標, R–X 座標)	第 17 章　17・6・1	図 17・9
	サージ伝播速度, サージインピーダンスの試算	第 18 章　18・1・4	
	集中定数回路化による誤差評価曲線図の試算	18・2	図 16・8
	遮断第 1 相の回復電圧値の試算	第 19 章　19・2・1	
	遮断器投入サージの試算	19・5・2	
	正相直列共振条件の試算	第 20 章　20・3・1	
	鉄塔/架空地線直撃雷によるサージ電圧の試算	20・5・2	
	各種電圧階級の代表 TOV (Temporary Over Voltage) の試算	第 21 章　21・1・2	
	避雷器のサージによる発生熱量の試算	21・4・1	
	避雷器の離隔距離による変圧器端電圧上昇の影響試算	21・4・4	
	耐電圧値の運転電圧に対する倍数の試算	21・5・4	
	BIL(インパルスレベル)の運転電圧に対する倍数の試算	21・5・4	

大　分　類	小　分　類	章　節	図　表
	変圧器低圧側への移行電圧値の試算	21・6・1	
	故障電流のひずみ電流対周波数の試算	第22章 22・2・2	
	ケーブルの正相インダクタンスの試算	第23章 23・2・2	
	シース非接地端の電圧上昇（シース片端接地の場合）試算	23・3・2	
	クロスボンド接続地点の導体/シースに発生するサージ電圧の試算	23・4・2	
	架空送電線とケーブル接続点のサージ現象試算	23・5・1	
	架空送電線とケーブル接続点のサージ現象(格子図)試算	23・6	図23・11
	かご形誘導機のトルク・速度特性の試算	第25章 25・3・2	

著者略歴
長谷良秀（はせ よしひで）
1960年3月 京都大学工学部電気工学科卒業
1960年4月-1996年5月 株式会社東芝に勤務
1996年6月-2004年6月 昭和電線電気株式会社に勤務
著 書
　保護継電技術（東京電機大学，1979）
　電力系統技術の実用理論ハンドブック（丸善，2004）
　Handbook of Power System Engineering（Wiley，2007）
　電力技術の実用理論 第2版（丸善出版，2011）
　Handbook of Power System Engineering with Power Electronics（Wiley，2012）

電気学会名誉会員
CIGRE Distinguished Member，CIGRE 日本国内委員会幹事
（1985～1995年）
電気学会理事/副会長（1995，96年度）
国士舘大学理工学部非常勤講師（2002～2008年）

電力技術の実用理論 第3版
発電・送変電の基礎理論からパワーエレクトロニクス応用まで

平成27年 1月30日 発　　　行
令和 5年12月 5日 第10刷発行

著作者　長 谷 良 秀

発行者　池 田 和 博

発行所　丸善出版株式会社
〒101-0051東京都千代田区神田神保町二丁目17番
編集：電話(03)3512-3266／FAX(03)3512-3272
営業：電話(03)3512-3256／FAX(03)3512-3270
https://www.maruzen-publishing.co.jp

© Yoshihide Hase, 2015

組版／中央印刷株式会社
印刷・製本／大日本印刷株式会社

ISBN 978-4-621-08898-2 C3054　　　Printed in Japan

JCOPY 〈(一社)出版者著作権管理機構 委託出版物〉
本書の無断複写は著作権法上での例外を除き禁じられています．複写される場合は，そのつど事前に，(一社)出版者著作権管理機構(電話03-5244-5088，FAX 03-5244-5089，e-mail：info@jcopy.or.jp)の許諾を得てください．